陕西省"十三五"科技发展战略研究

陕西省"十三五"科学和技术发展规划编制办公室
陕西省科学技术信息研究所　编

科学技术文献出版社
SCIENTIFIC AND TECHNICAL DOCUMENTATION PRESS
·北京·

图书在版编目（CIP）数据

陕西省"十三五"科技发展战略研究 / 陕西省"十三五"科学和技术发展规划编制办公室，陕西省科学技术信息研究所编. —北京：科学技术文献出版社，2017.4
ISBN 978-7-5189-2175-1

Ⅰ.①陕⋯ Ⅱ.①陕⋯ ②陕⋯ Ⅲ.①科学研究事业—发展战略—研究—陕西—2016—2020 Ⅳ.① G322.741

中国版本图书馆 CIP 数据核字（2016）第 302387 号

陕西省"十三五"科技发展战略研究

策划编辑：周国臻　　责任编辑：赵　斌　　责任校对：张吲哚　　责任出版：张志平

出　版　者	科学技术文献出版社
地　　　址	北京市复兴路15号　邮编 100038
编　务　部	(010) 58882938，58882087（传真）
发　行　部	(010) 58882868，58882874（传真）
邮　购　部	(010) 58882873
官 方 网 址	www.stdp.com.cn
发　行　者	科学技术文献出版社发行　全国各地新华书店经销
印　刷　者	北京地大彩印有限公司
版　　　次	2017 年 4 月第 1 版　2017 年 4 月第 1 次印刷
开　　　本	787×1092　1/16
字　　　数	906千
印　　　张	38
书　　　号	ISBN 978-7-5189-2175-1
定　　　价	218.00元

版权所有　违法必究

购买本社图书，凡字迹不清、缺页、倒页、脱页者，本社发行部负责调换

《陕西省"十三五"科技发展战略研究》
编委会

主　　任：卢建军

副 主 任：许春霞　孙　科　史高领　安西印　林黎明　赵怀斌

　　　　　张正平　穆宪龙　杨鹏林

委　　员：(按姓氏拼音排序)

　　　　　白崇军　丛国军　崔海龙　高凤鸾　郭　杰　郭文奇

　　　　　刘晓军　刘占明　王云岗　卫新年　伍小莉　徐叔威

　　　　　杨　柳　曾元辉

编 辑 人 员

主　　编：张　薇（陕西省科学技术信息研究所）

副 主 编：王　军

编修人员：(按姓氏拼音排序)

　　　　　白燕琼　韩　非　郝艳红　贺福明　李　磊

　　　　　刘武英　武　茜　谢　铭

前 言

2016—2020年是我国实施国民经济和社会发展第十三个五年规划的时期,是我国全面建成小康社会、实现我们党确定的"两个一百年"奋斗目标的第一个百年奋斗目标的决胜阶段,是全面深化科技体制改革、深入实施创新驱动发展战略、加速迈进创新型国家行列的关键时期。党的十八大以来,以习近平同志为核心的党中央高度重视科技创新,做出了深入实施创新驱动发展战略的重大部署,大力推动以科技创新为核心的全面创新。我国科技创新已步入以跟踪为主转向跟踪和并跑、领跑并存的新阶段。

对陕西省而言,"十三五"是加快推进富裕陕西、和谐陕西、美丽陕西迈向更高水平的关键时期,是陕西省全面深化科技体制改革,落实"五个扎实",实现"追赶超越"的攻坚时期。面对全球科技发展新态势和我国经济发展新常态,陕西省委省政府提出按照党中央提出的"五位一体"总体布局和"四个全面"战略布局,以"创新、协调、绿色、开放、共享"五大发展新理念为主线,以国家创新试点示范为抓手,对"十三五"全省科技工作进行战略部署,真正实现科技与经济对接、成果与产业对接,最大限度地发挥科技作为第一生产力的支撑引领作用。

2014年,陕西省科技厅启动了《陕西省"十三五"科学和技术发展规划》的编制工作,成立了省"十三五"科学和技术发展规划编制工作领导小组和"十三五"科学和技术发展规划编制办公室,部署了规划编制的具体工作。经过论证,陆续启动了24个专题战略研究课题,涵盖了陕西省支柱产业、主导产业和先导产业的重点领域,以及基础研究、科技管理和科技服务等,涉及经济、社会、民生等各个方面。每个专题从国内外科技发展趋势及陕西省发展现状出发,坚持目标导向和问题(需求)导向相统一,坚持全面规划和突出重点相协调,坚持战略性和操作性相结合,提出了"十三五"期间陕西省相关领域科技发展的目标任务、关键技术、发展路径及举措建议。这些研究成果有一定的前瞻性和针对性,成为《陕西省"十三五"科学和技术发展规划》编制的重要依据。我们将这24个专题研究成果汇编整理,出版《陕西省"十三五"科技发展战略研究》一书,对从事科技管理、科学研究、技术研发和创新创业人员具有很好的学习和参考价值。

陕西省委科技工委、省科技厅领导、各处室及课题承担单位对专题研究给予了大力支持，科技厅相关处室对所牵头的专题研究课题报告进行了认真修改和审定；陕西省科学技术信息研究所相关人员参与了本书的整理、编修和组织协调工作，在此一并表示感谢！

在本书整理编修过程中，我们力求严格规范、细致准确，但受研究水平和数据资料所限，错误和疏漏在所难免，敬请读者批评指正。

陕西省"十三五"科学和技术发展规划编制办公室
2016年8月

目 录
Contents

第一篇 陕西省"十三五"科技发展总体战略研究 1
  引 言 1
  1 国际科技发展新趋势 2
  2 我国科技发展新阶段 13
  3 陕西省科技发展现状分析 18
  4 陕西省"十三五"科技发展战略谋划 27

第二篇 陕西省"十三五"能源化工科技发展战略研究 54
  引 言 54
  1 国内外能源化工产业发展现状及趋势 55
  2 陕西省能源化工产业发展现状及趋势 71
  3 陕西省"十三五"能源化工产业科技发展战略 85
  4 实施措施及政策建议 92

第三篇 陕西省"十三五"先进装备制造产业科技发展战略研究 94
  引 言 94
  1 国内外先进装备制造产业科技发展现状及趋势 95
  2 陕西省先进装备制造产业科技发展现状分析 104
  3 陕西省"十三五"先进装备制造产业科技发展战略 110
  4 实施措施及政策建议 116

第四篇 陕西省"十三五"新能源汽车产业科技发展战略研究 120
  引 言 120
  1 国内外新能源汽车产业发展现状及趋势 121

2 陕西省新能源汽车产业发展现状及趋势	134
3 陕西省"十三五"新能源汽车产业科技发展战略	143
4 实施措施及政策建议	148

第五篇 陕西省"十三五"信息产业科技发展战略研究·················150

引 言	150
1 国内外信息产业发展现状及趋势	150
2 陕西省信息产业发展现状及趋势	165
3 陕西省"十三五"信息产业科技发展战略	173
4 实施措施及政策建议	180

第六篇 陕西省"十三五"半导体与集成电路产业科技发展战略研究·················182

引 言	182
1 国内外集成电路产业发展现状及趋势	182
2 陕西省集成电路产业发展现状及趋势	192
3 陕西省"十三五"集成电路产业科技发展战略	198
4 实施措施及政策建议	204

第七篇 陕西省"十三五"导航与卫星产业科技发展战略研究·················206

引 言	206
1 国内外导航与卫星产业发展现状及趋势	207
2 陕西省导航与卫星产业发展现状及趋势	219
3 陕西省"十三五"导航与卫星产业科技发展战略	225
4 实施措施及政策建议	229

第八篇 陕西省"十三五"云计算、大数据、移动互联网产业科技发展战略研究·················232

引 言	232
1 云计算、大数据、移动互联网发展的战略意义	233
2 国内外云计算、大数据、移动互联网发展现状及趋势分析	235
3 陕西省云计算、大数据、移动互联网发展现状分析	240
4 陕西省"十三五"云计算、大数据、移动互联网产业科技发展战略	248
5 实施措施及政策建议	261

第九篇　陕西省"十三五"新材料产业科技发展战略研究……265
引　言……265
1　新材料产业发展现状与趋势……266
2　陕西省"十三五"新材料产业科技发展战略……276
3　实施措施及政策建议……286

第十篇　陕西省"十三五"3D打印产业科技发展战略研究……288
引　言……288
1　陕西省3D打印产业科技发展现状分析……293
2　陕西省"十三五"3D打印产业科技发展战略……296
3　实施措施及政策建议……299

第十一篇　陕西省"十三五"机器人产业科技发展战略研究……302
引　言……302
1　国内外机器人产业发展现状及趋势……303
2　陕西省机器人产业发展现状分析……308
3　陕西省"十三五"机器人产业科技发展战略……313
4　实施措施及政策建议……319

第十二篇　陕西省"十三五"种植业科技发展战略研究……321
引　言……321
1　国内外种植业科技发展现状及趋势……322
2　陕西省种植业科技发展现状分析……326
3　陕西省"十三五"种植业科技发展战略……331
4　实施措施及政策建议……336

第十三篇　陕西省"十三五"养殖业科技发展战略研究……339
引　言……339
1　国内外养殖业产业发展现状及趋势……340
2　陕西省养殖业产业发展现状及趋势……342
3　陕西省"十三五"养殖业产业科技发展战略……348
4　实施措施及政策建议……351

第十四篇　陕西省"十三五"现代生物医药产业科技发展战略研究……353
引　言……353
1　国内外生物医药产业发展现状及趋势……354
2　陕西省生物医药产业发展现状及趋势……362
3　陕西省"十三五"生物医药产业科技发展战略……366
4　实施措施及政策建议……371

第十五篇　陕西省"十三五"生态环境保护科技发展战略研究……372
引　言……372
1　国内外生态环境保护科技发展现状及趋势……373
2　陕西省生态环境保护科技发展现状及趋势……374
3　陕西省"十三五"生态环境保护科技发展战略……378
4　实施措施及政策建议……382

第十六篇　陕西省"十三五"网络安全重大科技战略研究……385
引　言……385
1　国内外网络安全产业发展现状及趋势……385
2　陕西省网络安全产业发展现状及趋势……390
3　陕西省"十三五"网络安全产业科技发展战略……400
4　实施措施及政策建议……407

第十七篇　陕西省"十三五"现代服务业科技发展战略研究……409
1　创新驱动的实现路径……409
2　现代服务业的形成路径……410
3　现代服务业的发展逻辑……410
4　陕西省现代服务业发展现状及问题……413
5　陕西省"十三五"现代服务业态的战略选择……414
6　陕西省"十三五"现代服务业的科技创新策略……419
7　政策建议与保障措施……422

第十八篇　陕西省"十三五"自然科学基础研究发展战略研究……425
引　言……425
1　国内外自然科学基础研究发展现状及趋势……425

  2 陕西省自然科学基础研究发展现状分析 ·· 431
  3 陕西省"十三五"自然科学基础研究发展战略 ································· 435
  4 实施措施及政策建议 ·· 439

第十九篇 陕西省"十三五"高新技术产业园区发展战略研究 ················ 441
  引 言 ··· 441
  1 国内外高新区发展现状及趋势 ·· 442
  2 陕西省高新区发展现状及问题 ·· 447
  3 陕西省"十三五"高新区发展环境 ··· 452
  4 陕西省"十三五"高新区战略目标 ··· 458
  5 陕西省"十三五"高新区战略措施 ··· 461

第二十篇 陕西省"十三五"科技创新平台建设战略研究 ························ 468
  引 言 ··· 468
  1 国内外科技创新平台建设发展现状 ·· 468
  2 陕西省科技创新平台建设发展现状分析 ·· 472
  3 陕西省"十三五"科技创新平台建设发展战略 ····························· 477
  4 政策建议与保障措施 ·· 482

第二十一篇 陕西省"十三五"科技与金融融合发展战略研究 ················ 484
  引 言 ··· 484
  1 科技与金融融合发展机制 ·· 485
  2 陕西省科技与金融融合发展现状及存在问题 ································ 489
  3 国内外科技与金融融合发展经验 ·· 491
  4 陕西省"十三五"科技与金融融合发展战略 ································· 493
  5 实施措施与政策建议 ·· 500

第二十二篇 陕西省"十三五"文化与科技融合发展战略研究 ················ 503
  引 言 ··· 503
  1 国内外文化与科技融合发展概况 ·· 503
  2 陕西省文化与科技融合现状 ·· 506
  3 陕西省"十三五"文化与科技融合发展战略 ································· 513
  4 实施措施及政策建议 ·· 519

第二十三篇　陕西省"十三五"财政科技投入管理对策研究·············522
- 引　言·············522
- 1　国内外财政科技投入概况·············524
- 2　陕西省财政科技投入现状分析·············540
- 3　陕西省"十三五"财政科技投入管理的战略构想·············554
- 4　陕西省"十三五"财政科技投入管理的主要任务·············556
- 5　陕西省"十三五"财政科技投入管理的保障措施·············558

第二十四篇　陕西省"十三五""一带一路"科技发展战略研究·············563
- 引　言·············563
- 1　陕西省"十三五""一带一路"科技发展战略编制概要·············564
- 2　陕西省"十二五"科技发展成就与问题·············566
- 3　"一带一路"战略中关于科技战略的主要内容·············574
- 4　陕西省科技在"一带一路"中的战略分析·············577
- 5　陕西省"十三五""一带一路"科技战略选择·············583
- 6　保障措施·············592
- 7　结语·············596

第一篇

陕西省"十三五"科技发展总体战略研究

组织单位：陕西省科学技术厅发展计划处
课题承担单位：陕西省科学技术信息研究所
课题负责人：张　薇
课题组成员：高凤莺　王　军　贺福明　陈红亚　施　蕾　李　鹏
　　　　　　张秀妮　李苗苗　陈金星　窦筱欣　韩　非　魏睿新
　　　　　　胡启萌　谢　铭　杨忠勇　王小娜　冯　蕾

引　言

"战略"一词古已有之，最早专属于军事，但就"战略"概念本身，至今还没有公认、权威的定义[①]。通常是指在一定历史时期，用以指导一个系统达到一个较高发展目标而进行的关系到全局发展的重大谋划和设计，是战略思维结合战略目标、战略途径和战略手段的具体产物。战略具有全局性、目的性、前瞻性、系统性和阶段性等特点。伴随着时代变迁，其内涵不断发生变化。进入现代后，随着研究对象、研究领域、研究视野、研究方法的不断扩展，战略研究逐渐从军事领域扩展到总体战略、国家战略、区域战略和全球战略。

科技发展战略，是关于科技发展的长远规划和考虑，是科技领域中重大的、带有全局性的谋划和设计，是未来科技的远景蓝图；它反映了一个国家或地区对科技事业的选择和定位，直接决定着政府介入科技事业的方向和力度，是国民经济和社会发展总体战略的重要组成部分。

制订科技发展战略是一项庞大的系统工程，具有多层次性、全方位性和阶段性特征。其所确定的战略目标和发展方向，是一种原则性和概括性的规定，是对未来纲领性的设计。同时，科技发展战略也具有风险性，要随时关注环境变化，及时予以调整。

依据不同的划分方式，科技发展战略具有不同的类型。若按照地域因素划分，可分为国家科技发展战略、地方（区域）科技发展战略等；若按时间因素划分，可分为长期科技发展战略、中长期科技发展战略，以及中期科技发展战略等；若按内容因素划分，又可分为总体战略和专题战略等。除此之外，还有其他的分类方式。本课题主要研究陕西省"十三五"科技发展总体战略，属于"地方—中期—总体"的组合。

---

① 军事科学院战略研究部. 战略学 [M]. 北京：军事科学出版社，2001：10.

一般讲，地方科技发展战略需要在符合国家总体科技发展战略部署的前提下，深入分析国内外科技发展大趋势，准确把握本地区现状环境和面临的机遇挑战，聚焦本地区经济社会发展中的重大科技问题，坚持目标导向和问题导向，充分利用地方（区域）资源和自身发展优势，针对区域特点进行具有地方特色的科技发展研究和思路设计。

本课题主要采用文献研究、专家咨询、统计分析、比较分析等多种方法，定性分析与定量分析相结合，从国际科技发展新趋势入手，分析了全球科技发展新特征和主要国家的竞争形势，总结论述了我国科技发展所处的新阶段和创新发展的重大意义；采用SWOT分析法，对陕西科技发展的基础与优势、问题与不足、形势与机遇等方面进行了分析，从原则指引、目标设计、战略重点和战略手段等方面提出了"十三五"陕西省科技发展的战略构想。研究思路框架如图1-1所示。

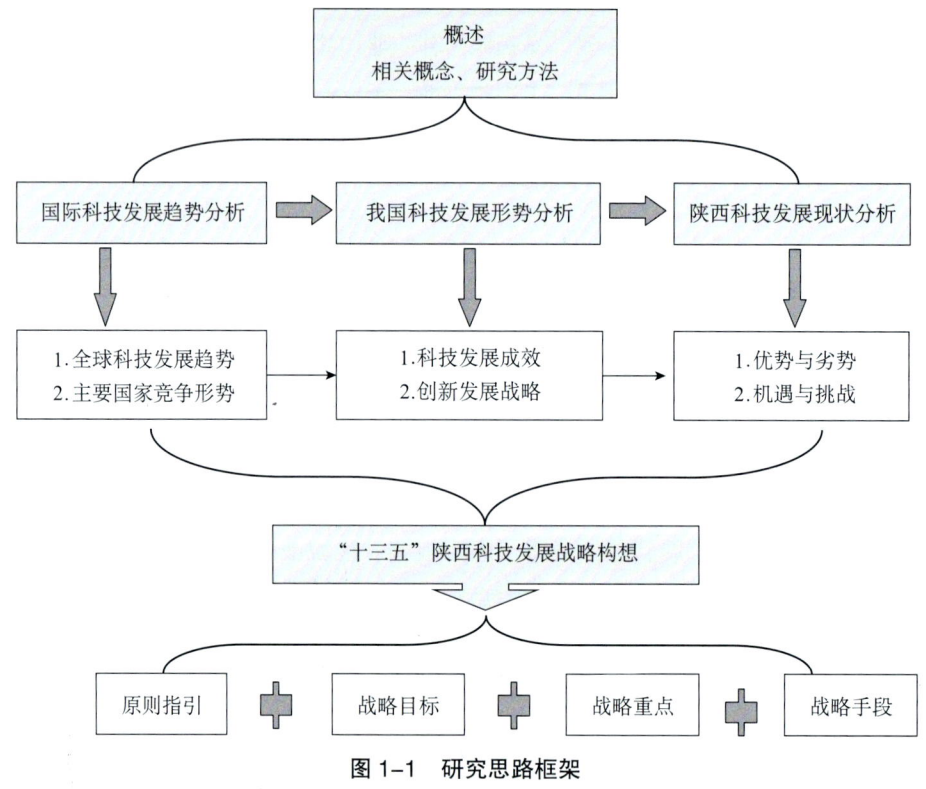

图1-1 研究思路框架

1 国际科技发展新趋势

当今，新一轮科技革命蓄势待发，物质结构、宇宙演化、生命起源、意识本质等一些重大科学问题的原创性突破正在开辟新前沿、新方向，一些重大颠覆性技术创新正在创造新产业、新业态。信息技术、生物技术、制造技术、新材料技术、新能源技术广泛渗透到几乎所有领域，带动了以绿色、智能、泛在为特征的群体性重大技术变革。大数据、云计算、移动互联网等新一代信息技术同机器人和智能制造技术相互融合步伐加快。科技创新链条更加灵巧，技术更新和成果转化更加快捷，产业更新换代不断加快，使社会生产和消费从工业化向自动化、智能化转变，社会生产力将再次大提高，劳动生产率将再次大飞跃。美国国家情报委员会撰写的《全球趋势2030：多元的世界》认为：现阶段人类面临的复杂而严峻的问题，既是对经济社会的挑战，更是对科技的挑战，需要综合运用自然科学、人文社会科学和各种技术手段去研究、去创新、去解决。世界科技发展新态势下，未来全球重点关注或可能取得重大突破的科技领域、世界主要发达国家科技发展的战略和态势都将影响我国科技发展的方向和战略选择。

1.1 全球科技发展新特征

（1）科学技术发展表现出加速化、融合化、全球化特点

科学知识爆炸性增长，科技发展呈现多点突破、交叉汇聚特点。全世界每年登记的发明专利超过30万件，平均每天有800～900件专利问世[①]；科技创新链条更加灵巧，产业更新换代速度加快，"科学发现→技术实现→生产应用"周期大大缩短。如人类基因组、超导、纳米材料等许多属于基础研究的成果，在中间成果阶段就申请了专利，有些甚至迅速转化为产品走进生活，使科技成果应用到产业商品化的周期不断缩短。

学科交叉融合加速，新兴学科不断涌现，前沿领域不断延伸。前沿基础研究向宏观拓展、微观深入和极端条件方向交叉融合发展，基础学科之间、基础学科和应用学科、自然科学和人文社会科学相互联系，传统意义上的基础研究、应用研究、技术开发和产业化的边界日趋模糊。学科交叉点往往就是重大突破点，同时科学领域前沿不断延伸拓展，并持续催生新兴学科不断涌现。以基本粒子、宇宙演化、脑科学、生命起源、基因科学等为代表的重要基础科学领域加快演进和交叉融合，正在或有望取得重大突破性进展，科学突破的巨大能量正在不断累积。

随着科技资源全球流动的加快和国际科技合作的频繁，科技全球化的趋势日益明显。全球气候变化、能源资源短缺、粮食和食品安全、网络信息安全、大气海洋等生态环境污染、重大自然灾害、传染性疾病疫情和贫困等一系列问题成为全球共同的挑战，携手合作成为必然选择，国际性、全球性趋势明显加快；此外，大型跨国公司在不同国家（地区）加速建立研发机构，以充分利用全球科技资源，获得更强大的竞争力，使得科技创新活动不断突破地域、组织、技术的界限，日益社会化、大众化、网络化。

（2）前沿科技领域呈现群体突破态势

以往的科技革命都是由单项技术所引发的，而当今世界科技正呈现出新的发展特征，新的科技革命不只是表现为单一技术、单一领域的发展，而是表现出群体性突破特征，表现为新技术群、新产业群的崛起，标志着科学技术进入了一个前所未有的创新密集时代。信息网络、生物科技、清洁能源、新材料与智能制造等领域呈现群体跃进态势。信息技术成为率先渗透到经济社会生活各领域的先导，加快成为各领域创新的核心引领和共性平台，融入经济、社会及人类生活的方方面面；以低碳、高效为主要特征的新能源技术将改变经济社会发展的

---

① 数据来源：《全球趋势2030：多元化的世界》，该研究报告由美国国家情报委员会发布，对2030年前可能出现的世界性趋势进行预判，为美国政府提供未来15～20年的全球战略评估框架。

动力结构；以智能、绿色、服务为主要特征的先进制造技术将对传统的制造业生产组织模式产生革命性的影响；以生命科学、生物育种、工业生物为代表的生物技术正推动健康、农业、资源环境等领域的持续发展；海洋、空间技术不断拓展人类活动疆域和发展空间，成为大国必争的技术高地和战略前沿。信息互联网技术领跑"第三次工业革命"，其与新能源、先进制造、生物等新兴技术的加速突破和融合发展具有重塑全球产业体系的潜力。

(3) 科技革命改变着人类生产/生活方式和行为方式

颠覆性技术不断涌现，正在催生新产业、新业态、新模式，对人类生产方式、生活方式乃至思维方式产生前所未有的深刻影响。量子计算机、非硅信息功能材料、第5代移动通信技术（5G）等下一代信息技术，帮助人类实现"信息随心至、万物触手及"的体验；服务机器人、智能穿戴设备等的普及，将会持续提升人类生活质量；基因测序、干细胞与再生医学、分子靶向治疗、远程治疗等技术应用，将使医学模式进入个性化精准诊疗和低成本普惠医疗的新阶段。"互联网+"的蓬勃发展，形成了无处不在、无时不在的信息网络环境，改变着人类的工作和生活方式。如，电商化：颠覆了传统的产销方式和社会生产循环路径；集成运营商：颠覆了传统的公司管控方式（零库存）；"慕课教育"：颠覆了传统的教育模式；自中心化：颠覆了传统的人类行为方式和创新创业方式；等等。

(4) 可持续发展的重大科技问题成为全球关注焦点

谋求在能源、环境、人口健康、空间和海洋资源开发利用等关系可持续发展的重大问题上的重大科学突破和技术变革，成为推动科技创新的强大驱动力。主要发达国家近年来不断推出新兴产业发展和国家竞争力提升的计划，将环保、清洁能源、新材料、生物、医疗健康、智慧地球、创意产业等作为优先发展的战略性新兴产业。以低能耗、低污染为基本特征的低碳经济概念成为热点，带动相关领域科技创新日趋活跃。加速实施"三深"（"深空"—空间、"深海"—海洋、"深蓝"—信息安全）战略成为世界主要国家的战略选择。

(5) 全球科技创新竞争格局重新调整

经济全球化对创新资源配置日益产生重大影响，各创新要素全球流动的速度、范围和规模将进一步加剧，技术转移和产业重组不断加快。发达国家和新兴国家纷纷推出各类政策和计划，进行科技资源和优秀人才的全球化竞争，推动着全球科技创新格局深度调整。随着经济全球化进程的加快和新兴经济体的崛起，发达国家在科技创新上的优势逐渐缩小，中国、印度、巴西、俄罗斯等新兴经济体对全球科技的贡献率也在快速上升。美国巴特尔研究所2013年年底发布的《2014年全球研发资金预测》报告指出，美欧占全球研发经费投入总量的比重从2009年的61%，降至2014年的52%，亚洲地区所占份额则从33%增至40%，其中日本所占份额保持在20%左右，中国所占份额从10%增至18%。

世界发达国家综合优势依然明显，科技顶尖人才、专利等创新资源仍主要以发达国家为主导，成为科技创新资源全球流动配置的主要受益国。与此同时，新兴国家纷纷推出科技创新政策和国家人才计划，积极参与科技创新资源流动配置的全球化竞争。新兴经济体创新地位显著提升，推动结构调整和转型发展加速向产业价值链中高端攀升，世界创新格局和版图呈现东移趋势，将有可能深刻影响及改变国家力量对比，成为重塑世界经济结构和国家竞争格局的关键。未来全球科技创新格局将由以欧美为中心向北美、东亚、欧盟"三足鼎立"的方向加速发展。

1.2 主要国家和地区竞争形势

(1) 强化创新战略部署

面对着世界经济科技格局的新变化、新挑战,主要发达和新兴国家(经济体)均将科技创新战略作为国家发展的核心战略,既着眼于应对国际金融危机的深层影响,着力推进再工业化、壮大实体经济,解决当前危机,更着眼于长远战略性发展,纷纷将科技创新作为国家(地区)发展战略的核心,不断增大科技创新投入的力度,加强对人才、资本、市场、专利等战略性创新资源的争夺,围绕重点科技和产业领域强化部署,制定重点产业发展规划,在重要领域加强布局,更加重视通过科技创新来优化就业结构、推动可持续发展和提升国家(地区)竞争力,力图保持科技前沿领先地位,抢占未来发展制高点。

1) 美国

美国政府 6 年发布 3 部创新战略,以积极应对金融危机,推动经济复苏和强劲增长。为应对 2008 年金融危机,2009 年出台《美国创新战略:迈向持续增长和高品质就业》;为推动经济复苏,2011 年推出第 2 部创新战略《美国创新战略:确保经济增长与繁荣》;为顺应创新态势的新变化,应对国家和全球面临的新挑战,2015 年推出第 3 部创新战略《美国创新战略》(2015 升级版),强调创新是经济增长的源泉,是应对重大挑战的有力手段,首次提出"包容性创新"和"政府服务创新",重视全民创新,并通过政府服务创新营造更优的创新生态。要向创新的基本要素投资,促进基于市场的创新,在国家优先领域催生重大突破,保持在前沿科技领域的领先地位。

举措

2015 年 10 月《美国创新战略》提出联邦政府将通过 3 套战略计划拓展创新要素,强调要重建美国在基础研究领域的领先地位;保持在生物科技、信息科技、航空航天、纳米科技、先进制造等高科技领域的世界领先地位;建设先进的物资基础设施,发展先进的信息技术生态系统;培养新世纪新一代人才,建设世界一流人才队伍;促进刺激有效创业的竞争市场。建设跨部门组织实施脑科学、大数据等专项计划。同时确定了九大优先发展领域:精密医疗、卫生保健、大脑计划、先进汽车、智慧城市、清洁能源和节能技术、教育技术、太空探索和高性能计算。

2015 年 5 月美国启动《开放制造计划》,全面评估增材制造及材料。美国国防部高级计划研究局(DARPA)宣布推出开放制造(Open Manufacturing)计划,该计划旨在提高对于增材制造及其他先进制造相关的各种工艺和材料的理解。DARPA 的这些举措有可能对于 3D 打印技术(增材制造)在制造领域应用推广速度产生重大影响,尤其是在航空航天和军用部件的生产制造方面。

---

2) 欧盟

欧盟于 2010 年推出《欧盟 2020 发展战略》,力求依靠科教创新,加快经济社会转型步伐,从而占据未来长远发展的战略制高点和主动权。并提出了智能型增长、可持续增长、包容性增长等三大战略优先任务;创新联盟、青年行动、欧洲数字化进程、高效利用资源、产业政策全球化、新技能和新工作计划、消除贫困的欧洲平台等七大配套旗舰计划。

2014年欧盟启动新的研究与创新框架计划——《地平线2020》（2014—2020年），资助额度近800亿欧元。《地平线2020》主要包括基础研究、应用技术和应对人类面临的共同挑战"三大战略优先领域"和"四大资助计划"，分卓越科学、领先工业和社会挑战三大部分，其主要目的是整合欧盟各国的科研资源，提高科研效率，促进科技创新，推动经济增长和增加就业，几乎囊括了欧盟所有科研项目。

3）德国

2006—2014年，德国政府用了8年的时间出台了3部高技术战略和《工业4.0计划》，把高技术战略拓展为一个"全面的、跨部门的国家创新战略"，这在当代德国历史上是史无前例的动作。一系列高新技术战略整体方案，形成了国家科技发展的总体思路，确定了不同领域创新目标的优先顺序和新方式，如集群竞争、创新联盟等。高技术战略已成为德国政府再造国家核心竞争力的基本路径。

2014年出台的《新的高技术战略——创新为德国》（3.0版），确定了高技术战略发展的六大任务：数字化经济与社会、可持续发展及能源、创新的优质工作环境、健康生活、智能交通、民生安全。此外，政府和产业界合力推动实施的《工业4.0计划》，旨在推动信息技术与装备制造业的融合，以信息化的装备制造为核心推动实体经济发展；其两大主题是"智能工厂"和"智能生产"，其目标是让德国成为"工业4.0"技术的领先供应国和面向未来的生产基地和主导市场，把德国建为创新世界冠军。

举措

2006年，推出了第一个政府自上而下的《高技术战略》（1.0版）。

2009年，出台了《思想·创新·增长——德国2020高技术战略》（2.0版），强调要利用科学技术解决德国所面临的最严峻的经济与金融环境挑战。

2014年，推出的《新的高技术战略——创新为德国》（3.0版），旨在将创意迅速转化为创新产品和服务，以维持德国作为经济大国、出口大国和创新领导国的地位。与前两个版本相比，新高科技战略内涵更加丰富，囊括了从创意产生到转化为商品和服务的全过程。

2015年，出台了能源转型的哥白尼克斯计划、IT安全研究计划、"基因组编辑新方法对社会影响"研究计划、建立新的工业4.0合作平台等一系列支持研究和创新的计划。

2015年，推出与中国加强科技合作的《中国战略2015—2020》，它包含了两国将具体合作的35个侧重点、9个行动领域，涵盖创建持续性科研合作机制，以及电动汽车、光电子技术、数字化经济等关键技术，生命科学及可持续性应对全球生态和环境挑战等内容。

4）日本

2013年，日本内阁会议通过《科学技术创新综合战略2014》，提出2030愿景，把科技创新作为日本经济再生的引擎，并确定了三大核心跨领域技术：信息通信技术、纳米技术、环保技术，欲使其成为增强日本产业竞争力的源泉。在加强科技创新宏观统筹等方面先后推出了一系列重大举措，来推进科技振兴与创新政策一体化进程，如：设立"科技创新预算战略会议;将原最高科技决策机构内阁府"综合科学技术会议"改组为"综合科学技术创新会议"，并加强其司令部职能;设立"创新性研究开发推进委员会",实施"战略性创新创造计划"和"创新性研究开发推进计划";出台了《科学技术创新综合战略》,提出实施"科技创新国际战略",通过跨国扩散和跨国集聚两种方式相互作用,促进国际科技创新无国界化;完善研究环境,吸引更多外国优秀人才;推进大规模国际研发合作活动;开展产学研官一体化科技外交;根据国别特性实施国际战略。

> **举措**
>
> 2014 年,将机器人、下一代清洁能源汽车、再生医疗及 3D 打印技术作为今后制造业发展的重点,并写进了《制造业白皮书》。
>
> 2015 年,发布了《科技创新综合战略 2015》,强调推进绿色能源、医疗、基础设施、大数据等行业的科技创新。
>
> 2016 年,出台了《科学技术创新综合战略 2016》,包括实现超智能社会(Society 5.0),加强年轻研究人员的培养、促进女性人才活跃为首的人才力量,整体推进大学改革和研究经费改革,创新构建人才、知识、资金的良性循环系统,加强科学技术创新的推进功能等 5 项重点项目。

5) 俄罗斯

俄罗斯实施促进经济由资源型向创新型转变的战略,颁布了《2013—2020 年国家科技发展规划》、《基础科学研究长期规划(2013—2020)》和《2013—2020 年国家科学院基础科学研究计划》等多个重要的科技发展规划,出台了《俄罗斯联邦 2020 年创新发展战略》等,以增强科技竞争力,确保科技在现代化建设中的主导作用。

改革和完善国家科技与创新管理机构。成立直接隶属于总统的"经济现代化和创新发展委员会",协调各地制定研发计划及成果商业化措施等;设立顶层统筹机构,成立"政府高新技术和创新委员会",协调国家创新活动;改革国家科学院系统,将属于科学院的科研所管理权转交给总理直辖的联邦科研机构管理,提高科研效率;成立俄罗斯科学基金,致力于支持科研机构进行基础研究和探索性研究,促进知识密集型产品研发及国际合作;新设俄罗斯前景研究基金会,仿照美国 DARPA 模式,鼓励高风险高回报型研发,保障俄罗斯在国防科技领域达到领先水平。

进一步推动和完善区域科技创新集群建设。创建斯科尔科沃创新中心——俄罗斯"硅谷",集聚节能技术、核技术、医疗技术、电信技术和信息技术领域的国内外科研机构、高校和企业的实验室及分支机构,形成俄罗斯最大的新技术研究中心,并不断提高其战略高度;选择 25 个区域创新集群试点项目,涉及制药、生物技术、生物医疗、新材料、核物理、纳米技术、信息技术、节能技术、航空航天、石油化工、汽车制造及船舶制造等高新技术领域,从 2013 年起,每年投资 50 亿卢布予以支持。

> **举措**
>
> 《俄罗斯联邦 2020 年创新发展战略》,拟拨款 16 033 亿卢布支持科技创新。主要发展目标是,到 2020 年:技术创新企业比例提高到 40%~50%;高科技产品和服务占世界市

场份额达到5%～10%；高技术产品出口额占世界高技术产品出口总额的比例达到2%；创新产品增加值占本国GDP比重达到17%～20%；研发投入占GDP比重达到2.5%～3%。

提出五大重要任务：培养适应创新经济需求的科技人才，扩大创新企业家数量；促进创新企业建立，扶持创新企业发展，通过创新提高生产率、生产力，实现产业现代化；建立高效的国家科研体系，扶持企业研发，加强科研机构与企业技术合作；支持创新企业走向国际市场，参与全球创新合作；加强国际合作。

6）韩国

韩国政府先后确定了《第二次核聚变能源开发振兴基本计划（2012—2016年）》、《自由贸易协定时代的国家研发战略》和《第六次产业技术创新计划（2014—2018)》等战略部署，目标是到2018年，产业技术水平达到发达国家的90.4%；主导产业世界市场占有率达到11.6%；高技术产业产品出口比重达到35%；大学、研究机构研发支出中企业承担的比重达到5%；每万名研究人员三方专利数量世界排名提升至第5位。

提出打造产业技术生态系统的良性循环，促进产业生态系统的进化发展；摆脱以模仿和应用为主的追赶型经济增长模式，抢先发掘能引领未来市场有前景的新产业；催化民间技术创新活动，政府在市场失灵可能性大的高风险领域进行战略性投资。通过加强研发创新主体力量及相互联系合作，提高产业技术创新能力；加强先导性、融合型战略技术开发，在系统、材料及零部件、能源、创意等四大产业推动大型融合技术和产业核心技术开发，发掘13项大型融合课题和156项产业核心技术课题，持续推进5个未来产业先导技术开发项目。确保主导产业和新兴产业的全球竞争力，实现向先进产业强国飞跃的目标，使韩国迈入先进产业强国行列。

举措

2013年，韩国政府颁布了《创造经济行动计划》，希望通过创造经济实现以国民创意为基础的领先型经济增长，开启充满希望的新时代。确定了三大目标：一是通过创造和改革增加工作岗位和扩大市场；二是增强创造经济的全球领导力；三是建设一个尊重创意并让其得到充分发挥的社会。实施六大举措：一是打造一个奖励创意并容易实现创业的社会环境；二是让风险投资企业和中小企业成为创造经济的主力军并大力开拓全球市场；三是创造可以开拓新产业和新市场的新增长动力；四是培养拥有梦想和挑战精神的创意人才；五是加强科学技术和信息通信技术的创新能力；六是培养国民和政府共同参与的创造经济文化。

2015年，发布了《政府研发创新方案实施方案计划》，韩国将加强政府资助研究机构的职能，创新政府的研发计划、管理和评估，实现政民间、产学研间的职能差别化发展。还发布了《K-ICT战略草案》，该战略草案提出五大优先方向，以及培育九大战略性产业（包括软件、物联网、云计算、信息安全、5G移动通信、超高清、智能设备、数字内容、大数据）。此外，还提出了《韩国石墨烯商业化推进技术路线图2015—2020》和《纳米技术产业化战略》。

除以上国家（地区）外，其他国家也纷纷出台了未来的科技创新规划，如：印度提出"在2020年成为知识型社会与全球科技领导者"；巴西制定了《2012—2015年国家科技创新战略》，并继续推进《创业巴西计划》；南非发布了《国家发展规划：2030年愿景》，继续推进实施《2008—2018：面向知识经济的十年创新计划》、《面对全球变化重大挑战的国家研究计划》和《南非生物技术战略》等战略规划；西班牙颁布了《国家创新战略》；瑞士提出《2013—2016教育、科研与创新发展规划》；丹麦发布了《研究2020》等。2015年，以色列发布首份《国家创新报告》，概述了以色列高技术产业，分析了不同产业部门面临的挑战、机遇及发展趋势。该报告首度清晰描绘了以色列国家创新生态体系，指出构成以色列创新生态体系至关重要的5个要素，提出保持国家持续创新能力需要实现4方面的突破。加拿大提出《2015经济行动计划》（EAP2015）——旨在支持就业、增长与安全的平衡预算与低税收计划，力图通过提高国家竞争力，支持可创造就业的企业发展，对基础设施建设进行新的创造性投资，打造高技能劳动力队伍来促进就业与增长。白俄罗斯颁布了《白俄罗斯科技活动优先发展方向2016—2020》，由白俄罗斯部长委员会（政府）负责组织实施。该总统令共涉及9个优先发展的科技领域：能源、能源高效利用及核能；农业机械化技术和生产；工业和建筑技术及生产；医学、制药和医用技术；化学技术及石化；纳米技术；信息通信及航空航天技术；自然合理利用及自然资源深加工；国家安全、防御能力及紧急状态防护等。

总体上看，世界主要国家（地区）面向未来10～20年的科技发展战略关注的重点或目标主要有：①针对全球经济危机带来的经济与社会发展问题，致力于以科技创新来支撑国家经济社会的发展；②瞄准经济社会发展的未来重大竞争战略领域和方向，提前部署科技重点和计划，培育未来战略性新兴产业，抢占未来国家综合竞争力的制高点；③着眼于应对人类面临的日益严峻的能源安全、资源安全、环境变化、人口健康等方面的挑战，适时部署科技战略行动，救赎人类自身于发展困境；④围绕科技创新前沿领域和方向，前瞻和长远部署面向未来的科技计划和行动，引领未来科技竞争方向和世界新科技革命潮流，支撑经济社会长远可持续发展；⑤促进优先领域的科技突破；⑥加强创新合作与联系。

（2）抢占前沿科技领域

纵观当今世界科技发展呈现的趋势，信息科技、生物科技、新材料科技、新能源科技、航空航天科技、海洋科技、环境保护科技等已成为全球高度关注的前沿科技，世界各主要国家（地区）都将这些科技领域作为科技创新发展战略中重点研究开发的高技术领域。

1）信息科技

信息科技成为渗透到经济社会生活各领域的先导技术，信息科技将继续深刻地改变人类的生产与生活方式。信息科技促进传统产业升级，催生新的产业，改变产业结构，世界正在进入以信息科技革命和信息产业为主导的新经济时代。

信息技术发展的趋势是更加集成化、网络化、智能化，高速宽带网、新一代移动互联网、大数据、云计算、人工智能及智能机器人、信息安全等成为研究开发热点。

2）生物科技

生物科技在解决食品、疾病和健康等问题上已经取得并将继续取得重大进展；生命科学与生物技术在为人类解决未来可再生能源和可再生资源方面将发挥重大作用。现代生物技术主要包括基因工程、细胞工程、酶工程、发酵工程和蛋白质工程，生物科技领域的主要前沿技术包括基因组学、蛋白质科学、生物芯片、干细胞及再生医学、转基因技术等。

基因组学已经成为生命科学研究的重要手段；干细胞及再生医学的研究及应用为医疗开

辟了新的道路；生物芯片在医疗和科研领域发挥巨大作用；蛋白质科学领域进入以生物复杂系统为背景的规模性、系统性、整体性研究阶段；转基因技术的发展为功能性食品开发、疫苗生产和疾病治疗提供了新途径，多基因共转技术将给食品、营养、医药、保健等领域带来革命。

3）新材料科技

新材料技术在高新技术中处于关键地位，高新技术的发展紧密地依赖于新材料的发展；新材料产业已被世界公认为最重要、发展最快的高新技术产业之一，对其他高新技术产业的发展都起着重要的支撑作用。新材料科技领域的主要前沿技术包括纳米材料、新型结构材料、功能材料、电子信息材料等。

纳米材料已成为备受关注的新材料之一；低成本、高性能的先进钢铁材料、合金材料、高温结构材料、高分子材料等新型结构材料应用广泛，发展前景乐观；超导材料、生物医用材料、智能材料等功能材料正在形成一个规模宏大的高技术产业群；微电子材料、光电子材料、光子材料等电子信息材料发展呈现新趋势。

4）新能源科技

新能源科技主要包括传统能源的清洁高效利用、新型能源的研究和开发、再生能源的综合利用，以及节能技术研究，从多方面探寻发展新能源的途径。新能源技术发展的总目标是开发利用安全、高效、清洁、经济的能源，以保障人类社会的可持续发展。

新能源的研究开发方向主要包括化石能源高效清洁利用、核能（原子能）、氢能、太阳能、风能、地热能、海洋能、生物能等。

5）先进制造科技

先进制造技术将机械工程技术、电子信息技术、自动化技术、现代管理技术及材料技术等相关科学技术综合交融，应用于产品设计—制造—销售全过程，全球先进制造技术领域呈现出绿色制造、高技术化、信息化、极端制造的发展趋势。

先进制造技术是一个庞大的高技术群，包括绿色设计、并行工程、虚拟样机技术、计算机辅助工艺与制造、数控机床技术、工业机器人、柔性制造技术、先进传感技术、集成制造技术、自动检测及信号识别技术等。

6）农业科技

人口递增、耕地萎缩、水资源匮乏、环境恶化是农业领域科技创新导向的根本因素，高产稳产优产、高效安全是农业科技创新长久的主题，可持续发展是农业科技创新研究的核心。

农业科技创新领域重点的科学问题有：生物多样性演化过程及其机制；高效抗逆、生态农业育种科学基础与方法；营养、土壤、水、光、温度与植物相互作用的机制和控制方法；耕地可持续利用科学基础；全球变化农业响应；食品结构合理演化等。

农业科技创新未来可能重点融合的高新技术有：生物技术正在对动植物育种、生物农药、生物肥料、生物反应器及农业微生物发酵工程等许多领域产生着广泛而深刻的影响。物联网技术催生智慧农业快速发展，以低能耗、低排放、低污染为基础的低碳农业作为一个新兴的发展模式，已经在世界各国悄然兴起。生命科学重大理论创新成果推动农业基础科学快速发展，农业生物组学和动植物分子设计育种已成为农业科技的前沿热点。分子育种是全球农业领域的一个重点战略性产业，分子育种迎来高通量时代，是大豆、玉米、水稻等主要粮食作物发展的主要推动力,成为国际种业竞争的核心技术,已发展成为典型的高科技产业,其未来的发展方向是多基因控制、多目标嵌入的农业分子模块育种。农业分子育种的关键问题有:研发上功能分子集成模块的发掘和利用;建立分子模块育种体系,培育高产、优质、高抗、高效的综合性能优良的新品种。农业防灾、减灾、重大疫病防治和低碳化发展等的应对研究成为热点。

7) 人口健康科技

人口健康是人类对自身关注及发展一切的根基,传统医学模式正在发生深刻变化,健康医学将迎来全新发展机遇,生命科学、再生医学、细胞调控、基因治疗、复杂疾病分子调控网络、新型疫苗、干细胞治疗、脑神经全基因组关联等成为全球各国大力投入研究的重点。

人口健康科技领域的主要前沿技术包括:细胞命运调控的机制等基本问题的重大理论突破;基因组测序技术革新,合成生物学技术将为基因治疗和生物治疗带来新的机遇;干细胞与细胞治疗成为再生医学和组织工程的主要发展方向;人类脑神经全基因组关联研究(GWAS)成为脑科学的重要方向;新型疫苗研发是抗击新发和再发传染病的重点,癌症、代谢性疾病等非传染性疾病的治疗性疫苗将为创新药物研究开启新方向。

8) 空间与海洋科技

空间和海洋科技涉及机械、电子、材料、信息、动力、能源、冶金等多个技术领域,是现代科学技术和基础工业的高度集成,是一种的综合性高技术,可以起到多种前沿技术孵化器的作用,体现了一个国家的综合实力。

9) 重大基础研究与前沿技术

不同科技领域的交叉、渗透、融合将孕育重大科技创新,进而促进众多学科的基本和关键瓶颈问题的解决,将出现一些新的特点:揭开暗物质和暗能量之谜将导致物理学的变革;粒子物理研究将产生重大突破;对量子世界的研究从观测、解释为主走向操控,将进入"调控时代";分子生物学、合成生物学和"人造生命"的突破为认知生命起源和进化开辟新途径;人类大脑及其认知功能、智力本质的研究正在快速发展;数学、物理学、生物学、化学等基础科学理论与方法及与其他领域的结合依然是学科交叉的主要方面;信息科技与生命科学、脑科学及其他领域的结合发展出新的前沿方向,并改变着科研范式。

发达国家尤其重视基础研究,将基础研究作为未来提高国家竞争力的重要举措,基础研究产生的原始创新成果,将产生变革性技术,催生新兴产业,在新的科学技术革命中抢占先机。前沿技术是指高技术领域中具有前瞻性、先导性和探索性的重大技术,是未来高技术更新换代和新兴产业发展的重要基础,是国家高技术创新能力的综合体现。

(3) 加大科技创新投入

世界主要国家都非常重视对科技创新的投入,尤其加大了对前沿科技和基础研究领域的科技投入。

美国政府为了保持在前沿科技领域的领先地位,2012 财年用于国家卫生医药研究院的经费预算为 308 亿美元,超过全部非国防研发预算的 46%;2011 财年和 2012 财年在纳米技术领域的预算分别为 18 亿美元和 21 亿美元;2012 年投入 7000 万美元,建立增材制造创新研究院,推进增材制造(3D 打印)的技术创新。为了恢复其在基础研究领域的领先地位,美国政府提出了要使研发投资占到全国 GDP 3% 的指标。

欧盟实施的研发框架计划(FP1至FP7)总投资近1200亿欧元;《欧盟2020发展战略》提出：到2020年，研发投入从目前不足欧盟总GDP的2%提高到3%;《地平线2020》计划总投资额超过770亿欧元。

德国政府持续加大科研投入，研发经费持续增长。2011年，联邦政府的研发经费支出约为132亿欧元，比2005年增长了46%。特别是加大对高技术和关键技术领域的科技投入。德国政府提出，到2015年，社会总支出中教育和研究的比例增加至GDP的10%，GDP的3%用于研发。

俄罗斯政府为增强国家的科技竞争力，确保科技在现代化建设中的主导作用，《俄罗斯联邦2020年创新发展战略》提出：到2020年研发投入占GDP的比例达到2.5%～3%。除划拨1.6万多亿卢布科技资金外，还划拨6365亿卢布补充资金予以支持实施《2013—2020年国家科技发展规划》；未来8年联邦政府将投入1252亿卢布支持创建斯科尔科沃创新中心；从2013年起，每年投资50亿卢布支持完善区域创新集群建设。

韩国政府提出了"加大对基础和原创研究投入的方案"，不断加大政府科技预算中基础研究的投入比重。该比重已经从2008年的26%，提高到2012年的35%。2013年，具有创新跨越性的研发项目经费占各部委研发预算的比重达到15%，2014年达到20%，中长期将达到30%～40%。2014—2018年投入17.8万亿韩元（约合170亿美元）加强先导性、融合型战略技术开发。

美国、德国、法国等工业发达国家，在基础研究中的投入占其研发总支出的比例在12%以上，各国对基础研究的资助都是以政府为主体，基本形成了包括企业、大学和非营利部门对基础研究多元化投入的格局。

（4）重视创新人才资源

当今，全球人才争夺战愈演愈烈，世界主要国家一方面出台措施加大对国际科技人才的吸引力，另一方面更加注重通过科学奖励、产学研合作、国际交流等方式，加强对本国科技人才的培养，呈现出侧重对青年人才、独创性人才、面向产业需求的人才及国际化人才的培养趋势。

21世纪以来，美国先后出台《实现美国潜能的科技人才》(2003年)、《站在风暴之上》(2005年)、《美国竞争力法案》(2007年)、《美国创新战略》(2009年、2011年)等战略，人才的培养与开发是其重要的组成部分。例如，《美国创新战略》中提到"美国要培养具有21世纪技能的人才"，"造就21世纪最优秀的科学家和工程师"，"确保增强21世纪美国的科学、技术和工程劳动力"及"加强美国科学技术工程与数学（STEM）教育，恢复美国大学入学率世界第一的地位"等战略目标。此外，制定了一系列人才政策和法律，如设立国家奖项激励科技人才，完善科学技术工程与数学领域基础教育，通过产学合作加强科技人才的教育与培养，培养高新技术产业发展所需人才，重视对青年科学家的培养与资助，加强《美国竞争力法》、《高科技人才绿卡法律草案》等法规，明确提出从法律上保证人才生成与发展。

欧洲一些国家将挖掘具有潜能的人才作为人才开发的重要部分，采取更加有效的激励措施，加快人才开发，促进人才辈出，发挥人才"生态圈"效应，营造人才生长发展的有利社会环境。欧盟将人才计划作为"四大资助计划"的重要内容列入《地平线2020》计划，予以重点支持。法国主要通过奖励和专项资助计划等方式实施人才开发与培养，2009年出台首个

《国家研究与创新战略》，其中提到：要修改人力资源政策，吸引移居海外的法国研究人员回国，并提升科技职业的价值使其更具吸引力和竞争力。比如，国家科研署推荐的优秀领军人才计划、博士后返回计划及为欧盟国家提供玛丽·居里奖学金计划等；要通过建立新的机制，如联合带头人、奖金、流动援助金等，大力发展高等教育和研究职业中的特有管理文化。英国政府在 2010 年发布的《科学世纪：保障未来繁荣》报告中提到：最重要的资源是人才，而人才的关键在于教育培训的质量，并提出应将更多的研究理事会基金用于资助研究者主导的研究，延长英国博士生的培训时间并提高培训质量，支持对研究人员的技能培训，增加博士后研究职位的数量。

日本推出《人力资源开发计划 2012》，旨在培养和支持青年科技人员的成长；在《第四期科学技术基本计划》(2011—2015 年）中，提出将对科技人才的培养与开发体系进行改革。

韩国推出"振兴理工科五大战略"、"21 世纪韩国精英工程"等一系列重要举措，确立科技人才战略。

综上，全球新一轮科技革命和产业变革蓄势待发。科学技术从微观到宏观各个尺度向纵深演进，学科多点突破、交叉融合趋势日益明显。物质结构、宇宙演化、生命起源、意识本质等一些重大科学问题的原创性突破正在开辟新前沿、新方向，信息网络、人工智能、生物技术、清洁能源、新材料、先进制造等领域呈现群体跃进态势，颠覆性技术不断涌现，催生新经济、新产业、新业态、新模式，对人类生产方式、生活方式乃至思维方式将产生前所未有的深刻影响。科技创新在应对人类共同挑战、实现可持续发展中发挥着日益重要的作用。全球创新创业进入高度密集活跃期，人才、知识、技术、资本等创新资源全球流动的速度、范围和规模达到空前水平。创新模式发生重大变化，创新活动的网络化、全球化特征更加突出。全球创新版图正在加速重构，创新多极化趋势日益明显，科技创新成为各国实现经济再平衡、打造国家竞争新优势的核心，正在深刻影响和改变国家力量对比，重塑世界经济结构和国际竞争格局。

2 我国科技发展新阶段

2.1 科技发展成效

经过几十年的持续快速发展，我国经济总量跃居世界第二，人均 GDP 接近 8000 美元。总体上看，我国科技创新能力稳步提升，部分领域进入世界前列，整体上与国际先进水平差距进一步缩小，对世界科技发展的影响迅速提高。科技创新已步入从跟踪为主转向跟踪和并跑、领跑并存的新阶段，在国家发展全局中的核心位置更加凸显，在全球创新版图中的位势进一步提升，我国已成为具有重要影响力的科技大国。

（1）科技创新能力实现历史性跃升

科技创新整体水平加速从量的积累向质的飞跃、从点的突破向系统能力提升阶段迈进。原始创新能力大幅度提升。基础研究加速赶超国际前沿，取得量子通信、铁基高温超导、生命起源与演化等一批具有国际影响力的重大成果；战略高技术领域实现重要突破，取得载人航天和探月工程、载人深潜、深地钻探、超级计算、量子反常霍尔效应、量子通信、中微子振荡、诱导多功能干细胞等重大创新成果；大陆科学家首次获得诺贝尔奖。2015年，全社会研究与试验发展经费支出达 14 220 亿元人民币；国际科技论文数量稳居世界第 2 位，被引次数位居第 4 位；每万人口发明专利拥有量达到 4.9 件，比 2010 年增加 2.8 件；2014 年国际专利（PCT 专利）申请量跃居全球第 3 位，三方专利数排名世界第 6 位，全球 PCT 专利申请量最大的 3 家公司中，中国占据两席（华为位居榜首，中兴排第 3 位）；全国技术合同成交金额达到 9835 亿元人民币；国家综合创新能力跻身世界第 18 位，经济增长的科技含量不断提升，科技进步贡献率从 2010 年的 50.9% 提高到 2015 年的 55.3%，我国已成为具有重要影响力的科技大国。

(2) 科技有力支撑引领经济社会发展

国家科技重大专项在战略必争领域突破一批关键技术，形成一批重大装备和战略产品，有力促进了经济结构调整和战略新兴产业培育和发展。高速铁路、特高压输变电、核电、水电装备、4G 移动通信、对地观测卫星、北斗导航、电动汽车等取得重大突破，部分产品和技术开始走向世界；农业科技创新能力大幅提升，杂交水稻等粮食丰产工程取得重大成效，超级稻百亩均产达 1026.7 千克，创下新的世界纪录；科技惠民成效显著，国产医疗器械推广应用为人民健康做出重要贡献，乙型脑炎减毒活疫苗首次进入联合国机构的药品采购清单并向全球供货；"蓝天工程"在应对大气雾霾等方面取得积极进展。国家自主创新示范区和高新区成为经济发展的重要增长极。

截至 2014 年年底，我国高速铁路总里程达 1.6 万千米，占据世界高铁总里程的 50% 以上；具有完全自主知识产权的新一代高速列车技术达世界领先水平，为我国铁路客运产业的快速发展奠定了重要的技术基础，并正向谱系化、智能化、绿色化方向发展。高速列车使我国铁路客运能力得到极大扩充，给人们出行带来极大方便，大大降低了交通运输的社会成本，对沿线地区经济发展起到重要促进作用，产生巨大的社会经济效益。

移动通信技术有力支撑了我国移动通信产业实现"2G 跟随"、"3G 突破"、"4G 同步"的跨越发展，通信制造业进入世界前列，华为、中兴等骨干企业国际竞争力进一步提升，我国提出的 5G 关键指标参数被国际标准组织采纳。

全面掌握特高压输变电的核心技术，建立了特高压技术研发体系，实现特高压交流 1000 千伏特、直流 ±800 千伏特系列成套装备国产化，特高压交直流设备国产化率均超过 90%，在特高压输变电领域达到世界领先水平；2014 年，国家电网公司中标巴西特高压输电项目，特高压输变电技术首次走出国门，打破了欧美发达国家在国际市场上的垄断地位。

(3) 科技体制改革向纵深迈进

党的十八届三中全会通过《中共中央关于全面深化改革若干重大问题的决定》之后，中央提出"四个全面"战略布局，发布了《中共中央国务院关于深化体制机制改革加快实施创新驱动发展战略的若干意见》（中发〔2015〕8 号），把深化体制机制改革作为实施制造强国战略的重要支撑和保障措施之一。2016 年，在全国科技创新大会上，中共中央国务院印发的《国家创新驱动发展战略纲要》，明确提出"双轮驱动"，要让科技创新和体制机制创新两个轮子相互协调、持续发力，科技体制改革成为全面深化改革的一项重要内容。

"十八大"以来，中央陆续出台了一系列科技体制改革文件，如《关于改进加强中央财政科研项目和资金管理的若干意见》（国发〔2014〕11 号）、《关于深化中央财政科技计划（专项、基金等）管理改革方案的通知》（国发〔2014〕64号）、《关于国家重大科研基础设施和大型科研仪器向社会开放的意见》（国发〔2014〕70号）、《关于在部分区域系统推进全面创新改革试验的总体方案》（中办发〔2015〕48号）等,此外,还出台了院士制度改革、科技成果"三权"管理改革、国家自主创新示范区先行先试政策、促进大众创业万众创新等政策文件,以增强改革的整体性和系统性,形成具有社会主义市场经济体制"四梁八柱"性质的综合性改革方案。

随着国家层面一系列政策文件的出台,各省（市）积极贯彻落实,结合本地区实际,相继制定符合本地特点的科技体制机制改革政策。科技体制改革在重点领域实现突破,科技资源统筹协调进一步加强,中央财政科技计划（专项、基金等）管理改革取得实质性进展,地方财政科技计划管理改革有序推进;科技成果处置权、收益权改革全面展开;科技报告、创新调查、管理信息系统、资源开放共享等基础制度建设全面推进,并取得重大进展,科技评价奖励和人才培养等改革正在加快推进。

(4) 科技国际影响力显著提升

我国已与156个国家和地区建立了科技合作关系,加入了200多个政府间国际科技合作组织,有200多位中国科学家在国际科技组织中担任各级领导职务;签订了100余个政府间科技合作协定,政府间合作机制进一步完善,国际科技合作深入开展,中国与美欧俄对话合作机制、中国与非洲科技伙伴合作、中国与东盟等周边国家科技合作等的全方位、多层次、实质性国际科技合作局面初步形成;国际顶尖科技人才数量大幅增加,积极参与热核聚变实验堆计划（ITER）等一批国际和区域大科学工程和计划;我国科技人员积极吸引国际高层创新人才来华创新创业,外资研发机构等高端创新资源加速集聚,我国在外设立研发机构、对外研发投入快速增长;国际科技合作成为国家外交的重要组成部分,主动服务于国家总体外交,积极融入开放合作大局,科技外交在国家总体外交中的作用日益凸显。

(5) 大众创新创业环境不断优化

《中华人民共和国促进科技成果转化法》修订实施,企业研发费用加计扣除等政策落实成效明显,国家自主创新示范区和高新技术产业开发区成为创新创业重要载体;企业技术创新主体地位不断增强,市场导向的技术创新机制逐步完善,科技与金融结合更加紧密,科技服务体系进一步健全,科技服务业培育等取得积极成效;科技人员创新创业积极性显著提高,科技开放合作广度和深度不断拓展,公民科学素质稳步提升,全社会创新创业生态不断优化,创新意识和创新活力显著增强。

2.2 创新发展战略

一个国家是否强大不仅取决于经济总量、领土幅员和人口规模,更取决于其创新能力。近代以来,世界经济中心几度转移,其中有一条清晰的脉络,就是科技中心一直是支撑经济中心地位转移的强大力量。领先科技和尖端人才流向哪里,发展的制高点和经济的竞争力就转向哪里。

(1) 创新发展之国家需求

现代社会的发展,始终面临着需求无限性和能力有限性之间的矛盾,持续增加要素有效供给并形成高效组合,不断提高生产力水平,一直都是各国长期努力的方向。在传统的发展方式下，土地（包括水资源和矿产资源）、劳动力、资本等对经济发展起主导作用，决定着经济增长的规模和速度。而创新驱动的基本特征是，全社会持续的知识积累、技术进步和劳动力素质提升成为推动经济增长的基本方式。在创新驱动的发展方式中，土地、资本等传统要素仍然发挥着不可替代的作用，但创新上升到了第 1 位。创新不仅能提高传统生产要素的效率，还能够创造新的生产要素，形成新的要素组合。特别是通过技术、制度、管理、商业模式等方面创新，引导创新要素和传统要素形成新组合，实现从土地、资本等传统要素主导发展转为创新驱动发展，为经济持续发展提供源源不断的内生动力。自然资源会越用越少，而科技和人才等创新要素却会越用越多。在我们这样一个人口规模大、人均自然资源少的国家，创新对发展的速度、规模、结构、质量、效益起着决定性作用。

近 500 年来，世界经历了数次科技革命，一些欧美国家抓住了蒸汽机革命、电气革命和信息技术革命等重大机遇，一跃成为世界大国和世界强国；反之，我国却由全球经济规模最大的国家沦为落后国家，其中一个很重要的原因就是与科技革命失之交臂。

新中国成立以来，经过几代人的艰苦努力，几十年的持续快速发展，尽管我国经济总量跃居世界第 2 位，人均 GDP 接近 8000 美元，科技创新能力显著增强，科研体系日益完备，整体水平正处于从量的增长向质的提升的跃升期，在基础科学、前沿科学和战略高技术领域，取得了一批具有国际影响力的重大研究成果；但是我国的产业发展水平总体上还处于国际分工的低中端，在一些重点领域还是以跟踪模仿为主，技术储备不足，大部分的关键核心技术仍然受制于人，产业层次低、发展不平衡和资源环境刚性约束增强等矛盾愈加凸显，处于跨越"中等收入陷阱"的紧要关头。

当今，重大颠覆性创新不时出现，世界范围内新一轮科技革命和产业变革正在成为重塑世界经济结构和竞争格局的关键。世界各大国都在积极强化创新部署，如美国再工业化战略、德国工业 4.0 战略、低碳经济发展战略、新成长战略、高技术战略等应运而生。创新已经成为大国竞争的新赛场，谁主导创新，谁就能主导赛场规则和比赛进程。我国既面临赶超跨越的难得历史机遇，又面临差距进一步拉大的风险。

(2) 科技创新之国民需求

从广义的层面来说，我国科技创新需求来源于国民安全、国民经济和国民健康三方面，大致体现在：能源和资源问题及迫切需求；产业结构及布局调整问题及迫切需求；农业现代化问题及迫切需求；人口健康与老龄化问题及迫切需求；生态环境与城市化问题及迫切需求。

1) 国民经济方面的需求

我国制造业总体处于产业链的中低端，材料产业整体水平不高，资源消耗过大，关键核心技术对外依存度过高，出口增长主要由低价格和数量推动。信息产业特别是计算机产业发展开始进入停滞阶段，市场动力减弱。我国经济发展对制造、材料、信息等领域的创新研究提出了迫切需求，主要包括：智能制造技术、替代材料和环境友好材料技术、节能减排技术，提高关键核心制造技术的自主创新能力、资源综合利用的能力，支撑中国从产业链中低端向高端拓展；通过构建自主可控的基础软硬件平台，解决信息通信产业发展的根本问题。发展具有高市场价值的创新技术、产品与服务，加强科技储备，探索变革性技术突破。

2) 社会发展方面的需求

我国能源与资源短缺问题日益突出。已探明的油气资源与大宗矿产资源严重紧缺，主要栽培的农作物品种和园艺品种90%以上的种子供应被国外垄断，水资源短缺、污染、生态恶化与灾害加剧等问题凸显等。从国家安全角度对能源与资源领域的科技创新与研究开发提出了迫切需求，主要包括：煤炭清洁、高效、安全开发和综合利用技术，以及矿产资源的高效清洁利用技术；太阳能发电、风能发电、生物质能发电等新能源和可再生能源的核心关键技术并实现规模化利用；大容量、稳定、安全的能源储存和长距离输送体系，以及多能互补的分布式智能电网；核裂变能的安全、可持续发展，重点是核燃料的增殖和新燃料的开发、核废料后处理新方法新工艺研究和嬗变系统研究，核聚变能的基础研究和工程技术，聚变堆关键技术；油气资源分布规律，海底和深部资源勘探开发技术和装备的自主研制，非常规油气开采技术；水文、水资源基础研究，水资源综合管理关键技术，水资源与土地、能源、生态系统和生物多样性等之间关系的研究，应对气候变化、解决水问题和水安全的系统方案；野生生物资源的驯化改良，新基因资源挖掘；生态环境恶化的关键机制研究、阻断或减轻污染对生态系统和人类健康危害的技术研发、智慧城市发展研究等。

我国农业小规模经营与食品安全和现代化的矛盾更加突出，耕地面积刚性下降和水资源短缺对农业构成的威胁越来越大，许多农业资源的利用与农业食物系统的可持续发展相悖，粮食自给率的下降对粮食安全产生了巨大威胁。中国农业领域存在的问题对相关领域的创新研究提出了迫切需求，主要包括：动植物种质资源挖掘与分子育种；资源高效持续利用；农业信息化的研发；生物多样性演化过程及其机制；高效抗逆、生态农业育种科学基础与方法；营养、土壤、水、光、温度与植物相互作用的机制和控制方法；耕地可持续利用科学基础；全球变化农业响应；食品结构合理演化等。

3）人口健康方面的需求

当前，我国面临着人口老龄化和生活方式改变所带来的各种健康和疾病问题，对生命科学及其相关领域的创新研究提出了迫切需求，主要包括：早衰、老年疾病和神经退行性疾病的防治；癌症、糖尿病等慢性疾病的发病机制和诊治方法；新发和重大传染病的诊断和治疗；通过干细胞研究解决可移植器官供给问题；通过脑科学和行为科学研究解决认知、行为与精神障碍问题；防治丙型肝炎和艾滋病等重大传染病及新发、突发传染病的抗病毒药物和疫苗；建立重大传染性疾病控制的技术和药物国家储备。

(3) 创新发展必然选择

目前，我国经济发展进入新常态，基本特点是速度变化、结构优化和动力转换，其中动力转换最为关键，决定着速度变化和结构优化的进程和质量。"十三五"是全面建成小康社会决胜阶段，能否成功转变发展方式，能否成功推进产业升级，能否成功跨越"中等收入陷阱"，关键是看能否依靠创新打造发展新引擎，创造一个新的更长的增长周期。站在新的历史起点上，面对新的现实挑战，今天的中国比历史上任何时候都更加需要确立创新发展理念、实施创新驱动发展战略，这是关系我国发展全局的重大抉择。

世界科技呈现出新一轮革命的征兆，全球新一轮科技革命和产业变革与我国加快转变经济发展方式形成历史性交汇，为我国实施创新驱动发展战略，走创新驱动、内生增长的道路，抓住新科技革命的历史机遇，使中国实现经济社会转型发展并在国家竞争中赢得主动、占得先机提供了难得的重大机遇。只有努力在创新发展上进行新部署、实现新突破，才能跟上世界发展大势，把握发展的主动权。面向未来，只有真正用好科学技术这个最高意义上的革命力量和有力杠杆，走出一条从人才强、科技强到产业强、经济强、国家强的发展路径，才能实现中华民族伟大复兴的中国梦。

2016年，习近平总书记在全国科技创新大会上明确指出：要在我国发展新的历史起点上，把科技创新摆在更加重要的位置，吹响建设世界科技强国的号角。党中央颁布的《国家创新驱动发展战略纲要》确定我国科技事业发展的目标是，到2020年进入创新型国家行列，到2030年跻身创新型国家前列，到2050年建成世界科技创新强国。推动以科技创新为核心的全面创新，成为国家意志和全社会的共同行动。

3 陕西省科技发展现状分析

3.1 基础与优势

"十二五"以来，陕西科技工作坚持"自主创新、重点跨越、支撑发展、引领未来"的指导方针，着力实施创新驱动发展战略，积极推进科技与经济的结合，深入推进科技统筹创新工程，突出以企业为主体的技术创新体系建设，促进科技与金融结合，全面启动科技惠民计划，加速科技成果转化，努力推动产业转型升级，创新型省份建设工作全面展开，统筹科技资源改革初见成效，科技体制改革推向深入，科技创新创业日趋活跃，企业自主创新能力有效提升，各级高新园区、创新平台和基地快速发展，科技发展对全省经济的支撑引领作用愈发凸显。

（1）科技资源优势继续保持全国前列

2015年，陕西综合科技进步水平居全国第9位，其中万人科技论文数列全国第4位，万人发明专利拥有量列全国第7位，技术交易额突破720亿元，列全国第4位；全省有各类科研机构1174家，高等教育机构118个；在陕"两院"院士64人、国家"千人计划"人才173人、享受国务院政府特殊津贴专家1832人、突出贡献专家1059人、入选百千万人才工程国家级人选122人；专业技术人才突破162万人，在校大学生108万人，青年科技新星517人，全省重点科技创新团队147个，其中5个创新团队进入国家部委的重点创新团队计划；全省R&D经费投入强度列全国第8位。科技对经济增长的贡献率达55.8%。

截至2015年，全省有国家级重点实验室22个，省级重点实验室89个，省部共建重点实验室3个；国家级工程技术研究中心7个，省级工程技术研究中心166个，省级产业技术创新战略联盟38个。西安交通大学牵头组建的"高端制造装备协同创新中心"和西安电子科技大学牵头组建的"信息感知技术协同创新中心"入选国家"2011协同创新中心"；西安交通大学发起成立的"丝绸之路大学联盟"，有来自20余个国家和地区的100所全球知名大学加盟。

（2）高水平科技成果不断涌现

"十二五"期间，陕西省共有164项科技成果获得国家科技奖励（其中，由陕西省主持完成的13个项目荣获国家自然科学奖、23个项目荣获国家技术发明奖、39个项目荣获国家科技进步奖），在一些前沿科技领域领先全国，达到国际先进水平。

2013年和2015年，全省获得的国家自然科学奖数量均居全国第3位。由西安交通大学主持完成的"内燃机低碳燃料的互补燃烧调控理论及方法"、"弛豫铁电体的微畴-宏畴理论体系及其相关材料的高性能化"和"皮肤与牙热-力-电耦合行为机理",以及西北工业大学主持完成的"机械结构系统的整体式构型设计理论与方法研究"等4项成果获得2015年度国家自然科学奖二等奖;西北有色金属研究院、西安建筑科技大学等多家单位共有16项成果(通用)获得国家技术发明二等奖。西安新通药物研究有限公司研制的肝靶向化学1.1类新药"甲磺酸帕拉德福韦",成为世界首个乙肝靶向治疗新药;中国重型机械研究院自主研发成功世界最大吨位的自由锻造油压机及世界最大夹持力矩全液压锻造操作机,整体装机水平世界领先;延长石油集团自主研发的"鄂尔多斯盆地深层勘探技术",在深层石油勘探技术方面取得重大突破;华电集团启动建设世界首套万吨级甲醇制芳烃工业试验装置,填补了甲醇制芳烃工业化技术的空白,使我国煤制芳烃大型产业链基本成型。

(3) 企业技术创新能力逐步提升

"十二五"期间,陕西省企业R&D经费投入年均增速约为18%,占全省R&D经费投入总额的份额由37%上升到48%。2015年全省企业R&D人员全时当量4.97万人年,约占全省总量的54%。2015年企业技术合同成交额占全省技术交易额的比例超过60%;企业专利授权量约占全省总量的39%,占全省职务专利授权量的57%。"十二五"末,陕西省科技型中小企业超过2万家,高新技术企业总数达1609家,居全国第14位;省属企业组建研发机构475个,培育省级创新型试点企业168家,其中创新型企业61家。

(4) 园区/平台和基地承载能力显著增强

西安高新区获批建设国家自主创新示范区,宝鸡高新区获批成为国家创新型科技园区,咸阳、渭南、榆林、安康4个省级高新区成功升级为国家高新区,国家级高新区总数达7个;新建延安、蒲城、蟠龙、富平、凤翔、三原等省级高新区。全省各级各类高新区已成为支撑创新型省份建设、引领陕西经济转型升级、实现创新超越发展的重要力量。

6家工业技术研究院体制机制改革不断深入,陕西科技控股集团、陕西稀有金属科工集团成功组建,西安交大科技创新港、西安高新光电科技产业园等有望成为全省科技创新的核心平台。三星闪存芯片项目引发的"三星效应",为加快发展陕西省半导体产业带来巨大机遇;中兴通讯智能终端生产基地落户西安,标志着陕西已逐步形成完整的智能手机产业链,打造千亿元智能终端产业,形成龙头企业引领发展态势。

渭南、杨凌、榆林、汉中、咸阳、宝鸡、西咸新区、铜川8个省级农业科技园区获批国家农业科技园区,新建澄城、眉县、神木、柞水、临渭等21个省级农业科技园区,建立了76个农业科技创业示范基地,国家级、省级星火技术密集区34个,省级专家大院112个;省、市、县三级科技特派员总数已达1.13万名。先后形成了以大学为依托的"试验示范站推广模式"、以企业为主体的"大荔模式"、以政府为主导的"科技特派员模式",构成了具有陕西特色的农业科技服务体系。

(5) 创新服务体系进一步完善

基本建立了涵盖研究开发、技术转移、创业孵化、知识产权、科技咨询等全方位的科技服务体系。建成各类企业孵化器79家,其中国家级科技企业孵化器24家,在孵企业超过3700家,累计毕业企业超过3000家;建立各级各类生产力促进中心73家,其中国家级生产力促进中心15家;建立技术转移示范机构51家,其中国家级技术转移机构21家,数量位居全国第 6 位。

建成了全国领先的综合性科技资源服务平台——陕西省科技资源统筹中心,渭南、咸阳、宝鸡、延安、沣东新城等科技资源统筹分中心,与省科技资源统筹中心联网运行,促进了全省资源开放共享。省大型科学仪器协作共用网入网仪器设备总量超过 8000 台（套）,仪器设备总价值超过 50 亿元；省科技文献共享平台集成的文献总量近 2 亿条。

科技与金融结合取得显著成效。设立了西北地区首家专业科技支行——长安银行西安高新科技支行,并分别与中国银行、工商银行、齐商银行、北京银行、长安银行等银行签订了科技贷款业务合作协议,推出了"中银科技贷"、"齐动力科技贷"、"长安信用贷"、"小微科技贷"、"科技企业成长贷"等新型科技金融产品,满足不同类型、不同发展阶段的科技型企业的融资需求；设立的国内第一支科技成果转化引导基金及西北地区第一支天使投资基金——西科天使基金,已支持初创企业 54 家,投资额达 1.2 亿元,创业投资引导基金作用得到有效发挥,对科技成果就地转化和科技型中小微企业发展起到了积极推动作用；西部首家股权众筹融资平台——"创业中国股权众筹平台"也已开通运行。

(6) 科技发展政策环境不断优化

"十二五"期间,陕西省委省政府在促进科学技术进步、加快关中统筹科技资源改革、促进科技与金融结合、实施统筹创新工程等方面出台了一系列重要政策,制定并启动了《陕西省创新型省份建设工作方案》。省科技厅联合相关政府部门在促进国有企业加大研发投入、促进中小企业发展、推动科技创新和产业发展、培育科技人才和创新团队、规范科技园区管理和研发基地管理、促进科技资源共享、加强科技资金监督管理等多方面,制定了一系列规范性文件,先后出台了《陕西省科学技术进步条例》、《陕西省科技成果转化引导基金管理办法》等 20 余项政策文件,形成了多层次、多维度的科技政策法规体系,为科技发展创造了良好的政策环境。西安市被列入国家全面创新改革试验区,成为西部地区列入国家推进全面创新改革试验的核心城市。

(7) 科技支撑引领作用日益凸显

"十二五"期间,陕西科技助力"神十飞天"、"嫦娥探月"、"蛟龙潜水"等一系列国家重大工程。

在工业技术领域,攻克了一批关键核心技术。陕鼓动力有限公司攻克了高效节能特大型轴流压缩机和 TRT 装置的核心技术,填补了国内空白,大型能量回收透平机组关键技术研究成果为国内外首创,达到国际领先水平,创造直接经济效益超过 10 亿元。延长石油靖边园区煤油气资源综合转化项目,实现了全球首套煤油气综合转化项目一次试车成功。陕汽集团成功研制出纯电动牵引车、大马力天然气重型载货汽车等产品,并实现产业化,获国家授权专利 30 余项。

在民生科技领域,围绕人口健康、生态环境、公共安全等民生领域的重大技术需求,在全省组织实施了 53 个重大科技惠民专项；建立了省级临床医学研究中心 28 个,市县分中心 19 个；建立了省级药用植物科技示范基地 47 个,初步构建了科技服务于民生的工作体系。

在农业技术领域,西北农林科技大学创新团队成功培育出适宜机械化收割籽粒的"陕单 609"玉米品种,创全国春玉米高产纪录,成为陕西主推品种；"西农 979"成为我国冬小麦四大品种之一,已成为黄淮麦区的主栽品种；"牛羊良种繁育关键技术研究与应用"达到国际领先水平；具有自主知识产权的苹果新品种"瑞阳"、"瑞雪"通过审定。省杂交油菜中心培育出目前世界上最高含油量的油菜品系。省设施农业工程技术研究中心在日光温室主动采光蓄热理论与结构方面的创新技术处于国际前列。旱区作物逆境生物学国家重点实验室在国际上首先揭示了小麦条锈菌致病性变异途径与机制。陕西农业节水理论与技术处于全国领先地位。

3.2 问题与不足

多年来，陕西科技在发展的同时，也暴露出不少问题，存在着一些短板，一些因体制原因或产业布局而导致的问题或现象长期存在。突出表现为：企业创新动力和活力不足，技术创新能力还不够强；科技与经济、成果与产业对接不畅、融合不够的症结未能有效化解；军民科技资源共享程度较低，雄厚的科技资源优势未能充分发挥；科技人才队伍大而不强，创新潜能释放不充分，创新体系整体效能不高，鼓励创新驱动的体制机制尚未形成，经济发展未能真正转到依靠创新的轨道。

（1）科技与经济、成果与产业对接不畅

科技与经济不能有效对接。陕西省是科教大省，科技资源排全国前列，但地方经济发展却未能走到全国前列。2014年，陕西省全社会固定资产投资与生产总值的比例达105.8%，而同期全国为80.6%，上海为25.5%，广东为38.2%，四川为82.6%。2014年、2015年，全国高新技术产业化指数分别为53.58%和55.70%，陕西省分别为49.69%和53.59%，分别排在全国第17位和第16位。

科技成果与产业对接不畅，技术供给与企业技术需求不完全匹配，陕西省产业主要集中在能源化工、装备制造、有色冶金等领域，长期以来形成了一套传统研发生产流程体系，对外来新技术的吸纳不够主动；而陕西省优势科技资源主要集中在航空航天、电子信息、装备制造等领域，而占陕西工业"半壁江山"的能源化工产业技术研发能力薄弱，研发投入强度只有0.14%，仅相当于全国同行业平均水平的一半。陕西煤炭产业以原煤输出为主，经过加工转化的仅占总产量的1/3。另外，陕西企业规模偏小、数量偏少，中试领军人才和中试基地严重短缺，企业转化成果的承载能力不足。企业和本地产业化承载能力不足。

陕西科技成果就地转化率不高。新能源、电子信息、先进制造、节能环保等新兴领域的科技成果就地转化率低，2015年，陕西省技术合同交易中省内转化量不足全省技术合同成交额的30%，七成以上的科技成果流向了省外。

陕西的科研资源主要以中央所属为主，条块分割，自成体系，具有显著的"布局性"特征，缺乏为陕西经济和社会发展服务的内在动力。陕西省高校和科研院所集中了全省80%以上的专业技术人员，但这些机构仍处于"供给型"科研模式阶段，其科技活动与地方经济发展联系不密切、参与度不高、反应不灵敏，以国家纵向科研为主，对地方经济发展关注度不够，支撑引领作用不明显；特别是对科研人员的评价机制导向，仍然存在偏重论文数、项目数、获奖数，而对转化科技成果、获取经济效益和社会效益等指标考虑较少，技术创新的价值取向与地方经济社会发展有一定距离，不利于创新人才的培养和创新资源向企业扩散，不利于引导科技成果在市场转化产生经济效益，研究成果和人才培养难以为地方经济所用，科技、经济两张皮现象长期存在。

(2) 企业创新能力和动力不足

陕西省的创新型企业虽然呈现规模日趋壮大、主体地位逐步提升的发展态势，但总体表现还不是很突出，尤其与全国及发达地区相比，存在较大差距。主要表现为：

企业研发投入不足。2015年，我国企业研发投入占全社会研发支出的比重达到77.4%，而陕西省占比仅为43.9%；我国研发人员总量中企业占比77.4%，陕西省仅为48.6%。

2015年，陕西省规模以上工业企业总数5413家，从事研发活动的约有868家，占16.04%；真正设有研发机构的有400家，仅占7.39%。从建有研发机构的企业数占全省规模以上工业企业总数看，陕西省低于安徽省的14%，更低于江苏省的36%。全国研发人员总量中企业占比为78%，陕西省仅为53.71%。企业研发机构占全省1176家研究机构（含企业和大专院校办科研机构）的52.89%。

企业创新能力不足。2014年，陕西省学校和科研院所的知识创造能力排在全国第5位，但企业技术创新能力仅列第16位。2015年，企业发明专利授权量12 830件，占全省38.47%，低于全国60.5%的平均水平。2014年，新产品销售收入占主营业务收入比重仅为5.29%，居全国第21位。

(3) 科技金融及科技投入力度有限

陕西省"二元结构"的特点以多种形式表现，且长期存在，科技投入也是其中之一。2015年，全省393.17亿元R&D经费中，绝大多数来自央属机构，地方投入仅占30.03%。基础研究投入比重偏低。2011—2015年，在陕西省R&D经费中，基础研究投入比重仅占6%左右（分别为6.83%、6.50%、6.30%、5.33%和5.01%）。不仅比重低，且近几年呈略微下降趋势，与世界先进国家及国内先进地区相比，还有一定差距。

财政科技支出占财政总支出的比重偏低。2015年，全省财政科技支出占财政总支出的比重仅为1.31%，远低于全国平均水平（2.26%），在全国排第15位；从总量上看，陕西省财政科技支出为57.28亿元，仅占全国地方财政科技支出总量的1.69%。且地区科技投入很不均衡，即西安市一家独大。2015年，西安市R&D投入强度达5.24%，而陕南、陕北大多地区不足1%，其中延安0.45%、商洛0.26%、榆林0.11%、安康0.15%，区域差别较大。

陕西省科技投融资实力较弱，资本市场发育水平很低。专业化的天使、风投等创投机构数量少、资金规模小，截至2014年年底，实际运行的创业投资基金只有29只，资金规模不足30亿元，分别占全国的2%和1%左右。科技金融业务创新不足，知识产权质押、股权质押、信用保险等科技金融产品类型少，互联网金融发展滞后。

(4) 军民科技资源共享程度不高

陕西省科技资源开放共享水平较低，资源布局重复、分散、浪费成为制约科技创新的瓶颈，科技资源产学研合作的技术创新体系尚未形成，科技资源开放共享的激励机制有待完善。

军民融合统筹协调机制缺乏，军民科技资源共享率低，技术互用存在障碍，军民技术产业化规模较小。一方面，军工技术向民用转化的动力不足。近年来，军工单位科研和生产任务饱满，科研成果基本上在军工系统内部转移、产业化，向民口转化的动力不足，造成大批可以公开的军用技术成果不能及时用于民用工业。另一方面，由于尚未建立规范、权威的军用和民用信息交流中间平台和快捷通道，军用、民用执行两套标准及军品任务构不成经济批量等原因，使得民口企业进入军品市场困难重重。

（5）创新体系和创新环境效能偏弱

"十二五"期间，陕西省在营造良好创新环境方面取得了显著成绩，但鼓励创新的制度环境尚不健全，科技管理体制机制不能适应创新发展的形势。科技金融、技术转移转化、科技咨询等科技创新服务体系支撑力度不足。由于财政资金对企业创新的支持力度有限，金融机构尚未出台针对企业创新的融资优惠政策，资金投入不足，融资渠道不畅已成为陕西企业，特别是中小企业提高自主创新能力的主要瓶颈。

政府部门对科技的管理，主要面向的是科研单位，而不是产学研用、大中小微等各类创新主体；关注点在研发环节，而不是从研发到产业化应用的全链条；采用的是管理手段，而不是服务手段；重心是组织研发活动，而不是营造创新创业环境。此外，政府部门之间相互沟通协调不够，齐抓共管的合力不强，缺乏系统性，政策信息开放共享程度不够，且缺乏操作性，导致创新成效较低。"十二五"以来，陕西省对技术要素参与收益分配、科技成果处置收益、科技成果作价入股等方面均做出了明确规定，但在实施过程中，由于涉及部门多、审批程序复杂、缺乏相应的操作细则，政策落实效果不明显，科技成果收益兑现困难，未能充分调动相关各方科技创新和成果转化的积极性。

科研评价和人才激励机制存在缺陷。与东部发达省份相比，陕西企业缺乏有效的激励政策和完善的配套服务，对人才吸引力不强，外地人才不愿来，本土人才回流少，现有人才留住难。高校院所多以科技"成果奖"、论文作为晋升技术职务的重要标准，不能有效激励科技人员面向产业开展创新活动；受行业、部门等制度制约，科技人才在科研事业单位与企业之间、国有单位与民营单位之间流动不畅，管理人才在政府部门与地方单位之间也不能进入"旋转门"；此外，人才结构不尽合理，对经营人才、金融人才、中介人才等市场运营人才重视不够，缺乏相应的鼓励激励政策。

（6）综合科技实力优势地位弱化趋势

陕西在新一代信息技术、先进制造技术、重大新药创制、转基因生物品种培育等新兴领域，没能取得国家层面的重点支持，直接影响陕西在未来国家科技布局中的地位和优势。

近几年，陕西的综合科技进步水平一直未有新的进位。科技部《中国区域科技进步评价报告2015》（原《全国科技进步统计监测报告》）显示，陕西省综合科技进步水平指数为62.96%，因为山东、重庆的赶超，陕西2015年的排名较上年下降了2位，居全国第9位。2010—2015年陕西排名始终在7～9位波动，一直未有新的进位。近十年来（2006—2015年），国家杰出青年科学基金共资助1879名优秀青年人才，陕西共有61人入选，仅占全国总数的3.2%。

此外，部分优势领域从领跑者变成并跑或跟跑者。最能代表综合实力、具有全国一流水平的学科数量减少，领军人物偏少，学术带头人不足；面向国际前沿的交叉学科发展缓慢，获取原始创新成果的基础研究薄弱；量子通信、移动通信、核能、新型显示器等新兴领域明显落后于安徽、四川等省；机械、动力工程、有色冶金等传统优势学科虽长期处于领跑者地位，但所对应的通用设备、电气机械、输变电、有色等产业大多处于产能饱和状态，学科优势不再成为未来发展的优势。

3.3 形势与机遇

3.3.1 当前形势

"十三五"是全面建成小康社会、如期实现第一个百年目标的决胜期,是加快推进"三个陕西"建设迈向更高水平的关键时期,也是全面深化科技体制改革的攻坚期。

当前,新一轮科技革命和产业变革势不可挡。各种新技术将加速渗透和深度应用,进一步带动群体性技术突破,引发影响深远的产业变革,催生新的生产方式、产业形态、商业模式和经济增长点,全球产业竞争格局发生重大调整。世界主要发达国家为了抢占未来经济全球化的制高点,都在强化创新部署,实施创新发展战略;发展中国家也在加快谋划和布局,积极参与全球产业再分工,承接产业及资本转移,创新要素和创新资源在全球范围内流动加速,各国纷纷强化核心关键技术的研发部署,竞相争夺科技创新人才,抢占科技发展的先机和主动权。创新成为全球竞争的新赛场,大国都在抢先机、争主动、掌局势。

我国经济发展进入增长速度换挡期、结构调整阵痛期、前期刺激政策消化期的"三期叠加"的重要时期,经济结构转型加快,体制改革力度加大;我国经济发展进入中高速增长的新常态,产业发展进入高成本时代,传统产业将面对东南亚国家的强烈竞争,面临"双重挤压";同时,由于产业结构不合理,以及资源能源环境的瓶颈制约,许多产业还处于全球价值链的中低端,关键核心技术仍受制于人,自主创新能力薄弱,高端创新型人才缺乏,科技资源配置和利用效率较低,全社会创新创业的热情尚未有效激发,特别是科技人员和企业家的创新积极性没有充分调动,创新环境和创新文化亟待完善。

受国内国际环境的影响,陕西经济下滑和提质增效的压力持续加大,环境资源瓶颈约束加剧,经济发展的外部条件趋紧,多元支撑的产业格局尚未有效形成,传统产业面临转型调整,战略新兴产业规模偏小,新型服务业态比重较小,科教优势发挥不足,科技发展也面临巨大挑战。要最大限度地发挥科技创新的支撑引领驱动作用,实现调结构、转方式、促转型,全面建成小康社会,就必须充分发挥企业的技术创新主体地位作用,促进科技成果尽快转化为现实生产力,着力解决现阶段陕西省科技发展中存在的一些突出问题和制约因素。支撑产业升级、引领未来发展的科学技术储备亟待加强,促进经济提质增效、转型升级,迫切需要依靠科技创新培育发展新动力。

3.3.2 发展机遇

战略机遇通常是指由国际国内各种因素综合作用形成的,能够为一个国家或地区经济社会发展提供良好条件和契机的,并对其国际地位、历史轨迹等产生长远和深刻影响的特定历史时期。

陕西经济正处在新的增长动力与传统增长动力转换更替的关键阶段,国家实施创新驱动发展战略、建设"一带一路"战略、建设创新型省份及全面创新改革试验区和国家自主创新示范区、区域创新"东转西进"战略,以及国家推出"推进互联网+行动"、"中国制造2025"、"推进大众创业万众创新"、"加快科技服务业发展"等一系列重大举措,给陕西科技发展带来了众多重大机遇,为陕西经济加快转型发展、实现追赶超越提供了重大契机。

"十三五"是陕西省全面建成小康社会、如期实现第一个"百年目标"的决胜期,也是加快推进"三个陕西"建设迈向更高水平的关键期,陕西必将实施创新驱动发展作为谋划未来经济社会发展的一项核心战略,使其成为经济增长的"倍增器"、发展方式的"转化器",建立具有陕西特色的区域创新体系。

(1) 实施创新驱动发展战略

党的十八大提出实施创新驱动发展战略,强调科技创新是提高社会生产力和综合国力的战略支撑,必须摆在国家发展全局的核心位置。十八届五中全会上,又将创新理念摆在五大发展理念之首,强调推进以科技创新为核心的全面创新,让创新贯穿党和国家一切工作。因此,无论是大力发展实体经济、改造提升传统产业、巩固发展优势支柱产业,还是培育壮大战略性新兴产业、做大做强做优先进制造业、推动产业集成集约集群发展,都离不开扎扎实实的创新驱动,离不开以科技创新为核心的全面创新。

科技创新推进产业转型升级。陕西省是典型的资源型经济省份,能源化工产业占工业增加值超过58%,占据主导地位;知识密集型产业占比仅为8.98%,低于全国13.24%的平均水平;一二三产结构性占比为9∶52.3∶38.7,多元支撑的产业格局尚未形成。所以,陕西必须加强科技创新,促进面广量大的传统产业和一般性产业的蜕变,加快产业调整和结构升级的步伐,努力构筑具有先进技术基础的现代产业体系。

科技创新实现追赶超越。陕西目前已经成为中等发达省份,经济总量达到1.82万亿元人民币,人均生产总值8000美元,超过全国平均水平,为陕西省实现追赶超越奠定了基础。我国经济进入新常态后,各地都把科技创新作为核心竞争力提升到战略层面,特别是一些发达省市,在面临结构性减速的挑战下,更加注重打造创新高地。四川、湖北、安徽等相继出台系列科技创新政策,提出了科技创新发展的战略。在前甩后追的形势下,陕西应抓住科技创新这一发展机遇,转变发展思路,开创追赶超越新局面。

科技创新建设西部科技强省。2015年年初,习近平总书记来陕视察时强调:"陕西是科教大省,是我国重要的国防科技工业基地,科教资源富集,创新综合实力雄厚。要把这些资源充分挖掘好、利用好、滋养好,推动科技和经济紧密结合,创新成果和产业发展紧密对接,努力在创新驱动发展方面走在前列。"2013年以来,国家先后批复陕西建设创新型省份、西安建设全面创新改革试验区、西安高新区建设国家自主创新示范区、西咸新区建设国家"双创"示范基地,在国家战略规划方面给予陕西更多支持,在科技体制机制改革方面赋予了先行先试。为了加快实现科技大省向强省的转变,抓住科技创新这一战略机遇,陕西提出了新的目标:到2017年基本建成创新型省份,到2030年跻身创新型省份前列,到2050年建成全国科技强省。

(2) 深化科技体制改革

科技体制改革是十八大确定的重要任务之一,是全面深化改革的重要内容。从2015年开始,国家就以科研经费和科技计划管理改革为突破口,扎实推进科技体制改革进程。随后,国务院又相继出台了国家科技体制改革发展系列意见、方案政策等纲领性文件,其核心目标是深入贯彻党的十八大和十八届三中、四中全会精神,落实党中央、国务院决策部署,加快实施创新驱动发展战略,着力解决当前存在的突出问题,推动以科技创新为核心的全面创新。

陕西省的科技体制改革紧跟国家改革步伐,已经进入攻坚克难的关键阶段,其重要性、紧迫性更加突出。目前,陕西的科技创新能力与区域经济社会发展的要求还不相适应,对创新驱动发展的支撑引领作用还不显著，在体制、机制、布局、管理等方面大有文章可做，大有潜力可挖，关键就是要以全面深化改革为动力，科技创新与体制机制创新互为依托，全面深化科技体制改革，破除制约科技创新的体制机制束缚，从思想观念、资源配置、管理方式等方面为科技创新营造更加有利的外部环境，最大限度地激发科技作为第一生产力所蕴藏的巨大潜能。

(3) 建设"一带一路"

"一带一路"建设，让陕西迎来了一次绝佳的历史机遇。陕西地处中国大陆地理中心、内陆枢纽地带、西部和大西北门户，是承东启西、联结南北的战略要地，是国家经亚欧大陆桥向西开放和西部大开发的重要桥头堡。陕西拥有丰富的自然资源、雄厚的科研实力和先进的现代装备制造业，在现代农业、能源化工、装备制造、航空航天、电子信息等领域，与中亚乃至丝绸之路沿线国家地区具有广阔的科技合作空间和合作潜力。

在2016丝博会暨第20届西洽会上，32个"一带一路"沿线国家和地区的41家商协会机构签署了《关于共同发起成立丝绸之路商务理事会的谅解备忘录》，并确定将联络办公室设在西安。22个国家近百所大学在西安成立了丝路经济带大学联盟，西安海关获准复制上海自贸区制度，西安国际港务区获批为一类内陆港口，国内首个航空城实验区落户西咸新区。中俄丝路创新园、中哈人民苹果友谊园、中吉空港经济产业园、中韩合作产业园相继建设，三星、微软、中兴、强生等世界知名企业竞相落户，通往哈萨克斯坦的"长安号"货运列车，将陕西的物资和机械装备源源不断输送海外。以"一带一路"战略的实施为契机，使我们能够更好地利用国际国内两个市场、两种资源、两类规则，极大提升陕西省国际化发展水平与层次，成为中亚、西亚、东欧经陆上与我国内陆广大地区合作发展的最大中转、连接平台和出入境口。

(4) 创新型省份建设

陕西进入了"追赶超越"的新的历史阶段，创新强省成为推动全省经济社会发展的新战略。陕西省成为继江苏、安徽后的全国第三个创新型试点省份，西安市被列入国家全面创新改革试验区，西安高新区被批准建设国家自主创新示范区，这些巨大利好为陕西全面实施创新驱动发展战略创造了有利抓手，成为陕西科技发展的强大助推器，将推动陕西在产业转型、结构调整和创新环境等方面实现跨越，形成创新驱动发展的新动力，支撑引领"三个陕西"的全面建设。

(5) 区域创新"东转西进"

"东转西进"战略主要是引导东部部分产业向中西部有序转移，促进区域梯度、联动、协调发展，带动中西部新型城镇化和贫困地区增收致富，拓展就业和发展的新空间。要推动东部沿海地区产业向中西部地区转移，就必须要给中西部地区应有的动力支撑，尤其在科技、信息、人才等方面加大政策支持和引导，创建良好的科技创新发展环境，吸引企业自主转移。

陕西作为西部地区的科技资源大省，在"东转西进"战略实施过程中占有重要地位，在国家自主创新示范区战略布局中将获得重大利好、赢得更多支持。

(6) 国家推出系列重大产业政策

近年来，国务院陆续推出了《关于积极推进"互联网+"行动的指导意见》、《中国制造2025》、《关于大力推进大众创业万众创新若干政策措施的意见》、《关于加快科技服务业发展的若干意见》等一系列重要举措，大力推进科技与经济、科技与产业的深度融合，推动技术进步、效率提升和组织变革，提升实体经济创新力和生产力。陕西省在新一代信息技术、高档数控机床、航空航天装备、节能与新能源汽车、电力装备、新材料、生物医药及高性能医疗器械、农业机械装备等领域具有一定的产业优势、技术优势及龙头企业，紧紧抓住发展机遇，重塑科技创新体系、激发科技创新活力、培育科技新兴产业，形成新的科技发展新动能，实现陕西科技产业发展提质增效升级。

4 陕西省"十三五"科技发展战略谋划

4.1 原则指引

"十三五"期间，陕西省科技工作的指导思想应该是：认真贯彻落实党的十八大和十八届三中、四中、五中全会精神和中共陕西省委十二届八次会议精神、全国科技创新大会精神，坚持以"三个面向"为出发点，以实施"四个全面"战略布局为主线，贯彻落实"创新、协调、绿色、开放、共享"新发展理念和习近平总书记提出的"追赶超越"、"五个扎实"新要求，聚焦同步够格全面建成小康社会，以"三个陕西"建设为目标，以推进创新型陕西、全面创新改革试验区和国家自主创新示范区建设为抓手，以增强自主创新能力、促进科技与经济结合为根本目的，按照"坚持双轮驱动、构建一个体系、推动六大转变"进行布局，深入实施创新驱动发展战略，实施以科技创新为核心的创新强省战略，走出一条强省发展新路径，让科技有力支撑发展、有效引领未来，打造创新机制高效、创新体系完善、创新创业氛围活跃、创新能力领先的区域性创新高地，推动创新发展走在全国前列。

坚持把"五大发展理念"作为根本遵循。把创新作为引领发展的第一动力，把协调作为健康发展的内在要求，把绿色作为永续发展的必要条件，把开放作为繁荣发展的必由之路，把共享作为和谐发展的本质要求。加快推进由要素驱动为主向创新驱动为主转变；"统筹关中道，协调南北中"，促进农业、工业、服务业三大产业同步发展；着力实现生态环境质量总体改善；加强与"一带一路"沿线国家和地区合作，以开放的主动赢得经济和社会发展的主动；形成人人参与创新创业，人人共享发展成果的良好局面。

坚持把深化体制机制改革作为根本动力。要实现以科技创新为核心的全面创新，必须深化科技体制机制改革，调整一切不适应创新驱动发展的生产关系，实现科技创新与体制机制创新"两个轮子"良性运转。着力推进科技领域的简政放权、放管结合，推动管理为主向创新服务为主转变；着力破除体制机制障碍，充分调动科研单位科技人员的积极性、主动性和创造性，释放创新活力，增强创新动力。

坚持把"追赶超越"和"五个扎实"作为新要求。加快推进要素驱动为主向创新驱动为主转变；"统筹关中道，协调南北中"，在关系陕西长远发展的基础前沿领域，超前部署有望催生未来变革性技术的研究项目，增强创新源头供给，抢占发展制高点；在关系陕西经济结构调整，产业优化升级的重点领域，聚集科技资源，强化链条部署，重点攻关突破，加快追赶超越步伐。

坚持把"大众创业，万众创新"作为发展新引擎。大力推进"双创"，着力发展众创、众扶、众包、众筹，加快培育新的增长点；以创新促创业、以创业推创新，打造创新发展新引擎。

坚持把人才团队作为创新发展第一资源。人才是实现创新发展的关键，要始终把人才资源开发与活力释放,放在科技创新最优先的位置,在创新实践中发现人才,在创新活动中培育人才,在创新事业中凝聚人才。改革人才培养、使用、评价机制,培养造就一批结构合理、素质优良的新型科技创新团队和人才队伍。

坚持把科技惠民作为基本出发点。把科技创新与改善民生福祉相结合,发挥科技创新在解决人民群众紧迫需求、改善人民生活质量、促进就业创业、扶贫脱贫等方面的重要作用,让人民享受更多科技创新成果,为全面迈入小康社会提供有力的科技支撑。

4.2 战略目标

4.2.1 发展目标设定

确立战略目标是制定科学发展战略的关键环节,它一般具有全局性、长期性、可行性、最优性等特征。本研究在确定陕西省"十三五"科技发展战略目标时,首先依据《陕西省国民经济和社会发展第十三个五年计划纲要》确立的全省总体发展目标,提出全省科学技术发展的总体目标,既要有定性目标,又要有定量指标。

"十三五"期间,陕西科技发展应按照"围绕产业链部署创新链,依托创新链培育产业链;坚持需求导向和问题导向;实现科技与经济对接,成果与产业对接;做好产业结构调整和区域结构调整"的工作思路,统筹考虑产业链、创新链、资金链、服务链的有机整合。到"十三五"末,在重点领域核心关键技术取得重大突破,技术转移与科技成果转化步伐明显加快,企业技术创新主体地位突出,军民融合更加深入,科技资源配置更加优化,创新要素流动更加顺畅,具有陕西特色创新体系更加完善;科技体制改革取得实质性突破,自主创新能力显著提升,科技对经济社会发展的支撑引领作用更加凸显,创新型人才规模和质量同步提升,有利于创新的体制机制更加成熟,全社会创新创业环境更加优化。创新型省份建设进入新阶段,更多领域的创新发展进入全国第一方阵。

4.2.2 量化指标选择

(1)指标选取依据

根据《国家中长期科学和技术发展规划纲要(2006—2020年)》、《"十三五"国家科技创新规划》,以及《陕西省国民经济和社会发展第十三个五年规划纲要》、《陕西省中长期科学和技术发展规划纲要(2006—2020年)》、《陕西省实施创新驱动发展战略纲要》和《陕西省创新型省份建设工作方案》等提出的目标进行了分析,结合国内外环境的变化,以及陕西省科技事业发展态势,通过比较,全面考虑目标整体是否能充分反映全省科技事业的进步与发展,同时结合各目标之间的相互关系等因素,从科技投入、科技产出、科技促进社会经济发展、科技促进产业结构优化4方面总体考虑。科技投入指标包括全社会研发支出占地区生产总值的比重、规模以上工业企业研发投入占主营业务收入比例、每万名从业人员的研发人力投入;科技产出指标包括万人发明专利拥有量、全省技术市场合同交易总额、百万人口SCI论文数;科技促进社会经济发展指标包括全省综合科技进步水平指数、科技进步贡献率;科技促进产业结构优化指标包括知识密集型服务业增加值占地区生产总值的比重。

(2) 指标测算过程

1) 全省综合科技进步水平指数

指标解释：科技进步水平指数由中国科学技术发展战略研究院通过《中国区域科技进步评价报告》发布。该指标是反映全国及各地区科技进步环境、科技活动投入、科技活动产出、高新技术产业化和科技促进经济社会发展等5个方面情况的综合指标，是对全国及各地区科技进步水平的综合展示。它是由科技进步环境、科技活动投入、科技活动产出、高新技术产业化和科技促进经济社会发展的5个一级指标（要素指数）、12个二级指标和38个三级指标加权综合而成。

指标测算：根据2015年陕西省该指标与全国各地区比较情况看，排在陕西省前面的地区有浙江、山东、重庆，排在后面的3位分别是湖北、辽宁、四川。考虑"十二五"增速，测算"十三五"期间每年该指标增加1个百分点比较合适，建议2020年该指标的考核目标暂定为68%。具体情况如表1-1和表1-2所示。

表1-1　2006—2014年陕西省科技进步一级监测指标和位次

年份	陕西省监测值										2015年全国平均
	2006	2007	2008	2009	2010	2011	2012	2013	2014	2015	
综合科技进步水平（%）	44.70	45.87	49.53	52.93	56.83	58.17	57.06	56.40	60.73	62.96	66.49
全国排名[①]（位）	8	10	10	8	8	7	8	8	7	9	—

注：① 以下各表所述排名均指在全国的排名。

表1-2　与陕西省排名相邻地区情况

地区		浙江	山东	重庆	陕西	湖北	辽宁	四川
科技进步水平近3年排名		6、6、6	9、9、7	11、10、8	8、7、9	10、11、10	7、8、11	14、12、12
2015年综合科技进步水平（%）		69.40	63.09	63.06	62.96	62.84	60.17	59.62
R&D经费	2014年投入强度（%）	2.26	2.19	1.42	2.07	1.87	1.52	1.57
	排名（位）	6	7	14	8	10	12	11
	"十二五"年均增速（%）	16.42	18.03	19.12	13.95	14.11	10.92	11.20
2014年GDP	数额（万亿元）	4.02	5.94	1.43	1.77	2.74	2.86	2.85
	排名（位）	4	3	21	16	9	7	8

2) 科技进步贡献率

指标解释：指除资金投入增长、劳动力投入增长两大因素之外，科技进步对经济增长速度的贡献率，也称全要素生产率。世界银行、OECD等都开展过科技进步贡献率的测算，它是衡量区域科技竞争实力和科技转化为现实生产力的综合性指标。2010 年，由西安科技大学和陕西省科技信息研究所组成的课题组对陕西省"科技进步贡献率测度"进行了创新研究（2010 年度陕西省重点软科学研究项目 2010KRZ02）。课题组应用该成果对陕西省 2006—2014 年的科技进步贡献率进行了测算，测度期为 5 年，如表 1-3 所示。

表 1-3　2006—2014 年陕西省科技进步贡献率

年份	2002—2006 年	2003—2007 年	2004—2008 年	2005—2009 年	2006—2010 年	2007—2011 年	2008—2012 年	2009—2013 年	2010—2014 年
科技进步贡献率（%）	45.03	47.51	49.71	50.67	51.38	52.07	53.47	54.90	55.81

指标测算：陕西省创新型省份建设目标值（2017 年）定为 60%，国家"十三五"目标值暂定为 60%。建议将 2020 年目标值定为 60%，与《陕西省国民经济和社会发展第十三个五年规划纲要》目标一致。

3）全社会研发支出占地区生产总值比重

指标解释：指地区研发投入总量与地区生产总值之比，即 R&D/GDP。研究与试验发展经费支出反映 R&D 活动的规模。R&D 经费占地区生产总值的比例是反映一个国家或地区科技投入水平的核心指标，也是评价地区经济增长方式的重要指标。高水平的研发投入强度被认为是提高国家或地区自主创新能力的重要保障。

指标测算：2015 年，陕西省研究与开发投入占生产总值的比重为 2.18%，较上年下降 0.11 个百分点，在全国排第 8 位。"十二五"以来，陕西省研究与开发投入逐年增加，但由于增速较慢，占生产总值的比重呈下降趋势，如表 1-4 所示。"十二五"期间，陕西省的目标值为 2.6%，以目前的水平看，2015 年年底实现"十二五"目标比较困难。陕西省创新型省份建设目标值（2017 年）定为 2.6%，国家"十三五"目标值暂定为 > 2.5%。建议将 2020 年目标值定为 2.6%，与《陕西省国民经济和社会发展第十三个五年规划纲要》目标一致。

表 1-4　2006—2015 年陕西省全社会研发支出占地区生产总值比重情况

	年份	2006	2007	2008	2009	2010	2011	2012	2013	2014	2015
陕西省	R&D（亿元）	101.36	121.80	145.18	189.51	217.50	249.35	287.20	342.75	366.77	393.17
		年均增速 18.74%					年均增速 12.57%				
	R&D 排名（位）	9	9	11	10	11	12	13	13	14	—
	GDP（万亿）	0.47	0.58	0.73	0.82	1.01	1.25	1.45	1.62	1.77	1.82
	GDP 排名（位）	20	20	18	17	17	17	16	16	16	—
	R&D/GDP（%）	2.24	2.23	2.12	2.32	2.15	1.99	1.99	2.11	2.07	2.18
	排名（位）	3	4	4	4	4	5	7	8	8	8
全国 R&D/GDP（%）		1.39	1.38	1.46	1.68	1.73	1.79	1.93	2.01	2.05	—

2015年陕西省GDP为1.82万亿元,按全省国民经济"十三五"规划GDP在2020年目标达3万亿元计算,若想实现2020年R&D/GDP为2.6%的目标,则R&D经费投入需增加至780亿元。据此测算,在"十三五"期间,R&D经费年均增速需达到13.4%以上。

4) 规模以上工业企业研发投入占主营业务收入比例

指标解释:企业研发经费投入强度是指企业研发经费投入与其主营业务收入的比值,是衡量企业科技创新努力程度的指标。

指标测算:2015年陕西省企业研发投入占主营业务收入比重为0.88%,略低于全国平均水平,如表1-5所示。"十二五"期间,陕西省该指标稳定增长,排名由第17位升至第11位。参照"十二五"每年大概增加0.04个百分点的速度,到2020年理论上能增加0.24个百分点,即2020年预期达到1.06%。

表1-5 2006—2015年陕西省规模以上工业企业研发投入情况

年份	2006	2007	2008	2009	2010	2011	2012	2013	2014	2015	2014年全国平均
规模以上企业研发投入(亿元)	28.89	35.03	43.64	58.25	74.4	96.68	119.28	140.15	160.69	172.58	—
占主营业务收入比重(%)	0.79	0.77	0.61	0.71	0.68	0.70	0.73	0.77	0.82	0.88	0.84
占比排名(位)	12	14	14	16	17	15	12	12	11	—	—

注:2006和2007年为大中型工业企业数据。

国家"十三五"目标值暂定为1.1%。考虑未来企业创新主体的确立及陕西省"十二五"期间该指标良好的增长趋势,建议陕西省在"十三五"末,将规模以上工业企业研发投入占主营业务收入比例定为与全国相同,即为1.1%。

5) 每万名从业人员的研发人力投入

指标解释:指报告期内每万名从业人员中R&D人员数。R&D人员是指参与研究与试验发展项目研究、管理和辅助工作的人员。R&D人员是科技进步最为重要的人力资源之一,是建设创新型国家的核心力量,万名就业人员研发人力投入是反映科技进步人力资源水平的重要指标。

指标测算:陕西省研发人员投入呈逐年增加的趋势(除2015年因统计核算办法改变使全省研发人员减少),2015年每万名从业人员的研发人力投入为44.72人年/万人,如表1-6所示。国家"十三五"目标值暂定为60人年/万人,建议陕西省"十三五"目标值参照国家,也定为60人年/万人。

表1-6 2006—2015年陕西省每万名从业人员的研发人力投入

年份	2006	2007	2008	2009	2010	2011	2012	2013	2014	2015	2014年全国平均
每万名从业人员的研发人力投入(人年/万人)	29.31	32.36	32.39	33.03	35.30	35.70	39.99	45.43	46.99	44.72	48

续表

年份	2006	2007	2008	2009	2010	2011	2012	2013	2014	2015	2014年全国平均
研发人员（人年）	58 206	65 135	66 049	68 040	73 204	73 501	82 421	93 494	97 138	92 618	—
同比增速（%）	9.16	11.90	1.40	3.01	7.59	0.41	12.14	13.43	3.90	-4.63	5.03
	"十一五"年均增速6.54%					"十二五"年均增速7.33%					
从业人员（万人）	1986	2013	2039	2060	2074	2059	2061	2058	2067	2071	—
同比增速（%）	0.51	1.36	1.29	1.03	0.68	-0.72	0.10	-0.15	0.44	0.19	0.36

6）万人发明专利拥有量

指标解释：指每万人口拥有的经国内外知识产权行政部门授权且在有效期内的发明专利件数。该指标既反映了一个国家或地区拥有发明专利的数量，也体现了科技成果的市场价值和竞争力。

指标测算：近年来，随着陕西省发明专利申请量的不断增多，发明专利授权量随之增多，万人发明专利拥有量不断攀升，从2011年的2.72件提高到2015年的6.00件，在全国排第7位，如表1-7所示，但要成为创新型省份，该专利水平还偏低。"十三五"期间，随着企业自主创新能力的不断提升，发明专利授权量不断增加，万人发明专利拥有量也会稳步增加。陕西省创新型省份建设目标值（2017年）定为6件/万人，国家"十三五"目标值暂定为14件/万人。建议陕西省"十三五"目标定为10件/万人，与《陕西省国民经济和社会发展第十三个五年规划纲要》目标一致。

表1-7 2009—2015年陕西省万人发明专利拥有量

年份	2009	2010	2011	2012	2013	2014	2015	2015年全国平均
发明专利拥有量（件）	3686	5604	8197	11 316	14 394	17 575	22 662	—
年末人口数（万人）	3727	3735	3743	3753	3764	3775	3792	—
万人发明专利拥有量（件/万人）	0.99	1.50	2.19	3.02	3.85	4.68	6.00	6.3

7）技术市场合同交易总额

指标解释：指在技术市场管理办公室认定登记的技术合同（技术开发、技术转让、技术咨询、技术服务）的合同标的金额的总和。反映技术市场的发展、技术成果交易的繁荣，对技术成果迅速转化为生产力具有十分重要的作用。

指标测算："十二五"以来，陕西省技术交易活动持续活跃，技术合同总成交金额连年攀升，从2010年的103亿元，增加到2015年的722亿元，年均增加约124亿元。"十三五"期间，进一步促进科技成果转化与产业化，陕西省技术交易活动将进一步活跃。国家"十三五"目标值暂定为22 000亿。陕西省创新型省份建设目标值（2017年）定为不少于800亿元。建议该指标的目标值定为1000亿元，与《陕西省国民经济和社会发展第十三个五年规划纲要》目标一致。以此计算，陕西省2020年技术合同成交额占全国的比重为4.55%；2014年，陕西省的占比为7.5%，如表1-8所示。

表1-8 2006—2015年陕西省技术合同成交额情况

年份	2006	2007	2008	2009	2010	2011	2012	2013	2014	2015
技术合同成交额（亿元）	21.92	31.19	46.02	71.61	102.59	215.37	334.82	533.31	639.98	721.76
同比增加（亿元）	3.03	9.27	14.83	25.59	30.98	112.78	119.45	198.49	106.67	81.78
同比增幅（%）	16.04	42.29	47.55	55.61	43.26	109.93	55.46	59.28	20.00	12.78
占全国比重（%）	1.21	1.40	1.73	2.36	2.63	4.52	5.20	7.14	7.46	7.34

8）百万人口SCI论文数

指标解释：指每百万人在SCI收录的期刊中发表的论文数。SCI论文是国际上通用的评价基础研究成果水平的标准。

指标测算：陕西省由于高校众多，基础研究实力较强，每年在SCI收录的期刊中发表论文数居全国前列。2014年，陕西省SCI论文共11 470篇，在全国排第7位；百万人口SCI论文数304篇，在全国排第3位（2013年排名），如表1-9所示。

2006—2014年，平均每年SCI论文发表量增长1076篇，预期至2020年达到17 926篇，百万人口SCI论文数达到475篇（人口数变化不大，按3700万计算）。以此水平，建议将该指标的目标值初步定为400篇/百万人。

表1-9 2009—2014年陕西省SCI论文情况

年份	2006	2007	2008	2009	2010	2011	2012	2013	2014
SCI论文（篇）	2861	3201	4047	4955	5690	6584	7416	9770	11470
百万人SCI论文数（篇/百万人）	77	86	109	133	152	176	198	260	304

9）知识密集型服务业增加值占地区生产总值的比重

指标解释：指知识密集型服务业增加值与地区国内生产总值的百分比。知识密集型服务业又可称为高技术服务业，包括5个行业：邮政业，信息传输、软件和信息技术服务业，金融业，租赁和商务服务业，科学研究和技术服务业。

指标测算：陕西省目前没有对外公布此项指标值，数据来自《全国科技进步统计监测报告》，如表1-10所示。国家"十三五"目标值暂定为20%，建议陕西省目标定为15%。

表1-10　2006—2014年陕西省知识密集型服务业增加值占地区生产总值的比重

年份	2006	2007	2008	2009	2010	2011	2012	2013	2014	2014年全国平均
知识密集型服务业增加值占地区生产总值的比重（%）	7.61	8.32	7.78	9.25	8.43	7.75	7.93	8.98	10.12	14.42

4.2.3　量化目标确定

到"十三五"末，陕西省技术市场合同交易突破千亿元大关；高新技术企业数超过2000家，省级以上农业科技园区达到30个，特色工业园区达到50个，省级以上技术转移示范机构数量超过70家，创业投资机构数量超过200家，创新创业孵化器超过200家；全省财政科技支出占财政支出的比重和省本级财政科技支出占同级财政支出的比重，不低于上年度全国平均水平；全省公民具备科学素质比例不低于全国平均水平。其他主要量化目标如表1-11所示。

表1-11　陕西省"十三五"科技发展主要量化目标

指标	2015年（实际值）	2020年（目标值）
全省综合科技进步水平指数	62.96（2014年）	68
科技进步贡献率（%）	55.8（2014年）	60
全社会研发经费投入强度（%）	2.18	2.6
规模以上工业企业研发投入占主营业务收入比重（%）	0.88	1.1
每万名从业人员的研发人力投入（人年/万人）	47（2014年）	60
万人发明专利拥有量（件）	6	10
全省技术市场合同交易总额（亿元）	722	1000
百万人口SCI论文数（篇/百万人）	304（2014年）	400
知识密集型服务业增加值占地区生产总值比重（%）	10.12（2014年）	12

4.3　战略重点

4.3.1　深化科技体制机制改革，推动"改革—创新"双轮驱动

实施创新驱动发展战略，要更好地发挥广大科技工作者和企业家才能，释放全社会创新活力，激活创新第一动力，就必须深化体制机制改革，加快完善与创新发展相适应的体制机制和生产关系，以创新提升生产力，以改革激发创新潜能。

创新的根本力量在市场、在社会、在广大科技人员和企业家身上，深化科技体制改革的一个基本方向就是加快健全技术市场导向机制，充分发挥市场在资源配置中的决定性作用和更好发挥政府作用。按照习近平总书记关于"要加快体制机制创新，形成新的利益轨道，推动科技创新和体制机制创新双轮驱动"的指示精神，破除一切制约科技创新的思想障碍和制度藩篱，按照"激发创新、问题导向、整体推进、开放协同、落实落地"基本原则，深化科技体制改革，推动政府职能从研发管理向创新服务转变，切实把政府工作重心转向战略、规划、政策和服务4个方向；理顺政府与市场的关系，加强创新宏观引导、抓好创新源头供给、改进创新资源配置、强化创新公共服务、完善创新人才制度、营造创新友好环境。着力简政放权，放管结合，切实避免对微观创新活动的不当干预。让体制机制创新成为科技创新的"点火系"，推进科技治理体系和治理能力现代化，最大限度地释放科技作为第一生产力所蕴藏的巨大潜能，营造大众创业、万众创新的政策环境和制度环境。

4.3.2 促进科技经济紧密结合，实现"创新—产业"双向互动

按照"围绕产业链部署创新链，依托创新链培育产业链"的总体思路把增强自主创新能力、促进科技与经济紧密结合作为根本目的，进一步聚焦产业发展，找准产业转型升级的技术关键点，组织研究开发和联合攻关，强化创新成果同产业对接、创新项目同现实生产力对接，把创新成果变成实实在在的产业产品，着力构筑高端化、高质化、高新化的产业结构。

增加创新驱动源头供给。加强基础研究、应用基础研究和前沿技术研究，确保陕西省的科技创新成果有序接替、源源不断，夯实基础，增强创新发展源头供给，进一步提升陕西省在国家科学研究中的地位和影响力，抢占新一轮科技革命和产业变革制高点。

围绕产业部署创新。针对陕西省支柱、主导、先导产业链条的薄弱、缺失环节部署创新链，着力突破产业发展重大、关键、共性、核心技术，驱动产业转型升级和创新能力提升。对接国家重大战略布局，瞄准关键技术突破、首台首套研发、重大产业化等方向，组织实施省级重大科技专项，集中力量攻克一批核心关键技术。

围绕创新培育产业。发挥科技创新在推进供给侧结构性改革中的引领作用，依靠新技术和新产品的研发来创造新供给、释放新需求、发展新业态，建立产业新体系、拓展发展新空间，无中生有、有中生新。重点针对"有科技优势、缺产业规模"的领域，在强化基础研究的同时，加快推进科技成果向现实生产力转化，推动基础研究优势转化为技术创新优势，加强商品创新、商业模式创新，加快形成新的增长点，将科技创新转化为产业活动，将陕西省的科技优势转化为产业优势。

4.3.3 强化产学研／军民深度融合，加快科技成果转移转化

健全技术创新的市场导向机制和政府引导机制。加强产学研用协同创新，强化创新链和产业链有机衔接，明确企业、科研机构、高校、社会组织、创客等各类创新主体在创新链不同环节的功能定位，形成优势互补、协同高效的创新格局；按照"科学—技术—样品—产品—商品"的转化路径，打通科技成果转化通道，让人才、技术、资金、市场等创新要素柔性汇聚、有效协同，构建"知识创新—技术创新—产品创新—商业模式创新"全链条创新体系，推动重大科技成果就地转化。

建立企业主导的产业技术创新机制，引导各类创新要素向企业聚集，鼓励构建以企业为主导、产学研合作的产业技术创新战略联盟，企业主导、院校合作、多元投资、军民融合、成果分享的产业创新中心。激发企业创新内生动力，促进企业成为技术创新决策、研发投入、科研组织、成果管理的主体，使创新转化为实实在在的产业活动。

健全促进科技成果转化的机制。完善科技成果使用、处置和收益管理制度，加大对科研人员转化科技成果的激励力度，充分体现智力劳动价值的分配导向。健全技术转移机制，创新技术交易模式，建立技术成果与市场需求双向流动渠道，不断完善技术市场制度建设，形成基本完善的技术市场政策和法制环境。

4.3.4 营造良好创新创业生态，打造新引擎、激活新动力

发挥大众创业、万众创新和"互联网+"集众智、汇众力的乘数效应，全面推进众创、众扶、众包、众筹；加强创新创业新载体建设，构建企业、高校、院所、创客多方协同的新型创新创业机制，完善创新创业服务体系，培育科技服务新业态，探索创新创业新模式，建设服务实体经济的创业孵化体系。加快专业化、特色化众创空间、孵化器和星创天地等"双创"示范基地，建立健全创新创业投融资体系，形成高效便捷的创新创业综合支撑和服务体系，优化创新创业生态圈，打造新引擎、形成新动力、激发新活力。

加强科学技术普及，弘扬"敢为人先、追求创新、百折不挠"的创业精神，厚植创新文化，营造鼓励创新创业的良好社会文化氛围。构建有利于大众创业、万众创新蓬勃发展的政策环境、制度环境和文化氛围，打造发展新引擎，增强发展新动力。

4.4 战略手段

4.4.1 加快政府职能转变，推进科技治理能力现代化

（1）加强清单管理和链条部署

强化系统思维，按照科技项目、人才团队、科技成果、园区基地平台4个维度，系统梳理陕西各领域的科技资源，按照需求导向，围绕创新链优化配置资源链，创新链前端重点加强基础研究和应用基础研究，创新链后端向市场转化、品牌培育、电商物流等延伸，形成"知识创新—技术创新—产品创新—商业模式创新"的全链条创新体系。

加强清单管理，建立全省重大科技项目清单、重大基础研究前沿清单、重大研发平台清单、重大科技成果清单、领军人才清单、军民融合及改制院所清单、众创空间清单、拟组织的大科学计划及大科学工程清单等科技资源数据库。

实施链条部署，重点建设"指南编制—申报受理—评审立项—过程管理—结题验收—后评价"项目管理链、"人才团队—科技项目—园区平台—科技成果"科技资源链、"科学—技术—产品—商业模式"全程产业链。参照学科专业目录，依据产业规模与科技优势的匹配程度，按照"同时形成产业规模和具备科技优势、形成产业规模但不具备科技优势、具备科技优势但未形成产业规模"3个维度，逐一建立一级、二级产业清单，部署完整的产业—创新链条，建立产业与技术之间的对应关系，确定每个产业链上的共性、关键、核心技术。

(2) 整合优化省级科技计划

按照国务院《关于深化中央财政科技计划（专项、基金等）管理改革方案》（国发〔2014〕64号）精神和国家科技计划管理改革总体要求，推进陕西省科技计划管理改革，使科技计划更加符合科技创新规律，科技资源更加高效合理配置。对照国家五大类科技计划，按照"权责明确、定位清晰、结构合理、运行高效"的原则，突出整体布局和重大需求顶层设计，构建新的科技计划体系，明确省级科技计划的定位和支持重点，建立科技计划绩效评价动态调整和终止机制，充分发挥科技计划在提高社会生产力、提升竞争力、增强综合实力中的战略支撑作用，以及在公共科技资源配置中的引导性作用，按照全链条思路，强化基础及应用基础研究、应用开发、成果转化、示范推广、产业化发展全链条的统筹衔接；重点支持市场不能有效配置资源的基础前沿、社会公益、重大共性关键技术研究等公共科技活动，科学设置、合理布局、统筹安排、全链条设计、一体化组织、系统性实施，支撑产业全链条发展，形成集群效应，促进科技与经济深度融合。

加快建立科技咨询支撑行政决策的科技决策咨询机制，加强科技决策咨询系统，建设高水平科技智库。

> **举措**
>
> 设立陕西省科技发展战略研究院，以科技发展战略和科技政策为主要研究对象、以服务政府依法科学决策为宗旨，重点围绕科技体制改革、科技发展战略、科技发展规划、科技计划指南、科技政策制定与执行评估、科技重大专项选择等方向开展决策咨询研究、政策研究和政策解读等工作，为政府政策提供学理支撑和事实数据支持。
>
> 制定政府向智库购买决策咨询服务制度，凡属智库提供的咨询报告、政策方案、规划设计、调研数据等，均可纳入政府采购范围和政府购买服务指导性目录。

(3) 完善科技计划管理模式

改进科研项目管理流程和评审模式。加强"战略研究—指南编制—申报受理—评审立项—过程管理—结题验收—后评价反馈"的全程服务。开展网上征集技术创新难题，建立技术需求库和备选项目库；推行网上评审、视频答辩、异地评审，定期或不定期组织评审。改进评审专家遴选方式，扩大企业专家、风险投资人、金融机构和行业协会专家参与市场导向类项目评估评审的比重，公布专家名单，强化专家自律，接受同行质询和社会监督。委托专业机构参与项目管理服务，开展对科技计划项目的内容查重、技术查新和诚信查证。加强科技计划项目和经费信息公开，对省级财政科技计划的需求征集、指南发布、项目申报、立项和预算安排、跟踪问效、结题验收等全过程进行可申诉、可查询、可追溯的痕迹管理。建立科技项目绩效评估、动态调整、项目终止和考核问责机制；建立科研信用管理制度，强化科技信用体系建设。

> **举措**
>
> 建设科技计划和资金综合管理系统，委托专业机构参与项目管理，开展对计划项目的内容查重和科研鉴证。在现有的各类科技计划科研项目数据库基础上，建设省级科技管理

信息系统和分类数据库，对省级财政科技计划的需求征集、指南发布、项目申报、立项和预算安排、跟踪问效、结题验收等全过程进行可申诉、可查询、可追溯的痕迹管理。

(4) 改进财政科技经费管理

改进财政科技资金管理办法，建立科研财务助理制度。贯彻落实中央关于财政科研项目经费管理的若干政策意见，结合本省实际，制定"陕西省财政科研项目经费管理办法"，优化财政科研项目预算编制流程，精简各类检查评审，按照目标和结果导向，将经费管理的重点从前期预算评审和中期节点检查转向事后绩效评估和全程服务；下放预算调整审批权限，将科研项目直接费用中多数科目间的预算调剂权下放给项目承担单位；项目结余资金可按规定留归项目单位统筹安排科研使用；完善科研项目间接费用管理制度，增加间接费用比重和绩效支出比重，强化绩效激励，合理补偿项目承担单位间接成本和科研人员智力投入；提高科研项目经费预算中的人员费比例，对劳务费不设比例限制；科研项目的差旅、会议管理不简单比照机关及公务员相关规定，科研机构根据项目研发实际需要，依法合理研究制定科研项目差旅费、会议费管理办法；简化科研仪器设备采购管理程序，科研机构对列入政府集中采购目录中的仪器设备可自行组织采购和选择评审专家。对企业委托省内高校、院所开展研发的项目经费，实行有别于财政科研经费的分类管理。

(5) 改革财政科技投入方式

改革陕西省财政科技投入方式，综合运用风险补偿、贷款贴息、股权投资、事后补助、政府后买等多种方式，充分发挥财政资金对促进创新链和资金链形成的杠杆作用，鼓励金融资本、创投基金和民间资本等进入科技创新领域；深入推进科技金融深度融合，加快科技金融服务体系建设，构建覆盖科技创新、科技企业成长全过程的科技金融服务链。

对基础性、前沿性、战略性、公益性和共性技术类科研项目，主要实行前资助方式支持；对科技成果工程化产业化项目、企业为主导的技术开发类科研项目，以及科技创新平台建设等，主要实行后补助方式支持；对科技公共服务平台、科技中介服务机构建设，主要实行政府购买方式支持。对社会民间委托开发、财政资金未参与的研发项目，实行有别于财政科技经费的分类管理，按照相关委托开发合同管理。

(6) 完善科技成果转移转化机制

制定修订陕西省相关配套政策措施。完善科技成果、知识产权归属、处置及利益分享制度，强化尊重知识、尊重创新，充分体现智力劳动价值的分配导向；完善奖励报酬制度，加大科研人员股权激励力度，促进科技成果产权化、知识产权产业化。

推进科技成果处置和收益权改革。将财政资金支持形成的，不涉及国家安全、国家利益及重大社会公共利益的科技成果的使用权、处置权和收益权，下放给符合条件的项目承担单位；允许科研机构自主决定对其持有的科技成果采取转让、许可、作价入股等方式开展转移转化活动，政府相关部门对科技成果的使用、处置和收益分配不再审批和备案；授权省属国有科研事业单位自主处置科技成果、分配科技成果收益，其转移转化所获得的收入不上缴国库，全部留归单位，实行统一管理；创造条件支持央属科研事业单位就地处置科技成果、分配处置收益。

加大科技成果奖励报酬力度。依法推进科研机构科技成果（包括职位发明成果）转化收益分配，落实国家相关规定，激励科技人员创新创业。对以技术转让或者许可方式转移转化职务科技成果，以科技成果作价投资实施转化和在科技成果转化中做出主要贡献的人员，落实"三个不低于50%"[①]的规定，鼓励有条件的单位按不低于70%执行。

(7) 健全科技资源统筹体系

加快推进陕西统筹科技资源改革示范基地建设。以体制创新、政策引导、平台建设、资源整合、孵化加速为核心，立足西安科技资源发展实际，着力打造科技开发区、科技转化区、科技产业区、科技服务区四大板块。以推动科技公共服务平台建设为抓手，进一步提升示范基地的高科技研发、创业创新服务、高端制造与中试服务，以及相关配套服务等承载能力，有效推进资金、项目、人才的有机融合，将示范基地建设成为带动关天、辐射西部、面向全球，培育战略新兴产业重要基地、科技创新资源聚集基地、科技成果中试与转化基地、科技人员创业基地。

发挥市场在统筹科技资源中的决定性作用和政府的引导性作用，以"大统筹"思路，推进人、财、物各类有形资源和政策、措施、办法等各类无形资源的统筹，构建具有支撑、示范、开放、共享功能的全省科技资源统筹体系；通过政策体系的改进和完善，推动科技资源合理配置、高效利用。

完善陕西省科技资源统筹中心功能，支持设区市、重点区县立足当地资源禀赋，设立分中心，构建全省科技资源统筹体系；发挥省科技资源统筹体系的承载、示范、展示、服务功能，推动省中心与分中心联动发展；建立"丝绸之路经济带"科技资源统筹联盟，形成立足陕西、辐射西北、覆盖全"带"的"互联网+资源共享、科技创业、协同创新、科技金融、综合服务"科技资源统筹服务体系，将科技资源转化为生产力。

(8) 加强科技管理基础制度建设

推进科技报告制度建设。要求财政资金支持的科技项目必须呈交科技报告，实现科技资源持续积累、完整保存和开放共享。科技报告呈交和共享情况作为后续支持的重要依据。

推进创新调查制度建设。对陕西省企业、科研院所、高等院校、创新基地等的创新活动进行统计调查，全面、客观地监测、评价陕西省的创新状况，为完善科技创新政策提供决策支撑服务。

推进决策咨询制度建设。建立创新决策咨询机制，发挥科技界和智库对创新决策的支撑作用，吸收更多企业及企业家参与技术创新规划、计划、政策和标准的研究制定。

推进信息公开制度建设。建立统一公开的科技信息系统，除涉密及法律另有规定的，要及时向社会公开科技计划项目的相关信息，接受社会监督。

(9) 推进科研院所改革创新

科研院所要紧跟世界科技发展态势，优化自身内部结构和科技布局，重点加强共性、公益、可持续发展等相关研究；强化创新储备，形成源源不断的新技术供给，打造国内乃至世界一流科研院所。

按照"遵循规律、强化激励、合理分工、分类改革、逐步推进"的原则，深化陕西省科

[①] 《实施〈中华人民共和国促进科技成果转化法〉若干规定》（国发〔2016〕16号）：以技术转让或者许可方式转化职务科技成果的，应当从技术转让或者许可所取得的净收入中提取不低于50%的比例用于奖励；以科技成果作价投资实施转化的，应当从作价投资取得的股份或者出资比例中提取不低于50%的比例用于奖励；在研究开发和科技成果转化中做出主要贡献的人员，获得奖励的份额不低于奖励总额的50%。

研院所改革，大力推广西安光机所、西北有色院等研究院所产学研结合、军民融合、成果转化的创新模式。大力支持转制科研院所创新能力建设，发挥行业技术引领支撑作用，做大做强应用开发类转制院所，不断提升研发能力和科技成果转化能力；构建符合创新规律、职能定位清晰的治理结构，完善科研组织方式和运行管理机制，加强分类管理和绩效考核，增强知识创造和供给，筑牢创新体系基础。

（10）加快公益类科研事业单位分类改革

推进公益类科研事业单位分类改革，提升公益类科研事业单位服务政府和社会的能力。完善法人治理结构，完善绩效工资制度，激励事业单位服务社会的积极性；落实公益类科研事业单位在人员聘用、绩效工资分配等方面的法人自主权。在有条件的单位试行任期制或聘用制。

开展政府购买公益性科研院所服务的试点，对市场机制不能有效解决的社会公益研究和公益科技服务等公共科技活动，要逐步实现由竞争性项目支持方式为主转向面向机构的稳定支持方式为主，逐步建立财政支持的公益科研机构绩效拨款制度。

4.4.2 完善科技人才激励机制，激发创新创业内生动力

创新驱动的实质是人才驱动，人才是创新的第一资源。"十三五"期间，陕西应深入实施人才强省战略，按照"人尽其才、才尽其用、用有所成"的思路，完善科技人员培养、引进和流动机制，进一步完善和落实科技人才政策，持续优化科技创新人才的工作环境、生活环境、政策环境和法制环境，激发各类人才创新创业的内生动力。

（1）完善人才激励机制

推进科研奖励制度改革，完善科技人才激励机制。赋予创新领军人才更大的资源支配权、技术路线决策权。创新科技人员收益分配机制，通过加大成果收益权、股权激励和科技奖励等手段，给予科技人员更多的利益回报和荣誉奖励。鼓励人才弘扬奉献精神。担任高校、科研院所领导的科技成果持有人可同等享受科技成果转移转化收益。

修订和完善《陕西省科学技术奖励办法》，逐步完善推荐提名制，突出对重大科技贡献、优秀创新团队和杰出青年人才的激励；加大对享受政府特殊津贴专家、有突出贡献专家、"三秦学者"、"百人计划"人才、"三五人才"、青年科技新星，以及科技创新团队的支持力度。引导和规范社会力量设奖，制定陕西省关于鼓励社会力量设立科学技术奖的指导意见。

加快推进科研事业单位收入分配制度改革，健全鼓励创新的激励机制。研究制定陕西省事业单位高层次人才收入分配激励机制的政策意见，下放科研事业单位绩效工资分配自主权，完善内部分配机制，重点向关键岗位、业务骨干和做出突出贡献的人员倾斜；优化工资结构，保证科研人员合理工资待遇水平。

（2）创新人才培养模式

创新人才发展机制，坚持引进与培养并举，发挥政府投入引导作用，鼓励高校、企业、科研院所、社会组织等有序参与人才资源开发和优秀人才引进，更大力度引进急需紧缺人才。坚持与重大任务相结合，按照"人才（团队）+项目（基地）+成果转化"的模式，鼓励和支持科技领军人才通过承担各级各类重大科研项目和重大工程任务，培养、造就和集聚人才；在若干重点领域扶持和造就一批有基础、有潜力的重点科技创新团队，给予长期稳定支持；

制定青年人才培养"特殊政策",打造一批创新人才培养示范基地。着力培育一批优秀创新团队、青年科技新星和创新创业领军人才。加强对市场运营、资本运作、中介服务等非直接科学研究人员的培养和引进力度。

开展校企联合招生、联合培养试点,鼓励普通高校、职业院校、社会教育机构、企业等共建创新型人才培养示范基地。探索科教结合的学术学位研究生培养新模式,建立以科学与工程技术研究为主导的导师责任制和导师项目资助制,推进产学研联合培养研究生的"双导师制"。

(3) 建立科技人才流动机制

健全人才流动和服务保障机制,促进人才合理流动。允许符合条件的高等院校和科研院所科研人员经所在单位批准,带着科研项目和成果、保留基本待遇到企业开展创新工作或创办企业。允许高等院校和科研院所设立一定比例流动岗位,吸引有创新实践经验的企业家和企业科技人才兼职。改进科研人员薪酬和岗位管理制度,加快社会保障制度改革,健全有利于人才向基层、企业流动的政策体系,促进高校、科研院所与企业之间的人才双向流动机制。

鼓励高校教学、科研人员和在校学生进入校企联合科研机构参与科研工作,分别计入教职工工作量和学生实践学分。试点将企业任职经历作为高等院校新聘工程类教师的必要条件。

(4) 改革人才评价机制

制定陕西省深化人才发展体制机制改革的政策意见,建立健全各类人才培养、使用、吸引、激励机制。改进人才评价方式,建立科技人员分类评价制度,建立以创新质量、创新贡献、创新效率为导向的分类评价体系,对科技人员和科研活动进行"双分类"评价。改革技术职务(职称)评价导向和标准,促进职称评价结果和科技人员岗位聘用有效衔接,探索基础研究类科研人员的"代表作"评议制度、应用研究和技术开发类科研人员的"成果贡献"评估制度,引导科研辅助和实验技术类人员提高服务水平和技术支持能力;对企业一线创新技术人才予以政策倾斜,放开参评年限限制。

4.4.3 围绕产业部署创新,围绕创新培育产业

(1) 夯实创新基础能力

加强目标导向的基础研究、应用基础研究和前沿科学技术研究,充分尊重科学家的学术敏感性,引导科学家将学术兴趣与地方目标相结合,鼓励自由探索,支持非共识创新和变革性研究,探索新的科学前沿和新的学科生长点,提出更多原创理论,做出更多原创发现。

引导高等院校和科研院所面向陕西省重大战略需求和国家重大战略部署,瞄准世界科学前沿,准确判断科学技术突破方向,加强对重大科学问题的研究,加强战略和前沿导向的基础研究,力争在若干重要科学技术领域实现跨越发展,增强原始创新能力。

按照建设世界一流科研机构、一流研究型大学的目标,支持陕西省高校、院所积极参与国家和国际的大科学计划、大科学工程、国家实验室建设。加强基础科学之间、基础科学与应用科学、科学与技术、自然科学与人文社会科学的交叉与融合,加大新兴学科的前瞻性布局,增强知识积累和原创储备,实现重点科学技术领域的战略领先,为陕西省产业转型升级、迈向中高端、保持中高速,以及战略新兴产业发展提供创新源头供给。

(2) 围绕产业部署创新

围绕陕西重点发展的支柱产业、主导产业和先导产业等3类产业链的重大、关键、共性、核心技术配置科技创新链，着力突破产业链的缺失环节、薄弱环节、延伸环节等关键点上的技术瓶颈，促进产业关键技术研发和先进技术成果应用；延伸产业链条，支撑支柱产业转型升级发展，推动主导产业由价值链低端向中高端攀升，引导先导产业加快发展。同时，对接国家重大战略布局，组织实施省重大科技专项，突破掌握一批核心关键技术，研发推广一批重大战略产品，培育壮大一批创新型产业集群和骨干企业。

1）支柱产业技术创新链

重点围绕能源化工、装备制造等支柱产业的创新发展，构建具有竞争力的现代产业技术体系，为经济提质增效升级提供动力引擎。

能源化工：以绿色低碳为方向，加快构建"煤油气→基础化工产品→精细化工产品"的完整产业链，推进煤电一体化、煤化一体化、油炼化一体化，加大煤油气清洁高效综合利用、煤制芳烃、大型煤炭清洁高效转化关键技术研发与应用示范，推广规模化利用废弃物的燃气成套技术和装备，提高能源转化效率。开展页岩气等非常规油气勘探开发综合技术示范，加快推进可再生能源与新能源技术规模化开发利用，推进陕西能源化工走开源、节能、减排、精细化、绿色化发展的道路，推动能源化工产业转型升级，向高端化迈进。

高端装备制造：跟踪全球工业4.0进展，实施"中国制造2025陕西行动计划"，着力在新能源汽车、高档数控机床、通用航空航天装备、海洋工程装备、电力电气装备、特种行业装备等方向部署技术创新链，在关键环节上取得新突破、形成新优势，加快陕西装备制造业转型升级。按照"互联网＋先进制造业"、"互联网＋现代服务业"的思路，从模式、装备、基础3个层面推动陕西装备制造产业向柔性化、智能化、绿色化、服务化方向发展。

2）主导产业技术创新链

围绕新一代信息技术、新材料、现代农业、资源环境、公共安全、现代服务业等主导产业的重大需求，加强关键核心共性技术突破和应用示范，为增强经济可持续发展能力，改善民生福祉提供重要支撑。

新一代信息技术：发挥信息技术产业对陕西支柱产业、主导产业的带动和引领作用，针对新一代信息技术网络化、泛在化、智能化的发展趋势，加大对集成电路、基础软件等自主软硬件产品和网络空间安全技术攻关和应用推广，加快卫星通信、遥感与导航、大数据与云计算、高性能计算、新一代移动互联网、物联网、智慧城市等技术研发和综合应用，提高陕西相关产业核心竞争力，推动产业快速发展。

新材料：围绕陕西产业发展重大需求，从基础前沿研究、重大共性技术开发到应用示范推广，进行全链条设计。大力发展先进电子信息材料、新型生物材料、先进复合材料、高性能结构材料、新型能源材料、有色金属材料及其他前沿新材料等，部署若干技术创新链，遴选有限目标，统筹战略集成，集约板块发展，推动新材料产业规模化发展，为陕西高端装备制造、新一代信息技术、资源开发、节能环保等领域发展提供支撑。

现代农业：根据国家经济发展战略和陕西省"十三五"农业发展规划，围绕新阶段农业产业结构重大调整和供给侧改革，重点抓好主要粮油、畜牧、果蔬产业领域和新兴战略产业重大科技创新，部署农业科技创新链条，提升市场竞争能力和供给水平，确保粮食安全和食品安全，加快陕西生态、绿色、高效、安全的现代农业技术发展。

人口健康与生物医药：发展普惠精准的人口健康技术，加快人口健康科技发展，以生物技术创制带动生命健康、生物产业发展。重点开展重大疾病防控技术研究、生物技术与新一代信息技术和新材料技术等的交叉研究、创新药物与新型医疗器械研制、中药现代化研究等。促进转化医学与临床医学相结合，形成一批新的诊疗技术规范，研发一批新型医疗器械，大力推进前沿科技向医学应用转化。

资源环境与公共安全：在资源环境领域，重点围绕水污染防治、大气污染防治、固体废物污染防治、土壤污染防治、生态环境保护与修复、清洁生产和循环经济、环境监测与预警、环境与健康等方向开展技术攻关和应用示范。在公共安全领域，重点围绕公共安全检查与预警，突发事件应急处置与救援，煤矿重大事故预测预警与防控，基于全产业链的食品质量检测与控制，绿色、高效、智慧、现代化建筑建造，信息安全等方面的关键技术瓶颈问题开展攻关与应用示范。

现代服务业：在现代服务领域，围绕科技服务、大数据与信息服务、文化创意服务、金融服务、现代物流服务、健康服务、现代农业服务、现代旅游服务、电子商务服务等部署创新链，重点发展科技金融、技术转移、创业孵化、科技咨询、知识产权、检验检测等科技服务，组建由政府出资、社会资本参与的创业孵化服务组织主体，打造多种交易模式并存的多层次的技术交易服务体系。大力发展全链条的知识产权服务体系；借助互联网技术为科技企业提供完善的投融资平台，拓宽科技企业融资渠道，构建完善的创新创业服务体系。

3）先导产业技术创新链

按照围绕创新培育产业的思路，充分发挥科技创新在供给侧机构性改革中的基础、关键和引领作用，推动大数据、云计算、新一代移动互联网、智能制造、3D打印、无人机、机器人、石墨烯、量子通信、基因工程等先行发展，抢占先机，培育先导产业。

大数据与云计算：开展大数据与云计算基础理论和关键技术研究，在若干重点行业和领域进行试点示范应用，提升陕西大数据与云计算产业化的水平，推动城市智慧化建设和区域经济的健康发展。

新一代移动互联网：开展下一代移动网络（5G）、移动通信、移动应用等关键核心技术研究，形成以通信设备为核心，以智能终端、关键硬件、软件、服务为支撑，以移动软件为基础，以运营与增值服务为依托的移动互联技术研发、产品生产、应用与服务为一体的移动互联产业集群和较为完整的产业链。

机器人：以工业机器人为切入点，优先推进技术较为成熟的产品产业化，推动服务机器人的发展。重点提升在系统集成、机器人本体和减速器、伺服电机等关键零部件等方面的自主研发制造能力，形成集聚检测设计平台、系统集成、整机及关键零部件研发制造的综合产业集群和初具规模的机器人产业基地。

智能制造：重点攻克智能装备（工业机器人、高档数控机床、其他自动化设备等），硬件设施（机器视觉、传感器、RFID、工业以太网等），基础软件（ERP、MES、DCS等）关键共性技术，大力发展激光制造、增材制造、绿色制造。

石墨烯：重点开展基于石墨烯的新型储能器件、石墨烯制备半导体器件、石墨烯导热导电薄膜等规模化制备与应用示范研究；推动石墨烯在航空航天、文物保护、生物医药等领域的应用。

(3) 围绕创新培育产业

充分发挥陕西省科研院所、高等院校科技资源富集优势，重点针对"有科技优势、缺产业规模"的领域，精准部署基础研究及应用基础研究的重点方向，超前部署有望催生未来变革性技术的研究项目和研发平台，推动基础研究优势转化为技术创新优势；加强商品创新、商业模式创新，加快形成新的增长点，将科技创新转化为产业活动，将陕西省的科技优势转化为产业优势。

推动大数据、云计算、移动互联网、3D打印、无人机、机器人、石墨烯、量子通信、基因工程等先行发展，抢占先发优势，培育先导产业。重点推进第一产业、第二产业和第三产业的融合，拓展产业发展新空间，加快培育新的经济增长点。

4.4.4 促进产学研协同创新，加强军民深度融合

(1) 强化企业创新能力建设

调整创新决策和组织模式，加大企业和企业家在政府创新决策中的话语权。健全技术创新激励机制，通过创新政策激励企业创新，通过创新资源聚焦企业、科技服务偏向企业等大环境建设，增强企业创新动力、创新活力、创新实力，促进企业真正成为技术创新决策、研发投入、科研组织和成果转化的主体，使创新转化为实实在在的产业活动。扶持若干"顶天立地"的创新型龙头企业，培育出"遍地开花"的科技中小微企业。

发挥市场竞争激励创新的根本性作用，强化竞争政策和产业政策对创新的引导。加大税收优惠、政府采购、研发费用加计扣除、研发设备加速折旧、高新技术企业认定、股权激励、科技企业孵化器等鼓励企业创新的普惠性政策的落实力度，加强政策宣贯培训，扩大政策覆盖面，完善政策实施程序，建立政策落实的部门协调机制，开展政策实施情况的监测评估。

实施企业创新能力提升工程，出台《全面提升企业创新能力实施细则》，发挥省科技奖励对企业技术创新的引导激励，优先奖励企业牵头或产学研合作完成的重大科技创新及产业化成果；省级科技计划优先支持市场导向明确、企业牵头组织实施的产业化科技项目。

选择陕西省有代表性的行业龙头企业开展创新转型试点，自建或共建多种类型的企业研发机构或企业技术中心，提高工程化开发和产品研发能力；支持有条件的企业开展基础研究和前沿技术攻关，推动企业向产业链高端攀升；推动创新型企业做大做强，聚焦经济转型升级和新兴产业发展。鼓励大型企业(集团)建设高水平研发机构，鼓励企业以研发平台为载体，以重大科技创新工程为"磁体"，以激励机制为手段，坚持"不求所有，但求所用"的理念，吸引高端科技人才和创新创业人才青睐企业，向企业聚集；针对不同产业领域，培育一批高层次企业技术创新团队。

完善科技型中小企业创新服务体系，完善政府采购向科技型中小企业预留采购份额、评审优惠等措施，引导各类社会资本为符合条件的科技型中小微企业提供融资支持，促进科技型中小微企业技术创新和改造升级，向"专精特新"发展。

(2) 推动企—校—院所深度合作

以校—企合作为突破，创新产学研合作模式。支持高校在企业设立博士后工作站、研

究生示范站,培养"接地气"的技术创新人才;鼓励高校支持企业依托高校优势学科,在高校内部建立研发中心,在高校设立"四主导"(需求主导、投入主导、管理主导、市场主导)研发中心,发挥高校人才资源、科研设施和科技成果的优势,保障企业技术创新和产品开发的源头供给,降低企业研发成本、提高研发效率,同时促进高校学科建设、人才培养、成果转化,实现众创。

发挥科技计划作为资源配置和动员手段在促进企业与高等院校、科研院所深度合作中的引导作用。对市场导向明确的科技项目由企业牵头、政府引导、联合高等院校和科研院所实施。支持以企业为主体,产学研合作共建的重点实验室、工程(技术)研究中心和新型研发机构。支持以龙头企业牵头,高校院所、金融投资机构和专业服务机构共同参与产业技术创新战略联盟,开展协同创新,面向产业集群开展共性技术研发,加快科技成果应用与产业化。

(3) 推动军民融合创新发展

推进军民融合科技创新体制机制改革,积极探索、先行先试,形成可复制、可推广的经验做法。建立军民融合工作对接机制,构建军民协同创新体系,创建军民融合发展的政策特区。加快国防知识产权解密和转化、科技成果处置权和收益权改革;鼓励军工单位自主创办或与地方合作创办新的股份制企业,推动军工科技成果就地转化。

推动军民技术双向转化。鼓励军工单位联合省内高校院所、企业组建产业技术战略联盟。鼓励军地组建联合研发团队,支持开展军民两用技术联合攻关,共同承担国防预研等项目,共同参与国家相关专业标准制定工作。依托实施北斗导航、大型飞机、载人航天、两机专项等国家重大工程,打造军民融合创新平台。建设一批军民融合科技创新示范基地,推动一批军民两用重大科技成果服务于战略性新兴产业发展。

完善军民科技信息交互长效机制,促进军民科技资源双向流动和共享。搭建区域军民融合公共服务平台,面向地方高校、院所开放军口研发需求,特别是预研和基础研究需求,发布军口非涉密、可转化成果包,促进军口科技成果与民口资本对接,推动民参军众包。加强军民科技信息资源和科技情报共享,实现国家科技报告和国防科技报告制度的衔接。

(4) 推广"一所一院"模式

推广西安光机所"开放办所+专业孵化+择机推出+创业生态"四位一体模式和西北有色院"科研+中试+产业"三位一体模式,建立陕西科研院所数据库,遴选不少于30个适合推广"一院一所"模式的试点单位,引导科研院所在保持并持续提升研发效能的前提下,充分发挥其人才、平台等要素资源优势和"众创"引擎作用,加快产品、企业培育,形成新的经济增长点。支持试点单位建设专业化孵化器及各类科技创新创业平台,吸引海内外高层次人才进入孵化器创新创业,着力培育新的产业体系。

4.4.5 实施园区/基地提升工程,强化园区体系化建设

实施园区/基地创新发展工程。按照"政府引导、市场运作,面向产业、服务企业,资源共享、注重实效"的总体思路,坚持政府引导与社会广泛参与相结合,坚持公益性服务与市场化服务相结合,坚持促进产业升级与服务中小企业发展相结合,坚持资源开放共享与统筹规划、重点推进相结合,以科技园区、产业基地体制机制创新为突破口,促进创新要素向园区、基地聚集,形成新的经济增长点和就业拉动点。

应发挥国家和省级高新区的支撑辐射带动作用，指导具备条件的科技园区升建省级高新区。支持西安高新区托管省内其他开发区，争取在更大范围内享受国家自创区政策，促进试验区、示范区、高新区、开发区联动发展。以西安高新区为核心引领，在创新能力、产业转型、成果转化、战略新兴产业等方面带动关中高新技术产业带。在更高层次、更大范围发挥杨凌示范区知名农科城示范效应，发展精准农业和农村电商，促进特色现代农业提质增效。

(1) 构建高新区协同发展体系

完善体制、创新机制，优化陕西省高新区建设布局，构建"国家级—省级—区县级"三层架构的全省高新区体系，实施分类管理、互补式发展。支持西安高新区在本地高校设立"飞地"科技园，吸纳高校富集的科技资源，支撑西安高新区可持续的创新源头；支持省内其他高新区在西安高新区布局设立"飞地"科技园区，反向派驻"科技特派员"，引导陕南、陕北高新区在关中带上高新区布局设立分园区，形成"西安为中心，辐射南北中"的全省高新区体系。推动西安富集的科技资源优势向关中地区释放和转化，推动全省各级高新区联动发展。

支持西安高新区建设国家自主创新示范区（以下简称"自创区"），不断提升知识创新和孕育创新能力、产业化和规模经济能力、国际化与全球竞争能力，以及可持续发展能力。将西安高新区打造成"一带一路"创新之都和创新驱动发展引领区、大众创新创业生态区、军民融合创新示范区、对外开放合作先行区，率先形成一流的创新创业生态、一流的产业发展格局、一流的开放发展水平、一流的体制机制和政策环境，打造一批具有全球影响的创新型企业。

进一步完善"自创区"建设的政策措施，按照"核心区＋托管区"的发展模式，适时将西安"自创区"政策适用范围扩展至省内其他科技资源聚集区域。组建高新区联盟，建立"自创区"与其他园区的联动机制，发挥"自创区"作为西安全面创新改革试验区的核心区、创新型省份建设先行先试区的作用，探索通过技术服务、产业链协同、异地孵化、飞地经济、模式输出、成立园区联盟等方式，建设关中创新示范带。适时将"自创区"经验复制推广，辐射带动全省乃至关-天区域创新发展。

以西安市建设国家全面创新改革试验区（以下简称"试验区"）为契机，以破除体制机制障碍为主攻方向，发挥"试验区"先行先试的优势和引领示范作用，按照大西安的定位，制定涵盖西安、咸阳、西咸新区、杨凌的全面创新改革试验区建设方案，开展系统性、整体性、协同性改革的先行先试，进一步激活陕西科教和国防资源潜力，以军民融合创新、统筹科技资源改革为重点，统筹推进科技、管理、品牌、组织、商业模式创新，探索具有时代特征、陕西特色的创新驱动发展新路径。在一些重要领域和关键环节上实现改革突破，打造国家高新技术产业集群发展示范带，引领、示范和带动全省加快实现创新驱动发展。

举措

重点支持西安高新区打造全球研发中心聚集地，建设世界一流科技园区，成为国家级自主创新示范区。加快推进杨凌示范区建成国际知名的干旱半干旱现代农业示范园区，打造旱区"种业硅谷"和世界知名的农业科技创新城市。推进宝鸡高新区建设国际一流的新材料产业基地，打造"中国钛谷"。支持咸阳高新区建设中西部一流、国内领先的创新型特色园区，着力打造承接产业转移的示范区、科技创新的样板区、高新产业的聚集区的"创新之都、科技新城"。推进渭南高新区建设国内一流的增材制造产业基地。推进榆林高新区特色高新技术产业发展，为榆林市全面推动百年战略发挥强劲的引领和带动作用。推进安康高新区绿色循环发展，加快现代城市新区、高新技术产业聚集区和创新示范区建设。支持延安等省级高新区升级为国家级高新区，以升促建，稳步推进省级高新区升级；加快建设汉中高新区等一批省级高新区，推动高新区提质增效，提升发展水平。

（2）支持专业科技园区特色发展

支持各类专业园区结合地方特色，按照专业化、集群化发展的思路和"一区一产业"发展模式，建设一批特色工业园区，引导每个园区确定若干个具有较强区域带动作用的产业集群，建设产业相对集中、服务能力较强、规模效应明显的科技企业聚集区，构建创新核心区和产业集群，形成产业聚集效应，推动专业园区向高端化、专业化、品牌化发展。

进一步加大农业科技园区建设力度。对已建成的园区重点支持其在成果转化、品牌培育、"物联网+现代农业"、科技金融结合等方面开展科技创新；建设一批国家级、省级农业科技园区，构建布局合理、特色鲜明、层次分明、功能互补，覆盖全省农业主导产业的农业科技园区体系，使农业科技园区成为现代农业科技示范基地、科技成果转化基地、农村科技创新创业基地和农村人才培养基地。

（3）加强特色科技产业基地建设

支持国家高新技术产业化基地和现代服务业产业化基地建设，新建一批省级高新技术产业、现代服务业及科技文化融合示范基地；完善医药产业技术创新支撑体系，促进医学研究成果惠及百姓，建设一批省级药用植物科技示范基地和临床医学研究基地；依托大中型企业和科研院所，在优势产业领域建立成套技术、关键技术中试基地，依托园区基地，建立产业共性技术中试基地，服务中小企业技术创新；加快沣西新城大数据及云计算产业基地、蔡家坡中国西部汽车及零部件制造基地等特色科技产业基地建设。

（4）推进军民融合产业基地建设

围绕更多军工科技成果就地转化和民用企业深度参与军工生产两大目标，积极探索军民融合有效途径，按照产业链构建、集群化发展的思路和"三个一"模式（依托一个央企，建立一个基地，形成一个产业集群），以军民融合产业基地为载体，发展军民融合科技产业集群和军工技术民品化产业集群，形成民用航空产业集群、北斗卫星产业集群，以及光电子、精密机械、精细化工、电子装备、元器件、软件等产业集群，推动航空材料、航空电子、航天动力、航天通信等领域的民品产业集群发展。

支持军转民项目和军品配套项目向基地集聚，做大做强航空、航天、专用设备制造、电子信息、新能源、新材料、特种化工七大军工特色主导产业，形成军民融合创新发展的集聚区和军民融合改革的政策特区。

（5）打造丝路国际科技合作基地

抓住"一带一路"战略机遇，积极利用全球科技资源推动陕西省科技创新能力建设，不断加强陕西省科技的外向型力度，力争在拓展合作领域、创新合作方式和提高合作成效3个方面取得新突破，努力把陕西省打造成"丝绸之路经济带"科技合作交流核心区、内陆改革开放创新区和高端生产要素聚集区。

坚持开放创新、合作创新原则，围绕陕西省产业发展，自主开展国际科技合作；围绕陕西省重点产业发展急需的技术，开展重点技术引进、消化吸收再创新工作。大力开展跨省、跨国科技合作与交流。实施"引进来＋走出去"战略，以陕西省国际科技合作计划项目为引导，打造国际性科技合作交流平台。支持在陕高校、科研院所、企业积极参与政府间的合作交流、重大科学工程、重要国际会议及组织，加强与国内外著名机构、高校、公司的战略合作，建立以技术和资本为纽带的合作机制；鼓励和支持"研发中心互设行动"，吸引国内外机构在陕西省设立全球（区域）研发中心、实验室、企业技术研究院等新型研发机构和开放式创新平台，同时支持省内机构在省外、海外设立研发中心。

建设国际科技合作产业基地。参照"项目—人才—基地"有机融合的模式，建立一批国际科技合作基地，如能源科技合作基地、装备科技产业合作基地、现代农业科技合作基地、科技服务合作基地等，引导国外科研院所、高校、企业在基地落地，共同开展技术研发和成果转化；推进中亚科教合作中心、中俄丝绸之路高科技产业园、陕韩产业园区、杨凌现代农业国际科技合作基地建设。

> **举措**
>
> "中俄丝绸之路高科技产业园"建设：充分发挥沣东新城统筹科技资源改革示范基地的作用，依托陕西省科研和现代工业基础，建设以高新技术研发为先导、现代产业为主体、第三产业和社会基础设施相配套的高科技产业园区。
>
> "中哈国际农业科技示范园"建设：鼓励和支持中方企业、科研机构参与农业科技园区建设，并按照互利共赢原则，与哈方有关机构和组织以技术合作和产业合作的形式共同建设。

4.4.6 实施平台提升工程，促进科技资源开放共享

（1）提升重点实验室建设水平

坚持"开放、流动、联合、竞争"的方针，全面提升重点实验室的原始创新能力，增强基础研究对科技进步、战略性新兴产业发展的"源头供给"功能，依托高校和科研院所新建一批省级重点实验室；发挥企业创新主体作用，依托省内企业布局和建设一批省级重点实验室。聚焦重大任务，鼓励重点实验室开展跨机构、跨部门的协同创新；鼓励基础研究水平高、创新能力强、运行规范的省重点实验室，服务国家战略需求，建设成为国家重点实验室或省部共建重点实验室；积极参与国家实验室建设（空天动力、智能制造等）。同时，规范和加强重点实验室管理，着力构建实验室稳定支持机制，保障重点实验室高效运行，提高重点实验室创新活力，打造具有重要影响力的基础研究基地。

> **举措**
>
> 重点在石墨烯、量子通信、第5代移动通信、自旋磁存储等领域超前部署，建设重点实验室。支持省重点实验室聚焦重大任务，联合优势学科和优势产业，通过重大基础研究项目的资助，力争在信息技术、新材料、能源化工等领域，培育出国家重点实验室。

(2) 升级改造工程技术研究中心

以促进校企、院企产学研深度融合为导向，依托科技实力雄厚的省内骨干企业，联合高校、院所，新建一批由企业负责运行管理的省级工程技术研究中心，针对陕西重点产业链上的缺失环节、薄弱环节、延伸环节，以及科技成果工程化放大及产业化应用过程中的关键和辅助配套技术问题，开展联合科技攻关，为满足企业规模化生产提供成熟配套的技术工艺和技术装备，持续不断地将具有重要应用前景的科研成果进行系统化、配套化、工程化研究开发，推动相关行业、领域的技术进步和新兴产业的发展。

对现有省级工程（技术）研究中心进行整合优化、改造升级，实施分类管理，在定位、目标、运行等方面实行差异化评价与支持，强化工程技术研究中心的技术开发和工程化能力，推动设备仪器、人才、成果等资源开放共享，将社会用户的评价纳入考核指标，鼓励建设单位加大对工程技术研究中心的支持和投入，打造一批集技术开发、人才聚集、成果转化为一体的综合性创新研发平台，推进科技成果产品化，抢占技术制高点，确立行业的领先地位。

支持西安交通大学创新港建设，以国家和区域经济社会发展的重大需求为牵引，重构学科建设组织架构，把人才培养、学术研究、社会服务、文化传承创新等四大功能有效地整合起来，探索建立一个"校区、社区、园区"三位一体的全新的大学形态，打造集国家科研、高新技术成果转化、高端人才培养、高新企业孵化于一体的研发大平台，创建优质教育、高端科研、产业承载、创新创业新模式，发挥强大的示范效应。

(3) 增强科技资源共享平台服务能力

完善科研仪器/设施、科学数据、科技文献、实验材料等的科技资源共享服务平台体系建设，强化对前沿科学研究、企业技术创新、政府决策与管理、大众创新创业等的支撑；加强科技资源数据库建设，强化科技资源挖掘与利用，面向社会重大需求提供高水平专题服务。建立科技资源信息公开制度，鼓励科学数据汇交与共享。建立健全对共享服务平台运行管理的绩效考核，提升科技资源共享服务平台的服务能力。夯实科技创新的物质和条件基础，建立对公共科研基础条件的稳定支持机制，强化科研条件保障能力。

举措

提升陕西省公共检测服务平台服务能力，扩大陕西省大型科学仪器设备协作共用网规模；加强与国家及各省市相关平台的信息交流与数据汇交；巩固省科技文献共享平台的文献拥有量，保证文献量的稳定增长，进一步完善平台的分析功能，开展个性化、专业化的专题服务；开展全省科学数据调查，扩大科学数据资源共享范围，建立科学数据标准规范；加强实验动物品种资源与质量监督检测中心建设，研究制定相应的管理制度与运行机制。加强动物、植物、微生物菌种等种质资源保护、利用与共享体系建设。

实施知识产权战略行动计划，提高知识产权的创造、运用、保护和管理能力。加强各类技术和知识产权交易平台建设，逐步建立省级科技计划知识产权目标评估制度，推动知识产权与企业管理、研发、生产、服务有效融合，促进创新成果知识产权化。构建服务主体多元化的知识产权服务体系，培育一批知识产权服务品牌机构。

加强基础通用和产业共性技术标准研制，健全科技创新、专利保护与标准互动支撑机制，发挥标准在技术创新中的引导作用，形成支撑产业升级的技术标准体系。支持陕西省企业、联盟参与或主导国家标准研制，推动陕西省优势技术与标准成为国家标准。

4.4.7 创新驱动县域发展，促进三大区域协同互动

围绕国家区域发展和陕西省总体发展战略，突出主题功能定位，坚持强关中、稳陕北、兴陕南基本思路，推动省内重点板块崛起。以园区互动推动市县科技创新能力提升；以市县科技工作推进关中、陕北、陕南三大区域协调均衡发展，形成开放、包容、协同的区域发展新格局。

发挥关中地区科技资源优势和陕南、陕北特色资源优势，按照"关中协同创新、陕北转型持续、陕南绿色循环"的区域发展总体战略部署，结合主体功能区定位、资源优势和全省产业布局，以调结构、转方向，促进县域经济提质增效的总体发展思路，强关中、稳陕北、兴陕南，实现区域之间资源互动和协调发展，打造"一县一产业"的县域经济发展格局。

（1）加强创新型市县建设

实施创新型市县建设工程，支持西安、宝鸡建设国家创新型城市；支持咸阳、榆林等建设国家创新型试点城市。深入推进省级创新型市（县、区）试点工作，支持建设一批创新型市（县、区）。

（2）促进区域互动协调发展

推进关中一体化发展。建立关中一体化创新发展协调机制，发挥西安全面创新改革试验区和西安高新区国家自主创新示范区的引领示范作用，在关中打造国家自主创新示范区、现代农业综合示范区、现代服务业综合改革示范区、高端先进制造业基地，加强国内外战略合作，建立以技术和资本为纽带的创新驱动合作机制，建设科技创新高地和新兴产业基地。

推进陕北转型可持续发展。统筹资源开发利用与生态环境保护，实施项目带动和创新驱动战略，促进产业转型升级，推动由量的扩张向质的提升跨越、由初级产品加工向产业链中高端跨越、由依靠资源开采拉动向创新驱动发展跨越，建设高端能源化工基地。

推进陕南循环绿色发展。发挥陕南资源优势、区位优势和产业特色，创新生态环境保护与经济社会融合发展模式，坚持绿色引领、保护优先、循环支撑、精准脱贫、民生为本的原则，推动陕南循环绿色发展，打造循环经济与可持续发展示范基地。

以关中的创新发展带动陕南、陕北的要素驱动发展，发挥关中地区科技资源优势和陕南、陕北的特色资源优势，打造从研发到中试到产业化的完整产业链，实现区域之间资源互动和协调发展。

（3）支持县域特色产业发展

以实现农民致富、财政增收、龙头企业培育、区域特色优势产业壮大，以及科技支撑和引领县市经济社会发展为目标，围绕县域优势产业，找准需求，举全省科研之力，解决制约县域主导产业发展的技术难题，构建"县域特色产业创新链"；深入实施"科技惠民计划"、"富民强县"、"县域重点工程"等，新建一批科技示范基地，探索依靠科技创新实现经济持续发展，带动脱贫致富的新路子，以科技支撑"一县一产业"的县域经济发展。

（4）加强县域科技服务体系建设

引导县市培育各类专业化的科技服务主体，发展市场化的科技服务模式，壮大县域科技

业规模,为科技型中小企业培育和高新技术发展提供支撑;在县市建设一批开放式、低成本、专业化的众创空间和众创空间集聚区,有条件的县市应规划建设"创业苗圃+孵化器+加速器"链条化的科技企业孵化体系,促进科技创新资源向创新创业者开放。

发挥科技园区辐射带动县域经济创新发展的作用,特别是发挥国家及省上农业科技园区示范辐射带动作用,大力推进县域农业现代化。完善农业科技服务体系,促进更多科技成果在县域示范推广。

(5) 探索创新驱动县域发展新途径

深入落实国省脱贫攻坚工作会议精神,统筹协调各方力量和资源,调动人才、技术、项目、资金等多方优势,继续推进"厅市会商"工作,发挥省、市、县三级科技部门的职能,共同谋划县域科技发展思路,共同推动重大科技工作,共同实施重大科技项目,共同探索体制机制创新。建立"一市一县一院所"、"一市一县一高校"合作机制,组织实施"一市一策"、"一县一策",着力强化对市县主导产业的长期、稳定、多元支持,积极探索科技创新驱动县域经济发展的有效途径和手段,助推全省区域经济结构调整和健康发展。

> **举措**
>
> 建成5个科技创新示范县,对示范县倾斜支持相关项目。示范县建设内容:每个示范县组建一支工作队伍;成立一个专家咨询组;支持县域重点产业创新链,培育支柱产业;建设一个创新平台;出台创新创业政策;建立"一县N高校"联系制度;建立科技联络员制度。通过营造创新氛围、实施创新项目、吸引创新人才、建设创新平台、转化创新成果、构建创新体系,积极探索、总结科技创新驱动县域经济发展的有效途径,在全省总结可复制、可推广的科技创新发展模式。

4.4.8 完善创新创业环境,打造经济发展新引擎

加强创新创业综合载体建设,完善创新创业服务体系,探索新模式、形成新业态,引领生产方式、生活方式和治理方式的转变,打造新引擎、形成新动力、激发新活力。

根据国务院《国务院关于加快科技服务业发展的若干意见》(国发〔2014〕49号)精神,以"围绕创新链,搭建服务链"的思路,以满足科技创新需求和提升产业创新能力为导向,加强创新创业综合载体建设,完善创新创业服务体系。按照"三创并进"(企业内创、院所自创、高校众创)的思路,创新服务模式和商业模式,形成科技服务新业态,不断提升科技服务业对科技创新和产业发展的支撑能力。

(1) 培育科技服务新业态

以"围绕创新链,完善服务链"的思路,构建完整的创新创业服务体系,积极培育科技服务新业态。重点培育研发设计、技术转移、检验检测认证、创业孵化、知识产权、科技信息与情报、科技咨询等专业科技服务和综合服务,基本形成覆盖科技创新全链条的科技服务体系。以政府购买服务、后补助等方式支持公共科技服务发展。通过创新服务模式、丰富服务内容、完善服务方式,促进各类科技服务机构的优势互补和信息共享,全面提升全链条科技服务能力。

完善技术转移服务体系,发挥技术市场促进科技成果转化的主渠道作用,探索应用研发、技术转移、创业孵化、创业投资相互融合的成果转化全链条服务模式,形成完整的技术成果孵化、培育、转化支持的技术市场服务体系。

> **举措**
> 推进国家技术转移西北中心建设,形成技术转移集聚区。加强技术转移示范机构能力建设,探索互联网+服务新模式,构建网上常设技术市场,完善技术市场管理和监督体系建设,培育一批新的技术转移示范机构,培育一支结构合理、素质优良的技术转移人才队伍,大幅提高技术转移效率和整体服务能力,加速推进科技成果转移转化。

(2) 构建新型创业孵化器

制定陕西省落实国家《加快发展众创空间服务实体经济转型升级实施意见》的政策,实施众创空间高校全覆盖计划。结合各高校特点,针对其特色专业,支持高校建立校园众创空间;鼓励龙头骨干企业围绕主营业务方向建设众创空间,形成以龙头骨干企业为核心、高校院所积极参与、辐射带动中小微企业成长发展的产业创新生态群落;鼓励科研院所建设以科技人员为核心、以成果转移转化为主要内容的众创空间,通过聚集高端创新资源,增加源头技术创新有效供给,为科技型创新创业提供专业化服务。

加大"星创天地"支持力度,完善社会化农业科技服务体系,切实为科技特派员、返乡农民工、职业农民营造专业化、社会化、便捷化的农村科技创业服务环境,打造农业农村创新创业众创空间。

鼓励和支持多元化主体参与构建专业孵化器、创新型孵化器和综合孵化器,不断扩大孵化规模,创新孵化模式,完善孵化功能,提升孵化能力。鼓励高新区、科技企业孵化器、大学科技园延伸孵化链,在服务空间、服务内容、服务手段、商业模式等方面积极探索基于互联网的新型孵化方式。推广"创业苗圃+孵化器+加速器"的创业孵化服务链模式,提供便捷高效的全链条一站式服务。

增强对创业创新的融资支持,通过"孵化+创投"的创业孵化模式,引导和鼓励国内资本与境外合作,设立新型的创业孵化平台,引进境外先进的创业孵化模式,加强创业孵化国际合作。

(3) 探索创新创业新模式

全面加强众创、众包、众扶、众筹,加快推进"企业内创推动腾笼换鸟、院所自创推动军民融合发展、高校众创推动科技成果转化"3种众创模式。

加大对"陕西众创空间孵化基地"的支持。定期举办各级各类、多领域、多种形式的创新创业大赛,使其常态化、长效化,形成线上线下持续性的大赛平台。搭建科技成果众包、众筹平台,形成"众筹大赛+众包平台+种子天使基金"三位一体的助推模式。

建立健全创业辅导制度。鼓励高校设立创业教育课程,培育一批专业创业导师。支持社会力量举办创业沙龙、创业大讲堂、创业训练营等创业培训活动,通过创新与创业相结合、线上与线下相结合、孵化与投资相结合,为创新创业者提供良好的工作空间、网络空间、社交空间和资源共享空间。探索建立可推广、可复制的创新创业经验和模式,培育适合于创新创业的良好生态体系。

（4）深化科技与金融结合

完善科技和金融结合机制，发挥金融创新对技术创新的助推作用，创新科技金融结合工具和方式，让各类金融工具协同支持科技创新。围绕技术创新链，建立从实验研究、中试到规模化生产的全过程、多元化和差异性的科技创新融资模式，做大科技风险投资基金供给规模。发挥财政资金的杠杆作用，稳步扩大陕西省成果转化引导基金规模，并对接国家引导基金，促进科技成果资本化、产业化。

支持发展新型科技金融组织，建立微天使、微种子基金等，改善科技型小微企业融资条件，强化对处于种子期、初创期的创业企业的直接融资支持。加大对进入主板、创业板、中小板、新兴板、创新板的科技型企业的投资和增值服务。

创新商业模式，大力发展互联网金融，支持科技项目进行网络融资，开展股权众筹融资试点；探索投贷结合的融资模式，通过科技贷款风险补偿资金等政策工具，建立科技保险保费补偿机制，用好首台（套）重大技术装备保险补偿政策；开展专利保险试点，建立知识产权质押融资市场化风险补偿机制，简化质押融资流程。

探索发展"企业＋金融＋中介服务"、"互联网＋金融平台"等新型科技金融服务组织，创新服务模式，建立适应创新链需求的科技金融服务体系；完善科控集团的投融资功能，打造陕西省科技金融服务品牌。

（5）加强科学技术普及

加强科普能力和科普人才队伍建设，创新科普工作管理体制和运行机制，建设以信息化为核心的现代科普体系，提升青少年、农民、城镇劳动者、领导干部和公务员等重点人群的科学素质。加大科技教育与培训力度，激发青少年的科学兴趣，增强青少年的创新意识、学习能力和实践能力。鼓励群众性科普活动的开展，提高社区科普益民服务质量，普及尊重自然、绿色低碳、科学生活、安全健康、应急避险等知识和观念，在全社会塑造科学理性精神。

推进科普信息化建设，发挥新兴媒体的优势，促进科普服务模式的全面创新，提高科普原创能力，繁荣科普创新与展教品研发。加强科普教育基地和基础设施建设，制定鼓励科普事业发展的激励政策，促进高校、院所等的大型仪器设施向社会开放及开展科普活动，引导社会增加科普投入，鼓励捐赠等多渠道社会资金投入。

加强科普人才队伍建设，建立完善科普人才激励机制，推进科研和科普工作的结合，鼓励高端人才从事科普工作。坚持开展"科技活动周"、"科普宣传月"等重大科普活动，做好公民科学素质调查和科普统计工作，全面提高公民科学素质。

第二篇

陕西省"十三五"能源化工科技发展战略研究

组织单位：陕西省科学技术厅高新技术发展处
课题承担单位：西北大学
课题负责人：马晓迅
课题组成员：徐　龙　张建波　李　冬　孙　鸣　郝青青　张新庄
　　　　　　张壮壮　常　慧　田海锋　杨　岚

引　言

　　能源是国民经济的重要物质基础和国家经济的安全保障。能源的开发和有效利用程度是生产技术和生活水平的重要标志。能源化工产业是国民经济的支柱产业之一，资源资金技术密集，产业关联度高，经济总量大，产品广泛应用于国民经济各个领域，对促进相关产业升级和拉动经济增长具有举足轻重的作用。

　　2013年全球能源消费总量达到127.3亿吨油当量，化石能源的消费在全球能源消费中比例高达86.7%，在中国的能源消费中占到90%以上。我国是一个缺油、少气、相对富煤的国家，化石能源资源储量中煤炭占96.14%，石油和天然气仅占3.86%。按照国家能源战略行动计划，到2020年一次能源消费总量控制在48亿吨标准煤左右，煤炭消费总量控制在42亿吨左右，消费比重控制在62%以内；石油消费比重占13%，对外依存度控制在60%以内；天然气消费总量3600亿立方米，消费比重占10%以上，其中国产常规天然气、页岩气、煤层气总计目标为2450亿立方米，天然气对外依存度控制在32%以内；非化石能源占一次能源消费比重达到15%。这种以煤为主的能源结构在未来较长时期内难以改变的客观现实，使我国以高碳能源为主的能源结构与绿色、低碳发展迫切需求之间的矛盾日益突出。

　　能源化工产业是我国国民经济的支柱产业。据测算，2013年石油和化学工业产值约14.25万亿元，增长16%；全年利润约9000亿元，增长18%；收入约14.0万亿元，增长15.5%。当前，能源化工行业面临着经济下行与产能过剩、企业成本上升与创新不足的矛盾，面临着资源与环境约束不断加大的压力。

　　陕西省的能源化工产业经过最近十余年的发展，已经壮大成为陕西省第一大产业。2014年，全省规模以上工业企业实现工业总产值20 142.06亿元，比2013年增长10.8%。能源化工工业总产值8784.6亿元，占全省国民生产总值的49.66%。陕西能源化工产业在取得巨大成就的同时，也面临着严重挑战，如原料型产品多，高端化工产品少；深度转化差，产业链短，附加值低；雷同产品多，差异化发展不够，特别是对进口依存度大、市场需求旺、前景广阔的一些产品市场调查预测不够，规划建设项目少，造成了陕西能源化工产业结构失衡等问题。在进入"十三五"之际，需要总结"十二五"的发展经验，深入分析研究"十二五"能源化工科技发展的现状、存在的问题，以"三个陕西"建设为核心，以科学发展和改革创新为主题，以转变发展方式为主线，立足陕西省能源化工产业现状及面向未来高科技走向，抓住当前国家倡导的"一带一路"和"中国制造2025"战略机遇，深化改革，突出重点，系统谋划，合理引导，体制创新，强化约束，科学合理地制订陕西省"十三五"能源化工科技发展战略规划，以指导陕西省未来五年的能源化工科技发展战略布局，加速陕西省科教资源优势向经济发展优势转化，为进一步打造陕西省能源强省地位发挥科技引领和支撑的作用。

1 国内外能源化工产业发展现状及趋势

1.1 国际能源化工产业发展现状及趋势

1.1.1 国际石油、天然气化工产业发展现状及趋势

（1）国际石油产业

世界石油生产供应逐步形成多极化格局。2013年年底，世界石油探明储量达16 879亿桶，主要集中在中东、中南美洲和北美地区，这三个地区的探明储量分别占世界总量的47.9%、19.5%和13.6%。近年来，美国、加拿大、委内瑞拉和巴西等美洲国家的石油储量和产量的大幅度增长，使得全球油气生产供应多极化格局逐步形成。

中国等发展中国家油气需求的增长推动亚太和中东炼油能力显著提高。截至2013年年底，世界炼油能力达到44.01亿吨/年，较2012年下降4677万吨/年。各地区变化情况如图2-1

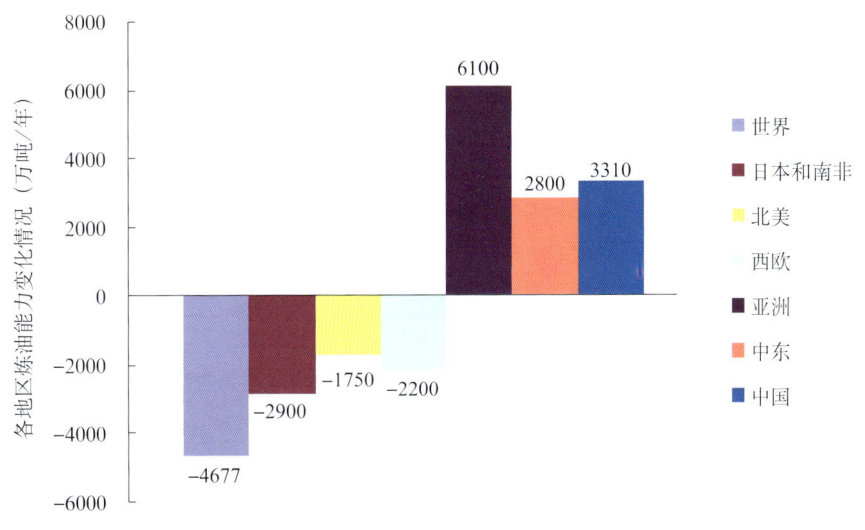

图2-1 2013年世界各地区炼油能力变化情况

所示。然而，当前全球炼油能力已经过剩，许多项目投资计划很可能无法如期实现，存在取消或延期的可能。

世界原油品质整体仍存在重劣质化趋势。世界原油质量的变化趋势仍是低硫、轻质原油产量不断减少，含硫、重质原油产量逐年增加。因此，重质油仍是世界多数炼油厂原油的主要来源，重劣质油的高效、充分利用已经成为全球炼油产业关注的焦点。预计到2035年，全球重油转化能力需增加1289万桶/日，增长率为40%。

燃料油标准加速升级，向低硫、超低硫方向发展。全球炼油行业历来视欧美的油品标准为标杆，代表了清洁油品质量的发展方向。未来汽油的质量要求是低硫、低烯烃、低芳烃、低苯和低蒸气压；柴油要求是低硫、低芳烃、低密度和高十六烷值，尤其是大幅度降低柴油硫含量将成为炼油业的最大挑战。

主要石化产品市场趋于饱和，但页岩气革命的影响仍将逐渐显现。2013年，世界乙烯装置的平均开工率为85.8%，生产能力15 355万吨/年，产量为13 170万吨。美国仍是最大的乙烯生产国，产能继续小幅度增长。页岩气革命为美国乙烯工业提供了大量廉价乙烷作为乙烯裂解原料。预计2016—2018年美国有8套世界级规模的乙烷裂解装置投入运行，每套装置每天需用8.5万～9万桶乙烷。

2013年，全球聚乙烯、聚丙烯、聚氯乙烯、聚苯乙烯和ABS(丙烯腈－丁二烯－苯乙烯树脂)五大合成树脂开工率仅为77.6%，较2012年下降1.4个百分点；全球合成纤维（含涤纶、腈纶、锦纶、丙纶和维纶）的平均开工率也继续下降至68.3%；全球合纤原料（含精对苯二甲酸、乙二醇、丙烯腈和己内酰胺）的平均开工率继续下降至78%，如图2-2所示。

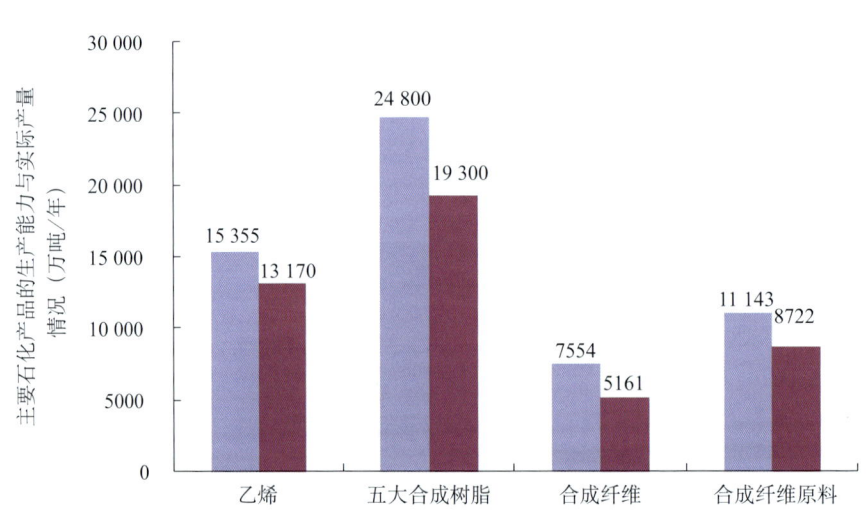

图2-2　2013年全球主要石化产品的生产能力与实际产量情况

(2) 国际天然气产业

天然气化工经过数十年发展，主要形成了两条技术路线：一是天然气直接转化化工产品；二是天然气先转化为含H_2和CO的合成气，再生产化工产品。目前，世界天然气化工年耗气量约占总消费量的 5%，天然气化工一次加工品总量在 11.6 亿吨以上。

天然气直接转化技术仍不成熟，相关研发逐步取得进展。天然气直接转化流程短、经济性好，但相关技术尚不成熟，目前仅能生产一些用量不大的化工产品，如乙炔、氢氰酸和炭黑等。处于研究阶段的天然气直接转化路线主要有：天然气直接制甲醇和甲醛，天然气氧化偶联制乙烯和天然气直接制芳烃。2015 年 3 月，美国 Scripps Howard 研究所和杨百翰大学刊文宣布研发成功了可将天然气直接氧化为醇类的新型催化剂。2015 年 4 月初，美国 Siluria Technologies 公司的甲烷制备乙烯示范装置成功投入使用，产能为 1 吨 / 天，标志着世界上首个以天然气为原料的甲烷氧化偶联制乙烯项目获得成功。

天然气经合成气制化工产品是目前世界天然气化工利用的主流技术路线。按所生产的化工产品分为三大类：含氮化合物（氨及其下游产品）、含氧化合物（醇、醛、酸、醚和酯类化合物）和烃类化合物（低碳烯烃）。其中，合成气制备约占总投资和总成本的 60%，所以研究开发合成气制备新工艺对于提高天然气化工利用的经济效益具有决定性作用。

液化天然气发展迅速，市场需求旺盛。2013 年，液化天然气（LNG）出口国为 17 个，主要出口国家及出口量如图 2-3 所示。2013 年 LNG 进口国家和地区达到 29 个，亚太地区是 LNG 进口主要市场，占总进口量的 61%，欧洲占总进口量的 14%，中国和印度共计占总进口量总量的 13%。预计 2015 年，世界 LNG 生产能力将达 3.7 亿吨 / 年，2020 年将达 4.5 亿吨 / 年以上。

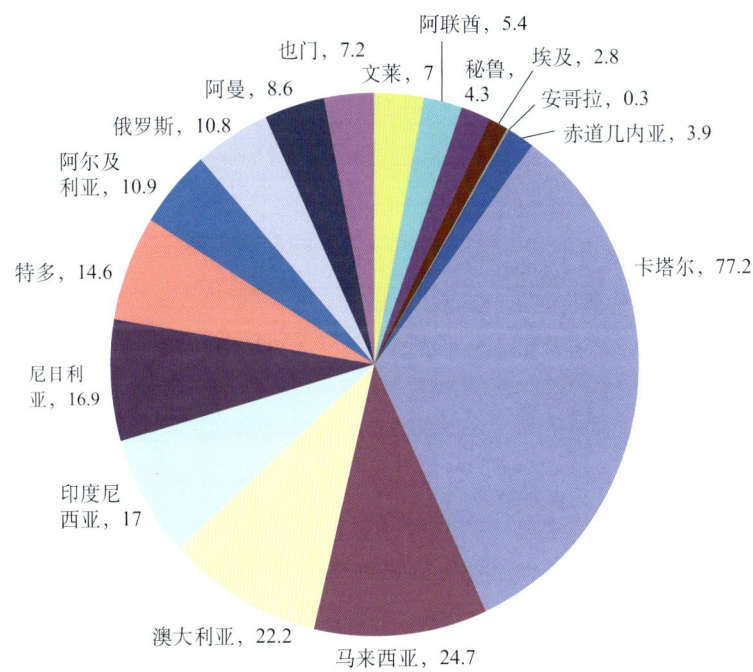

图 2-3　2013 年 LNG 主要出口国家及出口量（单位：百万吨 / 年）

数据来源：IHS，USDOE，IGU。

国际天然气化工产业发展趋势：①天然气在开采技术上的突破及发展，将推动天然气化工的快速发展；②随着页岩气的大规模开发，天然气的地区供求态势将发生变化，天然气化工生产基地将逐步向天然气资源丰富且价格低廉的地区转移；③合成氨、合成甲醇、制氢等传统天然气化工仍将是天然气化工的主要方向;④技术进步将推动天然气化工的研发投入及其快速发展,有发展潜力的天然气直接转化利用途径将得到重视。

1.1.2 国际煤化工产业发展现状及趋势

(1) 国际煤低温干馏产业

煤低温干馏始于 20 世纪。第二次世界大战期间,德国开始利用低温干馏焦油制取动力燃料。发展至今,国外实现工业化的工艺主要有鲁奇 – 鲁尔煤气公司的 Lurgi-Ruhr 技术、L-R 固体热载体工艺和美国油页岩公司的回转炉热解 Toscoal 工艺等;处于中试开发阶段的代表技术有:COED 技术、Encoal 温和气化技术和日本的气流床粉煤快速热解工艺等。

(2) 国际煤气化产业

早在 20 世纪 20 年代,世界上就出现了常压移动床(又称固定床)煤气化炉,目前已发展三代技术,如表 2-1 所示。其中,产业化程度以 Lurgi、GE 最为成熟,都已达到日处理 400t、2000t 的量级,均以服务于化工产业为先导。目前,世界多国已将煤炭气化为基础的多联产系统作为其未来能源技术的重要方向之一。

表 2-1 国际煤气化技术概况

煤气化技术	典型代表	主要技术特点
固定床气化	鲁奇炉(Lurgi)	操作压力 0.1M～4MPa,单炉处理量小,适用于 15～80mm 的块煤,主要采用固态排渣
	改进鲁奇炉(BGL)	
	间歇固定床气化炉(UGI)	
流化床气化	恩德气化炉	操作压力 0.1M～1MPa,单炉处理量小,适用于 0～10mm 的粉煤,多数采用固态排渣
	U-GAS 气化炉	
	灰熔聚气化炉	
气流床气化	GE(原 Texaco)水煤浆气化技术	操作压力常大于 4MPa,温度常大于 1400℃,单炉处理量大,生产能力高,煤种适应性广,均采用液态排渣
	壳牌(Shell)粉煤气化技术	
	GSP 粉煤气化技术	
	多喷嘴对置式水煤浆气化	
	新型四喷嘴干煤粉加压气化	
	多元料浆气化技术	
	航天炉(HT-L)	

(3) 国际煤制油产业

煤制油技术包括直接液化法和间接液化法两种技术。目前,国外较先进成熟的直接液化技术主要有:H-Coal 工艺、SRC 溶剂精炼煤工艺、CTSL 工艺、EDS 供氢溶剂工艺、IGOR 工艺、NEDOL 工艺和 FFI 低压加氢液化工艺等。

煤炭间接液化的费托合成油技术最早可追溯到 20 世纪 20 年代。到目前为止,国际上仅有南非 Sasol 公司和荷兰 Shell 公司拥有费托合成油工业技术,其他如美国 Syntroleum 公司、美国 Exxon-Mobil 公司、美国 Conoco Phillips 公司、英国 BP-Amoco 公司、丹麦 Topsoe 公司等也在开发费托合成技术,但均未实现商业化。

(4) 国际煤制天然气产业

目前,国际上的先进煤制天然气技术主要有:Topsoe 甲烷化技术、Davy 甲烷化技术、Lurgi 甲烷化技术。美国大平原煤气化厂(Great Plains Coal Gasification Plant)是世界上第一座由煤气化经甲烷化合成高热值煤气的大型商业化工厂。1984 年建成 389 万 m³/d 的煤制天然气工厂,日处理褐煤 1.85 万吨,产出含甲烷 96%、热值 35 564kJ/m³ 以上的产品气。该厂建成至今,正常运行 30 余年。在其投入运行的初期,由于遇到国际油价、天然气价格长期处于低位的情况,该厂一直处于亏损或微利状态。直到 2003 年,在国际油价、天然气价格上涨后才实现盈利。

此外,南印第安纳州曾在 2006 年 10 月宣布投资 15 亿美元,建设一个年产 400 亿标准立方英尺(约合 11 亿标准立方米)合成天然气(SNG)的工厂;美国博地能源公司和康菲石油公司曾经联合开展一个投资 30 亿美元,年产 500 亿～700 亿标准立方英尺的煤制天然气(SNG)工厂可行性研究工作;美国伊利诺伊州在 2006 年 9 月发布公告,宣布投资一个年产 500 亿标准立方英尺的煤制天然气项目。但目前国外唯一的运行实例只有美国的大平原煤制天然气厂。

(5) 国际煤制乙二醇产业

近年来,世界乙二醇产能稳步增长。2013 年世界总生产能力达到 26.816Mt/a。生产装置主要集中在亚洲、中东和北美地区。沙特阿拉伯 SABIC 公司是目前世界上最大的乙二醇生产厂家,生产能力为 3.394Mt/a,约占世界总生产能力的 12.66%,在沙特阿拉伯和中国大陆建有生产装置;紧随其后的是中国石油化工集团公司,生产能力为 2.314Mt/a,约占世界总生产能力的 8.63%。

2013 年世界乙二醇的总消费量为 23.594Mt,预计到 2018 年将达到 29Mt。亚洲是世界上最主要的乙二醇进口地区,2013 年进口量达到 10.886Mt。其中,中国又是亚洲地区最主要的进口国家,进口量达到 8.246Mt,约占世界总进口量的 60.41%,占亚洲地区总进口量的 75.75%。

目前,世界乙二醇的生产技术主要为石油路线,该路线有两种:一种是目前普遍采用的原料路线:原油—石脑油—乙烯—环氧乙烷—乙二醇,其产能占全球总产能的 80% 左右;另一种是中东地区及加拿大采用的原料路线:乙烷—乙烯—环氧乙烷—乙二醇,其产能占全球总产能的 20% 左右。其中,环氧乙烷和乙二醇的 90% 以上的世界总生产能力的生产技术由英荷壳牌(Shell)、美国科学设计公司(SD)和美国道化学(Dow)3 家公司所垄断。此外,还有以煤或天然气为原料经合成气制备乙二醇的生产技术,但现在均处于工业化示范或中试阶段。

(6) 国际煤制烯烃产业

目前,国外具有代表性的煤制烯烃工艺技术主要有 Mobil 公司的技术、UOP/Hydro 的技术和鲁奇(Lurgi)的 MTP 技术,技术特征如表 2-2 所示。其中,鲁奇公司甲醇制丙烯技术首次实现了规模化生产,其在伊朗投建 10 万吨 / 年丙烯装置,在 2009 年已正式投产。

表 2-2 国外煤制烯烃技术概况

技术开发公司	催化剂	反应器类型	产品选择性(%)	
			乙烯	丙烯
Mobil 公司	ZSM-5	固定床、流化床	45	25
UOP 和 Norsk Hydro 公司	UOPMTO-100	流化床	43～61.1	34
Lurgi 公司	沸石催化剂	绝热固定床	27.4～41.8	14.1～18.0

(7) 国际甲醇转化制汽油产业

甲醇转化制汽油（MTG）工艺分为固定床工艺、流化床工艺和多管式工艺。目前，工业化应用的主要是埃克森美孚公司的MTG固定床技术。该技术于1986在新西兰首次工业化，装置甲醇生产能力为160万吨/年，合成汽油生产能力为56万吨/年。而通过甲醇转化成二甲醚，再制取汽油的MTG技术是由Mobil公司开发的。由于该方法没有庞大的油品加氢提质和尾气处理等复杂过程，所以特别适合建设中小型煤基合成油厂。

(8) 国际煤制芳烃产业

目前，全球95%以上芳烃是通过炼油企业的芳烃联合装置得到的。随着石油资源减少、价格攀升及原油重质化程度加剧，石油路线获取高纯PX的成本越来越高，且因原料供应趋紧无法满足需求。为此，从20世纪80年代起，国内外开始煤制芳烃技术的研究。其中，埃克森美孚、际特、BP等先后开发出固定床甲醇制芳烃技术；德国伍德等公司则成功开发出流化床甲醇制芳烃技术。沙特基础工业公司针对甲醇芳构化技术进行研究，所用催化剂为添加稀土元素镧、铈的ZSM-5复合分子筛催化剂。印度石油化工公司（IPCC）和GTC公司联合报道了所开发的甲苯甲基化技术，但是该技术尚未有工业化的报道。Mobil公司研究的内容是将Zn-Zr组分与微孔硅铝分子筛复合而形成复合催化剂，以及BP公司的含Ga_2O_3或In_2O_3与微孔硅铝分子筛复合催化剂。

(9) 国际煤焦油深度分离/加工产业

国外在煤焦油加工方面主要研究开发方向是扩大品种，提高产品质量等级，节约能源和保护环境。日本、德国、澳大利亚和俄罗斯等国家的煤焦油加工技术比较先进，如德国的吕特格公司、日本三菱公司及新日铁住金化学公司、澳大利亚Koppers公司和美国Rilly公司等。国外煤焦油加工技术以集中、规模大、品种多和效益好而占优势，如日本的新日铁住金化学公司的户烟厂、德国卡斯特鲁普厂和杜伊斯堡厂的加工能力都达70万吨/年。其加工的特点主要是：煤焦油加工为独立的企业而不附属钢铁企业管辖；煤焦油蒸馏技术为多塔式工艺，自动化控制水平和产品检验水平高；产品的品位等级高，附加值高。

世界范围内低温煤焦油仍主要作为液体燃料和化学品的原料。低温焦油的组成特点与石油原油组成相似，所以加工方式和途径也很接近石油化工。流程类型也有3种形式，即：燃料型、燃料－润滑油型和燃料－化工型。燃料型工艺路线以生产汽油、煤油、柴油等为主，产品很有局限性，资源没有得到充分利用。燃料－润滑油型，除生产轻质和重质燃料油类外，还生产石蜡和润滑油。燃料－化工型工艺路线，除生产汽油、煤油、柴油等燃料油外，还从石脑油馏分中提取芳烃，利用裂解技术制取烯烃和芳烃类基本有机化工原料。燃料－润滑油－化工型工艺路线是今后的发展趋势。

(10) 国际煤基炭材料产业

煤基炭材料属高分子科学与煤化学交叉研究的领域，是煤炭21世纪高级利用技术的新增长点。

2013年全球活性炭产能逾200万吨/年，而当年全球活性炭的需求量在130万吨左右，存在较大的产能过剩问题，未来将继续面临产能整合或淘汰的严峻形势。全球来看，活性炭产能主要集中在美国、日本、西欧及中国等少数国家和地区。其中，美国、日本和西欧的活性炭产能主要掌控在少数生产商手中。

针状焦是制造高功率和超高功率电极的优质材料,用针状焦制成的石墨电极具有耐热冲击性能强、机械强度高、氧化性能好、电极消耗低及允许的电流密度大等优点。目前生产的针状焦根据使用的原料可分为石油系和煤系两类,分别被美国、日本两国垄断。

世界碳纤维的生产主要集中在日本、英国、美国等少数发达国家和我国的台湾地区,原料主要有聚丙烯腈、粘胶丝及沥青。其中,以沥青为原料的技术,主要由美国联合碳化物公司(UCC)掌握。消费结构主要集中在工业应用、航天航空和体育休闲三个方面。截至2014年12月,全球碳纤维产能已达8.4万吨/年,但由于需求增长较快,仍不能满足市场需求。

1.1.3 国际能源化工产业"三废"治理现状及趋势

全球的能源化工产业主要以化石能源为原料,在化石能源转化利用的过程中不可避免地产生了相当量的废气、废水和固体废弃物(即"三废")。

(1) 国际废气治理技术

能源化工产业的主要废气是燃煤烟气。早在20世纪20年代,美国、德国、日本等国家就已开始了各种烟气脱硫技术的研究。迄今为止,开发和建立的烟气脱硫方法已达上百种,得到工业化推广应用的有十几种。烟气脱硫是目前被认为最有效的脱硫技术,也是目前能够大规模工业化推广的一项脱硫技术。

在众多烟气脱硝技术中工业应用最广泛的为SCR和SNCR脱硝技术,火电厂脱硝技术以高效的SCR法为主。到目前为止,全世界大约有300套SNCR装置应用于电站锅炉、工业锅炉、市政垃圾焚烧炉和其他燃烧装置。

从20世纪80年代起,电站燃煤烟气的治理发展方向开始转变为开发经济效率高的SO_2/NO_x同时脱除控制技术。截至目前,许多国家已开发出多种烟气脱硫脱硝一体化装置,但其中能实现工业化应用的较少,大部分尚处于中试阶段。

(2) 国际废水治理技术

针对能源化工废水的特性,常用工艺主要可分为3个阶段:预处理、A/O生化处理和深度处理。世界各国在传统技术之上,不断开发出新技术,如日本绝缘材料公司已开发成功一种使用陶瓷膜过滤器的污水处理系统,该系统适用于中小型污水处理厂。美国Avanta公司研制开发了SAF(淹没曝气滤池)生物膜法污水处理新技术。相对DAF(Dissolved Air Flotation)工艺,SAF是同等规模DAF法处理污水能力的5倍,同时能降低建设成本50%,降低运行成本90%以上。

(3) 国际固体废弃物治理技术

欧美国家固体废物的处理率均高于90%,综合利用率很高,可达到无害化,处理方式主要有3种:制造肥料、焚烧处理、填埋处理。例如,粉煤灰综合利用在以下3个方面:①做吸附材料、絮凝剂等,应用于化工和环保方面;②做回填料,应用于煤矿采空区回填,控制地表沉陷;③制备聚合物复合材料,纤维材料等。煤矸石类废矿石最普遍的利用方法是做建材。近年来,法国研究将含煤比例较高的煤矸石既作为原料又作为燃料投入窑炉生产水泥。英国将已燃煤矸石大部分用于公路、填坝和其他土建工程的填充物;美国利用燃烧过的煤矸石渣作为筑路材料,是目前煤矸石用量最大的一种途径;英国、波兰、比利时、俄国、日本等用煤矸石代替部分黏土生产水泥,取得了节煤、降低成本等效果。

1.2 国内能源化工产业发展现状及趋势

1.2.1 国内石油化工产业发展现状及趋势

国内石化产业逐步发展成完整产业体系,生产能力位居国际前列。经过半个多世纪的发展,我国已建成了较为完整的石油化工产业体系,产业规模跻身世界石化大国行列,产品门类齐全,主要产品生产能力位居世界前列,成为国家综合实力和竞争力的重要组成部分。2014年,石化和化工全行业主营收入12.45亿元,同比增长率7%,利润4870亿元,同比增长率3.6%。截至2014年年底,我国炼油能力约7.15亿吨/年,占全球的比例达到15%,已成为仅次于美国的全球第二大炼油国,炼油行业收入增长3.0%,而利润下降4.5%;化学工业收入增长9.5%(专用化学品占比14.8%,涂颜料等精细化学品占比11.2%),利润增长5%(专用化学品占比14.5%,涂颜料等精细化学品占比21.0%)。

国内石化产业面对的挑战日益增多。炼油装置规模参差不齐,全国现有196家炼油厂,平均规模约为365万吨/年,仅相当于世界炼厂平均规模的50%;炼油产能布局不断优化,但局部过剩矛盾突出;原油劣质化趋势明显,但成品油清洁化发展,汽柴油质量标准快速提升;汽油、煤油和柴油的消费趋势分化,汽油和煤油需求旺盛,柴油停滞;炼油行业需要面对替代燃料多元化的压力,以及未来新能源汽车产业化的竞争。

石化行业下游产品自给率稳步提升,先进化工材料主要依赖进口。"十二五"以来,我国乙烯行业生产和消费增速明显放缓,进入结构调整阶段,发展重心从单纯追求规模化发展向追求综合竞争力提升转变,原料结构调整和产品结构升级成为主要发展趋势。2014年,我国乙烯产能2079万吨/年,产量1850.3万吨,当量消费量约3740万吨,当量自给率49.5%,同比增长3%,下游消费仍以聚乙烯、环氧乙烷/乙二醇、苯乙烯系列产品和PVC为主。

2014年,我国合成材料总消费量达到1.35亿吨。除三大合成材料的自给率较高外,以聚碳酸酯、聚酰胺工程塑料、聚苯醚、聚苯硫醚和特种工程塑料等为代表的先进高分子材料自给率普遍偏低,如图2-4所示。此外,2014年中国专用化学品的整体进口依存度约为10%,进口依存度最高的专用化学品是电子化学品,一半以上依靠进口,急需加快发展。发

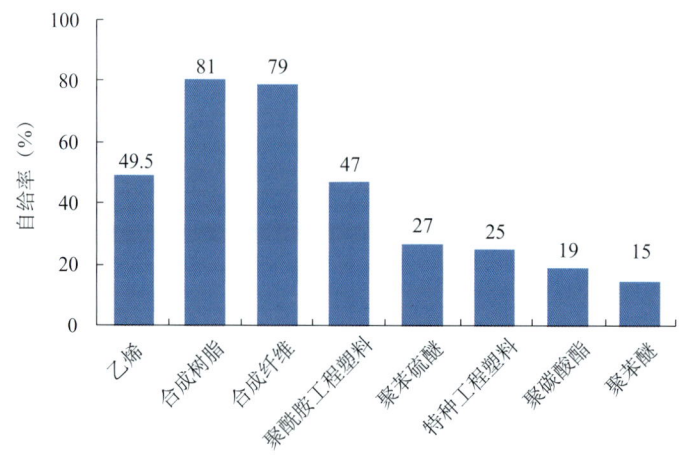

图2-4 2014年国内石化行业下游主要产品的自给率情况

展重点主要包括：为集成电路配套的电子化学品，为印刷线路板配套的电子化学品，为平板显示器配套的电子化学品，为新能源电池配套的电子化学品，为彩色打印机配套的电子化学品。

存在问题：多年来中国石油化工产业在实现快速发展的同时，存在"大而不强"、"快而不优"问题；产业层次不高，大宗基础性产品过剩矛盾突出；区域布局分散，一体化、规模化、集约化水平偏低；能源效率较低，生态环境压力加大等问题。同时，我国经济发展进入新常态，新常态既是新特征、新规律，又是新挑战、新机遇。可以预见，短时间内世界经济总体复苏疲弱态势难有明显改观，国内经济下行压力依然巨大，对我国石化产业发展形成了严峻的挑战。

发展趋势：在全球竞争加剧、资源环境约束加大的情况下，我国石化工业仍将保持平稳较快增长，将加快从石化大国向石化强国的转变步伐。我国的石化产业规划布局新方案已经基本完成，对炼油、乙烯、芳烃进行了重点规划布局。新布局了大连长兴岛、河北曹妃甸、江苏连云港、上海漕泾、浙江宁波、广东惠州和福建古雷七大石化产业基地。预计到2020年，七大石化基地的炼油、乙烯和芳烃产能将分别达到1.8亿吨/年、1250万吨/年和1100万吨/年，占同期全国产能的23%、38%和36%。

1.2.2 国内天然气化工产业发展现状及趋势

天然气在我国主要有四大应用：化工生产、工业燃料、城市燃气和发电用气。其中，化工生产占34%，工业燃料占29%，城市燃气占23%，发电用气占14%。

国内天然气化工发展始于20世纪60年代初，现已初具规模，在四川、重庆、黑龙江、陕西、甘肃、辽宁、山东等地均有分布，共有约150余套装置。天然气化工主要用于生产氮肥（合成氨）、甲醇、乙炔、甲醛、二氯甲烷、四氯化碳、二硫化碳、硝基甲烷、氢氰酸、炭黑及提取氦气等，其中用于制备合成氨的占84.8%（约占我国合成氨生产原料结构中的30%），制备甲醇的占11.1%，制备乙炔的占2.1%，生产其他产品的占2.0%。与世界先进水平相比，我国天然气化工存在明显不足：多数生产装置规模较小、工艺落后、能耗较高、产品附加值低，且主要停留在合成氨生产化肥的阶段，高附加值的精细化工产品比例很小。

据美国能源机构 Poten & Partners 公司预测，2015年我国LNG生产能力仅为1025万吨，而需求量将达2500万吨，市场供需缺口为1475万吨，将主要通过进口LNG来平衡。截至2014年年底，我国建成投产的LNG加气站接近2500座。从接收能力看，预计2015年我国LNG接收能力将达5140万吨/年，将出现供大于求的局面。未来LNG将由用于城市燃气向车（船）直接利用逐步转变，城市居民用气将以管道气为主，不用或少用LNG再气化天然气，LNG的远距离销售将不再具有竞争优势。

预计到2020年我国天然气消费量将达到2000亿立方米，天然气在一次能源消费中的比例将由目前的7%增加到2020年的10%左右。天然气的利用也将有很大发展，主要方向将是以气代油、以气发电和城市气化，其中化工用气量将会有一定幅度的增加，达到325亿立方米。由于我国在天然气生产甲醇和合成氨方面分别实行了禁止和限制政策，预计我国天然气化工未来将会向高端化、精细化、区域化发展，而大宗天然气化工（合成氨、甲醇）将逐步退出。

1.2.3 国内煤化工产业发展现状及趋势

(1) 国内煤低温干馏产业

我国探明的作为煤低温干馏生产半焦的褐煤、长焰煤、不黏煤储量为347.57亿吨,占煤炭总储量的48%。现阶段,我国的半焦生产企业主要分布在山西、陕西、内蒙古、宁夏四省(区)交界地带,以及新疆和云南等地。截至2012年年底,全国半焦产能已达到8500万吨/年左右,实际产量达4810万吨,年产量为产能的56.5%。2013年,仅榆林地区半焦产量已达2248万吨,预计2014年全国半焦产量约为4797万吨。全国半焦产能和产量的分布如表2-3所示。由表2-3可知,半焦产能远大于产量,生产装置有43.5%未能得到利用。

表2-3 2012年全国半焦产能和产量分布

省(区)	陕西	新疆	内蒙古	宁夏	山西	总计
产能(万吨/年)	4000	2500	1100	600	300	8500
产量(万吨)	2000	1600	800	400	10	4810
产能利用率(%)	50	64	72.2	66.7	3.3	56.5

国内主要的煤干馏技术包括:①外热立式炉工艺。②内热立式炉工艺。③多段回转炉工艺。④大连理工大学煤固体热载体法热解工艺。⑤浙江大学开发的热电、气、焦油多联产工艺。⑥其他工艺:清华大学、中科院过程所、中科院山西煤化所等单位开发的以灰作为热载体的煤多联产工艺;中科院工程热物理研究所、中科院过程工程研究所、中科院山西煤炭化学研究所等单位开发的"煤拔头工艺";神雾的无热载体蓄热式旋转床煤热解技术、北京柯林斯达科技发展有限公司的带式炉低温干馏技术、国富炉低阶煤热解技术等也取得了一定的阶段性研究成果。目前,只有内热立式炉工艺在陕蒙宁晋等地实现了工业化应用,其余技术仍处于完善与调试的工业化示范阶段。

(2) 国内煤气化产业

目前,我国煤化工产业已经向煤炭深加工领域纵深发展。现代煤化工产业范畴的洁净煤发电、醇醚燃料、碳一化学品等的基础都是煤气化,以大型煤气化为龙头的现代煤化工产业已成为全球经济发展的热点产业。我国是世界上煤气化技术应用最多的国家,目前,国内主要应用的气化技术如表2-4所示。我国自主研发、具有自主知识产权的煤气化技术已经达到世界领先或世界先进的水平。

表2-4 国内主要应用的煤气化技术概况

煤气化技术	研发单位	处理能力(吨/天)	应用情况
Shell技术	荷兰Shell公司	3200	19个项目23台
GSP技术	德国西门子集团	2000	4个项目39台
Lurgi技术	德国鲁奇	1650	50台

续表

煤气化技术	研发单位	处理能力（吨/天）	应用情况
多喷嘴对置式水煤浆技术	华东理工大学和兖矿集团	3000	35个项目 104台
两段式干煤粉气化技术	西安热工院	2000	2个项目 2台
GE水煤浆气化技术	美国GE公司	3000	58个项目 169台
航天气化炉技术	航天长征化学工程股份有限公司	1500	32个项目 75台
多元料浆气化技术	西北化工研究院	1000～1900	40多台
清华炉气化技术	清华大学、北京达立科科技有限公司和山西阳煤丰喜肥业集团联合	1800	10多个项目

(3) 国内煤制油产业

煤制油分为直接液化和间接液化。2014年煤制油产能228万吨，产量约172万吨。神华鄂尔多斯公司取得了百万吨直接液化示范项目的成功运行，是目前世界上唯一的煤直接液化生产企业。截至2015年1月，中国共有9个煤制油商业化或示范装置处于建设或积极推进前期工作阶段。全部投入运行后，中国预计将于2018年实现1878万吨/年的煤制油总产能。

由于经济下行，产能过剩，煤炭价格低迷，发展煤制油有利于煤炭企业拓展利润来源。然而，由于燃料油消费税、碳税加征、国际油价大幅度下跌等因素，煤制油项目仍然存在着经济性的问题。另外，投资强度大、风险大、污染严重、水资源短缺、二氧化碳排放量大等也是突出的问题。总的来说，在煤制油示范项目先后取得成功的基础上，我国煤制油行业正在开发升级示范项目。项目规模大（百万吨级及以上），注重煤炭资源的综合利用和降低能耗、水耗，规划二氧化碳捕集，有效融资，控制投资预算等是煤制油技术升级示范的主要发展趋势。

(4) 国内煤制天然气产业

2013年，我国天然气进口量同比大增25%，达到530亿立方米，全年天然气消费量达到1676亿立方米，天然气对外依存度首次突破30%，达到31.6%。2014年我国天然气表观消费量为1800亿立方米，同比增长7.4%，其中进口天然气580亿立方米，对外依存度达32.2%。因此，煤制天然气逐步成为中国天然气供应的重要组成部分。截至2014年6月，中国拟建、在建煤制天然气项目超过25个，总产能超过1073亿立方米/年。若这些项目都能按期建成投产，实现大规模商业运营，则我国煤制天然气年产量将接近国内目前天然气年表观消费量，将在一定程度上解决中国天然气供应紧张的局面。

煤制气项目迎来良好发展机遇的同时，也面临各种挑战。大部分煤制气产品需要进入长输管道，入管网的价格将是决定项目经济性的关键。此外，煤制天然气作为大型煤化工项目，建设运营管理的人才储备、气化原料煤的匹配与稳定供应、水资源保障、大量含酚等废水的处理、生态环境许可、碳减排压力、调峰设施和策略等也是煤制气项目投资者需要认真应对的问题。再则，煤制天然气用于发电、化工等领域，其经济性、能源利用效率还值得认证考虑。

(5) 国内煤制乙二醇产业

截至2014年9月，我国乙二醇的生产能力达到602.3万吨，是仅次于沙特阿拉伯的世界第二大生产国家。聚酯工业的快速发展，成为拉动乙二醇消费的最大动力，2014年我国乙二醇表观消费量为1400万吨。多年来我国乙二醇进口依存度一直维持在70%左右，国内乙二醇常年自给率在30%左右。2014年乙二醇进口总量达到845.03万吨。据统计，我国2015年预计有577万吨产能投产，主要是乙烯法和煤制草酸酯法。其中乙烯法制乙二醇仅占140万吨，其余均为煤制乙二醇装置。从乙二醇下游应用领域来看，大约93%的乙二醇用于聚酯领域，3%用于生产聚氨酯，3%用于生产防冻液，1%用于其他领域的生产。

虽然我国富煤少油的资源现状为煤制乙二醇提供了低廉的成本，但由于产品无法应用于聚酯行业，煤制乙二醇长期维持偏低开工率（2014年整体开工率在45%左右）。作为现代煤化工的重点方向之一，煤制乙二醇在2009年年初列入国家石化产业调整和振兴规划，以改变乙二醇生产单一的石化路线和70%左右依赖进口的局面。2015年我国乙二醇需求量将达1500万吨，产量660万吨，缺口840万吨，自给率预期将会上升至44%。

以煤为原料制备乙二醇，目前主要有三条工艺路线：直接法、烯烃法、草酸酯法，其中草酸酯法是目前国内最受关注的煤制乙二醇技术，通常所说的"煤制乙二醇"就是特指该工艺。目前国内宣布掌握煤制乙二醇技术的集合体已有多个。

江苏丹化集团与中科院福建物构所联合开发的内蒙古通辽金煤化工有限公司20万吨/年煤制乙二醇项目是国家发改委认定的全国首个煤制乙二醇国家级示范工程。金煤化工装置从2009年12月打通全流程并产出产品。2014年企业生产线平均负荷达到76%，共生产乙二醇12.66万吨。

截至2014年年底，我国在建、拟建煤制乙二醇项目超过20个，规划年产能达300万吨，分步在河南、新疆、内蒙古、广东、陕西、江苏、福建等多个地区。然而，众多项目能否按时开工或顺利投产都是未知数。除了环保、水资源等方面的因素影响外，煤制乙二醇产业发展主要受制于技术尚未完全成熟，还没有长周期稳定运行的工业化装置。

（6）国内煤制甲醇产业

2013年，我国新增甲醇产能581万吨，其中，煤制甲醇产能最大，占新增产能的60%。从开工率来看，大型煤制甲醇装置的比例越来越大，开工率显著提高。2014年甲醇全国产量高达3740.7万吨，同比增加26.2%。

根据国家规划，在2020年以前我国要建设七大煤化工基地，稳步发展煤制石油替代产品。规划中明确提出，要在煤炭资源丰富的地区建设大型煤制甲醇生产基地及输配系统，将产品输往消费市场。到2020年，我国煤制甲醇产能有望突破6000万吨。

（7）国内煤制烯烃产业

中国神华60万吨/年煤制烯烃工业项目，是全球第一套大型煤制烯烃装置，2011年1月1日正式商业化运行，2013年1月因环保问题被短期紧急叫停，复产后，稳定运行至今，技术指标达到国际领先水平。在国家产业政策指导下，以烯烃原料多元化为导向，"十二五"期间，DMTO技术（含第二代技术）已经许可20套工业化装置，烯烃产能1126万吨/年，拉动投资2500亿元。截至目前，已有9套工业装置成功投产，烯烃产能达520万吨/年，新增产值约600亿元/年。

在DMTO工艺技术基础上，新一代甲醇制烯烃技术（DMTO-II）于2010年10月26日在陕西蒲城清洁能源化工有限公司进行首套工业化示范。项目为煤制甲醇180万吨/年、甲醇制烯烃67万吨/年及配套项目，该工业化示范项目2014年年底已开车成功，生产出聚合级丙烯和乙烯。

中国石化上海石油化工研究院开发出甲醇制烯烃（SMTO）工艺技术，2007年在燕山石化完成了100吨/天SMTO工业化实验，实现连续运行。中原石化60万吨/年SMTO项目于2010年4月在濮阳开工建设，于2011年10月开工一次成功，该装置运行至2012年5月停工检修。国内还有清华大学，也开发出一种名为流化床甲醇制丙烯技术（FMTP）的新工艺。此外，截至2012年5月，中国内陆有8个外购甲醇制烯烃项目处于规划或在建之中，并计划于未来几年内投产。若全部投产，甲醇年消费将达到1117万吨。

另外，2011年至今，霍尼韦尔UOP在我国授权了4套甲醇制烯烃项目，乙烯和丙烯总产能超过200万吨/年。惠生（南京）清洁能源股份有限公司的项目是首个授权项目，采用先进的甲醇制烯烃（MTO/OCP）工艺，设计年产乙烯/丙烯30万吨，于2013年9月下旬开车成功。山东阳煤恒通化工股份有限公司的甲醇制烯烃项目设计年产乙烯/丙烯30万吨，于2015年2月实现中期交工；山东久泰能源公司鄂尔多斯的甲醇制烯烃项目设计年产乙烯/丙烯60万吨，于2015年9月建成投产。江苏斯尔邦石化位于连云港市的甲醇制烯烃项目预计于2015年投产，建成后将成为全球最大的单套甲醇制烯烃装置，年产乙烯和丙烯83.3万吨。同时，它还将为下游装置提供原料，年产石化产品达400万吨。

煤制烯烃在目前所有的煤化工项目中经济效益较好，但从投产、在建/拟建及规划的产能和速度来看，也有必要尽早采取措施、科学规划、防止产能过剩。

(8) 国内甲醇转化制汽油产业

赛鼎工程有限公司、中国科学院山西煤炭化学研究所及云南煤化工集团公司共同提出了固定床绝热反应器一步法甲醇转化制汽油（MTG）的新工艺。中国科学院山西煤炭化学研究所现已完成定型的第一代MTG催化剂，目前拥有一套生产能力为150吨/年的生产线，可满足生产能力为40万吨汽油/年的工业装置催化剂用量。合作三方通过设计、建设并验证了催化剂装填量为20升的中间实验装置，还开展了催化剂装填量为2立方米的固定床绝热反应器一步法甲醇转化制汽油工业示范试验，试验规模为年产汽油3500吨，于2007年12月在云南煤化工集团解化集团公司完成运行试验并取得成功。

我国采用MTG技术的第一套煤制汽油工艺设计和建设已在山西晋城无烟煤矿公司进行。该装置初期阶段设计能力为10万吨/年，第二阶段将扩增至100万吨/年。瓮福（集团）有限责任公司1万吨/年甲醇制汽油中试项目建设完工，目前已进入投产试运行阶段。项目建成后可实现年产值1亿元，年均利润3500万元，中试成功后可扩建为年产20万吨装置。赛鼎工程有限公司总承包的新疆新业年产10万吨甲醇制汽油工程一次投料试车成功，顺利产出合格的93号汽油，标志着新疆第一套甲醇制汽油装置成功投产，该项目采用赛鼎公司一步法甲醇制汽油工艺专利技术。2014年3月18日，云南先锋化工有限公司20万吨/年甲醇转化制汽油工业示范装置一次投料试车成功，并实现满负荷运行。

MTG技术有助于缓解中国石油短缺的紧张局面，随着经济的快速发展，能源紧缺的问题日益突出，中国石油对外依存度已接近60%，按照目前经济发展速度和能源的消耗速度，寻找新的可替代能源已迫在眉睫，而MTG是缓解中国石油紧张的重要途径之一，且丰富了煤制油路线。因此，煤基制油技术在中国正面临着良好的发展机遇和长远的发展前景。

(9) 国内煤制芳烃产业

目前，国内清华大学、中科院山西煤化所等单位正在开发甲醇制芳烃技术。2011年3月，华电集团在陕西榆林启动300万吨/年煤基甲醇制100万吨/年芳烃项目，一期先行建设万吨级煤制芳烃中试装置，项目将采用清华大学的流化床甲醇制芳烃（FMTA）技术。中国五环工程有限公司开展了甲醇催化转化制芳烃中试设计。陕西煤化工技术工程中心有限公司正在开发的甲苯甲醇烷基化制PX技术，若和甲醇制芳烃技术相整合，将可以进一步提升甲醇制芳烃产品中PX的收率。

《国家能源科技"十二五"规划》和《石化和化学工业"十二五"发展规划》都明确提出要研究开发具有自主知识产权的先进煤制芳烃技术，大力推动发展甲醇制芳烃等大型煤化工成套技术和装备示范。2014年11月，国务院发布的新版《政府核准的投资项目目录（2014年本）》确定，新建PX项目无须经过国家发改委核准，改由省级政府按照国务院批准的石化产业规划布局方案核准，以降低行政审批对项目建设的制约，促进PX行业快速健康发展。这些都为煤制芳烃技术的进一步完善产生了积极的推动作用。

(10) 国内煤焦油深度分离/加工技术

据初步估算，截至2014年年底我国中低温煤焦油总产能约为1750万吨/年，实际产量不足五成。生产企业主要分布在陕西、山西、内蒙古、宁夏四省区交界地带。

目前，在高温煤焦油加工方面：宝钢化工公司是国内最大的煤焦油加工企业，建立了4套加工能力为60万吨/年的生产装置（产品26种）；还有山西焦化、鞍钢化工和山西宏特等也形成了一定的煤焦油加工规模。尽管我国在高温煤焦油加工方面取得了一定的成绩，但与发达国家相比仍然存在很大差距，主要原因是煤焦油加工装置分散、规模小、产品单一、自动化水平低等一系列不足。

目前，国内中低温煤焦油加氢生产汽柴油技术正处在一个快速发展时期，正在运行和拟建的企业已达30余家，规模多数为10万吨/年以上。根据各种技术的特点，可以归纳为如下五类：①轻馏分油固定床加氢技术；②延迟焦化 - 固定床加氢技术；③悬浮床加氢技术；④宽馏分固定床加氢技术；⑤全馏分固定床加氢技术。

上述典型煤焦油加氢技术也均存在一定的弊端，如煤焦油全馏分油固定床加氢技术存在催化剂寿命短的弊端。延迟焦化 - 固定床加氢裂化联合技术的工艺流程复杂，且有约15%的煤焦油转化成焦炭，致使煤焦油资源没有得到充分利用。随着煤化工特别是煤干馏产业的发展，煤焦油产量将剧增，煤焦油的类型和组成也会多样化。因此在"十三五"期间，开发先进的煤焦油分质利用技术尤其是将产品向化工领域延伸技术的开发就显得尤为重要。

(11) 国内煤基炭材料产业

2013年2月，神华集团按照"理念领先、技术领先、速度领先、贡献领先"的标准，拟投资249亿元，在新疆乌鲁木齐市甘泉堡工业园区开始筹建建设规模68万吨/年的煤基新材料项目，这是目前国内煤基炭材料领域在建的最大项目。

我国石墨及碳素制品的产量呈现快速上升趋势，2014年达到3519.7万吨，比2013年增长16.7%；对应的行业销售收入从2010年的1062.84亿元上升到2014年的2216.08亿元。

在活性炭方面，中国已是全球最大的生产国，2013年其活性炭产能约为70万吨。其中，中国的煤质活性炭生产则主要集中于山西、宁夏和内蒙古等少数煤炭资源丰富的地区。随着严苛的环保政策不断出台，如 2013 年 9 月国务院发布的针对大气防治的《大气污染防治行动计划》（简称《大气十条》）等，中国活性炭产业将迎来更大的发展空间。预计 2016 年中国活性炭产量将达到 75.12 万吨。而超级活性炭在国内大规模生产的企业较少，需求缺口巨大，只能依赖进口。

目前国内碳纤维市场需求旺盛，因产能和技术瓶颈，碳纤维需求基本依赖进口。而国内碳纤维的生产和使用尚处于起步阶段。截至目前，中国在碳纤维产业的投资额已经超过 90 亿元（含部分复合材料制品产能）。虽然当前国内市场对碳纤维产品需求较大，但盲目发展低档次产品，存在很大风险，尤其现有产品研发停滞不前，不能开发出新型配套系列产品，这些千吨级项目实施后，市场产能出现过剩趋势将成为必然。

据最新统计，国内高功率和超高功率电极的需求量为 6 万～10 万吨/年，相应的针状焦需要量为 6 万～12 万吨/年。目前，因进口的针状焦数量有限，锦州石化公司的产量也只有 3 万吨/年。因此国内超高功率电极的产量只好由针状焦的数量来决定。目前，宝山钢铁股份公司化工分公司正在进行中试，且针状焦质量已达到与日本新日化公司和三菱的相当。鞍山热能研究院也在进行中试并取得了较大进展。山西朔州三元碳素股份有限公司的小试报告也已通过了山西省科技厅的鉴定。山西宏特煤化工有限公司已投入工业化试生产，虽然热膨胀系数未完全达标，但已有近 3000 吨的产品供兰州炭素厂及南通炭素厂作为生产直径为 $\phi 400mm$ 的高功率电极的原料。

此外，我国在炭黑、石墨烯、碳分子筛、碳化硅等其他材料产业方面，多数还是处于以上游粗加工为主或研发阶段，与国际同行相比还有很大的差距。

1.2.4 国内能源化工行业节能减排与"三废"治理现状及趋势

全国各地经常出现的雾霾天气、水污染、固体废弃物污染等环境问题引起了全社会对节能减排和"三废"治理的极大重视。"十一五"期间我国石油化工行业节能减排的任务没有完成，"十二五"全行业节能减排的目标完成难度依然很大。因此，"十三五"期间，节能减排仍将是能源化工行业一项长期而又艰巨的任务，必须将节能减排作为行业发展的重中之重。

《国务院关于印发全国资源型城市可持续发展规划（2013—2020 年）的通知》（国发〔2013〕45 号）要求：强化火电、冶金、化工、建材等高能耗、高污染企业脱硫脱硝除尘，加强挥发性有机污染物、有毒废气控制和废水深度治理。到 2020 年，实现工业废水排放完全达标。加强煤矸石、粉煤灰、冶炼和化工废渣等大宗工业固体废物的污染防治和综合治理，矿区和产业集聚区实行污染物统一收集和处置，规范危险废物管理，加快城镇生活垃圾处理设施建设。到 2020 年，工业固体废弃物（不包括尾矿）综合利用率达到 85% 以上。

（1）国内废气治理技术

我国烟气脱硫技术起步于 20 世纪 70 年代，但是长期以来脱硫市场未形成规模。截至 2013 年年底，现役燃煤机组装机容量的 91.6% 均安装了脱硫设施。

我国火电厂 SCR 烟气脱硝技术于 20 世纪 90 年代引进日本技术在福建后石电厂的 600MW 机组率先建成。我国对 SCR 脱硝技术的研究与应用正处于大力发展阶段，通过技术引进和自主研发改进，国内的一些环保公司或锅炉厂已具备 SCR 烟气脱硝工程的设计及总承包能力，基本满足了我国烟气脱硝市场的建设需求。我国首台具有自主知识产权的 SCR 烟气脱硝工程于 2006 年 1 月 20 日在国华太仓发电有限公司 600MW 机组成功运行。截至 2009 年，SCR 技术约占火电厂烟气在建脱硝项目总容量的 96%。目前国内 SNCR 法在垃圾焚烧发电厂比较广泛，但主要依靠技术引进。此外，我国也在积极开展相关的研发工作，但至今国内外工业化应用的较少，大部分尚处于中间试验阶段。

(2) 国内废水治理技术

我国目前的废水处理工艺以生物法为主，辅以物理和化学工艺。

自 20 世纪 60 年代起，厌氧处理技术就被应用于有机废水处理研究中。近年来，一些新型的厌氧生物反应器逐渐应用于废水处理工艺中，如厌氧生物滤池、升流式厌氧污泥床、厌氧折流板反应器、厌氧流化床、厌氧内循环（IC）反应器等。其中，IC 反应器发明于 20 世纪 80 年代，具有高径比大、有机负荷率高、水力停留时间短等优点，目前已成为效能最高的污水反应器之一。

神华煤直接液化示范工程采用"高效催化氧化 +3T 池 + 臭氧氧化 + 混凝沉淀 + 膜反应器 + 超滤与反渗透"组合化水处理技术解决了煤直接液化污水数量大、种类多、污染物复杂的世界性难题。污水已全部处理回用，废水回用率达到 98% 以上，真正实现了污水对环境的"零排放"。项目吨油品水耗也由设计值 10 立方米 / 吨降至 5.82 立方米 / 吨，万元增加值水耗 20.11 吨水 / 万元，仅为目前我国万元工业增加值水耗的 30%。

上海东硕环保科技有限公司依托于其承担的伊泰伊犁能源有限公司 100 万吨 / 年煤制油示范项目废水"零排放"EPC 工程，针对当地水资源紧缺、没有污水排放条件，以及该项目节水降耗目标要求等，并取得国家专利授权的煤化工废水"零排放"结晶盐资源化利用工艺，关键技术包括：以高效微生物为主线的强化双级 A/O 工艺、AOP 高级催化氧化工艺、ED 离子膜浓缩工艺、结晶盐资源化利用工艺等。通过以上技术措施，不但实现了煤化工废水真正的"零排放"，还将蒸发结晶产生的盐资源化利用，真正实现清洁生产，保证煤化工企业可持续发展。

2015 年 4 月 16 日，国务院正式颁布《水污染防治行动计划》（以下称"水十条"）。这是继《大气污染防治行动计划》发布实施后，环境保护领域的又一重大举措。"水十条"按照"节水优先、空间均衡、系统治理、两手发力"的原则，提出了四大部分的具体措施：一是提出了控制排放、促进转型、节约资源等任务，体现治水的系统思路；二是提出了科技创新、市场驱动、严格执法等任务，发挥科技引领和市场决定性作用，强化严格执法；三是提出了强化管理和保障水环境安全等任务；四是提出了落实责任和全民参与等任务，明确了政府、企业、公众各方面的责任。随着"水十条"的贯彻落实，必将对"废水治理"、环境保护、生态文明建设，乃至整个经济社会发展方式的转变，产生重要而深远的影响。

(3) 国内固体废弃物治理技术

在我国固体废弃物处理利用遵循"三化"原则，即减量化、资源化、无害化。目前，主要利用途径如下：①固体废弃物再资源化，提取有用的金属物质；②生产建筑材料，如矿渣生产碎石，用作混凝土的骨料、道路材料、铁路道砖等；③与水泥化学成分相近且具有水硬性的这类固体废弃物生产水泥；④粉煤灰、赤泥、煤矸石等这些固体废弃物生产建筑制品、铸石、矿渣棉或者是轻骨料和微品玻璃；⑤回收具有潜在能源的固体废弃物，如通过筛选粉煤灰，将筛选出来的煤进行发电，以及液化残渣再气化、制备炭材料等资源化再利用。以上这些针对固体废弃物的利用途径都减少了资源的浪费，对于建设节约型社会的意义重大。

2 陕西省能源化工产业发展现状及趋势

2.1 产业现状

陕西省煤炭、石油、天然气资源丰富，能源化工产业已发展成为陕西省的核心支柱产业。经过多年的发展，陕西省通过推动陕北能源化工基地、渭北能源接续区和陕南水电开发建设，目前已初步实现了陕北、关中、陕南三大区域协调推进，能源化工产业发展壮大为全省第一大产业。2014 年，全省规模以上工业企业实现工业总产值 20 142.06 亿元，比 2013 年增长 10.8%。能源化工工业总产值 8784.6 亿元，占全省国民生产总值的 49.66%；主要能源产品产量逆势向好，稳定增长。

2.1.1 石油与天然气领域

2014 年，全省原油产量 3767.81 万吨，同比增长 2.2%；天然气产量 410.11 亿立方米，同比增长 10.4%，占全国天然气产量的 1/3；由于液化天然气企业和产能的增加，全省液化天然气产量大幅度增长，全年达 147.93 万吨，同比增长 57.5%。受国际油价不断下跌影响，原油加工量保持低速增长，全年同比增长 0.8%，汽油、柴油产量同比分别增长 2.8% 和 1.3%，燃料油、溶剂油、液化石油气和石油焦等产品产量同比分别下降 13.2%、5.8%、10.8% 和 80.7%，同时原油开采也保持较低增速，全年原油产量 3767.81 万吨，同比增长 2.2%。

目前，陕西省石油化工产业主要集中在陕西延长石油（集团）有限责任公司（以下简称延长石油）。2014 年，延长石油实现营业收入 2080 亿元、同比增长 215 亿元；实现利税费总额 525 亿元，财政贡献连续 9 年保持全省第一，提前一年实现"十二五"发展目标。延长石油围绕"稳油、增气、扩化"的发展思路，调整产业结构，促进转型升级。在"稳油"方面，延长石油注重油田科学开发，全年完成原油产量 1277 万吨，同比净增 22.3 万吨；全年加工原油 1446.7 万吨、同比净增 41.5 万吨，创近十年历史最好水平。在"扩化"方面，加快发展油气煤综合化工和精细化工，2014 年 7 月建成了全球首套煤油气资源综合转化项目并一次试车成功，累计实现产值 32.4 亿元。此外，一批前瞻性技术研发、中试和工业示范项目正在加快实施，其中煤油共炼项目已开始投料试车，煤焦油加氢、合成气制油等项目基本建成，悬浮床加氢等多个中试试验也取得了新成果。

"十二五"末，陕西省能源行业面临困难较多，市场需求不旺，主要产品价格连连下跌，但 2014 年全省天然气消费 62.6 亿立方米，增长 21.8%，天然气占一次能源消费的比重达到 8.7%。"十一五"期间陕西省内涉足天然气化工的企业主要有：榆林天然气化工有限责任公司、中国石油长庆油田分公司甲醇厂和陕西兴化集团公司。其中，榆天化最初以天然气为原料生产甲醇，2011 年 5 月经华电煤业集团有限公司重组后，以天然气和煤为原料生产甲醇、醋酸等基础有机化工产品，当时形成了 51 万吨 / 年天然气制甲醇、60 万吨 / 年煤制甲醇和 15 万吨 / 年醋酸的产能。"十二五"末，由于天然气价格上涨，且气源无法保证，其天然气制甲醇装置已经停产；长庆甲醇厂于2010年停产转型为长庆油田的储气库；目前，陕西兴化集团的合成氨生产采用天然气和煤双原料方式，其中，天然气制合成氨的规模为25万吨/年（按780标准立方米天然气/吨合成氨计，天然气年耗量约2亿标准立方米），煤制合成氨的规模为30万吨/年。

在"增气"方面，延长石油全面加快天然气勘探开发进程，2014年新增探明天然气地质储量1200亿立方米，新建天然气产能14亿立方米，具备20亿立方米/年供气能力，并首次实现外输，为缓解陕西省冬季用气紧张局面做出了积极贡献。预计"十三五"期间，延长石油集团将加快常规天然气（延安、榆林地区）的科学整装开发、积极推进延安陆相页岩气勘探开发、大力支持砂岩致密气勘探开发，将形成一定天然气（含非常规天然气）产能，为陕西省天然气供应提供可靠保证。

陕西省的LNG产量约占全国LNG总产量23%，共有25家生产企业，于2013年12月成立了液化天然气产业协会，LNG总产能1260万立方米/天。陕西延长石油集团目前共有两个天然气液化厂，一个位于陕西省延安市南泥湾镇，产能为50万立方米/天；另一个位于延安市甘谷驿镇，产能为100万立方米/天。此外，延长石油集团炼化公司计划分别在安塞县、延川县建设20万吨/年LNG项目，在志丹县建设60万吨/年LNG项目。

陕西省石油与天然气化工取得快速发展的同时，同样面临着新的问题与挑战：油气勘探开发难度加大、资源不足带来的挑战；产业结构不合理、石油和化工两大板块发展不平衡，主要表现为油大化小；科技能力和人才水平不能满足产业发展的需要；世界能源格局深刻变化和中国经济发展新常态冲击传统石化产业的发展；国家相关新法规和产业新政策对行业发展提出更高的要求；受油价下滑和大宗产品产能过剩影响，新建成项目还没有体现出竞争力，落后老产业难以扭亏为盈，盈利能力下降。

2.1.2 煤化工领域

陕西省的煤化工产业在现代化煤化工产业科技创新中做出了突出贡献，将逐渐形成以化肥、焦化、电石和煤制甲醇为主的煤化工产业格局。现阶段，陕西省煤化工产业现状表现出如下特点。

重大煤化工项目前期工作取得突破性进展。陕西省目前有多项规划建设的重大煤化工开工建设，包括神华萨索尔煤间接液化项目、甲醇制烯烃项目，陕西未来能源化工有限公司的100万吨/年间接液化煤制油项目，陕西化神木天元化工50万吨（国内最大）中温煤焦油轻质化生产装置，延长石油45万吨/年煤油共炼实验示范项目等。榆林市榆神工业区清水煤化学工业园区北区，总投资1216亿元，主要建设1300万吨煤矿、70万千瓦热电联产机组和23套化工装置，以煤炭为原料，通过煤气化、甲醇合成、甲醇制烯烃、烯烃衍生物等工艺过程，年生产218.65万吨化工产品。此外，还有陕西省落地实施6项现代煤化工新技术工艺装置重点示范工程。在未来相当长一段时间内陕西省将会全面着力于能源工业技术水平的全面提升，同时，凭借技术提升，加快推进能源资源深度转化。特别是要做大做强现代煤化工，使之成为承载陕西能源化工产业深度转化、实现石油和化工产业均衡发展的突破点。

煤化工产业结构调整步伐加快。煤化工逐步由以传统的电石、焦炭等产业为主向以煤制甲醇、煤制油、煤制烯烃和醇醚燃料等现代煤化工产业为主转变，甲醇化工产业将依托煤化工产业，着力发展甲醇－烯烃、甲醇－燃料二甲醚、甲醇－碳一化工、甲醇－燃料四大产业链，产业布局逐步由小型、分散向大型化、规模化、园区化、基地化转变，增长方式逐步由粗放向集约转变。

煤化工技术装备水平明显提高。经过产业结构调整和技术改造，全省符合行业准入条件的电石企业达到41家；焦化（含兰炭）产业以扶优汰劣、关小上大、节能降耗为重点，形成产业布局合理、工艺装备先进、污染排放达标、生态环境友好的兰炭生产格局；新建煤化工项目装置规模达到行业准入条件，采用世界先进、成熟的工业技术。

重点煤化工园区初步形成。根据煤化工产业发展需要，陕西省先后编制完成了陕北能源化工基地总体规划、榆神煤化学工业区总体规划、榆横煤化学工业区总体规划、靖边能源化工综合利用总体规划和彬长矿区综合开发规划等，为煤化工产业的健康有序发展提供了重要保障。陕西延长石油（集团）有限责任公司，以靖边丰富的煤炭、天然气、岩盐及延长石油集团榆林炼油厂渣油为原料，进行综合深加工，建设大型甲醇、甲醇制烯烃项目及烯烃下游产品装置。陕西煤化工总体规划确定了建设府谷、榆神、榆横等"九大"煤化工基地（园区）。

科技力量比较雄厚，创新能力较强。陕西省内煤化工技术开发设计单位、高等院校在煤气化、甲醇制烯烃、F-T合成、精细化工合成工艺和催化剂等技术领域具有较强的研发力量，研究开发了一批具有国际先进水平的煤化工技术，可为发展现代煤化工提供技术支持和人才保障。

煤化工产品正由初级产品加工向高附加值产品转变。陕西有着丰富的能源资源，但长期以来全省能源产业主要以初级产品为主，卖煤、卖油、卖气，产业链短，产品附加值低。为解决这一困境，陕西省在2000年初提出了产业转型的"三个转化"，即煤向电力转化、煤电向载能工业品转化、煤油气盐向化工产品转化。2014年受国际国内复杂形势影响，陕西能源产业产值下滑，转型挑战巨大。在此背景下，陕西省深入实施"稳中有为，提质增效"战略，出台一系列有效政策，按照"三个转化"思路，推动能源化工产业延伸产业链、深度转化、综合利用，能源化工向高端化不断挺进。兖矿榆林100万吨煤间接液化制油示范工程获得核准；全球首套煤油气资源综合转化项目在延长石油试车成功；中煤甲醇醋酸系列深加工及综合利用项目建成投产；陕北兰炭进京入冀，走活一盘棋。

精细化工产业也得到了长足发展，建成了一批重点项目。主要有榆林云化绿能公司20万吨碳酸二甲酯，榆林榆神清洁能源公司16万吨/年甲醛、10万吨/年甲缩醛，榆林德林公司10万吨1,4-丁二醇，陕西融合化工公司12万吨1,4-丁二醇、10万吨聚四氢呋喃、2万吨γ-丁内酯，陕西恒源煤电集团10万吨1,4-丁二醇、8万吨聚四氢呋喃，榆林市众大新能源公司6万吨三氯乙烯，神木泰安精细化工公司4万吨三氯乙烯、2万吨四氯乙烯，神木天元化工公司2万吨工业精酚等项目。2015年3月27日，被誉为"改变陕西能源面貌的核心重大项目"的神华榆林循环经济煤炭综合利用项目顺利开工。这一总投资达到1216亿元、世界上首个单体投资超过千亿元的煤化工综合项目，终于进入实质性建设阶段。该项目由神华集团和陕西省合作建设，建成后将形成1100万吨原煤转化和218万吨精细化工产能，年收入可达280亿元，利润85亿元，对于保障国家能源安全，应对经济下行压力，推进煤炭清洁、综合、高效利用，加快陕北能化产业向高端化迈进具有十分重大的战略和标杆意义。

2.1.3 "三废"治理领域

目前以西安为中心的陕西关中城市群,已成为全国大气污染最严重的地区之一。2013年10月底,陕西省"省委、省政府保护群众身体健康的最大民生工程"的"治污降霾,保卫蓝天"行动提出,要用5年时间使全省空气质量总体改善,重污染天气大幅度减少,关中城市群空气质量明显好转。为确保这一目标的实现,陕西省采取了多项措施,包括:2014年年底前,西安、咸阳、渭南市拆除建成区内所有每小时20蒸吨以下燃煤锅炉,其他地级及以上城市拆除建成区内所有每小时10蒸吨以下燃煤锅炉;2017年年底前基本完成全省燃煤机组、燃煤锅炉、钢铁、石化、水泥等行业的脱硝、除尘设施建设与改造升级;还有淘汰黄标车、全面更换新油品、鼓励绿色出行、推广清洁能源等。长期手段则包括:发展绿色建筑,建设绿化带,建设生态保护园区等。

陕西省石油化工研究设计院开发了氨氮高效吸收与资源化利用处理工艺技术、煤化工兰炭尾气综合治理回用工艺技术、低成本高精度兰炭炉尾气净化脱硫技术及成套装备、炼厂废碱渣处理及控制系统工艺、煤焦油加氢轻质化环保综合利用新工艺等。总投资2.5亿元的"大型煤化工企业废水'零排放'和资源化利用"项目正在榆林建设。"氮肥企业氨氮污染全过程控制和资源化利用"获国家"十二五"重大水专项子课题,可实现污水氨氮过程减排和资源化利用50%,"高浓度有机废水减排控制和资源化回收利用"已进入工业示范。提出的"化工企业水系统平衡分析和节水技术方案"将通过源头治理、过程减量和分质回用,使取水总量降低1/3,排水总量降低2/3。基于系统优化的全新处理方案,正在开展"油田污水处理系统体系重建"等项目。

2.1.4 能源化工发展的瓶颈

(1) 水资源

以作为国家级能源化工基地的陕北地区为例,其人均水资源占有量仅为全国人均占有量的29.4%,属于水资源严重贫乏区,加之区域水生态环境脆弱,水域纳污容量有限,使得能源的富集与水资源贫乏不相适应,成为制约能源化工发展的主要因素之一。

陕北含水层多位于煤层之上,加之煤层埋藏浅,使得地下水资源渗漏和水污染十分严重,同时造成了广大地区沙漠化严重。由于大量废渣、废石、工业及生活污水直接排入河道、采油废水就地排放和大量的落地原油已经对大理河、芦河游、秃尾河、延河等造成污染,加上工业、发电及居民生活用水的增加与煤炭、石油等资源开发对地下水的疏干相叠加,必将加剧该地区水资源的危机。目前,陕北能源基地总供水能力不足12亿立方米,在不破坏生态环境的情况下,充分开发利用当地水资源,供水能力也只能增加到17亿立方米左右,虽然可保障陕北能源化工基地目前已建成投产企业和在建项目用水,但从长远看,陕北地区用水需求将一直处于高速增长,将无法保障2020年前后的用水需求。水资源短缺将成为制约陕北能源化工基地经济社会发展重要的因素。

问题的根源首先由于陕北地区气候干旱,降雨稀少,生态环境脆弱,可供利用的水资源十分有限。其次,煤炭资源的开采对水资源造成了严重的影响,如大规模开发矿区引起了严重的水污染。2015年2月13日,环保部公布了2015年1月重点环境案件处理情况,其中

5家企业涉嫌"腾格里式排污",即利用晾晒池或蒸发塘排污,其中包括陕西榆林榆横煤化工业园污水处理厂。2015年3月17日,陕西省环保厅召开新闻发布会,对陕西长青能源化工有限公司等10家企业存在的环境违法行为及处理措施进行通报。通报指出,这些企业存在污水超标、废水直排、污染设备停运,甚至严重破坏自然生态环境等违法行为。其中部分项目还存在未批先建、废水私排、废渣随意堆放、污水严重超标等违法问题。

与其他行业相比,煤化工的最大特点是用水量大、废水组分复杂。例如,150万吨/年油品的间接液化工厂日需原水供应量约为5.5万立方米;100万吨/年油品的直接液化工厂日需原水约2.3万立方米。因此,减少用水量,从而减少废水的外排量,是煤化工行业发展的保障之一。因此,煤化工的未来发展一方面必须采取先进的工艺和先进的节水技术;另一方面国家在制定未来关于水的政策规划中,必须意识到煤化工发展趋势不可逆转的事实,为煤化工的发展规划出一定的用水空间。

(2) 节能减排

2014年陕西能源化工行业调整结构、转型升级步伐明显加快。通过延长煤化工产业链,提高产品附加值,在消耗同样煤炭资源总量的情况下,拉动单位GDP能耗的进一步降低。以前陕西省煤化工大多以甲醇等初级产品为主,现在逐渐向产业链高端发展。陕西省工信厅制定了2014年淘汰落后产能行动方案,提出淘汰电石7.5万吨、电解铝9万吨等一批落后产能。陕西强化石油和化工等重点企业节能管理,推动万家企业能源管理体系建设,开展能效水平对标活动。陕西省计划完成200户重点用能企业能耗在线监测接入系统,其中石油和化工企业70户,企业数量及综合能源消费量分别占总量的35%和31.28%,担当了节能重任。

2014年陕西下达了燃煤削减和能源消费总量控制任务,关中地区燃煤消费要减少1000万吨。2014年12月,陕西省政府发布《2014—2015年节能减排低碳发展行动实施方案》,方案提出2014—2015年,全省能源消费总量控制在1.22亿吨以内,万元GDP能耗每年分别下降3.3%、3.2%;万元GDP二氧化碳排放量每年下降3.7%;化学需氧量、氨氮、二氧化硫、氮氧化物2015年排放量较2013年下降2.5%、3%、1%、9.5%。虽然节能减排取得一定成效,但结构性矛盾和问题仍然突出,特别是氮氧化物减排面临的形势仍然严峻。为贯彻落实《国务院办公厅关于印发2014—2015年节能减排低碳发展行动方案的通知》(国办发〔2014〕23号)精神,确保全面完成"十二五"节能减排降碳目标任务,陕西省将从加快推进产业结构调整、加快实施节能减排重点工程、强化重点领域节能降碳、进一步强化政策扶持、强化监测监督和目标责任考核几个方面来推动促进全省的经济社会发展方式由高碳经济模式向低碳经济发展模式转变。

由于陕西省仍处在特定的发展阶段,资源禀赋及技术水平都受到限制,加上产业结构的不合理,工业尤其是重工业在国民经济中比重过大,造成经济增长对能源消耗的高度依赖,成为未来节能减排的重要障碍。

(3) 环境保护

陕北既是陕西省的资源富集区,又是生态脆弱区。从环境保护的角度上看,影响陕北能源化工基地科学发展、"三个转化"(煤向电转化、煤电向载能工业转化、煤油气盐向化工产品转化)实现的主要环境问题包括:

一是环境容量有限。由于资源开发初期环保措施乏力、环保基础建设严重滞后、污染治理实施运行很不正常等原因，造成环保基本条件大量缺失、环境总量十分有限、生态破坏、地面塌陷、水源污染等问题不断凸显，不少地方面临着水资源短缺和生态环境恶化的双重挑战。

二是污染减排形势严峻。环保设施建设上普遍欠账较多，地表水和大气污染在局部地方仍在加剧，尤其是小火电机组淘汰工作进展缓慢，颗粒物、氮氧化物等主要大气污染物削减压力巨大。

三是产业结构重型化突出。重点区域的高耗能、高排放的企业群体较多，单位GDP的能源消耗和污染物排放量居高不下，增长方式仍粗放、资源浪费仍较严重。

四是环境风险不断加大。陕北在多年的快速发展中存在的"未批先建、未验先投"等环保违法问题，不仅给当前环境管理带来巨大挑战，而且可能是影响陕北发展的重要障碍。随着化工企业数量的不断增长，加之部分企业卫生防护距离内居民搬迁安置工作的滞后等问题，潜在的环境风险越来越大。

陕西省需要注重引导、简政放权，进一步发挥环保对经济发展的优化作用，切实实现环保引领产业高端发展作用全力以赴破解环境瓶颈，加快打造陕西省能源化工产业的"升级版"。

（4）技术装备

陕西省煤化工技术装备最大的问题在于装备规模小，国产化程度低，而且存在运行不稳定的现象。总的来说，小型装置相对整体建设规模所占比例已经明显下降，大型生产装置建设已经占据煤化工行业的主导地位。所以，应该扩大能源化工技术装备的规模，同时，加大创新，研发技术装备，增加及引进合适的能源化工设备。企业、政府等不但要重视能源化工工艺技术方面的创新，而且要高度重视在设备技术方面的科技创新工作。

大型能源化工的工艺流程长、投资大，是一个复杂的系统工程，技术创新和装备国产化均有一定的风险性。当前应特别强调和加快大型关键煤化工设备的国产化，陕西省能源化工装备总体来看能效还不高，核心装备大部分还要依靠进口。要改变这种状况，就需要通过有效政策不断增加研发投入，建立和完善能源化工产业技术装备支撑体系，采用引进和自主研发相结合的方式，建设一批具有世界先进水平的大型能源化工装置。

2.2 社会需求

（1）社会对清洁油品的需求

为解决全国大范围、长周期的雾霾天气，国务院总理李克强于2015年4月29日主持召开国务院常务会议，确定加快成品油质量升级措施，推动大气污染治理和企业技术升级，并提前向全国供应国五标准的汽油和柴油。国家将加快清洁油品生产供应，力争提前完成成品油质量升级任务：第一，从2016年1月起，将供应"国五"标准车用汽油和柴油的区域，从原定的京津冀、长三角、珠三角等区域内重点城市扩大到整个东部地区11个省（市）全境；第二，将全国供应"国五"标准车用汽油和柴油的时间由原定的2018年1月，提前至2017年1月；第三，增加高标准普通柴油供应，分别从2017年7月和2018年1月起，在全国全面供应国四、国五标准普通柴油。

同时，发展改革委等七部门日前印发《加快成品油质量升级工作方案》。我国将参考国际先进标准并结合我国实际,加快油品标准制修订步伐,完善标准体系。2015年5月7日,国家发改委宣布,我国将抓紧启动第六阶段汽、柴油国家(国六)标准制订工作,力争2016年年底颁布,并于2019年实施。

因此,未来几年对清洁汽、柴油的需求将进入快速增长时期。

(2) 高端化学品和化工新材料的需求

石化联合会的分析指出,近年来,石油和化工行业中的传统产业和产品需求出现放缓趋势,特别是一些大宗类的石油和化工产品,收入增速降低,效益明显下滑。同时,高端化、差异化和专用性化学品的终端消费市场增长势头强劲,环保、航空航天、汽车制造、计算机、电子产品等领域急需的碳纤维、工程塑料、特种合成橡胶等先进结构材料,以及以氟硅材料、功能性膜材料为代表的非金属功能材料和高性能纤维及其增强复合材料等特种、高端化学品供给严重不足,需要大量进口才能满足市场需求。

(3) 节能减排的需求

陕西省是国内重要的能源产业基地,担负着减缓温室气体排放、降低雾霾、改善区域大气环境质量的重要责任。但是由于陕西省处在特定的发展阶段,资源禀赋及技术水平都受到限制,所以,未来污染物排放总量将继续上升,加上陕西省产业结构的不合理,工业尤其是重工业在国民经济中比重过大,造成经济增长对能源消耗的高度依赖,成为节能减排的重要障碍。

(4) 保障国家能源供应战略的需求

1998年陕西榆林市被批准为国家能源化工基地,其是国家"西煤东运"的腹地、"西气东输"的源头、"西电东送"的枢纽。陕北地区天然气资源丰富,除保证京津等地用气外,还通过省会西安市辐射全省及周边省份,确保了国家及区域天然气资源供应,对保障国家能源供应战略意义重大。

(5) 环境保护的需求

环境是人类生存和发展的基本前提。环境为我们生存和发展提供了必需的资源和条件。随着社会经济的发展,环境问题已经作为一个不可回避的重要问题提上了国内外各级政府的议事日程。保护环境,减轻环境污染,遏制生态恶化趋势,已成为社会各界的重要任务。

近几年,陕西省乃至全国各地"雾霾"现象时有发生,标志着我国进入了一个环境污染的高发期。这些问题严重影响了人们的生产和生活,成为制约我国可持续发展的障碍因素。环境的污染与破坏必然会导致生态环境的逐步恶化,进而影响和我国经济社会的协调发展和国家生态环境安全。同时,国际贸易中的一些绿色条款,限制了国内那些不符合环境标准商品的出口贸易。这就要求国内企业提高环境保护意识,加大环境保护方面的投入,建立环境管理体系,持续改善环境行为,以提高产品的国际竞争力。但是,高环境标准又会导致产品成本增加,降低产品竞争力,阻碍其产品顺利进入国际市场。因此,如何协调高质量环境保护标准与产品成本之间的关系,将成为今后我国环境保护政策面临的新挑战。

2.3 技术水平

2.3.1 石油化工技术水平

经过"十二五"期间的快速发展,陕西省石油化工产业,特别是陕西延长石油集团的技术水平得到了稳步的提高，炼化实力进一步提升。改造升级延安炼油厂和榆林炼油厂两个千万吨级现代化大炼厂，一、二次加工比例合理配置，原油加工能力达到2000万吨；2014年加工量为1446万吨，年均增长3%。但是，目前陕西省产业结构和发展方式没有得到明显改变，发展方式粗放，仍以油气产品、大宗化工产品和中低端制造品为主，单位产品价格基本都在10 000元以内，产能过剩明显、市场竞争激烈；高端化学品及化工新材料产业所占比例太小。油煤气综合化工因园区配套不足、产业集聚不力，不仅无法形成园区一体化、规模化、集约化优势，还要承担高额的外部配套工程建设，还没有形成新的经济支柱。

2.3.2 天然气化工技术水平

（1）天然气勘探、开发技术取得新进展

长庆气田将碳酸盐岩储层改造新技术应用于50余口气井，产量提高21.4%；非常规油气开发也取得新进展，按照循环经济理念推进油页岩开发，已完成实验室小试；中煤西安研究院井下定向钻进创世界纪录，为中硬煤层瓦斯抽采提供了新的技术手段；彬长大佛寺地面煤层气规模化抽采示范工程建成2000万立方米抽采能力；延长页岩气示范工程形成了1.2亿立方米产能。

（2）传统天然气化工技术发展受到限制

由于国家天然气利用政策禁止将天然气用于生产甲醇，且天然气价格不断上涨，所以省内原有的两家以天然气生产甲醇的企业——长庆甲醇厂和榆天化都先后关停了天然气甲醇装置。目前，仅有陕西兴化集团公司的25万吨/年合成氨产能采用天然气为原料，但也只能维持现状，很难有更大发展。

（3）天然气无氧芳构化技术取得阶段性研究成果

陕西延长石油集团与西北大学通过"产-学-研"合作，在陕西省洁净煤转化工程技术中心（西北大学内）搭建了先进的循环流化反应/再生装置，真正实现了循环流化反应-再生过程，使甲烷在一定温度和压力下经催化剂作用直接转化为以苯为主的芳烃产品和氢气，过程稳定，最长连续运行8小时，产品中芳烃选择性高，主要产品收率具有中试放大价值。

2.3.3 煤化工技术水平

陕西省煤炭分质转化利用产业起步较早，20世纪90年代末期就有一些小型示范项目开始生产运行。"十二五"期间，陕西省重点科研机构及专业院校对煤炭分质清洁转化利用领域关键技术的研发和工艺优化取得重大突破。

（1）煤低温干馏技术

兰炭作为陕北地区的一项重要产业，使得陕北直立内热式兰炭炉为陕西省煤化工重要的代表技术。陕北直立内热式兰炭炉以三江煤化工公司的SJ系列和陕西冶金研究院的SH系列直立干馏炉为代表，在榆林和东胜地区投产的已超过数百座，2005年SJ-Ⅲ低温干馏炉及工艺成功出口到哈萨克斯坦。

（2）多元料浆新型气化技术

该技术是西北化工研究院历时30余年创新开发成功的具有自主知识产权的大型先进气化技术，该技术集工艺、设备、材料、自控、环保等多学科领域为一身。是我国目前气化市场占有率第一（80%）、成熟的大型气化技术，其具有原料适应性广、气化效率高、建厂投资小、能耗低、运行周期长、环境友好等特点。

(3) 甲醇制烯烃技术

DMTO-II技术是在DMTO技术基础上将甲醇制烯烃产物中的C4+组分回炼，实现多产烯烃的新一代甲醇制烯烃工艺技术，于2010年6月26日通过了中国石油和化工联合会组织的专家鉴定。2010年10月26日，DMTO-II技术的许可方与蒲城清洁能源化工有限公司签署首套67万吨/年DMTO-II烯烃项目技术许可协议。陕西蒲城清洁能源化工公司的世界首套DMTO-II工业示范项目（年产180万吨甲醇、最终年产70万吨聚烯烃）于2013年5月10日开工，2014年12月24日和25日分别成功生产出聚合级丙烯和聚合级乙烯。这标志着我国具有自主知识产权的新一代甲醇制烯烃技术工业推广应用取得重大阶段性成果。与第一代DMTO技术相比，DMTO-II技术的烯烃收率进一步提高，每吨烯烃甲醇消耗可降低逾10%，能耗低，生产成本大幅度降低，技术处于国际领先水平。2014年，延长靖边、中煤榆林、宁夏宝丰、山东神达，以及蒲城能化DMTO-II等5套工业装置相继投产运行，新增烯烃年产能120万吨。

(4) 甲醇制芳烃技术

2013年，流化床甲醇制芳烃技术由华电集团、清华大学联合开发成功。首套3万吨/年甲醇制芳烃工业化试验装置于2012年在华电煤业陕西榆林煤化工基地建成，2013年1月投料试车成功，装置运行稳定。2013年3月，通过技术鉴定。之后华电在陕西榆林煤化工基地启动世界首套百万吨甲醇制芳烃工业示范装置。该基地将形成年产1000万吨煤炭、300万吨煤制甲醇、100万吨甲醇制芳烃和120万吨精对苯二甲酸产能。煤制芳烃技术将是继煤制烯烃、煤制天然气、煤制油等新型煤化工项目之后的第五大新型化工技术，在未来几年成为新型煤化工行业的后起之秀。

(5) 煤间接液化技术

2014年9月，国家发改委以发改能源〔2014〕2121号文核准了陕西未来能源化工有限公司在榆林的100万吨/年煤间接液化示范项目，这标志着陕西省又一重大资源转化项目取得了突破性进展。该工业示范项目采用兖矿集团自主研发、具有我国自主知识产权的煤间接液化技术。按照国家要求，该示范项目承担着低温费托合成技术装备百万吨级工业化应用、油品加氢提质技术工业化应用，化工系统与燃气蒸汽联合循环发电（IGCC）集成及二氧化碳捕集、封存和驱油等示范任务。项目的核准建设，对于加快发展具有我国自主知识产权的煤间接液化技术、保障国家能源安全，以及促进陕西省资源深度转化、推动能化产业结构调整升级、带动地方经济发展将起到重要作用。陕西未来能源化工有限公司预计2015年6月投料试产，项目投产后当年计划生产油品30万吨，实现利润2亿元。

此外，延长石油榆林煤化15万吨/年合成气制油示范项目依托榆林煤化公司公用工程，采用延长石油集团与大连化物所共同开发的合成气制油技术，由北京石油化工工程公司EPC总承包，目前项目正在建设中。延长石油集团正在建设的榆林煤业15万吨/年煤制油示范项目和榆林能化80万吨/年特种石化产品生产装置设计方案均采用此低温费托合成工艺技术，产品方案中包含有润滑油基础油产品。"费托蜡合成高性能润滑油基础油研究开发"项目已被列入延长石油集团2014年度科研开发项目，预期2015年完成相关技术的实验室研究开发工作,在"十三五"期间完成工业示范应用。

(6) 原煤提质和气化一体化综合利用技术

陕西延长石油集团的原煤提质和气化一体化综合利用技术(CCSI)装置借鉴石油炼制中的循环流化床技术,以美国 KBR 公司的 TRIG 气化技术和延长集团原创粉煤加压提取煤焦油技术为依托,将煤的低温干馏和气化技术集成一体,形成共有技术。把煤焦油的提取和煤制合成气一体化的 CCSI 计划,是全世界首次提出,1 亿吨煤中可以提取出 1500 万吨煤焦油,进而 83% 可以转化为国 IV 标准柴油和石脑油。剩余焦粉制合成气,与天然气的合成气配比后,可走间接制油路线,做到两头见油。目前实验室工作和工艺包设计已基本完成,并于 2014 年 6 月完成了向设计单位(延长石油北京工程公司)的工艺包移交工作。2015 年 4 月 23 日,CCSI 装置主反应器 R-3201 顺利完成就位。

陕西煤业化工集团也在开展类似的相关工作,其与北京柯林斯达科技发展有限公司合作,于 2013 年 6 月在河北廊坊开始 1.5 吨/小时的中试化项目建设,在 2014 年 12 月进行了初次 72 小时试运行,目前正在进一步的改进与调试。

(7) 悬浮床加氢裂化技术

2014 年 8 月,我国首套悬浮床加氢裂化中试评价装置——延长石油集团悬浮床加氢裂化(VCC)中试评价装置油煤浆进料试验获得重大突破,转化率、液收均超过预期,实现了重油轻质化和油煤共炼的重大技术突破。VCC 技术作为目前获得工业化验证的最为先进的重油加氢工艺之一,其工业应用前景非常广阔。延长石油 VCC 中试评价装置是国内首套、全球第二套同类装置,在 BP 公司 VCC 试验装置工艺基础上进行了 100 多项技术改造,工艺更为先进,主要用于开展重质油、煤焦油、油煤浆加氢等试验研究,旨在为当前石化和煤化工行业发展寻求新的途径。

(8) 靖边煤油气综合转化项目

2014 年 8 月,延长石油靖边化工园区煤油气综合转化项目所有装置全流程打通,生产出合格的聚乙烯、聚丙烯产品,标志着全球首套以煤、油、气为综合原料制烯烃的大型联合装置一次试车成功。这是延长石油集团由单一石油采炼转向综合性能源化工企业取得的重大突破,项目通过对 14 项国内外先进专利技术的集成创新,打破了煤、油、气单一化工的传统模式,实现了 3 种资源的高效综合利用,资源利用率达到国际领先水平,并大幅度减少了二氧化碳等污染物的排放,实现污水、废水再利用和零排放,被列为联合国"清洁煤技术示范推广项目",对全省乃至全国煤气油资源深度转化、高效利用具有重要的示范引领作用。

(9) 煤焦油深度加氢技术

陕煤化集团神木富油能源科技有限公司是承担"煤低温快速热解、煤焦油全馏分加氢"等煤炭分级分质综合利用的高新科技示范企业。总投资 9.6 亿元的"2×60 万吨/年煤热解及 12 万吨/年中低温煤焦油综合利用工程"项目的全馏分加氢已实现工业化生产。2013 年 4 月,中国石油和化学工业联合会在北京组织召开了"中/低温煤焦油全馏分加氢多产中间馏分油成套工业化技术(FTH)"科技成果鉴定会,鉴定结果为"世界首创,居国际领先水平"。目前,该装置已连续稳定运行两年以上。

陕煤化集团神木天元化工有限公司 50 万吨/年"煤焦油轻质化"项目,是国内目前单套最大的"中低温焦油加氢"装置。该项目采用延迟焦化-固定床加氢技术对煤焦油进行加氢处理生产清洁燃料，2010年3月通过中国石油和化学工业联合会组织的72小时现场考核和技术鉴定，焦化液体产品收率76.8%，加氢装置液体产品收率达到96.3%。

（10）煤焦油深度分离/加工技术

目前，陕西省煤焦油深加工水平较低，多数仍停留在实验室阶段。高温煤焦油深加工方面，仅有陕西黑猫焦化股份有限公司对高温煤焦油进行了初步分离加工，回收焦炉煤气中的粗苯并以煤焦油连续蒸馏生产轻油、酚油、萘油、蒽油和沥青等产品。中低温煤焦油深加工方面：仅有陕西煤业化工集团神木天元化工有限公司建成并示范了3.6万吨/年粗酚提取（复合溶剂法提酚）及2.2万吨/年的精酚（苯酚、甲酚和二甲酚）的生产装置，但是深加工程度较低。

（11）煤基炭材料技术

陕西省涉及生产或者经营煤基炭材料的企业相对比较有限，多为中小企业，主要有陕西炭素制品有限责任公司、眉县三义炭素制品有限公司、铜川市金耀碳素有限责任公司、陕西省乾县炭黑厂、陕西中创炭素有限公司等数量有限的几家企业。他们主要以生产低端产品为主，质量低、品种少、市场售价低，在煤基炭材料产品质量和独特性方面表现出的竞争力较弱，总体产值在国内各省中排在20名以后。主要通过产量而非质量来占领市场，这是因为陕西省煤基炭材料企业设备落后、经济实力差、没有产品开发能力造成的。因此，目前陕西省需要扶持与培育一批规模大、经济实力强、具有产品开发能力的大型煤基炭材料企业，以增强陕西省煤基炭材料产品在国际市场上的竞争力。

2.3.4 "三废"治理技术水平

随着技术进步和观念的转变，陕西省在"三废"治理方面也取得了一系列科技成果，实施了一些重大项目。

西北化工研究院针对国内工业有机废水的特点及处理现状，将有机废水处理与多元料浆气化技术有机结合，提出了一种有机废水资源化清洁利用技术路线。该技术与常规采用焚烧法处理有机废水相比，利用气化技术将所制备的废水煤浆在纯氧存在，高温高压条件下，有机废水完全裂解和转化，不产生二噁英，不产生二次污染，实现了废水的减量化、无害化、达到了资源和能源最大化利用。

陕西联合能源化工技术公司、西安汉术化学工程公司组成的联合体实施了蒲城清洁能源化工公司4×240吨锅炉脱硫脱硝一体化工程示范项目EPC总承包。该技术将烟气脱硫与脱硝工艺结合在一起，与传统的SCR（选择性催化还原脱硝）和SNCR（选择性非催化还原脱硝法）技术相比，能有效将烟气中的氮氧化物转化为硝酸铵肥料，实现无废水排放，更具有经济、环保、工艺流程创新等优势。

2011年年底至今，陕煤铜川矿业公司下石节煤矿在全公司首家自主攻关，通过废水净化实现循环利用，利用矿井瓦斯发电，以煤矸石烧砖或做井下填充的方式，实现"三废"变为"三宝"，矿区环境也大为改观，显著提升经济效益。

陕西凤县的东岭锌业厂区把"三废"当宝，通过工业废水变成清水，实现再循环使用，回收冶炼废气的余热，强化二氧化硫吸收系统，熔炼提取废渣中的锌、铅、银等金属，每年"淘出"效益近亿元。

2.4 存在问题

"十二五"以来,陕西省能源化工产业投资驱动、资源依赖的粗放发展方式还没有得到根本改变,难以支撑能源化工产业的可持续健康发展;科技能力和人才水平不能满足产业发展的需要;世界能源格局深刻变化和中国经济发展新常态冲击传统石化产业的发展;国家相关新法规和产业新政策对能源化工的发展提出更高的要求;受油价下滑和大宗产品产能过剩影响,陕西省新建成项目还没有体现出竞争力,存在落后老产业难以扭亏为盈或盈利能力下降等问题。具体体现如下。

(1) 产能过剩明显、产品附加值低

陕西省能源化工产业产品结构以油气产品、大宗化工产品和中低端制造品为主。煤化工产品仅有合成氨、焦炭、电石、少量甲醇等产品,产业链短、附加值低。

(2) 装备技术相对落后、技术研发投入不足

陕西省能源化工生产装备技术相对落后,技术研发投入不足,创新能力较差,新技术、新产品较少,企业抗风险能力弱等。

(3) 资源浪费及环境污染严重

陕西省能源化工产业集中在陕北地区,水资源匮乏,生态脆弱。而陕西省大部分能源化工企业"三废"排放未达标,环保欠账多,资源、能源利用效率不高,特别是煤化工企业布局分散、规模小、生产技术落后,煤气、焦油等综合利用率低,环境污染严重,环境保护和节能减排的压力不断加大。

(4) 原油、煤焦油轻质化技术问题亟待解决

在全球石油资源日趋紧张的同时,原油品质也在逐渐恶化。同样,我国炼油工业面临国内原油资源短缺,对外依存度不断增加(已接近60%),国内原油和进口原油均日趋高硫化、重质化和劣质化的困境。因此,开发重/劣质化、高硫化原油的轻质化技术已成为市场发展和环保的迫切要求。

此外,中低温煤焦油中含有相当数量的重质组分或重油部分,分离困难,利用化程度低,需要加以高效清洁利用。开发中低温煤焦油深度分离技术、高效环保的重质组分加氢技术及加氢改质技术,对进一步提升现有中低温煤焦油轻质化技术,提高煤焦油资源的利用率和产品高附加值化程度具有重要作用。

(5) 科技创新和人才难以有效的支撑能源化工产业的转型升级

陕西省虽然在油气勘探开发和油煤气资源综合转化领域进行了一系列技术攻关,但因自主创新基础薄弱、新技术研发周期较长的影响,高端技术的可靠性和经济性还需进一步验证,无法满足能源化工行业的战略布局和快速发展的要求。特别是高端技术研发人才、高水平技能人才和国际化人才严重短缺,以及产学研方面协调与合作的欠缺,严重制约了技术创新和生产水平,科技支撑作用不明显。

(6) 能源格局变化和市场竞争加剧,企业盈利能力恶化

受到非常规油气和新能源产业的发展,世界能源格局发生深刻变化,传统石化产业受到冲击,成品油出现过剩局面,油价大幅度回落;各种大宗化工产品和低端制造加工品产能过剩,传统合成氨、氯碱、兰炭、轮胎、光伏、甲醇、醋酸等难以扭亏为盈,烯烃等价格大幅度下滑,

导致2013—2014年企业盈利能力连续两年下降。

2.5 发展趋势

2014年，中国经济呈现增速放缓、结构优化、驱动力转向的新常态。面对煤炭、石油价格下跌，治污减霾等重重压力，陕西省经济增速虽有所放缓，但仍保持上升趋势，结构调整步伐加快，提质增效稳步推进，能源消费结构日趋优化，为"十三五"期间更快更好地发展奠定了坚实基础。

2.5.1 石油化工产业

石油化工面临资源和环境等方面的重大挑战，面对世界能源格局调整及国内经济发展的新趋势，新变化和新挑战，陕西省石油化工产业发展的新趋势主要体现在：

原料多元化进程加快。陕西省正在开展煤制油、煤制天然气、煤制烯烃等现代煤化工的工程示范，这为石化产业原料供应开辟了新途径，将成为原料多元化进程中的又一重要分支。

附加值高的化工新材料和精细化学品将得到重视。目前，陕西省石油化工产业主要以油气产品、大宗化工产品和中低端制造品为主，而高附加值的精细化学品及化工新材料产业所占比例太小，将成为产业结构调整的重点方向。

资源约束进一步加大，生产要素成本攀升。随着经济持续高速发展，陕西省劳动力、土地、能源、水、环境容量等生产要素日趋紧张，价格不断上涨，导致企业成本快速增加。能源化工行业废水、废气和固体废物排放量均位于工业行业前列。安全环保问题已成为行业未来生存与发展的重要制约因素。

机遇和挑战并存。随着国家"一带一路"和"中国制造2025"战略规划的实施，陕西省将迎来配套国家扶持政策、加快产业结构升级改造、发展先进装备制造业的重大战略机遇，同时也必将面临国内国际的竞争和挑战。

2.5.2 天然气化工产业

2007年国家发改委发布的天然气利用政策中，已明确把天然气制甲醇和化肥分别列为"禁止类"和"限制类"。因此，在没有国家鼓励政策和新产业化方向的情况下，陕西省天然气化工只能维持目前的产品种类和产能，很难有更大发展。但陕西毕竟是我国重要的天然气生产基地，属于资源相对富集区，应该在保证民用、发电和工业燃料外，努力探索高附加值的就地转化新途径。针对陕西省的具体情况，可以重点从以下方面考虑。

（1）天然气与煤、油综合利用

陕西延长石油集团在榆林市靖边县和延安市富县都规划建设有煤油气综合利用项目。其中，陕西延长中煤榆林能源化工有限公司主要建设180万吨/年甲醇、150万吨/年渣油催化热裂解（DCC）、60万吨/年MTO、60万吨/年聚乙烯（PE）、60万吨/年聚丙烯（PP）等5套主装置，生产甲醇的原料合成气来自于煤气化、天然气蒸气转化（$CH_4 > 96\%$，7.892亿标准立方米/年）和DCC装置副产的富氢气（H_2体积：$85\% \sim 90\%$）。2009年11月，该项目被国家发改委和联合国等组织确定为"清洁煤技术示范推广项目",目前该项目已经开车成功,生产出了合格的聚烯烃产品。延安能源化工有限责任公司的延安煤油气资源综合利用项目主要利用集团内部 40 万吨 / 年石脑油、10.57 亿立方米 / 年天然气,以及 92 万吨 / 年原煤为原料,建设 180 万吨 / 年甲醇、60 万吨 / 年甲醇深加工、40 万吨 / 年轻油加工利用、45 万吨 / 年聚乙烯、25 万吨 / 年聚丙烯、20 万吨 / 年丁辛醇、6 万吨 / 年乙丙橡胶等主装置及配套的公用工程系统,生产石油化工产品。项目建成后,将成为一个低碳经济、循环经济、资源综合利用的示范工程。

上述两项目都充分利用区域优势资源,探索出了一条煤油气资源综合利用的天然气利用新途径。

(2) 天然气精细化深加工

陕西延长石油集团和西北大学合作研发的甲烷无氧芳构化技术,在生成芳烃产物的同时,副产大量的氢气,是具有重要潜力的天然气精细化深加工途径。该技术的原料不局限于常规天然气,陕西省内丰富的页岩气、煤层气等非常规天然气都可以作为该技术的原料。

2.5.3 煤化工产业

基于我国富煤少油缺气的资源现状,煤炭在我国能源结构中的地位短期内难以撼动,今后 50 年内煤炭仍将是主要能源。以煤炭清洁高效利用为主题的现代煤化工产业,从长远看,仍将是我国"十三五"时期的重要发展方向。国家乃至陕西省将考虑从产业政策、产业布局、产业升级等多方面进行规范和管控,适当引导煤化工领域的投资回归理性;加强对现有现代煤化工示范项目的组织、扶持和经验总结。

陕西省煤化工发展的总体趋势是:在今后几年的"蛰伏期",要集中精力抓好示范,着力解决煤化工产业装置大型化、优化工艺技术、提高转化效率、促进节能减排、降低对环境影响等一系列关键问题。对于已建成的示范项目,以及部分有技术、环保、资源优势且充满信心的在建项目,要继续承担起"探路"的重任,并加以重视。要紧密围绕着市场需求和产业发展的需要,集中科技力量,以设立重大项目为载体,通过煤炭分质清洁转化、煤基新材料、煤焦油的深度分离 / 加工、新能源的技术攻关,提高煤化工产业的整体技术水平;通过科研技术工程化等手段,提高成果转化的能力;通过煤化工基础研究基地建设、工业化试验基地建设、人才队伍建设等科研平台的建设,提升科研工作环境和科技服务水平。在这过程中,更加注重效益和产业化,更加注重科技成果的转化,以此巩固、扩大和提升煤化工产业的规模化应用和产业技术发展。

2.5.4 "三废"治理

废水、废气和固体废弃物可认为是"放在错误地点的原料",不应该局限于治理的方式和方法,而应当从回收和资源化再利用的角度进行考虑,这也将是未来发展的必然趋势。

当前,陕西省各级政府已将大气污染防治工作纳入国民经济和社会发展规划,"十三五"期间将加大对大气污染防治的财政投入。通过设立重点防治区域,重点防控包含火电、燃煤锅炉(含工业窑炉)、焦化、石油化工、煤化工等能源化工各行业产生的二氧化硫、氮氧化物、烟尘、粉尘、挥发性有机物等污染物。此外,陕西省已开出"清肺、强肾、治癌"

三剂药方，即植树造林、恢复湿地、治理荒漠，以提高区域生态"免疫力"和治污减霾的效果。

3 陕西省"十三五"能源化工产业科技发展战略

3.1 发展思路

以转变能源化工产业发展方式，调整优化能源化工产业结构，创新能源化工行业体制机制，提高能源转化效率，发展清洁能源的化工利用，推进能源化工的绿色发展、转型升级，提高市场竞争力为目的，强化科学技术的引领作用，提高科学技术的支撑能力，突出抓好产学研协同科技创新，加速陕西省科教资源优势向经济发展优势转化。在能源化工行业大力实施创新驱动，着力推动能源化工科技进步，切实提高能源化工产业核心竞争力，走开源、节流（节能）、减排，延伸高附加值产品链条，精细化、绿色化发展的道路，实现化石能源的高效、清洁、高值化利用。

3.2 发展目标

针对制约陕西省能源化工产业发展的"瓶颈"问题，在"十三五"期间，陕西省能源化工产业应努力实现以下发展目标：

①促进能源化工产业资本结构和原料多元化发展、燃料清洁化发展、化学品高值化发展和工艺绿色化发展；

②解决能源化工行业产能发展与市场需求的差别化矛盾，提升产业质量；

③促进能源化工企业的转型升级，提高综合竞争实力；

④提升布局科学化和集约化水平，强化循环经济特色要求；

⑤建立与发展科技创新体制，加强安全环保，推进节能降耗。

为了充分发挥科技创新对产业发展的支撑和引领作用，实现上述产业发展目标，特制定以下"十三五"能源化工科学技术发展目标：

①重视科技人员的培养与成长，建成国际知名、国内一流的能源化工科技队伍；使陕西省能源化工专业技术人员达到10 000人，其中，培养40～50名在国内外和行业内有较高知名度的专家和学科带头人。

②进一步加大科研投入和科技创新攻关力度，实现科技投入占销售收入的比例提高到3%～5%，为不断创造出新技术、新产品、新市场和新的服务奠定基础。

③创新人才激励和科研奖励的机制，营造增强自主创新能力的氛围与环境，培养大众创业，万众创新的意识和精神；研发一批新技术、新工艺、新产品，完成科研课题1000项，其中国家级课题100项，省部级课题200项；取得省部级科研成果（鉴定）30项以上，其中实现产业化和推广10项以上；获得20项以上省部级科技奖励，获得1～3项国家科技奖励。突破和掌握一批企业和产业发展的核心技术，申请国家技术发明专利100项以上，获得授权发明专利50项以上。

④加强产学研协同创新,真正发挥在陕各类协同创新中心的原始创新、过程创新、集成创新的作用,打通科技成果转化通道,加快科技成果转化速度,实现科教优势转化为产业优势。

⑤进一步加强科研基础条件建设,建成体系完整、适应产业发展需求的科技创新体系。切实加大资金投入和配套政策支持,促进陕西省各类能源化工工程中心、重点实验室、协同创新中心等平台的快速、有序发展,切实发挥这些科研平台的科技资源的共享服务作用和科技创新的引领作用。

⑥引领科技资源在能源化工高科技方向创新,在高科技新兴产业上创业汇聚,引导新兴科技产业发展,走集约发展、高科技含量发展、高附加值发展的道路,把能源化工领域的新兴产业培育成主导产业,促进我国经济深层次转型升级。

3.3 重点任务

当前,陕西省能源化工面临着资源和环境等方面的重大挑战,技术创新对于促进陕西省能源化工可持续发展及保障国家能源安全等意义重大。因此,陕西省发展面向资源和环境的能源化工新技术必须实施创新驱动战略,通过加强基础研究,协同创新及新材料、新工艺、新反应工程等的集成创新,才能形成能源化工新技术不断涌现的新局面。陕西省能源化工发展的重点任务如下。

(1)积极推进技术创新体系建设,提高产学研协同创新能力

创新驱动是未来能源化工行业转型发展最强大的引擎。通过深化拓展创新体系建设,在资金投入、人才培养、关键技术研发、知识产权保护、创新资源整合、科技体制改革等方面加大工作力度。通过产学研协同创新,化解产能过剩,发展新兴产业,培育新的经济增长点,促进行业可持续发展。

(2)推进大宗化工产品产业优化升级,进一步提高产业竞争优势

加快淘汰落后产能,化解产能过剩矛盾,通过提高行业技术水平和环保准入门槛,处理好现有产能和新增产能之间的关系。促进技术装备升级,提高产品竞争力。陕西省化工产业要适应原料多元化趋势,发展绿色、环保、清洁的生产工艺,通过技术提升和设立更高的技术门槛,对传统化工产业进行优化调整,不断提升大宗化工产品质量档次。

(3)着眼于前沿技术开展研发,做好能源化工产业可持续发展的技术储备

陕西省能源化工产业要攀登未来产业的制高点,一是要瞄准能够改变人类生产生活模式的重大技术方向,解决影响行业发展大趋势的关键技术;二是要对生产过程做到精益求精,在过程控制、节能降耗等方面发展创新技术,系统优化全生产过程。根据目前的认识,陕西省可以重点在过程节能技术、原料多元化、能源新材料、新能源和可再生能源等领域开展前沿性的研究与开发,提升技术储备能力。

3.4 关键技术

(1)石油化工产业关键技术

①重劣质油高效综合利用技术。重油梯级分离利用技术、重油催化裂化工艺及高效催化

剂的开发，提高重油转化率，最大限度提高轻油收率。

②高端化学品的中间体和聚合单体的生产技术。国内的石化产业正面临传统产品产能过剩与高端专用化学品（包括特种工程塑料、特种橡胶、新型复合材料等）缺乏的结构性失衡局面，亟须瞄准高端产品开发，推动行业转型升级。因此，需要高度重视高端化学品的中间体和聚合单体的生产技术。

③高性能的油田化学品。要保持油田持续高产稳产，必须加快技术创新步伐，尤其是大幅度提高采收率技术的攻关。这对油田化学品的性能提出了更高的要求，如耐温、抗盐、抗碱等。因此，开发高效廉价、绿色环保的油田化学品已成为产业发展的主要方向，而合成新型多功能表面活性剂技术是油田化学品开发的重要方向之一。

④汽、柴油加氢脱硫新型催化材料及工艺技术。解决汽油加氢脱硫过程中烯烃含量降低，辛烷值降低的关键是开发高选择性加氢脱硫催化剂，减少加氢脱硫过程中烯烃的损失。

(2) 天然气化工关键技术

①天然气、煤、油综合利用技术优化与升级。陕西延长石油集团榆林能化项目的成功开车为天然气与煤、油的综合利用探索出了一条新途径，为确保整套装置能够平稳、连续、满负荷运行，需要不断进行技术优化与升级，最终实现高效、清洁生产。另外，炼油工业中大量存在难以利用的重油和渣油，煤化工产业存在难以利用的重质焦油，在这些重质油组分轻质化过程中都需要大量的氢气，而天然气的富氢特性决定其可能成为供氢原料参与重质油轻质化过程，这也是一种实现天然气、煤、油综合利用的新探索。

②天然气直接转化制芳烃和氢气技术。天然气直接转化技术相比传统的间接转化技术，具有流程短、原子利用率高、经济性好等特点，是天然气化工技术未来发展的主要方向。陕西延长石油集团和西北大学目前正在合作研发的"甲烷制芳烃联产氢气循环流化床工艺开发"项目具有良好的应用前景，且已取得了阶段性的研究成果，可优先支持发展为中试示范项目。

③零散天然气的综合利用技术。零散天然气是指油气田在开发过程中获得的分散的、小股量天然气，包括气田分散单井气、低产气井气、油田伴生气等难以利用的小股量天然气。因为其产气量小、就地无用户且远离管输系统，故长期未能得到有效的开发利用。陕西延长石油集团和长庆油田分公司在陕北开采区都存在这类零散天然气。因此，需要自主研发或积极引进相关技术，如天然气的撬装式 F-T 合成技术，实现资源的高效转化与利用。

(3) 煤炭分质清洁转化利用技术

①粉煤中低温热解/干馏的集成技术。包括提高焦油产率和改善焦油品质的（催化）热解新技术、粉煤热解新技术、以热解为龙头的煤－电－化－燃料一体化多联产工艺技术、煤干馏含酚废水的提酚技术等，还包括煤焦油、煤气与粉尘三相高效分离技术。

②中低温煤焦油提酚新技术开发。中低温煤焦油中酚类化合物的含量为30%左右。因中低温煤焦油与高温焦化焦油在酚类化合物的组成上差异较大，不能照搬高温焦化焦油"酸碱法"提酚工艺，"酸碱法"提酚工艺复杂、设备投资大，有"三废"排出。目前，神木天元公司采用"复合溶剂法"提酚，该示范项目出现较多问题，正在解决当中。"复合溶剂法"提酚也有自身缺点，溶剂耗费量较大。

③中低温煤焦油深度分离/加工技术。中低温煤焦油是非常宝贵的资源，其深度分离所获得的轻油、酚、萘、洗油、蒽、咔唑、吲哚、沥青等系列产品是合成塑料、合成纤维、农药、

染料、医药、涂料、助剂及精细化工产品的基础原料,也是冶金、合成、建设、纺织、造纸、交通等行业的基本原料,许多产品是石油化工中得不到的。因此,煤焦油的深度分离/加工可增加煤焦油产业链,促进中低温煤焦油转化向着高端化、多元化发展。

④煤、油结合的共炼技术。炼油工业产生的重油和渣油,其氢碳比仍高于煤,在煤油共炼时,油中氢的转移,可以增加油品收率,同时得到其他高附加值的产品,如高等级铺路沥青。

⑤煤基炭材料技术。包括高性能炭材料的制备技术、传统高分子材料的改性剂合金化技术、结构功能一体化复合材料的技术等。

(4)"三废"治理与节能环保关键技术

积极开发治理工业生产排放的废气、废水、废渣的新技术、新工艺,探索"三废"资源化合理利用的系统工程。例如,陕西省西北化工研究院与浙江丰登化工股份有限公司积极开展合作,通过对水煤浆技术处理氨氮废水的摸索和改进,掌握了氨氮废水制水煤浆的黏度、浓度、稳定性等关键技术,解决了氨氮处理的二次污染问题,实现了"废水替代清水"制成煤浆用于合成氨生产的资源循环利用途径,填补了阿米卡星废水处理的国内空白。

节约能源资源、发展循环经济、保护环境是实现社会可持续发展的关键保障,因此,要大力发展包括节能技术与装备、高效节能产品、节能服务产业、先进环保技术与装备、环保产品与环保服务等领域在内的节能环保产业。重点发展高效节能、先进环保、资源循环利用的关键技术,以及装备、产品和服务。

3.5 重点研发项目(产品/技术)

"十三五"期间,应充分考虑陕西省能源资源、市场、技术、环境等条件,按照"宜油则油、宜气则气、宜化则化、宜电则电"的原则,继续坚持实施油、煤、气资源综合利用、深度转化,以先进高端技术和技术集成创新为支撑,推进现有园区集约化、一体化、规模化发展,实现能源化工产业的转型、提质、增效。

3.5.1 石油与天然气化工产业领域

(1)加快炼油升级改造和提高重劣质油加工能力

虽然国内原油大多是低硫原油,但资源和产量都很短缺,接近60%的原油需要依靠进口来满足。综合分析原油进口来源形势,今后我国进口的和可获得的原油也大多属于高硫、含硫、重质原油。因此,陕西省炼油企业需要进一步提高深加工劣质重油的能力,优化资源配置,调整产品结构,加快炼厂装置的改造步伐,新建一批原料适应性好、产品质量高、产品结构灵活的加氢裂化装置。加快开展超重油、油砂沥青等重油加工技术的研发与应用,加快推广应用重油梯级分离等重油改质和加工技术。在渣油加氢处理技术方面,加大固定床渣油加氢处理技术及各种组合技术的推广应用。继续发展重油催化裂化工艺和催化剂,提高重油转化率,最大限度提高轻油收率,提高汽油的辛烷值,同时兼顾多产丙烯。

(2)高活性汽柴油选择性加氢脱硫催化剂及工艺开发

随着我国经济的快速增长和环保法规日趋严格,对清洁油品质量升级提出更高要求。在油品质量标准更加严格的形势下,可借鉴欧美生产低硫/超低硫清洁燃料的实践经验,通过技术革新、装置改造、工艺改进等措施加快产品质量升级步伐。加氢处理装置是实现清洁油品生产的核心装置,高活性汽、柴油选择性加氢脱硫催化剂及工艺开发是实现油品升级的关键。我国加氢装置与欧美国家相比使用比例较低、生产能力较小,亟待优化相关催化剂与工艺技术。

(3) 化工新材料

"十三五"期间,应加快发展工程塑料、特种橡胶、高性能纤维、功能性膜材料、高端聚烯烃塑料、氟硅材料、高吸水性材料、聚氨酯材料、电子化学品等高端化学品及新材料。

① 工程塑料。促进一批国内目前尚属空白的特种工程塑料实现产业化,如PEEN(聚醚醚腈)、PEN(聚萘二甲酸乙二醇酯)、PCT(聚对苯二甲酸1,4-环己烷二甲酯)等。发展关键配套单体如CHDM(1,4-环己烷二甲醇)等。提升大品种工程塑料如聚碳酸酯、聚甲醛等的发展水平,重点发展高端牌号;发展工程塑料合金等。

② 特种橡胶。提升传统大宗胶种的质量,发展溶聚丁苯橡胶和稀土顺丁橡胶;发展异戊橡胶并配套发展异丁烯合成异戊二烯,替代天然橡胶进口;发展硅橡胶,在部分领域替代乙丙橡胶、顺丁橡胶、丁苯橡胶;发展卤化丁基、氢化丁腈等具有特殊性能的橡胶;发展新型热塑性弹性体;探索不同橡胶品种的共交联技术,通过发展复合橡胶提高橡胶材料的性价比。

③ 高性能纤维。重点发展高强和高模碳纤维、对位芳纶、超高分子量聚乙烯纤维、聚苯硫醚(PPS)纤维、聚对苯二甲酸丙二醇酯(PTT)纤维等高端产品;完善通用级碳纤维的工程技术;加快发展纤维级聚苯硫醚、生物法丙二醇和PTT树脂等配套原料。

④ 功能性膜材料。重点发展水处理用高通量纳滤膜、高性能反渗透膜,以及污水治理和海水淡化用特种膜;太阳能电池用PVDF背板膜和EVA封装胶膜,薄膜型太阳能电池用柔性聚合物膜;光学显示器用偏光膜、特种光学聚酯膜;为电动汽车配套的动力电池隔膜,燃料电池用含氟磺酸膜;工业用特种气体分离膜、净化膜;离子膜烧碱等电解工艺用强离子性、低电阻值全氟离子交换膜。

(4) 油田化学品

在钻井液方面,重点要研究适合深井的钻井液,还要考虑产品环保性问题;在采油方面,要研制高效率驱油剂,特别是合成新的表面活性剂。目前的强碱表面活性剂和弱碱表面活性剂在一类油层和二类油层中已经应用,但是在三类油层研究中,由于渗透率低,黏土矿物含量高,导致活性剂在驱油过程中损耗较大。因此,重点是要加快研制出高效、成本适宜的三类油层的表面活性剂。

(5) 煤油气综合转化

经过近几年的科技创新和快速发展,延长石油集团的煤油气综合转化及悬浮床加氢裂化项目已经取得了实质性进展。"十三五"期间,应加快上述项目的中试及示范进程,积极开展煤油电热联产、扩大煤油共炼产业规模等项目,为陕西省煤气油资源深度转化及高效利用提供先进技术。

(6) 炼油化工一体化技术,统筹发展烯烃、芳烃及下游产业

多产芳烃技术:延长石油集团化工产业发展所需的芳烃还有较大缺口。炼化公司目前总共有180万吨/年重整加工能力,其产品中有着丰富的芳烃资源,在走芳烃抽提路线的同时,

通过催化重整等技术增产苯、甲苯和二甲苯。

多产烯烃技术：以1500万吨/年炼油为基础研究发展烯烃的加工路线，配套建设减压装置和加氢裂化装置，力促100万吨/年乙烯项目"十三五"期间进入投产试运行阶段。

（7）开发甲烷制芳烃联产氢气循环流化床工艺技术

以天然气为原料，采用催化剂将甲烷直接转化为液态芳烃产品，同时联产大量氢气的技术。陕西延长石油集团和西北大学在该工艺技术研发方面已经取得了阶段性进展，目前，在开展进一步工艺条件优化、放大及技术经济评价的研究。

（8）积极开展油岩气、页岩气研发技术

积极开展基础地质理论研究、油页岩地球物理测井响应效果及油页岩识别技术、油页岩的工业评价分析技术、油页岩地下转化工艺技术、油页岩综合集成及循环利用等技术研究；通过基础地质理论研究、控制页岩气成藏的关键参数及页岩气评价体系研究，直井快速钻井技术及多分支水平钻井技术研究，水利加沙压裂技术及泡沫压裂技术研究，页岩气降压解吸提高产量及提高采收率技术攻关研究等，加快发展与形成陕西省自主知识产权的油岩气与页岩气技术。

3.5.2 煤化工产业领域

（1）低变质煤分质清洁转化多联产技术

主要包括低变质烟煤热解技术、粉煤与粉焦利用技术、中低温热解半焦的应用技术、高收率轻质煤焦油的生产技术、热解煤气综合利用技术等集成技术的研究，以及相关工程化装置的开发、中试与工业化示范。

（2）开发中低温煤焦油深度分离/加工技术

中低温煤焦油不仅含有丰富的长链烷烃，而且含有较多的酚、萘、菲、蒽和芘等。首先应进行分离、提取、精制，生产组分单一的高附加值化学品。为此，需要开发新的分离提取技术，如粗酚的提取技术，间、对甲酚的分离技术，粗酚的钝化技术和粗蒽的精制技术等，生产组分单一的高附加值化学品，在得到若干单一组分后的剩余油可对其进行加氢来生产燃料油。从而可实现煤焦油的梯级转化和分质利用。为了进一步延长煤焦油加工产业链，可开发煤焦油基衍生产品，如煤焦油制芳烃技术、煤焦油加氢尾油制备环烷基润滑基础油技术、煤焦油基COPNA树脂制备技术等。

（3）费-托蜡合成高性能润滑油基础油技术

目前，我国的润滑油基础油的生产主要以炼厂减压蒸馏馏分为原料，通过加氢精制、脱蜡、补充精制等技术生产，由于原料中含有大量的烯烃、环烷烃、芳烃及杂原子化合物，因此生产出的基础油性质难以满足高档润滑油的要求，只能用来生产Ⅰ类和Ⅱ类低档润滑油，近来发展的加氢裂化尾油加氢异构化生产润滑油基础油技术，虽然在一定程度上弥补了国内对Ⅱ类和Ⅲ类润滑油基础油产品的需求，但由于数量有限，高档润滑油基础油每年仍大量进口，尤其是聚α-烯烃（PAO）润滑油基础油94%依赖进口，高档润滑油市场基本为"美孚"、"壳牌"等进口品牌所占据。而煤炭经费-托合成间接液化生产油品的同时能副产大量直链烯烃、烷烃和醇，是合成高档润滑油基础油的高品质原料，为提升润滑油生产技术，发展润滑油产业提供了契机，高效利用这些原料来生产具有高附加值的Ⅲ类和Ⅳ类润滑油基础油产品，对延长企业产品链，增强企业市场竞争力具有重要意义。因此，在利用煤间接制油产品方案中，发挥费-托蜡原料组成优势,开发多样性附加值高的化工产品,如润滑油基础油、特种蜡等产品是煤制油项目抵御市场风险、成功商业化运营的保障,产品结构多元化发展是未来煤间接制油产业发展的方向。

(4) 合成气一步直接合成低碳烯烃技术

合成气是非石油路线生产低碳烯烃的重要原料,随着石油资源的日益减少和C1化学的迅猛发展,由合成气直接合成低碳烯烃已经成为非石油路径生产乙烯、丙烯的新途径。合成气通过费-托合成制低碳烯烃工艺具有较好的产品市场需求和原料供应保障,且与传统蒸气裂解工艺和经甲醇制烯烃工艺相比,具有原料价格优势,并副产高价值油品,在经济性上具有较强的竞争力。如果能通过改进催化剂和工艺优化提高低碳烯烃在总产品中的组成(如提高至40%(w)以上),合成气直接制低碳烯烃的经济性优势将更加明显。传统的FT合成对C2~C4的选择性很低,而要获得高选择性低碳烯烃,需要突破ASF分布的限制,关键是高选择性催化剂及相关工艺的开发。

(5) 有机合成和精细化学品合成

开发以基础合成、复配改性为主导的高附加值有机化工产品,开展MTO、BDO、PVC等产业所需的高效、绿色催化剂与化工助剂的研发工作,延伸煤基化学品产业链。相关研究内容主要包括:酚类下游产品(如水杨醛、水杨酸、苯甲醚、BHT等)的开发、煤焦油提取物的高附加值下游产品(如咔唑、萘、蒽等的衍生物)、煤基化学品产业链的延伸(如碳酸乙烯酯、对苯二甲酸二甲酯、高支化度聚乙烯油等)、1,4-丁二醇生产用甲醛合成、炔醛合成及加氢催化剂制备技术开发。

(6) 节能环保技术

重点研究与解决煤化工发展过程中出现的高能耗、高污染的问题,研究内容包括:煤化工废水"近零排放"技术(浓盐水减量化、焦化废水深度净化等)、煤化工过程低品位余热或余压的利用技术、工业锅炉烟气脱硫脱硝一体化技术、二氧化碳捕集及资源化利用技术、煤化工固体废料(如电石渣、煤灰、煤渣等)的资源化、减量化及无害化处理技术等。

(7) 煤基新材料技术

研究煤基多孔吸附材料、纳米碳材料、针状焦、中间相沥青、中间相碳微球、沥青基碳纤维等碳材料的制备技术,开发聚氯乙烯、聚乙烯、聚丙烯、聚酯等传统高分子材料的改性及合金化技术,探索纳米流体能量转换材料等技术。

(8) 其他方面

积极开展煤/合成气制低碳醇、甲醇制芳烃、二氧化碳加氢化学催化转化相关技术、催化剂的研发;合成二异氰酸酯系列产品、烯烃下游系列产品、医药中间体系列产品的技术研发;中低温焦炉煤气综合利用技术的研发;新型分子筛材料和催化剂材料的开发、放大合成、生产线建设及应用推广工作,加强煤系高岭土、煤矸石等伴生矿的资源化利用技术研究等。

3.5.3 新能源产业领域

积极开展光催化、太阳能电池、动力电池、储能与料电池、光电功能薄膜、太阳能利用、生物质利用、风能、地热等新能源/可再生能源利用方向的研究,大力推进产业化产品的开发与项目布局,主要研究内容包括:动力电池关键材料的开发、单电池与电池模块开发、高比能超级电容器、大容量钠基储能电池、燃料电池、新能源电池、透明导电薄膜、光伏电池、光热利用技术、生物基燃料乙醇和生物柴油等。

4 实施措施及政策建议

4.1 实施措施

(1) 建立健全科技管理体制

进一步深化科技管理体制改革,适应经济发展新常态下的科技管理要求,建立与完善包括"规划执行、监控、反馈"等环节在内的规划实施管理体系,明确责任和权利,加强科研项目的过程管理,强化考核机制,以保障科技发展规划的顺利实施。

(2) 发挥政府部门的主导作用

多渠道筹集资金并强化资金投入;保证规划的基地建设、项目建设、平台建设、成果转化等方面资金的落实。

① 增加政府对能源化工产业重大科研攻关项目、科研平台建设的财政支持力度,催生能源化工产业科技发展的内在动力。

② 对于综合性的重大技术和工程,积极推荐与引导相关主体积极申报国家级项目,争取国家发改委、科技部等部委的资金支持。

③ 引导和激励国外资本和社会力量向陕西省能源化工企业、高校和研究院所的科学研究与技术开发进行投入。

通过种种措施,为陕西省能源化工科技的创新和发展提供雄厚的资金保障。

(3) 加强国际国内的科技合作与交流

拓宽智力引进、人才引进的途径;强化树立"人才强省"的观念,坚持自主培养和积极引进相结合的人才培养模式,不断优化人才引进、培养和使用的机制,营造高层次人才脱颖而出的成长环境。

(4) 在全省营造尊重知识、尊重人才、重视科技成果的氛围

建立政府引导、市场调节、企业主导的人才收入分配制度,配套科学的人才评价体系、公平竞争的用人机制及科技人员劳动和贡献相匹配的激励政策,将人才的贡献与收入挂钩,激发科技人员开展科学研究和技术开发的能动性和创造性,实现一流人才、一流业绩、一流报酬。

(5) 加强产学研协同创新体系建设,推进能源化工科技发展

① 发挥陕西省相关产业协同创新中心的作用,协调建立产学研军官的协同体系,形成发挥各自优势,联合攻坚的合力。

② 加强企业、高校、科研院所之间的交流与合作,优化科技人员的知识结构、科研队伍的人员结构,借用外部智力提升自身水平,提高技术研发起点、缩短研发周期、加快科技创新进程。

4.2 政策建议

①根据高等院校、企业、科研院所、工程设计单位各自的特点，实行科技统筹管理，分类指导的政策。

②加强重点科研平台（协同创新中心、工程中心、重点实验室等）的建设投入和政策支持，充分发挥其在科技活动中的团队作用和综合实力。

③在激励和引导企业真正成为研究开发投入的主体、技术创新活动的主体和创新成果应用的主体的同时，充分重视高等院校、科研院所的原始创新活动，给予原始创新成果向生产转化的项目以政策倾斜和经费支持。

④在政策的制定和执行过程中，要突显"向科研倾斜、向人才倾斜"的分配机制和"有作为才有发展、有贡献才有待遇"的用人机制。

⑤改革科研评价制度，创新科技人员评价机制，根据人文社科研究、基础科学研究、技术开发、工程化示范的不同特点，实行分类评价、指导的政策。把技术转移、成果转化作为重要的评价标尺；应将科技成果转化作为人才及人才团队的评定指标。

⑥建立鼓励高等院校、科研院所与企业的科技人员之间的交流机制，完善在不同单位兼职、从事科技成果转化的人事管理制度。

第三篇

陕西省"十三五"先进装备制造产业科技发展战略研究

组织单位：陕西省科学技术厅高新技术发展处
课题承担单位：西安交通大学
课题负责人：梅雪松
课题组成员：张映锋　温广瑞　陶　涛　姜歌东　张东升　张　政
　　　　　　王海涛

引　言

　　装备制造业是为国民经济建设和国防安全提供各类技术装备的战略性基础产业，也是陕西省确定的八大支柱产业之一，对全省经济和财政收入的贡献率在工业中仅次于能源化工行业，其发展水平是衡量陕西省现代化程度、科技进步和综合竞争力的重要标志。而先进装备制造业又是装备制造业的核心，是以先进、高新技术为引领，处于价值链高端和产业链核心环节，决定整个产业链综合竞争力的新兴产业，具有技术密集、附加价值高、成长空间大等特点。大力发展先进装备制造业对于推进工业转型升级、建设工业强省具有重要作用。为适应新一轮科技革命和产业变革的需求，进一步明确今后一个时期陕西省先进装备制造业的发展目标和重点，培育新的经济增长点，促进产业结构调整，推动经济转型升级，受陕西省科技厅委托，西安交通大学负责牵头编制了陕西省先进装备制造产业科技发展"十三五"战略规划。

　　本研究课题针对国内外先进装备制造产业开展了大量调研，从航空航天装备、汽车制造装备、数控机床与智能装备、电气装备、石化冶金矿山装备、船舶海洋装备和轻工装备等七大装备领域着手，系统研究了国内外先进装备制造产业发展现状及趋势；立足陕西省先进装备制造产业技术和产业实际，从产业现状、技术水平、存在问题、发展前景4个方面详细分析了陕西省先进装备制造产业发展现状；围绕国家安全、民生科技和经济发展的重大需求，科学合理地确定了陕西省先进装备制造产业发展战略的指导思想、发展思路、基本原则和发展目标；重点阐述了亟须着力突破制约先进装备制造及其产业发展的关键技术；针对目前国内外及陕西省先进装备制造产业发展现状，提出了实施措施及政策建议，通过加大政策和资金扶持力度，大力支持首台（套）装备研制应用，加快优势企业培育，完善自主创新体系，建设专业化人才队伍，发挥行业协会作用，推进节能减排和资源节约利用，做好规划实施工作等措施，强化政府为引导的产业发展平台建设，优化产业组织结构和市场环境，增强区域互动与合作，加快对外开放与开发建设，推动创新链、产业链、金融链紧密结合，促进"十三五"期间陕西省装备制造业转型升级，实现经济社会发展提质增效。

陕西省装备制造业在航空航天、能源化工、汽车、装备制造、电子信息、新材料等产业领域具有雄厚的基础与实力，省内包含西飞公司、秦川机床、陕鼓集团、西航公司、西电集团、法士特集团、陕西集团等大型制造企业。2014 年全省规模以上工业增加值 7468.6 亿元，同比增长 11.3%，高于全国 3 个百分点，规模以上工业增加值增速保持全国第五、西北第一和能源大省第一。在"十二五"末，国际装备制造产业掀起了以德国"工业 4.0"为代表的新一轮科技创新热潮，为了更好地实施国家提出的"一带一路"规划蓝图，落实国务院《国家中长期科学和技术发展规划纲要（2006—2020 年）》和《陕西省中长期科学和技术发展战略纲要（2006—2020 年）》，充分发挥陕西省科技资源优势，加快西部大开发，实现建设"西部强省"和构建"创新型陕西"的宏伟目标。面对这种形势，陕西装备制造产业必须顺应国际潮流，加强基础理论研究，鼓励产学研深入合作，大力改造升级陕西装备制造产业的技术水平，才能在未来发展中始终立于国内前列，增强国际竞争力。为此，特制定《陕西省"十三五"先进装备制造产业科技发展战略》。

1 国内外先进装备制造产业科技发展现状及趋势

1.1 国外先进装备制造产业科技发展现状及趋势

1.1.1 航空航天装备

当前，世界经济竞争格局正发生着深刻的变革和调整，加速培育和发展高端装备制造业，既是构建国际竞争新优势、掌握发展主动权的迫切需要，也是转变经济发展方式、推进产业结构升级的内在要求。航空航天装备制造业作为高端装备制造业的重要组成部分和重点发展方向，得到了世界各国的广泛关注和大力发展。进入 21 世纪，工业发达国家把以航空航天为首的高端装备制造业置于优先发展的重要地位，航空航天装备制造业占本国制造业总量的比重、资本累积、就业贡献等指标均居前列。美国的航空航天装备制造业致力于生产技术的高起点，力争跳出中、低档产品的竞争范围。俄罗斯、法国等继续推进行业整体素质的提高，重视用高技术优化提升传统航空航天装备制造业，大力发展高端、高附加值技术装备的自主知识产权，保持其产业优势，并努力进行产业组织结构调整，提高自主创新能力，不断加强高端、高附加值技术装备的开发、设计和制造。目前，在大飞机市场上形成了美国波音和欧洲空中客车"两寡头"垄断的竞争格局，除了俄罗斯和少数几个国家使用俄罗斯的干线民用客机外，世界各国的航空公司基本上都使用波音公司和空客公司的干线民用客机；在支线飞机市场上，后期发展国家巴西、加拿大纷纷将注意力瞄准这一市场展开激烈的竞争，也形成了"双寡头"竞争格局，安博威和庞巴迪公司占据全球支线飞机市场 90% 以上的市场份额。

在世界航天工业领域，近些年来及其市场呈现出迅速发展的态势，随着卫星通信、卫星遥感、卫星导航定位、空间站和运载器等诸多航天技术和航天应用技术的成熟和发展，航天市场今后还会经历新的增长。美国提出重返月球和载人火星探测的航天计划；俄罗斯在国家经济困难的条件下,确保优先发展航天,维持在轨100颗卫星的发展规模,提出全面服务的卫星通信系统;欧洲发布了航天政策白皮书,把航天作为制定欧洲独立发展战略和共同行动政策的支撑。同时,深空探索、开发和利用,正成为世界主要国家未来发展的战略取向。另外,各航天大国军事航天投入的增多也将为航天工业的发展及航天市场的进一步开拓提供动力。

国际航空航天装备制造产业的发展趋势体现在以下几个方面。

(1) 航空航天制造与研发市场的垄断化

西方航空产业通过重组与兼并,已在全球干线飞机制造市场上形成了美国波音公司和欧洲空中客车公司"双寡头"垄断竞争的格局,其军民用飞机产品占有国际市场80%的份额。在技术研发上也不断投入巨资,提升其核心技术,从而巩固其在制造及研发两方面的垄断地位。另外,他们还通过扩散非关键技术零部件加工和组装,从而节约了大量成本,进一步增强了国际竞争力。

(2) 生产全球化和分工专业化趋势明显

目前,航空航天产业的生产制造呈现了明显的全球化和专业化趋势。随着航空运输业的快速发展,航空产业尤其是航空制造业也随之繁荣。航空产业巨头逐步将全球作为自己大的加工厂,越来越多地与发展中国家合作,建立专门的生产基地进行大规模的专业化生产制造,降低其生产成本。由欧洲宇航防务集团拥有的空客公司就是一个真正的全球性企业,全球员工约55 000人,在全球各地设有130多个驻场服务办事处、175个驻场代表,还与全球各大公司建立了行业协作和合作关系,在30个国家拥有约1500名供货商网络。在发展中国家的生产分工也越来越专业化,中国为其生产A320客机的机头部件、飞机机翼梁间肋、滑轨肋、机翼固定前缘、电子舱门等。

(3) 航空产业寡头在高端核心技术领域竞争愈加激烈

航空产业在多个方面呈现出了寡头垄断竞争的局面。例如,在飞机制造市场上,形成了美国波音公司和欧洲空中客车公司"双寡头"垄断局面;在发动机市场上,形成了GE公司、罗罗公司和普惠公司的"三足鼎立"局面。然而,"寡头"的竞争不再只停留在低端的生产制造,而是在技术研发上投入巨资、提升核心技术,从而展开激烈竞争的趋势。

(4) 航空产业集群发展,构筑完善的航空制造产业链

产业集群包括上游产品的供应商,下游的渠道和顾客、提供互补产品的制造商,以及具有相关技能、技术或共同投入的其他产业的企业,还包括提供专业培训、教育、研究与技术支持的政府或非政府机构,如大学、质量标准机构、短期培训机构和同业协会等。国外通过航空产业集群的发展,构筑了完善的航空制造产业链,国际著名的有美国西雅图航空制造产业集群、法国图卢兹航空制造产业集群和加拿大蒙特利尔航空制造产业集群等。

1.1.2 汽车装备制造产业

工业发达国家经过长期的技术积累,在汽车领域拥有得天独厚的技术优势,并且在技术研发方面投入很大的人力、物力、财力,从产品研发到成品出厂都在很大程度上运用了自动化、智能化、大数据等先进手段。在产品设计方面,普遍采用计算机辅助产品设计(CAD)、计算机辅助工程分析(CAE)和计算机仿真技术;在加工技术方面,已经实现了底层(车间层)的自动化,包括广泛地采用加工中心(或数控技术)、自动引导小车(AGV)等。近十余年来,

发达国家主要从具有全新制造理念的制造系统自动化方面寻找出路，提出了一系列新的制造系统新理念，大大提高了生产效率，降低了设计制造成本，提高了生产质量。特别是"工业4.0"提出后，全生命周期管理加上生产管理系统自动化使得汽车装备制造生产呈现无人化/少人化趋势，生产工艺的规范性、产品的一致性以及生产效率与质量明显提高，并且生产过程与机器人相结合，极大改变了传统装备制造业的面貌，也深刻地改变了制造业的内涵，个性化、定制化加工成为可能，对整个社会文明程度的进步产生了深远的影响。

1.1.3　数控机床及智能装备

数控机床是发展工业的战略物资。由于数控机床所处的特殊的战略地位，工业发达国家通过制订产业政策，从产业结构、技术发展路线、产品开发、投资渠道、设备折旧制度、进口限制、出口鼓励、人员培训等方面给予大力支持。

目前国外数控机床在精度和可靠性方面，特别是可靠性方面占据明显优势。在精度方面，瑞士DIXI的坐标镗床JIG700、JIG1200，以及高精度数控卧式坐标镗床DHP50和DHP80的快速移动速度达40m/min，精度已经进入纳米精度等级；德国MIKROMAT公司8V型机床定位精度为0.0024mm，重复定位精度为0.0016mm，快速移动速度30m/min。而国产精密数控机床的定位通常在0.003mm，重复定位精度通常在0.0015mm，快移速度≤20m/min。更重要的是，国产机床在精度保持性和加工效率方面与国外水平还有较大差距，例如，国外精密机床的精度往往能够保证10年，而国产数控机床即使采用最先进的导轨、丝杠与轴承等功能部件，其整机精度往往在1年之后就完全丧失。这种情况导致诸多重大应用场合，比如汽车、航空、航天、军工等通常拒绝采用国产数控机床。

除此之外，数控机床在经历了高速、高精度、复合和五轴联动等技术发展后，正在向智能化方向发展。日本Mazak公司以"智能机床"命名推出了具有四大智能的数控机床：①主动振动控制——将振动减至最小；②智能热屏障——热位移控制；③智能安全屏障——防止部件碰撞；④马扎克语音提示——语音信息系统。日本Okuma（大隈）公司展出了名为"thinc"的智能数字控制系统，thinc不仅可在不受人的干预下，对变化了的情况做出"聪明的决策"，还可使机床交付用户后，以增量的方式使其功能在应用中自行不断增长，并会更加自适应新的情况和需求，更加容错，更容易编程和使用，即在不受人工干预的情况下，机床将为用户带来更高的生产效率。

1.1.4　电气装备制造产业

国外在输配电设备的总发展趋势是在向大容量、高电压、智能化、组合化、小型化、无油化、免维护和远程故障诊断技术等方向发展，同时信息技术将全面渗透到输变电技术和设备之中。超高压、特高压交流输电技术，高压直流输电技术、柔性（灵活）交流输电系统技术、高温超导输电技术发展迅速，输配电设备趋于高集成、紧凑型、智能化。为了适应现代变电站小型化和自动化的发展需要，已经出现了将一次设备（如断路器、隔离开关、接地开关、电流和电压互感器、避雷器等）和二次设备（智能型的保护、测量和监控系统）组合在一起的高集成、紧凑型输配电设备，如ABB公司的PASS系统、西门子公司的HIS系统等。国外已经研制成采用电缆绕制（定子）的高压发电机，该发电机的输出电压为132kV或更高（目前常规的大容量发电机的输出电压为20kV），这样可不需要升压变压器就能将电能送出，大大简化电厂的升压站。美国2030电网规划中，2020年为用户提供高可靠性、安全性、数字化的电力；降低网络损耗至原先的一半；确保100%电力流过"敏捷"电网，配置智能化自动系统；实现信息和电力的实时双向传输等。

目前，跨国公司已构成托拉斯出产形式，电源设备、电机、负载在同一集团各分厂制作，密切配合、相互协作，电源设备、电机和负载间有准确、合理的匹配，电机体系功率高。国外公司对于商品批量、种类的不同，选用相应的出产工艺组织出产，随着计算机及信息技能的不断开展，电机制作的自动化、信息化水平日益进步，电机机械加工出现了以计算机柔性制作体系（FMS）及计算机集成制作体系（CIMS）为代表的领先出产工艺，使得出产功率大为进步。

在电机制造方面，国外电机制造历史悠久，其电机设计、生产制造中的关键技术和关键工艺一直处于世界领先水平，并引领世界电机的发展方向。目前微特电机向着微型化、一体化、智能化发展，小电机向规模化、标准化和自动化方向发展，大中型电机却向单机容量不断增大、要求特殊化、多样化、定制化的方向发展。同时高效节能也是整个行业的发展趋势。

1.1.5 石化、冶金、矿山设备

目前，全世界有100多个国家和地区从事石油和天然气的勘探和开采，但只有20多个国家能够制造石油钻采设备。国外石油化工装备制造业发展致力于技术高起点，产品高附加值，基本跳出了中、低档产品的圈子，持续推进行业整体素质的提高，重视利用高技术优化提升传统装备制造业，大力发展高技术、高附加值产品，保持产业优势。国外设备在可靠性及稳定性上表现优异，停机检修便捷，设备连续生产作业时间长，产能和经济效益好。国外石油化工设备非常注重新技术、新材料、新工艺、新装备和机电一体化技术的推广应用，开发出一大批集高性能、高原料利用率、低能耗、低污染、环境舒适和可回收性于一体的智能化装备，实现了工业生产的柔性化和自动化。许多国外石油和化工装备制造企业对人机协调、安全性和可操作性提出了更高要求，通过建立数据库，实施在线状态监测诊断，预报系统故障，确保生产装置的高效运行、高自动化、高可靠性和高安全性。大型化石油和化工装备的设计技术、制造技术、质量检验技术、运输技术、现场组装与热处理等技术得到了飞速发展，高性能新材料、重大环保技术和装备的研发应用成为重点。

国外冶金矿山装备总的趋势是大型化、自动化、连续化，并不断开发高效、低耗、耐用的新装备和革新工艺、综合利用、控制污染等新技术。与此同时，以直接还原—电炉—炉外精炼—连铸连轧为代表的短流程工艺和装备发展也非常迅速，以适应世界钢材市场多变、品种多样和物美价廉的需要。为了适应大型露天矿开采的需要，美国、日本、德国等国家不断研制和完善大型露天采矿设备，并逐步形成较完整的配套体系，如斗容$40m^3$的电铲、载重315t的电动轮汽车和160t的机械传动汽车、孔径达440mm的牙轮钻机。选矿设备发展了以大型磨矿机为主体的研磨、分选设备。为使高炉能吃到精料，各国普遍采用大型烧结、球团设备，以便降低生产成本和实现自动化操作。

在冶炼设备方面，国外现代化焦炉的主要趋向是扩大炭化室窑，减少炭化室数量，以便缓解焦炉机械的频繁操作，改善环境污染和能源利用。国际上广泛采用的捣固炼焦技术和设备已十分成熟。现代化的高炉、转炉、电弧炉广泛应用，趋向大型、高效、低耗和自动化的方向发展。炉外精炼（二次冶金）得到迅猛发展，工业发达国家的合金钢比例已达25%左右。板坯、方坯和合金钢连铸的工艺与装备不断完善和改进，发展最快的是薄板坯连铸和水平连铸。近十几年以来，由于世界汽车和石油等工业的发展，促进了热轧和冷轧板、带及无缝钢管项目的建设和新技术的开发，因而板管比有了明显的提高。热轧带钢技术正朝着高度连续化、自动化和连铸坯热装、直接轧制的方向发展。冷轧带钢也是以连续化、自动化、高精度、高速度为主要发展方向。近年来，各国对原有的自动轧管机、周期式轧管机和顶管机进行了不同程度的改造外，新建和改建了一批能提高壁厚精度、表面质量和生产能力的新型轧管机，改善了无缝钢管的产能和工艺。由于对生产H型钢等经济断面大型材极为有利，万能大型轨梁轧机在工业发达国家也得到了普遍采用。

1.1.6 船舶海洋装备

随着人类对海洋资源的深入开发与利用，海洋装备产业从单纯的船舶制造业逐渐扩展为跨行业、跨部门的新兴产业集群。近年来，全球船舶工业与海洋工程装备产业持续繁荣，整个行业呈现大型化、总装化、标准化、信息化的发展趋势。

受船舶制造行业持续繁荣的影响，全球范围内船舶制造能力在迅速扩张，部分技术含量较低的船型面临产能过剩的局面，竞争加剧、利润下降，但高技术船舶、特种船舶依然存在产能缺口，市场前景继续看好。

船舶配套产业主要掌握在欧美及日本的企业，处于技术垄断地位，占有较高的全球市场份额。德国、挪威等国船舶配套产品国产化率接近100%，同时大量出口；日本的船舶配套产品国产化率达到98%，出口大量通信导航等高技术产品；韩国的船舶配套产品国产化率达到85%左右，基本可以满足韩国国内船厂的需求。

目前，深海油气田的开发速度加快，世界范围内对适合深海作业的浮式生产系统的需求与日俱增。海洋油气生产设备具有高技术、高风险、高投入的特征，导致该行业进入壁垒较高。目前海洋工程设备研发几乎全部掌握在欧美国家手中，但中下游生产领域正在向亚洲国家转移。美国在海洋工程技术设备及研发方面长期处于全球领先地位，日本在油气开发平台、海洋工程结构及石油管材和平台配套设备方面取得了重大的突破。韩国以价格低廉、交货迅速、质量上乘等优势在手持订单数量上全球领先，高峰时承接了世界上近一半的海洋工程平台项目。新加坡赢得了众多欧美国家石油钻采平台制造、FPSO（浮式生产储存卸货装置）改装订单。

1.1.7 轻工设备

从国际缝制设备发展来看，缝制设备的自动化、智能化、人性化趋势发展势头极为强劲，近十年来，日本、德国等发达国家高效、节能、环保、自动控制型缝制设备的研究取得了较快发展，国外的一些大型著名缝制设备制造厂家，如杜克普公司、重机公司等，关注高端缝制设备研发多年，采用计算机伺服控制技术，机构运用计算机仿真和虚拟设计技术进行了充分优化和改进，其性能优越，控制动作多，新技术应用极具特色，功能日趋完善，已发展成为拥有功能比较完善、适用领域宽，具有自适应功能的智能缝纫机系列产品，引领缝制行业的流行趋势。而国际印刷装备领域，目前著名企业包括奥地利的贝加莱、德国的高宝、瑞士的博士特、德国的海德堡，这些公司的印刷装备已普遍采用无轴传动，速度通常可达600m/min以上，最高可达 1000m/min；同时，国外高档印刷装备智能化程度近年明显提升，逐步由单台设备自动化进化到整个印刷生产线成套装备的无人化与网络化。

1.2 国内先进装备制造产业科技发展现状及趋势

1.2.1 航空航天装备

经过改革开放30多年的快速发展，我国航空航天装备制造业取得了令人瞩目的成就，形成了门类齐全、具有相当规模和技术水平的产业体系，产业经济产量位居世界前列，为航空航天装备制造产业的发展奠定了基础。

我国的航空航天装备制造业以重点产品研制为主线，统筹航空技术研究、产品研发、产业化、市场开发与服务发展，通过在大型客机、支线飞机、通用飞机和航空配套装备的攻关，目前已形成了一定产业规模和具有大批自主知识产权的航空航天装备。航空航天装备产业属于技术密集型先进制造业，近年来，中国航空市场一直保持着高速增长的发展态势，航空市场的发展带来了航空装备业的飞速发展。在国家大力发展战略性新兴产业、推动工业经济转型升级的背景下，航空装备产业获得了一系列政策支持。在政策推动下，中国航空装备产业在产业规模、技术实力等各方面稳步发展。目前中国航空装备产值约为2800亿元，同比增长20%左右，其中，支线飞机、通航飞机及相关配套装备是推动行业增长的主要力量。

目前，国内航空装备研制类型齐全，大型客机、支线飞机、通用飞机和直升机均有研发和生产，尤其是已研制出具有国际竞争力的150座级的C919单通道干线飞机，逐步形成产业化能力。但国内航空装备产业在全球产业链中的参与程度仍偏低。创新能力薄弱，核心技术和核心关键部件受制于人，特别是航空核心零部件方面，目前民用航空发动机研制基本处于空白，我国研制的飞机（如新舟60、ARJ21和C919）均使用国外发动机。

在航天领域，逐渐完善了现役运载火箭系列型谱，继续向更大推力运载火箭关键技术攻关。形成了由航天器制造、发射服务、应用设备制造和卫星运营服务构成的完整产业链。实现了卫星在农业、林业、水利、国土、城乡建设、环保、应急、交通、气象、海洋、远程教育、远程医疗等行业、区域发展和公众生活中的全方位应用。

针对与世界先进制造水平的较大差距，我国的航空航天装备制造产业的发展方向如下：①研发团队的创新能力需进一步加强，逐步摆脱核心技术和核心关键部件受制于人的局面；②航空航天装备制造产业的基础配套能力应大力发展，以逐渐消除装备主机所面临的"空壳化"的现象；③加强航空航天装备的可靠性，通过提升其可靠性与发达国家的同类产品形成竞争，提升同类高端产品的市场占有率；④逐步形成健全的航空航天装备制造产业体系，如相关基础设施、服务体系建设等。

1.2.2 汽车装备制造产业

目前我国汽车制造业取得了长足进步，家用轿车、重型商用卡车、大型工程车辆等方面都有很大的发展。我国已经成为制造大国，我国制造业已经从2011年开始超过美国成为世界第一制造大国，但还远不是制造强国。我国的研发投入占GDP的2.08%，这在原来的基础上已经有了突飞猛进地发展。但是，和工业发达国家相比，仍然较低，美国在2.9%的基础上还要追加。最重要的是，我国汽车电子与电控系统主要依赖进口，其中芯片一项进口就占80%左右；此外，汽车及工程机械方面的关键核心部件也是进口的，其中自动变速箱90%依赖进口。所以我国需要提升制造业，提升自主创新能力。紧紧抓住"工业4.0"机遇，瞄准国际先进水平，使汽车与工程机械行业不断向着精密化、自动化、智能化、信息化、柔性化等方向发展。

1.2.3 数控机床及智能装备

经过"十二五"国家的大力扶持，我国中高档数控机床的开发取得了较大进展，在五轴联动、复合加工、数字化设计和高速加工等一批关键技术上取得了突破，自主开发了包括大型、五轴联动数控加工机床，精密及超精密数控机床，以及一大批专门化高性能机床，并形成了一批中档数控机床产业化基地。关键功能部件的技术水平、制造质量逐年稳步提高，功能逐步完善，部分性能指标接近国际先进水平，拥有了一批具有自主知识产权的功能部件。开发出了高速主轴单元、高速滚珠丝杠、重载直线导轨、高速导轨防护装置、直线电机、数控转台、刀库与机械手、A/C轴数控铣头、高速工具系统、数字化量仪等高性能功能部件样机，其中有的品种已实现小批量生产。通过自主研发或与国外开展技术合作，在中档数控系统的开发和生产上取得明显进展，初步解决了多坐标联动、远程数据传输等技术难题。为适应数控系统的配套要求，相继开发出交流伺服驱动系统和主轴交流伺服控制系统，并形成了系列化产品。但与国外相比，我国数控机床的主体仍以低档为主，高档数控机床绝大部分依赖进口。自主创新能力不足，长期以来，我国机床制造业的基础、共性技术研究工作主要在行业性的研究院所进行。企业缺乏对基础共性技术的研究，造成我国数控机床行业市场响应速度慢。最关键的是国产产品质量、可靠性及服务等能力不强，在质量、交货期和服务等方面与国外著名品牌相比存在较大的差距。在质量方面，国产数控系统的可靠性指标MTBF与国际先进数控系统相差较大，国产数控车床、加工中心的MTBF与国际上先进水平也有较大差距。众多功能部件仍然需要进口，国产化的功能部件产品在质量与精度保持性方面仍难以满足用户需求。

1.2.4 电气装备制造产业

我国以大机组、大电厂、大电网、特高压、高度自动化为特点的现代化电力工业已经开始形成。目前我国已经完全掌握了500kV及以下交流输变电成套设备的设计和制造技术，实现了500kV及以下输配电设备国产化，满足了国内市场需求，且有相当数量的产品进入了国际市场，所有设备的技术参数与国外同类产品相当。在750kV输变电设备领域，变压器、电抗器、避雷器、电容式电压互感器、隔离开关、继电保护等也都已经实现国产化，只有气体绝缘开关设备通过引进国外技术、合作制造的方式解决，近几年，一批750kV国家输变电示范工程建成投运，标志着我国在输变电成套设备制造方面已经具备了较强的能力。国内±500kV直流输电设备直流输电换流站的工程成套设计和主要设备，开始阶段主要由ABB和西门子公司提供。结合国家重大工程，国内一些制造厂引进了ABB和西门子公司技术，实现直流输电设备国产化。1000kV特高压交流电、±800kV直流电设备代表了当代输变电设备技术发展的最高峰，因此，在特高压交直流设备制造上，主要面向国内重点内资企业，对于部分技术难度较大的设备，采用引进国外技术、联合开发、合作制造的方式进行。

目前，我国中等规模以上的电机制造企业超过 300 家，从业人数 30 万以上，如把大大小小的电机厂全部计算在内，共近 2000 家。目前，我国生产的电机产品有 300 多个系列，约 1500 个品种。我国的电机市场中国内生产企业众多，行业规模巨大，市场集中度不高，竞争充分。行业内各生产企业所占市场份额较为分散，行业内排名前十的企业所占市场份额也相当有限。我国中小型电机占据全国电机制造业的 95% 左右。企业的区域分布不均匀，全国大部分省、直辖市都有电机制造企业，但主要分布于浙江、江苏、广东、上海、山东、福建等东部经济发达省市，这些电机企业数量占总数的 70% 以上，工业总产值占全国 60% 以上。经过企业改制，我国电机制造企业中国有企业已经逐步退出，民营企业和三资企业开始成为主流。我国电机产品出口额实现高速增长，进出口顺差额进一步扩大，从出口方面来看：①产品结构，单相交流电动机仍是我国电机产品中占出口比重最大的产品，出口额较大的还有小于 750W 的直流电动机及直流发电机和功率在 750W～75kW 的多相交流电动机，出口量最小的是 75kW～375kW 的直流电动机及直流发电机；②地区结构，我国电机产品对外出口主要地区仍然是沿海地区，根据出口额所占比重排序依次为广东、浙江、江苏、上海、山东、福建等省市，这 6 个地区的出口总额占全国电机出口额的 85% 以上；③出口目的国结构，我国电机产品出口范围非常广，涉及全世界约 160 个国家和地区；④企业性质结构，外商独资企业在我国电机产品出口中占据着主导地位，其次是国有企业、私人企业和中外合资企业；⑤贸易方式结构，进料加工贸易、一般贸易和来料加工装配贸易是我国电机产品出口最主要的贸易方式。从进口方面来看：①产品结构，我国主要的电机进口产品集中 75kW 以上的多相交流电动机、750W～75kW 的多相交流电动机和 750W 以下直流电动机及直流发电机，合计占我国电机产品进口总额的 70% 以上；②地区结构，我国电机产品进口集中在工业较发达地区，上海、广东、北京和江苏 4 个地区电机产品进口额合计占全国电机产品进口总额的 75% 以上；③进口来源国结构，我国电机产品主要从德国和日本进口，我国从这两个国家进口的电机产品金额合计占我国电机产品进口总额的 50% 以上；④进口企业性质结构，我国最主要的电机产品进口企业为国有企业、外商独资企业和中外合资企业；⑤进口贸易方式结构，一般贸易和进料加工贸易是我国电机产品进口最主要的贸易方式。

1.2.5 石化、冶金、矿山设备

我国石油装备制造业目前已进入快速发展阶段，石油装备制造的技术和产量都有大幅提升。中国能源动力装备的设计技术水平在"十二五"期间有了长足进步，成功研制出 12 000 米钻机、千万吨炼油成套装置、百万吨乙烯成套装置关键设备、百万吨级 PTA（精对苯二甲酸）成套装置关键设备和大型石化通用设备等。目前石油和化工行业达到国际先进水平的技术装备仅占 1/3，国产装备的国内市场满足率不到 60%，在重大技术装备领域这一比率更低，特别是高新技术装备，微细加工设备几乎全部依靠进口装备，技术含量高的相关配套产品也大量依靠国外供给。我国石油钻采设备在世界石油装备市场已占有一席之地，但与国际先进制造技术相比还有较大差距。从全行业来看，我国石油化工装备制造企业多数尚处于粗放型发展阶段，中低端产品集中且竞争激烈，高技术产品研发能力不足，国外新技术新产品引进吸收和再创新能力尚需进一步提高。随着我国化工产业的快速发展，化工设备制造业得到了迅

猛发展，重大技术装备自主创新能力显著提高，国际市场竞争力进一步提升，部分产品技术水平和市场占有率跃居世界前列。经过多年发展，我国化工非标设备制造业已经形成门类齐全、规模较大、具有一定技术水平的产业体系，成为国民经济的重要支柱产业，其中催化裂化、加氢精制、聚乙烯等主要生产装置所需的关键设备，已达到了国际先进水平，减少了我国对化工非标设备进口的依赖度，降低了建设投资和生产成本。

冶金矿山设备方面，为了改变落后的面貌，国家大力组织机电、冶金等部门消化引进和科研攻关，取得了很大的成就，研发生产的电铲、电动轮汽车、牙轮钻机，以及基本配套的推土、修路、边坡、炸药装运等设备，基本上可以满足年产千万吨露天矿的装备需要。其中有半数以上是冶金系统研究、设计和冶金机械企业制造的。我国研制和生产的大型球磨机、磁选机和浮选机，以及其他选矿配套设备，基本上可以适应我国选矿设备的需求。我国自行设计、制造的烧结机和与之配套的鼓风环形冷却机、热矿筛、电除尘器等设备主要指标已接近或达到了世界水平。由于我国煤炭储量相对丰富，煤基直接还原法已在天津、辽宁、吉林、山东等地形成了一定的生产规模。而熔融还原法在我国尚未得到很大发展，目前处于实验室试验和半工业试验阶段。我国在炉前设备、转炉设备、精炼设备、连铸设备、冷/热板带轧制设备、金属压延设备、大型薄板冷热连轧成套设备及涂镀层加工成套设备的应用还不够普及，装备的种类、容量和性能与国外先进水平还有很大差距。

1.2.6 船舶海洋工程装备

近年来，我国船舶制造行业迎来了飞速发展时期，接单量突飞猛进，运行质量显著提升，船舶完工量年均复合增长率35%，年产值年均复合增长率37%，我国已经能够设计和生产除豪华邮轮、部分高技术船以外的大部分船型。但我国船舶配套设备国产化率平均不足40%，LNG等高技术船舶配套设备国产化率平均不足20%，船舶配套产品在质量上和数量上均不能满足国内船厂日益增长的需求，研发设计投入较少，不掌握核心技术，仅能自主生产舾装件、涂料等中低端产品，通信导航等高端配套产品几乎全部需要进口。

近年来，我国海洋工程装备制造取得了重大突破，已经拥有设计建造浅水装备的能力，能够生产自升式平台、FPSO（浮式生产储存卸货装置）等装备。但深海海洋工程装备仅处于"船壳建造"时期，缺乏研发、设计、总装及总承包的能力，大型FPSO、半潜式平台等仅能够进行船体制造，需要拖至其他国家进行总装。海洋工程产品蕴藏着巨大的商业利润，但是，由于我国目前海洋工程配套产品的国产化率只有10%左右，仅有宝鸡石油机械等企业能为国产平台生产部分海洋油气钻采设备、甲板机械等极少数海洋工程配套产品，大量的丰厚利润只能让给国外公司。

1.2.7 轻工设备

我国是世界缝纫机生产大国，经过多年的培育，行业已经形成了以西安标准、杰克、飞跃、宝石、中捷、上工等为代表的一批骨干企业和名牌产品。当前国内的缝纫机品牌企业开始告别大量模仿国外产品，在低档次低价位产品上竞争的状况，正在走上自主研发、技术创新的科学发展之路。

我国国内高档缝制设备目前主要依赖进口或合资公司产品，市场价格普遍较高。而国内的研究工作仍然没有摆脱对引进国外先进技术的模仿设计,产品未能形成真正突破并产业化。与国外先进产品相比,产品无论从功能上还是具体的技术参数上,都与国外产品有明显差距。拥有自主知识产权和核心技术的产品颇为鲜见。中低档产品大量生产,量的扩张后继乏力,质的飞跃更是缺乏。占市场巨大份额的中低档产品大都采用交流异步电机驱动,其主要功能的实现均需要在机器内部设计复杂的机械传动、联动机构才能实现,与采用数字化设计的产品相比,该类产品结构复杂,不利于实现产品的数字化设计,产品的自动化程度低,设备的工艺特性单一,响应速度慢,缺少缝纫机械专用的数控产品,用户不能根据需要来选择缝纫目的。这些都制约着我国工业缝制设备的发展。

在国内,各大缝制设备厂家也在智能缝纫机的研制方面投入很大,但主要以增加缝纫机的部分功能,提升整机、控制系统性能,提高缝制产品质量,降低技术要求为主要目标。相比国外最新款式的系列化智能缝纫机,虽然个别技术已经处于世界先进水平,但在总体技术和总体性能上还存在较大差距,仍停留在量的扩张上,主要采用跟随式战略,以先进国家的技术和产品为母本,以引进消化吸收和模仿测绘为依托。产品供求走向两个极端:①技术水平低、档次低、附加值低的产品过剩;②技术含量高、档次高、附加值高的产品相对供不应求,仍需进口。目前我国工业缝制设备中近90%为中低档产品,新一代智能缝制设备约占10%。而普通工业缝制设备与新型智能缝制设备的价格比是1∶5以上。

"十二五"期间,我国印刷工业均以年增长率高于10%的速度迅速发展。2011年我国印刷业总产值达到8677.13亿元,比2010年增长12.6%,整体规模已经接近全球第2位,其中,包装印刷占据印刷行业的首位。但与国外相比,国产印刷装备的发展主要以模仿和学习国外技术为主,自主开发设计能力相对较差,制造工艺和装备水平较低,特别是缺乏自主知识产权的专用控制系统。例如,在2013年北京国际印刷技术展览会上,陕西北人展出的最大印刷速度高达400m/min的FR400ELS高速机组式凹印机,其主要技术指标接近国外同类产品的水平,但是其核心无轴传动控制系统仍然是依靠购买奥地利贝加莱的产品。因此,我国每年印刷设备进口额在16亿美元左右,相当于国内印刷机械行业总产值的50%。

2 陕西省先进装备制造产业科技发展现状分析

2.1 产业现状

(1) 航空装备领域

飞机制造业重点企业主要有西安飞机工业(集团)有限责任公司、陕西飞机工业(集团)有限公司、西安航空发动机(集团)有限公司、西安庆安集团有限公司、西安航空动力控制工程有限责任公司、陕西燎原航空机械制造公司等。军用、民用飞机,燃气轮机,航天发动机是陕西装备制造业市场竞争力较强的优势产品。其中,国产大型客机C919首架交付大部件已经获得适航批准标签;近百种航空发动机零部件供应多家世界著名航空发动机制造公司;运八飞机是我国目前最大的中程中型运输机,填补多项国内航空工业空白。

(2) 航天装备领域

航天装备制造业重点企业主要有航天四院、航天五院西安分院,西安微电子技术研究所。

航天六院建成了亚洲最大的液体火箭发动机试车台、亚洲最大的泵性能试验室、国内唯一的液体动力技术基础理论研究室、国内唯一的全箭（弹）动力系统试验台、国内唯一的液体推进剂研究中心、国家泵阀工程技术中心、我国第一个低温技术研究中心等国家级科研基础试验设施。

（3）汽车工业领域

"十二五"期间，陕西省汽车与工程机械产业实现了快速发展，在高新技术汽车和工程机械装备领域取得了重要突破。以陕汽为核心的重型商用汽车行业优势明显，重型商用车接近国际先进水平；重型汽车变速器市场占有率80%以上，产销量连续5年世界第一；自主品牌轿车产销量居国内前列。

（4）工程机械领域

陕西省工程装备行业发展较早，主要产品包括强土方作业机械、路面机械、施工作业机械等优势产品，具有较强市场竞争力。工程机械行业经过近几年的竞争性发展，兼并重组、行业政策引导，生产集中度、产业集群、企业结构、产品结构、专业化生产、自主创新研发平台、进出口贸易格局等方面都有明显改善。

（5）数控机床领域

机床产业是国民经济发展的基础，装备制造业发展的重中之重。目前陕西省在中高档数控机床及智能制造装备方面的开发取得了较大进展。秦川机床的齿轮磨床和外圆磨床，汉江机床的螺纹磨床，汉江工具的复杂刀具，宝鸡机床的数控车床，在国内均处于行业领先地位，分别被评为"中国名牌产品"和"陕西省名牌产品"。秦川机床集团公司"适用于批量磨削的数控蜗杆砂轮磨齿机技术及产品"荣获国家科学技术进步二等奖。2012年达到年销售收入100亿元的产业规模，跻身国内装备制造业50强。

（6）电气装备领域

电气机械及器材制造业是陕西省装备制造业的支柱产业之一，主要以电机制造、高压及超高压输变电设备、低压配电及控制设备、电线电缆光缆及电工器材制造为主，伴随着国家在电力装备制造高新技术领域的政策支持和引导，陕西省电气机械及器材制造业不仅总量迅速扩大，技术水平也得到大幅度提高。其中输配电及控制设备制造业为陕西省优势产业，拥有一批具有自主知识产权的输变电核心技术和产品，目前西电集团已经发展为我国最具规模、成套能力最强的高压、超高压、特高压交直流输配电设备和其他电工产品的生产制造基地。

（7）石化、冶金、矿山设备领域

陕西省石油化工设备、冶金矿山成套设备、煤炭采掘设备制造业，虽然总体竞争力排名靠后，但风机、石油设备等产品销售收入位居全国前列。依托行业优势和资源禀赋，陕西省打造了一批市场竞争力较强的优势产品，其中包括：12 000m特深井钻机、沙漠移动式钻井平台、大口径螺旋焊管、连续油管、大型轴流压缩机、能量回收透平装置、16 500t自由锻油压机、12 000t铝合金板张力拉伸机、大功率交流变频电牵引采煤机、全机载1.2m以下薄煤层采煤机、EBZ型掘进机等。经过"十二五"期间的良性发展，战略性重组和行业政策引导，产品结构、产业集群、区域布局、重大项目建设等方面都取得了显著成效。

（8）海洋工程装备领域

"十二五"期间，陕西省船舶与海洋工程产业实现了快速发展，主流船型实现了大型化、批量化、系列化，在高技术船舶和海洋工程装备领域取得了重要突破。以陕柴重工为代表的船舶企业，实现了船用动力机组、核电站应急机组与陆用电站的多点支撑格局，在高性能船舶动力领域和核电市场的主导地位进一步巩固，自主研发设计能力显著提高，海洋工程装备设计建造有了实质性进展，海工装备产业集群初步形成，国内国际竞争力逐步提升。

（9）工业设备领域

陕西省轻工装备在缝纫与印刷设备方面在全国甚至国际上都具有优势，因此陕西省应面向未来技术发展，支持两个产业集群做大做强。就区域而言，陕西省虽然在规模上不占优势，但陕西省在行业中奠定的基础是其他省区无法比拟的，既有行业龙头企业，又有全资国外公司，是国内工业缝纫机技术含量最高的生产基地。整合全球资源，坚持跨单位、跨行业、跨地域、跨国界的技术引入和市场整合，建立起了适应市场需求的有效研发机制，在机械、电控、机电一体化、新材料、新工艺、新技术的运用方面形成一支集合国内外专家的研发团队，为培育企业核心技术研发能力，提升市场竞争优势起到了关键作用。

2.2 技术水平

（1）航空装备领域

中航工业西飞的数控加工、非金属制造、钣金加工、装配试飞能力均居国内同行业一流水平。通过高度集成的数字化平台，中航工业西飞建立了数字化设计与分析规范体系，建立了基于LCA的数字化协同设计平台，完成了单一数据源的数字化三维设计、电子预装配、数字化协调和数字化分析仿真，实现产品全寿命周期管理，使得设计手段与国际先进水平接轨。陕飞能够独立封闭地承担飞机总体设计、空气动力布局设计、机体结构设计、飞行试验及外场技术服务，并积累了丰富的经验。

（2）航天装备领域

航天六院研制了我国长征系列运载火箭全部液体火箭发动机，形成了完整的运载火箭动力产品系列。数十种型号的卫星推进系统、飞船推进系统、探测器动力系统。形成了全系列的发动机研制能力，覆盖了从传统有毒推进剂到无毒推进剂，从液体推进到固液混合、气体推进等各种类型的空间推进系统。拥有完整的液体火箭发动机试验能力和先进的推进剂研发制造能力。

（3）汽车工业领域

陕西省汽车产业已形成从整车制造到发动机和变速箱等关键零部件生产的较完整汽车产业体系。重型军用越野车、重型卡车、大中客车（底盘）、中轻型卡车、重型车桥、康明斯发动机等领域，具有特色鲜明、规格齐全、性能可靠的多个品种序列。并在重型军用越野汽车、大吨位商用车和高档大客车（底盘）制造领域具有独特的优势，技术水平始终保持国内领先。

（4）工程机械领域

工程机械领域快速发展，强土方作业机械、路面机械、施工作业机械等产品优势明显，多款推土机和其他工程机械被评为"中国机械工业名牌"产品，中国人民解放军总装备部列装产品或被评为"陕西省名牌"产品。工程机械产品销售额不断攀升，拥有自主知识产权的技术不断增加，投资与重组热度不减，产业结构愈加优化。

(5) 数控机床领域

通过国家相关计划的支持，现在数控机床关键技术研究方面有了较大突破。陕西省机床以秦川机床集团、汉江机床、宝鸡机床为骨干企业的引领下，部分产品在国内处于领先地位，特别是磨齿机的份额在国内占有绝对优势，其产品品种规格也十分广泛，总体精度指标基本满足国内一般用户需求，但在高精度、高可靠性方面与国外产品相比还存在一定差距，这是制约陕西省数控机床产业发展壮大的最关键因素。

(6) 电气装备领域

电机制造业重点企业有西安西玛电机有限公司，其生产的6kV、10kV高压电机、ATP系列铁路机车电动机、Z系列大中型直流电机、Y系列交流电机处于国内先进水平。输配电及控制设备制造业以西电集团为龙头，主导产品包括：126kV及以上电压等级的高压开关（GIS、GCB、隔离开关、接地开关）、棒形支柱绝缘子及电瓷套管、电力电容器及电压、电流互感器、避雷器、110kV及以上电压等级的电力变压器、并联电抗器、±100kV及以上电压等级的换流变压器、平波电抗器、直流输电换流阀等，技术水平均达到国际先进水平，其中特高压1000kV交流和±800kV直流输变电成套设备，处于国际领先水平。

(7) 石化、冶金、矿山设备领域

12 000m特深井钻机国际领先；沙漠移动式钻井平台具有国际先进水平；大口径螺旋焊管、连续油管技术水平国际领先。化工设备领域：加氢反应器、精馏塔、合成塔、气化炉、低温塔、闪馏罐、反应系统装置、结晶系统装置、大型硝酸装置、耐强腐蚀特种泵阀等大型化工成套设备基本可以实现本地化制造、修理和改造，技术水平达到国内先进水平。冶金设备领域大型轴流压缩机、能量回收透平装置、16 500t自由锻油压机、12 000t铝合金板张力拉伸机等具有国际先进水平。矿山设备领域：大功率交流变频电牵引采煤机、特大功率大采高重型电牵引采煤机、全机载1.2m以下薄煤层采煤机、EBZ型掘进机等一批拥有自主知识产权的产品，处于国内领先地位。

(8) 船舶与海洋工程装备领域

在船舶设备方面："十二五"期间，初步掌握了船用辅机、陆用电站及核电站应急机组、燃油燃气电站、核级阀门等产品的设计制造技术；完成了PC2-6柴油机升功率、降排放研制；设计研制了国内首台自主知识产权CS21/32中速柴油机样机；船舶、舰艇用中高速大功率动力成套设备制造技术处于国内外领先行列。在海洋工程装备方面：具备超深井、多功能、大功率特种钻机及配套设备设计生产能力；具备12 000m特深井交流变频电气驱动钻机、海洋自升式钻进平台、大功率电动钻机柴油发动机、移动钻井平台和钻机一体化控制系统等新型石油钻井装备和全系列泥浆泵及配套设备的设计生产能力，具备引领我国油气钻井装备行业研发制造方向的技术实力。

(9) 轻工业设备领域

拥有同行业领先的技术水平，在国内处于技术实力比较突出的地位。在缝制设备的研发中积累了许多丰富的经验，拥有一批具有专业水准的研究技术开发人员组成的团队，装备设施条件已基本成熟，并具有相当规模；同时拥有一批长期合作的科研院所和高等院校，具有较强的综合研究试验能力，通过不同形式的科技合作，提高了产品性能的稳定性，形成了具有自主知识产权的缝制设备研发和生产能力，使产品技术质量性能接近或达到国际先进水平，在行业竞争中处于引领地位,始终引导着中国缝制设备行业的技术成长,产品创新。在印刷装备领域,陕西渭南印刷装备产业群在柔版印刷方面已经突破电子轴传动的技术瓶颈,正在开展产业化应用,同时也已经研发出印刷机专用伺服驱动系统,逐步代替国外进口产品。

2.3 存在问题

(1) 航空航天装备领域

核心技术和核心关键部件受制于国外航空航天装备制造强国。虽然陕西省近年来在航空航天装备制造技术方面有了长足进步,但是核心技术的发展水平与其他强国(美国、俄罗斯、英国、法国)相比,仍然处于滞后阶段,同时,对于高精度要求的核心关键部件仍需从国外引进,自主加工制造水平不高;在航空航天装备的制造过程中,存在着自动化水平较低、资源浪费严重、能耗巨大等现象,与发达国家相比,在智能化水平和可靠运行方面具有一定的差距。

(2) 汽车工业领域

行业自主创新活动虽然加速发展,但仍然面临诸多挑战。自主创新能力依然不足,零部件创新能力弱,依然是汽车产业发展的薄弱环节。此外,整个行业缺乏规模经济效益。

(3) 工程机械领域

我国缺少核心关键技术。基础设计和制造技术薄弱,低端过剩、高端尚未形成。自主创新能力弱,基本上处于简单和低层次模仿;产品同质化竞争激烈;整机质量可靠性差;国际竞争力不强;服务水平不高,市场盈利能力差。

(4) 数控机床领域

机床消费和生产的结构性矛盾比较突出。国内对中高档机床的需求量逐渐超过低档机床。但国产数控机床以低档为主,高档数控机床绝大部分依赖进口。自主创新能力不足,缺乏优秀技术人才,缺乏对基础共性技术的研究,忽视了自主开发能力的培育,企业的市场响应速度慢。产品质量、可靠性及服务等能力不强。机床在质量、交货期和服务等方面与国外著名品牌相比存在较大的差距。

(5) 电气装备领域

能力结构不合理,高水平能力不足与低水平重复建设并存,发电设备、二次设备、环保设备,以及一次设备中的变压器、电容器等中高端产品产能不足,但与之同时存在的,是市场资源被过多地搁置于大量低端的细分产业;增长前景比较乐观的变压器、电容器等产品比重偏低,新型产品产量甚微,整个产品链无法完全对接市场的实际需求;规模化程度不够,成套水平低,规模经济作用发挥不充分。

(6) 石化、冶金、矿山设备领域

产业层次不高,重大装备总集成、总承包能力不强,大部分装备制造企业还处于产业链和价值链中低端,技术密集的大型成套设备较少,服务型制造占比偏低。企业结构不合理,旗舰型装备制造企业偏少、产业集中度不高。装备制造业增加值率只有25%左右,市场竞争力不足。自主创新能力弱,自主创新投入力度不足,企业研发经费占销售收入比重平均不到2%,创新成果转化能力偏低,新产品产值率不到20%。产学研结合层次不高,科教、人才等方面比较优势未得到充分发挥,缺乏核心技术,引进消化吸收再创新和原始创新能力不强。

(7) 船舶与海洋工程装备领域

船舶与海洋工程关键设备制造行业竞争压力增大，陕西省内企业在海外陆电市场竞争力不足。装备高端化、智能化程度不高。虽然在船舶内部柴油机等动力设备方面，陕西省走在全国前列，但更高附加值、高技术含量的动力系统、通信系统、导航系统等，基本依靠国外产品，自主研发能力与技术水平严重不足，石油钻井高端设备与系统设计生产基本处于空白状态，相关配套产业发展滞后，产业机构不尽合理。船舶和海洋工程装备产业本地配套率低，远落后于上海、江苏等省市。

(8) 轻工业设备领域

由于长期以来陕西省缝制/印刷装备产业一直处于跟随和模仿的发展模式，行业科技基础较为薄弱，缺乏对基础理论及产品典型机构的有效研究分析，产品的研发能力已不能满足日益增长的社会需求。

2.4 战略意义与发展前景

(1) 航空航天装备领域

作为基础性、战略性产业，以航空航天为首的高端装备制造业的工业化水平决定了整个国家工业化的整体水平，航空航天装备制造业承担着新时期走新型工业化道路、加快转变经济发展方式、构建现代产业体系的重要历史使命。信息化与工业化深度融合战略方针的实施，为在更高起点上发展航空航天装备制造业提供了重要机遇。

(2) 汽车工业领域

国内汽车市场潜力巨大，汽车市场仍将继续扩大。近年来具有国际竞争力的国内知名汽车企业逐渐涌现，汽车生产核心技术和新技术逐渐为国内企业所掌握，出口规模逐年扩大，陕西省已经具备了向汽车制造强省转变的基础。

(3) 工程机械领域

工程机械研发稳步推进，自主创新能力不断提升，产业结构调整将进一步深化，工程机械出口还将进一步扩大。

(4) 数控机床领域

总体目标是经过 5～10 年的努力，形成完整的智能制造装备产业体系，总体技术水平迈入国际先进行列，部分产品取得原始创新突破，基本满足国民经济重点领域和国防建设的需求。到 2020 年，产业规模快速增长，年均增长率超过 25%，工业增加值率达到 35%，智能制造装备满足国民经济重点领域需求，重点领域取得突破并达到国际先进水平。

(5) 电气装备领域

作为反映一国工业发展水平的重要行业，电气机械及器材制造业也是国际市场角逐的重要领域。环顾世界，不再宽松的外部环境，催生了行业变革。一方面，发达国家推行"再工业化"，加剧我国出口产品在高端市场的竞争压力；另一方面，我国劳动力成本优势持续弱化，低端产品被别国同类产品替代。此外，针对我国的贸易保护愈演愈烈，国际市场竞争趋于白热化。

(6) 石化、冶金、矿山设备领域

石油石化装备制造业作为装备制造业的重要组成部分，是石油行业的支撑性行业，石油石化装备制造业的发展水平决定着石油石化工业发展进程。先进的装备是勘探开发水平显著提升和炼油化工各项工业指标持续优化的前提和保证。冶金、矿山设备创新是冶金、矿山工业科学发展的关键。利用自动化、信息化、智能化技术实现我国冶金、矿山设备产品的全面创新和升级换代，对于我国冶金、矿山工业的科学发展，具有重要战略意义。

(7) 船舶与海洋工程装备领域

在船舶工业方面，陕西省依托自身船舶工业技术实力与区位优势，着力推动船舶工业发展与变革，在行业发展中占得先机；在世界造船业向中国转移的大趋势下，推动陕西省船舶行业发展，有助于加强陕西省船舶工业的综合竞争优势。在海洋工程装备方面，我国海洋油气资源丰富，巨大的海洋油气资源使得我国海洋工程装备的未来一片光明；2010年，《国务院关于加快培育和发展战略性新兴产业的决定》将海洋工程装备产业作为高端装备制造业的重要组成部分，列入了国家战略性新兴产业，国家政策的引导，是发展海洋工程装备产业的有力后盾。

(8) 轻工业设备领域

从行业角度上看，我国工业缝制设备的市场空间巨大。随着服装制造人力资源的变迁、劳动力成本不断增高，全自动控制型的高速、高效工业缝制设备已经成为缝制行业的技术发展趋势。推动陕西省乃至我国工业缝制企业技术创新能力的提高，开发具有我国自主知识产权的缝制机械新产品与核心技术，使我国装备制造业实现赶超国际先进技术水平，具有重要的战略意义。

3 陕西省"十三五"先进装备制造产业科技发展战略

3.1 指导思想

以《国家中长期科学和技术发展规划纲要（2006—2020年）》和《陕西省中长期科学和技术发展战略纲要（2006—2020年）》为指导，深入贯彻落实科学发展观，紧紧围绕工业转型升级和战略性新兴产业发展的重大需求，把大力培育和发展先进装备制造产业作为加快转变经济发展方式的一项重要任务。立足陕西省装备制造产业，按照市场主导、创新驱动、重点突破、引领发展的要求，发挥企业主体作用，推进产学研用结合，加大政策扶持力度，营造良好发展环境，着力提升技术创新能力，着力推进两化的深度融合，努力把陕西省现有的优势装备制造产业培育成为具有国际竞争力的经济支柱产业，为建设装备制造业强省奠定坚实的基础。

3.2 发展思路

深入分析国内外装备制造产业的发展思路，吃透德国工业4.0的本质含义及其外延特征，紧跟"中国制造2025"规划目标。在此基础上，立足陕西省现有优势产业资源，探索各领域的未来发展趋势，各行业规划其发展路线图，构建现代产业体系。同时抓住"一带一路"战略规划，以及西部大开发和"关—天规划"实施的有利时机，用足用好政策优惠措施。加强基础理论与共性技术研究，加大产学研合作的激励力度，大力提升装备制造业自主研发水平，推动重大技术装备集成化、高端化发展，不断增强产业核心竞争力，增强产业协作配套能力，力促装备制造业重点领域、关键环节发展取得新突破，形成新优势，努力打造研发水平高、集成能力强、制造技术先进的国家重要装备制造业基地。

3.3　基本原则

（1）坚持以自主创新为驱动，着力增强企业技术创新能力

积极发挥政府引领作用，出台政策措施和加强科研立项，提升产学研合作深度与力度，帮助陕西省优势装备制造产业群提升技术水平。完善培养、吸引人才激励机制，强化核心关键技术研发，形成一批具有核心竞争力的优势产品，增强国际国内知名品牌创建能力，推动产业转型和技术升级。

（2）坚持以重组整合为手段，着力促进龙头企业发展壮大

市场主导与政府推动相结合，支持龙头骨干企业通过多种形式实施兼并重组，发展一批核心竞争力强、主导产品优势突出、具有国际竞争力的大型企业集团，带动一批"专、精、特、新"中小协作配套企业发展，促进产业规模扩张。

（3）坚持以重大项目为依托，着力提升重大技术装备自主化水平

围绕国家重点工程和陕西省产业发展需要，加大投资和技术改造力度，建设一批提升重大技术装备自主化、集成化水平的重大项目，带动关键基础零部件研制能力和基础工艺水平的提高，促进产业整体实力的增强。

（4）坚持以专业化园区建设为承载，着力推进产业集群化发展

围绕国家和陕西省新型工业化示范基地建设，加大装备制造重点产业基地、专业化园区建设力度，提高园区承载能力，增强园区集聚功能，发挥产业集聚效应，提升专业化分工协作配套水平，促进产业集群发展迈上新台阶。

3.4　发展目标

①以建设大平台、大产业、大项目、大企业为重点，突出培育行业龙头骨干企业和发展特色优势产业集群，进一步完善政策环境，加强产业导向，做大做强先进装备制造业。构建技术创新、行业支撑、产业配套、品牌服务和要素保障五大体系，努力打造成为具有国际竞争力的先进装备制造产业基地。

②突出产业集聚效应，完善协作配套能力，优化产业结构。发挥大企业、大集团引领带动作用，培育发展"专、精、特、新"中小企业，提高协作配套能力和配套率。汽车、输配电设备、航空、航天、重型装备、机床工具、工程机械制造和陕北能化装备等产业集群发展取得突破性进展，竞争实力进一步增强。

③在产业规模跃上新台阶的基础上大力提升创新能力。产业总体实力显著增强，到2020年，全省先进装备制造规模以上企业完成工业总产值1万亿元以上，工业增加值达到2500亿元，实现销售收入9400亿元，年均增长20%左右；初步形成产学研用相结合的先进装备制造技术创新体系，骨干企业研发经费投入占销售收入比例超过5%，形成一批具有知

识产权的动力装备制造产品和知名品牌,培养一批具有国际视野的科技领军人才。

3.5 重点任务

3.5.1 做大做强优势装备制造业

(1) 汽车工业

①提升关键核心部件生产技术及生产能力。以陕汽集团、比亚迪汽车公司、法士特集团为龙头,加快发展中轻卡、专用车、特种车、微型车、大客车;扩大发动机、汽车变速器、汽车电子产品等关键总成及零部件生产规模;着力突破动力发动机、齿轮箱、电控系统等关键技术,形成与整车生产能力相匹配的系统配套能力。

②进一步提高传统汽车节能环保和安全水平。加快传统汽车升级换代,完善汽车配套产业链。大力推动自主品牌发展,强化自主品牌汽车研发能力建设,做大做强本地自主品牌汽车。

③加强与国外知名公司的合作,围绕重大基础设施建设。到2020年,实现工业总产值2200亿元,年均增长15%,完成增加值550亿元,年均增长15%,形成2～3家产值超百亿元的工程装备制造企业,将陕西省打造成为我国主要的工程装备制造基地之一。

(2) 数控机床

①大力发展数控机床,重点突破关键智能技术。以大型、高速、精密、智能复合型数控机床为主导方向,形成高端数控机床整体配套产业链集群。以秦川格兰德、汉江机床为核心,重点发展精密数控双柱立式内圆磨床、外圆磨床、车轴磨床、车桥磨床、螺杆磨床、数控平面磨床、大型螺纹磨床、工具磨床、数控切点跟踪磨床、光伏产业用专用磨床;以汉川机床集团、宝鸡机床为核心,重点发展大型数控卧式镗铣床、立式加工中心及数控铣床、龙门式加工中心及数控铣床、数控坐标镗铣床、叶片铣磨复合机床、多线数控线切割机床、电加工机床等;以宝鸡机床、西安北村、宝鸡西力精密机械、西安普利森为核心,重点发展高速、精密数控车床及车削加工中心系列产品、高档数控珩磨机、振动深孔钻镗床、柔性加工单元系列产品、大规格数控立式车床等;以宝鸡机床、西安北村、宝鸡西力精密机械、西安普利森为核心,重点发展高速、精密数控车床及车削加工中心系列产品、高档数控珩磨机、振动深孔钻镗床、柔性加工单元系列产品、大规格数控立式车床等。到2020年,实现工业总产值400亿元,年均增长15%,完成增加值90亿元,年均增长15%。

②围绕精密机床感知、决策和执行等智能功能的实现。针对机床成套装备的开发和应用,突破高精度运动控制、工业通信网络安全、健康维护诊断、机床模块化设计等一批共性、基础关键智能技术,为提升机床性能提供技术支撑。

(3) 电气装备

①大力开发新型电力电子产品。以中国西电集团为核心,适应国家特(超)高压输变电及智能电网、储能电站工程建设需要。开发太阳能及风电场用开关成套设备、电网控制保护成套设备、铁道电气化设备;推进特(超)高压输变电设备集成化,高中低压输配电设备系列化发展,促进产业规模扩张,带动输配电制造企业发展,构建国际一流的输配电成套设备研发制造基地。到2020年,实现工业总产值900亿元,年均增长15%,完成增加值230亿元,

年均增长15%。

②加强新型产业技术、智能化组件研发应用。重点发展高压、特高压封闭式组合开关、真空断路器、发电机断路器、60Hz等中高端产品。

(4) 石化、冶金、矿山设备

①加快石化、冶金、矿山关键重型技术装备大型化、成套化、国产化发展步伐。增强核心部件自主制造水平，带动零部件配套企业发展。积极推进重大装备由单机制造向提供系统解决方案、成套装备、工程总包的交钥匙工程转变。实现大型能源化工非标设备本地化制造。建成全国重要的石化、冶金、矿山重型装备制造基地。到2020年，实现工业总产值1200亿元，年均增长15%，完成增加值300亿元，年均增长15%。

②发展大型化工成套设备。以航天六院、航天四院、西航集团、宝钛集团、西安核设备公司、西安泵阀有限公司等企业为依托，重点发展加氢反应器、精馏塔、合成塔、气化炉、低温塔、闪馏罐、反应系统装置、结晶系统装置、大型硝酸装置、耐强腐蚀特种泵阀等大型化工成套设备，在高压厚壁设备、特种材料设备制造等方面增强引进消化吸收和再创新能力，重点承担大型成套加工装置生产和改造修理任务，实现本地化制造，满足陕北能源化工基地需要。

③促进冶金成套设备由单一制造向增值服务的转变。以陕鼓、中冶陕压、中钢西重、西重院为龙头，重点发展大型轴流压缩机、能量回收透平装置成套系统、大型空分装置、低温余热发电设备、纯低温透平压缩机、智能自电控集成系统、炉前设备、转炉设备、精炼设备、连铸设备、冷/热板带轧制设备和金属压延设备等。研制大型薄板冷热连轧成套设备及涂镀层加工成套设备，开发配套轧辊及各种大型铸锻件产品。促进该领域由单一产品供应商，向成套装备系统解决方案商和系统服务商转变。

④煤炭采掘设备产品向高端化、智能化、成套化迈进。以西安重工装备制造集团为依托，消化吸收国内外煤炭装备先进技术，形成自主核心技术。以电（液压）牵引采煤机为基础，实现大型煤炭综采设备国产化。加快陕煤化西安重装煤机和建机工业园建设，打造我国煤矿采掘设备重要生产和出口基地。以陕鼓为依托，加强与科研院所、煤炭企业合作，开发研制新型矿井通风设备成套系统，提高市场占有率。

(5) 船舶海洋工程装备

①开发和健全数字化造船，实现数字化设计、管理、建造、商务协同开展。将高度计算化、数字化、虚拟仿真、集成综合的计算机系统应用到船舶与海洋工程装备制造工业。

②海工装备系列化研发，实现自主设计的钻井平台支持多不同海域作业的需求。海洋工程装备深水化研制，数字化设计与改造，实现从全天候、全地貌、全井深陆地市场的无缝覆盖向海洋高端领域覆盖迈进。

③大功率中压柴油发电机组，重点突破大功率中压发电机组成套设计制造关键技术。掌握模块设计和成套生产技术，实现国产大功率中压发电机组在海工装备上的应用突破。

④动力定位系统，突破动力定位控制技术和试验验证技术瓶颈。开发出具有自主知识产权的动力定位控制系统，并实现与自主研发的大功率推进器的集成应用，满足国内深水海洋装备的配套需求。

⑤半潜式钻井平台、FPSO，完成首台深水半潜式钻井平台设计和建造。寻求国外技术合作，突破FPSO上部模块的设计和建造瓶颈，形成15万～30万吨系列FPSO自主设计、

自主建造的工程总承包能力。到 2020 年，实现工业总产值 70 亿元，年均增长 15%，完成增加值 20 亿元，年均增长 15%。

(6) 轻工设备

①实现自动缝料厚度检测，自动压脚压力检测，自动缝线张力控制。通过传感器技术的应用，各个缝纫动作相互协调配合实现精准的缝纫操作。

②高速运动机构的无油、少油研究。通过耐高温、耐疲劳等新型材料的技术转化及应用，增加零部件新型加工工艺的开发应用。

③智能整机。实现传递动力及控制技术智能化。将机械传递动力转化为电机直接驱动，将机械控制升级为电子控制，将缝制动作从单一缝制改变为缝料放置到完成一系列动作自动完成的缝制单元，光、机、电、气等一体的智能设备。到 2020 年，实现工业总产值 70 亿元，年均增长 15%，完成增加值 20 亿元，年均增长 15%。

3.5.2 发展壮大高端装备制造业

(1) 航空装备

对于大中型飞机，加快"运 8"升级换代，提升竞争力。推出"运 9"系列运输机及特种机，形成批量生产能力。加快新型中程中型运输机研制，满足国内航空运输市场发展需要。增强通信、导航、机电、仪表等综合航电系统研制能力，提高机载系统国际市场竞争力。

(2) 航天装备

①大力推进航天液体和固体火箭发动机系列化发展。以航天六院、航天四院、西安微电子技术研究所为重点，研制更大推力量级各种航天运载工具，积极开发新一代无毒、无污染、高性能和低成本运载火箭，探索未来单级入轨飞行器及新型混合循环动力系统技术。

②加大卫星通信终端与数据采集系统及卫星地面站系统集成。海洋卫星、气象卫星、民用卫星通信网等应用项目建设，开发新一代民用 GPS/OEM 主板产品、北斗用户机系列产品。

③促进航天发展技术在民用产业领域应用。以航天流体机械技术、信息技术、新材料、机电一体化为重点，加快向信息技术、新材料、集成电路、新能源、装备制造领域的延伸拓展。大力发展航天新材料、特种传感、光伏、LED、集成电路封装等技术在民用产业领域的应用。

3.6 关键技术

通过对陕西省先进装备制造产业现状、社会需求、技术水平的分析，确定陕西省先进装备制造产业"十三五"期间需要解决的关键技术问题如下。

(1) 航空装备

①机身、机翼、起落架、机轮刹车等主要部件的研发制造技术；

②提高大型航空模锻件制造水平的工艺技术；

③碳/碳复合材料、金属基复合材料、陶瓷复合材料、航空隐身材料和钛合金材料等新材料的研发制造技术。

(2) 航天装备

①弹、箭、船载空间用计算机和地面测发控计算机、核心电子器件、电动舵机及其控制

系统等的研发制造技术；

②卫星有效载荷及测控跟踪系统设备、船载双频测量设备、星载和地面站天线、多功能显示器和高频网络、数据传输系统、大容量固态存储系统等软硬件设备的研发制造技术。

（3）汽车工业

①提高发动机性能、可靠性、寿命关键技术；

②提高汽车变速箱可靠性、稳定性关键技术；

③防抱死制动系统（ABS）、加速防滑控制系统（ASR）、电子车身稳定系统（ESP）、电子助力转向系统（EPS）等汽车电子控制系统的研发制造技术；

④提升工程机械运载能力的关键技术；

⑤工程机械绿色节能环保关键技术。

（4）数控机床

①数控机床高速化技术；

②模块化和可重构化的复合加工数控机床技术；

③高效柔性智能化的新一代制造系统技术；

④网络化制造单元技术。

（5）电气装备

①特高压输变电系统换流阀、变压器、开关、避雷器、绝缘子等核心设备的研发制造技术；

②特高压输变电系统成套设计集成化技术；

③高中低压输配电设备系列化、配套化技术；

④大容量、小型化、智能化、高可靠性开关控制产品研发制造技术；

⑤微特电机与大功率交流伺服电机及控制系统的研发制造技术。

（6）石化、冶金、矿山设备

①石化装备。大型能源化工非标设备设计、制造关键技术；大型化工成套设备、高压厚壁设备、特种材料设备的研发和制造技术。

②冶金装备。大型轴流压缩机、能量回收透平装置成套系统、大型空分装置、低温余热发电设备、纯低温透平压缩机、智能自电控集成系统、炉前设备、转炉设备、精炼设备、连铸设备、冷/热板带轧制设备和金属压延设备等设备的研发和制造技术；大型薄板冷热连轧成套设备及涂镀层加工成套设备的设计和制造技术。

③矿山装备。2000kW 以上超大功率年产千万吨级重型电牵引采煤机，500～2000kW交流电牵引采煤机系列化，300kW 以上岩巷掘进机、运输机和液压支架等大型煤炭综采设备的设计和制造技术。

（7）船舶与海洋工程装备

①船舶数字化设计与建造技术；

②船用中高速大功率动力系统设计及集成技术；

③半潜式钻进平台研发制造技术。

（8）轻工设备

①缝料的自动检测技术；

②机械手辅助缝纫、无人化缝纫技术；

③缝制流水线视频识别技术；

④服装生产全过程物联网控制技术。

4 实施措施及政策建议

4.1 实施措施

(1) 加大政策和资金扶持力度

认真贯彻落实国家和陕西省促进装备制造业发展的各项政策措施，统筹运用陕西省各类支持工业发展的专项资金，向符合规划导向的装备制造业重点产业链建设、重大技术装备研发、骨干企业培育、优势特色产业基地建设等项目倾斜。对于高端装备制造业实行政策聚焦，积极争取数控机床、大型飞机、高分辨率对地观测系统、载人航天与探月工程等国家重大专项资金支持，推动各级政府设立高端装备制造业发展专项资金或产业基金，加大金融支持力度，拓宽融资渠道，为培育高端装备制造业提供资金支持和金融保障。认真落实增值税转型、出口退税、进口设备免税等政策，鼓励企业加快引进、消化、吸收、创新先进技术，加大技术改造力度，加快装备更新，以市场、技术、资金为要素，建立符合现代企业制度的研发生产体系。积极开展技术交流、技术合作，推动企业技术进步。充分利用各种渠道和平台加强国际合作交流，积极探索合作新模式，融入全球产业链。鼓励境外企业和科研机构在我国设立研发机构，支持国外企业和国内企业开展先进装备联合研发和创新。支持国内企业到境外设立公司，并购或参股国外先进装备制造企业和研发机构，支持国内企业培育国际化品牌，开展国际化经营，高层次参与国际合作。

(2) 大力支持首台（套）装备研制应用

建立完善依托工程发展先进制造装备机制，优先鼓励由用户企业和制造企业组成的产业联盟参与工程招投标，共同开发重大先进制造成套装备，鼓励金融机构开展多种形式的首台（套）保险业务。建立完善首台（套）重大装备及关键部件认定工作体系，加大对首台（套）产品研发单位的奖励力度。加强首台（套）自主创新产品市场推广，对订购和使用省内首台（套）重大装备的重点建设工程和技改项目予以一定风险补偿。

(3) 加快优势企业培育

贯彻落实国务院《关于促进企业兼并重组的意见》精神，加快装备制造企业战略性调整与重组，推动跨地区、跨行业、跨所有制兼并与联合，提高专业化分工和社会化生产程度。制定重点企业分类培育计划，发展一批核心竞争力强、主导产品优势突出、具有总承包和总成套能力的大型装备制造企业集团，以及一批"专、精、特、新"竞争优势明显的中小装备制造企业，鼓励装备制造企业与上下游企业、研发机构组建战略联盟，实现优势互补，提高产业整体竞争力。

(4) 完善自主创新体系

建立以企业为主体，优势互补、资源共享、风险共担、开放式的国际化创新体系，推进技术创新模式由引进消化型为主，向引进消化型与自主创新型并重转变。组织实施前沿性技术研究、关键共性技术攻关、引进技术消化吸收、高新技术产业化项目，落实企业研发费用加计扣除、高新技术企业税收优惠等促进企业自主创新的政策，加快形成一批具有自主知识产权的装备产品，提升产品的质量水平。加强与高等院校、科研院所联合联动，推动基础材料和工艺公共研发平台建设，进一步夯实装备制造业发展基础。

（5）推进信息化与工业化深度融合

加快推动新一代信息技术与制造技术融合发展，着力发展智能装备和智能产品，加快航空航天、汽车、机床、电气、石化、冶金、矿山、海洋、船舶、轻工等行业生产设备的智能化改造，推进生产过程智能化，加快产品全生命周期管理，培育新型生产方式，全面提升企业研发、生产、管理和服务的智能化水平。加快制定智能制造技术标准，建立完善智能制造和两化融合管理标准体系。深化互联网在制造领域的应用，发展基于互联网的个性化定制、众包设计、云制造等新型制造模式，促进工业互联网、云计算、大数据在企业研发设计、生产制造、经营管理、销售服务等全流程和全产业链的综合集成。

（6）建设专业化人才队伍

围绕规划确定的高端、优势装备领域，制订实施企业人才队伍培育和开发计划，构建并完善产业创新人才政策支持体系。加快引进符合产业导向、掌握关键核心技术、拥有自主知识产权的装备制造业领军人才、高层次创新人才和创新团队，依托博士后工作站、企业技术中心等创新平台，促进骨干企业和高成长性企业加快中高端装备人才培养，提升企业人才队伍层次。鼓励支持企业、院校和行业协会共同开展专业化人才培训，大力培养一批熟练掌握生产技术和工艺的高技能人才，以及一批适应装备制造企业转型升级需要的复合型经营管理人才。建立健全人才使用激励机制，鼓励收入分配向优秀技术、管理、技能型人才倾斜。

（7）发挥行业协会作用

加快整合现有装备类行业协会资源，完善产业发展体系，充分发挥协会熟悉行业、贴近企业的特点，建立行业管理部门与行业协会之间的信息沟通平台。加强政府部门、行业协会、企业之间的联系沟通，在行业发展的重要问题上主动听取行业协会的意见。积极利用协会平台，宣贯国家产业政策、发展规划、技术标准等，及时反映企业的诉求和建议。建立完善购买服务制度，将行业统计、调查分析、技能培训等行业管理的基础性职能委托给有条件的行业协会，促进装备类行业协会健康发展。

（8）推进节能减排和资源节约利用

加快建立先进制造业集约利用能源资源的技术支持体系，加大研发资金投入，积极扶持清洁低碳能源基地建设，集中力量研究开发提高能源资源利用效率的技术，提升节能水平。推广先进制造技术和清洁生产方式，提高材料利用率和生产效率，降低能耗，减少污染物排放。

（9）做好规划实施工作

各级装备工业主管部门要结合本地发展特点，按照分类指导的原则，加强对装备制造业发展的规划引导，积极做好本地装备制造业发展规划编制工作，强化并调整与振兴规划等相关规划的衔接和协调，确保发展规划的指导性、约束性、权威性和延续性。建立规划实施监督考核机制，加强对规划落实情况的监督检查，认真贯彻落实规划的各项重点目标任务，明确各项任务和措施的实施范围、期限，加强沟通，密切配合，确保取得实效。

4.2 政策建议

(1) 强化政府为引导的产业发展平台建设

首先,各级政府应加强普适性基础研究和产品试验评测的共享平台建设。由政府组织,通过规划调控、资源倾斜、财税金融手段引导企业加入进来,共享资源,实现技术改造与升级。以先进适用技术改造提升传统产业,围绕产品升级、生产控制、节能降耗、清洁生产等方面,积极推广新技术、新工艺、新流程、新材料、新设备,大力推进企业的信息化建设,通过生产过程的绿色化和智能化来提升产业效率和产品的附加值。

其次,各级政府应牵头加快产业技术创新服务平台的建设,加强军民技术的转化融合,促进技术成果的快速转化。通过该平台可以帮助企业在引进国外先进技术的基础上做好消化吸收再创新,在已有的优势技术基础上加快前沿尖端技术的研究开发,结合国家科技支撑计划、自然科学基金项目等重大专项项目的实施,完成关键核心技术的突破,推进产学研用结合。

最后,各级政府应鼓励装备产业人才资源库的建设。人才资源的缺乏一定程度上制约了陕西省装备制造业向产业高度化的发展。应充分发挥陕西省科研院校较为丰富的优势,建立科研院所、高校等机构高科技人才向企业流动的机制;改革人才培养模式,探索校企联合培养人才的新模式;完善技术入股、期权、分红权等多种形式的激励机制,激发行业从业人员的科技创新热情。实现由大规模人力资源向高素质人才资源的转变。通过人才培养加快企业自主创新的步伐,着力提升产业的核心竞争力。

(2) 优化产业组织结构,提升产业整体核心竞争力

陕西省装备制造业主导产业发展的市场组织结构应该形成以若干大企业领军,一批中小企业配套的产业集群式发展,凝聚产业核心竞争力,构建并完善产业发展链条。

首先,支持区域内的龙头企业做大做强,不断深化国有企业体制改革,增强国有大型企业的活力和效率。鼓励优势企业实施国际化发展战略,通过兼并重组壮大企业规模,加快培育一批拥有国际竞争力、带动作用明显的知名大企业集团。

其次,加强对中小型企业的扶持和培育。对小型微利企业实行优惠税收,清理各种不合理收费,减轻中小企业尤其是微利企业的负担,加强项目招投标过程中的政府监管和市场监督,建立公平、合理竞争的市场环境。鼓励中小企业围绕大企业、大集团发展配套经济,建立稳定的专业化协作配套关系;扶持一些经济效益显著、适宜专业化发展的企业加快技术升级和科技创新,形成一批具有核心竞争力的中小企业。

最后,充分发挥产业集聚作用,提高产业集中度。积极建设服务企业的融资指导、市场信息、管理咨询等社会中介机构。依托各地工业园区的推进,通过园区公共服务平台的建设,完善上下游企业的专业化协作配套体系。通过配套企业的集中不断延伸产业链条,持续壮大产业规模。

(3) 加大金融财税扶持力度引导主导产业良性发展

主导产业的发展壮大离不开财税金融政策体系的支持,各级政府应根据主导产业的变化情况,结合税制改革方向和税种特征,不断完善对重点行业在促进科研投入和科技成果转化、鼓励创新、原材料进口、低碳节能上的财税金融政策,特别注意利用政策引导投资、信贷向高效能、低污耗的高科技产业进行合理分布。

作为资本密集型的装备制造业尤其需要资金的支持。一方面要立足陕西省传统优势特色，筛选科技含量高、示范作用大的重点项目来争取中央财政的支持；另一方面要建立多渠道、多元化的投融资机制。引导金融机构完善适应主导产业的信贷支持体系，建立多层次担保体系，与市、地、县建立风险共担机制，降低贷款门槛。推进知识产权质押融资、产业链融资等金融产品创新，完善中小企业融资担保体系，扶持商业性担保机构的发展。

（4）优化市场环境增强区域互动与合作

各级政府需要不断优化市场环境，着力规范市场秩序，强化市场机制在产业发展中的作用。加快健全新兴产业的行业标准和技术标准体系，根据产业升级要求，不断升级完善传统行业的技术标准体系。深化行业机制体制改革，简化行政审批程序，提升项目建设效率，加强市场监管，严格招投标过程管理，完善市场准入机制，避免过度恶性竞争，建立自由公正、规范有序的市场竞争环境。

在当今开放型经济条件下，陕西省要加强与国内外区域的互动与合作，与国内的上海、江苏、广东、山东等发展装备制造业的"强势"省份之间建立起有效的联动机制，通过技术和贸易等相关事宜的沟通、交流、合作，巩固陕西省在重型矿山设备、电力装备、机床等行业的领导地位，带动省内装备制造业的整体实力协调发展。同时，陕西省也要与国外领先企业进行积极的互动合作，以获得最新技术与出口需求的信息等，加快对外开放与开发建设，发展外向型经济，推进机电产品、煤矿采掘设备、电力装备等产品的出口，规划建设一批装备制造业的出口基地。

（5）促进制造业与服务业融合

随着现代信息技术的快速发展，制造业与服务业融合已经成为现代产业发展的主流趋势，也是推动全球产业升级的主要驱动力量。制造业与服务业之间呈现出融合互动、相互依存的共生态势，不断催生新产业、新业态。加快由制造业向制造业与服务业融合发展转变，推动产业结构由产品经济向服务经济转型，由制造化向服务化、数字化、现代化的生产体系转化，既是助推陕西省产业转型升级的要求，更是促进陕西省经济发展的重要途径。

首先，建立制造业与服务业融合发展的机制。建立健全以先进制造企业为主体、市场为导向、产学研相结合的消化吸收再创新的自主创新体系。要努力完善生产性服务业发展的市场环境，统筹推进生产性服务业发展各项工作。

其次，夯实制造业与服务业融合的产业基础。促进传统支柱产业向创新型发展。利用3D打印技术、数控技术和信息产业发展的成果，通过信息技术与制造业的融合，培育节能环保、移动互联、生物、智能制造、新能源、新材料、新能源汽车等战略性新兴产业，带动陕西省先进制造业发展，集聚产业发展新优势。在设计研发、上线物流及供应链管理、总集成与总承包、检测维修、零部件定制、设备改造、设备租赁、企业诊断、管理咨询、云计算服务、专业应用服务、产品回收再制造等方面，加快制造业与服务业融合，打造新业态。

最后，培育制造业与服务业融合的新业态。制造业与服务业的融合关键是形成新业态。陕西省要积极对接国家政策，对生产性服务业的发展科学布局，营造良好的市场环境，推动生产性服务业的快速发展。

第四篇

陕西省"十三五"新能源汽车产业科技发展战略研究

组织单位：陕西省科学技术厅高新技术发展处
课题承担单位：长安大学
课题负责人：余　强
课题组成员：张　平　张　硕　张德鹏　刘晶郁　关家午　李耀华
　　　　　　赵　轩

引　言

20世纪90年代以来，随着环境保护呼声的不断提高和国际原油供应的持续紧张，世界主要发达国家的研究机构和汽车厂商纷纷加大了对新能源汽车技术的开发投入，从而替代以石油为燃料的传统汽车，形成了多种技术共同发展的局面，部分技术已经在商业化领域取得了重要进展。以美国、日本和欧盟为代表的主要国家和地区，特别是丰田、宝马、通用、本田和大众等主要汽车厂商根据本国和公司的实际情况，先后采取了不同的新能源汽车技术发展策略，成功研发了多款新能源概念车型和应用车型，其中一些成熟的技术已经成功实现了产业化。

新能源汽车是我国七大战略性新兴产业之一，也是陕西省确定的战略性新兴产业之一。新能源汽车是指采用新型动力系统，完全或主要依靠新型能源驱动的汽车，主要包括纯电动汽车（BEV）、插电式混合动力汽车（PHEV）及燃料电池汽车（FCEV）。加快培育和发展新能源汽车，既是有效缓解能源和环境压力，推动汽车产业可持续发展的紧迫任务，也是加快汽车产业转型升级、培育新的经济增长点和国际竞争优势的战略举措。

新能源汽车技术具有集成度高、产业交叉融合等明显特征，而且其产业关联度高、产业链长、市场潜力大、上游技术依赖性强，完全可以成为战略性新兴产业的先导产业。借助新能源电动汽车的发展，可以催化新材料、半导体、光电子、新能源、高端装备、智能电网等技术和产业实现突破，进而带动其他新兴产业实现快速发展。

2014年5月24日，习近平总书记在上海汽车集团考察时强调，发展新能源汽车是我国从汽车大国迈向汽车强国的必由之路，要加大研发力度，认真研究市场，用好用活政策，开发适应各种需求的产品，使之成为一个强劲的增长点。

2014年，国务院及有关部门先后发布多项加快新能源汽车发展的政策措施，新能源汽车市场发展出现快速增长的良好势头，2014年成为我国新能源汽车进入家庭的元年。

据中国汽车工业协会2015年1月12日发布的统计数据显示，2014年新能源汽车生产7.8499万辆，销售7.4763万辆，比2013年分别增长3.5倍和3.2倍。其中纯电动汽车产销分别完成4.8605万辆和4.5048万辆，比2013年分别增长2.4倍和2.1倍；插电式混合动力汽车产销分别完成2.9894万辆和2.9715万辆，比2013年分别增长8.1倍和8.8倍。我国已成为继美国之后的世界第二大新能源汽车市场。

1 国内外新能源汽车产业发展现状及趋势

为了抢占未来汽车产业战略调整的制高点，世界各汽车生产大国纷纷将汽车产业的重点放在了新能源汽车的研发和产业化上，并且随着科学技术的进步，以混合动力汽车、纯电动汽车、燃料电池汽车为代表的新能源汽车及关键零部件技术不断实现突破，新能源汽车已经成为世界汽车产业发展的战略重点。

1.1 国外新能源汽车产业发展现状及趋势

美国、日本、欧盟等国家和地区的新能源汽车产业发展和技术水平一直处于世界前列。通过政策措施引导和扶持，大力推动新能源汽车的技术研发和产业化发展，以加快本国汽车产业结构的调整，振兴本国经济。美国、日本、欧盟各主要汽车公司都根据本国政府的政策和本企业的实际情况制定了电动汽车的发展策略。主要汽车生产国新能源汽车规划目标如表4-1所示。

表4-1 主要汽车生产国新能源汽车规划目标

国家	美国	日本	德国	法国	英国	韩国
2020年推广目标	100万辆（2015年）	200万辆	100万辆	200万辆	24万辆（2015年）	120万辆（2015年）
组织部门	能源部	经济产业省	经济部、交通部等	电动汽车部际协调委员会	气候变化委员会等	知识经济部等
运行计划	EV Everywhere	EV/PHEV城市计划	F&E-Programme	The SAVE Project	Plugged-in Places	—
国家投入	24亿美元	逐年编制预算	累计投入5亿欧元	650万欧元	3亿英镑	3.1万亿韩元
发展特色	PHEV	"中性"电池技术路线	标准化技术路线	电动车分时租赁	低碳	EV/FCV
强制措施	燃效管制及"ZEV"法案	按车重进行燃效管制	碳排放管制	碳排放管制	碳排放管制	—

美国新能源汽车的研究主要集中在燃料电池和氢能源汽车产业化领域,也涉及混合动力汽车的一些规划,以改善美国的能源消费结构。奥巴马政府制定的《清洁能源与安全法案》(2009年)确定发展清洁能源为国家战略部署,2011年年初向国会提出把减排重点向新能源转移的战略方案(《Science》,2011年)。通用汽车公司把握政策导向,全面开展了柴油机、混合动力、氢燃料电池、生物燃料、天然气等新能源汽车的研发;福特汽车公司也全方位展开了清洁柴油、E85乙醇灵活燃料、氢气内燃机、混合动力、充电式混合动力和燃料电池汽车的研发和应用推广。美国是当今世界最大的新能源轿车销售国,2014年累计销售近12万辆,其中插电式混合动力和纯电动轿车约各占一半。

欧盟新能源汽车的研究更重视环境保护,欧盟委员会(2003年)公布了1999—2020年欧洲的燃料电池和氢能源项目发展情况,主要分析了氢能生产与存储、可再生氢能、氢能基础设施网络和燃料电池网络的建设等多个领域的现状,展示了氢能源开发和燃料电池研发上的成果。在2007年10月欧洲氢能协会慕尼黑会议上,Andre Martin发布了关于欧洲企业集团建立燃料电池和氢能共同研发技术研究的计划。欧洲插电式混合动力汽车热潮迅速兴起,大众、宝马、奔驰、沃尔沃等汽车制造企业纷纷推出各自的量产插电式混合动力车型,2015年欧洲的插电式混合动力汽车进入快速增长期。

目前,日本新能源汽车生产企业在积极开展各种新能源汽车研究工作和推进市场化进程,其混合动力汽车技术已经处于全球领先地位。为了使新能源汽车能够更快地应用和发展,提高汽车生产企业的市场竞争力,日本加大了新能源汽车的研发力度,配套设施的建设也走在世界前列,已经着手开始进行道路、周边设施改造,甚至包括居民的住宅设施。当前日本仍然以混合动力为主要技术路线,是世界上最大的混合动力轿车销售市场,年销量维持在3万辆左右。2014年12月,丰田公司面向日本市场推出了首款氢燃料电池汽车Mirai,续驶里程可达310英里(约500千米)。

从美国、德国和日本2013年和2014年新能源汽车行业的产销量可以看出,各主要发达国家新能源汽车产业发展迅速,如表4-2所示。

表4-2 美国、德国和日本新能源汽车产销量的比较

	2013年(辆)	2014年(辆)	累计产销量(万辆)	规划
美国	96 702	114 733	28	到2015年普及100万辆
德国	7463	12 800	2.5	到2020年普及100万辆
日本	29 761	33 603	10	到2020年销售200万辆

目前,日本和韩国是世界上锂离子动力电池的主要生产国,掌握着成熟的锂离子动力电池研发和制造技术。日本和韩国因为其专业分工明确,行政壁垒较少,整车厂和系统集成商的系统集成能力相对较高,生产的锂离子电池在性能和种类上已经具备了相当高的水平。日本松下公司研发的钴酸锂电池,单体电压为3.6V,能量密度为125Wh/kg,循环寿命为1500次;日本东芝公司以钛酸锂材料做负极的电池,能量密度为90Wh/kg,循环寿命高达4000次,市场潜力巨大;韩国三星公司生产的三元体系锂离子电池,循环寿命为1800次,能量密度达110Wh/kg;韩国LG公司的锰酸锂离子电池,能在-30℃的环境下正常工作,具有良好的

低温特性。

美国和加拿大是燃料电池研发和示范的主要区域。在美国能源部、交通部和环保局等政府部门的支持下，燃料电池技术取得了很大的进步，建立了美国的 UTC（联合技术公司）和加拿大的巴拉德（Ballad）等国际知名的燃料电池研发和制造企业。美国通用汽车公司开发的全新氢燃料电池系统，与雪佛兰 Equinox 燃料电池汽车上的燃料电池系统相比，电池体积减小了 50%，质量减轻了 100kg，铂金用量仅为原有的 1/3。通用汽车新一代燃料电池汽车的铂金用量已经下降到 30g，100kW 燃料电池的铂金成本约为 1 万元人民币，燃料电池的成本大幅度下降。预计到 2017 年，100kW 燃料电池发动机的铂金用量将下降到 10～15g，达到传统汽油机三效催化器的铂金用量水平。

从国际新能源汽车发展趋势来看，新型锂离子动力电池和新体系电池技术发展迅猛，以新一代电力电子器件为基础的电机驱动控制将在 2020 年实现规模产业化，智能化电动汽车技术在下一个十年将有可能大大改变整个汽车工业格局，燃料电池汽车高端技术已开始进入市场。

1.2 国内新能源汽车产业发展现状及趋势

我国从"十五"时期开始对电动汽车技术进行了大规模、有组织的研究开发。国家 863 计划"电动汽车"重大科技专项确立了以混合动力汽车、纯电动汽车、燃料电池汽车为"三纵"，以多能源动力总成控制系统、驱动电机和动力电池为"三横"的电动汽车"三纵三横"研发布局，全面组织启动大规模电动汽车技术研发。

"十一五"期间，国家组织实施了"节能与新能源汽车"重大项目，继续坚持"三纵三横"的总体布局，围绕"建立技术平台，突破关键技术，实现技术跨越"、"建立研发平台，形成标准规范，营造创新环境"和"建立产品平台，培育产业生态，促进产业发展"三大核心目标，全面展开电动汽车关键技术研究和大规模产业化技术攻关，并成功开展了"北京奥运"、"上海世博"、"深圳大运会"和"十城千辆"等示范推广工程。

"十二五"期间，国家组织实施了"电动汽车科技发展"重大专项，紧紧围绕电动汽车科技创新与产业发展的三大需求，继续坚持"三纵三横"研发布局，更加突出"三横"共性关键技术，着力推进关键零部件技术、整车集成技术和公共平台技术的攻关与完善、深化与升级，形成"三横三纵三大平台"战略重点与任务布局。

经过近 15 年的努力，我国新能源汽车以整车产品为载体，以动力系统为核心，技术研发能力、自主创新能力得到大幅度提升，已经突破关键零部件瓶颈技术和系统集成技术，基础研究不断深化，公共服务平台得到建立，构筑起"三纵三横"研发布局，基本建立了适合中国国情、能有效联合产学研力量与汽车产业发达国家竞争的国家创新体系，推动了我国新能源汽车战略性新兴产业的形成。

1.2.1 新能源汽车发展现状及趋势

2014 年，国务院发布了关于加快新能源汽车推广应用的指导意见，免购置税政策、放宽新能源生产准入、政府机关采购新能源汽车、新能源补贴政策、充电设施建设、各示范城市配套政策都落实到位，有效推动了产品技术的提升、市场环境的培育、商业模式的创新、基础设施的建设，这些促使我国的新能源汽车产业和市场都迎来一个前所未有的发展机遇期。

2009—2014年，我国新能源汽车领域发展良好，并开始根据混合动力汽车的发展情况，结合相关领域的成熟程度和国际发展趋势，从发展战略上着重推进插电式混合动力汽车和纯电动汽车技术的发展。截至2014年年底，全国累计生产各类新能源汽车11.9万辆。2014年新能源汽车生产78 499辆，销售74 763辆，比2013年分别增长3.5倍和3.2倍。自主品牌新能源汽车累计销量达5.55万辆，占新能源汽车总销量的75%。2011—2014年我国新能源汽车产销量如图4-1所示。

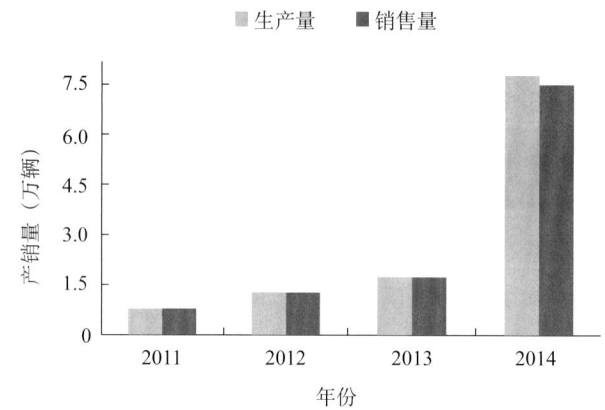

图4-1　2011—2014年我国新能源汽车产销量

比亚迪、上汽、北汽、江淮、奇瑞、郑州宇通、厦门金龙、厦门金旅、北汽福田、丹东黄海等各主要车企的新能源汽车研发体系已经形成，产品研发力度加大，品种呈现多元化。我国新能源汽车主要生产企业基本掌握了整车设计、制造、零部件开发、系统集成等关键技术，正向开发产品得到应用。2014年，比亚迪"秦"、众泰知豆E20和北汽E150 EV车型位于主流新能源汽车销量排名的前3位，如表4-3所示。

表4-3　2014年新能源乘用车主流车型销量

序号	品牌	车型	2014年销量（辆）
1	比亚迪	秦	14 747
2	众泰	知豆E20	7341
3	北汽	E150 EV	5809
4	广汽丰田	凯美瑞尊瑞混动	5731
5	比亚迪	e6	3651
6	江淮	iEV4	2704
7	上汽荣威	550Plug-in	2322
8	众泰	云100	2311
9	一汽丰田	普锐斯	1288
10	奇瑞	奇瑞eQ	542

续表

序号	品牌	车型	2014年销量（辆）
11	启辰	晨风	498
12	奇瑞	瑞麒M1-EV	207
13	上汽荣威	e50	191
14	腾势	腾势	132

2014年，我国有22家客车企业涉及新能源客车领域，共计销售新能源客车18 637辆，同比增长80.54%，其中大、中、轻型客车销量分别为16 409辆、1834辆、394辆，占销量的比例分别为88.05%、9.84%、2.11%。郑州宇通、苏州金龙、上海申沃、中通客车和福田客车5家企业具有明显优势，新能源城市客车销量合计14 141辆，行业集中度为75.88%。

2014年8月以来，工信部先后发布了4批《免征车辆购置税的新能源汽车车型目录》，共计707款新能源车型，其中纯电动乘用车车型83款、纯电动客车车型415款、纯电动专用车车型124款、纯电动货车车型2款、插电式混合动力乘用车车型13款、插电式混合动力客车车型70款，如表4-4所示。各省市免征车辆购置税新能源乘用车车型统计数据对比（前4批合计）如图4-2至图4-4所示。

表4-4 《免征车辆购置税的新能源汽车车型目录》前4批车型数量统计

单位：款

	纯电动车型				插电式混合动力车型			
	乘用车	客车	专用车	货车	乘用车	客车	专用车	货车
第1批	17	75	5	0	6	10	0	0
第2批	28	57	19	1	0	13	0	0
第3批	12	92	23	0	5	14	0	0
第4批	26	191	77	1	2	33	0	0
共计	83	415	124	2	13	70	0	0

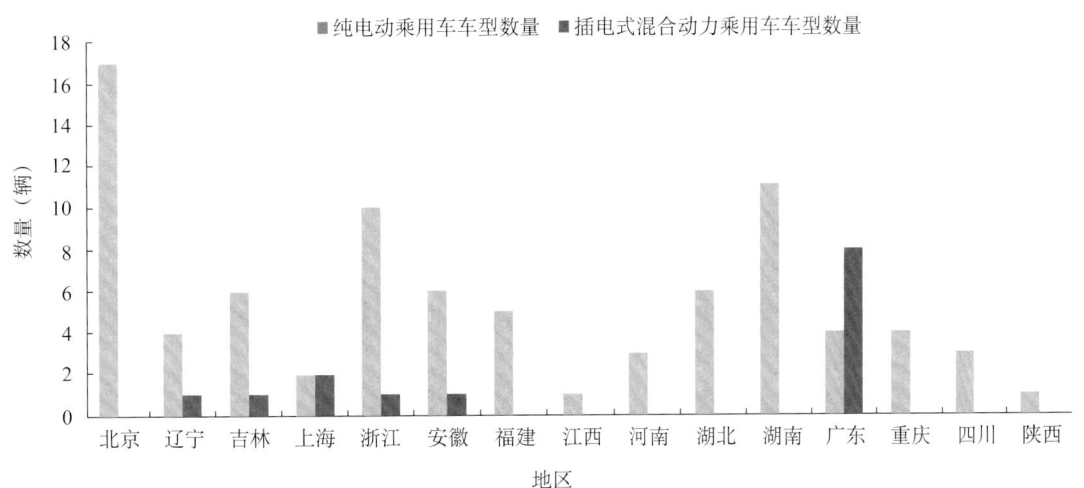

图4-2 各省市免征车辆购置税新能源乘用车车型统计数据对比（前4批合计）

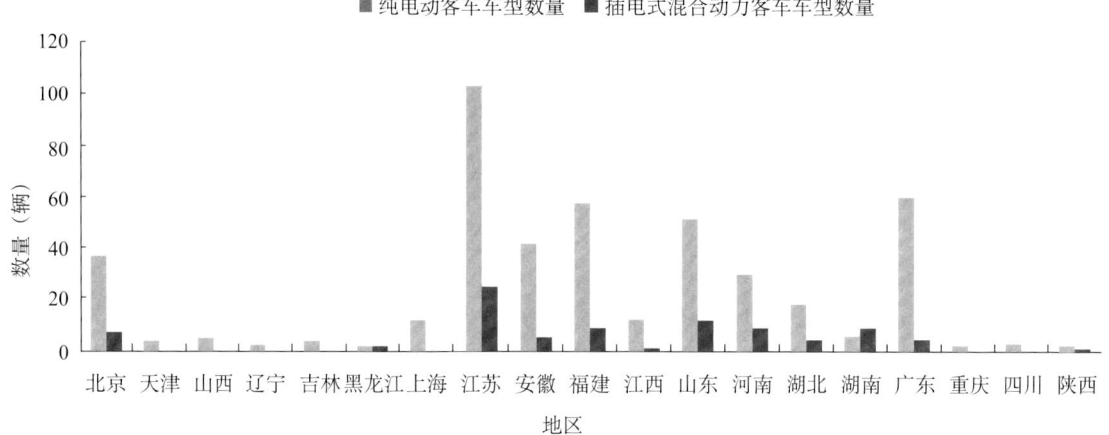

图 4-3　各省市免征车辆购置税新能源客车车型统计数据对比（前 4 批合计）

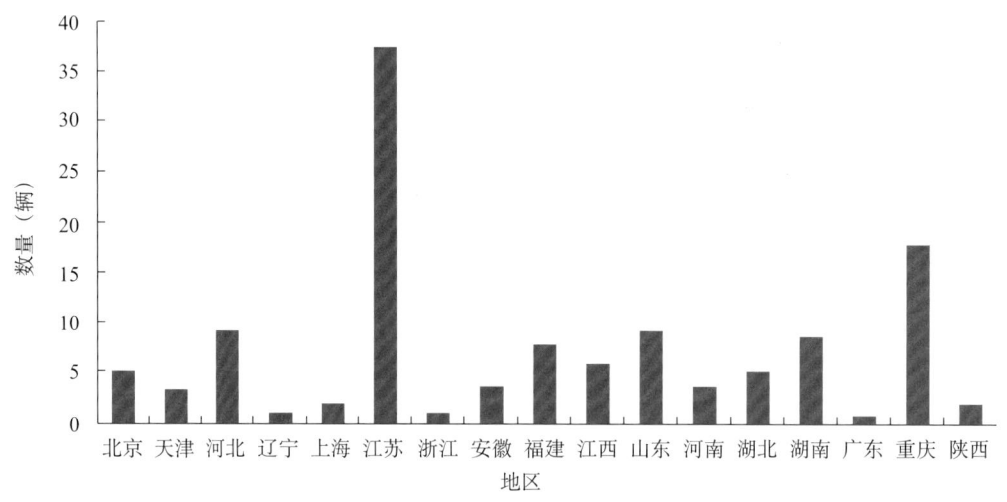

图 4-4　各省市免征车辆购置税新能源专用车车型统计数据对比（前 4 批合计）

2014 年，我国新能源客车技术产业化规模居世界第 1 位，新能源客车产品涵盖了插电式、增程式、纯电动等多种技术路线，包括慢充、快充、电池更换、在线充电、双源快充等多种能源补给方式。我国新能源乘用车技术产业化水平居世界第 2 位，并且进入快速发展阶段。2014 年各类插电式、纯电动乘用车年销量超过 5.5 万辆。我国的比亚迪插电式混合动力轿车"秦"成为世界第四畅销的插电式车型，在动力电池产能限制情况下，年销售 1.5 万辆。

2015 年我国新能源汽车继续呈现出高增长态势。相关数据显示，2015 年第一季度新能源汽车累计生产 2.54 万辆，同比增长 300%；2015 年 3 月新能源汽车产量 1.35 万辆，同比增长近 300%，相比 2015 年 2 月的 5260 辆，环比增加 157%。

1.2.2 动力电池发展现状及趋势

我国动力电池技术研发与整车同步,"十五"期间开展了镍氢电池、锰酸锂氧化物锂离子电池、燃料电池的研发,"十一五"期间加大了磷酸铁锂电池的研究与产业化,"十二五"期间推进三元材料电池的研发与产业化。2008—2014 年,我国锂离子动力电池生产企业的数量从 10 家左右增长至 110 家左右。我国主要新能源汽车锂离子动力电池生产企业及产品如表 4-5 所示。

表 4-5 我国主要新能源汽车锂离子动力电池生产企业及产品

序号	企业名称	产能(GWh)	主要产品	主要客户
1	比亚迪股份有限公司	1.0	磷酸铁锂动力电池	比亚迪
2	天津力神电池股份有限公司	0.5	磷酸铁锂动力电池	康迪、众泰、江淮等
3	合肥国轩高科动力能源股份公司	0.6	磷酸铁锂动力电池	南京金龙、江淮等
4	新能源科技有限公司(简称 ATL)	0.48	磷酸铁锂动力电池	北汽、宇通、五洲龙、华晨宝马等
5	哈尔滨光宇电源股份有限公司	0.288	磷酸铁锂动力电池	哈飞、一汽等
6	万向集团	0.192	磷酸铁锂动力电池	海马、康迪、东风等
7	比克电池	0.42	三元材料动力锂电池	奇瑞、东风裕隆等
8	波士顿电池	0.40	三元材料动力锂电池	时空、安凯等
9	深圳市沃特玛电池有限公司	0.42	磷酸铁锂圆形电池	厦门金龙、深圳五洲龙、新大洋、时风等
10	中航锂电(洛阳)有限公司	0.384	磷酸铁锂动力电池	众泰、东风、康迪等

数据统计仅供参考。

相对于日本、韩国而言,我国锂离子动力电池研制起步较晚。但自 2000 年以来,随着我国投入十多亿元资金用于支持发展电动汽车和相关电池技术,以及 863 电动汽车重大专项的实施,有实力的国有、民营企业对锂离子动力电池进行了研发,生产的锂离子电池性能与国外产品相当,在某些方面甚至优于国外产品,对外出口量不断上升。其中,深圳雷天公司研发的 TS-LFP7000 AHC 型锂离子动力电池容量为 7000Ah,为目前已知的单体容量最大的锂离子动力电池。

目前国内电动汽车用锂离子动力电池正极材料普遍采用了磷酸铁锂,以提高锂电池正极材料的稳定性和安全性。比亚迪公司为 F3DM 双模电动汽车搭载的锂离子电池,其输出功率可达 125kW,达到 3.0L 发动机功率水平,启动瞬间加速能力超过 3.0L 发动机水平,续驶里程为 100km,比丰田公司的同类产品早 1 年时间研制完成。该公司为 E6 纯电动轿车研发的磷酸铁锂电池,使用 220V 民用电源充电 15 分钟可达其额定容量的 80%,100km 能耗为 20kWh,且电池系统安全性好、可靠性高。

国内一些动力电池生产企业为了兼顾锂离子电池的比能量和安全性,采用三元材料作为锂电池正极。以锰酸锂为正极材料的锂离子动力电池已在电动客车上进行过路试,对其他正极材料的开发也在进行。对于负极材料，钛酸锂的实用化研究是目前负极材料研究的热点之一。此外，国内部分科研单位对合金负极等非碳类负极的研究也在进行中，但未见相关样品面世。

2014年以来，随着我国新能源汽车销量的大幅增长，锂离子动力电池也迎来了巨大的发展空间，如表4-6所示。市场研究公司CCM发布预测报告称，到2017年，我国锂离子电池产业规模将增长400%。据不完全统计，2014年以来，包括波士顿、国轩高科、科力远、多氟多、三星、LG化学等多家生产企业扩充了其电池生产产能。

表4-6 2014年以来新增新能源汽车动力电池部分项目

序号	项目名称	项目地点，投资金额	计划产能	预计投产日期	主要产品
1	多氟多能量型动力锂离子电池组项目	河南焦作，3亿元	3亿Ah	2016年年底	锂离子动力电池
2	波士顿电池项目	天津	8.0GWh	2017年产能4GWh	三元材料动力锂电池
3	比亚迪动力电池基地	广东深圳	8.0GWh	2015年	磷酸铁锂动力电池
4	猛狮科技锂离子电池生产项目	福建漳州，5亿元	年产1亿支锂离子电池芯	2016年	锂离子动力电池
5	欣旺达电动汽车电池有限公司投资项目	广东深圳，1.2亿美元	—	—	锂离子动力电池
6	国联汽车动力电池研究院有限责任公司投资项目	北京，5.4亿元	0.7亿Ah	2016年	新体系电池
7	国轩动力锂电池项目	湖北武汉，30亿元	5亿Ah	—	磷酸铁锂动力电池
8	LG化学汽车动力电池制造项目	江苏南京，35亿美元	6000万电池芯和40万电池组	2016年批量生产	锂离子动力电池
9	三星环新（西安）动力电池有限公司投资项目	陕西西安，6亿美元	2020年月产360万电池芯	2015年量产、2020年前建成	锂离子动力电池
10	陕西有色集团锂离子电池合作项目	陕西西安，8.55亿元	6.0GWh	3～5年规模化生产	锂离子动力电池

目前，我国动力电池生产企业更加重视锂离子动力电池的安全性研究。在电池设计、正负极材料制备工艺、电解液及其添加剂改进、电池生产工艺和一体化电池保护电路等方面进行了深入研究，并将大量研究成果运用到生产实际中。

在燃料电池方面，质子交换膜燃料电池是电动汽车的首选技术。近年来，电动汽车燃料电池研发也在我国蓬勃兴起。目前影响燃料电池汽车商业化的主要技术难点来自燃料电池的寿命与成本。由于车载工况对燃料电池的影响，如频繁起停、快速变载等非稳态操作和低温、杂质环境影响等，车用燃料电池耐久性欠佳，造成使用寿命缩短。在降低成本方面，目前正在研制廉价的替代材料，同时采用可冲压成型的金属薄双极板，以期进一步实现燃料电池的成本控制。此外，未来批量化生产技术也将有效地降低成本。

目前，锂离子电池已经成为动力电池的主要方向。我国与韩国、日本在全球锂电池产业领域占据主导地位。但我国动力电池产业在技术的先进性和可靠性方面竞争力不强，产品制造装备、工艺水平、检测验证能力、产品质量和一致性与国外相比较存在较大差距。企业规模、盈利能力、研发队伍、研发能力、研发体系和日本与韩国的企业相差较大，企业创新能力不足。

1.2.3 驱动电机及电控系统发展现状及趋势

驱动电机是纯电动汽车的关键部件，也是电动汽车的核心技术领域之一，直接影响整车的动力性及经济性。驱动电机主要包括直流电机和交流电机。广泛用于电动汽车的电机有直流电机、交流感应电机、永磁无刷直流电机等。其中，永磁无刷直流电机在电动汽车中有着很好的应用前景，主要包括异步电机、开关磁阻电机和永磁电机（包括无刷直流电机和永磁同步电机）。异步电机主要应用于纯电动汽车，永磁同步电机主要应用于混合动力汽车中，开关磁阻电机目前主要应用于商用车中。

在交流异步电机驱动系统方面，我国已建立了具有自主知识产权的异步电机驱动系统开发平台，形成了小批量生产的开发、制造、试验及服务体系。产品性能基本满足整车需求，大功率异步电机系统已广泛应用于各类电动客车，通过示范运行和小规模市场化应用，产品可靠性得到了初步验证。

在开关磁阻电机驱动系统方面，我国已形成优化设计和自主研发能力，通过合理设计电机结构、改进控制技术，产品性能基本可以满足整车需求，部分公司已具备年产 2000 套的生产能力，能满足小批量配套需求，目前部分产品已配套整车示范运行，效果良好。

在无刷直流电机驱动系统方面，我国国内企业通过合理设计及改进控制技术，有效提高了无刷直流电机产品性能，基本满足电动汽车需求，已初步具有机电一体化设计能力。

在永磁同步电机驱动系统方面，我国已形成了一定的研发和生产能力，开发了不同系列产品，可应用于各类电动汽车。产品部分技术指标接近国际先进水平，但总体水平与国外仍有一定差距，基本具备永磁同步电机集成化设计能力，多数公司仍处于小规模试制生产，少数公司已投资建立车用驱动电机系统专用生产线。

在永磁电机材料方面，永磁电机的主要材料有钕铁硼磁钢、硅钢等。部分公司掌握了电机转子磁体先装配后充磁的整体充磁技术。国内研制的钕铁硼永磁体最高工作温度可达 280℃，但技术水平仍与德国和日本有较大差距。

在硅钢材料方面，硅钢是制造电机铁芯的重要磁性材料，其成本占电机本体的 20% 左右，其厚度对铁耗有较大影响，日本已生产出 0.27mm 硅钢片用于车用电机，我国仅开发出 0.35mm 硅钢片。

在电机控制器关键部件方面，电机控制器用位置/转速传感器多为旋转变压器，目前基本采用进口产品，我国部分公司已具备旋转变压器的研发生产能力，但产品精度、可靠性与国外仍有差距。IGBT 基本依赖进口，价格昂贵，国产车用 IGBT 尚处于研究阶段。

截至 2014 年 5 月，我国新能源汽车驱动电机生产企业有 30 家左右，主要企业有万向电动汽车有限公司、湖南南车时代电动汽车股份有限公司、中山大洋电机股份有限公司、北京中纺锐力机电有限公司、上海电驱动有限公司、江西特种电机股份有限公司、上海大郡动力控制技术有限公司、精进电动科技（北京）有限公司、深圳大地和电气有限公司等，能够为整车厂进行批量供货的生产企业有15家左右。在独立电机或汽车零配件生产企业中，上海电驱动是新能源乘用车驱动电机的龙头企业，南车时代电动则是新能源商用车驱动电机的龙头企业。在开关磁阻电机领域处于领先地位的企业是北京中纺锐力，在永磁同步电机领域拥有领先技术的企业为上海电驱动、精进电动、深圳大地和等，其中精进电动是出口新能源汽车驱动电机最多的企业。我国电动客车驱动电机主要生产企业产品及客户如表4-7所示。

表 4-7 我国电动客车驱动电机主要生产企业产品及客户

电机厂商/控制器厂商	电机类型	电机型号	电机功率（kW）	主要客户
南车时代/南车时代	异步	JD147A	80/180	黄海、宇通、安凯、青年、少林
	异步	JD156	80/150	宇通、申沃
	异步	JD185	100/150	青年、少林
	永磁	TQD101	45/60	亚星、百路佳、安源、青年、少林
上海南洋/上海瑞华	异步	YQSL250L1-4	85/150	安凯、常隆、厦门金龙、金旅、申龙
	异步	YTSP280L-4Q	100/291	中通、金旅
	异步	YTSP280L1-4Q	90/250	厦门金龙、金旅
福建尤迪/福工	异步	YHD280M-90	90/155	申龙、申沃
	永磁	YHD280M-4	65/120	金旅
	异步	YHD280M-96	96/165	安凯、扬州亚星
深圳大地和/深圳大地和	永磁	GLMP65L0	60/120	海格
	永磁	GLMP280L0	120/180	申沃
上海大郡/上海大郡	永磁	DJ-2103-1-T	48/100	五洲龙
大洋电机/大洋电机	永磁	YTD115F01	115/150	福田、一汽
襄樊电机/时光科技	异步	YCVF280M-8A	63/115	黄海
万向（襄樊电机）/万向（襄樊电机）	异步	YCVF280M2-8B	132/240	宇通
	异步	YCVF250L-4	100/200	申沃、百路佳
万向（襄樊电机）/宇通	异步	YCVF280S-6C	70/140	宇通
蓝海节能科技/蓝海节能科技	异步	KAM280HF	75/128	广通
唐山普林亿威/唐山普林亿威	直流无刷	BS120-3000/320	120/180	广通
上海电驱动/上海电驱动	永磁	368TYZ-XIS03H	94/120	一汽
西门子/西门子	异步	1PV5138	85/150	安凯、福田、申沃、中大

经过十多年的发展，我国生产的驱动电机产品已经能满足我国新能源汽车部分的需求，产品部分指标达到国际水平，高功率电机的功率密度达到了 2.68kW/kg，产品功率覆盖了 200kW 以下所有的范围，至少有 5 家电机生产企业达到了万套级以上，并且批量出口欧美

市场。我国电机企业开发出的双电机同轴插电式混合已成为我国商用车电驱动的主流技术路线。

与发达国家相比,我国驱动电机产品在技术性能上主要存在电机功率不足、大功率电机研发和生产能力薄弱、控制器和 DC/DC 体积和质量偏大、模块化程度不足、插接件标准不统一等问题。在产品集成度、可靠性和系统应用技术方面,与日本、美国等企业仍存在较大的差距。即使样机通过各项指标测试,但批量生产后的产品稳定性不高,说明我国电机生产企业在设备制造和生产工艺等方面仍然有很大的提升空间。

在电机控制系统领域,我国企业技术水平和产品开发能力与发达国家的差距已相对缩小。我国已初步形成电动汽车控制系统研发能力,并实现批量装车使用,有些产品也已形成批量生产能力。存在的主要问题是控制系统的核心元件,如绝缘栅双极型晶体管(IGBT)和智能功率模块(IPM)等仍然依赖进口,相关核心技术掌握在伊顿、艾立逊等少数外国企业手中,对我国相关行业发展形成明显的制约。

1.2.4 低速电动车发展现状及趋势

我国低速电动车市场发展迅猛,2014 年低速电动车的销量近 40 万辆。2013 年,国家六部委印发的《京津冀及周边地区落实大气污染防治行动计划实施细则》中提出,"在农村地区积极推广电动低速汽车(三轮汽车、低速货车)"。据不完全统计,全国已有山东、福建、四川、河南、河北、广东、安徽、江苏等 11 个省份在全省或局部地区范围内相继为低速电动车出台了管理办法,为低速电动车放低门槛。相关机构预计低速电动车将成为一个潜力巨大的新经济增长点。

近年来,以山东、江苏等省份为代表的低速电动车发展迅速,生产企业逐年增加,产量不断攀升,并呈快速发展之势。据不完全统计,目前我国低速电动车成规模的生产企业已经超过 100 家,生产企业主要集中在山东、江苏、浙江、河北、广东等省份的二、三线城市,用户群体主要集中在三、四线城市和城乡接合部。

山东省是我国最大的低速电动车市场,产销量高、企业密集、地方政策支持。由于价格低廉、使用便捷等特点,低速电动汽车销售量持续走高。根据山东省汽车行业协会对 22 家联盟内企业的统计,2014 年山东省共生产低速电动车 18.75 万辆,同比增长 50.46%。预计到 2020 年山东省低速电动车生产规模将达到 100 万辆。2014 年,山东省汽车行业协会公布了首批 9 家小型电动车生产企业准入名单。

随着低速电动车销售量的增长,山东省低速电动车生产企业投资规模也不断扩大:德州富路集团投资 10 亿元的 10 万辆低速电动车项目;山东时风集团一期投资 10 亿元的 20 万辆低速电动车项目;山东唐骏欧铃投资 15 亿元的 20 万辆低速电动车项目均陆续建成投产。与此同时,潍坊威能公司投资 6 亿元的锂动力电池项目,韩国 LS 产电、北京利维能公司等一批电驱动系统关键零部件企业相继在山东省投资建厂,初步形成合作研发机制。此外,吉利、比亚迪、力帆、淮海控股等国内传统汽车企业也宣布投入巨资进入低速电动汽车制造领域。

在我国,低速电动车是一个长期处于边缘化的新兴产业。2014 年 11 月,国家发改委产业协调司根据《国务院办公厅关于加快新能源汽车推广应用的指导意见》(国办发〔2014〕35 号)

关于制定新能源汽车准入政策的要求，发布《新建纯电动乘用车生产企业投资项目和生产准入管理的暂行规定（征求意见稿）》。征求意见稿明确获得准入的生产企业具有稳定业绩、收入和融资能力；具备 3 年以上纯电动乘用车的研发基础，以及相关团队和技术实力；拥有整车试制能力，并可提供质保，有完善的销售和售后体系；产品性能方面，提出最高车速必须超过 100km/h，电池续驶里程超过 100km 的标准。这意味着很多低速电动车企业的产品并不达标。

消费需求、生产企业和政策支持是我国低速电动车保持高速增长的 3 个主要原因。在地方政策的支持下，低速电动汽车的迅猛发展，不仅改变了消费者的消费观念，同时对当地 GDP 有着巨大的拉动作用。正因为如此，低速电动车受到各省市多个地方政府的青睐，形成了地方政府倒逼国家相关部门放开低速电动车准入的形势。

1.2.5 "十三五"期间电动汽车科技发展趋势

虽然我国新能源汽车的发展已呈现出快速增长的良好势头，但总体看，我国新能源汽车整车和部分核心零部件关键技术尚未完全突破，产品成本和技术性能还不能完全满足市场需求，社会配套体系不够完善，产业化和市场化发展依然受到诸多制约。加快新能源汽车持续创新，推进我国汽车产业技术转型升级，仍然是我国科技发展重大战略需求。

2014 年 9 月 6 日，科技部部长万钢透露，科技部近期已经启动了"'十三五'电动汽车科技规划"的制定工作，目标是为 5 年后（2020 年退出相关补贴之际）新能源汽车产业发展的全要素竞争打下基础。2015 年 2 月 16 日，科技部发布了《国家重点研发计划新能源汽车重点专项实施方案（征求意见稿）》，建议实施年限为 2015—2020 年。

国家电动汽车"十三五"规划的总体目标是：要在纯电驱动技术转型战略的基础上，加大对新材料、新技术的研发应用，力争到 2020 年，建立起完善的电动汽车动力系统科技体系和产业链技术系统，实现各类电动汽车的产业化，促进新能源汽车战略性新兴产业进入快速成长期。

国家"十三五"电动汽车科技规划将紧跟电动汽车产业和新能源、新材料等新型经济发展，把握关键重点，在下一代电机电控系统、新能源汽车的智能化技术和安全等重点领域开展技术攻关。

围绕"十三五"规划的总体目标，科技部将倡导企业在电池、电力电子与智能技术、燃料电池动力系统、纯电力系统和基础设施与智能网络等 7 个方面加大研发力度，以便到 2020 年政府补贴逐步退出时，中国的新能源汽车技术发展还能紧跟国际潮流。

"十三五"电动汽车规划布局中，未来混合动力系统研发的内容主要是：增程器、专用发动机总成、机电耦合装置、插电式混合动力系统、增程式混合动力系统和整车技术与样车研制。

作为对电动汽车"十二五"规划的承接，"十三五"规划的重点内容依然集中在纯电动汽车关键技术的研发上。其指导方针是：在电动汽车"三纵三横"体系战略的基础上，建立电动汽车动力系统技术平台，超前研发下一代技术。

这些技术包括：纯电动力能量管理系统、电机变速箱总成、电池系统综合管理、轮毂轮边电机驱动、纯电动汽车整车技术和样车开发等，其中电池材料、电机和电子控制与智能技术将是重点研发领域。

未来轿车用单体电池发展重点是高比能量、低成本动力电池，而客车用单体电池的发展重点是大功率充放电、超长寿命动力电池。

总体思路是巩固和提升大客车方面的规模成果，推动乘用车和其他车辆的市场化进程。为此，"十三五"将在高效轻量化电机技术、控制器功率密度倍增技术和碳化硅电驱动控制器技术上开展一系列前瞻性研究，并建议结合汽车业界的智能辅助驾驶技术和IT界的无人驾驶技术，开展我国智能汽车技术研究，将智能电网、移动互联、物联网、大数据等信息技术融入新能源汽车技术创新和推广应用中。

除此之外，电动汽车"十三五"规划还特别强调了发展燃料电池汽车的重要性，并计划在关键基础器件、燃料电池系统、基础设施与示范3个方面加大研发和投入力度，攻克薄金属双极板表面改性技术、车用燃料电池耐久性技术、推进加氢站建设和燃料电池汽车示范运行等多项工作。

现在，有关部门已经制定了我国燃料电池轿车的发展技术路线图，并以上汽为试点制定了详细的车型开发计划时间表。

未来我国燃料电池汽车发展总的方向是：在燃料电池客车方面，重点发展新一代燃料电池+轮边驱动+高功率电池汽车；在轿车方面，积极推进燃料电池混合动力轿车的产业化进程。

此外，科技部还强调要创新商业模式，优化提升电动汽车产业链和价值链，在继续支持整车企业自主研发各类插电式混合动力和燃料电池的同时，重视新型的铝镁合金、碳纤维等新材料在电动汽车中的应用。

科技部发布的《国家重点研发计划新能源汽车重点专项实施方案（征求意见稿）》总体目标是：落实《节能与新能源汽车产业发展规划（2012—2020年）》；实施新能源汽车"纯电驱动"技术转型战略；完善电动汽车"三纵三横"技术体系和新能源汽车研发体系，升级新能源汽车动力系统技术平台；抓住新能源、新材料、信息化科技带来的新能源汽车新一轮技术变革机遇，超前研发下一代技术；到2020年，建立起完善的电动汽车动力系统科技体系和产业链，为2020年实现新能源汽车保有量达到500万辆提供技术支撑。

其重点任务包括4个层次、12个模块和3条主线。

4个层次是基础科学问题、共性核心技术、动力系统技术、集成开发与示范。4个层次中每层3个模块，共计12个模块。着力研究和解决三大科学基础问题（面向电动化的能源科学、面向轻量化的材料科学、面向智能化的信息科学）、"三横"共性核心技术（动力电池与电池管理、电机驱动与电力电子、电子控制与智能技术）、"三纵"动力系统技术（纯电动力系统、插电/增程式混合动力系统、燃料电池动力系统），以及三大支撑平台（基础设施平台、集成示范平台、国际合作平台）。

将12个模块通过串并联组合形成从基础研究、重大共性关键技术攻关到应用示范的全链条贯穿的3条主线。分别是：面向纯电动车汽车技术的创新链、面向插电/增程电动汽车技术的创新链、面向燃料电池汽车技术的创新链。

《国家重点研发计划新能源汽车重点专项实施方案（征求意见稿）》的具体目标包括：轿车动力电池的单体比能量2015年年底达到200Wh/kg，比2010年提高1倍；2020年达到300Wh/kg，总体水平保持在国际前3名以内；驱动电机技术水平保持国际先进，电机驱动控制器比功率 2020 年比 2014 年提高 1 倍，赶上国际先进水平；全面提升纯电动汽车电气化、轻量化、智能化、网联化水平，小型电动轿车技术水平达到国际先进、市场化推广达到国际领先；形成中国特色插电式电动汽车主流技术路线、处于世界领先地位的著名品牌和主打车型；燃料电池汽车技术取得突破，达到产业化要求，实现千辆级市场规模。

2　陕西省新能源汽车产业发展现状及趋势

陕西省新能源汽车与国际、国内产业发展趋势基本同步。2013 年 5 月 6 日，陕西省政府印发了《关于贯彻落实国务院节能与新能源汽车产业发展规划的实施意见》，将发展新能源汽车产业作为打造陕西省汽车新支柱产业的突破口。为此，陕西省出台了一系列支持新能源汽车产业发展的政策措施，有力地促进了陕西省节能与新能源汽车加快发展。

2.1　产业现状

2.1.1　新能源汽车、新能源专用车

近年来，陕西省新能源汽车产业发展步伐加快，陕汽集团、西安比亚迪汽车公司、陕汽通家公司等企业节能与新能源汽车研发呈现良好发展势头，主导产品有纯电动汽车、混合动力汽车和纯电动专用车等。

（1）西安比亚迪汽车公司

西安比亚迪汽车公司依托于比亚迪汽车公司所具有的电动汽车动力电池、电控、电机三大核心技术优势，新能源汽车产业发展迅速。2014 年，西安比亚迪生产的插电式混合动力汽车"秦"以 14 747 辆的销量占据国内新能源汽车车型销售榜的榜首。

2014 年 9 月，西安比亚迪新能源汽车基地投产仪式在西安市高新区草堂科技产业基地举行。一期项目投产后将形成 20 万辆节能轿车、10 万辆新能源轿车的生产规模，实现工业总产值 250 亿元以上。

（2）陕汽集团及专用车生产制造企业

陕汽集团是陕西省新能源汽车开发研制和生产的重点企业，新能源汽车的研制和生产已具有一定的技术积累和水平。2014 年，与美国 EDI 公司合作开发的"12 米插电式混合动力客车"已经小批量进入市场。

陕西省有近 40 多家专用车生产制造企业，其中的部分企业也已开始研制生产新能源专用车，具有一定的发展新能源专用车基础。

除西安比亚迪汽车公司生产的新能源汽车外，陕西省新能源汽车进入第 1～69 批《节能与新能源汽车示范推广应用工程推荐车型目录》的车型共有 14 款，如表 4-8 所示；进入第 1～4 批《免征车辆购置税的新能源汽车车型目录》的车型共有 6 款，如表 4-9 所示。

表4-8 除西安比亚迪汽车公司以外进入《节能与新能源汽车示范推广应用工程推荐车型目录》的车型

序号	汽车生产企业名称	车辆型号	产品名称
1	陕西通家汽车股份有限公司	STJ6402EV	纯电动多用途乘用车
2		STJ5022ZXXEV	纯电动车厢可卸式垃圾车
3		STJ5022XXYEV	纯电动厢式运输车
4	陕西汽车集团有限责任公司	SX6120GJHEVNS	混合动力城市客车
5		SX6120GBEVS	纯电动城市客车
6	陕西汽车集团有限责任公司	SX6700BEVS	纯电动客车
7		SX6100GBEVS	纯电动城市客车
8		SX5020XXYEV	纯电动厢式运输车
9		SX6110BEV	纯电动公路客车
10		SX6120GDSHEVN	混合动力城市客车
11		SX6120GJCHEVN	混合动力城市客车
12		SX6660GBEV	纯电动城市客车
13		SX6600BEV	纯电动客车
14		SX5070XXYBEV	纯电动厢式运输车

表4-9 除西安比亚迪汽车公司以外进入《免征车辆购置税的新能源汽车车型目录》的车型

序号	汽车生产企业名称	车辆型号	产品名称
1	陕西汽车集团有限责任公司	SX6100GBEVS	纯电动城市客车
2		SX6120GBEVS	纯电动城市客车
3		SX5020XXYEV	纯电动厢式运输车
4		SX6120GJCHEVNS	混合动力城市客车
5	陕西通家汽车股份有限公司	STJ6402EV	纯电动多用途乘用车
6		STJ5022XXYEV	纯电动厢式运输车

2.1.2 动力电池

陕西省锂离子动力电池的生产企业主要有西安中科新能源科技有限公司、陕西德飞新能源科技有限公司、咸阳威力克能源有限公司、西安瑟福能源科技有限公司等，主导产品主要应用于军工、手机通信、数码产品、计算机、电动工具、电动玩具等领域。铅酸蓄电池生产企业主要有陕西凌云蓄电池有限公司、陕西雨晨新能源有限公司等。

(1) 西安中科新能源科技有限公司

西安中科新能源科技有限公司成立于 2010 年 1 月，依托于中国科学院西安光学精密机械研究所。2012 年 6 月，进驻西安高新区国家级"科技企业加速器"草堂创业园，建成国内领先的镁基电池生产基地 13 000 多平方米，配套安装了国内先进的电池生产设备，集科研、设计、生产、销售为一体，下设有电动汽车研发部。主要研发生产超低温、高性能镁基系列电池，产品主要应用于高空气象探测、飞行器、野外装备、通信设施、民用电动汽车、电动车、电动工具、笔记本电脑等领域。以镁作为电池的一种复合材料，在国内外能源行业均处于科研前沿，其产业规模化的发展尚属行业首例。

(2) 陕西德飞新能源科技有限公司

陕西德飞新能源科技有限公司成立于 2011 年 5 月，是一家集研发、生产和销售镍氢电池、锂离子电池、动力电池及相关配套产品为一体的现代高新技术企业。总部设立于西安高新技术产业开发区，生产厂区位于陕西渭南市大荔官池科技产业园，具备年产锂离子电池 1.2 亿 Ah 和镍氢电池 9000 万 Ah 的能力。产品广泛应用于手机通信、数码产品、照明、家用电器、医疗设备、储能、交通工具、电动工具、电动玩具等多个领域。德飞新能源电动客车电源系列，采用大容量、叠片式、软包装、贫液态的锂离子电池专利技术，二期建设完成后汽车用锂离子电池组年产将达到 70 000 套。

(3) 咸阳威力克能源有限公司

咸阳威力克能源有限公司成立于 2001 年 3 月，由咸阳偏转电子科技有限公司与咸阳双峰房地产开发有限公司、深圳康佳能源科技有限公司共同出资成立的高科技产业公司，是陕西省"十五"规划重点扶持十大产业之一。主要生产锂离子手机电池、磷酸铁锂动力电池，产品应用于通信、计算机、军事、电动汽车等领域，手机锂电池年生产能力为 800 万只，是目前我国西北地区最大的手机锂电池生产企业之一。

(4) 西安瑟福能源科技有限公司

西安瑟福能源科技有限公司成立于 2006 年，是中国兵器工业集团第 213 研究所全资子公司，地处西安经济技术开发区泾渭新城兵器产业园内。主要生产高倍率锂离子电池、航模电池、车模电池、电动车电池、电动工具电池和磷酸铁锂电池。自主研发、生产的锂离子电池技术品质均达到行业领先水平，在高倍率放电池领域具有成熟的 5C～80C 高倍率放电电池生产技术。产品已通过 UL/CE 等国际安全认证和欧盟 ROHS 环保指令，并远销欧美等地。

(5) 陕西凌云蓄电池有限公司

陕西凌云蓄电池有限公司成立于 1998 年，其前身为陕西凌云蓄电池厂，位于宝鸡市渭滨工业园内，蓄电池年产能 200 万 kVAh。"凌云"系列汽车起动型铅酸蓄电池已先后为陕汽集团、北方奔驰公司、重汽集团、上汽依维柯红岩、苏州金龙、西沃公司、中通客车、申龙客车、徐工、山推、中联重科、集瑞重工、北汽乘用车、陕西通家等厂家配套，产品出口美国、俄罗斯、澳大利亚、伊朗等十几个国家和地区。为了适应市场发展的需要，投资开发了阀控密封铅酸蓄电池及光伏储能蓄电池，年产能将达到 400 万 kWh，成为西北地区最大的蓄电池研发、生产基地。

(6) 陕西雨晨新能源有限公司

陕西雨晨新能源有限公司成立于 2012 年 1 月，地处渭南市经济开发区，是一家新型的现代化生产蓄电池大型企业，年产各类蓄电池1000万只。二期工程建设项目（锂离子动力电池项目）是市区两级重点项目，计划总投资1.8亿元，新建3条现代化生产线，设计锂离子动力电池年产能达到5亿Ah。2014年12月公布了年产600万只助力车铅蓄电池生产线建设项目，引进6条助力车铅蓄电池生产线，形成600万只助力车铅蓄电池和配套600万套铅蓄电池极板的生产能力。

（7）三星环新汽车动力电池项目

2014年8月，目前国内最大的汽车动力电池生产基地——三星环新汽车动力电池项目在西安高新开发区开工建设，生产电动汽车和ESS电池。三星SDI有限公司拥有世界领先的锂离子电池技术，与安庆环新集团、西安高科集团成立了韩国本土以外的第一家汽车动力电池制造企业，投产后每年可为4万辆以上纯电动汽车供应电池，总投资达6亿美元，计划在2020年实现销售额突破10亿美元。

（8）陕西有色集团锂离子电池合作项目

2014年5月25日，陕西有色集团与浙江吉利控股集团签署了《锂离子动力电池合作意向书》，双方合作生产磷酸铁锂动力电池。建设项目分3期进行，1期计划投资约2.55亿元，年生产磷酸铁锂动力电池约15万kWh；2期和3期共投入约6亿元，年生产磷酸铁锂动力电池约60万kWh，预计年产值约12亿元。

目前，陕西省除三星环新汽车动力电池项目和陕西雨晨新能源有限公司锂离子动力电池项目外，缺少以新能源汽车动力电池为主导产品的大规模生产企业。

2.1.3 驱动电机及电控系统

陕西省电机及电机控制器生产及研发单位主要有西安西玛电机集团、陕西捷普控制技术有限公司、西安仁安电控技术有限公司等十几家，生产和研制永磁同步电机、交流异步电机等电机和控制器产品，部分企业研发了新能源汽车电驱动系统，新能源汽车驱动电机及电控系统产品的研发仍处于发展起步阶段。

（1）西安西玛电机集团（原西安电机厂）

西安西玛电机集团是我国机械工业专业生产大中型、高低压、交直流电机的大型企业，主要经营西玛牌高压电机、低压电机、交流电机、直流电机等系列产品及其配套控制设备。研发和生产31个系列、1800多个品种、19 500多个规格的电机产品，技术处于国内领先水平，广泛应用于电力、煤炭、石油、采矿、冶金、铁路、交通、化工、农业、水利、航空、航海等领域，是铁道部定点的电机配套厂家。

（2）陕西捷普控制技术有限公司

由陕西电子工业研究院与西安电子科技大学共同投资的陕西捷普控制技术有限公司，是一家专门致力于新能源汽车动力系统发展的企业。成功研发了15~120kW系列化稀土永磁同步电机及其控制器，其技术水平达到了国际先进水平，为陕西通家公司研制的纯电动小型物流车样车配套了稀土永磁同步电机及驱动器。

（3）西安正麒电气有限公司

西安正麒电气有限公司也是一家以新能源汽车电驱动（电机、控制器）和特种电机的研发、生产、销售和技术咨询服务的公司。该公司的新能源产品研制工作主要围绕纯电动和混合动力客车、乘用车、低速电动车3种车型的驱动系统展开的。

(4) 西安仁安电控技术有限公司

西安仁安电控技术有限公司成立于2012年，是由仁恒实业控股有限公司和西安图安电机驱动系统有限公司共同出资创建的一家集研发和生产于一体的高科技公司。是一家专业研发、生产电机及驱动控制器的高科技企业，主要产品有：永磁同步电机驱动控制器；交流异步电机驱动控制器；直流无刷、他励、串励电机驱动控制器等。产品的技术和性能指标均达到国内外先进水平。产品主要应用于15kW以下客、货电动汽车和其他工业电机控制领域，在山东、河北、深圳、河南、陕西、浙江等省市销售。

此外，陕西省专业从事电机及电控系统研究和制造的还有陕西秦岭特种电机有限责任公司、西安众联微电机有限责任公司、陕西贝特威电子科技有限公司、西安德莱普电机制造有限公司、西安微电机研究所、西北工业大学稀土永磁电机研究所等企业及研究单位。这些研究单位和制造企业所拥有的研发能力和制造技术也为陕西省驱动电机及电控系统的发展奠定了重要基础。

2.1.4 电动车桥

陕西省生产电动车桥的企业有陕西汉德车桥有限公司和陕西东铭车辆系统股份有限公司2家。陕西汉德车桥有限公司成功研发了重型商用车轮边电驱动桥，陕西东铭车辆系统股份有限公司专业从事低速电动车桥的研发和制造。

(1) 陕西汉德车桥有限公司

陕西汉德车桥有限公司是集研发、制造、销售为一体的中国车桥行业最具科技含量的大型企业，在西安、宝鸡拥有2个工厂。产品涵盖重/中型卡车桥、工程车桥、客车桥、越野车用桥4个系列共101个品种。其双级减速驱动桥、单级减速驱动桥以独有的技术优势和超强的承载及传扭能力，在国内市场一直处于领先地位。近年来，陕西汉德车桥公司已成功研发了轴荷为10～13T，速比范围为11.4～23.2的重型商用车轮边电驱动桥，并应用于增程/插电式轮边驱动大客车整车上。

(2) 陕西东铭车辆系统股份有限公司

陕西东铭车辆系统股份有限公司专业从事低速电动汽车、电动车桥的研发和制造，低速电动汽车和主要零部件实现规模化量产，其电动车桥产品在国内市场占有率曾经高达90%以上，2014年生产低速电动车桥6万根。此外，陕西东铭公司还生产高尔夫球车、警用巡逻车、观光旅游车、垃圾清运车、救伤车、货物运输车及其他电动特种车辆，广泛用于旅游景点、大专院校、体育场馆、城市步行街、机场、车站、公园等场所。

2.1.5 SWOT分析

前文将陕西省新能源汽车产业进行了梳理，下面运用SWOT分析方法，对陕西省新能源汽车产业发展现状进行全面、系统、准确的研究，根据研究结果制定陕西省"十三五"新能源汽车产业科技的发展战略，如表4-10所示。

表 4-10 陕西省"十三五"新能源汽车产业 SWOT 分析

		内部优势和劣势	
		内部优势 S： S1：科研教育资源居国内前列； S2：人力资源充足； S3：新能源汽车产业发展步伐加快，产业规模化初现； S4：动力电池、驱动电机及电控系统、电驱动车桥等相关技术已有一定的积累； S5：产业聚集明显，各方面技术均有企业研究； S6：国家和陕西省出台相关支持文件	内部弱点 W： W1：新能源乘用车领域核心技术欠缺； W2：新能源商用车技术领域发展较慢； W3：新能源专用车技术尚处起步阶段； W4：缺少大规模的驱动电机及电控系统生产企业； W5：低速电动车技术尚需研发，规模生产企业尚需建立； W6：科研实力尚未有效整合
外部机遇和挑战	外部机遇 O： O1：国家推行政策支持，推动行业发展； O2：产品技术的提升、市场环境的培育、商业模式的创新、基础设施的建设逐渐完善； O3：技术路线成熟； O4：市场潜力大； O5：陕西省为创新性试点省份	SO 利用：发挥内部优势抓住外部机遇。 S1\S2\S5\O1\O3\O5：集中优势力量，联合企业及高校，对资源进行有效整理，在既定技术路线上实现重大突破； S3\S4\S5\O2\O4\O5：借助市场推动技术发展； S6\O1\O5：完善政策，加大政策推行力度； S2\O3：培养专攻型技术人才，引导性地在一些技术上做突破	WO 改进：利用外部机遇克服内部弱点。 O1\O2\O4\W1\W2\W3：利用市场引导技术，积极扩展市场需求，推动技术发展； O1\O5\W4\W5\W6：促进产业政策落实，积极推动科技研究； O3\W4\W5\W6：重点突破，提高技术水平； O1\O3\O5\W7：积极开展联合开发，资源整合，共同进步
	外部挑战 T： T1：电池技术发展仍有差距，企业创新能力不足； T2：电机设备制造和生产工艺落后； T3：控制器核心技术、核心元件依赖国外企业； T4：市场竞争激烈，各国都在积极发展新能源汽车	ST 监视：利用内部优势抵制外部挑战。 S5\S6\T1\T2\T3：加强区域合作，促进产业协调发展； S2\T1\T2\T3：增加技术引进，加强人才培养； S3\S4\S5\T2：规范化管理，提高基础工业水平； S6\T4：加大扶持政策，增加企业研发积极性	WT 消除：减少内部弱点回避外部挑战。 W1\W2\W3\T4：抓住市场机遇，积极拓展市场； W4\W5\W6\T1\T2\T3：加快技术研发步伐，积极引进，积极提高； W7\T1\T2\T3：积极整合现有科研

2.2 社会需求

新能源汽车产业是陕西省重点发展的战略性新兴产业之一。加快培育和发展新能源汽车产业和技术进步，是陕西省应对能源和环境挑战，推动传统汽车产业转型升级的紧迫任务，也是陕西省抢占未来竞争制高点、加快经济发展方式转变的战略举措。因此，陕西省大力发展新能源汽车技术、扩大新能源汽车产业规模有着根本的社会需求。

2013年，在陕西省政府的重视支持下，西安市获批全国新能源汽车示范推广城市，提出到2015年年底，全市新能源汽车推广应用规模达到1.1万辆的目标。其中，2013—2014年推广4150辆，2015年推广6850辆；建设立体充电塔4座，地面充电站42座，分散充电车位7000个，16家新能源汽车维修服务网点；到2015年新能源车产业规模达到100亿元；到2015年，每年节约燃油5.1万吨，减少二氧化碳排放19.2万吨。

2015年4月，交通运输部发布了《关于加快推进新能源汽车在交通运输行业推广应用的实施意见》，明确提出"公交都市"创建城市新增或更新城市公交车、出租汽车和城市物流配送车辆中，新能源汽车比例不低于30%；京津冀地区新增或更新城市公交车、出租汽车和城市物流配送车辆中，新能源汽车比例不低于35%。到2020年，新能源城市公交车达到20万辆，新能源出租汽车和城市物流配送车辆共达到10万辆。

近年来，属于区域性交通工具的低速电动车市场发展迅猛，社会消费需求量不断增长，在地方政策的支持下，低速电动车生产企业投资规模不断扩大，2014年我国低速电动车的销量近40万辆。目前，我国已有山东、福建、四川、河南、河北、广东、安徽、江苏等十几个省份在全省或局部地区范围内相继为低速电动车出台了管理办法，支持低速电动车发展，低速电动车市场需求量发展潜力巨大。

2.3　技术水平

（1）西安比亚迪汽车公司

西安比亚迪汽车有限公司是比亚迪混合动力轿车"秦"的生产基地，2014年，比亚迪"秦"的销售始终占据同期国内新能源汽车车型销售榜榜首，是混合动力自主品牌中的领先者。"秦"是比亚迪在F3-DM基础上继续研发的第二款混合动力汽车，配备了一台1.5TL涡轮增压发动机和一台永磁同步电机，采用并联模式通过一台双离合变速器进行动力输出。电动机最大功率为110kW，最大扭矩为250Nm，综合功率217kW，综合扭矩479Nm。电力储备是一块由比亚迪自主研发的13kWh的储备电池，在纯电状态下可连续驶70km。可使用家用电源和充电桩充电，充电时间约为5小时，同时支持快充设备。在驾驶模式选择上，可以根据路况和自身需求选择纯电动+节能模式和混动+运动模式等。

混合动力轿车"秦"采用电动车系统和混合动力系统，是一种将控制发电机和电动机两种混合力量相结合的先进技术，不仅降低了油耗及排放，更极大地提高了动力和操纵性能，实现了真正意义上的双动力混合系统，将成为世界上最主流的新能源汽车系统。

（2）陕汽集团及专用车生产制造企业

2010年以来，陕西省陕汽集团及专用车生产制造企业相继开展了"增程式纯电动重型商用车"、"增程/插电式轮边驱动大客车"、"重型纯电动港口牵引车"、"12米同轴混联混合动力城市客车"、"纯电动微型车"、"新能源垃圾清运车"等多款车型的研发，在新能源车辆领域积累了一定的研发技术和经验，其中多款产品也已经走向市场，受到行业内的广泛关注，陕西省研发的部分新能源汽车、新能源专用车车型如表4-11所示。

表 4-11 陕西省研发的部分新能源汽车、新能源专用车车型

序号	研发企业名称	产品名称
1	陕西汽车集团有限责任公司	重型纯电动港口牵引车
2		重型纯电动短途物流牵引车
3		混合动力重型牵引车
4		12 米同轴混联混合动力城市客车
5	陕西通家汽车股份有限公司	纯电动微型车
6	宝鸡华山工程车辆有限责任公司	新能源环卫车
7	陕西广太专用车公司	纯电动清扫车
8	宝鸡通用汽车公司	新能源垃圾清运车

陕汽集团通过新能源汽车车型的研发，掌握和积累了"重型商用车轮边电驱动桥"、"动力电池能量管理系统"、"天然气–电增程器匹配和控制技术"、"新能源汽车的整车控制技术和整车控制器"、"增程/插电式重型电动商用车底盘和整车"、"增程/插电式轮边驱动大客车底盘及整车"和"12 米插电式混合动力客车"等相关新能源汽车的研制技术。2014 年，与美国 EDI 公司合作开发的"12 米插电式混合动力客车"已经小批量进入市场。

陕汽通家公司生产的"纯电动微型车"搭载了永磁同步电机，配备磷酸铁锂电池，最高车速为 85km/h，续驶里程为 200km，具有慢充和快充两种充电模式，单次 220V 电压充电时间为 6～8 小时，快速充电仅需 2 小时。

（3）西安中科新能源科技有限公司

依托于中国科学院西安光学精密机械研究所成立的西安中科新能源科技有限公司，近年来推出了镁基电池。该电池对锂离子电池的正极进行改良，在材料中掺入镁合金，从而改善电池的导电性和高低温特性，将锂离子电池的最低工作温度由 $-20℃$ 降低到 $-40℃$，最高工作温度提高至 $65℃$。该电池采用全密封结构，工作效率高、发热量低，不需要加装专门的散热装置。在极限温度下的充放电容量可达额定容量的 80%，比能量从 104Wh/L 提高到 140Wh/L，同时质量减轻 30%。该镁基电池配有专门的电池管理系统，且内部特有的 CID 结构可在放电电流过大引起温度过高时，自动切断内部电路，保证高温安全性。

（4）陕西东铭车辆系统股份有限公司

陕西东铭车辆系统股份有限公司具有雄厚的轻微型汽车驱动桥、电动汽车车桥设计生产能力，生产规模、专业化程度、研发设计能力在国内处于低速电动车桥的领先地位，2014 年低速电动车桥产量已达 6 万根。

2.4 存在问题

总体而言，陕西省新能源汽车产业还处于发展起步阶段，新能源汽车产业规模总体偏小，

关键技术及基础件研发水平仍存在明显不足，包括电池、电机、电控等关键部件及其他零部件配套企业的规模和研发能力有待进一步提高，新能源汽车的推广应用仍处在初期阶段，存在的问题有如下几方面。

(1) 新能源乘用车领域核心技术欠缺

当前，陕西省新能源乘用车产销量较大，技术处于国内领先水平，但是技术研发不在省内，因此将制约新能源乘用车的自主发展。新能源乘用车车型较少，可供市场选择的余地不大。新能源汽车的核心零部件（动力电池、驱动电机及电控系统）和关键技术仍需进一步提升。

(2) 新能源商用车技术领域发展较慢

按照国家对新能源汽车范围的最新界定，目前陕汽主打的天然气重卡产品只能属于替代能源汽车，并不是真正意义上的新能源重卡。在纯电动、混合动力城市客车方面，陕西省进入第1~4批《免征车辆购置税的新能源汽车车型目录》的车型共有4款，而且目前并未实现大规模进入市场。

(3) 新能源专用车技术尚处起步阶段

陕西省专用车生产制造企业虽然研制出一些新能源专用车型，但技术水平仍处于起步阶段，企业规模小，研发能力有待进一步提高，在主要应用于市政作业和短途运输服务类的中、轻型城市物流车，以及垃圾车、重型洒水车等新能源运输车方面，更缺乏相应的目录产品车型推出，陕西省缺少规模大、竞争力强的新能源专用车生产企业和成熟的新能源专用车技术。

(4) 缺少规模大的驱动电机及电控系统生产企业

陕西省已有多家电动汽车驱动电机及电控系统生产企业，但其产品多是为国内低速电动车、场地电动车提供配套，产品技术性能有待进一步完善和提高。并且总体规模偏小，新能源汽车技术配套能力不强，新能源汽车驱动电机及电控系统产品仍处于发展起步阶段，缺少具有市场竞争力强的配套产品和规模大的驱动电机及电控系统生产企业。

(5) 低速电动车整车技术尚需研发、规模生产企业尚需建立

陕西东铭车辆系统股份有限公司具有雄厚的低速电动车桥设计研发和生产能力，在国内处于领先地位，并且陕西省低速电动车动力电池、驱动电机及电控系统生产企业也具有一定的市场竞争优势。由于陕西省缺少规模生产低速电动车企业，低速电动车整车技术尚未研发，因此在一定程度上制约了陕西省相关低速电动车配套技术能力的提高和企业生产规模的扩大。

(6) 科研实力尚未有效整合

陕西省（尤其是西安市）的科研实力非常雄厚，应联合相关企业（陕汽、比亚迪等）和高校（西安交通大学、西北工业大学、西安电子科技大学、长安大学等），在陕西省新能源汽车重点实验室的平台上，瞄准国家新能源汽车领域科技重点研究方向，发挥各自优势，合力承担国家新能源汽车研发项目，做出一流研究成果，从而有效推动陕西省新能源汽车研发技术水平的提高和行业的持续快速发展。

2.5 发展趋势

2014年下半年开始，我国明显加大了新能源汽车的推广力度，相关扶持政策的陆续到位，我国新能源汽车产业发展从"政策轨"切换到"市场轨"的窗口期正在来临。并且，随着新能源汽车配套设施的加快建设，新能源汽车市场需求将进一步提升，这都将对陕西省新能源汽车技术进步和新车型的开发起到积极的推动作用。

随着比亚迪西安新能源汽车基地的投产和市场需求量的提升，西安比亚迪汽车有限公司新能源汽车制造技术快速发展，产销量将获得进一步的快速增长。陕汽控股集团合作开发的"12米插电式混合动力客车"将加快进入市场，推动插电式混合动力客车新车型的开发速度和技术发展。新能源专用车技术同样获得进一步巩固和提升，产品市场化程度加快。

对于陕西省低速电动车配套的车桥、电机及电控装置等生产企业来讲，随着山东、河北等省份低速电动车产能的快速扩张和新车型的不断开发，陕西省相应配套生产企业的研发技术能力和生产规模也将获得很大提高。

2015年4月28日，陕西汽车控股集团有限公司与厦门金龙汽车集团在西安正式签约，在西安经济技术开发区合作组建西安金龙汽车有限公司，计划建设成为西北地区最大的新能源客车生产基地。由陕汽控股集团、金龙汽车集团共同出资组建的西安金龙汽车有限公司将把新能源客车的研发作为重点，追踪全球先进的智能控制技术、快充纯电动技术、大数据云技术，引进先进的开发软件、试验、测试设备，构建一个高水平的研发平台，形成常规动力、混合动力、纯电动、燃料电池技术体系，全面提升客车的低碳化水平和可靠性、安全性及稳定性。

3 陕西省"十三五"新能源汽车产业科技发展战略

目前，以动力电气化、结构轻量化、车辆智能化三大科技为核心的新能源汽车技术大变革正在深入发展，未来5~10年，将迎来全球汽车产业重组和转型升级的重要战略机遇期。

2013年5月6日，陕西省政府印发了《关于贯彻落实国务院节能与新能源汽车产业发展规划的实施意见》，提出的主要目标是：着力推动陕西省新能源汽车技术研发取得明显进展，产业规模稳步扩大，努力建设成为国家重要的新能源汽车生产基地；较全面掌握新能源汽车技术研制开发和应用能力，动力电池、混合动力、先进内燃机、高效变速器、汽车电子等汽车节能关键核心技术接近或基本达到国际先进水平，替代燃料汽车及核心零部件达到国内领先水平。

科技部于2015年2月发布的《国家重点研发计划新能源汽车重点专项实施方案（征求意见稿）》中提出：实施新能源汽车"纯电驱动"技术转型战略；完善电动汽车"三纵三横"技术体系和新能源汽车研发体系，升级新能源汽车动力系统技术平台；抓住新能源、新材料、信息化科技带来的新能源汽车新一轮技术变革机遇，超前研发下一代技术。要求：到2020年，建立起完善的电动汽车动力系统科技体系和产业链，为2020年实现新能源汽车保有量达到500万辆提供技术支撑。

陕西省"十三五"新能源汽车产业科技发展战略将按照2014年国务院在《关于加快新

能源汽车推广应用的指导意见》和 2015 年 2 月科技部发布的《国家重点研发计划新能源汽车重点专项实施方案（征求意见稿）》，以及陕西省政府印发的《关于贯彻落实国务院节能与新能源汽车产业发展规划的实施意见》中提出的目标和要求，结合陕西省新能源汽车产业科技发展实际情况，以纯电动汽车和插电式混合动力汽车为新能源汽车技术研发的主攻方向，实施新能源汽车"纯电驱动"技术转型战略，合理提出陕西省"十三五"新能源汽车产业科技发展思路和发展目标，初步确定陕西省"十三五"新能源汽车产业科技发展的重点任务、关键技术和重点研发项目，以巩固和提升陕西省新能源汽车产业科技发展的成果，推动陕西省新能源乘用车和其他车辆的市场化进程。

3.1 发展思路

陕西省"十三五"新能源汽车产业科技发展思路：在"十三五"期间，以纯电动汽车和插电式混合动力汽车为新能源汽车技术研发的主攻方向，充分发挥企业技术研究的主体作用，巩固和提升插电式混合动力和纯电动汽车、专用车技术的研究成果，以整车研发项目带动关键部件技术研发，加大对新材料、新技术的研发应用，通过自主创新和技术引进等措施，促进陕西省新能源汽车产业加快发展。

3.2 发展目标

落实陕西省政府印发的《关于贯彻落实国务院节能与新能源汽车产业发展规划的实施意见》，实施新能源汽车"纯电驱动"技术转型战略，加大对纯电动汽车技术的研发应用，提升插电式混合动力汽车研究成果，完善新能源汽车研发体系，增强企业发展核心竞争力，推动陕西省新能源汽车技术研发取得明显进展。

（1）新能源客车

巩固和提升插电式混合动力客车技术的研究成果，着力推动纯电动客车整车技术的研究和样车开发，较全面掌握纯电动客车技术研制开发和应用能力，进入《节能与新能源汽车示范推广应用工程推荐车型目录》的客车车型显著增多，轮边驱动新能源客车技术达到国内领先水平，新能源客车结构轻量化、智能化技术和信息技术水平接近或基本达到国内先进水平。

（2）新能源重型商用车

全面掌握混合动力和纯电动重型商用车研发、试制、试验技术，加大对新材料、新技术的研发应用，新能源重型商用车整车集成技术、整车控制技术、动力电池能量管理系统、轮边电驱动桥等方面的技术研究达到国内先进水平，逐步形成新能源重型商用车产业技术优势。

（3）纯电动专用车

加大纯电动厢式运输车、纯电动物流车、纯电动垃圾清运车、纯电动重型洒水车等车型的研制开发力度，进一步提高新能源专用车研发能力和产品性能，力争更多车型进入《节能与新能源汽车示范推广应用工程推荐车型目录》，纯电动专用车市场竞争力明显增强。

(4) 动力电池

通过技术引进和自主创新等措施，使陕西省动力电池的比能量和安全性、电池组的一致性和可靠性技术接近或基本达到国际先进水平，产业规模有显著发展。

(5) 新型低速电动车技术

较全面掌握新型低速电动车技术的研发技术，陕西省一批动力电池、电机、电控、电驱动桥等关键零部件企业技术研发能力和产品配套能力明显得到提高。

3.3 重点任务

(1) 加强新能源汽车车型开发，推动规模化生产

2014年以来，陕西省只有SX6100GBEVS纯电动城市客车、SX6120GBEVS纯电动城市客车、SX5020XXYEV纯电动厢式运输车、SX6120GJCHEVNS混合动力城市客车、STJ6402EV纯电动多用途乘用车、STJ5022XXYEV纯电动厢式运输车6款车型进入了《免征车辆购置税的新能源汽车车型目录》，陕西省进入《免征车辆购置税的新能源汽车车型目录》的车型不但数量少，而且市场销售量低。进一步加强纯电动客车、混合动力客车、纯电动重型商用车、纯电动专用车车型的研发和产品性能的提高，力争更多车型进入《免征车辆购置税的新能源汽车车型目录》，将有利于推动陕西省新能源汽车市场化程度，增强企业发展核心竞争力，提高产品的销售量。

(2) 增强关键零部件研发能力，推动产业化进程

在新能源汽车动力电池方面，目前陕西省除在建的三星环新汽车动力电池项目外，西安中科新能源科技有限公司生产的镁基系列电池，在国内外能源行业均处于科研前沿。陕西德飞新能源科技有限公司、咸阳威力克能源有限公司、西安瑟福能源科技有限公司也是陕西省主要锂离子动力电池的生产企业，具有提升离子动力电池技术水平的基础。此外，铅酸蓄电池生产企业——陕西凌云蓄电池有限公司、陕西雨晨新能源有限公司也是西北地区大型的蓄电池研发、生产基地。这些企业通过政策支持和引导，都可进行电动汽车动力电池提升技术研究，增强陕西省动力电池研发能力，推动陕西省技术产业化、商业化发展。

在驱动电机及电控系统方面，陕西省新能源汽车驱动电机及电控系统产品仍处于发展起步阶段，企业总体规模偏小，配套能力不强。如何加快陕西省新能源汽车驱动电机及电控系统生产企业研发能力，迅速提高、加快企业发展，也是"十三五"期间陕西省新能源汽车产业科技发展的重点任务之一。

(3) 增强新型低速电动车技术的研究，提高其关键零部件研发和配套能力

近年来，低速电动车在我国发展迅猛，市场潜力巨大。陕西东铭车辆系统股份有限公司不仅具有雄厚的低速电动车桥设计研发和生产能力，还研发生产了警用巡逻车、观光旅游车、垃圾清运车等及其他电动特种车辆，具备研发新型低速电动车技术的能力。并且，陕西省多家驱动电机及电控系统生产企业的产品多是为低速电动车、特种电动车提供配套。在陕西省发展低速电动车技术，将能带动一批低速电动车配套企业的发展，提高其配套技术研发能力和扩大企业生产规模。

(4) 申报新能源汽车国家重点实验室

集中陕西省相关重点企业（陕汽集团、比亚迪公司）和有关高校科研院所（西安交通大学、西北工业大学、西安电子科技大学、长安大学、中科院西安光机所等）的科研实力，在陕西省新能源汽车重点实验室的基础上，积极申报新能源汽车国家重点实验室，争取在新能源汽车科研方面获得更多的国家层面支持。

3.4 关键技术

通过对陕西省新能源汽车产业现状、社会需求和技术水平分析，在"十三五"期间，陕西省新能源汽车产业科技发展以纯电动汽车和插电式混合动力汽车为主攻方向，需要解决的关键技术问题如下。

（1）纯电动客车、纯电动专用车关键技术

纯电动客车、纯电动专用车整车技术和样车开发、纯电动力能量管理系统、电池系统综合管理、轮边电机驱动与电力电子、电子控制与智能技术、整车轻量化技术。

（2）混合动力客车技术

插电式混合动力系统技术、增程式混合动力系统技术、增程器技术和整车技术与样车研制。

（3）动力电池技术

动力电池的高比能量和低成本单体电池技术、动力电池组的一致性和可靠性技术，以及燃料电池关键基础器件、燃料电池系统技术。

（4）驱动电机及控制器技术

驱动电机运行可靠性技术、高功率密度与转矩密度技术、电磁兼容技术、抗振降噪技术、电机与变速器集成技术、轻量化技术，以及电机控制器功率密度倍增技术、碳化硅电驱动控制器技术。

3.5 重点研发项目（产品）

面对我国新能源汽车产业发展的新形势，结合陕西省新能源汽车产业发展实际情况，建议在"十三五"期间重点研发项目包括新能源汽车整车技术研发和样车开发、动力电池技术提升和产品研发、高可靠性驱动电机及控制系统产品研发、新型低速电动车技术和样车开发。

3.5.1 新能源汽车整车技术研发和样车开发

以陕汽集团、陕西通家汽车公司为主体，通过自主创新和技术引进等措施，进行新能源汽车整车技术研发和样车开发，全面掌握纯电动汽车整车技术和样车开发、插电式混合动力汽车整车技术和样车开发、纯电动力能量管理系统、电池系统综合管理、轮边电机驱动、电动助力转向系统等关键核心技术，具体包括：

①纯电动客车整车技术研发和样车开发；

②插电式混合动力客车整车技术研发和样车开发；

②纯电动重型商用车整车技术研发和样车开发；
④纯电动专用车整车技术研发和样车开发。

3.5.2 动力电池技术提升产品研发

以西安中科新能源科技有限公司、陕西德飞新能源科技有限公司、咸阳威力克能源有限公司、西安瑟福能源科技有限公司为主体，通过合作开发形式，对动力电池技术提升产品进行研发，具体包括：

①高比能量和低成本动力电池研发；
②高一致性和可靠性动力电池组研发。

3.5.3 驱动电机及控制器技术提升产品研发

以陕西捷普控制技术有限公司、西安仁安电控技术有限公司、西安微电机研究所、西北工业大学稀土永磁电机研究所等为主体，通过多种合作开发形式，对驱动电机及控制器技术提升产品进行研发，具体包括：

①高可靠性驱动电机产品研发；
②高效轻量化驱动电机产品研发；
③高功率密度电机控制器产品研发。

3.5.4 新型低速电动车技术研发和样车开发

以陕西东铭车辆系统股份有限公司为主体，联合陕西省高校、研究所，以及动力电池、驱动电机、电控等关键零部件生产企业，对新型低速电动车技术进行研发和样车试制，全面掌握低速电动车整车研发技术和动力电池、驱动电机、电控技术。

3.5.5 电动汽车充电装置产品研发

充电装置是电动汽车发展的基础，目前陕西省还没有相关企业开展充电装置技术研发工作。以陕西省新能源汽车生产企业为主体，通过技术引进、合作开发等多种形式，研发慢速充电、常规充电、快速充电模式的充电装置产品，对充电装置谐波处理技术、充放电控制技术、安全技术等充电装置技术开展研究。

3.6 技术路线图（重大战略路线图）

我国新能源汽车"三纵三横"技术发展路线已经明确。在"十三五"期间，实施新能源汽车"纯电驱动"技术转型战略，完善电动汽车"三纵三横"技术体系和新能源汽车研发体系，升级新能源汽车动力系统技术平台，"十三五"期间，陕西省新能源汽车技术发展路线如图4-5所示。

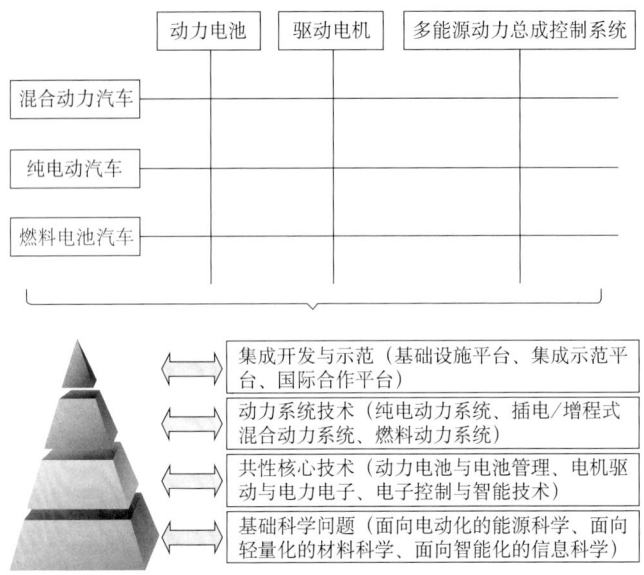

图 4-5 "十三五"期间陕西省新能源汽车技术发展路线

4 实施措施及政策建议

4.1 实施措施

(1) 推进新能源汽车重点项目建设

围绕新能源汽车整车及关键部件研制,抓好一批具有国内外先进水平的整车和技术含量高的关键部件项目建设,加快技术水平提升和产业化步伐。

(2) 发挥企业技术研究的主体作用

坚持市场导向,激发企业的活力,引导企业自主加大研发投入,使企业成为研发的主体,使企业成为加强产学研合作的主体,使加强产学研合作成为增效的内升动力,积极推动新能源汽车产业化、商业化。

(3) 积极申报新能源汽车相关基础科研项目

鼓励重点高校和企业联合积极申报国家和省市新能源汽车相关基础科研项目,争取在关键技术上有所突破,为陕西省新能源汽车行业可持续发展提供原动力。

(4) 加大资本投入

引导创业投资和社会资本,加大对于新能源汽车产业链的支持,探索建立新型科技、创新投融资平台,为不同企业提供多样化的投融资服务。

4.2 政策建议

(1) 加强组织领导

建立全省新能源汽车产业发展协调小组,统筹协调新能源汽车产业发展和推广应用工作。

各有关市、县（市、区）要结合当地实际，建立相应领导小组，切实抓好组织实施，确保取得实效。

（2）进一步完善政策体系

严格执行国家新能源汽车企业准入政策，做好与工信部的衔接，积极争取陕西省有更多新建新能源汽车生产企业投资项目和新能源汽车产品获得国家准入，支持社会资本和具有技术创新能力的企业参与新能源汽车科研生产。

（3）加大对节能与新能源汽车的采购力度

鼓励省内各级党政机关、企事业单位在同等条件下，优先采购陕汽、比亚迪等省产新能源汽车，以发挥其示范引导作用。

（4）积极争取国家相关政策支持

积极争取国家相关政策支持，享受国家财政补贴等有关政策。省级有关部门要积极组织申报国家新能源汽车产业技术创新工程，及时做好项目前期准备工作，争取国家产业技术创新工程等专项资金给予陕西省新能源汽车产业更大支持。

第五篇

陕西省"十三五"信息产业科技发展战略研究

> **组织单位：**陕西省科技厅高新技术发展处
> **课题承担单位：**陕西省电子信息集团
> **课题负责人：**吴实忠
> **课题组成员：**郝　跃　宋真东　马佩军　李全勇　李培咸　吕　玲
> 　　　　　　　李　康　王　璐　张钧鹏

引　言

　　信息产业的高速发展，是当今世界经济社会发展的重要动力，是国民经济的战略性、基础性和先导性支柱产业，对促进社会就业、拉动经济增长、调整产业结构、转变发展方式和维护国家安全具有十分重要的作用。信息产业具有极强的渗透性、高效益、智力密集和可持续发展的特征，与其他产业具有较高的关联度和融合性，已跨越其产业边界，向政治、军事、经济、文化、教育、科技、医疗卫生、社会发展等领域扩散。信息科技的不断发展，信息产业逐渐催生出一些新的行业，与我们的日常生活息息相关。

　　陕西省是国家电子信息产业重要的生产和研发基地，是西北地区电子信息产业的集聚区域。目前，陕西省共有电子信息业企业1300余家，从业人员约19万人，产品涉及电子信息设备、材料及软件服务业等12个行业上万种产品，形成了以西安、宝鸡、咸阳3个中心城市为聚集地的电子信息产业带，电子信息产业竞争优势与规模效应初步形成。产业规模不断扩大，发展势头良好；产业聚集初具规模，集聚效应彰显；产业特色逐步明显，具有一定的品牌影响力和知名度，是全省发展的主导力量和支撑产业规模提升的重点行业；产业转型和优化升级逐步推进，新兴产业逐步形成。面对信息产业发展的重要机遇，必须科学判断，准确把握，努力实现其可持续发展。

1　国内外信息产业发展现状及趋势

　　信息产业是指一切与信息生产、加工、传递和利用有关的产业，信息产业作为一个大的行业门类，涉及的细分行业极为广泛，现就陕西省涉及的主要相关行业进行简要分析。主要涉及如下几个细分产业：①半导体照明产业；②光伏产业；③电子元器件产业；④软件产业；

⑤通信与移动终端产业。

1.1 国际信息产业发展现状及趋势

1.1.1 半导体照明产业

根据研究机构 DIGITIMES Research 的预测，2015 年全球高亮度 LED 产值达 137 亿美元，将比 2014 年增长 7.5%。LED 使用总颗数将达 1860 亿颗，年增长率为 32.6%。其中，LED 照明为使用量年增率最高者的应用产品，同比增长率达 65%。公共照明市场中 LED 灯管使用的光源占比较高，产业规模占比将达 37.4%。LED 灯泡将朝平价化发展，该类光源占比达 32.5%。

从下游应用看，LED 光源在平板、笔记本、显示器中的使用量呈负增长趋势。其中，平板受到大屏幕手机及智能手表等可穿戴设备的冲击，出货量将进一步减少，导致 2015 年 LED 使用量呈 9.8% 的负增长，这是 LED 背光应用中衰退幅度最大的应用类别。

2015 年 LED 全球市场份额分布情况如图 5-1 所示。

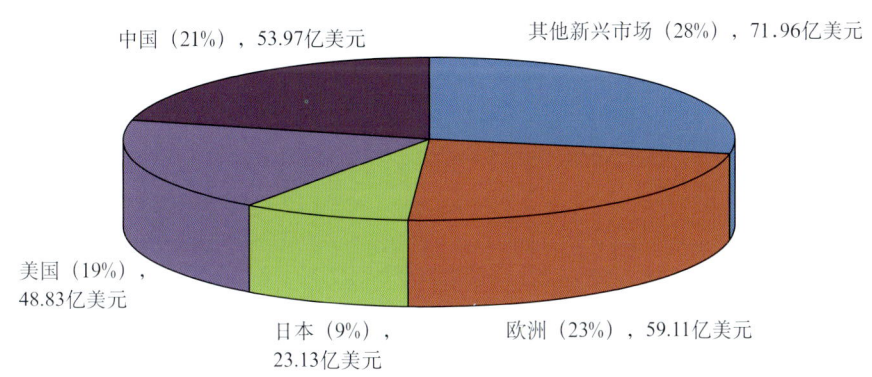

图 5-1 2015 年 LED 全球市场份额分布

美国在 LED 照明的产业技术开发上一直处于领先地位，科锐（CREE）和流明（LUMILEDS）两大公司是 LED 技术的领跑者。他们拥有 LED 外延片、芯片和相关设备的知识产权及科研开发的技术优势。2012 年 4 月，美国能源部发布了"固态照明计划"（SSL 计划）。该计划以技术研发、产品制造、商业化支持、专利标准体系等方面为重点，提出了促进美国 LED 产业发展的目标、路线及相应对策措施。在"SSL 计划"的推动下，美国能源部预测，到 2030 年美国 LED 固态照明市场占有率将达到 73.7%。届时每年将节省 297 万亿 kW·h 的照明用电，约折合 45.8% 的照明电力及 2.1 亿 t 的碳排放。

1.1.2 光伏产业

（1）发展现状

①全球光伏行业呈现复苏增长态势，中国新增装机容量跃居全球首位。全球光伏发电市场继 2011 年、2012 年的行业不景气后，在 2013 年呈现复苏性增长态势，如图 5-2 和图 5-3 所示。

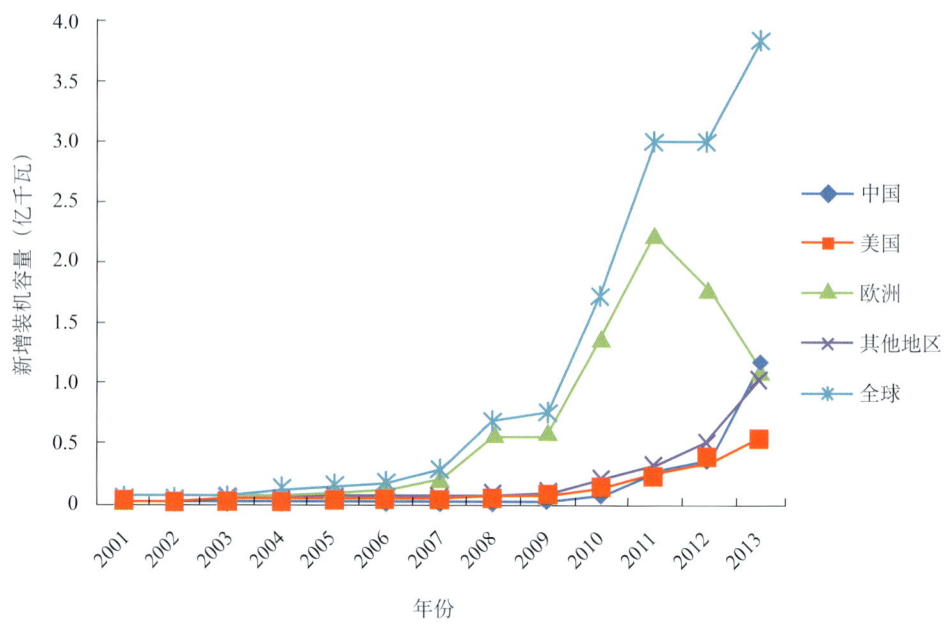

图 5-2　2001—2013 年全球光伏新增装机容量情况

数据来源：根据欧洲光伏行业协会数据整理。

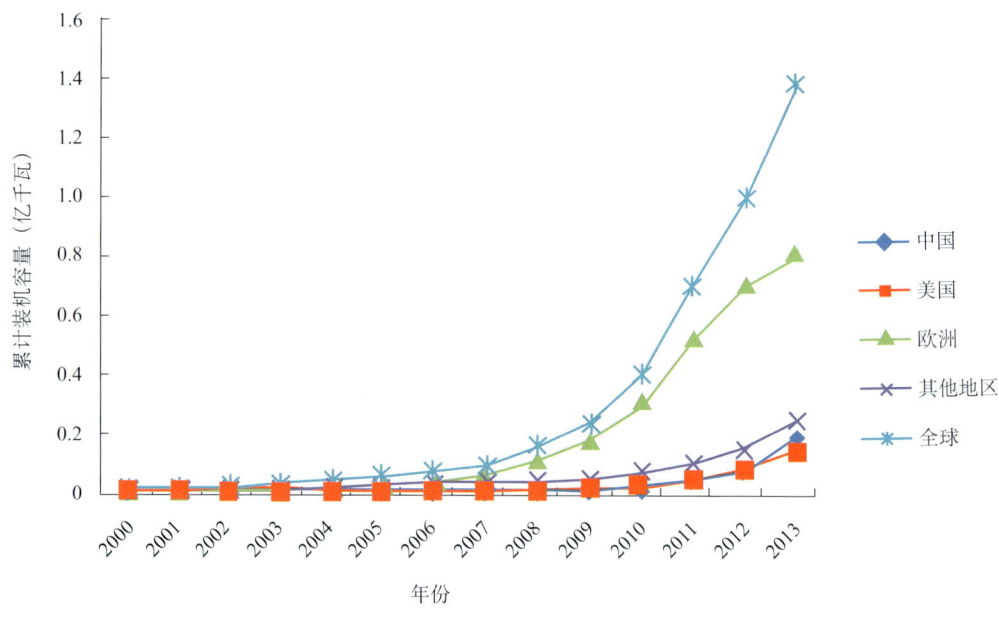

图 5-3　2000—2013 年全球光伏累计装机容量情况

数据来源：根据欧洲光伏行业协会数据整理。

②全球光伏行业产能过剩得到缓解。2013年，面对行业低谷，多数光伏企业推迟或取消产能扩张计划，同时随着全球光伏下游市场需求的持续增长和上游制造企业的洗牌，全球性产能过剩得到一定程度缓解。

③全球多数光伏企业重回盈利轨道或缩减亏损,如表5-1所示。

表 5-1 2013 年国内外主要光伏上市公司利润情况

企业	2012 年利润(亿美元)	2013 年利润(亿美元)
SolarWorld AG	-6.44	-2.66
科晶	-2.48	-0.311
阿特斯	-1.95	-0.456
天合	-2.66	-0.779
晶澳	-2.75	-0.705
英利	-4.92	-3.21

数据来源:根据上市公司全年财报整理。

(2)发展趋势

国际权威研究机构 IHS 表示,得益于中国、日本强有力的光伏扶持政策,2014 年全球光伏产业保持了两位数的增长,且 2015 年光伏产业迎来全面复苏。

①聚光光伏技术将迎来快速增长。IHS 预测,从 2015 年开始,聚光光伏发电(CPV)将保持平均 37% 的增长,到 2015 年年底完成 250MW 的安装量。

②并网光伏储能技术迅速应用。光伏发电系统正偏离相对简单的单向流动系统及大型传统发电系统,逐渐向复杂的小型、分布式组合转移。2015 年,并网光伏安装量(结合储能)增长 3 倍以上,达到 775MW。

③单太阳能单晶硅市场份额将会扩大。尽管短期内,单晶硅电池技术仍然很难威胁到多晶硅太阳能电池市场,然而,得益于快速增长的屋顶太阳能安装市场对高效太阳能产品的需求,其增长将一直比较稳定。2015 年单晶硅电池市场份额增长到 27%,相比 2014 年增长 24%。

④单体装机迅速大型化。2015 年 100kW 以上的光伏项目达到 15.7GW,相比 2014 年的 13.2GW 有较大增长。这些项目主要集中在日本。在日本,分布式光伏发电占据了将近 70% 的份额。得益于净计量及第三方租赁模式兴起对市场的推动,美国 2015 年完成超过 2.2GW 的分布式光伏项目。

⑤三相组串逆变器技术将成主流。2015 年三相组串逆变器市场营收达到 22 亿美元,出货量达到约 15GW,同比增长 31%。预计在一些重要的光伏市场,如中国市场和日本市场等将会出现一股出货高潮,预计出货总量将达到 7.6GW。

1.1.3 电子元器件产业

(1)全球市场概况

除微处理器市场出现略有下降外,其余市场均保持较高单位数增速。半导体市场的增长动力包括智能手机专用标准电路 ASSP,以及超移动 PC 和固态硬盘中使用的 DRAM 和 NAND 闪存芯片,如图 5-4 和表 5-2 所示。2013 年,包括 ASIC、分立器件和微元件在内的关键设备领域都出现销售额下滑,但这些产品在 2014 年都转而实现增长。

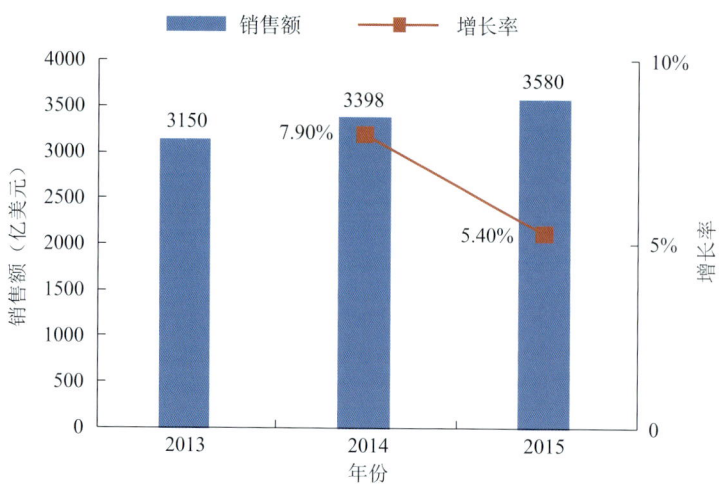

图 5-4 全球半导体销售额

数据来源：美国市场研究公司 Gartner 发布。

表 5-2 2014 年全球收入排名前 10 位的半导体供应商

2013 年排名	2014 年排名	供应商	2013 年盈利（亿美元）	2014 年盈利（亿美元）	涨幅（%）	2014 年市场占有率（%）
1	1	英特尔	485.90	508.40	4.6	15.0
2	2	三星电子	306.36	352.75	15.1	10.4
3	3	高通	172.11	191.94	11.5	5.6
5	4	美光科技	119.18	168.00	41.0	4.9
4	5	SK 海力士	126.25	159.15	26.1	4.7
6	6	东芝	112.77	115.89	2.8	3.4
7	7	德州仪器	105.91	115.39	9.0	3.4
8	8	博通	81.99	83.60	2.0	2.5
9	9	意法半导体	80.82	73.71	−8.8	2.2
10	10	瑞萨电子	79.79	72.49	−9.1	2.1

（2）现状特点

美国作为传统电子元器件的强国之一，其电子元器件发展较快，先后制定了一系列的政策并投入了相应的资金促进电子元器件快速发展，加之美国国防部把"开发先进电子元器件"作为一个重大计划，因此美国电子元器件科技一直处于领先地位。日本的电子元器件企业一直积极研发新技术，致力于向多样化发展，从而使日本的电子元器件遍布全球范围内。韩国作为发展电子元器件产业基地之一，其元器件的发展情况也相当不错。

从整体来说，电子元器件的发展路线是清晰的，在集成电路高集成度和更小体积的大背景趋势下，追求小型化、薄型化也是产品必然遵循的路线。与此同时，汽车、物联网和智慧医疗或将继续拉动元器件企业快速向前奔跑。

1.1.4 软件产业

(1) 全球市场分布

软件产业链的上游为操作系统、数据库等基础平台软件，主宰着整个产业，决定产业内的游戏规则，大部分上游企业位于美国。

软件产业链的中游主要分为子模块开发和独立的嵌入式软件开发两类，它们可以回溯影响上游规则的制定，前一类以印度、爱尔兰为代表，后一类日本实力比较强大。

软件产业链的下游分为高级应用类软件（ERP、SCM等），一般应用类软件和系统集成中的软件开发3类，主要是在上游的基础平台上进行二次开发，中国在这个方面发展较快，如图5-5所示。

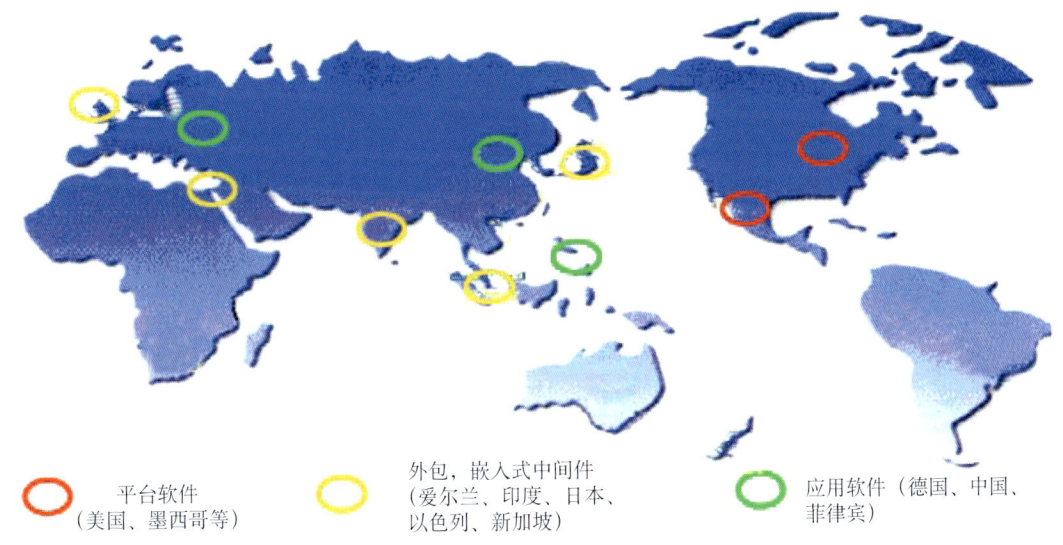

○ 平台软件（美国、墨西哥等）　○ 外包，嵌入式中间件（爱尔兰、印度、日本、以色列、新加坡）　○ 应用软件（德国、中国、菲律宾）

图 5-5　全球以美国、印度、爱尔兰等国为主的软件产业分工体系

数据来源：Chinalabs 整理。

(2) 现状特点

① 软件是高投入的高新技术产业。目前，全球软件与信息服务业正处于快速发展时期，信息技术在全球范围内有稳定而持续的需求。从图5-6可以看出，2011—2013年包括计算机硬件、企业软件、IT服务、电信设备、电信服务在内的软件与信息技术业的全球支出保持持续稳定的增长态势。

② 全球软件产业稳步增长，外包业务迅速增长。IT服务支出是IT投资支出中重要的组成部分，而信息技术服务外包又是IT服务中的关键组成部分，如图5-7所示。

③ 各国发展模式各具特色，软件产业区域分布不均衡。采取什么样的模式来推进产业的发展，在很大程度上决定着产业能否健康良性成长。不同国家的软件产业，总是会根据自身的软件发展历史和具体国情来选择合适的产业发展模式。从国际软件产业发展的状况来看，目前得到公认的产业发展模式有：印度模式，即国际加工服务型；美国模式，即技术与服务领导型；日本模式，即嵌入式系统开发型；爱尔兰模式，即生产本地化型。

图 5-6　2011—2013 年度各项支出费用

数据来源：Chinalabs 整理。

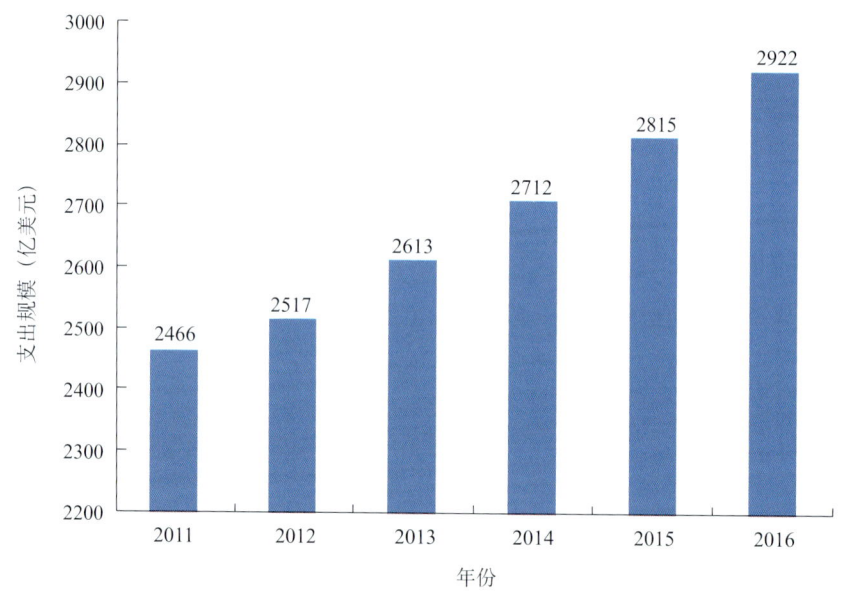

图 5-7　全球信息技术外包（ITO）支出规模

数据来源：Chinalabs 整理。

④开放标准大势所趋，开源软件发展迅速。由于软件的多样性，导致各种数据、文件、应用软件和软件平台很难互联互通，阻碍了产业链上游和下游各环节的和谐发展。因而，开放的标准体系吸引了更多业务伙伴进入体系之内，使得技术快速发展、标准迅速完备，并被市场接受，最终形成多方共赢的市场局面。

1.1.5 通信与移动终端产业

生活中常见的移动终端包括移动智能终端、车载智能终端、智能电视、可穿戴设备等。随着集成电路技术的飞速发展，移动终端已经拥有了强大的处理能力，并且正在从简单的通话工具变为一个综合信息处理平台，这也给移动终端增加了更加宽广的发展空间。

全球的手机市场规模巨大，联合国国际电信联盟（ITU）日前发布的最新统计报告显示，截至 2011 年年底，全球手机用户总量已达 59 亿，考虑到全球人口总量为 70 亿，而 59 亿的手机用户量数据，说明移动通信已深入到全球公众的日常生活当中。全球移动通信渗透率已达 87%，所有发展中国家的渗透率也高达 79%。2009—2014 年全球手机市场出货量稳步上升，增长率呈现递减趋势，如图 5-8 所示。

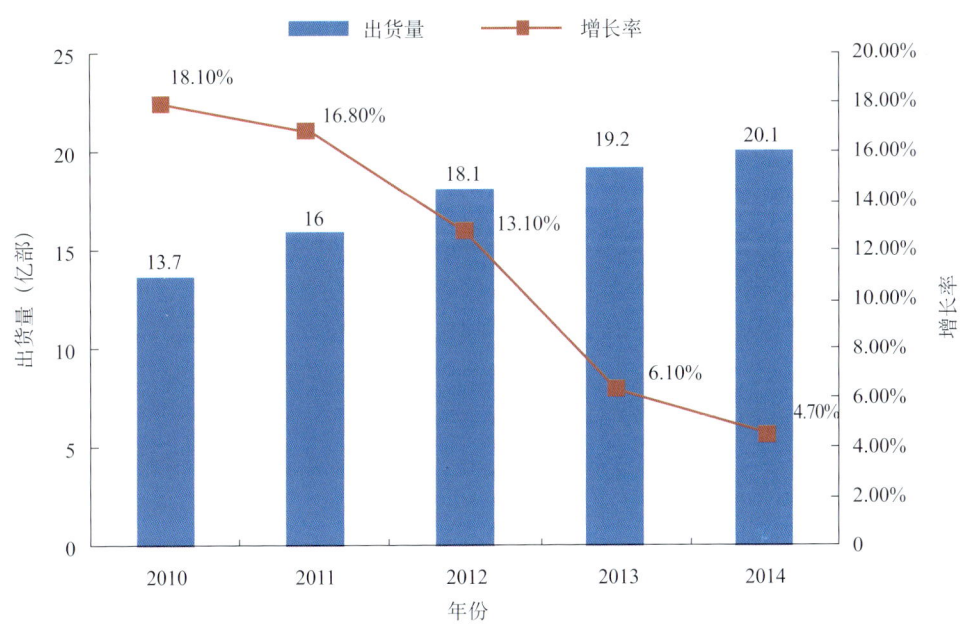

图 5-8 2009—2014 年全球手机市场出货量及增长率

金融机构摩根·士丹利公司公布了全球智能手机市场分析报告，并对智能手机发展趋势的变化进行了预测。报告显示，以中国为代表的新兴市场在全球智能手机市场中的分量越来越重，如表 5-3 所示。2009—2014 年，北美、日本及欧洲市场的智能手机出货量在全球范围内所占比重逐渐减小，相反中国、亚洲其他国家和地区及拉美市场的出货量却呈明显的增长趋势，新兴市场的市场潜力正逐渐表现出来。

表 5-3 2013—2015 年全球手机市场占有率排名情况

排名	2013 年	市场占有率 (%)	2014 年	市场占有率 (%)	2015 年	市场占有率 (%)
1	三星	32.5	三星	28.0	三星	26.6
2	苹果	16.6	苹果	16.4	苹果	16.4
3	联想	4.9	联想	7.9	联想	7.4
4	华为	4.4	LG	6.0	华为	6.6

续表

排名	2013 年	市场占有率 (%)	2014 年	市场占有率 (%)	2015 年	市场占有率 (%)
5	LG	4.3	华为	5.9	小米	6.5
6	索尼	4.1	小米	5.2	LG	6.1
7	酷派	3.6	酷派	4.2	TCL	4.1
8	中兴	3.2	索尼	3.9	酷派	4.0
9	诺基亚	3.0	中兴	3.1	中兴	3.4
10	黑莓	2.5	TCL	2.7	索尼	3.1
	其他	20.9	其他	16.7	其他	15.8

随着汽车产业的发展，车载终端设备具有越来越大的需求量。放眼全球，由于巨大的市场潜力和不可估量的发展前景，日本几乎所有的汽车生产厂家都参加了这一高科技角逐，仅近几年投入市场的车载自主导航新系统就有 30 多个。美国、欧洲和日本的车载导航仪产品已经日益走向成熟，形成了规模化的市场需求。如日本的本田、尼桑、丰田、马自达、三菱、松下、先锋、阿尔派、健伍等公司都有自己的车载导航产品。世界其他发达国家如美国、德国、荷兰也不甘落后，力图在该市场占有一席之地。目前在欧洲，由飞利浦、西门子开发的车载导航系统早已在雷诺、菲亚特等大众化民用车辆上使用；奔驰 S 系列、宝马 7 系列从 20 世纪 90 年代起，厂装车辆已将 GPS 车载导航系统列在选装清单上。此外，根据《GPS Word》杂志刊登的美国工业发展研究机构的数据，日本、北美和欧洲每年有几千万套 GPS 车载导航产品售出，当前 60%～70% 的汽车在出厂时，就已装备车载导航系统，在以后的时间里该系统的普及率将会逐渐提高到 90%。

可穿戴设备即直接穿在身上，或是整合到用户的衣服或配件上的一种便携式设备。可穿戴设备不仅是一种硬件设备，更是通过软件支持及数据交互、云端交互来实现强大的功能，可穿戴设备将会对我们的生活、感知带来很大的改变。当前，从全球情况来看，可穿戴设备层出不穷，眼镜、手表、戒指、服装和手环这类的产品大量推出。互联网企业、消费电子企业(如索尼、三星等)，甚至包括一些传统的企业，如耐克开发的 Nike Fuelband 腕带。可以预计，可穿戴设备已经成为信息和通信技术产业发展的新领域。其中，芯片是可穿戴设备的核心，发挥着重要作用。从国外来看，英特尔在 X86 基础上推出了 Quark 处理器，高通则基于 ARM 架构推出了 Toq 处理器，三星推出了 Galaxy Gear 智能手机芯片。全球可穿戴设备在 2015 年的出货量达到 4570 万台，而 2019 年的出货量将达到 1.261 亿台，这意味着大约 45% 的年增长率。IDC 表示可穿戴设备的快速增长依赖于大量新厂商、新设备和终端用户的出现。智能可穿戴设备就是能够运行应用的可穿戴产品。这些设备包括苹果的 Apple Watch、摩托罗拉 360 智能手表及三星 Galaxy Gear 智能手表。智能可穿戴设备 2014 年共售出约 420 万台，IDC 预计 2015 的可穿戴设备出货量为 2570 万台。另外，非智能类别的可穿戴设备，比如，基本的健身追踪器，也就是没有运行应用程序的种类。IDC 表示其销量将从 2014 年的 1540 万台增长到 2015 年的 2000 万台。

可穿戴设备的发展趋势有如下几个方面：一是产品的可穿戴特征更加显著。随着支撑技术的不断进步，可穿戴产品正朝着更轻便、更隐蔽、更快捷的方向转变。未来可穿戴产品的形态将从轻薄微型化、互动友好性及易于连接性 3 个方面得到增强。二是创新产品形态满足多元需求。由于可穿戴设备的人体佩戴特点,未来产品将针对部分人群实现量身定制,满足不同群体的特殊需求,产品生产将从规模批量个性定制的方向发展。

1.2 国内信息产业发展现状、趋势及预测

1.2.1 半导体照明

我国是全球最大的传统照明生产、消费和出口国,LED产业发展对我国有重要意义。我国LED产业起步于20世纪70年代,从目前全球LED市场来看,我国作为全球电子产业制造基地,已成为全球半导体照明产业发展最快的区域,如图5-9所示。我国LED产业进入快速发展阶段,上游的衬底制备技术已取得突破,目前重庆四联、云南蓝晶、贵州浩天等企业已成功生产出蓝宝石衬底;外延生产和中游的芯片技术也不断进步,逐渐开始进入中、高端应用领域。

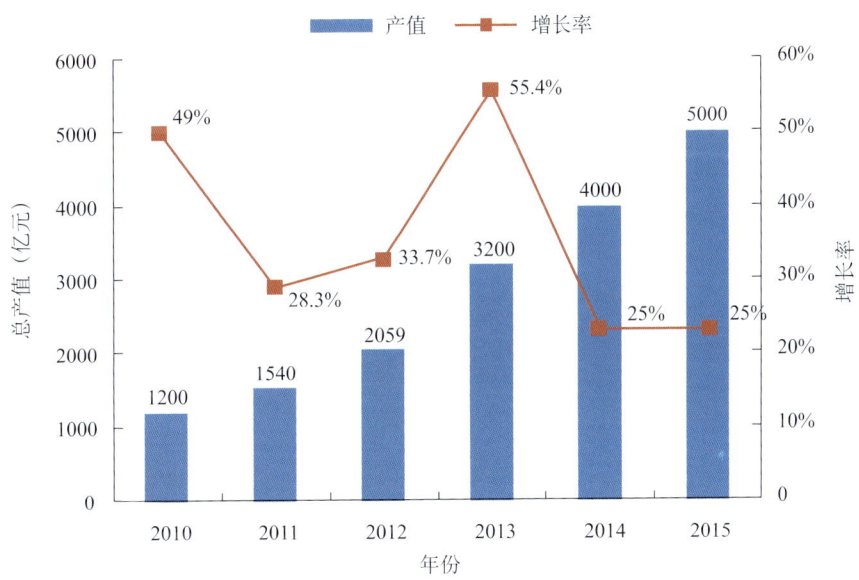

图5-9 2010—2015年中国LED总产值及增长率

据高工LED预测,LED行业2014年将进入1个新的黄金增长期,2014年上游芯片值得关注,产值有望达到100亿元,增幅超过40%。LED产品性价比提升,使其产业化进程加快,应用领域从背光快速拓展至室内照明等领域,如图5-10所示。

目前,我国LED产业仍集中于技术含量和产品附加值较低的产业链中、下游,行业竞争力不强。主要表现在以下方面。

(1) 核心技术突破仍然缺乏

LED核心技术主要是衬底制备、外延生长控制、芯片结构设计及制造工艺等,其长期被国外少数几家公司垄断,形成专利壁垒,致使我国LED技术发展处于非常被动的局面,大部分企业的产品长期处于同质化恶性竞争的水平。从产业结构上看,虽然外延、芯片产业的比重在逐步提升,但高品质芯片产品的市场占比仍然较小,截至目前,我国仍旧是封装产业占据最大比重。

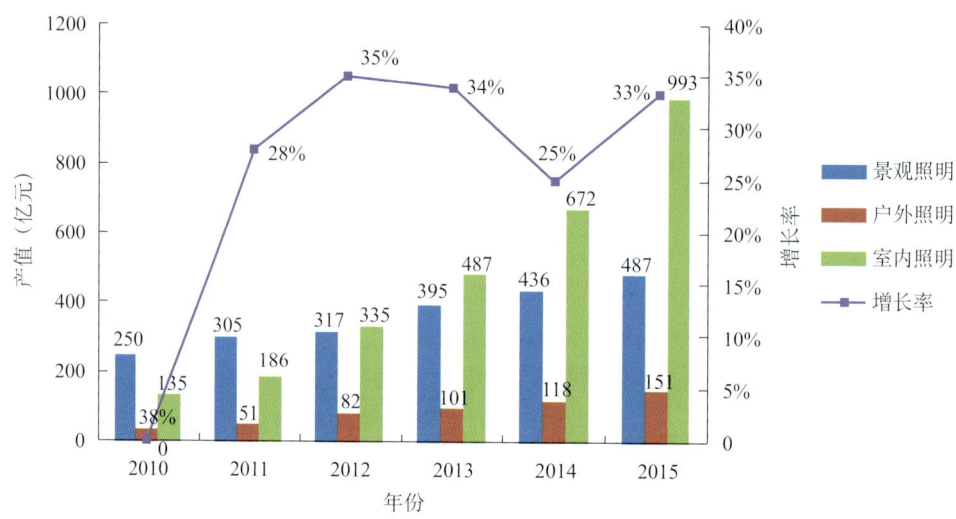

图 5-10　2010—2015 年我国 LED 照明产值及增长率

数据来源：高工 LED、申万研究。

(2) 关键设备自给程度不够

目前，我国 LED 产业链中的主要设备和仪器大部分依靠进口。衬底生长设备、MOCVD 外延设备及部分全自动化的芯片制造设备和封装设备目前几乎全部需要进口。

(3) 核心技术人才匮乏

国内掌握 LED 核心技术的领军人才匮乏，掌握 LED 产业链环节的关键技术人才也不多，制约产业技术升级，预计这种状况在近几年内将持续。

(4) 产业链亟待完善

从全球前十大 LED 企业来看，几乎全部拥有从外延、芯片到封装、应用的完善产业链。但国内大多数企业扎堆在封装或应用等单个环节，竞争力不强。产业链的垂直整合和并购是下一步的支持重点。

1.2.2　光伏产业

(1) 发展现状

光伏发电已呈现东、中、西部共同发展格局，如表 5-4 所示。

表 5-4　2014 年光伏发电统计信息表（部分地区）

省（区、市）	累计装机容量（万千瓦）		新增装机容量（万千瓦）	
	总装机量	其中：分布式光伏	总装机量	其中：分布式光伏
总计	2805	467	1060	205
北京	14	14	5	5
上海	18	16	0	0
江苏	257	85	152	57
浙江	73	70	30	27
广东	52	50	22	20
陕西	55	3	42	1

(2) 面临的形势分析

①新兴市场加快发展推动我国光伏出口市场结构趋向优化。随着新兴市场的发展，我国光伏产品出口格局发生变化，传统市场份额下降，新兴市场份额不断上升。2013年，中国电池组件出口量1600万kW，占产量的61.5%，出口额127亿美元，同比下降27%。其中，对欧洲出口份额由2012年的约65%下降至2013年的30%，对日本出口约22亿美元，占出口额的22%，对美国、印度和南非的出口额分别占10%、5.2%和4.5%。我国对亚洲市场光伏产品出口占比达44%，取代欧洲市场成为最大出口市场。2014年1至2月，亚洲市场出口占比为52%，其中，对日本出口占比为34%；对欧洲市场占比为22%。未来新兴市场的加快发展将进一步弱化我国光伏产品对传统市场的依赖，在降低贸易摩擦可能性的同时，促进出口市场结构趋向优化。

②光伏组件企业向下游环节延伸，为光伏产业发展提供新的增长点。受全球光伏行业供求失衡及欧美"双反"等影响，光伏组件企业逐渐转变单一销售组件的盈利模式，开始向下游电站拓展。根据SEMI的《全球光伏制造数据库》统计，中国排名前20位的光伏组件和电池制造商均已涉足电站开发业务。在2013年我国新增装机容量中，光伏大型地面电站约700万kW，约占70%。根据北美光伏市场季度报告，2013年美国光伏市场主要由大型电站项目主导，在新型项目中占比超过80%，其中地面电站占70%以上。从国外一般经验看，光伏组件产品的毛利率在15%左右，而从电池片生产到电站建设的毛利率为25%～40%。因此，未来光伏企业向下游拓展将成为企业获得新盈利模式，加快推动高端技术和终端电站结合，实现以项目带动产品、以产品推动项目，提升行业投资回报率的同时，为组件销售提供更加稳定的渠道来源。

③企业"走出去"步伐加快，为我国光伏产业发展开辟更广阔的空间。近年来，我国光伏企业积极开展海外投资，利用当地资源投资建厂，突破国外市场封锁。江苏昱辉阳光自2012年起开始规划在波兰、印度、日本等国家开设代工厂，通过中国设计、境外生产的方式应对国外"双反"等贸易壁垒，其中2013年3月签约成立的波兰代工厂已经投产。中电光伏为规避欧盟"双反"措施，积极寻求在土耳其设厂。晶科能源也计划赴葡萄牙投资建厂。国内光伏企业加快"走出去"步伐有助于企业规避高额关税，减轻经营压力，缓和日益激烈的贸易争端，同时也为企业走向国际市场开辟了更广阔的空间。

④宏观利好政策的密集出台，为我国光伏产业发展提供良好的政策支撑。为规范和促进光伏产业健康发展，2013年，国务院出台《关于促进光伏产业健康发展的若干意见》（国发〔2013〕24号文），提出2013—2015年年均新增光伏发电装机容量1000万千瓦左右，到2015年总装机容量达到3500万千瓦以上。在积极开拓光伏应用市场、加快产业结构调整和技术进步、规范产业发展秩序、完善并网管理和服务、完善支持政策、加强组织领导等方面提出具体政策意见。继国发24号文后，财政部、发改委、工信部等分别出台《关于分布式光伏发电实行按照电量补贴政策等有关问题的通知》、《分布式发电管理暂行办法》、《关于发挥价格杠杆作用促进光伏产业健康发展的通知》、《光伏制造行业规范条件》等9个配套政策文件，这些政策的出台和相继实施为光伏产业发展提供了良好的政策环境，未来随着这些政策及相关细则陆续发挥效力，将为国内光伏发电市场的发展提供有力的支撑。

1.2.3 电子元器件产业

虽然中国目前被称为电子元件生产大国,产量居全球第一,但是我们应该清醒地认识到产业现状:国内核心电子元器件 70% 以上由外资主导,绝大多数电子元器件厂商仍然停留在中低端领域,难以突破发展瓶颈。要振兴我国电子元件行业,夯实中国电子信息产业的根基,加快转型升级,寻求开拓市场的新策略是必由之路。

新型元器件将继续向微型化、片式化、高性能化、集成化、智能化、环保节能化方向发展,这不仅符合集成电路行业总体的发展趋势,也符合可持续发展战略。

我国移动通信基础相对薄弱,正是电子元器件企业的机遇所在,目前,LTE 已经成为全球发展最快的移动通信技术。规模庞大的移动通信产业,已经成为国家经济增长的主要引擎。中国移动通信面临三大问题:一是中国移动通信基础相对薄弱,产业链关键环节有所缺失;二是核心竞争优势尚缺乏,有待于进一步发展;三是知识产权问题突出,需要进一步完善。而这些问题也正是电子元器件企业的机遇所在。

汽车领域对电子元器件企业来说,意味着高利润,更意味着高门槛。国内元器件厂商应从产品质量、技术导向、竞争性的价格、市场策略、服务体系和全球战略 6 个方面做足准备。

2014 年是可穿戴设备年,目前业界已经达成共识,可穿戴设备是下一个改变人类生活方式的产品。可穿戴设备已经来袭,国内的传感器等元器件企业发展前景可期。

1.2.4 软件产业

进入"十二五"以后,我国软件产业总体依然保持平稳较快的发展。

根据工信部数据,我国 2006—2012 年,软件产业的业务收入年增长率保持 20% 以上,在 2008 年后更是以每年超过 25% 的幅度快速增长,如图 5-11 所示。在各项业务中,软件产品占比接近 1/3,信息系统集成服务占比超过 1/5,如图 5-12 所示。并且,随着移动终端等设备的快速发展,嵌入式系统也获得了较大的发展。

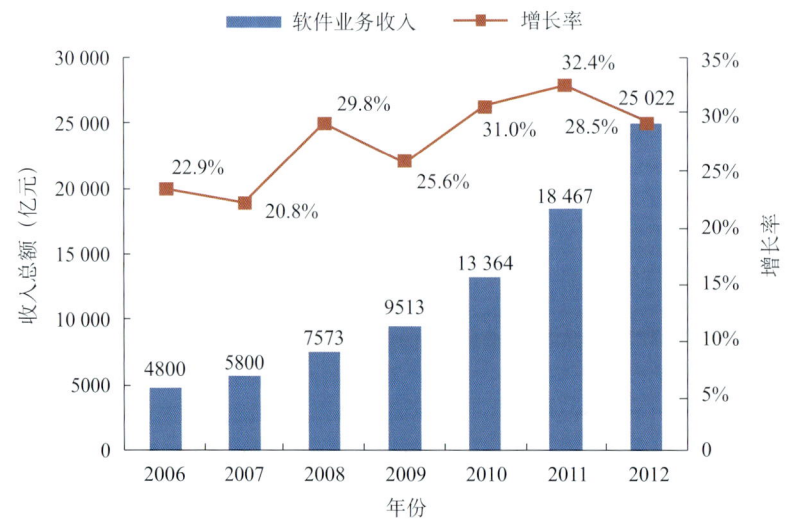

图 5-11　2006—2012 年我国软件业务收入总额及增长率

数据来源:工信部。

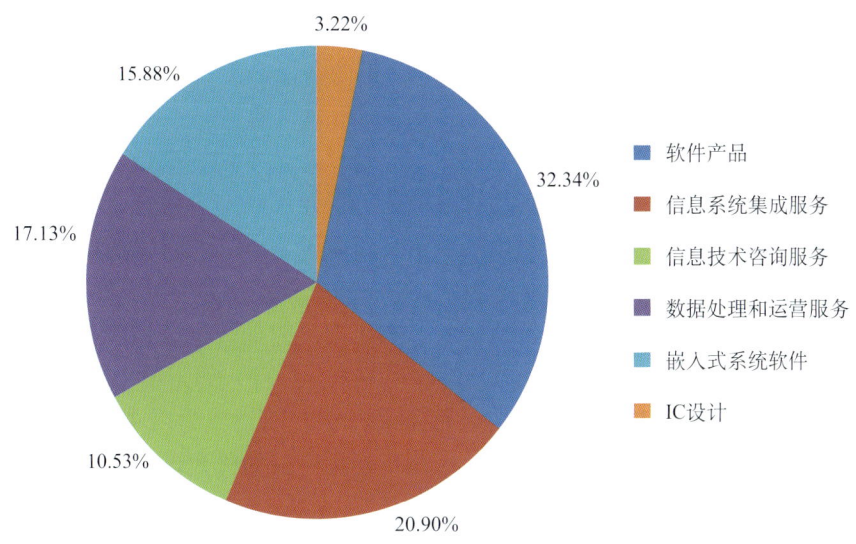

图 5-12　软件产品及各项服务收入

数据来源：工信部。

但是，我国软件产业的发展也面临一些问题，主要包含以下几个方面：

①软件人才总量缺口没有完全得到缓解，软件人才结构仍不尽合理。既懂技术又懂管理的软件高级人才、系统分析及设计人员（软件工程师）、熟练的程序员（软件蓝领）这 3 类由高到低的人才结构并未成金字塔形。相对，我国的软件人才却呈橄榄形（缺少高级管理者和基础程序员），多发展"塔基"（软件蓝领），才能形成合理的软件人才结构。因为只有更多的软件蓝领产生，由其作为基础发展出来的高级管理人员才能逐渐成长。

②地区性供给量存在较大差异。分地区来看，北京、上海、广东等经济发达地区的软件人才供给数量明显高于国内其他地区，这些地区软件人才市场总量上存在供过于求的迹象；对于一些经济欠发达地区而言，在经济发展过程中，软件人才需求数量逐年增加，由于自身培养能力的不足，以及对软件人才缺乏吸引力等原因，这些地区的软件人才供不应求态势明显，且供需缺口有逐步拉大的趋势。

③企业规模普遍偏小，产品竞争力弱。目前，中国的软件产业形成了以外资软件公司为主，本土软件公司为辅的结构组成特点。中国本土软件企业组织结构呈现"小而散"的特点，大企业数量少，无法带动中小企业的发展，软件产业链缺乏核心和依托。中国企业规模较小，业务收入低，盈利能力低。主营业务分散，纯粹的软件企业很少。通过对软件产业操作系统、数据库管理、办公 3 种类型的软件市场企业的占有情况进行比较，中国软件企业在这 3 种市场中的占有比例较低，没有强势的竞争实力。

1.2.5　通信与移动终端

在十二五期间，我国智能手机渗透率继续稳步提升，在 3G 应用的基础上，4G 终端设备占比走高。据工信部数据显示，截至 2014 年年底，我国累计发展 4G 用户达到 9730 万，发展速度超过 3G。4G 终端的渗透空间已经占据月出货量的七成以上，国产品牌占比更是达到 76.2%。得益于我国大国大市场的独特优势，国内智能手机企业突飞猛进，市场占有率快速提高，企业竞争力、品牌影响力和创新研发实力均得到大幅提升。截至2014年年底，国产厂商全球合计市场占有率（38.6%）接近苹果和三星两大巨头之和。智能手机产业的快速发展对我国产业结构转型升级、国家综合竞争力提升具有重大意义。

我国移动智能终端产业存在的主要问题为：一是核心技术和标准仍未掌控，关键软硬件受制于人；二是知识产权储备不足，制约终端产业的快速发展；三是企业利润严重偏低，产业链普遍处于下游生产制造环节；四是市场竞争日益激烈，产品同质化现象较为严重；五是信息安全隐患突出，用户数据等隐私泄露频繁。

近年来，车载导航在我国出现爆发式增长，整车出厂时加装车载导航系统既能增加汽车的附加值，又可以提升品牌汽车的竞争力。国际主流汽车厂商，如丰田、本田、日产、通用、大众等都已经在中国市场投放了导航车型，而加装车载导航也成为以4S店为首的汽车经销商提升汽车附加值和产品促销的重要手段，这些市场推广行为极大地提升了车载导航的新车装配率，国内车载导航市场面临巨大的市场机遇。

随着消费属性的变化，我国汽车逐渐演变成普通的代步工具、交通工具。和世界其他国家相比，无论是汽车销售量绝对值还是增长速度，中国均遥遥领先。我国汽车工业以超过10%的年增长率持续稳定增长，2013年，我国全年累计生产和销售汽车2211.68万辆和2198.41万辆，同比增长14.76%和13.87%，比2012年的增长率分别提高10.2和9.6个百分点。其中，乘用车产销量分别为1808.52万辆和1792.89万辆，同比增长16.50%和15.71%。数据显示，截至2013年年底，全国机动车保有量达2.5亿辆，其中，汽车达1.37亿辆，已经步入"汽车社会"。伴随着交通设施和路途环境的改进，有车族进行中短途的商业旅行和假日旅游已经司空见惯；而车载导航系统更是可以为私人载货汽车车主提供丰富的增值服务，我国的保有汽车也将为车载导航产品带来巨大的存量市场空间。汽车工业的强劲发展，尤其是乘用车销售的持续增长，为车载导航产业的发展奠定了坚实的基础。

随着导航卫星、车载导航设备商用化应用环境及卫星导航应用标准的成熟，车载导航市场拓展速度将迅速加快，而我国车载导航市场仍处于市场发展初期，发展空间巨大。

我国汽车导航市场尚处于市场初期阶段，目前已配置汽车导航产品的汽车多为新车，而我国大量的存量汽车对汽车导航产品的需求刚刚起步。

我国可穿戴市场前景广阔，市场需求量大。国内的巨头企业华为、小米等均进入可穿戴设备领域。2012年中国可穿戴设备市场各种设备出货量达到230万部，市场规模达到6.1亿元，2015年中国可穿戴设备市场出货量将超过4000万部，市场规模达到114.9亿元。

可穿戴设备是移动终端的另一种表现形式，目前市场上主要的可穿戴产品形态各异，主要包括：智能眼镜、智能手表、智能腕带、智能跑鞋、智能戒指、智能臂环、智能腰带、智能头盔和智能纽扣等。

国内可穿戴设备主要有以下几个发展趋势：①关注设计。只有在设计上下功夫，才能建立起消费者和产品之间的情感纽带。这是国内设备与国外设备的最大差距。②打造全服务平台。可穿戴设备不仅局限于软硬件的综合体，成功的可穿戴设备是基于硬件、数据传输、数据分析和数据反馈形成的全方位服务平台。对于设备商而言，硬件销售不再是盈利的唯一来源，以往单纯的硬件设备和模式化的数据分析，没办法满足可穿戴时代的要求的。设备厂商应该更关注让用户认可服务、提供持续数据，并根据数据给出个性化建议，这样才能获得持续的收益。③鼓励创新。在谷歌、苹果、微软等巨头已经做好大量前瞻和框架工作后,目前国内推出的部分可穿戴设备是在其基础上顺势而为,不过是在一些小细节上做了"微调"。国内的可穿戴设备能够进行市场推广并产生商业效益的产品较少,缺少颠覆性的创新。④注重安全。可穿戴设备需要系统地实施信息安全保护,最好不要随意接入陌生网络,若接入则需要认证,同时,可穿戴设备必须通过各种形式提醒用户,使用户有自由选择的权力。此外,我们还需要有可靠的加密认证方式,以防止丢失和被借用时内容不被第三者获知。

2 陕西省信息产业发展现状及趋势

2.1 产业现状及社会需求

2.1.1 半导体照明产业

目前陕西省的LED芯片研发和生产已居全国领先水平,每年的产值以20%～30%的增速在发展,基本形成了涵盖外延片、芯片、封装、应用和生产装备较为完整的产业链。陕西省LED产业目前拥有相关企业60多家,产值已经超过50亿元的规模,形成了以大集团引领的LED产业发展方向,今后陕西省将通过LED应用与引领作为主导,加大对产业的支持,逐渐使陕西省的产业规模进一步增强。

随着全球"禁白令"的实施,LED市场潜在需求大幅增长,加之LED照明产品价格战的爆发蔓延,LED照明普及得到了飞速的发展,全球的渗透率也迅速提升。进入新的时代,随着人们生活水平不断提高,仅仅是照明已经不能满足人类的需求,还要满足社会的发展和商业竞争的需求。对城市建筑物和公共空间,如城市广场、商业文化街、旅游景观、纪念性建筑、历史建筑、文化建筑,主要的政府办公建筑及交通建筑等,设计和实施LED亮化工程,配以先进的泛光照明设备,展示其夜间丰富多彩、层次清晰、特色鲜明的光形象,建成一些品位高、质量好、与城市形象相适应的光环境场所,可以很好地烘托城市中心区域庄重、亲切、优雅的格调,使城市具有更强的时代感,从而增加城市空间的吸引力,充分表现城市环境文化信息及其建筑美学。所以,利用照明来改善城市夜景观,会对发展城市的旅游观光业、改善居住环境等产生积极的影响,它会给城市带来很大的社会效益。LED亮化工程的建设使城市时代感浓烈,街道变得壮观,商业街的商机被推动。市民在焕然一新的商业街购买到喜爱的商品,到商业街消费的人群将成比例增长,从而使商家的营业额增长,国家税收增收,市场经济就更加繁荣。

但是,陕西省在半导体照明产业规模方面,和国内优势产业基地尚有较大的差距,在普通照明方面的国内外市场份额很小,这就决定陕西省在未来需要以科研优势为基础,以技术提升和技术综合解决方案提供为目标,在差异化发展方面寻求出路。

为此,陕西省企业已经在新的产品领域进行了探索和突破。紫外LED芯片是目前全球LED芯片制造中的尖端技术,陕西省的西安中为光电科技有限公司在2011年年底依托西安电子科技大学国家级重点实验室的研发团队,攻克了芯片研发生产的技术难题,实现了紫外LED器件的产品化,打破国际厂商的技术壁垒,并成为华南、华东多家光电企业的优选供应商。

随着紫外 LED 芯片的批量投产，以工业应用为主的紫外 LED 产业链也在陕西省逐步延伸，初步形成了包含紫外 LED 芯片、封装器件、光源模组、紫外相关测试设备较为完善的产业链，相关企业的市场份额和产值有较大幅度提升。

2.1.2 太阳能光伏产业

据陕西省太阳能光伏产业联盟不完全统计，陕西省从事光伏产业的相关企业单位已达 92 家，已经形成了覆盖多晶硅生产、单晶硅棒拉制、多晶硅铸锭、硅片制造（切片）、电池片生产、光伏组件制造及系统集成和终端产品生产的完整光伏产业主链；同时，生产 EVA 胶膜、光伏银浆铝浆、光伏焊带、石英坩埚、石墨热复合材料的几家配套辅料企业在过去的一年里也崭露头角，为陕西省着力打造光伏辅链，实现光伏辅料的本地配给打下了基础。欧洲最大的光伏产品系统采购商西班牙福能集团已将中国的采购中心设在陕西，为陕西光伏产品与欧洲市场对接出口提供了平台。

陕西的光伏产业经过 2009 年起步发展，现有各类光伏产业企业近百家，主要分布在西安、商洛、咸阳、渭南等地，累计固定资产投资 145 亿元。陕西省光伏产业布局较为合理，发展基础和条件较好，光伏产业链非常完整，多晶硅材料制造、硅片加工、太阳能电池、太阳能电池组件、光伏系统（电站）五大组块都有涉及。经过近几年的快速发展，陕西光伏产业发展整体的产能已经处于全国第二梯队，与江苏、河北、江西等省的差距并不大。

陕西具有发展太阳能光伏产业和推广光伏应用示范的集成优势，突出表现在陕西的传统能源、优质矿产资源、装备制造业能力、科技优势和丰富的人力资源、充足的阳光资源相互结合方面。

①在传统能源方面，陕西省有丰富的电力资源。可以充分保障多晶硅材料生产加工等用电量较大生产企业需求。陕西省已查明矿产资源储量的品种多达 93 种，矿区 726 处，潜在总值超过 42 万亿元，约占全国总量的 1/3。陕北蕴藏优质盐、煤、石油、天然气等矿产；关中有煤、钼、金、非金属建材、地热等矿产；陕南有贵金属、有色金属、黑色金属及各类非金属矿产。太阳能光伏产业发展所需的相关金属、化工等原料都能在省内实现配给。

②在硅矿资源方面，陕西省商洛、汉中、安康的硅矿储量超过 3 亿 t。其中，商南县拥有全国品位最好的优质硅石资源，SiO_2 一般品位高达 99% 以上，最高可达 99.99%，远景储量 2800 万 t 以上。优质硅矿石中硼、磷、镁含量较低，可有效满足冶金法提纯太阳能级多晶硅的要求。

③在装备制造业方面，陕西省是传统装备制造、化工、冶金的产业基地，具有专用电子设备制造技术优势。我国第一台单晶硅拉制炉就是西安理工大学在 20 世纪 60 年代制造的。其核心产品单晶炉在业内已具有较大的市场占有率。汉江机床厂已成功研制出导丝辊磨床和数控多线硅切割机，有望替代单晶硅深加工关键成套进口设备。陕西电子信息集团西北机器有限公司（第 709 厂）是我国最早的半导体设备专业厂，凭借多年研制微电子工艺设备、半导体材料加工设备经验，加大了光伏相关设备的开发生产。

④在科技、人才方面，陕西省的西安交通大学、西安电子科技大学、西安理工大学、西安工业大学等高校设有与太阳能光伏产业相关的学科和专业，在微电子学（半导体）、光信息科学与技术、材料物理、应用物理学、材料化学、电子封装 6 个与太阳能光伏产业相关核

心专业招生。另外，西安航天技工学校等职业学校设有光伏材料加工与应用技术等相关专业，能够培养在太阳能光伏系统及相关领域从事系统安装与维护、生产运行、技术管理、产品检测与质量控制等工作的应用性专门人才。

2.1.3 电子元器件产业

陕西是我国第一军品电子大省，西安是全国重要的基础电子装备基地，陕西省电子元器件产业经过多年的发展，在保障国家重点项目、提高自主创新能力、扩大产业规模、体现产业聚集方面均取得突破性进展。

陕西省基础的电子元器件生产集中在大型国有企业，产品中的电连接器、厚膜混合集成电路、高精度电位器和云母电容器产品，在行业内具有重要的地位。新型产品中的滤波器、超声电机等产品也为国家重点项目提供了有力的保障。产品广泛应用于航空、航天、船舶、电子制造等领域。

陕西省的电子元器件产业，具有产品品质高、保障能力强的特点。但同时，也存在规模效益差，民品市场竞争能力弱的缺点。为解决这一困境，陕西省各个骨干企业在建设国家工程研究中心、国家认可实验室和国家级产业技术孵化器方面进行了大力发展，并在国家级技术改造项目和宇高级生产线建设方面进行了有力的推进。这些项目的建设，为陕西省技术和产业的结合提供了平台支持，在新技术应用和新产品开发方面，取得了可喜的进步。

2.1.4 软件产业

陕西省的软件产业是以应用软件开发和系统集成为主体的产业群体，现有软件企业480余家，从业人员3万余人，专门从事应用软件产品开发生产的纯软件企业，约占整个软件企业的65%。有9家企业年收入超亿元，100家企业年收入超过千万元，1/2的企业年收入增长速度在60%以上。

西安作为西部大开发的桥头堡，依托雄厚的工业基础、丰富的人才优势、强大的科技实力，成为中国最重要的信息产业基地之一，西安地区聚集了陕西省96%以上的软件产业。

陕西在软件及相关专业教育方面具有极大的比较优势。目前，拥有众多的国内外知名国家高等院校，全国第一的民办学校及蓬勃发展的社会培训机构，使得陕西成为中国国家级教育基地、人才与智力资源中心、知识和人才的生产基地。其中西安交通大学、西北工业大学、西安电子科技大学的软件相关专业建设在国内具有很高的知名度，并且在国家针对专门人才培养的改革方案出台后，为培养国际化、专业化软件人才，西安交通大学、西北工业大学和西安电子科技大学相继成立国家软件示范学院，成为继北京、上海之后国家级软件示范学院最多的城市；而西北大学则设立了陕西省级的软件示范学院，形成了对国家级软件示范学院的补充。陕西拥有3万名软件开发人员组成的庞大的软件开发服务队伍，其中软件专业人员1.8万名，居全国第53位。每年约有6000多名计算机及相关专业的本科生和1000多名硕士生和博士生毕业，丰富的人才智力资源不断充实软件人才队伍。此外，软件开发费用相对较低及西部地区廉价的劳动资源，构成了陕西人才成本优势。

陕西软件产业集聚度很高。目前陕西96%的软件企业都集中在西安，西安是全国4家国家级软件产业"双基地"之一。西安软件园已被确定为11个国家级软件产业基地之一,吸引着省内外优秀企业、优势项目和资金、人才等资源向基地集聚。通过集群化发展,西安软件园凭借优惠的政策、雄厚的科技实力、充足的人才资源、良好的产业氛围为国内外软件企业提供了一流的发展空间。目前,已有 Intel、SPSS、Sybase、应用材料、安捷伦、ThoughtWorks、InterVideo、Fujitsu、NEC、用友、NTS、NTTDATA、FTS、Sorun、NORTEL、Platform 等国际著名软件公司纷纷入驻,随着立新国际、台湾经茂、研华科技、凌安电脑、无敌科技等我国台湾企业的落户,形成了软件企业的聚集地。同时也带动了一大批如西安大唐电信、大唐移动西安公司、中兴通讯西安研究所、华为西安研究所、联众世界等国内知名公司入驻。

陕西省已拥有相当数量的有一定技术水平、市场及规模的软件企业,部分企业在某些行业和方向有一定的优势,成为陕西省软件产业发展的基础和生力军。截至目前陕西省软件企业已达 500 多家,其中收入 300 万元以上的就有 200 多家,有 5 家销售收入已过亿元,上市公司 2 家,列为国家重点软件企业 3 家,通过"双软"认定的企业 222 家。一批成长性特别好的企业已成为陕西软件产业的支柱,并有望成为西安软件产业和全国行业应用软件的龙头企业,如博通资讯、侏罗纪、利达电力、西工大金叶软件、交大长天软件、协同软件、未来国际软件、毕特思为软件、通视数据等。

陕西本地软件具有较高的技术创新能力,陕西省已有软件产品 800 余种,通过认定登记的产品 600 余种,有近 300 项软件产品取得著作权证书,是拥有自主知识产权产品较多的省份。产品技术覆盖面宽,应用领域广,适应市场需要,形成了一批有一定知名度的商品化软件产品和系统,特别是应用软件及系统有较强的优势,占西北市场 75% 以上,在环保、石油、电力、医疗等应用领域的市场占有率达 40% 以上。西安软件园和西安创新互联网企业孵化器的建立,也为陕西省软件的发展奠定了基础。自主研发的知识产品主要集中在信息安全整体解决方案、移动计算应用系列产品、远程教育软件、网络通信产品、嵌入式软件、企业咨询计划系统(ERP)、客户关系管理系统(CRM)及图像处理、办公自动化中间产品等。如交大长天的环保监测系统、博通资讯的 ERP 资源制造系统、协同软件的智能建筑管理、西部世纪的柔性 ERP 企业资源管理系统、思维公司的房地产交易软件、通视公司的绿色出版系统等都在相关领域内形成了一定的知名度并占有较大的市场份额,其中思维房地产软件已经占领国内 90% 的市场,艾瑞 POSMIS 系统用户分布全国 20 多个省市,博通资讯的 ERP 资源制造系统已开始向国外销售。陕西省软件产业上的科研实力还反映在其项目入选国家各类计划的数量上。

2.1.5 通信与移动终端

智能终端产业是陕西重点发展的战略性新兴产业,也是省会西安加快调整产业结构,促进工业"短板"突破的关键举措。在智能终端产业领域,西安高新区具有良好的产业发展基础。三星、中兴、华为、酷派等龙头企业纷纷落户西安高新区,设立研发基地和分支机构,对西安智能手机产业链产生了重要的辐射带动作用。中兴通讯智能终端生产项目 2014 年 7 月 25 日落户高新区,6 个多月即宣告投产;项目一期年产能达 1500 万部,产值约 100 亿元;同时启动二期,3 年左右将达成 4500 万部 / 年的产能规模,产值约为 300 亿元。这不仅标志着西安高新区已经形成完整的智能手机产业链,也标志着西安高新区打造千亿元智能终端产业逐步形成龙头企业引领发展态势。在未来的发展中,高新区将通过 3~5 年的快速发展建立智能手机产业链,着力打造智能手机产业的高端企业聚集区、前沿技术创新集中区和制造研发一体化区,使西安及高新区成为世界最重要的智能手机产业聚集地之一。最终达到年生产 2 亿部手机,产值 2000 亿元以上,力争占有中国智能手机市场份额的 30%,占有全球智能手机市场份额的 15%,每年新增就业人口 5 万人。

陕西手机市场发展迅猛,截至 2013 年年底,陕西省手机网民规模达到 1402 万人,手机网民占到陕西省整体网民的 83%。截至 2013 年 12 月,陕西省网民规模达到 1689 万人,网民普及率为 45%,比 2012 年提高了 3.5 个百分点;网民人数年增长 138 万人,年增长率 8.9%。手机网民的增加对于手机需求量有极大推动。

陕西省汽车数量增加迅猛,陕西省汽车保有量逐年增加,仅西安市到 2014 年 7 月 3 日机动车保有量突破 200 万辆。西安市机动车从 100 万辆增加到 200 万辆仅用了 4 年时间。汽车数量的增多对带动车载终端的需求量具有直接的作用。汽车导航工业也蓬勃发展,拥有陕西导航科技有限公司等一批企业,可以提供各种车型的 GPS 终端穿戴设备是近些年最新的高科技产品,具有极大的市场与需求量,将会对我们的生活、感知带来很大的转变,陕西省的市场发掘与开发具有巨大潜力,但目前陕西企业发展较为缓慢。

2.1.6 小结

总体上看,陕西省具备了发展战略性新兴产业的人才、技术、产业和环境优势,在技术研发、产品开发、市场开拓等方面均已全面起步,成为我国培育和发展战略性新兴产业的重要基地之一,也成为推动全省经济社会持续快速发展的重要增长极。

同时,在信息产业中高新技术企业的投资也连续增长,根据陕西省工信厅统计结果显示,2014 年以来陕西省高新技术产业投资小幅增长。其中,移动通信终端设备制造业完成投资 1.73 亿元,同比增长 2.1 倍,其他电子设备制造业完成投资 1.35 亿元,同比增长 7.5 倍,应用软件服务业完成投资 1.8 亿元,半导体分立器件制造业完成投资 1.08 亿元。

但与陕西所具有的科技优势和产业基础相比,还显得不够相称;与经济发达省份掀起新一轮发展新兴产业的大潮相比,还有较大差距;与国家对培育和发展战略性新兴产业的要求相比,处在初级发展阶段,还有很大的上升空间。

2.2 技术水平

西安市具有从事半导体照明材料、芯片、设备研制与生产、封装、测试及应用的完整产业链,加速半导体照明的应用,有利于形成研发、设计、制造、应用等互动协调发展的产业格局,进一步完善西安半导体照明产业链,突显技术实力和特色,提升城市产业竞争力,形成新的经济增长点,从而加快西安并带动西北地区半导体相关产业集群的形成。

西安市在半导体照明领域的上、中、下游已经聚集了一批拥有自主知识产权核心技术的企业和科研单位。发展半导体照明产业,对带动西安航空航天、太阳能光伏、电子信息、汽车电子等领域均可起到重要的带动作用。通过实施示范工程,可加速技术转移步伐,促进产学研用紧密结合,推动半导体照明产业快速成长,实现半导体照明产业由技术优势转化为产品和市场优势,从而带动西安太阳能光伏与半导体照明配套产品的产业化和市场化。

陕西省电子信息集团光伏产品覆盖了整个光伏产业链，从上游的硅片到中游的电池片及组件，直至最终的光伏电站的建设。在定边、靖边等地已建成多个并网光伏电站，装机量共计130MW（陕西光伏榆林靖边20MW、陕西光伏榆林定边50MW、黄河光伏榆林定边50MW、黄河光伏延安黄龙10MW）。2014年计划开建并网光伏电站380MW（长岭光伏榆林定边200MW、黄河光伏榆林横山150MW、陕西光伏榆林靖边30MW）。

隆基硅以"降成本提效率"为目标，于2013年年底，在西安总部建成行业内最大的技术研发中心，致力于从创新技术提高企业核心竞争力，2014年计划将P形单晶硅片转换效率提高至20%、N形单晶硅片转换效率提高至22%，单片成本降到6元/片，力争实现产能再翻一番，单晶硅片产能达到3GW。

特变电工西安电气科技有限公司是一家专业从事光伏并网逆变器的研发制造企业，年产能达1.5GW。公司通过自主创新形成了3～1250kW全系列并网逆变器的生产能力，产品可应用于大型地面电站及分布式电站，公司整体运行业绩已突破2GW。

振发新能源是一家光伏电站运营企业，2013年进入陕西市场，在国内已经投资建设2000MW光伏电站，其中在陕西定边已建成并网50MW光伏电站。

合容电气是一家主要以电容器、电抗器、SVC、SVG及高低压无功补偿设备为主导产品的企业，这些产品作为光伏电站的辅助设备，是建设中不可或缺的产品。2014年，合容电气计划销售额达5亿元。

总投资70亿美元的中国最大单笔外商投资项目，三星（中国）半导体有限公司在陕西西安正式投产，该工厂将生产世界上最新型的10nm级闪存芯片，这座世界上最先进的半导体工厂将对中国半导体行业的发展产生重要的引领作用。

美光半导体（西安）有限责任公司是美光科技在西安高新区新设立的外商独资企业，是目前陕西省最大的外商投资企业之一，公司的主要业务是集成电路封装测试和内存模块装配。自2005年9月落户西安以来，保持了又好又快的发展，先后4次增资扩容，总投资额已超过10亿美元，2013年西安美光进出口总额超过70亿美元，占全省比重达到37%以上，为西安加快发展外向型经济做出了重大贡献。2014年12月美光科技有限公司与中国台湾力成科技公司共同投资2.5亿美元在西安高新区设立芯片封装厂，形成每月2800万片半导体模块封装、60万块固态硬盘测试封装的能力。

2014年6月，我国最大的卫星有效载荷研制和产业化项目在西安航天基地正式建成，项目所属的中国空间技术研究院西安分院也建成入驻卫星应用系统天线及电子装备产业基地，主要产业项目有卫星应用系统天线及电子装备研制、生产和服务，星载天线及复合材料应用、高频微波器件、基站通信等。

2012年3月4日，中国电子科技集团公司与陕西省人民政府签署战略合作框架协议，共同在西安高新区草堂科技产业基地建设中国电科西安电子信息产业园（以下简称产业园）。产业园占地200万平方米（其中产业用地140万平方米，生活用地60万平方米），计划总投资103.8亿元。建设4个产业基地，重点发展北斗应用、通用航空、先进装备制造、软件与信息服务等产业，并积极开拓智慧城市、平安城市、能源电子、物联网等领域。

华天科技(西安)有限公司是专业从事集成电路高端封装测试的企业。注册资本51 100万元，占地面积10.8万平方米，地处古城西安的国家级经济技术开发区。公司具有封装测试10亿块 TSSOP、QFN、DFN、BGA、FLIPCHIP 等系列集成电路的能力和月 1 万片的 CP 测试生产能力，公司以科技创新为先导，积极致力于集成电路高端封装技术的研发和 CSP 封装技术的开发。

陕西电子信息集团是陕西省委、省政府根据"大集团引领、大项目支撑、集群化推进、园区化承载"工业发展战略组建的大型企业集团，是陕西省发展电子信息产业的龙头企业，2014 年实现销售收入 134 亿元。在半导体功率器件发展方面，重点做好 VDMOS/IGBT 芯片项目、北斗卫星用户机核心芯片项目、功率半导体器件后部封装项目。

2.3 存在问题

电子信息产业是一个技术快速发展，需求不断变化的行业，在这样的技术和市场环境下，研究机构和企业自身转型升级的步伐一定要加快，否则将面临淘汰的危险。

在陕西省电子信息产业中存在下列问题：

①半导体照明行业，存在企业规模普遍偏小，产业集中度低、低水平重复建设的问题。同时，也缺乏完善的标准、检测和认证体系建设，服务支撑体系尚需完善。

半导体照明行业的竞争越来越激烈，企业首先要更加重视人才和技术的投入，掌握核心竞争力；其次，在产业结构调整的过程中应密切关注市场需求的变化，根据自身特点，找准定位，在一些细分市场中找商机，从趋势上看，LED 灯泡、灯管、MR16 等替代光源将会在未来 3～5 年快速发展，与此同时，各类室内灯具也将逐步采用 LED 光源，筒灯、平板灯、吸顶灯等室内灯具已陆续推开市场，未来有更多品种规格，室外路灯、隧道灯、投光灯随着技术的成熟，应用也会逐步扩大；最后，单纯拼价格绝不是企业长久生存之道，产品性能的持续提升需引起企业足够的重视。

②太阳能光伏产业，存在产业扶植政策缺乏、产业链发展不均衡和省内产业链各企业资源缺乏有效整合的问题。

由于光伏产业属于传统技术在近年来规模应用的新兴产业，行业的初期属于自由发展时期，陕西省的光伏企业大多数是在近期发展起来的，短期行为明显，需要政府的引导，上游企业还需要解决高能耗和高排放问题，环保和节能降耗任务艰巨。陕西省光伏产业链不同环节企业的准入门槛尚未出台，需要从核心技术、能耗、投资规模、环保要求等方面制定准入标准。

陕西省的光伏企业目前大多数停留在产业链的某一环节，主要集中在原材料——电池组件这个环节，企业集中分布在电池组件和应用产品制造这些技术含量相对较低的环节，从事成套光伏发电系统及工程服务环节的企业相对较少，整个产业链中没有企业能够向产业链上下游拓展，实现上下游的垂直整合。从全国来看，陕西太阳能光伏产业的下游加工企业规模较小，抵御风险的能力较弱，应用市场没有打开。

太阳能光伏产业，尤其是光伏上游产业属于资金密集型，具有高投入、高风险、回收周期长的特点。陕西属于经济欠发达地区，政府和企业能够投入的资金都非常有限。当前陕西的太阳能光伏产业发展尚处于市场驱动阶段，企业之间缺乏有效的沟通与协调机制，有限的产业资源和资金资源仍缺乏有效的优化组合利用，龙头企业的带动作用和整合作用尚未显现。

③电子元器件制造产业存在工艺设备落后、核心材料研究缺乏、基础投入不足的问题。

高端电子元器件和半导体制造工艺需要的设备大都要求先进的现代化设备，需要投入相当大的资金，而材料是元器件的重要基础，材料的特性直接影响元器件的性能参数。我国大多数设备都靠从国外进口，主要是硅工艺生产线，而硅材料已不能满足未来对微波功率器件的要求，新材料的制备需要新的生产线及新的工艺。

陕西省目前电子元器件产品适应市场能力差，整体竞争力较弱，面对瞬息万变的市场，和北上广深等地区相比，陕西电子信息产品结构调整缓慢，市场调适能力欠缺。近几年，全国电子信息产品中计算机与元器件比重大幅上升，而陕西省所占比重仍然较低，2014年集成电路产业销售仅占全国份额的8.25%；通用元器件生产能力富裕但传统产品较多，新型元器件与国内市场需求脱节，家电类产品中的笔记本电脑、数码相机等高端产品中的各类专用元器件，陕西没有份额。另外，名牌产品缺乏。陕西电子信息产业曾拥有过一批自己的名牌产品，但始终没有发展壮大起来，部分产品现在已经销声匿迹。

④陕西省电子信息行业企业存在自主创新能力薄弱和研发投入不足的问题。

陕西省是教育和科技资源大省，但雄厚的科技实力没有有效地转化为产业发展的驱动力。行业对省内科技与智力资源的发掘和整合力度不足。这使得陕西电子信息企业新产品开发投入较低，再创新投入严重不足。电子信息5个支柱行业整体研发投入较少，国有企业平均研发投入占销售收入比例只有4%，低于民营和外资企业。另外，电子信息行业中的人才结构也不尽合理。企业中能够占领科技与市场前沿、组织领导重大工程与攻关项目的技术带头人太少，高层次、复合型、德才兼备的企业管理人才比例非常低，特别是具备大公司经营才能、善于进行资本运作的国际化优秀企业家尤为匮乏。

⑤投融资市场机制不健全，资金瓶颈问题突出。

资金投入不足一直是制约陕西电子信息产业发展的一个重要原因。目前，省内绝大多数企业还是单纯依靠政府投资和银行贷款解决资金问题，由于融资渠道不畅，即便有良好的科技资源优势，但面对良好的发展机遇时，不能乘势而上，使得一些曾经在全国站位靠前的企业，逐步丧失了原有优势，这样的困境也反过来造成了企业科技投入不足的后果。

2.4 发展趋势

在上述的电子信息产业中，陕西省在3个行业里具备技术、产业和资源优势，可在未来技术突破的前提下实现科技和产业的高速发展。

2.4.1 半导体照明行业

在半导体照明方面，陕西省LED照明节能产业发展面临着重大历史机遇。一是陕西省城镇化进程不断加快，创造了巨大的市场空间。二是发展LED照明节能产业，转变发展方式及培育战略性新兴产业的现实选择。三是陕西省不断加大LED照明产品的应用推广力度，逐步扩大产品应用范围，市场规模日益扩大。LED不断平价化的趋势也让厂商不断探索降低成本并提升光效的方式，比如，采用无金线封装技术、免封装芯片、高光效倒装芯片、高集成度封装技术等。在光效不断提升、价格不断下降的基础上，LED 照明也将向着智能化、更节能、更普及的方向前进。

2.4.2 太阳能光伏行业

在能源危机的大背景下，光伏产业必然是未来我国能源的发展方向。尽管光伏行业当前面临产业结构调整，整体来看，并未影响行业的发展步伐。长期来看，中国如果不广泛应用太阳能光伏发电技术，经济发展所遇到的能源问题将会越来越严重，能源问题必定成为中国经济发展的巨大障碍。在广大的农村地区，随着能源问题的深入，其对新能源的需求必然逐渐加深，而随着光电材料的技术进步，发电成本将逐渐减少，届时借助国家的补助与推广，光伏产业将由农村向城市发展壮大，很大程度上缓解能源危机，为未来能源结构调整带来更多选择。

2.4.3 电子元器件行业

电子元器件方面，小型化、高集成度是衡量电子元器件发展水平的重要特征之一。对于发达国家（如美国、日本等）及发展中国家及地区（如亚太地区等），在电子元器件方面均已生产出相应的小型化产品。而我国电子元器件也正迅速向小型化、高集成度发展。

西安电子科技大学微电子学院、宽带隙半导体技术国家重点学科实验室提出，氮化物宽禁带半导体是实现大功率、高频率、高电压、高温和耐辐射电子元器件的一类理想材料，近年来，GaN 基高电子迁移率晶体管 HEMT 器件主要在微波功率和电力电子两个领域得到了快速发展，宽禁带半导体元器件未来的应用前景十分宽广。

随着航空航天的快速发展，用于宇航业的电子元器件也随之得到迅速发展，不仅宇航用电子元器件的需求量有较大的增长，同时电子元器件还提出更高性能的要求，如轻量化、抗辐射性等。

随着人们安全环保意识的加强，世界各国对安全电子元器件非常关注，在此背景下，绿色环保电子元器件制造业应运而生，开发安全环保的电子元器件直接决定着产品的市场份额及发展前景，从而为电子元器件制造业提出了更高的目标要求。

总体来说，陕西省培育和发展战略性新兴产业面临着一系列难得的发展机遇。一是国家培育和发展战略性新兴产业机遇，七大领域确定的重点行业大多是陕西省的优势产业，有望获得国家更多的政策支持。二是新一轮西部大开发战略深入实施机遇，深入实施西部大开发战略，将在西部建设国家能源和资源深加工、先进制造业、战略性新兴产业和服务业基地，这对于地处西部地区的陕西发展战略性新兴产业来说，无疑是一次难得的历史机遇。

3 陕西省"十三五"信息产业科技发展战略

3.1 发展思路

陕西省电子信息产业是一个以国有大型企业为主体，军民结合为特点的产业。在这样的形势下，总体的发展思路如下：

在产业基础方面，坚持"以军工为根本，以民品求发展"的发展思路，坚持"多元化、专业化"的协同发展模式；坚持内涵式发展方式，主要依靠科技进步、管理创新和劳动者素质提升推动产业持续健康发展；模式从生产制造型逐步转为制造服务型，产品从推销型转向营销型，从区域发展走向国际化发展，从"单体"作战转向"协同"作战，走向价值链高端。

在科技创新支撑方面，依托陕西省高等院校和科研院所的智力资源，不断推进技术突破和技术的产业化应用，形成以科技创新驱动产业发展、产业发展促进科技创新的良性循环。要继续建立和完善创新体系建设，鼓励创新、勇于创新、善于创新、以创新带动进步，树立以创新促进发展的理念。

在科技投入方面，注重原始技术创新、应用技术创新和技术产业化的协调支持与发展。坚持在陕西省强势产业方面的科技创新做到"有所为"并重点支持，对陕西省关键的技术突破进行大力度的资金支持与政策扶持；在陕西省弱势行业方面"有所不为"但注重培育，对陕西省希望发展但目前尚无产业基础的原始技术创新给予足够的重视，并协调省内产业平台促进其产品化技术研发的推进。

3.2 发展目标

半导体照明方面，需要整合省内优势资源，在特种光源方面取得创新突破。主要从紫外工业光源、车用光源、太阳能 LED 结合光源等方面进行系统性的研究和突破。注重半导体照明配套产业的突破，在光电测试器件、测试方法、测试设备及相关的设备技术、自动控制技术等领域进行产业级技术的研究开发，力争在半导体光电元器件测试设备方面取得突破。

太阳能光伏产业方面，在"十三五"期间，积极开拓分布式光伏电站关键技术的协同创新，积极建设省级光伏检测及研发中心，为光伏产业的进一步发展奠定基础。配合半导体照明和电池行业的发展，进行分布式发电、高密度储能和半导体照明联合应用技术的研发。配合移动终端和可穿戴设备的发展，进行便携式、智能化小型太阳能电池组件和应用产品的研究和开发。

电子材料与元器件方面，巩固在电子元器件行业的优势地位，对电连接器、厚膜混合集成电路、电子浆料、玻璃釉电位器等方面的新产品和新技术进行重点发展，加大新型电子元器件和电子材料技术进步的力度，在技术进步的基础上培育 2～3 个产品成为国内具有明显优势的产品。积极开展氮氧化物传感器技术及纳米技术的研究开发，实现新产品和新材料领域的突破。在平台建设方面，加强国家强基工程、宇航级生产线建设、技术改造项目的建设，为科研和产业化搭建坚实的平台。

通信方面，"十三五"期间，保持短波通信国内领先，超短波和卫星通信及 RFID、通信车业务发展大突破，在短波数据传输和组网技术、超短波数据传输和组网技术、救生定向技术实现新的突破,构建通信业务发展核心技术优势。掌握并应用到实际的机（车）内通信技术、系统集成相关技术、数字集群通信技术、通信抗干扰技术、数据链技术、图像传输技术、软件无线电技术、车载通信系统设计技术、空间有源降噪技术和智能天线技术等关键技术，增强通信业务发展竞争优势。移动终端方面，促成省内企业的协同创新，实现自通信芯片设计、智能手机芯片设计、智能手机软件设计、手机工业设计等高附加值产业的技术突破。

同时，在"十三五"期间，积极迎接工业 4.0 浪潮带来的在智能制造、智能物流等方面的挑战，利用陕西省在电子科学技术的雄厚研发和工业能力，建立以大数据处理、智能传感网、移动终端等为重点突破口的产学研体系。

3.3　重点任务

半导体照明方面，针对陕西省半导体照明领域产业规模小，但技术开发实力较强的特点，在特种光源和紫外光源方面进行研究开发，实现差异化发展。以与陕重和特种车辆应用合作为基础，开发车用光源产品；以紫外固化应用为基础，开发紫外工业光源模组；以陕西省农业示范区和中医药基地的功能照明应用为基础，开发半导体照明在农业和中药材领域的应用。

光伏产业方面，"十三五"期间，重点围绕光伏、光热、预热发电、微网技术的研究开发，涉及油田、炼油化工、化肥、煤化工、装备制造、农业光伏、建筑、交通领域，进一步进行分布式光伏电站关键技术的协同创新。并结合油田矿山等特殊应用，扩大分布式光伏项目在省内的布局，满足油田、采气、矿山和管道运输等领域的工业用电、照明用电等需求。积极发展城市光电建筑一体化关键技术，利用省内政府办公大楼、图书馆、火车站、飞机场等大型公共建筑屋面，以及城市公共区域照明等区域，改造安装太阳能发电系统，在提供绿色电力的同时，建设绿色建筑，发挥示范作用。针对陕西省高速公路服务区及加油站分布广、光照好的特点，研究开发并建设太阳能光伏补充及备用发电系统。

电子元器件产业方面，积极进行产业技术和工艺研究开发，通过提高工艺手段及自动化生产水平提升产品的质量水平和生产效率，将产品的技术优势转为生产优势、市场占有率优势，将优势产品真正转化为占有绝对市场份额的国内一流产品。跟踪、研究、适当时机实施MEMS、LTCC 等电子元器件主流技术改造，加强电子元器件新工艺、新技术、新材料的研究，提升公司电子元器件技术水平。其中，在电连接器方面，巩固和发展在射频电连接器和军品上的优势，形成在技术和规模上真正的龙头地位，加快发展低频电连接器，将低频电连接器的技术水平、产业规模、生产手段提高到国内领先水平，切实重视光纤连接器产业的重大历史发展机遇，做好光纤连接器的技术开发和产业应用推广。在高端电位器的发展方向是高可靠、高精度、长寿命、片式化、小型化、复合化，由此确定的重点发展门类有导电塑料电位器、片式电位器、复合电位器、光电编码器、数字电位器等。在高品质电容器方面，加紧云母电容器小型化、片式化的研制速度。

3.4　重点研发项目（产品）

在太阳能光伏和半导体照明领域，做好如下新产品的开发：
① GaN 基大功率紫外 LED 技术的进一步研究；
② 工业用紫外光源模组技术和产品的研究开发；
③ 紫外探测器与测试模组的开发项目；
④ 产业级紫外光学测试方法和测试设备的研究开发；

⑤含紫外成分的植物生长灯和人工太阳产品的研究开发。

在电子材料与元器件产业，发挥传统优势产品，做好如下项目和产品：

①连接器及电缆组件产业化技术升级项目；

②片式云母电容器生产技术开发与生产线升级建设项目；

③片式元器件及太阳能光伏用高端电子浆料技术开发与产业化建设项目；

④新型电子元器件和电子材料检验检测公共服务平台项目；

⑤新型电子元器件和电子材料国家地方联合工程研究中心创新能力建设项目。

在电子材料和元器件的新技术和新产品方面，做好如下项目产品：

①超声电机的产业化技术研究与实施；

② 4G 无线移动通信基站用功率厚膜电路产业化；

③环境监测用高性能氮氧化物传感器研制；

④汽车电子和传感器研究开发项目；

⑤ MEMS、LTCC 技术研究项目。

3.5 前沿技术

（1）紫外 LED 技术

半导体照明领域中，蓝光和白光 LED 的技术进步，促成了紫外 LED 技术的提升，紫外 LED（UVLED）被认为是 LED 继白光之后又一应用新大陆，前景十分乐观。

陕西省西安电子科技大学和西安中为光电科技有限公司在紫外 LED 技术的研究开发和产业化方面，处于国内领先地位。

紫外 LED 的应用，总体有如下两个细分领域：

一是 365nm 以上波长的紫外 LED 产品在各个工农业领域的应用。这部分应用主要利用紫外的荧光、固化、高能光子的能量效果，广泛应用于电子产品制造、集成电路制造、印刷、3D 打印、农业照明、生物监测、真伪鉴别等领域。其主要产品是各类工业用紫外光源、植物照明灯具、紫外荧光光源与测试设备等。

二是 300nm 以下波长的紫外 LED 产品在灭菌、消毒领域的应用。这部分应用主要利用极高能量的光子，破坏蛋白质结构，直接对各类微生物进行物理杀灭，广泛应用于医疗、水净化、空气消毒、疫情防控等领域。其典型产品为水消毒设备、空气杀菌设备等。

传统的紫外光源，绝大部分使用汞激发的各类灯具，具有低效率、高污染、有毒害的问题，而紫外 LED 可以完全避免这些问题。但紫外 LED 具有较高的技术门槛，特别是 300nm 以下波长的深紫外 LED，其生长方法、专用设备都与传统 MOCVD 方法有很大的差异。陕西省在这一领域的突破已经奠定了技术和产业发展的基础。

据数据统计，2014 年整体 UV（紫外线）市场规模达到 8.15 亿美元，其中 UV LED 产值为 1.22 亿美元，占整体 UV 市场比率达 15%。

与 LED 照明替换传统照明一样，UV LED 也会在未来逐步替代传统的紫外光源。此前，医疗使用的高压汞灯曾在医用消毒、公共卫生等领域大规模使用，在这些领域，UV LED 有自己发展的空间。目前 UV LED 的功能包括了洁净水类杀菌，如饮用水杀菌、鱼缸杀菌及饮水器具杀菌灯；空气类杀菌则会应用在空调、加湿器、空气净化器和 UV 光触媒净化器等产品上，以及食品无菌加工包装、餐饮及物体表面杀菌，如冰箱、消毒柜等家电。值得肯定的是，UV LED 已经拓展出比高压汞灯紫外更广阔的用途和市场。可以推测的是，无论是技术还是商业模式，UV LED 正在静待市场爆发。在工业应用领域，以紫外 LED 为光源的印刷机、曝光机、喷绘机、PCB 印制机已经逐步进入市场。

综上所述，紫外 LED 是陕西省具有明显技术优势的新兴市场，在已有的领先管芯技术的条件下，应在下一阶段着力支持紫外光源模组和应用产品的研究开发，在传统的半导体照明中开辟出新的细分优势领域。

（2）农业照明技术

农业照明作为 LED 照明的一个重要细分领域，其未来市场空间不容小觑。多位来自半导体照明产业专家、农业专家均表示，智能化照明与光环节精准调控是现代设施农业科技发展的必然趋势，LED 农业照明或将成为现代设施农业的新一代人工光源。

随着现代化农业不断发展，农业照明的需求正在不断扩大，随之而来的是耗电量的大幅增加。这不仅向传统农业照明灯具技术提出挑战，也为新型农业照明灯具的开发与应用提供了非常好的机遇。

从全球市场来说，农业照明灯具的销售市场主要集中在日本、韩国、美国、欧洲等从事农业人员较少的国家和地区。目前，国外已经有很多 LED 植物工厂可以实现植物批量化生产。

据一份全球领域的行业调查，全球 LED 植物生长灯产值从 2013 年开始呈现高速成长，2017 年有望达到 3 亿美元。一些国际巨头纷纷加大了对 LED 植物工厂的创新投入。

不仅是国外照明企业，国内照明市场也刮起了一股"植物风"。据了解，我国目前的 LED 植物照明业以 20% 的市场增长率快速成长，且 50% 以上的 LED 照明企业都在做 LED 植物照明相关研发。最近 10 年来，我国设施园艺面积发展迅速，植物生长的光环境控制技术已经引起重视。山东、江苏、浙江、河南等一带的大棚种植、花卉行业发展已相当成熟，由此可见 LED 植物灯有很大的市场潜力。

虽然其发展前景被看好，但是 LED 植物灯市场还处于起步阶段，应用在植物生长领域还存在成本较高、光穿透能力不强等问题。农用照明灯具也存在着产品杂乱、生产设计不规范、缺乏统一的产品标准和质量管理等问题。

除此之外，农业照明最大的难点是如何将生产出来的产品进行应用和推广，因为 LED 植物灯具需要结合每一种植物的生长特性及周期进行红蓝光组合的量身定制及相关的光学配比，在很多情况下只能根据客户的定制特性进行小规模生产。

为了解决上面的问题，国家应加大 LED 农业照明产品的研发力度，形成一批有国际先进水平的特色优势产品，培育一批有核心竞争力的科研院所和龙头骨干企业。在标准方面，应该从 LED 农业光源的研发与实际应用两个方面进行更多的调查研究，制定出有利于行业发展和产品开发的农业 LED 光源标准。

（3）宽禁带半导体技术

2015 年 1 月从中国宽禁带功率半导体产业联盟获悉，国家重大科技成果转化及山东省重点建设项目——山东天岳先进材料科技有限公司功能器材用碳化硅衬底项目顺利完工，其标志着我国已建成亚洲规模最大的宽禁带碳化硅半导体材料生产基地。宽禁带碳化硅半导体材料是第三代半导体核心材料，目前正在逐步取代硅晶等传统材料成为新一代高端半导体行业的主要生产材料。宽禁带碳化硅半导体材料广泛应用于半导体电力电子器件、微波器件、光电子器件、采油采矿产业及导航卫星中。

（4）电力电子器件技术

在全球电子电力技术发展十分迅速的大背景下，配电系统中已经越来越多的应用到了电子电力设备，这对于做好电能的质量控制工作是十分有利的。这几年来，一些发达国家已经相继提出了"用户电力技术"的概念，也就是说通过借助电力电子技术来做好电能质量的控制工作，并且保证供电的稳定性和可靠性。现阶段，已经成功开发出适用于配电系统的电子电力装置。

（5）生物电子及生物传感器技术

生物传感器是一个内容广泛、多学科介入和交叉的研究领域，我国生物传感器研究始于 20 世纪 80 年代初，其技术发展历程基本与国际上同步。据生物传感器领域最具权威的《Biosensors & Bioelectronics》杂志的统计数据表明，2008 年中国第一次取代了美国成为该杂志发表数量最多的一个国家，近十年来，有关酶电极的研究论文发表呈现逐年增长的趋势。我国在 20 世纪 80 年代初研制出了一批生物传感器分析仪器，最早的是葡萄糖分析仪，以后陆续研制成功 BOD、乳酸、谷氨酸、SPR 生物传感分析仪器及多指标血液分析、发酵在线检测等系列产品。其中商品化产品主要是手持式血糖仪和 SBA 酶电极分析仪。如何将大量的方法学研究成果转化成实际应用产品，实现我国从生物传感器研究大国向生物传感器制造强国的转变，特别是利用宽禁带半导体器件的超低噪声特性制备的生物传感器器件将在医疗诊断、分析和治疗等公共健康领域发挥重要作用，是日后我国生物传感器技术发展的重点。

（6）高压大功率器件

高压大功率电网新型 MMC-STATCOM 结构直流融冰装置研究关键技术在于应用耐压高、驱动功率小的电子注入增强栅晶体管作为功率子模块的开关器件，能够使装置容量得到更好的扩充，实现大电流的直流融冰和大功率的无功补偿功能。

（7）基于工业 4.0 智能制造的软件核心技术

新一代智能制造将引发工业 4.0 革命，其核心技术基于物联网和服务的智能环境发展。从 20 世纪 40 年代的一台大型计算机对应多个用户，发展到一个用户将对应多个计算机的模式，智能制造技术将带来革命性的工业变革，引发智能软件和移动终端爆炸式的增长和形态演进。软件核心技术包括智能制造下的多模式交互（语音/视觉、眼球跟踪、手势表情等方式的交互）；面向智慧工厂的室内精确定位技术；面向设计生产服务全流程的信息物理系统技术；制造环节的大数据挖掘和知识发现技术。

（8）智能移动终端技术

移动终端概念将扩展到更多的移动产品，智能产品的信息存储、传感和无线通信功能集成技术，以及能够对自身状态和环境进行检测的技术；面向智能生产的机器人技术和智能装配技术；智能物流、智能车间和智能物料管理中基于无线、RFID、传感器和服务的无线传感网架构技术；智慧工厂生产中的增强现实技术。

3.6 技术路线

陕西省信息产业综合技术路线如图 5-13 所示。

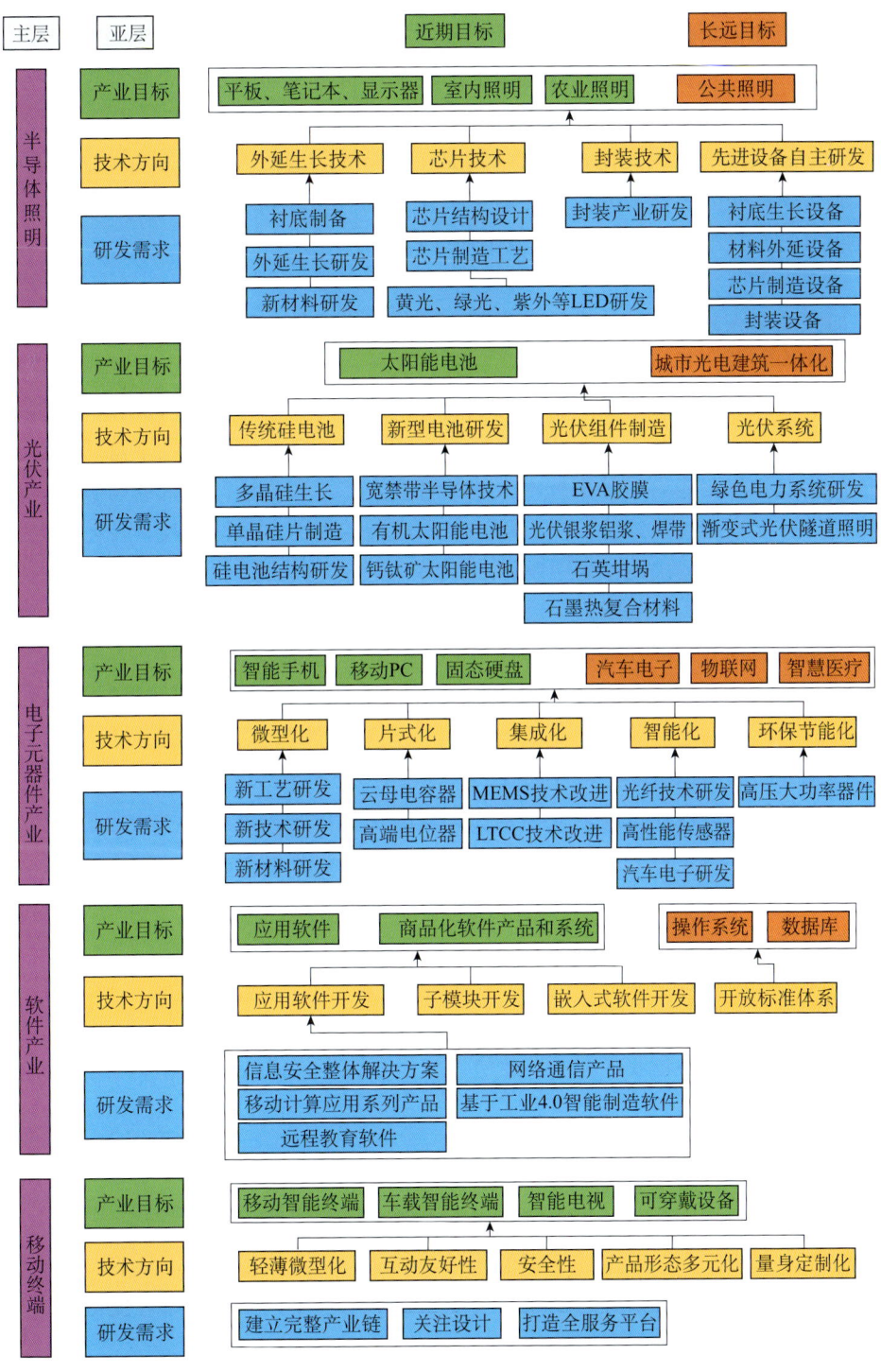

图 5-13　陕西省信息产业综合技术路线

4 实施措施及政策建议

4.1 实施措施

(1) 加大产业创新投入，加大新产品开发力度

电子信息产业，是技术和应用快速发展的产业，每一个新的创新思路都可能带来应用市场的快速变化，这样的变化可能是产品性能的提升，也可能是一种全新产品和全新行业的出现。

为应对信息产业的快速变化，需要以企业在市场导向上的敏感性为切入点，以市场变化为导向，加大新产品的开发力度。关注新技术在传统产品升级上的可能性，不断提升传统产品的竞争能力，不断用新产品逐步拓展新的市场领域。

(2) 加强人才队伍建设

着力加强高端人才、高技能人才和领军人才的引进及培养工作；倾力打造一批业务素质精良，知识结构完备，开拓创新能力较强，具备统领和驾驭全局能力、有卓越的竞争意识和市场意识的干部队伍；全力造就一批具有较高学术造诣和自主创新能力，在行业有重要影响的优秀科技专家；努力培养一批职业素养好，专业知识扎实，管理经验丰富，具有较强分析能力、执行能力和应变能力的骨干技术人才和管理人才；大力培育一批爱岗敬业，掌握现代制造技术，具有丰富的技能经验，具有解决技术难题的能力，身怀绝技、技艺精湛的优秀技能人才。逐步形成以高层次人才为引领，中青年领导干部为先锋，优秀科技人才、高技能人才、管理人才为骨干的核心人才队伍。

(3) 针对不同细分行业积极发展产业集群

电子信息产业内涵丰富，包含大量细分行业。从其产业链自基础原材料到器件、模块、整机装备，门类极为广泛。陕西省是我国雷达、通信、导航等信息领域关键装备的研发和制造大省，并拥有大量的相关配套企业。

针对这样的现状，应当以陕西省在信息领域的优势行业和重点关注的行业为核心，建立产业集群，促进集群内企业的产业链配合，使集群内企业在上下游产品配套、联合开发、设计协作、检测平台建设等方面进行优势互补，实现陕西省优势行业的产业链总体快速发展。

(4) 加强产学研结合协同创新

陕西省是科研资源大省，拥有大量的高等院校和研究院所，科研实力处于国内领先地位。以此为基础，以核心企业和核心研究机构为中心，建立协同创新中心，并以项目支持引导研究机构、高等院校和核心企业之间的产业协作和研究协作，促进产业创新链的发展。

4.2 政策建议

(1) 加强基础科技创新项目的支持

产品创新和基础创新，是产业发展的两个基础动力。产品创新注重新的产品功能或原有功能的加强与提升，但基础研究的创新，可能会在未来引发产品的革命性变化，这一点在手机和移动互联网领域已经有了明显的范例。

陕西省目前信息产业的科研项目通常以建设项目为主，针对基础研究的项目支持力度欠

缺。为此，在注重产业创新支持的基础上，以产业关键技术突破为目标，逐步加大基础研究的支持力度，特别是研究机构和企业的联合基础创新。以基础创新的突破寻求产品革命性的变化，拓展全新的市场领域，从根本上提升行业竞争能力。

(2) 加强对协同创新平台的支持和管理

建议有关部门搭建企业与院校交流的平台，通过研讨论坛等方式，加强企业与院校的沟通，通过多层面的双向交流，达到信息的交流与互动。促进产学结合，促进院校研究成果在企业的转化。以成立研究中心的模式加强产学结合，以学院的人才、科技优势和企业的研发及产业化优势，整合资源，构建以企业与高等院校为依托的产学研结合的研发共同体，以推进产品的研发和产业化。

(3) 对陕西省高水平科研项目的产业化提供政策和融资支持

陕西省是科研大省，在信息产业方面成果众多。但由于长久以来产学研的结合力度不够，我国科研成果转化的比例不高，成功范例也不多。

建议陕西省对信息产业新领域的高水平成果的应用开发和产业化进行支持，并且对不同类型的成果采用不同的支持方式，以利于在有限的扶持资金下实现更为广泛的产业突破。

建议在目前陕西省专家系统的基础上，对信息领域的细分行业专家进行分类，并组织用于评估和甄别项目成果的专家小组，对成果所处的阶段系统科学进行评估。对资金投入小，偏重于设计类的项目，由政府提供基础扶持资金并联合投资机构进行初期投入，促进项目的快速产品化。对资金投入大，偏重于产品生产和建设类的项目，由政府协调成果单位进行技术综合，力争在更大的平台上实现技术的协同和产业突破。

(4) 以政策规范研究人员介入产业的渠道

产学研的结合，协同创新的实现，人才是其中的关联纽带。而我国传统的人力资源管理办法对人员的流动有较大的束缚。陕西省已经发布了研究人员参与和开办高技术企业的相关政策，这种不利局面有了较大的改善，但仍需要进一步加强科研人员加入产业创新的政策支持力度。在注重引进人才的基础上，更加关注本土人才的培养和支持。

第六篇

陕西省"十三五"半导体与集成电路产业科技发展战略研究

组织单位：陕西省科学技术厅高新技术发展处
课题承担单位：陕西省半导体行业协会
课题负责人：何晓宁
课题组成员：张玉明　赵　城　高　博　刘　颖　刘崇权　周　刚
　　　　　　侯方昕

引　言

随着信息安全形势日益严峻，国家信息安全战略上升到了一个前所未有的高度，作为国家信息安全和电子信息行业的基础，集成电路产业的被关注度已经达到了前所未有的高度，集成电路国产化率的提升迫在眉睫。

2014年是我国集成电路产业发展的关键时期，国务院出台了《国家集成电路产业发展推进纲要》（以下简称《纲要》），作为今后一段时期指导我国集成电路产业发展的行动纲领，将为我国集成电路产业实现跨越式发展注入新的强大动力。《纲要》出台后，资本对集成电路产业的关注度将持续高涨，备受关注的国家集成电路产业投资基金已经落地，首批规模超过1200亿元人民币。北京、天津、安徽等地也纷纷推出地方集成电路扶持政策,设立产业投资基金。

陕西作为我国集成电路产业发展的重要地区，面对集成电路产业发展的重要机遇，必须科学判断并准确把握产业发展趋势，着力转变发展方式，以"应用牵引、创新驱动、协调推进、引领发展"为总体思路，努力提升产业核心竞争力，推动产业做大做强，实现集成电路产业持续、快速、健康发展。

1　国内外集成电路产业发展现状及趋势

1.1　国际集成电路产业发展现状及趋势

1.1.1　全球市场概况

2014年全球半导体市场仍保持增长势头，在移动互联市场等新兴市场带动处理器芯片、存储器芯片需求增加的推动下,世界半导体贸易统计组织(WSTS)统计(2015 年 2 月),2014 年全球半导体市场销售额为 3358 亿美元,同比增长 9.9%,如图 6-1 所示。

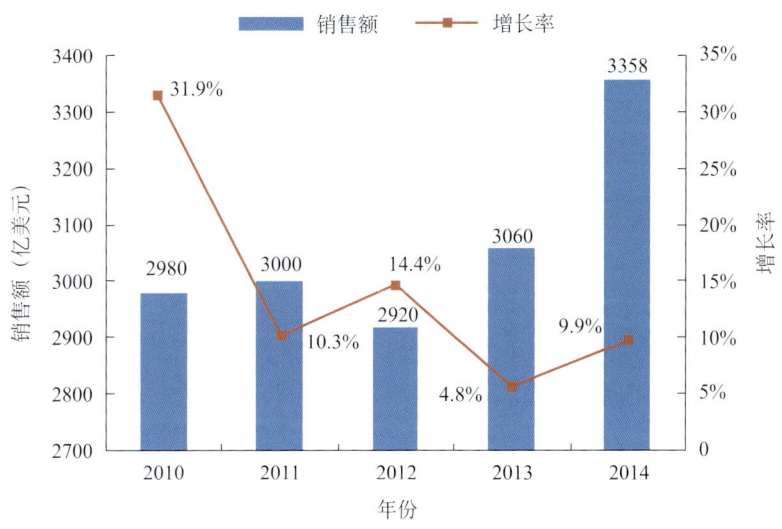

图 6-1　2010—2014 年全球半导体市场销售额及增长率

数据来源:WSTS。

1.1.2　现状特点

(1)集成电路是高投入的高新技术产业

根据 IC Insights 统计,2014 年集成电路研发费用排名居前 10 位的半导体厂,合计总研发费用高达 318 亿美元,较前一年度增长 11%。英特尔的研发费用约为 115 亿美元,占前 10 位研发总额的 36%,约占英特尔当年度营收的 22%。高通的研发费用投入也达到约 55 亿美元,较前一年度大增 62%,约占其一年营收的 28.5%,如表 6-1 所示。

表 6-1　2014 年研发费用排名居前 10 位的半导体厂

排名	类别	公司名	研发总资金(亿美元)	占营收比重(%)	研发费用年增长率(%)
1	IDM	英特尔	115.37	22.4	9
2	IC 设计	高通	50.01	28.5	62
3	IDM	三星	29.65	7.8	5
4	IC 设计	博通	23.73	28.2	-5
5	晶圆代工	台积电	18.74	7.5	15
6	IDM	东芝	18.20	16.5	-11
7	IDM	意法	15.20	20.6	-16
8	IDM	美光	14.30	8.5	-4
9	IC 设计	联发科	14.30	20.3	29
10	IC 设计	辉达	13.62	31.3	3

数据来源:IC Insights。

按照芯片特征尺寸划分，建设一条 22nm 的生产线将花费 55 亿～73 亿美元的成本，IC 设计研发也将花费高达 1 亿～1.5 亿美元的费用，如表 6-2 所示。

表 6-2 集成电路产品设计、工艺研发、生产线建设费用预估

芯片特征尺寸	90/65nm	32nm	22nm	14nm
IC 设计费用（亿美元）	0.15～0.20	0.60～0.70	1～1.5	2～3
建厂费用（亿美元）	25～30	35～40	45～60	70～10
工艺研发费用（亿美元）	2～4	6～8	10～13	17～25

数据来源：中国半导体行业协会（CSIA）。

(2) 集成电路技术演进路线越来越清晰

集成电路依然追求更低功耗、更高集成度、更小体积，系统级芯片（SoC）设计技术成为主导。芯片集成度不断提高，仍然沿用摩尔定律。目前，国际上 22nm 工艺已实现量产，18nm 工艺也将进入应用。产品功能多样化趋势明显，在追求更窄线宽的同时，利用各种成熟和特色制造工艺，采用系统级封装（SiP）、堆叠封装等先进封装技术，实现集成了数字和非数字的更多功能。此外，集成电路技术正孕育新的重大突破，新材料、新结构、新工艺将突破摩尔定律的物理极限，支持微电子技术持续向前发展。

(3) 新兴产业为集成电路注入新动力

当前以移动互联网、物联网、云计算、节能环保、高端装备为代表的战略性新兴产业快速发展，将成为继计算机、网络通信、消费电子之后，推动集成电路产业发展的新动力，多技术、多应用的融合催生新的集成电路产品出现。随着信息技术向感知技术和节能技术方向发展，MEMS 传感器、半导体功率器件等也将迎来大发展的机遇。

(4) 产业竞争格局继续发生深刻变化

当前全球集成电路产业格局进入重大调整期，主要国家/地区都把加快发展集成电路产业作为抢占新兴产业的战略制高点，投入大量的创新要素和资源。英特尔、三星、德州仪器、台积电等加快先进工艺导入，加速资源整合、重组的步伐，不断扩大产能，强化产业链核心环节控制力和上下游整合能力，拉大了与竞争对手的差距。行业门槛的进一步提高，对于资源要素和创新要素积累不足的集成电路企业，面临更为严峻的挑战。

(5) 商业模式创新给集成电路产业带来机遇

集成电路的创新内涵不断丰富，商业模式创新已成为企业赢得竞争优势的重要选择。软硬件结合的系统级芯片、纳米级加工及高密度封装的发展，对集成电路企业整合上下游产业链和生态链的能力提出了更高要求，推动了虚拟整合元件厂商（IDM）模式的兴起，出现了"Google-ARM"、苹果等新的商业模式，原有的"WINTEL（微软和英特尔）体系"受到了较大挑战。

1.1.3 技术发展

近年来全球集成电路技术继续沿着 3 个方向发展：一是遵循摩尔定律，硅 CMOS 工艺继续向特征尺寸的更小方向延伸；二是超越摩尔定律（More than Moore）预示的发展规律，

向集成电路技术多样化和多功能方向发展;三是不断采用新技术、新工艺和新结构。

(1) 硅 CMOS 技术向特征尺寸更小方向延伸

20 世纪 60 年代 CMOS 技术奠定了平面工艺的基础,80 年代走向成熟,在世纪之交的年代进一步拓展 CMOS 技术。在最近的 10 年,CMOS 技术进入了新材料、新技术、新工艺综合应用和快速发展的新阶段。

2013 年全球 CMOS 技术由 28nm 向 20nm 时期过渡。一方面,由于移动智能终端的需求,28nm 工艺技术继续扩大产能。另一方面,20nm 工艺进入量产,并为开发先进产品所用,16/14nm 技术也开始亮相。目前,业界比较一致地认为 20nm 是平面 CMOS 工艺的最后一代技术。从 16nm 后,3D 结构的 Fin FET 工艺将成为主流技术。

(2) 450mm (18 英寸) 晶圆制造的新进展

随着采用 193nm ArF 浸没式光刻和双重图形两次曝光等技术的应用,在 14nm 至 10nm 工艺步步紧逼的情况下,使用 EUV 光刻紧迫性也随之提升。目前,EUV 光刻技术尚有两大问题有待解决:一是光源功率不够,影响出片效率;二是光刻掩膜的缺陷有待进一步解决。

受 EUV 光刻技术的影响,建立 450mm 晶圆生产线成为国际上面临的难题。目前,已提出建设 450mm 晶圆生产线的仅有 3 家:一是"G450C 协议组织",计划在美国纽约州立大学纳米材料及工程学院奥尔巴尼纳米技术研究中心建立一条 450mm 试验线;二是台积电计划在我国台湾新竹科技园区或台中科技园区建立一条 450mm 晶圆生产线;三是英特尔位于美国俄勒冈州的 FablDX 二期工程已经破土动工,这可能是全球第一座用来生产 450mm 晶圆的正式工厂。

(3) 以硅通孔技术 (TSV) 为基础的 3D 封装技术的新进展

在集成电路技术总体发展路线图中,存在着两大发展趋势:一是 SoC 系统级芯片;二是 SiP 系统级封装。

SoC 系统级芯片是通过 IC 设计和制造方法把多个芯片的功能集成在一起做成一个单芯片系统。因此,对于芯片设计、制造工艺、芯片验证和测试都提出越来越高的技术要求。这种技术路线比较适用于量大面广的芯片,否则技术与成本无法平衡。

SiP 系统级封装是将多个芯片集成于一个封装体内,以实现系统级的功能。按照封装内部结构的不同,SiP 可延伸为 3D 封装技术。3D 封装是指把多层芯片采用微凸块及硅通孔技术 (TSV) 堆叠在一起进行封装。这种方式完成的 TSV 一般只在芯片周边进行通孔,然后实现多个芯片堆叠时的连接。这种方式主要用于存储器的 3D 封装。东芝公司将 3D 封装用于生产 64GB 和 128GB 的 NAND Flash 产品。三星也用 3D 封装量产 128GB NAND Flash 产品。

1.2 国内集成电路产业发展现状、趋势及预测

1.2.1 市场状况

(1) 市场规模

2014 年中国集成电路市场规模增至 1.07 万亿元,比 2013 年的 9166.33 亿元增长 17%。2010—2014 年中国集成电路市场销售额及增长率如图 6-2 所示。

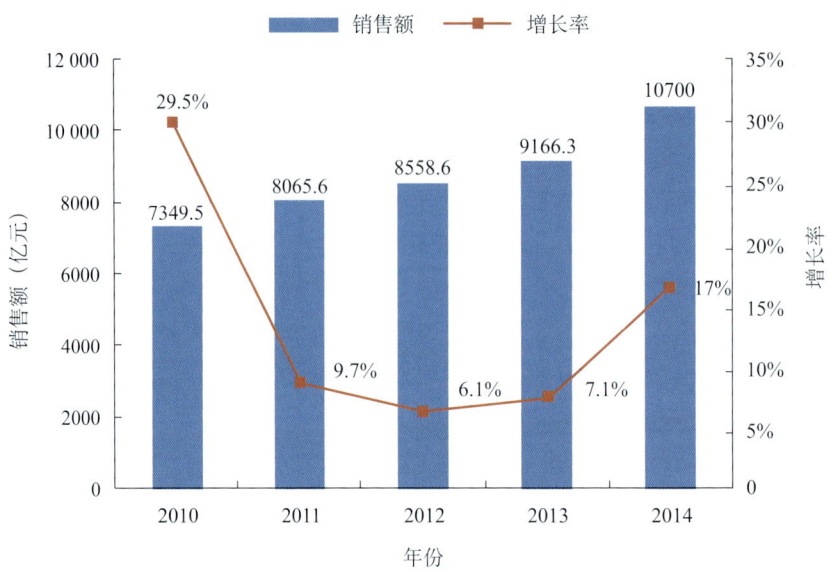

图 6-2　2010—2014 年中国集成电路市场销售额及增长率

数据来源：陕西省半导体行业协会（XAIC）。

根据中国半导体行业协会统计，2014 年中国集成电路产业销售额为 3015.4 亿元，同比增长 20.2%。其中，设计业增速最快，销售额为 1047.4 亿元，同比增长 29.5%；制造业受到陕西三星投产影响，2014 年增长率达到了 18.5%，销售额达 712.1 亿元；封装测试业销售额 1255.9 亿元，同比增长 14.3%。2010—2014 年中国集成电路产业销售额及增长率如图 6-3 所示。

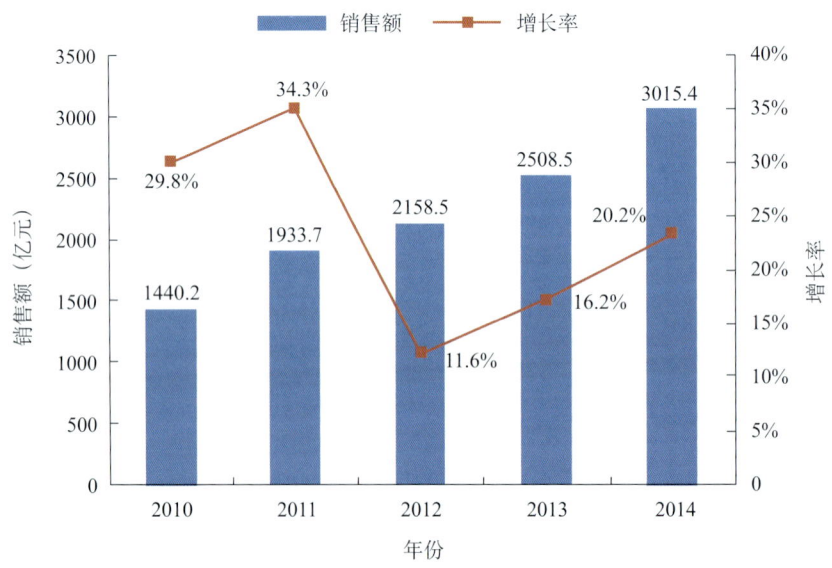

图 6-3　2010—2014 年中国集成电路产业销售额及增长率

数据来源：CSIA。

根据海关统计,2014 年中国进口集成电路 2856.6 亿块,同比增长 7.3%;进口金额 2184 亿美元,同比下降 6.9%。出口集成电路 1535.2 亿块,同比增长 7.6%;出口金额 610.9 亿美元,同比下降 31.4%,如图 6-4 和图 6-5 所示。

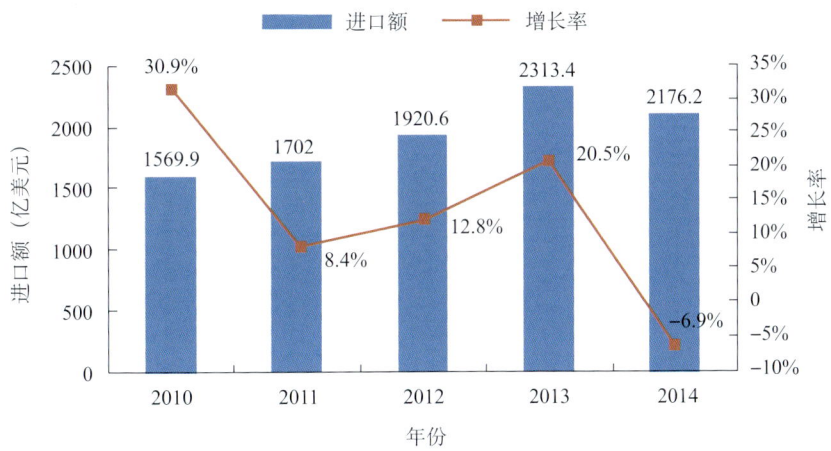

图 6-4　2010—2014 年中国集成电路进口额及增长率

数据来源:海关总署。

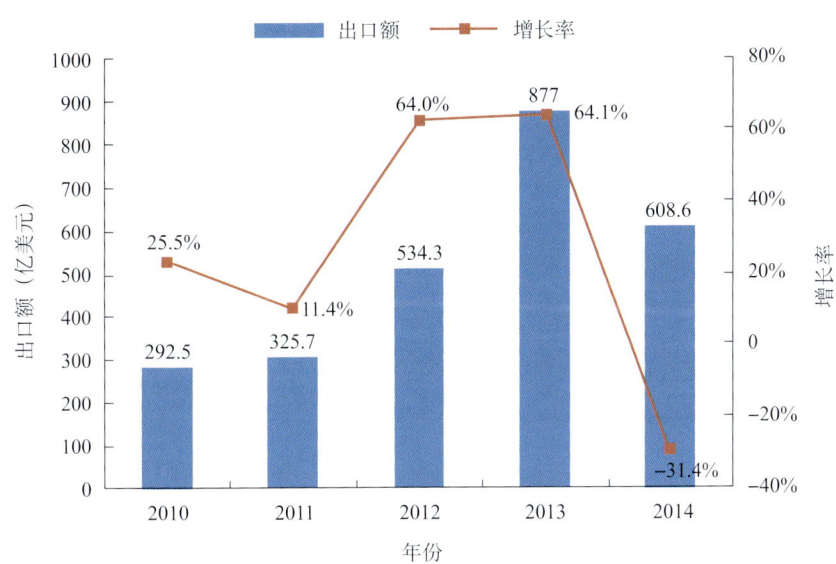

图 6-5　2010—2014 年中国集成电路出口额及增长率

数据来源:海关总署。

(2) 设计业市场结构

在产业布局上,我国已经形成了珠江三角地区、长三角地区、京津环渤海地区及中西部地区的发展区域,建立了相对集中的产业聚集区。2014 年我国集成电路设计业销售额达到 982.5 亿元,约合 159.76 亿美元。比 2013 年的 874.5 亿元增长 12.35%(中国半导体行业协会统计为 1047 亿元,比 2013 年的 808 亿元增长 29.58%)。2010—2014 年设计业区域增长情况如表 6-3 所示。

表 6-3 2010—2014 年设计业区域增长情况

单位：亿元

地区	2010 年	2011 年	2012 年	2013 年	2014 年
长三角	216.30	273.80	282.68	351.65	394.65
珠三角	121.70	166.55	183.03	260.80	301.18
京津环渤海	131.70	149.34	169.65	206.92	224.72
其他	29.47	34.68	45.08	55.73	61.94
合计	499.17	624.37	680.44	874.48	982.49

数据来源：CSIA。

（3）应用结构

2014 年我国集成电路产品领域出现了大幅调整，通信、模拟和功率器件企业数量及销售额均大幅增长，计算机与消费类均有大幅的下降；智能卡、多媒体、导航等领域基本维持往年的业绩，如表 6-4 所示。

表 6-4 2013 年、2014 年我国集成电路主要产品领域增长情况

序号	领域	2013 年			2014 年			销售增长率（%）
		企业数量（个）	比例（%）	销售总额（亿元）	企业数量（个）	比例（%）	销售总额（亿元）	
1	通信	85	13.45	311.20	109	16.01	411.05	32.09
2	智能卡	55	8.7	89.20	35	5.14	90.39	1.33
3	计算机	81	12.82	106.07	58	8.52	91.98	-13.28
4	多媒体	71	11.23	87.75	98	14.39	89.11	1.55
5	导航	25	3.96	13.93	23	3.38	14.74	5.81
6	模拟器件	91	14.4	67.72	139	20.41	88.47	30.64
7	功率器件	99	15.66	84.38	115	16.89	95.30	12.95
8	消费类	125	19.78	114.23	104	15.27	101.44	-11.20

数据来源：CSIA。

1.2.2 产业现状

（1）国家设立集成电路产业投资基金

2014 年 6 月 24 日，国务院批准发布《国家集成电路产业发展推进纲要》，其中明确提出要设立国家集成电路产业投资基金。国家集成电路产业投资基金股份有限公司于 2014 年 9 月 26 日正式成立，基金已经募集了超过 1200 亿元人民币。作为我国集成电路产业链的资本纽带，基金主要投向集成电路全产业链的各个环节，重点支持集成电路制造业。基金以股权投资为引导，推动骨干龙头企业优化治理结构、促进兼并重组，推动一批企业进入全球第一梯队。基金设立以来已经为中芯国际、中芯北方、长电并购项目、中微半导体、紫光集团等出资 200 余亿元。

(2) 产业并购、产业结构良性调整

产业并购突显：在集成电路产业发展的大背景下，由于企业产品技术的快速发展和市场的不断拓展，在技术研究、产品开发、品牌打造和市场营销等方面的需要与自身所拥有的技术和市场之间的矛盾日益突显，因此企业间的兼并重组是必然趋势。2013年展讯通信和锐迪科被清华紫光分别以17.8亿美元和9亿美元收购；2014年长电科技与中芯国际共同出资组建12英寸Bumping封装厂。

产业结构良性调整：2014年我国集成电路设计业收入增长19%，增速与上年基本持平，占全行业比重持续提升，重点企业快速成长，如展讯通信在2014年完成对锐迪科的整合后，总营收达到15亿美元；晶圆制造业增长速度低于设计业，但重点企业接单能力、盈利能力进一步提升，如中芯国际于2013年扭亏为盈后，2014年连续10个月实现盈利；封装测试业取得了两位数的增长，天水华天和南通富士通前三季度收入增长分别达到38%和18%。

(3) 中国将成为12英寸IC生产线全球投资热点区域

高产能、低成本将是未来集成电路代工厂竞争的关键，所以制程线宽的缩小和晶圆尺寸的进一步增大将是未来集成电路的发展趋势。2014年我国12英寸晶圆厂占全球12英寸晶圆厂产能比重的7%，产线主要有10条，其中4条为外企投资设立，分别为海力士（无锡Fob1、Fob2）、英特尔（大连）和三星（西安）。面对国内IC设计业者崛起，2015年需要强有力的晶圆代工支持，国内中芯国际和华力微电子等代工厂急需扩充产能，建设新的12英寸晶圆厂。同时，随着物联网、可穿戴设备市场的兴起，台积电、联电、格罗方德等国内外代工大厂都将抢占中国市场，加紧在中国的产线布局，投资12英寸生产线。

1.2.3 国内产业的技术发展

(1) 设计业

我国IC设计业的先进设计技术从2012年的40nm提升到28nm，继续提升一个时代。IC设计业的主流设计技术也推进到90/65nm水平。先进设计水平主要体现于4G（LTE）移动智能终端芯片领域。海思半导体和展讯通信等企业在该领域处于领先地位，芯片已在欧洲、韩国等市场实现大规模销售。联芯科技和锐迪科等企业的手机基带芯片和射频接收/发射芯片在国内外移动设备市场占有重要份额。在平板电脑方面，福州瑞芯和珠海全志等企业在全球ad芯片市场的占有率超过50%。

在光通信芯片领域，海思半导体和中兴微电子等企业也取得了全球领先地位。海思半导体的SOG光网络芯片已经量产，并开始研发100G芯片。在数字电视和高清机顶盒芯片领域，海思半导体、青岛海信和海尔的国产芯片在国内市场的占有率排在前列。在视频监控领域，海思半导体的视频编解码芯片已经占领了全球安防市场相当多的份额。在触摸屏控制芯片方面，敦泰科技和汇项科技等企业在全球市场排名前列。

移动支付是芯片设计的又一个热点。上海华虹集成电路有限责任公司的NTC支付芯片获得国家多项奖项。国民技术、同方微电子、华大电子、大唐微电子和复旦微电子等企业在双界面金融卡芯片设计方面取得重大进展，并正在努力打造具有我国自主知识产权的金融卡系列芯片。

华芯半导体填补了我国半导体存储器领域的空白，至今已经累计出货2000万颗动态存储器芯片，并在生产 2G 芯片的基础上研制出 4G 大容量存储器芯片。在闪存芯片领域，北京兆易创新在研制 SPINOR 闪存方面取得重大突破，产品已成功进入移动智能终端领域使用。

(2) 制造业

我国芯片制造企业的制程技术遍及集成电路产品制造的各个领域，主要分布在 12 英寸数字电路、8 英寸数模混合电路和 6 英寸模拟电路 3 个领域。

1) 12 英寸晶圆制程技术

晶圆的大小决定着每颗芯片的成本，目前，国内 12 英寸生产线主要从事高端数字电路和混合信号电路的芯片制造，制程技术按摩尔定律预示的规律不断向特征尺寸更小的方向推进。我国 12 英寸晶圆厂占全球 12 英寸晶圆厂产能比重的 7%，产线主要有 9 条，其中 4 条为外资设立。

中芯国际的 65/60nm 和 45/40nm 技术都已成熟，32/28nm 技术已研发成功。2014 年 1 月 26 日，中芯国际宣布可以向客户提供 28nm 多晶硅（Poly SiON）和 28nm 高 k 介质金属栅极（HKMG）的多项目晶圆（MPW）代工服务，正式进入 28nm 工艺时代。2 月 9 日，中芯国际又与 ARM 签订了针对物理 IP 的合作协议，该 IP 可以为中芯国际的 28nm 制程提供高性能、高密度、低功耗的系统级芯片（SoC）设计支持。28nm 制程主要为客户提供高性能应用处理器（AP）。3G/4G 基带芯片及移动网络芯片，这些芯片主要应用于智能手机、平板电脑、机顶盒等移动智能终端及消费电子产品的制造。中芯北京二期项目计划建立 45/40nm 以及 32/28nm 制程技术。

上海华力微电子 2012 年完成了 65/55nm 制程开发，目前已进入代工程序。2013 年完成了 45/40nm 制程开发。从 2013 年下半年起 65/55/45nm 制程已开始接单代工。

武汉新芯已完成 65/60nm 制程开发，并开始向 45/40nm 技术进发，武汉新芯除与美国 Omnivision 合作之外，还与美国 Spansion 公司进一步扩大合作，一起开发与生产 Spansion 32nm N0R Flash 产品。

海力士（无锡）在 2012 年完成第四期工程后，制程技术提升至 30/20nm。三星陕西存储器项目主要生产 NAND Flash 存储器芯片，制程技术采用目前世界最先进的 20nm 和 10nm 技术，英特尔（大连）主要采用英特尔 65nm 制程技术生产计算机芯片。

2) 8 英寸晶圆制程技术

截至 2014 年年底，我国拥有 8 英寸生产线已经达到 17 条，目前国内 8 英寸晶圆的工艺类型十分广泛，特征尺寸为 0.11～0.35μm，产品丰富，包括低端逻辑电路和混合信号电路，嵌入式存储器 SoC 芯片、数模混合电路、COMS 图像传感器（CIS），射频功率芯片和新型功率器件（IGBT）等。由于工艺原因，包括指纹识别、RFIC、PMIC 等都需要 8 英寸生产线，未来一段时间很都可能出现产能不足的问题。这预示着在未来的"十三五"期间，8 英寸晶圆的产能必将急速扩充。在中芯国际 28nm 制造工艺运行测试后，这预示着我国集成电路制造工艺已经迈入世界主流水平。

3) 6 英寸晶圆制程技术

目前，国内 6 英寸晶圆生产线主要用于生产中低端数模混合电路，模拟电路、功率器件、特种器件和 MEMS 等芯片等。线宽覆盖于 0.35～1.0μm 范围。上海先进利用 6 英寸生产线建立了国内唯一的汽车电子芯片工艺平台，杭州士兰建立了多种 MEMS 产品制造平台，华润上华（无锡）和上海新进等都以 6 英寸 0.35～0.8μm 工艺技术建成了国内一流的数模混合电路和模拟电路制造企业。

(3) 封装测试业

随着集成电路封装形式多样化和高端封装产品需求增加，近年来我国封装测试企业在集成电路封装测试领域取得了许多新进展，逐步从中低端封装形式，如 DIP（双列直插式封装）、SIP（单列直插式封装）、SOP（小外形封装）、QFP（四边引脚扁平封装）等向高端封装形式延伸，包括 CSP（芯片尺寸封装）、BGA（球栅阵列封装）、Flipchip（倒装焊封装）、3D（三维封装）、SLIM（单级集成模块技术）、MEMS 封装（微机电系统封装）、SAB（表面活化室温连接技术）和 SiP（系统级封装）等。其中不少国际先进封装形式和先进封装技术已被国内封装测试企业突破，并迅速转向规模化生产。一些大型封装测试企业的先进封装形式已达到 30% 以上的产量份额。

2013 年 3 月，在国家科技重大专项 02 专项和集成电路封装产业链技术创新战略联盟的支持下，江阴长电、南通富士通、天水华天、深南电路和中科院微电子所 5 家单位共同投资在江苏无锡建立华进半导体封装先导技术研发中心。该中心的发展目标是建立高密度系统级封装的设计仿真平台、300mm 晶圆级先进封装研发平台、先进封装基板试验线、微组装试验线、可靠性测试及失效分析实验和电学测试实验室，为引领国内集成电路封装形式向高密度系统级封装形式成功转型做出贡献。

(4) 设备及材料业

半导体设备材料是集成电路产业发展的主要支撑。我国国家重大科技专项支持开发的 22 大类 28 种设备已经组建了两条国产设备试验生产线，已经完全能够满足生产要求。8 英寸设备材料已基本形成国内配套能力，12 英寸设备材料已取得重大突破，部分设备材料已实现国产化。其中，刻蚀机已经提升到 12 英寸 65nm、28nm 制程的栅刻蚀和介质刻蚀；等离子注入机提升到 12 英寸 45～65nm；PVD 从 6 英寸提升至 12 英寸溅射，应用于 40～65nm 铜制程工艺；PECVD 从少量 6 英寸提升至 8 英寸设备，12 英寸通过 65nm 技术节点的工艺验证，应用于三维封装；硅材料成套加工设备实现 12 英寸硅衬底和外延材料的验证；12 英寸光刻样机也在研制中。预计在"十三五"期间这些装备中的部分产品将开始大规模进入集成电路生产线。

1.2.4 "十三五"我国集成电路产业规模预测

在国家集成电路产业基金和集成电路产业兼并重组的两只巨大推手的作用下，我国"十三五"集成电路产业规模将呈现高速发展的态势。"互联网+"行动计划将促进云计算、物联网、大数据等新一代信息技术与现代制造业、生产性服务业等的融合创新，以及芯片国产化进程的进一步加速，预计从 2016 年开始，增速将高达 20% 以上。但随着各类智能终端国内工业转型升级的压力及调整产能过剩的阵痛，都将对国内集成电路产业带来不利影响，所以后几年增速将会有所下降，如图 6-6 所示。

2014 年中国集成电路市场规模超过 1 万亿元，增速高于全球市场。受多样化应用的驱动，2015 年市场规模仍持续保持高速增长态势，达到 1.2 万亿元左右，占全球集成电路市

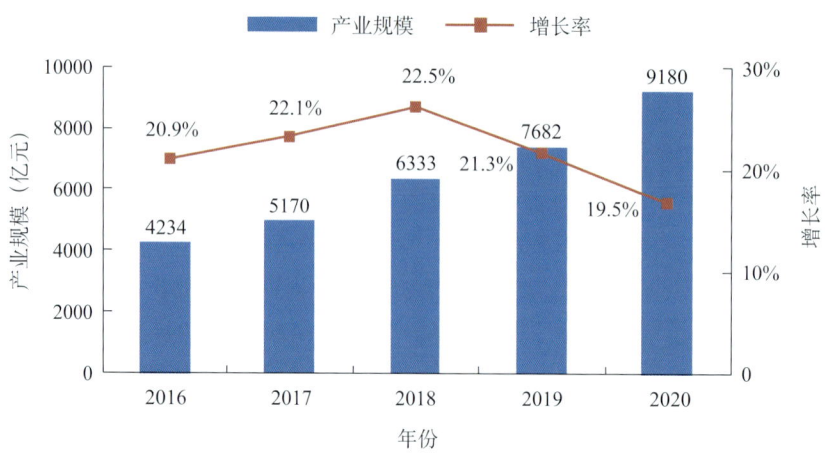

图 6-6 "十三五"中国集成电路产业规模预测

数据来源：赛迪顾问。

场半壁江山，同比增长超过 10%，继续成为引领全球集成电路市场增长的火车头。国际市场竞争加剧，国内政策、资金环境改善都将促使全球产业格局发生改变，在旺盛的市场需求带动下，技术、资金的转移加速，我国集成电路产业迎来新的发展机遇。2015 年，国内产业销售收入达到 3500 亿元，年平均增长率达到 18%。同时受益于国家集成电路产业基金的成立、物联网和可穿戴设备市场的兴起及芯片国产化进程的进一步加速，预计"十三五"期间年平均增长率将提高 20% 以上，到 2020 年，中国集成电路产业销售收入达到 9180 亿元。

在国内集成电路产业高速发展的同时，我国集成电路三业并举的状态保持稳定，设计业在集成电路产业的龙头核心地位将进一步突显。2014 年，中国集成电路产业中设计业产值占 35%，且所占比重呈逐年上升的趋势，2015 年占 37% 左右。制造环节作为中国集成电路产业中较为薄弱的一个环节，将成为"十三五"期间国家重点支持的产业。在市场需求旺盛和国家政策支持的双重利好条件下，制造业整体将在"十三五"期间迎来重大变革，8 英寸和 12 英寸生产线将进一步扩充产能，预计在"十三五"末制造业在中国集成电路产业中的占比将超过 1/3。封测业作为目前中国电路产业产值占比最大的一个环节，是我国集成电路产业中最接近世界一流水平的。"十三五"期间，内地集成电路封测行业将继续保持高速增长，在技术能力和市场份额上逐步逼近我国台湾地区。

2 陕西省集成电路产业发展现状及趋势

2.1 产业现状特点

2.1.1 基本情况

陕西省集成电路产业经过多年的发展，在产业发展、环境建设和产业形象建设等方面均取得了突破性进展。陕西目前拥有集成电路相关企业 200 余家，已经形成从集成电路设备和硅材料的研制与生产，到集成电路设计、制造、封装测试及系统应用的完整产业链，初步形成设计业与封装测试业相互依存、协调发展格局。三星（中国）半导体及配套企业的入驻，为陕西集成电路产业完善了发展条件。

根据陕西省半导体行业协会的统计结果显示，2014年陕西半导体产业销售收入达到248.91亿元人民币，比2013年的153亿元增长62.7%。其中集成电路产业销售收入达到171亿元，如图6-7所示。

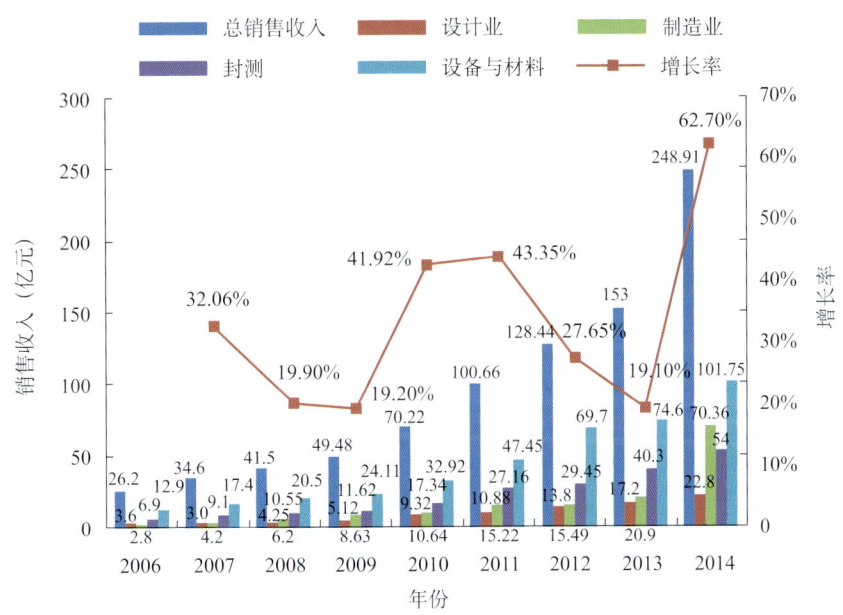

图6-7　2006—2014年陕西省半导体产业销售收入及增长率

数据来源：陕西省半导体行业协会。

2.1.2　产业链结构比例

陕西集成电路设计业稳定发展，从2013年的17.2亿元增长到2014年的22.8亿元；随着三星（中国）的投产，完成产值约70亿人民币，陕西集成电路制造业增长迅速，在整个产业链中的占比从2013年的14%增加到2014年的28.27%，已经成为陕西集成电路涨幅最大的行业，如表6-5所示。但是本土制造业发展滞后，现有的一批国内外集成电路生产项目正与陕西各园区进行接洽，有望在这一轮的产业转移中提升陕西本土集成电路制造业的发展；封装测试业由于没有较大的企业变动和项目入驻，保持着较为稳定的发展；配套业虽然理工晶科、天宏硅业等企业进行调整，但三星配套企业的强势入驻使配套业快速增长。

表6-5　2013年和2014年陕西集成电路各行业销售额及占产业链比重

行业		年份	
		2013	2014
设计	销售额（亿元）	17.2	22.8
	占产业链比重（%）	11	9.16

续表

行业		年份	
		2013	2014
芯片制造	销售额（亿元）	20.9	70.36
	占产业链比重（%）	14	28.27
封装测试	销售额（亿元）	40.3	54
	占产业链比重（%）	26	21.69
配套业	销售额（亿元）	74.6	101.75
	占产业链比重（%）	49	40.88
合计	销售额（亿元）	153	248.91
	占产业链比重（%）	100	100

数据来源：陕西省半导体行业协会。

2.1.3 陕西省集成电路产业发展特点

（1）产业发展规模小，技术储备急待转化

陕西集成电路产业销售收入，从2005年的20.2亿元增长到2014年的248.91亿元，10年增长了11倍多。全国范围来看，2014年，我国大陆集成电路产业销售收入3015.4亿元，其中长三角、珠三角、京津环渤海地区约占90%，陕西所占份额仅为8.25%。虽然陕西集成电路产业链代表企业设计有英特尔、华芯，制造有三星、西岳，封装测试有美光、华天，支撑有应材、隆基硅等，但必须清醒地认识到，这并不代表民族工业的壮大，本土企业普遍规模偏小，销售收入偏低，竞争实力不强，陕西雄厚的技术储备资源优势急待转化。陕西应准确把握集成电路产业投资时机，加大集成电路产业升级换代工作步伐。

（2）研发与市场脱节，终端带动效应待显现

陕西集成电路产业一直存在系统终端与设计制造脱节的问题，没有形成良好的互动，这也是陕西集成电路产业不能迅速做大的原因之一。中兴、酷派、易朴等终端产品企业在陕西发展，已经具有手机及其他智能终端的设计和小量生产能力，终端产品发展势头突显。随着西安高新区《关于扶持智能手机产业链发展的若干政策》中政策的引导和10亿元专项资金的扶持，本地集成电路产品在未来的3～5年具有很好的发展势头。

（3）高端人才匮乏，专业技术人力资源充足

陕西有20多所设有微电子专业的高校和研究机构，专业技术人员约占全国的1/6。高校相关学科在校生近10万人，年输送毕业生2万余人，占全国的14%。众多职业技术学校每年输送的技工可达上万人。这为陕西提供了充足的专业技术人力保障。但从人才结构上来看，陕西的产业人才主要来源于高校毕业生，而高级管理、资金运作、工艺开发等高端人才依然紧缺。

（4）产业分布高度集中，省内布局有待改善

陕西已经形成了以西安高新技术产业开发区、西安国家民用航天产业基地、西安经济技术产业开发区为核心的产业聚集区，陕西省内90%以上的集成电路企业集中在上述区域，

产业集群化发展的趋势明显,省内其他地区对集成电路产业承接能力有待提高。以西安为中心,整合咸阳、宝鸡、渭南、汉中、天水等西部地区现有的微电子产业资源,发展上、下游配套的产业链。

(5) 保障措施待解决,产业环境明显改善

英特尔、三星、高通、美光、应用材料、韩国信泰和华新丽华等国际知名集成电路企业都在陕西成功落户,国家集成电路设计西安产业化基地也探索出了一条"专业孵化器+产业公共服务+技术支撑服务+专业人才培养"的特色服务体系,陕西集成电路产业发展环境和支撑体系得到了优化和完善。但在环境配套细节和政策执行等方面还存在一些问题亟待解决,如供电保障、航空物流、政策落实、外籍人才生活保障等问题尚未得到及时有效的解决,影响着陕西集成电路产业的发展。

2.1.4 SWOT 分析

在陕西省集成电路产业整体分析的基础上,明确陕西"十三五"集成电路产业科技发展战略的主要依据,进行 SWOT 分析,以取得可靠、详细的发展战略(表6-6)。

表6-6 陕西"十三五"集成电路产业 SWOT 分析

		内部优势和劣势	
		内部优势 S: S1:科研教育资源居国内前列; S2:人力资源充足; S3:设计产品多、技术储备厚; S4:封装测试技术国内领先; S5:产业聚集明显,配套资源丰富; S6:军工需求突出,军民融合潜力大; S7:北斗、存储器等领域国内领先; S8:陕西省结合《纲要》出台的重要文件	内部劣势 W: W1:产学研结合能力弱; W2:业内缺乏高端人才; W3:设计业工艺水平低; W4:无先进水平代工生产线; W5:专用设备和材料发展水平低; W6:产业资金匮乏; W7:以存储器为代表的自主核心产品产业化速度慢; W8:政策落实不到位; W9:企业规模小、管理落后; W10:设计产品与市场脱节
外部机遇和挑战	外部机遇 O: O1:《纲要》推动行业发展; O2:工业向智能转型加速; O3:互联网+、云计算等新兴领域发展迅速; O4:小批量多品种个性定制需求增加; O5:国内市场全球第一; O6:三星效应突显; O7:新材料新工艺技术进步快; O8:产业向西部转移速度加剧	SO 利用:发挥内部优势抓住外部机会。 S1\S2\S3\O1\O2\O3\O4:集中优势力量,以技术创新为向导,攻破关键技术和重大产品; S5\S6\S7\O2\O5:改善环境,构建芯片与整机综合产业链; S8\O1:完善体系,推动产业持续快速发展; S3\S5\O6\O8:培育骨干,提升本土企业核心竞争力	WO 改进:利用外部机会克服内部劣势。 O1\O8\W8:促进产业政策落实; W6\O1:设立陕西集成电路产业发展基金; O2\O3\O4\W1\W2\W3:提升技术能力; O5\O6\O8\W4\W5:承接产业转移,加速大项目落地,改善产业现状; O2\O3\W7\W9\W10:利用新兴领域的发展,促进自主产品快速发展

续表

	内部优势和劣势		
外部机遇和挑战	外部挑战 T： T1：12 英寸线引进竞争激烈； T2：晶圆制造落后 1.5 代～2 代； T3：缺乏代工的设计业受制于人； T4：受国际巨头垄断，自主设计产品进入市场难； T5：关键设备和材料依赖进口； T6：国家信息安全受到威胁	ST 监视：利用内部优势抵制外部威胁。 S5\S6\T1\T3：加强区域合作，促进产业协调发展； S2\T2：加强人才培养，营造人才供给环境； S5\T3：创新投资模式，完善产业服务体系； S8\T6：加大扶持政策，加强产业管理	WT 消除：减少内部劣势回避外部威胁。 W6\T1：改变融资思路承接代工 12 英寸线； W9\T2：提升管理水平，追求发展效益，追踪前沿技术； W9\T3\T4：承接转移扩大企业规模

在集成电路产业持续发展进程中，陕西根据自身特点，扬长避短，利用技术、人员、政策等优势，改变不利因素，引进和承接产业转移，发挥陕西集成电路在"一带一路"国家战略中的引领作用。

2.2 社会需求

中国是全球最大的电子产品制造基地，也是全球最大的集成电路消费市场。在集成电路新政之后，中国的集成电路市场与产业正面临前所未有的机遇，成为全球关注的焦点。巨大的市场、顶层的政策支持、产业扶持基金，加之世界集成电路向亚太转移的趋势，都让中国处于世界集成电路发展的"风口"。

在全球经济持续复苏的带动下，移动智能终端成为中国集成电路市场新的应用热点。2014 年中国集成电路市场销售额增至 10 723.4 亿元，增速为 17.0%。据 SEMICON China 2015 预测，2015 年中国集成电路市场规模可达到 1.2 万亿元，将占全球市场的一半，同比增速将超过 10%，远超全球 3% 的水平，如图 6-8 所示。

图 6-8 2010—2014 年中国集成电路市场销售额及增长率

数据来源：CCID。

陕西是资源与科技大省，拥有汽车、新能源（光伏、LED）、通信、农业、装备制造业、北斗导航、航空航天、兵器、生物医药等新兴产业，还拥有众多高等学院和研究院所，这些产业与单位对集成电路有着迫切的需求，希望本土集成电路企业能够快速地成长，能够形成长久的供需合作。

2.3 技术水平

2.3.1 IC 设计业

陕西拥有 70 余家集成电路设计企业，产品涵盖了通信、存储器、物联网、卫星导航、半导体照明、功率器件、消费类电子等众多领域，陕西最高的设计水平达到 28nm，正在进行 14nm 工艺平台的 SoC 芯片设计研发工作，该工艺平台目前全球领先。但大多数企业仍旧集中在 0.18～0.35μm，大多使用的是模拟、混合和射频工艺。

2.3.2 制造芯片业

西岳电子的 6 英寸集成电路生产线月产能达到 15 000～17 000 片，具有 BiCMOS、CMOS、SOI、双极等多项工艺，加工工艺水平为 0.8～0.35μm，具备 5 类 22 种工艺平台，研制水平为 0.25μm，产品以通讯类、消费类和汽车电子电路及各种专用集成电路为主要研产方向，航天产品的抗辐射能力国内领先，同时对外进行 Foundry 加工。

2013 年 12 月 27 日，三星（中国）半导体 10nm 级高端存储（Nand Flash）芯片项目首片晶圆投运，2014 年产能已达到 3 万片 / 月，年产值达到 70 亿元。

2.3.3 封装测试业

华天科技具有封装测试 10 亿块 TSSOP、QFN、DFN、BGA、FLIPCHIP 等系列集成电路的能力和 1 万片 / 月的 CP 测试生产能力。公司正在引进国际先进的集成电路封装测试设备，建成一条具有国际先进水平的 FC+WB 集成电路封装测试生产线。扩大的 FC + WB 封装产能用于 3G/4G 手机芯片、平板电脑处理器芯片、IPTV 处理器以应对旺盛需求。其核心技术有：①双侧引脚扁平封装技术（DFN），无引线四方扁平封装（QFN）技术（引脚数达到 200 多个，厚度最低 0.35mm）；②球栅阵列技术 BGA，FC 技术等核心技术，包括 FC-LGA、FC-BGA、FC-CSP，封装尺寸可达 55mm×55mm，引脚数大于 1500 个；③ MEMS 封装技术形成了基板类和框架类两大封装技术方案；④系统级封装技术具备设计仿真及封装代工能力，开始 BGA、LGA 等封装形式的 SiP 产品的生产。

2015 年 4 月 14 日，三星（中国）半导体投资 5 亿美元的高端存储芯片封装测试项目竣工投产，主要生产基于 3D 垂直闪存芯片的固态硬盘。该项目是三星目前在海外投资的唯一一个集存储芯片制造、封装测试于一体的生产基地。

2.3.4 设备及材料

设备方面，陕西有一些优秀的设备制造企业，如三海科技的老炼设备、理工晶科的单晶炉等都得到广泛应用；硅材料方面，陕西已形成从硅材料拉晶、切割、研磨、抛光等环节的完整工艺链，并初具规模，但硅片纯度尚低；随着三星的入驻，带来了空气化工、住化电子、东进世美肯、韩松电子等 70 多家配套企业落地陕西，进一步推动了陕西集成电路支撑业的发展。

电子级原片、光刻板和光刻胶等集成电路生产过程中所需的关键材料在陕西省还处于空白状态，西岳公司可以制造满足自身建设 8 英寸线时需求的超高纯度超纯水及部分气体。

2.4 陕西省集成电路产业发展趋势

预计到"十三五"末，陕西集成电路设计业继续保持较快的增长态势，收入将超过 50 亿元；在三星 12 英寸生产线与"十三五"期间引进的生产线达到满产，陕西芯片制造业产值将大幅提升至 550 亿元；随着三星封装线的投产、华天科技与美光的继续投入，封装测试业也随之大幅提升，预测将达到 400 亿元；支撑业由于配套企业蜂拥而至，也将拉动销售规模突破性的增长，达到 200 亿元。由此推测，陕西集成电路产业规模将进行一次跳跃式的提升，"十三五"末集成电路产业销售收入将突破 1200 亿元。

未来几年陕西集成电路技术继续沿着摩尔定律、超摩尔定律和引用新材料、新器件 3 个方向推进。工艺尺寸推进到 20/14nm 实现产业化，7nm 新工艺实现重大突破。自主研发的移动终端芯片、DRAM 芯片、FPGA 芯片、北斗导航芯片、物联网芯片、图像处理芯片、GPU 芯片保持国内领先水平。加快智能移动终端集成电路封装产业化建设，形成 BGA、SiP、MEMS、QFN/DFN 等系列高性能集成电路封装测试能力。到"十三五"末，企业科研投入强度占销售额的比例平均达到 8%，重点骨干企业研发投入强度平均达 10%；掌握一批关键和核心技术，拥有一批自主知识产权，专利数量达到 1000 项以上。

3 陕西省"十三五"集成电路产业科技发展战略

3.1 发展思路

以建设"富裕陕西、和谐陕西、美丽陕西"为核心，深入贯彻科学发展和改革创新，积极转变陕西省集成电路产业发展方式，紧紧抓住国家大力发展集成电路产业的重大战略机遇，坚持以"应用牵引、创新驱动、协调推进、引领发展"的总体思路，发挥陕西省优势资源，承接国内外产业转移需求，大力培育集成电路在新兴产业中的应用，发挥集成电路产业对陕西省高新技术产业的带动和引领作用，以西安各产业园区为平台，打造陕西集成电路产业新高度。

3.2 发展目标

到"十三五"末，陕西集成电路产业链销售收入突破 1200 亿元，培育形成 3～5 家年销售收入过 100 亿元的龙头企业，20 家产值过 10 亿元的骨干企业，从业人员达到 15 万人。在设计领域培育 10 家以上销售收入过亿元的企业，产品设计水平达到国内领先，收入超过 50 亿元；再建成 1～2 条 8 英寸生产线，1 条 12 英寸生产线，实现年产值超过 550 亿元。在封装测试领域，培育和引进 3～5 家企业，实现年产值超过 400 亿元；充分利用三星的配套企业发展陕西省的支撑设备与材料制造,年实现产值超过200亿元。在技术领域,硅片生产技术的发展上实现12英寸、11个"9"的高纯度硅单晶量产,实现切片、抛光环节的本土化;集成电路设计环节提升自主设计能力,提升产业核心竞争力。在移动终端芯片、存储器芯片和FPGA(可编程逻辑芯片)等特色领域,达到国内领先水平;制造环节积极引进8英寸、12英寸集成电路生产线;封装环节加大自主研发投入,对面板级芯片埋入扇出型封装技术进行基础研究,建立和完善研发平台与工艺研发实验室;完善西安集成电路产业公共服务平台,加大对集成电路的投融资、人才培养等的投入,提高产业的综合竞争力。

3.3 重点任务

3.3.1 集中力量,攻破关键技术和重大产品

发挥企业技术创新主体作用,以国家重大专项、电子信息发展基金等项目的组织实施为重要手段,创新组织方式和模式,依托骨干企业,借助产业联盟,强化产业链上下游的合作与协同,共建价值链。重点开发SoC等产品设计、纳米级工艺制造、先进封装与测试等产业链各环节的共性关键技术,在重大产品、重大工艺、重大装备及新兴领域实现关键技术的突破。

3.3.2 培育骨干,提升本土企业核心竞争力

优化企业结构,做大做强骨干企业,支持企业兼并重组与并购,引导和鼓励各类社会资源和资金进入集成电路领域,按照"孵优、扶强、引大"的原则,孵化一批"专、精、新、特"的中小企业,着力培育扶持一批起点高、规模大、带动力强的骨干企业,加快重点企业做大做强步伐,形成若干规模大、技术领先、具备国际竞争力的龙头企业,实现陕西省集成电路产业的跨越式发展。

3.3.3 改善环境,构建芯片与整机综合产业链

加强对集成电路产业发展新热点、新趋势的分析和研究,发挥资金、市场、技术、人才和政策五大产业发展要素的有效配置,通过政策引导、项目安排、环境营造等手段,加强芯片与系统企业互动。以系统整机升级带动芯片设计的研发,以芯片设计创新提升整机系统竞争力,探索全产业链合作机制,构建有利于集成电路发展的产业生态环境。

3.3.4 完善体系,推动产业持续快速发展

针对产业重大创新需求,集中优势资源,建立产学研用相结合的国家级集成电路研发中心,重点支持集成电路公共服务平台建设,为企业提供产品开发和测试环境及应用推广等服务。依托国家集成电路设计西安产业基地,针对集成电路企业的重点需求,建设产业公共服务体系,联建工程技术共享实验室、测试中心等,引导和加强集成电路产业聚集区的配套服务,推动产业持续快速发展。

3.3.5 整合资金,保障本地产业健康发展

以政府出资吸引及募集社会和风险投资,设立地方集成电路产业投资基金,调整计划项

目,制定一系列财政扶持政策,加强企业与金融界的结合,拓展集成电路产业的融资渠道,鼓励各金融机构加大对集成电路企业提供信贷的力度,支持企业上市,保障集成电路产业发展。加大与国家集成电路产业发展基金的紧密结合,重点支持研发投入高、营业收入有重大突破、技术含量高、市场定位明确的项目。

3.4 关键技术

通过对陕西省集成电路产业现状、社会需求、技术水平的分析,确定陕西省集成电路产业"十三五"期间需要解决的关键技术问题如下。

(1) 硅片生产环节关键技术

①单晶硅纯度提升技术;②大尺寸微电子级硅拉单晶技术;③切、磨、抛加工技术。

(2) 集成电路设计环节关键技术

①面向装备制造领域的系列 SoC 技术。SoC 的特点和发展方向为高集成度、高性能、小型化、低功耗。在设计方面,异构多核架构设计技术是当今多核 SoC 设计的趋势。需要突破的关键技术有:SoC 超低功耗设计;完整的 SoC 测试方案和策略;SoC 在云技术领域的应用及大容量众核 SoC 设计技术;异质集成、异构集成 SoC;复杂基板技术;集成无源元件技术。

②存储器芯片突破的关键技术有:高速大容量 DDR4 DRAM 和 LPDDR4 DRAM 存储器技术,超低压设计,工艺技术发展到 25nm 和 20nm,接口速度超过 3GHz;研发 ONFI 和 SPI 接口的高可靠 Nand Flash 存储器技术。

③基于北斗/GPS 的射频、基带一体化卫星导航芯片技术。陕西省在北斗导航产业方面具有国内领先的技术和产业优势,导航终端产品的量非常巨大,所以研制高灵敏度、抗干扰的北斗导航接收机芯片是陕西集成电路产业的独特机会。进一步研制开发导航终端系统,以模块化、系统化的高附加值产品面向民用市场和军用市场,形成独特的市场竞争力。

④信号采集、传输及移动处理器系统芯片设计技术。重点关注促进可重构射频 RF 技术及软件无线电技术的发展。开展具有高速率、高精度、高线性射频采样 A/D 转换器,研究新型低功耗微处理器架构和指令集,采用片上网络研究多核异构集成,突破关键设计技术(异构计算技术;在功耗、效率指标约束下的高峰值性能技术;追求实际效能的协同优化结构技术)。

⑤其他特色领域的关键技术。大功率 MOSFET 和 IGBT 器件及电源相关技术;破新型功率集成拓扑结构和调制技术,如准谐振+原边控制的 AC/DC 转换器、单电感多输出的 DC/DC 转换器等,提高功率集成电路的效率和降低待机功耗;FPGA 技术、超低功耗智能传感技术及超低功耗射频可编程芯片系统技术;平面显示器驱动技术。

(3) 集成电路制造环节关键技术

① 0.13~0.18μm 硅基/SOI 成套制造工艺;② 0.35μm 数模混合 CMOS 工艺技术;③ BCD 工艺技术;④ 0.5μm 高可靠 BiCMOS 工艺技术;⑤高压 CMOS 工艺技术;⑥高温 CMOS/SOI 工艺技术;⑦高压 BiCMOS 工艺技术;⑧抗辐射高精度模拟双极工艺技术;⑨高速互补双极工艺;⑩抗辐射沟槽及原胞 VDMOS 制造工艺技术;⑪ TSV 立体集成工艺技术;

⑫引进 8 英寸特殊工艺；⑬引进 12 英寸主流存储器生产线。

（4）集成电路封装环节关键技术

①高密度超薄引线键合球栅阵列封装技术（WB-BGA）；②先进倒装芯片技术；③三维封装体叠层（POP）技术；④MEMS 封装技术；⑤系统级封装技术；⑥面板级芯片埋入技术。

（5）第三代半导体发展的关键技术

①碳化硅体材料生产技术；②碳化硅和氮化镓外延材料生长技术和工艺；③碳化硅和氮化镓功率器件技术；④第三代半导体材料高性能传感器技术。

3.5 重点项目

围绕集成电路产业链，着力发展集成电路设计业，大力发展分立器件制造业，积极引进集成电路制造生产线，同时注重提升封装测试水平和能力，增强基础材料的开发能力，完善产业相关配套环境建设，以龙头企业带动产业的发展。

3.5.1 集成电路设计业

通过移动终端、卫星导航、汽车电子、嵌入式软件、FPGA、智能电网、工业控制等多个领域攻破关键技术，提高信息化与工业化的综合应用能力。加快智能终端、网络通信、存储器、传感器、物联网、国防等专用芯片的设计与产业化，抢占未来产业发展的制高点。

①在移动终端领域，以英特尔（西安）、高通（西安）为主体，吸引海思、博通、联发科及展讯等国内外知名移动终端核心技术企业，实现 4G 及新一代移动通信芯片产业化。

②在存储器领域，建立以西安华芯为主体，大学和研究单位共同参与，产学研结合的陕西省存储器技术工程中心，为进一步发展成为国家存储器技术工程中心打下基础，进行新工艺、新技术和新工具的培训，提供面向高端存储器芯片的开发及集成验证平台。

③在卫星导航领域，支持高性能北斗导航射频芯片、基于北斗卫星定位的智慧信息化服务及卫星导航芯片通用测试平台等项目。鼓励企业实现卫星导航、通信、遥感等领域核心关键技术的重大突破，实现卫星应用产业的飞跃性发展。

④在新能源、汽车电子领域，完成动力电池芯片、BMS 储能系统等项目的产业化，达到国内领先水平。

⑤在其他特色领域，组建 FPGA 设计与研发中心，实现在复杂可编程逻辑器件领域技术突破；加强对本地专用智能计量芯片、低功耗有源射频识别 SoC 核心芯片、高性能光子集成芯片、显示驱动芯片等核心芯片技术水平的提升，实现自主产品产业化。

3.5.2 集成电路制造

大幅提升产业配套环境，也为新建集成电路制造生产线提供保障。通过生产，实现技术达到 12 英寸、32nm 的成套工艺，逐步导入 28nm 工艺，掌握先进立体工艺、高压工艺、MEMS 工艺、锗硅工艺等特色工艺技术。

①借助三星落户营造的良好产业配套环境，充分利用国产化的设备，积极争取和承接国家新一轮布局的 12 英寸、40nm 以上工艺水平集成电路代工生产线。

②加大对格罗方德、华润微电子、台积电等国内外知名企业的招商引资力度，抓住国际大型半导体公司剥离或转移集成电路制造线的机遇，促进国际主流集成电路代工生产线项目投资陕西。

③加速现有制造线的改造，发展军民两用及特色工艺的集成电路制造线，积极开发模拟、数模混合、MEMS、高压电路、射频电路、GeSi、BCD等特色工艺，实现差异化竞争。

④利用陕西现有的存储芯片领域的优势，争取引进或投资一条12英寸主流存储器生产线，在陕西打造中国"存储之都"，实现我国存储器产业的重大突破。

3.5.3 集成电路封装测试

扶植民营封装测试企业，加速推动先进封装测试技术水平和能力，积极调整产品、产业结构；加强圆片级封装（WLP）、硅通孔（TSV）、系统封装 SiP、高密度三维（3D）封装等新型封装和测试技术的研发及产业化。

①加速提升华天科技的系统封装（SIP）、高密度三维（3D）封装等新型封装和测试技术的研发，推动40nm集成电路芯片先进封装测试技术在移动智能终端领域的应用，引导华天与三星、美光的对接服务，可缩短与世界集成电路先进水平间的差距。

②建立或引进与存储器紧密结合的高端封装测试厂，填补国内在存储器封装领域的空白；支持美光与半导体封测龙头企业力成在陕西携手合资兴建DRAM封测厂；在保障三星封测项目正常运转的基础上，促使其扩大封测规模。

③支持在航天基地建立月产2500万颗芯片的封装测试生产线及陶瓷封装管壳厂。

3.5.4 集成电路基础材料

积极扶持集成电路支撑业的发展，以材料为突破口，重视应用研究，加快产业化进程，提高支撑配套能力。

①依托天宏硅材料发展集成电路用大尺寸硅单晶产品，研究开发电子级多晶硅生产技术，提升产品品质。

②支持陕西有色集团，促成国际企业与本地企业合资或合作，引进国际先进的抛光设备，打造年产达到400万片的12英寸单晶硅抛光片项目，解决三星项目和国内集成电路硅片的供给问题。

③支持隆基硅推进8/12英寸集成电路单晶硅切片项目，解决陕西地区大尺寸单晶硅切片空白。

3.6 技术路线图

根据以上对陕西集成电路产业的全面分析，依托陕西集成电路产业现有的优势资源，设定产业近期和远期的目标，明确产业链各个环节中的研发需求，指明技术研发方向，实现各个环节所设定的产业目标，制定陕西集成电路综合技术路线图，为陕西省"十三五"期间集成电路产业的健康快速发展提供重要依据，如图6-9所示。

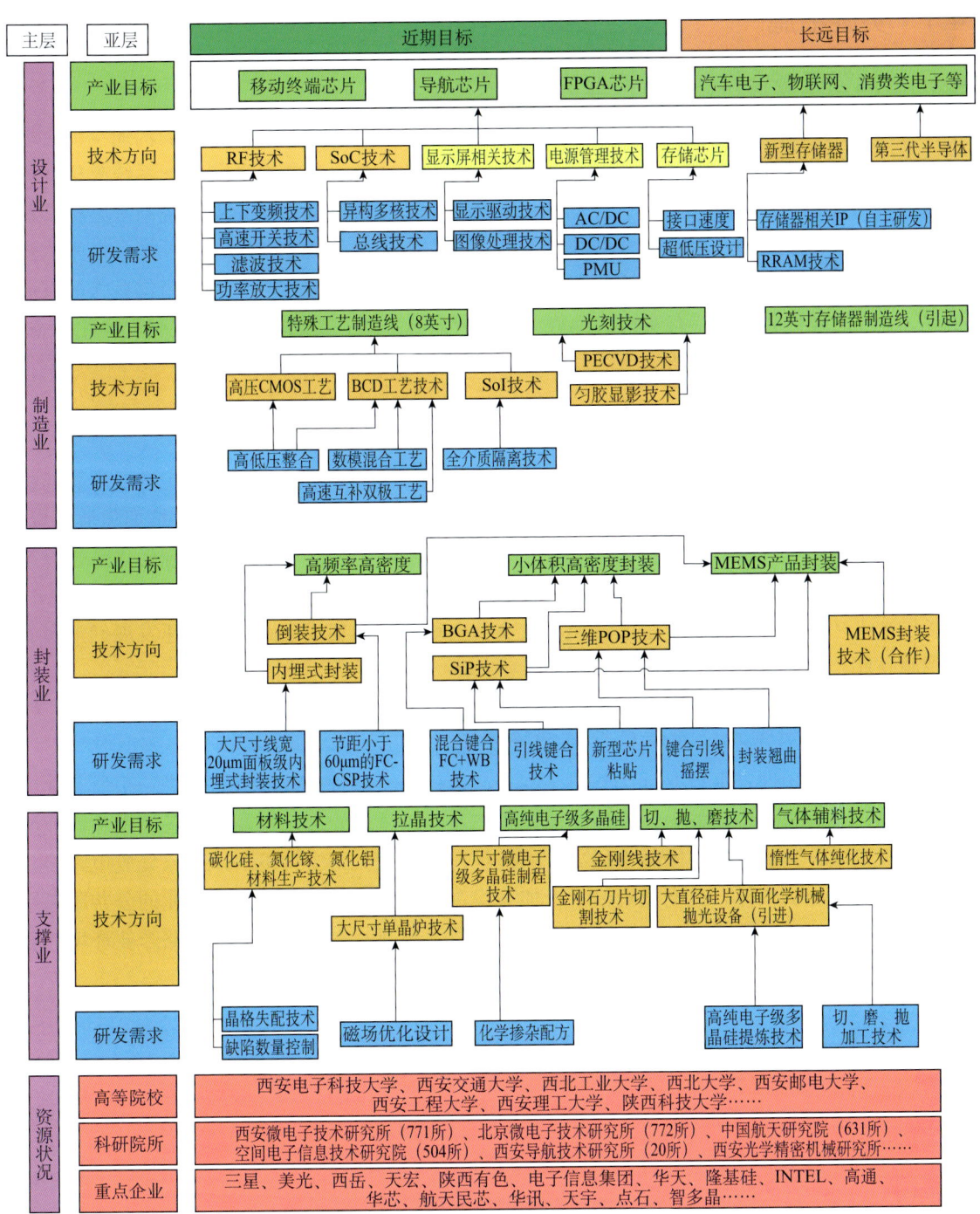

图 6-9　陕西集成电路综合技术路线

4 实施措施及政策建议

4.1 实施措施

4.1.1 加强区域合作，促进产业协调发展

为提高陕西集成电路产业整体发展水平，应积极展开与国内各省、市间的沟通交流，取长补短。在优势互补的前提下，以政府为引导、企业为主体，组织企业与南方系统整机厂商建立紧密合作，组建互惠、互利、互动的产业战略联盟；鼓励并协助企业围绕系统整机厂商的需求，进行产品开发。加强基于集群的合作关系，包括战略规划协调、互补性资产采购和集群内的风险分担及供应链的协同发展等。准确把握市场，建立优势互补、错位合作的发展格局，提升区域优势。支持有实力的优势企业进行兼并重组，提高产业集中度和规模化水平，形成一批重点企业和知名品牌。

4.1.2 加快基础设施建设，改善产业配套环境

基础设施是产业发展的重要保障，集成电路制造和封测企业有对供电稳定性要求高的特点，将水、电、气等基础设施保障工作放在优先地位。以重大项目落户为契机，增加物流航班，引进国际快运，加速建立现代物流中心。在加快构建功能配套、安全高效的现代化基础设施体系的同时，切实解决高端人才的户籍、住房、医疗及子女上学等生活问题，为在陕西工作的各层次人才营造良好的工作生活环境和人文社会环境。为集成电路产业快速发展创造良好的保障条件。

4.1.3 创新投资模式，完善产业服务体系

以西安集成电路产业化基地为核心，完善产业环境、促进产业发展。为进一步提升陕西集成电路产业的自主创新能力，实现集成电路产业的跨越式发展，产业的服务体系和产业的投资两大领域，须具有站在国际市场高度的认识。在政府大力支持下，以国家集成电路设计西安产业化基地为依托，改变投资模式，加大投资力度，建设、完善面向产业的公共服务平台和体系，营造产业发展及创新环境，促进产业技术创新，提升陕西集成电路产业环境的竞争力，促进产业发展。

4.2 政策建议

4.2.1 细化财政投入政策

加紧落实国务院 4 号文及省 61 号文的执行与实施细则的出台。优化政府投资，加大省、市两级财政对集成电路专项支持力度，对关键技术项目进行补贴，对企业贷款和人才引进等给予资金扶持。在科技部、工信部、发改委等主要相关部门，分别设立集成电路产业发展专项资金，重点支持集成电路关键技术攻关、公共服务平台建设等；支持省、市联合推动集成电路产业重大专项的组织实施。

4.2.2 发挥政府金融引导作用

抓住产业转移及重大项目带动的历史机遇,搭建投融资服务平台,将政府引导和市场优化资源配置相结合,多渠道引导国内外风险投资基金、金融债券等进入集成电路产业。筹备成立"集成电路创业投资基金"支持中小型企业创业;联合银行等金融机构,提供符合行业特点的中长期优惠资金贷款;加快针对集成电路企业发生的 IPO 事件的政策准备。

4.2.3 落实高层次人才引进政策

依托国家集成电路人才培养基地,实施"西安集成电路人才培养工程",完善人才培养体系和培训机制,加强适用性集成电路人才的培养。制定集成电路高层次人才引进政策,利用政策引进高层次创新人才,建立开放的人才流动机制。吸引国内外高级管理和技术人员来陕西创业,发挥留学人员的作用,营造良好的人才发展环境,促进陕西省集成电路产业的发展。

第七篇

陕西省"十三五"导航与卫星产业科技发展战略研究

组织单位：陕西省科学技术厅高新技术发展处
课题承担单位：中国电子科技集团公司第二十研究所
课题负责人：许铁砚
课题组成员：谢景林　李晨航　董　斌　郭嘉俭　宋　雷　邹德才
　　　　　　聂　宾　卢智远　侯建强　李　然等

引　言

　　陕西是我国航天领域中实力最为雄厚的省份之一，科教资源丰富，科研生产条件良好，技术实力雄厚，成果丰硕，为发展导航与卫星产业奠定了坚实的基础。"十二五"期间，陕西省成立了以西安国家民用航天产业基地管理委员会为理事长单位的陕西省卫星应用产业联盟，包括中国电子科技集团公司第二十研究所、空间电子信息技术研究院、航天恒星空间技术应用有限公司、陕西电子信息集团有限公司、中煤地航测遥感局有限公司、中国科学院国家授时中心等共计40余家科研院所和企业，囊括了省内卫星应用产业的全部大中型重要实体，实现了资源共享和优势互补，搭建了全方位、高层次的产业服务平台，有效促进了企业、高校、科研院所及投资机构的沟通合作，对陕西省卫星应用的产业规模和整体发展起到了积极的促进作用。

　　"十二五"期间，陕西省发展和改革委员会办公室印发了《陕西省"十二五"卫星应用产业发展专项规划》。该规划立足于陕西省发展现状，提出了陕西省"十二五"卫星应用产业的总体发展思路"紧抓国家发展战略性新兴产业、实施航天重大科技专项工程、深入推进西部大开发和实施关中—天水经济区规划的历史机遇，以市场需求为导向，以统筹科技资源改革和技术创新为动力，以产业发展为支撑，以基地服务为承载，面向国内外市场，加速培育卫星应用核心产业，打造国际一流的卫星应用产业战略高地，形成陕西省经济发展新的增长点"，基本实现了预期目标，无论是核心关键技术的突破还是产业规模的提升均实现了巨大的飞跃，对陕西省卫星应用产业的发展产生了巨大的推动作用。而本研究即是在延续该专项规划的基础上，结合国内外卫星产业出现的新技术、新应用、新趋势，立足陕西省发展现状，探索和梳理陕西省在"十三五"期间导航与卫星产业发展思路，力图在技术和规模上使得陕西省占据制高点，形成区域性的产业集群。

1 国内外导航与卫星产业发展现状及趋势

1957年10月4日苏联发射了世界上第一颗人造卫星，宣告人类已经步入航天时代，大大激发了世界各国研制和发射卫星的热情。截至2012年8月，全球在轨卫星突破1000颗大关，达到1016颗，其应用也已扩展到通信、气象、侦察、导航、测地、截击等方面，这些种类繁多、用途各异的人造卫星为人类社会的发展进步做出了巨大的贡献。进入新世纪以来，随着航天技术的飞速发展和广泛应用，太空经济时代已经悄然来临，卫星应用产业作为太空经济的重要组成部分，近年来增长迅速。2013年6月，美国卫星产业协会（SIA）第16版卫星产业状况年度报告对2012年上半年的全球卫星产业数据进行了统计分析。报告表明，2012年全球卫星产业收入为1895亿美元，同比增长7%，超过2012年全球经济2.3%的增长率和美国经济2.2%的增长率，以及2011年全球卫星产业收入6%的年度增长率。

2012年全球卫星服务业收入为1135亿美元。大众消费通信服务收入在其中占据的比例最大，它包括卫星电视直播、卫星音频广播和卫星宽带业务收入。其中卫星直播业务/直播到户业务收入在卫星服务业总体收入中所占份额超过80%，在消费服务收入中所占份额为95%。卫星宽带业务收入由2011年的12亿美元增长到2012年的15亿美元。2012年全球的卫星宽带业务用户超过了100万，增长率为10%，绝大部分的卫星宽带用户仍然来自美国。2013年世界各国政府对卫星遥感产业的投资整体呈上升趋势，但是关键项目仍面临预算问题。世界各国，特别是新兴国家争相建立自主的天基对地观测能力，试图在全球对地观测活动中扮演更重要的角色。全球卫星服务业增长趋势如图7-1所示。

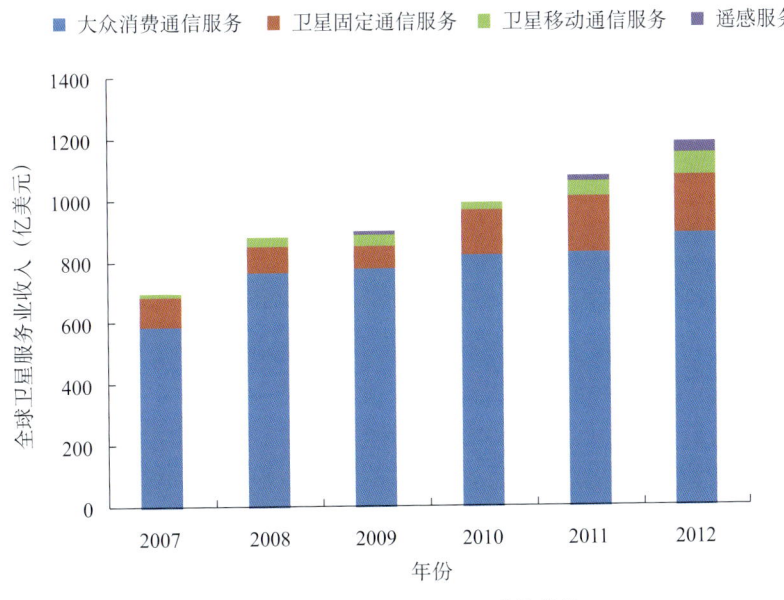

图7-1 全球卫星服务业增长趋势

除此之外，全球卫星导航产业发展迅猛，在交通、航空、农业、气象和个人电子消费类等多个领域表现得尤为突出。其中交通是导航应用最为典型、规模最大的领域，其市场比例占据卫星导航应用市场的 80% 以上。自 2006 年以来导航市场呈显著增长态势，未来仍有巨大潜力尚待开发。在导航设备销售方面，随着全球导航卫星系统（GNSS）建设的不断完善，全球导航设备的销售迅速增长。基于位置服务（LBS）、道路交通服务市场、农业市场占全球卫星导航市场的 99.98%，而 LBS 和道路导航市场创收最高，如图 7-2 所示。

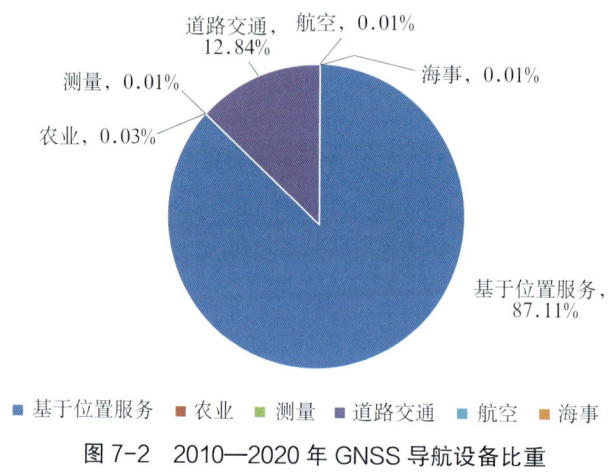

图 7-2　2010—2020 年 GNSS 导航设备比重

1.1　导航与位置服务

导航与位置服务（Location Based Service，LBS）是指基于导航定位、移动通信、数字地图等技术，建立人、事、物、地在统一时空基准下的位置与时间标签及其关联，为政府、企业、行业及公众用户提供随时获知所关注目标的位置及位置关联信息的服务。1994 年，美国学者 Schilit 率先提出了位置服务的 3 个目标（3W），即你在哪里（Where，空间信息）、你和谁在一起（Who，社会信息）、周围有什么（What，信息查询），构成了 LBS 中最为基础的内容。2004 年，Reichenbacher 将用户使用 LBS 的服务归纳为 4 类：定位（个人位置定位）、导航（路径导航）、查询（查询某个人或某个对象）、识别（识别某个人或对象）和事件检查（特殊情况下发送求救或查询个人位置信息）。

1.1.1　国外发展现状

卫星导航是提供用户导航与位置服务的主要手段。目前，世界大国竞相发展各自的卫星导航及增强服务系统，保障其导航与位置服务产业的优势和竞争力。

卫星导航系统可提供高精度、全天时、全天候的定位、导航和授时服务，是一种可供海、陆、空、天等领域军民用户共享的信息资源。10 多年以来，以 GPS 为代表的卫星导航系统正在成为全世界的天基时空基准，成为国家安全和经济社会不可或缺的信息基础设施，在国防、国家安全、经济安全和社会生活中发挥着越来越重要的作用。

国外的卫星导航系统主要有美国的 GPS 系统、俄罗斯的 GLONASS 系统和欧盟的

GALILEO 系统。目前，全球卫星应用产业主要以 GPS 应用为主，2006 年 GPS 及其衍生产业总值约为 400 多亿美元，2008 年增长到 600 多亿美元，2010 年达到了 1755 亿美元，截至目前已经超过 2000 多亿美元，其中车载导航、个人导航与监控类产品及其交通类应用仍是市场主导力量，卫星授时产品在通信、交通、电力和国防领域仍占据重要市场份额，消费类产品仍处于上升趋势。

目前，随着技术更新换代，全球卫星导航系统的技术发展形成了多系统兼容、多层次增强、多元应用、多技术整合四大特点。

(1) 多系统兼容

全球 GNSS 星座有 150 颗可用导航卫星，存在优化选择和最佳化应用的问题。因此，卫星导航服务提供者必须考虑 GNSS 的兼容、互用和可交换，通过协调时间和空间体系，形成信号和系统的标准化设计，探索新一代民用 GNSS 体系的建设方式和实施办法，在可能的条件下酝酿共建共享的问题，实现系统间的兼容、互用和可交换应用。

(2) 多层次增强

卫星导航的增强应用已远远超过原有的广域和局域增强概念，还包括各卫星导航系统间的增强和终端应用系统增强，具备卫星导航定位功能的移动设备便是一个典型的应用实例。

(3) 多元应用

GNSS 系统除了应用于卫星导航外，还可以实现卫星定位、授时、侧向功能，提供多模化的应用服务。在最新的发展过程中，超越了卫星导航天基 PNT 的局限性，进入广义 PNT 的范畴，在海、陆、空、天全空间发挥重要的作用。

(4) 多技术整合

除了使用卫星导航四大系统及其增强系统外，还可以利用非卫星导航技术实现导航定位功能，如移动通信网络、WiFi 网络、互联网、惯性导航、伪卫星、无线电信标等。通过多技术整合，形成一个以 GNSS 为主体的 PNT 应用服务体系，真正做到全时段、全空间的无缝服务，实现卫星导航产业的全球化、规模化、规范化和大众化发展。

1.1.2 国内发展现状

我国卫星导航产业起步较晚，但卫星导航市场发展迅速。目前在车辆导航、无线通信及移动电话等领域已经得到广泛应用，卫星导航产品制造已经初具规模。

根据调查分析和估算，国内专业从事卫星导航产品制造的企业约有 800 家，从业人员不少于 10 万人，投资规模 80 亿～100 亿元。其中，投资超过 5000 万元的企业有 30 多家，投资 1000 万～5000 万元的企业有 80 家左右，投资百万元的企业有 200～500 家，投资数十万元的企业有近千家。员工 1000 人以上的企业有 30 多家，数百人的企业有 200～500 家，其余大多数为几十人的小企业。

据统计，2012 年我国卫星导航与位置服务产业总体产值已超过 810 亿元，但增速放缓，且企业平均效益并未有明显增长。我国在全球产值中占比仍不足 8%，其中截至 2012 年，北斗系统产值接近 40 亿元，但不足国内卫星导航总体产值的 5%。统计显示，伴随 2012 年年底宣布北斗系统正式提供服务及有关政府项目和促进措施落地以来，2013 年第一、第二季度北斗系统芯片及终端出货量显著增长，甚至出现货源不足的情况，产业总体效益也出现明显提高。

在产业链建设方面，中游的终端集成和系统集成环节仍是一头独大，产值超过总产值的72%，而产业链上游、下游环节仍然比较薄弱。随着近几年北斗系统的兴起，产业热度持续升温，新增投资和新增企业进一步引发了市场集中度的降低，作为行业龙头的14家上市公司的卫星导航相关产值低于全行业的10%，收入排名前10位的企业市场占有率不足全国的6%。现阶段我国涉足卫星导航与位置服务产业的企事业单位数量已过万家，从业人员数量接近30万人，但产业中绝大多数仍是小微型企业，且没有一个区域或商业联合体能够形成真正意义上的产业集群式发展。产业链产值占比分布如图7-3所示。

1%
8%
7%
12%
49%
23%
元器件
开发工具
数据与软件
终端集成
系统集成
运营服务

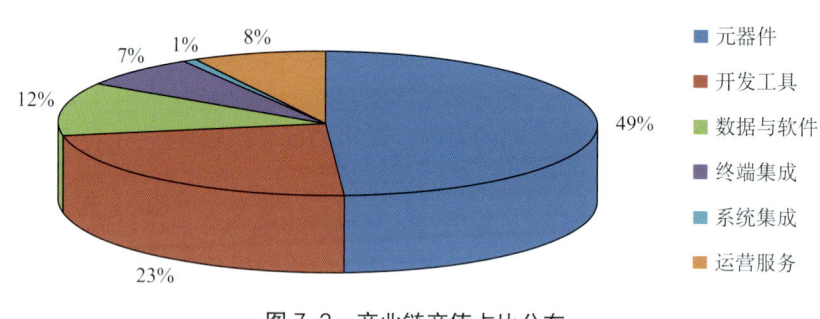

图7-3　产业链产值占比分布

当前，我国卫星导航与位置服务的产业发展具有显著的区位特点，已形成环渤海、珠三角、长三角、华中鄂豫湘、西部川陕渝等五大产业聚集区，2012年五大区域产业总产值超过660亿元，比2011年增加了14.4%，约占全国的81.7%，并形成了北京、上海、深圳、广州、武汉等十五大产业聚集重点城市。

2008年以来，全国掀起了建设卫星导航应用产业基地或园区的热潮，围绕5大区域和15大重点城市形成了几十个各种规模和级别的园区及孵化器。政府投资几百亿，带动相关产业投资几千亿元，并出台了扶持产业和企业发展的一系列政策法规和产业规划，为各区域产业发展提供了支撑和动力。但客观上讲，各地区风风火火的产业建设仍然缺乏充分结合当地情况特点的总体战略思路和能够得到统一贯彻的顶层规划，往往抱着推动产业一跳而就的想法，却导致一时冲动、一拥而上、一言而定、一盘散沙的情况。且各区域促进产业发展的模式缺乏创新，普遍以财政项目支持、房地经济拉动、示范工程建设等传统方式为单一手段，而在对本地优劣的强化与弥补、应用需求的挖掘与整合、市场环境的营造和规范、公共资源的开发和利用、企业竞合的引导与保护等方面缺乏解决方案的组合型设计和实际落地的综合性举措。应用市场分类如图7-4所示。

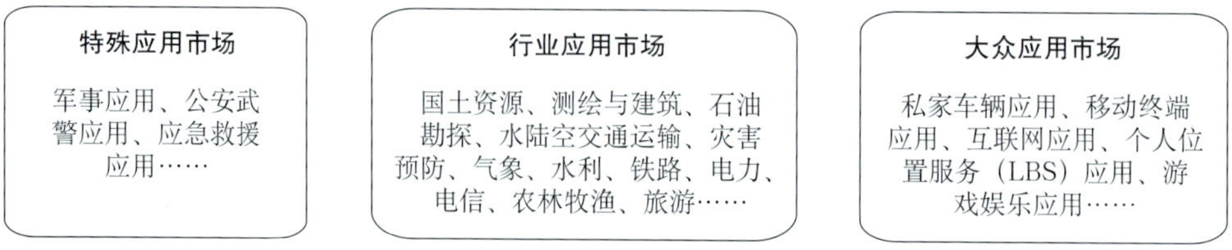

特殊应用市场
军事应用、公安武警应用、应急救援应用……
行业应用市场
国土资源、测绘与建筑、石油勘探、水陆空交通运输、灾害预防、气象、水利、铁路、电力、电信、农林牧渔、旅游……
大众应用市场
私家车辆应用、移动终端应用、互联网应用、个人位置服务（LBS）应用、游戏娱乐应用……

图7-4　应用市场分类

1.1.3 未来发展趋势

①北斗卫星导航系统与 GPS、GLONASS 和 GALILEO 多系统兼容将是卫星导航发展的大势所趋，相互融合和相互兼容的卫星导航定位、定时天线、终端产品、芯片，如 GPS/北斗导航型天线、接收机、OEM 板等将是国内卫星导航产品发展的主流方向。

②大批量的车载便携式导航设备将应用于交通运输方面。成熟的智能运输系统和高度发展的电子地图为车辆导航发展提供了有力支撑。导航用户设备与移动通信、WiFi 接入技术和互联网的融合将更大促进卫星导航产品在智能交通、移动通信等领域的应用。

③手持设备与通信系统相结合形成基于位置服务的综合信息系统（LBS）。该系统将手机与卫星导航、卫星定位与通信模块、网络定位和卫星定位组合，通过中心站和通信网实现导航和位置查询。随着通信业的介入和人们对这一技术的认可，基于位置服务的市场将会飞快发展并逐渐超过车辆导航市场。

1.2 卫星通信

卫星通信是地球上（地面、水面或空中等）的无线电通信站之间利用人造卫星作为中继站的通信方式，自 20 世纪 50 年代开始，就成为连接世界和各地区的重要通信手段，在民众日常生活、经济建设及军事斗争中发挥了巨大的作用。卫星通信系统由在太空中运行的通信卫星和地面上的卫星通信地球站等组成，而卫星通信地球站是其中的一个重要组成部分。VSAT（Very Small Aperture Terminal，甚小口径天线终端）是从 20 世纪 80 年代发展起来的主流卫星通信技术，它是具有甚小口径天线（一般小于 3 米）的智能化小型或微型地球站。通常情况下大量的 VSAT 与一个或几个主站、关口站等共同工作，构成卫星通信网，为分布在广阔地域上的各个工作站提供数据、图像、语音和其他电信服务。VSAT 卫星通信系统通信组网灵活、业务范围广、管理控制能力强，具有相当的独立性；设备安装方便、速度快、建设时间短；通信链路中间环节少、不受地理条件限制，通信成本与距离无关而成为当今卫星通信系统的主流。

典型的 VSAT 网由一个中心地面站、卫星和广泛分布在各地的 VSAT 小站组成。中心站是 VSAT 网的管理控制中心，它由卫星天线、射频设备、中频设备及交换单元等系统组成。主站设有网络管理系统，负责对全网监测、管理、控制和维护，如实时监测、诊断各小站和主站本身的工作情况、测试信道质量、负责信道分配、统计、计费等。分布在各地的 VSAT 小站由天线（零点几米到 3 米）、室外射频单元和室内数字处理单元组成。室内数字处理单元承担发送和接收数据的处理、操纵功能。其用户接口可以同时支持多种通信协议，它可以根据用户要求配置为不同的速率，方便用户将各种终端设备接入 VSAT 网，VSAT 通信使用的卫星资源是 C 波段、Ku 波段和 Ka 波段的同步卫星转发器。

1.2.1 国外发展现状

20 世纪 90 年代起，全球卫星通信系统进入了一个快速发展的时期，主要得益于地面网络的匮乏及卫星通信技术的发展，尤其是 VSAT 技术的发展，使得卫星通信终端小型化成为可能，相对的建设成本也随之减少，因此卫星通信市场得到快速增长。当时主要的用户是各个大型企业及其分支机构。到了 2000 年，由于发达国家地面光纤网络和移动通信网络的迅速发展，造成地面网络的富裕，成本迅速降低，阻碍了卫星通信网络的发展，而 VSAT 卫星通信自身没有太大的发展，在传输速率、网络容量、终端价格、使用成本等方面都不能与地面网络相抗衡，因此 VSAT 卫星通信进入一个衰落期。而从 2005 年开始，部分发达国家为应对自然灾害、突发事件及地面网络的干扰等问题，开始重新审视卫星通信覆盖面积大、能快速展开使用的优点。对于拉美和非洲地区一些发展中国家，经济的发展还不足以大规模地进行地面通信网络的升级换代，卫星通信还是解决远程通信的重要手段之一。同时 VSAT 技术也有巨大发展，DVB-RCS 标准、低成本终端的推出等，使得 VSAT 卫星通信市场又进入了一个发展期。这一时期，高速宽带、低成本的 VSAT 卫星通信系统成为市场的主流。

根据全球最具权威的顾问咨询机构 Comsys 的《2013 年度全球 VSAT 卫星通信市场报告》（The Comsys VSAT Report 2013，16th edition）数据，2013 年度，全球 VSAT 卫星通信系统销售收入为 74.69 亿美元，相关服务收入为 30.88 亿美元。全球 VSAT 卫星通信系统终端总销售量超过 300 万台，市场增长率超过 10%。

目前全球主要的 VSAT 卫星通信产品制造商有 30 余家，生产星状、网状等语音、数据、低速、高速 VSAT 卫星通信产品，中国目前尚无一家能在全球市场占据一席之地。图 7-5 显示了全球各主要卫星通信系统厂商市场份额占有情况。全球主要的卫星通信市场份额 2/3 集中在几家主要的系统供应商，其中有美国 ViaSat、美国 Hughes、以色列 Gilat 等。其他一些主要供应商有美国 iDirect、加拿大 Advantech、美国 STM 及法国 Thales 等。

图 7-6 为全球各大洲 VSAT 卫星通信系统市场份额统计，从图中可以看出北美市场是最大的 VSAT 市场，其次是亚太地区和拉美地区，而最近 2～3 年，亚太市场是增长最快的市场之一。中国 VSAT 市场由于政策等始终是一个相对独立的市场，近几年随之国家经济的迅猛发展，应急通信手段的不断增强，VSAT 卫星通信是一个重要的发展方案，市场也在快速的增长中。

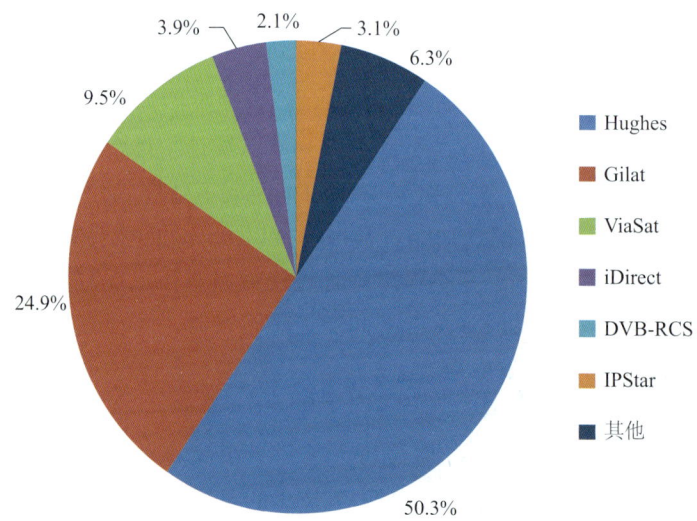

图 7-5　VSAT 卫星通信产品制造商市场占有率统计

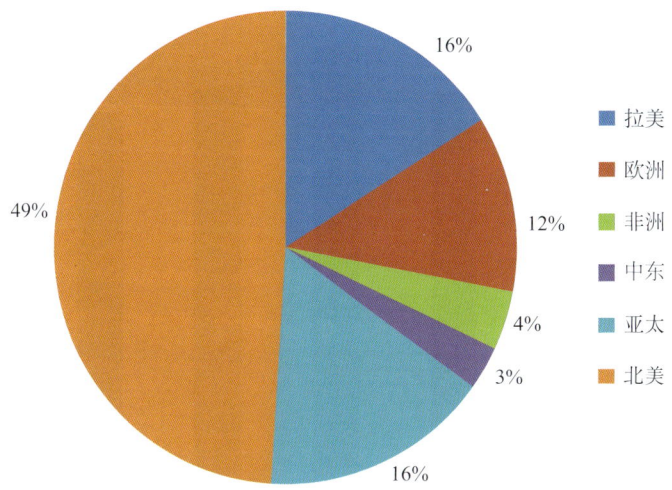

图 7-6 VSAT 卫星通信产品全球各地区市场占有率统计

1.2.2 国内发展现状

1972 年我国首次组建了卫星地球站。从 1993 年 VSAT 通信业务向社会放开经营至今，我国的 VSAT 卫星通信在改革开放中得到快速发展。最近 10 多年来，VSAT 卫星通信系统以其独特的方式在信息通信领域里扮演着越来越重要的角色，其网络建设已经遍布全国各地。在众多的专用网中，它支持着语音、数据和图像等多种业务，成为许多大型企业、商业团体、金融机构、新闻单位等赖以生存的神经中枢。在广阔的公共电信网络中，对于远距离的小容量通信，以及地面蜂窝网或寻呼系统的组网方面，VSAT 系统发挥着重要的作用。面对信息技术迅速发展的 21 世纪，VSAT 系统仍然充满着强劲的活力。由于 VSAT 系统具有投资省、建设周期短、效益高、传输距离远、信号质量好、设备体积小、便于安装、使用及维护方便等特点，在专用网和边远地区的通信中发挥着重要的作用。VSAT 卫星通信系统以其覆盖范围广、通信成本与距离无关、灵活性好、直接面向用户、一点对多点、非对称传输、容量大等特点，广泛应用于远程应用服务、企业专网、信息广播服务、Internet 宽带接入、信息采集与远程监控服务、应急通信等领域。

从 20 世纪 80 年代末期至今，特别是在电信主管单位将 VSAT 系统列入放开的电信业务以来，我国 VSAT 卫星通信系统发展迅速。许多国家部门、大型企业、专业用户和边远地区纷纷建立相应的 VSAT 网络，满足了各单位和地区对通信的迫切要求，也在一定程度上缓解了我国干线通信线路的供需矛盾。据不完全统计，目前我国已建 VSAT 系统大约有 80 多个，小站数目约 7000 多台，这些系统分别归属于银行金融证券机构、新闻单位、电力、煤炭、石油天然气等能源系统，交通民航，海关贸易，旅游饭店，公安武警，大型综合企业邮电系统和联通公司等下属部门。还有一些专门经营 VSAT 系统的营运公司。2009—2011 年我国 VSAT 小站的年增长速度约为 40%，"十三五"期间预计年增长率仍将在 35% 左右。

根据 2013 年统计，2008—2013 年我国 VSAT 小站用户发展状况如图 7-7 所示。

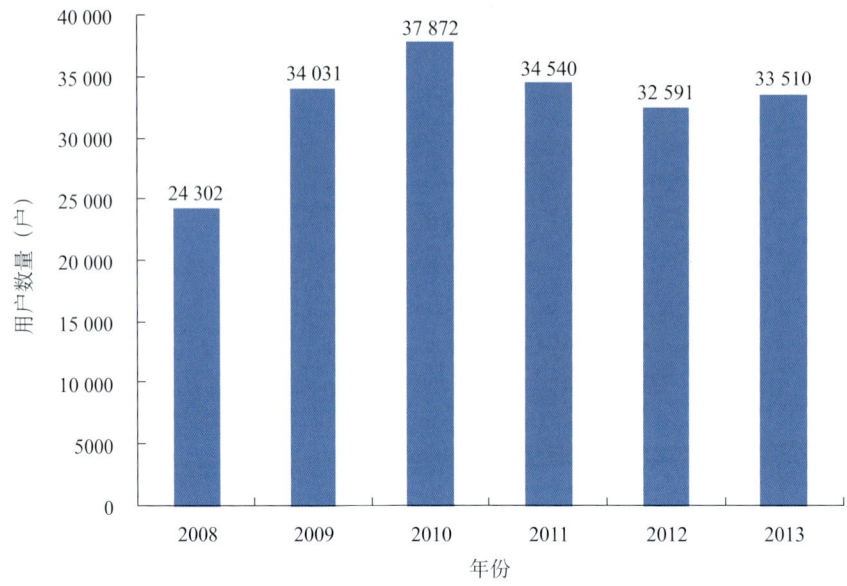

图 7-7　2008—2013 年我国 VSAT 小站用户发展状况

1.2.3　未来发展趋势

①卫星通信应用产业增长的主要驱动力来自面向大众消费市场的卫星多媒体广播（DMB）业务的快速发展。从卫星音频广播（DAB）到卫星视频广播（DVB），再到 DMB，通过卫星广播的数据量越来越大。目前，DMB 发展趋势最好的是欧美、日本和韩国。

②卫星电视直播成为卫星应用的支柱产业。随着各国数字电视进程的加快、卫星高清晰度电视（HDTV）的推广应用及大型体育和媒体盛事的催化，付费卫星电视平台得以迅速增加和发展。在美国，卫星直播电视用户已达到 2160 万户，欧洲是 3500 万户，日本也已达到了 1200 万户。目前，卫星直播产业是唯一能与地面有线电视网络进行竞争，并拥有一定优势的产业。

③宽带多媒体卫星通信正在成为信息基础设施的一个重要组成部分。宽带多媒体卫星通信是 20 世纪 90 年代中期发展起来的一种新型卫星通信，是商用卫星通信业务的主要发展方向。随着卫星终端设备费用的不断下降，以及用户对高速因特网接入需求的迅速增长，宽带卫星通信用户数量不断增长。

④移动卫星通信仍然是目前卫星通信发展较快的业务之一。

⑤卫星通信在军事通信、环境数据采集和监测、国家应急救援和救灾通信等政府、军用业务领域中的重要作用在不断加强。

1.3　卫星遥感

随着全球空间对地观测技术的发展和应用，卫星遥感技术逐渐成为一项应用广泛的高科技，也是衡量一个国家科技发展水平的重要尺度。卫星对地观测产业尽管在全球航天经济中所占比例仍然较小，却是至关重要的组成部分，卫星对地观测可应用于军事作战行动支持、资源探测、城市规划、气象预报、防灾减灾和地球物理研究等多个领域。欧洲咨询公司（Euroconsult）的2013年卫星对地观测报告将卫星对地观测数据市场需求分为8个领域，分别是国防、自然资源监测、能源、基础设施与工程、位置服务、海事运营、灾害管理和环境监测。报告数据显示，国防领域的市场份额达到50%～60%；其他7个领域所占的市场份额均未超过10%，而且主要用户和所需数据的类型均有所不同，例如，自然资源监测领域的主要用户是政府机构，通过较低分辨率的图像数据进行资源变化监测；能源领域的主要用户是私营企业；而环境监测领域的主要用户是各种研究团体和公众等。

2012—2013年，国防、政府和商业公司仍是驱动卫星对地观测产业发展的主要因素。鉴于卫星图像能够有效地支持军事行动，国防用户仍是世界范围内卫星图像的最大采购方，除利用军用的侦察监视卫星外，还通过商业成像卫星获取大量的图像数据。随着欧美国家可能"放松"商业卫星图像销售的分辨率限制，卫星对地观测产业的商业应用将进一步发展；而且新兴的商业运营商计划提供卫星图像或者气象/环境数据，试图打破传统的商业卫星图像服务模式。

2007—2022年卫星对地观测服务产业收入及增长预测如图7-8所示。

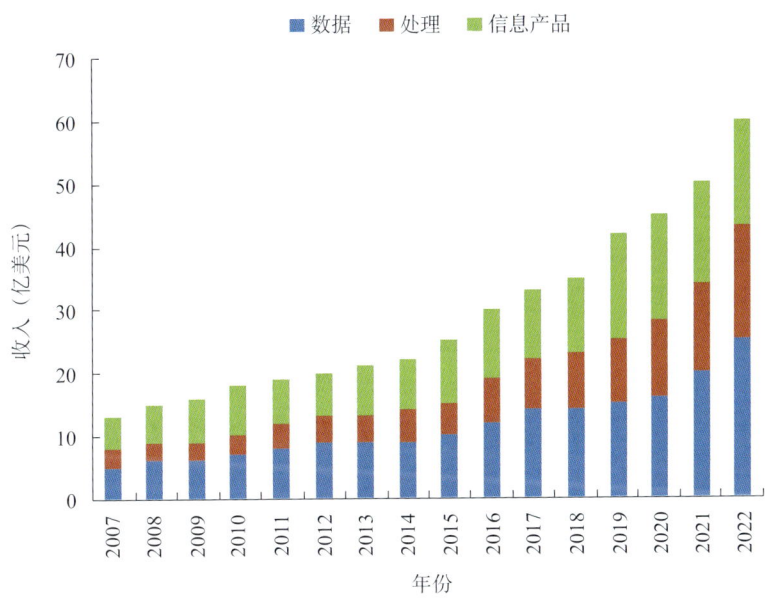

图7-8　2007—2022年卫星对地观测服务产业收入及增长预测

1.3.1　国外发展现状

在欧美发达国家，遥感应用技术应用的发展一直处于领先地位，业务化应用日趋成熟，国际化应用监测已成为当今热点，遥感已经广泛应用于国土、气象、农业、灾害、环保、林业、海洋、测绘等多个方面。

①国土方面，美国在20世纪80年代完成了全球性农业和资源的空间遥感调查计划（AGRISTARS），从1977年开始，美国用立法形式正式确立了每5年进行一次土壤、水分及相关环境资源的自然资源调查（NRI）的国家资源清查制度，在2000年后改为每年清查，

2001年正式发布了年度清查报告。

②气象方面，欧洲气象卫星应用组织以Metop-1/2/3航天器为基础。美国则于2011年发射军民共用的极轨运行环境系统先期计划（NPP）卫星，由雷声公司研制的通用地面系统（CGS）也进入运行状态。CGS地面系统将服务于美国新一代气象卫星系统，包括民用的联合极轨卫星系统（JPSS）和军用的国防气象卫星系统（DWSS）。

③农业方面，遥感技术已经应用到作物面积监测、长势监测、估产、灾害监测、农业环境监测与评价、土壤资源监测、精准农业、渔业等各个农业领域，成为农业高新技术新的增长点。美国农业部（USDA）、美国国家航空航天局（NASA）等部门连续合作开展了面积农作物估产实验（LACIE）计划、农业和资源的空间遥感调查计划（AGRISTARS）、全球农业监测计划（GLAM）等一系列农业遥感应用计划，建立了农情遥感监测系统并不断发展完善。

④减灾方面，美国、法国、日本等国在使用遥感技术进行灾害监测评估系统建设上起步较早，发展也较为成熟。国际上3个影响较大的灾害应急管理系统包括美国的EMS系统、欧洲尤里卡计划（EUREKA）的MEMbrain系统与日本的DRS系统。主要是基于3S技术，实现多源数据的处理和综合应用。

⑤环保方面，主要应用于大气环境、海洋环境和陆地环境三大方面。包括水质的叶绿素含量、泥沙含量、水温、水色；大气气温，湿度，CO、CO_2、O_3、CH_4等主要污染物的浓度；固体废弃物的堆放量和分布及其影响范围等。

⑥林业方面，越来越广泛地应用于森林资源调查与监测、荒漠化沙化土地监测、湿地资源监测、森林防火监测等林业建设中的各个领域。美国已参与全球环境变化监测和森林保健（FHM）监测领域，利用航天遥感技术建立大范围的森林生态图（ECOMAP）和森林健康指数图。

⑦海洋方面，遥感技术日臻完善，广泛应用到海洋学研究的各个方面（如海面风、浪、流、热等结构和锋面、涡旋、内波等中尺度现象、冰盖及生物量的研究等），形成了遥感海洋学新学科。代表性的海洋环境监测系统为全球海洋观测系统GOOS（Global Ocean Observing System）。GOOS是联合国教科文组织政府间海洋学委员会迄今发起的全球性最大、综合性最强的海洋观测系统。

⑧测绘方面，加拿大利用卫星遥感数据修测1:20万地形数据库；法国、意大利利用卫星遥感数据绘制非洲及东南亚地区大面积1:5万地形图；美国USGS负责实施的1:10万至1:50万的全美数字地质图编制项目，其信息来源主要是遥感影像，并更新了有关的GIS系统。

1.3.2 国内发展现状

我国的遥感应用从20世纪70年代突破空间技术开始，经过30多年的发展，已向传统产业渗透，孕育出一系列具有广阔市场前景的新兴产业，卫星遥感应用产业已经成为我国战略性高技术产业的重要组成部分，是我国"十二五"战略性新兴产业之一，具有较长的产业链，其产业链结构可分为产业基础、产业中游和产业下游几部分，如图7-9所示。

根据2013年全球卫星产业状况报告，2013年全球卫星产业收入为1952亿美元，同比增长3%，其中卫星服务业收入1186亿美元，年增长率为5%，在卫星产业总收入中的份额最高，所占份额为61%。陕西省是我国航天领域实力最为雄厚的地区之一，科教资源丰富，科研生产条件良好，技术实力雄厚，成果丰硕，在卫星制造相关领域取得了巨大的成果，但

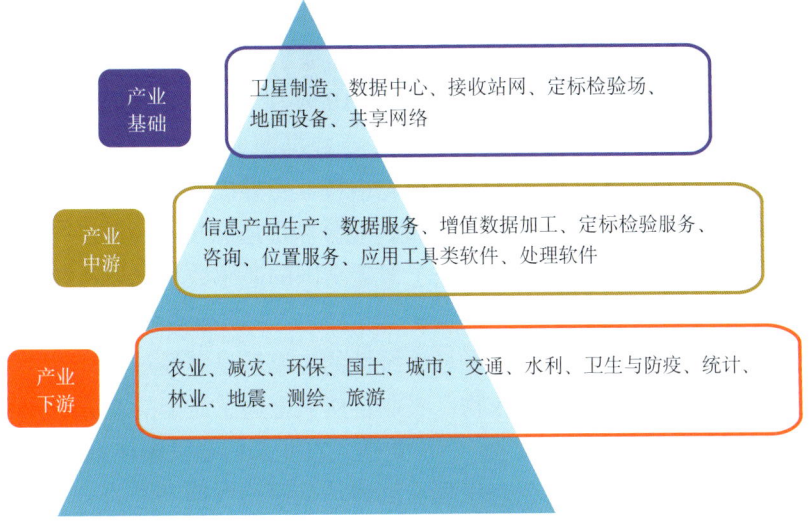

图 7-9　卫星遥感产业链结构

是其卫星遥感的中下游领域即卫星遥感应用领域发展较为缓慢，这与全省的航天事业发展规模、速度及卫星遥感产业市场的需求状况都是极不相称的。因此，在陕西省大力发展卫星遥感产业，打造综合的卫星遥感科研单位，形成卫星遥感服务集群，是未来陕西省遥感与卫星产业发展的重要举措。

国家高分辨率对地观测系统的大力建设，逐渐解决了我国卫星遥感数据"用"的问题。近几年来，瞄准国家战略需求，基于国产卫星遥感数据，促进了民用航天从应用试验型向业务服务型转变，成为国家高新技术产业新兴增长点。已基本形成了高分应用技术支撑、服务示范与产业促进三大体系，具备了自主研发能力、业务化能力、产业化三大能力。在国土、农业、环保、减灾等部门，针对卫星遥感数据，结合各部门主体业务，建立起了行业遥感数据应用示范系统，带动了行业部门卫星遥感产业发展，如图 7-10 所示。

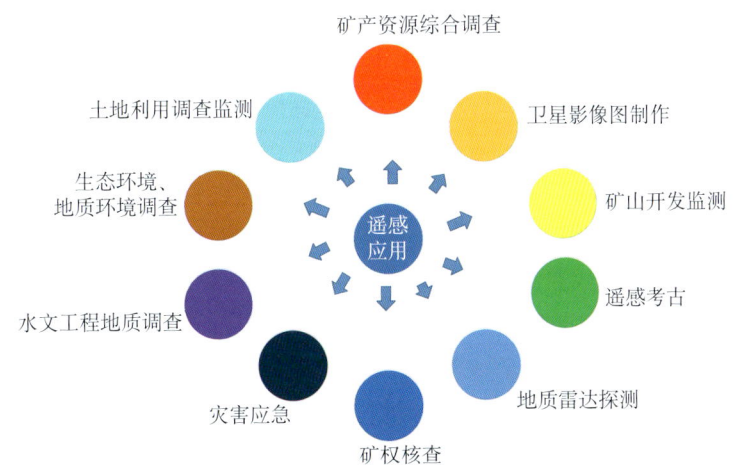

图 7-10　国内遥感技术应用领域

①土地利用方面，20 世纪 80 年代初，我国利用 MSS 卫星遥感数据开展了全国土地概查工作。20 世纪 90 年代初，原国家土地管理局组织完成了全国县级土地详查工作，西部以航空遥感和卫星遥感信息相结合完成 1∶5 万、1∶10 万和 1∶20 万土地利用调查。1999 年 7 月，国土资源部以 TM 数据和 SPOT 数据为主要数据源，对国务院审批的 66 个 50 万人口以上的城市进行了重点监测，并提出了利用光谱特征变异提取土地利用变化信息的技术与方法。2007—2009 年完成全国第二次土地调查，充分利用遥感技术，通过内业判读与实地调绘相结合，完成全国"一张图"工程，制作了覆盖全国的遥感数字正射影像图，监测全国新增建设用地及其占用耕地等情况。

②农业方面，我国遥感技术在农业领域系统性的应用较早。经过长期积累，农业部已经实现了覆盖全国的农业资源、主要农作物、农业自然灾害遥感监测的业务化运行。目前，农业遥感监测的结果已作为主要数据源之一，正式纳入农业部信息发布体系，为宏观决策服务。

③林业方面，森林资源调查与生态工程监测评估是遥感数据应用的一个重要领域，这方面已经做了大量的研究、示范和应用工作。森林资源的一类、二类清查和"退耕还林还草工程"、"三北防护林建设工程"、"京津风沙源工程"等林业生态工程监测都开始运用卫星影像数据。目前，各种分辨率的卫星遥感影像已成为森林调查的主要数据源。Landsat TM/ETM＋、中巴资源卫星多光谱等数据已广泛用于湿地资源监测，遥感结合地面调查，建立了我国湿地资源空间数据库。在应用中低分辨率遥感数据进行森林资源宏观调查、森林灾害调查等的实时监测和动态监测的同时，还利用 Landsat TM/ETM＋或 SPOT 中高分辨率数据进行灾害评估。遥感技术也成为全球陆地生态系统碳循环宏观研究、海岸带动态监测与评价、水土流失和土地荒漠化（土地沙化）监测和评价的重要手段。

④减灾救灾方面，我国已建立了重大自然灾害遥感监测评估运行系统。该系统由卫星遥感、航空遥感、图像处理与分析及灾害监测评估 4 个子系统组成，特别是快速图像处理和评估系统的建立，已经初步具有了对突发性自然灾害的快速应急反应能力。我国自行研制的合成孔径雷达（SAR）、成像光谱仪（如 PHI、OMIS）等机载遥感设备，以及地理信息系统软件已出口到马来西亚、日本等国，部分用于灾害监测。从 2004 年起，民政部开展了利用遥感技术进行常规监测与灾害应急评估的业务工作。通过综合应用 NOAA、MODIS、TM、Quickbird、ASAR 等卫星数据资源对洪涝灾害、台风、滑坡泥石流、雪灾、草原森林火灾、沙尘暴、冰凌等灾种开展了持续的、业务化的监测、评估、风险预警等应用。截至目前，已发布各类灾害的监测、预警、评估产品 300 多期。同时，民政部应用"卫星遥感一号"雷达数据，对中国南方的洪涝、滑坡泥石流灾害进行了有效的监测与评估，成为遥感应用"军民结合、寓军于民"的典范。

随着我国遥感应用领域不断拓展，遥感技术在我国国土资源大调查、西气东输、南水北调、三峡工程、三河三湖治理、退耕还林、防沙治沙、交通规划与建设、海岸带监测及海岛测绘、300 万平方千米海洋权益维护及区域经济调查管理等重大工程建设和重大任务中发挥了不可替代的作用。"国家级农情遥感监测系统"、"沙尘暴的卫星遥感监测与灾情评估系统"、"数字城市空间信息管理与服务系统"、"全国城乡规划和风景名胜区规划管理动态信息系统"、"气象卫星与海洋卫星综合应用系统"等一批行业运行系统相继建成，为各级部门及时了解和掌握情况，进行决策提供了信息保障与支撑，有效提高了政府行政能力。

1.3.3 未来发展趋势

①遥感应用向集成一体化方向发展。欧美许多国家已经向集卫星、航空与地面一体化发展，全球系列的对地观测体系一体化应用，高、中、低多分辨率对地观测数据一体化综合使用及高空间、时间、光谱分辨率的互补与结合趋势明显。

②遥感应用向精细化方向发展。高分辨率的精细对地观测系统发展已成为主流，空间数据的空间分辨率、光谱分辨率、时间分辨率不断提高。

③空间数据处理及信息提取中，重视对地观测标准产品的生产，为大批量业务化应用提供可能。

④遥感应用向大众实用化方向发展。以 Google Earth 为代表的"数字地球"系统的出现已给人类对世界的认识带来新的冲击，对世界范围信息化建设产生了新的震撼，并带来了显著的经济效益。通过直接向大众提供服务，空间信息服务开始步入千家万户，正在实现人类"将世界放在手掌中"的梦想。

⑤对地观测与专业应用紧密结合，商业化产生巨大效益。

⑥空间应用的竞争日趋激烈化。卫星遥感尤其高分辨率卫星被多个国家与地区所拥有，不仅美国、法国、俄罗斯等传统强国，而且印度、日本、以色列、韩国的发展对我国提出了明确的挑战。这种既合作又竞争的态势将持续很长时间。

2 陕西省导航与卫星产业发展现状及趋势

2.1 产业现状

陕西省是国内较早从事卫星导航应用开发和研究的省份，在卫星有效载荷、时间基准、卫星测控、应用开发等领域占有十分重要的位置，现有 50 余家企业和机构从事北斗卫星应用研发、生产制造、系统集成和运营服务，已掌握部分领域核心技术，形成相对完整的产业链条。西安早在 2007 年就被科技部列为卫星导航产业基地，目前有 20 多家企业从事卫星导航产业，已形成从卫星通信、导航、授时系统与终端研发与生产、芯片设计与制造、软件研发、电子地图制作、终端设备制造与配套到运营服务一条较为完整的产业链。2009 年陕西省西安高新区卫星导航定位服务产业技术创新联盟成立，2013 年陕西省启动智慧城市发展规划，明确指出陕西省要在"数字陕西·智慧城市"中建设北斗卫星导航应用示范项目，打造卫星通信广播、北斗卫星导航终端及位置服务、北斗卫星空间基准授时等卫星应用产业链，推动北斗卫星应用产业快速发展。

随着我国"高分辨率对地观测系统"等科技重大专项计划的实施，未来国内卫星遥感应用产业将迎来高速发展期，预计市场规模将达 4000 亿元以上。"十二五"期间，陕西省以西安国家民用航天产业基地为产业承载地，通过"龙头引领、政策联动、产业链构建、项目聚集完善"的发展策略，在卫星遥感应用领域方面聚集和培育了一批优秀企业，如中国空间技术研究院西安分院、中国科学院遥感与数字地球研究所等"国家队"科研和企事业单位，构建了卫星有效载荷研制、卫星测控管理、卫星应用地面设备制造、卫星遥感数据获取、处理、营运服务、空间信息和卫星遥感等具有特色的卫星应用技术产业链。2014年5月25日，以"空间信息与丝绸之路"战略研讨会为契机，航天基地与中国科学院遥感与数字地球研究所签署了战略合作协议，旨在促进卫星遥感科技成果转化及区域经济发展，构筑完备的卫星遥感应用产业链条，共同推动卫星遥感产业发展。总体而言，航天基地在卫星遥感产业聚集效应已初步显现，展现出了新兴高技术产业强劲的发展势头，为带动陕西省卫星遥感应用产业的集群化发展奠定了良好基础。

2.2 社会需求

近年来，陕西省经济平稳快速发展，现正处在转变经济发展方式、调整产业结构、统筹城乡发展、改善民生的关键时期，各方面都需要卫星通信、卫星导航、定位、授时产业化水平的提高来为城乡居民提供信息化公共服务平台。

①武器试验、作战训练对卫星授时的需求。陕西省不仅是航天产业大省，而且是一个常规武器研发、试验的军工武器科研大省，卫星导航、授时不仅为多所航天研究所提供卫星测控的高精度统一的时间，也为多个兵工研究所、武器试验场地提供武器试验和作战训练所需的高精度位置、统一时间服务。

②电力系统对卫星授时的需求。随着智能电网建设的发展及自动化水平的不断提高，我国电网的各级调度机构、发电厂、变电站、集控中心等需要统一的时间参考基准，以满足智能电网运控和调度系统的时间同步。我国北斗卫星导航系统的建成推进了北斗卫星授时在配电网在线故障定位、智能变电站和电网动态监测中的应用，为各级电力设施和管理提供可靠标准时间信号和信息，保证了电网运行稳定安全。

③金融业务对时间信息的需求。陕西省金融业务广泛，各银行的时间系统不但要对客户业务操作提供标准时间参考，银行内部的计算机网络系统、安保系统、ATM系统、公共广播系统、消防系统等均需要有一个统一、标准的时间参考源；同样在股票证券交易、套汇交易、期货交易、大宗商品交易等事涉金融流通的各种场所，也需要有一个统一、标准的时间参考源为客户业务操作提供标准时间参考。

④通信系统对时间同步的需求。现代通信事业迅速发展，尤其是数字通信在采用了光纤信道后码速率越来越高，对网同步提出了更高的需求。传统通信网的分级时间同步方法已不能满足要求。因此，迫切需要采用卫星授时来确保通信网的时间同步。

⑤个人消费对卫星导航、定位和授时的需求。大众（个人）应用市场是未来产业发展的重心和依托市场。目前主要集中在手机位置服务和个人车辆应用两大市场。随着北斗系统的逐步完善和终端价格的逐步下降，北斗系统在个人车载终端市场将极具发展潜力，并且智能手机市场也有爆发性的增长。

随着信息化时代的到来，全球个人移动通信和信息高速公路通信需求的迅速增长，要实现通信网的"无缝"覆盖，卫星通信是必不可少的通信手段。在经济、政治和文化领域中，卫星通信不仅有效补充了其他通信手段的不足，更能在抢险、防灾、救灾、处理突发事件的应急通信中大有作为。此外，深空通信的发展，成为卫星通信的又一新领域。

①卫星固定通信。我国已建立了包括中国人民银行、交通部、石油行业、民用航空系统

等 80 多个部委或行业的专用卫星通信网络，有 30 余家 VSTA 系统运营商或者公司从事运营服务。但国内的卫星固定通信业务定位为地面网的补充，与国外同行业相比仍缺乏规模，而且 VSAT 系统几乎全部依赖进口，存在安全隐患。卫星固定通信业务在军民两用市场将继续稳步增长，业务向综合业务方向发展，主要通信业务备份、应急救灾通信及跨地域大型企业对转发器租赁业务的需求进一步扩大。在国家安全和行业安全需求的驱动下，随着 VSTA 等核心地面设备的逐步国产化，届时将形成一定的市场规模。

②卫星移动通信。目前我国尚无自律的商用卫星移动通信系统，正在使用或准备使用的商用卫星移动通信系统都是国外研制的，用户较少，其中海事卫星系统在我国的用户数量约为 8000 户。随着我国自主研制的 S 频段移动通信卫星投入运营，在战场通信、应急响应、野外探险、地面网补充等领域有潜在的较大市场，将带动地面系统和军用、民用移动通信终端小型化和快速发展。

③卫星直播通信。我国已用中星 9 号提供卫星直播业务。但受政策限制，目前仅面向农村地区提供"村村通"工程服务，中星 9 号的 22 个转发器仅使用了 4 个。存在利用直播卫星转发器向企业提供综合服务的机会。卫星直播终端也会有较大的市场。

④卫星移动多媒体广播。我国 CMMB 移动多媒体广播发展计划正在重要城市进行地面网建设，卫星网的建设尚未确定，但未来音视频、导航服务终端和运营服务市场将有巨大潜力。

⑤卫星运营服务。卫星通信网运营模式将由目前的行业自我管理运营方式向委托运营方式发展。未来转发器租赁运营业务将向转发器租赁和专网运营相结合的综合业务方向发展。形成自主发星、自主建网、自主提供设备、自主运营为一体的自主产业链模式也是未来值得重视和探索的方式。

西部是我国卫星遥感应用的重点区域，陕西省是西部开发的桥头堡，依托国家重大专项的实施及民用领域的拓展，陕西省卫星应用产业社会需求巨大，未来进一步挖深卫星遥感在资源调查、基础测绘、气象监测、农业遥感应用、土地利用、海域动态监视、环境与灾害监测、水利、城市规划等领域的应用。

此外，响应国家发展关中地区、丝绸之路经济带的战略，利用卫星遥感具有观测范围广、信息获取量大、获取速度快、实时性好、动态性强、多星组合、全天候、支持对数据的可视化管理等特点，将卫星遥感技术应用于"丝绸之路经济带"的建设，能有效发掘经济带上各个国家的现状与特点，从贸易、资源、环保、交通、农业等方面为经济带提供有效的技术服务和决策支撑。"十三五"期间，以构建新型"空间信息与丝绸之路"产业链为导向，发挥西安"丝绸之路新起点"的优势，创造卫星遥感产业发展新模式来全面服务于"丝绸之路经济带"的建设，满足各行业需求。

2.3 技术水平

陕西省作为我国航天领域实力最为雄厚的地区之一，在卫星服务业、卫星制造业和地面设备制造业三大方向科技水平和综合实力居全国前列，通过"十二五"的进一步快速发展，突破和掌握了一批核心技术，建立了一批大型项目和工程，进一步巩固了行业优势地位。围绕卫星通信、卫星导航、卫星遥感三大领域，组织实施了"4633"工程，重点推进研究院、产业联盟、产业创新、公共服务等四大创新工程，着力打造卫星通信广播、卫星导航终端及位置服务、北斗卫星空间基准授时、自主遥感信息、卫星载荷与测控、航天特色旅游等六大卫星应用产业链，重点建设了陕西宽带卫星通信骨干网、卫星导航应用综合服务平台、卫星遥感应用综合服务平台三大支撑平台，加快实施卫星数字文化传播、基于北斗系统的物流车辆监控与管理、卫星遥感应用三大示范工程，不断拓展卫星应用领域，促进卫星应用国际合作与交流，推动了陕西省卫星应用产业快速发展。

(1) 北斗芯片研制技术处于国内领先水平

2014年，西安航天华迅公司以芯片研发及销售为基础，积极拓展北斗行业应用，北斗芯片单月销量突破15万套，再创历史新高，市场占有率进一步扩大。西安航天华迅公司成功推出最新研制的第4代芯片，其俘获灵敏度、跟踪灵敏度及精度均处于国内领先水平，与国际先进水平相当。该芯片除应用于车载导航外，可以直接进入手机应用，实现智能手机的北斗定位。据统计，2014年，航天华迅公司北斗芯片销售额创历史新高，累计获得北斗芯片订单已超过百万套，市场占有率名列行业前茅。

(2) 国内首套GBAS卫星导航着陆系统试运行

中国电子科技集团公司第20研究所研制的国内首套GBAS卫星导航着陆系统，正式在天津滨海国际机场开展安装和试验运行工作。这标志着我国自主全面掌握了卫星导航着陆系统技术。GBAS系统是新一代机场飞机导航、着陆、离场引导支持系统，它利用卫星导航信息，打破了传统仪表着陆系统影响航迹灵活性和机场吞吐量的技术局限。GBAS卫星导航着陆系统对场地要求较低，可以使飞机绕飞、避开障碍物和敏感地区，极大地提高飞行安全性。还可以支持多条跑道并行和交叉运行，提高机场容量，减小飞行延误率。累计80余架次的试飞试验取得了良好的效果。

(3) 陕西省北斗卫星导航应用示范项目进展顺利

2014年12月19日，中国第二代卫星导航系统专项管理办公室会同陕西省工信厅组织相关专家对陕西电子工业研究院承担的"陕西省北斗卫星导航应用示范工程初步设计"进行了评审。评审组听取了项目组关于陕西省北斗卫星导航应用示范系统工程初步设计的汇报，得到了专家们的一致认可。陕西北斗示范项目对陕西的电子信息产业来说意义重大，激活了老优势，催生了新亮点，通过示范项目来带动陕西北斗产业的发展。

(4) 卫星通信广播产业链

围绕卫星电视广播、应急通信、远程教育、远程医疗、公共数据广播、数据投递等应用领域，依托航天恒星、中国卫通、兵器206所、省电子集团等骨干企业，重点发展了卫星通信调制解调器、室外单元、多功能抗干扰组合天线、天地一体化综合通信网、宽带卫星通信网、卫星多媒体通信、卫星高速Internet接入系统等产品，大力推广卫星通信运营服务和数字文化传播、呼叫中心、卫星通信外包业务、数据挖掘与利用等增值业务，构建了卫星通信广播产业链。

(5) 卫星导航终端及位置服务产业链

围绕航空、航天、航海、物流、交通等行业，依托中电20所、兵器206所、省电子集团、航天恒星、西安华讯、四维图新、西北工业大学等骨干企业和高校，重点发展了具有自主知识产权的高灵敏度、抗干扰、高动态、P码直捕终端机、多星座、多模融合接收机、BD/INS

深耦合接收机、基带芯片、射频芯片、微型天线等关键元器件和电子地图，积极推动了智能交通、现代物流、110联网报警服务、基于北斗卫星的救生系统、危运车辆监控、出租车/医疗急救车/公交车监控与调度管理等行业应用，构建了卫星导航终端及位置服务产业链。

(6) 北斗卫星空间基准授时产业链

围绕通信、电力、金融、自动控制等工业领域和国防领域，依托国家授时中心、航天恒星、西安光机所等骨干企业，重点发展了具有自主知识产权的卫星授时关键设备、小型化高性能地面授时终端、高性能星上时钟等设备与系统、地面监控和用户接收设备与系统，推动了我国自主知识产权的授时产品在通信、电力和交通等领域的广泛应用，构建了北斗卫星空间基准授时产业链。

(7) 自主遥感信息获取、处理和运营服务产业链

围绕基础地理信息测绘、数字陕西地理空间框架建设、农业、林业、国土资源、矿产资源勘探、气象、海洋、水利、防灾减灾、生态环境监测、交通运行监测及区域开发、城乡规划、重大工程项目等重要行业和领域中的推广应用，依托中煤航测遥感局、总参测绘研究所、西安光机所、兵器206所、西北工业大学、西安交通大学等骨干企业和高校，重点开发了高分辨、高识别能力光学、微波、多光谱遥感信息探测、接收、处理、存储、传输分发与遥感定标等硬件设备与软件产品，构建了自主遥感信息获取、处理、传输和运营服务产业链。

(8) 卫星、载荷与测控产业链

围绕未来国际国内应用卫星开发、研制、组网和发射需求，依托陕西省微小卫星工程实验室、西安卫星测控中心、空间电子信息技术研究院、西安光机所、航天771所、中电39所、兵器206所等骨干企业，重点发展了遥感、通信、数据中继等具有广阔前景的微小型卫星及通信、导航、遥感卫星有效载荷，星（箭）载专用微计算机与集成电路、卫星姿态测量、卫星遥控遥测天线、微波及光学卫星遥控遥测等设备与系统，建设了卫星遥测参数自动监视预警系统、卫星异常处置综合数据库、应急处理决策专家系统和多星管理自动化系统，创新遥控组织指挥模式。构建了卫星、载荷与测控产业链。

(9) 航天特色旅游产业链

利用陕西省航天运载动力、航天发射、航天测控、卫星应用等航天产业链条比较齐全的优势，联合其他国内航天领军单位和部门，依托西安国家民用航天产业基地，成立了陕西航天特色旅游服务中心（包含航天博览馆、体验馆、服务中心），打造集航天动力试车、航天发射、航天测控现场参观及卫星应用业务展示（卫星影院）、太空之旅体验于一体的世界一流的陕西航天特色旅游产业链，把航天特色体验旅游产业建成陕西航天工业旅游的特色名片和国家航天爱国主义教育平台。营造了良好的航天产业氛围，扩大、增强了陕西省卫星应用产业的影响力和凝聚力。

(10) 陕西宽带卫星通信骨干网

建设了西安VSAT宽带卫星通信主站，在各地级市、县建设虚拟主站，构建了陕西宽带卫星通信骨干网。组织实施了卫星数字文化传播等示范应用工程，逐步满足全省范围内IP电话、互联网接入、IP电视、远程教育、应急救援等应用需求。主站扩容后，逐步辐射邻省乃至西北地区。积极引导专业制造商突破关键技术，开发、生产具有自主知识产权的卫星通信核心设备，构建了我国首个具有自主知识产权的低成本卫星通信网，推动了行业、企业应用，

逐步扩大用户群，促进了陕西省卫星通信产品制造业快速成长。

（11）陕西卫星导航应用综合服务平台

建设了陕西卫星导航应用综合服务平台，成为全国卫星导航应用综合服务系统的组成部分。该平台主要包括卫星导航数据处理中心和卫星导航应用综合服务中心。数据处理中心接收原始观测数据，处理提供实时高精度定位、高精度导航应用、区域气象测报等服务；综合服务中心以位置信息为基础，以数据链路为纽带，通过因特网、移动通信网、卫星通信网，提供地图影像、交通路况、搜索救援、气象等基础信息，以及车辆船舶、各类兴趣点、灾害情况等信息服务。利用陕西卫星导航应用综合服务平台，组织实施了基于北斗系统的物流车辆监控与管理等示范应用工程，为陕西省各行业、部门、人员提供跨区域、跨行业信息共享的卫星导航综合应用服务。

（12）陕西卫星遥感应用综合服务平台

建设了陕西卫星遥感应用综合服务平台，主要包括遥感图像接收处理站、气象卫星云图接收处理站、遥感应用产品生产中心和遥感应用服务中心等。以国家高分对地观测系统和测绘卫星系统建设为切入点，建立了卫星遥感数据的共享机制，构建了以卫星遥感图像获取、接收、处理和应用为核心的各类遥感产品生产和服务产业集群，不断提高卫星遥感数据应用效益和水平，为陕西省基础地理信息测绘、数字陕西地理空间框架建设，以及农业、林业、水利、生态环境监测、防灾减灾等提供服务。

2.4 存在的问题

陕西省卫星导航产业存在的主要问题和挑战有以下方面：

一是政策限制、政府扶持力度不够，民用卫星导航应用产业依然较小。卫星导航产业核心技术大都集中于军工系统的核心单位，现有终端产品主要应用于军事，尤其是北斗卫星导航、定位和授时终端产品，民用方面缺失领头企业，产业生产制造配套能力相对薄弱。此外，陕西省的卫星技术在优势主要集中在上游领域，下游领域的技术相对较薄弱。

二是产业资源依然未能充分发挥作用。由于条块分割，军民融合发展有限，企业间信息交流不畅，缺乏交流平台，造成核心技术价值未能充分发挥，各种资源未能充分利用，导致卫星导航产业的带动作用尚未充分发挥出来。

三是卫星导航应用特别是国产卫星导航应用严重滞后。目前陕西省卫星导航产业主要市场一时还是被GPS占据，基于北斗导航的终端产品、芯片研发、系统集成、系统运营服务和导航信息服务还未得到扩展，自主研发能力还不强，自护知识产权保护能力欠缺，卫星导航应用市场尚未完全建立，应用领域较窄，应用程度较低，对卫星导航应用的有效需求有待进一步开发。

四是政府投入资金还不够，专业领域所需人才不够。

2.5 发展趋势

结合陕西省卫星应用服务的发展情况，应坚持以市场需求为导向，以体制机制创新为动力，以高技术的延伸服务和支撑科技创新的专业化服务为主攻方向，针对卫星应用高技术服务业，形成"市场驱动、企业推进、政府引导、社会参与"的发展格局，不断加快卫星应用服务的市场化、规模化、专业化和国际化进程。

先培育一批体制机制灵活、创新能力较强、运营模式先进的卫星应用高技术服务业骨干企业，建设一批特色鲜明、辐射带动作用强的高技术服务业基地，使得高技术服务业增加值占生产总值的比重稳步上升，发展质量进一步提高，将会使调结构、转方式、惠民生的促进、保障作用进一步增强。

3 陕西省"十三五"导航与卫星产业科技发展战略

3.1 发展思路

按照《国家中长期科学和技术发展规划纲要（2006—2020年）》确定的发展重点和《国务院关于加快培育和发展战略性新兴产业的决定》，紧抓国家发展战略性新兴产业、实施航天重大科技专项工程、深入推进西部大开发和建设"丝绸之路"经济带的历史机遇，整合陕西省雄厚的卫星产业科技实力，以服务国民经济建设为出发点，突破一系列关键技术，扩大国内国外市场，打造国际一流的卫星应用产业战略高地，形成陕西省经济发展重要的增长点。

3.2 发展目标

大力发展和完善陕西省卫星导航应用产业，在导航与位置服务、卫星通信和卫星遥感3个方面积极服务于国家"一路一带"的战略规划。

（1）导航与位置服务

目前陕西省导航与位置服务的核心技术尚不完备，制约了该产业的健康快速发展。"十三五"期间需要通过科技专项的实施，打造创新环境、搭建创新平台、培养人才队伍等，形成完善的技术创新体系。

①构建陕西省的北斗高精度地面基准站网，开展北斗差分信息处理，利用地面移动通信、WiFi、卫星等播发手段，实现对北斗系统空间信号精度的增强，解决陕西省北斗规模应用推广与产业化中行业与大众对高精度导航定位、卫星导航监测、数据共享等服务的需求。

②产业体系优化升级，进一步完善卫星导航产业基础设施建设，形成竞争力较强的导航与位置、时间服务产业链，形成一批卫星导航产业聚集区，培育一批行业骨干企业和创新型中小企业，建设一批覆盖面广、支撑力强的公共服务平台，初步形成门类齐全、布局合理、结构优化的产业体系。

③促进行业创新应用，充分发挥北斗卫星导航系统短报文通信的特色优势，创新应用服务模式，加强卫星导航与国民经济社会发展重要行业的深度融合，大力推进卫星导航产品和服务在公共安全、交通运输、防灾减灾等重要行业及领域的规模化应用，积极鼓励开拓新的应用领域。

④扩大大众应用规模，适应车辆、个人应用领域的卫星导航大众市场需求，以位置服务为主线，创新商业和服务模式，构建位置信息综合服务体系。重点推动卫星导航功能成为车载导航和智能手机终端的标准配置，促进其在社会服务、旅游出行、弱势群体关爱、智慧城

市等方面的多元化应用,推动大众应用规模化发展。

(2) 卫星通信

在现阶段移动卫星通信取得重大突破的基础上,瞄准专网市场和运营商市场,在卫星通信室内设备——卫星调制解调器和 VSAT 卫星通信网两大领域内突破关键技术,快速扩大产业规模,建成区域卫星通信产业体系,确立在全国的龙头地位,建成以西安国家民用航天产业基地为核心的卫星通信产业聚集区,并进一步促进应用市场开发。

①专网用户主要包括总参、总装、各兵种等军队单位和国家各部委、大型企业公司等部委专业用户,目前在军队和部委中均有建设本系统内部 VSAT 卫星通信网络的大量需求,"十三五"期间,陕西省卫星通信产业将为军队和部委提供内部信息化管理、应急预案等综合卫星通信解决方案和手段。

②运营商用户主要指国家各个具有 VSAT 增值服务运营资格的运营商,运营商通过 VSAT 卫星通信网络为广大的企业、个人用户提供高速的通信接入服务。各运营商根据自身的行业和地理优势,建立 VSAT 卫星通信运营网络,为企业、个人等提供 Internet 接入、企业内部广域网、语音、IP 数据、视频会议、远程教育、远程医疗、远程监控管理等服务。降低卫星通信网络建设成本、提高网络运营规模、降低日常维护和使用费用,保证运营商用户的良性发展是"十三五"期间陕西省卫星通信产业重要的发展目标。

(3) 卫星遥感

卫星遥感技术主要是为国民经济建设进行服务的,因此其发展和应用必须面向陕西省经济建设的主战场。随着"丝绸之路"经济带建设的提出,未来陕西省卫星遥感产业的发展应该与之相契合。

①深化改革,形成合理布局。陕西省卫星遥感产业未来的另一重要目标就是对现阶段的产业格局进行合理规划和分工,避免重复投资、重复建设、重复研究,形成各具特色的产业集群,集群之间既有竞争又有合作,协调发展。

②扩大遥感应用,实现技术的推广。卫星遥感的应用是产生直接效益的部分,需要加大力度开发,在卫星遥感产业中形成合理的研究开发与推广一体化的管理体系,向用户提供高水平的卫星遥感系列化产品和完善有序的服务。

3.3 重点任务

——导航与位置服务:以市场需求为导向,突破关键技术,完善基础服务设施的建立,建立行业性的综合服务平台,完成从以技术和设备为核心向以系统和服务为核心的理念转变。

——卫星通信:围绕卫星电视广播、应急通信、远程教育、远程医疗、公共数据广播、数据投递等应用领域,依托航天恒星、中国卫通、兵器 206 所、省电子集团等骨干企业,大力推广卫星通信运营服务,构建卫星通信广播产业链。

——卫星遥感:建立丝绸之路卫星遥感服务中心,提供共性、基础性技术与辅助数据为主,包括可共用、共享的卫星遥感数据获取、共性专题产品、应用论证与效果评估、网络化云服务等应用支撑条件。

3.4 关键技术

（1）导航与位置服务
①卫星导航接收机及关键器件研究和开发；
②电子地图高分辨率室外/室内地图研究和开发；
③综合性行业应用运营平台研究和开发。

（2）卫星通信
①灵活的网络拓扑结构技术研究和开发；
②先进自适应调制解调和编码技术研究和开发；
③带宽按需分配（BOD）技术研究和开发；
④高效的 TCP 协议加速技术研究和开发；
⑤综合性卫星通信服务平台。

（3）卫星遥感
①卫星遥感应用关键器件的研究和开发；
②卫星遥感数据的获取技术研究和开发；
③卫星遥感数据处理技术研究和开发；
④卫星遥感行业应用的研究和开发。

3.5 重点研发项目

（1）北斗高精度差分数据实时接收和发布系统

北斗高精度差分数据是通过实时处理接收到的观测数据，解算卫星精密轨道和精密钟差产品，同时考虑到实时数据流接收、数据处理及改正信息播发等过程产生的时延，采用一定的方式进行卫星轨道和钟差预报，将其预报产品提供给用户，以实现用户高精度定位，是未来卫星导航发展的主流方向之一。

（2）基于北斗的通用航空管制系统

以国家开放低空域为契机，大力发展以北斗为基础的通用航空管制系统，结合北斗的 RNSS 和 RDSS 业务，发展我国自主的通用航空管制系统，是解决我国通用航空目前在通信、导航和监视方面的不足。

（3）导航与位置服务应用示范工程建设

以需求为导向，发挥政府引导和企业主体作用，重点推进智能交通、城市安全、社会服务、物联网等行业示范工程建设。

（4）多载波频谱检测系统

该项目主要用于卫星通信中中频和射频数据处理，在促进信号检测等相关技术进步的同时，将对相关的元器件、原材料行业等产生辐射的带动作用。更高的频谱分辨率及快速准确的多载特征参数波识别技术将有力地促进该领域的进一步发展；大数据量的存储及数据分发将需要更高效、更科学的数据库管理存储系统；进而也将辐射带动航空领域、卫星通信应用、数据库管理等行业的技术进步，充分发挥国家战略高技术产业在国民经济中的辐射和带动作用。

（5）智慧城市空间信息公共平台

通过研究遥感卫星在各行业中的应用潜力，建立基于遥感的多尺度体系化时空专题数据库和陕西省、西安市乃至全国性的资源环境、减灾防灾等专题应用服务系统，集成物联网、云计算、无线通信、低空遥感、空间定位等技术构建智慧城市空间信息公共平台，并开展智慧城镇专题应用示范。

（6）卫星遥感移动接收站系统

该项目主要开发通用性、高性能、可靠的硬件平台和接口软件，实现产品的模块化，对于不同的应用，可通过相应的软硬件配置实现相应的处理，快速实现相对应的地面站一体化数据处理设备的产品化。

（7）卫星遥感数据处理与信息服务中心建设

该项目是面向国土、减灾和环保等行业典型业务的技术需求提供信息服务，通过统筹陕西省卫星遥感科技和产业资源，特别是注意整合卫星遥感数据处理技术、行业应用和信息服务能力，弥补卫星遥感服务业在应用技术、信息服务等后端应用发展的不足，凝聚以"接地气"为主要特点的卫星遥感服务业后端应用，可有效促进陕西省卫星遥感服务业的全面、协调和可持续发展。

（8）丝绸之路遥感信息共享平台建设

该项目基于遥感卫星数据，依托现代先进的空间信息云计算技术、移动空间信息技术、二三维一体化空间信息技术，以及大数据分析技术，实现丝绸之路沿线主要地形、地貌、交通、资源、生态等遥感专题数据面向网络的整合集成、发布、更新、共享及服务，实现丝绸之路沿线遥感专题数据的空间化、精细化、动态化、可视化，为各行业提供一个共享的丝绸之路沿线空间本底数据，提供多层次、多级别网络查询、检索与定位等空间信息服务，实现面向网络的丝绸之路沿线时空数据共享服务能力。

3.6　技术路线图

抢抓北斗卫星导航产业迅猛发展的历史机遇，以发展经济、促进电子信息产业转型升级为主线，掌握核心关键技术，形成自主创新能力，以示范应用、军民融合和行业应用促进产业快速发展。推动北斗导航与移动通信、地理信息、移动互联、三网融合等领域广泛融合与联动，开拓新的应用领域。培育和引进并举，扶持一批卫星导航骨干企业，促进产业发展要素聚集，逐步形成产品技术研发、终端设备制造、行业应用、信息服务的完整产业体系。

一是建设导航地面基础设施。围绕重点领域应用需求，以提升卫星导航服务性能为目标，重点建设北斗卫星导航地基增强系统和高精度连续运行参考站系统（CORS），建设覆盖陆地与海洋的高精度卫星导航系统，为交通、水利、海洋作业、船舶航道引导、港口物流、地质灾害监测等提供服务，建设辅助定位系统，推进室内外无缝定位技术在重点区域和特定场所的应用。

二是建立技术研发与产品制造优势。突破卫星导航与移动通信、互联网、遥感等领域的融合应用技术，以及核心基础产品的产业化瓶颈，实现高性价比的导航、授时、精密测量等通用终端产品规模化生产。提升企业和科研院所创新能力，实现产业链各环节协同发展。

三是打造运营公共服务平台。围绕行业应用和大众应用对位置信息、时间信息的多样化、多层次需求,利用北斗导航基础设施和多种通信方式,实现信息的多渠道采集、集中管理、共享共用,形成综合信息服务能力和集约服务能力,促进行业应用的技术水平、服务能力不断提高。

四是加强行业应用推广示范。适应城市管理、旅游、海洋渔业、交通、森林防火等重点行业及应用领域的需求,结合新一代信息技术发展,创新应用服务模式,加强卫星导航与重要行业的深度融合和示范应用,推进卫星导航与物联网、移动互联、三网融合等广泛融合与联动,促进相关产业转型升级。

五是扩大大众应用规模。适应车辆、个人应用领域的卫星导航大众市场需求,以位置服务为主线,重点推动卫星导航功能成为车载导航和智能手机终端的标准配置,促进其多元化应用,推动大众应用规模化发展。

陕西省卫星导航产业发展战略路线如图7-11所示。

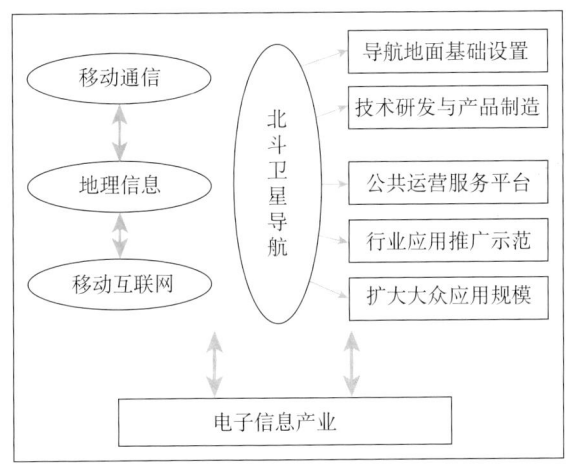

图7-11 陕西省卫星导航产业发展战略路线

4 实施措施及政策建议

4.1 实施措施

(1) 加快顶层设计

针对企业小、散、乱、低等现象及区域发展不平衡、产业链不完善、市场不规范等问题,政府有关部门应加快产业统一规划、明确企业准入门槛、确定相关行业标准、完善政策法律规范等。对全省产业园区进行统一梳理,优化各产业园区的职能和作用,发挥地原有优势,使各地方能够形成优势互补,企业能够互利双赢。

(2) 优化产业结构

目前北斗产业链主要呈现中上游产业比重过大,下游产业比重太小的特点。要转变这一现状,必须加快上游科技成果转化,加速北斗民用市场的开发,进而推动运营服务产业的发展。大力推进北斗技术民用化进程,挖掘消费市场应用潜力,逐步加大下游产业产值比重。提高企业从业标准，把研发能力弱、人才实力不强的企业进行整顿和重组，形成行业有龙头，中小企业挑中坚，小微企业做服务的格局。

（3）加大研发力度

把省内处于领先地位的研发企事业单位进行再整合，以科研院所为依托，以科研企事业单位为载体，投入专门的资金人力，对卫星导航芯片研发等关键技术进行攻坚，扩大北斗技术的应用范围，缩短研发周期。上游研发最好由国家统一管理，这样可最大限度避免重复研发和恶性竞争。

（4）组建龙头企业

加快树立品牌产品，塑造行业标杆。在现有各地企业实力的基础上，着力打造区域性或行业性龙头企业、品牌产品，加快建设产业示范基地，集产业规划、产业链、商业模式、龙头企业为一体，积极发挥龙头企业的示范和辐射作用，为其他产业园的建设和运作提供范本。如广东中山的智慧城市项目，就为其他城市提供范本。产业示范基地的建设将有利于发挥榜样优势，避免区域内产业园低水平重复建设和企业的重复投资。

（5）强化市场管理

应加快产业市场规范的建设步伐，对现阶段各种市场行为加强监管。尤其加强在知识产权保护、公司核心人员爱岗敬业、市场质量监督、市场产品竞争方面法律法规的建设，建立一套完善的市场监管法律法规体系。尽量能够让企业专注产品质量，最大限度减少人为原因给产业带来的负面影响。

（6）完善配套设施

目前就整个产业而言，中小企业还是整个产业的中坚力量。其发展是否健康将决定北斗产业的发展方向，因此扶持并引导有实力的中小企业发展壮大就显得尤为必要。企业在初创时期实力不强，需要政府在政策、税收、基础设施建设等方面给予帮助，尽量减少企业在成长时期的附加成本。因此各地政府应该全力为企业打造良好生存环境和发展环境，如产业园基础设施建设、从业人员的低成本培训、后勤物流方面的保障、非公投资开放等，让企业只发展企业，不担心生存。

4.2 政策建议

目前亟待研究和制定的卫星导航产业政策很多，现给出以下4点建议。

（1）制定企业准入门槛

制定准入门槛的目的是限制实力稍弱的企业进入，防止浑水摸鱼。要求相关从业企业必须在自有核心技术、人才结构、基础设备、发展资金、市场开拓方面发到国家相应标准。对不符合标准的企业可以批准从事相关服务类项目。可适当放宽纳税、就业等方面限制。

（2）加快标准体系的建设

尤其是在交通、授时、精准农业等领域制定终端产品的标准细则，严格市场准入准出制度，如某产品质量不合格，将清除出市场。制定卫星导航产品的检验检测和认证标准，通过终端检测标准、检验规范、第三方检测机构流程的制定，最终形成认证制度，进而为整个产业的标准制定打下基础。

(3) 加快技术服务体系建设

经调查发现，一方面企业在产品研发方面急需帮助，另一方面国家有大量科研院所的工作量并不饱和。技术研发和成果转换并未形成有效配合，应当从国家部委层面把全国科研力量进行统一梳理，并根据各自特点进行科研任务再次分配，并与企业需求有效结合，加快科研成果转化。

(4) 加快企业沟通平台建设

可以通过第三方（如卫星导航定位协会）搭建企业与政府、企业与民间资本的沟通平台。通过组织政府层面的产业规划论坛、政府招商投资峰会、产业技术交流会议、企业联盟联席会议等形式，把企业与政府、市场、民间资本之间的沟通制度化、常态化。

第八篇

陕西省"十三五"云计算、大数据、移动互联网产业科技发展战略研究

组织单位：陕西省科学技术厅高新技术发展处
课题承担单位：西北工业大学
课题负责人：周兴社
课题组成员：谷建华　冯耕中　邸德海　陈　锐　邹建华　侯正雄
　　　　　　李湄青　刘　祺　何　娟　罗　征　郑刘潇

引　言

在当今网络时代，云计算（cloud computing）、大数据（big data）、移动互联网（mobile internet）及物联网，以其所具有的鲜明技术创新、服务模式创新及应用形态创新成为新一代信息技术的典型代表，其不仅使信息产业自身发展形态发生重大变化，而且对各行各业实施"互联网＋"发展战略具有重大的推动和带领作用。

本课题由陕西大数据与云计算产业科技创新战略联盟承担，组成了产学研结合的研究小组，经历了调研、分析、讨论、整理、完善等阶段，形成了专题研究报告。

报告首先分析了国内外云计算、大数据、移动互联网的研究开发及领域应用现状，给出了未来可能发展趋势；解析了国家近期发布"云计算产业发展"、"政务数据开放"及"互联网＋"等指导意见主要精神；在此基础上，深入分析了陕西省在云计算、大数据、移动互联网方面的技术创新与产业发展基础,产业形态与领域应用现状,相对优势和主要发展瓶颈；给出了"科教有优势、产业有特点、技术需创新、领域突重点"的基本判断。

依据"问题导向、需求牵引、发挥优势"的原则，在明确陕西"十三五"期间发展云计算、大数据、移动互联网技术与产业的指导思想和发展目标基础上，重点围绕相关产业发展特点与应用需求，从科技创新角度出发，以"基础研究抓住重点、核心技术注重自主、应用技术服务领域"为指导思想，研究和提出需要攻克和解决的云计算、大数据、移动互联网各自主要的关键技术；基于云计算、大数据、移动互联网应用具有鲜明的领域特性以及陕西具有的相对优势的领域产业或已有良好应用基础，不仅提出了装备工业、精准农业、电子政务、智慧旅游等重点应用示范，而且突现抓住"丝绸之路经济带"国家重大战略的发展机遇和陕西为"丝绸之路经济带新起点"的地理与历史地位优势，实施服务"丝绸之路经济带"发展

的云计算、大数据、移动互联网应用工程。

为了高效实施云计算、大数据、移动互联网的创新研发和应用工程，提出了若干建议。基于云计算、大数据、移动互联网及物联网的紧密相关性，提出了融合与协同发展；省发改委、科技厅、工信厅等部门联动设立"云计算、大数据、移动互联网的创新研发和应用工程"专项；发挥联盟作用，产学研用协同创新，协力争取和承担国家项目；结合陕西实际，落实国家有关指导意见的具体政策。

我们相信，在"十三五"期间，陕西的云计算、大数据、移动互联网技术与服务创新、产业与领域应用一定能够获得重大进展，为陕西社会进步与经济发展做出贡献。

1 云计算、大数据、移动互联网发展的战略意义

1.1 云计算发展的战略意义

云计算是互联网时代信息基础设施与应用服务模式的重要形态，是新一代信息技术集约化发展的必然趋势。具体而言，云计算是基于互联网的相关服务的增加、使用和交付模式，通常涉及通过互联网来提供动态、易扩展且经常是虚拟化的资源。美国国家标准与技术研究院（NIST）定义：云计算是一种按使用量付费的模式，这种模式提供可用的、便捷的、按需的网络访问，进入可配置的计算资源共享池（资源包括网络、服务器、存储、应用软件、服务），这些资源能够被快速提供，只需投入很少的管理工作或与服务供应商进行很少的交互。从技术角度讲，云计算是分布式计算、并行计算、效用计算、网络存储、虚拟化、负载均衡、热备份冗余等传统计算机和网络技术发展融合的产物。国际上，各种"云计算"的应用服务范围正日渐扩大，影响力也不可估量。

云计算代表信息产业发展重点由硬件转向软件、由软件转向服务、由分散服务转向集中服务的趋势，云计算是新一代信息技术变革的核心，是战略性新兴产业的发展引擎，并深远地影响着信息化应用的各个方面。大力发展云计算，是培育战略性新兴产业、提升信息化应用水平、促进经济转型升级与产业结构调整的重要手段。在《国务院关于促进云计算创新发展培育信息产业新业态的意见》（国发〔2015〕5号）明确指出，"发展云计算，有利于分享信息知识和创新资源，降低全社会创业成本，培育形成新产业和新消费热点，对稳增长、调结构、惠民生和建设创新型国家具有重要意义"。

云计算技术可以降低社会整体信息化成本，打破社会信息孤岛，减轻运维服务工作量，提高资源的使用效率。政府通过云服务购买，可以大大降低信息化投入，原有信息部门负责业务规划及服务监管。从分散建设转向集约型建设，从自建、自管、自用转向统一购买服务，降低了人力、资金成本，提升了应用系统建设效率。更好地满足客户对资源的个性化需求，缩短信息化建设周期和创新周期，可实现资源的统计管理、按需提供服务。

陕西省在现代信息服务、现代农业、航空航天、高端装备制造、新材料等重要领域的研究开发能力已跻身于国际先进行列，形成了许多优势产业。2014年，陕西省技术合同交易额达639.98亿元人民币，首次跃居全国第4位。2015年陕西省科技型中小企业和高新技术企业快速发展壮大，科技型中小企业总数达到2万多家，技工贸总收入突破2000亿元人民币。

有关政府部门、大量的中小企业、西咸新区沣西新城信息产业园区内的有关企业、中国移动陕西分公司、未来国际等企业，西安交通大学、西北工业大学、西安邮电大学等大学，陕西信息化工程研究院、西安航空计算机技术研究所、西安微电子技术研究所、杨凌示范区科技信息中心等科研机构，对云计算的应用需求旺盛，产业发展前景广阔。

1.2　大数据发展的战略意义

大数据是以互联网为核心的信息化建设达到一定规模的自然产物，具有数据规模大、来源丰富、类型复杂、变化迅速等诸多特征。其通过创新处理模式获取更强的决策力、洞察力和流程优化能力的海量、高增长率和多样化的信息资产。大数据技术的战略意义不在于掌握庞大的数据量，而在于对这些含有意义的数据进行专业化处理。换言之，如果把大数据比作一种产业，那么这种产业实现盈利的关键，在于提高对数据的"加工能力"，通过"加工"实现数据的"增值"或价值。

大数据正逐渐走进社会经济生活的方方面面，科学研究、市场营销、客户服务、可持续发展、交通、医疗、教育等领域都有其用武之地。大数据不仅会产生基本思维变革和技术创新，也会引起商业变革和管理创新。大数据在支持政府创新社会管理模式，提升政府社会管理能力水平，改善与提升面向公众的服务能力与水平，提升生产、制造、服务等领域运行效率，推动经济内涵式增长，促进多学科进步及新型数据科学发展，加快科研研究范式从计算机仿真模拟向数据密集计算演化等方面均具有巨大潜在价值。

1.3　移动互联网发展的战略意义

移动互联网是一种通过智能移动终端，采用移动无线通信方式获取业务和服务的新兴业务，包含终端、软件和应用3个层面。终端层包括智能手机、平板电脑、电子书、MID（移动互联网设备）等；软件层包括操作系统、中间件、数据库和安全软件等；应用层包括休闲娱乐类、工具媒体类、商务财经类等不同应用与服务。随着技术和产业的发展，LTE(长期演进，4G通信技术标准之一）和NFC（近场通信，移动支付的支撑技术）等网络传输层关键技术也将被纳入移动互联网的范畴。

移动互联网是新一代移动通信和互联网的融合，具有便携、移动、智能及随时随地获取服务和消费的特点。移动互联网是60年IT、CT长期演进发展的结果，也是云计算、物联网、新媒体等产业发展的核心支撑及其最主要的应用形态，是大势所趋的产业和应用。过去5年，全球范围内ICT企业纷纷向移动互联网、云计算领域转型、拓展。

当前，移动互联网已成为全球性万亿美元规模的大产业。已形成了"用户—智能终端—操作系统—应用平台—应用服务"的完整产业链，形成了Android、Windows Phone、IOS三大阵营。2015年，全球手机拥有量达到了75亿部，超过全球人口总量，其中智能手机用户达19.1亿户。美国是全球移动互联网产业的领跑者，是移动互联网产业关键技术、应用创新的来源地。日本、韩国是移动互联网应用服务全球领先的国家，移动互联网产业发展和基础环境优越。

移动互联网产业渗透性强、辐射带动面广、发展潜力大、技术与附加值高,创新活跃的战略性、基础性、先导性产业,对鼓励创业、吸纳就业、调优结构等具有积极促进作用。

云计算、大数据、移动互联网时代的到来,标志着信息化跨越了以单机应用为特征的数字化阶段和以联网应用为特征的网络化阶段,正式进入以数据的深度挖掘与移动融合应用为特征的智慧化阶段。云计算、大数据及移动互联网关系密切、相互支撑,因此,对其综合考虑、协同发展,能推动陕西省技术全面进步和产业跨越式发展。

2 国内外云计算、大数据、移动互联网发展现状及趋势分析

2.1 国外发展现状及趋势

2.1.1 国外云计算发展现状及趋势

近年来,云计算作为信息产业未来重要的发展方向,受到世界许多国家和企业的重视,纷纷制定了支持云计算发展的战略,力图抢占新一轮产业发展的制高点。政府方面,2011年2月8日,美国政府发布了《联邦云计算战略》,成为全球第一个专门出台云计算战略的国家,将云计算技术和产业定位为维持国家核心竞争力的重要手段之一,通过强制政府采购和指定技术架构来推进云计算技术进步和产业落地发展。欧洲紧随其后,计划建立统一的云计算服务市场。日本、韩国政府投入大量财政预算用于构建通用云计算基础设施,并制定政策要求政府率先引进并提供云计算服务,为云计算开发国内需求;企业方面,IBM、Microsoft、Google、Oracle、Intel、Cisco、Amazon、Salesforce、VMware 等国际大型企业相继推出云计算产品和服务。在政府的支持和企业的推动下,云计算产业呈现出迅猛发展的态势。据市场研究公司 Market Research Media 发表报告预测,2015—2020 年、全球云计算市场年均复合增长率将为 30%。

2.1.2 国外大数据发展现状及趋势

2009 年,联合国启动"全球脉动计划",借大数据推动落后地区发展。2012 年 1 月,世界经济论坛年会把"大数据、大影响"作为重要议题。美国从开放政府数据、开展关键技术研究和推动大数据应用三方面布局大数据产业。美国在开放政府数据上非常积极,通过 Data.gov 开放 37 万个数据集,并开放网站的 API 和源代码,提供上千个数据应用。除了推动本国政府数据开放,美国倡导发起了全球开放政府数据运动,已有 41 个国家响应。美国政府还投资两亿美元促进大数据核心技术研究和应用,把大数据放在与集成电路、互联网同等重要的位置,从国家层面推进。

当前,许多国家的政府和国际组织都认识到了大数据的重要作用,纷纷将开发利用大数据作为夺取新一轮竞争制高点的重要抓手,实施大数据战略。

美国政府将大数据视为强化美国竞争力的关键因素之一,把大数据研究和生产计划提高到国家战略层面。2012 年 3 月 29 日,奥巴马政府宣布投资 2 亿美元启动"大数据研究和

发展计划",希望增强收集海量数据、分析萃取信息的能力。以美国科学与技术政策办公室(OSTP)为首,国土安全部、国家科学基金会、国防部、国家安全局、能源部等已经与民间企业或大学开展了多项大数据相关的各种研究开发。美国政府为之拨出超过2亿美元的研究开发预算。奥巴马指出,通过提高从大型复杂的数字数据集中提取知识和观点的能力,承诺帮助加快在科学与工程中的步伐,改变教学研究,加强国家安全。据悉,美国国防部已经在积极部署大数据行动,利用海量数据挖掘高价值情报,提高快速响应能力,实现决策自动化。而美国中央情报局通过利用大数据技术,将分析搜集数据的时间由63天缩减到27分钟。2012年5月美国"数字政府战略"发布,更是提出要通过协调化的方式,所有部门共同提高收集、存储、保留、管理、分析和共享海量数据所需核心技术的先进性,并形成合力;扩大大数据技术开发和应用所需人才的供给。以信息和客户为中心,改变联邦政府工作方式,为美国民众提供更优公共服务。

英国商业、创新和技能部在2013年年初宣布,将注资6亿英镑发展8类高新技术,其中对大数据的投资即达1.89亿英镑。负责科技事务的国务大臣戴维·威利茨说:"政府将在计算基础设施方面投入巨资,加强数据采集和分析,这也将吸引企业在这一领域的投资,从而在数据革命中占得先机。"

英国在大数据方面的战略举措有:在本届议会期满前,开放有关交通运输、天气和健康方面的核心公共数据库,并在5年内投资1000万英镑建立世界上首个"开放数据研究所";政府将与出版行业等共同尽早实现对得到公共资助产生的科研成果的免费访问,英国皇家学会也在考虑如何改进科研数据在研究团体及其他用户间的共享和披露;英国研究理事会将投资200万英镑建立一个公众可通过网络检索的"科研门户"。通过大数据技术的使用,优化政府部门的日常运行和刺激公共机构的生产力,每年可以为英国政府节省130亿~220亿英镑;减少福利系统中的诈骗行为和错误数量,每年将为英国政府节省10亿~30亿英镑;有效地追收逃税漏税,每年将为英国政府节省20亿~80亿英镑。通过合理、高效使用大数据技术,英国政府每年可节省约330亿英镑,相当于英国每人每年节省约500英镑。

法国政府为促进大数据领域的发展,将以培养新兴企业、软件制造商、工程师、信息系统设计师等为目标,开展一系列的投资计划。法国政府在其发布的《数字化路线图》中表示,将大力支持"大数据"在内的战略性高新技术。法国软件编辑联盟曾号召政府部门和私人企业共同合作,投入3亿欧元资金用于推动大数据领域的发展。法国生产振兴部部长Arnaud Montebourg、数字经济部副部长Fleur Pellerin和投资委员Louis Gallois在第2届巴黎大数据大会结束后的第二天共同宣布了将投入1150万欧元用于支持7个未来投资项目。这足以证明法国政府对于大数据领域发展的重视。法国政府投资这些项目的目的在于"通过发展创新性解决方案,并将其用于实践,来促进法国在大数据领域的发展"。众所周知,法国在数学和统计学领域具有独一无二的优势。

日本为了提高信息通信领域的国际竞争力、培育新产业,同时应用信息通信技术应对抗灾救灾和核电站事故等社会性问题,日本总务省于2012年7月新发布"活跃ICT日本"新综合战略,今后日本的ICT战略方向备受关注。其中最为关注的是其大数据政策(从各种类型的数据中,快速获得有价值信息的能力),日本正在针对大数据推广的现状、发展动向、面临问题等进行探讨,以期对解决社会公共问题做出贡献。2013年6月,安倍内阁正式公布了新 IT 战略——《创建最尖端 IT 国家宣言》，全面阐述了 2013—2020 年以发展开放公共数据和大数据为核心的日本新 IT 国家战略，提出要把日本建设成为一个具有"世界最高水准的广泛运用信息产业技术的社会"。

在重视发展科技的印度，大数据技术也已成为信息技术行业的"下一个大事件"。目前，不仅印度的小公司纷纷涉足大数据市场淘金，一些外包行业巨头也开始进军大数据市场，试图从中分得一杯羹。印度全国软件与服务企业协会预计，印度大数据行业规模在 3 年内将达到 12 亿美元，是目前规模的 6 倍，同时还是全球大数据行业平均增长速度的 2 倍。印度毫无疑问是美国亦步亦趋的"好学生"。在 2012 年年初，印度联邦内阁批准了国家数据共享和开放政策。在数据开放方面，印度效仿美国政府的做法，制定了一个一站式政府数据门户网站 data.gov.in，把政府收集的所有非涉密数据集中起来，包括全国的人口、经济和社会信息。

2.1.3 国外移动互联网发展现状及趋势

全球知名互联网统计、流量跟踪分析公司 comScore 日前公布调研结果：截至 2014 年 5 月，互联网用户总体上网时间中有 60% 来自移动设备，相比之下，2013 年同期水平则为 50%。值得一提的是，其中 51% 的上网时间是在移动应用中完成的。2013 年 10 月至 2014 年 5 月，桌面端的上网时间持续下降，从 50% 跌落至 40% 以下。对比移动端和桌面端的垂直或内容种类的上网时间，则有更惊人的发现，比如，用户 70% 的 SNS 使用时间发生在移动端，而地图服务的使用时间中则有 90% 发生在移动端。总之，comScore 的研究结果表明，用户行为已经越来越移动化。从移动互联网发展来看，2G 已淘汰，3G 已衰减，已全面进入 4G 时代，移动通信的能力与质量大大提升，满足多媒体等复杂应用需求；从移动终端发展来看，智能手机与平板电脑成为主流，占有较大比例；从应用服务来看，个人应用较为丰富，企业应用已经开始。

2.2 国内发展现状及趋势

2.2.1 国内云计算发展现状及趋势

我国政府近年来高度重视云计算技术及相关产业的发展，《国家"十二五"规划纲要》和《国务院关于加快培育和发展战略性新兴产业的决定》均把云计算列为重点发展的战略性新兴产业。2010 年 10 月，国家发改委和工信部印发了《关于做好云计算服务创新发展试点示范工作的通知》，确定首先在北京、上海、深圳、杭州、无锡等 5 个城市先行开展云计算服务创新发展试点示范工作；2014 年又新加了西安、哈尔滨和天津 3 个城市。特别是 2015 年 1 月，国务院专门出台了《国务院关于促进云计算创新发展培育信息产业新业态的意见》，提出了促进我国云计算创新发展，积极培育信息产业新业态的指导性意见。另外，国家在重大专项、科技支撑、九七三项目、国家科技支撑计划、八六三项目中对云计算产业发展都给予了大力支持。我国"十二五"期间"中国云专项"的部署和实施，在云计算的重大设备、核心软件、支撑平台等方面突破了一批关键技术，形成了自主可控的云计算系统解决方案、技术体系，在互联网、教育等行业中开展了典型应用示范，引领了云计算产业的深入发展，使我国云计算技术与应用达到了国际先进水平；国内电信运营商和 IT 龙头企业大举向云计算转型。专业机构认为,我国云计算产业已走过市场准备期,即将大规模突破发展,主要以政务、电信、教育、医疗、金融、能源、交通、电力等行业云应用为重点;我国云计算已经在"十二五"期间有了长足的发展,互联网等行业的云计算已经处于世界领先行列。

除了国家有关部门的规划之外,中国云计算发展的一个特色是地方、行业和企业也在从不同角度规划自己的云计算未来。2008年,IBM在中国无锡建立第一个云计算中心,2009年,阿里巴巴在南京建立"云计算中心"。北京市发布"祥云工程"行动计划,建成亚洲最大超云服务器生产基地;上海市发布的"云海计划"三年方案,致力打造"亚太云计算中心",带动信息服务业新增经营收入1000亿元人民币;广州市部署的"天云计划",计划打造世界级云计算产业基地,使其云计算应用达到国内领先水平。包括陕西在内,广东、内蒙古、浙江、福建、天津、黑龙江、重庆、宁波、深圳、武汉、杭州、无锡、廊坊等省市均加强了对云计算产业的研究与部署,并联合大型信息技术企业积极推动云计算产业发展,加强云计算基础设施建设,重点搭建商务云平台、开发云平台和政务云平台三大云计算服务平台。同时,中国电子信息领域的先导研究机构和企业,如阿里巴巴、腾讯、百度、中国移动、中国电信、中国联通、浪潮、曙光等在云计算核心技术研发、应用解决方案及服务模式创新方面展开了相关的研究,取得了一系列重要进展。

2.2.2 国内大数据发展现状及趋势

大数据应用快速起步,价值开始体现。根据赛迪顾问的研究,2015年中国大数据IT应用市场规模超过100亿元人民币,大数据应用市场呈现爆发式增长,年均复合增长率近90%,到2018年,大数据应用市场规模预计将达到300亿元人民币。在细分的应用领域中,互联网、电信、金融三大行业大数据IT应用投资目前占据较大的市场份额,分别达到28.9%、19.9%和17.5%。可以预见,未来几年大数据应用将快速起步,数据的价值将被充分挖掘出来,成为我国新兴经济增长点。

数据价值链和产业链初显端倪。百度、阿里巴巴、大智慧等数据资源型和研发应用型企业初步涌现,并引领着数据产业的发展。2010年4月,淘宝推出"数据魔方"应用,开展基于淘宝网交易数据的分析和挖掘。2012年,华为公司推出了大数据解决方案和大数据存储产品。

数据产业园区建设逐步展开。上海智慧岛数据产业园、秦皇岛开发区数据产业基地、北京国家地理信息科技产业园、中国国际电子商务中心重庆数据产业园等一批数据产业园区,在有关各方的大力支持下正展开基础建设和招商工作。

国家政策不断出台,支持大数据产业全面发展。我国政府对于发展大数据技术高度重视,在《"十二五"国家战略性新兴产业发展规划》中,"智能海量数据处理相关软件研发和产业化"(大数据技术)被列为重点发展技术方向之一。此外,我国发展大数据的产业环境也日渐成熟。2013年8月14日,国务院发布《关于促进信息消费扩大内需的若干意见》(以下简称《意见》),赋予信息消费拉动经济增长的重要使命。《意见》指出:到2015年,我国信息消费规模超过3.2万亿元人民币,年均增长20%以上;电子商务交易额超过18万亿元人民币,网络零售交易额突破3万亿元人民币。而大数据正是提升信息消费规模和质量的重要抓手,因此必将会得到更多的政策扶持。随后,紧接着推出的"宽带中国"战略,更是为大数据发展提供了良好的基础网络环境。工信部颁布《信息化和工业化深度融合专项行动计划(2013—2018年)》,旨在注重创新驱动发展，推进两化深度融合，加强工业大数据服务应用。更重要的是，2015年9月国务院发布了《促进大数据发展行动纲要》指出，信息技术与经济社会的交汇融合引发了数据迅猛增长，数据已成为国家基础性战略资源。坚持创新驱动发展，加快大数据部署，深化大数据应用，已成为稳增长、促改革、调结构、惠民生和推动政府治理能力现代化的内在需要和必然选择。纲要明确提出要大力推动政府信息系统和公共数据互联开放共享，加快政府信息平台整合，消除信息孤岛，推进数据资源向社会开放，增强政府公信力，引导社会发展，服务公众企业；以企业为主体，营造宽松公平环境，加大大数据关键技术研发、产业发展和人才培养力度，着力推进数据汇集和发掘，深化大数据在各行业和创新应用，促进大数据产业健康发展；完善法规制度和标准体系，科学规范利用大数据，切实保障数据安全。

2.2.3 国内移动互联网发展现状及趋势

在我国互联网的发展过程中，PC互联网同样已趋饱和，移动互联网却呈现井喷式发展。前瞻产业研究院发布的《中国移动互联网行业市场前瞻与投资战略规划分析报告前瞻》数据显示，截至2015年年底，中国手机网民超过6.12亿，占比超过90%。伴随着智能移动终端价格的下降、WiFi的广泛铺设及4G的广泛应用，移动网民呈现爆发式增加趋势。

随着宽带无线接入技术和移动终端技术的飞速发展，人们迫切希望能够随时随地乃至在移动过程中方便地从互联网获取信息和服务，移动互联网因此应运而生并迅猛发展。然而，移动互联网在移动终端、接入网络、应用服务、安全与隐私保护等方面还面临着一系列的挑战。移动互联网基础理论与关键技术的研究，对于国家信息产业整体发展具有重要的现实意义。

陕西省周边省市近年在资金、政策等方面对移动互联网产业大力支持。

成都市在2014年上半年移动互联网完成产值1131.28亿元人民币，同比增长21.6%，对全市高新技术产业增长的贡献率达到42.4%，成为支撑其高新技术产业快速发展的中坚力量。同年12月，成都市发布《〈成都高新区加快移动互联网产业发展的若干政策〉实施细则》，从房租补贴、创业支持、人才引进、人才奖励、企业培育、金融保障、平台奖励、行业交流等方向全面构建移动互联网产业生态政策保障体系；并明确提出将鼓励区外企业在区内设立新公司，鼓励知名企业骨干人员及其他创业者创业，鼓励高新区现有移动互联网企业成长壮大，同时，支持企业引进、培训和招聘人才"扎营"。

湖北也在移动互联网产业领域快速发展。联想集团、TCL、富士康等龙头企业已经在光谷落子。目前还在策划引进五六家智能终端研发、制造企业，引进200家芯片设计、工业设计、关键部件生产等产业链上下游企业，以及20家手机设计研发团队，进一步壮大移动互联网产业。至2020年，武汉东湖高新区内移动互联网产业累计总投资将达到1500亿元人民币，智能终端出货量达到5亿部，产业规模达到8000亿元人民币，目标成为全国前三的移动互联智能产业研发制造基地。

重庆市在大渡口区建立移动互联网产业园。其一期工程已建成，总面积2万平方米，集企业孵化、技术创新、产业转化、公共配套服务等功能为一体，设有专门的服务中心，由第三方专业机构为企业提供全方位的服务。园区还设立了5000万元人民币科技创业投资基金，并积极整合社会资源，引入其他天使基金和风投基金。园区计划2年内引进企业500家，投产企业300家，实现营收20亿元人民币。

3 陕西省云计算、大数据、移动互联网发展现状分析

3.1 产业现状

3.1.1 云计算产业现状

陕西省政府高度重视云计算产业发展。2012年5月，陕西省发布《陕西省云计算产业发展规划（2012—2020年）》，将云计算产业作为战略性新兴产业的核心重点发展，提出加强政策体系制定，不断营造良好环境，建成一批产业链布局合理、上下游紧密衔接的云计算产业园区，扶植一批具有自主知识产权云计算研发和服务企业，培育一批在国内具有较高知名度的云计算产品和云服务品牌，建设国家级云计算产业基地的发展目标。陕西省省长娄勤俭多次表示，要不懈地推动云计算的发展。2012年11月，陕西省人民政府召开专题会议，落实大工业用电相关政策，进一步促进了云计算相关企业发展。

另外，在政府的主导下，组织当地重点企业联合进行云计算服务、政策等方面的探索，成立了"秦云联盟"、"云计算企业发展联盟"、"陕西省大数据与云计算产业技术创新战略联盟"、"陕西省云计算技术工程研究中心"等机构，致力于发展陕西乃至西北地区云计算产业，促进云计算应用与服务在经济社会中的推广与应用，形成了以陕西为中心，辐射西北地区的云计算产业上下游相关企业的有效整合，聚集了云计算产业优势力量。

陕西省在发展云计算产业方面，具备如下优势条件。

（1）具备相对完善的信息化基础

陕西是国家通信网的八大枢纽之一，是国家西南、西北光缆干线网、长途传输网、数据通信网、固定电话网最重要的节点，已建成集光缆、数字微波、卫星通信、程控交换、数据与多媒体等数字化、广覆盖的高速信息通信网络；省内各大运营商均启动了基于云计算模式的基础设施资源升级改造。

（2）提供云计算服务的相关企业、技术和产品基础良好

作为陕西省云计算、大数据发展高地，西咸新区沣西新城的信息产业园，建设了云计算数据中心，大数据中心规划早已经在酝酿。西安市、西咸新区现在拥有西安高新区软件园和西咸新区信息产业园两个主要的云计算产业聚集区，已经聚集了相关云计算企业和科研机构上百家，已建成多个云计算服务平台，在云计算运营服务方面走在全国前列，初步形成云计算产业聚集态势。事实上，陕西是云计算在全国范围内落地最早的省份之一，初步形成了产业链，已经具有西咸新区信息产业园、未来国际、中服软件、世纪互联、陕西浪潮等一批提供云计算服务的骨干机构和企业。

（3）形成了云计算政务领域应用的"陕西模式"

陕西省作为全国电子政务顶层设计3个首批试点省之一，积极探索创新，在工信部对电子政务顶层设计的评审中排名第一，并成功落地运营。陕西省是全国首先提出政务信息化（政务云）顶层设计并贯彻实施的省份。陕西省开展基于云计算服务模式的电子政务顶层设计，以云计算为技术模型，以构建电子政务公共平台为切入点，以转变电子政务服务模式、提高基础设施利用率、减少重复投资、促进互联互通和资源共享、降低电子政务建设和运维成本为设计目标，设计了覆盖省、市、县、乡镇和行政村电子政务公共服务体系，构建灵活、稳定、

健壮的信息化基础设施和公共平台,探索健康、合理、可持续的信息化创新发展模式和机制,满足政府职能转变、行政管理体制变革、构建服务型政府和社会公民对信息化持续增长的强烈需求。

3.1.2 大数据产业现状

在全国大数据及其应用快速发展的大背景下,陕西省大数据产业也在起步发展。目前,陕西省大数据产业发展主要呈现在以下几个方面。

(1) 政府重视并支持大数据产业发展

陕西省省委与省政府高度重视大数据产业在陕西省的发展,自2012年开始,制定了一系列促进陕西大数据产业发展的战略与行动规划。陕西省对促进大数据服务产业发展的措施如下:大数据服务产业发展规划纳入《数字陕西——智慧城市2013—2017年规划》。省政府已专题研究对大数据服务产业实行优惠电价;西咸新区以信息服务和信息技术产业为主导,以云计算、物联网、电子政务、电子商务等为着力点,以大数据存储、分析、应用为突破口,按照建设"国际知名、国内领先的国家级信息产业基地和大数据处理中心"的目标和定位,正在成为战略性数据产业基地;省发改委联合省科技厅和省工信厅形成"陕西大数据产业发展三年专项行动计划",得到省委领导的肯定和支持;从2013年起省工信厅,以省信息化专项资金5000万元人民币来引领大数据的应用产业;为了加速陕西省大数据产业发展,统筹协调陕西省内大数据与云计算技术和产业相关资源,以技术创新需求为纽带,有效整合全省产学研用各方资源,通过对大数据与云计算核心技术的研究及自主创新,提升陕西省在大数据与云计算技术相关领域的研究、开发、服务水平,创立陕西省大数据与云计算产业技术创新战略联盟和陕西省大数据产业联盟。

(2) 大数据引领和支撑战略性产业发展

2015年2月,由陕西省大数据与云计算产业技术创新战略联盟主办的"大数据服务丝绸之路经济带发展研讨会"召开,会议中提到大数据对推动丝绸之路沿线国家经济、社会进步的作用,阐明了大数据服务丝绸之路经济带发展战略构想,提出了建立丝绸之路大数据研究院的建议。同时会议还指出,发展大数据产业、加快建设数字丝绸之路经济带建设是陕西省推进创新型省份建设的三大任务之一,大数据支撑和引领陕西省相关战略性新兴产业的发展。

2015年4月,陕西省大数据与云计算产业技术创新战略联盟主办的"工业大数据及其应用发展研讨会"在西安微电子技术研究所成功举办。当前,我国制造业发展处于关键时期,转型升级势在必行。李克强总理在2015年的政府工作报告中指出:制造业是我们的优势产业。要实施"中国制造2025",坚持创新驱动、智能转型、强化基础、绿色发展,加快从制造大国转向制造强国。在促进工业化和信息化深度融合方面,要开发利用网络化、数字化、智能化等技术,着力在一些关键领域抢占先机、取得突破。而目前,以大数据、云计算和移动互联网为代表的新型信息技术飞速发展,在推动制造业建设中将发挥重要作用。

工业大数据强调数据驱动,通过数据高度集成及IT技术,把产品、机器、资源和人有机结合在一起,联动整个产业价值链,推动企业向基于大数据分析与应用基础上的智能化转型,从而帮助企业提升运营效益、加速创新及产业升级,并以智能制造推动生产力跃升。工业大数据的发展，对陕西省工业信息化、网络化、数字化发展方面起到了积极的推动作用。

（3）经济基础与信息化建设为大数据产业发展提供保障

陕西省大数据产业氛围和技术基础成为培育大数据的沃土。这几年，陕西省经济的增幅在全国排名前三，随着三星电子、富士康、美国应用材料等企业落户陕西，众多与信息产业和数据信息相关企业纷纷落户陕西。同时，特别是近几年，陕西省信息化建设成效显著，信息化技术发展较快，信息化发展水平位居全国前十，在西部名列前茅。

3.1.3 移动互联网产业现状

与国内外移动互联网发展情况相适应，陕西省内移动互联省发展增势迅猛。《2013年陕西省互联网研究报告》（以下简称《报告》）显示：2015年陕西省手机网民规模达到1800万人，占陕西省整体网民的比例超过90%。

用户的上网行为同样表现出明显的移动化趋势。《报告》指出陕西省网民对不同互联网应用的使用比例，可分为3个层次：即时通信、网络新闻、搜索引擎、网络音乐处于第一层次，使用比例均在75%以上；网络视频、博客/个人空间、网络购物等应用处于第二层次，使用比例为50%～70%；网上支付、电子邮件、网上银行、网络游戏、微博、社交网站、网络文学、旅行预订、团购、论坛/BBS等应用处于第三层次，使用比例在50%以下。

第一层次的网络应用中，陕西省网民使用即时通信、网络音乐的比例比全国平均水平分别高出1.2、1.8个百分点，网络新闻、搜索引擎的使用比例比全国平均水平低2个百分点左右；第二层次的网络应用中，陕西省网民使用网络购物的比例高于全国平均水平，而网络视频、博客/个人空间的使用比例低于全国平均水平；在第三层次应用中，陕西省网民使用网上支付、网上银行、论坛/BBS的比例高于全国平均水平。

从最新的网络流量统计情况看，2014年1～5月份，移动互联网累计流量达到0.22亿G，移动互联网用户MOU平均达到0.20G/户/月，同比增长75.6%。

数据显示陕西网民上网行为出现明显的移动特性，而且移动互联网络的使用情况高于全国平均水平。

网民规模、互联网基础设施建设、网络应用等信息可以从整体上反映一个国家或者地区的互联网发展程度和普及程度，对这几个指标的横向和纵向对比，能够从基础层面上反映互联网的发展状况。

在"宽带中国"战略制定和地方政府的大力扶植下，陕西省信息化建设快速发展，省内光进铜退、FTTH持续推进，第4代移动通信网络开始试商用，全省新增了1000个行政村通宽带。此外，国家在西安等7个城市设立了新的骨干直联点，网间速率和网络容量大幅提高，网络安全性获得了很大改善。光纤入户、4G商用都为陕西省移动互联网的进一步发展提供了较好的网络基础和环境。

虽然近年陕西省移动互联网行业发展迅速，但对比全国水平来看，主要存在几点问题：首先，行业与市场规模与本省科研实力与定位不符。作为科教大省，陕西省移动互联网行业规模在全国属中等水平，低于实际预期；其次，移动互联网行业产业链不完整。虽然当前三星、华为、中兴等国内外大型企业在本省大量投资建立研发与生产中心，但是下游产业链并不完整。面向用户市场与增值业务（应用）发展不足；最后，行业增长点较少。现有移动互联网络的增长主要来自大型运营商与其相关业务，而创新型企业与业务数量不足。

发展移动互联网技术对陕西省自身实现科学技术发展战略目标及迎合国家科学技术发展都具有重大意义。随着 4G、无线网络的发展和智能手机的普及，移动互联网正在成为互联网的主流。移动互联网具有移动性、隐私性、便携性等特点，它的发展能够极大地提升城市的信息服务能力，影响和改变陕西网民尤其是年轻网民的工作和生活方式。目前，陕西省手机网民的普及率已经达到 83%，高出全国平均水平（81%）。移动互联网的发展应纳入专项工程，由政府牵头带领企业推动移动互联网及相关产业的发展。

然而，在移动互联网时代，通信运营企业面临着移动互联网等新业务带来的网络和信息安全等诸多新问题和新挑战。面对移动数据洪流，通信运营企业可以大力发展和建设 4G 网络基础设施服务，引领和引导 4G 用户流量需求，从而带动移动相关产业发展，引爆信息通信领域新增长点。

3.2 技术水平

3.2.1 云计算技术水平

陕西省内从事云计算技术研究、产品开发、服务提供的高校、研究中心、企业在专利、软件著作权、产品、标准等方面具有一批代表性成果，技术水平较高。

西安交通大学、西北工业大学等高校，在云计算基础理论、应用技术和服务模式方面进行了相关的研究。陕西云计算计算工程研究中心，针对陕西省优势行业对云计算平台和技术的迫切需求，研究云平台服务优化管理、计算资源自适应分配、应用软件高效服务、云计算应用系统持续运行、安全云存储等技术，实现资源聚合及虚拟化、应用服务专业化、按需供给和灵便使用的云业务模式，提供高效能的云计算与数据服务，并取得了相关的专利和软件著作权。

西安未来国际作为国内领先的电子政务云服务提供机构，在国内电子政务云服务领域深耕多年，在云计算研究及应用方面有着自己的核心技术和经验，其中，专利 25 项，软件著作权总数为 63 个。同时，公司在云计算产品方面也形成了全方位的产品线，如云操作系统、网络云盘服务、虚拟主机防护、虚拟私有云隔离系统等一大批云服务产品。西安未来国际在电子政务云计算应用及服务方面，主要提供面向 SaaS（软件即服务）、PaaS（平台即服务）和 IaaS（基础设施即服务）3 个层面的服务，服务对象主要以陕西省级各政务部门，内蒙古自治区区级各政务部门。同时在陕西省延安、榆林、渭南、通辽等地都已建成面向本地区电子政务应用的区域云服务平台。

中服软件公司核心技术和产品包括多租户 PaaS 平台和管理型 SaaS 应用，已取得多项软件著作权权。核心产品包括多租户 PaaS 平台和 SaaS OA（协同办公）和 SaaS HR（人力资源管理）应用。中服 CServerPaaS 平台研发以分布式架构的基础设施为基础，以 SaaS 为交付模式，以微内核组件化 OSGI 容器、资源池及云平台中间件为支撑，以 SOA 为基础架构，以独创的 PaaS 多租户引擎为核心，提供可以按需组装的面向企业管理领域的应用平台和集成环境。中服 CServer OA 基于中服云计算 PaaS 平台的资源池功能，收集分析、整理各个行业公司的办公管理需求，实现了随需、随时、随地的管理需求，解决企业运营过程中的各类管理问题，形成了企业管理知识和模式的持续积累改进。CServer HR 系统包括组织机构设置、人事档案管理、晋升管理、薪酬计算及管理、合同管理、培养培训管理、绩效考核管理、离退休管理、奖惩管理、考勤管理、综合分析统计等各种全面的功能模块。

浪潮致力于云计算核心技术和产品的突破，仅在2013年，申请并受理专利1002项，其中发明专利603项，占60%，申请国际发明专利10项；参与制定国际标准4项、国家标准29项、行业标准7项；申请云计算专利170项，云标准6项；软件著作权81个。目前，在云计算的3个层面都有涉及：在IaaS层，浪潮研制了云计算核心装备——关键应用主机，并获得了2014年国家科技进步一等奖，同时在海量存储、大数据一体机、云服务器、云操作系统等方面都有所突破；在PaaS层，浪潮研发出云海平台，分别为云海OS、云海IOP、云海Drodata等平台；在SaaS层，浪潮结合政务、企业等应用，为客户提供各类SaaS云服务。浪潮目前在全国一些省市提供政务云服务，已经为济南、海南、贵州、常德、绵阳等多个省市提供云计算服务，同时也为国家质检局等部委提供云计算服务。

3.2.2 大数据技术水平

西安多所大学先后开展大数据处理方法研究。例如，西安交通大学徐宗本院士团队创新地提出多个大数据处理模型和高效算法，并开始在多个领域试用；西北工业大学高性能计算研发中心面向装备制造业发展特点与需求，研究大规模工业大数据实时存储与处理方法及其软件实现；西安电子科技大学智能感知与图像理解教育部重点实验室，针对大数据中的冗余和有效信息提取问题，利用时频分析、调和分析的工具，挖掘多种信息的稀疏性，并借助压缩感知技术对数据进行压缩观测，实现数据的特征抽取和数据提纯。

美林科技公司面向领域应用自主研发领域大数据处理系统；陕鼓集团针对工业动力装备远程监测需求，研发基于大数据的故障诊断处理系统；延长油田炼油厂利用购置的数据实时收集与处理系统，初步完成数万点监测及其数据处理，获得初步价值成效。

智慧民生数据统筹平台，充分运用大数据与云平台虚拟化技术，应用程序可以在相互独立的空间运行且互不影响，针对新业务可以在不改变现有系统的情况下，实现直接插入新的虚拟机共享计算资源，将分布式的存储介质虚拟成统一的数据中心供用户使用。该平台通过民生服务平台和社会治理平台产生大量带有服务属性和管理属性的数据和业务，通过老百姓在事件办理中对人口数据进行采集存储、动态更新，并上报指挥中心对这些信息流进行相应的分析、督导、反馈和评估，让这些数据更易于形成有价值的信息或者情报。

3.2.3 移动互联网技术水平

2013年年底，位于西咸新区的中国电信陕西智慧云服务基地正式开工建设，项目建成后将成为西北最大的云计算数据中心节点，服务范围辐射西北、西南重要核心区域，可为互联网、云计算、物联网等高新技术公司，文化创意产业，软件开发企业，金融灾备企业等提供高可靠性的云计算数据中心服务，为基于移动互联网与云计算技术为平台的特色应用提供良好的基础。

中兴、华为西安研发生产基地的建立，带动了陕西省新一代移动网络产业快速发展，使智能通信终端产品和卫星通信导航产品产生优势。西安中兴通信产业园建成后，可实现收入300亿元人民币；华为西安研究所目前从业人员已近万人。中国电子科技集团依托其20所和

39 所在西安建设中电科（西安）导航产业园，将在民用导航产业领域，整合全省导航产业资源，招引国内外著名企业，推动陕西省民用导航产业发展。

目前，在移动终端方面，尤其是核心芯片和手机设计领域，西安高新区已具备较强实力。三星研发生产闪存芯片，华芯研发存储器芯片，联咏、龙腾研发手机屏驱动芯片，华讯研发手机 GPS 芯片，芯意研发手机多媒体芯片，而三星"Galaxy 4"手机所用的基带芯片则是由 Intel 西安团队设计的。

在手机设计方面，西安高新区聚集了中兴、华为、酷派、易朴、龙旗、闻泰、锐嘉科、TCL、英华达等一批高端设计公司。

在移动应用方面，西安高新区已涌现出一批在国内外拥有巨大影响力的企业和产品。例如，西安泰为软件的移动交友平台——"兜兜友"注册用户超过百万，已是国内最大的移动社交平台之一，其手机上的"非诚勿扰"在国内已引起很大的反响；西安极客软件的"文件大师"在全球安装用户已突破 2000 万，其中 35% 在北美；西安多听网络科技有限公司的"多听网络电台"已获得 360 创始人周鸿祎的首轮投资。

2014 年，西安软件园成立移动梦工厂，为移动互联网应用的创业者或团队提供物业支撑、天使投资等全方位创业服务，加速西安移动互联网迅速产业化。

作为科教大省，陕西省拥有大量的学生。对移动互联网行业来说，高校学生既是优质用户资源，也是新技术的推广者和优质受众；同时，学校为行业培养大量从业人才，学生就业可以推动行业的持续发展。就以上几点来看，陕西省拥有移动互联网络发展得天独厚的优势。

陕西省还是我国非常重要的通信和集成电路电子元器件的教育生产基地，电子通信产业的科研能力和技术水平处于全国的前列，在系统的集成、设备原制造优势比较明显。陕西省聚集了西安交通大学、西北工业大学、西安电子科技大学、西安邮电大学、邮电 4 所、邮电 10 所、中电 20 所、中电 39 所、兵器 206 所、航天 504 所等大量与通信相关的科研院所，特别是在无线通信领域，具有丰富的产业资源与深厚的技术基础。同时，陕西省具有发展通信产业良好的基础环境和综合成本优势，已有的产业积淀为移动互联网产业的发展创造了良好的条件。

3.3 当前存在的问题

3.3.1 云计算当前存在的问题

（1）云计算理念仍需推广

一方面，需要进一步在企事业单位推广云计算的理念，认识租用的好处和优势，使得租用得到进一步的推广和普及；另一方面，需要政府在政策层面进行引导和示范，扩大云计算服务和产品的影响，并且能够对本地云计算提供商进行一定的政策倾斜和扶持，使得陕西省的云计算产业能够得到更好、更快的发展。

（2）云计算应用服务需要创新

虽然以西咸新区信息产业园、世纪互联等为代表的产业园和企业在云计算基础设施方面已经具备一定的实力，但是相对于陕西省各级政府、中小企业、科研院所等的云计算强劲需求来说，特别是面向丝绸之路经济带，云计算应用服务尚存在较大差距，需要创新。

(3) 核心技术和核心产品的竞争力有待提升

近年来，陕西省云计算相关产业有了长足发展，具备了一些核心技术和核心产品。但是与发达国家的相关企业、国内经济比较发达的东部沿海省份，包括与西南的四川等省份相比，由陕西省自主开发的核心技术和核心产品的竞争力有待加强，尤其是云计算平台优化支持大数据应用需要进一步研究。

(4) 相关人才储备不够

陕西省是我国科技教育资源相对雄厚的省份之一，但是与云计算相关的人才培育相对偏少，而且大部分优秀人才流向了北上广深等一线城市。面对陕西省和丝绸之路经济带云计算发展的强劲需求，相关研究、开发、运维和管理等人才储备远远不够，特别是专业和高端人才缺乏。

3.3.2 大数据当前存在的问题

目前来看，尽管陕西省大数据产业发展已经取得了一些成绩，但要想继续快速发展，需要在现有基础上进行相关突破。

(1) 数据的丰富和开放性难以满足市场需求

丰富的数据源是大数据产业发展的前提。目前就陕西省已有的有限数据资源来说，还存在标准化、准确性、完整性低,利用价值不高的情况,这大大降低了数据的价值。再加上政府、企业和行业信息化系统建设缺少统一规划和科学论证，系统之间缺乏统一的标准，形成了众多"信息孤岛"。而且受行政垄断和商业利益所限，数据开放程度较低，以邻为壑、共享难，这给数据利用造成极大障碍。制约数据资源开放和共享的一个重要因素是政策法规不完善，如陕西省人口信息数据库的建立之所以推进不是很顺利，其中约束的关键点是政策法规上的问题。大数据挖掘缺乏相应的立法，无法既保证共享又防止滥用，一方面欠缺推动政府和公共数据建设的政策，另一方面数据保护和隐私保护方面的制度不完善，抑制了数据开放的积极性。因此，建立一个良性发展的数据共享生态系统，是陕西省大数据发展需要迈过去的第一道坎。

(2) 数据分析工具较为落后

要以低成本和可扩展的方式处理大数据，这需要对整个IT架构进行重构，开发先进的软件平台和算法。近年来，以开源模式发展起来的Hadoop等大数据处理软件平台及其相关产业已经在美国初步形成。而陕西省数据处理技术基础薄弱，总体上以跟随为主，尚没有领头企业在这一个技术环节具有明显优势，难以满足大数据大规模应用的需求。

(3) 管理理念和运作方式与大数据适配程度较低

大数据开发的根本目的是以数据分析为基础，帮助人们做出更明智的决策，优化企业和社会运转。《哈佛商业评论》提到：大数据本质上是"一场管理革命"。大数据时代的决策不能仅凭经验，而真正要"拿数据说话"。因此，大数据能够真正发挥作用，从深层次看，还要改善陕西省的管理模式，需要让管理方式和运作方式与大数据技术工具相适配。

(4) 基于大数据的系统决策、控制和故障诊断方法落后

面向大规模复杂系统所具有的特征多变、难以准确描述与预测的动态行为，以及来源广泛、形式混杂、层次多样和持续涌现的系统大数据，陕西省急需研究面向系统决策、控制和

故障诊断的高速、高精度和低成本的大数据处理、融合与知识获取方法,复杂大系统行为描述、建模、预测与评估方法,高效、安全与高可信的复杂大系统决策、控制和故障诊断方法及实现技术,优化系统结构、提高系统运行效益和安全性指标,进而为推动社会经济快速发展提供崭新的理论依据和技术保障。

3.3.3 移动互联网当前存在的问题

(1) 产业发展时间较短,聚集度需要提升

西安高新区移动互联网产业发展具有代表性,从其销售收入可以看出,当前陕西省虽然在移动互联网方面发展迅速,但是发展时间较短,产业规模依然有待进一步提升。当前,运营服务业收入所占比重较大(约占50%),制造业所占比重尚需大幅度提升;创新研发型企业多,规模制造型企业少,年销售与服务收入过50亿元人民币的企业仅2家(中国移动、中国电信),过20亿元人民币的企业仅2家(电子集团、中国联通);本地中小企业多,外资企业少;装备类产品多,消费类产品少;上下游产业链、供应链与配套环境不健全,成长性较好的规模企业少,存在产业聚集度不高等问题。

(2) 生产基地少,参与国际分工不足

产业发展的关键在于面向全球市场,依托产业基地、骨干企业,开展国际合作,参与国际分工,实现规模化生产,追求规模化效益,从而带动上下游企业聚集,实现规模化发展。目前,陕西省仅有少数企业具有国际化的市场能力,绝大多数企业的市场区域性较强。新投资大型企业尚未形成规模生产,产品竞争力有待继续提升,形成产业的国际化环境。

(3) 持续的自主创新、产业化、市场化能力不足

移动互联网技术发展快,产品更新换代频繁,竞争全球化,产品生命周期短,需要不断地开展技术创新,才能确保自身处于竞争优势地位。陕西省部分移动互联网企业虽然研究实力不弱,但远离市场中心,技术转移与产业化步伐慢,当前产业增长主要依靠外部投资,持续的自主创新实力不足,市场化运作手段欠佳,往往是"起了个大早,赶了个晚集",贻误了产品规模化的市场机遇。

(4) 缺少应用巨头,产业链不完整

良性的产业发展需要产业链各环节的互动。虽然高新区在元器件、核心部件、系统整机、解决方案及服务提供等各环节都有一些发展势头较好的企业,但是本地企业之间交流不够,产业链也不完整。当前产业主要集中在平台及装备制造,应用发展较为缓慢,规模较小。虽然存在少量国际知名的应用品牌,但是相比国内较高水平还存在距离。缺少如腾讯、阿里巴巴、百度这样的大型企业,也未出现如微信、微博等"航母级"平台应用。

(5) 产业支撑体系不够完善

发展规模制造业的物流服务环境需要继续提升;需要大量高端复合型领军人才;为产业集群配套的专业化的公共支撑服务体系尚需进一步健全;有效率、有实力的投融资机构少,产学研与技术转移体系不完善,产业链上下游的资源整合力度需要加强;公共技术创新体系有待进一步聚集,中小企业技术创新的引导和服务需要进一步深化。

4 陕西省"十三五"云计算、大数据、移动互联网产业科技发展战略

4.1 指导思想

适应推进新型工业化、信息化、城镇化、农业现代化和国家治理能力现代化的需要，以全面深化改革为动力，以提升能力、深化应用创新为主线，以科学发展观为指导，坚持"应用驱动、创新服务，政府引领、企业主体，统筹规划、资源整合，规范发展、确保安全"。以国家"电子信息产业调整和振兴规划"、"关中—天水经济区发展规划"、"一带一路"为契机，秉持"自主创新、重点跨越、支撑发展、引领未来"的发展理念，坚持"培育与引进并举、寓军于民与军民融合并重、政府引导与市场化运作并行"的工作方针。放眼全球，充分发挥陕西省能力优势、技术优势、专业人才优势，突出特色，重点突破，统筹规划，优化布局，聚集资源，营造环境，推进自主创新。促进云计算、大数据、移动互联网产业协同发展，服务社会生活各个领域，促进区域国民经济发展和社会进步。完善发展环境，培育一批具有自主知识产权的云计算、大数据、移动互联网技术研发机构和骨干企业，强化技术支撑，创新服务模式，扩展应用领域，培育一批在国内具有较高知名度的相关产品和服务品牌。立足陕西省，逐步向西辐射，成为丝绸之路经济带相关技术服务新标杆、信息产业发展新起点。

4.2 发展思路

陕西省云计算、大数据与移动互联网在"政府科学引导、优势产业牵引、先进技术支撑、产学研用结合、行业应用带动"的发展思路指导下，立足本省，带动大关中，引领大西北，服务丝绸之路经济带，打造完整的产业链，建设可持续发展的新型信息技术及产业生态环境。

同时，以打造具有全球竞争力和影响力的高端云计算、大数据、移动互联网产业集群为目标，通过体制创新和科技创新，依托高校、研究所和骨干企业，大力提升产业自主创新能力，引领产业做强做大。依托西安软件园、长安通信产业园、西咸新区信息产业园等发展，优先发展以云计算、大数据、移动互联网产业研发及产业链高端设备和终端，形成较强的区域配套能力和相互促进、共赢发展的产业体系，构筑具有一流创新能力、快速研发和产品制造能力的产业高地。

4.3 基本原则

(1) 政府引导、企业主体

坚持市场运作与政府引导相结合，推动云计算、大数据、移动互联网产业健康发展。创新体制机制，加大财政、税收、投融资、人才等方面的政策优惠力度，优化产业发展环境。鼓励政府部门、事业单位外购信息服务，扶助企业做大做强。充分发挥市场配置资源的基础性作用，鼓励企业兼并重组，加快构建以大企业为龙头的产业集群，形成具备本地优势的特色产业链。鼓励企业加强研发投入，增强企业自主创新能力。

充分发挥政府统筹作用，优化政策环境，创建更加有利于云计算、大数据、移动互联网

发展的制度环境，综合运用政策、服务、资金等多种手段推进大数据发展。充分发挥企业在大数据发展中的主体作用，坚持市场导向，运用市场机制优化资源配置。

规范发展、确保安全。政府主动承担监督角色，支持建立云计算、大数据、移动互联网明星企业，坚持高水平建设。建立科学的数据开放机制和规则，创新技术与管理模式，促进云计算、大数据、移动互联网企业规范发展，提升数据开放利用的信心。

(2) 自主创新、加强合作

以技术创新和商业模式创新为动力，坚持原始创新、集成创新、引进消化吸收再创新相结合，培育一批创新型骨干企业，加强产学研用合作，强化云计算、大数据、移动互联网关键技术和服务模式创新，提升自主创新能力。积极探索加强国内东西部和国际合作，形成国际先进的云计算、大数据、移动互联网技术与服务解决方案，以创新求发展，抢占产业制高点。

(3) 市场导向、项目支撑

发挥市场配置资源的基础性作用，以市场化手段建设面向多行业的云计算、大数据、移动互联网基础设施和服务平台，探索新型商业模式的创新应用，树立行业应用典范，加快建设一批云计算、大数据、移动互联网应用服务项目，以项目促发展、培育市场。

加大政府财政资金投入，统筹各方资源，多渠道引导资金投向优势产业领域，重点扶持云计算、大数据、移动互联网等领域的技术应用与产业发展，鼓励与扶持新兴业态发展壮大。加快实施技术重大专项，增强对核心关键技术、公共服务平台的投入。

(4) 优化布局、协同发展

统筹规划，资源整合。加强对云计算、大数据、移动互联网资源的统筹规划，全面部署，加大对资源的整合力度，提高资源利用效率，通过市场化、社会化方式汇聚，对资源进行优化配置，同时加强对社会信息资源共享，避免出现"信息孤岛"现象。

以打造重点突出、衔接紧密、良性互动的产业体系为重点，依托现有产业园区，不断完善产业链和壮大产业规模，加快形成有利于企业快速聚集、生产要素合理配置、产业协作便捷的产业格局。联合陕西省、西北地区和丝绸之路经济带上云计算、大数据、移动互联网产业链上下游企业与相关大专院校、科研院所，共同推动云计算创新发展。

(5) 全面推进、重点突破

围绕云计算、大数据、移动互联网技术与应用项目，通过政策引导，资金扶持，推进云计算、大数据、移动互联网产业协调、平衡发展。创新引领，应用驱动。着力提高云计算、大数据、移动互联网的创新发展能力，推动相关应用、服务、技术和集成创新，集中攻克关键技术和产品，发展相关服务业务。以市场需求为导向，坚持务实创新，注重实效性和应用性，促进产业发展向创新驱动型转变。

以应用促发展，在经济重点领域和产业关键环节加快信息技术的推广应用，重点推动云计算、大数据、移动互联网与传统产业的渗透融合。立足区域特色，依托本地优势资源要素，加快产品研发设计与物联网关键环节的研究开发，逐步引导产业向价值链高端转移。对接国内外云计算、大数据、移动互联网产业转移需求，推动产业的快速发展。

(6) 创新服务、超越发展

紧跟时代潮流，在全球云计算、大数据、移动互联网产业发展进程中，充分发挥陕西省在人力资本和技术研发中的领先优势，加快自主创新步伐。创新服务模式，转变服务手段，变革服务方式，营造适宜移动互联网产业健康发展的软硬件环境，全面提升陕西省对企业的公共服务水平和服务层次，完善服务内容，推动陕西省新一代信息产业及其领域应用跨越式发展。

4.4 发展目标

4.4.1 云计算发展目标

（1）总体目标

以满足产业需求为目标，以服务国民经济发展为导向，把握信息产业技术变革的历史机遇，突破云计算与大数据移动互联网融合、应用快速移植与服务构造等关键技术，力争到2020年，培育10家以上在国内有影响力的年经营收入超亿元的云计算技术与服务企业，建成6个以上面向电子政务、现代农业、电子商务、装备制造、现代服务业、教育、物流与中小企业服务等领域的云计算服务示范应用；推动百家软件和信息服务业企业向云计算服务转型，带动云计算应用新增经营收入500亿元人民币；支撑云计算产业发展的基础设施基本建成，形成可复制的产业模式；构建完成政务云、工业云、物流云、文化旅游云等领域规模化商业应用。同时形成辐射西北，面向丝绸之路经济带沿线国家的新格局，成为全国重要的云计算与大数据产业聚集区、国家云计算产业的重要承载节点和国家云计算与大数据产业应用示范区。

（2）阶段性目标

到2017年，云计算示范应用推广全面展开，基本完成与云计算服务基础设施配套的分布式云计算应用服务供应体系，建成一批满足国内外需求和具有西部特色的云计算服务创新发展试点示范工程。逐步形成可复制的云计算应用服务模式，在电子政务、电子商务、装备制造、医疗健康、教育科研、文化旅游、交通物流、现代农业、社会管理和公共服务等领域建立基于云计算的业务系统，60%以上的中小企业使用公共云计算服务，60%以上的大型企业和机构使用私有云。

到2020年，云计算应用基本普及，云计算服务能力达到国际先进水平，掌握云计算关键技术，形成若干具有较强国际竞争力的云计算骨干企业。完成政务云、公共服务云、现代农业服务云、中小企业服务云、交通物流云、卫生健康云、环保云、教育云和文化旅游云等云计算应用的重点试点示范，大数据挖掘分析能力显著提升。积极面向西部地区和丝绸之路经济带沿线国家进行辐射，拓展国内、国际市场。实现90%以上的中小企业使用公共云计算服务，80%以上的大型企业和机构使用私有云，并建立相应的云计算信息安全监管体系和法规体系。

4.4.2 大数据发展目标

（1）总体目标

推动陕西省大数据产业稳步快速发展，充分发挥陕西省科研、教育的优势，深入开展大数据和云计算基础理论和关键技术研究，在若干重点行业和领域进行试点示范应用，提升陕西省大数据与云计算产业化的水平，提升和改善大数据依托的软硬件环境，提升大数据分析与应用能力，提升大数据与云计算产业竞争力和前沿技术国际影响力，培养一批理论与实践相结合的大数据科学人才，推动城市智慧化建设和区域经济的健康发展。

(2) 阶段目标

遵循"基础构建，集群构建，创新发展"的发展路径，以2017年和2020年为主要节点，分3个阶段规划发展。

1) 基础构建阶段（2015—2017年）

到2017年，基本建成大数据产业基地基础设施，3~4个重点领域的大数据服务平台初具规模，大数据应用服务初步形成布局。大数据基地聚集一批大数据采集、存储、分析服务企业和软硬件配套企业。引进10余家大数据存储、分析的龙头企业，培育300家大数据系统集成服务、软件开发的中小型企业，基本形成大数据产业配套体系。通过大数据产业带动相关产业规模达到1400亿元人民币，引进和培养2500名大数据产业高端人才。

2) 集群构建阶段（2018—2019年）

到2019年，建成国内一流的大数据产业基地和信息产业集聚区。引进或培育30家大数据龙头企业，600家创新型大数据相关企业，健全大数据产业链，增强研发创新能力，实现大数据、物流网、移动互联网等业态融合，提供全面和专业的大数据分析、挖掘和组织等服务。通过大数据产业带动相关产业规模达到2000亿元人民币，引进和培育大数据产业高端人才4000余人。

3) 创新发展阶段（2020年—）

到2020年，基本建成国内一流大数据产业基地，在国内占据中心领头地位。同时，以大数据为基础的信息服务产业特色明显，大数据、云计算应用和服务水平居国内领先水平。大数据产业体系健全，成为西部重要的、全国具有影响力的战略性产业基地。通过大数据带动相关产业规模达到3000亿元，引进和培养大数据产业高端人才达5000人。

4.4.3 移动互联网发展目标

(1) 总体发展目标

围绕下一代移动网络、移动通信、移动应用，大力提升产业自主创新能力，提高产业的内生增长机制，逐步形成以通信设备为核心，以智能终端、关键硬件、软件、服务为支撑，以移动软件为基础，以运营与增值服务为依托的移动互联网技术研发与产品生产、应用与服务为一体的移动互联网产业集群和较为完整的产业链，进一步提升产业的带动力和影响力，使陕西省成为引领移动互联网产业发展趋势、具有较高国际知名度的移动互联网高端技术人才与产业发展的地区。

(2) 具体领域发展目标

1) 产业发展目标

产业结构进一步优化，产业集群水平进一步提高。以西咸新区信息产业园、长安通信产业园、西安软件园为承载，形成以移动通信设备制造、软件服务为主，以骨干网与互联网通信设备为基础，以智能终端及软件与服务开发为支撑，统一移动互联网产业的研发与生产、软件应用与服务集群，引领产业发展。继续强化核心硬件与软件自主知识能力，提升产业发展的可持续能力和竞争力，形成新型设备制造、软件开发、服务增值科研、试验和生产基地。

2) 自主创新目标

围绕通信龙头企业中兴、华为、三星、比亚迪等研究中心与工厂的建设，大力推进企业国家级技术中心、工程中心的建设。促进科研院所技术转化与应用，构建以企业为主体，国家骨干科研机构和高等院校参与的"产学研用"移动互联网产业创新体系，打造产业公共技术平台，加强军民融合及技术转移与科技成果产业化机制，带动企业创新能力的提高和产业结构的优化升级。

3) 产业招商引资目标

建立省级联动的招商机制，加大招商引资力度，主动争取产业转移机遇，引进一批重大项目，更高层次、更大范围地参与全球产业分工，快速实现产业聚集。围绕移动通信、卫星导航、设备制造、软件与增值服务等领域，重点分析研究各领域全球排名前列的骨干企业，制定一对一的招商引资策略，使陕西省招商引资迈上一个新台阶。

4) 产业环境建设目标

构建产业支撑和服务平台环境，建立适合于产业集群快速发展的创新体制与机制，科学规划符合产业发展要求的区域环境和物流体系，降低企业的运营成本；出台扶持移动互联网产业发展的优惠政策，设立移动互联网产业专项发展基金，积极引进海外高端技术、经营与管理人才，使陕西省成为全球最适合移动互联网企业发展的区域之一。

4.5　发展重点任务

4.5.1　云计算重点任务

(1) 建设国家级信息产业基地，增强云计算服务能力

以国家在西部的云计算产业规划布局为指导，重点推进与云计算发展直接相关的重大基础设施工程建设，加快形成云计算技术和应用推广所需要的网络传输、数据中心等云服务基础设施体系。面向不同应用领域，推进符合云计算特点的云芯片、云存储、云服务器、云网络产品、云终端等产业链环节的发展。加大云计算软硬件和网络基础设施建设，增强云计算服务能力。实施西咸新区信息产业园云计算和大数据中心等重点工程的建设。陕西省省长娄勤俭曾指出："西咸新区信息产业园要抢抓机遇进行发展，要将西咸新区信息产业发展纳入全省产业发展规划，充分发挥陕西省科教、人才、区位和资源优势，以建设国家级信息产业基地和大数据处理中心为目标，全面加快西咸新区信息产业园开发建设。"

依托国家级信息产业基地，大力发展公共云计算服务，支持信息技术企业加快向云计算产品和服务提供商转型。大力发展计算、存储资源租用和应用软件开发部署平台服务，以及企业经营管理、研发设计等在线应用服务，降低企业信息化门槛和创新成本，支持中小微企业发展和创业活动。积极发展基于云计算的个人信息存储、在线工具、学习娱乐等服务，培育信息消费。支持云计算与大数据、物联网、移动互联网、互联网金融、电子商务等技术和服务的融合发展与创新应用，积极培育新业态、新模式。

(2) 提升云计算技术自主创新和产业化能力

立足陕西省，面向西北地区和丝绸之路经济带的需求，加强云计算相关基础研究、应用研究、技术研发、市场培育和产业政策的紧密衔接与统筹协调。以服务创新带动技术创新，

着力突破一些关键技术，提高相关软硬件产品研发及产业化水平。支持中服软件、未来国际、和陕西省云计算技术工程研究中心等有关企业和研发机构，通过合资共建、收购、并购国外公司或国外技术的方式，迅速掌握世界先进云计算技术。并通过引进消化吸收再创新，增强原始创新能力，积极推动安全可靠的云计算产品和解决方案在各领域的应用。加强云计算相关技术研发实验室、工程中心和企业技术中心建设。着重开展云计算的前瞻性技术、关键技术和应用技术研究。

1）前瞻性技术研究

①积极参与国内相关标准制定和技术研究

积极参与国内大数据标准、云计算标准制定工作，组织信息化建设、云计算大数据应用骨干企业研究和利用好国际上已有的成熟标准和规范，开放性地做好政务云、电子商务与物流云、文化旅游云和教育云等标准体系、大数据标准体系的构建工作。加强知识产权保护利用、标准制定和相关评估、测评等工作，促进协同创新。

②云计算与大数据、云计算与移动互联网终端的融合技术研究

大数据需要处理海量数据的能力（数据获取、存储、计算、分析和挖掘等），云计算恰好可以提供强大的数据存储和计算能力，是挖掘和利用好大数据的利器。重点可开展并行计算框架、实时流数据处理和应用知识库等关键技术研究。而云计算的处理结果，则可以通过移动互联网技术，基于移动智能终端呈现给终端用户，实现"云—端"的融合。最终实现"天—地—人"（云计算、大数据、移动互联网终端用户）的无缝融合发展。

2）关键技术研究

①云平台资源虚拟化与服务调度技术

云平台具有丰富的计算、存储、通信及信息等异构资源，为多类领域应用所共享，为了使平台资源得到弹性利用，实现按需服务，支持能耗优化，需要针对云平台特点与需求，研究平台资源虚拟化与服务调度优化技术。

②现有应用快速移植与服务构造技术

领域应用经过多年的发展，积累了丰富的应用软件资源，其功能与性能已经过业务的实际验证。如何将其不同形态的软件资源快速移植到云平台之上，并封装实现高效有序的云服务系统是关键之一。因此，研究现有应用的快速移植与服务构造技术，自主开发相应支持工具是实现云计算服务创新的重要基础。

③云计算平台及其服务评测技术

云计算平台具有多层次、众构件等特点，其硬件与软件资源管理的高效性，系统运行与应用服务的正确性，过程监控与身份审计的合理性，以及实现策略与机制需要进行严格的测试和评价，研究云计算平台及其服务评测方法和工具，为保障云计算平台和应用服务系统质量与效率提供技术支持。

3）云领域应用技术研究

利用陕西省，特别是西安—西咸新区在电子政务、装备制造、金融服务、人口管理、交通物流等领域的已有优势资源，打造面向领域的云计算服务创新联盟，探索和实践不同层面的云计算服务模式创新，提升政务管理、装备制造、金融服务、智慧城市等领域的信息化水平。云计算应用服务有3类应用形态：面向公众，具有大规模、低成本、灵活性等特点的公有云；

面向机构/企业内部用户和外部客户依据云计算架构搭建,具有基础架构的自主权、专用性、可控制等特性的私有云;面向特定行业、特定企业联盟需求,通过公用云和私有云组合实现的混合云。云计算服务运行机制创新应依据陕西省和丝绸之路经济带的云计算服务需求,建立面向各类信息化服务需求的服务运营模式。构建面向城市民生的公有云,探索和实践共建共管的公有云运行机制,实现政务、信息、社会公共、城市交通、区域特色文化等公共云服务应用示范;构建面向领域的混合云,探索和实践自建共管等混合云运行机制,实现面向装备制造、医疗健康等工业领域的混合云服务应用示范;构建面向企业的私有云,探索和实践自建自管的私有云运行机制,实现面向通信、地理信息等企业的私有云服务应用示范;探索3种云计算组织形态共存并协同发展的云计算服务运行机制。

(3) 组织云计算服务创新重点应用工程

1) 装备制造业云服务应用工程

结合目前已有基础及陕西省企业服务平台建设和工商联企业服务平台建设,打造面向装备制造业的企业云。统筹政府、企业和行业协会资源,重点面向电子、机械、装备制造、新型平板显示、下一代通信信息技术、以通信技术为核心的云网络设备产业等。建设基于云计算的行业公共应用服务平台,提升陕西省企业信息化水平。

建设面向重大装备制造业的企业云服务平台,选取重大装备制造行业的龙头企业"西安陕鼓动力股份有限公司"带动工业云服务平台的建设发展。面向重大装备制造业的工业云服务平台通过建立可满足项目个性化、高可靠、高融合、高容量、高灵活、差异化、虚拟化、异构化等需求的云计算数据中心,达到服务2000套大机组、1000套装置的数据处理规模,实现基于云技术的装备运维服务;实现重型装备的智能健康管理及工业服务。面向重大装备制造业的工业云服务平台应用示范的实施,形成具有较强竞争力的工业云计算产业联盟。

企业云围绕中小微企业供应链、客户关系等管理需求及设计、仿真、模拟、分析、测试、虚拟加工等技术需求,依托优势软件企业建立公共服务平台,降低企业管理成本。引进国内大型云计算服务企业,围绕交易、支付、管理、物流等环节建立云计算服务平台,为中小微企业提供云服务。

具体开展以下关键技术研究:

①区域性分布式装备制造业研究,实现服务型装备制造;②装备制造业云平台资源虚拟化与服务调度技术;③面向中小企业的云服务高效构造技术;④装备制造业公共云平台及其服务评测技术。

2) 基于大数据的政务云服务应用工程

全面推进陕西省政务云服务体系,在面向省、市、县、乡镇和行政村提供基础设施服务、运行平台服务和应用软件服务,实现网络覆盖到村、基础资源共享、业务承载分离、三级平台五级服务目标的同时,统一规划、集中部署,立足西咸新区构建可支撑西部乃至全国的信息化综合服务云,扩大服务范围,辐射西部,面向全国,提供各类综合云服务。

陕西省政务云继续将陕西省各级政府已建成并面向社会提供公共服务的信息系统向云计算平台迁移集中;加快在政务云平台上部署公共安全管理、应急管理、容灾备份、城市管理、智能交通、社会保障等应用,实行集约化建设、管理和运行,进一步提高基础设施资源利用率和应用服务成效,促进跨地区、跨部门、跨层级信息共享,面向信息化各领域提供服务。电子政务云提供基础数据库服务和共性、基础性公共服务,承载面向全员人口的区域卫生服务、社会保障服务、人口与计生服务、文化与教育服务。鼓励和引导全省各级各领域通过接入陕西省政务云开展电子政务业务应用。

具体开展以下关键技术研究:

①区域性电子政务研究,实现服务型电子政务;②政务云平台资源虚拟化与服务调度技术;③政务业务快速移植与服务构造技术;④多业务应用身份与数据管理技术;⑤政务公共云平台及其服务评测技术。

3) 基于大数据的丝绸之路经济带电子商务与物流云服务应用工程

电子商务与物流云服务应用示范将面向丝绸之路经济带,开展国际化的电子商务及物流云服务。电子商务云以社会化应用为导向,深化与国内电子商务企业的合作,积极引进国际云计算领军企业,搭建公共商务信息平台,做大做强电子商务服务,促进陕西省、西安市、西咸新区与丝绸之路经济带成员间的贸易和业务发展。

物流云是将"云计算"的理念引入物流管理模式之中,利用云计算技术整合现有物流服务平台,依靠大规模的云计算处理能力、标准化的作业流程、灵活的业务覆盖能力、精确的环节控制、智能的决策支持及深入的信息共享来完成物流行业的各个环节工作。通过建立统一的物流云平台和标准数据交换平台,实现公路、铁路、机场等物流运输系统的"一站式"信息服务。加快物流公共服务系统建设,提供物流企业管理、物流信息资讯、运输与仓储信息发布等公共信息服务和物流软件在线租用服务。

具体开展以下关键技术研究:

面向电子商务和物流,深化研究云计算与云存储资源虚拟化、云计算持续服务优化、多语言信息转换、电子商务和物流服务系统集成、绿色云计算系统及其运行环境构建,电子商务大数据分析挖掘和物流大数据跟踪、分析技术。

4) 基于移动终端的教育云服务应用工程

陕西省拥有各类高校涵盖工科、土建、农林、财经管理、医药、语言法律、旅游餐饮等学科门类,并在高等教育、高职教育、成人教育等方面具有鲜明特色和创新培养模式。

云计算是整合优质教育资源、建立智慧校园、提供创新教育服务的有效措施。通过构建教育行业云应用平台,为数字化教学提供各种服务,如提供教学服务平台和教学资源管理平台。通过各种教学资源,如讲义、作业及管理信息的共享,实现教师、家长、学生、学校协作交流,探索新的教育模式,并实现教育云数据中心服务及基于云计算的知识管理体系;教师和学生可随时随地获得视频、音频、图书、课件等海量信息资源服务,实现远程教学资源共享、精品课程在线点播、远程互动研讨等;通过云平台可实现网上虚拟实验环境,为社会大众提供学历的和非学历的、优质、高效、个性化的虚拟实验教学产品及服务。

基于陕西省的优质教育资源建立陕西省教育云服务平台,实现信息化资源整合、平台统一服务,达到资源最大化利用,降低运营维护成本,提高系统利用率的目的。发挥新教育模式的能力与潜力,提高教育管理质量,让教育成为一种服务。

具体开展以下关键技术研究:

①重点研究教育云服务的构造,深化研究云计算与云存储资源的联盟化服务、面向高效

能的云计算资源调度、云计算持续服务优化；②移动终端应用的开发。

4.5.2 大数据重点任务

（1）开展大数据理论研究，建立新的数据科学学科体系

针对学科发展前沿问题，加强对大数据学科基础理论性研究，加强国内外学术和技术交流，建立数据分类学基本方法和大数据建模技术与方法，研究数据科学的学科体系，研究和不断总结数据科学基础理论和基本方法，为数据技术开发、人才培养和产业发展提供指导和支撑。

（2）研究大数据关键技术，完成突破性研究成果

抢抓国家推动大数据发展的政策契机，完善省、部、院、企合作机制，建立一批技术攻关平台、共性基础平台、工程技术研究平台、标准检测平台和公共技术支持平台，鼓励省内大型龙头企业和科研院所创建大数据领域国家级重点实验室，工程实验室，工程、技术、研究中心，企业技术中心。突破大数据采集、存储、管理等关键技术，加强信息组织和数据仓库研究，形成自主可控的大数据技术架构。加强高端芯片、传感器和传感网组网关键设备的研发，提高数据感知、传输、处理的能力和水平。加强数据智能分析、挖掘和虚拟化技术研究，围绕商业智能，开发多用途的智能处理软件和跨平台的浏览器。加强知识产权运用和保护，建立知识产权风险控制和预警机制。

重点研究"大数据"环境下的数据管理与分析技术。具体包括：海量数据环境下的异构数据融合、信息可用性理论与技术、数据密集型计算环境下的数据管理方法与技术、海量感知数据处理与分析技术、基于内存计算的实时数据分析关键技术、面向领域的数据挖掘技术等，为大数据发展提供支撑。

同时，注重大数据食品安全技术开发与应用。针对食品全产业链数据源多、数据异构的特点，基于云存储机制，研究异构平台间的数据交互与集成技术，解决多源异构数据集成中的数据统一表达与存储、更新与查询、传输与压缩等关键问题。基于中间件模式，研究异构数据的封装与交换技术，形成异构数据的集成标准。面向食品产业链时、相不一致的大数据，研究时空关联与数据一致性方法和关联数据的分析技术，提高噪音数据的分析精度；面向特定食品产业链，研究实时动态预警规则和模型表达技术与方法、定向分析技术与方法，提高食品安全问题的预警期和预警精度。针对食品安全追溯中，大数据分析可能泄露用户隐私的问题，基于理想格等密码学理论，研究全同态形式的密文数据发布与运算；针对食品企业提供产业链生产数据保密的问题，研究抑制、泛化、剖析、切片、分离等匿名化技术，保护企业生产机密；针对食品安全警告发布前的审核，基于安全多方计算，研究最少必要信息共享条件下的密文公平共享。

（3）建立大数据技术与应用中心，提升产业竞争力

促进云计算技术和大数据产业的深度结合，以云平台为依托，重点选取电子商务、智慧医疗、食品安全、智慧教育、智慧交通、公共安全、科技服务等具有大数据基础的领域，建设大数据和云计算公共服务平台、科技服务数据存储应用平台、子数据采集平台、数据清洗平台、内部工作流系统、数据资源采集接口系统，探索交互共享、一体化的服务模式，促进大数据技术成果推广应用，形成具有区域特色的大数据和云计算服务产业。

加快大数据与云计算、物联网、移动互联网等新一代信息技术的集成应用，鼓励打破行

业壁垒，探索上下游协作共赢的新型技术应用和商业模式，推动产业链协同发展。支持云服务企业参与政府和行业数据资源整合，开发面向市民出行、公交线路优化、视频监控、能源消耗监测等的云服务解决方案。支持物联网企业运用大数据，深化在智能电网、楼宇能耗监控、水质监测、交通电子车牌、远程医疗与健康监护等领域的创新应用。支持互联网和移动互联网、电子商务、社交平台、即时通信、搜索引擎类企业基于海量用户行为数据资源，发展平台与数据集成、线上与线下互动的商业服务。

(4) 开展大数据应用示范，推动区域经济发展

推进大数据应用创新，重点选取电子政务、电子商务、生产制造、农业、数字生活等具有迫切需求的行业和领域，开展大数据与云计算应用研发，探索"数据、平台、应用、终端"四位一体的新型商业模式，促进区域经济和产业发展。推进大数据在政务领域的应用创新，充分发挥大数据在社会信用体系和市场监管体系建设中的创新作用，推进社会信用、食品安全、市场监管大数据平台建设；推动大数据在公共安全领域的应用创新，发展基于大数据的城市运行安全监测、综合分析、预警预测、辅助决策等安防能力；推进大数据在电子商务领域的应用创新，建设整合上下游数据的内贸、外贸交易服务型大数据平台，促进商贸流通快速发展；推进大数据在生产过程物流组织的应用创新，发展基于大数据的智能仓储配送系统；推动大数据在装备制造业和工业的应用创新，实现装备制造和工业的智能化、数字化，推动两化深度融合；推进大数据在农业领域的应用创新，为农作物种植的精细管理、畜禽健康养殖、生态资源可持续利用、疫病防控、灾害保险、农资配送、产品销售等提供可靠的数据服务，发展智慧农业；推进大数据在数字生活领域的应用创新，重点包括全民健康领域、社会保障领域、环境保护领域、公共交通领域、教育和文化领域，推动各领域大数据应用发展。

大数据应用示范工程包括以下项目：

1) 陕西省商用数据通应用服务工程

以促进陕西省各行业、企业市场信息、产业信息、政务信息的融合、交流、共享和利用为基本出发点，以提高企业市场竞争能力和政府决策能力为目标，建立陕西省各级、各区域的宏观、行业、企业及消费数据的动态监测及评价体系，面向政府、企业等广大用户提供全方位的信息化数据云服务平台及权威、准确、有效的数据服务。

2) 陕西省应急管理大数据分析与应用工程

面向区域应急管理的现实需要，围绕陕西省应急数据库和数据中心建设，根据自然灾害、事故灾害、公共卫生事件、社会安全事件等四大类灾害性事件的应急预防、准备、响应和恢复4个阶段的具体任务要求，深入研究大数据采集、数据质量管理、大数据挖掘与分析等关键技术，分析和建立适用于应急管理需要的大数据管理与服务模型，为陕西省应急管理的数据化、智能化、智慧化发展奠定坚实的基础。

3) 陕西省电子口岸大数据管理与服务工程

陕西省电子口岸建设是陕西省国际交流、国际贸易、电子商务发展的关键性支撑，其发展速度是衡量区域经济发展与开放的重要指标之一。本项工程将以陕西省电子口岸建设为核心，围绕国际物流与国际客流的跨境往来活动进行大数据整合和管理，强化应用大数据获取、数据质量管理、大数据挖掘与分析等关键技术，研究和建立一站式的大数据服务与应用的商务与技术模型，支撑陕西省大通关统一信息平台的建设，全面提升陕西省商务服务的效率和

4) 陕西省装备制造业信息工程

通过信息化与工业化深度融合、升华产业集群品质。应积极推动高端装备及智能化产品的开发和应用,重点推进企业产品装备、生产过程、企业管理、产品流通等关键环节的信息化,推进企业信息化综合集成。以信息技术与制造技术融合为核心,构建智能制造、数字制造、网络制造等新型制造模式,推进装备制造业的网络化、智能化、柔性化、绿色化、数字化和服务化进程。

5) 农业科技智慧服务大数据引擎

面向海量、多源、异质、异构大数据的科技信息,研究大数据的交换、同步更新及融合技术;面向农业领域专家知识和农户咨询的需求,研究文本、音视频数据的表达、分词、解析和管理;面向农产品优质高产,研究环境因子及气象条件与农产品产量和品质时空分布的关联分析;面向农业领域知识建模,研究文本、音频自然语言理解;面向无人值守的农业专家咨询,研究海量病虫害图像、科教视频语义索引;面向农业生产过程中的精准管理、灾害预警、评估预测、品种优选优育、专家咨询、农技示范等需求,能够从大量农业科技信息中精准地定位需求,为政府、企业、农户、科研院所提供强时效、多途径、全方位的农业科技信息服务,建立大数据与云服务平台,提升农业科技服务的质量。

6) 丝绸之路经济带大数据与云计算服务平台

在深化云计算与云存储资源虚拟化、云计算持续服务优化、云应用服务高效构建、多语言信息转换、云计算服务系统集成、绿色云计算系统及其运行环境构建等关键技术基础上,实现大数据处理与云计算服务深度融合,面向丝绸之路经济带建设需求,构建大数据与云计算服务平台,为丝绸之路经济带的电子商务、物流、交通、文化等提供高效服务。

4.5.3 移动互联网重点任务

(1) 发展移动互联网平台与基础型产业

1) 软件开发和集成电路设计

促进移动互联网企业级应用软件和服务的开发;继续发扬陕西省在移动互联网方面的优势项目,推动软硬件操作界面基础软件、嵌入式软件、集成电路设计的研发。

2) 移动信息服务

借助陕西省"北斗"导航产业优势,依靠航天504所、遥感所及各大高校的科技创新能力,推动导航与移动通信、地理信息、卫星遥感、移动互联网等融合发展,完善导航基础设施,推进导航服务模式和产品创新。着力培育车载数据与资讯、智能交通导航、道路救援与安防等移动信息服务。

3) 移动物联网

在工业、生产性服务业等领域推动移动互联网与物联网的融合发展和集成应用。促进移动互联网技术和人工智能技术的融合发展,进一步做大做强工程机械、轨道交通、汽车制造领域的移动物联网。在工程机械、轨道交通、电气装备、钢铁、石化等行业大力发展远程测试诊断、在线节能监管等制造服务,拓展生产性行业的发展新空间,强化对智能装备和工业互联网的支撑作用。加快建设基于移动互联网的智能物流基础设施,建立完善行业性、区域性物流公共信息服务体系，为社会提供物流供需信息发布、服务交易、过程优化与跟踪等服务，降低物流成本，提高物流效率。

4）继续发展移动智能终端产业

鼓励平板电脑、智能手机、电子书阅读器等各类移动终端发展。大力发展智能健康医疗、家庭和社会智能安防、家电智能控制、能源智能计量和智能环保监测等领域的软硬件一体化移动互联网智能应用产品和平台服务。研究电脑、电视和移动终端三屏互动的视频服务发展路线，促进多屏互动技术和业务模式创新。促进智能终端功能模块与云计算服务模块组合，发展满足行业应用的专业化移动终端解决方案。

(2) 推动移动互联网应用型产业发展

1）移动互联网金融

发展移动支付产业，带动陕西省移动互联网金融的发展。引进、培育、壮大移动支付骨干龙头企业，改造、完善移动支付环境，完善移动支付产业生态圈，鼓励和扶持移动支付与城市公共服务、工业、传统服务业的对接，促进移动支付与社交、位置等服务融合，推广移动支付和精准营销融合创新的应用，增强对移动电子商务的支撑服务能力。推动P2P、众筹融资等金融信用中介服务平台规范发展，拓宽金融服务体系。支持互联网企业依托互联网技术和线上线下资源优势，发起或参与设立第三方支付、移动支付、众筹融资、电商金融等机构。

2）移动互联网文化服务

加强对移动互联网内容的深度开发和利用，进一步促进移动互联网技术与陕西省文化创意产业融合发展。推动传统媒体和新兴媒体在内容、渠道、平台、经营、管理等方面的深度融合，着力建设一个平台、三个屏幕和多种营收的全媒体模式，努力打造几家拥有强大实力和传播力、公信力、影响力的新型媒体集团。加快建设视频云计算中心，鼓励网络剧、微电视、微电影等视听内容创作，创新视频服务商业模式，建设移动互联网视听产业基地。加快建设手机数字阅读开放式平台、电子书及相关内容数据库，推动移动智能终端在公共文化、社交网络等领域的创新应用。积极开发移动互联网内容衍生产品、移动互联网教育等产品和服务，培育新型商业模式和服务业态，在手机阅读、移动教育等细分市场做优做强。巩固和完善手机动漫、游戏公共平台，促进网络游戏引擎与平台、手机动漫、手机游戏产品开发和产业化，完善手机动漫、游戏产业链，加强动漫、游戏衍生产品及周边服务，促进相关产业发展。大力支持网络运营商和内容服务商深度合作，构建"电信运营商—内容提供商"双向互赢合作模式，积极探索信息产业、文化产业融合发展的体制和机制。

3）移动电子商务

深入推进移动电子商务试点示范省建设，大力扶持面向工业和传统服务业的移动电子商务交易服务平台、技术服务平台、中介服务平台的发展，培育一批提供电子商务咨询、资讯、法律、信息技术、人力资源等专业服务的移动电子商务服务企业。充分发挥主流媒体的广告、品牌和渠道优势，创新发展媒体移动电子商务产业，形成陕西省媒体移动电子商务产业在全国的领先优势。鼓励制造业企业通过第三方零售平台开设旗舰店、专卖店，开展网络直销、网上订货等业务，开拓网络零售渠道。鼓励有条件的企业自建平台，支持制造企业发展网络直销（M2C）。大力发展O2O（线上和线下相结合）电子商务。着力培育一批旅游电子商务企业和行业细分的移动互联网零售企业。

（3）重点项目发展

核心研究技术发展及其定位如表 8-1 所示。

表 8-1 核心研究技术发展及其定位

定位	发展领域	发展目的	发展策略
巩固发展	1. 终端制造 　发展手机芯片制造、终端组装等。完善产业链完备性，提升企业生产环境，继续吸引投资，促进技术升级，促进劳动就业。 2. 移动通信设备及终端 　基站设备及相关技术； 　终端器件及计算、存储、通信等相关技术； 　移动通信网络设备	继续强化在移动通信领域的技术研发优势，为抢占产业顶层、高端奠定基础	1. 进一步提升研发规模和实力，成为全国一流的新一代信息技术研发地； 2. 鼓励、扶持相关领域企业的技术创新与产业化
重点发展	1. 新一代信息技术研发 　TD-LTE、4G、5G 及其衍生技术； 　NGN（下一代互联网）及其与移动互联网结合技术。 2. 移动互联网应用型 　移动互联网产业链下游技术包； 　消费类移动互联网应用； 　平台类移动互联网应用； 　面向企业用户的专业级移动互联网应用。 3. 移动互联网文化创意类应用 　基于移动互联网的虚拟旅游； 　基于移动互联网的"特产"、"小吃"等本地文化发展应用。 4. 运营商、终端商平台及服务 5. 移动支付技术 　APP 支付技术； 　基于 NFC 的移动支付； 　移动支付安全保证技术。 6. 移动导航技术 　高精度导航技术； 　室内导航技术； 　基于 LBS 的应用服务。 7. 可穿戴设备、移动健康监控与医疗技术 8. 下一代无线网络技术 　高速无线宽带技术； 　4G、5G 通信网络技术。 9. 物联网相关技术 　智能家居； 　智能工业控制； 　传感器网络	用 5 年左右时间打造和现有软件产业同等规模的新型产业集群，并跻身全国一流、世界领先行列；实现软件产业全面转型、升级	1. 本地培育为主； 2. 打造大平台，聚合高端资源、引领产业发展

5 实施措施及政策建议

5.1 云计算、大数据及移动互联网协同发展

云计算、大数据及移动互联网之间是相辅相成、相得益彰的依赖关系。三者之间关系密切、相互支撑,因此,对其综合考虑、协同发展,才能推动陕西省新一代信息技术及其产业与应用快速发展。

5.1.1 云计算与大数据的相关性分析

(1) 云计算是大数据处理的主流平台

云计算在技术上将众多能力较弱的服务器,通过网络有机集成在一起,形成一个能力超强、可动态伸缩的资源池,以支持完成大型复杂任务。同时,云计算在商业模式上符合时代需求,专业化云服务商以有偿服务的形式向用户提供信息存储与处理能力,一般用户无须各自建立计算平台。因此,云计算可将存储和计算资源作为服务,无论是从技术还是经济上,均可以支撑大数据所需要的海量存储和复杂处理,使得大数据处理获得高效率和低成本。随着云计算的普及,管理和分析数据门槛将大大降低,为大数据在各个行业的深度应用提供条件,这也正是目前大数据处理大多基于云计算平台的主要原因。

(2) 大数据是云计算的"杀手级"应用

大数据的"4V"特点及其大数据处理的复杂性,使得云计算提供的强大存储与计算能力真正有了用武之地;大数据涵盖的价值和规律能够使云计算更好地与行业应用结合并发挥更大的作用;云计算技术及其产业发展已有几年,一直难以形成关键应用,大数据的兴起,使得云计算有了"杀手级"应用而快速发展,这也正是国务院出台的《关于促进云计算创新发展 培育信息产业新业态的意见》中,提出开展公共数据开放利用改革试点,探索用大数据提升社会管理和公共服务能力,组织领域大数据应用示范的主要背景。

(3) 云计算与大数据结合推动创新发展

将云计算和大数据结合,各个领域可以利用高效、低成本的计算资源分析海量数据的相关性,快速找到内在规律、因果关系、发展趋势,支持产品优化、流程优化、服务优化,提高效率、提升能力、创新模式。因此,云计算与大数据的结合可能成为万众创新的新工具与新平台。

5.1.2 云计算与移动互联网的相关性分析

(1) 移动互联网应用促进云计算进一步发展

随着更多的智能手机及 iPad 等轻量级移动终端的普及,使得更多的数据、计算、存储功能需要网络实现,是导致云计算技术和云计算服务发展的重要原因之一。事实上,若从云计算的 IaaS、PaaS 和 SaaS 几种模式角度看,其实是利用云计算这一技术手段将 IT 能力以互联网应用的模式提供给企业用户和个人用户。随着移动互联网的发展,用户拥有多个移动终端成为趋势,移动终端之间、移动终端与用户桌面计算机之间的数据共享需求更为强烈,基于云计算实现不同终端之间的数据共享将成为趋势。因此可以看到,移动互联网的发展将促

进云计算的进一步发展。

（2）云计算发展将改变移动互联网发展生态

从应用角度看，移动互联是展示层，cloud是逻辑和存储层，云是后台，移动终端是前台；云计算的发展，为更多的移动互联网系统开发者和应用创新者提供了更多的创新机遇，使其易于创新开发以云为后台，手机与iPad为前端的新型应用，相应地，更多云计算应用的出现也使移动终端的"能力"更强，让用户能够通过网络获取更丰富多彩的应用和内容，获得更好的移动终端使用体验。

5.1.3 协同发展，推动应用

（1）云计算、大数据及移动互联网技术之间的关系

《互联网进化论》一书中将大数据、云计算、物联网和移动互联网与传统互联网之间的关系给予了形象描述，如图8-1所示：物联网对应了互联网的感觉和运动神经系统；云计算是互联网的核心硬件层和核心软件层的集合，也是互联网中枢神经系统的萌芽；大数据代表了互联网的信息层（数据海洋），是互联网智慧和意识产生的基础；物联网、传统互联网、移动互联网在源源不断地向互联网大数据层汇聚数据和接收数据。

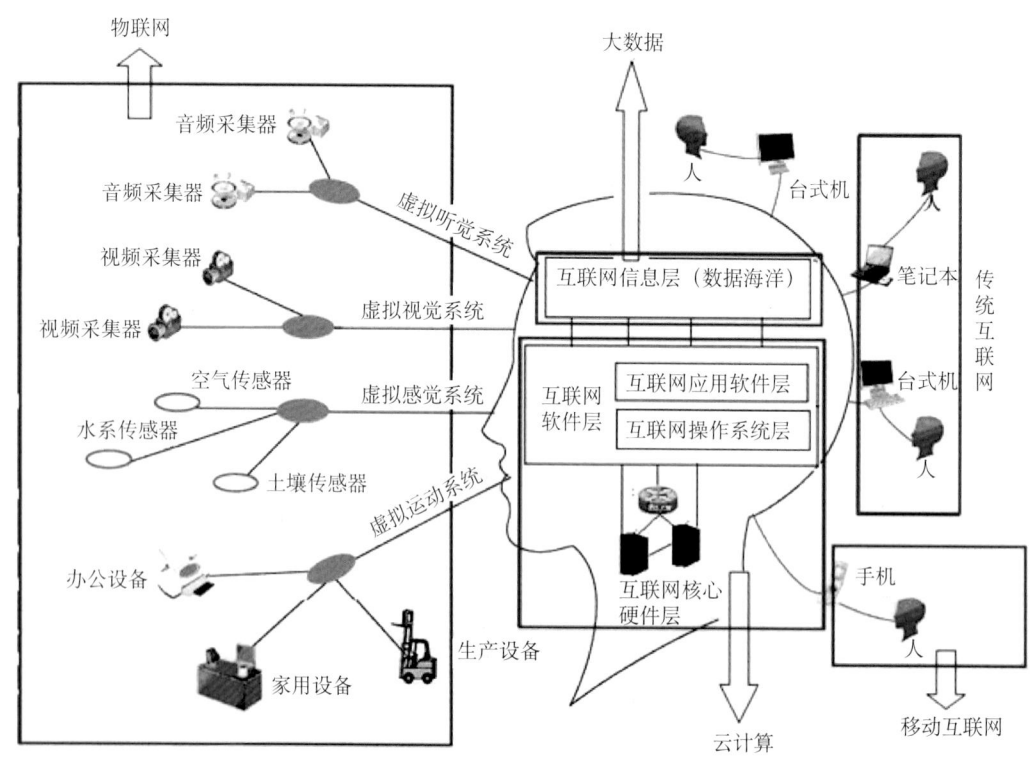

图 8-1　大数据、云计算、物联网和移动互联网与传统互联网之间的关系

从上述分析和图8-1可以看出，云计算、大数据及移动互联网关系密切、相互支撑，无论技术创新研究，还是领域应用发展，均应将其综合考虑、协同发展，才能推动技术进步和

产业发展。

(2) 协同发展的几点建议

陕西省在"十三五"面向大数据、云计算及移动互联网应用与产业发展，组织技术创新，基于三者之间的联系，提出以下建议：

①统筹考虑大数据、云计算及移动互联网的技术创新与集成应用创新。不仅支持大数据、云计算与移动互联网的各自技术创新研究，更应注重三者的集成应用创新。

②面向丝绸之路经济带、装备制造业、智慧城市及政府社会管理与服务等特色应用，开展基于云计算的大数据技术研究和应用研究，提升和扩展相关云计算平台，组织基于移动互联网的服务创新与示范。

③在"十三五"陕西省科技征求项目建议基础上，强化顶层设计，选择本省相对优势且基础良好的领域，组织产学研用协同创新，拉动社会资源投入，推动陕西省新一代信息技术及其产业与领域应用的健康发展。

5.2 陕西省云计算、大数据、移动互联网发展政策建议

(1) 成立工作领导小组和专家组，加强统筹协调

建立产业发展协调机制，创新发展试点示范工作领导协调小组。省发改委、科技厅、工信厅、西安市、西咸新区等部门领导担任工作小组主要负责人，工作小组定期召开产业发展协调会。加强在产业规划、招商引资、政策支持方面的沟通和联系，及时通报工作开展情况，指定有关人员定期收集产业发展中的相关问题，共同协商解决，形成长期稳定、实用高效、协商一致的联动机制。建议升级为面向丝绸之路经济带的陕西省云计算、大数据及移动互联网创新发展领导协调小组。同时，建立由国际知名学者和云计算企业高管组成的专家咨询委员会，及时地对国际、国内云计算产业的发展趋势及技术发展相关问题向西安市、西咸新区有关主管部门提出咨询意见和对策建议，确保产业健康发展。

(2) 依托产业技术联盟，发挥企业竞争优势

通过产业技术联盟实现科技资源共享、优势互补，形成企业、产业和国家新的竞争优势。依托"陕西省大数据与云计算产业技术创新战略联盟"，围绕我国信息产业和市场对大数据与云计算的需求和产业的发展，打造陕西地区的大数据与云计算技术产业链、创新链和服务链，探索建立长效稳定的产学研合作机制；围绕产业技术创新的关键问题，研究制定产业技术路线图，开展技术合作，突破产业发展的核心技术，形成产业技术标准，建立公共服务平台，实现创新资源的有效分工与合理衔接，实行知识产权共享，实施技术转移，加速科技成果的商业化运用，提升产业的综合实力和核心竞争力。

(3) 强化人才培育，提升核心竞争力

加强相关专业人才培养，联合陕西省内高等院校、科研院所和职业培训机构，建立多层次相关人才培养机制，努力培养综合型人才，以满足相关各专业领域不同的人才需求。开辟绿色通道，设立相关的优惠政策，采取"走出去、引进来"多种方式相结合的人才引进机制，大力招揽海内外高层次专业人才，进一步形成具有核心竞争力的人才队伍，造就一批在国内具有一定影响的学科和技术带头人，提高区域云计算产业核心竞争力。

（4）建立示范工程

在现有技术与产业的基础上，加速推进重点行业、重点领域的示范应用。如在能源、金融、电信等行业，发展基于云计算、大数据、移动互联网的应用；在民生领域，推进智慧城市建设，利用相关技术提升其民生服务属性；在政府部门，利用相关技术助力政府职能转变，提升公共服务能力。

（5）加强国内外合作交流，打造国际品牌

组织开展多层面、多形式的产业交流活动。加强同国内外政府科技计划的合作，积极参与国家科技计划。加强与国内外云计算、大数据、移动互联网领先企业间的技术交流和产业合作，不定期举办产业和技术高峰论坛。鼓励国内外企业和科研机构来本区域设立研发机构，持续拓展技术合作领域。支持省内企业参与全球市场竞争，积极拓展市场空间；鼓励省内企业积极参与国内外相关标准制定，不断提升技术水平、服务水平，提高区域技术和服务企业的品牌影响力，拓展市场空间。

（6）鼓励创新创业

鼓励设立研发机构。对获得国家（含国家地方联合）和省级新认定的工程（技术）研究中心、工程（重点）实验室、企业技术中心等平台的，给予项目补助资金。鼓励知识产权转化应用，对取得发明专利的研发成果，以技术入股、技术转让、授权使用等形式在省内转化的，按技术合同成交额对专利发明者给予适当奖励。对发明专利新获得"中国专利金奖"或"中国专利优秀奖"的企业，给予一定的项目补助资金。个人在云计算、大数据、移动互联网领域的研究成果获得国家级奖项或行业内顶级奖项的，按照一定比例给予配套奖励。定期举办相关应用创新大赛。

第九篇

陕西省"十三五"新材料产业科技发展战略研究

组织单位：陕西省科学技术厅高新技术发展处
课题承担单位：西安交通大学
课题负责人：杨志懋　汪　飞
课题组成员：孔春才　杨生春　杨　森　陈咏梅　宋晓平　仙　莹

引　言

（1）新材料产业的定义和划分

材料服务于国民经济、社会发展、国防建设和人民生活的各个领域，成为经济建设、社会进步和国家安全的物质基础和先导。新材料技术和信息技术、生物技术被认为是21世纪三大支柱性高新技术，也是当前最重要、发展最快的科学技术领域之一。

新材料是指新出现或正在发展的、具有传统材料所不具备的优异性能和特殊功能的材料，按照材料的性能和用途可以分成结构材料和功能材料两大类；按照其基本组分，可以分为新金属材料、无机非金属材料、高分子材料和复合材料四大类，主要包括高性能结构材料、先进复合材料、电子信息材料、新能源材料、生物材料和新型功能材料等。

新材料产业的研发水平及产业化规模，已成为衡量一个国家经济社会发展、科技进步和国防实力的重要标志。发达国家和新兴大国都把新材料产业作为优先发展的基础性、战略性高技术产业。发展材料技术既可促进包括新材料产业在内的我国战略性新兴产业的形成与发展，又可带动传统产业和支柱产业的技术提升和产品的更新换代。

（2）"十三五"规划科技战略制定的原则和依据

培育战略性新兴产业，抢占经济发展的战略制高点，是我国调整经济结构、建设创新型国家的重大任务。抓住机遇，大力培育陕西省新材料产业，支撑战略性新兴产业发展，促进产业结构优化升级，加快转变经济发展方式。

国家已对深化科技体制改革做了指导和部署，已制定了《关于深化中央财政科技计划（专项、基金等）管理改革的方案》。方案根据国家战略需求、政府科技管理职能和科技创新规律，将中央各部门管理的科技计划（专项、基金等）整合形成国家自然科学基金、国家科技重大专项、国家重点研发计划、技术创新引导专项（基金）及基地和人才专项等5类科技计划（专项、基金等），全部纳入统一的国家科技管理平台管理，加强项目查重，避免重复申报和重复资助。中央财政会加大对科技计划（专项、基金等）的支持力度，加强对中央级科研机构和高校自主开展科研活动的稳定支持。

因此，本规划战略主要针对我国和陕西省新材料产业发展现状、存在问题和发展趋势，提出陕西省新材料产业对科技发展和布局的要求，提出陕西省新材料领域科技发展的重点领域和任务，对于制定科技发展战略提供参考依据。

1 新材料产业发展现状与趋势

1.1 国内外新材料产业发展现状及趋势

1.1.1 我国新材料产业领域发展现状分析

材料服务于国民经济、社会发展、国防建设和人民生活的各个领域，成为经济建设、社会进步和国家安全的物质基础和先导。发展材料技术既可促进包括新材料产业在内的我国战略性新兴产业的形成与发展，又可带动传统产业和支柱产业的技术提升和产品的更新换代。

20多年来，我国新材料领域科技发展十分迅速。2005年，我国材料领域科技论文数达到世界第1位，到2012年中国材料领域SCI论文是美国的2倍、日本的4倍。2008年，我国材料领域发明专利申请数达到世界第1位，专利受理达到218 523条。

2011年科技部、人社部、教育部等联合编制并发布了《国家中长期新材料人才发展规划（2010—2020年）》。材料领域专业技能人才稳步增长，拥有中科院院士和工程院院士210人，研发科技人员115万人，每年材料类大学本科毕业生4万人，硕士、博士毕业生1万余人。

材料领域初步形成了较完整的研发与产业化体系，拥有国家重点实验室、国家工程中心、产业化基地近400家。

时至今日，我国已有钢铁、有色金属、稀土金属、水泥、玻璃、化学纤维等百余种材料产量达到世界第1位。材料产业成为我国国民经济的重要组成部分，具有举足轻重的地位，总产值占我国GDP的22%左右，全国工业总产值比重的40%左右，就业人口占城镇就业总人口的15%左右。

20多年来，我国新材料领域发展布局合理，取得丰硕成果。推进了半导体照明、新型显示、高性能纤维及复合材料、多晶硅等成果的工程化和产业化，培育和发展了一批新兴产业和新的经济增长点；突破了超级钢（细晶钢）、电解铝、低环境负荷型水泥、全氟离子膜、聚烯烃催化剂等关键技术，对钢铁、有色、建材、石化等传统产业的优化和提升做出了重要贡献；在纳米材料与器件、人工晶体与全同态激光器、光纤、超导材料等技术领域取得重大进展，在世界科技前沿占有一席之地；发展了生物医用材料、肝炎和艾滋病快速诊断技术、海水和苦咸水淡化等，为科技进步惠及民生提供了一大批新材料、新技术。

20多年来，材料领域进步和成绩巨大，但我国新材料技术发展的使命依然艰巨，科技支撑能力须进一步提升，领域发展依然面临诸多挑战：基础原材料整体技术水平不高，物耗、能耗、排放高；核心技术、工艺及装备依赖进口或者受制于国外；配套与工程化能力较弱，高端产品产业化程度低；新兴产业市场巨大，需求明确，但国际竞争激烈；国家重大工程和国防建设对部分新材料需求强烈；产业竞争力不强，利润率低，部分行业产能严重过剩。

1.1.2 我国新材料领域技术结构

20多年来，材料领域总体目标是切实提升我国材料领域自主创新能力，切实推进材料领域低碳化、高值化发展，切实提高产业的核心竞争力，为我国经济社会发展与国防安全提供强有力的材料支撑，为载人航天、探月飞行、深空探测、大型飞机、核电工程、高速轨道交通等国民经济和国防建设重大工程提供一批关键材料、工艺、装备及集成化技术。

材料领域的技术结构按需求牵引可以分为钢铁材料、有色金属材料、石油和化学材料、纺织材料、轻工材料、建筑材料；以技术推动可以分为先进结构与复合材料、新型功能与智能材料、纳米材料与器件、新型电子材料与器件、材料设计制备与安全服役。

这11个子领域技术为我国国民经济与现代国防建设提供了大量基础和关键材料。按照材料发展所处的阶段，以及在社会发展中所起作用和服务的对象，材料领域整体技术结构可以分为：培育和发展新兴产业和新的经济增长点的新材料，辐射带动钢铁、石化等支柱产业的技术进步与产业升级的新材料，抢占世界科技发展制高点的新材料，科技进步惠及人类健康、提高生活水平等促进民生发展的新材料。

近年来，围绕培育高成长、高带动战略性新兴产业生长点，我国重点支持了半导体照明及"十城万盏"示范工程，以及新型显示、稀土材料、高性能纤维及复合材料、高品质特殊钢、高性能膜材料、多晶硅及其副产物综合利用、高强铝合金、先进镁合金、多晶硅材料与单晶硅片、金属有机化合物源及金属有机化合物源化学气相沉积设备等的研发；切实促进具有广阔市场前景，具备资源消耗低、带动系数大、就业机会多、综合效益好的新材料产业发展，培育和发展了一批新兴产业和新的经济增长点。

大力推进量大面广的传统材料产业结构调整与优化升级，促进材料向节能、降耗和环境友好发展，缓解制约材料制造过程中的资源、能源和环境的瓶颈问题，重点安排了细晶钢、新一代可循环钢铁流程、低温低电压电解铝、低环境负荷型水泥、全氟离子膜、聚烯烃催化剂、高效农药创制、材料流程的节能减排、化工反应过程强化、优势资源材料应用等关键技术研发，推进钢铁、有色、石化、轻工、纺织、建材等产业关键共性技术的重点突破，提升产业整体竞争力，辐射带动一批支柱产业的技术改造升级。

为增强材料领域持续创新能力，提高核心竞争力，重点布局了超导材料、新型电池材料、生态环境材料等新型功能与智能材料，人工晶体与全固态激光器、光纤、新型通信用光电子材料与器件等微电子/光电子/磁电子材料与器件，新型合金，非晶带材，纳米绿色印刷、爆炸物检测等纳米材料与器件，短流程近净成型技术等材料设计、制备加工与评价、材料高效利用、材料服役行为和工程化关键技术开发，抢占世界科技发展的制高点。

为提高人民生活质量和促进社会可持续发展，重点布局了生物医用材料、肝炎和艾滋病快速诊断、海水与苦咸水淡化、抗菌、净化空气及产生负离子的建材、新型建筑节能玻璃等的研发，促进形成一大批新材料与新技术，科技进步惠及民生发展。

1.1.3 新材料领域方向发展现状

（1）钢铁材料

进入 21 世纪以来，我国钢铁工业在科技进步支撑下进入结构调整、行业发展的快车道。"十一五"期间，钢铁工业实现工业总产值 7 万亿元人民币，占全国工业总产值的 10%。2013 年粗钢产量跨越 7.79 亿吨，占世界总产量的 49.27%；粗钢折合表观消费达 7.28 亿吨。钢铁材料品种与质量明显改善，基本满足国民经济发展和产业结构调整需求。时速 350km/h 高铁钢轨全部国产化，油气管线高等级 X80 管线钢实现国产化（X100、X120 已试生产）。高端工艺技术装备水平显著提升，目前世界最现代化、最大型冶金装备几乎都在中国建设，如 5500m^3 的高炉、CORHX3000 熔融还原炉、5500mm 大型宽厚板轧机、2250mm 宽带钢热连轧机和 2180mm 宽带钢冷连轧机。节能减排相关技术取得显著进步，环境质量得到提升，重点钢铁企业焦化干熄焦率由 31% 提高到 84.5%，居世界第一。水循环综合利用方面，目前吨钢耗新水已降到 4.0 吨 / 吨钢以下。22 大类钢材品种中有 18 类钢材国内市场占有率达到 95% 以上，一些钢材出口美国、日本等国。

（2）有色金属材料

我国是有色金属主要生产国和消费国，2012 年，10 种有色金属产量为 3691 万吨，同比增长 9.3%。在有色金属新材料、传统材料改进及材料的产业化生产技术方面都取得了很大进展，为满足我国国防建设、国民经济和高技术产业发展做出了重大贡献。高强高韧铝合金、铝锂合金、喷射沉积快速凝固铝合金的性能达到国际先进水平；大规格钛合金材料加工等方面技术水平显著提高，为我国航空航天和国防军工提供了重要的钛合金关键材料。

（3）石油与化工材料

目前，全国化工行业有规模以上企业 2.8 万家，40 余种主要产品产量居世界前列。化工产业 2010 年超过美国，成为世界第一化工生产大国。2013 年在国际经济复苏缓慢，国内经济增速放缓的形势下，我国石油和化学工业运行总体平稳，生产增长稳中加快，效益增长整体有所改善。2013 年以来，石化产业经营情况总体向好，实现主营收入约 13.32 万亿元人民币，同比增长 9.0%，占全国规模主营收入的 12.9%；利润总额 8643.5 亿元人民币，增长 5.7%，占全国规模利润的 13.8%；但盈利能力仍较弱，产业整体销售利润率仅为 3.7%，其中炼油行业销售利润率仅为 1%。从各行业销售利润率看，农药、专用化学品、橡胶制品盈利能力较强，基础化学原料、合成材料、肥料盈利能力相对较弱。

（4）纺织材料

"十二五"以来，我国纺织工业继续加强技术进步和自主创新能力建设，在国际市场低迷、综合要素成本持续上涨等不利条件下，实现了行业的稳定发展，产业升级步伐进一步加快。2012 年，我国 3.7 万户规模以上纺织企业完成工业总产值 5.78 万亿元人民币，年均增长 10.2%。全行业纤维加工总量达到 4540 万吨，年均增长 4.8%，占全球纤维加工总的比重达到 50% 以上。我国纺织品服装出口总额达 2626 亿美元，年均增长 11.3%，占全球纺织品服装贸易总额的比重达到 35.2%。原料结构继续改善，我国化纤原料自给率达到 62%，化纤差别化率为 53%，高性能纤维总产能达到 7.2 万吨，年均增长 14.4%。产品结构进一步优化，产业用纺织品纤维加工总量为 1010 万吨，年均增长 10.9%，服装、家用、产业用三大终端产业纤维消耗比例调整为 48∶31∶21。

(5) 轻工材料

2013 年全行业工业企业累计实现主营业务收入 24.7 万亿元人民币，利润 1.7 万亿元人民币。家用电器、皮革、塑料制品、食品、家具、五金制品等行业 100 多种产品产量居世界第一。轻工业技术开发和技术改造投入力度进一步加大，技术创新能力不断增强。通过国家有关轻工业科技、技术改造等项目的实施，目前逐步建立起日化、造纸、家电、电池、皮革等行业的产学研用创新团队。轻工业特色区域和产业集群产值占轻工规模以上企业工业总产值的 30%，产业集群中形成了一批公共技术服务平台，对轻工中小企业技术进步和新产品研发起着重要作用。行业初步形成一支产学研相结合的自主创新研发队伍，建立了相应的科研机构，配有一定的科研基础设施。轻工材料领域主要包括塑料加工、表面活性剂、皮革、制浆造纸、陶瓷、电池、照明、制笔、眼镜材料等方向。

(6) 建筑材料

主要包括建筑工程材料、非金属矿物材料、无机非金属新材料，不仅是房屋建筑、土木工程、交通运输、水利、电力、能源、化工等行业发展的重要支撑产业，也是支撑国防、航空航天，以及节能环保、新能源、新材料、信息产业等战略性新兴产业发展的主要产业。2012 年，规模以上企业 2.45 万家，从业人员 417.5 万人。2012 年全行业产值 4.4 万亿元人民币（其中规模以上企业 3.8 万亿元人民币），约占国民经济总量 51.9 万亿元人民币的 8.5%，在全国工业部门排名第三。建材工业增加值同比增长 11.5%，占全国工业增加值的 6.6%；全行业利润总额 3750 亿元人民币，同比增长 3.5%。我国建材行业的整体技术水平进步明显，技术装备、产品品质和档次全面提升，竞争能力大大增强。例如，我国新型干法水泥 5000t/d 级及以上规模生产线的工艺设计、装备水平和工程建设的技术经济指标达到国际先进水平。成功生产出 19～25mm 优质浮法厚玻璃，开发出电子工业用 0.55mm、0.70mm 优质超薄浮法玻璃产品。自主研发的人工晶体、特种玻璃、复合材料、特种陶瓷等在我国"神舟 7 号"、"嫦娥 2 号"等上获得应用。

(7) 先进结构与复合材料

先进结构与复合材料是重要的基础产业，对国家支柱产业的发展和国家安全的保障起着关键性的作用。在大型高性能铝合金预拉伸板、高精度/高性能铝合金板带、大断面复杂截面铝合金板材、高性能铝合金大型锻件等铝合金领域取得了较大的研究进展，局部领域已经接近世界先进水平，但在产业实施方面还存在成品率低、产品质量不稳定等问题。中国在推动镁合金用于汽车上的努力开始得比较晚，但发展势头却非常强劲。已逐步建立了包括镁合金铸造成型、塑性变形和连接在内的技术体系，整体技术水平与国外接近。在高温合金材料方面，虽然国内在探索提高高温合金使用温度和合金基础成分—组织—性能关系上取得了重要进展，但是在高温合金产业化和应用上远远落后于美国等发达国家。我国钛合金领域正在逐步缩小与世界发达国家的差距。伴随着碳纤维的飞速发展，世界上大多数碳纤维生产企业开始生产大丝束碳纤维，并通过利用与电磁辐射有关的等离子技术，由完全和部分稳定的碳纤维原丝来生产碳纤维，而且还把纳米技术也应用在碳纤维上，研制出纳米碳纤维。我国碳纤维主要在原丝质量、表面处理、品种规格、经济规模、价格成本等方面与国外技术水平还存在一定的差距。

(8) 新型功能与智能材料

功能材料作为各类功能转换的物质基础,种类繁多,约占新材料技术产业种类的3/4,是支撑高新技术发展的重要材料。以稀土永磁功能材料、先进超导材料、高性能膜材料、生物医用材料、电子元件、电池材料、先进节能材料、生态环境材料等为代表的新型与智能材料技术在全球获得了迅速而广泛的发展和应用。稀土永磁材料已成为发展最快、种类最多、稀土应用量和市场规模最大的稀土功能材料。高性能钕铁硼磁体的综合磁性能(最大磁能积(BH_{max}+内禀矫顽力)已超过68,并已在微特电机、变频家电等领域实现了应用。二硼化镁(MgB_2)和铁基超导材料的问世,进一步丰富了先进超导材料体系,铁基超导材料更是在世界范围内引发了新一轮的超导热。高性能分离膜材料已进入产业体系创建阶段。形成了面向水处理应用和过程工业应用的数十种膜材料、上百种膜产品的膜材料体系,反渗透膜材料技术在海水淡化和苦咸水淡化中实现了大规模应用。国际生物医用材料及制品呈现高速增长势头,高端组织修复替代材料、生物活性材料及其表面改性技术、药物控制释放和靶向治疗材料、组织工程支架材料、介入诊断和治疗材料、可降解和吸收生物材料、新型人造器官、人造血液等代表了新的发展方向。片式电子元件成为电子元件发展的主流。电池材料方面,锂离子电池材料的发展可谓独领风骚,新型电池材料不断涌现。

(9) 纳米材料与器件

在美国、欧盟和日本等发达国家和地区的推动下,已有50多个国家发布了本国纳米科技发展规划、计划或纲要,使纳米技术(NT)迅速发展成为继信息技术(IT)和生命技术(BT)之后又一前沿核心技术。涉及应用于电子信息、可再生能源、工业绿色制造和人类健康的纳米技术是其重点发展领域。作为纳米技术核心内容之一的纳米材料与器件技术,也已成为引领科技前沿、提升传统产业和实现经济社会可持续发展的重要手段,成为各国战略性高技术竞争的一个重要领域。我国是国际上率先开展纳米科技研究的国家之一。目前,我国纳米技术研究水平已处于国际前沿行列:我国纳米科技论文发表数量、引用频次和专利申请、授权数量已位居世界前茅,其中,SCI收录论文总数已超过美国,位居世界第1位。经过20多年的发展,我国在能源及电子领域纳米技术、石墨烯材料技术、环境及资源领域纳米技术、生物及医药领域纳米技术、利用纳米技术提升传统产业、纳米材料规模化制备与产业化等方面取得重要进展。

(10) 新型电子材料与器件

半导体照明、新型显示、光通信、光存储、光传感和全固态激光技术在全球获得了迅速而广泛的发展和应用。LED(发光二极管)和OLED(有机发光二极管)光源具有节能、环保、寿命长、体积小等特点,被称为新一代绿色光源;传统厚重的阴极射线管(CRT)电视机已经被更轻、更薄、更节能、无闪烁、无辐射的各种新型平板显示器所取代;光通信已经逐步而悄然地缩短了使用电脑获得和刷新海量信息的时间,使人们足不出户即可感知天下;激光技术的发展极大地提高了工业精密加工、医疗、测量和军用装备等的水平。这些变化缘于相关新材料和器件技术、工艺所发生的深刻变革,并因此极大地提高了人们的生活质量和水平。

(11) 材料设计制备与安全服役

2011年6月,美国总统奥巴马宣布了一项超过5亿美元的"先进制造业伙伴关系"计划,其中包含了材料"基因组"计划(MGI)。该计划拟通过多尺度计算、大信息量的数据库建设和高通量研究和制备技术,实现材料领域发展模式的转变,将新材料研发周期和成本缩短一半,材料的性能提　一倍,而可应用材料的数量大幅增加。这一方向正成为全球材料研究的热点。服役行为是材料科学与工程的制高点之一,是检验材料是否合用的最终判据。美国的调查结果表明,仅因金属腐蚀一项所造成的直接经济损失就高达其国民生产总值的3.1%。我国因金属腐蚀造成的经济损失超过1万亿元人民币。发达国家非常重视材料服役的安全保障技术研究和开发工作。

1.1.4 我国新材料领域技术水平

我国已成为材料研发与产业化大国,材料领域技术水平形成领跑、并跑、跟跑的基本格局,符合我国领跑、并跑、跟跑的关键技术比例分别为14%、32%和54%,超过一半的技术仍处于跟跑状态。如果以美国水平为100分,我国材料技术综合得分为65分,我国材料领域技术水平与国际领先水平平均相差9.5年。

我国已经成为材料研发与产业化大国,钢铁、建材、有色金属、化纤、纺织和化工的工业产量和规模均居世界第1位,在一些研究方向我国的研究成果和美国处于同一水平,甚至是领先水平。但我国材料研究总体上处于"大而不强"的阶段,具体表现在:①基础行业整体技术水平不高,资源消耗大、能耗高、环境污染严重,六大材料行业能耗在工业总能耗和全国能源消费总量中的比重分别达到了72%和52%;②核心技术及关键装备严重依赖进口或者受制于国外,制约发展;③新材料行业研发跟踪国外较多,原始性创新较少,研发品种多,配套与工程化能力低,高端产品产业化程度低;④市场巨大,需求明确,但国际竞争激烈;⑤人才队伍中基础研究队伍不稳,工程应用技术队伍流动性不够,而新兴产业人才流动性又过大。

分析我国关键技术与国外领先水平的差距、技术发展趋势、与国外相同技术发展阶段的判断情况及综合得分情况,可以看出,我国超材料技术、纳米尺度下信号的产生传感与探测技术、外加电场液净化技术、纳米催化陶瓷膜反应器、杜仲胶高效提取及应用关键技术、基于高速流体的新型纺纱技术、高性能粉末冶金摩擦材料制备技术水平与国外差距很小,属同步发展阶段;绝大部分备选关键技术与国外领先水平差距3～15年,平均差距为9.5年,但也有个别关键技术,如"高性能聚丙烯腈(PAN)基碳纤维"与国外先进水平差距达25年。

我国材料技术发展迅速,一些原创性技术的发展大大提升了我国材料领域的国际地位,并占有重要的一席之地,例如在纳米材料、铁基超导、非线性激光晶体等技术方向,我国的研究成果与美国相比属于同一水平,甚至是领先水平。

汤姆森路透集团2009年11月2日曾公布一份报告,总体评价世界各国的科技论文情况,认为"中国科技论文的相对增长幅度非常惊人,远远超过世界其他地方"。中国科研人员的研究工作集中在自然科学和技术领域,特别是材料科学、化学和物理学方面。报告指出,中国的研究活动大多集中在材料科学及技术领域,可以看出中国摆好了在多个行业发挥主导作用的架势。报告说:"中国牢牢控制创新材料领域,这可能会产生深远的影响。利用这些技术的工业领域大多直接或间接地依赖来自中国的研究成果。"

1.2 陕西省新材料产业发展现状及趋势

1.2.1 陕西省新材料产业发展现状

新材料的应用推广，决定着工业转型升级的力度与速度，新材料产业无疑是工业加速升级的催化剂。陕西省委省政府高度重视新材料产业的发展，省工信厅大力推动，全省新材料产业近年来形成了科学布局、快速增长的喜人态势，已成为陕西省新支柱产业的一大亮点。

全省新材料产业布局合理优势凸显。2012年，省政府召开专题会议研究新材料产业的发展，制定了促进新材料产业发展的"3569"战略：把新材料产业的发展作为工业调结构、上水平、转变发展方式和带动其他新兴产业发展的突破口，通过加快新材料产业发展，促进实现工业强省战略。

近年来，新材料产业在陕西省迅猛发展，化工新材料、金属新材料、无机非金属新材料、高性能复合材料和前沿新材料各领风骚，辐射带动功能日益增强。

(1) 化工新材料迅猛发展、势头强劲

近年来，陕西省化工新材料呈现出强劲的发展势头，多个具有自主知识产权的重大项目相继建成投产。特别是2014年以来，陕西省多个现代煤化工下游新材料重大项目相继建成投产，此举不仅标志着陕西省加快实施"三个转化"战略取得了重大突破，而且将对陕西省乃至全国煤油气资源深度转化和高效利用发挥重要的示范引领作用，也标志着陕西省化工新材料产业开启了强劲增长势头。

一是煤制烯烃及其下游树脂聚合材料取得重大突破。

陕西省一次性投资规模最大的能源化工项目，延长集团靖边园区煤油气资源综合转化项目一次开车成功。该项目总投资达到270亿元人民币，建设150万吨渣油催化热裂解制60万吨烯烃和180万吨煤制甲醇制60万吨烯烃及其下游聚合树脂材料，达产后可实现年产值170亿元人民币。该项目通过多种原料优化配置和工艺技术的集成创新，打破了煤、石油、天然气单一化工的传统模式，通过多种资源综合利用、化学元素优化组合，实现碳氢互补、节能减排、绿色低碳、循环经济的能源化工产业发展的新理念，被列为联合国"清洁煤技术示范推广项目"。

中煤集团榆横180万吨煤制甲醇制60万吨烯烃及其下游树脂聚合物项目，在2014年8月8日一次投料试车成功，顺利打通全流程，先后成功产出合格聚乙烯、聚丙烯产品，比计划提前5个月时间，创造了国内国际同等规模、同类装置建设周期最短、投料试车最顺、投资控制最紧、安全管理最好、工程质量最优、项目管理最佳、建设环境最和谐的优异成绩。该项目的建成不仅为加快发展新型煤化工、打造新的竞争优势奠定了坚实基础，而且对于推进煤炭清洁高效利用和地方产业升级具有积极示范效应。项目达产后年产值将超过60亿元人民币。

此外，拥有DMTO二代自主知识产权的陕煤化集团蒲城清洁能源公司180万吨煤制甲醇制70万吨烯烃及其下游树脂聚合物项目进展顺利，达产后年产值可达到78亿元人民币。

这3个大型烯烃项目的投产，将使陕西省煤制烯烃产能达到每年250万吨。已投产的延长和中煤2个煤制烯烃项目每月可产出15万吨烯烃聚合物（聚乙烯、聚丙烯），每月可新增产值15亿元人民币，这2个项目共计可产出聚乙烯、聚丙烯约60万吨，实现销售收入超过60亿元人民币。

二是精细化工新材料发展迅速。

陕煤化集团陕化比迪欧公司新建年产10万吨1,4-丁二醇（BDO）及下游产品4.6万吨聚四氢呋喃生产装置于2014年7月23日一次投料开车成功,顺利产出聚四氢呋喃(PTMEG)优等品。该项目是在2009年建成陕西首套年产3万吨1,4-丁二醇的基础上扩建的二期工程,采用目前先进的美国英威达炔醛法生产工艺,具有能耗低、产品质量高、流程简单等优点,BDO转化率达到100%。项目总投资26.3亿元人民币,达产后年可新增产值18亿元人民币。与1,4-丁二醇配套的附加值较高的γ-丁内酯、N-甲基吡咯烷酮等下游精细化工新材料项目正在加紧建设,建成投产后新增产值7亿元人民币。

氟化工新材料也取得积极突破。陕西神光化学工业公司自主研发的气相法七氟环戊烷项目,攻克技术壁垒,建成全球首套年产300吨装置,获得国家环保部新物质登记证书,产品用于高端电路清洗,全部由日本公司包销。近代环保化工（西安）公司自主研发的高端环保制冷剂1234yf、碳酰氟等新材料技术即将进行产业化项目建设。

西安瑞联电子材料公司自主研发的高端有机电致发光材料,是用于高端显示器的基础材料,全部出口韩国、德国等市场,年产值可达5亿元人民币,占领国际40%的市场份额。西安华捷纳米科技公司自主研发的重防腐纳米涂料,以其优异的高防腐性能,用于航空、航天、航海等装备,并获得相关应用认证。

三是煤制油项目多点开花。

代表当今典型煤制油技术的4种工艺路线均已落户陕西,形成多点开花、齐头并进的发展格局。2014年延长集团将建成神木安源公司45万吨煤焦油全馏分加氢制油、靖边油煤新技术公司33万吨油煤共炼示范装置、榆横煤化公司15万吨合成气制油示范装置3个项目；陕煤化集团建成府谷东鑫垣公司45万吨煤焦油加氢制油项目；2015年兖矿榆林未来能源公司建成100万吨煤低温费托合成间接液化制油一期启动项目,建成宝氮集团30万吨甲醇制12万吨汽油项目。2016年年底,陕西省煤制油年产能可达到300万吨,年产量可达250万吨。这将为后续的化工新材料生产提供可靠的资源保障。

(2) 金属新材料保持产业优势

陕西省在特种金属功能材料和高端金属结构材料领域优势明显。随着宝钛工业园和西安高新区以西北有色金属研究院为主体的一批钛金属深加工项目的建成投产,陕西省在部分特种金属功能材料和高端金属结构材料领域的优势将更加明显。

在高端金属结构材料领域,陕西省钛材产量占世界产量的20%、国内产量的60%,占我国国防军工市场的80%。拥有国内最大的钛及钛合金材料生产企业,技术及装备水平达到国际先进水平。宝钛集团的龙头引领、西北有色金属研究院在高端应用领域的小批量、多品种,以及宝鸡中小钛企业群细分民用市场的特色发展,使陕西省钛产业始终处于产业引领地位,钛金属产业年产值已经接近400亿元人民币。在高性能钛合金材料及复合材料研制等方面达到国际先进水平,金属复合材料的生产及相关的装备制造占具全国重要地位。

在特种金属功能材料领域,稀贵金属材料的研发和加工方面具有较强的技术优势和一定的资源储备。钼及钼合金材料生产能力居世界第三、亚洲第一,拥有国内唯一的钼材料研究国家级技术中心。在核电级锆材研发、生产及检测方面达到国内领先水平。热核反应堆用控制棒制备工艺技术达到国际先进水平,结束了我国民用核反应堆用控制棒长期依赖国外进口的不利局面。

2012年，西北有色金属研究院自主化先进压水堆燃料组件用锆合金结构材料、西部金属材料公司优质钨钼宽厚板材、国核宝钛锆业公司核用锆合金材料、西工大思强公司高性能稀土磁性器件及高效节能稀土电机4个新材料研发和产业化项目就已被列入国家战略性新兴产业发展专项资金计划。

（3）无机非金属新材料与新型建材产业发展迅速

陕西省先进无机非金属材料产业等在全国具有十分重要的地位。除提供归属高性能复合材料范畴的树脂基复合材料、碳/碳复合材料、超高温陶瓷基复合材料所需的碳材料基材外，显示器玻璃基板和光伏玻璃已经形成规模化生产能力。陕西华特特种玻璃纤维公司高硅氧玻璃纤维和特种玻纤工业技术织物及其复合材料，以萤石为主要原料，经过矿产整合，商洛市的氟化工产业已经初步形成。以重晶石为主，安康、商洛重晶石产业整合升级加速进行，一批重点项目陆续建设，初步形成重晶石产业链，将使陕西省重晶石产业处于国内前列。另外，探测用碲锌镉晶体材料和碳化硅晶体材料研发也取得了重大突破，产业化项目均在建设当中。

陕西省新型建材产业近年发展迅速。以钛为基础的钛合金建材制品、以金属镁及其深加工为基础的镁制品业的开发有一定进展；以铝为基础的铝及铝合金建筑制品业、塑钢型材制品业已具相当规模。截至目前，全国大型材企业海螺型材、金鹏塑料型材、中财型材、西安高科建材等在陕西省均建有生产基地。陕西省金属建材已经形成以钛合金、镁制品为主的高档金属建材产品，以铝合金和塑钢制品为主的中档金属建材制品业和塑料型材、塑料管道、门窗等新型建材体系。

新型建筑保温和装饰材料发展较快。一批环保壁纸、建筑玻璃棉、氟碳装饰保温板项目已经建成投产。陶瓷产业采用自主发展和承接东部产业转移相结合，形成了陕西省宝鸡、咸阳、铜川、陕北等新型陶瓷工业基地。陕西神木银丰陶瓷有限责任公司陶瓷墙地砖项目，是目前在建的西北最大的陶瓷生产项目。商品混凝土、预拌砂浆、混凝土制品产业发展迅速。建筑部品化产业已经开始进入建筑市场。镀膜玻璃、中空玻璃、玻璃基板和太阳能光伏玻璃等形成陕西省特种玻璃和建筑节能玻璃产业，满足市场需求。高强度钢筋在建筑中使用比例达到80%。高强度钢筋、高效阻燃安全保温隔热材料、新型墙体材料、节能玻璃、商品混凝土、预拌砂浆、建筑部品化产品的使用，加快了绿色建材产业发展，推动传统建材向新型节能环保建材跨越。

（4）高性能复合材料和前沿新材料开发取得重大突破

复合材料是高端装备上水平的一个重要限制因素，近年来陕西省在树脂基复合材料、碳/碳复合材料、超高温陶瓷基复合材料、金属基复合材料等领域均有突破，在各自领域都已初步实现产业化。陕西省在金属基复合材料领域起步较早，处于国内领先水平，天力公司已获得美国核电材料供应商认证，这是亚洲第一家取得认证的金属复合材料供应商。碳纤维领域已能稳定生产T400碳纤维，T700及以上碳纤维实验室研发进展顺利，碳/碳复合材料、陶瓷基复合材料制品已经装备多种型号飞机，超码公司碳/碳刹车盘已经取得空客认证。

前沿新材料涵盖范围很广，在纳米材料、生物材料、智能材料、超导材料等领域陕西省均有企业处于国内先进地位。特别是西北有色金属研究院所属的西部超导是世界唯一一家掌握从超导合金制备到超导合金丝材供应全部环节和新技术的企业，也是国际热合聚变反应堆项目唯一的超导材料供应商。记忆合金、多种金属的纳米粉体在国内具有技术优势，已有企业根据市场订单组织生产。

陕西省新材料产业涵盖面很广，西部大开发的优惠政策、陕西省经济持续快速增长及新时期国防安全战略的需求，给陕西省新材料产业的发展提供了绝好的机遇。未来陕西省将打造多条新材料产业链：以煤油深度转化为主线的化工新材料产业链；以钛、镁、钼、钒、锌、镍等金属和优特钢及其加工制品为主线的金属新材料产业链；以碳纤维、玻璃纤维、新型建材为主线的无机非金属新材料产业链。并从化工、金属、无机非金属这三大材料工业传统板块中选取了合成材料、精细化工材料、钛、钼和稀贵金属、铝、煤制油、优特钢、镁、碳基新材料、电子玻璃等 10 个产业领域作为新材料产业发展重点领域。

2014 年，省工信厅围绕这 10 个重点领域选取了 65 个技术领先、投资规模大、带动作用强的产业项目（项目总投资 1426 亿元人民币、新增产值 1405 亿元人民币）作为重点，制定了帮扶推进计划。在省政府相关支持工业发展的资金中给予重点支持，并将跟踪服务任务分解落实到各市，确保项目按时投产，促进产业化进程。到 2017 年，陕西省新材料产业年产值有望突破 2100 亿元人民币。

1.2.2 新材料产业和科技基础

新材料产业在陕西省的发展已经形成了科学布局，有利于其发展潜力的进一步迸发。目前已经形成超导材料、高性能金属复合材料、特种精密铸造材料、新能源材料、电力电子器件用材料等相关产业集群。咸阳泾渭新区特种晶体材料、多晶硅材料和光伏产业得到较快发展；西安航空航天产业基地的航空航天用新材料开发生产逐步形成规模；宝鸡高新区以钛产业为核心的有色金属及其合金材料加工业技术和规模国内领先；安康新型材料产业基地初步形成以矿产资源综合利用为主的新型金属材料、无机非金属材料、硅材料和新型建筑材料四大产业体系；商洛市钒及钒合金产业、光伏产业和氟硅产业发展有较强优势。

陕西省在"十二五"期间，新材料产业获得了突飞猛进的发展，主要表现在如下方面。

一是产业基础良好。

形成了金属新材料、化工新材料和无机非金属新材料、高性能纤维及复合材料、高端有色金属材料等 5 个在国内较有优势的产业领域。其中，先进有色金属材料品种最齐全，产业规模和市场占有率全国第一；碳/碳复合材料、高分子复合材料异军突起，名列全国前茅；以有色、石油化工、钢铁等为基础的新材料开发取得长足发展。

着力打造金属新材料、化工新材料和无机非金属新材料等 3 个千亿级产业集群。确定以高端金属结构材料、高性能纤维及复合材料等 5 类新材料为重点发展方向。形成钛及钛合金材料、铝镁材料、硅基材料、碳基材料、先进功能材料等六大优势特色产业联盟。建设西安、宝鸡、安康、榆林等九大新材料产业基地。

2014 年，由国家、陕西省、宝鸡市出资引导，民营资本参与的陕西省新材料高技术创业投资基金揭牌成立。基金不仅可向新材料高科技领域的创业者们提供风险投资，而且在投资后，还将为企业提供一系列法律、政策、信息技术等增值服务，帮助企业走上发展快车道。陕西省新材料高技术创业投资基金规模为 2.55 亿元人民币，其中申请国家出资 5000 万元，陕西省政府出资 5000 万元，宝鸡高新区代表宝鸡市政府财政出资 3000 万元，宝鸡高新区高技术创业服务中心代表宝鸡高新区管委会出资 2000 万元，其余为社会资金。该基金专注投资于符合国家战略性新兴产业政策的新材料高技术领域具有高成长性的企业,且投向初创期、早中期的创新型企业的资金比例不低于基金总规模的60%。

二是创新能力强。

形成了较为完善的新材料创新体系,拥有西安交通大学、西北工业大学、陕西师范大学、陕西科技大学、西安理工大学、西北有色金属研究院等重点高校和科研机构,以及19个国家和省部级研究中心和10多名两院院士,研发能力较强,近5年取得国家和省级科学技术奖励100多项,居全国前列。航空材料、先进能源材料、高性能有色金属材料技术等处于国际先进水平,超硬材料、复合材料制备技术居国内前列。

2014年,我国最大的新材料研发和人才培养基地落户陕西,基地是以西北工业大学、西安交通大学及西安高新区、西安航空产业基地为核心组建,研发的同时创新实施人才培养。为促进新材料原始创新和基础研究及相互间合作与发展、培养创新人才、消化吸收国际新材料发展最新成果、探讨中国新材料未来发展方向,多所高等院校将组成新材料学术人才联盟,整合高校材料学专业,广泛开展与国外高等院校相关专业的合作,联手培养我国新材料高水平人才。基地预计用3~5年时间投入使用,届时将会有百家科研院所、企业入驻。

由陕西有色旗下的宝钛集团、西北有色金属研究院、中航工业第一飞机设计研究院、宝鸡高新区管委会等单位于2011年4月发起成立的陕西省钛及稀有金属材料产业联盟,吸纳了多家企业、高校、科研院所。目前该联盟已有78家会员企业,在推动宝鸡钛产业项目建设、开展相关知识产权培训、争取政策资金支持等方面发挥了积极作用。

2014年,钛产业联盟组织推荐宝鸡市钛企业申报国家、省市区级各类项目20余项,并为宝鸡高新区新材料产业基地、渭滨区工业园、陈仓区科技工业园等解决项目引进、研发需求、企业对接等方面共15项问题。

1.3 存在主要问题

陕西省新材料产业面临新的机遇,也面临严峻挑战:关键核心技术较少,技术集成度较低;具有核心竞争力的企业少且规模小;企业从事材料科学与技术研究人员偏少,高校、科研院所与企业协同创新机制尚未建立。

2 陕西省"十三五"新材料产业科技发展战略

2.1 发展思路

陕西省新材料产业科技发展的总体思路是:遴选有限目标,统筹战略集成,延伸产业链条,集约板块发展,支撑新兴产业。

2.2 发展目标

①进一步扩大新材料产业规模,为培育百亿元新材料产业基地提供科技支撑。目前,陕

西省确定发展包括西安经开区新材料产业基地、西安高新区新材料产业基地、西安阎良航空材料产业基地、宝鸡国家新材料产业基地、西咸渭商榆光伏材料产业基地、安康新材料产业基地、商洛现代材料产业基地。

②鼓励协同创新，基础、应用基础与产业技术协同发展，壮大5个新材料产业集群，即有色金属新材料产业技术集群、电子新材料产业技术集群、石油化工新材料产业技术集群、金属镁新材料产业技术集群、新型建筑材料产业技术集群。

③建立优良的新材料产业创新发展环境，支撑3条新材料产业链发展技术，即：以钛、镁、钼、钒、锌、镍等金属为主线的有色金属材料产业链共性技术，以煤油深度转化加工、精细化工为主线的化工新材料产业链共性技术和无机非金属新材料产业链改性技术。

④促进科技成果转化，鼓励交叉融合，新材料产业向高端装备制造、生物医药、电子信息、资源环境等领域发展和渗透，培育一批有实力的优势企业集团。

2.3 重点领域和关键技术

2.3.1 电子信息材料

电子信息产业是国民经济的战略性、基础性、先导性产业，是加快工业转型升级及国民经济和社会信息化建设的技术支撑与物质基础，是保障国防建设和国家信息安全的重要基石。电子信息材料是发展信息产业和新能源产业的基础，陕西省应依托本省众多的科研高校、军工企业及三星等企业的电子信息材料和元器件生产技术和产业基础，做大做强电子信息材料相关产业。

（1）重点任务

①电子器件材料：发展电子元器件用覆铜板、电子铜箔、新型高性能磁致伸缩材料、压电与系统信息处理材料、高热导率陶瓷材料、高端电子浆料、金属氧化物半导体场效应管、宽禁带半导体材料（碳化硅和氮化镓）等关键材料的研发和规模化制备；积极推动大尺寸多晶硅、单晶硅的研发和产业化。重点突破高端配套应用市场，提高产品的技术含量，增强电子材料行业发展的质量和效益。

②新型显示材料：重点发展有机发光显示器（OLED）用高纯有机材料、导电玻璃基板、电子封装材料等关键材料，推进中小尺寸OLED的技术开发和产业化应用，研究大尺寸OLED相关技术和工艺集成；积极研发柔性触摸屏、可伸缩性导电薄膜显示器件等高分辨率、轻薄节能的新技术新产品，促进其产业化。

（2）关键技术

①超高耐腐蚀性、耐高温、高矫顽力等高性能磁性材料生产技术；

②柔性导电显示材料的规模化制备技术；

③高阻区熔硅单晶、陶瓷覆铜板、铝碳化硅基板等制造技术；

④高性能有机发光二极管材料的研发和制备技术；

⑤新型集成电路基材的规模化制备技术；

⑥新型电子封装关键材料的制备技术；

⑦OLED有机成膜的关键技术；

⑧低温多晶硅制备技术；
⑨氧化物、氮化物等半导体光电子材料的研发和制备技术；
⑩高性能电子浆料材料的规模化生产技术；
⑪高频微波陶瓷材料的制备技术。

2.3.2 新型生物材料

21世纪以来，新型生物材料受到广泛的重视，呈现出快速发展的势头，在医疗健康、资源环境保护等重大需求方面具有重要的应用价值。陕西省应当整合本省的医产学研优势资源，推进医学与材料领域新技术的交叉融合，构建生物医学工程技术创新体系，提升新型生物材料的研发能力，研究开发用于诊断和治疗的新型生物材料的关键技术。

(1) 重点任务

①生物组织修复和再生材料：重点发展植入体、骨钉和敷料等可降解和吸收生物材料；发展支架、皮肤再生、水凝胶-多孔支架，以及供3D打印活体组织用的组织修复和再生材料；发展水凝胶生物活体细胞培养和发光材料。

②生物诊断和治疗材料：发展基于纳米氧化物、硫化物、石墨烯和量子点等用于疾病诊断和治疗的生物材料；发展纳米磁性氧化物、纳米贵金属等药物控制释放和热治疗材料。

③生物降解材料：发展高性能的水处理絮凝剂、混凝剂，以及可用于废气、废水生物净化和有机污染物降解的生物材料，促进石油、重金属、农药等污染物的生物降解和修复。

(2) 关键技术

①高性能絮凝剂的研发和制备技术；
②用于光热治疗的纳米贵金属和硫化物的生物相容性和毒性控制技术；
③用于荧光成像磁性氧化物纳米颗粒的可控制备技术和稳定性控制技术；
④磁性氧化物纳米颗粒的药物释放控制技术；
⑤生物相容性水凝胶材料中活体细胞培养技术；
⑥3D打印骨头等人体器官用生物材料的规模化生产技术；
⑦3D打印心脏、肌肉等活体组织用生物材料的制备技术。

2.3.3 先进复合材料

先进复合材料是新材料领域的重要组成部分，与传统材料相比，先进复合材料具有可设计性强、比强度和比模量高、抗疲劳断裂性能好、结构功能一体化等一系列优越性能，是其他材料难以替代的功能材料和结构材料，是发展现代工业、交通运输和航空航天等领域不可缺少的基础材料，也是新技术革命赖以发展的重要物质基础。

陕西省拥有发展先进复合材料的众多优势，包括航空航天研究基地、西安飞机制造厂、比亚迪和陕汽汽车制造厂、西电集团等企业，以及西安交通大学、西北工业大学和众多航空航天研究院等科研单位。应当重点发展与航空航天、能源和交通运输等相关的先进复合材料系列产品及其装备制造。特别注重微纳结构复合的介电、磁、压电、导热、催化等树脂基和陶瓷基复合材料，以及碳纤维复合材料和功能性颗粒增强的先进复合材料的基础研究和应用研究。

(1) 重点任务

1) 航空航天领域

①通用飞机用复合材料：在高油价时代，复合材料结构轻巧、维修费用低廉的优势极大地冲击了铝材承力结构一统天下的局面。随着先进碳纤维复合材料及其加工技术的快速进步，在通用飞机制造领域，新型飞机设计开始越来越多地采用先进复合材料。重点发展翼梁、机身梁、水平安定面、操纵面及其他承受高载荷的结构件所用的碳纤维/环氧树脂复合材料，以及机身和机翼蒙皮等采用的 E 玻璃纤维/环氧树脂复合材料。

②航天器用复合材料：航天器用复合材料有以下几个目标：重量轻、寿命长和可靠性高。为了保证航天器的稳定性试用，重点发展轻质、抗辐射、高稳定性和价格实惠的高性能超高模高强碳纤维、树脂基体材料、防原子氧保护层、航天器表面超硬耐磨和润滑膜层、多孔铝合金和铝锂合金、柔性太阳能电池帆板及高可靠长寿命密封圈。

2) 交通运输领域

交通运输领域新材料发展目标：轻量化、低油耗、减少环境污染；多部件一体化设计，降低制造与综合使用成本；多样化、更新快；提高安全性；优良的耐腐蚀性。

①先进复合材料发动机部件：采用复合材料制造发动机部件，不仅具有良好的隔声及减振效果，而且能够减轻发动机部件的质量。应用于发动机周边部件的代表性产品，包括气门室阀盖罩、油底壳、进气歧管等。

②片状模塑料（SMC）复合材料外观部件：SMC 具有功能集成的特点，可缩短时间，减少安装步骤；具有优异流动的性能和高度的设计灵活性；可成型薄壁大构件；构件内部壁厚可变；可设置孔洞安装各种功能部件；表面质量高，可内着色或油漆、处理、涂色等。

③碳纤维复合材料汽车结构部件：碳纤维复合材料具有优异的耐腐蚀和轻量化性能，由其构成车身壳体、车门和发动机罩，可使汽车主体结构的重量降低 30% 左右。

④新能源汽车蓄电池壳体用复合材料：新能源汽车中的电动汽车成为众多汽车厂家未来重要发展方向之一，电动汽车将采用统一标准的蓄电池，通过充电站更换蓄电池，有效提高电动汽车的续行能力。现有的汽车用蓄电池壳体材料难以满足大容量蓄电池壳体的需要，而采用纤维增强热塑性复合材料不仅具有轻质高强、可设计性强、抗疲劳性能好、易实现多部件一体化等特点，还具备了生产效率高、可回收、生产能耗低、产品质量好等优势，发展速度已经超过了复合材料的平均发展速度，在欧美等工业发达国家汽车工业中得到了广泛应用。

3) 能源和环保领域

①风电叶片用复合材料：大力发展大功率的新型风电叶片，解决碳纤维在大型风电叶片制造中的应用技术难题，突破碳纤维预浸料技术、碳纤维/玻璃纤维混杂编织技术，以及相关的真空导入工艺技术。

②大型电厂复合材料烟气脱硫设备：与金属材料或其他无机材料相比，复合材料具有耐腐蚀、耐热、耐磨蚀及免维护等特点，是结构功能一体化的新材料，成为烟气脱硫设备的关键材料。

③石油管道用复合材料：与传统的金属管道相比，发展新型的玻璃钢复合材料管道，可以增强管道的抗腐蚀性、降低生产成本、增加原油产量和输送介质的稳定性，具有较大的经济和实用价值。

④电网用复合材料：国际上对于导线材料研究的主要目标是提高导线的输送能力，主要侧重于以下3个方面：一是提高导线的导电率，导电率的提高意味着可以降低线损，提高导线的输送能力；二是提高导线的耐温水平，对于受热稳定控制的输电线路，导线耐温水平的提高，意味着输送能力的增加；三是降低芯材的线膨胀率，线膨胀率的降低，意味着在夏季满负荷运行时，导线的驰度稳定，运行更安全。碳纤维复合芯铝导线和杆塔研究和应用技术代表了当今国际输电领域新材料应用的发展方向，具有广阔的市场应用前景。对陕西省电网建设和升级改造，提高电网的安全运行水平、输送能力与效益、节能环保、节约土地资源，以及促进国产碳纤维的可持续发展，具有重大现实和战略意义。

（2）关键技术

①高性能碳纤维/环氧树脂复合材料的规模化制备技术；

②超高模碳纤维复合材料的研发和规模化制备技术；

③超硬、耐磨涂层的研发；

④高性能多孔铝基合金的制备技术；

⑤新能源汽车蓄电池壳体复合材料的制备技术；

⑥碳纤维在大型风电叶片制造中的应用技术；

⑦石油管道抗腐蚀涂层的粘接技术；

⑧碳纤维复合芯铝导线复合材料在电网领域的应用技术；

⑨超高压真空开关用触头材料的制备技术。

2.3.4 高性能结构材料

高性能结构材料是支撑航空航天、交通运输、电子信息、能源动力及国家重大基础工程建设等领域的重要物质基础，是目前国际上竞争最激烈的高技术新材料领域之一。陕西省应促进研究机构和企业的产学研结合，重点发展大型锻件、特厚钢板、换热管、堆内构件用钢及其配套焊接材料，超临界锅炉用钢及高温高压转子材料、特种耐腐蚀油井管、建筑桥梁用高强钢筋和钢板，以及节镍型高性能不锈钢、高强汽车板、高标准轴承钢、齿轮钢、工模具钢、高温合金及耐蚀合金材料；发展满足大飞机、高速铁路、汽车和轨道列车等交通运输领域应用的轻质、高强度、耐高温、耐腐蚀、耐疲劳的铝合金、镁合金和钛合金；发展耐高温、高强、耐磨损、耐腐蚀高性能陶瓷材料；发展高性能的建筑、公路桥梁材料。

（1）重点任务

①电力设备结构材料：研发超临界火电机组锅炉管、叶片、转子、燃机用高温合金叶片、高温合金轮盘锻件结构材料；水电机组用大轴锻件、抗撕裂钢板、薄镜板锻件等结构材料。

②航空航天结构材料：重点研发高强、高韧、高耐损伤容限铝合金厚、中、薄板，以及大规格锻件、型材，大型复杂结构铝材焊接件、铝锂合金、大型钛合金、高温合金、高强高韧钢等结构材料；以轻质、高强、大规格、耐高温、耐腐蚀、耐疲劳为发展方向，发展高性能铝合金、镁合金和钛合金，重点满足大飞机装备需求。

③建筑、桥梁道路结构材料：积极发展高性能水泥、钢筋、钢板、沥青等传统的结构材料；同时加快发展集安全、环保、节能等功能于一体的保温绝热材料、防水材料、涂料和墙体材料等新型结构材料，促进新型建筑材料产业长期平稳及较快发展。

(2) 关键技术

①超临界火电机组用高温合金结构材料的研发和制备技术；
②水电机组用大轴锻件、抗撕裂钢板、薄镜板锻件等结构材料的研制和制备技术；
③高强、高韧、高耐损伤容限不同厚度铝合金结构材料的制备技术；
④轻质、高强、耐高温、耐腐蚀、耐疲劳铝合金、镁合金和钛合金的规模制备技术；
⑤新型墙体材料的力学性能控制技术；
⑥高性能水泥、沥青等材料的研发；
⑦新型保温、防水建筑材料的低成本制备技术。

2.3.5 新型能源材料

从现在到 2020 年，是我国全面建成小康社会的关键时期，是能源发展转型的重要战略机遇期。随着工业化不断扩大与发展，能源发展与人类生活变得更加密不可分。发展新能源产业是调整能源结构、改善生态环境、转变发展方式和用能方式的必然要求，也是培育新的经济增长点、提升整体竞争力、带动相关产业发展的战略选择。

抓住全球新能源发展的良好机遇，根据国家发展新能源的思路，立足陕西省资源禀赋和发展条件，对新能源产业发展进行科学规划。以清洁、高效为着力点持续改善能源民生，推动能源消费革命；打造高效绿色能源基地，推动能源生产革命；打造新的产业支柱，培育新的产业增长点；深化改革、扩大开放，推进机制体制创新和对外能源合作；大力实施创新驱动，推动能源技术革命。以增强自主创新能力和扩大产业规模为主线，以抢占未来竞争制高点为目标，以光伏、风电产业为突破口，以应用示范工程为先导，以改善产业发展环境为抓手，突出特色产业优势，基本构建具有陕西特色的新能源产业体系。

(1) 重点任务

1) 光伏产业

以提高电池转化效率为核心，重点发展高效晶体硅电池及组件、薄膜电池组件制造产业；鼓励发展大面积超薄晶体硅切片，减少材料损耗，使单晶硅电池转化效率达到 20% 以上；积极探索和改进硅材料提纯技术，降低产品能耗和控制污染物排放；积极培育和推进太阳能电池及组件生产用辅助材料产业。以现有的光伏设备制造技术为基础，重点开发低成本、低能耗、高质量单晶和多晶硅材料生产装备、多晶硅铸锭炉、多线切割机及硅锭破锭设备、薄膜电池生产装备及相应的检测设备等。

2) 风电产业

在风电设备设计制造方面，掌握 3～5MW 直驱风电机组及部件的设计与制造，产品性能与可靠性达到国内领先水平，并实现产业化。以关键零部件为重点的配套产业，加快发展大功率双馈式发电机组、直驱式发电机组的设计制造，提高发电机、齿轮箱、大型结构件等关键零部件技术水平和制造能力。在风电场开发及运行方面，掌握大型风电场设计、建设、并网与运营关键技术，提高风电消纳能力，提高风电场的运营管理水平。

3) 生物质能

①有序发展农林生物质发电：在秸秆剩余物资源较多、人均耕地面积较大的粮棉主产区，有序发展秸秆直燃发电，提高发电效率；在重点林区和林产品加工集中地区，结合林业生态

建设，利用林业三剩物和林产品加工剩余物发展林业生物质直燃发电。

②合理发展垃圾发电：结合城市生态环境保护，选择适宜的生活垃圾处理、污水处理、污泥处理及能源利用方式，推进垃圾处理减量化、资源化、无害化。在人口密集、土地资源紧张的城市，合理布局生活垃圾焚烧发电项目和以垃圾填埋方式处理垃圾的城市建设填埋场沼气发电项目。

③积极发展生物质燃气发电：在生物质资源比较丰富、人口密集的乡镇，发展分布式生物质燃气发电；依托大型畜禽养殖场，结合污染治理，建设大型畜禽养殖废弃物沼气发电项目；积极推动造纸、酿酒、印染、皮革等工业有机废水和城市生活污水处理沼气发电。

(2) 关键技术

①太阳能级多晶硅材料提纯技术；

②三氯氢硅高效制造、提纯技术；

③高效减反膜钝化技术；

④晶硅电池回收技术；

⑤大容量风电机组整机关键技术：整机设计、制造、检测、认证和运行等技术，独立变桨、新型传动系统、先进控制系统等技术；

⑥风电机组零部件关键技术：零部件设计、制造、检测、认证和运行等技术，零部件抗疲劳、在线监测与故障诊断等技术；

⑦风力机翼型族设计关键技术：先进翼型族设计及应用、风力机风洞实验及设计工具软件开发等技术；

⑧生物质能（垃圾、污泥、秸秆等）资源化利用技术；

⑨工业和生活垃圾生产沼气技术；

⑩生物质能（垃圾、污泥、秸秆等）燃烧用循环流化床技术。

2.3.6 有色金属材料

有色金属是重要的基础原材料，在国民经济建设和社会发展中有重要地位，是支撑战略性新兴产业发展的重要原材料。陕西省是我国传统的有色金属大省，有色金属已经成为陕西省工业发展的重要支柱产业之一。陕西省有色金属以稀有金属为主，主要产品包括钼、钛、铜、锌、铝、铅、钒、镍等矿山、冶炼和加工产品。其中，钼生产规模和加工能力居亚洲第一、世界第三，钛加工产量占国内市场50%以上，居世界第二，金钼、宝钛等龙头企业成为增长速度快、盈利能力强、具有地方经济特色的骨干企业。

①钛产业发展目标：在"十二五"科技成果基础上，大力发展钛及钛产品的低成本化制备及深加工技术，提高钛产品的附加值。

②钼产业发展目标：依托钼采矿、选矿、冶炼、化工、金属深加工及销售一体化的完整产业链条，坚持"技术升级与结构调整相结合、产业经营与资本经营相结合、资源优势与循环经济相结合"的原则，以资源整合为先导，以资本运作为动力，以科技创新为依托，在巩固发展现有产业优势的同时，努力优化产业结构和经济发展方式，全面提高钼产业经济效益和社会效益，全力推进先进技术开发与设备引进，提高深加工水平和产品附加值，加快产业转型升级。

③锆产业发展目标：依托西北有色金属研究院和国核宝钛锆业公司，建立完整的核级锆

产业及创新平台。抓住国家大力发展核电的机遇，加快反应堆用锆包壳材料、银铟镉控制棒、核燃料处理用高性能金属多孔材料、国际热核聚变反应堆（ITER计划）用铌钛、铌三锡线材等产品的开发和生产，建设我国核电用材料生产科研基地。发展CT机用高精度钨片、化工用钼管、电子用铌带等稀有金属深加工产品。

④钒产业发展目标：整合商洛钒矿资源，通过技术改造，扩大生产规模。加强研发和引进先进生产工艺装备，突破高钒铁、氮化钒生产技术，发展钒电池产业，实现产品链延伸。

（1）重点任务

①钛：着眼航空航天及军工特种钛材应用，研究开发和生产为大飞机、大型舰船等重点工程提供的大型锻件和各类管板棒材；继续提升装备和技术水平，确保钛材及各类复合材在国内的绝对领先地位，扩大钛材国际市场份额；加速发展化工用反应塔器及压力容器等大型钛设备，力争进入钛医疗器械和人体生物领域；开发省内金红石矿产资源，力争为钛产业发展提供原料保障。

②钼：加大对钼资源的整合，实现资源的有效利用和可持续发展；立足陕西省现有钼深加工技术，大力发展高性能钼合金、汽车用喷涂钼丝等高技术含量、高附加值产品；高纯钼金属产品研制及产业化，主要产品方向钼溅射靶材和光学玻纤制造领域使用的高档钼电极；特大型超细钼合金材料的研制及工业化，深入挖掘钼粉体超细化、粉末颗粒形貌及其粒度分布控制等技术；钼异型构建的集成制造及短流程、低成本钼产业工艺的研发和产业化。

③钒：整合钒矿资源，通过技术改造，扩大生产规模；研究高效的采矿方法；加强选矿方面的研究；加大研发生产高技术含量、高附加值的产品；研究尾矿砂和冶炼废渣的综合回收利用，提高资源利用率；加强研发和引进先进生产工艺装备，突破高钒铁、氮化钒生产技术，发展钒电池产业，实现产品链延伸；积极拓展钒产品应用领域，多渠道扩大钒产品消费市场。

④锆：以核级锆材为主，同时兼顾民用锆和高纯锆的需求，首先解决核级/高纯锆的自主生产；充分利用引进的国外先进技术，进行消化、吸收和再创新；将锆产业纳入核燃料体系，在该体系内建立核级/高纯锆材的检测、评估及质保体系。

（2）关键技术

①海绵体节能降耗冶炼技术；

②钛及钛合金先进加工和低成本化制备技术；

③钼粉、钼产品生产及改性技术；

④高性能钼合金产业化关键技术；

⑤钼酸铵先进生产技术；

⑥废旧钼产品回收利用技术；

⑦复杂难选钼资源高效综合回收技术；

⑧高效率钒矿开采技术，提高钒的回收率，降低损失贫化；

⑨高效、环保、节能的钒产品生产工艺；

⑩核级锆材生产关键技术，ZIRLO、E110、M5等合金的国产化生产制备技术；

⑪民用锆在化工、钢铁、航天等领域的应用技术；

⑫高纯锆在电子、信息等领域的应用技术；

⑬新型锆材生产的三废处理、回收和再利用技术。

2.3.7 石油和化工新材料

石油和化学工业是国民经济的基础产业,是陕西省的支柱产业,多年来对拉动全省经济的快速增长发挥了举足轻重的作用。谋划好石化工业的发展,对实现省委省政府提出的"加快发展、增加收入"的战略目标具有十分重要的意义。在"十三五"期间,需增加石油化工的销售收入;提高化肥、轮胎、精细化工、化工新材料四大产业集团在国内外的市场竞争力;提高主要产品生产集中度,化肥、氯碱、纯碱、轮胎等单厂和单系列装置达到经济规模;加大技术创新力度,瞄准产业发展前沿和高端,重点向高附加值新型化工合成材料、有机化工、精细化工、化工粉体材料、树脂基复合材料、化学制品、高效复合肥料、安全高效农药发展,使产业结构得到进一步优化,逐步扭转原燃型产品占比过高、产业层次总体偏低的状态;创建石油化工行业技术中心,显著提高技术创新能力,关小上大,淘汰落后产能,加快技术进步和技术改造,使先进技术对经济增长的作用进一步增强。

（1）重点任务

①石油、天然气:提升石油、天然气开采和冶炼能力,形成支撑低渗、超低渗油田科学持续发展的勘探、开发、提高采收率、采油工程、地面工程、防腐防垢等特色技术体系,做大做强油气一体化,扩大有机原料和合成材料生产规模,拉长产业链,发展深加工及精细化工产品,加强资源综合利用。

②农用化学品:对于氮肥产业,一是支持骨干尿素企业,采用具有自主知识产权的多元料浆气化、粉煤气化、灰熔聚等成熟的气化技术,加快原料路线改造,实现原料多元化、属地化;二是采用新技术、新工艺,加大技术改造力度,降低能耗,力争多数企业实现零排放;三是结合原料结构调整,建设陕化、兴化、方圆、兴茂侏罗纪等煤头大化肥装置,提升氮肥行业的整体水平;四是综合利用合成气、合成氨甲醇等基础原料发展碳一化工产品和双醋、1,4-丁二醇、聚甲醛、甲醇蛋白等系列产品,实力较强的企业要拓宽发展领域,形成肥、化并举的格局,提高整体效益。对于磷复肥产业,一是骨干磷复肥企业要拓宽磷矿来源,开发适合不同矿的磷酸萃取技术,并继续加强磷石膏、副产盐酸的综合利用,提高资源利用率;二是促进化肥骨干企业增加磷复肥品种;三是鼓励骨干企业在发展化肥的同时,实施战略转型,结合企业实际,发展相关产业和其他产业,培植新的经济增长点。对于钾肥产业,支持、延长相关企业在洛南等地发展大型钾盐项目,开发陕西省急需的硫酸钾、硝酸钾、磷酸二氢钾和长效缓释氮磷钾硅镁复合肥料等化肥新品种,通过增加钾肥品种和产能,优化陕西省化肥产品结构,满足现代农业发展需要。

③精细化工:涂料行业重点发展水溶性、环保型的内墙、丙烯酸系列等防污染外墙,以及道路标志涂料、木器家具涂料、家用电器涂料、重防腐涂料、中高档汽车涂料和防火涂料等品种,向水性化、粉末化、高固含、无溶剂、节能和环保型方向发展。农药行业重点优化产业布局和企业组织结构,严格控制企业数量和高毒品种产量,加快高毒品种淘汰进程;增加新型除草剂、杀菌剂的品种和产量,继续优化杀虫剂、除草剂、杀菌剂的比例;大力发展高效、低毒、安全、经济、低污染和使用方便的新品种农药及生物农药;杀虫剂主要发展替代高毒杀虫剂的新品种和中高毒品种的低毒化剂型;除草剂主要发展用于玉米、大豆、棉花、花生、油菜和蔬菜等作物的旱田除草剂新品种,完善和提高现有的除草剂品种,开

发亩用量 0.01～0.02 千克的新型除草剂；杀菌剂主要发展水果、蔬菜用新型杀菌剂、杀线虫剂和病毒抑制剂；制剂主要发展环境相容性好、使用方便的水悬浮剂、水乳剂、微乳剂、干悬浮剂、水分散颗粒剂、微胶囊剂等新剂型；生物农药主要发展高效生物抗生素等。精细化工行业重点发展氟硅化工、钒盐化工、钾盐化工、专用催化剂、橡塑助剂和制品、油田化学品、水处理剂、食品添加剂、电子化学品、造纸化学品、医药化工中间体、生物化工和化学助剂等。

④化工新材料：氟硅材料以延长石油集团商洛氟硅化工、中化近代环保化工为依托，建设从无水氟化氢、氯仿、绿色制冷剂到含氟高分子材料及其深加工产品的高新技术产业链。工程塑料行业重点建设延长兴化、陕煤化集团、兖矿集团等 15 万吨聚碳酸酯；鼓励发展聚甲醛、聚酰胺、聚苯硫醚等工程塑料，以及聚醚砜树脂、聚醚醚酮、芳纶等特种塑料。高分子材料行业加快发展通用树脂改性材料和专用料，向多品种化、新材料化方向发展，拓展应用领域；发展聚氨酯类新材料；建设较大规模的氯化聚丙烯、氯化聚氯乙烯、氯磺化聚乙烯、氯丁橡胶、改性聚丙烯、改性聚苯乙烯等工业化装置等。纳米材料领域加快发展无机纳米材料、金属纳米材料，重点生产塑料、纤维、涂料、橡胶改性生产用的纳米氧化物、纳米碳化物、纳米复合粉体、纳米金属粉等；开发生产高熔点纳米金属催化剂、纳米钯一氧化碳助燃剂和达到 TCO-99 环保标准的贵金属纳米涂层材料等。

（2）关键技术

①石油深加工及精细化工技术；

②炼油化工一体化技术；

③高活性柴油加氢脱硫催化剂技术；

④炼油副产品、油田气综合利用技术；

⑤石油、天然气资源合成碳酸二甲酯技术；

⑥聚丙烯共聚产品生产技术；

⑦农用化学品低能耗、零排放生产技术；

⑧水溶性、环保型涂料生产技术；

⑨工程塑料及其原料合成技术；

⑩高性能橡胶胶料和橡胶制品合成技术；

⑪高附加值精细化学品研究与开发。

2.3.8 其他前沿新材料

加强纳米技术研究，重点突破纳米材料及制品的制备与应用关键技术，积极推进纳米材料在新能源、节能减排、环境治理、绿色印刷、功能涂层、电子信息和生物医用等领域的研究与应用。加强智能材料的基础材料研究，开发智能材料与结构制备加工技术，发展形状记忆合金、应变电阻合金、磁致伸缩材料、智能高分子材料和磁流变液体材料等。加强超导材料研究，突破高度均匀合金的熔炼及超导线材制备技术，提高铌钛合金和铌锡合金等低温超导材料工程化制备技术水平，发展高温超导长线材、高温超导薄膜材料规模化制备技术，满足核磁共振成像、超导电缆、无线通信等需求。

关键技术如下：

①贵金属纳米材料制备及其高性能化关键技术：加强研发高性能贵金属纳米材料，积极推进贵金属纳米材料在燃料电池、化工、环境治理、透明电极和生物医用等领域的研究应用。通过控制制备手段、负载基底调控其活性位点，降低其使用成本。

②储能关键材料制备及其高性能化关键技术：加强太阳能电池材料、动力电池材料和超级电容器材料的技术研究，重点突破储能材料及制品的制备与应用关键技术。积极开发半导体、异质结和量子阱等材料，提高太阳能电池的效率、寿命和耐辐照等性能；积极研究纳米碳管、石墨烯、氧化物半导体及其复合材料等材料的制备和产品化，提高其在锂离子电池和超级电容器方面的应用性能，推进其在混合动力汽车公共交通、电子产品和工业设备等方面的应用。

③3D打印关键材料制备及其高性能化关键技术。新型材料的设计和发展是3D打印技术的关键。针对航空航天、汽车、文化创意、生物医疗等领域的重大需求，突破一批增材制造专用材料。针对金属增材制造专用材料，优化粉末大小、形状和化学性质等材料特性，开发满足3D打印发展需要的金属材料，促进其在航空航天等领域高性能、难加工零部件与磨具制备的应用；针对非金属增材制造专用材料，提高现有材料在耐高温、高强度等方面的性能，降低材料成本，实现钛合金、高强钢、部分耐高温、高强度工程塑料等专用材料，推进功能零部件、工业产品原型和创新创意产品的制造；积极研究胶原、水凝胶、羟基磷灰石、钴镍合金等医用材料，促进3D打印技术在仿生组织修复、功能性组织和器官等医疗制造方面的应用。

④生物材料制备及其高性能化关键技术。积极开展聚乳酸等生物可降解材料研究，加快实现产业化，推进生物基高分子新材料和生物基绿色化学品产业发展。加强生物医用材料研究，提高材料生物相容性和化学稳定性，大力发展高性能、低成本生物医用高端材料和产品，推动医疗器械基础材料升级换代。

⑤智能材料制备及其高性能化关键技术。加强基础材料研究，开发智能材料与结构制备加工技术，发展形状记忆合金、应变电阻合金、磁致伸缩材料、智能高分子材料和磁流变液体材料等。

⑥磁性量子材料制备及其关键技术。研究稀磁半导体、半金属和铁磁薄膜及其异质结等的特异磁输运性质和磁光性质，发展磁性材料的电子态密度的调控方法，实现磁性多层异质结构中磁晶各向异性的量子调控。

3 实施措施及政策建议

(1) 共性关键技术联合攻关，形成产业技术集群，协同创新

建设新材料产业十大协同创新中心：高性能钛合金协同创新中心、高性能钼合金协同创新中心、新型电子信息材料协同创新中心、高性能电工合金协同创新中心、新型能源材料协同创新中心、纳米材料协同创新中心、先进复合材料协同创新中心、新型生物材料协同创新中心、航空材料协同创新中心、材料新装备协同创新中心。

建设新材料产业五大技术基地：有色金属新材料产业技术集群、电子新材料产业技术集群、石油化工新材料产业技术集群、金属镁新材料产业技术集群、新型建筑材料产业技术集群。

（2）新材料产业环境建设及产业技术联盟

鼓励建立以高校、科研院所、优势企业为龙头，联合产业链上下游核心企业的产业技术联盟，形成以新材料为主体、上下游紧密结合的产业技术体系。

（3）新材料产业发展人才政策

新材料科技发展的根本是人才的竞争。以实现新材料人才资源总量翻番、提高新材料人才整体素质、优化人才资源结构为目标，建议省科技厅通过实施若干人才工程，培养一批世界水平的科学家、科技创新创业领军人才和高水平创新团队，建立人才培养示范基地，推进人才、团队、项目、基地的一体化建设，完善产学研用联合培养人才机制，推动新材料西部人才行动，为全面落实人才强国战略和加快转变经济发展方式提供有力的新材料人才支撑。

（4）扶持新材料中小企业创新发展

结合新材料产业的发展特点，省科技厅应该组织专家团队扶持和帮助中小企业创新发展。中小企业规模小、数量大、有技术、有专攻、有活力，特色鲜明，成长潜力大，构成了产业金字塔的底座，也是支持龙头企业催生产业集群效益的有力推手。高度重视发挥中小企业的创新作用，支持新材料中小企业向"专、精、特、新"方向发展，提高中小企业对大企业、大项目的配套能力，打造一批新材料巨人企业。

第十篇

陕西省"十三五"3D 打印产业科技发展战略研究

组织单位：陕西省科学技术厅高新技术发展处
课题承担单位：陕西省 3D 打印产业技术创新联盟
课题负责人：黄卫东
课题组成员：李涤尘　陈　锐　汤慧萍　齐乐华　杨小君　王学立、
　　　　　　崔　岚　何　煜　乔　斌

引　言

增材制造（additive manufacturing，AM，俗称 3D 打印）技术是通过 CAD 设计数据，采用材料逐层累加的方法制造实体零件的技术，相对于传统的材料去除（切削加工）技术，是一种"自下而上"材料累加的制造方法。自 20 世纪 80 年代末，增材制造技术逐步发展，期间也被称为"材料累加制造"（material increase manufacturing）、"快速原型"（rapid prototyping）、"分层制造"（layered manufacturing）、"实体自由制造"（solid free-form fabrication）、"3D 打印技术"（3D printing）等。美国材料与试验协会（ASTM）F42 国际委员会对增材制造给出了定义：增材制造是依据三维模型数据将材料连接制作物体的过程，相对于减法制造，它通常是逐层累加过程。3D 打印也常用来表示"增材制造"技术。狭义三维喷印是指采用打印头、喷嘴或其他打印技术沉积材料来制造物体的技术，这些增材制造设备价格相对较低和总体功能相对较弱。

从更广义的原理上来看，以三维 CAD 设计数据为基础，将材料（包括液体、粉材、线材或块材等）自动化地累加起来成为实体结构的制造方法，均可视为增材制造技术。

（1）意义与作用

增材制造技术不需要传统的刀具、夹具及多道加工工序，利用三维设计数据在一台设备上可快速而精确地制造出任意复杂形状的零件，从而实现"自由制造"，解决了许多过去难以制造的复杂结构零件的成形问题，并大大减少了加工工序，缩短了加工周期。而且越是复杂结构的产品，其制造的速度作用越显著。近 20 年来，增材制造技术取得了快速的发展。增材制造原理与不同的材料和工艺结合，形成了许多增材制造设备，目前已有的设备种类达到 20 多种。增材制造技术一经出现就取得了快速的发展，在各个领域都获得了广泛的应用，如消费电子产品、汽车、航空航天、医疗、军工、地理信息、艺术设计等。增材制造的特点是单件或小批量的快速制造,这一技术特点决定了增材制造在产品创新中具有显著的作用。

增材制造技术被认为是"一项将要改变世界的技术"。英国《经济学人》杂志认为,增材制造将"与其他数字化生产模式一起推动实现第3次工业革命"。2013年麦肯锡发布的《展望2025》指出,增材制造被纳入决定未来经济的12大颠覆技术之一。增材制造技术为我国制造业发展和升级提供了历史性机遇。改革开放30年来,我国政府释放了全民族的创造力,我国成为制造业大国。但是,制造业生产能力过剩、产品创新开发能力严重不足,已经成为制约我国制造业发展的瓶颈。促进创新和创业是未来我们的核心任务,而增材制造技术为创新和创业开辟了巨大空间。增材制造可以快速、高效实现新产品物理原型的制造,为产品研发提供快捷技术途径。增材制造技术降低了制造业的资金和人员技术门槛,有助于催生小微制造服务业,有效提高就业水平,有助于激活社会智慧和资金资源,实现制造业结构调整,促进制造业由大变强。党和政府对于增材制造也高度重视,习近平总书记要求"高度重视,密切跟踪,迎头赶上"。增材制造技术将成为创新驱动发展的锐利武器,将会引发一系列的技术与社会变革,激发社会的创新活力和创业动力。

①为创新创业开拓了巨大空间。增材制造适合应用于复杂形状结构,适合多品种、小批量的制造,适合在众多的领域应用。人们可以通过拓扑优化设计及多材料制造功能梯度结构,可以最大限度地发挥材料的功能,为许多装备设计和制造带来颠覆性进步。使设计摆脱了传统技术可制造性的约束,给创新设计释放了巨大的空间。

②崭新的生产组织模式为创业提供了无限商机。增材制造带来集散制造的崭新模式,即通过网络平台,实现个性化订单、创客设计、制造设备,乃至资金的集成规划与分散实施,这一生产模式有效实现了社会资源的最大限度发挥,为全民创业和泛在制造提供技术支撑。

③促进学科交叉研究的革命性发展。发展微型冶金实验平台,应用于材料基因研究,创造新合金材料;可以通过细胞打印、组织工程,发展器官再造,通过建设干细胞试验台,快速、高效进行干细胞诱导实验,发展基因打印,为生命学科提供跃进式发展。

④为我国制造业发展和升级带来重大机遇。增材制造是产品创新的利器,已经成为先进开发模式。而制造业生产能力过剩,产品开发能力严重不足,是我国制造业发展的瓶颈。将增材制造迅速在各个领域推广应用,是发展高技术的服务业、制造业调整结构和促进制造业由大变强的重要手段。

(2) 国内外增材制造(以下称为3D打印)产业(科技)发展现状及趋势

1) 国外3D打印发展现状及趋势

经过近30年的发展,美国已经成为3D打印技术领先的国家,3D打印技术不断融入人们的生活,在食品、服装、家具、医疗、建筑、教育等领域大量应用,催生出许多新的产业。3D打印设备已经从制造业设备成为生活中的创造工具。人们可以利用3D打印技术自己设计物品,使得创造越来越容易,创造活力成为引领社会发展的热点。美国为保持其世界霸主地位,是最早尝试将3D打印技术应用于航空航天等领域的国家。1985年,在五角大楼主导下,美国秘密开始了对钛合金激光成形技术的研究,1992年这项技术才公之于众。2002年,美国国家航空航天局(NASA)研制出3D打印机,能制造金属零件。同年,美国将激光成形钛合金零件装上了战机。为提高制造效率,美国人开始利用42千瓦的电子束枪。Sciaky公司的 3D 打印机每小时能打印 15～40 磅金属钛，而大多数竞争者仅能达到 5 磅。美国空军和军工巨头洛克希德·马丁公司宣布，与 Sciaky 加强合作，用该公司生产的襟副翼翼梁装备正在生产的 F-35 战斗机。据估计，如果 3000 多架战机都使用这种技术制造零部件，不仅可以大大提高"难产"的 F-35 战机的部署速度，而且还能节省数十亿美元成本。原本相当于材料成本 1～2 倍的加工费现在只需原来的 10%。加工 1 吨重的钛合金复杂结构件，传统工艺成本大约为 2500 万元人民币，而激光 3D 焊接快速成型技术的成本仅为 130 万元人民币左右，仅是传统工艺的 5%。2012 年 7 月，美国太空网透露，NASA 正在测试新一代 3D 打印机，可以在绕地球飞行时制造设备零部件，并希望把这种打印机送到火星上。世界科技强国和新兴国家都将这一技术作为未来产业发展新的增长点加以培育和支持，力争抢占未来科技产业的制高点，通过科技创新推动社会发展。

2012 年，美国提出了"重振制造业"战略，将"3D 打印"列为第一个启动项目，成立了国家增材制造创新研究院（NAMII）。美国政府将 3D 打印技术作为国家制造业发展的首要战略任务给予支持。欧盟国家认识到 3D 打印技术对工业乃至整个国家发展的重要作用及巨大潜力，纷纷加大支持力度。德国政府在《高技术战略 2020》和《德国工业 4.0 战略计划实施建议》等纲领性文件中，明确支持包括激光 3D 打印在内的新一代革命性技术的研发与创新。澳大利亚政府倡导成立 3D 打印协同研究中心，促进以终端客户驱动的协作研究。新加坡政府在 2013 年财政预算案中宣布，将 5 亿美元的资金用于发展 3D 打印技术，让新加坡的制造企业能够拥有全球最先进的 3D 打印技术。日本政府在 2014 年财政预算案中划拨了 40 亿日元，由经济产业省组织实施以 3D 打印技术为核心的制造革命计划。日本计划构建其完备的 3D 打印材料与装备体系，提高其 3D 打印技术的国际竞争能力。2014 年 6 月，韩国政府宣布成立 3D 打印工业发展委员会，批准了一份旨在使韩国在 3D 打印领域争取领先位置的总体规划。该规划的目标包括到 2020 年培养 1000 万创客（Maker），针对各个层次的民众制订相应的 3D 打印培训课程，以及为贫困人口提供相应的数字化基础设施。3D 打印的发展正在带动新一轮世界科技和产业竞争。

美国专门从事 3D 打印技术咨询服务的 Wohlers 协会在 2015 年年度报告中对行业发展情况进行了分析。2014 年，3D 打印设备与服务全球直接产值 41.03 亿美元，增长率为 35.2%。其中，设备材料 19.97 亿美元，增长 31.6%，服务产值 21.05 亿美元，增长 38.9%，其发展特点是服务相对设备材料增长更快。在 3D 打印应用方面，工业和商业设备领域占据了主导地位，然而其比例从 18.5% 降低到 17.5%；消费商品和电子领域所占比例为 16.6%；航空航天领域从 12.3% 增加到 14.8%；机动车领域为 16.1%；研究机构占 8.2%，政府和军事领域占 6.6%，二者较 2013 年均有所增加；医学和牙科领域占 13.1%。在过去 10 年的大部分时间内，消费商品和电子领域始终占据着主导地位。目前，美国在 3D 打印设备拥有量上占全球的 38.1%，中国于 2014 年赶超德国，以 9.2% 列第 3 位，日本列第 2 位。在 3D 打印设备销售量方面，2014 年，美国 3D 打印设备产量最高，中国次之，日本和德国分别位居第 3 和第 4 位。

2）国内 3D 打印发展现状

我国自 20 世纪 90 年代初，在国家科技部等多部门持续支持下，西安交通大学、华中科技大学、清华大学、北京隆源公司等在 3D 打印典型成形设备、软件、材料等方面的研究和产业化方面获得了重大进展。随后,国内许多高校和研究机构也开展了相关研究,如西北工业大学、北京航空航天大学、华南理工大学、南京航空航天大学、上海交通大学、大连理工大学、中北大学、中国工程物理研究院等单位都在进行探索性的研究和应用工作。3D 打印到 2000 年,初步实现了设备产业化,并接近国外产品水平,改变了该类设备早期仰赖进口的局面。在国家和地方政府的支持下,全国建立了 20 多个服务中心,设备用户遍布医疗、航空航天、汽车、军工、模具、电子电器、造船等行业,推动了我国制造技术的发展。但是,我国 3D 打印技术主要还是应用于工业领域,没有在消费品领域形成市场。在产业化技术发展和应用方面落后于美国和欧洲。在技术研发方面,我国 3D 打印装备的部分技术水平与国外先进水平相当,但在关键器件、成形材料、智能化控制和应用范围等方面较国外先进水平落后。我国 3D 打印技术主要应用于模型制作,在高性能终端零部件直接制造方面还具有非常大的提升空间。例如,在增材的基础理论与成形微观机制研究方面,我国在一些局部点上开展了相关研究,但国外的研究更基础、系统和深入;在工艺技术研究方面,国外是基于理论基础的工艺控制,而我国则更多依赖于经验和反复的试验验证,导致我国 3D 打印工艺关键技术整体上落后于国外先进水平;在材料的基础研究、制备工艺以及产业化方面,与国外相比存在相当大的差距;部分 3D 打印工艺装备国内都有研制,但在智能化程度方面与国外先进水平相比还有差距;我国大部分 3D 打印装备的核心元器件还主要依靠进口。在市场化普及方面,国民的技术认知度低,大部分人不了解这一技术。我国在 3D 打印产业上没有形成系统的产业链。3D 打印技术涉及前端的三维 CAD 设计、新材料和下游的应用技术等,这些领域的研发缺失很大,企业应用程度低。这些因素导致我国难以形成强有力的产业化发展,另一方面也制约了我们创新能力的提升。

近 5 年来,3D 打印技术在美国取得了快速的发展。主要的引领要素是低成本 3D 打印设备社会化应用、金属零件直接制造技术在工业界的应用、基于 3D 打印的各种生物材料及生物学结构的制造技术,以及基于 3D 打印的艺术设计与创作。我国金属零件直接制造技术的研究和应用也已达到国际领先水平。例如,北京航空航天大学、西北工业大学和北京航空制造技术研究所利用 3D 打印制造出大尺寸金属零件,并应用在新型飞机研制过程中,显著提高了飞机研制速度。北京航空航天大学王华明教授以此方面的研究与应用获得 2012 年国家技术发明一等奖。华中科技大学史玉升教授以大尺寸激光选区烧结设备研究与应用获得 2011 年国家技术发明二等奖。西安交通大学李涤尘教授以个性化颅颌面骨替代物设计制造技术及应用获得 2014 年国家技术发明二等奖。

2013 年 9 月,以路甬祥副委员长和中国工程院周济院长领衔的 20 位院士和专家,在中国工程院重大咨询项目研究基础上,以"院士建议"的形式向中央提出了"关于加快我国增材制造(3D 打印)技术与产业发展的建议",提议中央对 3D 打印技术"尽快通过制订战略规划,实施重大工程,在较大范围推动交叉创新、协同创新,大力推进多方面、多领域应用,尽快缩小差距,迎头赶上,取得战略主动"。2015 年,工信部发布了产业发展报告,目的旨在推动 3D 打印技术在我国的发展。

3) 3D 打印发展趋势

3D 打印技术代表着生产模式和先进制造技术发展的一种趋势,即产品生产将逐步从大规模制造向个性化制造发展,满足社会多样化需求。3D 打印 2012 年直接产值约 22 亿美元,仅占全球制造业市场总产值的0.02%，但是其间接作用和未来前景难以估量。3D打印优势在于制造周期短、适合单件个性化制造，能实现大型薄壁件制造、钛合金等难加工易热成形零件制造、结构复杂零件制造。该技术与设备在航空航天、医疗等领域的产品开发、计算机外设和创新教育上具有广阔发展空间。

3D打印技术相对传统制造技术还面临许多新挑战和新问题。目前增材主要应用于产品研发，还存在使用成本高（1万～10万元/千克）、制造效率低等问题，例如，金属材料成形为0.1～3千克/小时，制造精度尚不能令人满意。其工艺与装备研发尚不充分，尚未进入大规模工业应用阶段。应该说目前3D打印技术还只是传统大批量制造技术的一个补充。任何技术都不是万能的，传统制造技术仍会有强劲生命力，3D打印应该与传统技术优选、集成，会形成新的发展增长点。对于3D打印技术需要加强研发、培育产业、扩大应用。通过形成协同创新的运行机制，积极研发、科学推进，使之从产品研发工具走向批量生产模式，通过技术引领应用市场发展，改变我们的生活。

3D打印技术已有近30年的发展历史，已有的技术都已经过近20年的探索、研究和改进。目前正处于承上启下的阶段，一方面期待新的技术突破，提高3D打印在材料、精度和效率上的极限；另一方面则是基于现有技术的新应用，拓宽3D打印技术的应用范围和应用方式。前者可能的发展方向是具有高效、并行、多轴、集成等特征的新型3D打印技术；而后者的应用范围有生物、医疗、航空航天、汽车、建筑、雕塑、教育，甚至是人们的日常生活，这些新兴应用领域的扩展，将使3D打印技术与装备由通用型向专用型发展，如细胞三维打印技术与装备、组织工程支架3D打印技术与装备等。

3D打印产业和技术发展趋势体现在以下方面：

①向日常消费品制造方向发展。3D喷印是国外近年来的发展热点。该设备被称为3D喷印机，是将其作为计算机一个外部输出设备而应用的，它可以直接将计算机中的3D图形输出为3D的彩色物体。在科学教育、工业造型、产品创意、工艺美术等领域有着广泛的应用前景和巨大的商业价值。其发展方向是提高精度、降低成本、高性能材料和彩色喷印。

②向功能零件制造发展。采用激光或电子束直接熔化金属粉，逐层堆积金属，形成金属直接成形技术。该技术可以直接制造复杂结构金属功能零件，制件力学性能可以达到锻件性能指标。其发展方向是进一步提高精度和性能，同时向陶瓷零件的3D打印技术和复合材料的3D打印技术方向发展。

③向智能化装备发展。建立工艺参数库和知识库，开发支持高精度成形的数据处理算法和工艺数据库；建立在线检测系统与信息反馈系统，形成保证成形精度和材质质量的智能化工艺参数系统；构建智能在线预警和设备自保护系统；研究制造过程质量在线监控，建立起3D打印产品直接制造的工业数据库标准体系，实现制造精度和质量的在线智能化控制。

④向组织与结构一体化制造发展。实现从微观组织到宏观结构的可控制造。例如，在制造复合材料时，将复合材料组织设计制造与外形结构设计制造同步完成，在微观到宏观尺度上实现同步制造，实现结构体的"设计—材料—制造"一体化。支撑生物组织制造、复合材料等复杂结构零件的制造，给制造技术带来革命性发展。

1 陕西省3D打印产业科技发展现状分析

1.1 陕西省3D打印方面的优势

陕西省3D打印技术研究相比国内其他省份起步较早，主要集中在部分高等院校和科研院所，技术研发和应用综合实力在全国处于领先地位，其优势地位主要体现在以下4个方面。

(1) 3D打印高端人才优势

陕西省是3D打印高端人才汇聚地，具有高端专业人才的优势。国内快速制造与自动化领域著名专家、西安交通大学卢秉恒教授，是全国3D打印领域唯一的中国工程院院士，担任全国增材制造（3D打印）技术创新联盟理事长；西北工业大学大黄卫东教授、西安交大李涤尘教授，是3D打印领域教育部3位长江学者特聘教授中的两位，黄卫东教授担任全国增材制造（3D打印）技术创新联盟副理事长，李涤尘教授是中国机械工程学会3D打印专业技术委员会主任委员。在科技部3D打印总体专家组成员中，陕西专家占有很大比重。西安交通大学、西北工业大学、第四军医大学、西北有色金属研究院、中科院西安光机所等在陕高等院校、研究院所，以及衍生的研发应用型企业，都有一支由知名专家为学术带头人的3D打印创新团队。

(2) 3D打印技术研发优势

陕西省的西安交通大学和西北工业大学是国内最早开展此方面研究的单位，已经处于国内领先技术地位。西安交通大学自1993年开始3D打印技术研究，是国内最早开展此项技术研究的单位之一。经过20多年的发展，西安交通大学形成了以光固化成型（SL）为技术特色，以快速制造系统为工程应用的研究队伍，研究团队依托机械制造系统工程国家重点实验室（西安交通大学）开展基础研究。为推动3D打印技术的产业化，依托西安交通大学的技术创新，于2000年成立"快速成型制造技术教育部技术工程研究中心"（市场经营主体为陕西恒通智能机器有限公司），于2007年成立"快速制造国家工程研究中心"（市场经营主体为西安瑞特快速制造工程研究有限公司）。研究团队承担了"九五"和"十五"国家科技攻关项目，1997年实现了光固化快速成型机的产业化，开发出激光快速成型机、紫外光快速成型机、真空浇注成型机等快速成型与模具制造设备，多项技术成果处于国内领先、国际先进水平。西安交通大学主要开展3D打印中光固化成型技术研究和设备产业化。同时，向选区激光烧结、材料熔化沉积等工艺发展，在金属直接制造、陶瓷材料成形、生物材料成形、复合材料成形等方面开展了研究与应用推广工作。获得国家技术发明二等奖3项，国家科技进步二等奖1项，省部级一等奖4项。西北工业大学依托凝固技术国家重点实验室建立了专业发展3D打印技术的铂力特激光成形技术有限公司，以国家实验室主任、长江学者黄卫东教授领衔的雄厚科研团队为骨干技术力量。开展了金属熔覆成形技术与设备研究，为大飞机研制提供了大尺寸结构件，在航空航天的许多领域成为解决技术瓶颈问题的关键技术，并为多家航空航天企业提供了达到国际先进水平的制造装备；西北有色金属研究院依托金属多孔材料国家重点实验室，拟建立专业从事钛基合金电子束成形的西安赛隆金属材料有限公司，以政府特贴专家、三秦学者汤慧萍教授领衔的科研团队为骨干技术力量。开展了粉床电子束成形技术及装备研究，拥有国内第一台粉床电子束成形装备，在航空航天、生物植入用钛及钛合金复杂零件或多孔结构的电子束成形方面处于国际先进水平。

陕西省具有大量的3D打印自有技术积累，专利数量位居全国首位。据有关部门统计，截至2013年年初，我国与3D打印设备、材料及其应用相关的专利共668件。其中，陕西省369件，占全国的55%。自主技术中部分技术居国际先进、国内领先水平。例如，西安交通大学创新陶瓷材料3D打印成形工艺，实现了大型燃气轮机空心涡轮叶片等复杂结构陶瓷零件的快速制造；西北工业大学为多家航空航天企业提供了达到国际先进水平的制造设备，解决了多项技术瓶颈问题；西北有色金属研究院在钛及钛合金复杂零件电子束成形技术方面处于国际先进水平，在电子束成形装备设计技术方面处于国内领先水平。

（3）3D打印产业化优势

陕西省在3D打印科研实力和产业化发展方面居国内前列。2015年年初，从事相关产业的主要单位有20多家。主要表现在：一是技术研发应用领域宽阔。基于陕西省3D打印领域高端人才聚集、技术研发优势和产业基础，省域内的3D打印技术的应用领域逐步拓展，在工业制造、生物医疗、机械设计、文化创意、文物修复、教育培训、个性化消费等诸多领域得到广泛应用。其中，在航空制造领域，成功为国产大飞机C919制造了长达3米的钛合金结构件——中央翼缘条，是3D打印技术在航空制造领域应用的典型；在生物医疗领域，西安交通大学人工假体制造应用取得标志性进展；西北工业大学生物陶瓷术前诊断模型、全骨支架模型已经在北医三院、第四军医大学西京医院临床应用。二是龙头企业居国内前列。依托西安交通大学快速成型技术组建的陕西恒通智能机器有限公司是国内最早成立的3D打印专业企业（1997年成立），也是快速成型制造技术教育部工程研究中心和陕西省激光快速成型与模具制造工程研究中心及快速制造国家工程研究中心的产业实体。企业依托西安交通大学的科研基础，建立了一套支撑产品快速开发的快速制造系统，研制、生产和销售16个型号的激光快速成型设备、快速模具设备及三维检测设备。同时，开展快速原型制作、快速模具制造及逆向工程服务。产品在全国各院校及汽车、电器等企业销售应用十多年，客户近万家。近年协助政府和企业在多个地区成功建立产学研结合的推广基地、快速成型制造服务中心。通过企业化运作，目前在全国已建立创新服务平台20多家，创新人才培养基地近10家，为2000多家企业提供新产品创新创意设计及快速制造服务。通过近20年的技术研发与推广应用，设备用户遍布医疗、航空航天、汽车、军工、模具、电子电器、造船等行业。此外，还积极拓展国际市场，相关设备销售到印度、俄罗斯、肯尼亚等国家，成为具有国际竞争力的快速成型设备制造单位。近3年实现销售额约1.2亿元人民币，上缴税金约1200万元人民币。依托西北工业大学金属打印技术组建的西安铂力特激光成形公司，发展成为国内最大的金属3D打印综合服务商，拥有发明专利35件。2014年销售收入达到1.2亿元人民币，利润达到3000万元人民币，夺得第3届中国创新创业大赛先进制造行业总决赛冠军。三是一批明星企业快速成长。西安非凡士机器人科技有限公司，创建了国内首家3D打印照相馆，已发展成为集研发、代理、销售、服务于一体的机器人供应商、3D打印专业集成方案提供商、三维扫描测量行业创新领军品牌，拥有相关领域专利22件。2014年营业收入1826万元人民币，人均收入54万元人民币。西安真我三维科技有限公司，有职工8人，现已形成3D全彩、镀金、水晶、树脂人像打印和人像建模等系列服务，2014年销售收入40万元人民币。四是3D打印产业初具规模。截至2014年年底，陕西省3D打印研发生产企事业单位发展到60多家，直接从业人员约3000人，产业年营业收入约4亿元人民币，预计占全国的1/6左右，位居各省区市的前列。

(4) 3D 打印产业平台优势

研发生产基地建设起步，为产业聚集发展创造了有利条件。渭南高新区 3D 打印产业基地得到科技部、工信部、发改委、财政部等部委的支持。陕西省和渭南市政府在建设资金保障、土地征用等方面给予了有力的支持。渭南高新区建成了占地 30 多万平方米的 3D 打印产业培训基地、2.3 万平方米的 3D 打印创新创业孵化器，吸引了西安铂力特、陕西恒通、烟台路通等 20 多家省内外 3D 打印企业入驻。与 3D 打印产业相关的培训、孵化、中试、制造等业务逐步展开，2014 年基地营业收入达到 3000 万元人民币。西安高新区规划占地 60 多万平方米的 3D 打印产业园。园区主要路网的水、电、气、路施工已经过半，首批 40 多万平方米产业用地已基本到位，一期 2 万平方米孵化器、4.6 万平方米标准工业厂房已具备开工条件，已吸引 10 多家企业项目入驻。3D 打印产业联盟成立，为统筹区域资源搭建平台。2014 年 1 月，由西安交通大学、西北工业大学、陕西省科技资源统筹中心、西北有色金属研究和西安光学精密机械研究所 5 家单位联合发起的"陕西省 3D 打印产业技术创新联盟"正式成立，时任陕西省委书记赵正永出席大会并讲话。目前，联盟成员单位已发展到 50 家。联盟在促进产学研用合作交流、构建区域产业链、创新链、服务链等方面开展了协调服务工作，产业发展平台作用初步显现。

1.2 存在问题

陕西省具备了发展 3D 打印新兴产业的人才、技术、产业和环境优势，在技术研发、产品开发、市场开拓等方面均已全面起步，特别是在 3D 打印领域有着雄厚的科研实力，3D 打印必将成为推动陕西省经济社会持续快速发展的重要增长极。陕西省 3D 打印技术的研发力量主要集中在各大高校（西安交通大学、西北工业大学）和研究所（西北有色金属研究院、中国科学院西安光学精密机械研究所），虽然这些研发力量也依托公司进行 3D 打印商业化，但成果并不显著。3D 打印行业的发展需要完善的软件、硬件、材料、公共服务平台体系，这 4 个环节环环相扣、缺一不可。

陕西省 3D 打印技术及其产业取得巨大的发展，但我们仍需清醒地看到，陕西省在同国际发达国家，甚至我国东部经济发达省份的竞争中仍有一定的距离。如果单看 3D 打印涉及的工艺、技术等，陕西省具有一定的优势，但如果将该项技术放大到整个产业链全局观察，就会看到陕西省 3D 打印产业与发达国家的巨大差距。

(1) 缺少系统规划，没有形成有效的创新链

3D 打印技术是一项新兴技术，在其向新兴产业转化的过程中，现在仍是以技术研发推动为主，市场需求拉动下的应用研发为辅，其技术研发仍是重中之重。对陕西省而言，企业不可能将基础研究与共性技术研究作为自己的发展领域，而现在高校与科研单位更多的是与企业联合，共同开发 3D 打印技术，这就造成了"产学研用"发展模式的混乱：企业主导"产"，高校、科研单位依靠国家自然基金、国家大型项目等主导"学"，那么谁主导"研用"。其实，对于整个 3D 打印技术的共性技术研发和应用，陕西省都没有对其做出详细的规划，这就是短期的利益机制所致。整个 3D 打印技术的产学研用模式需要确立，谁主导基础科学，谁主导共性技术，谁主导应用研究，都需要政府深思熟虑，营造一个良好发展的产学研用创新体系。

(2) 缺乏协同创新，产业链发展不均衡

可以看到，3D 打印产业链涉及上、中、下游，涉及多项技术和产业，但就目前而言，陕西省比较出色的产业有航空航天、生物、新兴电子、新能源和新材料等优势产业，但其他诸如软件、控制技术、核心元器件、文化创意、物联网等都不是很发达，这将制约 3D 打印全产业链的推进。如果陕西省在接下来的发展中，注重对于其他薄弱环节进行有意识的引进、消化和吸收，那么将有助于 3D 打印产业化的实施。

(3) 缺少支持力度，保障体系不完善

建设一条完整的 3D 打印产业链需要一个良好的科技支持保障和社会环境。政府通过对创新产生、扩散和利用等活动的推动作用，来促进整个产业创新发展。需要政府、中介、金融等部门的联动效应。陕西省有意识地扶持 3D 打印产业化发展，比如建立渭南 3D 打印产业园区，对 3D 打印进行资金支持，对高新技术产业实施税收优惠等。但更应该看到，陕西省还需要对其政策保障体系进行完善，比如政府需要投入资金用于共性技术研发，需要完善地落实供应侧政策的同时，也要开始考虑需求侧政策，是否要加大对知识产权、安全隐私的保护措施，积极调动各方形成保障合力。

1.3 发展 3D 打印的战略意义

世界各国为抢占新一轮 3D 打印产业发展的主导权和战略制高点，利用技术、专利、标准等手段，试图继续主宰全球高端市场，将给陕西省 3D 打印新兴产业发展带来严峻挑战。而我国各省区市掀起新一轮 3D 打印技术产业化发展大潮，很多省份陆续出台了培育和发展 3D 打印产业化的意见，加大投资力度，新上一批项目，抢占战略制高点，对陕西省也是一个严峻挑战。总体上看，陕西省在国内 3D 打印新兴产业的核心关键技术上处于前列，能否率先突围并在国际竞争中占有一席之地，是 3D 打印产业实现快速发展的关键所在。通过 3D 打印技术带动陕西省的产业转型和创新创业发展，这是具有战略意义的方向。

2 陕西省"十三五" 3D 打印产业科技发展战略

2.1 指导思想

"十三五"期间，3D 打印技术发展目标是构建陕西省 3D 打印技术的创新源和产业链，培育龙头企业和营造大众创业、万众创新环境，使 3D 打印技术在航空航天、生物医疗、文化创意和教育等领域应用，支撑陕西省创新型省份的实现。

2.2 发展思路

①技术突破：完成高性能、高分子成形设备，金属成形 3D 打印设备和普及型 3D 打印设备关键共性技术攻关。通过核心技术突破和资源集成，可以迅速占领 3D 打印技术发展的技术制高点。

②应用引领：以陕西省优势制造产业为基础，以点带面，重点在航空航天、生物医疗、新材料、汽车电气、创意教育等领域寻求突破，继而扩展到其他领域；重点以工程应用为主要推动力，推动技术的普及和应用。

③壮大产业：以培育龙头企业（陕西恒通和西安伯力特等）为目标，吸收3D打印技术所需的各种资源，快速形成具有规模效应和聚集效应的3D打印应用领先市场。稳步推进渭南3D创新平台和网络化服务平台建设，形成集技术研发、成果转化和公共服务于一体的，为企业提供从技术研发到最终产品的全过程、一站式服务的创新平台体系。

④人才支撑：科技产业的发展重点是人才和产业工人，目前3D打印各层次人才极为缺乏，产业发展需要大批量人才。将3D打印技术教育向陕西省的职业院校普及，形成向全国辐射的中低端人才队伍，以形成支撑产业发展的基础力量。

2.3 基本原则

建立"市场需求—产业目标—特定技术—研发项目"建设原则。

①市场需求：陕西省组织3D打印领域（软件、设备制造、材料、航空航天、生物医疗等）专家、学者和产业界代表针对市场需求分析3D打印的产业背景、产业地位、产业技术现状、产业资源现状和与其他产业的关联度，运用SWOT方法和德尔菲法等理论工具，结合陕西省3D打印产业链各个产业的调研，确定市场需求。

②产业目标：各个与之相关的市场需求方面，要对3D打印产业链上涉及的技术领域及其关键技术进行明确提出和定位，找出适合陕西省战略性发展的3D打印领域相关技术，特别在航空航天、生物医疗和创意教育领域确定核心、关键的技术研发工作。此外，需要重点培育国内龙头企业2~3家。

③特定技术：根据产业目标，要对产业相关技术进行细分，攻克关键技术，明确所有的关键技术及其相应的突破计划。

④研发项目：此计划需要根据技术的研发需求做好相应的项目计划，列出研发需求、研发需求与产生技术壁垒的关键技术难点的关联分析，依据不同的研发需求确定相应的项目计划，从而确定各关键技术的发展模式。

2.4 发展目标

"十三五"期间智能化3D打印设备形成直接年产值（装备与服务）10亿~20亿元人民币，制造业扩散效益达300亿元人民币；培训30万人的3D打印研发与应用人才，在航空航天、汽车、医疗行业实现产品开发周期节约一半、费用降低一半，形成创新型省份的产业示范效应。

2.5 关键技术

（1）智能化3D打印装备

3D打印装备是高端制造装备重点方向，在3D打印产业链中占具核心地位。3D打印装备制造包括制造工艺、核心元器件、技术标准和智能化系统集成。面向装备发展需求，重点研究装备的系统集成和智能化。建议重点研究关键技术如下：

①多材料、多结构、多工艺3D打印装备；

②3D打印数据规范与软件系统平台；

③材料工艺数据库建设与装备的智能控制；

④3D打印装备关键零部件及系统集成技术。

（2）3D打印材料工艺与质量控制

3D打印的材料累积过程对构件成形质量有重要影响，其质量主要体现在零件性能和几何精度上。为保证制造质量，需要不断研发面向3D打印的新材料体系。通过材料、工艺、检测、控制等多学科交叉，提升制件质量。建议重点研究关键技术如下：

①面向3D打印的新材料体系；

②金属构件成形质量与智能化工艺控制；

③难加工材料的3D打印成形工艺；

④3D打印材料工艺的质量评价标准。

（3）功能驱动的材料与结构一体化设计

3D打印因其降维和逐点堆积材料的原理，给设计理论带来了新的发展机遇。一方面突破了传统制造约束的设计理念，为结构自由设计提供可能；另一方面超越了传统均质材料的设计理念，为功能驱动的多材料、多色彩和多结构一体化设计提供新方向。重点研究以下关键技术：

①功能需求驱动的宏微结构一体化设计；

②多材料、多色彩的结构设计方法与智能化制造工艺集成；

③面向3D打印工艺的设计软件系统。

（4）生物制造

3D打印技术与生物医疗结合形成了新的学科方向——生物制造（biofabrication）。它是制造、材料、信息和生命科学的交叉融合，目标是为生物组织从细胞和生物材料向有形大结构组织和器官发展中提供结构载体。研发定制化组织器官及其替代物，发展新兴产业，为人类健康服务。向重点研究以下关键技术：

①个性化人体组织替代物及其临床应用；

②人体器官组织打印及其与宿主组织融合；

③体外生命体组织仿生模型的设计与细胞打印。

（5）云制造环境下的3D打印生产模式

发挥利用全社会智力和生产资源是未来社会形态变革的方向。3D打印正是促进这一社会模式形成的技术动力。新一代生产模式向集散制造方向发展，实现工艺、数据、报价统一，形成众创、众包、众筹的运作方式。因此，需要技术和管理的集成创新，需要开展制造学科与管理学科交叉融合的研究与应用实践。重点研究以下关键技术：

①3D打印技术与传统制造工艺的技术集成；

②3D打印服务业对社会化生产组织模式变化的影响；

③效益驱动的分散3D打印资源与传统制造系统的动态配置；

④分散社会智力资源和3D打印资源的快速集成。

3 实施措施及政策建议

3.1 实施措施

（1）加强组织领导

建立陕西省3D打印产业发展工作联席会议制度，统一推进全省3D打印产业发展，全面负责起草、研究、制定相关政策文件，整合各类资源，加强行业监测运行。各级各部门相互配合，协调一致，及时协调、解决各种工作困难和问题，确保3D打印产业化发展的各项政策措施落实到位。

（2）壮大科研优势

研发共性技术与标准：建立数学、物理、化学、材料、生命、信息、软件、建筑等学科的学科大交叉，研究3D打印的创新原理、方法及其相关支撑技术，包括新材料、新器件（激光器）、智能控制、设计软件、网络数据库、新成形原理、新的设备工艺、巨型结构3D打印、微纳3D打印等。为支撑共性技术快速产业化，需要研究相关标准与规范，包括材料性能标准、制造质量标准、制造工艺规范、元器件性能标准等。为保证研究和产业发展的连续性，在已有较好科研和产业基础的单位建立科研与产业化基地，保证高质量的持续研究，增强产业化能力，形成具有国际竞争力的3D打印企业和产品品牌。

（3）完善金融支持

通过设立3D打印新兴产业发展专项资金和3D打印产业投资引导基金，通过无偿补贴、贷款贴息、税收优惠、政府担保等形式吸引社会资本注入，发挥政府引导资金的杠杆效应，拓宽融资渠道，引导社会资本投资处于初创期和成长期的企业。构建以天使投资、风险投资、私募基金为主体的多层次股权投资体系，强化新兴产业的要素集成，推进产业孵化与培育。当前，要构建完整的股权投资链，完善天使投资机制，大力发展风险投资和私募股权基金，打造以高新区为载体的股权投资聚集地。完善以政策性信用担保为主体、商业担保和互助担保相互支持的多层次信用担保体系，加快研究制定由各级政府共同出资组建的贷款担保基金办法，加强金融公共服务，解决新兴产业企业融资过程中的担保难和抵押难问题。

（4）加强网络化服务平台建设

在西安综合性高技术产业基地、航空基地、航天基地、宝鸡国家新材料产业基地、西安通信等一批国家产业基地，以基地为载体，形成了软件、集成电路、航空航天、生物医药、节能环保等产业集群。在宝鸡高新区形成了以钛及钛合金为基础的新材料产业集群，在杨凌形成了生物医药和生物农业产业集群，在渭南高新区成立了以3D打印为特色的3D打印产业园。为此，陕西省应综合利用现有资源，全面协调培育3D打印产业化发展，促进3D打印产学研合作机制的形成。为此，陕西省可以将技术创新与区域创新结合起来。根据以上所述，政府引导建立以实施3D打印重大科技项目牵头的3D打印平台中心，邀请高校与科研单位共同参与，目的在于实现科技成果的产业化，同时方便技术转移。为支持提高自主创新能力与加速科技成果转化，可以支持高校自己建立研发基地与大学科技园，甚至单独设立技术研发研究院，为3D打印有关企业的发展提供技术支撑等。

（5）提供相关技术保障

未来的制造是基于云计算、物联网、大数据技术的智慧制造，3D打印技术对智能制造起到了融合、衔接的作用，未来两者的结合将是制造业发展的重要突破点。借助云计算、物联网、大数据为代表的新兴信息技术，积极发展3D打印制造、智能制造和服务型制造，是实现"制造强国梦"的必然选择。3D打印产业化发展要协调、利用信息服务、物联网、软件等产业，与现有的西咸新区"陕西省云计算高技术产业基地"、"陕西省大数据产业联盟"和高新区"陕西（西安）物联网产业联盟"进行合作，进行资源整合和利用，积极探索3D打印产业市场化运营、商业化服务、规模化应用、带动区域经济发展的有效途径，为提升陕西省3D打印技术制造和服务水平、培育战略性高端装备制造产业、调整经济结构及转变发展方式提供有力支撑。

3.2 政策建议

（1）加强技术创新培育

加快3D打印产业化发展，提高陕西省3D打印乃至整个制造业竞争水平，关键在于核心技术的突破。为此，制定切实可行的政策来培育3D打印核心技术是重中之重。3D打印技术创新政策培育核心在于大力推动自主创新，构建核心技术支撑体系。建议陕西省通过科技厅设立计划，引导高校或者科研院所进行3D打印技术的基础研究和关键共性技术研发。此外，政府应该鼓励企业与高校或者科研院所建立3D打印应用研究平台，这个平台的定位为：它所开展的3D打印研究计划需要具备很强的目的性。在这个平台上，政府和企业共同出资建设，针对企业特定的市场需求，邀请高校或者科研院所进行3D打印应用技术的研发。就目前而言，陕西省3D打印产业技术创新联盟可以承担这样的角色。

（2）实施项目专项计划

各国政府现阶段主要采取示范工程或者支持国家大型项目计划来推动3D打印产业化发展。例如，英国、德国等比较注重3D打印技术在航空航天、生物医疗、汽车等行业的应用，并设立多项资助计划，此举一方面引起公众对3D打印技术的认知，另一方面试探市场对该项技术的接受度。所以，陕西省应该尝试这些措施，以航空航天、生物医疗、汽车制造、材料制造、民用市场等重点领域为突破口，设立目标，加大重点行业应用领域的共性、关键、核心技术研发力度，实施"重点领域、重点示范、重点专项"计划，以此引导3D打印技术走向市场化。航空航天、汽车制造：面向航空航天、汽车等大型金属复杂构件直接制造领域，着力突破激光、电子束等直接制造技术，攻克钛合金、高强钢、铝合金、镍合金等材料体系、加工工艺、制造装备和应用技术中的重大核心技术，持续保持国际领先水平。生物制造：结合陕西省发改委提出的《关于促进生物产业加快发展的实施意见》，在生物医疗制造领域，一方面大力推进体内体外医疗器械制造、个性化永久植入物、手术辅助器械等3D打印产品的临床应用研究，跻身国际先进水平；另一方面着力突破医用材料、3D打印装备等环节核心技术，实现医用材料及医疗装备的重大突破。积极推进3D打印与生物医疗、高端医疗器械产业的深度融合。民用市场：此领域以个性消费和定制服务为主，陕西省应着力扶持西安非凡士机器人科技有限公司、西安真我三维科技有限公司着力突破低成本材料与制造、创意设计服务平台等关键技术，降低大众消费的经济门槛和专业设计门槛；支持企业建设3D打印服务平台建设（电子商务、云服务平台等），推动商业模式创新，促进3D打印新技术、新成果的推广应用。

(3) 加大研发经费投入

应根据陕西省产业结构调整和经济发展战略需求，设立相应的专项基金，支持3D打印重点领域科技创新活动。建议设立3D打印研发专项经费计划，研发经费以两部分形式扶植3D打印技术创新发展：一是基础研究和共性技术研究专项部分；二是促进3D打印技术应用发展的平台建设。分配比例应根据陕西省发展3D打印技术的现状进行合理谋划，也可以在分配后进行动态调整，其目的在于发挥政府财政资金的引导和示范作用，提高财政科技经费的使用效率，最终吸引并激励企业加大研发投入。

(4) 加快人才队伍建设

依托西安交通大学、西北工业大学、西北大学、第四军医大学等高校，西北有色金属研究院、中国科学院西安光学精密机械研究所等科研院所，陕西恒通智能机器有限公司、西安铂力特激光成形技术有限公司、西安真我三维科技有限公司、西安非凡士机器人科技有限公司、西安中科晶像光电科技有限公司、西安中科梅曼激光科技有限公司等企业力量，定向开展人才专项培训。在政府层面，针对3D打印技术，应建立3D打印领域"3D打印科技创新领军人才"、"3D打印重点领域创新团队"、"3D打印创新人才培育示范基地"等一系列专业化人才队伍建设。在教育层面，应设立多层次3D打印教育体系，中小学应多方面接触3D打印机及其应用；大学应设置专门的培养机构培养专业的人才队伍。另外，创造人才发展环境，鼓励各类物联网科技人才创业，加强培训、实习等公共服务平台建设，在落户、住房、子女入学等生活和工作条件方面给予政策切实优待。为3D打印研发专家和创业者，免费提供配套公寓、医疗服务等生活保障，协调解决配偶就业、子女入学等具体事项。针对需要征地建厂的企业，建设用地优惠供给，全方位支持企业创新发展。加快引进3D打印技术高层次人才和团队，完善配套服务，落实相关政策，鼓励海外专业人才回国创业，并将其优先列入各类人才资助项目。

(5) 激励市场需求政策

市场需求对新兴技术产业化发展有着重要的意义，特别是对处于产业化发展不利地位的地区来说，培育和保护本土市场是提升地区产业化发展水平的必经途径。根据前述部分，需求侧政策主要涉及企业、消费者、政府和产品市场，主要包括面向创新的公共采购、制定规则和标准、培育领先市场，以及推动来自需求方的创新等。激发社会力量促进产业发展。最近在媒体上3D打印相关新闻不断涌现，激发了国人对3D打印的热情。许多企业和地方政府纷纷启动，试图加入到产业发展中。如何利用这些社会资源，创新发展机制，是3D打印技术持续发展的根本。例如，可以发展文化创意产业，以互联网技术为依托形成"云制造"模式，使得产品的设计、制造分散在各个社会单元（如家庭）中，充分发挥社会各个群体的创新能力，推动创新型社会的实现。此外，发展创新型教育产业：3D打印技术可以培养青少年的创造能力，相关设备未来会成为计算机的外设，形成巨大的教育市场。造就新的3D打印企业家，造就未来创新的一代创业人才。

总之，3D打印技术是制造业变革和提升创新、创业能力的一项革命性技术。陕西省应该借助在国内已有的优势地位，将3D打印产业作为一项重大、标志性的新兴产业重点培育。在技术上加强科技研发，产业上培育新兴企业，在政策、资金、人才等多方面给予配套扶持，保持陕西省3D打印产业的优势地位，促进产业结构转型，通过新技术、新产业培育和激发人才活力，实现创新型省份的建设目标。

第十一篇

陕西省"十三五"机器人产业科技发展战略研究

组织单位：陕西省科学技术厅高新技术发展处
课题承担单位：西安交通大学
课题负责人：王树国
课题组成员：梅雪松　吕　毅　洪　军　王　飞　周光辉　李　兵
　　　　　　黄忠德　张东升　王海涛

引　言

机器人技术是集机械、信息、材料、生物医学等多学科交叉的战略性高技术，对于相关技术与产业的发展起着重要的支撑和引领作用。近年来，世界各国都十分重视发展机器人技术，试图抢占这一前沿科技的制高点。机器人的发展，离不开功能零部件单元的发展，也离不开产业需求的支撑。当前，虽然陕西省机器人产业发展比较薄弱，但在机器人关键部件如精密传动减速器、伺服电机、控制系统等已取得了可喜突破，而且在汽车、飞机、采矿及医疗等行业具有巨大的机器人应用市场，在机器人制造所需要的基础装备制造业方面具有雄厚的实力，从事有关装备制造研究的高校和研究所云集，智力资源丰富。

本研究课题针对国内外机器人产业开展了大量调研，系统研究了国内外机器人产业发展现状及趋势；立足陕西省机器人技术和产业实际，从产业现状、技术水平、存在问题、发展前景等4个方面详细分析了陕西省机器人产业发展现状；围绕国家安全、民生科技和经济发展的重大需求，科学合理地确定了陕西省机器人产业发展战略的指导思想、发展思路、基本原则及发展目标；重点阐述了急需着力突破制约机器人及其产业发展的关键技术；针对目前国内外及陕西省机器人发展现状，提出了实施措施及政策建议，加强统筹协调，成立产业联盟；加强政策支持；加快机器人重点实验室建设；完善投融资体系，创新商业运营模式；促进人才聚集，加快培养机器人产业专业人才。本研究课题最后指出，陕西省应立足优势资源，有效辐射整个产业链；大力扶持本土有技术基础的中小企业，积极开展机器人示范应用；针对产业需求，有效提升应用水平；加强基础技术，开展机器人关键核心部件、智能控制理论、三维视觉等基础性研究，开发出新型机器人以满足重型机械、航空航天、军工等行业的需求，占领未来技术制高点，把机器人产业培育成陕西省未来战略性新兴产业，以指导本省未来产业结构调整和高新产业的战略布局，为进一步打造装备制造强省做出贡献。

机器人的研发、制造和应用是衡量一个国家科技创新和高端制造水平的重要标志，是"制造业皇冠顶端的明珠"。美国的"再工业化"、德国的"工业4.0"、中国的"中国制造2025"及日本的"机器人新战略"等，纷纷把机器人发展纳入国家战略，机器人已成为各国制造业竞争的焦点。

目前急需立足陕西省机器人技术和产业实际及面向未来高科技走向，围绕国家安全、民生科技和经济发展的重大需求，科学合理地制定战略规划。着力突破制约机器人及其产业发展的关键技术，开展机器人工业应用技术开发，通过产业应用示范，努力推出具有应用价值和市场前景的机器人功能部件及各种智能机器人产品，积极探索新的投融资模式和商业模式，不断打造若干龙头企业，把机器人产业培育成陕西省未来战略性新兴产业，以指导陕西省未来产业结构调整和高新产业的战略布局，为进一步打造陕西省装备制造强省地位做出决策。

1 国内外机器人产业发展现状及趋势

1.1 国外机器人产业发展现状及趋势

近年来，全球机器人市场需求、技术创新与产业应用呈现出新的发展态势，欧、美、日等发达工业化国家和地区正凭借既有的技术优势展开新一轮的战略布局。

(1) 工业机器人市场需求快速扩张，亚洲成为最大的需求市场

据国际机器人协会（IFR）统计，2002—2013年，全球新装工业机器人年均增速达9%。2013年，全球工业机器人销量达16.8万台。近年来，得益于以中国为代表的发展中国家需求的快速增长，亚洲成为全球最大的工业机器人需求市场。据统计，2007—2013年，亚洲工业机器人销量年均复合增长率（CAGR）达20%，中国达25%。据麦肯锡预计，工业机器人将加速向更多行业渗透，预计到2025年，5%～15%的制造业工人将被工业机器人取代，全球工业机器人保有量将达到1500万～2500万台，年均增速为25%～30%，工业机器人将产生0.6万亿～1.2万亿美元的经济影响。2012年全球工业机器人市场容量及2013—2017年预测量如图11-1所示。

(2) 全球工业机器人产业发展格局基本形成，发达国家形成了各具特色的发展模式

美、欧、日是工业机器人主要生产国家和地区，掌握着大多数的核心技术，德国库卡、瑞典ABB、日本安川和发那科四大巨头占据了全球一半的工业机器人市场。全球工业机器人销售量及同比增长率如图11-2所示。目前，美、德、日、韩等发达国家都已形成了各具特色的发展模式。美国模式的特点是整体研发设计与对外采购机器人本体相结合，重在系统开发与应用。德国模式的特点是一揽子"交钥匙工程"，即机器人本体的生产和用户所需要的系统设计制造全由一家机器人厂商完成。日本模式的特点是产业链整体推进，即以机器人本体及其零部件研发和生产为核心，由子公司或系统集成公司设计制造各行业所需要的机器人成套系统。韩国模式是采购与成套设计、集成相结合，机器人企业通常通过进口关键零部件，自行设计、制造配套的外围设备。发达国家机器人应用领域演进情况如图11-3所示。

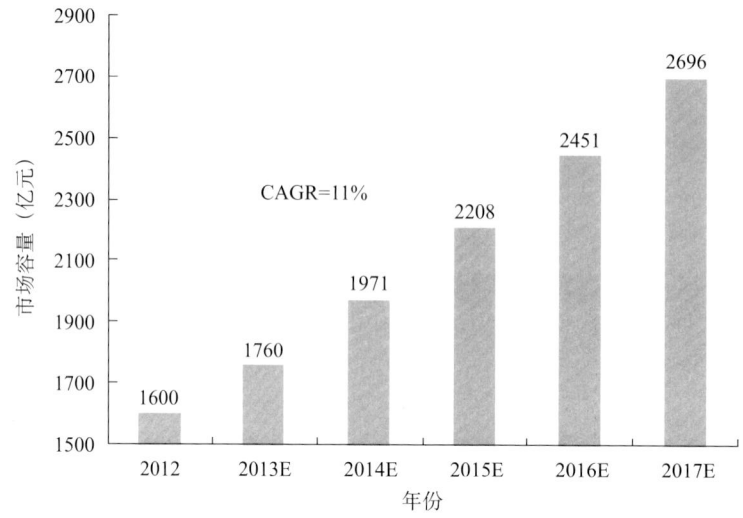

图 11-1 2012 年全球工业机器人市场容量及 2013—2017 年预测量

数据来源：中国产业洞察网。

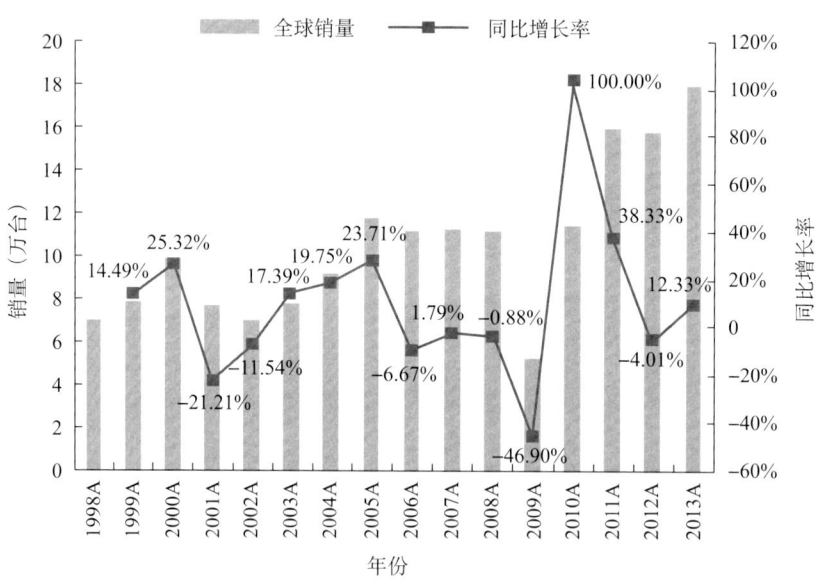

图 11-2 全球工业机器人销售量及同比增长率

数据来源：民生证券研究院。

(3) 新一代信息网络技术加速渗透，催生可实现移动互联的新一代机器人

近年来，以大数据、云计算、物联网、移动互联网为代表的新一代信息技术与机器人技术的融合创新加速，不仅将开发出更具自主学习能力和自主解决问题能力的新型智能机器人，还可以为机器人建立起相应的互联网和知识库的"云空间"，使其通过互联网进行交互，并通过云计算提升机器人的智能化水平。2013 年，美国谷歌公司收购了包括波士顿动力公司在内的 8 家机器人公司，正是瞄准这一趋势做的战略布局。

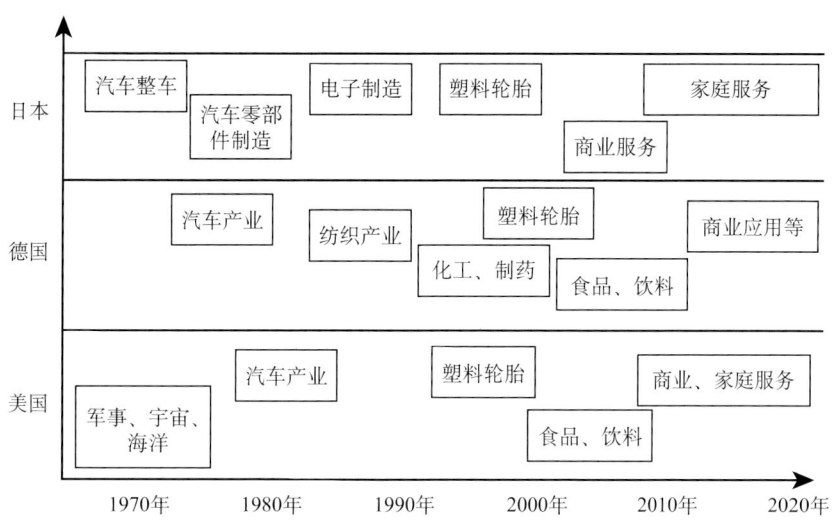

图 11-3 发达国家机器人应用领域演进

资料来源：民生证券研究院。

（4）发达工业化国家和地区纷纷做出战略部署，抢占机器人产业发展制高点

美国实施"再工业化"战略，在 2011 年开始推行的"先进制造伙伴计划（AMP）"中明确要通过发展工业机器人重振美国制造业，并凭借信息网络技术的优势，投资 28 亿美元开发旨在实现移动互联的新一代智能机器人。欧盟通过"第七框架计划"，投入 6 亿美元用于机器人的研发，并拟在"2020 地平线"项目中投入 9 亿美元用于机器人制造。日本制定了机器人技术长期发展战略，将机器人产业作为"新产业发展战略"中七大重点扶持产业之一加大投入，仅在类人机器人领域就计划 10 年投资 3.5 亿美元。韩国制定了"智能机器人基本计划"，2012 年 10 月发布了"机器人未来战略展望 2022"，将政策焦点放在扩大韩国机器人产业并支持国内机器人企业进军海外市场方面。全球主要国家工业机器人技术分布情况如表 11-1 所示。

表 11-1 全球主要国家工业机器人技术分布

	日本	韩国	欧洲	美国
机器人本体	极为突出	一般	很突出	一般
系统集成	极为突出	突出	一般	很突出
个人/家用机器人	极为突出	很突出	一般	一般
服务机器人	突出	很突出	突出	突出
医疗机器人	一般	一般	很突出	很突出
国防机器人	一般	不突出	突出	极为突出

(5) 服务机器人领域逐渐成为发达国家发展的重点

美国于 2013 年 3 月发布了《机器人技术路线图：从互联网到机器人》，强调机器人技术在卫生保健服务领域的重要作用及其在创造新市场和新就业岗位，以及改善人们生活等服务领域的潜力。欧盟表示将尽快制定出欧盟机器人技术，特别是家庭服务机器人技术的研发路线图与时间进度表。日本于 2013 年在神奈川县、茨城县建立"机器人特区"，投资 10 亿日元，推动看护机器人、救灾机器人等服务机器人的研发及应用。韩国于 2010 年提出"服务机器人发展战略"，计划通过开创新市场缩小与发达国家的差距，2012 年出台"机器人发展十年计划"，目标是实现每个家庭一台机器人。

2012 年全球服务机器人市场容量及 2013—2017 年预测量如图 11-4 所示。

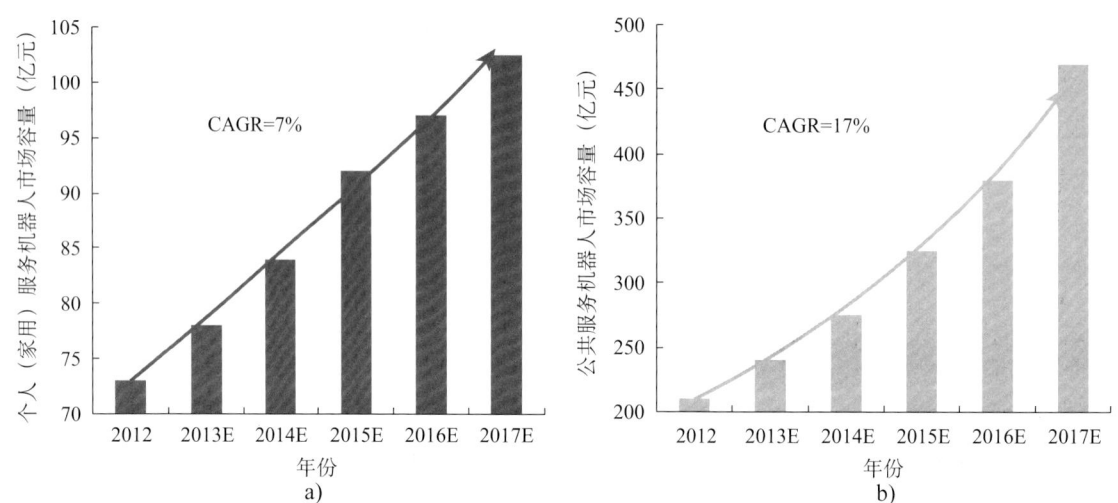

图 11-4　2012 年全球服务机器人市场容量及 2013—2017 年预测量

数据来源：中国产业洞察网。

1.2　国内机器人产业发展现状及趋势

(1) 工业机器人

工业机器人是一个国家制造水平的重要体现，是推动我国制造装备升级与换代的重要支撑技术，更是我国从制造大国向制造强国转变的重要手段和途径。随着我国工业的快速发展，产业转型升级不断深入，以及人口红利减弱、劳动力成本激增和用工荒的出现，需要越来越多的机器人来代替人工劳动，从而达到提高劳动效率、降低生产成本的目标。

中国机器人网统计数据表明，中国是全球机器人销量增长最快的市场。2010 年，中国机器人市场销量为 14 978 台，2011 年达到 22 600 台，同比增长 50.9%，2012 年达到 25 870 台，同比增长 14.5%，如图 11-5 所示。预计中国将成为全球规模最大的机器人销售市场。

目前，在中国机器人市场，销量占据前十位的机器人仍以国外品牌为主。2009—2012 年，发那科、安川、库卡的 ABB 在华销量整体呈明显上扬趋势，2012 年其销量总和达 14 000 台以上，占当年中国机器人市场总销量的 53.8%。国内机器人制造企业主要有广州启帆、安徽埃夫特、上海沃迪、广州数控、沈阳新松、深圳固高等。2012 年，国内机器人企业销量仅为

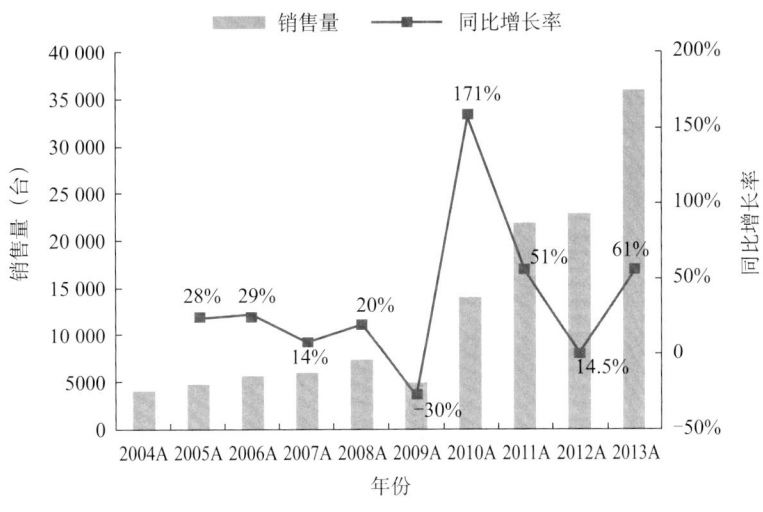

图 11-5 中国工业机器人销售量及同比增长率

数据来源：民生证券研究院。

1000 台左右，而独资及合资品牌销量高达 20 000 台以上，市场占有率分别为 4% 和 96%。从世界范围来看，我国工业机器人起步较晚，与世界同行相比，在精度、寿命、批量化生产等方面差距依旧明显，我国机器人产业发展仍然任重而道远。在工业机器人应用方面，我国与发达国家及世界平均水平的差距依然较大，如图 11-6 所示。

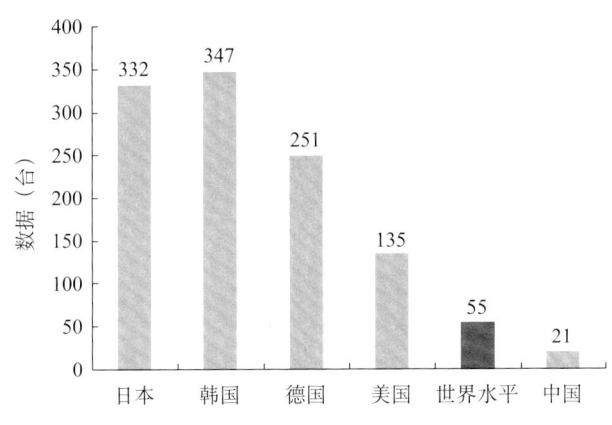

图 11-6 每万名产业工人拥有机器人数量

数据来源：民生证券研究院。

(2) 服务机器人

相对于工业机器人，服务机器人也逐渐成为千亿级的大市场。我国服务机器人产业刚刚起步。我国在《国家中长期科学和技术发展规划纲要（2006—2020 年)》中明确指出，将服务机器人作为未来优先发展的战略高技术，并提出"以服务机器人应用需求为重点，研究设计方法、制造工艺、智能控制和应用系统集成等共性基础技术"。

我国服务机器人潜在市场巨大。

①公共安全机器人：我国在应对地震、洪涝灾害和极端天气，以及矿难、火灾、社会安防等公共安全事件中，对服务机器人有着重要的需求。

②医疗和护理机器人：截至2009年年底，我国60岁以上的老龄人口已达1.67亿，到2015年，这一数字已超过2亿；残疾人群数量庞大，2006年全国残疾人总数为8296万，占人口总数的6.34%，有残疾人的家庭共7000多万户，涉及2.6亿家庭人口。老年人和残疾人的护理将成为社会的一个重要负担，需要一大批护理机器人提供诸如取物、喂饭、翻书等服务，帮助、照顾老年人和残疾人的日常生活，提高他们的生活质量，从而减少整个社会对护理人员数量和质量的需求。

③教育机器人：我国在校学生人数众多，教育事业对教育机器人的需求将形成一个巨大的市场。

④娱乐机器人：我国是世界玩具生产大国，产量占全球市场的3/4。但由于技术水平方面的原因，目前我国玩具出口主要以加工贸易为主，自行设计开发的玩具大多停留在中低档水平，品种单一，技术含量低。因此，娱乐机器人的发展将为高档玩具开辟一个新的方向。

即使放眼全球，现阶段的许多外围技术还未解决，离真正成熟的服务型机器人应用市场还有一段距离。而我国服务机器人的研发进度并不落后于世界强国，想象空间更大。如我国的"嫦娥3号"月球车，是我国最高智能专业服务机器人，集中了机器人的很多优势，具有自主导航、指挥携带仪器进行探测等功能。工业级的国防、物流、手术、农业等行业的专业服务机器人由于对价格相对不敏感，市场爆发可能早于家庭/个人服务机器人。

2 陕西省机器人产业发展现状分析

2.1 产业现状

陕西省在机器人关键零部件产业和技术方面拥有一定的基础，主要集中在机器人精密减速器、伺服电机、服务机器人和机器人控制系统方面。以下主要介绍机器人精密减速器和伺服电机产业基本情况。

(1) 机器人减速器产业基础

在"十二五"期间，针对机器人的发展态势，秦川机械发展公司以自身在齿轮加工方面的优势，在"04专项"支持下，拟投资3亿多元人民币建立RV减速器生产研发基地；渭河工模具厂及时将原应用于航天的谐波减速器向机器人领域拓展，为空客、ABB等国际大公司开展了机器人谐波减速器样品的研发，逐步形成了批量生产的能力。这些措施为陕西省机器人产业发展提供了很好的基础。

陕西渭河工模具总厂长期开展精密谐波减速器的研制和生产工作，是我国定点研制和生产谐波传动减速器、精密齿轮及电子专用工具的大型骨干企业，参与制定了谐波减速器的国家标准和军用标准，拥有谐波减速器产品四大类、140余种规格，其谐波减速器产品的技术、质量水平在国内处于领先地位，产销量国内第一。该厂开发的产品曾服役于中国各类卫星，如通信广播卫星"中星1A"、环境资源卫星HJC系列，服役时间已达15 000小时以上，空间用谐波产品还应用于"嫦娥3号"着陆器中。近年来，针对机器人关节的具体需求，该厂多次参与申请国家有关机器人的 863 项目,研制了机器人精密谐波减速器系列、空间谐波减速器系列及直角式谐波减速器系列等产品,在国内机器人谐波减速器产业领域具有较高的声誉和地位。

陕西秦川机械发展股份有限公司曾承担过国家 863 项目"机器人用 RV250AⅡ 减速器"。目前,公司与西安交通大学等正联合开展"04 专项"、"工业机器人关节减速器生产线",国家和企业共投入了 3 亿元人民币,开展 RV 减速器的系列化设计、批量化制造和检测技术的诸多研究工作,以建立工业机器人减速器生产线。

(2) 机器人伺服电机产业基地

伺服电机是机器人核心部件之一(如图 11-7 所示),由于机器人要求控制精度高、工作环境复杂、结构紧凑,因此对电机提出较高技术要求。西安微电机研究所是一家集微电机及自动化研究开发和生产于一体的专业研究所,是全国微电机标准化技术委员会主任委员和秘书长单位。研究所在高性能伺服电机、步进电机、直线电机、小型大转矩电机等方面有着良好的基础,已经形成了各种微特电机的研究与开发基地,产品广泛应用于工业机器人、服务机器人、航空航天、船舶、电子、核工业、仪器仪表、电工电器等领域,在国内同行业中有着良好的声誉和应用基础。通过进一步的技术开发,陕西省电机产业有能力成为未来中国机器人产业链中的重要一环。

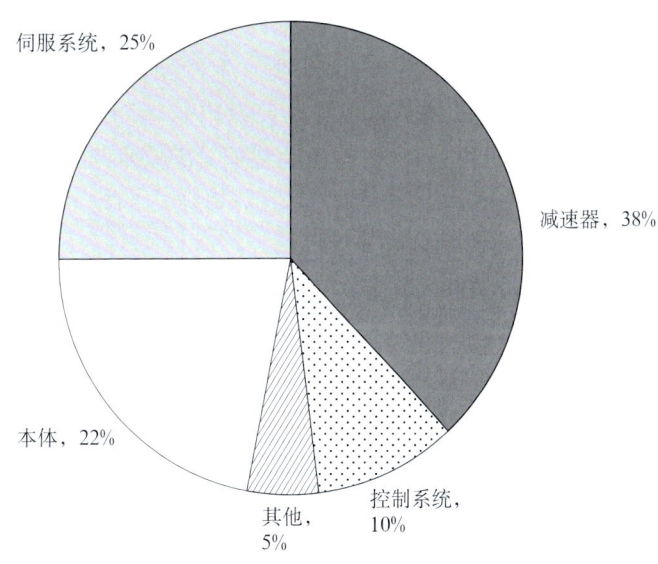

图 11-7　机器人各部分成本占比

数据来源:民生证券研究院。

2.2　技术水平

陕西省原有优势行业可以通过机器人系统的集成应用,提升产业本身的技术水平,还可以进一步带动陕西省机器人产业的发展。陕西省众多的高校及研究机构也为机器人技术的发展提供了坚实的智力支撑。

西安交通大学在机器人核心技术与研究方面有良好的基础，是中国西北地区在机器人技术研究与应用方面最具实力的高校。西安交通大学机械学院在机器人伺服驱动、运动控制及机器人仿真技术等方面有深厚的技术积累，承担了多项国家"十二五"有关机器人的863项目、支撑计划和国家自然科学基金等国家级课题，长期与航天510所、陕西702厂合作开展机器人谐波减速器设计理论和实验装置的开发研究，参与了陕西秦川机械发展股份有限公司"04专项"、"工业机器人关节减速器生产线"项目的研究开发任务；西安交通大学电信学院是我国最早开展多自由度并联机器人研究的机构，其开发的六自由度并联机器人应用于航空飞行模拟，取得了良好的社会效益；西安交通大学人工智能与机器人研究所在机器人模式识别与智能系统、三维视觉与传感等基础理论与关键技术研究方面积累了丰富的经验，解决了我国航天卫星机器人三维空间定位与识别等关键技术问题；西安交通大学医学院与哈尔滨工业大学合作，在医疗机器人技术开发方面取得了初步的成果，其开发的仿人机器人医疗训练设备实现了小批量生产，并在临床医疗教学中发挥了重要作用。

陕西诺贝特自动化科技有限公司是一家隶属于西安北村精密机械有限公司旗下专门从事机器人开发销售的中日合资企业，与哈尔滨工业大学机器人研究所进行了合作。该公司生产的RT系列工业机器人采用基于PC的控制平台，可实现精密的轨迹控制，丰富的功能可使其应用于多种工业场合；预留的电气接口便于系统的扩展，可根据工业现场需要进行外部轴及I/O接口的扩展；可广泛应用于搬运、装配、焊接等工业领域，目前在国内的一些制造生产线上得到了实际应用。

陕西九立机器人制造有限公司是一家专业研发、生产和销售特种环境机器人的高科技公司，主要从事远程遥控智能专用机器设备的自主研发与专业设计制造工作，申请并承担了2014年国家863项目"面向卫星的移动操作臂柔性装配关键技术与应用示范"。但目前产品，如排爆机器人和野外侦查机器人还处于样机研发阶段，在国内的技术和产业地位还有待进一步提升。

西安维特自动化公司瞄准锻压机床等安全性要求高和人力成本高的行业，与西安交通大学合作开发了面向大规模生产线自动化上下料的多自由度机械手，实现了锻压冲压生产线的无人化生产，目前已经销售近百台自动化机械手，客户包括杭州等南方省市的中小企业。但公司目前规模较小，批量生产能力较差。

西安航天精密机电研究所在工业机器人和自动化功能部件方面有一定的积累，该单位的工业机器人项目作为战略新兴产业项目2012年获得了国家发改委的批复，总投资6500余万元人民币，建成后具备年产直角坐标机器人3000台套、六自由度关节机器人350台套、模块化和其他类型机器人500台套的生产能力。该项目2014年10月建成了工业机器人厂房、库房及实验室，具备年产3850台套工业机器人产品的生产能力。

深圳固高公司西安研究院设立于西安交通大学科技园区，目前正处于筹备阶段，拟与西安交通大学相关研究机构合作，开展包括机器人在内的有关数控技术的应用与开发工作。作为国内在机器人核心技术方面有很好技术基础的固高公司，近年来得到许多国内地方政府的邀请，并在国内多地联合成立了有关机器人应用性公司，如根据芜湖汽车产业的需求，成立了奇瑞—固高机器人公司等。

2.3 存在问题

(1) 基础零部件制造能力薄弱

尽管陕西省在工业机器人相关基础零部件制造方面已经有了很好的基础，但是无论是质量、产品系列方面，还是批量化供给方面都与国外的产品有较大的差距，特别是在高性能交流伺服电机和高精密减速器方面的差距尤为明显。

(2) 企业自主创新能力不足，自主品牌市场影响力较弱

陕西省机器人产品尚未形成自己的品牌。目前，尽管已经有一批企业在从事机器人技术的开发，但是都没有形成较大的规模，缺乏市场品牌的认知度，在机器人市场方面一直面临国内外品牌的竞争压力。

(3) 对机器人研发及产业化政策支持力度不够

欧美发达国家为了鼓励企业生产和使用机器人制定了相关的扶持和激励政策，极大地促进了机器人产业的发展和工业机器人的推广应用。目前，我国多个城市和地区都把机器人作为重点支持发展的产业，打造机器人产业基地，出台优惠政策，加快培育龙头骨干企业，支持核心技术研发。陕西省虽然也有这方面的动作，但是力度还不是特别大。

(4) 关键技术研究相对落后

尽管陕西省多家高校及科研机构也开展了一些机器人关键技术方面的研究，但是研究都较为分散，大多属于跟踪研究，不同机构交流和联合较少，缺乏创意理念和原创性成果，关键零部件与可靠性、产品设计、材料与工艺技术、系统集成技术等方面与国外仍存在较大差距。

2.4 发展前景

陕西省在航空航天、汽车制造、能源化工、数控机床和医疗资源等方面拥有雄厚的产业基础，这些产业基础为陕西省机器人研发与集成技术及产业提供了坚实的支撑，同时，机器人的应用也必将显著提升并巩固陕西省优势产业的地位。

(1) 航空航天行业

航空方面，陕西省已经形成军用轰炸机、军用战机、民用支线、大型运输机、发动机、起落架等整机和零部件制造，以及教育、科研、设计、强度试验及试飞等比较完整的产业链。陕西航空装备产业包括西飞的民机与军机、陕飞的运 8 和运 9、西航的航空发动机等，此外还有燎原机械、庆安、航空动力、红原机械和三角航空等零部件生产企业，以及试飞院、飞机研究院和强度研究所等科研机构。陕西航空工业虽然在国内实力雄厚，但是中国航空工业的主要对手是国外的大型航空巨头。中国的航空工业特别是民用飞机和飞机发动机等技术与国外差距甚大，所以航空工业是经济带动最大，同时又是风险大、投资大的产业。但这也是陕西省的巨大机会，作为中国航空工业的排头兵，陕西省也应该义无反顾。

航天产业以西安航天发动机集团、航天六院和其他研究所为主，一方面是配合国家的航天工业发展规划，争取国家航天大项目落户陕西；另一方面是航天技术的民用化转化，主要利用航天系统的技术资源和智力资源与其他工业研究部门合作，研究民用前沿工业技术。

面对航空航天制造领域大尺度、高精度、多品种、小批量的生产特点，提高质量、降低

成本、快速反应是航空航天制造企业应对市场竞争和行业发展的重要手段。工业机器人在企业生产模式转型升级、提升装备先进制造能力方面将发挥日益重要的作用。

(2) 高档数控机床制造产业

陕西省秦川、宝鸡、汉江、汉川和咸阳等地区有十几家国有机床制造企业，以及几十家民营和外资机床制造企业，其中秦川、宝鸡和汉川都有国内数控机床前十强的企业。此外，汉江机床还是我国最大的机床附件生产企业，其产品包括滚珠丝杠、线性导轨、机床轴承及齿轮等；汉中工具厂是我国复杂刀具领域实力最强、产品品种最多的厂家，陕西省还有诸如关中工具厂、陕西航空硬质刀具厂等一大批刀具制造企业。

从发展水平来看，随着"高档数控机床与基础制造装备重大专项"重点任务的陆续完成，陕西省机床工具行业的技术地位明显提升，齿轮磨床和刀具部分技术与产品已经达到世界先进水平，巩固了陕西省高档数控机床领先地位，也改变了国际强手对数控机床产业的垄断局面，加速了我国从机床生产大国走向机床制造强国的进程。但陕西省甚至我国数控机床产品始终存在质量稳定性不够的问题，导致机床产品难以进生产线，严重影响该产业的整体经济效益和核心竞争力。因此，"十三五"期间应着重解决产品质量一致性问题。

随着我国装备制造业转型升级，在市场需求和技术进步双重作用下，工业机器人与数控机床集成应用发展很快，应用的形式不断拓展，对当前机床智能化潮流带来新的促进，对我国机床工具行业的转型升级也必将起到有益的推动作用，两者的深度融合，对于提高中国装备制造业的综合竞争力也具有重大意义。

(3) 汽车制造产业

陕汽集团拥有陕西重汽、宝鸡华山、汉德车桥和方圆零部件等十几家控股或者参股公司，年产值300多亿元人民币。比亚迪是秦川厂与深圳比亚迪的合资企业，是国产轿车生产企业的代表。法士特作为关键零部件企业，目前以生产重型商用车变速箱为主，占有该领域75%以上的市场份额，是中国最大的齿轮生产企业，世界最大的重型变速箱生产企业。此外，陕西省还有汉江微汽、博世在西安投资的联合汽车电子有限公司、生产世界先进电控大马力柴油发动机的西安康明斯、西安西沃客车有限公司、生产ABS等汽车安全部件的博华机电等企业。

但陕西省汽车制造产业的整体利润和盈利能力比国内其他整车和动力机械企业要低，因此，"十三五"期间要在汽车关键零部件方面重点突破，如发动机、变速箱、ABS等安全部件及汽车电子等关键零部件。

汽车工业的发展是近几年我国工业机器人增长的原动力之一。随着我国汽车工业的发展和对自动化水平要求的不断提高，将为焊接机器人市场的快速增长提供一个良好的机会，预计国内企业对焊接机器人的需求量每年将以30%以上的速度增长。从机器人技术发展趋势看，焊接机器人不断向智能化方向发展，会完全实现生产系统中机器人的群体协调和集成控制，从而达到更高的可靠性和安全性。而采用焊接机器人的汽车生产企业在高技术、高质量、低成本条件下必将获得高速发展，也必将为汽车产业的发展带来新的生机。

(4) 煤炭采矿行业

中国煤炭产量占世界总产量的35%，但中国的矿难死亡人数却占世界的80%。煤矿救援水平落后是造成矿难死亡率居高不下的重要原因之一。煤炭采矿是陕西省能源行业的重要产业，陕北有大量的煤炭企业，未来实现无人采矿与抢险是该行业的一个重要发展趋势。西安科技大学和煤机公司在行业中具有雄厚的技术基础,承担了采矿监测、机器人抢险等领域多项国家课题,深入开展了煤炭采矿机器人技术研究,提出了自主化、智能化的煤矿救援机器人方案,设计了轮轨式运载机器人和履带式探测机器人,并开发了煤炭抢险机器人原理样机,产品在煤炭采矿行业具有广泛的应用前景。

(5) 食品加工与包装行业

陕西省是苹果、葡萄、猕猴桃、牛奶等农产品的生产大省,陕西省已经将果蔬储藏加工产业、粮油加工产业、乳品(如牛奶等)加工包装业、烟酒制造业等作为重点产业进行发展,在食品加工产业方面,形成了如银桥乳业、雅泰乳业、恒通果汁集团等著名企业。食品加工包装设备的质量及可靠性要求更高,加工与包装装备质量与安全问题突出,对食品装备制造业提出挑战,也带来了新的机遇,为机器人农产品采摘、加工与包装应用提供了可能。

(6) 电气设备及器材制造产业

陕西省在电机制造、高压及超高压输变电设备、工业电炉、低压配电及控制设备、电线电缆和光缆、电工器材及电工专用设备制造等方面有着雄厚的基础。西电集团现已成为我国最具规模的高压、超高压、特高压交直流输配电成套装备及其他电工产品的研究、开发、制造、试验、贸易为一体的重要基地,中国500强企业,其中2012年位居中国电气百强企业之首。西安西玛电机有限公司是中国重点的几家电机生产企业之一,近年来连续入选中国电气百强企业。永济电机也在西安经济开发区陆续投资了好几个企业。陕西银河集团的电站自动控制系统(变电站自动化系统),以及铁塔、金具等产品达到国内先进水平。铜变、汉变等企业的110 kV级电力变压器及整流、铁路用变压器、电抗器同属国内先进水平。陕西宝光集团的35 kV及以下真空灭弧室达到国内领先水平。在技术研究方面,西安高压电气研究所和西安电炉研究所是国家级技术中心,也是行业技术标准规口单位,处于行业最高技术水平。这些企业的目标应该瞄准ABB和施耐德,稳固国内行业龙头地位,扩大国际市场份额。工业机器人应用于电气设备及器材制造领域,可以实现设备制造和组装的高精度、高效生产,满足了电气器材组装加工设备日益精细化的需求,而自动化加工更是大大提升了生产效益。

3 陕西省"十三五"机器人产业科技发展战略

3.1 指导思想

深入贯彻落实党的十八大和十八届三中全会精神,紧紧围绕产业转型升级和战略性新兴产业发展的重大需求,加强统筹规划,以市场为导向,以企业为主体,以行业应用带动产业发展,整机与零部件协同推进,重点突破共性关键技术,加快探索商业营运模式,有序推进机器人产业健康发展,打造具有国际竞争力的机器人产业体系,为陕西省工业转型升级做出积极贡献。

3.2 发展思路

立足现有优势,整合资源,加大投入,构建机器人产业带;依托现有机器人产业基地及优势科研院所，完善产学研用体系，提高自主创新能力和配套水平；推进龙头企业发展，加快市场应用，将陕西省打造成具有国际竞争力的机器人及智能装备产业基地。

3.3 基本原则

①坚持以应用示范为导向，通过市场需求推动产业发展。以较为成熟的工业机器人产品为突破口，在重点行业选择若干重点骨干企业，协同机器人供需双方，开展机器人应用试点。

②坚持引进与自主开发并举，实现技术跨越和产业快速发展。瞄准全球机器人制造知名龙头企业进行招商，同时加大对陕西省机器人研发机构和企业的支持，尽快推进机器人的商品化和产业化。

③坚持"整机+零部件"的"垂直整合"发展模式，形成富有竞争力的产业集群。规划建设机器人产业发展园区，以焊接、涂装机器人等整机为重点，带动减速器、伺服电机等关键零部件的集聚发展。

④坚持技术融合发展路径，实现工业机器人与服务机器人、军用机器人与民用机器人同步推进。以重点研发机构和龙头企业为依托，建立完善机器人仿真设计、测试检测和标准设计平台，服务各类机构和企业，开发适应市场需求的各类机器人。

3.4 发展目标

以工业机器人为切入点，优先推进技术较为成熟的产品产业化，夯实发展基础，适时推动服务机器人的发展。通过招商引资和培育本土自主品牌，集聚多家国际知名龙头企业，在系统集成、机器人本体和减速器、伺服电机等关键零部件等方面具备较强的自主研发制造能力。到2020年，初步形成集聚检测设计平台、系统集成、整机及关键零部件研发制造的综合产业集群，机器人产业基地初具规模。到2025年，形成完善的研发、检测、制造体系，成为国内重要的、具有全球影响力的机器人产业基地，机器人产业成为陕西省新的支柱产业。

3.5 重点任务

陕西省机器人产业布局应结合本省装备制造产业发展基础，寻找影响陕西机器人产业发展的主要矛盾；以降低国产工业机器人成本和提高可靠性为目标，开展工业机器人核心功能部件、工艺集成技术和产业应用示范研究；以形成智能机器人产业发展为目标，开展医疗、家政等服务机器人产品、智能机器人领域若干前沿技术研究，提出全面提升陕西省机器人技术和产业水平的政策措施、工作步骤和科技攻关计划。

(1) 工业机器人核心功能部件研发

开展机器人关键核心部件技术攻关，掌握核心技术。工业机器人核心部件主要由运动控制软硬件系统、伺服驱动系统和关节减速器组成。目前工业机器人市场主要被国外"四大家族"垄断：日本发那科、日本安川、德国库卡和瑞士ABB，2012年这4家公司在中国的销量超过1.4万台，市场份额占到53.8%。中国本土机器人厂商主要包括沈阳新松、安徽埃夫特和广州数控等，近年来，诸如深圳固高和华中数控等企业也纷纷兴起。但国内机器人公司与国外公司相比还存在较大差距,其主要产品还集中在控制系统和伺服驱动上面,至为关键的关节减速器几乎全靠进口;由于尚未实现国产化,导致减速器价格非常昂贵,其成本要占到整个机器人本体成本的30%以上,因此发展国产机器人减速器至为关键。

反映工业机器人技术水平的关键指标是负载能力,目前我国着力研发165kg以上点焊机器人和300kg以上重载搬运机器人,其瓶颈和核心部件就是行星轮+摆线针轮减速器(RV减速器)。

此外,模块化、可重构的工业机器人新型机构设计,基于实时系统和高速通信总线的高性能开放式控制系统,在高速、负载工作环境下的工业机器人优化设计,高精度工业机器人的运动规划和伺服控制,基于三维虚拟仿真和工业机器人生产线集成技术,复杂环境下机器人动力学控制和工业机器人故障远程诊断与修复技术等,也是机器人关键功能部件及技术中需要重点解决的核心问题。

(2) 工业机器人的集成应用技术

系统集成是在通用型工业机器人的基础上结合各行业的具体需求再进行二次开发,因此机器人本身并不能提升产业水平,只有将机器人与具体产业工艺相结合才能爆发出生产力,系统集成能力和水平才是决定性因素。目前,下游需求市场最大的汽车领域的系统集成基本上被外资品牌牢牢占据,但是食品加工和包装、电子制造、煤炭采矿等其他制造业的自动化改造升级才刚刚起步,系统集成市场新增需求几乎都来自除汽车之外的各个行业。相对于机器人本体制造企业与外资产品的激烈对决而言,系统集成商的竞争处于同一起跑线,即使是技术实力雄厚的国际厂商也不可能对所有行业的工艺都熟悉,拥有技术、资金、工程人员优势的本土集成商将胜出。

目前上市公司中,新松机器人布局领域较多,在汽车及零部件、烟草、金属、集成电路、重型机械、塑料、橡胶等行业拥有系统集成经验;博实股份在粉粒料包装搬运领域拥有系统集成能力;巨轮股份、软控股份、赛象科技等在轮胎(橡胶)行业开始系统集成业务;佳士科技、瑞凌股份等在焊接行业开始系统集成业务。

这些系统集成商的发展对于整个机器人行业是至关重要的,机器人本体厂商需要他们的帮助才能进入新兴的一般工业市场,并且他们集成能力的增强将会持续开发出巨大的下游需求,进而推动机器人行业的发展。同时,由于国内机器人本体厂商有较好的性价比优势,国内系统集成商似乎也更愿意帮助国内机器人本体厂商成长起来。因而,陕西省机器人发展,可以通过本省各个行业制造企业的需求,实现机器人系统集成,成为推动陕西省工业机器人行业发展的一个重要引擎。

(3) 医疗家政等服务机器人研发

1) 微创手术机器人

研究开发微创手术机器人。机器人手术系统是集多项现代高科技手段于一体的综合体。国际上手术机器人已经取得了大量应用,利用机器人做外科手术已日益普及,美国仅2004年一年,机器人就成功完成了诸如前列腺切除及心脏外科等各种外科手术2万例。但是,机器人做外科手术的成本比较高,每台医用机器人的最高成本可达130万美元,全世界仅有不足300家医院可实施机器人手术。在国内,天津大学率先开展了微创手术器械的研究,其研制的"妙手"显微外科手术机器人系统针对喉部手术的各种动作,设计制造相应的手术器械末端执行机构，在手术过程中可进行快速更换，以完成切开、剥离、止血、缝合等操作。哈尔滨工业大学根据腹腔微创手术中手术工具操作特点，设计了一种腹腔微创手术机器人用夹钳式手术器械，它具有 4 个自由度，可实现操作杆的自转、腕部的摆动、左指和右指的开合。这种夹钳式手术器械采用行星轮系机构补偿手指和腕部运动产生的耦合运动。西安交通大学在肝移植手术机器人的训练和实际应用中均有很好的基础，肝移植手术的实训仿人机器人实现了小批量样机制造，并开发了微创移植手术止血电磁夹钳机械手技术，为未来陕西省医疗机器人的应用奠定了良好的基础。

2) 助老伴行服务机器人

研究开发一种能够帮助老年人和残疾人行走的助老伴行救援机器人。该机器人的设计思路为：在老年人外出的时候，可以扶着机器人行走，通过各种不同的速度挡对机器人进行大范围的速度调节，利用滑觉传感器对机器人与老年人之间的动态关系进行检测，对机器人的速度在小范围内进行柔性调节，对老年人的摔倒行为进行预防，并在翻车时进行报警。

3) 康复机器人

研究开发帮助脑卒中患者针对手部和腿部运动障碍进行主动康复训练的康复机器人。以脑肌多源信息系统技术为目标，研究脑肌多源信息的运动意图、位姿感知认知、交互控制和生机电一体化系统集成技术。

针对柔性康复机器人构型驱动和运动姿态感知的问题，提供多自由度柔性康复机器人的驱动技术和运动姿态感知监测技术，为运用柔性机器人进行康复治疗奠定基础。

4) 智能假肢

研究开发脑控智能假肢，研究人体手部在动作过程中神经通路的传导机制与对各种感知的交互处理机制。以生物解剖学、中枢神经系统为理论基础，检测人体特定手部操作过程中的脑电、肌电和眼电信号，进而分析人在动作过程中大脑—神经—肌肉—感知的工作机制，最终初步构建大脑—神经系统—肌肉—手—感知的工作机制结构模型。在现有智能假肢的基础上，进一步研究触滑觉、力和位置等感知传感器在智能假肢上的应用技术，以及基于多传感器信息融合的智能假肢精密自适应控制技术。研究各种 EEG 混合的信号识别策略与方法，以及多类脑电信号的识别分类技术，并在自主设计开发的智能假肢实验系统上进行验证分析研究。

5) 助老助残外骨骼机器人

针对老龄化、脑卒中、意外事故等引起下肢功能退化或丧失的人群，以目前外骨骼技术研究成果为依托，结合基于生物电信息的人机交互接口技术，开发一种新型的可穿戴助老助残外骨骼机器人。老年人可通过穿戴该机器人增强行走能力，运动功能丧失的残疾人可通过穿戴该机器人重新站立行走。该项技术的研究，将打破国外垄断，获得具有自主知识产权的助老助残外骨骼机器人技术，加快我国老龄化产业和康复事业的发展。

6) 智能家居机器人

清洁机器人是为人类服务的特种机器人，主要从事家庭卫生的清洁、清洗等工作。机身为自动化技术的可移动装置和有集尘盒的真空吸尘装置，配合机身设定控制路径，在室内反复行走，进行如沿边清扫、集中清扫、随机清扫、直线清扫等路径打扫工作，并辅以边刷、中央主刷旋转、抹布等方式,加强打扫效果,以完成拟人化居家清洁效果。

7)导游机器人

研发开发面向旅游业的智能导游机器人系统,该系统可以实现游客室外和室内一体化的自主定位和路径引导,有效保证景区的引导服务质量。基于室内外景点播报区域的实时景点信息播报方法,将游客的实时位置与播报区域之间的空间关系作为景点讲解的触发条件,并针对不同类型的景区目标采用不同的播报区域划分,实现讲解自然流畅、路口播报及时准确的功能。可避免因导游人员的懈怠情绪而导致的服务质量下降问题,缓解一些景区导游人员不足的压力,并且可以同步主控机实时更新景区信息,与其他导引机器人协同完成景区导引服务工作。

8)娱乐机器人

研发一款陪伴机器人,机器人身上安装有触觉传感器,可以对人的触碰做出相应反应,做出各种有趣的动作,并且懂得分辨对它的称呼和责备。通过开发一种公园六足机器人观览代步工具,研究大型载人六足机器人的构型设计、运动规划、控制系统设计方法,同时集成景点导航、网络通信及语音景点介绍等功能。技术指标:具有平地行走和45°地面环境行走能力,具有400kg负重能力,具有景点导航和语音介绍功能。

3.6 关键技术

目前的机器人技术,其功能性、智能性、拟人性、交互性、协同性等方面还远远不能满足人们的需求。目前看来,从机器人构型、机械结构、人机交互、脑机交互、机器人感知、新材料等诸多方面还都有很大发展空间,国内外都在多方面进行探索。但是,本着"有所为,有所不为"的原则,陕西省应该选择一些已经有一定研究基础,并在未来可以在国内外形成优势,有可能实现突破性进展的方向开展前沿探索研究。

(1)软体机器人的研发

机器人研究的一个重要目标是实现仿生,最高境界是实现高逼真性的模仿人的各种功能。目前的机器人大都采用硬性材料,是硬体机器人,在仿生和仿人方面还很不理想。

本项目将开展软体机器人方面的探索研究,通过采用新型功能材料和结构设计,设计制造柔性机器人,可根据需要改变机器人尺寸,实现连续变形能力,完成快速、准确的运动定位,具有高度灵活的自适应水平。所开发的软体机器人要保证可靠性水平高、性能稳定、可持久作业等。

软体机器人具有良好的生物兼容性,在生命科学中具有重要的应用前景。例如,人体手术需要柔软的接触、夹持等柔顺特性,宜采用柔体机器人。在航天领域,在失重或微重力环境下,不需要很大的作用力就可以完成很多功能。并且,卫星或空间站内环境狭小,柔性机器人具有体积小、重量轻、多自由度变形等特性,非常适合在航天领域应用。在灾害环境或核电站等复杂的管路空间中,柔体机器人可以到达人或常规机器人无法到达的环境,完成观察、维修、救援等工作。

关于软体机器人相关技术,如软体材料、软体驱动、软体控制等在其他领域也具有广泛的潜在应用前景,具有很好的推广应用价值。

软体机器人技术不仅具有广阔的应用前景，而且可以更好地实现仿生和仿人特性，对机器人的设计、控制等理论的发展具有重要价值。

(2) 基于电活性软材料的驱动器及传感器开发

机器人驱动器是用来使机器人发出动作的动力机构，而传感器使机器人具备了类似人类的感知功能和反应能力。目前，虽然已经有多种机器人的驱动器和传感器，但是还不能使机器人完全模拟生物的敏感和动作特性，如机器人的皮肤触觉和皮肤温度敏感等。

电活性软材料具有类似人类肌肉和神经的驱动和敏感特性，被归结为"人工肌肉"的一种。目前国际上对"人工肌肉"的研究已经成为热点，取得了丰富的基础研究成果。本项目将积极探索"电活性人工肌肉"等新型材料在机器人领域的应用，尝试新功能化的机制本质，实现多学科交叉融合的驱动和感知性能。

已有研究证明，基于离子型电活性材料能实现力/电信号的可逆转换，基于此原理，将驱动和传感功能集成一体化，努力实现机器人制造过程简单化、柔性化、轻量化、智能化。

结合化学、生物、医学等领域的前沿技术，探索机器人的新型驱动机制。通过学科技术交叉，开发机器人对生理信息、视觉信息、环境信息和地质信息的复杂感知功能的新机制和新特征，使机器人更加拟人化。

(3) 智能化设计与智能控制基础理论研究

研究基于虚拟样机技术的机器人机电控联合仿真与优化设计方法，研究机器人各臂的物理参数优化技术、动态特性及结构特性的联合开发方法，重点攻克变参数、强耦合的机器人智能控制理论，开发若干机器人产品，搭建共性技术平台。

工业机器人是由多个关节连在一起的一系列构件所组成的空间多自由度连杆机构，并且是开链型的，机器人运动控制的关键就是要控制机器人各个连杆、关节彼此间的相对位置和各自的运行速度及输出力的大小。目前，工业机器人的设计主要是几何学与运动学设计，深入到动力学设计的不太多，而将运动学、动力学、控制、驱动、轨迹规划融为一体的光机电控联合设计与优化的基本没有。更进一步，将光机电控联合优化所得的物理参数与后续的结构强度、刚度优化相连接，以及前端的诸如模态等动态特性相连接的智能化设计技术更是缺乏，因此，发挥陕西省智能资源优势，集中力量进行攻关，必然能够在未来的机器人发展中引领潮流。

另一个关键技术是智能控制技术，受制于机器人前后臂的耦合影响，以及机器人运动过程中惯量参数的改变等，使得目前基于传统伺服跟随系统的串级PID控制方法难以适应这种状况，降低了机器人跟踪精度和速度，使得目前机器人只能执行一些"傻大笨粗"的任务，极大限制了机器人应用的范围。这也是陕西省将来相关技术研究的重要方向。

(4) 机器人精度及运动稳定性研究

机器人一般由执行机构、驱动装置、检测装置、控制系统和复杂机械等组成，其本体执行机构的臂部一般是一个多自由度的空间连杆机构，它由若干连杆通过转动副或移动副联接而成，这些运动副即为机器人的关节。精度是机器人最重要的性能指标之一，直接影响机器人的工作性能。研究表明，在参数因素中几何结构参数偏差引起的误差占机器人总误差的80%左右，而在结构参数误差中关节间隙误差最难以定量控制，这吸引了各国机器人专家的广泛关注。

由于制造安装误差及其他一些原因，机器人机构各关节的轴与轴孔之间必然有间隙存在。由于关节中存在间隙，在关节力和关节力矩的作用下，轴在轴孔中会产生偏斜和位移，这种偏移也必然导致与连杆固联的杆件坐标系相对于理想位置产生偏移。每个杆件坐标系位置的偏移，都将直接影响机器人末端执行器位姿的准确性，从而导致位姿精度的下降。另外，间隙会使构件和构件之间发生剧烈的冲击和碰撞，从而改变机构间的受力情况，导致机构构件磨损加剧，同时会产生刺耳的噪音，严重影响系统的运动精度和稳定性，进而使得机器人的动力性能下降。因此，研究关节间隙机制对提高机器人精度及其稳定性具有十分重要的意义。

(5) 多传感器信息融合和机器人视觉研究

随着电子技术及超大规模集成电路技术的飞速发展，传感器结构将朝着并行结构发展，因此，开发并行计算能力的软件和硬件，来满足具有大量数据且计算复杂的多传感器信息融合的要求，是多传感器信息融合技术的主要发展趋势之一。多传感器信息融合技术硬件的主要发展方向为：能处理多传感器信息的集成电路芯片及新型移动机器人用传感器，并且，不断使传感器模型和接口实现标准化。

目前，多传感器信息融合算法很多，但大多都是以线性正态分布的平稳随机过程为条件。因此，开发新型的信息融合算法，进一步提升多传感器融合系统的性能，解决非线性及非平稳正态分布的实际信息融合还有待于进行深入的研究。

人工智能可使系统本身具有良好的柔性与可理解性，因而，能够处理复杂的题目。对人工智能的研究将会在传感器选择、自动任务误差检测与恢复等领域发挥巨大的作用。目前，人工智能在多传感器信息融合中的应用已经是国内外研究的一个热点。

移动机器人在未知环境下的多传感器信息融合，主要解决其自主定位与导航问题。目前，基于多传感器信息融合的移动机器人自主定位与环境建模取得的研究成果，大多局限于室内结构化环境中。有关决策规则的鲁棒性、传感器布置的效果、生物传感器方法的适应性及自定位、运动规划和控制与机器人动态的综合考虑等方面仍有待于深入研究，特别是非结构环境下移动机器人技术将是今后机器人技术发展的重点。

机器人视觉是其智能化最重要的标志之一，对机器人智能及控制都具有非常重要的意义。机器人视觉系统的工作包括图像的获取、处理和分析、输出和显示，核心任务是特征提取、图像分割和图像辨识。而如何精确、高效地处理视觉信息是视觉系统的关键问题。目前，视觉信息处理逐步细化，包括视觉信息的压缩和滤波、环境和障碍物检测、特定环境标志的识别、三维信息感知与处理等，其中环境和障碍物检测是视觉信息处理中最重要，也是最困难的过程。

4 实施措施及政策建议

4.1 实施措施

(1) 加强统筹协调，形成发展合力

组织相关研发、制造单位成立产业联盟，积极发挥其市场主体作用，实现政企、校企、军地资源共享、协调推进。组织开展机器人大赛，搭建良好的机器人科技创新赛事平台，为陕西省机器人产业技术的发展提供动力支持，为未来机器人产业的发展奠定基础。

(2) 加强政策支持，增添发展动力

支持机器人整机与零部件研发，推动应用系统开发；对工业机器人产品和公共研发平台建设予以支持；适时启动其他机器人研发专项。

(3) 加快园区建设，拓展发展空间

加快推进机器人产业基地建设。加快启动园区机器人产业发展公共服务平台建设，培育一批具有市场竞争力的机器人企业。

(4) 完善投融资体系，创新商业运营模式

鼓励金融资本、风险投资及民间资本投资机器人产业。对技术先进、优势明显、带动和支撑作用较强的项目优先给予支持。

(5) 促进人才聚集，打造智力高地

建立机器人产业人才聚集、培育和服务体系。加快引进国内外高端人才，对符合条件的高端人才按规定给予相关待遇，支持高校和科研院所加快培养机器人产业相关专业人才。

4.2 政策建议

近年来，随着我国产业结构的调整和人力资源问题的出现，各类机器人需求和产业发展需求迅猛增加，但所有公司在机器人核心技术水平和规模化方面都有待提高，还没有一家企业在国内能够形成大批量产业化规模和市场相对垄断的情况。陕西省机器人技术虽有一定的特色，但产业布局相对落后，鉴于中国机器人目前的发展格局和现状，提出以下几点建议。

(1) 立足优势资源，辐射整个产业链

陕西秦川机械发展股份有限公司的 RV 减速器和陕西渭河工模具总厂的谐波减速器产品在国内具有领先的技术水平和产业化规模，是陕西省在机器人产业中已经有了很好条件且不可多得的"先手棋"，可以进一步投入力量，开发技术和装备，扩大产能及其在机器人领域的应用。

(2) 扶持陕西省有技术基础的中小企业

支持陕西省有核心技术的中小企业，产学研结合，开展机器人示范应用，并引入风险投资，学习发达国家新兴产业经验。进一步支持若干有基础的中小企业开展机器人关键技术与产品的开发，在机器人控制器、伺服驱动、机器人视觉等机器人特色关键产品上做大做强。在这些核心部件优势基础上，辐射中国机器人产业，甚至吸引机器人本体企业来陕西省建立生产基地，形成完善的机器人产业链。

(3) 针对产业需求，提升应用水平

在机器人应用方面，可以根据陕西省装备制造的需求，在汽车制造、航空航天、机床制造、农业等各行业开展基于机器人视觉、智能控制及在线测量等方面的二次开发，如汽车焊接、生产线上下料、自动装配、水果分拣等，以替代人力，提高生产效率和生产质量。

(4) 加强基础技术，面向未来发展

鼓励高校开展机器人技术的人才培养，造就大批机器人应用与技术开发人才，支持西安交通大学、西北工业大学等一直从事机器人相关零部件开发且有一定基础（产品）的团队，面向未来 5~10 年发展需求，开展机器人关键核心部件、智能控制理论、三维视觉等基础性研究，开发出新型机器人以满足重型机械、航空航天、军工等行业的需求，占领未来技术制高点。

第十二篇

陕西省"十三五"种植业科技发展战略研究

组织单位：陕西省科学技术厅农村科技处
课题承担单位：西北农林科技大学
课题负责人：廖允成
课题组成员：冯永忠　李学军　徐凌飞　陈书霞　韩　娟

引　言

　　种植业是栽培各种农作物及取得植物性产品的农业生产部门。它是一切以植物产品为食物的物质来源，是人类生命活动的物质基础。在中国，种植业同林业、畜牧业、副业和渔业合在一起，作为广义的农业。种植业在整个农业中占有特殊重要的地位，是整个农业的基础。种植业科技包括作物品种选育改良、耕作栽培技术、土壤改良与施肥技术、病虫杂草防治技术等。让老百姓吃得饱、吃得安全、吃得营养、餐桌食品丰富，是农业科技的使命。国际粮农组织近期的报告指出，全球食品库存水平处于低位，小麦和玉米等作物的价格上涨是"一个重大的全球问题"。有研究表明，当食物价格每上涨1%时，世界上饥饿人口将增加1600万。如果这一趋势延续，就意味着全球饥饿人口到2025年将增至12亿，比之前的预测多6亿，届时国际粮油价格将会进一步攀升。为此，粮食安全省长负责制，正是考虑了上述因素，我国政府一直非常重视粮油的自给率。在解决全国居民吃上饭的基础上，改善居民的膳食水平，让居民一年四季都有新鲜的蔬菜和水果，是各级政府的主要责任。

　　陕西省地域复杂，陕北干旱、水土流失严重，是典型的黄土高原旱作农业生产区；关中雨水资源丰沛、耕地肥沃、社会经济发展很快，是中国农业的发源地；陕南农业生物资源丰富，但是耕地面积有限，坡耕地比例较大，种植业发展空间有限。如何根据陕西省不同地域的资源禀赋，利用现代生物技术、装备技术和先进的耕作栽培技术，优化区域作物布局，因地制宜，发展粮、油、薯、果、菜等作物，满足人民群众对优势农产品的需求。在此背景下，制定"十三五"种植业科技发展战略规划，全面提升陕西省粮食自给能力和促进陕西省果蔬产业化水平，既是国家粮食安全的战略需要，又对推动陕西省果蔬产业化水平提升具有重要的意义。

1 国内外种植业科技发展现状及趋势

1.1 国外种植业科技发展现状及趋势

1.1.1 发展现状

2013—2014 农业年（即 2013 年 7 月 1 日至 2014 年 7 月 1 日），全球粮食产量创近十年新高，达到 25 亿吨，同比提高 8.4%，比 2011—2012 年度创下的最高纪录提高 6%。全球小麦产量同比提高 7.8%，饲料作物产量提高 12%，大米产量提高 1%。根据联合国粮农组织（FAO）对谷物产量和利用量的最新预测，2015 年各作物年度结束时的世界谷物库存量有望增加至 6.275 亿吨，创 15 年来最高水平。玉米库存量的增幅最大，其次为小麦；使得 2014—2015 年度的谷物库存量与利用量之比较 2013—2014 年度的 23.5% 提高至 25.2%，达 2001—2002 年度以来的最高水平。小麦、玉米、水稻、油料等主要谷物和油料作物的区域化特征更加明显。粮食不足及严重短缺的地区包括拉丁美洲、北非地中海沿岸、西亚、东南亚的菲律宾及南亚，特别是撒哈拉以南的国家，总计有 56 个国家严重缺乏粮食和食物，在世界范围内有 8.42 亿人口营养不良。区域不均衡，各大洲之间存在巨大的差距。

据 FAO 最新统计（2014 年 12 月 20 日），2012 年全球水果的种植面积为 8.49 亿亩[①]，产量 6.37 亿吨。中国、印度、巴西和美国等是世界水果生产大国，中国种植面积和产量位列第一。2008—2011 年全球水果种植面积和总产量保持增长态势，种植面积年均增长率为 1.15%，产量年均增长率为 2.53%；2011—2012 年全球水果种植面积基本趋于稳定，维持在 8.49 亿亩左右；2012 年产量稍有下降，比 2011 年减少 0.17%。全球果树产业面临着劳动力年龄老化、劳动力成本上升、果品安全、国际水果市场竞争激烈等主要问题。国际市场水果进出口贸易呈明显的区域性格局。例如，美国出产的梨主要出口到墨西哥、加拿大、巴西市场；欧盟主产国面向欧洲市场且供不应求；南美阿根廷、智利出产的梨主要出口到欧盟和美国；我国则主要出口到俄罗斯、东南亚，以及供应港澳地区。

据 FAO 对 199 个国家和地区的统计，近年来世界蔬菜种植面积和产量呈现出逐步上升态势。统计结果表明，2012 年全球蔬菜种植面积为 8.5 亿亩，比 2011 年增加了 1.97%，世界蔬菜总产量（包括甘薯、马铃薯、洋葱、土豆、番茄等在内的蔬菜类作物）为 26.8 亿吨，比 2011 年增长了 4.14%，总产值为 1872.26 亿美元，其中，亚洲占 59.5%，欧洲 14.3%，北美洲 93%，非洲 7.1%，其余为南美洲和大洋洲。中国、印度、越南、尼日利亚、菲律宾、缅甸、伊朗、韩国、尼泊尔和巴西成为世界排名前 10 位的新鲜蔬菜生产大国。作为一种高度集约化的产业，充分体现了高科技、高投入、高产出、高效益的生产方式，以美国为代表的发达国家自 20 世纪 50 年代就初步实现了蔬菜产业的现代化。

1.1.2 技术特征

在种植业领域，欧、美、日等发达国家和地区从种子选育、播种、田间管理和收获等阶段，已经实现机械化、信息化、集约化和标准化，现代化水平很高。例如，日本大力研发生产与

---

① 根据来源资料及方便后文数据的统计计算，本书沿用传统面积单位：亩。

推广适应日本国情的小巧农机具，到 20 世纪 70 年代末，日本农业的机械化水平已位列世界前茅。政府积极推广传统农业生产中的先进经验，传播作物良种和水稻高产的栽培方法，投入大量资金改善了农田基础设施，增强了日本农业抗灾减灾能力。美国是世界上率先实现农业现代化的国家之一，在农业生产中，运用先进科学成果如生物技术、农业化学技术、节水灌溉技术、农业信息技术等，显著提高了土地利用率和农作物单位面积产量，同时实行机械化生产，使投入/产出比降低，提高了经济效益。其作物育种研究主要以大学（研究所）和公司为主，如杂交种以先锋、杜邦、先正达等公司为主。常规种（如小麦），主要以各州的农业大学为主，每个州一般只有一个育种家，负责该州的品种选育及推广计划，一般情况在美国每年至少进行 50 个多点试验，对各个点的结果进行汇总，筛选出产量高、适应性好的材料。德国现代农业的发展依托于政府对农业信贷的扶持及农业科研与农业协会的发展，政府规定，购置农业专业化设施的长期贷款期限可达 20 年，对农业领域投入包括对休闲地补偿、小农场合并补助、资助困难农场生产及社会保障等，并对农业（农机）技术服务协会、企业给予一定启动资金；还制定了农产品支持政策和农产品价格标准，确定年度指标价格和若干年后应达到的目标价格，以调动农业经营者增加对农业的资金投入，加速现代农业的实现。

果树新品种和砧木的应用速度明显加快，注重优质营养安全的标准化生产，呈现出区域化布局、规范化栽培、一体化经营和系统化科研的发展趋势。美国、日本、新西兰等国家一方面注重果树科技创新，加强果树品种、栽培技术、储藏和加工技术等的研发；另一方面走产业化发展道路，如日本农协（JA）是日本果树产业化的主要组织形式。

蔬菜产业发达国家基本实现了设施内生产管理的机械化与设施内温度、湿度、光照、水分、营养、CO_2 浓度等综合环境因子的自动监测与调控。日本早就在膜覆盖、计算机综合调控、工厂化育苗和机器人嫁接等技术方面处于世界领先水平，日本农业研究中心和荷兰瓦赫宁根大学通过将作物管理模型与环境控制模型相结合，已经实现了温室智能化管理，大幅度降低了系统能耗和运行费用；美国 2009 年已把卫星通信、遥感技术、电子计算机等高尖技术应用到拖拉机等农机具上，实现了拖拉机等农机的自动操作和自动监控，使耕地、播种、施肥、锄草、防治病虫害等蔬菜生产作业步入精确化发展的轨道；发达国家的蔬菜种植业具有产业化程度高、科技含量高、种子高度商品化及国际市场竞争能力强等特征。种子企业高度规模化、集团化和国际化，通常将其销售收入的 10% 左右投资于研究和开发领域，保持其创新能力不断提高，保证自身始终处于科技创新的前沿，以及其在种子知识产权领域的垄断地位。

1.1.3 发展趋势

(1) 生物技术与各种组学在作物育种上的广泛应用

在作物育种科技上，小麦、玉米、棉花、水稻、油菜、果蔬等作物上，各种"组"学、生物信息学、系统生物学和整合生物学等在作物学科基础研究的深度和广度上发展；水稻、玉米、小麦、棉花、大豆、油菜等主要作物祖先供体种基因组测序完成；农作物特异基因资源的发现及有效利用、作物性状形成的生理生态基础及分子调控机制研究、株型育种和杂种优势利用等理论、技术和方法在新品种选育方面发挥着越来越重要的作用。

(2) 成本控制下的作物产量突破和可持续高产、超高产成为研究重点和热点

粮食安全作为一个全球性的问题，在耕地资源减少、环境污染加剧和粮食消费剧增的情

况下，通过科技手段，在成本控制下的作物产量突破和持续高产、超高产成为研究重点和热点。一些发达国家（如美国、日本）和国际研究机构（如 IRRI、CIMMYT）都将作物高产突破列为重大研究计划，开展了"最高产量研究"和"最大经济效益产量研究"。21 世纪初，国际权威部门根据全球粮食供求危机，在《世界粮食科技发展趋势报告》中提出了 7 个技术领域，其中与可持续超高产相关的有 3 个技术领域，这些技术领域以作物超高产、高效为目标。

（3）作物产量与品质同步提高成为各国作物产业化发展的共同战略

在经济全球化的影响下，高产优质成为提高本国农产品国际竞争力的主要因素。发达国家都把优质、专用农产品的生产技术研发放在首位，注重农作物产品的商品品质、营养品质、加工品质和质量安全的同步改善与提高，研发标准化的优质、安全、专用农产品生产技术。随着我国经济社会的发展、人民生活水平的提高和市场多样化的需求，培育优质、专用品种，以及作物高产、优质栽培技术创新、集成应用已成为农业生产和作物科技发展的必然选择。近十年来，以主攻单产同时兼顾优质、高效、质量安全的作物栽培技术创新、集成、应用取得了重要进展和显著成效，并继续向纵深方向发展。

（4）作物生产的定量化栽培、信息化监测管理和规模化生产

自 20 世纪 80 年代以来，生物技术、信息技术等高新技术日益渗透到作物生产中，改变了传统作物生产模式，对农业发展产生了重大促进作用。发达国家农作物生产和作物科技的发展趋势是更加注意保护农业生态环境、提高资源利用效率、促进农业可持续发展，作物生产实行定量化设计、精确化栽培、信息化管理、规模化生产。因此，农业劳动生产率高、生产成本低、效益高，并使农田生态环境得到保护。通过以高新技术改造传统技术，开展作物精确定量化栽培、数字农作技术和作物生产信息化管理技术的研究开发，成为今后种植业科技发展的趋势。

（5）基于生物环境层面的作物生长调控与简化栽培技术成为今后发展的趋势

无论是小麦、玉米、粮油等大田作物还是果蔬作物，在生物环境层面上的调控机制及技术的研究成为高产、稳产和优质高效生产的关键，如作物高产优质理论与技术、作物高产与资源高效协同理论与技术、保护性耕作理论与技术、作物逆境响应与调控理论与技术、数字农业理论与技术、应对气候变化与防灾减灾的农作制模式及技术体系构建、抗旱避旱品种的选育、推进农艺和农机结合的全程机械化农作制成为种植业科技发展的主要方向。

（6）种植业标准化、规范化和组织化程度进一步加强

在粮棉油和果蔬作物种植领域，国外发达国家非常重视种植业生产过程各个环节标准、规范的制定和实施，如土壤整理、灌溉、施肥、采摘等标准的制订和实施，蔬菜产品的产后保鲜、储藏、加工、运输等管理体系完善。

1.2 国内种植业科技发展现状趋势

1.2.1 种植业发展现状

从 2004 年开始，我国粮食生产开始保持连续增产的良好势头，扭转了之前 5 年持续下滑的局面，粮食播种面积稳定增加。2014 年全国粮食播种面积 169 107.4 万亩，比 2013 年增加 1174.1 万亩，增长 0.7%。其中，谷物播种面积 141 934.1 万亩，比 2013 年增加 1281.2 万亩，增长 0.9%。同时，粮食单产连创历史新高，2014 年全国粮食单位面积产量达 359 千克/亩，

比2013年增加0.6千克/亩,提高0.2%。另外,总产量增加较快,2014年全国粮食总产量60 709.9万吨,比2013年增加516万吨,增长0.9%。

粮棉油作物的区域化布局格局基本形成,水稻、小麦、玉米、大豆四大粮食作物九大优势产业带初步形成,面积分别占全国总种植面积的86%、92%、62%和53%;已形成长江流域、黄河流域和西北内陆三大产棉区,面积占全国总种植面积的98%;长江流域油菜产业带面积占全国总种植面积的85%。

2013年,我国水果种植面积为1.80亿亩,产量2.5亿吨,分别占世界总种植面积和总产量的21.2%和21.9%,均居世界第1位。我国水果种植主要种类为苹果、柑橘、梨、香蕉、葡萄等,其中,苹果产量3968.26万吨、柑橘3320.94万吨、梨1730.08万吨、香蕉1207.52万吨、葡萄1555.0万吨、红枣588.7万吨、柿子341.8万吨、猕猴桃145.28万吨。陕西、广东、河北、新疆、广西位列我国水果主产省前5位。水果种植的区域化布局格局基本形成,桂中南、滇西南、粤西3个甘蔗产业带面积占全国总种植面积的89%;渤海湾和西北黄土高原两大苹果产业带面积占全国总种植面积的88%;长江上中游加工甜橙、赣南、湘西、桂北鲜食脐橙和浙南、闽西、粤东宽皮柑橘3个柑橘产业带占全国总种植面积的49%。

1980年以来,全国蔬菜生产快速发展,尤其是设施蔬菜的栽培面积不断扩大,产量也大幅度增加。播种面积由1980年的5万亩增加到2013年的5793万亩左右,产量由5万吨提高到2.5亿吨,常年生产的蔬菜达14大类150多个品种,逐步满足了人们多样化的消费需求。2013年我国蔬菜种植面积再创新高,约3.1亿亩,总产量为7.6亿吨。全国逐步形成了华南、长江中上游冬春蔬菜基地和黄土高原、云贵高原夏秋蔬菜基地。我国现拥有出口速冻蔬菜企业300余家,生产的速冻蔬菜目前已出口日本、美国、德国、中国香港等28个国家和地区。2010年,我国番茄酱产量150多万吨,占世界总产量的近40%;脱水食用菌57万吨,占世界总产量的95%,均居世界第1位。

1.2.2 种植业科技发展趋势

近年来,在国家大力支持下,科技对我国种植业生产的贡献进一步提升,一些先进的技术应用到种植业领域。

(1) 先进作物种质资源创新技术和方法的应用

在育种方面,1950年以来,我国作物育种大致经历了抗病稳产、矮化高产和高产优质并进3个阶段,以第一阶段时间最长。以小麦为例,我国最重要的小麦产区是黄淮麦区,1950年开始大面积推广抗条锈品种碧蚂1号和碧蚂4号等,1956年引进的阿夫和阿勃也得到大面积种植,1970和1971年育成了半矮秆品种泰山4号和矮丰3号,1980—2000年主要推广1B/1R衍生品种,如陕农7859和豫麦21等,近10年优质高产兼顾品种如济南17和豫麦34等大面积种植。在远缘杂交和骨干亲本创制方面也取得显著进展,如用长穗偃麦草后代育成的高产多抗优质广适型品种小偃6号,在陕西关中等地大面积推广20多年,并已成为我国优质小麦的骨干亲本之一。育成的骨干亲本"繁6"和"矮孟牛"等在育种中发挥了重要作用。矮秆基因和1B/1R易位系的利用使株高降低、收获指数提高、穗粒重增加,这些都是品种产量潜力提高的主要原因。1960—2000年,黄淮麦区小麦品种产量潜力的年遗传进度为0.48%~1.05%,说明我国小麦育种在产量改良方面取得了举世瞩目的成绩。在果蔬方面,新品种选育、生技术不断创新与转化，显著提高了产业科技含量和生产技术水平。全国选育各类蔬菜优良品种 3000 多个，主要蔬菜良种更新 5～6 次，良种覆盖率达 90% 以上。

（2）新型农业科技理念成为指导种植业发展的趋势

在倡导低碳、环保、优质、高效高产的背景下，以减量化、再循环、资源化为主的循环经济理念成为种植业领域发展的重要趋势。秸秆还田、循环农业、配方施肥等技术实现种植业生产减量化投入、废弃物资源化利用、高效施肥、高效施药，有力促进了节本增效，而且也保护了生态环境；农产品质量安全状况进一步改善，在源头上通过调整农家肥、有机肥和化学肥料比例等绿色种植措施，在过程中通过不断完善例行监测、动态管理、产品认证和质量可追溯制度，实现显著降低鲜食农产品农药残留量，确保鲜食农产品安全。

（3）节水技术与旱作农业技术成为种植业科技发展的热点

随着我国水资源供给矛盾的进一步加剧，构建节水型社会已经是全民共识。在农业基础设施建设方面，国家兴修农田水利设施，发展节水农业、旱作农业技术，确保我国农业实现可持续发展；农田免耕、覆盖等各种旱作农业技术，抗旱品种选育、精准化田间栽培管理先进技术在小麦、玉米、苹果、猕猴桃、设施蔬菜等生产上广泛应用。

（4）低成本简化耕作与栽培技术及装备的应用

无论在大田作物，还是在果蔬等园艺作物上，由于劳动力成本的上升和严重不足，低成本、简便化耕作与栽培技术及机具的研究、推广与应用，成为农业技术是否能够被生产者接受的关键，也是今后种植业科技发展的趋势。

2 陕西省种植业科技发展现状分析

2.1 产业现状

2.1.1 基本情况

陕西省作为西部种植业大省，2013 年农林牧渔业总产值为 2562.5051 亿元人民币，占全国的 2.61%，种植业总产值为 1714.7882 亿元人民币，全国的 3.33%，而种植业总产值占陕西省农林牧渔业总产值的 67.87%，同比"十一五"末增长 54.87%。2013 年，陕西省粮食总产量 1215.8 万吨，小麦 389.8 万吨（占粮食总产量的 32.06%），玉米产量为 586.7 万吨（占粮食总产量的 48.26%），薯类 86.8 万吨（占粮食总产量的 7.13%）。在播种面积上，小麦为 1642.2 万亩，占农作物总播种面积的 25.6%，玉米为 1749.3 万亩，占农作物总播种面积的 27.3%，薯类为 530.7 万亩，占农作物总播种面积的 7.9%。

陕西省苹果、猕猴桃的面积和产量，苹果浓缩汁产量和出口量，绿色果品基地面积等多项指标居全国第一。2012 年，陕西省果业增加值达到 284 亿元人民币，比上年增长 7.5%，占全省种植业增加值的 30.1%，比上年提高 0.8 个百分点。以苹果种植为主体的多元化产业结构已经形成，2012 年苹果种植面积为 968.5 万亩，产量为 965.1 万吨，分别占全省果园面积和产量的 55.7% 和 67.1%。猕猴桃种植发展迅猛，梨、桃、柑橘、葡萄、红枣、樱桃等多种水果种植也在稳步发展。

蔬菜种植是陕西省农业五大支柱产业之一，截至 2013 年，全省已建设了 45 个设施蔬菜基地县，创建省级蔬菜标准化示范园150个、国家级示范园57个。2013年全省蔬菜种植面积达736万亩，产量为1550万吨，分别较上年增长2.1%和1.6%，比2010年增加10.5%和11.99%；创造产值430亿元人民币。其中，设施蔬菜面积265万亩，比2010年增加40.2%，产量830万吨，产值240亿元人民币。2015年，全省蔬菜栽培面积达到800万亩，其中设施蔬菜栽培达到300万亩，蔬菜总产量达到1700万吨。

2.1.2 产业特征

(1) 品种、品质结构不断优化

目前陕西省种植业领域中，新品种对提高粮食、油料和果蔬方面产量、品质的贡献明显加大。全省种植面积前20位的小麦品种中，省内品种占85%；在油菜品种选育方面，选育的双低油菜品种"秦优7号"、"秦优10号"等优质品种成为全国重点推介的主导品种；在玉米品种选育方面，杂种优势利用有所突破，选育的"陕单9号"、"户单1号"、"户单4号"等品种在20世纪八九十年代省内玉米生产中曾占据主导地位。随着高产、优质、多抗新品种的成功培育，及栽培、田间管理、病虫害综合防治等实用技术的广泛应用，优良品种的更换速度大大加快，水稻、小麦、玉米、薯类四大类粮食的品种结构日趋合理，单产和总产水平明显提升，优质品种比例逐步提高，适应了市场的需求变化；在果品方面，栽培品种不断优化，红富士、粉红女士、嘎拉、玉华早富等优良苹果品种占到了90%以上；猕猴桃以秦美、海沃德等品种为主，占总种植面积的70%；蔬菜新品种培育取得突破，西瓜、辣椒、甘蓝、白菜的育种居国内先进水平，品种更新换代步伐不断加快，良种转化率达到90%以上，品种结构进一步优化，南北品种齐备，国内外品种兼有，精细菜、大路菜、保健菜搭配，常规品种、反季节品种互补，种类齐全，花色繁多，能基本满足市场多方位需求，极大地丰富了城乡居民的餐桌膳食供应。

(2) 区域化布局逐步形成

粮油生产逐步向主产区和产粮大县集中。16个国家级产粮大县，耕地面积、播种面积、粮食产量占全省比重分别为25.4%、29.2%、36.2%。23个省级粮食生产大县耕地面积、播种面积、粮食产量占全省比重逐步上升。逐步形成了关中冬小麦、夏玉米、渭北旱作春玉米、冬小麦、陕北春玉米、马铃薯和陕南水稻、油菜为主的产业格局；果业产业布局不断优化，目前全省已建成渭北黄土高原苹果产业带、秦岭北麓猕猴桃产业带、秦岭南坡浅山柑橘产业带、黄河沿岸红枣产业带、大中城市近郊时令水果产业带等。建设国家级标准果园33个，面积15万亩；省级示范园403个，面积7.2万亩；建成绿色果品基地300万亩、有机果品基地15万亩，经欧盟认证和国内与欧盟互认的有机果园25万亩。蔬菜优势种植区域逐渐形成，形成了以西安市、铜川市、宝鸡市、咸阳市、渭南市、延安市、汉中市、榆林市、安康市、商洛市、杨凌示范区等11个县（市、区）为主的城市消费市场周边生产区，围绕陕北、渭北、关中、陕南汉中盆地、月河川道和丹江流域丰富的光热、土地资源及强劲的产业基础和科技优势，形成了设施蔬菜发展的优势区域。

(3) 生产技术水平稳步提升

针对陕北、关中、陕南等不同的生态类型区小麦、玉米、马铃薯、油菜等果蔬作物生长特性的资源状况，实施以旱作节水、覆盖技术、秸秆还田、矮化栽培、绿色和有机果品生产等技术。农作物耕种收综合机械化水平突破60%，其中小麦生产基本实现全程机械化，部分果园也积极应用机械化、省力化栽培技术，有效提高了劳动生产率。日光温室结构及其主要蔬菜的配套栽培技术、蔬菜工厂化育苗关键技术、名优特新蔬菜新品种的引进示范、蔬菜无土栽培技术、主要蔬菜高产栽培配套技术，以及粮菜间套作技术的研究与示范等，取得阶段性成果；设施栽培、配方施肥、膜下暗灌、计算机全自动管理、棚内无土栽培、工厂化育苗、生物液肥施用和人工授粉等技术得到广泛推广应用。

(4) 产业组织化程度显著提升

各种农民合作组织和合作社发展迅速，产业组织化水平不断提升。仅果品领域，培育壮大了 7 个国家级和 10 多个省级农业产业化龙头企业，以及上百家中小型企业，扶持成立了 2015 个农民果业合作经济组织，果品储运企业发展到 2100 多家，全省浓缩果汁加工企业 20 家共 44 个加工厂，年加工能力 80 万吨，成为全国乃至世界最大的浓缩果汁生产加工基地。果业服务体系不断健全，在全国范围内率先成立省、市、县三级果业综合管理部门。

2.2 技术水平

2.2.1 新品种选育技术

在粮油作物上，高产优质、抗病抗逆、广适性作物品种是多个质量现状与诸多数量性状协同复合作用的结果，涉及作物生长发育、光合生理等代谢途径，以及抗病抗逆等诸多方面，也是作物众多基因间，以及基因与环境之间相互作用的结果。在小麦品种选育方面，陕西省一直走在全国前列，先后育成的"碧蚂 1 号"、"丰产 3 号"、"矮丰 3 号"和"小偃 6 号"，成为全国小麦主产区的当家品种。新中国成立以来全国年推广面积上亿亩的 6 个小麦品种中，陕西省自主培育的品种就占有 4 席，在黄淮海麦区 6 次品种更新换代中有 4 次出自陕西选育。之后，陕西省育成的"陕农 7859"、"陕农 229"、"小偃 22"、"西农 979"等小麦品种，先后成为黄淮流域不同时期的主栽品种。当前陕西种植面积前 20 位的小麦品种中，省内品种占 85%。在油菜品种选育方面，三系配套杂交种"秦油 2 号"，先后推广到黄淮、长江流域的 15 个省市，占到全国市场 1/3 的份额，"秦优 7 号"、"秦优 10 号"等优质品种成为全国重点推介的主导品种。在玉米品种选育方面，陕西省选育的"陕单 9 号"、"户单 1 号"、"户单 4 号"等品种 20 世纪八九十年代在省内玉米生产中曾占据主导地位。

在果蔬领域，陕西省主栽树种如苹果、葡萄，都以国外品种为主栽品种，重要树种的品种更新换代依赖引进，缺乏自主知识产权的优良品种和砧木，育种创新能力低，品种更新换代较慢。育种工作扶持力度小，缺乏长期性和连续性，缺乏创新能力强的团队，作为果业发展基础的种苗依然制约着产业的发展，60% 的苗木依靠农户繁育。苗木市场监管力度不够，苗木质量参差不齐。蔬菜新品种培育取得突破，辣椒、甘蓝、白菜的育种居国内先进水平。

当前，和国内外其他地区相比，以及与陕西省小麦育种的历史相比，进展显著降低，玉米育种力量严重不足，薯芋类育种刚刚起步，油菜育种在国内尚有一席之地，果蔬品种选育尽管有一些进展，但仍然落后于国内同行。

2.2.2 耕作栽培技术水平

抗旱技术，节水技术，循环农业减量化、资源化和再循环等技术及装备在小麦、玉米、马铃薯等作物种植上广泛应用,农机农艺结合度进一步增强,尤其是陕北马铃薯旱作节水农业、关中麦玉轮作模式上水肥耦合技术、粮牧循环、果畜循环等技术应用,在国内处于领先地位。在果业上,开展"优果优质工程",即大力推广"强拉枝、大改形、巧施肥、无公害"4项关键技术,研究形成与国际标准相配套的苹果、猕猴桃、柑橘、梨、红枣、石榴和杏等主要水果生产技术流程,全面提高水果标准化生产水平,提升产业水平。在蔬菜栽培领域,设施化、无土栽培、基质栽培等技术应用广泛,在国内处于先进水平。

2.2.3 种植业生产技术的标准化程度

种植业领域中,对生产过程标准化程度而言,小麦、玉米、马铃薯、油菜等作物的标准化程度相比果蔬作物比较低,而且由于种植业受气候、土壤、水分和社会生产水平的影响,同一作物在不同区域需要的标准不一致,导致标准制订比较难。同国外发达国家相比,陕西省果蔬产品的标准化生产技术水平低;与发达国家和国内(山东等省)相比,研发技术不强、生产技术水平低、采后处理和加工技术弱。

2.2.4 农业灾害预警与减灾水平

尽管近年来,国家在气象减灾预警、病虫害预防、人工干扰天气等领域投入了巨资,但是干旱、冰雹、冻害、病虫害仍然是种植业生产的主要危害因素。陕西省针对陕北、关中、陕南不同生态类型区开展了针对干旱等自然灾害的农业减灾模式、抗旱减蚀技术、干旱预警等基础设施的建设,但是和保障种植业生产需求还是有一定的距离。

2.3 存在问题

(1) 育种创新能力不足

一是研发主体缺乏协作攻关。陕西省内从事育种科研的机构分散,由于缺少领头单位,各个研发主体自定课题、自筹经费、自主研发、各自为战,使得相关研发长期处于低水平重复阶段。

二是研发队伍结构不合理,人才断层现象严重。研发课题带头人年龄老化,中青年专家占比不足10%;高级技术人员分布不合理,缺乏创新能力强的团队。

三是项目资金投入不足。育种工作扶持力度小,缺乏长期性和连续性的投资。各国政府投入大量资金用于农作物品种研发,国际种子企业用于育种研发的科研经费占经营额的10%～15%,而国内不足5%。就陕西省来看,国家每年对陕西育种资金投入基本维持在200万元人民币上下;省级科研育种经费主要来源于"科技统筹创新计划"专项,每年平均不到200万元人民币,平均到每个课题组仅为8.2万元人民币。过少的资金投入对于庞杂的育种研发工作来讲无疑是杯水车薪,已成为研发选育的"短腿"所在。

四是育种手段滞后。陕西省农作物在种质资源搜集和基础研究方面明显滞后,基本采用自然突变选育、人工杂交等常规方法,老材料反复应用,育种周期长、难度大、效率低,尤其是在基因工程、分子标记、单倍体育种等生物技术研发方面远远落后,由此造成具有自主知识产权的优良品种总量不足、种植面积偏小、市场份额偏低。据统计,陕西省玉米用种量的70%以上来自省外，种植面积15万亩以上的本省品种仅2个；杂交水稻、棉花、马铃薯、蔬菜等作物用种量的90%以上来自省外；作为果树资源大省，但种源保存的专门机构少，优良种质资源流失严重，主栽树种如苹果、葡萄都以国外品种为主栽品种，重要树种的品种更新换代依赖引进，缺乏自主知识产权的优良品种和砧木，育种创新能力低，品种更新换代较慢，60%的苗木依靠农户繁育，苗木市场监管力度不够，苗木质量参差不齐。

(2) 种植业基础设施建设滞后

陕北、关中、陕南种植业生产的自然条件差异很大，长期以来，对农田土壤改良、农田水利、抗旱减蚀、生产道路等基础设施的投入和建设不够。例如，大田灌溉的渠系、配套灌溉设施等不到位；除大田之外，果园采果、修剪等树上作业基本靠手工操作，机械化发展缓慢；霜冻、干旱、冰雹等灾害频繁发生，苹果树腐烂病、猕猴桃溃疡病、柑橘冻害、红枣雨季裂果等造成的损失巨大。果树栽培区土壤生态条件有待改善。目前陕西省果园有机质平均含量仅为1%左右，而国外发达国家果园有机质含量大于3%。偏施化肥导致土壤结构被破坏，肥料利用效率低，保肥蓄水能力差，树体营养失衡，果品质量下降，果树寿命缩短；蔬菜设施栽培的降温、滴灌和通风排湿等设施整体功能需要改进，设施内施肥灌水技术相对落后，生产中省力化栽培及机械化程度低，旱地喷灌、滴灌和微灌等节水设施应用不普遍，尤其是蔬菜冷藏设施显著不足，制约了行业的发展。

(3) 栽培技术比较落后，区域和行业的差别很大

小麦、玉米、薯芋、油菜、小杂粮等大田作物的栽培耕作技术和传统栽培技术相比较，差别并不显著。陕北、关中、陕南的种植技术区域差异比较显著，关中地区大田作物基本上实现机播机收，陕北和陕南机械化程度相对较低；苹果、葡萄、猕猴桃等果园和设施蔬菜的栽培管理技术显著高于大田作物，农民的投入也较大田作物高。

(4) 种植业规模小，组织化程度比较低，公告服务体系不健全

以农户为主的经营模式仍然是当前陕西省种植业经营管理的主要模式，大田作物尤其如此，90%的果园规模在5亩以下，蔬菜产业的规模化程度较高于大田。农民合作经济组织发展滞后，组织化程度低，从根本上制约了标准化生产技术的推广和实施，也增加了公共服务体系的服务难度。农户呈无组织分散状态进入市场，面对社会上各利益集团的权益侵蚀和不正当竞争，缺乏市场竞争力和自我保护力。缺乏方便快捷的咨询服务网络，对假冒伪劣生产资料缺乏辨识能力等，均困扰着第一线的农民。

(5) 种植业生产的标准化体系建设滞后

由于种植业的地域特征比较明显，同一作物在不同区域的种植标准要求不一致，因此，标准的制定比较复杂。尽管近年来，也出台了一些小麦、玉米、杂粮、马铃薯、苹果、猕猴桃等果蔬领域的栽培管理标准和技术规范，但是总体来看，小麦、玉米等大田作物的标准执行程度比较低，尤其是农户层面的执行程度更低，基本上还是以传统的经验种植为主；随着一些标准化果品基地、蔬菜基地的出现，果品种植对标准的要求越来越高，企业对标准的制定和执行程度高于普通农户，但是相对于陕西省在果品和蔬菜生产领域的地位，针对不同产品、不同地域制定的技术标准和技术规范的数量还是比较滞后。

(6) 优质劳动力的流失是种植业面临的最大挑战

目前陕西省从事种植业生产的农民年龄绝大多数都在50岁以上，年龄老化问题严重，

青年农民外流,农村人力资源优势正在逐步丧失。劳动力价格上涨成为一个普遍现象,如延安、渭南地区,苹果套袋的人工费已经突破 200 元/天。劳动力相对缺乏,每个劳动力的雇佣工资是每天 100～150 元。而用工量高出国外主产国 5 倍以上,生产成本快速增加。劳动力价格上涨已经影响到种植业领域的健康发展,尤其对苹果、猕猴桃、葡萄和蔬菜等用工量大、机械化程度较低的行业,直接影响其竞争力。

2.4 战略意义

研究作物生物学特性,挖掘和利用关键有益基因,探索生物技术育种技术新途径,改造和升级传统的育种技术与方法是目前创制新种质、选育新品种的主要研究和发展方向。其总体趋势是:综合运用染色体工程、分子标记等现代生物技术和常规遗传育种手段,发掘植物近野生、近缘种、地方农家品种和国外引进资源,创制高产、优质、抗逆、抗病特异的作物新种质;建立各作物优良基因分子遗传图谱,开发紧密连锁的分子标记;挖掘在调控品质、产量、抗性等方面具有重大利用价值的新基因,阐明功能和机制,为高产优质、抗病抗逆、广适性作物品种选育提供物质基础和理论指导,实现作物品种遗传改良的重大突破。

果业是陕西省农业产业体系的重要组成部分,在农业产业经济中占有重要地位。加快陕西果业由大转强已经成为全省上下的共识。国家继续深入实施西部大开发战略,加大对西部地区经济发展的支持力度,同时大力推动"关中天水一体化",建设"丝绸之路经济带",这为陕西果业由传统果业向现代果业转型升级创造了良好的发展环境。陕西省具备生产优质果品的优越自然条件,还是我国浓缩苹果汁的主要产区。随着经济全球化步伐的加快,我国经济快速发展,人民生活水平不断提高,对优质、安全、高档的果品和果制品的需求快速增长,果业发展空间一片广阔。

蔬菜作为人们日常生活中的副食品,与人们的生活水平息息相关,同时也是地区农民的主要经济支柱。随着经济的不断发展和人们需求的不断增加,国内市场对蔬菜的需求将继续保持增长态势。除了人口增长需求,人们对于健康及营养保健的要求,使得人们对蔬菜的消费量不断增加。据 FAO,进入 21 世纪,世界蔬菜消费量年均增长 5% 以上。按照此增长幅度计算,全世界年均增加蔬菜消费 4000 多万吨,到 2015 年年均总消费量达到 12.8 亿吨。而由于劳动力成本的原因,发达国家蔬菜生产是不断萎缩,今后还将继续减产,这为陕西省蔬菜发展提供了更广阔的空间。但消费者对蔬菜品质要求不断提升,生态、绿色蔬菜市场需求量大,在基地投入、生态认证、市场包装和运作等方面都需要投入极大的物力和人力。

3 陕西省"十三五"种植业科技发展战略

3.1 指导思想

以科学发展观重要思想为指导,深入贯彻落实党的十八大以来关于农业生产的政策导向,以建设"三个陕西"的战略为切入点,以加快农业发展方式转变为主线,以高产、优质、高效、生态、安全为中心,进一步优化陕西省种植业生产的基本格局,构建现代农业产业体系点,推动科技进步和制度创新,加强农业综合生产能力建设,推进良种良法,提高农业防灾减灾能力和农产品质量安全水平,提高耕地生产力、稳定耕地面积,做大做强小麦、玉米、水稻、马铃薯、果蔬产业,建立种植业持续稳定发展的长效机制,保护和调动农民积极性,努力实现粮食增产目标,切实保障粮食、果品、蔬菜等主要农产品有效供给,增加农民收入。

3.2 发展思路

根据国家中长期科技发展的指导方针,结合陕西省中长期科技发展规划的基本思路,围绕"三个陕西"建设的战略目标,深入贯彻落实科学发展观,确保全省粮油、果蔬的有效供给和质量安全,增加农民收入;通过优化粮油、果蔬区域布局,加强粮食、果蔬生产基地县(区)农业基础设施建设;通过品种改良和良种大面积推广,提升作物单产水平和品质;通过简化农作技术集成应用和生产过程标准化的实施,降低农产品生产成本,提高产品质量,增强种植业核心竞争力;通过抗旱减灾预警机制构建、农艺和工程节水技术等旱作农业技术的应用,提升农业应对灾害的能力。形成以格局优化—品种改良—技术改进—能力建设为主的发展思路。

3.3 基本原则

①科学规划,优化布局,主导产业优先发展原则。依据资源禀赋、区位优势,围绕大型灌区,依托主要产区,划定重点片区(带),因地制宜采取综合措施,进一步优化陕西粮食(小麦、玉米、马铃薯)、油料、果蔬生产布局格局;集中资金、技术等各种资源,加强优势产业带基础设施建设,保障主导产业健康发展。

②全面推进,重点突出,分步实施。根据陕西省种植业发展中存在的资源环境限制瓶颈,粮油、果蔬产业化发展中存在的品种、栽培技术、产品质量、加工、储运、配套市场等问题,科学梳理、合理安排技术攻关和基础设施建设内容和进度,有计划、分步骤地推进各项建设,全面提升全省种植业生产条件和产业发展的科技支撑能力。

③依靠科技,提高产业发展综合能力。根据国家农业中长期规划和陕西省种植业科技发展的需求,从基础研究、应用技术和成果推广不同层面构建陕西省种植业科技支撑体系,全面提升陕西省种植业科技发展的支撑能力;完善各级科技成果推广、示范平台建设,加快优良品种选育及先进耕作栽培技术的推广应用,着力提高种植业生产水平,确保农产品综合生产能力的稳步提升。

④集中优势资源,整合各部资金,聚焦关键问题。根据国家科研管理的改革,结合陕西省农业科技项目立项分散、投入重复的问题,整合各部门资金,集中有限资源,专项攻关,解决种植业生产中的重大科学问题、关键技术,提高有限资金的使用效率。

3.4 发展目标

根据加快发展现代农业建设、推进社会主义新农村建设的总体要求,综合考虑陕西省农业发展存在的问题和未来5年面临的机遇和挑战,紧密围绕满足粮食安全、市场需求、生态安全、农民增收的需求,根据陕西省农业进入21世纪后对农作物新品种的迫切需求,发挥陕西省作物育种技术优势，利用现代生物技术手段，重点攻克种质资源创制、杂种优势利用、规模化高效制种、种子检测与加工、良种试验示范推广等核心技术与瓶颈，力争在高产优质多抗专用小麦、优质高产专用玉米、高产优质双低油菜等重要农作物、园艺植物新品种选育和产业化方面取得战略性突破，不断提升作物育种水平和产业化应用水平。至2020年要努力实现以下发展目标：

培育150个以上农作物、园艺作物新品种；创制400份以上新种质和新材料；攻克关键技术100项、申请100项涉农专利；取得100项重大共性实用技术，制定50项拥有自主知识产权的技术标准；新建20个农业科技创新平台。不断增强农业科技创新能力，提升科技对陕西省现代农业和新农村建设的支撑引领作用。

3.5 重点任务

围绕主要农作物、蔬菜、果树等农业科技发展趋势及陕西省粮食安全和现代农业建设的目标，重点推动种质资源创新、优良品种选育、良种产业化体系、区域布局优化及耕作栽培技术等，为推进陕西省现代农业发展、农民增收提供技术支撑。

(1) 区域种植业领域"十三五"重大科技共性战略问题

陕北突破有限降水不足、地表水短缺、水土流失等制约农业发展的技术瓶颈，重点在玉米、小杂粮、马铃薯、山地果园、设施蔬菜和露地蔬菜的抗旱集雨节灌与光热水资源的耦合性问题研究；关中种植业生产过程中农田养分利用效率与氮磷流失的面源污染综合防控、土壤呼吸与温室效应研究、清洁农作技术体系及模式构建等战略问题研究；陕南秦巴山地种植业多元化结构调整、生物多样性保护与连片扶贫开发的重大战略需求研究；优化小麦、玉米、马铃薯、杂粮、油菜、果品、蔬菜等作物结构与区域布局重大战略研究。

(2) 种质资源与品种创制为主的公益性研究

在基础研究领域，利用现有作物近缘植物，结合高通量测序、转录组学和蛋白质组学等现代分子生物学技术手段，挖掘在品质、产量、抗性等方面具有重大利用价值的关键功能基因和调控基因，阐明功能和机制，力争突破作物遗传与发育调控机制，为高产优质、抗病抗逆、广适性作物品种选育提供优异基因资源，缩短育种年限，提高育种效率。

小麦育种上，能够突破2～3个在国内具有影响力的品种；玉米育种上，建立良好的种质材料管理系统和高效玉米育种技术体系，培育创新性玉米自交系和杂交种，培育出1～2个在国内具有一定影响的品种；油菜育种上，选育含油高、产量高、抗逆性强、成熟早的双低优质油菜杂交种，其中含油量43%以上的新品种亩产达250kg以上，芥酸含量<1%，硫苷含量<30μmol/g，综合抗性好的品种。

在果品上，以种质资源为中心，培育抗逆性强的果树矮化砧木和适宜市场的新品种，包括砧木、品种脱毒技术和检测技术研究，砧木繁殖技术研究，不同砧穗组合和适应性研究；力求在苹果、猕猴桃、葡萄等优势领域选育出有影响的品种。

在蔬菜上，优势蔬菜作物的种质资源创新及品种培育，如黄瓜、番茄、辣椒、西甜瓜、茄子、白菜、甘蓝等优质、营养、丰产性、抗病性、特异性的种质资源的收集、评价和主要蔬菜核心种质样本分析创新；重点开展设施栽培用黄瓜、番茄、辣椒等多类型、多熟性、抗病虫、专用型优良蔬菜新品种的选育。

(3) 栽培过程成本控制为导向的简化技术及标准体系构建

重点针对小麦、玉米、油菜、果蔬等作物栽培过程中地、肥、药、劳力、机械、资金的成本投入，研究基于成本控制为导向的种植业生产过程的简化技术。组装集成关中灌区优质冬小麦、夏玉米丰产高效简化栽培技术体系，渭北冬小麦、春玉米抗旱保墒优质丰产简化栽培技术体系，陕北春玉米抗旱保墒丰产简化栽培技术体系，秦巴山区春玉米坡耕地高产简化栽培技术体系，陕北沙滩地脱毒种苗繁殖、地膜覆盖栽培、双膜提早栽培、高垄栽培等简化栽培技术。油菜方面，重点建设汉中盆地"双低"油菜区，推广适宜于机械采收的品种，组装集成油菜机械化生产技术体系。关中、渭北、陕北等地苹果、猕猴桃、葡萄等果园标准化简化栽培技术体系研究。露地蔬菜、设施蔬菜的简化栽培技术及标准体系构建。

(4) 省力、精准化简便栽培技术及装备研究

针对不同区域粮油作物种植的气候、土壤、水资源，以及社会经济发展的水平及劳动力资源，将先进的现代信息技术、装备制造技术的新成果应用到种植业生产过程，开发基于省力、施肥、播种、田间管理精准简化栽培技术和装置。重点研究小麦、玉米、马铃薯、油菜等大田作物省力、精准简化栽培技术及装备。开展关中灌区，渭北旱区冬小麦、夏玉米节水灌溉，农艺节水，农艺与农机相结合的简化栽培技术的标准制订与示范；陕北春玉米、马铃薯简化栽培技术示范与标准制定；陕南山地玉米高效简化栽培技术示范；汉中盆地"双低"油菜区，机械化采收的技术示范；陕北、渭北、关中、陕南不同立地条件的果园、蔬菜基地的精准简化栽培技术及装备。

(5) 种植业生产过程的面源污染综合防控战略及清洁生产技术体系研究

重点开展陕北、陕南山地坡耕地种植业结构与流域水资源氮磷含量的响应机制及污染负荷研究，根据不同区域农业面源污染负荷，重点开展基于小麦、玉米、马铃薯、油菜、果园和蔬菜等作物种植过程中氮磷流失问题，构建其清洁生产技术体系。开展陕北黄土高原坡耕地抗旱减蚀耕作技术集成与示范，陕南丘陵山地种植业结构与农业面源污染防控模式及关键技术研究，关中秸秆还田为主的循环农业关键技术及体系研究。

(6) 农业灾害预警机制及防控系统构建

针对全球气候变化背景下陕西省种植业生产面临干旱、冻害、病虫害、水土流失等自然灾害的威胁，在全省层面上，构建农业灾害预警大数据，研究干旱天气/气候事件与干旱灾害发生频率、强度及空间分布特征的变化规律与趋势。通过依据历史旱灾情况、发生规律与成灾机制，开发干旱气候发生预测预警技术系统，监测干旱气候演变的过程和要素，模拟并预测干旱气候情景对农业生产的影响，预警极端干旱天气/气候和干旱灾害事件，并开展风险评估。针对干旱情况，根据不同干旱农区自然资源和社会经济特点，研究工程节水、农艺节水、生物节水和管理节水抗旱的原理和减灾技术，构建不同区域节水和旱作农业发展模式，提升主产区种植业生产抵御自然灾害的能力。

3.6 关键技术

针对陕西省粮油薯、果、蔬等生产领域的技术需求，重点开展以下几方面的技术攻关。

3.6.1 粮油薯大田作物

(1) 作物新品种选育的关键技术

在小麦、玉米、油菜、薯芋、杂粮等作物上，重点开展多基因聚合技术，作物近缘野生种优性基因遗传转化技术，重要功能基因的筛选、克隆与鉴定技术，生物信息学分析技术，有限回交实现性状定向转育技术，重要性状基因高通量分子标记检测技术，粒重基因优异等位变异分子标记辅助选择技术，分子设计育种技术，生理特性选择技术与常规选择技术相结合的新技术，基因克隆与原核表达为主的作物分子生物学基础研究。

(2) 高产优质高效耕作栽培关键技术

重点开展小麦、玉米、油菜、薯芋、杂粮等作物品种的高产优质标准化栽培技术、平衡施肥技术、生产过程的低污染农作关键技术、不同立地条件下的坡耕地水蚀防控快速阻控技术、节能减排技术、农艺与农机相结合的技术、土壤保育与恢复技术等研究。

3.6.2 果品产业

(1) 以缩短果树育种周期为核心的关键技术研究

杂交亲本的选配技术：围绕缩短杂交实生苗童期、提早实生苗结果，开展骨干亲本性状的遗传评价，筛选具有早实性或成熟早的优异种质，用作亲本配置杂交组合。缩短杂交实生苗童期的关键技术：围绕缩短杂交实生苗童期，开展快速打破杂交种子休眠技术的研究；研究提早播种、温室育苗、顶芽高接等技术措施，促进杂种苗加速生长，进而缩短杂种实生苗的童期。分子标记与早期辅助选择技术：针对果树实生苗童期长的问题，利用现代分子生物学方法，开发果皮颜色、果实大/小、节间多/少、糖酸高/低等性状的分子标记，用于杂种实生苗的早期选择。相关基因的克隆与功能研究：开展成花早晚、果皮颜色、果实糖酸、矮化、抗性等相关基因的克隆研究，并进行砧木转基因和基因功能的前瞻性研究。

(2) 以省力化为核心的优质高效栽培技术研究

根据不同树种特性，开展以省力化为核心的优质高效栽培技术研究，节工增效。苹果主要开展矮砧集约省力化栽培技术研究，从砧穗组合、宽行密植、高光效树形、省力化栽培、机械化管理等方面进行技术研发和集成；梨、樱桃和猕猴桃等主要研发省力化、轻简化栽培技术；葡萄、枣等主要研发省力化、设施化、避雨栽培技术，提高果品质量和经济效益。

(3) 以果品安全为核心的主要果树病虫害防治技术研究

针对苹果、梨树腐烂病，猕猴桃溃疡病等主要病害，以果品安全为核心，研发防控措施和技术，加强果树有害生物综合防控技术研究，研发集成农业、生物、物理综合绿色防治技术，建立安全果品生产基地。加强苹果蠹蛾、柑橘小实蝇及葡萄根瘤蚜等检疫病虫害监测监控，建立重大检疫性有害生物入侵的快速反应机制。

3.6.3 蔬菜产业

(1) 蔬菜作物种质资源创新关键技术

结合现代生物技术加强蔬菜作物育种新技术研究，建立蔬菜作物高效育种技术体系，缩短育种年限，提高育种效率；重点进行优质、高产、高抗优异新基因挖掘，明晰关键功能基因的调控网络；研究重要品质、抗病抗逆重要农艺性状的代谢调控网络及形成机制；研究重要目标性状形成、逆境胁迫应答的遗传和生理基础及分子机制，为蔬菜作物丰产高效提供理论依据。

(2) 蔬菜作物品种改良关键技术

继续进行蔬菜种质资源收集、整理、保存、评价及创新工作；加强大白菜自交不亲和系和萝卜雄性不育系选育的研究；重点进行黄瓜、番茄、西葫芦、辣（甜）椒、甜瓜、茄子等设施栽培专用品种的选育，培育蔬菜育种的新优势；加强黄瓜雌性系转育、辣（甜）椒性不育三系配套的研究；建立大葱、洋葱雄性不育系选育与应用；大蒜、生姜诱变育种等新种质创制；建立健全大蒜、生姜良繁体系与良种开发；建立大白菜、萝卜小孢子培养和西葫芦、黄瓜大孢子培养技术体系，加快育种材料的纯合速度、缩短育种进程；建立大白菜、萝卜、甜瓜、番茄等多种蔬菜的高效再生体系和遗传转化体系，创制上述重要蔬菜作物的新种质；在黄瓜抗白粉病、番茄高番茄红素含量、大白菜抗根肿病、洋葱雄性不育等方面开发分子标记，应用于育种材料的筛选；通过高通量测序、结合转录组学和蛋白质组学等现代分子生物学技术手段，挖掘优质、高产、高抗优异新基因。

(3) 蔬菜产品安全性评价与安全标准构建

充分开展有害成分识别、迁移转化规律、人体健康影响、生态环境影响等方面关键科学问题研究，为建立蔬菜产品安全评价办法、制订蔬菜产品安全标准提供理论依据和方法基础。

4 实施措施及政策建议

4.1 实施措施

(1) 加强组织领导

根据国家科研项目管理体制改革的举措，依托陕西省科技厅、农业厅、果业局等涉农部门，建立陕西省种植业科技管理专门机构，按照粮油、果蔬的产业化发展思路，协调种植业生产各个环节的产业部门，开展专项科技经费管理制度和审核机制，加强对科研项目投入和产出的考核指导。

(2) 实施项目带动战略，推动产业快速升级

按照产业链和现代农业产业体系，实施良种繁育、科技创新、标准园建设、基础设施建设、质量保障、减灾防灾、产业化等工程项目，推动产业发展和升级。以重点县生产基地水利设施、防护林网、田间道路、农产品质量安全监测等基础设施建设，加强和完善种植业生产过程的灾害应对、质量监控、产品提升等能力的建设。建设省、市、县、乡和企业的农业科技推广应用及服务体系，重点建设好市场信息服务体系、技术服务体系、灾害防御体系等。

(3) 规范各级农业科技园区的推广示范功能，提升种植业生产水平

通过规范陕西全省现有的国家级、省级农业科技示范园区和生产基地的技术引导、示范和培训职能的监督、考核，将各地区农业科技园区的示范引领、种质资源引进展示、栽培技

术示范和创新、农民培训职能调动起来，通过科技园区的展示、培训，全面推进种植业领域品种引进、栽培技术创新和农民培训，提升全省种植业科技的发展水平。

（4）加大农村土地流转力度，适度提升农庄经济发展速度

针对农村优质劳动力流失和弃耕的现象，加大土地流转力度和强度，通过切实保障农民和土地经营者的利益分配机制，在不改变土地使用属性的基础上，大力发展家庭农庄、中小型规模农场，确保粮、油、果蔬等作物的种植规模。

（5）实施名牌战略，提高国际国内市场占有率

在果蔬产业方面，树立品牌意识，以企业为主，创建陕西果品名牌产品，提高市场竞争力。建设陕西果品品牌专卖店、连锁特产店内果品专区（专柜）和特通渠道专区（专柜）。强化宣传营销措施，积极发展网络化经营、连锁经营、物流配送等流通业态，巩固扩大国内市场，提高市场占有率。巩固东盟、东欧市场，扩大南亚、阿盟和澳洲新市场，稳定欧盟和北美市场，逐步打开美、澳、日市场，提高市场占有率。打造国际知名品牌，推进果业国际化进程。增强服务意识，创造果品运销"绿色通道"，给果品流通创造良好条件。

（6）提高组织化程度，加快推进产业化经营

鼓励农民兴办专业合作和股份合作等多元化、多类型合作社，扶持规范果业专业合作社。大力发展果业家庭农场和专业大户。加强对专业大户、家庭农场的指导和服务，提高其经营管理水平和市场竞争力。广泛开展果农、专业大户、家庭农场经营者和合作社带头人等培训。健全利益联结机制，促进现有龙头企业做大做强。进一步加强环境综合治理，优化投资环境，吸引更多的资金进入果业领域，发展一批外向型龙头企业，促进生产、储藏、营销、加工业的协调发展。

4.2 政策建议

（1）加快创新人才培养与引进，加快职业农民队伍建设

针对陕西省种植业领域科技人才存在的问题，结合种业国家战略和重大专项管理的改革，调整科研方向和优化结构，按照重点实验室、重点学科和专业科技创新中心的要求来调整原有科技队伍布局结构，加强对农业高新技术产业骨干技术、管理人员的继续教育与培训，支持高层次农业科研人员出国培训、进修、合作研究。进一步加大从国内外引进高层次、高素质农业科技人才的力度，以项目为牵引，面向国际国内招聘和引进杰出人才，支持一批领军人物和创新团队进入农业技术创新领域；引进"候鸟型"农业科技人才。

同时，针对农村优质劳动力流失的现象，通过政策引导、金融支持，引导高等农业院校青年学生毕业之后从事种植业生产；鼓励和引导高等农业院校将加强职业青年农民农业技术培训和认证作为其重要的职能，建设中国新型职业农民。

（2）完善种植业领域科技平台建设的长效机制

针对新常态下陕西省种植业发展的需求，结合国家粮食、果蔬和三农问题，优化陕西省种植业领域科技平台、示范基地建设的布局，通过机制创新和机构改革，建立稳定支持公益类科研院所的投入机制和绩效考核指标体系，稳定科研队伍，建立种植业领域科技创新的长效机制。

(3) 建设种植业领域专项资金的支撑制度

把种植业领域科研投入放在公共财政支持的优先位置，提高农业科技在各级财政科技投入中的比重。认真落实国家和陕西省有关增加财政对农业科技投入的法律规章，确保财政农业科技投入的稳定增长。在省级财政研究与开发经费投入年均增长20%以上的基础上，建立多渠道并存的多元化农业科技投入机制，加大对农业科技投入。积极发展农业科技创新风险投资，鼓励以农业企业为主体建立农业科技创新风险投资公司和创业风险投资基金。各级政府可建立农业科技创新风险投资引导基金，引导社会资金流向农业科技创业风险投资的企业，支持企业、个人等社会力量投资建立农业科技基金会。最终建立起新型农业科技投融资体系。

第十三篇

陕西省"十三五"养殖业科技发展战略研究

组织单位：陕西省科学技术厅农村科技处
课题承担单位：西北农林科技大学
课题负责人：姚军虎
课题组成员：张恩平　陈玉林　杨增岐　杨小军

引　言

养殖业在农业产业链条中处于中心环节，上游由饲料原料与饲料加工链接种植业和饲料工业，下游由畜产品链接"菜篮子"与食品加工业。随着经济的发展，人类膳食结构中畜产品（肉蛋奶）所占比重越来越高，畜产品安全成为食品安全的核心内容。改革开放以来，我国养殖业经历了缓解城乡居民"吃肉难"问题（1978—1984年）、满足城乡居民"菜篮子"产品需求（1985—1996年）、产业结构调整优化（1997—2006年）和向现代畜牧业发展转型（2007年后）等4个阶段。我国养殖业总产值年均增速达16.1%，高于农业总产值13%的年均增速。2014年，我国肉类、蛋、奶产量分别达8707万吨、2894万吨和3725万吨，肉类和禽蛋总产量连续多年稳居世界第一；畜牧业产值达2.8万亿元人民币，占农业总产值的30%，带动相关产业产值8000亿元人民币。养殖业的发展扭转了畜产品长期短缺局面，改善了人民膳食结构，保障了国家食物安全，带动了相关产业发展，促进了农民增收。我国养殖业已成为促进国民经济协调发展的基础性产业。

随着我国畜禽养殖逐步由小规模传统养殖方式向现代畜牧业转型，产业整合速度加快，养殖业可持续发展遇到了一些亟须解决的瓶颈问题：一是畜禽种业发展滞后，育种和繁育技术体系不完善，主要畜禽品种对进口依赖程度高；二是畜禽生产水平、效率和效益偏低。如我国每头能繁母猪平均年提供商品猪只有15头，国外发达国家为25头，我国奶牛平均单产牛奶4～5吨/年，发达国家为6～7吨/年，等等；三是有限的饲草料资源与国内消费市场需求快速增长的畜禽生产矛盾加剧，人畜争粮矛盾日益突出。我国在粮食十连增条件下，2013年进口大豆6800万吨、谷物1300万吨、DDGS 300万吨、鱼粉100多万吨，成为全球第一大粮食进口国；四是畜牧生产污染严重。我国养殖业成为农业COD第一大排放源，同时还是N、P、重金属元素和温室气体的主要污染源，对环境空气、水体、土壤形成重大的立体污染；五是畜产品质量安全隐患突出。瘦肉精等质量安全问题频发，严重影响了城镇居民对国产畜产品的消费信心。

因此，2013年9月6日公布的《中国养殖业可持续发展战略研究》提出，加强科技支撑和推进养殖规模化，是解决我国养殖业可持续发展所面临挑战的根本途径。国家应明确养殖业在现代农业中的战略主导地位，养殖业科技以养殖产业发展需求为导向，针对养殖业可持续发展所面临的科技瓶颈，实施包括动物种业、动物养殖、现代畜产品加工等在内的重大科技创新工程，提升我国养殖业科技创新能力。

1 国内外养殖业产业发展现状及趋势

1.1 国外养殖业产业发展现状及趋势

澳大利亚、新西兰、欧洲、北美等发达国家和地区畜禽养殖业发展模式主要体现在行业高度组织化、共赢性经营模式及行业组织的巨大作用3个方面。

在发达国家，农业属于高度组织化的产业之一。根据产业组织的性质和功能主要分为三大类，即政治组织、经济组织和技术组织，与此相对应的名称分别是农民联合会、农业合作社及农业协会。

发达国家养殖业的产业化经营模式与我国存在本质区别。我国目前的畜牧业产业化经营的基本模式为"公司+农户"，发达国家则为"合作社+公司+农户"。其中，合作社是公司的所有者，农户是合作社的股东，因此，农户也是公司的所有者，公司经营的好坏与农户的经济利益息息相关。公司和农户之间在开拓市场、塑造品牌等方面存在着一种互动力，形成了"品牌—市场—收益—品牌"的良性循环。相比之下，我国的"公司+农户"模式很难形成这种良性循环。

发达国家的养殖业产业组织在行业发展过程中，既可维护养殖户的利益，又可为养殖户提供公众服务，起到了政府不可替代的作用。在发达国家，政府赋予行业组织许多权利，例如，行业的规章制定、产品质量检测、技术标准和规范的制订、技术推广、政府补贴的发放、质量认证、市场监督等许多工作都交由行业组织办理。

在发达的行业组织指导和市场的调整下，发达国家养殖业发展呈现出以下态势。

(1) 行业分工细化，专业水平提升

在发达国家，养殖业内部按功能细分为很多行业，种业公司、饲料公司、畜产品加工公司等，各公司专注于自己领域的研究和产品研发，专业化程度高，技术的产品化程度也很高。如PIC种猪改良国际集团，1962年成立于英国，是世界上最早专业从事种猪改良的公司之一。经过50多年的发展，PIC在全球设立了30多个合作公司，年销售种猪300多万头，是全球最大的种猪改良公司。还有Genus国际集团下属的全球最大的种肉牛、种奶牛公司ABS，都是专注于动物育种的专业公司。美国的嘉吉公司是专业从事饲料原料和饲料加工产业的知名企业，动物营养部作为嘉吉公司众多事业部门之一，在美国总部拥有规模庞大的动物营养研发农场及动物营养配方实验室。

(2) 养殖（饲料）企业数量减少，经营规模扩大

由于人工成本的逐年上升和养殖自动化水平的提高，规模化经营在效率和效益方面比分散经营具有更大的优势。在市场的驱动下，一些小规模的养殖（饲料）企业通过合并、兼并和

重组形成经营规模较大的公司，提升集团的市场竞争力。1990—2010年，美国和加拿大的奶牛养殖场数量减少了30%，同时，平均饲养规模却增加了34%。美国嘉吉公司通过兼并、收购和重组成为当今世界历史最悠久、规模最大的饲料公司之一，其家禽营养业务遍及世界各地。

（3）注重本土资源优势利用和环境保护，大力推广农牧结合的发展模式

在澳大利亚和新西兰等畜牧业发达的国家，非常注重天然饲草（草原）资源的利用与保护，国家和养殖场都严格按草地载畜量控制牛羊养殖规模。美国非常注重通过农牧结合来解决畜禽养殖污染问题，农场主根据养殖规模所产生的粪便量来安排种植规模，种植所产生的作物秸秆经过青储等加工处理被用作饲料，养殖场粪便干燥固化成有机肥归还农田，形成了养殖业的良性生态循环。

（4）养殖业科技研发不断加强

为了提高畜禽种业和畜禽产品的国际竞争力，发达国家不断强化科技在养殖业中的引领和支撑作用，科技研发投入逐年增加，除了国家和地方（州、省）政府安排的农业科研资金外，企业的研发投资也逐年增加。2008年美国金融危机的爆发，包括通用、福特、克莱斯勒三大汽车公司等实体经济受到很大冲击，实体产业危在旦夕，即使在这种情况下，美国国家投入农业的科研经费仍然略有增加。Genus国际集团将其年利润的20%投入到科学研究和新产品研发上。

1.2 国内养殖业产业发展现状及趋势

国内养殖业发展在经历了井喷式快速发展、波浪式起落和理性调整后呈现出以下趋势。

（1）养殖规模逐步稳定

20世纪80年代到20世纪末，是我国养殖业快速增长时期，畜禽存栏量迅速增加，养殖场、饲料厂遍地开花。2000—2008年前后，我国养殖业出现几次大起大落，经过市场的洗礼，近几年养殖企业和养殖户对于市场期望逐步趋于平稳理性，经营从数量规模型向质量效益型转变，养殖场数量、畜禽存栏量和畜产品数量呈现稳定小幅增长趋势，如表13-1所示。

表13-1 2008—2013年全国主要家畜年末存栏量

单位：万头

年份	牛	猪	羊
2008	10 576.0	46 291.3	28 084.9
2009	10 726.5	46 996.0	28 452.2
2010	10 626.4	46 460.0	28 087.9
2011	10 360.5	46 862.7	28 235.8
2012	10 343.4	47 592.2	28 504.1
2013	10 385.1	47 411.3	29 036.3

数据来源：《中国国家统计年鉴2014》。

（2）养殖良种率和养殖效率不断提高

目前，我国主要畜禽以国外引进品种为主，如荷斯坦（中国荷斯坦）奶牛占70%以上，

AA肉鸡占肉鸡养殖总量的60%以上，大约克夏、长白、杜洛克及其二元、三元杂交猪占肉猪养殖总量的50%以上。在饲料科技的支撑下，养殖效率大幅提升，20世纪80年代，肉猪由10～12月龄出栏提前至目前5～6月龄出栏（出栏体重90～100kg），肉鸡由3～5月龄出栏提前至目前42日龄出栏（出栏体重2.5～3.0kg），每头奶牛平均年产奶量从4000kg提高到6000kg。

(3) 新的科研成果和技术不断应用于养殖业

在畜禽育种方面，分子标记辅助选择技术和转基因育种技术被广泛应用，大幅提升了选种的准确性和育种效率；在繁殖学方面，MOET技术的开发和应用使良种扩繁速度大大提高；在动物营养学方面，精准配方技术、饲料加工利用技术、饲料生物技术及营养调控技术等研究取得了重要进展，并广泛应用于养殖实践。这些新成果、新技术在养殖业的应用从根本上转变了传统养殖方式，大幅提高了养殖业的生产效率和经济效益。

(4) 畜产品安全和环境保护越来越得到重视

2008年"三聚氰胺事件"给所有养殖企业敲响了养殖产品安全的警钟，也引起了广大消费者对养殖产品安全的高度重视，并引领饲料产品和畜产品可追溯体系技术的研发和应用，使得绿色高效养殖成为主流。另外，养殖业对环境的压力越来越受关注，通过营养调控减排技术、粪污无害化处理技术、养殖种植生态循环模式等已作为规模化养殖的重要考量指标。

2 陕西省养殖业产业发展现状及趋势

2.1 产业现状

畜牧业是陕西省六大优势特色产业之一，是推动全省农业结构调整、促进农民增收的重要产业，在全省农业经济发展中具有重要支撑作用。陕西省已形成渭北果区果畜结合以生猪、肉牛为主，关中农牧结合以生猪、奶牛为主，陕南林木结合以生猪、肉蛋鸡为主，陕北以绒山羊、肉羊为主的养殖产业带分布，畜牧产业呈现良好的发展态势。

(1) 畜牧业生产多元化发展，畜产品产量稳步增长

"十二五"期间，陕西省畜牧业化解了生猪市场异常波动、饲料价格不断攀升等诸多不利因素的影响，保持了较快发展的良好势头，畜禽存栏量和主要畜产品产量稳定增长，如表13-2所示。

表13-2 陕西省2010—2013年养殖业生产情况

指标	2010年	2011年	2012年	2013年
一、牲畜年末头数				
大牲畜（万头）	186.35	170.14	165.82	160.9
牛	165.00	150.10	146.80	143.1
奶牛	41.30	45.20	46.90	—
马	0.71	0.72	0.70	0.70
驴	15.23	14.16	13.49	13.0

续表

指标	2010年	2011年	2012年	2013年
骡	5.41	5.12	4.83	4.0
猪存栏量（万头）	884.40	880.00	900.24	897.9
母猪	80.00	85.00	88.32	—
羊存栏量（万只）	635.20	643.00	644.93	638.8
山羊	526.70	529.51	542.90	526.4
奶山羊	101.81	99.76	105.77	—
绵羊	108.50	113.49	102.03	112.4
家禽存栏量（万只）	5726.71	6255.00	6749.21	
养蜂箱数（万箱）	32.16	36.91	42.19	—
家兔存栏量（万只）	297.02	267.74	295.39	
二、畜产品产量				
肉类总产量（万吨）	102.64	99.60	107.09	112.6
猪肉	79.10	77.30	83.45	88.3
牛肉	7.30	7.39	7.50	7.5
羊肉	7.30	6.70	6.85	7.0
奶类产量（万吨）	177.62	182.37	189.08	188.5
牛奶	137.50	140.50	141.76	141.1
山羊毛产量（吨）	2320	2233	2881	3113.5
绵羊毛产量（吨）	6921	6062	6682	6854.0
羊绒产量（吨）	1497	1639	1714	1714.0
禽蛋产量（万吨）	47.07	50.30	51.86	55.4

数据来源：《陕西省统计年鉴2013》和《中国国家统计年鉴2014》。

(2) 养殖业内涵式发展，标准化规模养殖成为主流

"十二五"期间，陕西省建设百万头生猪大县3个，500个标准化养殖示范场（小区）（其中生猪200个、奶牛170个、肉牛20个、蛋鸡50个、肉鸡30个、羊30个），使全省规模化养殖比重在"十一五"发展基础上提高15个百分点，其中达到标准化的规模养殖场占总量的50%。现代牧业2万头现代化奶牛场、秦宝牧业杨凌现代万头肉牛产业园、戊寅万头肉牛科技示范园等一批大规模养殖场的建设，成为陕西省规模养殖发展的标志性项目。百万头生猪大县、万头生猪示范村、千阳奶牛模式、秦宝肉牛模式、红星奶山羊模式、肉羊闫怀杰模式、石羊肉鸡模式等一批符合陕西省畜牧业发展实际的科学养殖模式在实践中得到大力推广。TMR饲喂技术、DHI测定技术等高新技术在生产中逐步应用。全省创建标准化示范场91个，其中国家级的达到31个，畜牧业标准化的推进，加快了发展方式的较快转变。

(3) 良种繁育体系不断健全，养殖业单产提高，效益增加

"十二五"期间，初步形成了"原种场—扩繁场—商品代场"层次分明、功能完备的良种繁育体系，供种能力明显增强。从美国引进原种猪1000头，建成了4个区域性的原种猪场，有效缓解了多年来良种猪短缺的问题。引进澳大利亚高产奶牛1万头，奶牛良种核心群规模不断扩大。新建成的省奶牛中心，无论规模还是设施均在全国处于领先水平。本香集团杨凌

5000头种猪场、20万头仔猪繁育基地，凤县、永寿3000头种猪场，洛川4000头种猪场及石羊集团澄城2000头种猪场等标志性的种畜场全部投产使用。畜禽良种的普及，提高了单产水平，增加了养殖效益。

（4）重大动物疫病防控体系逐步完善，畜产品质量安全水平不断提高

"十二五"期间，陕西省全面实施中长期动物疫病防治规划，不断完善兽医工作体系和工作机制，进一步强化动物疫情监测预警、动物卫生监督执法、动物疫情应急处置、动物疫病信息化和动物疫病可追溯体系建设，全面提高动物疫病防控能力和水平。同时，加强畜产品质量安全监管，深入开展生鲜乳、兽药和饲料质量安全专项整治，全省生鲜乳、饲料和兽药质量合格率逐年提高，到2012年年底，生鲜乳抽检合格率100%，饲料产品抽检合格率97.3%，兽药残留未检出阳性产品，全省无重大畜产品质量安全事件发生。

（5）龙头企业引领，畜牧产业化稳步推进

一大批省内和全国畜牧行业领头企业跻身陕西，加快了陕西省现代畜牧业产业化进程。全省建成国家级畜牧产业化重点龙头企业7个、省级51个。建成饲料加工企业534个，饲料工业总产量410万吨，年产值138亿元人民币，分别比2010年增长7.3%和10.4%。饲料产销量位列全国第14位，西北地区第1位，浓缩饲料在工业饲料产品中的比重列全国第1位；乳品加工企业46个，鲜奶年加工能力300万吨；较大规模的生猪屠宰加工企业74个，年设计加工能力190万吨，较大规模的肉牛屠宰加工企业8个，年设计加工能力30万头。银桥、石羊、本香、汉宝、阳晨等本地龙头企业近几年不断加大投入，积极参与良种繁育、生产基地建设和加工业发展；蒙牛、伊利、光明、雨润、秦宝天津宝迪、北京华都等全国畜牧行业领先企业在陕西省实施了奶牛养殖和肉牛、肉鸡、生猪加工等一批具有影响的产业化项目，其中，蒙牛在宝鸡建设的2万头现代化奶牛场规模居全国之首，雨润、秦宝分别建设的10万头肉牛生产线达到国内一流水平，极大地拉动了畜牧业的快速发展，提升了陕西省的畜牧产业化水平。

2.2 社会需求

（1）畜禽良种需求旺盛

陕西省养殖业已进入内涵式发展阶段，具体表现为养殖规模基本稳定，企业发展主要依赖现代化管理和畜牧生产效率的提高。一方面，具有高的生产性能的畜禽良种逐步替代地方品种；另一方面，由于注重效率，高产家畜的使用年限缩短，畜禽淘汰更新率加大，因而良种畜禽需求旺盛。

（2）畜牧科技创新应用前景广阔

集约化、规模化养殖已成为主流，优良的畜禽品种、严谨的管理程序、精准的饲料产品构成了现代化养殖企业的最基本的生产制度。因此，通过育种体系和繁殖体系创新缩短育种时间，提高新品种品质的种业创新体系由于良种需求旺盛而变得越来越迫切；为发挥畜禽良种的最大生产潜力，要求动物营养与饲料科学领域不断创新，研究分析新品种的生理特性，提供准确的饲养标准和精准的配方技术，既能满足畜禽生长、生产的营养需求，又能减少营养物质浪费和污染排放；集约化、规模化养殖的环境污染问题越来越受到我国政府和民众的关注，因而通过营养调控减排和粪污无害化处理技术也成为目前养殖业研究的热点；养殖业

50%以上的风险和损失来自动物疫病,变异和新型细菌与病毒不断出现,给畜禽疫病防治带来新的挑战,因此,健全的动物疫病防控体系是养殖业可持续发展的重要保证。

(3)养殖产品消费需求逐年增长

改革开放以来,我国经济快速增长,养殖产品在人们膳食结构中的比例越来越大,肉蛋奶等畜产品的需求量明显增加。2010年,我国年人均猪肉、牛肉、羊肉、禽肉、禽蛋和牛奶的消费量分别为17.56kg、1.49kg、1.12kg、7.19kg、7.56kg、8.76kg,分别是1978年的2.61倍、5.96倍、2.29倍、17.98倍、3.86倍、7.3倍,年均增长率分别为3.05%、5.74%、2.62%、4.31%、9.45%、6.85%。2010—2013年陕西省人均畜产品消费基本稳定,如表13-3所示。人口数量稳定增长、居民收入快速增加和城镇化水平不断提高是推动我国养殖产品需求刚性增长的三大主要因素。随着经济发展和人们收入的增加,特别是城乡经济的统筹发展和城镇化步伐的加快,为畜牧业发展提供了更为广阔的空间,为畜产品消费孕育着巨大的市场。

表13-3 陕西省2010—2012年人均养殖产品消费情况

单位:千克/年

品名	2010年	2011年	2012年
猪肉	13.08	12.37	13.44
牛肉	1.29	1.21	1.13
羊肉	0.98	0.86	0.78
鸡肉	3.40	3.94	4.21
鸭肉	0.22	0.30	0.35
鲜蛋	9.34	9.64	10.34
鱼	3.56	3.41	3.72
虾	0.47	0.40	0.44

数据来源:《陕西省统计年鉴2013》。

2.3 技术水平

(1)集约化养殖比重增加,良种化覆盖率提高

2007年以来,以发展现代畜牧业、促进养殖业增长方式转变为目标,我国积极探索建立保障养殖业持续稳定健康发展的长效机制,加大了支持力度,实施了畜牧良种补贴、奶牛优质后备母牛补贴、能繁母猪补贴、生猪调出大县奖励、标准化规模养殖场(小区)建设和能繁母猪保险政策,畜禽养殖规模化、标准化水平发展提升,良种化程度逐步提高,出栏50头以上生猪、存栏20头以上奶牛和500只以上蛋鸡规模化养殖水平由2006年的43.0%、28.8%和40.5%提高到2012年67.5%、48.5%和80.2%。我国畜禽养殖逐步由小规模传统养殖方式向现代畜牧业转型。从畜牧业产值占农业总产值的比重来看,畜禽养殖已由家庭副业转变为农业经济的支柱产业,成为农民增收的重要途径。养殖业的发展还带动了良种繁育、饲料加工、兽药生产、养殖设施建设、畜禽产品加工、储运物流等相关产业的发展。

(2)科技创新与应用在养殖业发展中起到了非常关键的作用

①在动物遗传育种方面,973计划研究项目"猪、鸡重要经济性状遗传的分子机制"

2006年启动。在"十一五"和"十二五"期间,科技部启动了人类重大疾病的全基因组关联分析和畜禽全基因组选择的研究和平台建设项目;在畜禽遗传方面,开展了表观遗传学、大规模miRNA研究,从表观遗传学的角度研究动物繁殖、品质、遗传抗性等复杂性状的表观遗传调控机制及畜禽对特殊环境适应性的分子进化机制;在畜禽育种方面,设立了多个畜种的新品种培育重大基础研究项目,但缺少育种理论和方法的研究和创新。

② 在动物营养与饲料科学方面,在国家973计划研究项目和自然科学基金项目的资助下,我国在动物营养调控的基础研究方面取得了重要进展,特别是猪肉品质营养调控方面的研究在国际上产生了重要影响;反刍动物能量代谢规律及营养控制、猪禽氨基酸和微量元素营养、畜禽应激营养调控、大豆抗营养因子及其有效失活加工工艺技术、粗饲料加工利用技术、饲料生物技术等领域的研究也较为突出。国家973计划研究项目"畜禽肉品质性状形成的营养代谢与调控机理",已开展了猪、鸡肌肉发育,脂肪(肌内脂肪)沉积的营养调控,肠道微生物对肉品质性状形成的影响,环境调控肉品质的机制,母体营养影响肉品质性状形成的机制、生物活性物质调控肉品质的机制等方面的研究,并取得一定进展。

③ 在动物繁殖学方面,我国在动物生殖调控机制、胚胎干细胞、家畜胚胎生产技术、克隆与转基因技术方面取得了相当大的进展,克隆牛、绵羊、山羊、猪、水牛已经成功,并且克隆牛已初具规模。牛、羊、猪转基因生物新品种培育重大专项开始实施。2006年,科技部启动实施了"发育与生殖研究"重大科学研究973计划,围绕干细胞与再生医学、生殖生物学、发育生物学等方面进行重点研究,已取得了一批阶段性成果。但是,我国在这一领域的研究水平,与发达国家还存在相当大的差距。在理论上,总体还处于从细胞水平探索动物生殖规律。在技术研究方面,主要是模仿与跟踪国外先进技术,缺乏自主创新。

④ 在畜禽重大疫病防治技术方面,国内对病毒性疫病的研究工作主要集中在病原体的分子生物学和实验室诊断方法等方面,在疫病致病机制方面的研究工作相对滞后。最新研究提示,致病机制和抗病育种的研究可能是解决畜禽重大疫病问题的最有效和最根本的途径。随着分子生物学和基因工程技术的发展,新一代基因工程疫苗和基因疫苗应运而生,新型疫苗给畜禽重大疫病的有效预防带来了契机。

2.4 存在问题

近年陕西省经济快速发展,畜牧业综合生产能力进一步增强,为现代畜牧业发展创造了条件。但相对发达国家和国内畜牧业发达省份,陕西省畜牧还存在一些亟须解决的问题。

(1) 畜禽养殖业规模化、标准化程度不高

当前陕西省畜牧生产中,中小规模、低水平的散养方式仍占相当大的比重,特别是在陕北、陕南等相对贫穷偏远地区,小户散养方式仍普遍存在。许多规模化养殖场(小区)投入不足,良种化程度不高,饲养和管理设施不够完善,标准化程度低,生产效率不高。

(2) 畜禽育种进程缓慢,自主培育的畜禽良种太少

当前陕西省乃至全国集约化养殖的畜禽品种,引进和进口品种比重占70%以上,特别

是蛋鸡、肉鸡、生猪和奶牛养殖主要依赖进口品种。多年来陕西省对肉牛、奶山羊和陕北绒山羊新品种培育支持力度较大，已积累了丰富的育种材料和育种经验，但目前尚未形成新品种。

(3) 动物营养和饲料科学的共性基础研究缺乏，饲料转化率不高

动物营养需要量（饲养标准）和饲料原料营养价值表是配合饲料的两个重要基础，精准配方技术的目标是100%满足动物生长、生产的需要，以最大限度发挥饲料和动物的生产潜力。在这方面，针对陕西省主导畜禽品种的饲养标准和大宗饲料原料营养价值的共性基础研究缺乏，造成日粮配方设计不够精准，要么营养不足不能满足动物生长、生产需要，影响生产性能发挥，要么营养过量造成资源浪费和污染排放增加，降低了养殖效益。

(4) 畜产品质量安全追溯体系不够完善，养殖产品质量安全令人担忧

"三聚氰胺事件"引发了国人对畜产品质量安全的广泛关注，生产优质、高效、安全的畜产品已成为满足市场消费的必然要求。当前，陕西省畜牧业生产方式参差不齐，畜产品质量安全监管机制不健全，畜产品质量安全追溯体系不够完善，养殖环节和饲料生产使用环节的质量监控有待进一步加强。

(5) 动物重大疫病防控形势依然严峻

随着全球经济一体化发展，国际贸易往来频繁，动物疫病跨国境传播风险加大；国内疫原污染广泛，多种亚型并存，病毒变异加快，口蹄疫、禽流感、蓝耳病等重大动物疫病发生的风险依然存在；较长时期内散养和规模养殖并存，畜禽调运频繁，也为动物疫病防控带来了难度；疫病防控工作机制不健全、基础设施薄弱、防疫经费不足等，都在一定程度上影响防控措施落实和防控成效。

2.5 SWOT 分析

对陕西省养殖业进行 SWOT 分析，是制定陕西省"十三五"养殖业科技发展战略的主要依据，如图 13-1 所示。

图 13-1　陕西省"十三五"养殖业 SWOT 分析

2.6 发展趋势与战略问题

随着我国农村城镇化进程的推进，土地和饲草、饲料资源紧缺，人工成本增加，散养和小规模养殖效益明显下降，标准化、规模化、集约化养殖将成为养殖业的主流和发展方向。标准畜禽养殖场建设、良种繁育体系、精准营养调控、重大疫病防控体系、粪污无害化处理和畜禽生产质量安全控制及产品质量可追溯体系的研发和技术集成，将成为考量养殖企业现代化程度高低的主要指标，也是今后现代畜牧业科技研发的重点方向。

依据养殖业发展趋势，"十三五"乃至今后的 20 年，陕西省养殖业与养殖业科技要解决的主要战略问题是：制约集约化高效养殖发展的饲料资源短缺与环境污染问题及畜产品安全问题。

3 陕西省"十三五"养殖业产业科技发展战略

3.1 发展思路

针对陕西省养殖业资源相对短缺、生产水平不高、环保问题突出的现状，"十三五"期间陕西省养殖业科技发展思路是：整合资源，针对限制养殖业发展的主要瓶颈设立重大专项进行重点突破，结合产业发展现实需求集成现有技术成果，形成实用技术规范与标准化养殖技术综合体系，促进养殖业朝提质、增效方向转变。建立总量平衡、结构优化、优质高效、资源节约和环境友好型现代养殖业。

3.2 发展目标

到"十三五"末，初步构建动物精准营养与营养调控技术，以提高饲料效率、节约资源；建立集约化养殖场减排和废弃物无害化、资源化处理技术体系，解决养殖业环境污染问题；建立、健全畜禽养殖环境控制与疫病防治技术体系及畜产品质量安全追溯体系，解决畜产品质量安全问题。

3.3 重点任务

（1）陕西省养殖业区域规划与养殖模式研究

综合考虑陕西省不同地区生态环境、自然资源、社会经济现状和未来发展趋势，借鉴发达国家（地区）养殖产业和科技发展经验，研究制定陕西省养殖业区域发展规划，探讨适宜不同地域的养殖规模和养殖方式。

（2）畜禽种质创新与新品种培育

陕西省养殖业发展水平逐年提高，但是畜禽新品种培育一直没有突破，缺少自主知识产权的畜禽新品种已成为陕西省畜牧科技的短板，严重制约着养殖产业的可持续发展。因此，要着力开展陕西道地品种，如秦川肉牛、陕北白绒山羊、西农莎能奶山羊、关中黑猪等新品种（品系）的培育工作。

（3）节粮减排型精准化畜禽饲养管理与营养调控

结合陕西省养殖业区域分布特点，系统研究饲料养分在畜禽体内消化、吸收、转运、沉积的代谢与调控机制，开发饲料养分高效利用调控技术，提高存量资源利用效率，缓解饲料资源短缺和国家粮食安全压力。

（4）重大疫病综合防控技术

针对性研究近年陕西省发病频率较高的口蹄疫、蓝耳病、鸡新城疫、禽流感、猪禽大肠杆菌病等疫病发生、演替、传播规律，建立较为完善的辨证施治及免疫预防体系；针对畜禽重要病原，研制安全高效的抗病药物、生物制品和疫苗；推进疫苗和抗病制品的商品化生产和产业化应用，达到对重大疫病实施有效防控的目的。

（5）养殖场排泄物无害化处理与综合利用技术

研究畜禽养殖场固形物、废水、气体等污染排放参数及其安全控制标准；研发畜禽养殖场排泄物无害化、资源化处理技术，研究种养结合的循环农业生态模式结构与技术参数；结合养殖场排泄物无害化、资源化处理加工工艺，形成源头减排—排泄物无害化处理一体化的技术体系，减缓集约化养殖对环境保护的压力。

（6）饲料与养殖产品安全保障体系

畜产品的质量安全受饲料产品、养殖环境、饲养管理、畜产品加工与储运等诸多环节的影响，研究影响畜禽产品质量安全的根源与危害性形成机制；剖析饲料加工和养殖过程化学源和生物源成分代谢、变化对动物及其产品的营养性和安全性影响；研究致病微生物、寄生虫、添加剂及药物残留对产品安全的影响，建立产品安全状况风险评估和预警数据库；研发安全养殖、净化排毒、冰温储运、物流管控、网络平台等绿色供应链技术，利用物联网和互联网技术，构建全产业链全方位安全控制与保障技术体系，建立畜禽产品质量可追溯的智能化信息管理系统。

3.4 关键技术

（1）畜禽种质创新与新品种培育

①动物遗传资源评估和高效保护、保存技术；

②控制畜禽主要生产性状的功能基因鉴定、筛选和定位；

③高效分子标记与分子标记辅助选择技术；

④基因定点删除（干扰）和插入（转基因）技术；

⑤多性状综合选择技术；

⑥高效良种扩繁技术。

（2）节粮减排型精准化畜禽饲养管理与营养调控

①营养成分高效利用与转化调控技术；

②新型生物饲料资源开发；

③饲料原料营养价值快速评定和饲料生产在线实时控制技术；

④高效、精准饲养与低氮日粮配制技术；

⑤畜禽免疫营养调控与环境减排技术。

(3) 重大疫病综合防控技术

①重大疫病快速检测与诊断技术；

②病毒细菌分离纯化培养技术；

③生物疫苗、菌苗生产技术。

(4) 环境保护与畜产品安全

①环保型养殖场设计与环保养殖工艺；

②养殖场综合减排与排泄物资源化利用技术；

③畜产品安全追溯技术。

在单个技术基本成型后，进行上述关键适用技术的综合集成，形成可操作的养殖管理技术标准综合体。

3.5 重点研发项目（产品）

(1) 动物遗传资源保护、利用与新品种培育

1）畜禽种质创新与新品种培育

重点支持秦川肉牛、陕北白绒山羊、关中奶山羊、关中黑猪、略阳乌鸡等优良地方品种的新品系育种。"十三五"末审定1~2个畜禽新品种（品系）。

2）畜禽品种资源保护与开发利用

加强地方畜禽品种资源保护，对一些生产性能较低，目前经济价值不高，但具有一定特点和潜在育种价值的地方品种，特别是一些现存数量少、濒临灭绝的畜禽品种，通过冷冻精液、冷冻胚胎、胚胎干细胞、体细胞克隆和基因组提取与保存技术，最大限度地保存遗传资源的多样性，为未来生物育种提供丰富的遗传资源。

(2) 高效养殖技术与饲料新产品研发

1）陕西特色畜禽品种精准营养技术研发与集成

系统开展陕北白绒山羊、奶山羊、秦川肉牛等地方特色品种的适宜养分需要量研究，并构建配套饲料数据库，研发集成精准饲养和饲料营养高效利用与调控技术体系。

开展奶牛TMR关键营养参数研究，集成奶牛高效、安全养殖技术体系并中试推广。

2）饲料产品质量安全评价与饲料加工质量安全控制技术研究

以原料实时快速营养检测、饲料生产及品质控制工艺集成研发为重点，主要开展饲料产品品质评价体系、饲料安全风险分析、饲料及饲料添加剂产品的安全性评价、加工对饲料产品营养价值和安全卫生指标的影响、饲料加工质量在线监控技术等研究，经相关饲料企业的中试，最终形成可适应不同规模和技术水平饲料企业使用的饲料生产及品质控制工艺流程。

3）饲料新产品研发

依据陕西省奶牛、肉牛、绒山羊、奶山羊养殖模式和粗饲料资源状况，研发配套专用精料补充料产品；研发能够改善动物肠道健康、提高免疫力和饲料利用率的畜禽专用微生态制剂和植物提取物。

(3) 重大动物疫病防控技术与产品研发

①便携式重大疫病快速检测与诊断试剂盒研制；

②新型、高效生物工程疫苗、菌苗研发与生产；
③科学免疫程序与疫苗接种免疫技术。

3.6 技术路线图

遵循养殖业发展规律，聚焦陕西省"十三五"养殖科技要解决的战略问题，即高效养殖与饲料资源短缺及环境保护的矛盾及畜产品安全问题，制定如下技术线路，如图13-2所示。

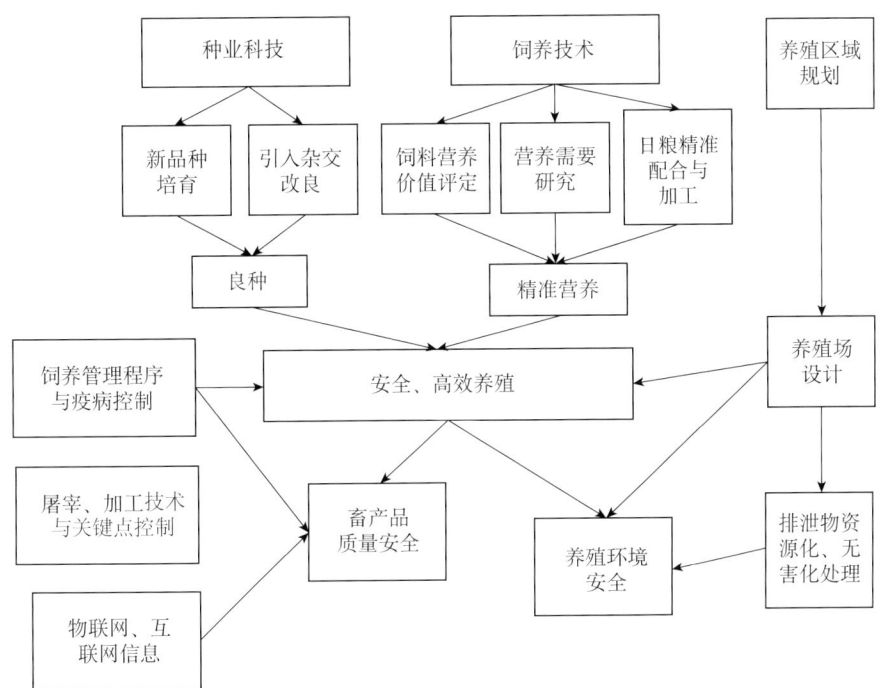

图 13-2 陕西省"十三五"养殖业科技发展规划路线

4 实施措施及政策建议

4.1 实施措施

（1）深入调研，充分论证，科学规划

在调研分析陕西省养殖业现状及其科技水平，总结"十二五"养殖业科技成果的基础上，进一步对主要养殖区抽样实地调研，掌握第一手资料，组织畜牧主管部门、科技主管部门、养殖科研机构、养殖企业、饲料加工企业等相关部门专家对调研资料进行充分论证，查找制约陕西省养殖业发展的瓶颈因素，找准科技支撑养殖业可持续发展的突破点，结合养殖业发展趋势，按照科研内在规律，有计划、有步骤地科学规划陕西省养殖业科技发展规划。

（2）产业需求导向，技术研发重在应用

养殖业项目（课题）的设立要以养殖业产业发展需求为导向，针对制约陕西省养殖业发展的技术难点和关键点进行专项研究。技术研发和集成要突出技术先进、实用、可操作,把提高养殖业质量和效率放在首位,提倡科研院所和养殖企业联合申报课题,同时提倡企业加大科技研发投入,就企业需求自主研发或面向社会和科研机构招标或开展合作研发。

(3) 加强组织协调,提高科研和转化效率

任何理论研究和技术研发目的都是为了促进生产力的发展和社会进步,养殖业科技研发更是如此。在我国现行科研体制下,共性课题的设立和经费提供的主体是国家和地方科技主管部门,科技研发的主力是高等院校和专业科研机构,科技成果的转化应用与推广主要靠科研单位和企业的无缝对接,在科技研发与应用的链条中涉及政府机构、科研院所、企业等。因此,政府要加强对科研工作的指导,建立和推广"政府主导下的以市场需求为导向,以大学为主体的科技推广模式",充分调动科研单位和企业对科技研发和成果转化的积极性,提高科研产出和成果转化效率。

4.2 政策建议

(1) 加大对养殖业科技研发的投入

畜牧业是现代农业的重要组成部分,养殖业成为农业战略主导产业是发达国家的普遍规律。我国养殖业总产值年均增速达 16.1%,大大高于农业总产值 13% 的年均增速。2015 年,养殖业总产值比重达到 48.6%,成为农业中总产值第一大产业。科技进步在养殖业可持续发展中的作用越来越突出,因此,国家和地方政府应进一步加大对养殖业科技研发的投入,改革科技计划支持方式,鼓励企业自主研发和设立横向课题,拓宽科研资金渠道,通过政策引导,优化养殖科技资源配置。

(2) 项目主导,重点突破

1) 注重饲料科学对养殖业的作用

在养殖业效率和效益革命性的进步中,饲料科学和饲料加工技术的突破起了主导性的作用。破解陕西省"十三五"养殖业发展的战略问题:"制约集约化高效养殖发展的饲料资源短缺与环境污染问题及畜产品安全问题"的关键和核心也在于动物营养与饲料科学理论和技术的突破。全面满足动物营养需要是保障养殖效率和养殖效益的基础,精准营养是节约饲料资源和减少排放的保障,并事关畜产品安全。因此,"十三五"养殖业科技应针对上述问题设置营养与饲料科技专项进行重点攻关。

2) 有针对性地解决区域性养殖业科技问题

陕西省地域广阔,生态类型和养殖业发展资源在不同区域差异较大,例如,陕南地区动物品种资源丰富,养猪产业基础较好,但作为南水北调的优质水源地,养殖场规划远离江河和水库等水源地,应注重养殖污染减排和无害化处理技术研发;陕北黄土高原地处荒漠半荒漠生态脆弱区,养殖业以羊为主,应重点解决舍饲、半舍饲养殖技术研发,针对养羊产业着力解决常年发情和一胎多羔问题;关中农区养殖产业多元化,研发重点是农畜结合、果畜结合,充分利用农业、果业副产品的丰富饲料资源,利用养殖业粪肥提高农作物和果树的品质与产量。对其他局部和个别问题、特殊问题可由地市或企业设立项目进行研发。通过点面结合,实现养殖业科技的全面提升。

第十四篇

陕西省"十三五"现代生物医药产业科技发展战略研究

组织单位：陕西省科学技术厅社会发展科技处
课题承担单位：中国人民解放军第四军医大学
课题负责人：武胜昔
课题组成员：刘勤社　边惠洁　陈卫平　王　冰　付　峰　蔡　虎
　　　　　　王四旺　王昌利　刘　勇　张学思

引　言

随着我国经济的飞速发展，人民群众对生活质量及健康的需求不断增长，对生物医药产业的关注度也提升到了历史新高度。近年来，我国医药卫生事业飞速发展，城乡卫生服务体系基本形成，疾病防治水平不断增强，医药创新能力逐步提高，人民群众健康水平显著提升。生物医药产业的发展不仅对提升国民健康水平具有越来越重要的意义，而且还是国家经济发展的战略支撑。

国家高度重视生物医药产业的科技发展，在《国家中长期科学和技术发展规划纲要（2006—2020年）》《国家"十二五"科学和技术发展规划》及《医学科技发展"十二五"规划》中，对我国生物医药科技发展的重点和路径做出了纲领性的指导。在生物医药产业的经费投入也不断加大，极大地推动了我国生物医药创新能力的提高和生物医药战略性新兴产业的培育，在完善国家创新体系，建设创新型国家方面发挥了重要的作用。

陕西省具有丰富的医疗和医药资源，整体医疗水平居于国内先进行列，基础医学、转化医学、传统医学具有明显的特色和优势。特别是陕西省的中药资源丰富，中医药产业的发展潜力巨大。在"十三五"期间，陕西省的生物医药产业面临着巨大的挑战和发展机遇，因此应准确把握国内外生物医药产业的发展趋势和社会需求，认真谋划、科学应对，充分总结"十二五"陕西省生物医药产业的成果，深入分析和研究目前陕西省生物医药产业的现状，紧密结合国家"十三五"医学科技的战略规划。以满足民生和产业重大需求为导向，以医疗技术和药械产品的创新为主线，以"政产学研用"密切协同为动力，以完善体制机制为支撑，以取得标志性成果为目标，制定科学合理的科技发展思路，大力提升陕西省生物医药产业的科技竞争力，推动陕西省社会经济的可持续发展。

1 国内外生物医药产业发展现状及趋势

1.1 国外生物医药产业发展现状及趋势

1.1.1 医学模式已经发生革命性变革，对疾病的认识和治疗不断深入

随着科学认识的不断深入，探索生命的奥秘、揭示人体健康与疾病的本质、寻求更加安全有效的干预方法，已经不是单纯的生物医学问题，而是包含生物、环境、心理、社会等在内的复杂系统科学问题，医学科技进入了多视角、全方位研究的整体医学时代，医学科技的发展越来越依赖于多学科、跨领域的交叉渗透融合和紧密协同的"大兵团"作战。紧密围绕医学科技发展需求，加强医学研究资源的共享集成，推动不同学科和技术领域间的交叉融合，促进前沿技术、基础研究和临床医学的紧密衔接，加快建立整体协同的研究模式，正在成为新的发展趋势。

认识生命现象和解决健康问题带来的内生动力及以生命科学为主的多学科理论和方法的不断进步，促进医学研究的深度和广度不断拓展，生命现象的本质和疾病的发病机制逐步得到揭示。人类基因组计划的完成，极大推进了对疾病发病机制揭示和诊断治疗等精准医疗的进步；大脑定位系统、生物节律、衰老等生命现象的本质研究取得重大突破；恶性肿瘤、神经退行性疾病等的发病机制研究出现突破进展；干细胞、器官移植、组织工程等成为疾病治疗、损伤修复的重要手段，且仍在不断创新发展；艾滋病、SARS等传染病的药物治疗取得新的进展。但是，众多疾病的发病机制仍然尚未完全阐明，新发疾病不断出现，人类健康依然面对巨大挑战。

1.1.2 医学前沿技术的进步日新月异，转化医学的实践蓬勃开展

随着遗传学、基因组学、细胞生物学、组织工程学、药物学等领域不断发展，以及新成果的不断获得，新的前沿技术不断涌现，对生命现象和疾病机制的研究在分子、细胞、组织、器官、系统及整体等层面不断深入，推动医学向预测、预防和个体化诊疗等新的方向加速发展；纳米技术已成为21世纪的关键技术之一，在医学方面极大地提升了疾病诊断、监测、治疗的精确性，也推动了无创或微创医学的发展和新型药物的研发；材料科学、计算机科学和工程学等的进步及其在医学中的应用极大地推动了再生医学的发展，用于替代、修复、重建或再生人体各种组织器官的理论、技术和材料层出不穷；医学影像、分子诊断、基因治疗、细胞治疗、微创手术、组织工程、生物医用材料、靶向药物治疗、无创检测、实时监测、数字化医疗、远程医疗、移动医疗等新技术不断发展，疾病防治手段和医疗服务水平不断进步。

转化医学致力于弥补基础实验研发与临床和公共卫生应用之间的鸿沟，为开发新药品、研究新的治疗方法开辟了一条具有革命性意义的新途径，是"从实验台到临床"的一个连续、双向、开放的研究过程。其发展的最终目的是提高总体医疗水平，满足患者的健康需要，提高全人类的健康水平。美国自2006年开始推行临床转化医学奖励计划，已在60多所大学和医学院建立了转化医学中心或临床转化科学中心，建设预算达到5亿美元。欧盟每年用于健康相关的转化型研究预算为60亿欧元。英国在5年内已投资4.5亿英镑用于转化医学中心的

建设。转化医学机构的建立在国外已具备相当的规模。在加大经费投入建立转化医学中心的同时，国外的研究体制和教育培养体制也在相应发生变化，可以归纳为鼓励学科之间的联合及医学人才的联合培养。目前，生物医药学在美国大学技术转化的比重中已超过50%，可见他们在转化医学的发展方面已突破实验室和临床的相互转化，而延伸到基础、临床研究到产业（市场）的相互转化。因此，从医学生的培养方面看，具有交叉学科背景的优秀人才是国外医学院校人才培养的重要方向，为未来转化医学事业的发展提供人才储备。

1.1.3 中医的国际化步伐不断加快，中医药市场规模不断扩大

目前，西方医学思维发展遇到困难，中医因注重整体、标本兼治、调节机体平衡等一系列辨证的治疗思路，日益受到国际重视。由于气候、环境、社会、经济、饮食等因素影响，人类疾病谱发生了很大变化，健康面临的严峻挑战已由大规模烈性传染病逐渐转变为心脑血管、肿瘤、神经和代谢障碍性疾病等非传染性慢性疾病。对于多因素导致的复杂疾病，尤其是慢性病，西医无法定位至某一单一病原，因此，注重整体系统调节的中医就显得非常重要。在发达国家，传统医学也越来越受到人们的欢迎，中医医疗机构遍布全世界160多个国家或地区。国外中医医疗机构超过5万家，针灸师超过10万人，注册中医师超过2万人，每年约30%的当地人和超过70%的华人接受中医药医疗保健服务。在德国，77%的医疗单位建议病人用针灸治疗疼痛。中医药已在多个国家和地区获得了合法地位，被纳入了医疗健康体系。各国保险业也陆续将中医、中药、针灸纳入保险覆盖范围。但是，中医药的科学内涵尚未被国际社会普遍理解和接受，中医也未进入国际医保主流市场，且国际化人才缺乏，具中医药特点的国际标准规范尚未形成，中医药产品和企业国际竞争力弱，对中医的基础性研究大都属民间机构活动，自然难以形成系统的研究体系。

1.1.4 全球医药市场保持强劲增长，生物药是发展热点，化学药仍然是主流

随着世界经济的发展、人口总量的增长、社会老龄化程度的提高及民众健康意识的不断增强，全球医药行业保持了数十年的高速增长。20世纪70～90年代，源源不断的专利新药带动了全球药品市场的强劲增长，全球药品销售总额从1970年的218亿美元增长至2000年的3560亿美元，30年间增长了15倍多。自2000年以来，由于新药研发难度加大及专利药逐渐到期后仿制药的激烈竞争，全球药品市场规模增速有所放缓，但作为具有刚性需求的行业，其增速仍然远高于全球GDP增速。2003—2011年，全球药品市场销售额年均增速达8.36%，至2012年，全球医药市场规模达9 590亿美元。

抗体、疫苗、核酸药物和细胞/基因治疗产品是当今最重要的三大类生物技术药物。抗体工程技术及抗体药物近年发展最快、复合增长率最高，全球年销售额从1997年的3.10亿美元增长到2012年的570亿美元以上，增幅近200倍，其在生物制药中所占份额也在不断上升，占生物技术药物（1500亿美元）的38%。抗体药物以其高特异性、高结合力、易生产、标准化等特点在重大疾病的诊断、预防、治疗等过程中发挥重要作用。未来抗体药物发展表现出新的发展趋势。纵观近年来美国食品和药物管理局（FDA）已经批准上市及进入3期临床研究的抗体药物，越来越多的ADCC增强效应抗体、抗体偶联药物、多靶点多功能抗体等新型抗体药物进入市场。另外，基于重要靶分子的结构和不同抗原表位的功能，开发多种

新型特异性表位抗体全球也是一大发展趋势。据 IMS Health 的市场数据，2013 年新型抗体全球销售额为 5.01 亿美元（主要是抗体偶联药物），2017 年将增长至 21.1 亿美元（主要是抗体偶联药物、工程化抗体），2021 年将增长至 56.7 亿美元（主要是抗体偶联药物、工程化抗体、多靶点抗体）。

由于化学药疗效确切和毒副作用可控，目前在治疗领域的市场份额正在逐年上升。而中药由于其在质控、治疗靶点的复杂性，在治疗领域的份额开始同比下滑。据统计，目前在治疗领域的处方中化学药占到 70% 以上，而中药则少于 30%。随着市场对"仿制药与原研药同样安全有效"用药观念的逐步接受，全球药品专利到期规模的逐步增加，以及法规政策的支持、推动，全球仿制药在 21 世纪进入快速增长期。自 2002 年以来，全球仿制药市场的增长速度持续超过整个医药市场的增速，2009 年全球仿制药市场规模达到 830 亿美元。据 IMS Health 统计，2012—2016 年，仿制药将保持 10%～14% 的增速，在全球药品市场的比重在 2015 年超过 20%。仿制药市场的迅速发展，一方面带动了仿制药在全球药品市场中份额的不断上升，另一方面推动了全球仿制药原料药需求的快速增长，2008—2012 年，仿制药原料药实现了 7.26% 的年均增速。

1.1.5　新药研发技术平台为医药市场提供有力支撑

近年来，抗体技术药物关键技术发展较快，一些重大产品在世界市场占有一定的优势比例，与传统产品和技术相比，该领域已进入一个崭新的发展阶段。单抗技术已广泛地应用于基础研究的各个领域，同时在临床疾病的诊断和治疗中也得到了广泛的应用。当前单抗、多价抗体、单一性多价抗体及抗体资源库的发展，又一次迎来了抗体技术及药物发展的高潮。抗体技术与基因工程技术相结合的产物，即基因工程抗体药物，更是成为新一代生物药物的突出代表。随着免疫学、分子生物学、基因组学、蛋白组学等生命前沿科学技术的进步和发展，新靶点、新表位、新结构的发现和确定直接为具有应用前景的抗体的制备提供了重要基础，抗体人源化及优化技术得到较快发展，基因工程抗体药物大规模制备技术在发达国家日趋成熟。另外，由于医药产品开发日益呈现多学科性，理论和结构生物学、计算机和信息科学越来越多地参与到新药的研究阶段，需要不同领域的公司来提供专业化高效率服务，以分解研发活动的复杂性，缩短研发周期。如此，具有研发、生产优势的原料药生产厂家将从专利药的市场发展趋势中获益。受全球仿制药市场快速发展的推动，在仿制药价格竞争激烈的背景下，出于成本控制的考虑，仿制药、化学药有向具有成本优势的发展中国家进行产业转移的需要。而印度、中国等发展中国家由于具有较好的基础，成为承接全球化学药转移的重点地区。

1.1.6　医疗器械的战略地位受到高度重视，全球化的市场竞争日益活跃

医疗器械具有高度的战略性、带动性和成长性，其战略地位受到了世界各国的普遍重视，已成为一个国家科技进步和国民经济现代化水平的重要标志。医疗器械产业是事关人类生命健康的多学科交叉、知识密集、资金密集型的高技术产业，许多医疗器械是医学与多种学科相结合的产物，其发展水平代表了一个国家的综合实力与科学技术发展水平。医疗器械行业产品制造技术涉及医药、机械、电子、塑料等多个技术交叉领域，其核心技术涵盖医用高分子材料、检验医学、血液学、生命科学等多个学科。

医疗器械市场是当今世界经济中发展最快、国际贸易往来最为活跃的市场之一。全球医疗器械市场销售总额已从 2001 年的 1870 亿美元迅速上升至 2009 年的 3533 亿美元，复合增长率（2001—2009 年）高达 8.35%。即使是在全球经济衰退的 2008 年和 2009 年，全球医疗器械市场依然逆流而上，分别实现 6.99% 和 7.02% 的增长率，高于同期药品市场增长率。随着经济的复苏和新兴市场国家中等收入水平消费者对医疗保健服务需求的增长，医疗器械市场将会持续增长。

1.1.7 全球高端医疗器械市场布局不均衡，高技术医疗设备是发展主流

美国、欧洲、日本共同占据超过 80% 的全球医疗器械市场，处于绝对领先地位，其中，美国是世界上最大的医疗器械生产国和消费国，其消费量占世界市场的 40% 以上。中国、日本、印度在西方经济学家眼中属于"远东三大工业经济强国"，这 3 个国家的医疗器械市场销售额合计约占亚洲医疗器械市场总销售额的 70%。

高端医疗设备产业是当今世界发展最快的产业之一，它是运用现代计算机技术、精密加工技术、激光技术、放射技术、核技术、磁技术、检测传感技术、微电子技术、化学检验技术、生物医学技术、自动化技术、信息技术及影像技术等相结合而研制的高技术产品，其竞争的核心是嵌入式计算机软件。高技术医疗设备的基本特征是数字化和计算机化，是多学科、跨领域的现代高技术的结晶。此类产品技术含量高、附加值高，是各国和国际大型公司相互竞争的制高点。目前，高技术医疗器械市场由美国公司的产品占据统治地位，其次为德国和日本，其他欧洲国家只是在一些专业项目上有一定优势。著名的医疗器械公司美国的通用、皮克、强生、美敦力、锐珂等，德国西门子，日本的东芝、岛津、日立、奥林巴斯和荷兰的飞利浦。

1.1.8 国际中药市场潜力巨大，中药国际化优势不断凸显

目前，全球中药出口已涉及 171 个国家和地区，而欧洲和美国、日本等发达国家和地区及印度约占全球中药出口总额的 65% 以上。2013 年，我国中药进出口额为 42.2 亿美元，同比增加 25.1%；中药是医药外贸中增速超过 20% 的唯一产品，成为医药产业外贸的亮点之一。据世界卫生组织统计，目前在全世界有 40 亿人使用中草药治病，占世界总人口的 80%。全球 4 个主要中药市场为东南亚及华裔市场、日韩市场、西方市场、非洲及阿拉伯市场，尤其是亚洲市场约占中药出口总值的 2/3。目前，中药的国际市场销售额每年达到 600 亿美元，而且仍在不断增长。

近年来，西方国家一些医药学术机构已开始重视中药的研究。以植物药为例，西方国家共有 40 家植物药研究机构，500 多个研究项目。在日本，许多汉方药企业建立了汉方研究机构，从事汉方药物研究，并建立了药材生产基地；在英国，Phynova 公司以中草药为基础，开展抗感染和抗肿瘤研究；意大利开展了中医药治疗肿瘤、糖尿病的研究。有 170 多家大型国际制药公司从事包括中药在内的传统药物的研究开发工作。美国 NIH 和艾滋病防治中心分别对 300 余种中草药进行筛选和有效成分研究，从植物药中寻找抗癌活性成分，取得了较多成果；俄罗斯在中药研究方面也取得了相当大的进展；法国、德国、加拿大、澳大利亚等国家都对中医药特别是中药开展了不同程度的临床科研工作。国际上申请中药与其他植物药的专利数量亦在迅速上升。但中药创新药物研究的基础还较薄弱，在发现新作用机制和新的作用

靶点等方面仍较滞后，需进一步从分子和细胞层次上解释清楚中药的作用机制，从严控制中药的质量。因此，借鉴现代科技支撑，采取多样的中药基础、代谢和质量控制等研究，为高标准的中药现代化研究带来机遇。

1.1.9 多成分复方是国际中药产业新趋势

"一个药物、一个基因、一种疾病"的药物研发模式已导致70%的新药临床试验以失败而告终。诸多慢性病，如肿瘤、心脑血管疾病、糖尿病等，仅根据单一作用靶点难以达到良好治疗效果，化学药物复方制剂研究已成为医药产业发展的一大趋势。如阿莫西林+克拉维酸钾、聚乙二醇化α-2a干扰素+利巴韦林、利托那韦+洛匹那韦等复方制剂分别在各自的治疗领域大放异彩，成为医生重点选择的药品，复方制剂已成为21世纪新药研发主流。中药多成分复杂体系及多靶点特点体现了复方制剂的天然优势，中药及其复方具有多成分、多靶点特点，整合药理学等新技术奠定了中药新药研发新模式。在当前研究中，存在整体与局部脱节、宏观与微观脱节、体内过程与活性评价脱节。网络药理学、整合药理学和分子中药学等技术的提出，从多层次、多环节对中药及其复方与机体的相互作用关系进行系统解析，揭示中药方剂药效成分与生命活动的交互规律，形成中药新药研发的新模式，促进中药复方的创新发展。

1.2 国内生物医药产业的发展现状及趋势

1.2.1 我国医学进步需求非常紧迫，临床医学研究受到高度重视

近年来，我国心脑血管、恶性肿瘤、糖尿病等慢性非传染性疾病呈持续上升和年轻化的趋势，已经成为威胁我国人民健康的主要原因，给国家和人民带来了沉重的医疗负担。结核、艾滋病、肝炎等重大传染病发病率居高不下，SARS、甲型H1N1流感等新发传染病不断出现，传染病防控形势依然十分严峻。随着社会老龄化趋势的日益严重，衰老相关疾病的诊防治和老龄人群的健康保障已成为需求紧迫的现实问题。同时，发育障碍、儿童精神疾病等已经成为重大的社会问题。我国的医学研究和疾病治疗已经取得了长足的发展，但医学认识水平、医学研究深度、疾病防治能力等都需要持续加强和提高。

为有效解决我国医学科技整体投入水平较低，尤其是临床研究薄弱的问题，整合临床医学研究资源和研究力量，国家于2013年启动了国家临床医学研究中心，目前已实施两批，在恶性肿瘤、消化系疾病、心血管病、神经系统疾病、呼吸系统疾病等9个领域批准了19个国家临床医学研究中心。这将对加强我国临床医学协同研究网络体系，推动临床医学的快速发展，提升基层诊疗服务能力具有重大意义。

1.2.2 我国医学前沿技术已形成特色，转化医学研究蒸蒸日上

有三大领域发展得尤为迅速：干细胞生物学、组织构造与再生及创伤性治疗的组织工程医疗产品的研究。在干细胞研究方面，通过利用诱导性多功能干细胞（iPSCs）产生的复制性四倍体胚胎互补性iPS小鼠获得成功。同时，利用成体干细胞的分离与培养技术，使得因外伤或糖尿病引起的血管损伤后皮肤汗腺得以再生；在组织工程学领域，组织工程骨、软骨、

皮肤、神经、血管、肌腱等方面研究已经取得了令人欣喜的成果,相关研究成果已用于临床;运用诱导性干细胞技术开展不同组织类型的协同修复与再生研究、运用组织工程学开展大型组织的重建及组织工程学医疗产品的大规模应用也取得了重要进展,再生医学研究已达到国际先进水平。国家已将再生医学等医学前沿技术列入国家中长期战略发展研究规划,干细胞研究已列为国家三级医疗技术。以上研究成果为医疗水平的提高提供了有力的技术支撑。

在我国,转化医学已成为国家在生物医学领域重点扶持的项目。《中共中央关于制定国民经济和社会发展第十二个五年规划的建议》中指出:"以转化医学为核心,大力提升医学科技水平,强化医药卫生重点学科建设。"目前,国内已经相继在医院、科学院层面建立了一批以转化医学研究为主旨的研究中心。我国已建立各类临床和转化医学研究中心及平台机构129家,分布于全国21个省、市、自治区的大专院校、三甲医院和重点生物医学研究院所等。从国内已建转化医学机构性质来看,这些机构多是自发成立或自主联合,而不是在宏观政策的引导下成立的。目前,国内不少大学附属医院各自成立了转化医学中心,在大学层面尚未实现资源的有效整合。为加强资源整合,提升整体效能,充分发挥转化医学的跨学科和多学科交叉合作的特征,2014年国家批准成立了5个转化医学中心,涵盖分子医学、老年医学、心血管病等领域,可以预见,我国的临床转化研究必将获得极大的推动力。

1.2.3 我国传统医学急需创新发展

国家对中医药的重视,使科研经费投入逐年增多。仅以国家自然科学基金资助项目为例,截至2012年,通过中医药学科资助的各类自然科学基金项目达5146个,资助经费约为15.08亿元人民币;其他资助还有来自国家科技支撑计划、省部级科研项目等若干类别经费的支持。中医理论的完善和古文献挖掘、中医药标准化、中医药现代化进程均取得了明显的进展,中医人才的培养得到了大力加强。中医在现代疾病防治和养生保健中的优势更加凸显。近年来,中医药治疗心脑血管疾病、恶性肿瘤、病毒性肝炎、类风湿性关节炎等疑难杂症、慢性病、传染病等方面取得了令人满意的成就。但是中医的从业人员占我国人口的比例在逐渐下降,著名中医的人数在减少,中医的传承危机令人担忧。中医理论的创新、中医研究手段的创新依然任重而道远。

1.2.4 我国医药市场需求潜力巨大,医药自主创新能力不断增强

医药行业与人民群众的日常生活息息相关,是为人民防病治病、康复保健,提高民族素质的特殊产业。在保证国民经济健康、持续发展中,起到了积极、不可替代的"保驾护航"作用。我国是人口大国,随着社会老龄化加剧、城镇化步伐加快、医药产业相关政策的出台等因素,对于医药的市场需求呈现快速增长的态势。但目前我国制药企业数量多、规模小、创新能力弱的问题仍然十分突出,产品仍以仿制药为主,国际化程度低,缺乏具有市场竞争力的创新品种。面对防治重大疾病和国际医药产业竞争的严峻形势,紧密结合医药卫生体制改革及拉动内需、调整产业结构和培育战略性新兴产业的新需求,必须充分利用现代科学技术,进一步发挥传统优势,加强自主创新的新药研发,实现从"医药大国"向"医药强国"的跨越发展。

近年来,国家相继出台《生物产业发展规划》、《促进生物产业加快发展的若干政策》等文件,极大促进了我国生物医药产业的快速发展。2010年9月8日,国务院审议并原则通过

了《国务院关于加快培育和发展战略性新兴产业的决定》，确定生物产业等7个战略性新兴产业作为重点支持领域。生物医药产业正处于跨越发展的重要历史机遇。随着我国政府不断加大在生物医药领域的研发投入，我国的药学研究领域发展迅速，在总体研究规模和若干研究领域已进入国际先进行列。据统计，2009—2013年中国学者在药学领域发表的SCI论文总量、高被引论文总数世界排名第二，仅次于美国，稳居世界第二阵营之首。我国具有自主知识产权的医药数量也迅速增长。以化学药为例，近年来，我国化学药领域国内发明专利申请量年均增长率达到近30%，发明专利授权量年均增长率超过40%。而从国内和国外化学药领域发明专利申请量与授权量的对比来看，我国远远超出国外化学药发明专利申请量及授权量。"九五"以来，国家实施了新药创制重大专项，在过去的20年里，已经产生了丁苯酞、安妥沙星、埃克替尼、阿帕替尼、艾瑞昔布、西达苯胺等10余个1.1类药物，发展了一批具有国际影响力的药物研发关键技术，初步形成了国家药物自主创新体系。

经过多年发展，中国已经具备了强大的抗体工程技术、化学合成工艺技术和发酵能力，我国医药产业的竞争力不断增强。虽然我国医药生产技术总体水平仍与发达国家存在差距，但在个别细分领域，如大宗原料药的生产工艺、人源化抗体构建技术等方面已经达到国际领先水平。随着全球医药产业转移的进行，中国医药生产企业通过技术工艺水平的提升强化其产业承接能力，也由此获得了更广阔的发展机会。同时，我国药品生产和质量管理逐步与国际接轨。自2004年7月1日起，我国所有药品制剂和原料药均实现了在药品产品生产质量管理规范（GMP）条件下进行生产，且经过几年的GMP认证实践，国内药品生产质量管理的规范水平实现了较大幅度的提升。2011年3月1日，新版药品GMP正式施行，该标准全面参照世界卫生组织及欧美等发达地区的药品GMP规范，对国内医药行业提出更高的规范要求，使中国药品生产企业在生产质量管理方面能更好地与国际接轨，有利于国内医药产业的产品储备和销售市场的开拓。

1.2.5 我国医疗器械市场迅速壮大，本土医疗器械研发势头强劲，但水平还相对落后

我国目前已成为世界第二大医疗器械市场，以及带动全球医疗器械市场增加的主要区域。医疗器械与药品是医疗的两大重要手段，发达国家这两者的销售额比例约为1:1，而我国仅为1:10，可见我国医疗器械市场潜力巨大。我国医疗器械市场活跃，国家政策的导向和国内医疗卫生机构装备的更新换代需求，使中国成为巨大的医疗器械消费市场。在市场需求的刺激和中国经济持续稳定发展背景下，我国的医疗器械发展迅速。2005—2010年，我国医疗器械行业保持高速增长，年销售收入增速保持在17%以上，平均增速为20.81%。据中国医疗器械行业官方网站统计，2010年我国医疗器械市场已跃升至世界第2位，首次突破1000亿元人民币大关。尤其在多种中低端医疗器械产品方面，产量居世界第一。

由于我国人口众多、经济水平较为落后，基础医疗设备约占整体市场规模的75%，这为我国基础医疗器械制造企业提供了较为广阔的市场空间。基础医疗器械主要以中小规模的机电一体化产品为主，具有一定的科技含量和制造工艺要求。我国医疗器械制造企业经过多年的发展，在自动化控制和精密制造领域不断进步，目前在基础医疗器械市场竞争优势明显，出现一批如新华医疗、鱼跃医疗等具有国际竞争力的基础医疗器械制造企业。在我国产品的

竞争下，欧、美、日等国家和地区的医疗器械公司正逐步将在本土生产的没有成本优势的基础医疗器械产品通过 OEM 或 ODM 等方式转移到中国制造。随着我国研发、生产水平的提高，与国外医疗器械生产技术差距逐渐缩小。常规医疗器械设备已基本实现自主生产，拥有自主知识产权的高端医疗设备产品逐步实现进口替代且部分产品批量出口海外市场，由此表现为我国出口逆差逐步缩小。

国内医疗器械市场中，高端医疗器械占整体市场的 25%，基础医疗器械占整体市场的 75%。受巨大的中国医疗器械市场的吸引，国外知名跨国医疗器械企业陆续在华投资，世界医疗器械前十强中有 8 家已在中国建立生产基地。目前，国内高端医疗器械市场的 70% 已被跨国公司占领，我国除在超声聚焦等少数领域处于国际领先水平外，多数关键技术被发达国家大公司所垄断，国产高端医疗器械产品技术性能和质量水准落后于国际先进水平 10 年左右。美国通用、德国西门子和荷兰飞利浦等国外公司在高端医疗器械市场中竞争优势明显。

1.2.6 中药产业创新能力不断提升，逐渐向制药强国迈进

中药产业是我国独具优势的战略性产业，受到国内外的广泛重视和关注，中药国际贸易也呈现出良好的发展势头。历经《中药科技产业基地建设规划》、《中药现代化发展纲要》、《中医药创新发展规划纲要》、"重大新药创制"等政策和专项扶植，我国中药产业取得了令人瞩目的成就。以科技创新为产业发展动力，着眼于医学本质的调整和医学模式的转变，实施多元化发展战略，中药产业已经由单纯满足疾病治疗需要向满足治疗、预防、保健、养生、康复等多种需要方向发展，建立起独具特色的大健康全产业链，满足民众日益增长的健康需求。

在国家"重大新药创制"重大专项的支持下，我国中药创新能力大幅提升。中药产业在道地中药材大规模、规范化种植技术，中药有效成分分离提取关键技术，大型现代中药工程装备生产技术，中药新药开发等方面取得重大突破，逐步形成具有较强国内外市场竞争能力的中药现代化产业体系，与化学药、生物药呈现出三足鼎立之势。目前，我国中药大健康产业规模已过万亿元人民币，中药大品种疏血通注射液、丹红注射液、血栓通注射液、喜炎平注射液等年单品种销售额均突破 30 亿元人民币，有望成为世界级"重磅"药物。其中，丹红注射液年销售额达 38 亿元人民币，丹参多酚酸盐粉针剂 32 亿元人民币，喜炎平注射液 32 亿元人民币，疏血通注射液 31 亿元人民币，血栓通注射液 31 亿元，复方丹参滴丸 29 亿元人民币。具有中国自主知识产权的新药不断挺进发达国家医药市场，中药国际化取得了相当显著的成果；血脂康、复方丹参滴丸等 8 个新药获得美国 FDA 批准开展国际多中心临床试验；地奥心血康在荷兰获准上市；丹参胶囊、当归浓缩丸等 8 个产品的欧盟注册研究正在进行；丹参药材标准已被美国药典收载；地榆、红花等 5 个品种被欧洲药典收载；三七、杜仲等 9 个品种被法国药典收载。这标志着我国制药行业正在由粗放、低附加值的原料药出口向高端精细、高利润制剂出口的转变，正从制药大国向制药强国迈进。

1.2.7 中药现代化正面临着新的国际与国内环境的严峻挑战

虽然我国中药现代化近年已取得长足的进步，但独具特色和优势的复方中成药进入国际市场仍处于攻坚阶段。不可否认，我国中药产业总体仍处于较低水平，究其原因，一是我国医药企业长期缺乏有效的政策环境支持；二是产学研链条严重割裂；三是中介机构发育不成

熟；四是融资渠道不畅；五是与整个企业的生存环境趋向严峻有密切关联。跨地区、跨领域、跨阶段的联合开发是必由之路，政策、学术、研发、生产、金融等相关领域通力合作，从世界各地吸收新的技术信息，做出评判，继而进行研发、增值、产业化。由此可见，不断提高中成药质量与技术标准，提高疗效和确保用药安全，降低用药成本，减弱毒副作用，重树中成药品牌形象，延长中成药市场寿命，已成为提高中成药市场竞争力的重要手段。

2 陕西省生物医药产业发展现状及趋势

2.1 产业现状

2.1.1 陕西省具有丰富的医疗资源和先进的医疗水平

2014 年，陕西省拥有卫生计生机构 37 247 个（包括村卫生室 25 969 个），与上年相比增加了 111 个。全省实有病床位数 199 372 张，较上年增加了 14 233 张。医疗水平处于国内前列，拥有三级甲等医院 42 家。由复旦大学医院管理研究所牵头研制的 2013 年度中国最佳医院排行榜中，陕西省进入前 100 名的医院共有 5 所，包括西京医院（第 5 名）、唐都医院（第 61 名）、口腔医院（第 63 名）、西安交大一附院（第 71 名）和西安交大二附院（第 94 名），进入各专科医院前十的有 12 个。在消化病学、神经外科学、心血管病学、整形与烧伤、麻醉学、口腔医学、皮肤与性病学等领域处于国内领先水平。在胃癌等消化系统肿瘤诊治、心脑保护、器官移植与再生医学、脑创伤救治、功能性脑疾病、大骨节病等地方病防治方面已达到国际先进水平，先后获得医学领域国家科技进步一等奖 5 个。同时，陕西省在国内率先启动临床医学研究中心建设工作，首批已批准肝胆、心血管、神经外科、胸腔外科、口腔医学等 10 个中心，必将为提升陕西省临床医学研究和疾病治疗起到积极的推动作用。

2.1.2 陕西省基础医学和转化医学研究具有明显优势

陕西省生物医学科技人员已形成规模，目前设有生命及医学科学专业的高等院校 8 所，生物科学研究所 4 所，国家食品药品监督管理局药物临床试验机构资格认定机构 8 个。拥有国家级工程中心、工程实验室和重点实验室 13 个，省级工程中心和重点实验室 14 个，从事生物科研教学的专业技术人员近 2 万人。在神经病理性疼痛的信号传递与调控、缺血性心肌损伤分子机制、消化系肿瘤的分子网络、抑郁症等精神疾病的敏感标志物筛查、重金属等环境因素致伤效应等基础研究领域已取得理论突破和应用前景；在纳米材料、组织工程产品、再生医学技术、神经病理性疼痛调控、器官联合移植、辅助生殖、干细胞移植、电阻抗成像等前沿技术领域，取得了一批具有国内外先进水平的科研成果。

陕西省转化医学具有良好的发展基础。医学研究水平具有特色与优势，并拥有众多的医药企业和多家国外知名的医院，转化医学的科技链条完整，市场潜力巨大。特别是陕西省牵头组建的分子医学转化科学中心成为国家五大转化医学中心之一，标志着陕西省转化医学研究的雄厚基础和良好成果。这些优秀的转化医学资源和科技人才队伍，为陕西省转化医学产业发展提供了有力支撑。陕西省已在转化医学方面取得了一批富有国内外影响的成果：利用组织工程技术研发的我国第一块、世界第二块组织工程皮肤获 SDFA 批准上市，并制定了国家行业标准；自体干细胞移植治疗终末期肝病已经在临床上取得显著效果；电阻抗成像技术及相关产品已成功用于颅脑创伤患者的动态监测；基于钛合金技术的医用材料已在骨损伤修复等临床治疗中推广应用等。另外，多种基于肿瘤、自身免疫性疾病等疾病易感基因研究的筛查和诊断试剂盒也陆续投入入临床研究阶段或用于临床，一批新型的医用材料、器械、药物等陆续用于临床。

2.1.3 陕西省医药产业具备人才及基础优势，但急需创新升级

全省拥有 5000 多名医药研发从业人员，建成了 1 个 GLP 临床前研究机构，7 个通过 GCP 认证的临床实验机构。第四军医大学、西安交通大学、西北大学等院校及陕西中医药研究院，都建立了医药研究室，科研力量位居全国中上水平，同时培养了一大批医药专业人才。陕西传统的微生物发酵技术、化学合成技术和天然产物提取技术，具有一定的活力和影响。杨森具有吸收国外专利产品和技术的优势，利君建有国家级企业技术中心和博士后科研工作站，一批有特色的医药创新型中小企业正在兴起。

全省有药品生产企业 273 家（其中年销售额在 30 亿元人民币以上的企业有陕药集团、杨森、利君、步长），"十一五"的前 4 年，全省规模以上医药企业实现工业增加值年均增长 15% 以上。2013 年医药行业完成工业产值 430.28 亿元人民币，同比增长 19.3%。生物医药研发水平在国内居于前列，以利卡汀为代表的抗体药物领域已取得国内外先进的研发成果。中药加工能力和技术水平有了很大提高，14 家制药企业取得国家批准药号 300 多种，10 家中药饮片企业通过 GMP 认证，医药中间体加工企业超过 100 家。黄姜、绞股蓝、银杏等中药材有效成分的提取、纯化技术处于国内领先地位。

陕西省虽然在医药产业方面具有较好的人才优势和资源支撑，但还存在整体规模偏小、结构调整不到位、创新主体间链条不连贯、研发投入不足、合同研发外包能力弱、成果转化率较低、产业集聚度不高、种质资源保护和开发利用不够，以及医药企业规模小、经营管理水平低、产品市场竞争力不强等突出问题。

2.1.4 陕西省医疗器械产业具有良好的条件和基础

陕西省现设有医学工程专业的高等院校 9 所，科研院所 2 所；现有医疗器械企业 200 余家，其中具有医疗器械产品研发能力的企业 80 余家；第四军医大学、西安交通大学、西北有色金属研究院、西北工业大学、西安电子科技大学、西安光机所等科研机构在生物医学工程前沿技术研究领域取得创新，为陕西省医疗器械产业创新提供了良好的基础；西北医疗、华海医信、蓝溪科技、秦明医疗等实力企业具有较好的产业基础和市场信誉；在新型电磁成像监测、医疗信息系统、植入设备、生命参数监测、组织工程、口腔医学设备、超声检测技术、数字影像技术、放射治疗等领域具备领先优势及产业基础。

2.1.5 陕西省中药资源丰富但开发利用不足

全国中药材资源 11 278 种，2010 年版《中国药典（一部）》收载中药材 592 种，全国公认道地中药材 89 种；而陕西省依次分别约占 40%（4700 种）、47%（278 种）和 34%（32 种）。中药产业是陕西省独具特色和优势的新兴产业。全省中药材种植面积超过 32 万公顷，规范

化种植达 4 万公顷；包括 75 种植物药材，其中，天麻、杜仲等 17 个品种产量占全国总产量的 1/4 以上。目前，已有 27 家企业建立了 37 个中药材规范化种植基地，其中，商洛天士力的丹参、汉江药业的山茱萸、汉王药业的天麻、安康北医大的绞股蓝等 4 个基地已通过国家食品药品监督管理局的 GAP 认证。总之，药源产出巨大，缺乏科技含量，导致高产低能现象，严重制约陕西省中药产业链发展。

2.1.6 陕西省中药产业规模大但企业产品老化

全省现有 126 个药物研究机构，273 家药品生产企业，210 家医疗机构制剂配制单位，36 家医药包材生产企业，5207 家药品经营企业，2235 个药品生产品种，5500 个药品生产批准文号。上述数据中有七成与中药相关，可见中药在陕西省药品科研、生产和流通领域及医药市场的辐射作用及其影响巨大。但目前中药生产企业生产的中药品种，属于独家生产并具有自主知识产权的品种不足 10%，年销售过亿元的单品种中药更是屈指可数。中药的自主创新与顺应时代要求迫在眉睫。

2.2 社会需求

随着人口老龄化的加剧和环境的恶化，肿瘤、心脑血管疾病、代谢性疾病、感染性疾病和功能退行性疾病（如老年痴呆和骨质疏松症等）等重大疾病已成为我国主要高发疾病，发病率和发病人数居全球首位。此外，出生缺陷已成为一个重大的社会问题；心理精神疾患日益增多；重大自然灾害和意外伤害频发，呼吸、消化等常见病、多发病仍然困扰着广大公众的健康；食品安全和环境危害对健康的影响加重，职业病和地方病高发；医源性和药源性疾病不断出现，亚健康状态人群扩大。另外，广大农村基层地区医疗机构的诊疗技术水平较低，进一步加剧了疾病防控的严峻形势。面对诸多挑战，现有医学认知水平仍存在很大的局限性，许多重大疾病包括常见多发病仍然缺乏经济有效的防控办法和诊治手段，疾病防治的科技支撑能力亟待提高。

近十年来，我国政府加大了对医学领域研发的投入，在医学研究、医疗水平、药械研发和中药现代化等方面有了极大的提升，生物医药产业的增长速度也持续保持高位。然而，我国医学的整体水平与欧美发达国家相比还有巨大差距，生物医药产业的规模也还远远没有达到国家支柱产业的标准。制约我国发展成为生物医药强国的因素有很多，其中一个关键因素在于：我国在原始创新研究方面非常薄弱，尤其是在医学前沿技术、自主知识产权的药械、中医药国际化等方面缺乏前瞻性、探索性和原创性的工作，以医学和生物学为主导的多学科交叉研究缺乏深度和广度，基础研究和成果转化脱节，新技术成果转化少。加快前沿技术研究、医药自主创新和医疗器械研发等已成为陕西省及我国经济发展的重要战略方向。

2.3 技术水平

陕西省从事生物医药基础研究、临床应用、产品研发、市场推广的高等院校、研究院所、企业单位已形成数量规模和技术优势，拥有第四军医大学、西安交通大学医学院、陕西中医药大学等医学院校，西京医院、唐都医院、西交大一、二附属医院等国家百强医院，陕药集团、杨森、利君、步长等销售额超过 30 亿元人民币的大型药企，西北有色金属研究院、西安光学仪器研究所、西北医疗、华海医信等富有特色的医疗器械研发单位，形成了较完整的生物医药产业研发链。在消化系肿瘤、心脑保护等疾病防治领域，以及抗体工程药物、组织工程产品、医学成像技术等药械研发领域已具备国际先进的研究水平。

陕西省中药学综合科技实力国内第三，从事中药研究和人才培养的科研院校有 160 余家，特别是第四军医大学、西安交通大学、陕西中医药大学、西北农林科技大学、西北大学、陕西师范大学等高校中，有不少国内外著名的中药学专业技术或新药研制方面的知名人士，承担着国家或省级重大新药创制专项课题和重点专业实验室建设。近年来，在国家中药现代化政策的引导下，科研院所与中药企业致力于中药产业化发展，已形成以中药新技术、新产品研发为主的研究体系和良好的产业链基础，为中药产业做大做强提供了坚强的技术支撑。

2.4 存在问题

陕西省在生物医药领域存在的主要问题有：①常见病、疑难病、地方病等形势依然不容乐观，居民整体健康状况相对较差；医疗资源布局不均衡，农村和社区等基层的优秀医疗人才依然很缺乏，先进技术和创新产品的应用依然很薄弱。②基础医学、前沿技术的发展与实际应用脱节问题非常严重，转化研究的顶层设计和务实性实施方案不够明确，专项资金投入较少；基础型科研成果具备自主创新性但缺乏实用价值，脱离市场需求，应用型科研成果大多是单纯模仿和引进，缺乏消化、吸收和再创新能力。③医疗器械和医药产品的产业创新链条不完善，缺乏原始自主创新的药械产品和具备较强研发能力的实力企业，化学药品和生物药品还以仿制药为主，大中型、中高端医疗器械主要依赖进口；产业总体规模和技术基础与兄弟省份相比仍存在较大差距，产业集聚度不高，产业结构不合理，企业规模小。④中药是陕西省的传统优势产业，但近年的优势地位已不在。全省中药年产值只有 60 多亿元人民币，而四川、吉林、云南、广东等省的中药年产值已接近或突破 100 亿元人民币。全国中药产业的发展呈现更加激烈的市场竞争，各省纷纷加大了中药产业的科技创新研究经费的投入，特别是在中药资源、创新中药研究和中药企业产业化等方面，给陕西省中药产业化和现代化发展带来挑战。

2.5 发展趋势

生物医药产业整体发展趋势将有以下变化，一是医疗理念将更加注重健康促进；二是医学研究将更加注重系统整合；三是医学成果将更加注重实际应用；四是医药产业将更加注重自主创新。

疾病预防和健康维护将成为医学领域的主流方向，疾病的早期发现、早期识别、早期干预将是医学研究的重点方向；健康状态识别、亚健康状态干预、健康知识普及是健康维护的重点工作；基于多学科交叉融合的前沿技术的创建将为疾病的诊断及治疗带来革命性的进步，医学研究成果的快速临床应用将极大地推进疾患和健康问题的解决；转化医学的发展将得到极大推进，基础研究、临床应用、产业发展之间的有效合作机制将更加完善，转化医学的管理和教育体系、协同创新模式将日趋成熟和完善。

相关领域的理论和技术进展将为药物的研发提供坚实的技术平台，组学和结构生物学的发展为生物药提供更多的新靶点、新表位和新结构，抗体人源化及优化技术、抗体库技术、高效真核表达载体技术等的发展为高效、高产率的抗体药物制备提供了技术支撑；生命科学、信息科学、计算机科学的理论和技术将更多地用于化学药物的新药设计与发现研究，多靶点药物设计与治疗理念在化学药物发现过程中将更加得到重视；研发费用持续上涨，新药开发的难度越来越大，药物创新已经成为全球性的难题。

医疗器械产业发展的总体趋势表现为：①低成本：为临床提供廉价的生物医学工程产品是自20世纪90年代以来医疗器械产业追求的主要目标；②小型化、集成化、网络化是高端医疗仪器发展的必然趋势；③多源信息一体化融合是医学诊断设备发展的新趋势；④早期诊断、生理功能实时评价是医学诊断技术发展的方向；⑤诊疗一体化技术是高端医疗器械发展的特征；⑥微创、介入、精准治疗集成技术是治疗设备的主要需求；⑦复杂手术微创化是机器人外科的新趋势。

中药现代化是包括中药农业、中药工业、中药研发、中药商业的现代化，这就要求我国中药产业的发展必须实现中药材种植基地化、规范化，制药企业现代化、药品生产标准化、中药产品品牌化和医药市场国际化。从而，扩大高品质中药材种植规模，创建中药生产企业关键技术及其产业链，以及全面提升中成药质量，研发技术含量和附加值高的大品牌中药新药将成为"十三五"中药现代化发展的重要趋势。

3 陕西省"十三五"生物医药产业科技发展战略

3.1 发展思路

认真总结"十二五"陕西省生物医药产业的成果，深入分析和研究目前陕西省生物医药产业的现状，紧密结合国家"十三五"医学科技的战略规划，确定"十三五"陕西省生物医药产业"以满足民生和产业重大需求为导向，医疗技术和药械产品的创新为主线，'政产学研用'密切协同为动力，完善体制机制为支撑，取得标志性成果为目标"的总体发展思路。

3.2 发展目标

针对影响陕西省公众健康水平提升和生物医药体系建设的重大需求，加强统筹部署和协同创新，重点攻克一批严重危害公众健康的恶性肿瘤、心脑血管疾病、神经精神疾病等重大疾病的发病机制，力争建立10～15项具有原始创新性的针对陕西省常见病、多发病的诊疗新技术；建立20～30个各类人群、疾病的健康大数据系统，开发多发病、常见病的综合防治和健康维护的新方案，大力提升陕西省的人群健康管理水平；建立30～40个临床医学／转化医学研究中心，搭建科学高效的转化医学研究体系；创建一批具有自主知识产权的药械研发技术和产品，力争有25～30个医疗器械获得产品注册证，8～10个生物药、化学药、中药等获得国家一类新药证书；支持医药和器械企业的技术创新，做大做强陕西省药械产业；强化陕西省中医药现代化建设，使陕西省中医研究和医疗水平、陕产大宗药用植物资源、中药生产企业产能与质控升级创制关键技术和创新中药研发形成中国优势，建设20个中药规范化种植基地；创制一批高效低毒中药新药、市场高占有率中成药和高水平中药产业创新团队，促成5～10个年销售额超过10亿元人民币的中成药大品种。形成陕西省医疗资源共享和协同攻关的新机制，构建一批专科/专病协同研究网络，提升陕西省医疗卫生的整体水平。

3.3 重点任务

3.3.1 医学领域

深入揭示生命现象的本质和疾病发生及发展的规律，攻克健康维护和疾病防治的关键科学问题；加强多学科的交叉融合，开展干细胞、组织工程、纳米材料、合成生物学等医疗前沿技术研究，大力推进前沿技术向医学应用的转化研究；开发一批急需突破的临床诊疗关键技术，形成一批诊疗技术规范；重点发展疾病的风险评估、早期筛查、预测预警及综合干预技术，加快推进健康测量和健康管理等技术研究，使疾病危险因素的预防控制窗口前移；加强中医的基础理论和科学内涵研究，强化陕西省名老中医的经验整理和民间制剂、验方的挖掘研究，促进中医临床评价体系建设和中医及中西医结合诊疗技术的临床研究。

3.3.2 医药领域

以陕西省常见的肿瘤、心脑血管疾病、代谢性疾病、感染性疾病和功能退行性疾病等重大疾病为主要研究方向，加强具有自主知识产权的创新药物开发，重点突破抗体工程技术等的生物药研发关键技术，研发国际抗体大药及与其基因表型相配套的检测试剂盒，做到"一药一盒"；突破绿色合成等化学药研发关键技术瓶颈，着力提高化学药物的科技内涵和质量水平；建立陕西省新药研发的协同机制，加强省内、国内、国际等3个层次的协同创新，优化药物研发的技术平台，提高医药行业产业水平。

3.3.3 器械领域

紧密围绕陕西省疾病防诊治和公众保健康复的需求，大力发展陕西省的医疗器械新型产业，以研发陕西省和我国急需、紧缺的中高端诊疗器械、面向基层的高性价比医疗器械为重点，突破医疗器械的智能性、稳定性、可靠性等关键技术，在疾病筛查、病情监测、伤病诊疗、个人保健、功能康复、灾害救援等方向上形成一批具有陕西省特色的器械产品，推动相关产品的产业化进程，大力提升陕西省医疗器械产业的规模和技术竞争力，为医疗服务能力的跨越式发展提供支撑。

3.3.4 中药现代化领域

发挥陕西省中药资源优势，加快药用植物及中药科技创新与成果转化，开展大宗道地中药材规范化栽培及珍稀濒危药材种苗繁殖关键技术研究，重点支持药用植物科技示范基地建设；支持中药材、中药饮片和中成药生产企业大品牌产品培育等科技创新研究，突破一批中药新药创制关键技术，加强大品种中成药自控生产工艺优化升级和药渣生物质科学利用等研究，增强中药企业自主研发能力和产业市场竞争力；重点支持已获得国家临床试验研究批件的中药新药、特色中药新药、中成药大品种再评价，鼓励中药新药创制与开发，加快陕西省现代中药产业发展。

3.4 关键技术

3.4.1 医学领域

①干细胞和组织工程技术：突破不同来源干细胞的调控、保护和自我再生等技术，研究干细胞移植等治疗关键技术和相关产品，研发组织工程皮肤、骨骼、神经、血管、角膜等产品，促进再生医学的研究水平。

②组学技术：发展基因组学、蛋白组学、细胞组学等组学技术，加速高维多组学分析诊断技术、快速检测的微流体生物芯片技术等新技术突破，促进组学技术在疾病防控和临床诊治中的应用。

③生物大数据库：加强生物大数据开发与利用关键技术研究，重点突破生物大数据汇集、管理、共享与利用等技术，加快构建基于信息技术和网络技术的全民健康数据管理系统和个人健康服务平台，提升生物医学的研究水平和推动相关新兴产业的发展。

④新型诊疗技术：重点开展分子诊断、免疫诊断、影像诊断、生物治疗、微创治疗、介入治疗、物理治疗等新型诊疗技术研究，加强基于组学等进展的个体化诊疗技术研究和面向基层的适宜技术研究，创新临床诊疗技术方法，提高临床诊疗技术水平。

3.4.2 医药领域

①基于新靶点的人源化抗体构建及表达技术：重点建立抗原新靶位、新表位、新结构发现与确定技术，人源及人源化抗体的构建与表达技术，抗体高通量、大规模、功能化制备技术，抗体表达系统及工程细胞系，抗体修饰改造技术，抗体产品瞬时快速制备技术等，为抗体药物规模化生产提供源头技术支撑。

②基于结构的小分子药物筛选技术：借助于结构生物学和生物信息学，筛选多靶点的小分子拮抗药物，建立高通量、规范化的小分子药物筛选库，获得新型的小分子药物。

③模式动物药物筛选体系：建立基因特异性敲除的转基因小鼠和靶基因敲除的斑马鱼模型，建立服务于疾病模式动物资源库；建立模式动物筛选、鉴定、饲养和繁殖基地，优化模式动物微生物学控制和遗传学控制方法，促进模式动物资源的共享。

④基于个体化医疗的基因表型检测技术：发展各种药物基因型和基因表型的检测试剂，建立对患者药物反应进行预测的体系，提高患者治疗有效率。

⑤化学药物绿色合成技术：在节省能源和保护环境的基础上，针对药物绿色合成中的核心科学问题进行研究，建立高效、高选择性、原子经济性佳、环境友好的原创性反应和合成策略技术体系，突破高效、实用和普适的新型手性催化剂等不对称合成手性药物关键技术，

实现化学制药工业的绿色化。

3.4.3 医疗器械领域

①疾病动态监测技术：重点开展基于电阻抗技术等的颅脑、胸腹部创伤等伤病情诊断及动态监测技术研究，突破体内植入器件的生物相容性、生理及病理信息采集的精确性等关键技术，加快相关技术的产品化进程。

②多模态医学成像技术：重点开展不同模态医学影像的智能化综合研究，创新医学影像的配准和融合识别等关键技术，提高医疗诊断的水平。

③医疗新材料：重点开展具有自主知识产权的基于新材料的外科基础器械、植入器械等的技术创新和产品研发，突破产品的稳定性和可靠性等技术瓶颈。

3.4.4 中药现代化领域

①中药活性物质发现及成药性评价关键技术；
②中药整合药理学及大数据关联性关键技术；
③中药制剂及其产业化关键技术；
④中药毒副作用早期发现及安全性评价关键技术；
⑤上市中成药大品种再评价关键技术。

3.5 重点研发项目（产品）

（1）常见病、多发病的防诊治研究

开展陕西省高发的心脑血管疾病、恶性肿瘤、代谢性疾病、精神神经疾病及免疫性疾病等常见、多发慢性疾病防诊治的基础研究，阐明病因和病情转归规律，研究发病过程的分子和细胞机制等；开展疾病的诊治新技术研究，建立20～30项基于纳米技术、组学技术、生物信息学技术、再生医学技术等的疾病预防、诊断、治疗前沿技术，并推动临床的转化应用；基于组学技术和系统生物学技术，开发海量数据分析技术和建设重大疾病分子分型等研究的大型生物医学数据融合分析平台；建立30～40个临床医学研究/转化中心，构建专病/专科协同网络体系。

（2）健康管理和亚健康干预研究

加强陕西省公众个人健康数据管理信息系统的建设，重点开展不同人群健康状况及疾病的队列研究，发展健康状态识别与调控、个体健康评估、亚健康分型分类等技术；开展亚健康的干预策略研究，防治亚健康向疾病状态发展；开展健康维护和疾病防治知识和技术的普及，推广心理状态、慢性病防治等知识的数字化传播、自我评估等技术，提高公众的健康素质。

（3）中医药诊疗技术研究

开展中医药方剂配伍、经络针灸等理论和技术的科学内涵研究，加强中医个体化治疗的方法学研究和临床评价，提高中医辨证论治的能力和水平；强化中医临床评价体系建设，加强中医药临床适宜技术的研究和筛选，促进推广应用。

(4) 创新药物研发

针对恶性肿瘤、心脑血管疾病、代谢性疾病、自身免疫性疾病等重大疾病研发一批治疗性抗体及重组蛋白药物，研发与之配套的基因表型检测试剂盒，发展个性化生物药物；建立抗体/蛋白质药物产业化工程链，集成研发细胞发酵罐、袋系列产品及其纯化系统等生物药研发平台；突破化学药的绿色合成新技术，开发一批重大化学药产品，特别是加快专利到期或即将到期重大化学药产品仿制；在发展黄姜皂素的绿色生产及其氧化降解技术的基础之上，开发高附加值的甾体激素类药物，做大做强甾体激素类药物。

(5) 新型医疗器械研究

重点开发急需、紧缺的中高端诊疗器械和面向基层的高性价比医疗器械，研发基于新材料、新技术的医疗设备及器械，包括电阻抗动态图像监测设备、集成化医疗信息系统、新型心脏起搏器、新型手术器械、组织工程产品、信息化口腔医学设备、四维超声成像和强性超声成像设备、诊疗一体化放射治疗设备等。

(6) 中药现代化研究

在陕西省建设20个中药规范化种植基地，并在实施药用植物开发研究的基础上，重点支持30种常用中药材或饮片的深度开发，在道地特征、药性、储藏和质量标准等系统研究的基础上，开发可食和直接应用的饮片或颗粒；突破一批药物创制关键技术和生产工艺，针对心脑血管疾病、肿瘤、神经退行性疾病、感染等十大疾病，重点支持30个中药新药的研发，争取资助的一批中药新药获得新药证书和生产批号；遴选全省销售超过亿元人民币的独家生产的30个中成药实施大品种的临床前和临床评价，促成5～10个中成药大品种年销售额超过10亿元人民币。完善新药创制与中药现代化技术平台，建设一批中药产业技术创新战略联盟，增强陕西省中药企业自主研发能力和产业竞争力。

3.6 技术路线图

陕西省现代生物医药产业技术路线图，即重大战略路线如图14-1所示。

图14-1 技术路线

4 实施措施及政策建议

4.1 实施措施

按照聚焦关键、重大、长远和能力的总原则,以提升持续创新能力、医疗卫生水平、医药产业发展为总要求,提出"十三五"陕西省生物医药产业发展的实施措施。

(1)"三重和三能"原则

即攻克重大疾病的防诊治难题、突破生物医药领域重大关键技术、研发重大医疗器械和药物产品,提升自主创新、成果转化、市场竞争3种能力,切实提升陕西省生物医药领域的科技竞争和产业发展的综合实力。

(2)"三结合"原则

即基础研究—技术创新—临床转化相结合、近期重大需求与长远可持续发展相结合、产品研发—平台建设—人才培养相结合,重视支撑未来发展、能力建设和人才培养的需求。

(3)"三方式"原则

即择优为主、滚动支持、固强扶弱的课题资助方式。"十三五"生物医药领域的课题立项在坚持以公开择优为主、自下而上"申报—审评—立项"方式的公正性基础上,还应重点探索以陕西省生物医药产业发展总的中长期战略目标和重大需求为导向、自上而下"集成—首席专家负责—难题公关"的解决重大课题立项方式,使任务部署更加突出陕西省生物医药发展目标和民生重大需求。

4.2 政策建议

(1)加强陕西省生物医药领域的协同创新机制建设

继续开展协同创新中心的论证、立项、培育与建设,强化中心协同效应的充分发挥,加强政策倾斜力度,给予人才队伍、经费投入、机制创新方面的大力支持,最大限度地发挥集智攻关、创新引领、整体提升的作用。

(2)设立生物医药研究重大专项

结合危害我国公众健康的十大疾病和陕西省重大地方疑难病,在重大疾病的防诊治、创新药物研发等重点方向设立重大专项,在原有的科技统筹创新工程、难题攻关等计划的基础上,继续加大投入和支持力度,力争取得原创性的研究成果,提升陕西省的生物医药研究实力和产业竞争力。同时,实施重大专项首席科学家制,以提高重大专项的实施成功率,增强政府引导资金投资效益和创新项目管理机制。

第十五篇

陕西省"十三五"生态环境保护科技发展战略研究

组织单位：陕西省科学技术厅社会发展科技处
课题承担单位：陕西省环境科学研究院
课题负责人：张振文
课题组成员：薛旭东　张　月　顾兆林　李旭祥　张力元　邓晏郦
　　　　　　陈　洁　孙长顺

引　言

随着人类活动对生态环境破坏的不断增加，经济发展与环境治理相脱节、社会进步与生态发展面临的矛盾日趋尖锐，环境恶化已经影响到人类的生存与发展，环境问题日益为世人所关注。环境科技在此形势下应运而生且不断进步，主要包括对生态环境本质认识、防治环境问题的出现及危害的各项科学和技术，探索为保护环境所采取的政治、经济、法律、行政及教育等各项专门手段和方法。

1992年召开的联合国环境与发展大会把生态环境保护科技的可持续发展提到推动和促进全球可持续发展的重要议事日程，其重要作用在《21世纪议程》、《联合国气候变化框架公约》和《生物多样性公约》等国际文件、协议及公约中得到充分的肯定。

习近平总书记最近指出，科技创新是引领发展的第一动力。面对众多城市大气雾霾严重，一些流域水体呈黑臭状态及全球性的臭氧层消耗、气候改变、生物多样性变化及环境灾害等问题突出，我国已把解决这些问题，实现生态环境保护科技的可持续发展作为提高在国际政治经济舞台上的地位、竞争力的重要手段。

目前，陕西省围绕关中大气、渭河流域等突出环境问题开展了重大科技攻关及一系列生态环境保护技术的研究工作，取得了丰硕的研究成果。但与国内外相比，陕西省环境科技体系还处在发展的初级阶段，缺乏重点行业污染防治和生态保护核心技术，仅有的技术不能有效推广应用。这就需要陕西省加大力度推进生态环境保护科技发展创新，引导科技成果向产业转化，从而优化空间发展布局，促进产业结构升级，改善城乡生态环境质量，防范环境风险，保障社会经济的可持续发展，对实现美丽中国、美丽陕西的伟大构想具有十分重要的意义。

1 国内外生态环境保护科技发展现状及趋势

"十二五"期间,在习近平总书记全面推进生态文明建设的引领下,我国生态环境保护科技面向社会经济发展和生态环境保护的主战场,积极探索中国环保新路径,深入落实《国家中长期科学和技术发展规划纲要(2006—2020年)》,大力实施《国家环境保护"十二五"科技发展规划》,在理论基础和应用基础研究、技术研发及能力建设、人才培养等方面取得了丰硕的成果,支撑了国家重点区域和流域的污染治理,超额完成了污染减排任务。以北京为中心的大气污染联防联控技术和以水专项为主的一批重要科技成果产生了良好的国际声誉,为21世纪生态环境科学的蓬勃发展奠定了基础。

一是在法规政策和标准方面,重点突破了环境立法研究,构建了生态环境政策框架,并对重点行业污染物排放标准进行了优化整合。我国新的《环保法》已于2015年正式实施,明确了"按日计罚"和环境公益诉讼制度,成为我国污染防治的"新常态",并在第七条明确指出,"国家支持环境保护科学技术研究、开发和应用,鼓励环境保护产业发展,促进环境保护信息化建设,提高环境保护科学技术水平。"同时,我国已经颁布的《大气污染防治行动计划》和《水污染防治行动计划》也对大气和水污染防治技术的研发有了明确规定。另外,我国还发布了《生态环境状况评价技术规范》等多项新标准,并对部分现有标准进行了优化整合。

二是在水污染防治技术方面,通过水专项等重大科技工程,突破了流域水环境管理、河流和湖泊水环境污染控制、城市污水处理与资源化、饮用水安全保障及水环境监控预警与管理等领域中的"分区、分类、分级、分期"多维水环境管理模式、两端上流曝气生物滤池技术、污水产氢产甲烷等一批"控源减排"关键技术和共性技术,研发出了一批关键设备和成套装备,并集成多项关键技术。

三是在大气污染防治技术方面,建立了大气复合污染联防联控的区域调控机制,并在奥运会和APEC会议期间取得良好效果。加强了工业企业大气污染源达标排放及污染物削减控制技术研究,突破了燃烧过程中SO_2和NO_x同步控制与治理技术、颗粒物超低排放技术、工业排放有毒有害有机污染物的控制技术、脱硫副产物($CaSO_4$、$CaSO_3$)资源化利用技术等。

四是在生态保护方面,开展了生态系统服务功能评价和生态红线划定、生物多样性保护、生态系统修复、城市生态环境保护、农村生态环境保护、资源开发区和重大工程区生态环境保护等方面的研究。建立了中国森林生物多样性监测网络,在生态系统固碳功能、水文调节功能、土壤保持功能、不同生态脆弱区空间格局与生态恢复、农村环境生态系统健康模式和资源开发区环境风险评估与分区分级预警技术方面取得重要进展和成果。

五是在固废处理与处置技术方面,开发了凝胶包裹固氟技术、焚烧飞灰资源化利用技术、LDS-1垃圾填埋场渗漏实时监测技术等一批固体废物无害化处理和资源化利用新技术,并在电子废弃物、危险废物、污泥预处理等多个领域取得了较大进展,进一步发展和应用了生物质能技术。

六是在土壤污染防治技术方面,从理论层面逐步形成污染物质输移的界面与生态过程、生态毒性与微生态效应、污染水动力和微生物地理学等环境科学理论创新体系;通过技术、方法与设备研发,在环境材料、污染控制与修复技术等方面取得了重大突破,形成了农药高效降解菌筛选技术、微生物/动物-植物联合修复技术等多项关键技术。

七是在绿色经济、清洁生产和循环经济技术方面，开展了重点领域和重点行业循环经济、清洁生产和废物资源化关键技术研究，形成了有色冶炼含砷固废治理与清洁利用技术、锰矿与黄金矿采选业污染防治技术、利用电解锰渣制备蒸压砖技术等多项关键技术。

八是在环境与健康方面，通过开展"全国重点地区环境与健康调查"，对环境暴露调查技术方法、生物标志物指标和筛选方法、健康效应指标确定等都进行了探索。对环境中主要重金属和有机污染物与人群健康效应关系进行了深入流行病学调查及毒理学作用机制的探讨，取得了一系列成果。

九是在环境监测与预警技术方面，环境监测技术体系不断完善，环境监测网络逐步形成。环境监测技术水平不断提高，成功发射了环境与灾害监测预报小卫星系统，天地一体化监测能力初步实现；环境监测新领域、新技术的研究能力和应用水平均得到加强，自主开发了"H_2O自由基监测设备"，建立了污染源快速评价技术，为环境管理和决策提供了可靠的技术支撑。

我国在污水处理与资源化技术、固废处置领域的焚烧炉排和填埋场渗漏实时检测系统、环境监测的重金属元素分析方面已与国外基本同步，部分技术领先国际。但总体来说，我国环境保护技术与国际先进水平还存在着一定的差距，例如，水环境整治工作基本处于水质改善和景观建设阶段，大气污染控制技术体系和管理理念与发达国家还有一定差距，环境基准的研究和固废处理行业还处于起步阶段，环境监测技术与世界发展趋势和科技发展前沿还存在较大差距。

"十三五"是我国生态环境保护科技发展的关键时期，生态环境保护要以转变发展方式、建设资源节约型和环境友好型社会为重要着力点，研究领域向生态系统整体转变，研究范围向区域以至全球性大尺度转变，污染防治技术的研究重点从末端治理向全防全控转变，环境管理技术从事后应急向预警预防转变，重点防范危害人体健康的各类环境风险，积极开展交叉学科研究，特别是环境政策研究，不断发展和完善生态环境保护技术体系和保障机制，为全面推进生态文明建设提供有力支撑。

2 陕西省生态环境保护科技发展现状及趋势

2.1 发展现状

"十二五"以来，特别是党的十八大报告首次强调建设美丽中国，并把生态文明建设放在了突出地位，尤其强调了在经济建设、政治建设、文化建设、社会建设中生态文明的融入，生态环境保护科技也随之进入了快速发展期。陕西省科技厅高度重视生态环境保护科技发展，开展了"渭河水污染防治关键技术研究与示范"和"关中地区大气细颗粒物研究与示范项目"两项省科技统筹创新重大工程项目，总投资1.3亿元人民币。同时，陕西省各高等院校、科研院所等单位也开展了大量的研究工作，在水污染和大气污染防治及生态保护方面均取得了一定的成果。

(1) 关键技术不断突破，重大成果不断涌现

"十二五"期间，陕西省生态环境保护技术发展迅速，承担了国家重大科技专项"水体

污染控制与治理"、863计划项目、国家科技支撑计划项目等多个项目。省科技厅对生态环境保护科技支持不断增加，科技计划项目中对生态环境保护领域的支持方向由2011年的3项增加至2015年的10项，同时添加了重点支持领域中的"环境保护关键技术研发—环境防治关键设备开发—环境治理综合服务"创新链。随着生态环境保护科技研究的深化和投入的增加，各项关键技术不断突破，涌现出一批科研成果。2011—2014年，陕西省生态环境保护领域共获得国家科技进步二等奖1项，省级科技进步一等奖8项、二等奖21项、三等奖27项。总体来看，陕西省生态环境保护科技成果不断增多，获奖数量从2011年的10项增加至2014年的16项；研究领域不断扩展，省科技进步一等奖和二等奖研究领域由2011年主要为生态领域扩展至2013年、2014年的水污染防治领域、大气污染防治领域、生态保护领域、环境与健康领域和政策标准领域。为陕西省生态环境保护技术发展与进步提供了良好的技术储备和有力支撑。

在水污染防治领域，重点在工业点源、城镇生活源、饮用水保障和渭河流域综合管理等方面进行了研究，形成了果汁行业清洁生产及污染物减排技术、渭河流域水环境智能管理平台等一批"控源减排"关键技术，研发出了一批关键设备和成套装备，并集成多项关键技术。其中，城市生活污水处理技术水平总体达到国际先进水平，西安建筑科技大学研发的"水与废水强化处理的造粒混凝技术研发及其在西北缺水地区的应用"获得国家科技进步二等奖，陕西省环境科学研究院牵头的"渭河水污染防治专项技术研究与示范"获省级科技进步二等奖。

在大气污染防治领域，初步构建了大气污染联防联控的区域调控机制，加强了工业企业大气污染源达标排放及污染物削减控制技术研究，突破了烟气粉尘处理技术、工业炉窑烟气处理技术和城市微气候控制关键技术，其中，城市微气候控制关键技术获陕西省科技进步二等奖，工业炉窑烟气处理技术可将颗粒物排放浓度降至 $10mg/m^3$ 以下，远低于标准的 $50mg/m^3$。

在生态保护领域，重点针对黄土高原地区、汉丹江南水北调中线工程水源涵养区、渭河流域及生态红线划定开展针对性研究，取得了一定成果，多次获得省级科技进步奖，"黄土区沟壑整治工程优化配置与建造技术"获得一等奖、"陕西省南水北调受水区水源工程联合运用与供水网络体系研究"和"基于生态文明的渭洛河夹槽地带沙地整治及农业综合利用模式研究"获得二等奖。

在法规政策与标准领域，"十二五"期间，陕西省针对重点区域、流域排放限值和环境容量出台了多部政策标准，如《黄河流域（陕西段）污水综合排放标准》、《关中地区重点行业大气污染排放标准》、《汉丹江流域重点行业水污染物排放标准》等，其中，《黄河流域（陕西段）环境容量与污水综合排放标准研究》获省级科技进步二等奖。

在绿色经济、清洁生产和循环经济领域，针对多种工业进行了清洁生产改造，形成了黄姜皂素清洁生产和废水处理关键技术及陕北侏罗纪煤制兰炭清洁生产工艺研究等关键技术，并进行了工程示范，达到行业领先水平。

（2）科研机构和企业优势明显，科技水平不断提高

"十二五"期间，陕西省各科研机构和企业在生态环境保护技术政策和标准领域、水污染治理领域、大气污染控制领域、生态保护领域、清洁生产领域和环境与健康领域均表现出较突出的优势。西安交通大学在果汁和造纸行业清洁生产和废水处理及人居环境方面取得了

较好的成果；西安建筑科技大学在城市污水处理及饮用水保障方面有较强的实力；长安大学在地下水保护和污染治理及大气污染控制方面取得了一定成果；陕西省环境科学研究院在渭河水污染治理、兰炭和皂素清洁生产、大气污染联防联控及政策标准上取得了突破；中国科学院地球环境研究所在大气细颗粒物防治方面取得了一定成果；西安理工大学优势在于水资源及面源污染控制方面；西北农林科技大学、西北大学、陕西师范大学在生态保护及修复方面有较为深入的研究。同时，各大企业也在生态环境保护技术方面有一定突破，如西矿环保的烟气粉尘处理技术和西重工业的炉窑烟气处理技术。总体来看，陕西省各科研机构和企业已形成了具有一定规模的生态环境保护科技研发平台，并在各自擅长的领域取得了突破性成果，支撑陕西省生态环境保护科技水平不断提高。

(3) 各科研机构及企业合作明显增多

随着生态环境保护技术研发逐渐被重视，资金投入逐步加大，各个科研机构及企业在项目研发时的合作越来越多，国家"十一五"水专项、省科技统筹创新工程项目"渭河水污染防治关键技术研究与示范"、"关中地区大气细颗粒物研究与示范项目"均是由多个高校、科研机构及企业协作完成的，各单位之间的协作明显增多，科技合作与技术交流不断深入和发展，逐步搭建资源共享平台，统筹资源、共同进步，推动了生态环境保护技术研究总体水平的提升。

2.2 存在问题

(1) 突出生态环境保护技术问题尚需解决

虽然陕西省生态环境保护科技在"十二五"期间取得了丰硕的成果，各科研机构也有其优势领域，城市生活污水处理技术水平总体达到国际先进水平，但由于陕西省纬度跨度大，面临许多独特性的生态环境保护问题，部分研究领域仍存在空白。

在法规政策和标准领域，陕西省针对环境政策的研究还相对薄弱，评价指标体系还没有建立，相应的环境税收、奖励与惩罚、生态补偿、排污权有偿使用、环境责任保险等机制和制度还需要深入研究。同时，陕西省各重点行业和重点区域或流域的排放标准仍需要随着污染物减排和工业清洁生产技术水平的提高进行优化。

在水污染防治领域，虽然陕西省城市生活污水 COD 处理技术水平总体达到国际先进水平，但脱磷、脱氮技术仍不能支持重点流域水环境质量的根本改善。针对重点区域和流域的水污染防控和预警体系研究还相对滞后，不能满足环境管理需求。再生水处理及利用率较低，水生态修复技术缺乏，重点工业行业水污染减排技术还存在空白，引汉济渭工程的水质安全保障、饮用水水质保障和地下水污染问题需要进一步研究。

在大气污染防治领域，大气污染联防联控机制还需完善，二次污染物和持续性有机污染物的问题逐渐凸显，大气污染中氨源、氯源、臭氧污染源的产生和转化规律尚不明确，重点工业点源超低排放技术需要在现有基础上进一步深化。

在生态保护领域，陕北风沙干旱区、渭河流域及秦巴山区部分区域生态破坏严重，生物多样性保护及相应的调查评估与生态恢复重建技术研究不足；农村地区污水、垃圾和畜禽养殖污染问题仍然突出，面源污染严重；城市地区水土资源高效配置技术缺乏，造成资源浪费。

在固体废物污染防治领域，陕西省仍处在起步阶段。城市污水处理厂污泥处置与资源化利用技术短缺，国际上已经应用的水热破胞技术在陕西省仍停留在实验室阶段；固体废物减量化技术和生活垃圾填埋新工艺研究较弱；部分地区存在危险废物突发性环境污染风险。

在土壤污染防治领域，陕西省部分地区有机物、重金属和农业废弃物污染严重，缺乏相应技术体系，工业场地、矿区和油田区土壤污染风险评估与预警技术研究不足；农用地土壤环境质量及安全性不明确，威胁到农产品质量和人体健康。

在绿色经济、清洁生产和循环经济领域，虽然陕西省前期在兰炭行业、皂素行业、食品行业都有了一定的研究进展，但随着工业技术水平的提高和排放标准的不断严格，部分技术已不能满足现有要求；同时，对于陕西省重点工业园区的污染削减措施和生态化管理技术仍然较弱。

在环境与健康领域，陕西省整体水平不强，仅有西安交通大学等少数单位开展相关研究，环境污染与人体健康综合监测、风险评估与预警体系尚未构建，不同地区污染特点造成的健康风险尚不明确。

在环境监测与预警技术领域，陕西省环境监测及管理中资源配置重复、信息集成度低、信息难以综合利用等问题突出；针对特征污染的快速监测仪器缺乏，对于数据的收集、处理不足，环境大数据研究及相应的平台建设低于国内发达省份水平；生态系统和生物物种资源的监测指标和方法缺乏，监测设备研发还需深入。

（2）平台建设相对滞后

虽然陕西省各高校和科研机构都拥有各自的优势研究领域和相关的实验室，但生态环境类国家与省级重点实验室和工程技术中心建设相对滞后，尚无优秀重点实验室与工程技术中心，在一定程度上降低了陕西省生态环境保护技术的自主创新和对国内外成熟技术的吸收集成效率，影响了陕西省生态环境保护技术的全面发展和科技成果转化力度。

（3）科技成果产业化需要引导

陕西省拥有众多从事生态环境保护技术研究实力较强的高等院校与科研院所，具有较好的研发平台和实力雄厚的研发队伍，并承担有多项生态环境保护领域的国家和省级重点研究课题，形成了一批有价值的研究成果。但由于缺乏和企业的有机结合，造成部分成果转化缓慢，转化周期长。

（4）现有环境科技体制机制和人才队伍难以适应科技创新需要

目前，陕西省环境科技创新体制有待进一步完善，环境科技投入效率有待进一步提高。公益性科研机构缺乏稳定的投入机制，环境科研工作的系统性和延续性不够，难以形成长期、整体的科技支撑能力。环境科技成果转化率低，难以形成成熟的环保产业。环境科技创新基础能力薄弱、人才匮乏。

2.3 发展方向

在"十三五"期间，陕西省生态环境保护技术研究应重点解决省内面临的关中城市群大气污染、渭河流域氨氮污染、陕北能源化工基地区域性污染、南水北调中线工程水源涵养区和引汉济渭工程水质安全保障、秦巴山区生态环境保护等生态环境问题，继续加强生活污水处理、生态保护等优势科研领域的研究工作，开展城市污水处理厂污泥处理处置、环境大数据平台建设等劣势方向的研究，同时强化重点实验室和优秀工程中心建设，培育领军人才和创新型人才，全面提升陕西省的生态环境保护技术研发水平。

3 陕西省"十三五"生态环境保护科技发展战略

3.1 发展思路

以大力推进生态文明建设为指导，以构建和谐社会为宗旨，以陕西省面临的主要环境问题为导向，围绕"十三五"环境保护规划主要任务，开展生态环境保护技术研发，全面推动生态环境保护科技工作发展。紧密围绕制约当前及今后一段时间陕西省经济社会发展的重大生态环境问题，坚持"自主创新、发挥优势、弥补短板、加强转化"的科技发展方针，全面落实"科技兴环保"战略，引领生态环境保护科技发展方向，为探索陕西省生态环境保护新道路、保障环境安全、优化经济发展方式和改善民生提供强大的科技支撑。

3.2 发展目标

到"十三五"末，围绕约束性指标取得一批具有自主知识产权的控源减排共性和关键技术，重点解决陕北、关中和陕南地区面临的不同水污染、大气污染等生态环境保护问题及相应地区环境健康风险等特性问题；建立以总量削减和源头控制为核心的环境综合管理技术支撑体系及应对生态退化的全防全控科技支撑体系，构建适合陕西省的环境政策技术体系，初步建立陕西省环境综合管理大数据平台，确保陕西省水环境、大气环境及生态环境质量，提升生态环境保护管理能力；建成3个以上重点实验室和2个以上优秀工程技术中心；培养一批"生态环境杰出人才"，在科研骨干、学科带头人和杰出人才中，中青年科研人才所占比例达到40%以上，形成全面发展、优势突出的生态环境保护科技发展体系，为完成"十三五"环境保护目标、建设生态文明和环境友好型社会提供强有力的科技支撑。

3.3 重点任务

（1）生态环境政策法规与标准思路研究

重点开展环境容量及环境承载力研究，研究如何制定生态红线、构建生态环境保护对优化经济结构的贡献率及评价指标体系，根据污染物减排和工业清洁生产技术水平对现有标准进行优化研究。

支持开展生态环境保护机制与体制研究，与陕西省阶段性转变相适应的生态补偿机制、排污权有偿使用、环境责任保险制度等理论和技术方法研究。

（2）水污染防治技术研究

重点开展渭河流域和汉丹江流域污染治理、水质预警及生态修复关键技术研究，基于水质保障的污水再生强化处理技术研究，重点工业行业水污染物减排技术研究，引汉济渭工程水质安全保障技术研究和陕北能源化工基地污染物减排技术研究。

支持开展面向海绵城市的雨水及中水综合利用技术研究，饮用水水质保障技术体系研究及地下水污染控制、预警及修复研究。

（3）大气污染防治技术研究

重点开展关中城市群空气污染特征及治理技术研究，重点工业点源超低排放技术研究，有机废气及持续性有机物处理技术研究和颗粒物的一次污染、二次污染过程机制研究，建立区域大气环境质量综合调控方法。

支持开展大气污染中氨源、氯源、臭氧污染源等污染物源解析及控制方法研究和油品综合保障和监管技术研究。

（4）生态保护和生物多样性保护技术研究

重点开展陕北地区、渭河流域和秦巴山区等生态敏感区重点生态质量调查与评估、生态环境恢复与重建技术研究、生物多样性保护技术，农村地区污水、垃圾、畜禽养殖及面源污染控制技术研究。

支持开展资源开发区生态环境恢复与重建技术研究，城市生态承载力估算方法和水土资源高效配置利用技术研究。

（5）固体废物污染防治技术研究

重点开展城市污水处理厂污泥处理处置与资源化利用技术研究。

支持开展一般固体废物和危险废物减量化技术研究，生活垃圾填埋新工艺研究，危险废物鉴别分析、风险评价等技术及突发环境事件中危险废物环境风险评价技术研究。提升陕西省固体废物污染控制科技水平，弥补在固废污染防治领域的缺陷。

（6）土壤污染防治技术研究

重点开展典型工业场地、矿区和油田区土壤污染调查、监测、风险评估、控制与预警技术研究。

支持开展农业废弃物土壤污染治理技术研究，典型重金属污染地区识别及生态修复技术研究，农用地土壤污染来源、发生机制及污染特征，以及土壤环境质量评估与安全性划分方法研究。初步建立适合陕西省的有机物、重金属、农业废弃物等污染土壤修复实用技术体系，提升陕西省土壤污染防治领域水平。

（7）绿色经济、清洁生产和循环经济技术研究

重点开展和深化石油行业、煤化工行业、食品行业、皂素行业的清洁生产新技术和新工艺研究。

支持开展典型工业园区和工业聚集区污染削减措施和生态化管理技术研究，确立陕西省生态文明建设、低碳经济和绿色经济的发展策略，构建考核指标体系。为陕西省环境管理和经济社会可持续发展战略提供理论和技术支撑。

（8）环境与健康技术研究

重点开展陕北、关中和陕南地区的区域性典型污染因子及环境健康风险控制技术研究。

支持开展生态环境风险调查与评估工作，初步构建环境污染与人体健康综合监测、风险评估与预警体系，保障经济社会和谐发展。

（9）环境监测与预警技术研究

重点开发陕西省环境综合管理大数据平台，实现海量数据的集成管理和数据共享，构建

全省环境大数据中心并进行应用示范。

支持开展生态系统和生物物种资源的监测指标与监测方法研究、现场环境监察和环境应急管理技术研究及快速监测设备研发。全面提升陕西省的生态环境监测与管理水平，为促进陕西省"生态立省"战略的实施提供技术支持。

3.4 重点研发项目与关键技术

（1）城镇污水再利用产业化研究与示范项目

目前陕西省经济较发达的关中地区再生水利用率仅为3.3%，和《陕西省"十二五"城镇污水处理及再生利用设施建设规划》中要求达到10%以上还有较大差距，再生水回用的用途拓展不够、水质标准多、处理工艺技术尚需完善等问题已成为制约再生水发展的瓶颈。开展城镇污水再利用产业化研究与示范项目，以提高水资源利用效率，加快再生水回用步伐，促进再生水回用产业的快速发展，保障陕西省经济社会的可持续发展。重点形成以下关键技术：

①再生水地下人工回灌技术；

②再生水补充城市水体的水质安全保障技术；

③西北半干旱区再生水回用于农业灌溉与生态安全技术；

④基于水质保障的污水再生处理技术强化技术；

⑤再生水生态处理稳定资源化技术。

（2）关中经济带水污染控制与用水安全保障机制

通过国家"十一五"水专项和陕西省科技统筹项目的研究，已取得一定成果，但随着社会经济的发展和生态环境保护力度的加大，饮用水安全也越来越受到重视，污染物关注重点已由COD和氨氮向总氮、总磷、石油类和新型有机物转变，前期的研究成果已不能满足当前的需要，急需对技术进行整合、继承、优化和进一步提升，开展关中经济带水污染控制与用水安全保障机制项目研究，以保障渭河流域社会经济的可持续发展和人民群众的用水安全。重点形成以下关键技术：

①关中经济带饮用水安全保障技术；

②基于城市污水处理厂总氮、总磷去除的提标改造技术；

③重点工业点源氨氮、石油类、新型有机物的削减及清洁生产技术。

（3）引汉济渭工程水质安全保障项目

关中地区水资源短缺，渭河流域水污染严重，引汉济渭工程就是为了解决这些问题而建设的。但由于引汉济渭工程为远距离对地表水进行调取，水源地调蓄水库的水质污染和富营养化可能会造成水源污染，供水格局改变后多水源供水也会对现有水厂处理工艺产生影响，同时不同水源切换可能导致管网水质的恶化，都对引汉济渭工程形成潜在的威胁。针对这些问题，开展引汉济渭工程水质安全保障项目研究，对确保引汉济渭工程发挥应有的社会、经济和环境效益，推进关中地区经济社会的快速、和谐、健康发展具有至关重要的意义。重点形成以下关键技术：

①调蓄水库的水质风险评估和污染控制关键技术；

②新的水源水质条件下水质突变期应急处理技术；

③多水源供水管网水质污染风险及控制技术。

(4) 关中城市群大气污染防治与气候智慧城市管控理论及关键技术

尽管政府各级部门及相关企业采取严格的减排措施，但大气污染形势仍十分严峻。$PM_{2.5}$ 现已成为影响关中地区，尤其是西安市大气环境质量的主要污染因素。根据近两年环境空气质量监测数据，关中地区 $PM_{2.5}$ 浓度年均值已超过 $70\mu g/m^3$，是我国细颗粒污染浓度最高的地区之一。同时，二次颗粒物及复合型污染越来越受到关注。本项目拟提出气候-智慧型城市群的新理念，推进丝绸之路经济带城镇化发展和城市建设管理，促进城市人居环境的健康、可持续发展。重点形成以下关键技术：

①大气污染来源追踪及控制关键技术；

②大气污染物扩散与累积的物理与化学过程及模拟关键技术；

③城市气候环境空间管控理论及关键技术；

④气候-智慧城市管理关键技术。

(5) 秦巴山区生态环境与水源保护技术

秦岭是我国南北的分水岭，秦巴山区是南水北调中线工程的水源涵养区及引汉济渭工程水源地，具有重要的生态和水源涵养功能。近年来，随着经济社会的不断发展，秦巴山区部分生态敏感区域已受到人类活动影响，生态和水质恶化，影响到秦岭的生物多样性和汉丹江水质。本项目拟针对秦巴山区生态环境和水源保护进行研究，保障汉丹江流域源头水质，促进陕南地区的可持续发展。重点形成以下关键技术：

①秦巴山区生物多样性与生态安全保障技术；

②秦岭敏感区及资源开发区生态修复技术；

③汉丹江流域农业面源污染防治技术；

④汉丹江水污染控制与水质安全保障技术。

(6) 关中地区农业污染控制及生态恢复技术

关中地区是陕西省主要的农业生产区，随着社会经济的快速发展，农田土壤和一些河流受到不同程度的污染，农产品废弃物问题逐渐凸显，农村环境恶化，影响了农业的持续健康发展，农田面源污染也成为关中地区渭河流域的重要污染源之一。开展关中地区农业污染控制及生态恢复技术研究，有助于解决当地的三农问题，为农业及区域的可持续发展提供技术支撑。重点形成以下关键技术：

①基于农产品质量安全的土壤和水体的监测防治技术；

②农业废弃物资源化处置技术；

③关中地区农田面源污染控制技术；

④生态退化区域污染治理及生态恢复技术；

⑤新农村污染控制及人居环境质量综合评价技术。

(7) 城市污水处理厂剩余污泥处理处置及资源化技术研究与示范项目

陕西省城市污水处理厂目前年产剩余污泥 72.79 万吨，仅有 7% 进行了无害化处理，大量的污泥重新回到自然环境中，造成二次污染，污泥处置投资不足和处置技术的不完善是造成这一现状的主要原因，同时，污泥的资源化利用对生态环境影响尚不明确。针对这些问题，开展城市污水处理厂剩余污泥处理处置及资源化技术研究与示范项目，解决城市污水处理厂剩余污泥处理处置及资源化问题，确保不会形成二次污染，保障城市生态环境系统健康发展。
重点形成以下关键技术：

①污泥处置技术政策体系和生态安全评估技术；

②城市污水处理厂污泥厂内减量和资源化技术；

③基于市政污泥的生态资源化技术；

④面向建筑材料的市政污泥资源化技术。

(8) 陕北能源化工基地生态工业绿色发展技术

陕北能源化工基地是1998年由国家发改委批准建设的唯一的国家级能源化工基地，构建了以煤、石油、天然气、岩盐采掘为基础，以电力、化工、建材为主导的产业体系，成为陕西省、西部地区乃至国家经济社会发展的重要引擎。同时，陕北地区又是我国生态最脆弱的地区之一，能源化工的发展对当地环境造成了巨大的影响。水资源缺乏、工业三废、植被破坏等问题已成为制约陕北能源化工基地可持续健康发展的瓶颈。开展陕北能源化工基地生态工业绿色发展技术研究，对推动能源化工行业转变发展方式、科学发展有着重要意义，为实现陕西省"十三五"环保目标做出积极贡献。重点形成以下关键技术：

①大型能源化工园区高盐废水"零排放"及资源化利用技术；

②含硫废气治理及资源化关键技术研究及示范；

③含碳固废资源化利用及无害化处理；

④油田污水处理技术；

⑤石油重金属复合型土壤污染防治技术。

(9) 陕西省典型地区环境污染与健康风险及控制技术

近年来，人居环境健康越来越受到关注，不同污染因子对人群健康造成的影响研究越来越多。陕西省不同地区的污染类型多种多样，陕北地区属重工业污染区，关中地区雾霾和水环境质量下降严重，陕南部分地区存在生态破坏和重金属污染现象，这些环境污染对人群健康的影响尚不明确，也缺乏相应的预警平台。开展陕西省典型地区环境污染与健康风险及控制技术研究项目，对保护陕西省不同污染特征地区人群健康，构建和谐社会具有十分重要的意义。重点形成以下关键技术：

①陕西省不同污染特征地区典型污染物识别及控制技术；

②不同污染因子条件下人群健康风险评价技术；

③环境与健康综合监测方法体系构建技术；

④人群健康风险评价与预警平台建设。

4 实施措施及政策建议

4.1 实施措施

(1) 加强平台建设，提高创新能力

加强高等院校、科研院所重点实验室建设工作，扶持企业和社会机构牵头组建工程技术研究中心，特别是扶持优秀重点实验室与工程技术研究中心的创建，形成具有自我良性循环发展机制的科研开发及应用转化实体。依托科技实力雄厚的科研单位，开展生态环保新技术、新工艺、新产品、新材料的研究，并通过企业进行示范推广。开展多层次、多形式的国内和国际科技合作和交流，通过引进、消化、吸收、综合集成和应用开发，形成具有自主知识产权的核心技术和指导产品。

（2）统筹科技资源，促进成果转化

建立生态环境保护科技发展平台，对科技资源进行统筹，扶持公益性机构进行生态环保科技成果的鉴定评估及推广应用工作，并及时向各高等院校、科研机构及企业提供最新科技发展方向、政策导向资料、科技需求及科研成果，加快科研成果转化效率，强化企业与科研单位的合作。进一步引导和完善"产学研"联盟，促进高校和科研机构与产业界交流及共同合作研究，发挥各自的优势，采用合理的成果共享机制，联合攻关，提高科研成果转化能力，共同推进生态环境保护技术进步与创新。

（3）加强国内外交流，消化吸收国外先进技术和管理经验

充分发挥环境保护部门及科技管理部门在国内外环境科技交流与合作中的引导作用，培养专业化的科技合作管理队伍，建立对外科技合作与交流平台。支持高等院校、科研机构与国内外研究机构建立联合实验室或技术研发中心。加大对生态环境保护科技人才省外、国外培训的支持力度，积极参与或组织国内国际学术会议及其他形式的科技交流活动。通过技术引进、革新和集成创新迅速提升陕西省生态环境保护科技的整体水平。

（4）培育创新型人才，加强环境科技队伍建设

全面落实国家百千万人才工程和陕西省百人计划，培养造就一批生态环境保护科研领军人才。制定生态环境保护科技人才管理和高层次人才引进的激励政策，广纳贤才，为高层次人才流动提供信息服务和保障条件。进一步完善科技人才管理的规章制度，落实引进科技人才的优惠政策。依托重大科技项目研发、重点学科与科研基地建设，加大对人才培养与科研团队建设的支持力度，培养一批具有世界科技前沿水平的"长江学者"、"三秦学者"和环境监测"三五"人才。鼓励和支持年轻人才、复合型人才承担或参与重大科技项目，建立领军人才计划和青年拔尖人才计划。构建有利于创新人才成长的文化环境，倡导拼搏进取、求真务实、团结协作的精神，努力形成宽松和谐、健康向上的创新文化氛围。

（5）开展科技推广服务，引导全社会支持环境科研工作

加大生态环境保护科技推广服务力度，组织专业技术人员大力向企业及公众宣传生态环境保护新技术、新工艺、新产品，引导全社会支持环境科研工作。充分利用广播、电视、报刊、网络等公众媒体，普及生态环境保护知识，介绍重大生态环境保护科技动态。建立有效的生态环境保护技术宣传激励机制，鼓励科研人员将科研成果转化为科普作品，推动生态环境保护技术普及作品创作工作。充分发挥环境科学学会、科研机构、高等院校、环保企业、环境保护宣教中心和其他组织在环保科技宣传中的积极作用。

4.2 政策建议

（1）加强组织领导，营造良好环境

坚持政府引导，成立省生态环境保护科技发展领导小组及办公室，通过制定和完善相关

政策和管理制度，鼓励和支持生态环境保护科技创新；整合资源，推动生态环境保护科技产学研合作，积极引进先进技术；充分发挥生态环境保护专家组技术咨询、服务和指导作用；保护知识产权专利，特别是发明专利；鼓励产业升级，支持创新企业发展；建立和完善生态环境保护技术和市场管理体系，推动其良性循环；鼓励和支持创新型生态环境保护科研团队发展，重视青年人才培养；在全社会倡导生态环保意识，把环保意识贯穿到生产、生活全过程，形成有利于促进生态环境保护技术研发的体制条件和政策环境，确保陕西省生态环境保护科技快速、稳定发展。

(2) 提高认识，强化环境科技的引领和支撑作用

环境保护部门及科技管理部门应充分认识生态环境保护科技对环境管理的引领和支撑作用，提高行政管理能力和决策水平，逐步实现环境与经济的协调发展。同时应加强各部门的协调，建立科技协作机制，借助相关部门的技术、资金和人才优势，增强生态环境保护科技的自主创新能力。通过环境管理制度与环保产业政策加强引导，建立企业参与生态环境保护科技研发、成果转化与产业化推广的激励机制，增强技术研发的实用性和示范性。

(3) 创新体制机制，确保环境科技工作的连续性和高效性

在科研项目立项评估方面，实行领域首席科学家负责制。组建领域专家委员会，推荐并设立领域首席科学家。在领域专家委员会的监督或参与下，首席科学家负责对本领域科技项目的立项评估、执行监督及成果评价等全过程的跟踪管理。

在成果管理方面，进一步完善科技成果登记与管理制度，构建环境基础数据与生态环境保护科技成果管理与共享平台，并根据不同需求实行分级共享制度，为开展生态环境保护科技工作提供支撑。

在经费管理方面，完善生态环境保护科技经费管理制度。加强各级环境保护部门科技经费的使用监督，严格科技项目经费概算、预算和决算程序，健全项目经费审计与绩效评估制度，提高生态环境保护科技经费的使用效率。

第十六篇

陕西省"十三五"网络安全重大科技战略研究

组织单位：陕西省科学技术厅高新技术发展处
课题承担单位：西安电子科技大学
课题负责人：鱼 滨
课题组成员：孙姜燕 李 媛 张 琛 杨文荣 罗碧波 颜 吏 张永刚

引 言

网络安全是指网络系统的硬件、软件及其系统中的数据受到保护，不因偶然或者恶意的原因而遭受到破坏、更改、泄露，系统连续、可靠、正常地运行，网络服务不中断。随着我国信息化的快速发展，网络安全对国家安全和社会稳定的重要性日益增强，"没有网络安全，就没有国家安全"（引自习近平总书记讲话）。第十二届全国人大常委会第十五次会议审议了《中华人民共和国网络安全法（草案）》，2015年7月6日起向社会公开征求意见。保障网络安全已成为国家安全体系建设的重要组成部分，建立、健全网络安全保障体系对于陕西省"十三五"期间信息化建设与发展具有非常重要的意义。

按照陕西省信息化中长期发展战略的总体要求，为了更好地把握陕西省"十三五"时期网络安全发展所面临的形势和任务，本研究课题将对国内外网络安全发展的现状及当前陕西省面临的各类网络及网络安全挑战进行总结分析，并对陕西省网络安全技术和产业的发展现状、存在问题和技术水平进行调研梳理，总结出陕西省网络安全的社会需求和发展方向，并提出陕西省"十三五"期间网络安全方面技术攻关的思路、目标和重点任务，给出涉及的关键技术、重点研发项目及实施措施和政策建议。

1 国内外网络安全产业发展现状及趋势

信息时代已悄然而至，同时也引发了网络安全威胁。2013年6月"斯诺登事件"席卷全球，曝光了美国"棱镜计划"在全球的监听行动记录；2014年铁路春运售票第一天，12306用户信息漏洞；支付宝前员工贩卖20G用户资料，一条可卖数十元；某酒店的2000万条开房信息泄露；小米"泄密"门；软件商"侵入"车管所系统"删违"万余条；国内130万条考研用户信息泄露；韩国2000万条信用卡信息泄露引发"销户潮"；土耳其黑客入侵本国电力系统，怒删贫困地区巨额债务账单；等等。这一系列的网络安全事件给全世界人民敲响了警钟，给国家和个人的安全带来了极大的挑战。

总体上讲，目前我国与美国、法国、以色列、丹麦等这些网络安全技术领先的国家相比，还有不小的差距，特别是在芯片技术和网络安全技术的应用上，如电子政务、企业信息化等方面。而在国内，陕西目前和北京、上海、广东、浙江等省市在网络安全技术开发和应用方面也有一定差距。因此，有必要对网络安全问题进行系统分析，从而提高陕西省对网络安全问题的认识，进而促进陕西省网络安全技术发展。

1.1 国外网络安全产业发展现状及趋势

国际上，西方国家网络安全产业发展较早，从互联网的起步阶段，西方国家就已经开展并重视网络安全产业的发展。目前，美国、欧盟、日本、英国等西方国家和地区网络安全技术在国际上处于领先水平，特别是在芯片技术和网络安全技术的应用上，牢牢掌握着话语权。近年来，在美国的示范效应作用下，先后有50多个国家制定并公布了国家安全战略。

当前，各国相继进入战略核心内容的集中部署期：美国在《2014财年国防预算优先项和选择》中提出整编133支网络部队计划；加拿大在《全面数字化国家计划》中提出包括加强网络安全防御能力在内的39项新举措；日本在《网络安全基本法案》中规划设立统筹网络安全事务的"网络安全战略总部"。与此同时，围绕网络空间的国际竞争与合作也愈演愈烈。欧盟委员会在2014年2月公报中强调网络空间治理中的政府作用；习近平总书记在巴西会议上第一次提出"信息主权"，明确"信息主权不容侵犯"的互联网网络安全观。日、美第二次网络安全综合对话结束，两国在网络防御领域的合作将进一步强化；中、日、韩建立网络安全事务磋商机制，并举行了第一次会议，探讨共同打击网络犯罪和网络恐怖主义，并在互联网应急响应方面建立合作。

1.1.1 美国

美国是当今世界信息产业的第一大国，拥有英特尔、微软、谷歌、IBM等世界一流信息产业超级跨国公司，而网络信息系统的安全是美国经济得以繁荣和可持续增长的基石，一旦网络信息系统受到破坏，美国的经济将受到重创。从克林顿总统时代起，美国政府就高度重视网络安全，把网络安全确定为美国三大核心国家战略之一，视之为国家安全战略的重要组成部分。奥巴马政府更是把加强网络安全作为振兴美国经济和保障国家安全的重大战略，把加强网络安全教育和人才队伍培养列为保障网络空间安全战略的重点。

美国对网络安全的定位，经历了从重视基础设施防御、先发制人的网络攻击，到谋取全球制网权的演变。美国网络安全战略演变的实质，就是逐步确立美国的制网权战略。为保证网络安全战略的实施，美国形成了比较规范的网络安全组织机构管理保障、技术保障、法律法规保障和执行保障等体系。美国网络安全战略引发了网络"军备竞赛"，并对中国的网络安全具有重要的启示意义。

2000年，美国率先在国家安全系统中对采购的产品进行安全审查，随后陆续针对联邦政府云计算服务、国防供应链等出台了安全审查政策，实现了对国家安全系统、国防系统、联邦政府系统的全面覆盖。审查对象不仅涉及产品和服务，还会针对产品和服务提供商。随后，美国等西方国家为保障国家安全、防范供应链安全风险，逐步建立了多种形式的网络安全审查制度，将全方位、综合性的供应链安全审查对策上升至国家战略高度。

1.1.2 欧盟

欧盟在网络安全体系建设方面成效显著。欧盟网络安全体系主要包含三大部分，一是立法，二是战略，三是实践。立法体系包含决议、指令、建议、条例等，战略体系包含长期战略与短期战略，实践体系包含机构建设、培训、合作演练等多项内容。

网络安全立法方面。2006年3月，马德里和伦敦公交系统遭遇恐怖袭击后，欧盟颁布了《数据保留指令》，要求电信公司将欧盟公民的通信数据保留6个月到2年。但2014年4月8日，欧洲法院裁定《数据保留指令》无效，理由是该项指令允许电信公司对使用者日常生活习惯进行跟踪，侵犯了公民人权。

网络安全战略定位方面。2012年3月28日，欧盟委员会发布《欧洲网络安全策略报告》，确立了部分具体目标，如促进公私部门合作和早期预警，刺激网络、服务和产品安全性的改善，促进全球响应、加强国际合作等，旨在为全体欧洲公民、企业和公共机构营造一个安全、有保障和弹性的网络环境。2012年5月，欧洲网络与信息安全局发布《国家网络安全策略——为加强网络空间安全的国家努力设定线路》，提出了欧盟成员国国家网络安全战略应该包含的内容和要素。2013年2月7日，欧盟委员会和欧盟外交安全事务高级代表宣布欧盟的网络安全战略，对当前面临的网络安全挑战进行评估，确立了网络安全指导原则，明确了各利益相关方的权利和责任，确定了未来优先战略任务和行动方案。这被认为是对2012年欧洲网络与网络安全局发布策略的积极响应。该战略要求着力加强网络监管的体制、机制建设；加快建立国家网络犯罪应对机构，明确工作任务；制定网络防御对策，从领导、组织、教育、训练、后勤等方面增强欧盟网络防御能力，并创造更多的网络防御演习机会；发展行业技术资源；推动双边多边合作；等等。

网络安全实践方面。2013年1月，欧盟委员会在荷兰海牙正式成立欧洲网络犯罪中心，以应对欧洲日益增加的网络犯罪案件。网络犯罪中心连通所有欧盟警务部门的网络，整合欧盟各国的资源和信息，支持犯罪调查，从而在欧盟层面找到解决方案，维护一个自由、开放和安全的互联网，保护欧洲民众和企业不受网络犯罪的威胁。2013年4月，欧洲部分私人网络安全公司联合成立了欧洲网络安全小组，通过联合600多名网络安全专家针对问题做出快速、有效的反应，建立伙伴关系。同时，利用"一线经验"优势，在网络防御政策、风险预防、缓和实践、跨境信息共享等问题上向政府、企业和监管机构提供更有效和实用的建议。

1.1.3 日本

在网络安全方面。2013年6月10日，日本正式发布《日本网络安全战略》，提出了创建"领先世界的强大而有活力的网络空间"，实现"网络安全立国"的目标。

2014年11月6日，日本国会众议院表决通过《网络安全基本法》，规定电力、金融等重要社会基础设施运营商、网络相关企业、地方自治体等有义务配合网络安全相关举措或提供相关情报，此举旨在加强日本政府与民间在网络安全领域的协调和运用，更好地应对网络攻击。该法还规定，日本政府将新设以内阁官房长官为首的"网络安全战略本部"，协调各政府部门的网络安全对策，与日本国家安全保障会议、IT 综合战略本部等其他相关机构加强合作。

在消灭垃圾邮件、计算机病毒及保护网民隐私信息方面，日本也有明确的法律。日本 2011 年对《刑法》进行了部分修正，要求网络运营商原则上保存用户 30 天上网和通信记录，根据必要还可以再延长 30 天。2015 年 1 月 8 日，日本总务省就网络接入服务提供商如何保存用户的通信记录召开专家会议进行了讨论，拟明确此前由服务商自行确定的保存的内容和时长。

此外，日本还采取了完善网络安全机构、扩充网络安全力量、健全网络安全保障机制、研发网络安全技术、举行网络安全演习、举办黑客技术比赛、严厉打击网络违法行为、广泛开展交流合作等一系列举措，加强信息网络安全建设。

1.1.4　英国

英国早期的互联网立法，侧重保护关键性信息基础设施。随着网络的不断发展，英国在加强信息基础设施保护的同时，也强调网络信息的安全，加强对网络犯罪的打击。

2000 年，英国制定了《通信监控权法》，规定在法定程序条件下，为维护公众的通信自由和安全，以及国家利益，可以动用皇家警察和网络警察。该法规定了对网上信息的监控，"为国家安全或为保护英国的经济利益"等目的，可截收某些信息，或强制性公开某些信息。2001 年实施的《调查权管理法》，要求所有的网络服务商均要通过政府技术协助中心发送数据。2014 年 7 月，英国政府召开特别内阁会议，通过了《紧急通信与互联网数据保留法案》，该法案是允许警察和安全部门获得电信及互联网公司用户数据的应急法案，旨在进一步打击犯罪与恐怖主义活动。

同时，随着英国对于整个网络空间安全所受到危险认识程度的提高，英国政府全面推行网络安全战略，加强行业自律。2009 年，英国成立"网络安全与信息保障办公室"，支持内阁部长和国家安全委员会来确定与网络空间安全相关问题的优先权，联合为政府网络安全项目提供战略指引。2010 年 10 月，英国发布《战略防务与安全审查——在不确定的时代下建立一个安全的英国》，将恶意网络攻击与国际恐怖主义、重大事故或者自然灾害及涉及英国的国际军事危机共同列入安全威胁的最高级别，界定了 15 种要优先考虑的危险类型。2011 年 11 月，英国公布新的《网络安全战略》，表示将建立更加可信和适应性更强的数字环境，以实现经济繁荣，保护国家安全及公众的生活所需；并将加强政府与私有部门的合作，共同创造安全的网络环境和良好的商业环境。2014 年，英国情报机构政府通信总部授权 6 所英国大学提供训练未来网络安全专家的硕士文凭，这一特殊学位是英国 2011 年公布的《网络安全战略》的一部分。2015 年，英国还按照国家网络安全计划推出"网络安全学徒计划"，鼓励年轻人加入网络安全事业。

1.1.5　全球网络安全市场趋势

《全球网络安全市场报告》是美国网络安全公司 Cybersecurity Ventures 发布的季度报告，预测全球网络安全市场的市场规模到 2019 年将超过 1550 亿美元。在 2015—2025 年全球网络安全市场预测方面，Visiongain 发布了关于网络、数据、终端、应用及云安全、身份管理及安全运营领先企业的预测报告。报告指出，全球网络安全市场对信息安全解决方案的需求持续高增长。

MarketsandMarkets 报告指出，到 2019 年，全球网络安全市场规模预计增长至 1557.4 亿美元，2014—2019 年复合增长率为 10.3%。航空、国防及情报垂直行业将成为网络安全解决方案的最热门提供商。北美洲将成为最大市场，亚太地区及欧洲、中东和非洲地区在市场吸引力方面有望增长。

1.2 国内网络安全产业发展现状及趋势

近年来，我国互联网蓬勃发展，网络规模不断扩大，网络应用水平不断提高，成为推动经济发展和社会进步的巨大力量。与此同时，网络和业务发展过程中也出现了许多新情况、新问题、新挑战。尤其是当前网络立法系统性不强、及时性不够和立法规格不高，随着物联网、云计算、大数据等新技术、新应用的快速发展、数据和用户信息泄露等网络安全问题日益突出。信息网络重新界定了安全的内涵与边界，网络的全面渗透拓展了社会安全、经济安全和网络安全的内容，新的犯罪手段和犯罪形式不断出现，安全问题也超出了地域限制，出现了新时期的挑战，需要采取新的态度、思路和方式面对新环境下的安全挑战。

1.2.1 网络安全产业现状

我国网民数量全球第一，域名总量全球第二。根据信息安全产业"十二五"规划，到 2015 年我国信息安全产业规模突破 670 亿元人民币，保持年均 30% 以上的增速。根据中国行业咨询网第三方市场数据提供商最新研究报告显示，预计到 2017 年中国网络安全市场规模将达到 98 亿美元。

在日益严峻的国际网络安全形势下，我国已开始全面进行网络与网络安全的战略布局，积极参与并开展安全立法等工作，着手建设国家网络边防，构建信息科技自主创新和信息技术方面的中国话语权，打造网络疆域的保护体系。这是我国从网络大国走向网络强国的必由之路。

1.2.2 网络安全组织机构和立法建设情况

2014 年，我国成立了中央网络安全和信息化领导小组，统筹协调涉及各个领域的网络安全和信息化重大问题。国务院重组了国家互联网信息办公室，授权其负责全国互联网信息内容管理工作，并负责监督管理执法。中央网络安全和信息化领导小组的成立是以规格高、力度大、立意远来统筹指导中国迈向网络强国的发展战略，在中央层面设立一个更强有力、更有权威性的机构。体现了中国全面深化改革、加强顶层设计的意志，显示出保障网络安全、维护国家利益、推动信息化发展的决心。我国国家网络与网络安全顶层领导力量明显加强，管理体制日趋完善，机构运行日渐高效，工作目标更加细化。

我国针对网络安全的立法比较少，处于起步阶段。2015 年 6 月，第十二届全国人大常委会第十五次会议初审了《中华人民共和国网络安全法（草案）》，并于 2015 年 7 月 6 日全文公布，向社会公开征集意见，标志着我国向网络安全立法再一次迈出了实质性步伐。

2 陕西省网络安全产业发展现状及趋势

2.1 产业安全现状

陕西省的工业产业主要侧重能源、航空航天、军工制造、电信、金融、商业物流等行业，同时陕西省也是教育大省。这些行业都存在网络安全问题，本课题组有针对性地对全省的产业安全现状进行了调研。

2.1.1 陕西省代表性企业网络安全调研情况

本次为编制省科技厅"十三五"网络安全重大科技攻关规划，对陕西省重点行业具有代表性的企业和专业从事网络安全技术、产品研发和安全服务的公司进行了调研。对从事网络安全产品研发的企业调研内容包括：①现有网络安全产品和技术水平；②产品行业应用状况；③存在的问题与发展需求；④政策要求。对重点行业企业调研内容包括：①网络安全防范体系现状；②使用的安全产品及采取的安全防护措施；③存在的安全问题及技术需求；④信息化建设与应用状况及发展需求；⑤政策要求。

本次调研特别挑选了 12 个陕西省重点行业代表性企业，调研结果如下。

(1) 西安交大捷普网络科技有限公司

该公司是专业从事路由器、防火墙、网络交换机、拨号服务器、光纤收发器等网络设备，以及网络安全、网络管理软件产品研发、制造、销售、服务和网络系统集成的高科技公司。公司拥有以 40 余名博士、硕士为核心的国内一流网络设备和安全产品研发队伍，承担了多项国家 863 网络高技术计划，在北京、深圳等 20 余个城市建立了分公司或办事处，已全面通过 ISO 9001 质量体系认证审核。

该公司自主研发的网络安全产品较多，有 12 个。研发、生产的交换机、路由器、防火墙、光纤收发器、网警 110 软件等产品获得了工信部颁发的《电信设备进网许可证》和公安部颁发的《销售许可证》，防火墙产品通过中国网络安全认证测评中心和国家保密局检测，技术水平国内领先。

比较突出的产品是"捷普下一代防火墙"和"捷普网络安全一体化集中管理系统（简称 SOC）"。捷普下一代防火墙具有入侵防护、URL 过滤、防病毒、内容过滤、智能应用协议匹配识别、动态流量及行为分析等功能，是捷普在最新一代 64 位多核硬件平台基础之上，建立起以应用为核心的网络安全策略和以内网资产风险识别、云端安全管理为显著特征的全方位的安全防护体系。捷普网络安全一体化集中管理系统，建立在自主版权的专用、实时、多任务安全网络操作系统和专用硬件平台之上，采用多种技术和手段收集和整合各类安全事件及 IT 资产告警，将各自独立的安全设备组织成一个整体，结合实时关联分析技术和智能推理技术，实现对事件和告警的深度分析和风险识别，并提供多种安全响应和恢复手段，从而实现高效、全面的网络安全监控、审计、度量和运维，满足用户对整体安全态势的集中监管需求。产品技术水平国内领先，年营业额 2 亿元人民币。

(2) 西安安智科技有限公司

该公司是专业的信息化和网络安全高新技术企业，主要有安全产品研发及安全服务两个分支业务体系，现在转型为信息化咨询与安全运营。

安智科技团队成员曾承担了多项国家 863 科技攻关项目，并在此基础上不断发展自主核心技术的能力。为了更好地支持技术创新，公司与国家反计算机入侵和防病毒研究中心及西安交通大学成立了联合实验室。研发的安全产品包含防火墙、桌面终端、日志分析、文档防护等，技术水平国内领先。公司投资创立了尚易安华公司，主要从事网络安全等级测评业务。

安智科技客户群：政府、军工、电力能源、烟草、金融。新阶段产品线：大数据应用（联通总部）、安全运维绩效管理系统平台（陕西省工信厅）、安全预警平台、舆情分析、全球网络攻击分析系统。资质：安全服务资质（二级应急处理）、网络安全服务资质（二级应急处理）。

(3) 西安四叶草信息技术有限公司

该公司专业从事网络安全服务，在职人员 40 多人，高校研究生实习人员每年超过 20 人。在职人员由对网络安全有着多年经验的研究人员组成，其中部分人员有着 10 年以上的网络安全或者大公司从业经历，部分人员来自国内知名网络安全公司，部分是高校网络安全相关专业的研究生。公司建有一个网络安全实验室。

该公司有很强的技术实战团队，漏洞扫描、防入侵等方面在国内有很高知名度。该公司自主研发的基于互联网建设的 Bugscan 分布式扫描平台是国内技术水平领先的一流的互联网安全开放平台，具有以下创新点：①跨平台扫描核心使用 Python 编写，不引用任何第三方库；②分布式，一条明路即可创建节点，多节点自动负载均衡；③云插件，扫描节点无须操作，自动更新最新插件；④搜集了近 10 年的漏洞库、2 万余条漏洞记录；⑤稳定高效，前端使用 AngularJS 框架与 REST 技术，后端采用 Go 语言开发。

(4) 西安华芯半导体有限公司

该公司目前拥有 200 余名员工，其中包括国家"千人计划"专家、西安市"5211"计划海外高层次人才、外籍专家和海外留学归国人员 10 名，研发工程师 170 余名，70% 拥有硕士或博士学位。公司拥有掌握核心设计、测试技术的存储器和集成电路国际化团队，核心业务是动态随机存储器和专用集成电路设计与开发服务，以及自有品牌存储器产品生产和销售，承担着国家科技重大专项"核高基"和国家高技术发展计划等多个包括 DRAM、SRAM、RRAM 存储器领域的重大专项研究项目和课题，同时进行 Flash 产品的研究开发。西安华芯是国家发改委等五部委联合认定的"国家规划布局内集成电路设计企业"、科技部认定的"国家火炬计划重点高新技术企业"和"高新技术企业"、工信部认定的"集成电路设计企业"，公司拥有丰富的高端集成电路设计与测试经验和完善、严谨的产品开发流程管理及质量管理体系。

但其不能做高端芯片的安全测试，所以不是我们要寻找的拥有芯片安全测试技术的企业。

(5) 陕西鼎泰科技发展有限责任公司

该公司成立于 1997 年，是以自主研发为主的专业从事网络安全技术研究、网络安全产品开发与生产销售、信息网络建设、应用集成、视频监控、网络管理与测试维护服务等业务，为客户提供专业化安全服务支持和网络安全整体解决方案的高科技公司。公司具有陕西省公安厅计算机系统安全服务资质、公安部安全产品销售资质，是陕西省公安行业网络安全技术手段主要提供商与技术支持单位。旗下的思安公司是网络安全等级测评机构,该公司是陕西省司法数据鉴定单位之一,于2006年5月获得司法数据鉴定资质,也是国家"九五"重点攻关项目中网络安全项目的技术研发企业。

该公司自主产品是网吧上网管理软件和实名审计软件,技术水平国内先进。

(6) 陕西通信信息技术有限公司

该公司成立于2002年,是隶属中国通信服务有限公司的H股上市公司,是通信信息技术领域的高科技企业、双软认定企业、技术贸易企业。公司拥有西安市智能化移动应用软件工程技术研究中心,并通过了ITSS运行维护标准符合性认证、ISO 9001质量管理体系认证,拥有计算机信息系统集成二级企业资质、安全技术防范一级企业资质、网络系统集成乙级企业资质、智能建筑专项企业资质、国家网络安全测评网络安全服务资质等多项专业化信息集成实施资质,拥有知识产权30多项。教育部等"保测评中心"省级工作站设在该公司,负责承接本地的教育行业网络安全等级保护业务。

该公司的网络安全自主产品是"天御五行可信网络行为管理系统",该软件是一种上网行为管理系统,采用深层协议分析技术对流量、访问内容及上网行为进行监控。技术水平国内先进。目前公司正在进行云环境安全方面的研究。

(7) 陕西省网络与信息安全测评中心

该测评中心是2009年省工信厅批复成立的具有独立法人资格的事业单位,是专门从事网络安全服务的第三方专控机构,是陕西省信息化建设的支撑单位。目前,测评中心具有开展网络安全服务的高素质团队,拥有近20位国家注册网络安全专业人员(CISP)。中心具有ISO 27001网络安全管理体系认证证书、CNAS检查机构认可证书和网络安全风险评估服务资质认证证书。测评中心主要职责为网络与信息系统安全测评、网络与信息系统安全保障体系的设计及咨询服务、网络安全等级保护和风险评估技术支持与服务、网络与网络安全应急响应与救援、网络与网络安全技术与管理培训、网络与网络安全相关应用技术研究等。

目前,测评中心有自主研发的漏洞风险评估软件、网络边界勘验软件和网络攻防模拟平台,技术水平国内先进。

(8) 西安重型机械研究所

该所现已发展成为一家以冶炼、轧制、重型锻压、环保装备技术为主攻专业,机、电、液和基础件配套齐全的大型设计研发科技型企业,专门承接钢铁与有色冶金设备、重型锻压设备、环保设备及其配套设备和基础件的技术与产品的研发、设计成套、加工制造、安装调试业务,并承担规划、信息、质检和工程监理等行业技术工作。现有中国工程院院士1人,高级专业技术职务200余人,其中教授级高级工程师40余人。累计取得900余项科技成果,其中数百项填补了国内空白,175项获国家级、省部级奖励;共申请取得150件国家专利。

所内网络分内网和外网,内网是涉密网,与外网物理隔离,防火墙、防病毒、安全审计等网络安全措施都有。设计内容全部放在内网,所有设备的硬件出口都是封死的,文件加密软件能做到设置能否打印、使用多少次、何时自动销毁等。有专门机构管理网络(网络与数据处理所),遇到的问题是使用的电信光纤专线,运营商服务不到位,建议加强互联网管理。

(9) 省工商银行

陕西省分行是中国工商银行股份有限公司旗下的一级分行,从总行到各省,到各地市,再到业务网点,实行三级网络,与其他网络物理隔离,采用双线路、双设备、双机房方式。总行统一制定有《网络安全技术规范》和检查工具,从岗位、职责、检查制度、权限设置、统一认证都很全面,总行有700多人的安全队伍,每年网络安全投入上亿元人民币。ATM、存储、客户端管理、数据库、网络接入等都有安全措施。总行有一个"红客"团队,专门做网络攻防演练,寻找网络漏洞。目前,安全状况良好。工商银行的网络安全是做得最规范和最好的。

(10) 陕西煤业化工集团

网络安全防护:在网络边界安全防护层面,陕煤化集团在互联网接入区和专线接入区分别部署UTM统一安全网关,通过UTM的防火墙,利用入侵防御功能、防病毒、入侵检测等模块实现对进入网内的攻击、入侵事件进行过滤。

主机系统安全防护:服务器安全防护手段包括服务器加固、备份及恢复,服务器运维审计等。桌面主机的安全防护包括部署基于办公电脑的各种安全措施(使用智能客户端)。

应用安全防护:包含对于应用系统本身的防护和应用间数据接口、远程终端数据访问的安全防护。现有措施:在DMZ区前置Web应用防护系统,对于应用系统的访问和应用系统间数据接口的安全防护,通过自建陕煤化集团的PKI/CA体系为各业务应用系统提供认证安全支撑。同时,集团通过建立统一业务平台系统实现所有业务系统的单点登录、统一认证和访问权限的管理。企管部信息中心,投入信息化管理人员6人。

存在的安全问题:①网络安全防护的标准、流程、制度尚未建立;②安全产品之间的安全策略调整还未达到最优;③虚拟化防护方面需要更细化的防护措施;④网络安全建设水平现在仍处于被动防御阶段,对于网络现行的APT、AET等高级网络攻击无主动防御能力。

(11) 国内著名网络安全技术服务企业在陕分公司

绿盟西安分公司:主要对总部的各类安全产品(如漏洞扫描、Web防护、邮件审计)提供产品销售、解决方案,并逐渐在西安组建网络安全服务团队,面向西北区域开展网络安全服务;

北信源西安分公司:主要对总部的桌面终端产品提供售前、销售、部署、实施支撑,在西安设有研发团队,主要研发方向为虚拟化安全防护;

启明星辰西安分公司:主要对总部的安全产品(如入侵检测、入侵防御、应用防护等)售前、销售、部署实施支持;

联想网御西安分公司:主要对总部的安全产品(如入侵防护、防火墙)售前、销售、部署实施支持;

思福迪西安分公司:主要对总部研发的数据库审计系统、堡垒机进行销售;

安恒西安分公司:主要对公司的攻防平台产品进行销售。

2.1.2 陕西国家网络安全产业园

陕西国家网络安全产业园,是西安浐灞生态区管理委员会鼎力支持,国家网络安全工程技术研究中心、中国电子商会与陕西东方网络安全产业基地有限公司倾力打造的全国最大的网络安全产业园区。产业园坐落于西安浐灞生态区，建设内容包括16个功能区，建设总投资150亿元人民币。2016年，产业园实现年产值过百亿元人民币，引进和培育各类网络安全企业300家，网络安全产业及相关从业人员达到12万人。

目前已入住中国改革和发展研究院、中国网络安全测评中心西北测评中心、漫游世界超媒体中心、北京国卫信安网络技术有限公司、北京浪潮嘉信计算机信息技术有限公司等国家网络安全机构和公司。

2.1.3 陕西省工业控制系统网络安全中心

为认真贯彻落实工信部《关于加强工业控制系统网络安全管理的通知》（工信部协〔2011〕451号）要求，推动陕西省工业控制系统网络安全工作，探索开展工业控制系统网络安全工作的体制机制。省工信厅在省网络与网络安全测评中心的基础上成立陕西省工业控制系统网络安全中心，支撑全省工业控制系统网络安全工作。该中心主要承担陕西省工业控制系统网络安全工作的技术支撑与服务，开展标准规范体系、技术支撑平台、安全技术防范研究，积极参与国家、地方性标准、规范的制定；帮助企业查找安全漏洞，评估安全风险，进行安全提示，建立安全防范体系；协助主管部门开展网络安全测评、监督检查、培训等工作；联合企业、高等院校和其他社会团体的技术力量，发挥资源优势，研发工业控制系统网络安全产品，提供技术支撑与咨询服务。

2.2 社会需求

从国家层面来讲，目前我国网络安全产业处于发展前期。在政策推动下，网络安全市场正由政府、金融、电信等传统领域向国防、能源、教育、交通、医疗卫生行业及中小企业快速拓展，整个行业有望迎来高速发展，年均增速有望达到20%以上。

就重视程度而言，2014年可以说是真正的网络安全元年。政策性合规驱动、需求驱动依旧是网络安全市场的两个重要的驱动点，而且驱动力都在加强。

①从政策层面看，国家成立了网络安全与信息化领导小组，同时也出台了相关的政策要求，对网络安全产品、云计算服务等加强安全审查，通过政策、法律、规范的合规要求加强对网络安全的把控。自主可控更是网络安全领域国家的基本意志体现。

②从需求层面看，随着愈演愈烈的各种信息泄密事件、大热的APT攻击等，大量的企业对网络安全的认识已经从"被动的防御"变成"主动的核心竞争力的塑造"，尤其是新型的互联网金融、电商业务、云计算业务等都前瞻性地把网络安全当作市场竞争的重要砝码，并寻求各种资源不断提升安全性。

陕西省的重点工业在能源、航空航天、军工制造、电信、金融、商业物流等领域，同时陕西省也是教育大省。目前，这些行业网络安全所用的主要技术和产品都来自国外，这些问题对陕西省经济建设造成很大的网络安全隐患。

此外，陕西省在电子政务建设、居民群众隐私保护安全需求、互联网+行业发展等方面都有网络安全需求。

2.3 技术水平

2.3.1 网络安全产业调研结论

通过对陕西省重点行业代表性企业的调研，课题组给出以下结论：目前，陕西省各重点行业都有网络安全方面的需求，各单位都有专门的网络安全管理和技术人员，都有相应的网络安全设备和管理措施，但网络安全形势依然严峻。全省专业从事网络安全技术、产品研发和安全服务的企业不多，总计10余家，其中从事安全测评和等级保护的共3家，但准备转型做网络安全的IT企业有20多个。总体来看，陕西省网络安全产业规模较小，根据高新区软件园的统计，全省每年围绕软件技术和系统集成的GDP产值是1000亿元人民币，其中网络安全占比不足10%，但网络安全科研和产品技术水平较高，也有人才培养的优势。

总体上，陕西省的网络安全产业有良好的发展基础，在网络安全产业发展上正处于追赶和超越国内先进省市的关键阶段。

2.3.2 网络安全人才培养基础优势

省科技厅有人社部批准的网络安全人才培训中心。西北工业大学、西安电子科技大学和西安邮电大学都设有网络安全本科专业，西安电子科技大学被国家网信办选为国家网络安全人才培养示范基地；西安交通大学设有教育部智能网络与网络安全重点实验室，西安电子科技大学设有陕西省网络与系统安全重点实验室；西安交通大学、西北工业大学和西安电子科技大学都能招收网络安全方向的硕士、博士研究生。

2.3.3 网络安全科研方面的技术优势

（1）网络安全企业的成果水平

陕西省的网络安全产业虽然规模不大，但技术水平较高。其中，西安西电捷通无线网络通信有限公司开发的具有自主知识产权且领先的无线网安全接入协议（WAPI）属世界先进，相关成果先后获得2005年国家技术发明奖（二等奖）、联合国世界知识产权组织（WIPO）和国家知识产权局联合授予的2005年第9届中国专利发明金奖、信息产业2003年重大技术发明奖和2005年年度国家密码管理局密码科技进步二等奖，且得到了国家高技术产业化示范工程、863计划等多项国家重点项目的有力支持。西安四叶草信息技术有限公司的Bugscan分布式漏洞扫描平台是国内目前技术领先的互联网安全开放平台；西安安智科技有限公司的安全预警平台和全球网络攻击分析系统属国内领先；西安交大捷普网络科技有限公司等公司的网络安全产品技术水平也属国内领先。

（2）高校网络安全科研的技术优势

1）西安交通大学

西安交通大学智能网络与网络安全教育部重点实验室结合国家重大需求和自身优势，主要进行以下4个方向的网络安全研究：

①网络化系统优化：复杂网络化系统（智能电网、物联网、水资源网络等）资源优化、网络化生产制造系统优化调度等；

②智能网络与信息处理和融合：数据建模与处理的基础理论、信息融合理论与方法及应

用、智能无线网络等；

③网络信息安全理论与技术：异常行为检测、流量动态监控、风险评估与预测、无线网络安全、智能电网安全等；

④智能网络学习环境构建与应用：天地网互联互通及数据传输规律、大规模实时多媒体交互、个性化知识获取与服务等。

西安交通大学在以上 4 个方向的研究属国内先进水平，在第一个研究方向上属国内领先。

2) 西安电子科技大学

西安电子科技大学陕西省网络与系统安全重点实验室主要的研究内容和成果如下：

①安全通信加密技术：西电密码学科在国内领先，设有综合业务网关键理论与技术国家重点实验室信息安全研究中心；

②异构无线网络关键安全技术与理论研究：目前主要受国家自然基金重点项目"数字社区网络异构融合安全理论与关键技术"、教育部重点科技项目"异构无线网络安全融合关键技术研究"等项目支持；

③可信计算技术与方法研究，目前受国家自然基金重点项目"可信移动互联网络关键理论与技术研究"、国家 863 计划项目"无线局域可信接入关键技术研究"等支持；

④面向服务构建的虚拟化平台技术：目前受预研项目等支持；

⑤移动智能终端安全：包括终端安全支付技术、移动智能终端数据安全、Android 组件通信安全。

西安电子科技大学在②～⑤方向的研究工作技术水平属国内先进，第①个研究方向属国内领先。

3) 西北工业大学

国家保密局在西北工业大学设有安全测评中心。西北工业大学在网络安全方面的研究主要有以下 3 个方向：

①复杂网络测量与分析；

②网络信息安全监测；

③信息系统安全测评。

西北工业大学在这 3 个方面的研究技术水平属国内先进。

4) 西北大学

西北大学网络与信息安全研究室在网络安全方面的研究主要有以下 2 个方向：

①移动互联网信息安全与隐私保护；

②智能终端安全威胁检测与保护。

西北大学在这 2 个方面的研究技术水平属国内先进。

5) 西安邮电大学

西安邮电大学在网络安全方面的研究主要有以下 3 个方向：

①密码技术；

②安全通信技术；

③云计算安全技术。

西安邮电大学在这 3 个方面的研究技术水平属国内先进。

6) 陕西师范大学

陕西师范大学在密码学、安全协议、网络与系统安全、信息对抗 4 个方面均有研究团队，网络安全科研集中在以下 3 个方向：

①多方安全计算与安全协议；

②隐私保护与匿名通信；

③云计算安全技术。

陕西师范大学在这 3 个方向的研究技术水平属国内先进。

2.4 存在问题

近几年来，随着我国互联网的普及，以及政府和企业信息化建设步伐的加快，网络安全问题日益突出，促使网络安全企业不断采用最新安全技术，不断推出满足用户需求、具有时代特色的安全产品，也进一步促进了网络安全技术的发展。但是，技术的进步并没有使网络面临的威胁受到抑制，反而使矛盾更加突出。

2.4.1 重点行业、重点领域网络安全亟待提升

(1) 政府部门

互联网应急监测中心发布的相关报告显示，较 2013 年，2014 年被发现植入后门程序的我国政府部门网站数量增幅达到 91.7%，地理信息、社保、税务、教育部门的学生和教师数据泄露，都有力地证实了我国政府部门计算机网络安全形势较为严峻。

(2) 电力能源系统

智能电网作为电力系统建设的最重要组成部分，它的安全、高效运行关系到整个电力系统乃至民生的稳定和安全，陕西省电力企业在网络安全技术管理措施、安全策略配置、网络安全防护等方面仍存在薄弱环节。

煤炭、电力等能源行业的业务系统主要包括 ERP、物流、配送、零售、门户网站、客户管理、勘探、冶炼、营销等系统，这些系统在建设和使用过程中都会遇到诸如物理层、网络架构、终端和操作系统、应用系统、核心业务数据等多方面的安全问题。为此，国家能源局专门制定了《电力行业网络与信息安全管理办法》。

(3) 金融系统

近年来，随着互联网金融、移动支付的快速发展，隐私泄露、信息被窃取、资金安全等银行安全保障面临诸多新的挑战；证书跨行通用与多用，一直有着非常大的市场需求；各银行移动平台的安全风险等问题。

陕西省金融业信息系统和网络中，使用大量国外厂商生产的设备，这些设备使用的操作系统、数据库、芯片大多数也是由国外厂商生产，很难判断设备是否存在"后门"、"软件陷阱"、"系统漏洞"、"软件炸弹"等安全漏洞。据调查，金融业信息系统已经遭受到多次攻击，整体信息安全形势严峻。国防科技大学的一项研究表明，我国与互联网相连的网络管理中心有 95% 都遭到过境内外黑客的攻击或侵入，其中，银行、金融和证券机构是攻击重点。伴随着

数据大集中的实现,风险也相对集中,一旦数据中心发生灾难,将导致金融业的所有分支机构、营业网点和全部业务处理停顿,或造成客户重要数据的丢失,其后果严重。

为解决电子金融网络安全面临的新挑战及网络安全工作的难题,需要分析金融行业面临的网络安全问题和任务,提出相应的网络安全保障解决方案。

(4) 互联网行业

2013年6月,斯诺登曝光了美国"棱镜门";9月,上海出现首例"伪基站"案件,导致GSM手机大面积通信中断……随着针对移动互联网终端和用户的窃听、监控、病毒等事件层出不穷,移动互联网网络安全问题引起政府、企业和广大消费者的高度关注。

境内外网络攻击活动日趋频繁,网络攻击的手法更加复杂、隐蔽,新技术、新业务带来的网络安全问题逐渐凸显。新形势下电信、移动、广电网络等互联网行业的网络安全工作存在的问题也逐渐凸显:重发展、轻安全,网络安全工作体制机制不健全,网络安全技术能力和手段不足,关键软硬件安全可控程度低等。为有效应对严峻、复杂的网络安全威胁,需要加强和改进网络安全工作,提高互联网行业网络安全保障能力和水平。

2.4.2 网络安全防护设施国产化有待加强

当前陕西省的信息技术产业规模不断扩大,产业体系逐渐完善。但是整体来看,国产设备占有率低,核心设备差距明显,潜在的战略风险、数据泄漏风险和情报监控风险严重威胁着网络乃至政府部门的安全。因此,需要坚持推进电子政务设备国产化进度,包括芯片、操作系统、数据库、中间件等基础信息技术资源的国产化。

由于国内网络安全产品在质量和性能上与发达国家的产品有差距,陕西省重点行业网络安全所用的主要产品都来自外国,因此,网络安全防护设备的国产化亟待加强。

2.4.3 个人消费安全不容忽视

现阶段,网络购物和网银支付等互联网金融手段发展迅猛,但互联网中的财产安全问题越来越受到人们重视。相比木马、Cookie、手机应用这些手段,网络钓鱼及欺诈危害已经成为威胁网民财产及隐私安全的"第一杀手"。网络支付安全中的最大问题为账户密码被盗、交易中木马和钓鱼网站诈骗、隐私信息被截取。其中,钓鱼欺诈类网站成为盗取用户账户、密码信息的罪魁祸首。在日益繁荣的信息消费市场,消费者使用网络支付越来越频繁,为了保护消费者的财产安全,对于安全可信的支付体系,网络信息体系建设更为重要。

2.5 发展趋势

未来几年,我国将不断加强网络安全依法管理、科学管理,更加重视新技术、新应用安全问题,促进移动互联网应用生态环境优化,加速构建网络安全保障体系,以自主可控为核心,加快推动国产化网络安全相关技术和产业快速发展。

2.5.1 更加重视网络的规范管理

国无法不立,网无法不兴,依法治网将成为新常态。党的十八大和十八届四中全会明确提出加强网络法制建设的大政方针，可以预见网络法制建设将迎来一个快步推进的热潮。当前，《网络安全法》已纳入人大立法规划，陕西省也需要在网络安全战略、关键基础设施保护、网络安全审查制度等一系列法律、制度规则的建设上加快步伐。

2.5.2 金融安全及个人隐私保护将成为网络安全的新焦点

移动支付等互联网金融涉及的资产、个人信息保护将成为关注新焦点。伴随着互联网金融服务模式不断创新，金融服务多元、多维化及新业务发展，涌现出的数据跨境流动、用户信息泄露等安全问题将进一步凸显。通过移动互联网应用商店、智能终端生产厂商、CA认证机构、网络安全企业等产业链各方的共同努力，移动互联网金融应用的安全生态将逐步构建和完善。

2.5.3 积极主动、综合防范的网络安全保障体系加快构建

网络空间态势感知能力将得到进一步提升。我国将逐步明确网络空间新一代防御设计思路，以网络对抗性防御技术研发为依托，构建"协同预警、有效应急、强化灾备"全网动态感知能力体系，逐步实现网络安全防护从静态、基于威胁的保护向动态、基于风险的防护转变。

2.5.4 云计算、大数据、物联网时代，传统的网络安全迫切需要转型

网络安全已成为物联网时代威胁企业网络安全的首要问题。

根据网络安全实验室公布的数据显示，目前针对国内的APT攻击已覆盖全国30多个省市，均是涉及针对政府、科技、教育等多个领域的定向攻击。60%的案例里，攻击者几分钟就可攻击得手，70%～90%的恶意样本都是有针对性的，75%的攻击会在一天内从一个受害者快速地扩散到其他受害者。

物联网是指在互联网基础上进行延伸和扩展的网络系统。通过物联网可以实现物与物的信息交换和通信，并进行集中管控。物联网正显现出也许是自互联网诞生以来最具颠覆性的技术转变，而这一转变正在一些细分市场上创造无限的商机，其中一个有望获得快速增长的关键细分市场是家庭自动化。随着消费者对家庭自动化控制和监控需求的持续上升，分析师预测此市场到2019年产值将会超过160亿美元。

然而，2011—2014年，公开的国内互联网安全事故已经造成累计11.3亿用户的信息泄露。95%的网站能够被黑，40%的网站存在后门，70%的网站存在漏洞，而除了漏洞，网络攻击方式和来源也日趋多样化。

据PWC（普华永道）发布的《2015年全球网络安全状态调查报告》指出，2014年全球所有行业检测到的网络攻击共有4280万次，比2013年增长了48%。此前，诸多网络安全故障的发生，都表明今天的网络安全形势日渐恶化，而企业在物联网应用前首先要考虑的就是数据的安全威胁。

以前的互联网安全，企业面临的只是操作系统的安全问题，用软件就能够解决。但是，进入万物互联的时代以后，包括智能摄像机、路由器、汽车，甚至随身穿戴、智能医疗等设备，都趋于智能化、网络化，解决这些智能硬件的安全问题，仅仅依靠传统的网络安全解决方案是无法完成的。

2.5.5 新时代传统网络安全产业需转型

网络安全产业迎来高速发展黄金期。近年来,我国网络安全产业增长速度不断加快,预计至 2017 年,复合年增长率将达到 17.4%。增速第一的安全服务领域复合年增长率将达到 23.6%,远高于国际平均水平,其中,云安全服务成为新的增长点。当前,我国不断出台扶持政策,为网络安全产业发展提供了良好环境,预计未来一段时间内,网络安全产业将持续强劲增长。

对网络安全行业而言,传统意义上以企业规模、产品线和服务完备程度进行企业排名的评判标准,正在转化为应对网络空间威胁的能力和潜力。当前,新兴的威胁贯穿整个虚拟世界和实体世界,网络安全解决方案不再只是简单的产品堆砌,而是厂商敏锐度和反应的比拼。在这样一个新的形势下,体现一个厂商能力水平的标准已不再是营业额和产品数量,而是她的创新和服务能力。

未来,随着大数据、云服务的普及,物联网成为攻击对象,网络安全威胁如"细胞分裂"般扩散。在新一代技术革命的浪潮下,信息资源已经成为基础性社会资源,融入社会生活的各个领域,颠覆性地改变着人类的生活和生产方式。因此,传统网络安全产业需适时转型为"互联网 +"式的网络安全产业,来切实解决互联网的安全问题。

3 陕西省"十三五"网络安全产业科技发展战略

为了进一步加强网络安全技术攻关,落实中央网信办、省委网信办关于加强网络安全工作的有关文件精神,按照厅领导指示,陕西省科技厅科技信息网络中心,积极查找资料、深入调研,提出了陕西省"十三五"网络安全产业科技发展目标。

3.1 发展思路

陕西省的网络安全产业经过十多年的探索和发展已取得长足发展。由于网络安全问题的日益突出,促使网络安全企业不断采用最新安全技术,不断推出满足用户需求、具有时代特色的安全产品,也进一步促进了网络安全技术的发展。

陕西省的发展思路是:充分发挥陕西省现有网络安全科研和产品研发方面的技术优势,"十三五"期间加大经费投入,以产、学、研结合的方式,建立技术攻关和创新的长效机制,重点支持具有战略作用的自主创新型技术攻关项目,探索人才、项目、企业研发基地一体化攻关模式,"十三五"期间实现陕西省网络安全产业规模翻两番。

3.2 发展目标

结合陕西省的网络安全需求,基于陕西省现有网络安全科研和产品研发方面的技术优势,"十三五"期间实现网络安全技术的实质性突破,在产品研发方面能形成网络安全防御体系中的具有自主知识产权的系列产品,建立陕西省重点行业的网络安全技术支撑体系,推动陕西省网络安全产业研发布局的形成，到 2020 年使陕西省网络安全科研和产业规模都处于全国前列。

3.3 重点任务

3.3.1 建立陕西省重点行业网络安全技术支撑体系

当前，陕西省的重点行业网络安全建设各自为政，在摸索中前行。一些单位不清楚需要哪些网络安全设备，甚至网络安全设备没发挥作用，缺乏技术指导，对关键基础设施、保密数据、要害部门、敏感部门如何防护，缺乏技术标准要求和管理规范。因此，有必要建立陕西省重点行业网络安全技术支撑体系，并在此基础上推动陕西省网络安全产业的研发布局。

3.3.2 具有战略作用的自主创新网络安全技术攻关

对全国或陕西省重点行业有重大作用的自主创新网络安全技术，例如，智能电网漏洞分析与安全、网络测量与安全动态监控、在线网络舆情监控、移动智能终端安全、移动互联网安全防护、网络信息安全监测、云安全技术等，选择陕西省有科研基础和技术优势的项目进行攻关。

3.3.3 网络安全科研领先技术的产品化攻关

选择陕西省已形成技术成果且国内技术领先的项目进行产品化攻关，包括高校和企业的科研成果。例如，西安交大、西工大、西电科大、西大和西邮的成果，包括智能电网漏洞分析与安全、网络测量与安全动态监控、在线网络舆情监控、移动智能终端安全、移动互联网安全防护、网络信息安全监测、云安全技术等。

3.3.4 现有技术优势产品的升级

选择陕西省现有且国内技术领先或先进的产品进行升级，形成陕西省的自主品牌。例如，西安安智科技有限公司的安全预警平台、舆情分析系统和全球网络攻击分析系统；西安四叶草信息技术有限公司的 Bugscan 网络漏洞分布式扫描平台；陕西通信信息技术有限公司的天御五行可信网络行为管理系统；交大捷普网络科技有限公司的防火墙、数据库审计系统；西安西电捷通无线网络通信有限公司的无线网安全接入协议。

3.3.5 新一代网络防护技术的研究

在网络攻击向混合化、多元化发展的今天，单一功能的防火墙或病毒防护已不能满足网络安全的要求；另外，诸如成本低、潜伏期长的高级持续性威胁（APT）攻击已成为网络安全最大威胁。APT 可通过一切方式，绕过基于代码的传统安全方案（如防病毒软件、防火墙、入侵防御系统等），更长时间地潜伏在系统中，让传统防御体系难以侦测。而新一代防护技术的目标是除了传统的访问控制之外，还需要对垃圾邮件、拒绝服务、黑客入侵等外部威胁起到综合检测和治理的作用,把防护上升到应用层。

3.4 关键技术

网络安全发展至今,已经成为一个包括通信技术、网络技术、计算机技术、密码学、安全技术的跨多种学科技术的综合性科学。因此,网络安全在技术发展的同时会向全方位、纵深化、专业化方向发展。随着网络防护新技术的出现,网络安全正由单一技术向多种技术融合的方向发展。

3.4.1 隔离技术

隔离技术包括物理隔离技术和逻辑隔离技术。物理隔离就是将本单位的主机或网络从物理上与因特网断开,涉密文件存放在单独的计算机上,上网采用专用计算机,单位与单位之间的远距离通信亦采用专线,此时,网络安全问题将变为管理问题。但这种隔离技术耗费较大,特别是单位之间的专线建设成本较高,当距离较远时,为"敌方"在脆弱节点非法接入提供了可能。采用逻辑隔离时,被隔离的两端仍然存在物理上的数据通道连线,但通过技术手段保证被隔离的两端没有数据通道。一般使用协议转换、数据格式剥离和数据流控制的方法,在两个逻辑隔离区域中传输数据,并且传输的方向是可控状态下的单向,不能在两个网络之间直接进行数据交换。

3.4.2 病毒监控和防火墙技术

病毒监控是最常见、使用最普遍的网络安全技术方案,这种技术主要针对病毒。随着病毒监控技术的不断发展,目前主流杀毒软件还可以预防木马及其他一些黑客程序的入侵。网络防火墙技术是一种用来加强网络之间访问控制,防止外部网络用户以非法手段进入内部网络,访问内部网络资源,以保护内部网络操作环境的特殊网络互联设备。它对两个或多个网络之间传输的数据包(如链接方式)按照一定的安全策略来实施检查,以决定网络之间的通信是否被允许,并监视网络运行状态。

3.4.3 网络监控和行为审计技术

使用访问控制机制,阻止非授权用户进入网络,即"进不来",从而保证网络系统的可用性;使用授权机制,实现对用户的权限控制,即不该拿走的"拿不走",同时结合内容审计机制,实现对网络资源及信息的可控性;使用加密机制,确保信息不暴露给未授权的实体或进程,即"看不懂",从而实现信息的保密性;使用数据完整性鉴别机制,保证只有得到允许的人才能修改数据,而其他人"改不了",从而确保信息的完整性;使用审计、监控、防抵赖等安全机制,使得攻击者、破坏者、抵赖者"走不脱",并进一步对网络出现的安全问题提供调查依据和手段,实现信息安全的可审查性。

3.4.4 漏洞扫描与入侵防御技术

安全扫描技术与防火墙、入侵检测系统互相配合,能够有效提高网络的安全性。通过对网络的扫描，网络管理员可以了解网络的安全配置和运行的应用服务，及时发现安全漏洞，客观评估网络风险等级。网络管理员可以根据扫描的结果更正网络安全漏洞和系统中的错误配置，在黑客攻击前进行防范。如果说防火墙和网络监控系统是被动的防御手段，那么安全扫描就是一种主动的防范措施，可以有效避免黑客攻击行为，做到防患于未然。

入侵防御系统（IPS），位于防火墙和网络的设备之间，是电脑网络安全设施，是对防病毒软件和防火墙的补充，依靠对数据包的检测进行防御（检查入网的数据包，确定数据包的真正用途，决定是否允许其进入内网），是一部能够监视网络或网络设备网络资料传输行为的计算机网络安全设备，能够即时地中断、调整或隔离一些不正常或是具有伤害性的网络资料传输行为。

3.4.5 文件加密和数字签名技术

文件加密与数字签名技术是为提高信息系统及数据的安全保密性，防止秘密数据被外部窃取、侦听或破坏所采用的主要技术手段之一。根据作用不同，文件加密和数字签名技术主要分为数据传输、数据存储、数据完整性鉴别3种。数据传输加密技术主要用来对传输中的数据流加密，通常有线路加密和端对端加密两种。前者侧重在线路上而不考虑信源与信宿，是对保密信息通过的各线路采用不同的加密密钥提供安全保护；后者则指信息由发送者通过专用的加密软件，采用某种加密技术对所发送文件进行加密，把明文（原文）加密成密文（一些看不懂的代码），当这些信息到达目的地时，由收件人运用相应的密钥进行解密，使密文恢复成为可读数据明文。数据存储加密技术的目的是防止在存储环节上的数据失密，可分为密文存储和存取控制两种。前者一般是通过加密法转换、附加密码、加密模块等方法对本地存储的文件进行加密和数字签名；后者则是对用户资格、权限加以审查和限制，防止非法用户存取数据或合法用户越权存取数据。数据完整性鉴别技术主要对介入信息传送、存取、处理的人的身份和相关数据内容进行验证，达到保密的要求，一般包括口令、密钥、身份、数据等项的鉴别，系统通过对比验证对象输入的特征值是否符合预先设定的参数，实现对数据的安全保护。

3.4.6 移动智能终端安全保护技术

移动智能终端安全保护技术是指对手机、PAD等智能终端的病毒、恶意代码进行检测、抑制与阻断的技术，以及防篡改、窃密技术及保护方法。

3.4.7 云安全技术

虚拟化平台安全技术，虚拟机监视器安全、虚拟机系统安全、虚拟机节点通信安全等技术。

3.5 重点研发项目（产品）

依据调研结果，发挥陕西省现有网络安全科研和技术及人才优势，综合上述分析和论述，选择以下内容作为陕西省"十三五"期间网络安全重点攻关项目：

①网络测量与安全动态监控；
②网络攻击分析与攻防演练系统；
③上网行为审计与信息流向控制管理系统；
④信息安全一体化集中管理系统；
⑤智能电网漏洞分析与安全；
⑥基于大数据分析的在线网络舆情监控；
⑦移动智能终端安全；
⑧下一代防火墙；
⑨云安全技术；
⑩网络漏洞扫描与入侵防御。
按5年期，每年选择2～3个项目进行重点技术攻关。

3.6 技术路线图（重大战略路线图）

为实现"十三五"陕西省网络安全战略目标，选择以上重点攻关项目，这些项目的实施将发挥陕西省现有网络安全科研和产品研发方面的优势，实现网络安全技术的实质性突破，推动陕西省网络安全产业走到全国的前列。为此，我们给出实现战略目标的技术路线。

3.6.1 突破技术壁垒

网络安全的核心技术在于"攻防"，即攻击技术和防御技术，只有掌握攻击技术才能更好地做到安全防御。攻击技术包括漏洞挖掘、漏洞渗透、木马技术、SQL注入技术等，防御技术指在了解攻击原理的前提下，采取针对性的防御措施，如漏洞检测和加固、木马扫描和杀除、蠕虫发现和清除、SQL注入攻击阻断等。这些攻击技术和防御技术会形成一系列的知识库，如IDS的入侵行为特征库、病毒库，审计产品的客户应用策略库等，这些知识库都是经过专门技术研究团队和产品应用团队数年甚至十数年的逐步积累才可能获得的。缺乏对攻防技术核心知识库的有效积累和对有效安全防御技术的前瞻性和突破性研究是陕西省目前所面临的最大技术壁垒。

以下是重点项目突破技术壁垒采取的技术路线。

3.6.2 网络测量与安全动态监控

实现网络流量数据获取、网络报文数据获取、流量分析与实时监控的功能。基于区域网络流模型的雷尼互信息熵实现对流量层面变化态势的感知和度量；基于盲源信号分离异常流量检测，实现了对网络流量周期趋势和突变成分的提取；基于可逆Sketch的大规模网络流量异常检测与定位方法，研制出骨干网络流量回放系统，西安交大、西工大、交大捷普和西安安智公司在该技术方面都有很好的技术积累。

3.6.3 网络攻击分析与攻防演练系统

完善漏洞扫描库，在端口扫描后得知目标主机开启的端口及端口上的网络服务，将这些相关信息与网络漏洞扫描系统提供的漏洞库进行匹配,查看是否有满足匹配条件的漏洞存在;通过模拟黑客的攻击手法,对目标主机系统进行攻击性的安全漏洞扫描,如测试弱势口令等。若模拟攻击成功,则表明目标主机系统存在安全漏洞。研究僵尸网络监测方法,基于DNS缓存主动探测的僵尸网络全球探测与规模估计等僵尸网络检测与分析方法。研制僵尸网络探测系统,具有分布式密网数据分析、攻击事件分析、恶意代码捕获、僵尸网络特征提取等功能,实现"企业网僵尸网络检测系统"。西安交大、西电科大、西安安智公司和西安四叶草公司在该技术方面都有很好的技术积累。

3.6.4　上网行为审计与信息流向控制管理系统

上网行为审计,能够透明地审计并管理用户的上网行为,攻关基于应用层协议还原的行为和内容审计、网页浏览(HTTP协议)审计、网络聊天审计、收发邮件审计、P2P文件传输审计、股票审计、搜索关键词审计、音视频审计、网络游戏审计,对任意时间段进行访问控制。上网行为审计或管理产品的技术核心是其"捕包能力"及"数据分析能力",尤其在大流量情况下,这两项指标更显重要。对涉密信息,如设计图纸采用标密和透明传输,即流向控制。西安交大捷普和陕西通信信息技术公司在该技术方面都有很好的技术积累。

3.6.5　信息安全一体化集中管理系统

为解决分布在网络中的各种安全问题,建立了不同的安全防护系统,如防火墙、防病毒、入侵检测等。然而,安全产品部署的庞杂性与安全防范技术的复杂性,增加了大量的维护工作及单点防护的片面性,海量、孤立的数据无法准确发现真正的安全威胁,难以形成全局的安全风险监控,安全策略和配置难于统一协调。因此,企业需要实现全局统一的网络安全设备综合监控、预警和安全响应处理等标准化、流程化管理。

信息安全一体化集中管理系统是为了满足日益复杂的网络安全管理需求而推出的信息安全管理平台。本产品通过采用多种技术及手段收集和整合各类安全事件及IT资产告警,将各自独立的安全设备组织成一个整体,使安全管理员从复杂的设备配置和海量的日志信息中解脱出来,把精力专注于发现和处理各种重要安全事件;同时结合实时关联分析技术和智能推理技术,实现对事件和告警的深度分析和风险识别,并提供多种安全响应和恢复手段,从而实现高效、全面的网络安全监控、审计、度量和运维,满足用户对整体安全态势的集中监管需求。西安交大捷普公司在该技术方面有很好的技术积累。

3.6.6　智能电网漏洞分析与安全

分析发现智能电网中的协议、设备和工作模式上存在大量的安全隐患,包括拒绝服务攻击、弱口令、身份认证绕过、会话劫持、错误数据注入等。突破基于物理系统与信息网络关联分析的网络安全监控方法和基于历史和物理系统信息的无线网络安全技术。西安交大在该技术方面有很好的技术积累,技术水平国内领先。

3.6.7　基于大数据分析的在线网络舆情监控

采用大数据技术,实现在线社会网络用户行为分析与建模、热点话题传播预测模型等基础理论问题。研制网络舆情监控与分析系统，具有敏感话题识别、热点话题发现、话题传播趋势预测、意见领袖识别等功能。西安交大、西电科大在该技术方面都有很好的技术积累，技术水平国内领先。

3.6.8 移动智能终端安全

（1）终端安全支付技术

目前，影响终端安全支付的攻击主要有两类：重打包攻击和钓鱼攻击。针对这两类攻击需要做以下工作：分析造成这两类攻击的原理，并在终端上实现了这两类攻击（均可视频演示）。针对重打包攻击，设计自动检测方法；针对钓鱼攻击，在 Android 框架层设计识别与拦截方法。

（2）移动智能终端数据安全

1）云端数据的可用性

①影响数据可用性的主要因素：手机丢失/被盗、云端数据丢失；

②保证数据可用性的方法：数据备份、基于网络编码的数据存储；

③存在的主要问题：安全性差、开销大，包括多地数据备份引发的信息泄露、用户的隐私保护。

2）数据安全性

①影响数据安全性的主要因素：手机丢失/被盗、云端数据泄露、恶意软件盗取数据；

②保证数据安全性的方法：手机数据远程自毁、数据加密、恶意软件检测；

③存在的主要问题：对手机失去控制下的数据安全保障困难、完整的轻量级的数据加解密模式缺乏、Android 等开放系统上的恶意软件认证困难。具体体现在：非法使用者导致的安全问题，合法使用者的不合法操作导致的安全问题，数据服务提供者引发的安全问题。

（3）Android 组件通信安全

Android 系统包括几个主要的组件：Activity、Broadcast、Service、Provider。Intent 是这些组件联系的枢纽，组件之间的通信需要 Intent 作为载体。一个 Intent 对象就是一组信息，包括 Action、Data、Component、Extras 等字段，每个字段包含着不同类型的信息。

不同应用程序依靠 Intent 进行数据传递，因此，在 Android 系统中发送不合适或者恶意的 Intent 会引发较多的安全问题。最直接的安全问题包括 Activity/Service 的恶意启动、注册恶意 Broadcast Receive 窃取信息或者拒绝服务、应用程序间非授权的权限传递（权限共谋）等。可能会导致其他安全问题，如隐私数据泄露、应用伪装、恶意钓鱼、内存消耗、电量消耗等。这些都会对用户应用产生影响，甚至导致用户在经济或人身安全方面受到威胁。

西电科大、西北大学等在该技术方面都有很好的技术积累，技术水平国内先进。

3.6.9 下一代防火墙

防火墙的缺点是不能防御已经授权的访问，以及存在于网络内部系统间的攻击；不能防御合法用户恶意的攻击及社交攻击等非预期的威胁；不能修复脆弱的管理措施和存在问题的安全策略，不能防御不经过防火墙的攻击和威胁。传统防火墙基于 IP、协议及端口的识别方式已不能满足应用层细粒度防护的新需求。

下一代防火墙产品，重点为用户提供可视化的业务安全和高性能的应用安全防护服务。其采用全新的数据包处理架构，提供 L2 至 L7 层一站式的全面数据流解析检测技术，在保证高性能的前提下，具备精细的应用安全访问控制及全面的主动应用安全防护能力。并提供可视化的策略配置、安全告警、威胁定位等审计分析手段，并为用户提供更精细、更全面、更高性能的应用内容防护方案，实现新安全形势下第一防御堡垒的作用。交大捷普在该技术方面有很好的技术积累。

3.6.10 云安全技术

将虚拟化平台分为两大部分：虚拟化基础设施和对外虚拟化服务接口。其中，虚拟化基础设施包括虚拟化平台安全数据存储、虚拟化平台资源分配、虚拟机监视器安全、虚拟机系统安全、虚拟机节点通信安全。例如，安全存储以服务的形式构建，其他平台内部模块通过调用存储接口使用安全存储服务。对外虚拟化服务接口包括服务开发接口和虚拟化本地服务接口。通过服务开发接口能够构建新的应用服务，或融合原有服务为新服务。主要以虚拟化平台安全存储、虚拟机节点的安全通信、服务组合、平台用户隐私保护为主。

西电科大、西安邮电大学、陕西师大、陕西工业云运营公司等在该技术方面都有很好的技术积累，技术水平国内先进。

3.6.11 网络漏洞扫描与入侵防御

漏洞扫描基于网络系统漏洞库，将扫描结果与漏洞库相关数据匹配比较得到漏洞信息。漏洞扫描还包括没有相应漏洞库的各种扫描，如 Unicode 遍历目录漏洞探测、FTP 弱势密码探测、邮件转发漏洞探测等，这些扫描通过使用插件（功能模块技术）进行模拟攻击，测试出目标主机的漏洞信息。

入侵预防系统的目的在于及时识别攻击程序或有害代码及其克隆和变种，采取预防措施，先期阻止入侵，防患于未然，或者至少使其危害性充分降低。入侵预防系统一般作为防火墙和防病毒软件的补充来使用。

入侵预防要专门深入网络数据内部，查找它所认识的攻击代码特征，过滤有害数据流，丢弃有害数据包，并进行记载，以便事后分析。除此之外，更重要的是，大多数入侵预防系统同时结合考虑应用程序或网路传输中的异常情况，来辅助识别入侵和攻击。例如，用户或用户程序违反安全条例，数据包在不应该出现的时段出现，作业系统或应用程序弱点的空子正在被利用等现象。入侵预防系统虽然也考虑已知病毒特征，但是它并不仅仅依赖于已知病毒特征。西安四叶草公司在该技术方面有很好的技术积累，技术水平国内先进。

4 实施措施及政策建议

面对陕西省网络安全及信息化发展现状及问题，结合对本领域发展区域的分析，提出适合陕西省网络安全和信息化发展的对策与建议。

4.1 实施措施

4.1.1 完善管理体制，建立重点攻关推进的长效机制

建立符合陕西省"十三五"网络安全及信息化发展的分工合理、责任明确的推进协调体制，构建更加决策有力、更加务实的技术攻关决策领导机构，确保领导机构具有较大的行政权力，以便实现对全省网络安全技术攻关进行全局把握、总体考虑。建立全省统一的促进网络安全的技术攻关促进机构，统筹推进网络安全产品的有序开发和使用。

4.1.2 以产学研结合的方式构建技术攻关的新环境

结合陕西省网络安全重大技术攻关的战略要求，发挥各自的技术优势，有针对性地组织相关高校、科研机构和企业共同完成重点技术攻关。大力推进技术和应用的深度结合，提升各自的创新能力，推动陕西省网络安全产业的布局形成。

4.1.3 加大经费投入，确保重点项目实施

加大重点攻关项目的经费投入，设立专项资金以推动重点攻关项目的顺利实施。在"十三五"期间每年投入不少于600万元经费，重点支持具有战略作用的自主创新型技术攻关项目、原有技术领先的产品升级及应用示范推广项目。加强对重大安全基础技术的攻关和重点企业的资金支持。

4.1.4 建立专业人才资源库，帮助研发企业引人才

建设高层次网络安全人才资源库，探索人才、项目、企业研发基地一体化攻关模式，鼓励科研机构和企业加强合作。

4.1.5 加强项目服务和监管，确保项目实现目标

严格项目的评审，健全项目跟踪和服务机制，及时响应项目的配合要求，大力促进推广应用。

4.2 政策建议

①为完成网络安全重点技术攻关项目的单位每年配套推广应用经费50万元，每个企业共支持2年；
②为承担重点技术攻关项目的单位引进人才配套30万元经费；
③为网络安全设置专门的岗位和人员编制。

第十七篇

陕西省"十三五"现代服务业科技发展战略研究

组织单位：陕西省科学技术厅高新技术发展处
课题承担单位：西安交通大学
课题负责人：张　胜
课题组成员：董新宇　何正文　陶　娜　张　岭　郭英远　李　方
　　　　　　窦勤超　杜垚垚　余碧仪　宓鸿乐

1　创新驱动的实现路径

创新驱动发展就是把科技创新作为支撑引领经济发展和社会进步的主要力量，其有两条实现路径：一是以科技成果直接转化形成新的产业、增长点，二是以科技成果服务传统产业转型升级，如图 17-1 所示。

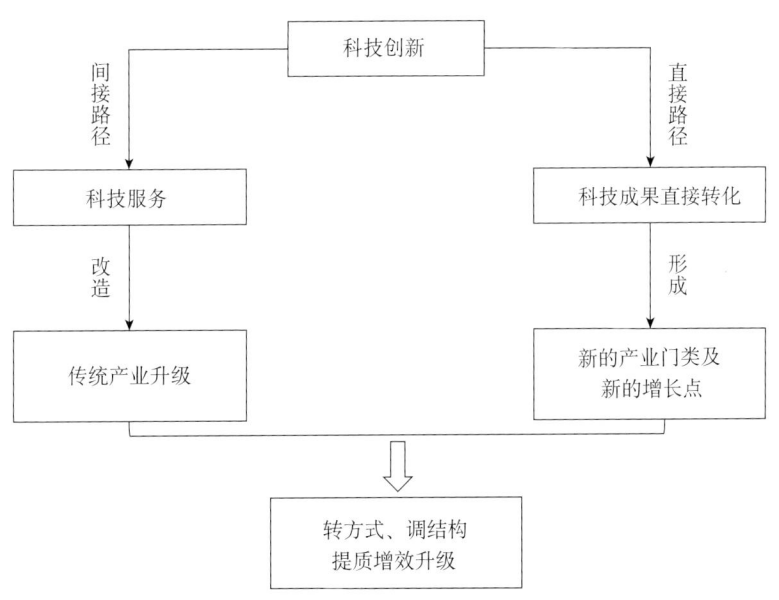

图 17-1　创新驱动发展路径

第一条路径:直接路径。"实验室研发—中试—产业化"的科技创新成果转化路径,即把新兴的科技创新成果转化为能推动经济转型升级的新兴产业,形成新的经济增长点、新的产业部门和产业门类。

第二条路径:间接路径。科技创新成果以科技服务的方式进入传统产业,促使其转型升级。

事实上,科技服务业就是面向各行各业提供研发设计、技术转移、检验检测、科技咨询、知识产权、科技金融等服务,其关联性强、辐射范围广、杠杆带动力大,紧密地把科技和经济结合起来,为传统产业改造升级提供科技支撑,由此使科技创新驱动经济增长。

2 现代服务业的形成路径

遵循创新驱动的实现路径,现代服务业通过两条路径形成,如图 17-2 所示。

第一条路径:科技服务与传统服务业的融合,演化成为现代服务。例如,物联网等技术和传统运输仓储服务业的融合,就成为现代物流服务业;大数据、信息技术与传统批发与零售服务业融合,就成为电子商务服务业。

第二条路径:科技成果转化成为新的服务业态。例如,大数据、卫星定位技术带动形成新的、历史上未曾出现的服务业态——位置与导航服务。

因此,现代服务业由两部分构成:一是以科技成果直接转化形成的新兴服务业态;二是科技服务与传统服务业结合、转型升级后的服务业态。

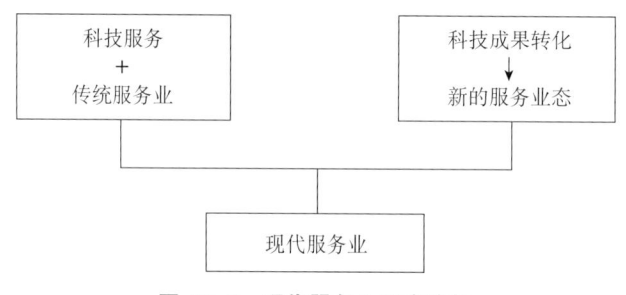

图 17-2 现代服务业形成路径

3 现代服务业的发展逻辑

3.1 现代服务业的定义

20 世纪 50 年代以来,世界经济加速向服务经济转变。随着科学技术不断进步,新技术在服务领域不断应用,特别是信息通信技术的突破性发展,服务经济与知识经济、技术经济进一步互动融合,不仅催生了大量的新兴服务业态,也使传统服务业得以升级,形成了被称为现代服务业的服务经济新业态。

在我国,随着科学技术的持续创新,科技创新从制造领域逐步扩展到服务领域,也涌现出信息、知识和技能密集型服务业态,如信息服务、电子商务、文化创意等。2006 年,全国现代服务业科技工作会议报告对"现代服务业"做出定义,指在工业化比较发达的阶段产生的、主要依托信息技术和现代管理理念发展起来的、信息和知识相对密集的服务业。

2012年,国家科技部制定了《现代服务业科技发展"十二五"专项规划》,并对规划进行了解读,指出:现代服务业是以现代科学技术特别是信息网络技术为主要支撑,建立在新的商业模式、服务方式和管理方法基础上的服务产业。这一定义强调科技创新的支撑引领作用,隐含地指出现代服务业是由科技创新带动形成而来的。

此外,与"现代服务业"概念紧密关联的概念有"生产性服务业"、"知识密集型服务业"。按照上述定义,这两个概念都属于现代服务业定义口径之内的内容。

3.2 现代服务业的业态构成

现代服务业主要是依托现代信息技术与科技服务发展起来的,对于现代服务业的具体业态,我国没有统一的统计口径,国家现行的统计制度和对服务业分类中,没有与"现代服务业"相对应的分类条目。但是,现代服务业发展过程中,国内各省市根据自身现代服务业的发展实际,制订了适合当地的现代服务业统计口径。

2005年,北京市统计局、国家统计局北京调查总队根据《国民经济行业分类》(GB/T 4754—2011)率先制订了北京市现代服务业统计分类,并于2012年进行了进一步修订[①](京统发〔2012〕43号)。根据统计分类,现代服务业包括信息传输、软件和信息技术服务,金融,房地产,租赁和商务服务,科学研究和技术服务,环境管理,教育,卫生,文化、体育和娱乐及社会保障等十大门类。2008年8月,广东省统计局下发了《关于建立现代服务业增加值核算制度的通知》[②](粤统字〔2008〕38号),界定广东省现代服务业包括9个类别,内容与北京市现代服务业分类基本一致。国内其他省市如江苏省、天津市、重庆市等,界定的现代服务业门类中也包含了交通运输、仓储和邮政、现代物流、商贸流通等。

另外,随着服务经济的不断发展和对现代科技的不断应用,服务行业分工进一步细化和深入,各种新兴现代服务业态不断涌现,如健康服务、养老服务等,使得现代服务业态类别更加丰富。

从"互联网+科技服务+传统服务"的现代服务业发展内涵来看,现代服务业既包括各类新兴的服务业态,又包括对传统服务业的升级和改造。传统服务业通过借助先进技术和现代管理手段,实现或部分实现标准化、系统化,有效提高服务质量和效率,如POS技术、条码技术等现代信息技术在零售行业的广泛应用,实现了传统零售服务方式升级,并形成现代商贸流通服务产业。

目前主流的现代服务业态有:科技服务、信息服务、文化创意产业、金融、现代物流、电子商务、农业服务、现代商贸等生产性服务业,现代旅游、房地产、教育、文化娱乐等消费性服务业,健康服务、养老服务等民生性服务业。

---

① 北京市统计局.北京市统计局国家统计局北京调查总队关于执行新的现代制造业等新兴产业统计分类的通知[EB/OL]. http://www.bjstats.gov.cn/zdybz/tjbz/hyhcyfl/cyfl/201207/t20120711_230020.htm.

② 广东省统计局.关于建立现代服务业增加值核算制度的通知[EB/OL]. http://www.gdstats.gov.cn/dzzw/wjtz/t20080815_58257.htm.

3.3 现代服务业带动相关产业提质增效升级

现代服务业不仅自身创造价值，还会与其他产业融合，创造更多的价值。其与第一产业融合形成了现代农业，与制造业融合，形成了制造服务业，如图17-3所示。

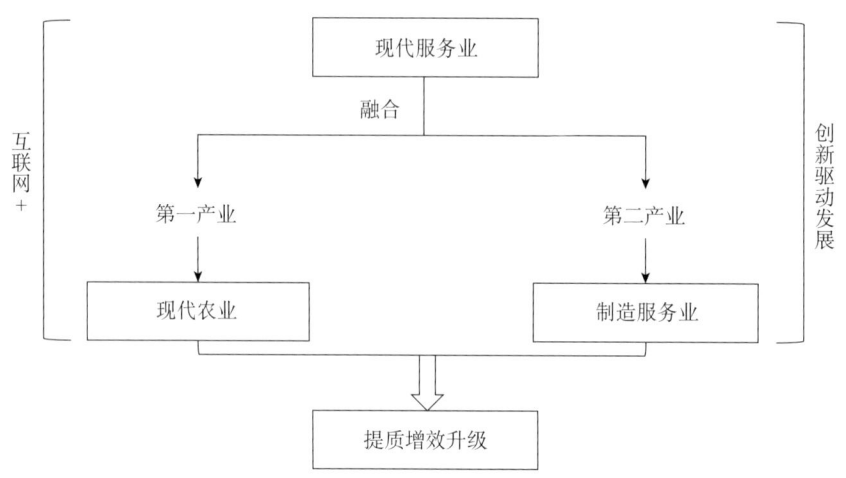

图17-3 现代服务业的发展

(1) 带动农业现代化

发展现代农业服务，将现代农业技术、信息技术输送入农业生产、销售领域，能够强化现代农业发展过程中的科技应用，改造传统农业生产经营方式，提升现代农民专业素质，提高农业生产效率和生产力水平，促进农业信息化、技术化、产业化发展。

面向农业生产，发展现代农业技术推广与应用服务，将最新的农业生产技术、机械设备应用于农业生产过程，有效提升农产品产量、质量，保障食品安全。利用现代信息技术和平台为农业生产、农产品供销提供有效的管理和服务信息支持，依托互联网平台开展农产品直销零售服务，减少中间商的利润盘剥和分成，解决农产品滞销难题，提高农民收入水平。

(2) 带动制造服务化

当前制造企业的服务化已经成为大势所趋，发展制造服务是引领制造业转型升级的重要举措。世界500强如IBM、GE等企业已经成功进行了制造业服务的拓展，并且通过服务获得的收益超过了制造产品的收益。陕西省陕汽、陕鼓等企业都在制造服务转型方面做出了大胆尝试，并取得了巨大发展和成功。

依托现代服务技术，基于传统的制造优势，大力发展制造服务，围绕制造各个环节开发和挖掘制造企业的制造服务需求，如设计、检验、咨询、维修。推动制造领域增值服务的开发和推广，延长制造企业产业价值链，发展制造技术服务促进制造业的技术创新升级，提升制造业的效率和保障整个制造业产业的发展质量。最终制造和服务形成一个良性循环体系，即带动制造企业从传统的产品制造和销售向提供"产品+服务"的方式过渡。

4 陕西省现代服务业发展现状及问题

4.1 发展现状

"十二五"以来,陕西省委省政府坚持把发展现代服务业作为转方式、调结构的重要抓手,建设现代服务业产业基地,引导资源要素聚集推进现代服务内生发展、规模发展,取得了良好成效。根据《陕西省统计年鉴》给出的行业分类,"现代服务业"统计范围包括:金融业、房地产业和其他服务业,未包括现代物流业、商贸流通业等服务业。截至2014年,陕西省形成的现代服务业主要业态有:金融业、房地产业、商务服务业、商贸流通业、电子商务服务业、现代物流业、科技服务业、现代旅游业、文化创意、教育、卫生,以及家庭、健康、养老等民生服务业等。

"十二五"期间,陕西省现代服务业发展表现出五大特征。

一是总量大幅攀升。2013年,全省服务业增加值5607.52亿元,对GDP贡献率为34.9%,其中,现代服务业增加值为3316.93亿元,对GDP贡献率为20.7%。2010—2013年,现代服务业增加值年均增长率为15.7%,高出GDP年均增长率约4%;2014年,全省服务业增加值达到6435.22亿元,对GDP贡献率为36.4%;如表17-1所示。

表17-1 陕西省现代服务业发展统计

		2006年	2007年	2008年	2009年	2010年	2011年	2012年	2013年	2014年
服务业	增加值(亿元)	1806	2178	2700	3144	3689	4356	5010	5608	6435
	GDP贡献率(%)	38.1	37.8	36.9	38.5	36.4	34.8	34.7	34.9	36.4
现代服务业	增加值(亿元)	1016	1269	1587	1838	2140	2500	2913	3317	—
	GDP贡献率(%)	21.4	22.0	21.7	22.5	21.1	20.0	20.2	20.7	
	金融业(亿元)	152	231	287	336	385	432	551	675	
	房地产(亿元)	125	154	193	240	316	398	450	508	
	其他(亿元)	738	884	1107	1262	1439	1670	1912	2134	

数据来源:《2013陕西省统计年鉴》和《2014年陕西省统计公报》。

二是现代服务业社会投资快速增长。2013年,现代服务业[①]全社会投资总额6458.3亿元,占全行业投资总额的4.1%;2013年新增固定资产投资3485亿元,占全行业新增固定资产投资总额的40.1%。其中,房地产、交通运输仍是社会投资重点领域,新增固定资产投资占比分别为49.2%、31.7%;教育、科技、卫生、文体娱乐等社会发展项目建设力度进一步加大,占比分别为4%、2.6%、3.1%、2.6%;商务服务,信息传输、软件和信息技术服务,金融,环境管理,社会保障等领域的投资力度最小,占比合计约4%。

三是现代服务业就业吸纳能力逐渐增强。2013年,全省现代服务业就业人数达到266.3万人,占全部城镇从业人员的20.7%。

---
① 考虑到陕西省现代物流业的高速发展,当前交通运输、仓储业的社会投资大多为现代物流业发展,故将交通运输、仓储业纳入统计范围。

四是现代服务业发展的科技创新支撑更加厚实。2013 年,全省技术合同成交额达到 533.31 亿元,其中技术咨询和技术服务合同成交额为 259.15 亿元,占成交总额的 48.6%,比 2012 年增长 125.17 亿元,增长率为 1.93%。

五是现代服务业产业布局更加合理。全省基本形成了以关中为核心、陕南和陕北为两大辐射圈的布局。2014 年,西安市成为全国现代服务业综合改革示范点,将对全省现代服务业形成更明显的辐射带动作用。

4.2 存在问题

尽管陕西省现代服务业发展取得了良好的成效,但是由于现代服务业的科技支撑不足、科技与服务经济结合不紧密,阻碍了其进一步发展壮大,导致陕西省现代服务业发展存在一些问题,难以充分发挥现代服务业的优势。主要表现在:一是现代服务业发展水平仍有待提高,缺乏大型龙头骨干型企业,服务品牌影响力不强,中小型企业服务创新不足,服务能力弱;二是现代服务业产业体系不健全,区域特色服务产业不明显,集聚发展、规模发展效应不突出;三是现代服务业与其他产业关联度不高,对制造业、农业等产业的带动性未充分体现。

5 陕西省"十三五"现代服务业态的战略选择

结合陕西省自身基础和发展优势,发展建设特色鲜明、优势明显的现代服务业产业体系,大力发展科技服务、大数据与信息服务、文化创意服务、金融服务、现代物流服务、健康服务、现代农业服务、现代旅游服务和电子商务服务等九大服务领域,提升现代服务业整体发展优势。

5.1 科技服务业

科技服务业具有辐射带动强、支撑范围广的特点,能为大数据与信息服务、文化创意、金融服务等其他现代服务业态的发展提供必要的科技支撑。因此,为促进陕西省现代服务业的全面发展,首先要大力发展科技服务业,以科技服务业的快速发展辐射带动其他现代服务业的发展。科技服务业要重点发展研发服务、技术转移服务、创业孵化服务、检验检测服务、科技咨询服务、知识产权服务、科技金融服务、科学技术普及服务和综合服务。

(1) 研发服务

加大对基础性研发的投入力度,建立重点实验室、研发中心来促进高校、科研院所开展研发活动。鼓励高校、科研院所及各类研发型企业提供面向市场化的新型研发服务。支持组建产学研用广泛参与的产业技术创新战略联盟,推进产业联盟协同创新,促进高校、科研院所围绕产业共性关键技术开展研发服务。支持建设产业研发设计平台,推动研究发展与产业支撑技术相关的工业设计、产品研发设计服务,为企业创新提供一体化支撑服务。支持高校、科研院所的科技资源、仪器设备面向社会开放共享,推动大型仪器设备等科技资源开放运行。

(2) 技术转移服务

打造以科技大市场为主、多种交易模式并存的多层次技术交易服务体系,鼓励技术交易机构探索基于互联网的在线技术交易模式，拓宽技术转移的渠道。支持社会资本建立具有科技咨询、评估与鉴定、成果推介、创业培训、市场开拓等多种功能的技术转移服务机构，鼓励技术转移服务模式创新，加速科技成果转移转化。制定科技成果评估方法指引，引导技术交易市场形成共同遵循的评估方法与准则，加快发展知识产权许可与交易、技术成果转移转让等服务。积极开展科技会展、科技交流会议，依托高新技术成果交易会、科技大市场、各类行业协会、专业学会等展会和会议交流推动技术转移。积极推进高校、科研院的科技成果转化，为社会提供技术咨询、技术开发等服务，发挥高校和科研院所在技术转移中的作用。

(3) 创业孵化服务

组建由政府出资、社会资本共同参与组成的创业孵化服务组织主体，为科技人员提供创业指导及创业所需要的基础设施，孵化和培育小微型科技企业。加强创业教育，营造创业氛围，激发大学生及科研人员的创业热情，发挥大学科技园在大学生创业就业中的作用。积极探索基于互联网的创新型孵化方式，促进天使投资和风险投资为创业孵化提供资金支持，形成"孵化+创投"的孵化模式。加快整合创业孵化服务资源，引入科技、管理、金融、财税、贸易、中介等各类专业服务机构，建设形式多样化、功能专业化、投资主体多元化和组织网络化的新型科技企业孵化器，提升孵化器专业服务能力，加速科技成果转化。

(4) 检验检测服务

鼓励不同所有制检验检测认证机构平等参与市场竞争，以此建立完善的第三方检验检测认证服务机构，为企业提供从设计开发、生产制造到售后服务全过程的观测、分析、测试、检验、标准、认证等服务。重点发展动植物、工业产品、专项技术的检测、检验、测试、鉴定等服务，以及产品质量、标准和安全检验、检测、检疫、计量、认证等服务。促进高校、科研院所、行业骨干企业检验检测认证服务资源对外开放，推进大型高精度检验设备市场化服务。支持公益性检验检测认证机构服务企业产品创新，积极推进制造业和农业检测、食品药品检测、安全生产检测等公共检测业务的服务外包。

(5) 科技咨询服务业

重点发挥陕西省科技资源统筹中心在科技政策制定、产业发展方向、科技信息共享等方面的作用，为科技服务业的发展提供政策层面的指导和支持，把陕西省科技资源统筹中心发展成为"丝绸之路上的科技咨询智库"。积极培育科技咨询机构、知识服务机构，增强这些机构对于大数据、计算机、移动互联网等现代信息技术的运用，为科技型组织提供科技战略研究、科技评估、科技招投标、管理咨询等服务。发展工程技术咨询服务，为企业提供集成化的工程技术解决方案。

(6) 知识产权服务

要以科技创新的需求为导向，大力发展知识产权代理、知识资产评估、知识产权交易机制、知识产权维权等知识产权服务，并以此形成全链条的知识产权服务体系。提高企业知识产权保护意识，创新知识产权服务模式，加强咨询、检索、数据加工等基础服务，开拓评估、交易、转化、托管、投融资、法律援助等增值服务，探索形成专利技术标准化、技术标准产业化机制，提升信息分析、专利预警和战略研究等专业服务能力，打造具有影响力的知识产权服务企业和品牌。建立知识产权信息服务平台，开发高端的知识检索分析工具，推动知识产权基础信息资源免费或低成本向社会开放。

（7）科技金融服务

加强科技在金融业的应用，积极促进科技和金融的结合试点。借助互联网技术发展电子金融，创建众筹平台、开展P2P服务，为科技型企业提供完善的投资、融资平台。鼓励传统金融机构进行业务创新，开展科技保险、科技担保、知识产权质押等科技金融服务。支持天使投资、风险投资对科技企业进行投资和增值服务，拓宽科技型企业的融资渠道。

（8）科学技术普及服务

在全省范围内推广科技馆、图书馆、博物馆等科普场所的免费开放，为科学技术知识的普及提供场所。鼓励科普服务机构开展市场化运作，发展其研发的模型、教具、展品等相关衍生产业。整合省内科普资源，形成开放共享、公益服务的新格局。发挥出版机构和新闻媒体对科技知识的报道普及作用，鼓励企业、社会组织和个人为科普设施的建设进行投资，开展青少年科普阅读活动，引导社会的科普热情。

（9）综合科技服务

整合陕西省科技服务机构的科技资源，创新服务模式和商业模式，发展技术咨询、技术培训、技术转移等全链条的科技服务，为现代科技服务业发展提供所需的资源。培育、发展、壮大若干科技集成服务商，提供市场所需要的集成化总包和专业化分包的综合科技服务。

5.2 大数据与信息服务业

完善综合信息基础设施，推进"三网"融合，大力开发大数据、云计算、宽带互联等新一代信息技术，开展大数据、云服务、移动互联网服务等相关信息技术服务，开拓新兴市场和创新服务模式，强化信息技术在新兴现代服务业中的引领性作用，支撑和推动数字消费服务、卫星应用服务、社会公共服务等新兴信息服务快速发展。

发展数字消费服务。围绕消费服务领域推进数字化应用，加强信息网络技术推广，建立服务新模式，整合消费者消费数据，重点开发数字社区（家庭）服务、母婴服务、移动生活服务、智能家庭应用服务等一体化数字生活消费服务。

开发卫星应用服务。打造北斗系统卫星资源、导航与遥感技术应用开发平台，规划设计卫星应用服务产业链，研发北斗导航专业及嵌入式软件，重点发展卫星通信广播、卫星导航终端及位置服务、北斗卫星空间基准授时、自主遥感信息等产业服务，推进嵌入式软件、感知芯片、导航芯片向各类生产、消费、服务系统的扩散应用，加快卫星导航技术、遥感数据在现代服务领域的融合应用，推进卫星应用服务产业化。

5.3 文化创意服务业

深入了解文化科技需求，全方位、多渠道推动科技与文化的融合发展。重点发展影视传媒、数字出版、网络文学、游戏动漫等业态，加强资本、产权、人才等要素市场建设，促进科技文化融合产业及企业的聚集，探索以科技创新推动文化发展的工作模式，支持通过科技推广应用创新文化生产方式和传播手段。鼓励和支持社会资本参与文化单位转企改制、重大文化产业项目实施和文化产业园区建设。

打造陕西影视传媒与数字出版服务品牌。依托文化产业园区,结合陕西特色文化基础,构建影视制片、策划创作、后期制作、发行传播等一体化产业链,引导企业围绕产业链集聚,加快报业、出版等领域的数字化应用,创新广播影视经营模式,鼓励图书、报纸、期刊、电子、音像、网络等领域多元化经营,大力开发广播影视衍生产品市场,建设西部文化传媒中心。

扩大游戏动漫、网络文学等新兴创意产业规模。鼓励美术原创、数字加工等创意开发,构建集教育培训、产品孵化、生产创作、市场运营等的产业体系,培育动漫、游戏及衍生品开发等相关创意企业,提高创意产业企业市场竞争力,推动企业规模化发展。

5.4 金融服务业

推进金融业的服务创新能力建设。积极培育第三方支付、电子银行等新兴互联网金融业态,重点向"三农"、小微企业提供金融服务,创新金融机构抵押担保方式,开展股权、知识产权、专利技术、排污权和特许经营权等质押融资,实施差别化信贷政策,发展绿色信贷,加快金融业对外开放,鼓励金融机构开展内保外贷、贸易融资、海外投资保险等综合金融服务。

大力发展互联网金融。支持金融、非金融机构充分挖掘市场支付、投资、融资需求,基于互联网、移动互联网、大数据等信息技术,创新金融服务模式,开展 P2P 信贷、移动支付、第三方支付、金融门户、大数据金融等新兴金融服务,壮大互联网金融服务企业。完善互联网金融风控、清收等政策法规,强化行业监管约束,规范互联网金融市场秩序。

5.5 现代物流业

加快交通运输基础设施与物流配送体系建设,依托物流园区开展信息化示范工程,推动物联网、车联网等信息技术的推广应用,促进现代物流信息化普及和集成化管理,与制造业、电子商务、国际贸易等联动发展,支持企业规模化发展,大力发展第 N 方物流,提供高附加值的物流服务和综合性解决方案,构建区域性物流信息公共服务平台,形成区域联动的一体化物流格局。

发展物联网服务。推动 RFID、自动识别等物联网技术在交通、物流等产业的应用,进一步提升现代物流服务效率和水平。依托技术优势,探索物联网服务、卫星应用服务、大数据与云服务的融合发展,培育新兴物联网服务业态。

壮大电子商务。结合陕西省优势资源和特色产业,大力发展电子商务综合服务,支持建设集交易、支付和信息服务于一体的综合性电子商务平台,创新电子商务商业模式,支持发展电子认证、电子支付、电子商务信用、移动电子商务应用等新兴电子商务服务。

5.6 健康服务业

依据健康体检、医疗服务、医疗保健食品药品、健康保险、健康养老等健康产业链,大力发展健康管理服务、中医药医疗保健服务、健康科技支撑服务、健康生活消费服务(健身、旅游)、健康保险服务等。构建覆盖全生命周期、内涵丰富、结构合理的健康服务业体系,引入社会资本,形成健康服务产业集群,提升健康服务水平。到 2020 年,陕西省健康服务业增加值占省内生产总值的比重为4.8%，健康服务业全产业链占省内生产总值的比重达到10%。

大力发展医疗服务。坚持公立医疗机构提供基本医疗服务，非公立医疗机构发展高水平医疗服务的引导方向，鼓励社会资本等以出资新建、参与改制、托管、公办民营等方式进入医疗服务业，推动医疗服务区域一体化，开展高端医疗设备业内开放和检查结果互认。加强中医药标准体系建设，强化宣传、开发与推广，广泛开展中医药医疗保健服务。

强化健康科技支撑服务。依托陕西省丰富的科技、医药资源，开展生物医药、功能食品药品、医疗器械材料等创新研发，促进医药科技成果转让，支持企业主导研发联盟搭建健康产业研发平台，推进健康产品孵化和产业化应用。发展市场化、专业化、标准化的第三方医疗检测和评价服务。

5.7 现代农业服务业

推动现代服务与农业生产融合，构建农技服务、信息化服务、营销服务、金融服务等现代农业服务体系。鼓励农业科技特派员创业，强化农技推广服务。开展面向"三农"的互联网信息服务，推进农村农业信息化。举办农高会、农博会等农产品展销会，丰富农业营销服务。发展多形式农业保险、农业融资，增强对"三农"的金融服务。壮大农村专业合作社，维持土地流转市场，支持农业规模经营。

优化农业技术服务。农业龙头企业带动，发展契约式服务；种养大户示范，为普通农户提供技术、信息等指导；农村经纪人连接，开展农产品营销服务。

培育新兴现代农业服务。支持应用互联网、物联网技术支撑农业发展，创新"三农"发展模式，发挥互联网平台服务作用，实现农业与第三方优质服务资源的对接，开展农业互联网服务，带动农业发展。

5.8 旅游服务业

依托陕西省丰富的自然、历史文化资源，大力发展自然风光旅游、历史人文旅游和乡村休闲旅游。加强旅游基础设施和服务体系建设，完善"车站—城市旅游区—乡村旅游点"的交通网络。实施区域景区统一规范化信息管理，加强景区管理动态监测，建立覆盖全省主要旅游景区、景点的公共信息平台，提供实时景点信息、路线咨询、旅游攻略等游客服务。开展景区间旅游联结，推动区域旅游协调联动。培育龙头骨干旅游企业，鼓励围绕休闲消费创新旅游模式，加强服务开发，促进旅游服务品牌化、内容人文化。

发展自然风光旅游。深度挖掘区域文化特色，促进文化与自然风光旅游融合，提升自然风光旅游的文化内涵，提升自然景区管理能力和服务质量，发展个性化、自主化旅游服务。

推广历史人文旅游。加强历史人文景区的文化宣传，应用现代信息技术，提供景区自助信息服务，提升景区游客服务水平，重视文化讲解在历史人文旅游中的作用。

壮大乡村休闲旅游。提升农家乐等乡村休闲旅游服务质量，结合临近旅游景区，推动农家乐与景区联动发展，挖掘乡村文化内涵，引导农家乐特色发展。

5.9 电子商务服务业

加强发展农村电子商务。加强互联网与"三农"融合发展,引入产业链、价值链、供应链等现代管理理念和方式。完善农村电子商务治理体系,加强鲜活农产品标准体系、动植物检疫体系、安全追溯体系、质量保障与安全监管体系建设。加快完善地理标志产品技术标准体系和产品质量保证体系,支持利用电子商务平台宣传和销售地理标志产品,鼓励电子商务平台服务"一村一品",促进品牌农产品"走出去"。开展电子商务进农村综合示范,推动信息进村入户,利用"万村千乡"市场网络改善农村地区电子商务服务环境。大力发展农产品冷链基础设施。鼓励农业生产资料企业发展电子商务。

加快发展电子商务应用新业态。支持生产制造企业深化物联网、云计算、大数据、三维(3D)设计及打印等信息技术在生产制造各环节的应用,建立与客户电子商务系统对接的网络制造管理系统,提高加工订单的响应速度及柔性制造能力。面向网络消费者个性化需求,建立网络化经营管理模式,发展"以销定产"及"个性化鼓励创意服务",探索建立生产性创新服务平台,面向初创企业及创意群体提供设计、测试、生产、融资、运营等创新创业服务。

大力发展电子商务综合服务。立足陕西省优势资源和特色产业,支持建设集交易、支付和信息服务于一体的综合性电子商务平台,创新电子商务商业模式,支持发展电子认证、电子支付、电子商务信用、移动电子商务应用等新兴电子商务服务。

6 陕西省"十三五"现代服务业的科技创新策略

根据现代服务业的发展逻辑,其发展离不开科技创新支撑,而陕西省现代服务业发展滞后的主要原因也在于现代服务业科技支撑不足、与一二产业融合不够。因此,必须加强科技创新和科技服务促进现代服务业创新发展:一是强化源头的科技创新,增加现代服务业技术创新成果;二是加快把科技创新延伸转化为科技服务,以科技服务支撑引领现代服务创新发展。

6.1 优先发展科技服务

科技服务是科技与经济结合的"第一公里",兼具经济发展和科技创新两大功能。因此,基于陕西省科教大省的实际,应该把发展科技服务作为优先选项,不遗余力地加快发展。事实上,发展科技服务业,就是通过研发设计、技术转移、检验检测等形式把科技创新应用于生产实践,以此推动经济创新发展。

以技术研发、成果转化、应用开发的科技成果创新链为主线,可以将科技服务划分为3类,如图17-4所示。一是在成果创新之前的指导,服务科技创新决策,有战略引导作用的咨询活动,即科技咨询服务;二是直接性服务活动,如研发设计服务、技术转移服务、创业孵化服务、检验检测服务;三是为直接性服务提供法律及资金保障,支撑成果转化的间接性服务,如知识产权服务、科技金融服务。

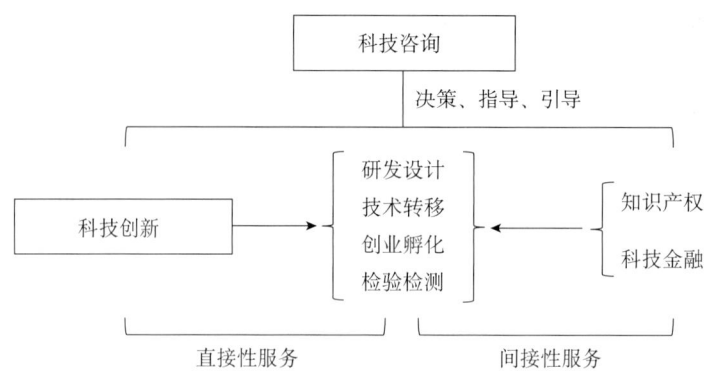

图 17-4　科技服务业结构

陕西省科技资源丰富,利用及使用科技资源显得尤为重要。因此,必须在战略层面上,重视和发挥科技咨询服务的战略性决策、指导、引导作用,把发展科技咨询服务作为科技服务发展的关键,围绕政府科学决策、企业创新发展,提供科技战略咨询服务和投资管理咨询服务,以更加有效地发挥陕西省科技资源和技术成果存量优势。

在研发设计服务、技术转移服务、创业孵化服务、检验检测服务领域,建立覆盖科技创新全链条的科技服务链,推动科技服务产业链式发展,促进现代服务业与其他产业应用新技术、新工艺、新设备,实现产业创新发展和转型升级。

在知识产权服务、科技金融服务等成果转化支撑服务领域,构建完整的知识产权公共服务体系和科技金融服务链,提升科技创新层次,保护科技创新成果,保障成果创新转化的资金需求,促进科技成果在各产业领域的转化应用。

6.2　强化源头型科技创新

科技创新是现代服务业科技发展的根本路径。现代服务业发展本身就是一系列创新活动展开的结果,持续不断的创新导致现代服务新业态、新概念不断涌现,这将是现代服务业实现创新发展的主要动力。在现代服务领域,科技创新包括以信息技术为主的技术创新和以商业模式创新为主的服务创新。强化源头的科技创新就是要从基础的层面激发科技创新的活力,增加现代服务科技成果存量,使现代服务业能够不断获得发展的动力。

第一,增强以新一代信息技术为主的高新技术创新,加快新一代信息技术在现代服务业的扩散和应用。以信息技术为主的现代科技促进了现代服务业的发展壮大,现代服务业的科技发展更离不开移动互联网、大数据、物联网等新一代信息技术的发展和应用。高新技术的应用会导致现代服务部门生产和服务过程发生颠覆式或渐进式的服务创新,提高现代服务活动的生产率和服务效率。通过提高信息技术、通信技术等基础性、共性技术水平,进一步深化高新技术与现代服务活动的结合,发现并挖掘服务价值链各个环节的发展潜力,通过高新技术发挥现代服务活动的价值创造能力,推动各类新兴现代服务产业出现,形成高度互补、联结的现代服务产业体系。

第二,加强现代服务的基础研究,推动基础研究成果向应用实施延伸,更好的应用基础研究成果带动形成现代服务新的业态。发挥大学、科研院所、研发型企业的力量,促进这些组织开展基础科学的合作研究,同时提供孵化、咨询、技术指导等支撑条件实现基础研究转化为科技成果。

第三,推进以商业模式创新为主的服务创新。服务创新表现为现代服务部门在提供服务活动的过程中产生的基于实践经验的、具备行业特征的服务性技术创新,如咨询行业的管理咨询技术创新、保险业新的标准化合同等。商业模式创新即为现代服务业企业应用高新技术创新服务模式,提升服务能力,满足服务对象创新需求,使服务活动更贴合于生产、销售或消费过程,进而创造更多服务价值,提升服务产业附加值。

第四,加快推进基础科学、技术创新和商业模式创新的交叉融合,形成新的服务业态和相关产业态。多种创新的交叉,推进现代服务企业在互联网与实体、制造与服务等交叉领域开展多形式、跨多界的商业模式创新,延长、提升产业价值链,推进产业融合,使得服务与制造之间的界限日渐模糊,推动服务与制造、科技与经济结合更紧密。

6.3 科技创新的重点领域

根据现代服务业的科技创新策略,结合陕西省自身产业优势和"十三五"重点发展的九大现代服务业态,指出"十三五"期间陕西省现代服务业科技创新的关键领域及各领域发展的关键性技术和服务创新方向。

(1) 信息技术领域

在信息基础设施领域,大力发展互联网数据中心(Internet Data Center,IDC)、内容分发网络(Content Delivery Network,CDN)技术服务。在技术应用领域,发展大数据、云计算技术,通过云计算技术建立大数据库对于物联网、软件、集成电路、通信半导体等产业的支持,开展应用性能管理服务(Application Performance Management,APM),提供企业系统对应用程序性能管理和故障管理的系统化解决方案。在信息技术设备领域,加大对嵌入式软件、感知芯片、导航芯片等信息技术的研发,推进信息技术的现代化。

(2) 农业服务领域

以农产品电子商务服务为主导,加快互联网在"三农"中的应用推广,构建农业产品选种、种植、销售,以及农业技术咨询的网络服务平台,发展大数据农业管理、农产品营销等互联网农业服务。

(3) 能源服务领域

在分布式能源、节能建筑与设计、智能电网、页岩气、清洁交通、清洁煤炭等产业领域,依托互通性技术整合跨领域技术和产品,制定互通性技术和服务标准。利用大数据和互联网技术,打造"能源互联网"云平台,建设能源管理平台和数据中心。创新节能环保技术服务,创新合同能源管理、环保技术咨询等服务模式。

(4) 制造服务领域

促进工业互联网、云计算、大数据在企业研发设计、生产制造、经营管理、销售服务等全流程和全产业链的综合集成应用,建设智能制造工业控制系统。重点突破新一代信息技术产业领域,包括集成电路及专用装备、信息通信设备、操作系统及工业应用软件。

(5) 卫星服务领域

在卫星导航、卫星遥感等卫星应用服务重点领域,进行地理位置信息、嵌入式软件、芯片、移动终端等应用技术与设备研发。

(6) 文化科技领域

促进数字动漫技术研发，创新文化设备研发与集成控制技术，在文化设施建设、文化休闲旅游、展览展示工程等领域提供创新的解决方案与全流程服务。开发文化创意产品制造技术与管理，开展文化制造服务。

(7) 金融服务领域

重点发展科技金融技术，解决创新创业"第一公里"发展瓶颈，解决科技型小微企业融资难、融资贵的难题。利用大数据技术，分析客户经营行为信息的大数据，构建科学理性、定向明确的授信模型和交叉验证体系，创新金融服务产品。研发移动互联网产业工具和专属软件，提供移动线上、自助式金融服务。促进国产密钥算法应用改造、电子商务签名验签、金融IC卡脱机数据认证、生物识别技术等加密技术研发应用，保障电子银行信息安全。

(8) 物流服务领域

加强物联网技术、智能交通系统、地理信息系统设计与技术研发，推广RFID技术的集成应用，建设集基础数据库、信息服务、电子签证、联运售票于一体的物流管理云平台系统。创新物流服务模式，开展生产线物流、快件物流、逆向物流等服务模式。

(9) 健康服务领域

制定健康服务技术标准，加强生物医药领域技术研发，利用互联网、移动互联网平台，进行商业模式创新，开展定制服务、上门服务等。

(10) 旅游服务领域

建设旅游信息资讯、营销、管理网络平台，加强对微博、微信、手机APP、新闻客户端、旅游手机报等网络新媒体、新技术的应用及信息化旅游技术、终端设备的现场展示，打造智慧旅游。

(11) 电子商务服务领域

推进云计算、大数据与物联网技术应用，促进客户数据监测和整合，打造智慧电子商务服务。加强电子商务服务平台与客户、相关服务平台对接，如海关申报系统、邮政EMS监管系统，提升服务效率。

7 政策建议与保障措施

7.1 完善政策支撑体系

以发挥市场资源配置的决定性作用为导向，以发展科技服务业为重点，制定陕西省"十三五"现代服务业科技发展规划，营造创新创业环境，培育现代服务新业态，促进现代服务业与其他产业融合。充分发挥政府资金的引导和放大作用，鼓励金融资本和社会资金投入陕西省现代服务业科技创新的关键领域和重点项目，推动现代服务业创新发展。

(1) 完善扶持发展政策

加快商事制度改革步伐，鼓励科技人员、留学归国人员、返乡农民工等群体创业，大量培育市场主体。完善服务企业财税政策，加快"营改增"、落实小微服务企业减免税收优惠政策，降低小微服务企业税费负担总水平。

(2) 优化科技创业环境

引进社会资本建设众创空间、企业孵化器等载体平台，组建天使风投、创业咖啡等金融平台，以完备的创业基础设施和专业的创业服务，推进大众创业、万众创新成为经济发展新动力。搭建现代服务公共技术平台，营造创新创业微环境，激发科技人员创新创业的积极性和主动性。

(3) 落实国家政策

贯彻落实中央《深化体制机制改革实施创新驱动发展的若干意见》，加快推进科技成果处置、收益分配改革政策，引导和激励科研机构在服务领域转化、推广、应用科技成果，激发科研单位服务产业转型升级的积极性。落实现代服务企业参与中省现代服务业科技规划、产业项目指南编制的政策，建立现代服务业市场导向的技术创新机制；建立现代服务科技成果信息子平台、公共研发平台，支持和引导科研机构面向现代服务业企业开展科技服务。

(4) 完善现代服务业优惠政策

在税费、财政、注册、土地、价格等方面，进一步完善优惠政策体系，营造有引导性、激励性、创新性的政策发展环境，支持和引导现代服务业企业技术及商业模式创新。

(5) 创新财政投入方式

多样化财政科技投入方式，以产业基金方式为主，结合后补助、科技奖励、风险损失补偿等方式，保障财政投入规范、高效。鼓励企业牵头、产学研合作实施现代服务业科技创新关键领域的重大项目、重大科技成果转化和产业化项目等，优先支持承担国家、省级现代服务业科技发展重大项目的企业和科研机构。

建立现代服务业引导基金，引导社会资本共同成立现代物流、科技服务、文化创意、健康服务等产业创投引导子基金，投资现代服务业领域重大产业项目、重大科技成果转化项目、科技型中小现代服务企业技术创新等。加强现代服务业领域基础科学与前沿技术创新的资助、奖励力度，加大财政投入对中小型企业的资助，引导中小型现代服务企业开展服务创新。

7.2 保障措施

(1) 加强组织领导

由省政府组织成立现代服务业科技发展工作领导小组，以发展科技服务业为重点，明确试点目标和责任，强化地方责任。建立省工作领导小组与各市（区）主管部门参加的试点工作协调机制，协同推进试点工作。建立省、市试点工作会商机制，定期或不定期召开协商会议，解决试点中的重大问题。建立试点工作信息通报制度，各市（区）定期向省政府工作领导小组报送试点情况。成立现代服务业专家咨询委员会，聘请科技服务业的企业家、行业协会负责人、产业研究与政策专家等担任成员，研究和论证科技服务业发展中的重大问题。

(2) 强化监测考核

更好发挥政府作用，建立现代服务业统计监测和绩效考核体系，强化地方责任。规范、完善现代服务业统计调查方法和指标体系，加强对全省现代服务业发展情况的动态统计监测。建立现代服务业发展考核评价制度，将现代服务业增加值、增速、创新型企业数量等指标纳入各级政府考核指标体系,强化对现代服务业工作成效的考核评价,对考核突出的相关部门予以表彰奖励。

加强对现代服务业领域重点项目、科技计划项目,尤其是现代服务业综合改革试点工作的绩效评估,通过定期专项报告、评估,加大对项目实施、进展及资金使用的监督考核力度,保障项目有序、规范、高效实施。

第十八篇

陕西省"十三五"自然科学基础研究发展战略研究

组织单位：陕西省科学技术厅发展计划处（陕西省自然科学基金办公室）
课题承担单位：西北大学
课题负责人：李　华
课题组成员：陈　峰　翟高红　李方民　杨　英　延绥宏　陈　凯
　　　　　　陈京京　张　霄

引　言

"十二五"期间，我国自然科学基础研究在认识自然现象、揭示自然规律，获取新知识、新原理、新方法和培养高素质创新人才等方面取得了长足的进步，自主创新能力明显增强，取得了一批具有重大影响的研究成果，在一些重要领域取得了系列突破性进展。同时，依靠多学科的综合交叉和积累，自然科学基础研究在面向国家战略需求，服务国家目标，解决未来发展中的关键、瓶颈问题等方面成效显著，为诸多重大难题的解决提供了可靠的理论基础和科技支撑。

加强自然科学基础研究是提高原始性创新能力、积累智力资本的重要途径，是建设创新型国家的根本动力和源泉，是跻身世界科技强国的必要条件。世界发达国家始终将自然科学基础研究作为国家战略发展的重要组成部分，我国对自然科学基础研究的重视和支持也在进一步提升。对陕西省"十三五"自然科学基础研究开展发展战略研究，通过分析国内外及陕西省自然科学基础研究的发展现状、趋势及存在问题，立足陕西，明确制约陕西省自然科学基础研究未来发展的主要问题，提出"十三五"期间陕西省自然科学基础研究的发展思路，对于扩大陕西省科学理论领域，提高应用研究的基础水平，以及促进技术科学、应用科学和创新生产力的发展均具有重要的作用。

1　国内外自然科学基础研究发展现状及趋势

自然科学基础研究对促进国民经济发展和社会进步的巨大作用及战略意义已为世界所认识，得到了各国政府的高度重视和支持，自主创新能力已经成为国家竞争力的核心。主要发达国家始终把自然科学基础研究作为国家战略发展的重要组成部分，大部分费用由政府承担。自然科学基础研究的超前部署，使得发达国家在许多基础理论及高新技术领域处于领先地位，科技、经济、军事等发展迅速，引领世界潮流。

1.1 发达国家自然科学基础研究发展现状及趋势

（1）国家战略层面有针对性地指导完善自然科学基础研究发展

近年来，发达国家大多将自主创新上升为重要的国家战略，将保持科学竞争力、通过创新促进全面发展作为未来的重要任务，有针对性地部署、完善科研体系。美国出台《重整美国制造业政策框架》、《美国生物经济蓝图》等诸多战略，通过不断加强先进的基础和应用科学研究，保持其作为世界科学发现和技术创新发动机的地位。日本2013年出台了《科技创新综合战略》，旨在知识竞争时代通过促进科技创新重振日本经济。英国商业、创新与技能部2014年发布《关于英国科学与创新体系的国际标杆比较报告》指出，必须加强对科学与创新的长期投资。德国研究与创新专家委员会2013年年底向德国总理递交的《2013德国研究、创新和技术能力评估报告》指出，应进一步加大研究与创新投入，到2015年，联邦政府的国家研发支出应占GDP的3%，到2020年计划达到3.5%。

（2）根据前沿发展和国家需求制定优先领域

发达国家在优先领域部署中，多将能源、健康、先进材料、制造等作为重点，多个国家推出脑科学和大数据计划。美国能源部5年共资助1.2亿美元，用于电池与储能研发工作，以降低电动汽车的价格，更能为消费者所接受，从而减少美国对进口石油的依赖，促进美国能源独立。英国政府设立"能源存储创新计划"，以求能源存储方面的创新能够节省更多能源资源。在医学健康领域，德国专门成立德国传染病研究中心，日本《科技创新综合战略》更将"建设国际领先的健康长寿社会"作为一项重要的课题。在先进制造领域，美国在2011年启动的超过5亿美元的"先进制造业伙伴关系"计划中设置了"材料基因组"计划，对其投资超过1亿美元；2013年，欧盟"石墨烯旗舰项目"列支了10亿欧元的巨额经费；德国、日本也在其国家高技术计划中安排了先进材料的研发内容。在脑科学方面，美国2013年公布了"使用先进创新性神经技术开展脑研究"的计划。在大数据方面，多个国家发布大数据研究计划，其中英国的"大数据投资计划"启动资金总额为7300万英镑，投资55个项目，以驱动人类疾病、交通问题等多个不同领域的创新。

根据前沿发展和国家需求，美国国防部更是通过分析美国在21世纪所面临的新秩序与新挑战，以"①对于近期与未来美军的战略需求和军事任务行动能够产生长期、广泛、深远、重大影响的基础研究领域；②这些领域的研究已取得关键突破，并且可以持续发展；③未来的研究成果能够使美军在全球范围内具备绝对的、不对称的军事优势"等条件为标准，选择了未来六大颠覆性基础研究领域。美国国防部2013—2017年科技发展"五年计划"中指出，将重点对超材料与表面等离激元学、量子信息与控制技术、认知神经学、纳米科学与纳米工艺、合成生物学及对人类行为的计算机建模等六大颠覆性基础研究领域进行优先发展的重点支持。

（3）整合组建世界一流研发平台，全球范围聚集培育英才

发达国家结合自身优势，协同全球科技资源，组建世界一流研发平台，广聚英才开展交

叉研究。日本的 WPI 计划（The World Premier International Research Center Initiative），旨在建立一批世界一流的研究中心，通过支撑不同学科领域的优秀研究人才合作开展交叉研究来开拓新的学科领域。美国电池与储能研究创新中心由 5 个国家实验室、5 所大学及 4 家私人企业联合组成。德国于 2013 年成立干细胞研究网络，联结了德国干细胞各研究领域的科研人员，建立了德国干细胞研究网络与国际的联通。韩国 2012 年成立基础科学研究院，提出将基础科学研究院建设成国家基础科学基地及世界级研究机构，建立可以转变现代科学模式和制定国际议题的研究队伍。

纵观发达国家自然科学基础研究情况可以看出，其资金投入不断增长，科技发展保持快速态势，学科交叉和技术融合加快，平台、人才等创新要素和创新资源在全球范围内流动加速，国际合作日益加强，自然科学基础研究与社会、经济、军事等领域的联系更加紧密。

1.2 国内自然科学基础研究发展现状及趋势

近年来，随着国家科技规划纲要和创新驱动发展战略的相继实施，我国自然科学基础研究得到快速发展。整体实力显著增强，代表性的基础研究成果越来越多，一些热点前沿领域取得了重要的研究成果，我国基础研究发展到由量变向质变转型的重要提升时期。

1.2.1 现状分析

（1）自然科学基础研究呈现出新特点

当今科学研究正处在变革与突破的重要时期，随着研究方向及方法的日益交叉，我国自然科学基础研究也展现出新的特点和趋势。

自然科学基础研究的范畴正在发生着变化，由以认识自然现象、揭示客观规律为主要目的的探索性研究工作，发展出现了以解决国民经济和社会发展及科学自身发展提出的重大科学问题为目的的定向性研究工作，以及对基本科学数据、资料和相关信息系统地考察、采集、鉴定，并进行评价和综合分析以探索基本规律的基础性工作。基础研究从微观到宇观的各个尺度上都向纵深发展，研究进展呈现出难以预测的不确定性。学科交叉和融合不断深入，脑科学、干细胞、量子通信、基因组学等新热点不断出现。传统认识界限不断突破，基础研究重大的科学发现和突破更加依赖于大科学装置和研究方法和手段的创新，新方法、新仪器、新设备研究不断取得新突破，科技成果转化周期日益缩短。

基础研究与经济社会发展的关系更加密切，强化基础研究已成为提高国家核心竞争力的战略选择。为解决人类共同面临的重大问题，全球性科学合作的局面正在形成。

（2）国家基础研究经费投入快速增长

近年来，随着多渠道、多元化的支持，我国研发经费总投入迅速增长，基础研究经费也在持续同步增长。"十一五"以来，中央财政加大了对国家自然科学基金和国家重点基础研究发展计划（973 计划）等项目的支持力度，科研经费增长明显。2006—2012 年，我国全社会研发经费总支出从 3003.1 亿元增加到 10 298.4 亿元，以年均 22.7% 的幅度快速增长。全社会基础研究经费总支出从 155.8 亿元增加到 2011 年的 411.81 亿元，2012 年为 498.8 亿元，2013 年全国基础研究投入达 555 亿元，年均增幅达 20% 以上。

目前，我国基础研究投入以财政拨款为主。财政拨款占基础研究总投入的80%左右，其中90%左右为中央财政拨款。中央财政对基础研究的投入主要集中在国家自然科学基金会、科技部、中科院和教育部等部门。"十二五"期间，国家自然科学基金投入不断加大，从2011年的140.4亿元增长到2013年的161.5亿元，年均增长率为7.2%。地方财政对基础研究的投入也有较大幅度增长，从2011年的31.54亿元上升到2013年的43.75亿元，年均增长率达17.8%。"十二五"期间基础研究经费的持续稳定增长为我国基础研究工作提供了基本保障，支撑和促进了基础研究的快速发展。

（3）基础研究人才队伍稳步发展，冲击国际一流水平的创新人才不断成长

我国基础研究人员全时当量从2001年的7.88万人年增长到2012年的21.22万人年，占2012年全国研发人员全时当量分布的6.5%。目前，我国基础研究全时人员绝对数量已接近欧美等科技发达国家，基础研究队伍总规模呈现持续稳步增长态势。

近年来，国家不断加大对人才培养和引进的力度，采取了多种行之有效的措施加强科研团队和人才队伍建设，人才队伍结构不断优化，后备人才培养体系逐步完善。中青年科学家逐渐成为主力，在国际学术组织、著名国际科技期刊中任职的科学家人数明显增加，一批科学家和研究团队在学术上已经具有了重要的国际影响力。

（4）基础研究产出数量、质量显著提高，整体实力和学术水平大幅提升

"十二五"期间，我国基础研究不断提高科研产出质量，国际科学论文数量、质量显著提高。根据《科学引文索引》统计，2001年我国发表科学论文数居世界第8位，2004年为第5位，2008年以后稳居世界第2位，2013年达到23.14万篇，占世界总数的13.5%。

同时，国际论文引用次数世界排名也有了一定的提升，进入了由量的扩张向质的提高的重要跃升期。2004—2014年我国国际科学论文共被引用1037.01万次，论文总被引次数的国际排名从2004年的第18位上升至2014年的第4位。论文被引用数增长率高于论文数量增长率。发表在顶级综合刊物《Science》、《Nature》、《Cell》期刊上的文章由2005年的79篇增长至2010年的145篇，2013年又迅速增至226篇。

专利申请数量不断增加。根据国家专利局有关统计数据，2006年我国国际专利申请量近4000件，排名世界第6位，2010年突破了1万件，排名世界第4位。2013年我国发明专利申请82.5万件，连续3年居世界首位。其中，国际专利申请量首次超过2万件，占全球申请总量的比重超过10%，进入国际专利申请全球三强。

总体来看，我国学科整体水平不断提升。多数学科进步显著，总体从2005年的世界第8位升至2011年的第4位。其中，数学、化学、物理、材料、工程技术、计算机科学较靠前，地学、农林、生命科学发展较快。纳米科学、非线性光学晶体、核心数学和数学机械化、量子科学、分子工程学、古生物学、蛋白质科学、脑科学与认知科学、干细胞和再生医学、基因组学等众多前沿科学领域取得大批原创性成果，一些领域进入世界先进行列，基础研究实力和水平大幅提升。

（5）国家对自然科学基础研究进行全面布局和重点支持

近年来，随着对基础研究支撑和引领经济社会发展、提升自主创新能力、建设创新型国家的地位和作用认识的不断深刻，自然科学基础研究得到了国家进一步的重视和支持。主要体现在两个方面，一是国家基金委对基础研究进行全面布局，二是其他部门对面向科学前沿

和国家战略需求的基础研究的重点部署和支持。

国家基金委对基础研究进行全面布局，并支持自由探索，以推动学科均衡、协调、可持续发展和促进学科的交叉融合。除此之外，还在生命科学、物质科学、地球科学、认知科学等方面集中部署了一批重点重大项目和计划，如高性能科学计算的基础算法与可计算建模等，同时设立国家重大科研仪器设备研制专项，以支持原创性重大科研仪器设备研制工作。科技部重大科学研究计划在蛋白质研究、量子调控研究、纳米研究、发育与生殖研究、干细胞研究、全球变化研究等6个领域部署了300多个项目。国家重点基础研究发展计划在生命科学、物质科学、地球科学、应用数学、医学、认知科学等科学前沿领域部署了近百个项目；围绕国家重大战略需求，瞄准制约我国经济社会发展的瓶颈问题和科技自身发展中的重大科学问题，在人口与健康科学、农业科学、能源科学、信息科学、资源环境科学、材料科学、制造与工程科学等领域也进行了重点支持。中科院以重大项目的形式，部署了仿生智能多尺度界面材料体系、面向蛋白质科学的高性能计算、多细胞生物的起源与早期演化、远距离量子通信实验、高精度原子光频标、海量天体光谱自动处理与存储系统、大尺度海洋预报模式、黄土高原及周边沙地近代生态环境的演变与可持续性等研究项目；设立仪器装备研制项目，每年投入近2亿元；同时，启动战略性先导科技专项，包括干细胞与再生医学、成立国家数学与交叉科学中心、量子系统的相干控制、脑功能联结图谱、青藏高原多层圈相互作用及其资源环境效应、超导电子器件应用基础、大气灰霾追因与控制等研究。

(6) 基础研究条件建设日趋成熟和完善

国家重点实验室体系在国家实验室（筹）、院校类国家重点实验室、省部共建国家重点实验室培育基地、企业国家重点实验室、港澳国家重点实验室伙伴实验室、依托国防科研机构建设国家重点实验室等类别进行了布局，在建设、验收和评估方面形成了一套完整的运行体系。国家重点实验室专项经费大幅增加是对国家重点实验室运行的稳定支持。教育部、中科院等重点实验室也对基础研究探索和基地平台条件建设进行经费支持。

重大科技基础设施建设取得进展。2013年，国务院印发了《国家重大科技基础设施建设中长期规划（2012—2030年）》，确立了能源、生命、地球系统与环境、材料、粒子物理和核物理、空间和天文、工程技术等7个重点科学领域。优先安排了海底科学观测网、高能同步辐射光源验证装置、加速器驱动嬗变研究装置、综合极端条件实验装置、强流重离子加速器、高效低碳燃气轮机试验装置、高海拔宇宙线观测站、未来网络试验设施、空间环境地面模拟装置、转化医学研究设施、中国南极天文台、精密重力测量研究设施、大型低速风洞、上海光源线站工程、模式动物表型与遗传研究设施、地球系统数值模拟器等16项重大科技基础设施建设，从预研、新建、推进和提升4个层面逐步完善重大科技基础设施体系。目前，子午工程、全超导非圆截面托克马克核聚变实验装置、中国西南野生生物种质资源库、上海光源、兰州重离子加速器冷却存储环、北京正负电子对撞机重大改造工程、大天区面积多目标光纤光谱天文望远镜等重大科技基础设施建设完成国家验收。

野外科学观测研究台站网络建设进一步优化。2011年以来，整合建成105个国家级野外科学观测研究台站，初步形成了生态系统、材料腐蚀、特殊环境和特殊功能等国家野外观测台站网络，并通过国家科技基础条件平台建设计划支持经费。中科院管理运行野外台站113个，构建了由中国生态系统研究网络、特殊环境与灾害监测研究网络、日地空间环境观测研究网络、近海海洋观测研究网络、区域大气本底监测研究网络组成的五大网络。

科技基础性工作专项取得突出成果。2011—2014年,科技基础性工作专项共立项135个,项目总经费11.56亿元。科技基础性工作专项支持了一批对经济社会和科技发展具有重大影响的基础性工作,积累了丰富的基本科学数据、资料和信息,取得了一批突出的成果。

重大科研仪器设备获得特别资助。科技部和基金委分别设立了重大科研仪器设备开发和研制专项,中科院等部门也设立仪器装备研制项目,对条件平台进行支持。国家发改委自2006年来,安排经费60多亿元,启动多项重大科技基础设施建设,这些设施不同程度地为基础研究提供重要的支撑。

总体而言,我国基础研究成果取得一系列重大、重要进展,在纳米、量子、超导、新型光电器件、蛋白质、发育与生殖、干细胞、全球变化、高能物理、"金钉子"等重要前沿领域取得了重要突破。基础研究呈现出快速发展的态势,原始创新能力显著提高,国际影响力空前提升,在投入与产出方面继续缩短与世界发达国家的距离,基础研究已处在从量变到质变的发展阶段。

1.2.2 发展趋势

(1) 面向科学前沿的学科交叉不断拓展

学科交叉不断深入、拓展,跨学科的研究领域和前沿方向不断涌现。信息技术、生物技术、纳米科技、环境科学、材料科学、认知科学等学科交叉与先进技术发展的协同与融合,正在孕育着新的重大科技突破,重大科学前沿的研究成果呈现出多学科交叉的趋势。

(2) 研究对象不断向大小两个极端推进

随着计算机技术及实验手段的飞速发展,基础研究领域及对象不断向微观和宏观两极推进。从基本粒子的微观世界、纳米尺度的介观世界到宇宙大尺度的宇观世界,从阿秒瞬间到百亿年的宇宙时标,从生命起源到意识的形成,人类对客观世界的探索与认识不断深化,科学前沿的群体突破态势显现。暗物质、暗能量、量子调控与量子计算、量子通信、基因组学、系统生物学、脑科学、分子影像技术及人类脑神经全基因关联研究等科学前沿问题的研究不断深入。

(3) 服务国家战略和产业需求的基础研究将得到进一步快速发展

科学、技术、社会之间的关系日益密切,基础研究是科技进步的先导,服务于国家战略、产业需求、培育战略性新兴产业、解决社会发展瓶颈问题等的应用基础研究不断产出重要成果,将会得到重点支持和进一步快速发展。

例如,我国在长期致力于高性能计算机集群的研究中,基础研究发挥了巨大的作用。"天河一号"高性能计算机集群自主研制成功,使我国成为继美国之后世界上第2个能够研制千万亿次高性能计算机集群的国家,更好地促进了对气象、军事、分析、处理等的科学计算服务。科学发展成为国家创新能力提升的保障,对经济、政治、社会、安全等领域均有着广泛而深刻的影响。基础研究的某些重大突破,往往能够转化为高新技术并催生新兴产业,新能源、新材料、新一代信息技术、生物技术、制造技术、机器人产业、航空航天、海洋技术等战略及新兴产业将进一步快速发展。

(4) 国家科技组织形式进一步合理

结合积极贯彻落实党的十八届三中全会精神和中央关于"深化科技体制改革"的最新部

署，围绕经济发展需求，我国需把工作着力点放到加大原始创新驱动力度上来。国家已对深化科技体制改革做了指导和部署，已制定了关于深化中央财政科技计划（专项、基金等）管理改革的方案。方案根据国家战略需求、政府科技管理职能和科技创新规律，将中央各部门管理的科技计划（专项、基金等）整合形成国家自然科学基金、国家科技重大专项、国家重点研发计划、技术创新引导专项（基金）及基地和人才专项等5类科技计划（专项、基金等），全部纳入统一的国家科技管理平台管理，加强项目查重，避免重复申报和重复资助。中央财政会加大对科技计划（专项、基金等）的支持力度，加强对中央级科研机构和高校自主开展科研活动的稳定支持。

我国基础研究的发展，将会进一步加大对基础研究的投入和支持，大力鼓励和推进基础研究工作，深入探索实验室体系建设新方向，加强人才引进和培养，加强科技与经济紧密结合，努力增强区域创新发展后劲，更加注重发挥基础研究在区域创新体系及创新型国家建设中的引领作用。

2 陕西省自然科学基础研究发展现状分析

2.1 现状分析

作为科技工作的重要组成部分和区域创新原动力，"十二五"时期，在科学发展观的统领下，在《国家基础研究发展"十二五"专项规划》的引导下，在地方和科技部、基金委等部委的大力支持下，陕西省基础研究工作以"鼓励科学研究，支持源头创新，培养创新人才，提高创新能力"为目标，围绕国家、区域经济和科学技术发展的重点方向，结合陕西省国民经济和科学技术发展的重点方向，以项目为依托，坚持"有限目标、突出重点"的发展思路，充分发挥基础研究在科学研究中的支撑和引领作用，不断增强自主创新能力；合理利用陕西省特有的科技资源和科研优势，发挥政府、高校、企业等各方面的积极性和创造性，以项目和平台为依托，突出重点，创新管理，通过加强基础研究学科建设、人才队伍建设和研究基地建设，初步形成了一支稳定的基础研究骨干队伍，取得了一批创新性研究成果，实现了基础研究的可持续快速发展，为提升全省科技创新能力和经济社会发展奠定了坚实基础。

(1) 基础研究经费投入持续增加

2011年和2012年，陕西省研发活动经费分别为249.35亿元和287.20亿元，其中基础研究投入分别为12.987亿元和14.787亿元，分别占研发总经费的5.21%和5.15%。陕西省基础研究工作以计划项目和平台建设为主要抓手，结合自身科技优势，自然科学基础研究计划坚持以跟踪科学前沿、紧密围绕全省国民经济和社会发展中的重点、难点和迫切需要解决的科学问题为核心展开。近3年以来，省级财政每年为自然科学基础研究计划投入2200万元，项目依托单位配套2300万元。2011年起，省级财政每年为省级重点实验室和省部共建国家重点实验室培育基地投入专项建设经费约2000万元，以促进基地平台建设更快发展。

项目类别涉及数理、化学、医学、农业、地球、工程、材料、信息及管理等9个学科领域。受资助的学科领域更加广泛，显示了陕西省承担基础性研究项目的实力。

(2) 基础研究骨干队伍不断壮大

"十二五"期间，全省共有 26 148 名科技人员参与国家与地方基础性研究工作，其中高级职称人员 10 789 人，分别比"十一五"期间增加了 7042 人和 6256 人。博士研究生 6892 人，占研究人员总数的 26%，比"十一五"期间增长 6.93%；硕士研究生 8021 人，占研究人员总数的 31%，比"十一五"期间增长 3.28%。年龄在 40 岁以下的有 17 783 人，占 68%，比"十一五"期间增长 4%；41～50 岁的有 6685 人，占 26%；51 岁以上的有 1680 人，占 6%，比"十一五"期间增长 3%。基础研究高层次人才方面，2011—2014 年新增国家自然科学基金创新研究群体 7 个，新增国家杰出青年科学基金获得者 29 人，至此陕西省国家杰出青年科学基金获得者总数达到 96 人。

(3) 基础研究主体稳步发展，结构和布局进一步调整

陕西省自然科学基础研究所承担项目结构方面，主体可分为国家重点基础研究发展计划、国家自然科学基金和陕西省自然科学基础研究计划三大类。

2011—2014 年，陕西省共获得国家重点基础研究发展计划共 17 项，经费共计 4.49 亿元。其中，首席科学家项目 15 项，青年科学家专题 2 项，分布在材料（1 项）、气候（1 项）、植物生物学（1 项）、能源（1 项）、制造（1 项）、信息（1 项）、古生物（1 项）、地质灾害（1 项）、高压电路（1 项）、脑机制（2 项）、航空航天信息及发动机安全（2 项）、生物医学（4 项）等领域。

2011—2014 年，陕西省共承担国家自然科学基金项目 6884 项，获得资助经费 40.02 亿元，如表 18-1 所示。其中，面上项目获批 3126 项，资助额为 22.08 亿元，占全省国家自然科学基金的一半以上。承担重点、重大项目及仪器专项 123 项，经费 4.66 亿元，青年项目近两年年增长均在 100 项以上，共获批 3160 项，为"十一五"期间 1213 项的 2.6 倍，显示了陕西省承担国家重点、重大项目的科研能力和青年学者较大的科研潜力。

表 18-1　"十二五"期间陕西省获国家自然科学基金部分资助情况

类型	面上项目		青年项目		重点项目		重大项目		杰出青年		创新群体		仪器专项		总计	
	立项数	资助额（万元）	立项数	资助额（万元）	立项数	资助额（万元）	立项数	资助额（万元）	立项数	资助额（万元）	立项数	资助额（万元）	立项数	资助额（万元）	立项数	资助额（万元）
2011 年	819	47 367	695	16 454	19	5276	13	3602	9	1800	—	—	—	—	1555	74 499
2012 年	825	60 627	717	17 425	26	7535	3	2130	7	1400	2	1200	1	720	1581	91 037
2013 年	784	58 181	821	20 158	25	7295	5	3780	8	1600	2	1200	2	4550	147	96 764
2014 年	698	54 662	927	22 790	25	8478	—	—	5	2000	3	3600	4	3275	1662	93 805
总计	3126	220 837	3160	76 827	95	28 584	21	9512	29	6800	7	6200	7	8545	6445	356 105

2011—2013 年，陕西省自然科学基础研究计划共立项 1778 项，其中基础研究 390 项，应用基础研究 1388 项，资助经费总金额 6318 万元。计划项目中应用基础研究项目占到 75%，参与研究人员中 45 岁以下的中青年科研人员占 80%。这些高水平基础研究的开展，为我国在科学前沿和国家战略、地方需求等方面发挥了重要的作用。

"十二五"期间,根据陕西省急需解决的重大科学问题,陕西省科技计划项目设立了基础研究重点专题,主要支持以省重点实验室为团队力量围绕全省经济重点发展领域开展的应用基础研究,形成了项目—人才—基地相结合的资助模式。资助结构和布局的调整,对进一步落实陕西省基础研究工作为全省社会经济发展服务,以应用基础研究为主,培育项目、培养人才,同时对加强重点实验室建设,产生了积极的推动作用。

(4) 基础研究资助和培育效果喜人、成果丰硕

科技论文和专著的数量和质量明显提高。"十二五"期间,陕西省科技工作者在国际高水平期刊上发表论文的数量激增。对受自然科学基础研究计划资助成果的统计,全省自然科学基础研究共出版学术专著515部,公开发表学术论文40 003篇,其中被SCI、EI、CPCI-S三大索引收录论文10 994篇,申请发明专利902项,授权发明专利417项。在电子信息、先进制造业、新材料、航空航天、现代农业、生物医药、环保科技、地球科学与资源等学科领域处于全国领先地位。

"十二五"期间,陕西省共获得国家和省部级科学技术奖励累计213项,其中国家级奖励18项,省部级奖励195项。获奖成果中,国家自然科学二等奖2项,国家技术发明二等奖1项,国家科技进步一等奖2项、二等奖13项;陕西省科学技术奖一等奖34项、二等奖52项、三等奖48项。

西北农林科技大学康振生教授完成的"小麦条锈病菌源基地综合治理技术体系的构建与应用"项目,对我国小麦条锈病菌源基地综合治理技术体系进行了连续18年的科技攻关,取得重大科技创新,累计推广应用面积2.3亿亩,农民增收达93.32亿元,荣获国家科技进步一等奖。西北大学范代娣教授主持完成的"类人胶原蛋白生物材料的创制及应用技术"采用基因工程技术高密度发酵生产出人源性胶原蛋白,荣获国家技术发明奖二等奖,是我国美容领域多年来唯一一项国家发明奖。西安交通大学林京教授主持完成的"机械早期故障瞬态信息的小波熵检测与自适应提取理论"项目,针对航空航天、能源、化工、冶金领域中许多重大安全事故都因没有检测到早期故障而未能避免的基础性科学问题,系统地建立了早期故障信息的检测和自适应提取理论,研究成果推广应用在机械、电气、建筑、医学等领域,荣获国家自然科学二等奖。

为了持续增强和保持陕西省的科技竞争优势,加大对基础研究的科技奖励力度,鼓励基础研究多出成果、多出人才,陕西省设立了基础研究大奖,2015年起正式开展"基础研究重大贡献奖"的评审奖励工作。

(5) 实验基地建设步伐加快

"十二五"期间,陕西基础研究基地和基础条件建设又有较快发展,建成了一批高水平的国家、省级基础研究实验基地,新增旱区作物逆境生物学国家重点实验室(西北农林科技大学,2011年)和地理信息工程国家重点实验室(中国人民解放军总参西安测绘研究所,2013年)2个国家重点实验室。目前,陕西省拥有18个国家重点实验室、3个国家重点实验室培育基地、100个省级重点实验室,初步形成了以高校、科研院所为主体,以行业优势龙头企业为补充,面向应用基础研究和共性技术研究,较为完备的基础研究平台体系。2011年起,为加强实验室条件建设,充分发挥实验室汇聚优秀人才、引领科技创新的作用,省级财政每年为省级重点实验室和省部共建国家重点实验室培育基地投入专项建设经费约2000万

元，以促进基地平台建设更快发展。

2.2 存在问题

"十二五"期间，陕西省自然科学基础研究工作结合实际情况，调整结构和布局，取得了较大的成绩，一些领域也在国内外处于领先地位。但基础研究发展也暴露出一些制约和瓶颈问题，存在着"队伍大、计划小，目标大、投入小，需求大、产出小"的现象，解决国家重大需求、服务陕西省区域发展的能力需要再提高，对基础研究重要性的认识需要再加强，还存在着一些体制机制障碍等，影响了陕西省基础研究的良好发展。

（1）对基础研究的经费支持明显不足

陕西省基础研究投入经费与创新发展需求严重不匹配，与江苏等其他省份存在着很大差距。基础研究计划被压缩，经费投入明显不足，对基础研究的支持力度偏低，使得难以开展深入、高水平的研究工作。

（2）基础研究一流团队和领军人才缺乏，承担大项目的能力欠缺

陕西省科技人力资源丰富，但科研队伍尚缺乏有效的凝聚机制，一流团队和领军人才缺乏。如在国家自然科学基金中，承担的重大项目数偏少，杰出青年基金获得者2014年降到了5人，创新研究群体仅为3项，面上项目下滑严重，说明科研项目和人才成长缓慢，科研后劲显现出不足的迹象。

（3）研究平台没有很好发挥辐射带动作用

陕西省有国家重点实验室、国家重点实验室培育基地及省级重点实验室120余个，数量较多，专业覆盖面也较合理，但在平台建设、管理和发展方面存在较大问题，有些实验室更因新老更替而组织能力和研究能力下降。重点实验室缺乏有效的流动、开放和联合机制，大型仪器实际共享率低下，没有真正建立起跨学科的大研究平台，重点科研基地没有发挥出很好的辐射带动作用。

（4）基础研究与应用结合意识不强，成果转化不高

"十二五"期间，陕西省基础研究有了较大发展，但很多研究还处于前期和跟踪阶段，原创性的工作较少，面向科学前沿的基础研究突破性进展工作数量较少。目前，绝大部分基础研究存在于高校和研究院所，而高校中因为评价体制的原因存在着严重的"重申请、轻转化"现象，很多工作呈现出简单的"复制"模式，科研思想、方法及成果的创新性不够，与外界的需求不对应，导致高校技术研究成果成熟度低，科技成果与市场需求相脱节。总结起来，乃是基础研究与应用结合的意识不强，产出与需求不相匹配，为解决国民经济和社会发展的重大问题提供科学支撑的能力有待加强。

（5）企业对基础研究的重视和投入不够

在创新型国家和省份建设中，企业不仅是全社会研发投入的主体，而且是全社会应用基础研究经费投入的一个重要方面。然而，目前企业对应用基础研究的重视和投入远远不够，很多企业只关心利润，不考虑利用技术创新抢占高地，主动寻求基础创新的意识不够，能进行应用基础研究的企业少之又少。企业是国家新型创新体系下的研究主体，需要尽早挖掘及调动其从事基础研究进行技术创新。

3 陕西省"十三五"自然科学基础研究发展战略

李克强总理指出,一个国家基础科学研究的深度和广度,决定着这个国家原始创新的动力和活力;一些基础科学研究获得承认往往需要很长时间,但历史最终会证明其价值。"十三五"是我国科技、经济和社会发展的关键时期。2020年,既是"十三五"规划完成的时间节点,也是我国中长期科技发展规划纲要任务完成的时间节点,更是我国实现"三步走"奋斗目标的关键节点,将实现全面建成小康社会和进入创新型国家行列的战略目标。我们需要加强对基础研究重要性的再认识,通过陕西省"十三五"自然科学基础研究发展战略研究,分析国内外基础研究的发展现状及趋势,立足陕西,明确制约陕西省自然科学基础研究未来发展的主要问题,紧密围绕全面建成小康社会和"三个陕西"的战略部署,提出"十三五"陕西省基础研究发展思路、目标任务、重点领域及建议。

3.1 指导思想

高举中国特色社会主义伟大旗帜,以邓小平理论和"三个代表"重要思想为指导,深入贯彻落实科学发展观,紧密围绕全国科技创新大会及十八大以来科技发展部署和精神,坚持"自主创新、重点跨越、支撑发展、引领未来"的指导方针,以基础研究和应用基础研究并重为主线,重点推动创新前沿技术和引领技术的基础理论研究,着力培养科研领军人才和创新团队,充分发挥科研基地的集聚和支撑作用,积极促进产学研相结合,加大基础研究投入力度,拓展多元化的资助渠道,全面提升陕西省自主创新能力和原始创新能力,增强对经济社会发展的支撑和引领作用。

3.2 发展思路

认真贯彻党的十八大和十八届三中全会精神,深入实施"科教兴陕"和"人才强省"战略,以统筹科技资源改革为主线,以科技体制机制创新为动力,以促进科技与金融结合为突破点,深入实施科技统筹创新工程;以"科技兴陕"、"科技惠民"为目标,以创新型省份建设为抓手,大力实施创新驱动发展战略,不断深化科技体制改革;继续以"培育项目、培养人才"为目标,坚持项目、人才、基地的紧密结合;坚持自然科学基础研究,更加侧重应用基础研究,更加侧重跟踪学科前沿,更加侧重培养科技人才,坚持支撑与引领并举、科学前沿与应用基础研究相结合,突出能够支撑产业发展的应用基础研究。

一要瞄准建成创新型国家和创新型陕西的战略目标,探索和创新有利于陕西省基础研究事业发展的重大举措;二要扎实服务创新驱动发展战略和体系建设的实施,要遵循科研自由探索和国家需求导向"双力驱动"的科研发展规律,加强基础研究与国家和陕西省发展战略需求的联系,不断增强基础研究支撑创新驱动发展的使命感;三要加强与有关管理部门及其科技计划的战略协同,以繁荣和发展基础研究、推进自主创新为己任,以建设创新型陕西和新丝绸之路经济带起点为契机,努力提升陕西省基础研究原始创新能力及与区域经济发展相适应的基础研究整体水平,在国家创新体系中,在陕西省由"科技大省"向"科技强省"转变过程中充分发挥基础性和前导性作用。

3.3 基本原则

坚持基础研究与应用基础研究两条主线相结合。基础研究遵循自由探索的规律，重点支持真正面向科学前沿的有意义的探索；应用基础研究重点支持有转化前景、面向国家战略和区域发展需求的基础研究。坚持自由探索与支撑产业需求相结合，坚持科学研究与创新人才培养相结合，坚持项目带动与科研基地建设相结合，坚持政府投入与引导企业积极投入相结合，多层次、全方位促进陕西省基础研究的发展。

3.4 发展目标及重点任务

"十三五"期间，自然科学基础研究将坚持面向国家重大战略需求和瞄准世界科学前沿，继续培育和支持若干前沿、新兴与交叉学科的重大基础研究课题，加强基础研究服务地方经济社会发展的作用；围绕陕西省创新型省份建设，发挥应用基础研究的引领作用，集中优势，着力解决新兴产业亟待解决的科学前沿与重点核心领域的重大基础科学问题；健全科技创新管理机制建设，建成功能明确、结构合理、良性互动、运行高效的科技创新体系，激励自主创新，优化服务环境，大幅提升自主创新能力，夯实陕西省承担国家科学研究任务的能力，确立陕西在全国的基础研究地位。

①加强自然科学基础理论研究，培育一批原始创新力强的科学研究成果。在新药创制、软件著作、基础理论、新材料、催化剂、古生物、地质构造、量子信息等各学科领域支持一批有良好基础及科研团队的基础研究和基地平台建设，鼓励原创性方法及理论的创新。

②完善学科布局，继续加大支持前沿、新兴与交叉学科重大基础研究课题投入力度，持续增加基础研究和前沿技术研究经费投入，提升企业研发创新积极性，进一步拓展科技创新投融资渠道。加大基础研究经费投入，力争使陕西省基础研究经费占总研发经费的比例由"十二五"初期的5%提升到9%左右。

③强化前沿技术研究，突出重点，对制约产业发展的关键问题开展研究，服务陕西省支柱产业发展。围绕陕西省优势产业发展过程中的关键技术问题及新兴产业发展的前瞻科学问题，在装备制造、能源化工、新材料、电子信息、现代农业、生物医药、环境保护及其他交叉学科及科学前沿等重点领域，设立并实施120项基础研究重点项目，切实解决制约陕西省产业发展瓶颈问题，推动相关领域和研究方面取得突破性进展。

④壮大和优化创新型基础研究队伍，培养一批高层次科技领军人才和创新团队。加大对优秀青年科技人才的发现、培养和资助力度，建立适合青年科技人才成长的用人制度。以高端人才为引领，以科研项目及研究基地为依托，积极推进创新团队建设，继续加大创新人才培养和学科带头人培养力度，组织实施陕西省创新人才推进计划。力争在"十三五"期间，每年产出1～2项在学科发展上具有重大意义的研究成果；由陕西省科研人员担任首席科学家的国家重点基础研究发展计划达到22项，承担国家自然科学基金项目达到7500项，资助陕西省科技计划项目达到3000项；获得国家自然科学杰出青年基金资助40项，获得国家自

然科学创新研究群体资助7～10项。

⑤围绕基础研究科学前沿，设立陕西省基础研究大奖，评出5～8位具有重要国际影响力的科学家。围绕陕西省经济建设和产业需求，设立省级基础研究重点项目120项，着力解决产业急需的重大基础科学问题。加大应用基础研究，扶持一批从原始创新一直到高新技术的贯穿性科技成果，保障创新链的通畅，支撑创新型陕西发展。力争在"十三五"期间，获得国家级科研奖励突破20项。

⑥推进特色科技基地平台建设，发展和完善科学基础性工作支撑体系，合理布局符合经济社会发展要求和科技自身发展需求的创新基地建设。继续加强省级基础研究基地建设，积极推进在转制科研院所和有条件的大型企业及部分高校优势学科组建省级重点实验室。加强对省级重点实验室的管理和评估，充分发挥实验室聚集创新元素的作用，推动基础研究与产业链、创新链结合，更好地发挥科研基地对地方经济社会发展的科技支撑作用。力争在"十三五"期间，在优势学科领域争取组建国家重点实验室1～2个，国家重点实验室培育基地2～3个，企业国家重点实验室3～4个；重点支持建设4～5个面向基础研究科学前沿的省级重点实验室。

⑦开展科学仪器研究，实现科技源头创新。科学仪器的研究是基础研究，是一种多学科的融合，它涉及物理、材料、电子、化学物理和物理化学过程等许多方面，代表了一种科学集成能力。科学仪器的研究不单纯是科学研究问题，更是和国家、地方的经济发展息息相关。设立省级科学仪器研究专项资金，依托同类重点实验室的协同与联合，在相关领域重点资助10项科学仪器研究专项项目，围绕基础研究服务地方经济社会发展，发挥应用基础研究的引领作用，着力解决新兴产业急需解决的重大科学仪器需求问题，从源头实现科技创新。

3.5 重点研究领域

自然科学基础研究的发展既要结合国家需求和地方经济社会发展的需要，又要在推动产业发展过程中充分体现科技超前部署的战略，从而更好地发挥基础研究在产业发展中的引领和推动作用。围绕国际科学前沿和国家战略需求、陕西省优势产业发展过程中的关键科学问题，以及发展新兴产业的前瞻科学问题，"十三五"期间，重点在基础研究科学前沿领域及装备制造、能源化工、新材料、电子信息、现代农业、生物医药与健康、资源环境等应用基础研究领域进行支持发展。

（1）基础研究领域

面向国际科学前沿领域，鼓励学科交叉及自由探索。主要研究方向：能够提升陕西省基础研究水平及学术声誉的数学、物理、化学、化工、地质、生物、信息、医药、农业、环境、航空航天、制造等交叉学科及科学前沿的自然科学基础研究；鼓励原创性方法及理论的创新，产出一批有自主知识产权的新药、软件及原始性创新理论。

（2）应用基础研究领域

1）装备制造领域

主要研究方向：先进装备制造理论问题；高端装备设计、制造和安全运行理论问题；提升装备及构件制造精度与性能的基础研究；飞行器推进器技术理论研究；新型激光器制造及应用关键理论技术；有明显应用背景的机器人系统设计与制造技术；装备模块化制造关键理论与技术；装备数字化应用基础研究；3D打印的基础理论研究；太阳能光伏光电及半导体照明系统设计理论与关键制造技术；能源安全开采和科学利用新方法、新技术；水处理设备产业及节能装备、煤化工废气处理及能量回收设备等研发过程中有关基础问题研究；各种资源综合利用中检测、探藏、冶炼装备的关键理论问题研究；其他相关基础问题研究。

2）能源化工领域

主要研究方向：新能源、先进可再生能源发展等方面关键科学问题；科学开采、节能减排新技术理论研究；清洁多元化能源体系构建；化石能源资源开发和高效洁净转化利用的物理、化学基础问题研究；煤、油、气的综合高效利用有关理论问题研究；深层油气地质理论与开发；非常规油气资源（煤层气、油页岩、页岩气等）有效利用的化学基础和关键技术；CO_2 高效分离捕集及资源化转化利用新技术理论研究；废弃物利用理论研究；"绿色"化学与清洁生产方法中的基础科学问题研究；新型/绿色催化剂设计、制备基础问题研究；纳米分析、芯片分析化学研究；其他相关基础问题研究。

3）新材料领域

主要研究方向：先进材料；高性能有色金属结构材料、非金属材料、新型功能材料等的设计、制备有关基础科学研究；纳米、非晶、超导材料等新效应、新原理及其基础研究；多孔材料制备及应用有关基础科学研究；空间材料科学技术理论研究；计算加速材料研制理论研究；高性能环保及水处理材料制备方法研究；高容量锂离子电池正负极材料制备研究；新型光、电、磁、催化或吸附材料的研究；高性能建筑材料、结构—功能一体化新材料关键基础研究；其他相关基础问题研究。

4）电子信息领域

主要研究方向：自然和谐人机交互理论与技术；量子通信和量子计算；网络安全与可信可控的信息安全理论信息获取、处理和利用的关键理论和技术；互联网在各种产业发展中构建网络和设施、信息平台及网络化嵌入理论应用基础研究；云计算、大数据、网络与移动计算基础科学研究；高性能、低功耗大规模集成电路及射频集成电路；导航与卫星技术理论研究；智能化软件、大规模无线通信系统、信号处理技术及光通信、光交换技术研究；数字医学新技术、信息技术与其他学科交叉理论与新技术研究；半导体与集成电路、超低功耗微纳器件等相关研究；其他相关基础问题研究。

5）现代农业领域

主要研究方向：种植业；旱地农业；生物多样性与新品种培育的遗传学研究；主要农作物和农业动物种质资源、遗传育种、作物栽培和动物健康养殖；动植物病虫害防治基础研究；畜牧优质高产基础问题研究；重要病虫害防治；动植物特有种质资源保护问题研究；其他相关基础问题研究。

6）生物医药与健康领域

主要研究方向：脑科学相关基础研究；现代生物医药基础问题研究；西北地方病、多发病的发生发展机制及防治问题研究；重大传染病发病机制、诊治与防控；常见高发的慢性疾病（如肿瘤、心血管、代谢性疾病等）的预警与防治；灾害医学研究；环境有害因素对人体健康影响机制与防治；"双药"组成规律基础研究；中医药理论研究；陕西主产中药材的品质控制、活性成分研究；生物芯片、生物技术疫苗研究；治疗重要疾病的新型药物研究；其他相关基础问题研究。

7) 资源环境领域

主要研究方向：围绕保障资源供给、改善环境质量，深化对地球和环境系统关键过程和规律认识的基础研究；对陕西省资源环境分布格局和演化规律认识的基础研究；生态环境保护基础问题研究；全球气候变化对中国影响的基础理论研究；陕西省自然灾害控制基础问题研究；陕西省资源污染物的环境行为、生物效应及控制技术原理研究；干旱半干旱地区水土保持利用研究；陕北能源化工基地环境保护问题研究；污水处理过程中有关基础问题研究；秦岭地区生物多样性及保护问题研究；陕西人地关系及环境系统的相互作用与影响研究；公共设施建设过程中涉及环境保护的重大基础问题研究；其他相关基础问题研究。

4 实施措施及政策建议

(1) 加强对基础研究重要性的认识，形成对基础研究多渠道支持格局

基础研究在国家及区域经济社会发展全局中有着非常重要的战略地位和作用，要加强对基础研究重要性的认识。按照中央关于深化科技体制改革，推动创新驱动发展的要求，加强基础研究布局，深化科技体制改革，从制度上切实加强对基础研究的保障。保证省财政中基础研究经费所占比例。努力争取多渠道对基础研究的经费支持，引导鼓励企业和社会力量增加对基础研究的投入，形成国家、地方和企业共同多渠道支持基础研究的格局，切实加大对基础研究的投入。

(2) 紧密围绕国家和陕西省需求及国际科学前沿重点布局和支持，打造具有陕西省特色的优势学科集群

围绕国家战略需求和国际科学前沿，以及陕西省的资源优势和发展需求，遵循基础研究的规律，重点布局和支持一批具有地方特色的基础研究，培育未来经济发展的增长点。结合陕西省秦岭资源、陕北能源化工资源、丝绸之路经济带等地域优势和特色，围绕陕西省优势产业发展过程中的关键科学问题和发展新型产业的前瞻性科学问题，重点发展装备制造、能源化工、生物医药、电子信息、新功能材料、丝绸之路经济及文化建设等领域基础研究，不断提升自主创新能力，解决制约陕西省产业发展的瓶颈问题。挖掘陕西丰富的历史文化内涵，在遵循经济社会发展规律的基础上，结合各个学校学科的特色研究，引导与拓展相结合，树立陕西省的重点支持学科领域，打造陕西省的品牌学科领域；设立基础研究重点专题，项目申报指南强调以陕西经济发展中面临的技术难题和瓶颈为重点，以陕西省特色专业和学科为重点，反映出陕西省的地方特点和需求；围绕陕西省经济社会发展中面临的基础科学问题，组织设立研究专题，联合各高校组织研究团队进行攻关，实现重点突破。

(3) 面向重大原创性成果，重点支持一批团队、人才及基础研究基地建设

重大原创性成果对经济社会和高新技术发展有着重要的支撑作用，目前陕西省基础研究的整体创新能力较弱，重大原创性成果偏少，承担国家各类基础研究计划能力不均衡，支撑和引领地方经济和社会发展的作用不明显。为此，进一步加大对重点项目、杰出青年、创新

团队等的资助和配套力度,对可能产生重大带动作用、能够形成新的核心技术和新的产业增长点的重大基础性、前瞻性科学问题,设立相关的新专业、科研平台,形成新的能支持产业发展的研究方向,集成优势、强化支持,争取获得一批具有重大价值的原始性创新研究成果,培养出一批有较大影响力的高素质中青年学科带头人和优秀创新团队。

要进一步加强基础研究基地建设,加大对陕西省重点实验室的投入,创新对重点实验室的管理,巩固优势学科发展,加强优势学科与企业重点实验室结合建设,鼓励重点实验室开展协同创新,建立重点实验室创新联盟。引导重点实验室深化改革,倡导机制创新,加强先进仪器设备协作共享,建设介于高校、科研院所、企业和中介机构之间的机制创新基地进行试验。形成一批具有国际影响和竞争力的基础研究中心和研究基地,为陕西省及国家的区域及重大需求提供科技支撑和人才储备,形成培养和发掘科研新人、吸引和汇聚优秀人才的有效途径。

(4)以问题及需求为导向,积极开展跨地区基础研究合作

陕西省拥有特殊的环境资源和良好的科技条件,要积极寻求和其他省份或地区的联合,在资源利用、环境保护、污染治理、高新技术等方面优势互补,开展跨地区的基础研究合作。鼓励陕西省科学家以各种形式积极参与全球性、区域性的双边或多边国际合作研究及学术交流,参与国际学术前沿的竞争。

(5)引导企业加强基础研究,提升企业核心竞争力

提升基础研究能力是企业推动技术创新、抢占战略制高点、增强核心竞争力的关键和重要途径。无论从技术储备引领行业发展的战略角度,还是从改善产品质量追求经济效益的发展模式角度,企业开展基础研究都是非常必要的。国内外可持续发展的企业均有自己品牌的基础研究和技术创新,而陕西省企业研发实力相对薄弱,对基础研究重视不够。

《国家中长期科学和技术发展规划纲要(2006—2020年)》对"支持鼓励企业成为技术创新主体"进行了全面部署,2012年7月召开的全国科技创新大会又进一步明确了深化科技体制改革的中心任务,推动企业成为技术创新主体,增强企业创新能力。陕西省应抓住这一全国共性的薄弱环节,走在各省份的前列,早谋划。加强对企业国家重点实验室的支持和监管,在重要行业和关键领域支持对企业共性技术研发平台的建设,支持有条件的企业建设一批具有世界先进水平的研发机构;建立激励措施,引导企业着眼未来开展基础研究长远布局,吸引研究人员到企业从事基础研究;通过财税、金融等政策,引导企业增加研发投入,支持企业多承担国家科技计划任务,促进企业之间及企业与高等院校、科研院所之间的知识流动和技术转移,扶持一些中小企业的技术创新活动,激发企业这一庞大资源的原始创新能力。

第十九篇

陕西省"十三五"高新技术产业园区发展战略研究

组织单位：陕西省科学技术厅高新技术发展处
课题承担单位：陕西省社会科学院
课题负责人：马建飞
课题组成员：王　农　王建康　张宝通　曹　林　江小蓉　张　敏
　　　　　　冯煜雯

引　言

高新技术产业园区(hi-tech zone,简称高新区)[①]作为科学、教育与工业相结合的一种经济、社会现象，发端于20世纪50年代美国的斯坦福研究园和苏联的新西伯利亚科学城。20世纪80年代以来，高新区已经成为美、英等国家技术创新、区域经济振兴的主要驱动力，日本、韩国、中国台湾、印度等东亚国家和地区也纷纷建设高新区。

为了转化中国的知识产权，实现科技成果商品化、科技商品产业化、科技产业国际化，1988年，国务院批准在北京中关村地区建立试验区。1991年、1992年连续两年，国务院对全国范围内国家高新区建设做出战略性部署，大批国家高新区相继建立，国家高新区进入大规模发展时期。

陕西省的高新区起步较早，西安高新区作为国家首批高新区创立于1991年。目前，陕西省共有6个国家级高新区和4个省级高新区。"十二五"以来，全省高新区在推动经济增长、完善产业结构、引领技术创新、建设城市新区等方面贡献显著。本研究旨在回顾"十二五"时期陕西省高新区发展的成绩与不足，分析并利用新时期的宏观发展机遇，提出"十三五"时期陕西省高新区发展的战略目标及战略举措。

---

① 高新区在世界各国和地区含义大致相同，但叫法不完全一致。例如，美国称为"研究园区"(research park)，英国称为"科学园区"(science park)或"技术园区"(technology park)，意大利、法国称为"科技城"(technology/science city)，韩国称为"高科技工业园区"(high-tech industrial park)等。本研究在泛指时统一称之为高新区，但具体的园区仍使用直译名称。

1 国内外高新区发展现状及趋势

1.1 国外著名高新区介绍

1.1.1 发展现状

(1) 美国硅谷及旧金山

美国硅谷（Silicon Valley），位于加利福尼亚州北部，旧金山湾区南部，最早是研究和生产以硅为基础的半导体芯片的地方，因此得名。现在是当今美国乃至全世界的资讯科技产业先锋。截至2014年，硅谷占地面积4802平方千米，总人口297万人，就业人口148万人，人均年收入11.6万美元[①]。硅谷是最后一个屈服并且第一个摆脱经济大萧条的区域，过去5年实现了稳健的持续增长，就业、风险资本和专利记录即将超过互联网时代。临近的旧金山曾经是一个传统行业繁荣的城市，但目前高科技行业发展迅速，已和硅谷成为双发动机，推动该地区的创新和创业活动。

从吸引的投资来看，硅谷地区明显受到互联网泡沫破裂和世界金融危机的影响，存在两个低谷，但是旧金山在世界金融危机后发展速度加快。2014年前三季度，硅谷和旧金山风险投资分别达到74亿美元和72亿美元，虽然2014年旧金山吸引的投资仍然落后于硅谷，但这种差距在迅速缩小，如图19-1所示。

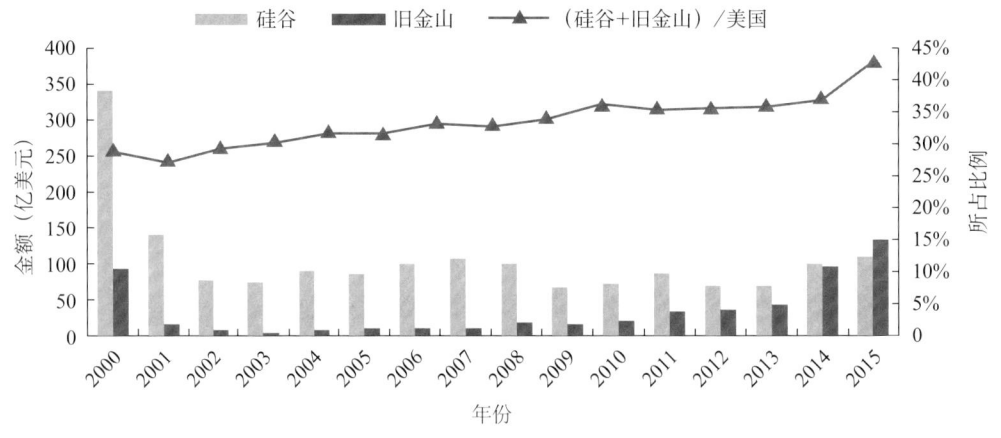

图19-1 硅谷和旧金山近年来风险投资总额[①]

从历年硅谷吸引风险投资的行业分布来看，软件业从2012年开始获得了快速发展，占比迅速提高，但是其他大部分行业的占比均出现下降，如表19-1所示。2014年前三季度，硅谷吸引风险投资的行业分布为：软件业55%，生物产业10%，媒体及娱乐产业8%，医疗器械和设备8%，其他行业19%。[①]

---

① Silicon valley indicators, http://siliconvalleyindicators.org.

表 19-1　美国硅谷近年来吸引风险投资的行业占比[①]

单位：%

年份	软件业	生物产业	媒体及娱乐产业	医疗设备产业	计算机及周边	能源工业	半导体产业	IT服务业	消费品业	电信	网络及设备	其他
2002	25.7	7.9	1.2	8.9	2.3	1.4	16.0	5.1	0.1	8.4	18.8	4.2
2003	29.3	13.2	1.2	9.2	2.8	1.7	16.0	3.6	0.2	8.5	12.0	2.3
2004	25.3	9.8	1.7	11.3	3.9	1.9	19.2	3.7	0.5	8.8	9.6	4.2
2005	25.7	12.5	2.7	9.9	3.3	2.7	14.1	3.3	0.8	8.1	13.6	3.2
2006	23.2	11.3	5.9	11.5	1.5	5.9	15.7	4.8	0.1	7.2	8.7	4.0
2007	20.2	11.0	3.6	13.6	3.0	12.0	14.0	5.1	0.3	5.9	7.1	4.3
2008	23.8	15.9	6.5	11.2	2.1	11.8	9.6	6.0	0.4	5.6	4.1	3.1
2009	20.8	12.4	7.6	11.9	2.2	19.4	8.4	4.0	1.1	2.8	5.8	3.3
2010	22.9	13.7	3.7	11.3	2.2	15.9	10.0	5.8	0.4	5.3	4.6	4.2
2011	29.7	13.6	5.5	12.0	3.5	10.2	11.4	6.0	0.8	1.9	1.6	3.8
2012	37.9	8.2	6.6	7.7	2.6	11.5	7.7	7.2	1.0	4.4	2.4	2.8
2013	44.5	13.3	6.0	6.4	5.2	4.8	4.5	5.1	1.9	2.4	2.5	3.4
2014	51.8	10.8	8.1	7.2	6.2	4.9	3.5	2.1	1.1	1.1	0.9	2.4
2015	52.1	13.4	3.5	4.4	4.7	4.7	2.6	5.6	2.9	1.3	0.9	3.8

从创新成果来看，硅谷在全美国专利注册数的占比，从 2012 年的 13.8% 增加到 2013 年的 14.2%。2013 年，硅谷每十万人授予的专利数量为 581 件，仍远高于旧金山的 237 件或加州的 95 件。但是 2011—2013 年，硅谷的人均专利注册数量增速为 22%，低于旧金山的 65.2% 和加州的 26.8%。

(2) 日本筑波科学城

筑波科学城（Tsukuba Scientific Town），坐落于日本东京东北约 60 千米的筑波山麓，总面积 284 平方千米，其中科学城面积 27 平方千米，周边开发区面积 257 平方千米，现有人口约 20 万人。到 1982 年已有 10 个省、厅的 43 个国家研究所（约占日本 40% 的主要科研机构）、两家私人研究所和筑波大学等两所大学，从事科学研究的总人数已达 2.2 万人。筑波科学城现为日本最大的科学中心和知识中心，是日本在先进科学技术方面向美国等国挑战的重要国家战略。

筑波科学城的显著特色是政府主导。日本政府直接介入整个科学城筹建过程，从选址到基础设施投入及科研机构的入驻，但是，近年来暴露了若干弊端。例如，筑波科学城以国家级研究机构为主体，并享有政府的财政拨款，园区内缺乏相应的创新激励机制；另外，研究机构、企业、市场没有形成完整的研产学销链条，研究成果转化率较低。21 世纪以来，其产业发展遇到较大困难，制造业产品销售额下降趋势明显，如图 19-2 所示。

[①] Silicon valley indicators, http://siliconvalleyindicators.org.

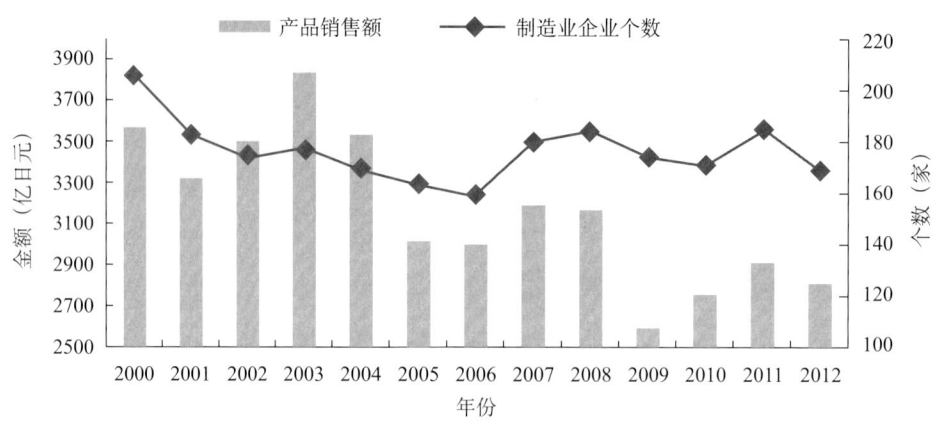

图 19-2　日本筑波科学城近年来发展数据[①]

(3) 韩国大德研究开发特区

韩国大德研究开发特区成立于 1973 年，是目前韩国最大的高新技术产业集聚区，也已成为韩国经济持续增长的典范，如表 19-2 所示。其重点研发领域为生命工程、信息通信、新材料、精细化学、能源、机械航空等国家战略产业技术、大型复合技术和基础科技。

表 19-2　韩国大德开发特区近年来发展数据[②]

类别	2005 年	2012 年
技术交易（件）	611	1444
技术交易额（亿美元）	524	1026
拥有专利（件）	28 560	72 171
销售额（亿美元）	250	331
博士学位人数（人）	6236	21 900
就业人数（人）	23 558	134 202
上市公司数量（个）	11	59
孵化科技企业数量（个）	2	57
高科技公司数量（个）	36	112
科研机构数量（个）	—	2961*

注：截至 2014 年 7 月的数据。

大德研究开发特区的组织管理机构为研究开发特区振兴财团（INNOPOLIS Foundation），其性质为公益法人，主要从事与开发区相关的基础设施建设、促进特区内的研究开发和产业化的各项事务、特区吸引投资的事务、科学技术长官规定的收益事务、科学技术部长官及相关中央行政机关长官或所属地方自治团体长官委托的事务等。

---

①　日本筑波科技城网站（www.tsukuba-network.jp）。

②　韩国大德开发区网站（https://www.innopolis.or.kr/eng_sub0204#none，截至 2015 年 4 月，其 2012 年数据仍为最新数据）。

1.1.2 发展趋势

(1) 受互联网泡沫破裂及金融危机影响较大

目前受到广泛关注的世界著名高新区，多是在20世纪70年代以后发展起来的，特别是借助于20世纪90年代计算机及互联网技术的快速发展而出现爆发式增长。但是随着21世纪互联网泡沫的破裂，这些高新区的发展势头受到遏制；2008年的金融危机，又给予高科技产业较大冲击，企业研发投入的减少导致许多科技园区陷入低谷。大多数的科技园区目前仍处于复苏阶段，预计仍将持续较长时间。

(2) 市场主导型高新区受到新兴园区的挑战

世界大多数发达国家的高新区，是自发形成的松散型园区，有的甚至没有真正意义上的管理机构。这类园区随着聚集密度的增大，进入了规模不经济阶段，各项成本开始增加并超过了集聚效应。因而，新兴的高科技聚集区开始涌现并获得快速发展，例如，旧金山近年来的发展速度远远超过硅谷，印度其他地区的软件业也对于班加罗尔地区形成挑战。

(3) 政府主导型高新区的产学研一体化效率较低

发展中国家特别是东亚地区的高新区均是采取政府主导模式，如日本筑波、韩国大德等。其初期的快速增长主要是大规模科研机构迁入导致的外延式增长，而依靠科技创新集聚效应的内生性增长较弱。国家级的科研机构在科技创新紧跟市场需求方面存在不足，产业化方面缺乏动力，产学研一体化依然亟待捋顺。金融危机后这种弊端愈加显现，例如，日本筑波的产品销售额从2003年的3830亿日元降至2009年的2594亿日元，2012年也仅仅复苏至2807亿日元。

(4) 互联网技术的快速发展导致高新区的集聚效应减弱

传统的经济开发区或者称为产业集群，由于可以缩减供应链成本，仍然具有较大的发展潜力。但是，互联网技术的快速发展，扩大了创新协作的地理空间，高新区拥有的创新集聚效应正在减弱。创新中心的多元化将成为未来的发展趋势，将会导致各国以高新区为载体的创新中心的布局优化调整。

1.2 国内高新区发展现状及趋势

1.2.1 园区数量增加较快

我国从1991年开始设立高新区，到1992年全国共设立首批52个高新区。之后进入规范调整期，到2009年缓慢增加至56个。为应对金融危机影响，从2010年开始国家高新区数量增长显著加快，2010—2014年，全国年度新增高新区的数量分别为27、5、17、9和14个，目前总数达到128个。高新区数量快速增加的外延式扩张，是近年来高新区在全国经济的重要性不断加强的路径之一。在当前调整经济结构、增强创新驱动的发展战略引导下，预计全国高新区的数量仍将会继续增长。

1.2.2 经济贡献不断增大

全国高新区经济总量不断扩大,对于全国经济增长的贡献不断提升。2013年全国高新区生产总值达到63 063.5亿元人民币,占全国生产总值11.1%,如图19-3所示。2013年国家高新区出口总额达到4133.3亿美元,占全国外贸出口的比重为18.7%。

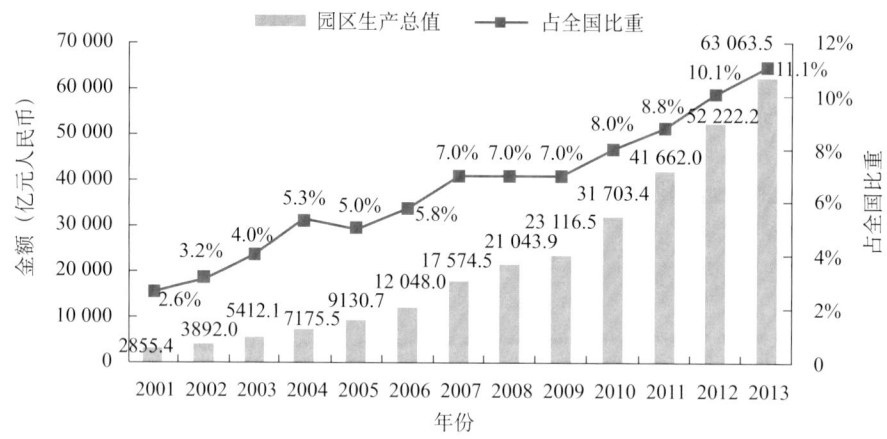

图19-3 2001—2013年全国高新区生产总值

依据产品销售收入来看,2013年全国高新区位居前3位的产业分别是电子与信息、光机电一体化、新材料,其中技术性收入占营业总收入的比重为7.6%。2013年统计数据显示,国家高新区现有工商注册企业52万余家,其中高新技术企业21 795家;营业总收入超过千亿元人民币的企业4家,超过百亿元的企业319家,超过十亿元的企业2715家,超过亿元的企业15 710家。

1.2.3 创新机构和人才汇集

国家高新区内聚集了大量的研究机构和产业促进机构,例如,各类大学578所、研究院所2048家、博士后科研工作站995个;累计建设国家重点实验室411个、国家工程实验室110个、国家工程研究中心117家、国家工程技术研究中心265家;科技企业孵化器897个。截至2013年年底,园区企业年末从业人员1460.2万人,较2012年增加190.6万人。114个高新区每万名从业人员中研发人员为794人,是全国平均水平的16.9倍。

1.2.4 科技创新成果众多

2013年,114个国家高新区财政科技拨款总额达495.1亿元,占高新区财政支出比例达到12.4%。企业研发经费内部支出为3488.8亿元,占到全国企业研发经费支出的38.2%。研发投入强度(R&D/GDP)为5.53%,是全国平均水平的2.6倍。2013年,国家高新区企业当年申请专利数量为28.9万件,其中发明专利申请13.9万件,占到全国的16.8%;当年专利授权达到16.6万件,其中发明专利授权5.1万件,占到全国的24.5%,如图19-4所示。

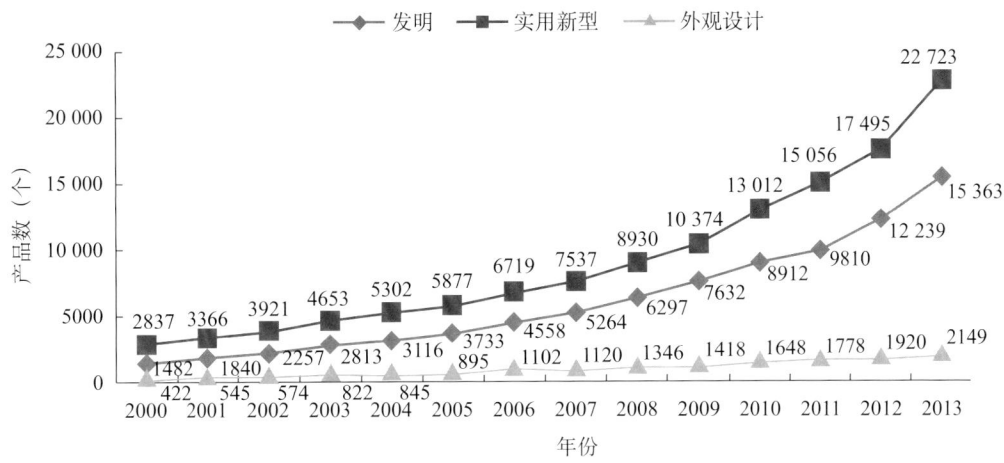

图 19-4　2000—2013 年全国高新区内企业拥有各类专利的产品数

1.2.5　产城融合成为趋势

国内高新区均处于主城区附近，经过 20 多年的发展，逐渐由单一的产业基地向集工业、生活、娱乐、社区、交流、自然与人文景观融为一体的综合城区演变。成为一个崭新的城市空间和带动城市经济社会发展的重要极核，在区域经济和城市发展中发挥了极其重要的作用，越来越多地影响和改变着城市的经济社会活动及空间结构[①]。

2　陕西省高新区发展现状及问题

2.1　发展现状[②]

截至 2015 年 4 月，陕西省共有西安、宝鸡、杨凌、咸阳、渭南、榆林 6 个国家级高新区和安康、延安、府谷、宝鸡蟠龙 4 个省级开发区。2013 年，7 个高新区[③]总计实现营业收入超万亿元，工业总产值 7774 亿元，同比增速超过 30%；实现工业增加值 2737 亿元，占全省 GDP 比重超过 15%[④]。

西安高新区作为全国 6 个"世界一流科技园区"之一，发展水平远远领先于其他高新区，如表 19-3 所示。经济规模较大，科技创新水平较高，2015 年已获批国家自主创新示范区。宝鸡高新区被列入建设"创新型科技园区"，处于第二梯队。其他省内国家级高新区处于第三梯队，被列入创建"创新型特色园区"，其中，榆林高新区规划面积达到 914 平方千米，地理发展空间最为广阔。省级开发区中，安康高新区正在积极申报国家级高新区，有望在"十三五"期间获得批准，而其他开发区基础较弱。

---

① 徐代明. 基于产城融合理念的高新区发展思路调整与路径优化 [J]. 改革与战略，2013，29（9）：31–32.
② 表 19-3 及 2.1 内容资料来源：各高新区网站数据整理。
③ 指西安、宝鸡、杨凌、咸阳、渭南、榆林和安康高新区。
④ 科技部. 国家火炬计划 2013 年度总报告 [R]. 2013：253.

表 19-3　陕西省国家级高新区主要数据

高新区	升级时间（年）	规划面积（平方千米）	2014年营业收入① 金额（亿元）	2014年营业收入① 全国排名	主要产业
西安	1991	307	7753.2	4	电子信息、先进制造、生物医药、现代服务业
杨凌	1997	135	160.1	112	生物医药、新型饲料、环保农资、生物材料、食品工业、农业装备制造
宝鸡	1992	40	1541.2	48	电子信息、光机电一体化、生物工程、新材料等新兴产业
渭南	2010	31	324.1	97	机械工业、电子工业、医药制造业、精细化工业、新材料生产、农副产品加工
榆林	2012	914	307.7	98	能源化工、装备制造、新能源
咸阳	2012	164	416.3	91	电子信息、生物医药、新型合成材料

2.1.1　西安高新区

2014年西安高新区营业收入首次突破万亿元大关，达到11 070亿元，位居全国114个国家级高新区第3位。新注册企业近7000家，同比增长60.75%，企业总数超过3万家，创历年最好水平。全年预计实现固定资产投资660亿元，同比增长24%。外贸进出口总额首次突破千亿元（180亿美元）大关，总量占到全市的75%、全省的69%。实现大口径财政收入244.25亿元，一般预算收入88.28亿元，同比增长20.33%。

2014年，西安高新区半导体、智能终端、生物医药、软件四大千亿级产业集群的招商引资取得新突破，全年实际引进内资497亿元，同比增长25.8%；实际利用外资14.8亿美元，同比增长11.6%。西安高新综合保税区封关运行，三星闪存芯片项目2014年5月9日正式投产，2014年新增产值70亿元以上；软件新城建设取得阶段性成果，一期15万平方米研发楼已建成投用。草堂基地基础设施进一步完善，比亚迪二厂新能源汽车项目已于2014年9月建成投产；长安通信产业园智能终端产业基地已布局智能终端制造项目5个，中兴手机新增产值20亿元以上。

实现专利申请26 916件，同比增长28%。高新技术企业累计达到1105家，总量位居全国高新区前列，显示出区域创新创业的无限活力。与此同时，高新区科研成果转化日趋活跃，2014年高新区企业技术成果交易额超过260亿元，同比增长25%以上，占到西安市技术成果交易额的一半以上。西安高新区已经获批国家自主创新示范区，正式成为国家创新战略的重要承载区和试验田。

2.1.2　宝鸡高新区

2014年前三季度，宝鸡高新区预计实现生产总值1050亿元，同比增长10.2%；规模以上工业增加值293亿元，同比增长16.1%。在全球经济增速放缓的严峻形势下，高新区继续保持平稳增长的良好态势，带领整个宝鸡经济乘风破浪。

---

① 程凌华，李享，牟丹娅，等．2014年国家高新区综合发展于数据分析报告［J］．中国科技产业，2015（10）：22-42．

作为国家首批新材料产业示范基地，宝鸡高新区聚集了440余家从事钛及钛合金生产、加工和研发的企业，钛材产量约占全国总产量的85%，约占全球钛材总产量的22%。其中，钛材出口量占全球的15%，有"中国钛谷"的美誉。2014年前三季度，新材料产业中钛及钛合金实现工业总产值183.5亿元，同比增长10.6%。高新区科技创意园内的钛谷有色金属交易中心正式开市运行，当日实现交易额377.592万元，总成交量66 060千克。

宝鸡高新区共建立各类孵化器6个，在孵企业400余家、在孵项目450余个，累计毕业企业120余家、转化科技成果150项。设立了中小企业信用担保有限公司，引进了民间投资担保机构，建立了高新区科技创新基金，累计为近70个中小项目提供资金扶持4720万元。2014年，高新区培育高新技术企业10家，培育国家、省、市级支持项目30个，争取资助资金近5000万元，区内企业科技创新成果实现井喷，全年专利申请量达800项，发明专利20项，实用新型专利160项，著名商标超过10个。

2.1.3 渭南高新区

2014年，渭南高新区经营总收入实现251亿元，同比增长14%；生产总值达到78.8亿元，同比增长12%；规模以上工业总产值实现134.3亿元，同比增长16.23%；全社会消费品零售总额达到22.8亿元；财政总收入完成5.5亿元，区级财政收入完成2.9亿元，同比增长11.3%；外贸进出口总额1.33亿美元，同比增长7%。

渭南高新区着力培育以3D打印为主的新能源、新材料产业。特别是3D打印产业实现了"三个全国第一"，即建成了全国第一个以3D打印为主题的科技孵化器、搭建了全国第一家3D打印产业培育基地、设立了全国第一支3D打印创投基金，并成功举办全国首届3D打印与生物医疗器械产业化推进会。

渭南高新区2014年申报高新技术企业3家，申请专利459件，授权专利140件，技术合同交易额达到2502.4万元。申报各类科技计划45个、立项29个，争取科技专项资金2168万元。科技投入持续增加，全社会科技研发投入2.07亿元，其中财政投入达到7056万元。

2.1.4 咸阳高新区

咸阳高新区2014年实现营业总收入589.9亿元，同比增长16.3%；工业总产值565.9亿元，同比增长15.8%；工业增加值232.4亿元，同比增长15.4%；进出口总额3.16亿美元，同比增长15.8%；上缴税金总额64.1亿元，同比增长20.1%；固定资产投资额64.4亿元，同比增长33.7%。

招商引资取得突破，2014年共合同引进产业项目10个，总投资95.18亿元。以投资50亿元的修正药业、投资27亿元的高新医院、投资10亿元的源杰半导体芯片等为代表的一批项目相继落户。医药产业园完成了秦都辖区1.39万平方千米土地的征用，启动了韩国产业园、生益科技园和中美芯片园的规划建设。

科技创新和金融服务迈出了新步伐，设立了1000万元的科技创新创业发展基金并出台了管理办法，支持及扶持了一批科技项目和高成长型科技企业。与咸阳市建行、秦都信用合作社合作推出了"助保贷"、"园区贷"业务，为中小型企业融资5400多万元；与浙商证券合作的10亿元企业债券发行工作正在实施之中。

2.1.5 榆林高新区

2012年榆林高新区经国务院批准升级为国家高新技术产业开发区，位于榆林市西南部，规划面积914平方千米，远远超出其他国家级高新区面积，发展空间广阔。

榆林高新区2014年实现营业收入620亿元，同比增长19.2%；完成地区生产总值310亿元，同比增长19.2%；实现工业总产值380亿元，同比增长26.7%；完成固定资产投资95亿元，同比下降20.8%；实现财政总收入23亿元，同比下降35.2%；完成地方财政收入4.5亿元，同比下降39.5%。

2014年全区安排区级重点建设项目142个，年度计划完成投资135亿元，预计可完成投资95亿元。当年西洽会引进签约项目6个，其中合同项目1个，协议项目2个，意向项目3个，引资总额456亿元。合同项目为华电100万吨芳烃项目，总投资380亿元；协议项目为红星美凯龙项目和沃尔玛项目，总投资额分别是60亿元和4亿元。

2.1.6 杨凌高新区

2014年，杨凌高新区实现生产总值93.2亿元，同比增长12.5%，增速位居全省第一，比2013年同期回落1.5个百分点。其中，第一产业实现增加值6.92亿元，同比增长4.9%；第二产业实现增加值51.22亿元，同比增长14.5%；第三产业实现增加值35.06亿元，同比增长11.0%。

2014年，杨凌高新区完成全社会固定资产投资115.31亿元，同比增长26.2%，增速居全省第一，比2013年同期提高6.1个百分点；实现社会消费品零售总额12.33亿元，同比增长13.2%，增速比2013年同期提高0.3个百分点；实现外贸进出口总额4.25亿元，同比下降18.4%，降幅比2013年加大9.1个百分点；完成财政总收入14.93亿元，同比增长27.5%，增速比2013年同期下降2.6个百分点。

五大支柱产业"四增一降"。其中：食品工业实现产值53.73亿元，同比增长37.5%；医药制造业实现产值14.02亿元，同比增长17.6%；木材加工业实现产值11.96亿元，同比增长8.3%；装备制造业实现产值10.13亿元，同比增长16.3%；肥料制造业实现产值9.79亿元，同比下降2.6%。规模以上工业实现主营业务收入87.12亿元，同比增长11.6%，利润总额4.27亿元，同比增长2.7%。

2.2 显著优势

2.2.1 自然资源丰富

一是矿产资源。陕西省已查明资源储量的矿产94种，矿产潜在价值42.58万亿元，约占全国的1/3，其中煤、石油、天然气、盐、钛、钼、镍等61种矿产的保有量位居全国前10位。特别是陕北世界级的煤、天然气资源具有发展化工产业的天然优势。二是植物资源。秦岭巴山素有"生物基因库"之称，有野生种子植物3300余种，珍稀植物37种，药用植物近800种。沙棘、绞股蓝、富硒茶，以及药用植物天麻、杜仲、苦杏仁、甘草等，均具有较大的开发潜力和价值。

2.2.2 区位优势明显

陕西地处我国中东部和西部的结合点，内含我国南北分界线的秦岭，具有承东启西、连接南北、辐射中西部的区位优势。省会西安是全国干线公路网中最大的节点城市之一、八大航空枢纽之一、八大通信枢纽之一，地理位置十分重要。西安作为丝绸之路经济带的起点，具有引领大西北发展的重要作用。陕西的一纵三横交通体系，将省域内高新区联通成为高新技术产业园区网络架构。

2.2.3 产业基础较好

陕西的大多数经济指标在西部地区处于四川、内蒙古之后。2014年陕西生产总值达到17 689.94亿元，位于全国第16位，西部第3位，西北部首位。陕北地区的能源化工产业，关中地区的有色金属、装备制造已成为陕西八大支柱工业中的前三甲。同时，一些高新区的特色产业正在形成，如西安高新区的电子产业、宝鸡高新区的钛产业、榆林高新区的能源化工产业、安康高新区的富硒食品产业等。

2.2.4 科技力量雄厚

截至2013年，中科院在陕自然科学研究与技术开发机构3家，中央在陕独立自然科学研究与技术开发机构19家，省属、市属国有制独立自然科学研究与技术开发机构分别为36、45家。全省共有高等院校96所，全年招收普通本专科学生31.35万人，在校学生108.3万人；研究生招生3.23万人，在学研究生9.7万人。全年专利授权量总计20 836件，其中，授权发明4133件，实用新型13 936件，外观设计2767件。丰富的科技人才资源，为陕西省域高新区的发展提供了智力支持。

2.3 存在问题

2.3.1 定位模糊

高新区设立的初衷，是为了知识产权的产业化。实际上高新区的主要功能定位有两个：一是创新驱动，要涌现新技术；二是高新技术产业的聚集区，强调产业发展。而全省高新区均以外延性扩张为主，以招商引资作为主要发展模式。由于各类开发区对于投资项目竞争激烈，许多高新区"捡到篮里都是菜"，在产业选择、投资强度、环保标准等方面并没有严格执行准入政策。由此造成目前陕西省内高新区与经济技术开发区等其他开发区没有显著性差异。

2.3.2 产业驳杂

目前，各高新区的产业定位基本是《国民经济行业分类》（GB/T 4754—2002）中的产业大类，而非具体的产业名称。各高新区也是有意为之，给自己引进企业留下灵活空间。但是，由此造成各个高新区产业重叠，8个省内高新区（西安、杨凌、宝鸡、咸阳、渭南、榆林、安康、延安)中,发展生物医药产业的达到6个,发展装备制造业的有5个,发展新材料产业的有5个。

2.3.3 创新不足

陕西省内高新区,除西安高新区创新能力较强并且正在建设"国家自主创新示范区"外,其他高新区创新能力均不足。陕西省目前有21个国家级孵化器,但是相关能力指标仅强调"面积",相关创业服务功能滞后。陕西省的产学研一体化虽然具有较大资源优势,但高校重论文、轻创新的考核体系,导致老师对于产业化项目缺乏兴趣。在当前知识产权管理体制下,管理者缺乏项目相关的知识,也缺乏市场化的能力,造成高校的多数创新成果报奖后即尘封。军民融合虽然筹划多年,但是军工院所和企业仍然是计划经济下的思维、管理模式,缺乏军用技术民用化、产业化的动力。

2.3.4 体制障碍

高新区建设初期,往往能够获得充分的授权,体制的灵活性较大,因而活力充沛、发展较快。当高新区规模较大以后,首先,由于在地方政府经济社会发展中的重要性加强,地方主管政府开始介入高新区的内部事务管理,导致部分经济管理权限上收,管委会政府化倾向明显。其次,管理规模的扩大,导致管理体制科层化,逐渐失去灵活性,导致效率明显下降。最后,成熟开发区的两区融合问题也逐渐凸显。

2.3.5 配套滞后

高新区在发展初期,管委会只保留经济管理权限,主要任务是经济开发建设。因而诸多高新区的城市建设落后,医院、学校、广场等社会服务、生活功能设施欠缺。在土地规划中,未能充分预留后续社会服务设施建设土地,未来城市功能的完善将面临较大困难,有些先天不足的问题永远难以改善。

3 陕西省"十三五"高新区发展环境

3.1 开发区种类和现状

改革开放以来,各类开发区作为全国经济改革的先行试验区,实行"先放开、后规范"的管理思路,涌现了大量不同种类的开发区。即使在规范整顿之后,各类开发区仍然令人眼花缭乱。虽然各类开发区定位不同,但实际状况与发展目标偏离较大,与高新区存在实质上的竞争关系。本研究将开发区分为三类:一是主体园区,指拥有相应管委会主体的开发区;二是示范园区,指国家管理部门开展的以行政区或主体园区为对象的专业化建设认证项目;三是其他认证称号,是指以特定建设目标命名的建设认证项目。

3.1.1 主体园区

(1) 高新技术产业开发区(科技部主管)(略)
(2) 经济技术开发区(商务部主管)
经济技术开发区是我国历史最悠久的开发区类型,1981年开始批准建设,由商务部主管。最新的建设目标是：成为带动地区经济发展和实施区域发展战略的重要载体，成为构建开放型经济新体制和培育吸引外资新优势的排头兵，成为科技创新驱动和绿色集约发展的示范区[①]。目前，全国有国家级经济技术开发区215个，陕西省有西安经济技术开发区、陕西航空经济技术开发区、陕西航天经济技术开发区、汉中经济技术开发区、神府经济技术开发区等5个国家级开发区，还有16个省级开发区。

（3）国家级新区（发改委主管）

所谓国家级新区，是指新区的成立乃至开发建设都上升到国家战略，总体发展目标、发展定位等由国务院统一进行规划和审核，相关特殊优惠政策和权限等由国务院直接批复，在辖区内实行更加开放和优惠的特殊政策，鼓励新区进行各项制度改革与创新的探索工作。1992年国务院批复了上海浦东新区，其后新区批复工作进展缓慢，但从2010年开始，密集批复了8个国家级新区。2014年，西咸新区获得批准成为国家级新区，建设目标为我国向西开放的重要枢纽、西部大开发的新引擎和中国特色新型城镇化的范例。

（4）自由贸易区（商务部主管）

自由贸易区是指在主权国家或地区的关境内外，划出特定的区域，准许外国商品豁免关税自由进出。2013年8月，国务院正式批准设立中国（上海）自由贸易试验区。2015年4月批复广东、天津、福建3个自由贸易区。西安市正在积极申报丝绸之路经济带"西安自由贸易区"。

（5）保税区（海关主管）

保税区是经国务院批准设立的、海关实施特殊监管的经济区域，包括保税区（12个）、出口加工区（48个）、保税物流园区（5个）、保税港区（13个）、综合保税区（33个）及保税物流中心（29个）六大类。陕西省内有陕西西安出口加工区（西安经济技术开发区）、西安综合保税区（西安国际港务区）、西安高新综合保税区（西安高新）。

（6）文化产业示范（试验）园区（文化部主管）

为推动我国文化产业向规模化、集聚化和专业化方向发展，加快文化产业集聚区建设，文化部自2007年以来共公布了5批10个国家级文化产业示范园区，2011年开始公布3批12个国家级文化产业试验园区。西安曲江新区于2007年列入第一批国家级文化产业示范园区，也是陕西省目前唯一入选者。

（7）县域工业集中区（中小企业局主管）

陕西省共确定了100个重点建设县域工业集中区，规划总面积1051.10平方千米，其中，工业用地规划面积658.89平方千米，占总规划面积的62.69%。2012年已建成面积达到253.68平方千米。目前提出"十二五"末实现县域工业集中区"12381"目标：全省县域工业集中区实现营业收入达到10 000亿元，建设完善200个具有新型工业化特征的县域工业集中区，重点培育30个营业收入过百亿元、80个过50亿元的工业集中区，吸纳就业超过100万人。

（8）大学科技园（科技部、教育部主管）

大学科技园是以研究型大学或大学群体为依托，利用大学的人才、技术、信息、实验设备、文化氛围等综合资源优势，通过包括风险投资在内的多元化投资渠道，在政府政策引导和支持下，在大学附近区域建立的从事技术创新和企业孵化活动的高科技园。从2001年以

---

① 《国务院办公厅关于促进国家级经济技术开发区转型升级创新发展的若干意见》（国办发〔2014〕54号）。

来，共认定 10 批共计 116 个国家级大学科技园。陕西省目前有西安交通大学、西北工业大学、西北农林科技大学、西安电子科技大学等 4 所国家大学科技园。

(9) 国家级旅游度假区（旅游局主管）

国家旅游度假区，是指符合国际度假旅游要求、以接待海外旅游者为主的综合性旅游区，有明确的地域界限，适于集中建设配套旅游设施，所在地区旅游度假资源丰富，客源基础较好，交通便捷，对外开放工作已有较好基础。与国家级风景名胜区等自然保护区域不同，国家旅游度假区属国家级开发区。1992 年国务院批复 11 处，1993 年和 1995 年又进行了两次调整，目前共有 12 个开发区。陕西省尚属空白。

3.1.2 示范园区

(1) 国家自主创新示范区（国务院批复）

国家自主创新示范区是指经国务院批准，在推进自主创新和高技术产业发展方面先行先试、探索经验、做出示范的区域。2009 年开始实施，目前共有北京中关村、武汉东湖、上海张江等高新区和深圳、苏南、天津和长株潭等区域。西安高新区于 2015 年 9 月正式获批国家自主创新示范区。

(2) 国家生态工业示范园区（环保部主管）

国家生态工业示范园区是依据清洁生产要求、循环经济理念和工业生态学原理而设计建立的一种新型工业园区。从可持续发展的高度，将发展生态工业与发挥区域比较优势、提高市场竞争力相结合，将引进高新技术、提高经济增长质量相结合，将区域改造和产业结构调整相结合，将生态保护和区域环境综合整治相结合。目前批准建设 66 家，验收合格 31 家。西安高新区于 2010 年批准建设，并于 2015 年 8 月启动验收工作。

(3) 国家现代农业示范区（农业部主管）

国家现代农业示范区是以现代产业发展理念为指导，以新型农民为主体，以现代科学技术和物质装备为支撑，采用现代经营管理方式的可持续发展的现代农业示范区域，具有产业布局合理、组织方式先进、资源利用高效、供给保障安全、综合效益显著的特征。目前，国家现代农业示范区总数为 283 个。陕西省目前有安康市汉滨区、西安市长安区、渭南市富平县、延安市、宝鸡市陈仓区、西咸新区泾河新城（泾阳）、安康市平利县共计 7 处。

(4) 知识产权试点示范园区（知识产权局主管）

以推进知识产权与产业发展紧密结合为目标，2012 年国家知识产权局重点在国家级园区和省级园区建设"国家知识产权试点园区"，考核指标包括知识产权管理、创造、运用、保护和服务 5 个方面[①]。目前共批准国家知识产权示范园区 17 个，国家知识产权示范创建园区 4 个，国家知识产权试点园区 55 个。陕西省有西安高新区获批建设国家知识产权示范园区。

(5) 国家生态旅游示范区（旅游局主管）

国家生态旅游示范区，是指管理规范、具有示范效应的典型，经过相关标准确定的评定程序后，具有明确地域界线的生态旅游区。2001 年由当时的国家旅游局、国家计委、国家环保总局共同提出，共同制定认定标准，经相关程序共同评定。经规范整顿后，2013 年、

---

① 《国家知识产权试点示范园区评定管理办法》（国知发管字〔2012〕84 号）。

2014年国家旅游局、环保部公布了共计76个国家生态旅游示范区。陕西省有（西安市）世博园、商洛市金丝峡景区入选。

（6）国家商务旅游示范区（旅游局主管）

2015年4月1日开始施行的《国家商务旅游示范区建设与管理规范》（LBT 038—2014），目前有苏州制定的《苏州工业园区创建国家商务旅游示范区技术规范》，正在积极建设。

3.1.3 基地及其他认证

（1）科技企业孵化器（科技部主管）

到2012年，我国共有孵化器1200多家，孵化面积超过4300万平方米，孵化服务人员达2.2万人，在孵企业超过7万家，毕业企业超过4.5万家，解决就业超过143万人，从孵化器毕业后上市的企业累计超过180家。截至2015年4月，陕西省共有21个国家级孵化器，除宝鸡、杨凌、安康各拥有1个孵化器外，其余均在西安市。

（2）国家新型工业化产业示范基地（工信部主管）

国家新型工业化产业示范基地是指以可持续发展为前提，以产业集聚为主要特征，以工业园区为主要载体，主导产业特色鲜明、水平和规模居全国领先地位，在产业升级、"两化融合"、技术改造、自主创新、军民结合、节能减排、效率效益、安全生产、区域品牌发展和人力资源充分利用等方面走在全国前列的产业集聚区。2009年开始，共批准6批共计300个。陕西共有12个，分别是西安经济技术开发区（汽车产业）、西安航天产业基地（军民融合）、西安阎良国家航空高技术产业基地（航空产业）、杨凌农业高新技术产业示范区（农产品深加工）、西安高新技术产业开发区（电子信息）、陕西蔡家坡经济技术开发区（汽车产业）、宝鸡高新区（有色金属）、陕西汉中航空产业园（军民结合）、陕西榆林榆神工业区（新型能源化工）、西安高新区软件园（软件和信息服务）、陕西西咸新区沣西新城（大数据）、西安兵器工业科技产业基地（军民结合）。

（3）创新型产业集群（科技部主管）

2011年7月，科技部发布《关于进一步加强火炬工作促进高新技术产业化的指导意见》，提出通过实施创新型产业集群试点建设工程，推动战略性新兴产业的培育发展和传统产业转型升级。目前，科技部已先后分两批认定了32家创新型产业集群试点；并遴选了39家开展试点培育，陕西省有宝鸡高新区钛产业集群、西安高新区军民融合通信产业集群和杨凌示范区生物产业集群纳入其中。

（4）科技兴贸创新基地（科技部主管）

科技兴贸创新基地是指产业特色鲜明，面向国际化发展，有较强国际竞争力和国际市场开拓能力，注重技术创新，有较强的示范、带动和辐射能力，产业链和配套体系较为完善，或是在战略性新兴产业方面已具备较好基础且发展前景良好的产业聚集区。2006年以来，商务部会同科技部共组织认定了3批58家国家科技兴贸创新基地，陕西省有西安经济技术开发区、西安高新技术产业开发区、宝鸡国家高新技术产业开发区、杨凌农业高新技术产业示范区、西安阎良航空高技术产业基地入选。

（5）国家国际科技合作基地（科技部主管）

国家国际科技合作基地是指由科技部及其职能机构认定，在承担国家国际科技合作任务中取得显著成绩、具有进一步发展潜力和引导示范作用的国内科技园区、科研院所、高等院校、创新型企业和科技中介组织等机构载体，目前全国共计 26 个，陕西省尚无。

（6）国家技术转移示范机构（科技部主管）

2008 年开始，科技部根据《国家技术转移促进行动实施方案》和《国家技术转移示范机构管理办法》，共确定 6 批合计 455 家机构为国家技术转移示范机构，陕西省目前共有 21 家，分别位于西安、杨凌、宝鸡和咸阳。

3.2 发展机遇

3.2.1 "四个全面"整体布局

全面建成小康社会、全面深化改革、全面依法治国、全面从严治党的"四个全面"描绘了实现中华民族伟大复兴中国梦的整体布局和基本方略。特别是全面深化改革，对于重新释放改革红利、提高市场经济效率具有重要意义，目前已经启动的户籍制度改革、行政管理审批改革、利率市场化改革、农村产权流转改革等举措取得了初步成效。以"八项规定"为标志的政治生态治理及大规模的反腐运动，对于遏制政府寻租行为、提高政府工作效率，从而改善企业经营环境具有重要意义。

3.2.2 "新常态"发展理念

自 2014 年 5 月习近平总书记提出"新常态"概念以来，已经确立为今后较长时期的经济发展理念。"新常态"经济发展理念的积极意义在于：一是控制投资速度，有利于逐步消化前期过剩产能，提高经济效益；二是淡化经济增长指标后，高新区敢于拒绝不符合园区定位的产业；三是更加重视创新驱动战略，通过创新机制改革、增加财政投入等措施，形成适应创新驱动发展要求的制度环境和政策法律体系。

3.2.3 "一带一路"建设愿景

2015 年 3 月 28 日，国家发改委、外交部、商务部联合发布了《推动共建丝绸之路经济带和 21 世纪海上丝绸之路的愿景与行动》。其中对于陕西的定位是"发挥陕西综合经济文化优势，打造西安内陆型改革开放新高地"。较强的科技创新实力是陕西在"丝绸之路经济带"中的独特优势，而高新区将成为这一优势的主要载体。2013 年 11 月 28 日，由西安到鹿特丹、热姆、莫斯科"一干两支"的"长安号"开通运行。亚投行成立后的第一个目标就是投入"丝绸之路经济带"的建设，其中一项就是从北京到巴格达的铁路建设。

3.2.4 创新驱动发展战略

金融危机后，国家战略层面日益重视创新发展。2013 年科技部印发《国家高新技术产业开发区创新驱动战略提升行动实施方案》，2014 年国务院办公厅印发《关于促进国家级经济技术开发区转型升级创新发展的若干意见》，对于两类主要开发区均提出了创新发展的要求。2015 年，《中共中央国务院关于深化体制机制改革加快实施创新驱动发展战略的若干意见》提出，面对全球新一轮科技革命与产业变革的重大机遇和挑战，面对经济发展新常态下的趋势变化和特点,面对实现"两个一百年"奋斗目标的历史任务和要求,必须深化体制机制改革,加快实施创新驱动发展战略。

3.3 发展威胁

3.3.1 金融危机后经济衰退效应持续

2008年的金融危机,造成我国经济增速逐步下行,2015年第一季度全国经济增速降到7%,为2009年第一季度以来最低。2015年3月份,我国进出口总额同比下降13.5%,其中出口下降14.6%,进口下降12.3%。2015年第一季度,社会融资规模同比减少8949亿元,全国铁路货物发送量同比下跌约9%,发电量下降3.7%,工业生产者出厂价格同比下降4.6%。2015年4月14日,李克强对当前经济形势进行了定调:"增速等主要指标保持在合理区间"、"下行压力还在持续加大"。2015年第一季度,陕西的经济增速,21世纪以来首次低于全国平均水平,如图19-5所示。

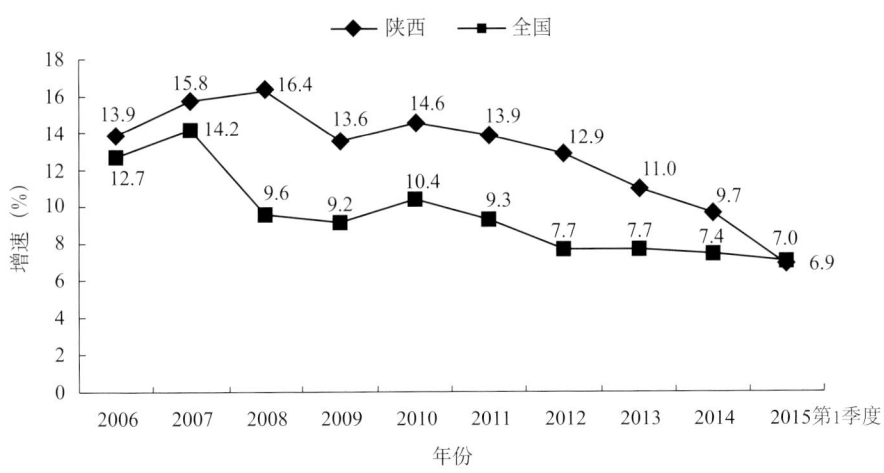

图 19-5 "十一五"以来全国和陕西省经济增速变化

3.3.2 缺乏促进经济增长的技术变革

按照熊彼特的创新理论,革命性的创新是导致经济呈现周期性增长的主要原因。最新一轮世界经济增长可以归因于冷战结束后带来的经济全球化:世界贸易组织的建立导致世界各国形成更高效率的分工形式,生产要素的自由流动提高了资产的配置效率,发达国家的创新溢出效应造就了新兴经济体。而当前尚未出现能够引领世界经济走出金融危机低谷的技术创新,世界经济可能进入低速增长区域。

3.3.3 深化改革没有取得实质性突破

党的十八届三中全会审议通过了《中共中央关于全面深化改革若干重大问题的决定》,但目前经济体制改革尚未取得根本性突破,调结构、转方式步履仍显艰难。新一届政府在坚持了两年多后未能摆脱对房地产业的依赖,2015年3月30日发出"救市"的信号:央行、住建部、银监会联合发文将二套房首付比例降低至四成;财政部、国家税务总局也下发通知,个人将购买2年以上(含2年)的普通住房对外销售的,免征营业税。

3.3.4 生产要素价格上涨,各种红利消失

改革开放后,我国能够实现30年的高速增长,与改革红利、人口红利、资源红利密切相关,这些红利都面临着逐渐消失的问题。目前,经济体制改革能够继续深入改革的余地较小;随着新增劳动力人数显著下降,多地出现民工荒,迫使用工成本不断上升,人口红利也逐步消失;对于经济低碳发展要求的提高,我国高消耗的发展模式也将会受到诸多限制。未来,东南亚新兴经济体将以较低的生产要素价格对我国制造业形成挑战。

4 陕西省"十三五"高新区战略目标

4.1 政策依据

"十三五"时期陕西省高新区的发展,必须符合国家的规范性政策,充分利用国家的支持性政策,如表19-4所示。建设目标必须围绕国家对于高新区的最新定位:自主创新的战略高地,培育和发展战略性新兴产业的核心载体,转变发展方式和调整经济结构的重要引擎,实现创新驱动与科学发展的先行区域,抢占世界高新技术产业制高点的前沿阵地[①]。

表19-4 相关政策文件

序号	类别	文件标题
1	总体规划	国家中长期科学和技术发展规划纲要(2006—2020年)(国发〔2005〕44号)
2		关于印发国家中长期科技人才发展规划(2010—2020年)的通知(国科发政〔2011〕353号)
3		国务院关于印发国家重大科技基础设施建设中长期规划(2012—2030年)的通知(国发〔2013〕8号)
4	总体规划	陕西省人民政府关于印发陕西省中长期科学和技术发展规划纲要(2006—2020年)的通知(陕政发〔2006〕41号)
5		关于印发陕西省中长期人才发展规划纲要(2010—2020年)的通知(陕发〔2010〕6号)
6	产业规划	国务院办公厅关于加快新能源汽车推广应用的指导意见(国办发〔2014〕35号)
7		国务院关于加快科技服务业发展的若干意见(国发〔2014〕49号)
8		国务院关于推进文化创意和设计服务与相关产业融合发展的若干意见(国发〔2014〕10号)
9		国务院关于印发物流业发展中长期规划(2014—2020年)的通知(国发〔2014〕42号)
10	基础建设	国务院办公厅关于加强城市地下管线建设管理的指导意见(国办发〔2014〕27号)
11		国务院办公厅关于进一步加强棚户区改造工作的通知(国办发〔2014〕36号)

① 《国家高新技术产业开发区创新驱动战略提升行动实施方案》(国科发火〔2013〕388号)。

续表

序号	类别	文件标题
12	融资支持	国务院办公厅关于多措并举着力缓解企业融资成本高问题的指导意见（国办发〔2014〕39号）
13		国务院关于创新重点领域投融资机制鼓励社会投资的指导意见（国发〔2014〕60号）
14		国务院关于进一步促进资本市场健康发展的若干意见（国发〔2014〕17号）
15		国务院关于印发社会信用体系建设规划纲要（2014—2020年）的通知（国发〔2014〕21号）
16	税费减免	国务院办公厅关于进一步加强涉企收费管理减轻企业负担的通知（国办发〔2014〕30号）
17	环境保护	国务院办公厅关于进一步推进排污权有偿使用和交易试点工作的指导意见（国办发〔2014〕38号）
18	科技创新	中共中央国务院关于深化体制机制改革加快实施创新驱动发展战略的若干意见（中发〔2015〕8号）
19		国务院办公厅关于转发知识产权局等单位深入实施国家知识产权战略行动计划（2014—2020年）的通知（国办发〔2014〕64号）
20		国务院关于国家重大科研基础设施和大型科研仪器向社会开放的意见（国发〔2014〕70号）
21		国家高新技术产业开发区创新驱动战略提升行动实施方案（2020年）（国科发火〔2013〕388号）
22		国务院办公厅关于发展众创空间推进大众创新创业的指导意见（国办发〔2015〕9号）
23	规范管理	国务院关于促进市场公平竞争维护市场正常秩序的若干意见（国发〔2014〕20号）
24		国务院关于改进加强中央财政科研项目和资金管理的若干意见（国发〔2014〕11号）
25		国务院关于加强地方政府性债务管理的意见（国发〔2014〕43号）
26		国务院关于取消和调整一批行政审批项目等事项的决定（国发〔2014〕50号）
27		国务院关于深化预算管理制度改革的决定（国发〔2014〕45号）
28		国务院印发关于深化中央财政科技计划（专项、基金等）管理改革方案的通知（国发〔2014〕64号）
29	社会管理	国务院关于建立统一的城乡居民基本养老保险制度的意见（国发〔2014〕8号）
30		国务院关于进一步推进户籍制度改革的意见（国发〔2014〕25号）
31	参考文件	国务院办公厅关于促进国家级经济技术开发区转型升级创新发展的若干意见（国办发〔2014〕54号）

陕西省"十三五"规划征求意见稿提出：统筹考虑产业链、技术链、创新链、资金链、服务链的有机融合，加快科技与金融、科技与文化、科技与实体产业的融合发展，推进统筹科技资源改革、军民融合发展、关中创建国家自主创新试验区等重大工程建设，努力提升基础研究能力、创新能力、转化能力，逐步使"陕西研发"、"陕西智造"成为经济发展的主动力。

2014年，陕西省科技厅颁布的《关于促进科技园区和创新平台发展的意见》提出，2017年陕西高新区的发展目标主要有：力争新升级国家级高新区2个，新建省级高新区10个。

进一步加快安康高新区建设,支持其升级为国家级高新区;新建汉中、府谷等一批省级高新区。其中的数量化目标较高,基本可以作为"十三五"期末目标。

4.2 指导思想

通过深化改革提高服务效率、加大技术引进聚集高新技术产业、优化创新要素捋顺创新流程、强化公共设施完善城市功能四大措施,实现经济总量增长、产业结构优化、创新能力提升、产城融合发展四大目标。提升科技在陕西经济发展中的贡献度,建设创新型省份,确保实现"新常态"下陕西经济保持中高速增长的目标。

4.3 发展任务

①经济总量:保持经济增速高于全省平均水平,在全省经济总量中的占比不断扩大,在"新常态"阶段成为全省经济增长的主要引擎。

②产业结构:利用新技术改造传统产业,壮大高新技术产业,发展现代服务业,形成全省战略性新兴产业和现代服务业的聚集地,引领全省产业的高级化发展。

③创新能力:完善产学研一体化创新体系,增强科技企业孵化器的软件建设,促进军工科研能力转变为生产力,成为建设创新型省份的核心驱动力量。

④城市建设:深化改革促进两区融合发展,适度超前规划城市基础设施,加快完善社会功能,把高新区建设成为展示当地城市发展水平的"名片"。

4.4 发展指标

陕西省高新区"十三五"时期宏观层面的总体发展目标,经权衡指标的重要性和数据的可得性,选取四大类共计8个指标。由于缺乏准确的基线统计数据,因此根据"十二五"末预估数、《国家高新技术产业开发区创新驱动战略提升行动实施方案》中对于三类园区2021年验收标准,以及陕西省科技厅发布的《关于促进科技园区和创新平台发展的意见》文件等3个基准,概算得出"十三五"发展指标数值,如表19-5所示。该发展指标仅有指导意义,不宜作为考核指标。

表 19-5 陕西省高新区"十三五"主要发展指标

序号	大类	指标	数值	依据
1	园区建设	新建省级高新区	10 个	《关于促进科技园区和创新平台发展的意见》
2	园区建设	升级国家级高新区	2 个	《关于促进科技园区和创新平台发展的意见》
3	经济发展	营业收入	30 000 亿元	2013 年 7 个高新区营业收入总计超万亿元,2014 年西安高新区营业收入超万亿元。"十二五"末预计在 15 000 亿元左右。目前年增速一般为 10%~14%
4		占全省 GDP 比重	20%	2013 年达到 15%,并考虑园区数量增加及经济增速高于全省水平

续表

序号	大类	指标	数值	依据
5	产业结构	服务收入占营业收入比例	40%	《国家高新技术产业开发区创新驱动战略提升行动实施方案》提出，三类高新区2020年的目标分别为50%、35%和25%，考虑到西安高新区在全省的较大比重，因此指标接近"世界一流园区"，下同
6		区内经认定高新技术企占企业总数比例	40%	国家对创新型科技园区和创新型特色产业园区的目标为35%和30%
7	创新能力	企业研发投入占销售收入比例	6%	国家对"世界一流园区"即西安高新区的目标为8%。
8		万人年新增发明专利授权	35件	国家对"世界一流园区"和创新型科技园区的目标分别为40件、25件

5 陕西省"十三五"高新区战略措施

5.1 优化园区空间布局，加快园区建设步伐

5.1.1 鼓励具有条件市（县）新建高新区

目前，全国省级高新区数量约为140家，略高于国家级高新区的数量，考虑到省级高新区升级为国家级高新区后数量的减少，"十三五"期间陕西省应该新设10个左右的省级高新区。鼓励在以下区域设立高新区：一是目前尚无高新区的市，如汉中市、商洛市、铜川市；二是新建的城市新区，如铜川新区、延安新区；三是具有较好产业基础的省级经济技术开发区，如宝鸡蔡家坡经济技术开发区、宝鸡眉县科技工业园；四是经济发展迅速的县域，如榆林神木县、延安吴起县、咸阳兴平市、渭南韩城市和富平县等；五是具有特色原材料基础，可以开展后续高科技后加工的地区，如安康平利、商洛丹凤的茶叶、中药材资源，渭南市华县的有色金属资源等；六是具有特色科技资源的区域，如西安浐河经济开发区与航天四院毗邻，有利于建设军民融合的特色高新区；七是已经形成的工业基地，如洛川交口河镇的延长集团炼化基地；八是尚未建立大学科技园，但具有创新能力的大学，与当地政府合作建立高新技术产业开发区，如延安大学、陕西理工学院、商洛学院等。

5.1.2 鼓励省级高新区升级为国家级

从"一带一路"的定位来看，陕西应该发挥更大的科技创新引领作用。目前升级国家级高新区的瓶颈问题是全省仅有安康、延安、府谷、盘龙4个省级高新区，升级国家级高新区的后备力量不足。"十三五"期间，安康高新区有望成为陕西第7个国家级高新区。但新设立的省级高新区基础薄弱，在"十三五"期间升级为国家级高新区的难度很大。因此，"十三五"期间应该致力于后备力量的培育，选取3个左右有潜力的省级高新区进行重点扶持，力争在"十三五"期末基本达到国家级高新区的要求。

5.1.3 分类指导高新区开展专业化建设

支持西安高新区创建世界一流园区及国家自主创新示范区，完成国家生态工业示范区验收，扩大国际化合作、提升自主创新能力。支持宝鸡高新区创建创新型科技园区，提高钛产业集群的科技水平，基本形成以创新驱动发展模式。鼓励其他国家级高新区创建创新型特色产业园区，申报国家生态工业示范园区、创新型产业集群、国家新型工业化产业示范基地等建设项目，以建设专业化园区、基地为契机，有重点地逐步提升园区发展水平。

5.2 强化高新战略定位，建设特色鲜明园区

5.2.1 突出"高"、"新"特色

习近平总书记提出：高新区就是又要高又要新，高是高水平，新是新技术，要体现高新含量，不能搞粗放经营，什么"菜"都装进高新区的筐子里[①]。在产业选择上，主要立足于本地的资源禀赋条件，选择具有较高科技含量的比较优势产业，避免低级产业造成的二次调整。在科技创新上，融合当地科技资源提升高新区创新能力，通过孵化科技型企业实现新技术的产业化，运用新技术开发企业的新产品、新工艺。

5.2.2 细化新兴产业定位

高新区的产业定位，应该从产业大类细化到产业名称，实现专业化、集群化发展。例如新材料产业，宝鸡高新区应当围绕"钛"做文章，进一步细化为打造中国"钛谷"；安康高新区应当以钒氮资源为支撑发展合金材料及其制品；渭南高新区应当以"钼"为核心发展有色金属的深加工；咸阳高新区以西北橡胶研究院为核心发展橡胶密封、特种橡胶。通过细化产业定位，实现陕西省高新区产业的差异化发展。

5.2.3 改造升级传统产业

李克强总理在 2015 年政府工作报告中首次提出，"制定'互联网+'行动计划，推动移动互联网、云计算、大数据、物联网等与现代制造业结合，促进电子商务、工业互联网和互联网金融健康发展"。《中国制造业发展纲要（2015—2025 年）》已完成规划初稿，工业 4.0 将上升为国家战略。工业 4.0 强调"智能制造"，在生产要素高度灵活配置条件下大规模生产高度个性化产品，因此，数字技术在其中至关重要，物联网、数据网等将成为未来工业的基础。利用互联网技术改造传统产业，形成新的业态，并耦合成为新的制造网络，是产业升级的主要方式[②]。

5.2.4 发展科技服务业

以现代科学技术特别是信息网络技术为主要支撑，以新的商业模式、服务方式和管理方

---

① 中华人民共和国中央人民政府网站.习近平：高新区就是又要高又要新 [EB/OL]. http://www.gov.cn/ldhd/2013-08/29/content_2476874.htm.

② 张玉臣，李晓桐.中国高新技术改造传统产业企业技术创新效率测算及其影响因素——基于超越对数随机前沿模型的实证分析 [J].技术经济，2015，34（3）：18-26，111.

法，形成新的服务业态。充分发挥市场在资源配置中的决定性作用，以支撑创新驱动发展战略实施为目标，以满足科技创新需求和提升产业创新能力为导向，通过健全市场机制、强化基础支撑、加大财税支持、拓宽资金渠道、加强人才培养、深化开放合作等措施，重点发展研究开发、技术转移、检验检测认证、创业孵化、知识产权、科技咨询、科技金融、科学技术普及等专业科技服务和综合科技服务，提升科技服务业对科技创新和产业发展的支撑能力[1]。

5.3 深化园区体制改革，提高管理服务效率

5.3.1 落实行政审批制度改革

由于优惠政策受到限制，高新区只有通过提高服务效率、提供良好发展环境吸引企业。2014年开始实施的《国务院关于取消和调整一批行政审批项目等事项的决定》，对于高新区有利有弊：弊端是一些审批权下放，加大了开发区的工作量；益处是可能成为提高开发区服务效率的契机。另外，尽快落实2014年12月3日国务院会议决定，实施科研项目经费管理改革、非上市中小企业通过股份转让代办系统进行股权融资、扩大税前加计扣除的研发费用范围、股权分红激励和职工教育经费税前扣除、科技成果使用处置和收益管理改革等对高新区发展重大利好政策。

5.3.2 保证管委会管理权限

在国家政策允许的限度内，充分保证高新区拥有的经济权限。把高新区作为行政体制改革的先行区，赋予其在规划、建设、土地、财政、工商、税务、项目审批、劳动人事、进出口等方面拥有必要的经济管理权限，以及机构设置权限。管委会作为高新区日常管理机构，应把管理的重点放在规划、指导、协调、监督和服务上，积极创造有利条件，吸引和扶持各种社会力量，建立与政府完全脱钩、自主经营的各种中介服务组织和社会服务机构，逐步扩大购买公共服务范畴。

5.3.3 实行动态化园区管理体制

根据高新区开发成熟程度，实行动态的园区管理体制。对于尚处于开发阶段的高新区，依然实行经济事务与社会事务分离的管理体制。对于发展已经比较成熟的高新区，或者高新区内已经完成开发建设的区域，社会服务能力的建设成为主要工作内容，应当逐步实施"政区合一"制度[2]。可以采取行政区将社会事务托管给高新区的方式，或者更进一步将高新区升级为政府部门，拥有全部管理职能。成熟一块，融合一块，以街道办事处为单位逐步推进。

---

[1] 《国务院关于加快科技服务业发展的若干意见》（国发〔2014〕49号）。
[2] 胡彬. 开发区管理体制的过渡性与变革问题研究——以管委会模式为例 [J]. 外国经济与管理，2014，36（4）：72-80.

5.4 完善科研创新环境,提升园区创新能力

5.4.1 强化园区创新体系

高新区创新体系可以分为两类:第一类是自主创新,指高新区内产生的创新成果。以科研院所为主体产生的全新技术,通过孵化器进行产业化,成为新设企业;以企业为主体产生的技术进步,一般在企业内就地转化,表现为生产技术的提高。第二类是技术引进,指高新区外产生的创新成果,如果是技术改良,则进入相关企业转化。如果是已经具备产业化的技术,则表现为招商引进企业;如果是尚未成熟的技术,则进入孵化器进行产业化[1]。高新区目前主要以招商引资设立新企业作为主要创新手段,"十三五"期间应当强化其他创新路径,完善创新体系,如图19-6所示。

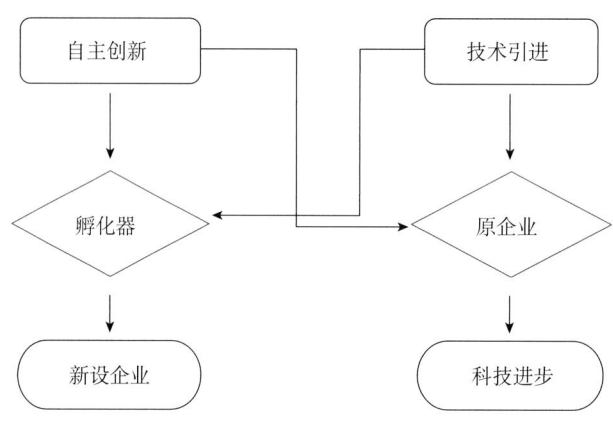

图 19-6 高新区创新体系示意

5.4.2 改革科研评价办法

高校知识产权管理的体制障碍已经成为当前产学研一体化中的瓶颈因素。逐步改变高校以论文作为职称评定主要指标的做法,提高科技成果产业化的评价等级,引导高校致力于能够推动技术进步的科研创新。改革高校知识产权管理办法:一是科研成果由科研处管理变更为由具有进行产业化能力的校属公司进行管理;二是提高科研项目组在职务发明中的知识产权占有比例,激励高校教师进行技术创新,并积极配合促进科研成果的产业化[2]。

5.4.3 完善企业孵化器建设

耦合政府部门、创投机构、科研机构及在孵企业等主体,优化、整合创新要素,全面提升孵化器的交流、共享、融资、培训四大功能。定期举办交流活动,为在孵企业提供互相交流及与创业导师、投资者、政府有关人员交流的平台;构建网络共享平台,支持网络内成员共享最新信息、先进技术等资源;打造科技金融信息服务平台,集聚、整合科技

---

[1] 王峰. 我国国家高新区自主创新能力培育与测试研究[D]. 长春:吉林大学,2010.
[2] 黄亦鹏,刘鑫,朱艳,等. 国内高校知识产权管理机构现状及前瞻研究[J]. 科技管理研究,2013(5):96-99.

企业与各金融机构等信息与政策资源；为在孵企业提供管理理念、税收政策、法律知识、营销策略等方面的培训，增强入孵创业公司的创业认知、市场机会捕捉能力及知识协调能力①。

5.4.4 促进军民融合发展

支持高新区积极申报军民融合类型的新型工业化产业示范基地。围绕工信部每年发布的《军用技术转民用推广目录》，通过股权投资、风险投资、技术转让、合作开发等多种形式，引进先进技术或者企业，努力研究，开发满足市场需求的民用产品。围绕年度《军事训练器材与先进技术需求汇总表》，鼓励企业自主创新研究，承担装备预研计划中应用基础与应用开发研究，鼓励企业参加军选民用产品招标竞争②。

5.5 增强城市功能建设，推进产城深度融合

5.5.1 科学制定城市规划

利用高新区处于城市区域的优势，建设宜居城区，吸引优秀人才聚集。城市规划要充分考虑未来发展趋势，基础设施建设规模要适度超前。工业区的规划设计，要考虑到与生活区协调发展，并充分预留出学校、医院、停车场、广场等公共服务用地。坚持先地下、后地上，先规划、后建设，科学编制城市地下管线等规划，对城市地下管线实施统一的规划管理。合理安排建设时序，提高城市基础设施建设的整体性、系统性③。

5.5.2 促进城乡统筹发展

高新区的发展必须注重社会生态平衡，使处于不同社会生态层次的各阶层能够公平地参与环境与资源的管理分配、合理地占用资源，以实现社会各主体和谐共生④。建立统一的城乡居民基本养老保险制度，提高区内员工社会保障的覆盖率⑤。统一城乡户口登记制度，全面实施居住证制度⑥。城市棚户区的改造用地，必须完成由集体土地向国有土地的性质转换，避免产生"小产权"住房；鼓励配建商业用房统一经营，按照拆迁户的股权分红，保障拆迁户的稳定收入。加强转移人口的就业培训、指导，开发劳动力资源，解决劳动力总数下降带来的供需缺口⑦。

---

① 张宇，麦晴峰，段琪. 新一代科技企业孵化器战略联盟形成及运营机制研究 [J]. 科技进步与对策，2015，32（6）：100-104.
② 总装备部、国家国防科技工业局、国家保密局，《关于加快吸纳优势民营企业进入武器装备科研生产和维修领域的措施意见》（装计〔2014〕809号）.
③ 《国务院办公厅关于加强城市地下管线建设管理的指导意见》（国办发〔2014〕27号）.
④ 张琳. 社会生态平衡：新时期城乡社会保障统筹发展的思考 [J]. 金融与经济，2015（2）：73-75，32.
⑤ 《国务院关于建立统一的城乡居民基本养老保险制度的意见》（国发〔2014〕8号）.
⑥ 《国务院关于进一步推进户籍制度改革的意见》（国发〔2014〕25号）.
⑦ 《国务院办公厅关于进一步加强棚户区改造工作的通知》（国办发〔2014〕36号）.

5.5.3 建设公共租赁房

通过公共租赁房建设，提升高新区用工环境，避免员工居住区与生产区距离较远产生的大量交通需求而造成的拥堵。充分利用国家保障性住房补贴资金、园区财政投入、使用企业预付租金、社会融资等各项资金来源，加快建设公共租赁房，"十三五"期末力争实现员工覆盖率达到 10% 以上。公共租赁房的保障范围应该包括所有区内工作人员，类型分为家庭使用的小型单元房和单身职工的集体宿舍。租赁形式以企业集体租赁为主，员工自主租赁为辅。制定公共租赁房的进入、退出办法，实现高效流转，成立第三方管理机构进行日常管理。

5.5.4 严格实施环境保护

根据"十三五"主要污染物总量减排、能耗降低的分解目标，制定相应措施。支持高新区创建生态工业示范园区、循环化改造示范试点园区等绿色园区，依据《环境保护综合名录》，严格资源节约和环境准入门槛，提高能源资源利用效率，减少污染物排放，防控环境风险。有天然气供给的高新区，逐步改造原有以煤为原料的市政供暖设施，新建区域全部以天然气作为市政取暖原料，减少冬季 $PM_{2.5}$ 污染。

5.6 优化各类支撑体系，夯实园区发展基础

5.6.1 提高土地利用效率

严格土地管理，严控增量、盘活存量，坚持合理、节约、集约、高效开发利用土地。加强土地开发利用动态监管，对布局散乱、利用粗放、用途不合理、闲置浪费等低效用地进行再开发，探索存量建设用地二次开发机制。鼓励逐步提高单位土地的投资强度要求，未达到投资强度的进入标准化厂房。适度增加集约用地程度高、发展潜力大的高新区建设用地供给[①]。

5.6.2 增强金融服务能力

落实国家最新要求，高新区的基础设施建设以发行债券融资为主，经营性项目以市场化融资为主[②]。各高新区可以尝试设立政策性融资担保公司，应对省级财政发行债券的效率不足及限制政府担保债务的新政策。在公共服务、资源环境、生态保护、基础设施等领域，积极推广政府和社会资本合作（PPP）模式，引入社会资本，增强公共产品供给能力[③]。鼓励企业利用证券市场融资，鼓励社会资金设立融资担保公司、风险投资公司、村镇银行等金融机构，增强金融服务能力。

5.6.3 优化人才发展环境

提高科研人员成果转化收益比例，提高骨干团队、主要发明人受益比例。将职务发明成

---

① 《节约集约利用土地规定》，中华人民共和国国土资源部令，第 61 号，2014 年。
② 《国务院关于加强地方政府性债务管理的意见》（国发〔2014〕43 号）。
③ 《国务院关于创新重点领域投融资机制鼓励社会投资的指导意见》（国发〔2014〕60 号）。

果转让收益在重要贡献人员、所属单位之间合理分配，对用于奖励科研负责人、骨干技术人员等重要贡献人员和团队的收益比例，可以从现行不低于20%提高到不低于50%。鼓励各类企业通过股权、期权、分红等激励方式，调动科研人员创新积极性[①]。以营造良好创新创业生态环境为目标，以激发全社会创新创业活力为主线，以构建众创空间等创业服务平台为载体，加快形成大众创业、万众创新的生动局面[②]。

5.6.4 扩大对外开放力度

围绕陕西在"一路一带"中的定位："打造丝绸之路经济带新起点，建设内陆改革开放高地"，发挥西安高新区引领作用，带动关中高新产业带融入"一路一带"建设。利用陕西省制造业水平与中亚地区产品需求相匹配的优势，重点建设向西开放的外向型经济。与东部地区开展积极合作，承接东部地区的高新技术产业转移，依托西安国际港务区和4个海关特殊监管区，积极探索内陆地区开展自由贸易的新模式。

5.7 建立动态监测指标，指导园区均衡发展

5.7.1 指标体系

为实现和国家级高新区建设目标相统一，同时减少省内高新区统计工作量，直接使用科技部对于高新区的评价指标。指标体系分为两个部分：一是依照《国家高新区评价指标体系》，对于省内全部高新区的创新发展水平进行动态监测；二是将科技部"三类园区"战略提升行动目标中关于2021年绩效评估的量化指标，以"十二五"末实际完成指标为基准，分解为年度进度指标并赋予权重，对于省内国家级高新区按照世界一流高科园区、创新型科技园区、创新型特色园区分类监测。

5.7.2 监测办法

建立数据库及网络报送平台，对于指标体系中的统计类指标，由高新区相关职能部门按期填写报送；聘用第三方独立评价机构，对于指标体系中的定性指标和调查指标，进行年度评估，并编写总体评估报告。

5.7.3 指导措施

对于评估结果进行公示，并设置总体排名和进步最快两类奖项，建议由省政府进行奖励。根据评估结果和区域发展需求，对高新区进行针对性指导，督促省内国家级高新区在"十三五"末达到国家要求的建设目标。对于进度严重滞后的高新区，由科技厅和主管政府进行协调沟通，帮助解决其中的瓶颈因素，在申报国家级和省级项目时可以适当倾斜。

---

① 《中共中央国务院关于深化体制机制改革加快实施创新驱动发展战略的若干意见》（中发〔2015〕8号）。
② 《国务院办公厅关于发展众创空间推进大众创新创业的指导意见》（国办发〔2015〕9号）。

第二十篇

陕西省"十三五"科技创新平台建设战略研究

组织单位：陕西省科学技术厅发展计划处
课题承担单位：西安理工大学
课题负责人：甘　凯
课题组成员：王　瑞　祝明伟　张　伟　张长征　赵　欣　王　艾
　　　　　　李　娜

引　言

"十三五"时期是陕西省强力推动创新驱动发展战略、全面深化改革的5年，也是建设富裕陕西、和谐陕西、美丽陕西的重要战略机遇期。制定"十三五"科技创新平台建设战略研究工作，是陕西省全面落实党的十八大及十八届三中、四中全会精神的重要举措，也是全面推进"三个陕西"建设的具体部署，是优化科技资源区域布局、促进科技资源协调发展的重要抓手。科技创新平台已经成为经济转型升级的新引擎、围绕产业链布置创新链的新模式、促进科技服务的新途径。

科技创新平台是科技创新体系建设的途径与载体，是服务于全社会科技进步与创新的基础支撑体系。首先，科技创新是提高社会生产力和综合国力的战略支撑，而科技创新平台则是实施创新驱动发展战略的重要内容，是推动科技与经济结合的根本举措；其次，企业群是技术创新的主体，产业链是新的经济增长点和动力源，科技创新平台则是促进企业集群、提升产业升级的重要支撑与基础要素；最后，科技创新平台作为科技服务业的重要组成部分，是政府发挥公共科技职能，统筹整合科技资源，完善科技体制改革的重要内容与有效措施，也是提高科技自身发展与创新能力的基本路径，对全面提高陕西省科技创新综合实力和竞争力，充分发挥陕西省科技资源优势，加快经济发展和结构调整步伐，实现建设"西部强省"和构建"创新型陕西"，推进"科技资源统筹"，加快富民强省进程十分重要。

1　国内外科技创新平台建设发展现状

1.1　科技创新平台内涵

平台最早是一个工程概念，从20世纪初汽车生产中大批量的流水作业到30年代的航空工业开发 DC3，被逐渐引入到管理思想与实践之中，出现了产品平台、技术平台、创新平台等平台类型。1999 年，美国竞争力委员会在《走向全球：美国创新新形势》的研究报告中，提出了创新平台（platform for innovation）的概念，即创新平台是创新过程中不可或缺的要素，包括创新基础设施、人才、前沿研究成果、资本条件、相关法律法规、促进理念向创造财富的产品和服务及使创新者的投资能够收回的市场准入政策和知识产权保护制度等。欧洲创新环境研究小组随后又提出了自主技术创新平台的概念，指出职能组织平台、支柱产业平台、核心技术平台是其主要的实体平台。

本文认为，科技创新平台是具有提供科研基础条件、设计重大创新课题、承担科技攻关任务、实施科技成果推广、服务广大企业、锻炼培养创新人才等功能的重要创新载体。

1.2 国外科技创新平台发展状况

目前，国外对科技创新平台的发展主要有以下主流观点。

（1）科技创新平台在研发方面的发展

国外认为的研发平台包括重点实验室、工程研究中心和中试基地，在这方面的相关研究主要有：Diana 和 Katz（1996）指出美国科学研究的重点是在国家目标和需求牵引下的基础研究，是一种目标需求主导型的模式，美国国家实验室的建设与发展历程是这一模式形成的主要原因；Behara Ravi S. 等（2008）指出学习型实验室的环境有利于隐性知识的获取，给出了适合于信息和知识密集型服务组织内部的知识管理方法。在实践方面，美国微软公司构筑起了强大的技术创新体系，如在世界各地设立的微软技术研究院吸纳了全球范围内最优秀的软件设计人才。微软依靠其技术创新平台及时跟踪和了解全球技术创新的脉搏，使其创新更具效率和效果。

（2）科技创新平台在产业化方面的发展

国外各类产业化平台建设起步较早，成效显著。美国、英国、日本等发达国家，都制定了发展本国科技园、孵化器等平台的规划和战略，采取各种措施，加速本国科技与经济的发展。以色列发展高新科技产业的"孵化器计划"成就瞩目，通过实施激励政策、优化孵化政策等，推进了以色列科技成果产业化的进程，其高科技企业总数仅次于美国，在纳斯达克上市的高科技企业数量位居世界第 3 位，仅次于美国和加拿大。

在理论研究方面，Johnson 和 Ravipreet 指出创新平台提高了企业的合作能力和学习能力，基于平台的学习活动使企业内部的关系变得更加高效、稳定，且富有成效；Nicolas 和 Kara 指出创新平台是企业创新的动力和基础，企业可以基于创新平台从众多产品中选取最可能获得商业化成功的产品进行开发，另外，不同的企业也可以基于同一平台创造新产品、产生新技术，创新平台在高新技术企业中具有广泛的运用前景。

（3）科技创新平台在公共服务方面的发展

国外公共科技创新服务平台的发展主要是围绕实践展开的。在美国，政府推行了科学数据开放共享国策（资源共享平台），财政部设立了专项资金连续支持数据中心群的建设，并利用法律手段保障信息的畅通。据有关统计，在数据共享国策实施的 10 年间，美国经济年平均增长率后 5 年比前 5 年增长了 1.1%，其中 0.5% 是由于数据和信息的流通和应用所产生的。在欧洲，欧盟委员会利用"创新和中小企业计划"的资助，建立了覆盖整个欧洲的68个技术合作与转移中心，这些中心通过互联网结成了资源共享和服务协作的网络伙伴关系，目前已成为欧洲技术合作与转让网络体系的典范。在英国，政府多年来一直强调把建设一流的科技基础设施作为优先选择和重点任务。英国政府投入了17.5亿英镑用于改善英国大学的科学文献数据库、仪器、设备等基础性公共设施。在日本，政府通过国会特别拨款和预算补助等投入方式，大规模投资改善国立研究机构的设施和设备。日本早在2001年的《科学技术白皮书》就把"加强科技基础条件平台建设"作为"科技体系改革"的重要内容。日本公共服务平台建设的目标和重点是有计划、有重点地改进以信息和通信为基础的国家信息基础设施、科研设施和科研条件，全面提升产业竞争力。另外一个成功的案例是荷兰内阁拨款8亿欧元作为支持创新教育和研究的基金，建立了为创新战略计划提供保障的科技创新平台，大大促进了企业与公共知识机构之间的合作交流，使科技政策得到升级，推进了荷兰知识经济的发展。

1.3 国内科技创新平台建设发展现状

在我国，科技创新平台是国家创新体系的重要组成部分，是全社会开展科学研究与技术开发活动的物质基础和重要保障，是深化科技体制改革的重要举措，也是推进政府职能转变、提升科技公共服务水平的有力抓手。

我国的科技创新平台目前可以归结为由研发和实验平台、产业化平台和公共服务平台三大子平台组成，其中研发和实验平台包括了重点实验室、中试基地、工程（技术）研究中心等，产业化平台包括了企业孵化器、科技园区、产业基地等，公共服务平台包括了生产力促进中心、行业检测服务机构、技术转移交易机构等。

（1）我国科技创新平台发展阶段

2004年7月《2004—2010年国家科技基础条件平台建设纲要》的发布，以及2011年7月国家科技部发布《国家科技基础条件平台认定指标》和《国家科技基础条件平台运行服务绩效考核指标》开展国家科技基础条件平台认定和绩效考核工作，可以作为两个科技创新平台建设的标志性事件，将我国科技创新平台的建设发展分为3个主要阶段，分别为科技创新平台建设试点阶段、科技基础条件平台建设阶段和技术创新服务平台建设阶段。

第一阶段——科技创新平台建设试点阶段。从20世纪90年代末至2004年，国家层面主要包括科学数据共享工程试点平台、国家科技图书文献中心（NSTL），以及国家七大区域的大型科学仪器共享网的建设等。地方层面与国家对应，主要内容为推进科技文献、科学数据和科学仪器资源的利用和共享，如上海市开展的"一网两库"的建设。此外，技术创新服务平台的早起形态也已经在多个地方出现，如上海市早在20世纪90年代末，就在生物医药产业集中的张江地区开始布局新药安全评价中心、药物代谢中心等服务平台，这些平台在生物医药产业发展中发挥了巨大的推动作用。

第二阶段——科技基础条件平台建设阶段。从2004年国务院转发科技部等四部委制定的文件开始，到2011年科技部开展科技平台绩效考核止，为科技基础条件平台建设时期。主要通过项目投入的方式，推动科技基础条件资源的整合与共享，关注重点集中在科技文献资源、大型科学仪器资源、科学数据资源、自然科技资源及网络条件等基本科技基础条件的整合和共享。国家共投入建设了20多个科技基础条件平台，如国家微生物资源平台、标准物质资源共享平台、人口与健康科学数据共享平台、大型科学仪器中心和科技图书文献中心等，这些平台在科技资源整合和共享方面，发挥了不可替代的作用。在国家的指导下，各省市也积极开展科技基础条件平台的建设，同时为满足地方经济发展对科技资源的需求，许多省市开始构建面向企业和产业发展开展科技资源服务的科技平台。

第三阶段——技术创新服务平台建设时期，也可称为技术创新的科技公共服务体系完善期。国家方面，科技创新平台建设已纳入国家"十二五"规划，并不断开展科技创新平台的理论与运行管理的研究；2011年7月科技部发布《国家科技基础条件平台认定指标》和《国家科技基础条件平台运行服务绩效考核指标》，并以此为依据开展国家科技基础条件平台认定和绩效考核工作，这是规范科技创新平台运行管理、深化平台共享服务的有力抓手，通过国家科技平台的认定和考核，规范了国家科技创新平台的建设与运行规范，还为地方科技创新平台管理提供了指导。地方层面，上海、浙江等地区的科技资源服务平台建设也取得了积极进展，通过整合现有工作基础、面向企业共性需求开展建设，并注重长效运行机制的探索，在区域创新体系建设和经济社会发展中发挥了显著作用。

（2）科技创新平台发展成绩

自从20世纪90年代以来，我国科技基础设施和科研条件状况大幅度改善，科研仪器、设备、设施、数据、文献、种质资源等科技资源有了相当积累，建设了一大批科技研发实验平台、科技基础条件平台、技术创新服务平台、科技公共服务平台等各类科技创新平台。截至2013年年底，我国已认定建成国家重点实验室316个，国家工程技术研究中心332个（根据2014年的统计数据，国家工程研究中心共有132个），国家工程实验室154个，国家认定企业技术中心1098家，国家产业技术创新战略联盟总数达146家，各地组建联盟超过1700家，国家科技基础条件平台23个。2014年，我国全年研究与试验发展经费支出13 312亿元，比2013年增长12.4%，占国内生产总值2.09%；全年共签订技术合同29.7万项，全国技术合同成交额达8577亿元，比2013年增长14.8%；科技进步对经济增长的贡献率从不足39%增长到52.2%，各类科技创新平台在提高我国科技总体实力、支撑引领经济社会发展、推动科技体制改革、培养高水平科技人才等方面发挥了突出作用。

（3）我国科技创新平台发展的主要特征

通过我国科技创新平台的发展可以看出，我国科技创新平台具有以下的特征：一是资源集聚性。科技创新平台整合、集聚大量科技资源，为科技创新活动提供基础支撑和保障。二是功能协同性。科技创新平台各相关主体在资源整合、开放共享、研究开发、服务创新等方面，优势互补、全面合作，具有很强的协同性。三是运行开放性。科技创新平台对外开放共享，提供资源、技术和信息等服务。四是机制创新性。科技创新平台在资源整合、管理模式、运行机制、开放服务等方面结合实际，创新体制机制，各具鲜明特色。五是载体多样性。科技创新平台有复杂多样的名称，"平台、中心、基地、实验室、网、台站"都是其具体的表现形式。

2 陕西省科技创新平台建设发展现状分析

2.1 发展现状

根据科技部发布的《全国科技进步监测报告》，2007—2013 年，陕西综合科技进步水平指数增长了 14.3 个百分点，达到 58.4%，从全国第 10 位上升至第 8 位。这表明，陕西省科技资源总量稳步增长，科技创新能力显著增强，在科技活动产出指数的排序中，陕西省仅次于北京、上海、天津、广东、江苏 5 个经济发达省市，排在全国第 6 位；科技促进经济社会发展指数较 2012 年有了明显的提升，达到全国第 15 位；全省技术合同成交额达 533.31 亿元，专利授权量 2.1 万件，分别增长 59.28% 和 41%，科技进步贡献率达 54.9%，研发投入占 GDP 比重 2%。科技创新活动对经济社会发展的支撑作用日益明显，主要原因之一就是各类重点实验室、工程技术研究中心、产业研究院、科技孵化器及科技园区等各类科技创新平台对经济增长的贡献不断加强，科技创新平台促进了产业结构的转型升级和陕西省创新型经济的快速发展。

陕西省科技创新平台可以归结为以下几类：重点实验室、工程技术研究中心、产业联盟、基础条件（科技支撑、技术服务）平台、企业技术中心、生产力服务中心等。大部分平台依托科研机构、高等院校建设，主要分布在高新技术产业、现代加工制造业、现代农业、电子信息、社会发展、科技咨询服务等领域。截至 2014 年年初具体情况如表 20-1 所示。

表 20-1 陕西省科技厅主管科技创新平台统计

科技创新平台类别	数量（个）
国家重点实验室	18
省级重点实验室	101
国家工程技术研究中心	7
省级工程技术研究中心	191
产业联盟	33
合计	350

（1）重点实验室

截至 2014 年年初，陕西省已建有国家重点实验室 18 个，省级重点实验室 101 个。国家重点实验室按学科领域分属装备制造、新材料、信息科学、生物医药、地学等 5 个领域，如图 20-1 所示；按所属部门分属教育部、国防科工局、省科技厅、中科院、总装备部、总后勤部、国资委等，其中教育部所属国家重点实验室占比接近 40%；从依托单位分析，有 10 个重点实验室是依托高等院校建立的，依托科研机构建立的有 8 个，目前还没有依托企业建立的重点实验室；从所属区域来看，16 个在西安，2 个在杨凌。

省级重点实验室按学科领域分属装备制造、新材料、信息科学、生物医药、地学、数理、化工等 7 个领域，如图 20-2 所示；按所属部门分属教育部、省教育厅、国防科工局、省科技厅、省卫生厅、中科院、总装备部、总后勤部、国资委等；从依托单位分析，有 82 个重点实验

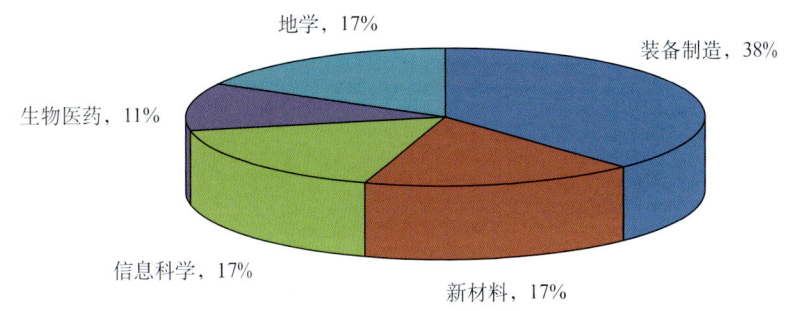

图 20-1　陕西省国家级重点实验室领域分布

室是依托高等院校建立的，依托企业建立的有 8 个，分别所属化工新能源、新材料等领域。另外陕西省还有 3 个省部共建国家重点实验室培育基地，均依托于陕西省高等院校，分属工程、信息科学与地学。这些省级重点实验室基本都集中在西安，宝鸡有 8 家，其他区域均不超过 2 家。

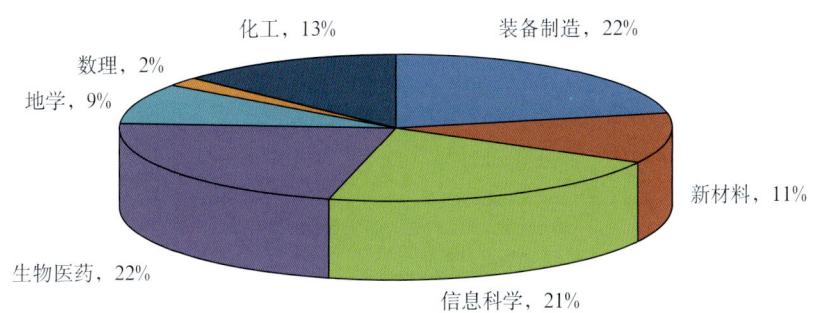

图 20-2　陕西省省级重点实验室领域分布

可以看出，在陕西省的国家和省级重点实验室面向本省重大需求，瞄准科学技术发展前沿，开展了大量创新性研究，取得了一批高水平的研究成果，凝聚和培养了大批高水平科技人才，成为陕西省承担国家、省重大科研任务的主力军。

(2) 工程技术研究中心

截至 2014 年年初，陕西省有 7 家国家工程技术研究中心，191 家省级工程技术研究中心。7 家国家工程技术研究中心分别属于生物医药、电子信息、能源化工、新材料、装备制造、环境保护、现代农业等领域。分布区域主要集中在西安、杨凌、宝鸡、咸阳等地。

陕西省 191 家工程技术研究中心分别属于生物医药、电子信息、能源化工、新材料、装备制造、现代农业等领域，如图 20-3 所示。其中依托企业建设的有 89 个，约占 46.6%，依托科研院所（含已改制为企业）建设的有 29 个，约占 15.2%，更加突出了企业的创新主体地位。分布区域主要集中在西安、杨凌、宝鸡等地。

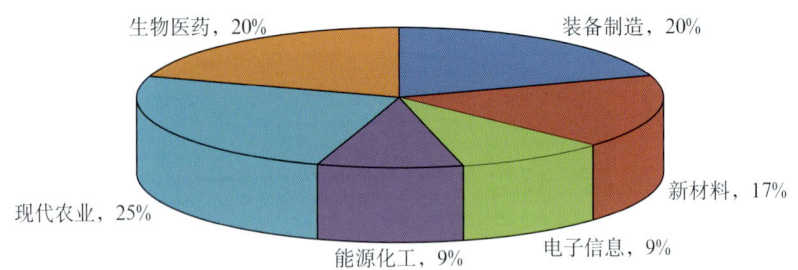

图 20-3　陕西省省级工程技术研究中心技术领域分布

可以看出，省级工程技术研究中心能够围绕陕西省的重点发展领域，结合陕西省优势和特点，开展重大技术、关键共性技术研究，取得了一批具有国内外先进水平的重大工程化成果，加强了专利及标准等知识产权方面的申请和编制，在新材料、生物医药、能源化工等领域取得了大量重大创新成果，创造了可观的经济效益，有力推动了陕西省经济、社会的发展。

（3）产业技术创新战略联盟

截至 2014 年年初，陕西省共组建了 33 个产业技术创新战略联盟，分别属于装备制造、电子信息、生物医药、能源化工、现代农业、新材料、企业投融资等领域，如图 20-4 所示。陕西省现有的产业技术创新战略联盟规模偏小，成员也较少，产业覆盖面不全，联盟优势不明显，尚未进入良性运行阶段。

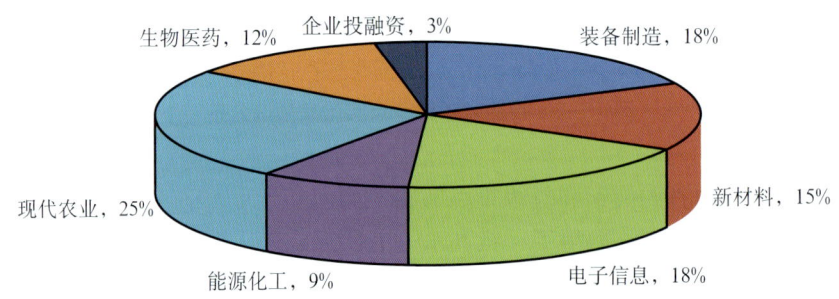

图 20-4　陕西省产业技术创新战略联盟技术领域分布

（4）企业技术中心

截至 2014 年年初，陕西省建立国家级企业技术中心 20 家，省级企业技术中心 208 家，主要分布在装备制造、生物医药、电子信息、化工能源、新材料等陕西省优势与支柱产业。

（5）科技创新公共服务平台

截至 2014 年年初，陕西省共建有科技创新公共服务平台 95 项，其中综合性平台 31 项、单一性平台或功能子平台 64 项，大部分平台依托政府、科研院所、高等院校建设，主要分布在生物医药、现代农业、电子信息、社会发展、科技咨询服务等领域。

另外，省科技厅还以陕西省科技资源统筹中心为依托，在原有大型试验仪器协作共享和科技基础条件平台的基础上，建立了大型科学仪器设备共享、科技图书文献检索等 12 个一站式服务窗口与平台，进一步增强了陕西省科技创新公共服务平台的能力。

近5年来（2010—2014年），陕西省国内生产总值（GDP）平均增速超过14%，位居全国第4位，跨入全国经济增长较快省份之列。2013年陕西省GDP达16 045.21亿元，增速比全国平均高3.3%，陕西省已进入实施创新驱动发展的战略机遇期。可以看出，以上各类科技创新平台在提高陕西省科技总体实力、支撑引领经济社会发展、推动科技体制改革、培养高水平科技人才等方面发挥了突出作用。同时，也提高了陕西省科技资源的利用效率和服务水平；增强了科技创新能力，对围绕产业链部署创新链，促进行业科技创新的支撑体系建设；促进科技与经济社会紧密结合，对陕西省地方经济社会发展起到了一定的推动作用。

2.2 主要建设成绩

陕西省科技创新平台经过10多年的发展，围绕省产业集聚区，以市场需求为导向，提供了研发设计、测试验证、技术转移、技术培训、信息服务、科技金融等科技公共服务，取得了一定的成绩。

（1）科技创新平台数量众多、类型丰富，初步形成科技公共服务平台体系

目前，全省拥有各类科研机构千余家，其中，各类重点实验室119个，各类工程技术研究中心198家，技术创新战略联盟33家，各类企业技术中心228家及众多科技创新基础条件平台，庞大数量的科技资源为陕西省科技创新工作提供了有力的保障。陕西省科技创新工作的特色：省科技资源统筹中心已经运营，基本建成了包括资源共享、成果转化等四大平台和仪器设施共享等12个子系统，初步打造了具有国内一流水平的综合性科技创新服务平台。这一平台已经成为立足陕西省、辐射西北的科技资源共享的服务点、科技成果的展示点、技术产权的交易点、科技金融的结合点。

（2）科技创新平台持续开展产业与行业关键共性技术研究，取得一批拥有自主知识产权的研究成果

2013年，陕西省技术合同成交额达533.31亿元，专利授权量2.1万件，分别增长59.28%和41%。过去3年，陕西省的各类重点实验室获得国家自然科学奖二等奖1项、国家技术发明二等奖2项、国家科技进步二等奖3项，发表科学引文索引（SCI）收录论文674篇，获授权发明专利324项；工程技术研究中心累计获得科技成果271项，获得发明专利298项，制定国际标准6项、国家标准67项及行业标准100项；同时，这些科技创新平台不断加强前沿技术、核心技术攻关，在齿轮精密加工、3D打印、旱地小麦、乙肝靶向新药等领域取得了重大突破。到2014年，陕西省技术合同交易额达639.98亿元，首次跃居全国第4位，全省高校技术合同成交额达27.73亿元，高校的技术转移服务能力和范围显著提高，这一切得益于陕西省一系列有影响、有成效的科技创新平台建设与改革措施，科技创新平台逐步成为陕西省最具竞争优势的资源。

（3）建立全国唯一的科技资源统筹中心，推动了科技资源使用效率和服务水平的提高。

2014年，陕西省大型科学仪器协作共用网入网仪器设备总量达7538台（套），较2013年新增1502台（套），同比增长25%；仪器设备总价值达40.8亿元，增加7.8亿元，同比增长23%；协作共用网加盟单位达424家，新增124家，同比增长41%；实现服务收入1.9亿元，增加0.7亿元，同比增长58%。在科技文献共享方面，2014年，陕西省文献数据库达30余

个,拥有数据量 1.3 亿条,新增 1038 万条,同比增长 8%;全文服务量 14.4 万篇,同比增长 16.8%;利用文献资源开展科技查新 2200 件,增加 500 件,同比增长 29%。在科学数据共享方面,各类数据平台共享成员单位达 17 家,新增 4 家,同比增长 28%;数据库达 51 个,新增 7 个,同比增长 17%;数据量 7000 万条,新增 26 846 条,同比增长 0.04%。这些数据表明,陕西省通过整合、集成、优化科技资源,提升了科技资源共享水平和公共技术服务能力,为全省高技术研究、产业技术创新、科技创新创业和社会可持续发展提供了支撑。

(4)企业科技创新平台增强了高新技术企业的技术能力,提升了产学研合作效能

2014 年,陕西省科技型中小企业和高新技术企业快速发展壮大,科技型中小企业总数已达到 2 万多家,技工贸总收入突破 2000 亿元,成为激励科技人员创新创业的重要载体。新认定高新技术企业 498 家、复审 128 家,高新技术企业总数达到 1409 家,位列全国第 9 位;其中主板、中小板和创业板上市企业 20 家,新三板挂牌 13 家。这些企业围绕能源化工、装备制造等陕西省主导产业,实施科研院校、企业联合重大研究专项,突破产业发展关键共性技术瓶颈,采取行之有效的技术成果转化和推广模式,不断地向产业和行业推广、转化、转移新技术、新产品、新工艺,促进了行业技术进步。过去 3 年,各类平台累计成果转化 277 项,技术推广 107 项,创造了可观的经济效益,有力推动了陕西省经济、社会的发展。

(5)科技创新平台凝聚和培养了大批高水平科技人才

截至 2014 年年初,陕西省各类科技创新平台已形成了拥有近 50 万人的研究与服务团队,吸引了陕西省全部 63 名两院院士及 68 名国家千人计划(占 58.6%,全省 116 名)人才参与其中,另有陕西"百人计划"人才 191 名(占 52.8%,全省 362 名)来自科技创新平台。这些优秀的科技创新人才,紧密聚焦陕西省经济社会发展的重大科技问题、前沿科学热点等开展协同创新、联合攻关,取得了明显成效,有力提升了陕西省自主创新能力,为促进创新型省份建设做出了积极贡献。

(6)推动了科技体制改革,探索了符合科技创新特点和规律的运行管理制度

省委、省政府先后出台了《关于加快关中统筹科技资源改革,率先构建创新型区域的决定》、《深化科技体制改革加快区域创新体系建设的意见》和《关于进一步促进科技与金融结合的若干意见》;省人大立法通过了《陕西省科学技术进步条例》等文件与政策,同时还提出了包括实施科技统筹创新工程在内的一系列具有创新性、前瞻性的保障措施。陕西省目前已经初步建立了科技创新平台社会化运行管理体制和协作、开放、共享、服务的机制,为省科技创新平台进一步发展提供了有力支持。

2.3 存在问题

在取得成绩的同时,陕西省科技创新平台在建设和发展中仍然存在一些问题和薄弱环节,主要是:

第一,现有各类科技创新平台存量充足,但平台间共享、交流机制不足,激活现有存量成为关键问题;

第二,现有科技创新平台运行管理机制不灵活,科技管理体制应进一步深化,引入市场模式,突出企业在科技创新中的主体地位;

第三,现有科技政策体系还有待完善,政策落实环节亟须加强,政策引导上要提质、增

效，营造有利于平台发展的政策环境；

第四，现有各类科技创新平台具有分散、分隔、分离的状况，即依托单位分散，区域分布分隔，研究与转化分离等问题；

第五，现有科技创新平台与产业结合不紧密，企业与高校、科研院所的互动有限，企业吸纳成果的积极性不足等问题。

3 陕西省"十三五"科技创新平台建设发展战略

3.1 指导思想

深入贯彻落实党的十八大及十八届三中、四中全会精神，以创新驱动发展战略为指导，以发挥科技对经济和社会发展的支撑和引领作用为宗旨，以全面深化改革为基本运作方式，遵循市场经济规律和科技发展规律，突出制度创新，统筹规划，以提升陕西省科技创新能力为目标，以共享机制建设为核心，以现有科技资源优化配置为主线，充分运用现代网络信息技术，搭载"互联网+"及大数据引擎，整合和优化全省科技资源，搭建公益性、基础性、战略性的科技创新"一站式"服务平台，成为服务社会、企业和科研机构、院校的专业化网络载体，为陕西省的科技进步和技术创新提供有力支撑，全面提高陕西省科技创新综合实力和竞争力，充分发挥陕西省科技资源优势，实现建设"西部强省"和构建"创新型陕西"目标，不断推进科技资源统筹。

3.2 发展思路

以创新驱动发展为指导，以提高自主创新能力、全面推进创新型省份和"三个陕西"建设为目标，按照"统筹规划、市场运作，面向产业、服务企业，共建共享、注重实效"的总体思路，坚持政府引导与社会广泛参与相结合，坚持公益性服务与市场化服务相结合，坚持促进产业升级与服务中小企业发展相结合，坚持资源开放共享与统筹规划、重点推进相结合，充分发挥市场在配置资源中的决定性作用，围绕产业链部署创新链，增强服务功能，扩大服务范围，提高服务水平。

3.3 基本原则

贯彻"统筹规划、市场运作，面向产业、服务企业，共建共享、注重实效"的平台建设方针。

(1) 坚持统筹规划、市场运作原则

以市场需求为导向，合理配置科技资源，进一步加大科技创新平台整合、建设力度，围绕产业链部署创新链，强化顶层设计，处理好各创新主体之间的关系，促进现有科技创新存量资源升级与发展。

(2) 坚持面向产业、服务企业原则

调动企业自主创新的积极性和主动性，完善企业创新的市场环境和政策环境，加快技术转移和成果转化，强化企业科技创新主体地位。

(3) 坚持共建共享、注重实效原则

科技创新平台最大的特色是"共享"，要突出科技创新平台的公共服务供给功能，实现科技创新平台在建设中发展，在发展中实现共享，在共享中不断完善，逐步构建起旨在推动科技成果转化、提升技术创新能力的共建、共享的社会化科技创新平台服务体系。

3.4 发展目标

到2020年，形成集研究开发、成果转化和公共服务于一体的，体系完整、布局合理、设备先进、功能完善、运转高效、资源共享的，能为科技企业提供从技术研发到最终产品的全过程、一站式服务的，具有国内一流水平的科技创新平台体系。从而为陕西省科技创新、高新技术产业及社会事业的发展提供持续有效的科技基础保障和条件支撑，全面推进创新驱动发展战略和实现创新型省份建设目标。

3.5 重点任务

在经济新常态、互联网＋及一带一路国家战略的大背景下，传统科技创新平台的发展将面临重要的机遇和挑战，设计适应这一发展趋势的科技创新平台已经成为发挥科技创新平台作用，激活科技创新平台存量，促进科技资源开放共享，提高科技资源综合利用效率的基本要求。结合上述对陕西省科技创新平台建设的现状分析，根据陕西省科技创新平台的功能定位及其与产业的关联性，设计陕西省"十三五"期间的科技创新平台发展战略。

(1) 整合现有科技资源，构建科技创新平台体系

构建以企业为主体、产学研用相结合的"公共研发平台—产业化创新平台—公共服务平台"三位一体的科技创新平台体系。即整合陕西省现有科技资源，构建三大类专业创新平台，以存量扩增量，推动科技资源共享融合，激活陕西省科技创新平台存量资源，整合后的科技创新平台体系如图20-5所示。

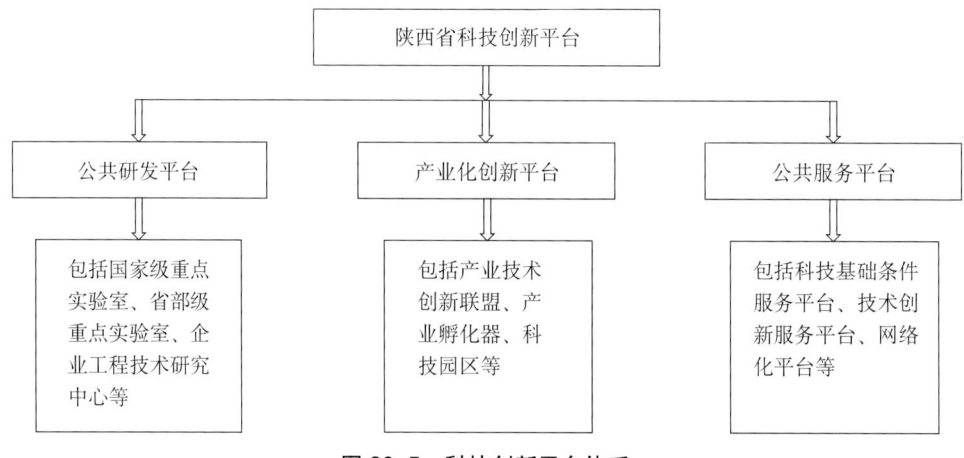

图20-5 科技创新平台体系

(2) 公共研发平台建设战略

1) 加强重点实验室建设，提升原始创新能力

①加强对已有的国家级、省级重点实验室的能力建设，以项目为载体，从政策与财政两方面支持其承担国家级各类科技计划项目，提升其研究水平和引领产业发展方向的能力。

②以陕西省的大型企业、高等院校、科研机构为依托，结合现有重点实验室领域分布情况，围绕陕西省特色优势产业、资源主导型产业和战略性新兴产业，重点在能源化工、电子信息、新材料、生物医药、现代农业、循环经济等领域有针对性地补充建设一批重点实验室，形成学科群与创新链。

③支持有条件的大中型企业、转制院所建设省级重点实验室，鼓励企业立足产业前沿，开展基础和应用基础研究，引导创新资源尤其是高层次研发人员向企业聚集，推动技术扩散和技术储备，提升企业技术创新能力；支持企业与科研院所、高校共建重点实验室。

④结合区域经济发展重点，支持陕南与陕北地区建设具有区域特色的重点实验室，促进重点实验室区域均衡发展。

目标：到2020年，新建国家级重点实验室5家，依托企业的重点实验室数量达到20家，突出企业在科技创新平台建设中的主体地位。

2) 加强工程技术研究中心建设，推进科研成果产品化

①加大对已有企业工程技术研究中心的扶持力度，引导其不断加大研发投入，加强人才队伍、运行机制的建设与完善。

②建立健全行业龙头企业工程技术研究中心开展面向行业或区域经济的技术服务机制，鼓励龙头企业工程技术研究中心为中小企业提供技术扩散、技术服务、技术咨询、成果转让、专利利用和信息服务等中介服务。

③在陕西省经济社会发展的重点领域，围绕产业链的缺失环节、薄弱环节、延伸环节，依托科技实力雄厚的骨干企业，联合重点高校和科研院所，建设一批产学研相结合的省级工程技术研究中心，并达到国家认定标准。

目标：到2020年，重点在循环经济、新材料、物联网、生物医药、现代农业等领域新建一批国家级工程技术研究中心，实现全省80%以上的大中型企业建有研发机构。

(3) 产业化创新平台建设战略

1) 支持企业牵头建立产业技术创新战略联盟，提升协同创新能力

①政府在遵循市场引导的前提下，加强对各类产业技术创新战略联盟的管理和引导，研究制定支持和规范联盟发展的政策措施，解决联盟运行中存在的障碍和问题，不断优化其发展的政策和法制环境，提高联盟的社会认知度与企业的参与性。

②建立以企业为主导，高校、科研机构和中介组织共同参与的产业技术创新战略联盟，促进具有法律效力的联盟契约的签订，通过资源共享和创新要素优化组合，实现较大范围内的资源调配及各联盟成员间优势互补，提高产业或行业竞争力，通过联盟实现技术创新与商业模式的创新。

目标：力争到2020年，使陕西省的国家级产业技术创新战略联盟达到8家，重点建设农业领域产业技术创新战略联盟15家、工业领域产业技术创新战略联盟35家，联盟成员达到10 000家，产业覆盖面达到80%，基本覆盖陕西省所有优势与主导产业。

2）加强科技企业孵化器建设，完善创业孵化体系

①鼓励科技企业孵化器、留学人员创业园和大学科技园等创新孵化模式，提高服务能力和管理水平，在服务空间、服务内容、服务手段、商业模式等方面开展新业务，推进技术转移、成果推广、国际合作、人才引进和融资服务，为科技企业提供一站式服务。

②完善孵化器的投融资功能，推进投资主体多元化。鼓励孵化器及其管理人员持股孵化；鼓励孵化器与创业投资机构合作，建立天使投资网络，实现孵化体系内资金和项目的共享。

③加快培育中小高新技术企业，通过资本杠杆来支持中小高新技术企业的技术创新、改造升级和再驱动；做大中小企业技术创新资金规模、科技成果转化引导基金规模，引导更多社会资本投向中小企业的科技成果产业化项目。

3）加大专业园区建设支持力度，促进科技园区创新发展

①加强对各类科技园的管理和引导，不断优化区内发展环境，促进科技成果转化和高新技术产业化。

②按照专业化、集群化发展的原则，结合地方特色和比较优势，建设一定数量的特色工业园区，形成产业相对集中、服务能力较强、规模效应明显的科技企业聚集区。

4）鼓励企业在高校、科研院所组建混合所有制研发平台

①强化企业产学研主体地位，引导企业投入资金，高校、科研院所以土地、房屋出资，共同建立混合所有制研发平台，探索产学研合作的新机制、新模式，拓展产学研合作的新领域、新途径。

②赋予双方研发团队研发成果更大的使用权、经营权和处置权，其转让应遵从市场定价，鼓励企业向高校和科研院所购买创新服务，促进创新成果与产业需求有机衔接。

（4）公共服务平台建设战略

1）加快科技基础条件平台建设，促进科技资源开放共享

①立足创新研发需求，面向全社会科技创新，着力整合已建成的大型科学仪器设施资源共享平台，科技信息及科技文献共享平台，自然科技资源和农业、动植物实验等平台，通过整合，推动科技资源使用效率和服务水平的提高。

②建立陕西省公共检测服务平台，开展专业化检测服务，建设若干个跨部门的专业化分析检测中心，增强对外开展分析检测服务的专业性、针对性。

③开展全省科学数据调查，实行科技报告制度，扩大科学数据资源共享范围，建立科学数据标准规范体系。

④发挥省科技资源统筹中心主体功能作用，搭建创新链和产业链的融会平台，支持各市建立科技资源统筹分中心，建立覆盖全省的创新服务体系，发展技术市场。

2）打造具有陕西省特色的公共技术创新服务平台

技术创新服务平台主要是立足区域产业需求，紧扣产业创新链各个环节打造科技服务链，提供研发设计、试验验证、测试评价、成果转移转化、科技创业、科技金融、科技咨询等共性技术或中介服务。

①推进技术转移机构建设，加速科技成果转移转化，建设一批科技成果转化示范基地，优化专业性技术转移机构在高校、院所及地市的布局，跨区域整合资源，推动技术转移机构网络化发展。

②构建技术交流与技术交易信息平台，探索技术转移服务联盟模式，实现机构间的资源共享和分工协作，提升技术转移机构的承载能力。

③加强知识产权服务平台建设，促进科技成果资本化、产业化。引导支持创新要素向企业集聚，促进高等院校、科研院所的创新成果向企业转移，形成自主知识产权，推动知识产权的应用和产业化，探索股权质押登记试点；支持和鼓励从事知识产权信息服务、知识产权战略研究、知识产权资产评估和许可转让业务的各类服务机构发展。

④构建政府资金与社会资金、股权融资与债权融资、直接融资与间接融资有机结合的区域性科技金融服务平台体系，全面开展科技信贷、科技保险、科技担保、科技创业投资、企业信用评级、项目推荐、企业上市辅导等科技金融服务。

⑤完善科技中介服务体系，强化专业化服务能力。根据科技中介机构的不同性质，建立分类绩效考评指标，对于在科技创新中做出突出贡献的科技中介服务机构以后补助形式予以支持，支持有条件的科技中介机构提供专业化的服务。

⑥建立面向中小企业发展和科技创业需求的创业辅导、创业融投资等科技创业综合性服务平台，提供科技创业孵化、创业投资、创业培训、技术转移与技术产权交易等基础性创业服务，满足创业需求。

3）构建基于"互联网+"的科技创新网络平台

在"互联网+"的时代背景下，互联网已经远远超出工具范畴，它代表着未来全新的科技创新方式，激发传统科技创新平台，使之互联化、移动化、网络化、融合化成为创新驱动发展战略的关键，"互联网+"模式已成为当代社会企业增强竞争力、提升附加值的有力手段。

①构建以科技文献、科学数据、大型仪器、交易中心等集聚平台的科技资源为依托，以移动互联网、APP应用等现代网络技术为手段，具有检索、预定、咨询、发布、呼叫、共享、服务等个性化服务功能的科技创新网络技术平台，包括基础网络平台和移动平台等。

②整合全省科技资源数据、标准化数据，实现数据共享与适时交换，建立满足科技创新工作需要的云平台，融合云计算、大数据、移动互联网等技术，建立公共科技数据发布机制。

③推进数据、平台、应用、终端四位一体的科技创新服务新模式，为所有科技创新主体提供科技数据查询、数据下载、科技交流和各类APP下载等服务，打造专属的创新网络空间平台，随时随地满足创新需要。

④促进科技创新网络平台功能全面化，实现所有实体科技创新平台从申报、建设到运营、管理、评价全过程网络化，促进科技创新网络平台系统从建设模式向发展模式转变，推动创新增值应用与服务发展，促进科技创新工作从点向面迈进，实现全社会、全员创新。

通过以上的战略设计，借助平台整合集聚抓手，以企业需求为导向，从而激活、构建一批集成创新资源、公共创新服务的创新平台，形成陕西省完整的科技创新平台体系。又可以进一步将陕西省现有科技资源数量多而散、管理多元化的共性问题统筹安排与解决，真正实现科技资源的统筹规划、整合集成、激活存量与共建共享。

4 政策建议与保障措施

4.1 政策建议

为保证以共建共享机制为核心的陕西省科技创新平台的良好发展与运行,还必须建立起更加灵活、有效的有利于科技人员创新创业的体制、机制与环境。

(1) 进一步完善科技创新政策体系,加强政策落实环节

①修改和完善现有的与平台建设、运行和管理相关的规章、条例、制度体系,注重平台建设的政策法规与其他政策法规的配套与衔接。

②根据平台建设的共性问题,从投入政策、共享政策和绩效政策等方面研究制定相应政策;针对不同科技创新平台的特点,研究制订相应的规章、条例、制度,营造平台健康运行和稳定发展的制度环境。

(2) 补充与调整部分与平台建设相适应的管理制度与政策

主要包括项目申报与成果管理、科技金融服务管理办法、设施与设备共享管理制度、科技绩效考核体系、科技人才的合理流动机制等。

①对于项目申报与成果管理,项目申报评审过程突出市场导向机制,监管与验收过程引入第三方,强调规范化、指标化,建立科技项目决策、实施与评价相对分开、相互监督的长效运行机制;改革项目评审方式,逐步从评项目为主到评定企业研发投入为主,发挥政府资金激励企业加大研发投入的杠杆作用。

②在资金管理与科技金融方面,改变科研资金投入方式,即科研资金对企业的资助从事前拨付逐步转向事前立项,事中支持与事后核销(后补助)相结合。创新财政科技投入方式,加大科技金融引导与投入,鼓励市场主体参与政府科技资金的配置,有计划地开展拨改补(风险补偿机制)、拨改保(融资担保机制)等新型财政资助工作;运用买方信贷、卖方信贷、融资租赁等金融工具,引导银行等金融机构加大对科技型中小企业的信贷支持,安排专项信贷规模和资金支持科技创新。

③设施与设备共享管理制度方面,推动重大科技基础设施建设,制定并完善现有科研仪器设备共享机制,推动多学科交叉集成、面向社会开放服务的科技设施与设备共享平台建设,进一步提高现有科研仪器设备的使用效率,有效整合科技研发资源。

④科技绩效考核体系,要从国家和社会两个层面,建立和完善公平竞争的科技绩效考核体系、创新激励机制,构建长效机制。针对不同类型的科技创新平台,制定科学的评价指标体系,规范绩效评价程序,建立并形成严格的绩效评估机制,委托第三方评估机构对创新平台定期开展绩效评估,评估结果作为补贴奖励的主要依据,加大绩效评价和奖励补助。

⑤科技人才的合理流动机制,建立科技人才的跨区域、跨行业、跨所有制流动机制,通过科技人才的合理有序流动来优化科技人力资源配置,推动生产力发展;简化人才流动手续,降低人才流动成本,完善人才评价激励机制及合理的利益分配机制,形成鼓励探索、宽容失败的创新文化氛围。

(3) 建立部门协调机制,界定平台各类实施主体的基本责任

平台建设是一项具有基础性和公益性的跨部门、跨单位的工作,很多平台建设需要省科

技厅、工信厅、国资委、统计局等多个政府部门相互协调。在平台建设过程中，一定要注重加强各部门的组织协调工作，明确责任与分工，建立平台指导协调机制。

（4）加强平台组织领导，强化对平台的监督考核

在现有基础上，应进一步明确省科技厅负责对全省各类创新平台建设进行统筹规划、指导和协调，并对省级各部门、各地市创新平台建设工作进行督促考核，确保各项措施落实到位。各地区政府作为区域性创新平台建设的主体，承担规划、投入和体制机制改革的主要责任，负责创新平台建设的具体实施。

（5）创新平台体制机制，推进科技体制改革

以社会化管理的思路来设计、建设和管理平台，推进平台建设，发挥平台功效；积极探索实践理事会制、技术委员会制等平台运行方式，建立合理的组织结构和高效的管理体制，完善以绩效评价为基础的可持续支持机制，不断创新平台管理体制和运行机制。

4.2 保障措施

①加强顶层设计，突出制度创新，探索建立适合共建共享服务的管理运行机制与制度保障体系。

②统筹协调，优化资源配置，明确发展规划、重点任务和结构布局，完成科技创新平台组织领导体系建设。

③进一步加强部省合作，精准对接重大科技规划，促进陕西省科技创新平台与国家基础条件平台良性互动和有机衔接。

④强化资金支持，调整支出结构，加大投入力度，建立开放化、多元化投资机制，形成多元化投入格局。

⑤建立健全科技创新平台建设运行的共享监管机制、评估监测体系、绩效考核机制与人才评价与激励机制。

⑥构建合理的专业化人才队伍，加强对平台从业人员的专业培训，培养一支专业化、复合型、高素质的人才队伍。

⑦积极推进国际、国内交流与合作，鼓励和支持陕西省科学家参加全球或区域性的多边科技合作计划，提高陕西省在国际科学界的地位。

第二十一篇

陕西省"十三五"科技与金融融合发展战略研究

组织单位：陕西省科学技术厅科技金融处
课题承担单位：西安力厚信息技术研究院有限公司
课题负责人：陶　娜
课题组成员：张　胜　董新宇　何正文　张　岭　郭英远　李　方
　　　　　　窦勤超　杜垚垚　余碧仪　宓鸿乐

引　言

根据历次科技革命和国际产业化发展经验，科技与金融相互渗透、融合发展，支撑了现代经济的创新发展和持续增长。当前，陕西省正处于追赶超越的关键发展阶段，科技与金融融合发展能够有效加快科技成果转化、促进创新创业，加速发展方式转变和经济结构调整，实现经济提质增效升级。

"十二五"期间，在关中—天水经济区科技与金融结合试点工作的带动下，陕西省建立完善科技融资风险补偿、差异化融资机制，科技金融获得长足发展，创业投资、科技信贷、科技保险和科技担保规模不断增长，科技型企业队伍迅速发展壮大，上市科技型企业不断增多。但是由于科技金融体系构建不完善、多层次的资本市场体系建设不足造成陕西省天使投资规模偏小、上市企业数量较少，科技金融的创新支撑作用未能充分发挥。

"十三五"时期是建设"三个陕西"、实现追赶超越的关键时期，陕西省应该紧抓"一路一带"建设和创新型陕西的战略机遇，进一步推动科技与金融融合发展，强化金融服务实体经济能力，提升科技创新及产业化实力，提高陕西省科技创新能力和价值。到 2020 年，建立完善的区域科技金融体系，显著提高科技成果就地转化能力和水平，实现科技产业和金融产业紧密融合、创新发展，把陕西省建成我国西部科技金融创新中心。

实现发展目标，一是打造科技金融服务链，围绕创新链构建层次分明、无缝对接的科技金融服务链，加速要素聚集、创新服务模式；二是壮大科技金融融合的关键环节，着力发展天使投资、专业化风险投资、科技信贷、多层次资本市场、科技保险等服务；三是完善科技企业信用体系；四是创新科技资金投入方式；五是强化金融服务的科技支撑；六是大力发展互联网金融服务；七是加强科技金融平台建设；八是健全科技金融配套服务。

为保障目标实现，完善科技金融政策体系：加强政策创新力度；强化扶持政策；优化创新创业环境；完善科技金融人才政策等。加强保障措施：加强组织领导；加大宣传引导；加强监测评估；强化考核奖励。

1 科技与金融融合发展机制

1.1 科技与金融的融合

1.1.1 科技与金融的相互促进作用

到目前为止，世界经历了3次科技革命，每次科技革命都带来了相应的产业革命。而在产业革命发生的背后，除了科技创新的力量之外，与之相应的金融服务和产品创新也是必不可少的推动力。

1969年，英国经济学家、诺贝尔经济学奖得主约翰·希克斯（John Hicks）考察了英国第一次科技革命过程中金融创新的作用，提出"工业革命不是技术创新直接导致的，而是金融革命的结果"，指出新技术的产业化过程需要长期连续的大规模资金投入，当时英国较成熟的银行体系、证券市场及可转让、可贴现票据等金融产品创新形成了高效率的现代资本市场，支撑了第一次科技革命所带来的工业化进程。类似地，第二次科技革命几乎同时在世界各个发达国家展开，但是美国以股票交易为主的资本市场、投资银行及保险信托等金融创新，以及较好的产权保护机制有效推动了科技创新的快速产品化和产业化，使得美国借助第二次工业革命成功跃居成为世界上最发达的资本主义国家。

当前世界正经历以原子能技术、航天技术、信息技术应用为代表的第三次科技革命，美国资本市场的多层次发展及风险投资创新使得美国一直处于世界科技和经济领先地位。2013年德国政府推出《工业4.0战略》，定义了以生产高度数字化、网络化、机器自组织为标志的第四次工业革命。随后，2015年日本推出《机器人新战略》，我国也出台了《中国制造2025》，标志着以工业互联网、智能制造为代表的新一轮技术创新浪潮出现。

历次工业革命背后相应的金融创新情况如表21-1所示。

表21-1 历次工业革命背后相应的金融创新

时间	科技革命	工业革命	金融创新
18世纪60年代—19世纪40年代	蒸汽机	机械化生产	统一的银行体系、证券市场
19世纪70年代—20世纪初	内燃机、电力技术、化工技术	规模化生产	股票资本市场、投资银行、保险信托
20世纪40年代至今	原子能技术、航天技术、信息技术	自动化生产、智能化生产	风险投资、多层次的资本市场、互联网金融

从历次科技革命发展为工业革命的历史进程中可以看出，随着科技不断发展，金融市场和技术市场中科技与金融活动日益活跃、市场空前巨大和繁荣，加剧了科技与金融的相互依

存，推动了科技与金融的相互渗透。科技与金融共同支撑着现代经济的持续增长。

金融在科技创新发展过程中为科技创新活动提供资金支持，对科技创新有重要的作用，在科技成果产业化的不同阶段都体现着对科技的支持作用。在研发阶段，科技需要金融的投入，在这一阶段中金融资本以风险投资或产业投资等方式投入到科技研发项目中，使科研项目开始步入市场化，促进产学研的有效结合；在科技成果转移与分散的关键阶段，金融则发挥了桥梁纽带作用，主要利用风险投资的形式对科技成果进行价值评估，在这个基础上将科技与企业的发展有效结合起来，使科技所能取得的经济效益有所体现；在科技产业化阶段，企业通过对科技的应用来完成自身的突破，体现科技的经济价值，金融资本也得到了良好回报。

在科技创新的知识研究、技术创新与产业化阶段存在着不断放大的资金需求，基础研究、共性与关键性技术研发、科技成果转化等多层次的创新活动及产学研联盟、科技型中小企业等不同组织形式、不同类型创新主体对金融体系与金融工具的设计提出了更高的要求，促使金融资本不断组合开发，驱动金融创新发展，形成多层次的资本市场体系。财政科技投入通过科技计划、创新补贴等方式为科技创新提供资金；银行通过科技信贷将个人与家庭的闲置资金导向创新领域；风险投资与资本市场投资者通过股权投资的方式将资金投向创新型企业，资本市场投资者基于上市公司公告、财务报表等信息披露内容，选择优秀的创新企业投资；风险投资家根据自身的资本实力、投资策略、投资经验对投资项目进行筛选，帮助企业制定发展策略与营销计划，辅助企业创新成功。

随着科学技术的不断发展进步，金融市场出现了电子货币等新服务工具和自助服务、在线服务等新服务方式。电子货币的交易效率要远远高于传统的货币、证券和存款。在线服务、家庭服务提高了信息的流畅性和服务便利性，拓宽了信息交流渠道，使人们能够实现交易的可能性大大提高。目前，新一代信息技术极大地提高了金融机构运作的效率，降低了交易成本，推动了服务方式创新，成为金融行业发展的重要动力。

1.1.2 科技与金融融合发展的逻辑

科技与金融融合发展，即金融不只被动配合科技创新的需求，而是通过自身主动的创新，积极融入科技创新之中。科技与金融的融合发展是科技和金融在市场发展中的自发和必然选择，是科技与金融市场合作的深化。

科技与金融融合发展的逻辑基础主要体现在二者供需关系上的相互匹配：科技创新需要大量的资金投入，同时科技投资可以带来高收益，符合金融投资要求。因此，科技与金融融合发展作为技术经济范式下的典型发展模式，是以科技创新及其商业化为主导方向，科技创新在金融资本的支持下转化为现实生产力，从而推动经济增长和财富创造，金融资本通过对科技创新的投资组合获取高额的附加回报，最终实现科技与金融的共同进步和创新发展，推进科技与经济结合，如图21-1所示。

阻碍科技与金融融合发展的关键因素和难题是科技创新的高风险，从技术开发到最终形成产品获得市场认可的科技创新过程中，需面对包括技术风险、市场风险、产权风险、管理风险、经营风险等多种风险。例如，技术风险主要存在于技术开发初期，创新的过程中技术突破的不确定性，如关键技术难以突破、存在技术障碍和技术壁垒、缺乏工具设备、对关键技术的预料不足等，或因不符合国家或地区环保、能源、科技与外贸政策等。市场风险指的

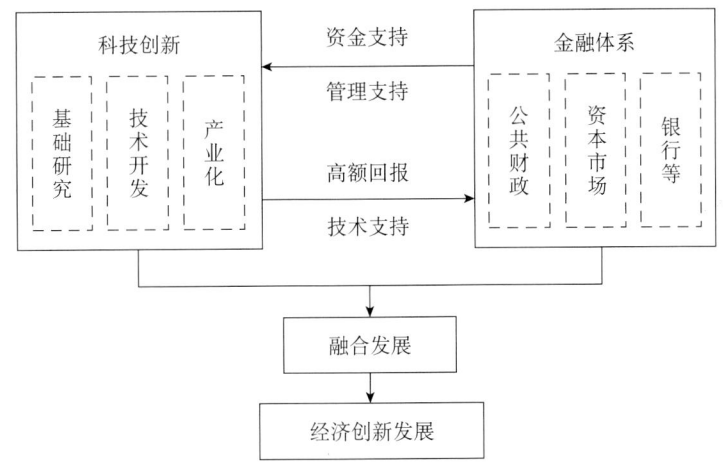

图 21-1 科技与金融融合发展

是新产品在市场推广过程中受到产品本身质量、稳定性及寿命问题影响,消费者无法接受新事物,短期内无法规模化使得商品价格过高,市场需求需要重新定位与开拓等原因导致新产品暂时难以被市场所接受,使得新产品占有市场存在较大的不确定性。经营风险则是由于新技术的发展需求较大的资金,对于创新主体的中小型企业可能因为抵押资产不足而融资渠道不畅,以至无法获得创新资金,而大型企业也可能因为创新投入资金占用量过大而导致企业整体经营流动资金受影响。信息不对称则成为科技金融风险产生的直接原因,与资金需求方相比,资金供给方更难以准确而全面地掌握相关技术与市场的专业信息,也难以了解高新技术企业自身的经营状况、资产质量和潜在风险。而资金供求双方的信息不对称,极易产生逆向选择和道德风险,导致资本市场的失灵。

因此,解决科技创新投资高风险难题的方式即为实现科技与金融融合发展的关键。一般,降低投资风险,推进科技与金融融合发展的路径主要为:多元化分散风险、强化风险管理、建立风险补偿。

1.2 科技金融体系

1.2.1 支撑科技创新的金融服务体系

根据金融资金来源的不同,可以把金融服务体系分为政府财政金融、间接金融服务和直接金融服务三大类,如图 21-2 所示。政府财政性金融服务包括财政支持、政策性引导基金、税收优惠等;间接金融服务体系即通过金融中介机构进行融资,包括银行信贷、小额借贷、信托、保险或购买金融中介机构发行的有价证券;直接金融服务体系即没有金融中介机构介入,直接通过资本市场进行融资,包括股票、债券、商业票据和直接借贷凭证等。

根据科技型企业生命周期理论,科技创新可以分为以下几个阶段:一是基础研究阶段;二是种子期,即技术开发阶段;三是初创期,技术开始中试、孵化成为企业或产品;四是成长期,即技术商业化改造成功;五是成熟期,即产品获得市场认可,实现规模化、产业化;六是衰退(重整)期,开始新一轮的科技创新。科技创新在每一个阶段都需要资金持续投入。由于

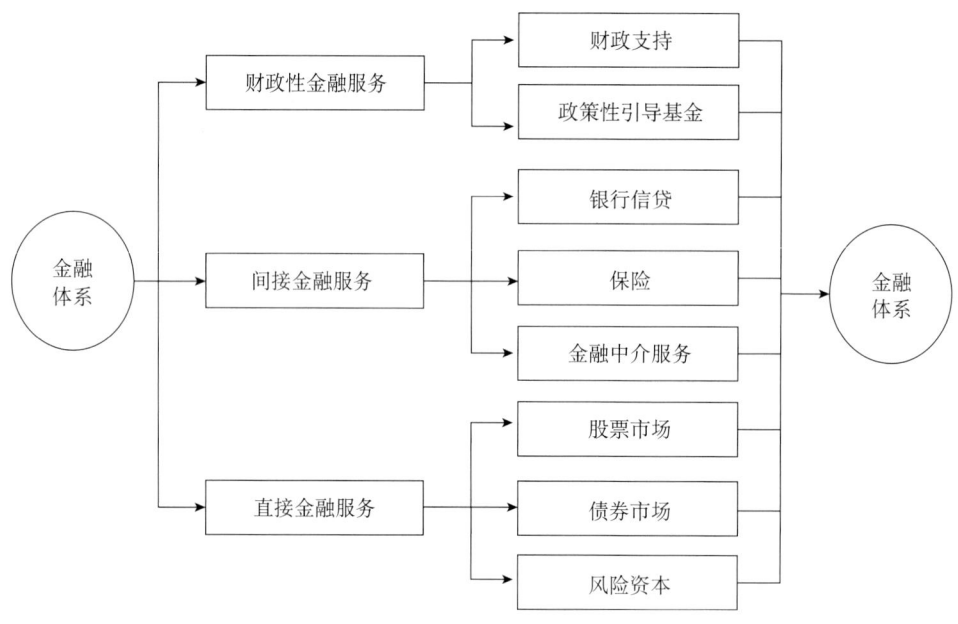

图 21-2 金融服务体系的分类

不同阶段的风险可控性及投融资机构的风险偏好,决定了不同类别的金融资本进入不同科技创新阶段,如表 21-2 所示。

表 21-2 支撑科技创新的金融服务体系

金融服务主体		政府财政	天使投资	风险投资	银行(小额贷款公司)	保险	资本市场	证券、信托	担保	评估
科技创新过程		投融资服务							中介服务	
商业化开发	衰退(重整)期	—	—	—	—	—	—	—	—	—
	成熟期	—	—	—	—	—	主板市场、中小板市场	中下企业集合债券、集合信托	—	—
	成长期	—	—	上市股权投资、B轮风险投资、A轮风险投资	科技贷款	科技保险人员、团队保险	创业板、新三板	—	科技担保	成果评估、知识产权质押评估
技术开发	初创期	科技成果转化基金(含风险补偿基金)、创投引导基金	—	风险投资	—	—	—	—	—	—
	种子期		天使投资	—	—	—	—	—	—	—
基础研究		财政支持	—	—	—	—	—	—	—	—

1.2.2 促进金融创新的科技服务体系

金融创新是金融自身发展的必然要求，科技的进步已经成为金融创新的主要方式之一。例如，IT技术代替了过去以人工计算和理论模型为主的研究方式，数据计算和处理模式发生了根本性的变革，进而催生了一系列金融产品和服务创新。以互联网的出现为例，互联网在改变传统商业模式和组织形式的同时，使消费者的消费习惯与支付方式发生了根本性的转变，从而引致金融行业许多创新行为。互联网的出现带来了电子商务市场的繁荣、新型交易支付方式及布局全面的供应链电子金融等新兴互联网金融业态兴起。随着信息技术的发展，许多第三方支付组织在互联网数据的基础上加速挖掘金融业务的商业附加值，搭建出不同于银行传统模式的业务平台。在这种情况下，金融创新对科学技术特别是现代信息技术具有高度依赖性，金融创新所需要的科技服务如图21-3所示。

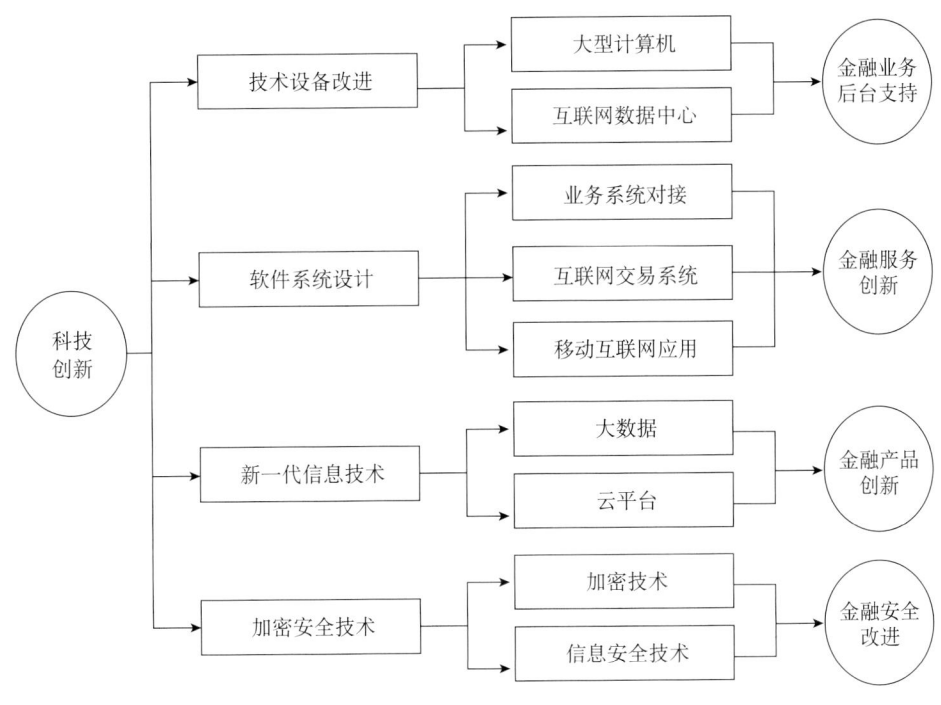

图 21-3 促进金融创新的科技服务体系

2 陕西省科技与金融融合发展现状及存在问题

2.1 发展现状

"十二五"期间，陕西省高度重视科技与金融结合对经济增长的促进作用，在关中—天水经济区成为首批促进科技与金融结合试点地区的带动下，通过创新金融产品、扩大风险投资规模、改进服务模式、搭建服务平台，培育支持科技型企业上市融资，构建高效衔接、完整配套的多元化、多层次、多渠道的科技投融资体系，为从初创期到成熟期各发展阶段的科技企业提供差异化的金融服务，推进科技创新链与金融资本链的有机结合。"十二五"期间，陕西省通过加强科技、财政等政府部门与金融机构等多部门合作和资源统筹，建立完善科技融资风险补偿、差异化融资机制，在科技成果转化、创业投资、科技保险、科技银行、知识产权质押、上市融资服务等方面都取得了长足的发展。

①科技型企业队伍快速发展壮大。2014年，陕西省科技型中小企业总数已达到2万多家，培育省级创新型试点企业168家，成为激励科技人员创新创业的重要载体。新认定高新技术企业498家、复审128家，高新技术企业总数达到1409家，位列全国第9位。其中主板、中小板和创业板上市企业20家，新三板挂牌13家。

②科技成果转化能力不断增强。2014年，陕西省新认定省级技术转移示范机构9家，全省总数达到50家，其中，国家级技术转移机构18家，位列全国第6位；2014年，全省技术合同交易额达639.98亿元，首次跃居全国第4位。高校的技术转移服务能力和范围显著提高，全省高校技术合同成交额达27.73亿元。

③全社会研发投入强度不断加大。2013年，陕西省全社会研究与试验发展经费投入342.75亿元，较2012年增加55.5亿元，其中地方财政科技投入38.42亿元。同时，加大国有企业研发投入考核，2014年，奖励12家达标企业共计540万元，处罚2家不达标企业各100万元，强化了企业加大研发投入的责任。

④创业投资规模和服务迅猛发展。2013年，陕西省创业投资引导基金数为29个，基金规模达到17.56亿元，较2012年增长29.1%；新增创业投资机构5个，创业投资机构总数达到25个，创业投资管理资本总量达到21.25亿元，较2012年增长6.23亿元；当年创业投资机构投资科技企业（项目）53个，投资数额9.085亿元，3年累计投资科技企业（项目）129个，累计投资资金19.249亿元。

⑤银行科技信贷规模逐年增加。2013年，陕西省银行科技分行、科技支行数量增加至8个，科技企业贷款发生额为61.41亿元，较2012年增长25%；银行面向科技企业的知识产权质押服务水平不断提高，2013年，知识产权质押贷款发生额8.9亿元，较2012年增长15.6%。

⑥科技担保和科技保险不断丰富。2013年，陕西省科技担保公司数量增加至21个，全年科技担保金额38.08亿元，较2012年增长约35%；科技保险参保企业数量达60个，较2012年增加22个，科技保险保额为1.81亿元，较2012年增长35%。

⑦科技企业上市融资能力不断提升。截至2014年，陕西省主板上市企业34家，累计募集资金总额404.689亿元，中小板上市企业3家，创业板上市企业5家，新三板股权代办转让系统挂牌企业9家；境外上市上柜企业27家，其中境外上市企业19家，美国OTCBB市场挂牌企业8家。

2.2　存在问题

尽管陕西省科技与金融融合发展取得了一些成效，但是由于金融体系构建不完善、金融创新的科技支撑不足造成政府投入、天使投资、创业风险投资、银行贷款、股票融资、债券资金等不同性质的金融资本缺乏协调互动，导致科技金融体系存在功能缺失和政策失调的状况，主要表现为：一是科技型中小企业金融服务水平偏低，缺乏抵质押物，成长性难以把握，仍是困扰科技型中小企业融资的主要问题;二是科技风险投资规模偏小,特别是对种子期、初创期的科技型企业的风险投资规模较小;三是多层次的资本市场体系建设较为缓慢,上市公司数量较少,新三板试点推进力度不足,债券市场仍不发达;四是科技金融体系建设存在薄弱环节,科技担保尚处于初创阶段,科技保险力度和水平亟待提高;五是科技金融政策设计有待完善,未建立好不同阶段金融资金的进入、退出机制,财政科技投入的杠杆作用需进一步加强。

3 国内外科技与金融融合发展经验

3.1 国外发展模式

3.1.1 美国模式

以市场为主导的发展模式。在以资本市场为主的成熟金融体系、以市场经济为主要的资源优化配置及有效竞争手段的主导下,美国形成了以科技产业、风险投资和资本市场相互联动的一系列发现和筛选机制,推动美国科技金融发展并取得了前所未有的成果。在不同的发展阶段,政策性金融机构、资本市场及风险投资分别发挥了关键性作用。

①政策性金融机构是起步阶段主要推动力。1953年,美国依据《小企业法》成立了小企业管理局专门为小企业提供政策性融资服务,经过多年发展,形成了以企业管理局为核心的综合政策服务体系和信用担保体系,保护知识产权、实施税收减免、协助科技型中小企业获得贷款、发行债券及获得风险投资与创业投资,形成完整的风险分散及规避机制。小企业管理局的设立提高了小企业科技创新成功的概率,客观上激励了美国科技创新的全面展开。

②风险投资和硅谷银行形成融合发展向心力。风险投资企业投资项目成功获得高额收益成为美国风险投资高速发展的推动力。风险投资能够在美国获得成功,主要得益于:完善的法律保障与优惠扶持政策;创新的有限合伙制的风险投资公司组织形式;金融机构为主要的资金来源;畅通的退出机制;积极参与企业内部管理。硅谷银行则通过富有经验的专业团队、贯穿银行业务全流程的动态风险控制系统,提供灵活的抵押担保和定制的金融服务与产品方案。硅谷银行的主要客户为高新技术企业及接受了风险投资的科技型企业。

③资本市场为科技与金融融合发展提供支撑。美国资本市场主要由交易所市场和柜台交易市场组成,为科技型企业提供资金支持的主要为纽约证券交易所、美国证券交易所、纳斯达克交易所及电子公告板。不同层次的证券市场与处于不同发展阶段的科技型企业多样化的融资需求相匹配,在满足企业筹资需求的同时促进了科技的创新发展。而且,不同层次的证券市场体系间的"转板"机制,实现了科技型企业发展的"优胜劣汰"。

3.1.2 德国模式

政府与市场结合的发展模式。德国有近一半工业产值来源于中小企业,德国政府不断推出优惠政策,试图从各个方面推动科技型中小企业的快速发展,疏通科技企业直接融资渠道,为社会资本大规模参与科技创新提供保障。不同于以市场为主导的美国模式，德国对于科技型中小企业的支持主要体现在以下方面。

①通过政策性优惠贷款助推科技性中小企业的发展。这是一种间接的贷款形式，首先需要政府部门对国内相关银行提供金融的支持，然后再由银行为中小企业提供贷款服务。由于科技型中小企业能够从银行获得贷款服务，很大程度上解决了科技型中小企业发展过程中的资金难问题。

②完善的信贷担保体系。由政府出资设立政策性担保机构。政府设立的担保机构更具有权威性，对于解决科技型企业的融资问题更加有效，而且由于政府的出面，银行为科技型中小企业提供贷款的概率更大。德国还针对科技型中小企业制定了"投资计划"，鼓励更多投资者能够参与到中小科技企业的研发当中来，能够满足企业创新产品在不同发展阶段的资金需求。德国完善的信贷担保体系的建立及有效运作，使中小企业科技创新能力得到很大提高。

3.1.3 日本模式

以政府为主导的发展模式。在推进企业进行科技创新过程中，由于当时日本本国资本市场不完善、风险投资行业并不发达等因素限制，日本政府通过政策性措施，依靠日本较为发达的商业银行体系，构建以金融中介为主的融合发展模式。

①完善推动科技发展的法规政策。第二次世界大战后，为积极发展高新技术产业提振日本经济，日本先后推出30多个有关中小企业的法律法规，形成较为健全的保障科技中小企业成长与发展法律体系，积极推动科技中小企业的发展。

②采取优惠政策支持企业发展及科技创新。为刺激经济的复苏，提升科技创业积极性，日本政府降低了公司注册资本要求，针对中小企业进行相应的税收减免优惠，设立专门的技术开发补助金制度，建立中小企业公共情报网及数据库，为中小企业融资提供相关信息和数据资料。

③政策性金融机构主导信用担保及贷款。自20世纪50年代，日本政府控制及出资专门设立了分工细致的众多政策性金融机构，以满足不同创新主体的资金需求。其中包括日本开发银行、国民金融公库、中小企业金融公库、中小企业信用保险公库、商工组合中央公库等，由日本政府提供资金，或由政府提供债务担保，以优惠利率及融资套件为企业科技创新或扩大生产提供长期贷款和信用担保。

3.2 经验借鉴

在科技金融较发达的国家与地区，无论其科技金融的发展模式是资本市场主导还是政府主导，在具体发展过程中都存在一些共同点，对其共同点的梳理可以为陕西省提供较好的经验借鉴。

一是法规的健全是科技金融发展的根本保障。无论是在经济较为发达的国家如美国、日本、英国，还是在经济逐步发展起来的印度，在科技金融发展的起步阶段，完善的法律体系都将是促进科技金融发展的基石。

二是政策性金融的大力支持是科技金融进入发展阶段的推动力。无论是美国，还是银行主导金融体制的日本，都曾将政策性金融作为科技金融发展的推动力。科技的高风险性被传统的金融机构自动排除在外，为了吸引商业银行及民间资本的积极参与，政策性金融的先导作用成为引致逐利性金融资本进入科技领域的重要原因。政策性金融的推进使得科技金融发展的速度加快，短期内效果较为明显。

三是完善的信用担保体系是科技金融发展必不可少的市场支撑体系。美国、德国及日本的发展模式都显示出信用担保体系对科技金融发展的重要性。在早期政策性金融引导资金或进行资金保障的过程中，政策性资金较为有限，不能完全满足企业科技创新的需求，而信用担保体系的完善就使得有限的政策性资金得到放大，通过为科技贷款进行担保的方式放大了政策性资金的效果，同时降低金融机构的风险，引导更多商业性金融机构参与到促进科技型企业的成长与发展之中。

四是发达的风险投资行业和健全的资本市场是科技金融发展的重要方式。多层次资本市场的构建为风险投资企业从科技创新企业发展壮大过程中的退出提供了多种途径。实践证明，通过公开上市方式，风险投资企业退出投资将是最能实现价值增值的方式，科技创新能得到长足的发展，科技金融所给予的特别是其自身成熟的资本市场及市场化运行的风险投资企业功不可没，并在科技产业发展过程中形成了科学技术初始创新、风险投资市场转移风险及产业培养、资本市场，提供促进科技产业进一步壮大资本的整套联动机制。

4 陕西省"十三五"科技与金融融合发展战略

4.1 战略思路

4.1.1 指导思想

全面贯彻落实党的十八大和十八届三中、四中全会精神，紧抓丝绸之路经济带建设和创新型陕西的战略机遇，以建设"三个陕西"为核心，以强化金融服务实体经济能力、提升科技创新及产业化实力为根本目标，坚持围绕创新链配置资金链，推进大众创业、万众创新，健全完善科技金融组织、市场、产品、服务体系，构建覆盖科技创新及成果产业化全过程的科技金融服务链，加快科技成果就地转化，培育壮大科技型中小微企业群体，支持科技企业健康规模发展，提升陕西省科技创新能力和价值，推进科技与金融、经济融合，加速陕西省经济提质增效升级。

4.1.2 基本原则

①市场主导。深化科技与金融体制机制改革，做实市场配置金融资源的决定性作用，完善科技金融体系，激发各类市场主体的积极性，推动各类资源依据市场需求、市场价格实现高效配置。

②政府引导。充分发挥政府的规划指导作用，实施有效政策激励，营造融合发展外部环境，引领带动金融资源投向科技创新领域，搭建服务平台、培育新兴业态，引导企业集聚发展、规模发展。

③创新驱动。坚持创新带动融合，创新金融资源整合和服务模式，拓展科技金融服务领域，加强科技金融组织、市场、产品和服务体系系统创新，推进科技创新与金融创新紧密结合。

④融合互动。根据科技创新需求配置金融资源，发挥科技与金融的良性互动作用，促进科技创新与金融的智能匹配、精准对接，实现科技企业与金融机构深度融合、互利共赢。

4.2 发展目标

到2020年，建立完善的区域科技金融体系，显著提高科技成果就地转化能力和水平，实现科技产业和金融产业紧密融合、创新发展，把陕西建成我国西部科技金融创新中心。

①科技金融发展环境进一步优化。完善科技金融政策制度体系，在风险补偿、股权投资、互联网金融、风投财税优惠、金融风险防范等领域实施一批重大政策创新，提升政策引导能力和支持力度，营造科技金融融合发展政策环境。

②科技金融组织体系更加健全。天使投资、小额信贷、互联网金融等机构充分发展，与地方银行、证券、保险公司形成协同合作的区域科技金融组织体系，发展一批专业性科技风险投资、创业投资的投资机构，培育一批服务能力强、品牌影响力大的科技金融中介服务结构，培育一批服务小微企业的新兴金融机构。

③科技金融市场体系更加高效。建设多层次、多功能的科技金融市场体系，形成风险投资、科技信贷、多层次资本市场、科技保险、科技债券等多元化的投融资服务体系，上市公司数量明显增加，创业投资、银行科技信贷和科技保险等市场规模不断扩大，市场服务效能不断提升。

④科技金融产品体系更加丰富。建设适应科技企业发展需求的科技金融产品体系，整合科技成果转化和创业投资引导基金，扩大子基金覆盖领域，创新知识产权质押、应收账款质押、非上市企业股权质押等科技信贷产品，开发研发责任险、关键设备保险、专利险等科技保险险种，培育发展一批科技金融产品品牌。

⑤科技金融服务体系更加完善。科技创新与金融对接机制得到进一步优化，形成财政资金引导、社会资金充分参与、区域统一的科技金融服务体系，建设一批集信用激励、投保贷联动、成果鉴定、知识产权评估的科技金融服务平台，培育一批有公信力、覆盖范围广的科技金融服务机构。

4.3 重点任务

4.3.1 打造科技金融服务链

完善科技金融体系，根据科技创新各阶段的不同需求，构建覆盖科技创新全过程、囊括"天使投资—风险投资—资本市场融资—科技信贷—科技保险—科技担保及其他中介服务"、层次分明、无缝对接的科技金融服务链。

建立科技金融联盟服务中心，提供链式科技金融服务。依托科技园区、创业园区、科技孵化器，引导科技金融各类创新要素集聚，联合各类科技金融服务机构，建立区域科技金融联盟服务中心,发挥集聚效应,加强协同创新,结合区域内科技金融需求,为区域内不同发展阶段的科技企业提供覆盖全链条、各有侧重的科技金融服务。

创新科技金融服务模式,强化科技金融链联动服务。以银行为主体,推动探索投贷联动机制,开展投贷、投保贷联动等科技金融服务模式创新,以"股权+债权"的模式开展融资服务,形成符合适应小微科技企业、创业企业发展的服务模式,提升科技金融服务链的服务能力。

4.3.2 壮大科技金融融合关键环节

(1) 培育壮大天使投资队伍

大力培育天使投资人。吸引省外国外天使投资人、股权投资基金、创业投资基金在陕西省开展天使投资业务;支持个人投资者、具备一定资本实力的高新技术企业、民营科技企业、上市公司、国有创业投资企业设立或参与设立天使投资机构;鼓励和支持科技园区、创业园区、科技孵化器以财政资金吸引社会资本,联合设立种子基金。

拓宽天使投资项目来源。基于陕西省各级地方科技计划项目、科技大市场登记科技成果建立创新创业项目库,为天使投资提供丰富项目来源。建立健全天使投资风险管理、项目组织、专家评审及激励约束机制,鼓励天使投资机构根据项目库筛选投资项目。

支持天使投资市场发展。不断完善天使投资发展政策环境,营造利于天使投资发展文化氛围,引导天使投资机构面向战略性新兴产业、高新技术领域企业提供投资服务;支持各类科技孵化平台利用"创投+孵化"模式为科技企业提供资金和管理支持,鼓励为天使投资服务的中介组织体系发展,完善天使投资退出渠道。

(2) 积极发展专业化风险投资

发展各产业领域的行业性风险投资。鼓励风险投资机构面向不同产业领域开展专业性的风险投资服务,重点支持现代农业、先进制造、新能源、新材料等战略性新兴产业,以及科技服务等产业领域的科技企业,推动风险投资根据各产业领域市场发展规律、投资回报效率,建立相应的风险投资模式。

发展各投资环节的专业化风险投资。鼓励风险投资机构专注于不同投资环节细分市场的风险投资服务,开展A轮风险投资、B轮风险投资、上市股权投资等专业化风险投资服务,完善各环节风险投资服务。

(3) 加大科技信贷支持力度

完善科技信贷组织体系。支持银行建立科技企业金融服务事业部、科技支行,增强银行对科技企业的信贷服务功能。支持小额贷款公司、村镇银行建设,鼓励科技小额贷款公司积极探索适合科技型中小企业的信贷管理模式,推动银行与小额贷款公司深入合作,做好科技企业在不同发展阶段的信贷服务衔接。

创新金融产品。针对科技型中小企业贷款担保难和抵押品缺乏等特性,深化信用贷款、知识产权质押贷款、股权质押贷款、应收账款质押贷款、供应链融资、信用保险和贸易融资等各类科技信贷服务探索,降低贷款门槛和融资成本。加强银行与其他金融机构的对接与合作,创新金融组合服务产品。加强与农村金融机构合作,创新适应农村科技创新、创业特点的科技金融产品,开展农村土地承包经营权质押贷款、农业生产设施、生物资产抵押贷款等融资服务。

创新科技贷款评审机制。建立有科技专家参与的贷款评审机制，从高等院校、科研机构、企事业单位、中介机构、社团组织、政府行业管理部门等机构征集技术、企业管理、投资、财务、科技服务等专家，组建具有补充淘汰机制的专家库，通过网络或评审会方式，为银行的科技贷款、担保公司的担保、科技企业的融资提供专业决策咨询。

发展科技融资租赁服务。支持银行、有条件的科技企业设立融资租赁机构发展科技融资租赁服务，鼓励科技型中小企业通过融资租赁的方式取得为科技创新、技术升级和创业服务的重点设备、关键器材、研发场所等。

(4) 推进建设多层次资本市场

支持符合条件的科技型企业上市融资。建立上市后备企业库，培育、挖掘和筛选一批科技型上市后备企业。完善企业上市规划路线图，形成"培育改制一批、辅导申报一批、上市发行一批"的梯次推进工作体系。加大宣传引导，积极做好科技型企业上市服务工作，加强资本市场、资本运作和企业上市规则基本知识培训，免费为企业上市提供全程、全方位咨询服务。支持科技企业利用资本市场进行兼并重组做大做强，完善资本市场转板服务，建立相互联系、优胜劣汰的多层次资本市场体系。

推进新三板市场建设。借鉴中关村非上市股份有限公司股份报价转让系统试点的制度，依托陕西新三板联盟，设立专项资金，出台扶持政策，切实做好新三板的推广工作。支持银行、投资机构与陕西新三板联盟面向科技型企业合作开展企业挂牌辅导、企业债权融资和股权融资等全方位服务。

完善非上市科技型企业股权交易市场。依托西部产权交易所、陕西股权交易中心、西安技术产权交易中心等产权交易机构，开展集中托管、股份转让、股权交易、股权质押等服务，完善未上市股份公司股权登记托管、交易、市场监管等制度，规范引导非上市科技型企业利用产权交易所依法、合规开展股权交易服务。

完善科技型中小企业债券融资市场。简化直接债务融资工具发行流程，鼓励支持符合条件的科技型中小企业发行集合债券、企业债券、集合票据，改善财务结构，降低融资成本。省科技厅要加大与银行合作力度，积极组织发动基础条件好、创新性强、具有一定规模的科技型中小企业，发行集合债券、集合票据、高收益债券。

建立陕西科技型企业粉单市场。由陕西省科技资源统筹中心牵头，建设陕西粉单市场，为场外交易的科技型企业股票提供报价服务，向OTC市场的各经纪人和经销商收集股票报价信息，发布场外交易的各种证券的报价信息。

(5) 推动科技保险业务覆盖

创新科技保险风险分担机制。引导保险公司和担保公司等机构共同参与重大科技项目的风险管理工作。与银行等其他金融机构一起创新科技风险管理机制与服务，为科技型企业特别是科技型中小企业提供自主创新首台（套）产品推广应用、融资、担保等方面的支持。引导保险公司参与首台（套）装备示范项目保险工作。

创新科技保险产品。支持在陕保险机构不断开发、丰富与科技创新相关的保险产品，创新产品研发责任保险、关键设备保险、出口信用保险、新品试验中试等保险险种，创新科技人员保障类保险，开发高管人员和关键研发人员团体健康保险、人身意外伤害保险和野外考察等保险产品。针对农业科技保险试点,开发设施农业保险、牲畜保险等保险险种。发挥信用保险对科技型企业的支持作用,积极开发短期出口信用保险、短期出口信用保险中小企业保单等信用保险产品。

推广科技保险服务。加强对科技型企业参加科技保险的引导和推动力度,增强企业风险意识,提高企业投保的主动性。通过试点探索以税收减免等手段,提升保险机构发展相关业务的积极性。推行科技型企业科技保险保费财政补贴,享受国家规定的税收优惠政策,提高科技型企业投保积极性。支持保险机构与银行、科技园区探索建立银保融资平台,推行科技型中小企业批量化保险业务。

(6) 开展科技担保等中介服务

创新科技担保方式,根据不同融资需求开展政策性拨付预担保、核心科技人才担保、知识产权质押担保、天使担保、期权担保等担保服务,支持担保机构加大与政策性银行、商业银行、风险投资机构合作,形成覆盖科技型中小企业全生命周期的融资担保服务体系,建立风险控制机制与资本补充机制,支持担保机构扩大担保规模。

完善知识产权质押评估服务。建立统一的区域知识产权质押登记体系,强化知识产权评估管理,构建知识产权价值分析指标体系,建立知识产权价值发布机制。大力发展专利权、商标权、著作权等知识产权全领域的在线交易平台,面向市场主体公开发布各种形式的知识产权信息,开展网上实时竞价交易。实施知识产权质押贴息补助政策,对获得知识产权质押融资并按期偿还贷款本息的中小微企业给予一定的贷款贴息补偿。

4.3.3 完善科技企业信用体系

①完善科技企业和人员信用信息系统。强化信用信息的采集与更新机制,以工商行政部门的企业登记信息为基准,整合其他行政部门及公共组织掌握的企业信用信息,完善企业公共信用数据库。引导企业和金融机构完善其在经济社会活动中形成的投资合作、融资担保、信用交易、合同履约等信息,并自主申报公开,完善企业申报信用数据库。

②建立陕西科技型企业信用服务中心。充分发挥西安高新区信用服务中心建设的示范作用,在杨凌、宝鸡、咸阳、渭南等高新区及其他市区推广西安高新区经验,开展科技型企业信用评级,建立科技型企业信用报告制度。建立完善企业信息传递共享机制、企业守信激励机制、企业失信市场约束机制和惩罚机制。促进科技型企业信用信息发挥作用,推动信用服务覆盖全省科技型企业。

③发挥信用体系功能。发挥信用担保、信用评级、信用增进在科技企业投融资过程中的功能,以企业信用信息为纽带,聚集金融机构信息、金融产品信息和科技企业投融资需求信息,为科技企业提供一站式、多功能、低成本融资服务。

4.3.4 创新科技资金投入方式

①增加风险损失补偿基金规模。强化科技型中小企业科技信贷的损失补偿,对科技型中小企业产生的不良贷款,包括信息贷款、知识产权质押贷款、应收账款质押贷款,给予银行风险补偿。简化风险补偿操作流程,鼓励银行结合风险补偿资金创新中小企业科技信贷管理机制。对天使投资、风险投资和担保公司进行风险损失补偿,提升天使投资和风险投资机构

对科技项目的投资积极性。

②加快专项资金整合和创新应用。加快省科技厅科技成果转化基金、省发改委创业投资引导基金及其他部门专项资金整合，统筹使用形成资金合力；加强财政资金对科技创新和金融的引导作用，通过设立专项子基金的方式引导资金集中用于支持创新创业、重点项目孵化转化、公共服务补助、人才引进等。实施PPP的发展模式，把科技成果转化引导基金作为科技金融政府私人合作平台，设立以科技成果转化引导基金与民间天使投资、风险投资基金联合建立的科技创业投资基金。

③设立天使投资引导子基金。以科技成果转化专项资金为来源，设立省、市、区各级地方天使投资引导子基金，重点面向符合条件的种子期科技企业项目，通过偿还性资助等方式给予扶持，引导天使投资机构对种子期科技企业进行股权投资。

④探索股权众筹融资模式。创新"领投+跟投"的众筹孵化机制，借助互联网金融平台为科技企业提供股票式股权融资服务。领投人根据丰富经验和专业知识进行项目调研和项目筛选，提供投资建议；普通投资人选择信赖的领投人和科技项目进行投资，并由领投人提供项目监督、管理咨询等筹后服务。

4.3.5 强化金融服务的科技支撑

①支持金融机构利用新一代信息技术创新金融产品和服务，支持银行利用大数据信息技术，发展市场化企业、个人网络征信和信用评价业务，分析企业经营行为信息的大数据，构建科学理性、定向明确的授信模型和交叉验证体系，创新金融服务工具和产品。促进国产密钥算法应用改造、电子商务签名验签、金融IC卡脱机数据认证、生物识别技术等加密技术研发应用，保障电子银行信息安全。

②支持金融机构培育科技人才队伍。引进素质高、业务精的科技人才，加强金融机构科技人员专业培训，积极参加网络知识、数据交换平台应用培训及科技公司组织的计算机技术交流会，定向开发金融业务专项系统，提升人才队伍素质。

③支持科技型企业参与金融机构技术创新，研发移动支付、电子交易系统等移动互联网展业工具和专属软件，为金融机构开展移动线上、自助式金融服务提供专业技术设备、软件开发、信息管理和后台支持等，保障金融业务的科技支撑。

4.3.6 发展互联网金融服务

①发展互联网普惠金融。鼓励银行、保险等金融机构利用互联网、移动互联网技术创新金融产品和服务模式，拓展金融服务业务，提升对科技型企业、科技人员的金融服务力度。支持互联网企业针对科技型中小微企业、科技人员的投融资需求，提供相应的互联网金融产品和服务。鼓励互联网企业与银行等金融机构融合创新，开发符合大众投融资需求的金融产品，培育一批创新商业模式、有市场影响力的互联网金融企业。

②发展新兴互联网金融。支持金融、非金融机构充分挖掘市场支付、投融资需求，基于互联网、移动互联网、大数据等信息技术，创新金融服务模式，开展P2P信贷、移动支付、第三方支付、金融门户、大数据金融等新兴金融服务，壮大互联网金融服务企业。完善互联网金融风控、清收等政策法规，强化行业监管约束，规范互联网金融市场秩序。

③探索"互联网+"科技金融。利用互联网金融平台,创新知识产权质押融资模式,探索线下质押、线上P2P融资模式,通过"知识产权的注册保护+交易许可+质押融资"方式,在融资第三方公共平台实现科技型企业知识产权全业务流的交易服务,推动知识产权的保护,盘活闲置知识产权资源。

4.3.7 加强科技金融平台建设

①加强陕西科技金融信息服务平台功能建设。在现有科技金融信息服务平台提供政策、产品信息基础上,强化平台与科技成果转化项目库、技术产权交易中心、科技成果评估中心、科技型企业信用服务中心的信息和服务对接,打造集成科技金融信息网络和服务体系的综合服务平台。

②搭建融资对接服务平台。引导银行、天使投资、风险投资、基金机构等,与科技企业开展线上线下结合的融资对接服务,针对种子期、初创期、成长期、成熟期的科技型企业,给予相应不同类型的科技金融支持和服务。

③搭建民间金融创新平台。依托西安金融街、西安市民间借贷服务中心,整合全省优质民营企业资金、企业家资源,吸引聚集小额信贷公司、担保公司、融资租赁服务、互联网金融服务等地方民间金融组织,创新民间资本金融服务模式,引领全省民间投融资市场阳光化、规范化发展,充分发挥民间资本的正效应。

④建设新型孵化器合作平台。加强创新工场、车库咖啡、天使汇、创客空间等新型孵化器资源共享、交流合作,以资本为核心和纽带,搭建新型孵化器合作平台,在平台和孵化器内聚集天使投资人、风险投资机构,依托平台吸引汇集优质的创业项目,为创业企业、创客提供融资、创业辅导、管理咨询服务,并帮助企业对接配套资源,提升创业成功率。

4.3.8 健全科技金融配套服务

①建设陕西科技金融创新中心。以西安高新区为基础建设国家科技金融功能区,完善科技金融配套服务体系,提供优质办公环境、公共服务设施,吸引聚集优质科技金融和中介服务机构,建立符合区域科技创新需求的科技金融体系,增强区域科技金融服务功能,示范、引领、带动陕西及西部科技金融创新体系形成。

②建设科技金融品牌文化。组织创业投资、银行、券商、保险、科技金融中介服务机构等开展银企对接会、金融产品推介会、企业上市咨询会、科技企业投融资研讨会等形式多样的科技金融对接活动。举办科技金融论坛,共同探讨金融、科技、产业融合发展的新途径,积极营造科技金融创新文化氛围。

③做好创新创业大赛活动。精心组织大学生、科技人员科技创新创业大赛活动等品牌性创业活动,加大宣传引导,提高大学生和科技人员创新创业积极性,激发大学生的创新意识,加强创业社区、众创空间等低成本、便利化、全要素、开放式新型孵化载体建设,积极培育学生科技兴趣小组、学生科技项目团队、学生创客,挖掘创新创业人才和创新成果,催生、孵化科技企业。

5 实施措施与政策建议

5.1 政策体系

科技金融政策体系如表 21-3 所示。

表 21-3 科技金融政策体系

	政府	创新主体		科技人员	投融资机构				中介机构
		企业	高校院所		天使	风投	银行	保险	担保
科技服务	交易中心、成果中心、服务中心			市场化科技服务	支持开展互联网金融服务				
保险担保服务	①重大科技项目保险分担机制；②科技企业信用体系；③科技保险优惠政策	及时主动公开信用信息	—	核心科技人员贷款担保	—	—	—	①科技保险风险机制；②开发科技人员保险	信用评级
科技贷款服务	①贷款风险补偿；②政策性拨款预担保	①贷款贴息；②技术后补助	—	引入专家参与科技贷款审核	—	—	①科技支行；②创新知识产权质押、股权质押等金融产品	—	①科技贷款担保；②集合担保
资本市场服务	①科技型企业拟上市库；②新三板试点建设；③完善股权交易市场；④建立科技企业粉单市场	①宣传引导符合条件科技企业上市融资；②上市辅导服务；③中小企业集合债券、集合信托	—	—	—	—	—	—	期权担保
风险投资服务	①完善风险投资补偿机制；②引导基金	①鼓励设立风险投资机构；②支持以"创投+孵化"模式孵化企业	开展创新创业活动	鼓励项目主要完成人创业	①培育天使投资人；②拓展投资项目来源	发展专业化风险投资	投贷、投保贷联动服务		天使担保

5.1.1 加强政策创新

实施一批创新政策，完善风险投资机制，加大财政资金的引导作用，培育各类风险投资人才，健全区域股权交易市场，拓宽风险资本退出渠道；完善风险分担机制，加大信贷风险、投资风险补偿力度，完善政策性担保体系，建立银行、基金和其他机构的风险分担机制；创新科技保险机制，引导保险公司和担保公司等机构共同参与重大科技项目风险管理。

完善科技项目管理机制。创新科技计划项目立项模式，以产业需求、市场需求为导向，通过公开招标等方式，建立市场化的科技项目筛选机制；提升高校、科研院所对社会、企业的服务能力，鼓励以企业为主体、产学研结合的科技项目研发。

5.1.2 强化扶持政策

加大对产业研发中试、技术引进开发、科技孵化器、产融服务平台建设的财政支持力度，提升科技创新和科技金融资源整合能力，增强财政引导基金的杠杆作用，提升财政资金在科技创新过程中对金融资本、产业资本的引导带动作用。

落实企业研发费用加计扣除等税收政策，完善对天使投资、风险投资机构的税收优惠政策，将天使投资项目调研、项目筛选费用计入企业研发费用进行税前扣除，减轻天使投资税收负担；对科技创新前端投资、长期投资实施普惠性优惠，加强对创业投资者的个人所得税优惠，对银行、小额贷款公司、互联网金融机构的科技信贷项目给予税收优惠。

5.1.3 优化创新创业环境

加强创新创业平台建设，分领域、分类别地支持和推进各类创业园区、科技孵化器、众创空间等创新创业载体建设。有效利用高校、科研院所和孵化器等服务机构的现有资源和基础条件，以"一校一空间"为建设目标，建设一批校园众创空间，为大学生和科技人员提供低成本、便利化、全要素、开放式、资源共享的工作空间和创客活动服务平台，鼓励和支持大学生、科技人员创新创业。

提升平台服务水平，优化完善创业咖啡、创新工场、众创空间等新型创业服务平台服务业态和运营机制，吸引创业企业与科技人员聚集、交流，为创业企业、创业团队提供金融支持、咨询辅导、法律支持，以及科技咨询、知识产权、检验认证和技术转移等科技服务，满足不同阶段创业企业需求。

营造创新创业氛围。支持政府科技部门、高校联合开展各类创新创业大赛和创业培训活动，健全创业辅导机制，建立大学生创业导师专家库，聘请知名企业家、专家学者、创客和投资人担任创业导师，为创业大学生提供专业化辅导。支持高校开展融入创客文化、创新项目实践等教学活动；利用大学教育网、局域网，打造大学生创业在线平台，提供创业课程培训、创业项目管理等服务。

5.1.4 完善人才政策

制定科技金融人才培养方案。根据陕西省中长期人才发展规划，制定"十三五"科技金融人才规划方案，开展科技金融人才计划，创新人才政策环境，提升人才公共服务环境，不断优化科技金融人才的发展环境，引导科技创新、金融人才聚集陕西，努力把陕西建成有全球影响力的中国西部人才高地。

引进培养科技金融人才。完善科技金融专业人才引进、培养和激励机制，建立高素质、专业化的科技金融人才队伍。引进的科技金融人才在科技奖励、配偶就业、子女教育、社会保障等方面享受相关优惠政策。

着力培养天使投资、风险投资人才。挖掘大型国有企业、金融机构的中高层管理人员、民营企业家、高校院所领先科技人员，使其发展成为风险投资人才。把国内外知名天使投资、风险投资人才和团队纳入省高层次创新创业人才和团队引进计划。依托高校院所和金融机构，大力开展科技金融与风险投资培训，加快培养既懂科技又懂金融的复合型天使投资和风险投资人才。

5.2 保障措施

5.2.1 加强组织领导

由科技金融结合试点工作领导小组负责科技金融工作总体部署与协调，试点工作领导小组办公室承办领导小组日常事务，并全面负责陕西省科技与金融融合发展各项工作。建立政、银、企联动，省、市、区（高新区）联动，部门、中介、企业联动等"3个三方联动"协调机制，协同推进试点工作。建立信息通报和会商制度，定期或不定期召开协商会议，会同银行业金融机构、创业投资机构进行专题调研，形成自上而下、领导有力、协调有序、运转高效的工作体系。依托陕西省科技资源统筹中心，完善科技金融专家库，负责试点目标、内容的确定及战略规划、计划及政策制定等。

5.2.2 加大宣传引导

围绕陕西省科技金融产业特点和发展目标，围绕科技与金融融合创新制定宣传工作方案，凝练宣传主题，宣传政策趋势，拓展报台网联动、新闻媒体与自媒体渠道相结合的宣传互动网络，充分利用各类宣传媒体，开展特色宣传活动。大力宣传大学生创新创业大赛、创业路演、毕业设计展等创新创业活动，激发全社会创新创业活力。加大对科技创新、金融创新、创业先进个人和优秀团队的宣传力度和媒体报道，引导形成全社会支持科技金融创新发展的良好环境。

5.2.3 加强监测评估

加强科技金融行业发展动态监测，定期采集和统计行业发展数据，建立省科技金融发展统计指标体系。建立科技成果信息、科技创新需求信息、融资需求等市场信息的跟踪、统计和公开发布工作体系，面向社会提供市场信息，服务广大市场主体科学决策。

5.2.4 强化考核奖励

制定科学合理的督查考核办法，加强对全省各级各部门科技金融工作的督查考核。将管理范围内上市公司数（非主板）、天使基金支数、风投基金支数、基金规模、基金投资发生额、基金投资的企业个数等科技金融指标纳入部门工作考核指标范围。对于工作业绩突出的部门和市区进行表彰奖励；对于工作落实不力的部门和市区，要及时通报批评，督促限期整改落实。

第二十二篇

陕西省"十三五"文化与科技融合发展战略研究

组织单位：陕西省科学技术厅高新技术发展处
课题承担单位：西安理工大学
课题负责人：胡海青
课题组成员：张 丹 张 琅 张颖颖 王兆群 薛 萌 龚 艳
　　　　　　孟凡玲 刘红娟 陈 迪 李依姗 等

引 言

深入推进文化与科技融合，发挥科技在文化发展中的支撑与引领作用，是新时期科技创新发展的重要任务。科技部联合文化部等有关部门制定并出台的《国家文化科技创新工程纲要》，提出了我国文化科技创新的总体要求与关键任务。党的十八大进一步提出"促进文化和科技融合，发展新型文化业态，提高文化产业规模化、集约化、专业化水平"的发展方针，都说明了现阶段文化与科技融合发展的必要性与关键性。

围绕国家战略部署，陕西省启动并实施了多项科技与文化融合示范工程，建立了以高新区与曲江新区为核心的国家级示范基地，推动了陕西省丰富的历史、革命、民俗文化与科技创新的有效结合。同时，通过相关政策推进陕西省文化与科技融合发展，相继出台了《陕西省"十二五"文化体制改革和发展规划》、《陕西文化信息资源共享工程"十二五"发展规划》和《关于加快推进文化科技融合发展的实施意见》，对陕西省文化与科技融合发展做出了一系列部署。

随着陕西省文化与科技的进一步融合，陕西省文化与科技产业融合进入快速发展期，如何更加有效地促进文化与科技深度融合，提高科技对文化的支撑力度，丰富科技成果的文化内涵，推动文化科技新业态发展，成为"十三五"时期陕西省及各市级政府的主要任务。"十三五"时期是陕西省文化与科技融合发展的关键时期，也是陕西省传统文化产业升级、完成产业结构调整的关键时期，推进文化与科技融合具有较高的意义与价值。

1 国内外文化与科技融合发展概况

文化是社会文明的精华，是人类在社会历史实践过程中所创造的物质财富和精神财富的总和。伴随着经济全球化、政治多元化,文化发展也呈现出多元化趋势。科学技术作为文化发展的重要引擎,不仅成为拉动经济发展的强大动力,也给人类的生产方式和生活方式带来了巨大的影响。因此,推进文化与科技融合是文化产业与科技创新相互作用的必然结果。文化与科技融合过程中涉及文化产业、文化事业等多个方面,产业分类广泛、内容多样、结构复杂、产业链长,科技如何介入,如何助推文化产业与文化事业的发展,是推动文化与科技深度融合的关键及文化科技发展的重要工作。

1.1 国外文化与科技融合发展概况

高科技已经在发达国家文化产业中扮演了领导者的角色,它带来的不仅是技术上的革命,更是思想观念上的革新。以网络化、数字化技术武装起来的产业设备及各种以高科技为载体或包装的文化产品,不仅在创造全新的生活理念,而且在刺激新的文化需求。

(1) 创新文化与科技融合发展模式

在文化与科技融合方面,不同国家(地区)采取了符合本国国情的发展模式,主要的发展模式包括以伦敦为代表的政府导向型发展模式、以美国为代表的市场导向型发展模式及以日本为代表的产业带动型发展模式,具体的发展模式如表 22-1 所示。

表 22-1 文化与科技融合发展模式

代表国家(地区)	发展模式	具体措施
英国伦敦	政府导向型	①出台一系列的政策保障措施; ②给予小微企业资金支持
美国	市场导向型	①颁布了一系列的法规; ②制定了宽松的发展环境; ③制定了一系列的资金保障扶持措施
日本	产业带动型	①制定了一系列的法律来保障知识产权人的合法权益; ②制定了详细的文化产业发展规划及文化产业产权保护制度

(2) 新媒体文化呈现出新一轮发展热潮

新媒体文化以新媒体技术手段为载体,最大限度地反映了大众的日常生活实践、观念、经验、感受,新媒体文化中存在着许多非主流文化和隐性文化现象,其外延包括网络媒体、手机媒体、互动性电视媒体、户外媒体、楼宇电视、车载移动电视等,美国、英国、德国及日本的新媒体发展趋势如表 22-2 所示。

表 22-2 新媒体文化的发展趋势

国家	发展趋势
美国	电视机网络、网络新媒体
英国	多媒体软件、新媒体教育
德国	新媒体教育、新媒体广播
日本	新媒体动漫

(3) 新兴文化业态增势明显

国外文化产业竞争日益呈现出一场科学技术的竞争，依靠新科技移位或占据文化产业竞争制高点已成为新趋势，科技创新成为文化发展的新引擎，运用高新技术特别是信息技术改造传统文化产业，创新文化生产方式，并不断催生文化科技融合的新业态。传统媒体的数字化及网络化、三网融合和下一代广播电视网的建设、有线电视网络数字化双向化改造、手机学习娱乐网络、公共信息服务、视频点播、网络连接、电视商务、电子政务、版权交易，以及以 3D 技术、虚拟技术与文化融合形成的新展示模式等新业态已经形成，也预示这些新业态将迎来一个深刻变革、深刻调整、深刻转型的时代，并不断实现新的超越。

1.2 国内文化与科技融合发展概况

随着现代科技对各个产业无孔不入地渗透，以及消费者对产品文化内涵的自觉追求，文化与科技的融合不仅成为可能，而且正在催生一批前景光明的新兴产业。实践已经证明，文化与科技融合在推动社会经济繁荣、满足人们日益增长的个性化文化需求中扮演着越来越重要的角色。

(1) 传统文化产业改造升级不断加快

近年来，我国通过推动文化企业广泛运用数字、网络信息等高新技术，提高装备水平和科技含量，培育核心竞争力，实现传统文化产业转型升级。在广播影视、新闻出版、演艺娱乐及印刷复制、游戏游艺设备制造等领域，运用数字、网络信息等高新技术，改造生产流程，提高文化创作、生产、传播等环节的科技水平，提升文化产品的科技含量，文化与科技的融合促进了传统文化产业的升级。特别是在 2013 年，我国多家传统出版业（图书、报纸）企业进军数字出版，与新兴的移动互联网合作开发，实现新一轮转型升级，成为数字阅读产业的一大亮点，传统文化产业改造升级不断加快。

(2) 文化科技融合发展环境不断优化

我国积极推进文化科技融合发展的载体建设，构建文化交易、会展和投融资平台，健全文化与科技融合发展的服务体系。国家级高新区成为文化科技融合发展的主要载体，2012 年 5 月 18 日，以科技部、中宣部等为主的 5 个部门联合发布了首批包含北京、深圳、大连、武汉、沈阳等 34 个国家级文化与科技融合示范基地。除此之外，我国还设立了多项文化与科技融合专项基金，部分省份成立了文化产权交易所，不仅解决了文化企业融资难的问题，也改善了文化企业融资环境，促使我国文化与科技融合的环境日益优化。

(3) 多个层面推进文化与科技的深度融合发展

为了推动我国文化与科技的深度融合，国家从关键技术、示范工程、基地建设 3 个方面发展文化与科技融合。在文化与科技融合中，关键技术的突破与运用具有决定性的意义。在关键技术方面，将通过文化科技创新体系建设，增强自主创新能力，加强文化科技基础技术研发，技术集成创新来完成关键技术的突破。在示范工程和基地建议方面，为了更好地引导和推动各地文化与科技融合发展，国家着眼于提高文化与科技融合的集约化水平，集成资源、集聚优势，打造一批特色突出、产业链完备的文化与科技融合示范基地。

纵观国内外的文化特色产业，可供陕西省借鉴并重点发展的有动漫游戏、智慧旅游及文化遗产的数字化保护与传播，如表22-3所示。

表22-3　特色文化产业

国家（地区）	特色文化产业	借鉴之处
日本	动漫游戏	①主要采取商业模式； ②一些著名的游戏公司成为开拓市场的领头羊； ③软硬件依赖彼此攻取市场
	动画	①奇幻的故事情节； ②栩栩如生的人物角色； ③积极进取的主题和精美游戏画面； ④抓住不同年龄层次的消费者
中国四川	智慧旅游	①开发手机APP,将游客出游时的一系列活动划为3个阶段:出行前、出行中及出行后，并始终贯穿旅行六要素"吃、住、行、游、购、娱"； ②出行前：景点的推荐、自动路线规划； ③出行中：旅行目的地手机导航、智能语音导游； ④出行后：游记整理、景区点评
美国	文化遗产数字化保护与传播	①档案数字化：传统载体的档案经高科技技术加工成数字档案形式； ②数字图书馆：展示国家文化遗产的数字化在线目录，利用时间、地点、主题等多维度呈现信息

2　陕西省文化与科技融合现状

2.1　发展现状

（1）陕西省文化产业发展现状

陕西省文化产业长期以来一直得到省委省政府的重视，十二次党代会明确提出以文化建设为引领，全面建设以"三强一富一美"为主要标志的西部强省。进入"十二五"以来，陕西省文化产业年均增长率保持在30%以上，比同期GDP增长速度高16.7个百分点。2013年陕西省文化产业完成增加值643.4亿元，增长27.4%，占陕西省GDP比重为4%，较2012年提高0.5个百分点，文化产业投资同比增长50.5%，高于陕西省全社会固定资产投资增速26.4个百分点，保持了高速增长的势头，并推出了一大批在全国颇具盛誉的文化品牌，如表22-4所示。2009年、2010年、2011年陕西省完成了省级、市级、县级经营性文化事业单位转企改制任务，形成了文化、广电、新闻"三局"合一。改制后的陕西省文化事业企业实力增强、利润提升、精品辈出。2013年，陕西省拥有文化事业机构2318个，从业人员达21 963人，共有公共图书馆114个，公共图书馆藏书量137.7万册，文化站1650个，群众艺术馆文化馆122个，广播人口覆盖率和电视人口覆盖率分别高达97.37%和98.26%。

表 22-4 陕西省文化品牌内容简介

文化品牌	内容
历史文化品牌	以宝鸡青铜器、秦兵马俑、汉阳陵、唐大明宫及周、秦、汉、唐文化遗存为代表
红色文化品牌	以延安革命圣地、西安事变旧址等为代表
民俗文化品牌	以秦腔、陕北民歌、皮影、剪纸、泥塑等为代表
宗教文化品牌	以法门寺、大慈恩寺、楼观台、白云山等为代表
自然风光品牌	以华山、太白山、黄河壶口瀑布等为代表
现代文化品牌	以仿唐乐舞、西部影视等为代表
曲江新区	以曲江核心区为主，辐射大明宫遗址保护区、法门寺文化景区、古城墙景区、临潼休闲度假区、楼道观文化展示区六大文化板块的文化产业全新发展格局

(2) 陕西省科技产业发展现状

陕西省作为全国教育大省、科技强省，科技实力雄厚，具有丰富的科技资源。现有科普人员 9.28 万人，"两院"院士 59 人，科研机构 900 家，高等院校 96 所，国家级高新区 4 个，国家级工程技术研究中心 7 个，省级工程技术研究中心 188 个，博士后站 222 个，累计培养博士后 3440 人。陕西省综合科技进步水平不断提高，2009—2013 年，陕西省综合科技进步水平监测值增长了 6.5%，如图 22-1 所示，位居全国第 8 位。各个指数一直保持着较高的水平，2013 年陕西科技进步环境指数为 57.69%，科技活动投入指数为 56.99%，科技活动产出指数为 59.5%，高新技术产业化指数为 44.01%，科技促进经济社会发展指数为 59.99%。

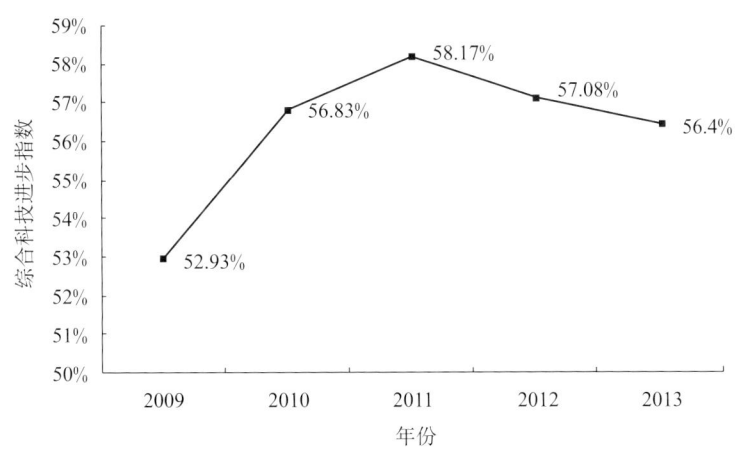

图 22-1 2009—2013 年陕西省综合科技进步指数

在科技经费投入方面，陕西省研发经费投入一直保持着显著的增长态势。2013 年陕西省全社会投入研发（R&D）总额达到 342.75 亿元，较 2012 年增长 19.3%，高出全国平均增速 4.3 个百分点，位列全国第 3 位。R&D 经费投入强度（R&D 与 GDP 之比）达到 2.14%，居全国第 8 位。在科技产出方面，陕西省科技活动产出水平不断提高，特别是在能源环保、先进制造业、电子信息等领域，突破一批关键技术，取得了一批有影响力的重要成果。截至

2013年年底，陕西省共申请专利57 287件，专利授权数为20 836件，分别比2012年增长25.5%和39.8%，专利拥有量达到14 394件，在全国排名第10位，其中发明专利授权数和拥有量分别增加至为4133件。同时陕西省科技市场技术交易活动活跃，技术合同成交金额呈现出稳步增长的趋势，如表22-5所示。

表22-5 2012—2013年陕西省技术交易合同数和总成交额

项目	2012年	比上年增长	2013年	比上年增长
合同数（项）	17 596	58.17%	19 288	9.62%
合同总成交额（亿元）	334.82	55.46%	533.31	59.28%

(3) 陕西省文化与科技融合发展成就

近年来，陕西省围绕文化与科技融合，大力推进国家级文化和科技融合示范基地的建设，推进动漫游戏、数字出版、广播影视、文化旅游、广告会展等产业新业态发展，有针对性地突破文化产品与科技融合中的关键技术，推动文化产业从产业链低端向高端转移，促进文化产业集群发展。这些成就主要体现在以下几个方面。

①积极建设基础平台。目前，陕西省构建了国家级文化和科技融合示范基地，并组织实施陕西省科技与文化融合重大工程，为文化与科技的有效融合发挥了支撑作用。一方面，陕西省依托曲江新区和西安高新区，充分利用曲江新区的文化优势和高新区的科技优势，共同以培育文化创意产业等新兴文化业态为主线，以文化旅游、移动互联网应用、动漫游戏、数字出版为支撑，整合科技资源，发挥"1+1＞2"的示范效应，成为全国首批"国家级文化和科技融合示范基地"。当前，该示范基地已聚集了文化科技企业3000余家，文化产业增加值以超过30%的速度增长，基地企业年产值总计超过236亿元。另一方面，为进一步支持国家级文化与科技融合示范基地建设，陕西省实施了一批重大工程，2012年首批启动实施了西安文化与科技融合示范工程项目，该项目突破多模式文化产品展示平台集成技术、三维动漫产品生产平台集成技术、现代科技文化产品传播服务可信性保障技术等关键技术，建设西安动漫数字博物馆、西安动漫游戏研发公共技术支撑平台、中华文化全球云推广平台、西安曲江文化科技融合体验中心四大服务平台，形成国家级文化和科技融合示范基地创新服务体系，带动了文化与科技融合快速发展。

②加大特色产业整合。陕西省文化与科技产业高度渗透的行业主要为动漫游戏、数字出版、广播影视、文化旅游、广告会展五大文化产业。经过近年来的发展，这五大行业的文化与科技融合呈现出快速发展的势头：一是成立了动漫游戏行业协会，为广大动漫游戏企业搭建公共服务平台，设立了1000万元陕西动漫创意产业子基金，建立了西安高新区动漫创意产业基地，助推陕西动漫创意产业的突破性发展。二是于2012年6月建立了陕西西安国家数字出版基地，为企业提供投融资服务、海量内容投送、人才培训、交易、创新孵化和国际合作等服务平台。三是2013年投资约10亿元建立西部最大的影视基地"西部数字影视产业基地"。

③发挥龙头企业引导作用。依托陕西文化产业投资集团、陕西出版集团、陕西新华发行集团、陕西演艺集团、华商传媒集团、西安曲江文化产业投资集团及陕西省文化与科技融合发展领导小组认定的示范企业，引导陕西省企业走向"专、尖、特、新"道路，提升企业的

竞争力、创新能力和抵御风险能力,发挥龙头企业在整个产业链中的示范作用。这些集团和企业将科技与文化融合,借科技助力文化,形成"你中有我、我中有你、不分你我、两位一体"的状态,并取得了较好的效益。

④完善配套政策保障。目前,陕西省文化与科技融合发展正处于起步阶段,在加速推进的同时,陕西省政府出台了一系列促进文化与科技融合的政策和措施。一方面,全国文化信息资源共享工程陕西省分中心制定陕西文化信息资源共享工程"十二五"发展规划,提出了"十二五"期间陕西文化共享工程的建设构想,强调陕西省应该利用科技优势建立文化数据库、网站、共享平台。另一方面,2013年陕西省科技厅与省宣传部共同起草了《关于加快推进文化与科技融合发展的意见》,确定了陕西省今后一段时期文化与科技融合发展的思路、战略目标、重点任务、政策措施,对陕西省文化与科技融合发展工作指明了方向,树立了一面旗帜。

2.2 存在问题

(1) 文化与科技融合发展核心竞争力有待加强

目前,陕西文化与科技融合发展还处于初级阶段。总体来说,文化产业发展规模较小、实力较弱,文化与科技融合发展的核心竞争力不强。首先,陕西省积极推动文化领域科技创新,虽然在部分领域已实现了重大技术突破,但是文化科技创新体系有待完善,文化领域科技研发机构、科技信息服务平台、文化科技类孵化器等欠缺。其次,中小企业比重大,缺乏具备国际领先创新能力的文化与科技融合的大型企业,企业的战略投资和市场主导能力严重不足。再次,企业在产品开发、多元产品整合方面竞争力较弱,具有高品质和高品牌特征的高科技含量文化产品较少,增值应用发展滞后,无法有效满足市场需求,特别是高端用户的多样化需求,导致其在市场竞争中处于劣势地位。最后,文化领域的核心技术和高端系统装备国产化不足、进口依赖度高,造成文化产品制作成本昂贵、文化服务效率低下,制约了文化产业核心竞争力的提高。

(2) 文化与科技融合深度仍显不足

文化与科技的深度融合是一个长期发展的过程,陕西文化产业与现代科技融合的深度仍然不够,文化发展中的科技含量欠缺,很多高新科技无法找到合适途径顺利植入文化当中。首先,从业人员的观念认识不足。文化与科技融合是一种始于观念的创新性融合,但某些创新主体甚至是新型文化创意产业的相关负责人员对文化科技创新的内涵理解不透彻,对文化创意产业形态认识不清晰,直接影响了实践中二者的融合。其次,文化创意产业园区的科技植入能力不强。陕西文化创意产业园中,现代数字传媒、数字广告、创意设计等行业发展缓慢,缺乏科技创新能力,项目同质化比较严重,未能体现文化与科技融合的创新价值。最后,缺少文化领域与科技领域交流信息平台。很多文化领域的导演、创作者、传播者不知道用什么技术能更好地对文化进行彰显,很多科技工作者又不知道自身掌握的技术如何植入文化领域。相关科研成果与文化领域实际需求结合不够紧密,导致对文化资源的高科技开发手段缺乏和文化科技装备不足,各类高科技电子产品对文化内涵的植入不深等现象。

(3) 文化产业市场化发展环境亟待优化

良好的文化市场环境是文化产业健康发展的基础,陕西省文化市场准入条件不断放宽,但文化市场秩序还有待进一步规范。首先，陕西省文化市场条块分割、多头管理、各自为战的局面在一定程度上存在，既加大了组织资本运营的难度，又造成文化资源的浪费和闲置，亟须政府在制度层的改善方面有所突破。其次，陕西省文化市场发育程度低、不成熟，文化产品缺乏竞争活跃、规范有序的市场交易环境，还没有真正形成完善的市场机制，人才市场、资本市场还未真正形成。最后，陕西省传统的文化产业资源配置机制与市场化之间存在尖锐矛盾，大大降低了文化产业自身的影响力和文化产品的市场竞争力。

(4) 文化科技产业发展面临人才瓶颈

目前，陕西省文化科技企业普遍缺乏既熟悉文化，掌握核心技术，又具备较强高新技术研发能力，能适应数字技术环境中多种产业需求的创新型人才。首先，由于尚未建立对文化领域人才的认定办法，当前适用的技术职称评定办法与文化领域人才的专业造诣、工作业绩不相适应，不能有效引导文化领域人才成长。其次，文化产业人才专业结构不平衡，主要集中在科研、演艺及文化市场经营领域，数字出版、数字影视、动漫游戏、文化创意设计等新兴业态人才普遍供应不足，并且人才流动性强，外流现象严重。最后，在传统的民俗文化领域，文化传承断代现象严重，传统文化技艺后继乏人，这种现象直接制约着陕西省传统民族文化与高科技手段深度融合的文化精品产出，影响了陕西省文化自身的创作力、感染力、表现力和传播力。

2.3 发展趋势

随着陕西省经济的不断增长，陕西人民文化素养的不断提高，陕西省文化与科技融合呈现出新的发展趋势。

(1) 文化传承与技术创新融合更加紧密

从半坡的遗址到始皇的陵墓，从汉长安城的遗址到延安的红色革命印迹，无论是人类的起源和发展，还是中华民族制度文明的演绎，或者是东西方文化的差异，陕西从来都是演绎人类文明和中华民族历史最华丽的舞台。作为文物大省，陕西省要在文物保护与科技融合上下功夫，运用先进技术做好大遗址、帝陵、古建筑、古村落等的保护工作。利用模式识别、人工智能等数字化技术对文化遗产图形符号、色彩、纹理等基因式信息的特征进行识别与抽取，并进行矢量化表示，建立陕西省文化遗产基因信息优质矢量数据集。通过科学论证和提炼可以永远传承和坚守文化遗产基因信息的核心元素，并对其进行科学、客观地评估与分类，保证陕西文化遗产基因信息的正确传播与传承。

(2) 科技支持文化产业新业态价值不断提升

陕西省不但蕴藏着丰厚的历史文化遗存，而且在民族文化、现代科技、革命历史等方面也有着独特、丰厚的文化积淀，为陕西文化产业新业态发展提供了取之不竭的创意源泉。在激烈的文化产业竞争中，依靠新科技移位或占据文化产业竞争制高点已成为新趋势，科技创新成为文化发展的新引擎，运用高新技术特别是信息技术改造传统文化产业，创新文化生产方式，并不断催生文化科技融合的新业态。伴随着传统媒体的数字化及网络化、三网融合和下一代广播电视网的建设、有线电视网络数字化双向化改造、手机学习娱乐网络、公共信息服务、视频点播、网络连接、电视商务、电子政务、版权交易，以及以3D技术、虚拟技术与文化融合形成的新展示模式等新业态的形成，陕西省以科技支持文化产业新业态的价值将不断提升。

(3) 信息化网络服务平台建设更加完善

陕西将以创新技术为支撑，突破传统文化产业的固有边界，将各种文化资源与信息技术有机整合，优化文化产业的结构层次，使文化产业实现跨越式发展。充分利用数字化网络媒介，打造多功能立体文化平台，使处于文化产业链条上游和下游的企业纷纷突破自身单一的产业模式而寻求不同文化媒介的互动与融合，形成贯穿整个文化产业链，集创意生产与销售为一体的文化科技融合产业。完善文化遗产多重资源网络平台建设，建立起较为完备的物质文化遗产与非物质文化遗产数字化信息相结合的综合数据源，把碎片化的信息聚合在一起，实现数字化、可视化建模，进行立体重构和生动再现，既方便查询，又可促进陕西文化的广泛传播。

(4) 文化传播与展示手段多样化发展

文化创意传播过程将会具备高度的互动性、多元性、社群化、海量数据等特性，传播途径将会依托互联网、数据库、高速运算、数字内容等先进的数字技术，从而实现信息的快速交换和传播，虚拟和现实相结合更加紧密。随着信息技术和知识经济的发展，用现代化的新技术、新装备改造和提升旅游业，正在成为新时期旅游业发展的新趋势。特别是正在推行的"互联网+"，将进一步加强互联网与陕西传统文化产业的融合力度，促进不同网络之间的信息兼容，实现网络资源的共享。此外，文化传播与展示手段的多样化发展将使新闻出版、影视产业、会展业等传统产业突破束缚走进文化脉络与社会环境，向数字出版、数字影视、虚拟会展等新兴文化业态发展，进而让产品所蕴含的文化内涵用最多的形式、最佳的表达使更多人了解。

2.4 机遇与挑战

(1) 发展机遇

随着陕西省委省政府制定的一系列促进文化产业发展的政策和措施逐步落实，陕西省文化产业已进入快速发展的新时期，呈现出朝气蓬勃的新局面，文化与科技融合发展正面临重大的战略机遇。

①国家层面力推相关政策为文化科技融合发展提供支撑。2011年11月，党的十七届六中全会通过的《关于深化文化体制改革，推动社会主义文化大发展大繁荣若干重大问题的决定》中明确指出：科技创新是文化发展的重要引擎，要发挥文化和科技相互促进的作用，深入实施科技带动战略，增强自主创新能力。2012年5月，国家文化科技创新工程联席会议审议通过《文化科技创新工程纲要》，标志着国家文化科技创新工程正式启动。当前，陕西省文化与科技融合步伐不断加快，文化新兴业态、传播新渠道不断涌现，科技愈加成为改造和提升传统文化事业和文化产业的关键力量。

②陕西资源禀赋优势为文化科技融合发展提供强有力的保障。陕西是文化资源大省，其历史文化底蕴深厚，现代文化光辉灿烂、特色鲜明。陕西省共有物质文化遗产8.4万余处，非物质文化遗产38 416项，其中61项已入选国家级非物质文化遗产名录。陕西依托丰富的文化资源，经过多年的努力，推出了一大批在全国颇富盛誉的文化品牌，主要包括种类繁多、

内容多样、结构完善的历史文化品牌、红色文化品牌、民俗文化品牌、宗教文化品牌、自然风光品牌及以仿唐乐舞、西部影视为代表的现代文化品牌。文化品牌的建立有力地推动了陕西文化科技和文化产业的自主发展，通过文化和科技的融合创新弘扬优秀传统文化，掌握陕西文化发展的主导权，提升陕西文化科技的总体竞争力。

③陕西重大项目带动战略实施为文化科技融合发展提供强大动力。2013年9月发布的《陕西省人民政府关于实施项目带动战略，促进文化产业发展的意见》指出，未来陕西将建设2个大类共30个重点文化产业项目。目前，陕西重点建设的项目包含西安文艺路演艺基地、陕西出版传媒产业基地、陕西动漫创意产业基地、陕西文物复仿制及艺术品基地、西部影视制作基地、西安电视剧版权交易中心、陕北红色文化演艺基地、华州国际皮影文化园、西北出版物物流配送中心、秦楚风情文化产业园、富平国际陶艺村产业项目等。其中，西安国家数字出版基地是我国第8个数字出版基地，在"十二五"末，年产值超过100亿元；西安国家印刷包装产业基地是我国第2个国家印刷包装产业基地，"十二五"期间，基地将着力培育一批具有核心竞争力的骨干印刷包装企业，形成一批国内知名的印包企业品牌。

(2) 面临的挑战

近几年，陕西省坚持以科技创新促进文化产业的创新发展，文化科技创新能力不断加强，有力推动了"文化强省"目标的早日实现。但是，从文化竞争大格局来看，陕西文化科技发展仍相对滞后，面临诸多挑战。

①文化管理体制机制不能完全适应市场经济的需要。长期以来，陕西文化市场的主体是文化事业单位。因此，文化管理体制机制偏重于传统文化事业型管理模式，其特点是"管""办"不分，对纯公益性文化单位和市场性文化企业基本都采取直接管的办法，重社会效益轻经济效益。这种管理模式曾经是文化产业发展的基础，但随着市场化的推进，传统的管理体制、机制对文化产业的束缚越来越明显，造成了大批文化企事业单位活力不足，竞争力低下。

②现代文化市场尚未建立对文化产业发展造成约束。建立统一、规范、竞争、有序的现代文化市场对文化产业的发展具有深远的意义。健全的现代文化市场能够促进各类文化产品和市场要素自由流动，实现文化资源的优化配置。在与国际市场接轨的过程中，陕西文化市场日渐成熟，但发育还不够完善，文化产品、文化服务市场还不够发达，资金、设施、人才劳务、中介、产权交易等文化要素市场的发展也相对滞后，这种状况无疑限制了陕西文化市场、文化产业的深入发展。

③市场对文化科技融合发展的投资拉动作用有待加强。文化产业投资渠道不畅通，投资方式不合理等因素的客观存在，使文化科技融合发展缺乏资金支持。政府主导体制及政策的不确定性，使得民间投资成本较高，外资由于文化市场准入方面受到限制也较难进入，致使投资渠道过于狭窄和单一。由于只讲投入不注重产出，政府投资效益不佳，缺乏必要的引导和保护，民间和外国投资也存在重复和无效现象，投资回报率不高，严重制约了陕西文化科技融合的发展进程。

总体来说，陕西省文化与科技融合发展仍然处于起飞前的加速准备阶段，发展机遇前所未有，面临挑战依然严峻。但是，其资源优势、重大项目规划等因素十分有利，机遇比挑战多、条件比困难多、成就比问题多，陕西省文化与科技融合发展势不可挡。

3 陕西省"十三五"文化与科技融合发展战略

3.1 指导思想

以科学发展观为指导，以科技创新为动力，以丰富的历史文化特色资源为依托，以支撑陕西省经济社会发展为目的；坚持推进传统文化产业的科技升级，坚持提升新兴文化产业的科技活力与动力，坚持提高文化事业服务能力，坚持加强科技对文化市场管理的支撑作用；开展文化科技发展环境建设，创新文化科技融合机制体制，优化文化科技创新体系，促进文化与科技创新资源、要素的互动衔接和协同创新，提高陕西省科技对文化的支撑力，推动文化科技产业逐步成为陕西省重要的国民经济支柱性产业；增强陕西文化的创造力、感染力、表现力、传播力和影响力，有效保障人民群众充分享受文化科技成果，极大地提高全民族文化素养，实现文化服务于社会的总目标。

3.2 基本原则

（1）统筹兼顾，协调发展

既要保持传统文化优秀部分，又要充分利用科技的推动作用，二者协调发展。只注重文化产业的发展，会使发展速度滞后；只注重科技的助力，又会遗失掉传统文化中最能代表陕西省特色的部分。因此，应在文化与科技融合发展中，不偏不倚，找到最适合陕西省文化与科技融合发展的平衡点，使得二者相互促进、相互推动、协调发展。

（2）主要矛盾，重点突破

深入剖析陕西省文化与科技融合发展的现状，明确陕西省文化与科技融合发展的缺点与不足，抓住主要矛盾和主要难点进行解决与突破。集中力量在文化与科技融合发展的技术和体制上进行创新，突破一批具有全局性、战略性技术，大力培养一批具有先进知识和技能的专业人才，从根本上解决阻碍文化与科技融合发展的难题。

（3）引创并重，互相促进

一方面，在符合陕西省现实生产力的情况下，对于国内外的先进科学技术和该领域优秀领军企业大力引进，开展示范性工作。另一方面，仅仅依靠引进国内外先进技术和优秀领军企业，只会使得陕西省在文化与科技融合发展中处于被动地位，无法掌握核心技术。所以只有引进与创新同时进行、相互补充、彼此促进，才能最终达到优势互补。

（4）推进提升，科技引领

推进文化与科技融合示范园区建设，开展文化与科技融合示范企业培育，进一步实施一批重大文化科技创新项目，努力突破一批核心技术和关键共性技术，推进核心技术和关键共性技术的应用和产业化，确保提升陕西省在文化产业里的核心竞争力。

3.3 战略目标

（1）传统文化产业科技升级

注重适用技术的引进消化与自主创新成果的转化应用，强化科技对传统文化产业发展的促进作用,大幅度增加文化与科技融合的有效供给与高效推广,推动文化产业从技术链低端向高端转移。支持文化企业集成应用高新技术对传统文化产业进行优化提升,加快推进广播电视网络数字化和高清化改造,支持新闻出版业内容资源集成、出版、印刷、发行、版权保护等重点环节科学技术的应用与创新。

(2) 发展新兴文化产业

依托陕西科教优势,积极运用数字、网络等高新技术,创新文化生产和传播方式,培育新的文化业态。大力扶持软件设计、网络游戏、卡通制作等动漫游戏产业,打造动漫研发、制作、运营和衍生产品开发的产业链。加快发展文化创意、数字出版、移动多媒体、网络电视、纸质有声读物、电子书、手机报和网络出版物等新兴文化业态。支持网络原创文学艺术、微博、网络剧、微电影等网络文化形态、文化服务模式创新。建立网络文化信誉社会监督机制,引导网络文化规范健康发展。加强文化作品的知识产权保护,扩大数字内容消费,培育数字内容产业。

(3) 增强文化事业科技服务能力

增强公共数字文化服务能力,完善文化传播渠道,强化网络文化引导能力;提高文化遗产数字保护和传播能力,提高文化遗产保护的科技含量;丰富群众文化生活,满足人民群众日益增长的精神文化需求,繁荣文化事业;积极展开校园文化建设数字化、网络化建设,提高校园文化影响力度。

(4) 完善文化科技创新体系建设

进一步优化以企业为主体、市场为导向、政产学研用相结合的文化科技创新体系。建设一批特色鲜明的国家级文化与科技融合示范基地,培育一批创新能力强的文化和科技融合型领军企业,支持产学研战略联盟和公共服务平台建设。

(5) 培养文化科技创新人才

重视文化科技跨界人才培养,推进产学研结合,加快创新型人才培养;完善人才培养的实践途径,深化社会培训机制;推进领军人才开发,优化人才引进机制;加快产业专门类、产业环境营造类、政府产业管理类等各类紧缺人才培养。

3.4 重点领域

(1) 核心领域

①动漫游戏。在动漫游戏领域,积极扶持动漫游戏产业基地、陕西动漫产业平台、西安动漫数字博物馆等。构建公共支撑体系,提升对动漫内容创作、素材资源库管理、产品交易、渠道发行与版权保护的服务能力和服务水平。搭建动漫内容制作平台、作品宣传营销和全媒体分发平台、衍生品设计开发和授权平台,建设完整的动漫产业链。加大对动漫游戏公共技术服务平台的建设扶持力度,为动漫游戏开发者提供支付系统、交易模式策略、数据管理等基础开发架构,提供跨平台的用户行为分析等后端服务。鼓励动漫引擎类企业发展,提高动漫产品开发速度和制作精良度,推动行业高标准化发展。

②智慧旅游。着眼陕西省旧石器时代文化(蓝田猿人)、新石器时代文化(半坡遗址)、周文化(周原遗址和丰镐遗址)、秦文化(秦都雍城、咸阳和秦始皇陵)、汉文化(未央宫、

长乐宫)、隋唐文化(青龙寺、慈恩寺、曲江池、芙蓉园)、民俗文化(秦腔、安塞腰鼓、陕北剪纸、凤翔彩绘泥塑)等特色文化,围绕游客旅行全行程,建立特色文化、基础地理和旅游专题数据库,构筑以数字化、可视化、网络化、智能化为特征的文化内容综合服务平台,形成具有信息综合查询与推介、远程智能感知、360°全景展示、移动位置服务、电子商务等旅游综合服务于一体的"智慧旅游"典型示范,探索陕西省文化旅游休闲服务和市场运营模式。

③文化遗产数字保护和传播。着眼陕西省汉长安城未央宫遗址、唐长安城大明宫遗址、大雁塔、小雁塔、兴教寺塔、彬县大佛寺石窟、张骞墓等文化遗产,积极利用数字传播技术,整合资源并示范应用,实现文化遗址、博物馆与人物、文物、内容等信息的有机联系和统一表达,为陕西省文化产业的发展与提升提供共性关键技术,促进文化和科技的深度融合。

(2) 关键领域

①虚拟会展。目前陕西会展主要以实体会展为主,以西安曲江国际会展中心和西安绿地笔克国际会展中心为代表,但未来会展业的发展将是"虚拟会展+实体会展"为主,这样才能更好地推动文化的传播。虚拟会展不仅仅是科学技术堆砌而成的产品,同样重视客户体验水平和客户数据分析。为此,陕西省应加强虚拟现实技术的集成应用,积极将数字技术、Web 技术、虚拟技术、网络技术应用于会展业发展,促进虚拟会展、在线体验等新业态发展,以弥补实体会展在场地、时限、资金等方面的局限性。加大对陕西虚拟技术人才的培养,通过在高校开设会展虚拟设计、虚拟游戏设计等课程,或开展相关社会人员培训,并借助计算机游戏设计专业人才的帮助,来定向培养虚拟会展方面的人才。

②数字出版。重点推动西安国家印刷包装产业基地、西安国家数字出版基地示范区、陕西出版集团数字出版基地等项目。开展数字内容编创、出版、分发、传播、应用消费中的关键技术和集成技术的研发,建立国内一流的集技术开发、内容制作、跨媒体同步发布的数字出版试点工程,制定数字出版平台的技术集成标准及规范,研究数字出版应用新的商业模式,形成系统解决方案及运营方案,提升全媒体出版流程再造和按需出版印刷等基础领域的技术装备实力,推动陕西省出版业、印刷业与科学技术的融合,引领带动跨媒体数字出版的产业发展。开展数字内容开发创作、多元发布、版权保护等共性关键技术的研发,建立开放的数字内容发行控制体系及以移动终端为载体的新型数字内容投送体系,培育发展百万家数字内容分销商和上亿终端用户的产业规模。

(3) 辅助领域

①网络媒体。"十三五"期间应牢牢把握三网融合、新一代移动通信、下一代互联网发展机遇,以视听内容创作为核心,加快高新技术在视听新媒体领域的广泛应用与渗透,形成以网络电视、手机电视等业务领域协同发展的新格局。积极布局移动视听、数字娱乐等增值业务,大力发展各类新媒体业务,丰富文化产品的表现力,抢占视听新媒体领域产业发展的制高点。推进数字电视终端制造业和数字家庭产业与内容服务业融合发展,提升全产业链竞争力。

②数字影视。依托陕西省现有影视制作机构和陕西省特色文化资源,重点推动大秦帝国影视基地项目、西部影视、老子学院等项目的开展。应用 3D 拍摄技术、3D 剪辑技术和达·芬奇调色技术等数字影视制作技术,并将影视制作与网络媒体等产业相结合,探索创

新传统文化产业生产模式，逐步打造集"创、研、产、销"于一体的影视文化产业链，提升陕西省影视文化产业的影响力，推动陕西省影视文化产业的发展。多举办类似"丝绸之路"国际电影节影视节目交易会、西部影视节目交易会的活动，促进制播双方深入交流，充分沟通双方需求，增加影视作品交易机会，预测行业发展方向，助推影视产业快速、健康、可持续发展。

3.5 重大项目

文化与科技融合，不仅仅是开发科技含量高的文化产品，也不仅仅是开发可以应用于文化领域的科学技术，而是一个从政策机制到培育主体、从基础设施到人才培育的系统工程。

(1) 公共文化云服务体系建设工程

立足陕西，在资源、市场及产业调研的基础上，加快对现存的旅游景点、人文、博物馆、非物质文化遗产等文化艺术资源的保护。建立"陕西文化云"，综合运用云计算、云存储、大数据等技术，整合文化资源，统一提供"一站式"数字化公共文化服务。人们只需登陆这朵云，就可以了解陕西文化政务资讯，访问陕西省各类文化场馆，获悉所有文化活动，参与各类文化项目。以移动通信网络为支撑，以111座图书馆、109个文化馆、80多家博物馆及影剧院等公共文化单位集成管理系统平台和基于元数据的信息资源整合为基础，以适应移动终端"一站式"信息搜索应用为核心，以云共享服务为保障，通过手机、iPad等手持移动终端设备，为公众提供搜索和阅读数字信息资源服务。公众可以在任何时间、任何地点登录，获得自助查询公共文化资讯、查阅借阅图书及相关服务。

利用高新技术提升对传统介质资源保护的技术手段；建立各类文化基础资源信息数据库；开展针对各类文化基础资源数字化应用的关键技术研究；利用现代信息处理技术形成标准化、可共享的数字文化资源体系，保障资源的充分利用与可持续发展。促进文化资源数字化、信息化、网络化进程，重点推动公共文化服务云平台建设，支持文化产业围绕传播与服务形成系统性、集成性技术解决方案，扩大公共文化服务的有效覆盖与服务效率，更好地满足广大群众日益丰富的文化需求，促进文化与科技的深度融合。

(2) 文化与科技融合发展综合服务平台工程

积极打造类似威客网的文化创意产业门户交易平台及园区。通过互联网、无线互联网等交互方式，为全球文化创意企业和个人提供高效、便捷、安全的，以文化创意产品需求为基础的交易服务、支付平台、品牌营销及相关增值服务。力争在"十三五"期间建成"一中心"(公共文化数字化服务管理中心)和"三平台"(公共文化数字化管理平台、公共文化数字化服务平台、公共文化APP信息移动服务平台)。

打造文化和科技创意经济孵化转化平台，重点建设新媒体协同创新平台和创新设计转化平台。通过文化科技融合发展综合服务平台及相关子平台的建设，加速文化科技成果转化，强化科技与新型文化产业的融合发展。通过搭建企业孵化、金融服务、技术服务、展示推广、文化交流等多个子平台，孵化、催化一批创意水平高、技术含量高、市场潜力大的文化科技产业项目，聚集、扶植符合国家及本区域产业发展方向的文化科技企业，培育新的经济增长点。鼓励通过相关商会、协会、研究团体搭建文化创意和设计服务产业内及产业之间的交流平台。

(3) 孵化平台建设和模式创新工程

壮大一批文化科技专业孵化器，持续支持西安集成电路设计专业孵化器、西安交大科技园高新技术创业服务中心、西安碑林动漫企业孵化器等现有文化科技企业孵化器做大做强。建立一批新型孵化和转化平台，促进新型孵化转化平台建设，重点建设新媒体协同创新平台和创意设计转化平台，打造 3～5 个"虚拟孵化器"，策划组织"文化和科技融合创新大赛"。打造一批行业交流平台，围绕文化和科技融合产业细分领域，新建 2～3 个产业联盟。推动文化创意协会形成文化科技融合重点行业分会。建设一批公共技术平台，加快现有重大技术创新平台的建设和资源共享。引导和支持区内文化科技企业、科研院所及高等院校等组建一批工程技术研究中心、重点实验室、技术服务平台。

(4) 三网融合建设示范工程

为加快陕西网络安全、信息化发展、网络经济和网络文化建设，推动陕西"互联网+"行动计划顺利实施，应积极研究三网融合战略，构建下一代广播电视网（NGB）技术路线、网络架构、业务形态、安全与管理体系，积极引入支撑三网融合的业务平台、融合广播和交互功能的新型宽带接入技术、家庭物联网络、终端技术、内容保护等关键技术。建设连接全省部分城市的 NGB 核心网络、连接国内主要内容提供商的内容交换服务网和支撑跨域服务的业务交换结算平台。重点推动有线电视数字化整体转换过程中所形成的高清视频类、全媒体信息类、网络娱乐类、网络教育类、家庭服务类等新兴业务的普及，开展电信业务和互联网业务的示范运营，试验示范 3D 电视业务和家庭物联网服务，初步建立基于互动电视业务的跨域业务运营示范区，创新三网融合下的文化服务模式，加快推动陕西省文化产业发展。

(5) 智慧旅游精品打造工程

陕西作为"丝绸之路起点"、"兵马俑的故乡"，应整合文化旅游资源，实施旅游景区文化创意引领、红色文化旅游带动、"丝绸之路"精品打造、文化旅游商品开发、智慧文化旅游促进 5 大专项计划，打造一批主题特色鲜明、配套设施齐全、文化品位较高的文化旅游区，重点突出陕北的黄土风情，打造延安"圣地河谷"文化旅游中心区，以此拉动延安红色旅游的规模发展，促进延安城市功能完善和旅游产业结构升级，占领中国红色旅游的制高点；西安宝鸡的关中文化、汉中安康的陕南风俗，将陕西打造成旅游强省，形成一批文化旅游精品。

3.6 关键技术

(1) 动漫游戏领域

推动动漫游戏与虚拟仿真技术在设计、制造等产业领域中的集成应用，加强对移动终端动漫作品的开发与推广，不断开拓动漫衍生产品市场，完善和拓展动漫产业链。

(2) 智慧旅游

开发三维地理信息系统与视频图像的联动技术，在任何网络上都能够以流方式传输影像、地形和三维数据支持交互式绘图工具，可以在地球表面绘制几何图形、用户自定义对象、建筑物、位图等，自动导航功能可以创建预定义飞行路径，并在浏览器中回放。此外，还应该积极研发基于位置感知的主动推送式信息服务技术、基于 3D 角色控制系统的高复杂场景建模与高精度角色控制等文化旅游服务中系列实用化技术。

(3) 文化遗产数字保护和传播

研究突破文化资源数字化关键技术，研究数字文化资源公益服务与商业运营并行互惠的运行模式，整合各类文化机构的传统文化资源，开展文化资源数字化公共服务与社会化运营服务示范。开展出土出水文物保存、无损检测及保护技术研究，加强高新技术与传统工艺结合的文物保护与修复方法研究，提高文物保护的安全性、可靠性和科学性。开发三维高精度重建技术、海量地理空间数据云存储与按需服务技术、大规模虚拟场景的组织管理与实时绘制技术等开发文化遗址和文化内容的数字化成套关键技术。建立数字化文化资源、文物资源数据的跨平台多节点协同式服务机制与服务系统。

(4) 虚拟会展

在会展展现环节上体现智能场景感知技术、用户行为分析技术及增强现实技术，研制交互多媒体屏幕拼接技术、多通道多视角立体影像技术，研究高清裸眼立体显示成像技术，提升展览展示效果和水平。研究和突破5D剧场系统关键技术，集中在如何通过独具特色的景观装饰（如液压、机械、喷水、喷雾）、先进的计算机软件技术和三维图形图像动画技术，实现现场观众与银幕虚拟角色的实时互动，将带给观众前所未有的精彩体验。

(5) 数字出版

重点突破云出版平台、语义分析、数字化内容产品版权保护、电子书出版、数字化教育出版、数字印刷等关键技术。推进海量传统出版资源和公共文化内容的数字化转化，建设大型全媒体多语种的数字内容资源库，实现内容资源的深度挖掘、重组和再利用。探索在多维动态环境下的数字内容开发和多元发布，推动新型富媒体交互技术、多媒体印刷读物（MPR）技术、智能语音技术在数字出版领域的应用和推广。

(6) 网络媒体

重点突破面向三网融合的综合业务内容运营支撑平台、网络传输技术、三网融合接入网络技术，对网站、电子报、微博、论坛等互联网信息进行采集和智能分析，语音及动作交互、无线感应及身份识别、互动编辑、强化数字版权保护、个人信息安全、运营商及服务商防黑客攻击、新增和优化HTML代码，提高快捷性和兼容性，开发具有自主知识产权的智能终端、有自主知识产权的核心芯片、立体视频重建与现实技术、装置开发等关键技术。

(7) 数字影视

开展电影拍摄、采集、处理和终端显示技术的研发，加强立体图像采集、虚拟场景建模的应用、系统集成和新工艺开发。加强电影的数字修复与保护，加快推进传统胶片电影的数字化工程建设。搭建开放、高效、互动的数字高清电影公共服务系统，提升电影后期制作、视觉特效、电影动画、数字拷贝、发行等服务能级。开展三维、高清、超高清电影内容的创作生产，影视后期制作及电影节目卫星传输、网络传输等一批新技术的研发应用，建设2～3个电影高新技术示范应用点，推出一批创新电影作品。

3.7 技术路线图

陕西省"十三五"文化与科技融合发展的战略技术路线含重点领域、重大工程及发展目标，重点领域的发展需要重大工程的支撑，通过重大工程可以完善目标的实现。具体的技术路线如图 22-2 所示。

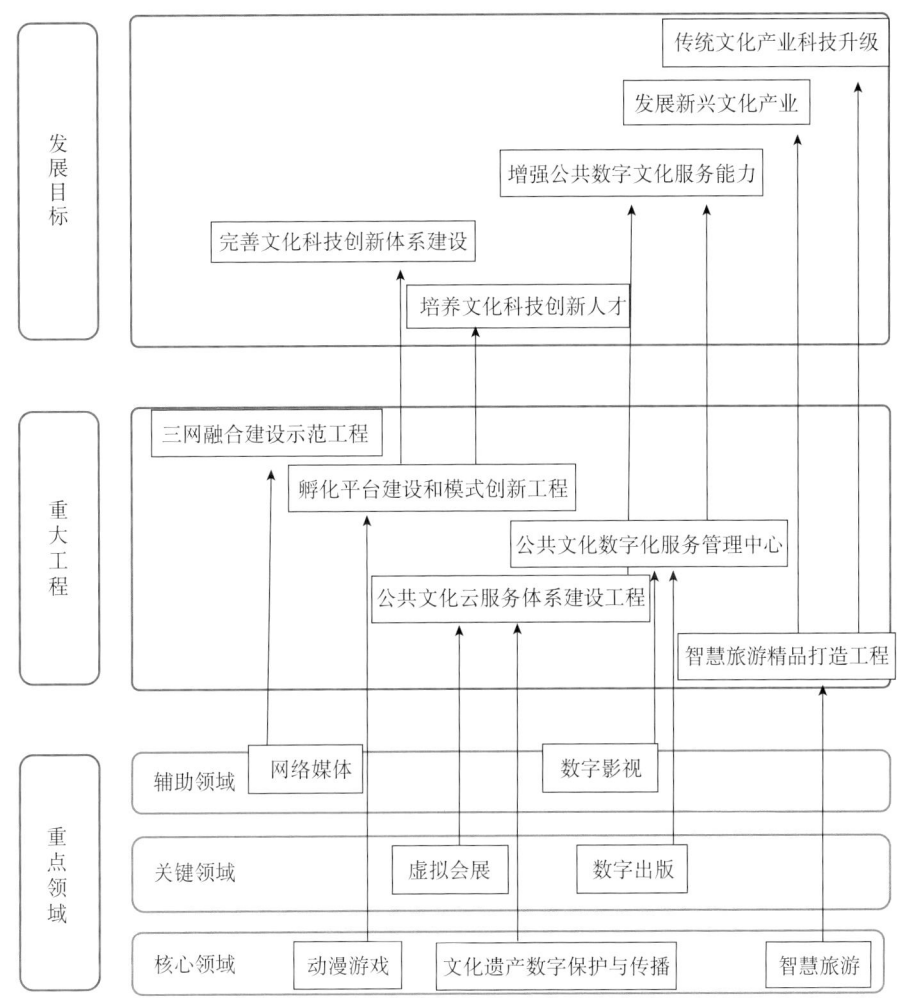

图 22-2　陕西省"十三五"文化与科技融合发展技术路线

4　实施措施及政策建议

4.1　实施措施

（1）加快示范基地建设，促进文化与科技融合发展

加强文化与科技融合合作制度、指标体系及调查方法的研究，逐步探索建立、健全一套适用于评价文化与科技融合发展速度、发展水平、发展潜力及投入产出效益的评价指标体系，宣传、策划、落实文化与科技融合示范企业的评选工作，培育一批特色鲜明、创新能力强的文化与科技融合示范企业。要充分发挥关中文化产业发展的中心和引擎作用，以西安为中心，带动其他地区发展，优化资源配置，引导、支持、推动西安曲江国家级文化产业示范园、西

安高新区创意产业园、临潼国家旅游休闲度假区、宝鸡周秦文化产业示范区建设和发展，促进企业、项目、资金和人才聚集，使之成为陕西发展文化产业的重要支撑和示范基地。

（2）推进公共服务平台建设，突破文化与科技融合瓶颈

依托陕西文化产权交易所，促进文化科技知识产权与产品的交易，在文化科技领域形成一批专业技术创新平台和公共科技服务平台。加强技术创新平台建设，结合陕西文化产业发展重点，扶持动漫游戏公共技术服务平台、影视动画制作技术平台、数字出版公共服务平台、版权综合服务平台及新媒体应用、内容开发、传输覆盖研发平台等专业技术服务平台建设。公共科技服务平台的建设，须着眼于盘活文化创意产业资源，聚集知识产权服务、人才服务、资本服务和信息服务等各类要素，具体包括：规范和完善版权交易平台；完善文化创意集聚区技术服务平台，鼓励合作开发建设服务平台；建立和完善文化经纪代理、知识产权评估鉴定等科技中介服务体系；孵化中小企业文化科技产品，培育大企业文化科技品牌等方面。通过公共服务平台的建设，解决文化与科技融合过程中的瓶颈问题，提升文化科技对经济社会发展的服务能力。

（3）鼓励自主创新发展，完善文化与科技融合体系

文化创意和科技创新是文化产业的核心和灵魂。通过原始创新、集成创新和引进消化吸收再创新，切实加强数字内容、创意设计、动漫、网络媒体等领域核心技术的研发，加快科技成果在文化领域的广泛应用。鼓励文化企业加大自主创新投入，主动与高校、科研机构联合开展关键技术研发和创新平台建设，建立产学研一体化和利益共享、风险共担的运行机制及协作联盟，积极引进文化领域的外资研发机构及项目，支持产学研联合开展产业核心技术的再开发、再创新，真正建立起以文化企业为主体、市场为导向、产学研相结合的技术创新体系，实现文化改革创新和文化大发展、大繁荣的目标。

4.2 政策建议

（1）针对性的优惠政策

针对文化与科技融合所需的发展环境和内在要求，结合陕西省文化产业发展的实际，积极吸收、借鉴发达国家和地区在税收、金融、土地等方面制定相应的优惠政策，建立与其配套的财政政策支撑体系。着力打造文化与科技融合发展所需的技术服务、产权保护、成果交易、活动展示、金融投资等各类平台，为文化与科技融合发展构建良好的市场环境。要从公共财政支持上，设立文化产业发展专项资金、科技创新基金等，向文化科技企业、文化科技项目倾斜。

（2）鼓励多渠道融资发展政策

文化与科技融合发展需要大量的资金投入。加大政府对重大文化与科技融合发展资金投入导向，加强文化与科技融合发展金融资本支持，鼓励各类金融机构开发金融产品，支持文化科技创新。推动设立文化产业小额贷款公司、融资担保机构和风投基金。创新投入方式支持企业创新能级提升，引导金融扶持科技政策向文化科技企业倾斜。推动重点支柱型文化科技融合型企业多渠道直接融资，鼓励文化科技企业进入陕西股权托管交易中心挂牌交易，吸引和支持社会资本、民资、外资参与文化与科技融合发展。

(3) 加强复合型高素质人才培养政策

在政府推动下，促进形成产学研结合的文化人才培养模式，推动开展文化科技创新重点应用课题研究，鼓励市场化程度高的文化科技企业、园区，联动高等院校及科研机构建立专业人才实训基地。依托陕西高等院校数量众多、教学科研力量雄厚的资源优势，加快高等教育的学科建设和公共文化领域创新型、复合型、专业型人才的培养，大力发展教科文融合的新兴、前沿交叉学科，主动开辟能够适应和满足文化改革创新所需要的前沿学科，将教育优势转化为产业优势和经济优势。加强海外高层次人才和创新、创业团队的引进，引导和扶持一批文化科技骨干企业，园区建立高层次人才引进基地，创建创新型文化人才培养的人才特区，完善配套政策，建设文化与科技人才基础资源库与信息库。

第二十三篇

陕西省"十三五"财政科技投入管理对策研究

组织单位：陕西省科学技术厅科研条件与财务处
　　　　　陕西省财政厅教科文处
课题承担单位：陕西省科学技术信息研究所
课题负责人：贺福明　高　尧
课题组成员：刘占明　刘宝平　张　薇　王生贵　王　林　赵建房
　　　　　　张首魁　钱　虹　陈　洁　云　杉　杨　阳

引　言

随着知识经济和全球化时代的到来，社会经济的发展正在经历重大转型，科技创新的主导作用日益显著，财政科技投入作为支持科技创新活动的重要政策工具，对于增强社会创新能力、优化科技资源配置、营造创新环境及引导社会资金投入等方面，具有不可替代的重要作用。如何让财政科技投入切实发挥应有作用，以带动国家科技发展整体水平的提高，增强国际科技创新竞争力，已经成为各国政府越来越重视的问题。

财政科技投入主要是指来源于政府公共财政资金，由政府科技行政主管部门负责管理，主要用于科学研究与技术创新活动，支撑引领经济、社会发展，为社会公众提供科技公共产品的资金。本篇以财政科技投入管理为研究对象，通过对国内外有关财政科技投入管理方式的梳理，以及对陕西省财政科技投入管理现状的分析，提出陕西省"十三五"期间财政科技投入的管理思路及对策建议，更好地服务于陕西省的科技体制改革和"创新型陕西"建设。

（1）课题背景

随着经济发展的全球化，科技在提升经济实力乃至国家综合国力方面的主导作用日益凸显，科技创新已成为国际竞争的主导因素。科学技术是推动现代生产力发展的重要因素，是推进我国现代化建设的主导力量，现阶段是我国经济转型发展的关键阶段，科技对经济社会的支撑引领作用更加凸显。科技的发展需要稳定和充足的经费投入支持，财政科技投入是科技经费的重要来源之一。目前在我国主要通过设立科技计划的方式对财政科技投入经费进行管理和使用，科技计划是政府组织科学研究与技术开发活动的基本形式，是国家科技意志的体现。现阶段，科技计划经费对促进我国科技创新、推动经济社会转型发展具有十分重要的作用。国家级的科技计划主要以科技部为主要管理部门，归口管理的国家级科技计划包括

"国家科技支撑计划"、"国家重点基础研究发展计划"(973计划)、"国家高技术研究发展计划"(863计划)、"国家科技重大专项计划"、"国家科技惠民计划"等。地方省级科技管理部门，以国家科技政策为依据，同时结合本省实际情况制定本省科技计划。以陕西省为例，省科技厅归口管理的省级科技计划主要包括"陕西省科技统筹创新工程计划"、"科学技术研究与发展计划"、"重大科技创新专项计划"等，其主要服务于本省的经济社会发展，满足本省科技创新、科学基础研究等。

《国务院关于改进加强财政科研项目和资金管理的若干意见》（国发〔2014〕11号）、《关于深化中央财政科技计划（专项、基金等）管理改革的方案》（国发〔2014〕64号）等文件，对财政科技投入的统筹、配置、管理等提出了明确的要求。在这种大背景下，对于财政科技投入的有关政策进行深入分析，以提出科学、有效的财政科技投入对策，使公共财政科技投入能最大化地发挥其作用，确保公共财政资金实现预期目标，已经成为现阶段政府管理部门必须深入思考的问题，也是社会公众关注的热点。

(2) 课题意义

近年来，我国财政科技投入不断加大，2013年我国财政科技支出达到6185亿元，占财政总支出比重达到4.41%。同时，各级地方政府也不断加大对科学研究的财政投入，例如，地处东部的发达省份江苏省，2012年全省财政科技支出更是达到了274.18亿元，居全国第1位；陕西省自2006年省科技大会召开以来，财政科技投入逐年增加，2014年全省财政科技支出达到44.86亿元。财政科技投入的快速增长，对推动经济社会发展发挥了积极的作用，尤其在现阶段，金融危机蔓延、全球经济增速放缓，我国经济面临前所未有的巨大压力。面对当前困境，"转变经济增长方式"、"建设创新型国家"已经成为解决当前面临问题的共识，科技的支撑引领作用更加凸显。

尽管各级政府积极探索财政资金的导向作用，吸引社会资金、信贷资金及风险投资加大对科技创新的投入，但目前财政投入仍然是我国科研经费的重要来源。众所周知，财政收入的来源是纳税人缴付的税金，财政科技投入的都是纳税人的钱。随着财政科技投入强度和规模的增长，公众对其产生的科技公共产品的品种、数量及品质都提出了更高的要求。因此，财政科技投入如何科学、有效地配置，使用效益的优劣，直接关系到社会公众对科技公共产品的满意度，进而直接影响财政科技投入的强度。当纳税人付出一定的利益而没有得到相应的公共产品或公共服务时，巨大的"绩效赤字"就会演变成政府的"信用赤字"。

党的十八届三中全会做出了全面深化改革的重大战略部署，提出要处理好政府和市场的关系，使市场在资源配置中起决定性作用，这些都对财政科技投入政策提出了新的要求。在当前科技体制改革与财政管理改革不断推进的形势下，对现有财政科技投入政策体系进行分析，提出改革的方案与目标更显得尤为迫切。

本课题以财政科技投入管理为研究对象，对陕西省财政科技投入的现状进行实例分析，结合国内外相关研究，为制定陕西省"十三五"期间的财政科技投入战略规划，提出相关对策与建议，以提高公共财政科技资金的效益，最大限度地实现其预期目标，顺应公共管理社会化和公共服务市场化的需求。同时，为"十三五"期间陕西省深化科技体制改革提供一些思路，为省财政、科技管理决策提供依据。

1 国内外财政科技投入概况

1.1 国外财政科技投入及管理概况

1.1.1 财政科技投入管理体制

(1) 分散型管理模式

以美国为代表。其主要特点：从国家层面设立统筹协调机构，负责科技政策、科技规划的制定等，统筹协调国家的科技资源；各相关部门按照分工职责和所辖领域分别负责相关工作，包括财政科技预算、科技计划的制定，重要的跨部门科技计划由科技统筹协调机构进行协调管理，计划的执行由不同的部门分别进行。

(2) 集中型管理模式

英、法、德、日、韩等国家广泛采用该模式。其主要特点：政府设有科技统筹协调机构和科技主管部门，科技主管部门配合科技统筹协调机构进行国家科技战略、政策的制定，明确国家财政科技资源的重点分配方向；大部分科技计划由科技主管部门制定执行或协调执行。

科技投入管理体制与科技管理体制紧密相关，美国政府采用多元分散型的科技管理体制，其科技投入管理体制也是分散型的；英、法、德、日、韩等国家采用集中型科技管理体制，其科技投入管理体制同样是集中型的。

1.1.2 财政科技预算管理机制

(1) 政府科技预算编制

在科技预算编制方面，由于科技管理体制不同，各国政府采取的科技预算编制机制也不尽相同。

美国政府科技研发预算编制：各相关部门分别编制→提交管理和预算办公室（OMB），汇总→提交总统→送国会审查，并进行听证辩论→拨款委员会审查→国会通过→总统签署，形成总统年度拨款授权法。白宫科技政策办公室负责统筹协调各政府部门的研发预算：一方面，在各部门编制研发预算之前，白宫科技政策办公室和OMB联合发布《预算之科技优先领域的备忘录》；另一方面，白宫科技政策办公室要对OMB汇总后的各部门研发预算进行初审。

英国政府科技研发预算编制：由各相关部门独立进行。各个部门分别编制自己的科研规划并向财政部提交包括研发预算在内的一揽子预算申请，财政部提出一套整体预算方案，并提交给内阁进行审定，内阁在审定通过后再将结果送交议会进行最终审核。

日本政府科技研发预算编制：主要由综合科学技术会议进行统筹协调。综合科学技术会议每年都提出《科技相关预算的资源分配方针》，提出下一年度的预算编制要求、经费分配方针、追加预算的具体要求等，对年度科技预算进行宏观调控。根据上述方针政策，文部科学省及其他各部门自主编制本部门的研发预算，统一报财务省审定。

(2) 科技预算管理执行

在科技预算管理执行方面，国外主要采取了两种不同的机制：一是研发预算分散到不同部门管理执行；二是研发预算集中由科技主管部门管理执行。

美国的研发预算由不同部门负责管理执行；英、法、德、日、韩、澳的研发预算集中由科技主管部门管理执行。

（3）科技预算资助（分配）方式

在科技预算资助（分配）方面，国外主要有两种方式：一种是竞争性资助方式，即通过科技计划或基金把资金拨付给竞争优胜者；另一种是稳定性资助方式，即把资金直接拨付给研究机构。

美国、日本等大多数国家政府的科技研发预算资助（分配）方式以稳定性资助为主。近年来，一些国家政府正在尝试增加竞争性资助的使用力度。

（4）科技预算管理方式

科技计划是政府以竞争性资助方式拨付科技预算的重要方式。为使政府资金得到有效利用，各国政府均高度重视科技计划（项目）的经费管理。一方面，针对科技计划（项目）组织实施的各个阶段建立相应的经费监管机制；另一方面，明确规定科技计划（项目）可开支的预算科目。

1.1.3 财政科技投入管理特点

（1）明确政府与市场界限，推进政府职能和市场机制的有机融合

重视科研经费管理的顶层设计。大部分国家在国家决策层面都有一个科技统筹协调机构，负责科技政策资源的配置。如美国的白宫科技政策办公室、日本的综合科学技术会议、英国的科学技术委员会、法国的科学和技术高等理事会等。

充分发挥市场机制在科技经费配置中的作用。政府主要负责制定科技规划政策、提出研究框架、发布计划指南、组织项目单位进行申报、组织专家委员会研究评审、实施监督管理；项目申报方案的筹划、审查、评估等工作则交由社会中介咨询机构和专业评估机构承担，充分发挥中介组织在科研经费管理中的作用。

（2）实行科研经费申请和使用的全程监督管理

重视科研经费申请的预算管理。预算要与绩效挂钩，在编制预算时，要提出研究和绩效指标，并定期提供远期规划、年度规划及年度绩效成果报告等。

细化科研经费使用的内部监管。国外科研经费的内部监管措施一般包括主任责任制、定期报告制、同行评议制、合同审查制等。美国对科技经费采取的监督方式包括听证制度、报告制度、备案制度、审计、调查、绩效影响评估等；监管范围覆盖前端的预算分配、中期的使用管理、后期的审计评估等。

加强科研经费使用的信息披露。科研机构的财务部门要定期编制通行的财务报表、披露相关会计信息，以便于接受社会各界的监督与评价。

（3）针对稳定性支持与竞争性支持采取差异化的管理

保证稳定性支持的比重。如美国政府的研发预算分配方式均以稳定性资助为主，稳定性资助主要拨付给政府研究机构、高等院校、大型企业；竞争性资助通过计划或基金的方式拨付给竞争获胜机构。

稳定性支持和竞争性支持由不同部门分别管理。部分国家对政府研究机构的资助方式从"一次性拨款制度"转向"基于项目的管理制度"，以提高政府研究机构的效率，确保管理的

针对性和有效性。

(4) 充分发挥道德约束作用

西方发达国家在漫长的科学技术发展进程中，逐步形成了一套成熟的、科学研究工作者所共同接受的学术和道德规范。科研人员一旦违反这一道德规范，将受到相应的处罚，严重的可能被清除出科学界，甚至被追究相应的法律责任。科研经费管理和使用中的道德和制度约束作用不可忽视。

1.1.4 科技投入管理模式分析

(1) 投入政策

政府科技投入政策是决定政府科技投入水平和资金使用效益的重要因素，由于政体不同及历史、经济、文化因素的影响，各国的科技投入政策也不尽相同。总结起来，主要有以下几方面。

①指导和管理科技投入的法律法规。国家科技经费预算一般是在法律和计划的指导下编制完成的。美国的《国家科学技术政策、组织、重点法》包括总的投资原则，同时对实现该法若干目标的拨款金额都做了具体规定；日本的《科学技术基本法》、《科学技术基本计划》规定了科技的研究方向及其预算目标额度，在此基础上各省厅制定年度《科学技术重点指针》，指导年度预算编制；法国的《法国研究和技术发展方针和规划法》直接规定国家给予研究和技术发展的经费占国民总值的比率要达到 2.5%。

②政府研发预算的拨款程序。为发展科技事业，各国政府都将研发经费列入预算，以保证经费的依法获得和适当使用。研发预算一般由政府提出，国会或议会批准，由财政部门拨付，政府部门再按计划分配，专款专用，受资助机构和计划必须接受监督和评估。

③对政府研究机构的资助。大多数国家对政府研究机构分类，并对它们进行不同形式的管理，其中一些机构有一定的自主性或独立性，但都靠政府支持。从国外的统计方法来看，政府研发投入有"政府经费负担"和"政府使用"两项。其中"政府使用"主要用在政府研究机构上，分为单位资助和项目资助，前者又叫固定拨款，是主要部分。比如，日本的国家研究机构可以获得日本政府研发预算的 45%，占其支出的 99.4%；德国马普学会 95% 的经费由联邦和各州政府各出资一半，其中 90% 为单位拨款、10% 为项目资助。

④政府科技投入的重点领域。除重点支持国防科研外，政府科技投入的重点主要包括：

一是向基础研究倾斜。基础研究是科技创新的源泉，没有强大的基础研究支撑，应用研究和开发研究就像无源之水、无本之木。各国都很重视基础研究，基础研究经费占研发投入的比重至少能达到 10%～20%。由于基础研究属于典型的公共产品，其资金应主要由政府提供。因此，各国政府在研发投入中都有较大比例用于基础研究工作，如 2000 年美国联邦政府研发投入中用于基础研究的比例达 33%。

二是加强科研基础设施建设。各国都充分认识到科技基础设施对研发工作的重要作用。有了世界级的研究设施才有可能出世界级的研究成果和科技人才，才能吸引和留住优秀科技人才。美国的研究设施比较精良，但仍在加大投入；日本政府通过国会特别拨款及补助预算等，大规模地投资改善国家研究机构的设施、实验条件，如 1998—2000 年，仅对国家研究所的设施设备改造投入金额就达 2722 亿日元；英国布莱尔政府承诺着力改善科研条件，在

2003—2004年，由政府和维康信托公司共同投资10亿英镑，进行基础设施的改造和建设。

三是加大对信息通信技术、生命科学和纳米科技等高新技术的投入。信息通信技术是当今最关键的技术，在21世纪上半叶仍将起主导作用，美、日、欧盟等都纷纷加大投入，几乎所有发达国家及众多发展中国家都先后出台了类似"电子欧洲"的社会信息化计划。21世纪生命科学将对人民健康、财富创造和环境质量产生重大影响，人类基因组工作图谱发表后，生命科学进入了"后基因组"时代，许多国家都计划增加对生命科学的资源投入。纳米科技是未来的启动技术，据预测，20年以后，其对社会的影响将抵得上整个20世纪技术带来的社会变革。自美国政府2000年出台"纳米科技计划"之后，在全世界出现了"纳米热"和"纳米大竞赛"。

四是扶持农业科技。农业关系到国计民生，各国政府纷纷加大农业科研投入，促进农业发展。据联合国粮农组织统计，20世纪80年代中期，世界各国农业科研经费占农业总产值的平均比重约为1%，其中，发达国家为2%，发展中国家为0.5%～0.6%。政府不但直接投入，而且采取一些政策措施鼓励社会投资。如美国的农业科研投入，国家占1/4～1/3，其余是社会投入。

五是健全、完善监督评价体系。世界各国大都制定了严格的科技评价制度和科技评估指标体系，组织专家或独立科技评估机构，对研发预算进行评估和评价，鼓励公开竞争，把资金有效运用到重点项目和领域，减少重复和浪费。美国白宫科技政策办公室和预算局把"强调同行评议"作为确定研发预算的主要基本原则之一。英国政府1992年开始对科研经费分配制度进行改革，比如对大学中的研究机构，通过制定评价指标和同行评议进行排名，作为95%经费分配的主要依据。英国在内阁办公室设有科技评价办公室，政府各部门也有评价机构，评价内容涉及经费投入前、中、后各阶段，方式以同行专家评议为主，在评价重大科技计划项目时，大多聘请独立的专业评估单位进行评估。韩国则是对使用政府研究开发经费的国家研究开发计划进行调查、分析、评价，内容包括取得的成果、计划目标设定的恰当性、推进战略的妥当性等，并对研究课题主要评价其研究成果、政府支援的妥当性、是否重复等，根据结果调整下一年度预算安排。

（2）投入结构

①按执行部门分类。政府研发投入主要投向政府研究机构和大学，如日、德、法、英。美国政府研发投入首先投向政府研究机构，其次是产业界和大学，最后是非营利机构；美国政府研发资金也是产业部门的重要资金来源，其中，投向产业界的资金呈下降趋势，投向大学的资金增速最快，这与政府投入向基础研究倾斜，而大学是基础研究的主要执行者有关。

②按研究活动分类。基础研究机构所占比例呈上升趋势，技术开发机构所占比例呈下降趋势。以美国为例：政府研发投入向基础研究倾斜，其经费总额和占政府研发投入的比例均逐年增加；联邦政府投向应用研究的经费呈上升趋势，占政府研发投入的比例变化很小；从1988年开始，政府研发投入到技术开发机构所占比例一直在下降，而产业界投向技术开发的资金越来越多。

③按研究领域分类。国防研究在各国政府研发投入中仍占重要地位；在非国防领域，不同国家在不同时期的优先领域各不相同。从目前看，医疗保健和环保领域是资助重点，占政府研发投入的比例逐年上升。相对而言，美国更重视医疗保健，而日本政府在能源领域的研

发投入比重较大。另外，许多国家非常重视民用空间技术的研发，美国和法国在该领域的投入占政府研发投入的 11%。

(3) 投入特点

①政府研发投入总额呈上升趋势。在 20 世纪的后 30 年间，美国联邦政府研发经费增加 3.6 倍，日、法、英政府研发投入分别增加 6~7 倍（按本国货币计算）。其中，美国联邦政府研发投入总量最大，日本政府研发投入增幅最快。进入 21 世纪以来，各国政府的科技投入仍呈上升趋势。以欧盟框架研究计划（FP）为例，FP1（1984—1990 年）32.71 亿欧元→FP2（1987—1995 年）53.57 亿欧元→FP3（1991—1995 年）65.52 亿欧元→FP4（1995—1998 年）131.21 亿欧元→FP5（1999—2002 年）148.71 亿欧元→FP6（2003—2006 年）192.56 亿欧元→FP7（2007—2013 年）558.06 亿欧元→"地平线 2020"（2014—2020 年）770.28 亿欧元。

②政府研发投入占全部研发经费的比例呈下降趋势。世界上几个主要发达国家的这一比例在 20 世纪 70 年代，一般都在 50% 左右，2000 年下降到 30% 左右。主要原因是这些国家的经济发展已到了成熟期，企业界研发投入增加较快。这也说明在企业实力比较弱、难以并不愿花大量资金进行研发活动时，研发活动需要政府的大力支持。

③政府研发投入占国内生产总值（GDP）的比例到达一定峰值后呈现下降趋势。

④新兴工业化国家在科技发展追赶阶段，政府研发投入增加非常快，增速超过了国内生产总值和政府财政支出。如韩国在 1990—2000 年政府研发投入增加了 4 倍，研发经费占 GDP 的比例急剧上升，从 2003 年 2.53% 到 2007 年 3.47% 再到 2012 年 4.36%。

1.2 国内财政科技投入及管理概况

1.2.1 国家层面财政科技投入概况

(1) 财政科技投入规模

科技投入是科技创新的物质基础，是科技持续发展的重要前提和根本保障。长期以来，国家财政将科技作为重点支持领域，特别是《国家中长期科学和技术发展规划纲要（2006—2020 年）》颁布以来，我国财政科技投入稳定增长机制逐步建立，财政科技投入快速增长，科研项目和资金管理不断改进，为科技事业发展提供了有力支撑。全国财政科技支出从 2006 年的 1688.5 亿元提高到 2013 年的 6184.9 亿元，2006—2013 年全国财政科技支出累计已超过 3 万亿元，国家财政科技拨款占国家财政总支出的比重保持在 4% 以上，如图 23-1 所示。

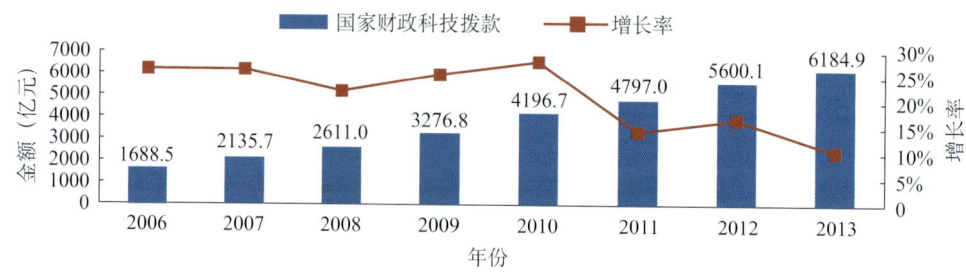

图 23-1　2006—2013 年国家财政科技支出及增长率

科技活动的核心是科学研究与试验发展（研发）活动。研发经费的投入强度和投入规模是衡量一个国家或地区自主创新能力的重要因素。研发经费与财政科技支出概念尽管不同，但是通过对研发经费的分析，也可对财政科技支出的总体水平略见一斑。

在财政投入的带动下，我国全社会研发投入经费从2000年的895.66亿元增长至2013年的11 846.6亿元，占GDP的比重从2000年的1%增长至2013年的2.08%。其中，用于基础研究的经费为555亿元，比2012年增长11.3%；应用研究经费1269.1亿元，增长9.2%；试验发展经费10 022.5亿元，增长16%。基础研究、应用研究和试验发展经费占研发经费总量的比重分别为4.7%、10.7%和84.6%。

(2) 财政科技投入结构

我国在实施部门预算改革之后，中央财政科技经费涉及的部门主要有：财政部、科技部、发改委、教育部、工信部、农业部、自然科学基金会、中科院等。具体配置模式包括以下几方面：

一是科研机构运行经费、基本科研业务费由财政部按照定员、定额原则核定。

二是科研基本建设经费、国家科技计划（基金）经费分别"切块"给发改委、科技部、自然科学基金会等，这些部门负责组织立项、资金分配和监管，项目承担单位具体使用。

三是科技重大专项管理职责由国务院明确，牵头组织单位制订年度计划并提出年度立项建议，经专项领导小组批准后报科技部、发改委、财政部进行综合平衡；牵头组织单位根据综合平衡意见修改完善年度计划，报科技部、发改委、财政部备案，同时编制年度经费预算建议方案报财政部，财政部组织预算评审后下达。

四是公益性行业科研专项、修缮购置专项等其他科技专项由主管部门组织立项、提出分配建议并进行管理，财政部核定预算，项目承担单位具体使用。

(3) 财政科技投入方向

结合国家财政支出分类改革目标，国家调整设立了符合科技活动规律的财政科技支出类款项科目，系统布局了五大类财政科技投入，强化对基础研究、社会公益研究、科研条件、科普等科技活动的投入，加大了对国家级科研基地的稳定支持力度。

①保障科技重大专项顺利实施。为完成党中央国务院确定的、具有国家目标的若干重大战略任务、关键共性技术和重大工程，中央财政单独设立了国家科技重大专项资金，并建立了滚动预算和持续投入管理机制。全面启动了16个国家科技重大专项，对培育战略性新兴产业、突破国民经济发展瓶颈问题、提高人民健康水平和保障国家安全产生了重大影响。2008—2012年，中央财政安排民口科技重大专项资金共计715亿元，带动地方财政、企业及其他渠道投入1976亿元。

②突出支持重点领域和前沿技术。2006—2012年，安排自然科学基金和973计划经费近800亿元，支持开展自由探索，面向国家重大战略需求，提高原始创新能力；共安排国家科技支撑计划、863计划和公益性行业科研专项经费1014.7亿元，支持开展对经济社会发展具有重要作用的科技研发活动。

③支持加强基础研究。2006—2012年安排自然科学基金和973计划经费800亿元，支持开展自由探索，面向国家重大战略需求，提高原始创新能力。

④支持科研机构（基地）发展。从2006年开始，逐步提高了科研机构（基地）运行经费保障水平；支持公益性科研机构（基地）开展自主选题研究，建立了公益性行业科研稳定

支持渠道；增加修缮购置专项资金。同时，按照"改革先行、突出特色、绩效导向"的原则，支持中科院、社科院、农科院实施创新工程。

⑤推动国际科技合作与交流。支持在双边、多边科技合作协议框架下实施国际合作项目，开展科技合作援外。

⑥促进科技创新创业人才发展。实施重大人才工程，支持科研院所、高校培养和引进人才，探索试点高端人才的经费支持模式。

(4) 财政科技投入方式

财政科技投入的方式包括竞争性资助、前补助、后补助、贷款贴息、风险投资等。长期以来，我国中央财政科技预算主要通过科技计划（专项、基金）以竞争性资助方式拨付。

近年来，中央财政设立科技型中小企业创业投资引导基金，通过阶段参股、风险补助、投资保障等方式，引导创业投资机构向初创期科技型中小企业投资；实施新兴产业创投计划，通过股权投资重点支持新兴产业领域初创新型企业发展；在科技重大专项和科技计划中，探索实施科研项目后补助支持方式，引导企业成为技术创新主体；通过国有资本经营预算支持中央企业技术研发；研究设立国家科技成果转化引导基金，综合运用创业投资子基金、风险补偿、绩效奖励等方式，推动科技成果转化。

(5) 科研项目会计核算

科研项目会计核算是理顺政府与科研机构、科研项目与企业、科研活动和其他经济活动、各科研活动之间关系的基础，也是财政科技经费监管的基础。

2011年财政部和科技部联合颁发《关于调整国家科技计划和公益性行业科研专项经费管理办法若干规定的通知》（财教〔2011〕434号）、2014年国务院颁发《关于改进加强中央财政科研项目和资金管理的若干意见》（国发〔2014〕11号），将国家中央财政科研项目的开支范围划分为直接费用和间接费用，并明确了直接费用开支范围与标准，通过间接费用对单位承担科研项目所发生的间接成本给予补偿，提高补偿水平。

(6) 财政科技经费监管

我国在科技经费监管方面，确立了"主动服务、关口前移"的监管理念，加强了监管队伍能力建设与各方力量的分工协作，强化了过程监管。采取财务报告、巡视检查、专项审计、财务验收、绩效评价、受理举报等多种方式，将日常监督与专项监督相结合、内部监督与外部监督检查相结合，对科技经费管理使用实施全方位监管。

内部监管方面，2006年以来，科技经费内部监管的专业化机构建设取得了重大突破，科技部设立了科技经费监管服务中心，部分地方科技主管部门也设立了科技经费监管服务中心，强化了财政科技经费监管服务职能；部分高校、科研院所等科技经费执行单位设立了专门机构，建立了科技经费监管合作机制，加强了科技经费监管。

外部监管方面，国家各级审计部门、纪检部门与科技部门内部监管机构分工协作，逐步覆盖科技经费运行的每个环节；人大、政协充分发挥监督作用，积极参与相关工作；一些地方设立了社会第三方监理机构，形成了三类监管力量加强协作的良好局面。

目前，我国已初步形成了科技经费监管体系。"十一五"以来，科技部对执行过程中的近3000个课题开展了专项审计，涉及财政资金433.87亿元，经费覆盖率70%；对全部10 400个结题课题进行了结题财务审计和财务验收，涉及财政资金992亿元，覆盖率100%；2007—

2013年巡视检查共抽查了334家承担单位共614个项目,涉及专项经费68.8亿元,在政策宣传、落实法人责任、完善管理、及时纠偏、防微杜渐等方面发挥了重要作用。

近年来,科技计划及科技投入的绩效评价工作越来越受到重视。财政部与自然科学基金委对科学基金的战略性、综合性进行了国际评估,对国家科技计划、中科院知识创新工程等开展了初步的综合评价;科技部与财政部建立了国家重点实验室绩效评价制度,中科院对所属研究所开展了"目标—过程—结果"三位一体的绩效评价;中国农业科学院在科技创新工程中引入了绩效评价机制;科技部、发改委、财政部对部分科技重大专项实施了绩效评估。

(7) 财政科技投入管理

2006年以来,国家加强了对财政科技投入的管理,陆续出台了一系列的文件,主要有(按文件颁发时间顺序):

《国务院办公厅转发财政部 科技部关于改进和加强中央财政科技经费管理若干意见的通知》(国办发〔2006〕56号);

《国家重点基础研究发展计划专项经费管理办法》(财教〔2006〕159号);

《国家科技支撑计划专项经费管理办法》(财教〔2006〕160号);

《国家高技术研究发展计划(863计划)专项经费管理办法》(财教〔2006〕163号);

《公益性行业科研专项经费管理试行办法》(财教〔2006〕219号);

《国家科技计划和专项经费监督管理暂行办法》(国科发财字〔2007〕393号);

《民口科技重大专项资金管理暂行办法》(财教〔2009〕218号);

《财政部 科技部关于调整国家科技计划和公益性行业科研专项经费管理办法若干规定的通知》(财教〔2011〕434号);

《国家科技计划及专项资金后补助管理规定》(财教〔2013〕433号);

《国务院关于改进加强中央财政科研项目和资金管理的若干意见》(国发〔2014〕11号);

《国务院印发关于深化中央财政科技计划(专项、基金等)管理改革方案的通知》(国发〔2014〕64号);

《中共中央 国务院关于深化体制机制改革加快实施创新驱动发展战略的若干意见》。

1.2.2 部委财政科技投入及管理概况

我国中央财政科技经费涉及的政府部门主要有:财政部、科技部、国家自然科学基金会、发改委、工信部、教育部、农业部、中科院等。本篇主要介绍科技部、国家自然科学基金会、发改委、工信部等几个部门的中央财政科技投入管理概况。

(1) 科技部中央财政科技投入管理概况

由科技部牵头拟订国家科技发展规划和方针、政策;负责组织制订国家重点基础研究计划、高技术研究发展计划和科技支撑计划,负责统筹协调基础研究、前沿技术研究、重大社会公益性技术研究及关键技术、共性技术研究,牵头组织国民经济与社会发展重要领域的重大关键技术攻关;负责本部门预算中的科技经费预决算及经费使用的监督管理,会同有关部门提出科技资源合理配置的重大政策和措施建议,优化科技资源配置。我国的主要科技计划项目及经费由科学技术部负责管理。

①财政科技投入规模。近年来,科学技术部的财政科技投入已形成稳定增长机制,

2007年财政科技投入总额达115.4亿元,到2010年翻了一番,2011年之后增长趋势虽有所放缓,但每年投入总量仍保持在280亿元以上,如表23-1所示。

表23-1 2007—2013年科技部财政科技支出构成

年份		2007	2008	2009	2010	2011	2012	2013
财政支出（亿元）		119.51	137.93	205.80	247.38	281.65	293.63	288.88
财政科技支出（亿元）	科学技术管理事务	1.14	1.17	1.09	1.15	1.13	1.07	1.30
	基础研究	18.62	20.88	28.12	41.92	46.94	42.13	42.55
	应用研究	65.87	78.52	77.61	77.24	88.64	100.68	94.68
	技术研究与开发	3.23	3.74	52.84	54.95	77.55	85.21	82.07
	科技条件与服务	4.26	4.94	4.51	4.28	4.96	5.41	5.86
	科学技术普及	0.11	0.09	0.10	0.10	0.10	0.10	0.10
	科技交流与合作	4.61	6.75	16.76	27.43	28.08	23.65	20.22
	科技重大专项	—	—	—	0.03	0.13	0.20	0.18
	其他科学技术支出	17.56	17.84	18.62	24.91	29.18	29.35	31.70
	合计	115.40	133.95	199.65	232.03	276.73	287.82	278.67
年增长率（%）		—	16.07	49.05	16.22	16.27	4.01	-3.18
财政科技支出占比（%）		96.56	97.11	97.21	93.80	98.25	98.02	96.47

数据来源：由《科技部2007—2013年度部门决算表》整理计算而得。

②财政科技投入方向。科技部的中央财政科技投入,主要用于国家科技计划（专项）等方面支出,其中近80%用于基础研究、应用研究及技术研究与开发等方面,如图23-2所示。

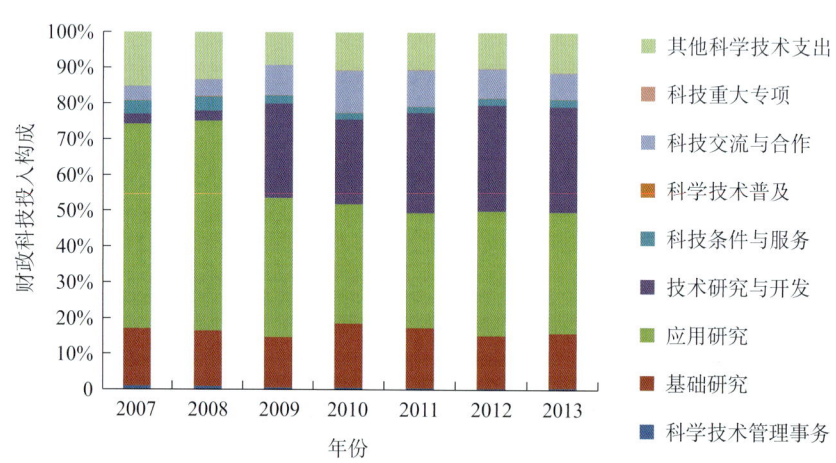

图23-2 2007—2013年科技部财政科技投入构成

基础研究。主要用于基础研究规划及重点实验室等方面支出,其中主要涉及973计划、国家（重点）实验室等支出。2007—2013年,基础研究科技投入占比在14%～18%。

应用研究。主要用于高技术研究、社会公益研究等方面支出,其中主要涉及863计划项目等支出。2007—2008 年，比较重视应用研究，科技投入占比为 57%～59%；2009—2013 年，随着对技术研究与开发的重视，应用研究科技投入占比有所减少，为 32%～38%。

技术研究与开发。主要用于应用技术研究与开发、科技成果转化等方面支出，其中主要涉及国家支撑计划项目、科技成果展示、科研院所技术开发专项、国家重大科学仪器设备开发专项（2011 年新增）、政策引导类计划专项、科技惠民计划等（2012 年新增）支出。2007—2008 年，技术研究与开发方面的科技投入还较少，占比约为 2.8% 左右；2009—2013 年，技术研究与开发得到关注，科技投入占比提升到 23%～29%。

③财政科技投入模式。综合运用无偿资助、贷款贴息、风险投资等多种投入方式，加大对企业、高校、院所开展产学研合作的支持，积极推动产学研有机结合。民口科技重大专项组织实施的要求和项目（课题）的特点，采取前补助、后补助等财政支持方式。公益性行业科研专项、科技惠民计划，采用"后补助"及间接投入等方式给予支持。科技部管理的政策引导类计划、科技成果转化引导基金及其他引导支持企业技术创新的专项资金（基金）等分类整合后的专项计划，采用天使投资、创业投资、风险补偿、后补助等引导性支持方式。科技部、财政部等对中小企业发展专项资金的支持方式采用无偿资助或贷款贴息方式。具体模式构成如表 23-2 所示。

表 23-2　科技部财政科技投入模式构成

投入模式		国家支撑计划	863计划	973计划	国际科技合作	民口科技重大专项	科技惠民计划	公益性行业科研专项	政策引导类计划	科技成果转化引导基金	农业科技成果转化引导资金	科技型中小企业创新创业基金	中欧中小企业节能减排科研合作资金
政府资金	无偿资助	✓	✓	✓	✓	✓	✓	✓	✓		✓	✓	✓
	前补助					✓							
	贷款贴息	✓									✓	✓	
	偿还性资助	✓											
	风险投资	✓											
	创业投资								✓				
	风险补偿								✓				
	资本金注入										✓	✓	
	成本补偿式		✓										
	定额补助式		✓										
	后补助						✓	✓	✓				
	以奖代补						✓						

（2）国家自然科学基金会中央财政科技投入管理概况

国家自然科学基金会是管理国家自然科学基金的国务院直属事业单位，根据国家发展科学技术的方针、政策和规划，有效运用国家自然科学基金，支持基础研究，坚持自由探索，发挥导向作用，发现和培养科学技术人才，促进科学技术进步和经济社会协调发展；协同国家科学技术行政主管部门制定国家发展基础研究的方针、政策和规划。

国家自然科学基金会负责管理国务院设立的自然科学基金，研发经费主要来源于国家财政科技投入。

①财政科技投入规模。2011—2014年，国家自然科学基金会历年安排自然科学基金经费预算（国家财政投入）分别为：120.4亿元、150亿元、170.1亿元、190亿元，呈逐年增长趋势，年增幅分别为24.6%、13.4%、11.6%。

②财政科技投入方向。国家自然科学基金会的国家财政科技投入主要用于以下几方面：国家自然科学基金项目、国家杰出青年基金项目、国家基础科学人才项目及管理性项目（项目组织实施费、信息网络建设项目、大型修缮项目、大型购置项目等）。

按学科领域分包括：数理科学、化学科学、生命科学、地球科学、工程与材料科学、信息科学、管理科学。

按项目类型分包括：研究系列，如面上项目、重点项目、重大项目、重大研究计划、联合基金项目、国际（地区）合作研究项目；人才系列，如青年科学基金、国家杰出青年科学基金（包括外籍）、创新研究群体科学基金、国家基础科学人才培养基金、地区科学基金项目（部分边远地区、少数民族地区）；环境条件系列，如国际合作交流项目，科学仪器基础研究专款项目，重点学术期刊专项，科普、青少年科技活动等专项。

③财政科技投入管理。建章立法。在《国家自然科学基金条例》统领下，针对组织管理、程序管理、经费管理和监督保障四大方面，制定了比较系统完善的法规制度体系。例如，在经费管理方面制定的管理办法有：《国家自然科学基金项目资助经费管理办法》、《国家杰出青年科学基金项目资助经费管理办法》、《国家基础科学人才培养基金项目资助经费管理办法》等。

规范管理。设立科学部专家咨询委员会，负责对科学部的优先领域和资助格局、重大研究计划和重大项目立项、学科发展战略等具有战略性的资助决策与管理工作提供咨询建议和指导性意见。项目评审严格实行"依靠专家，发扬民主，择优支持，公正合理"的评审原则，采用同行专家通讯评审和专家评审组评审两级评审制度，完善项目申报—评审—审批流程。设立监督委员会，建立健全规章制度，加强全过程监督。

（3）发改委中央财政科技投入管理概况

发改委高技术产业司牵头负责管理国家高技术产业化发展项目及研究开发资金。

①财政科技投入方向。主要包括以下几个方面：

国家高技术产业化项目（简称产业化项目），以关键技术的工程化集成、示范为主要内容，或以规模化应用为目标的科技自主创新成果转化项目高技术产业化项目。优先支持领域包括信息、生物、航空航天、新材料、先进能源、现代农业、先进制造、先进环保和资源综合利用、海洋等。

国家重大技术装备研制和重大产业技术开发项目（简称研制开发项目）。国家重点建设工程需要的重大技术装备研制项目和重点产业结构优化升级所急需的产业共性、关键技术研发项目。

国家产业技术创新能力建设项目。以突破产业发展的技术瓶颈、提高重大科技成果工程化、产业化研发及验证能力为目标的国家工程实验室建设项目（简称工程实验室项目）和国家工程研究中心建设项目（简称工程中心项目），以及以提高企业技术创新能力为目标的国家认定企业技术中心建设项目（简称技术中心项目）。

国家高技术产业技术升级和结构调整项目（简称升级调整项目）。以先进的技术、工艺和设备改造落后的生产条件为主要内容，以推进信息产业、生物产业、民用航空航天产业扩大规模，促进产业结构优化升级和以信息化带动工业化，积极发展电子商务和企业信息化为目标的建设项目。

其他国家高技术产业发展项目。

②财政科技投入资助方式。国家高技术产业化发展项目资金原则上以项目单位自筹为主，国家采用资金补贴的方式予以支持。国家补贴资金分为投资补助和贷款贴息补助两类，均为无偿投入。补助资金额度上限原则上不超过2亿元。

国家投资补助应根据项目的重要性、风险程度及产业发展、区域布局等要求，分档给予补助支持。

贷款贴息补助的贴息率不超过当期银行中长期贷款利率。贴息资金总额根据项目符合贴息条件的银行贷款总额、当年贴息率和贴息年限计算确定，原则上按项目的实施进度和贷款的实际发生额分期安排贴息资金。

③主要管理政策。为加强对国家高技术产业化发展项目及资金的有效管理，制定了一系列相关管理办法，主要有《国家高技术产业发展项目管理暂行办法》、《国家工程实验室管理办法（试行）》、《国家工程研究中心管理办法》、《国家认定企业技术中心管理办法》及《中央预算内投资补助和贴息项目管理暂行办法》等。

(4) 工信部中央财政科技投入管理概况

工信部科技司组织拟订并实施高技术产业中涉及生物医药、新材料、航空航天、信息产业等的规划、政策和标准；组织拟订行业技术规范和标准，指导行业质量管理工作；组织实施行业技术基础工作；组织重大产业化示范工程；组织实施有关国家科技重大专项，推动技术创新和产学研相结合。

①财政科技投入方向。主要有基础研究、应用研究、技术研究与开发、科技条件与服务、科技重大专项及其他科学技术支出。

②财政科技投入规模。2011—2014年科学技术经费预算呈逐年增长趋势，科技重大专项、应用研究的经费占比较大，具体构成如表23-3所示。

表23-3 2011—2014年工信部科学技术经费预算

单位：万元

投入方向	年份				合计
	2011	2012	2013	2014	
基础研究	14 373.41	17 123.71	16 811.71	18 081.71	66 390.54
应用研究	158 601.23	1 004 636.15	1 047 970.14	1 296 059.11	3 507 266.63
技术研究与开发	3350.00	3751.00	12 950.00	13 142.82	33 193.82
科技条件与服务	6736.00	8285.00	9640.00	9105.00	33 766.00
科技重大专项	394 354.00	331 681.37	394 158.92	525 440.35	1 645 634.64
其他科技支出	48.00	48.00	48.00	217.37	361.37
合计	557 462.94	1 365 525.23	1 481 578.77	1 862 046.36	5 286 613.00

数据来源：摘自工信部部门预算——历年公共预算收入表。

③财政科技投入方式。工信部组织的物联网发展专项资金采用无偿资助或贷款贴息方式。技术研发、标准研究与制定、公共服务平台类项目,以无偿资助方式为主;产业化、应用示范与推广类项目以贷款贴息方式为主。

工信部组织的国家科技重大专项采用前补助、后补助等资助方式。前补助方式,在项目(课题)立项后核定预算,按照项目(课题)执行进度拨付经费;后补助方式,项目承担单位围绕重大专项的目标任务,先行投入,并组织研究开发、成果转化和产业化活动,在完成项目(课题)并取得相应成果后,按规定程序经过审核、评估或验收后,给予相应的财政补助。

④财政科技投入管理。制定《工业和信息化部国家科技重大专项资金管理实施细则(试行)》等,规定中央财政资金的资助方式,"专款专用、单独核算、注重绩效"的使用和管原理原则,"分级管理、分级负责"的管理责任,开支范围和标准,以及预算管理、验收、监督检查等要求。

1.2.3 地方财政科技投入及管理概况

在国家财政科技投入逐年增长的同时,地方政府也成为重要的科技投入主体,中央与地方的积极性均得到了充分发挥。从我国财政科技投入构成看,2006 年之后,地方财政投入规模逐渐增大,到 2013 年,地方财政科技支出 3456.4 亿元,增长 15.7%,占全国财政科技支出的比重为 55.9%,高于中央财政科技投入规模,如图 23-3 所示。

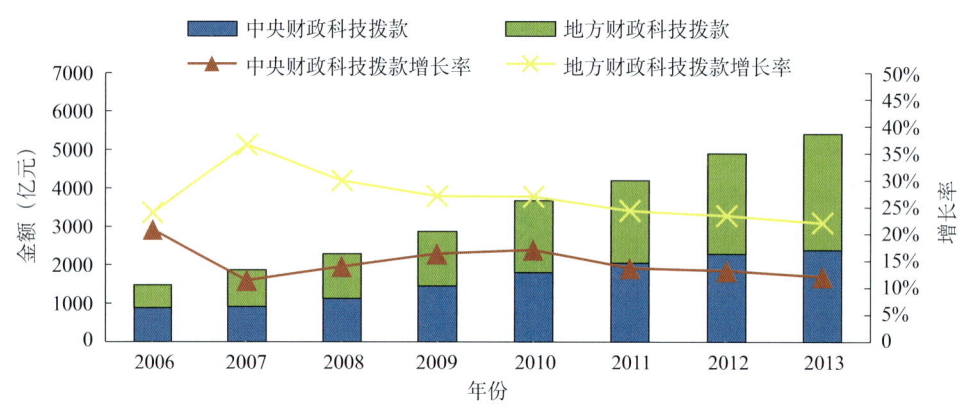

图 23-3 2006—2013 年中央、地方财政科技支出及增长率

2013 年全社会研究与试验发展经费投入总额居前 10 位的地区分别是江苏(1487.4 亿元)、广东(1443.5 亿元)、北京(1185.0 亿元)、山东(1175.8 亿元)、浙江(817.3 亿元)、上海(776.8 亿元)、湖北(446.2 亿元)、辽宁(445.9 亿元)、天津(428.1 亿元)、四川(400 亿元);投入强度(R&D 经费占本地区 GDP 的比重)达到或超过全国平均水平(2.08%)的地区有北京(6.08%)、上海(3.60%)、天津(2.98%)、江苏(2.51%)、广东(2.32%)、浙江(2.18%)、山东(2.15%)和陕西(2.14%)。

本篇选择性地分析了安徽(创新型省份建设试点省之一)、湖北、四川(陕西省周边经济科技发展相近的省份)3 个省份的财政科技投入及管理概况。

(1) 安徽省财政科技投入概况

①财政科技投入规模。安徽省财政科技投入呈现持续上升趋势,由2006年的9.72亿元增加到2013年的109.75亿元,年平均增长速度39.50%。特别是在2007年和2010年,安徽省财政科技投入分别增长64.20%和59.00%,呈现出快速大幅度增长的态势,而2011年起增长放缓,如表23-4所示。

表23-4 2006—2013年安徽省财政科技投入情况

指标	年份							
	2006	2007	2008	2009	2010	2011	2012	2013
财政科技投入（亿元）	9.72	15.96	23.78	36.47	57.98	77.00	96.02	109.75
财政科技投入增长率（%）	34.10	64.20	49.00	53.40	59.00	32.80	24.70	14.30
财政总支出（亿元）	940.23	1243.83	1647.12	2141.92	2587.61	3304.61	3967.77	4355.16
财政科技投入占比（%）	1.03	1.28	1.44	1.70	2.24	2.33	2.42	2.52

数据来源：根据《2014年安徽省科技统计公报》及《安徽省统计年鉴》(2007—2013年)整理并计算得出。

②财政科技投入结构。安徽省重点加强了对基础研究和高技术研究等领域的投入,投入方式由对科研机构的一般支持转为以科技研发项目为主的重点支持。安徽省重点支持了一些具有广阔前景的学科,取得了丰硕的科研成果。在高科技研究领域也加大了投入力度,根据科技发展形势的需要,设立了安徽省科技攻关计划专项及其他专项计划,这些计划的实行取得了良好的效果。

③财政科技投入政策。安徽省相继出台了《中共安徽省委 安徽省人民政府关于实施创新驱动发展战略进一步加快创新型省份建设的意见》(皖发〔2014〕4号)、《安徽省人民政府办公厅关于印发实施创新驱动发展战略进一步加快创新型省份建设配套文件的通知》(皖政办〔2014〕8号)和《安徽省创新型省份建设专项资金管理办法》(财教〔2014〕1000号),省财政预算每年安排10亿元专项资金,专项支持科技创新,促进科技成果产业化,推进产业转型升级。

专项资金主要采取项目资助、奖励补助和股权投资方式,重点支持自主创新能力提升、重点新产品研发和推广运用、高层次科技人才团队来皖创新创业、大型科学仪器设备共享共用等。

(2) 湖北省财政科技投入概况

①财政科技投入规模。2007—2011年,湖北省财政科技支出从18.76亿元增加到40.19亿元,年增长率为1.20%～1.47%,财政科技支出占湖北全省财政总支出的比例为1.20%～1.47%,如表23-5所示。

表 23-5　湖北省财政总支出与财政科技支出

指标	年份				
	2007	2008	2009	2010	2011
财政总支出（亿元）	590.36	710.85	814.87	1011.23	1526.91
财政科技支出（亿元）	18.76	23.06	26.33	30.09	40.19
比例（%）	1.47	1.40	1.21	1.20	1.25

数据来源：《湖北省科技统计年鉴 2012》。

2009—2014 年，湖北省科学研究与实验发展经费支出从 178 亿元增长至 260 亿元，6 年累计支出 2106 亿元；研发经费（R&D）投入强度逐年递升，从 2009 年的 1.40% 增加到 2014 年的 1.86%，如表 23-6 所示。

表 23-6　2009—2014 年湖北省科学研究与实验发展 R&D 经费支出情况

指标	年份					
	2009	2010	2011	2012	2013	2014
R&D 经费（亿元）	178	260	330	378	450	510
年增长率（%）	19.4	21.8	25.0	17.0	17.0	15.0
占 GDP 比重（%）	1.40	1.64	1.70	1.70	1.80	1.86

数据来源：《湖北省国民经济和社会发展统计公报》。

②财政科技投入结构。湖北省 R&D 经费来源构成包括政府财政资金、企业资金、其他资金。以 2011 年为例，政府财政资金约占 22.4%，企业资金约占 74.0%，其他资金约占 3.6%。

R&D 经费的执行机构主要有企业、研究与开发机构、高等院校、其他机构。以 2011 年为例，企业执行的 R&D 经费约占 73.2%，研究与开发机构约占 14.4%，高等院校约占 11.7%，其他机构约占 0.7%。

从研发活动类型看，湖北省 R&D 经费大部分经费都投入到了试验发展中，之后是应用研究，投入最少的是基础研究。

③财政科技投入政策。湖北省政府相继出台了《湖北省人民政府关于省级财政部分专项资金试行竞争性分配改革的意见》（鄂政发〔2012〕107 号）、《湖北省级财政部分专项资金试行竞争性分配管理暂行办法》（鄂政办发〔2013〕15 号）等，集中 50% 以上的财政科技专项资金，采取竞争性分配方式，集中支持湖北省重点产业技术创新体系建设，集中支持科技企业创业与培育工程。着力突破产业发展共性关键技术，着力提升技术创新能力，着力培养创新人才和团队，着力推进科技型中小微企业发展，全面提升产业整体竞争力。安排采取同行专家评议方式和绩效目标评审方式两种方式对科技专项资金实行竞争性分配。

（3）四川省财政科技投入概况

①财政科技投入规模。"十五"末（2005 年），四川全省财政科技投入约为 12.7 亿元；"十一五"末（2010 年）全省财政科技投入约为 12.7 亿元；2013 年全省财政科技投入达到 69.5 亿元，分别约为"十五"末的 5.5 倍和"十一五"末的 2.0 倍。"十二五"期间，保持全省财政科技拨款占地方财政支出的比重每年都有所增长，累计比"十一五"末提高 0.30 个百

分点,如表 23-7 和图 23-4 所示。

表 23-7 2005 年、2010—2013 年四川省财政科技投入情况

指标	年份				
	2005	2010	2011	2012	2013
财政科技拨款(亿元)	12.70	34.71	45.75	59.40	69.51
较上年增长(%)	17.6	15.4	31.8	29.8	17.0
占财政总支出比重(%)	1.17	0.82	0.98	1.09	1.12

图 23-4 2005—2013 年四川省财政科技支出及占财政总支出比重

②财政科技投入方向。近年来,四川省财政科技投入重点支持高新技术产业化、农业创新、社会发展领域科技发展和区域创新体系建设。

推进高新技术产业化。高新技术产业园区按照"产品龙头、企业主体、园区载体、产业跃升、区域带动"的总体思路,加强高新技术领域技术创新,取得了显著成效。在财政资金的支持下,2010 年四川全省高新技术产业实现工业总产值 4962.2 亿元,有规模以上高新技术企业 1498 家,从业人员 52.8 万人,实现利润 330.9 亿元,分别比 2006 年提高 270.0%、55.2%、62.0% 和 300.0%。

围绕"7 + 3"产业规划和产业振兴规划,重点开展钒钛钢铁选冶、气电混合动力客车等 82 项技术开发应用,促进传统产业运用高新技术、采用新工艺、开发新产品。

支持农业科技创新。通过组织实施各类科技计划,为农业产业结构调整和增长方式的转变提供了坚实的科技支撑。财政资金支持研究集成、推广应用一批新技术,实现了增粮、增效、节支。围绕四川 20 个优势特色产业,还建立了一批科技示范基地,引导、带动农户科学种田、科学养殖,调整农业产业结构,发展现代农业。

推动民生科技进步。"十一五"期间,启动了大骨节病综合防治科技攻关等 7 个重大联动项目,组织专家和医务工作者先后 45 次近 750 人次赴病区县开展研究,共调查病区患者和群众 7000 人次,治疗 3800 人次。

支撑区域创新体系建设。"十一五"期间,四川省企业创新投入 312.9 亿元,占四川全省的 50.2%;企业吸纳技术占全省的 86.6%;构建以企业为主体的产学研创新联盟 95 家。四

川全省建设创新型企业达 706 家,建立了覆盖高新技术六大领域的创新联盟 95 个。

加强科技基础能力建设。"十一五"期间新增 5 个国家级、52 个省级重点实验室,仪器设备总值超过 7 亿元。已逐步形成了学科布局合理、运行机制完善、研究水平领先、研究重点突出的四川省重点实验室体系。

科技平台引导要素聚集。"十一五"期间,安排省科技基础条件平台建设项目 253 个,投入金额 8000 万元,构建了六大具有公益性、公共性、战略性的基础条件平台和多个支撑四川省产业发展的专业平台。

③财政科技投入政策。四川省先后制定了《关于促进高新技术产业发展的投融资政策与服务若干意见》(川府函〔2008〕336 号)、《关于印发四川省省级财政专项资金绩效分配管理暂行办法的通知》(川办发〔2011〕70 号)、《四川省科技型中小企业创业投资补助资金管理暂行办法》(川财企〔2012〕116 号)、《四川省人民政府关于推进省级财政专项资金管理改革的通知》(川府发〔2013〕53 号)和《四川省中小企业发展专项资金管理暂行办法》(川财企〔2014〕43 号)等,支持四川省境内从事创新技术研制开发的科技型中小企业,设立专项资金,通过无偿资助、贷款贴息(融资贴息)、股权投资、激励奖补、代偿补偿、购买服务等多种方式支持中小企业发展。

安排技术创新资金,支持科技型中小企业创新技术自主研发和创新产品中试熟化。支持对象为四川省境内从事创新技术研制开发的科技型中小企业(非上市公司)。通过无偿资助和贷款贴息方式支持。

安排创投基金(资金),支持引导创业投资机构(含创业投资企业、创业投资管理企业、具有投资功能的中小企业服务机构等)向科技型中小企业投资,鼓励引导创业投资机构为科技型中小企业提供投融资服务。支持对象为四川省境内的创业投资机构和创业投资机构投资的科技型中小企业。通过阶段参股、风险补助和投资保障方式支持。

安排能力提升资金,支持中小企业科技成果转化、技术改造提升和扩大生产能力。支持对象为在四川省境内注册一年以上具有独立法人资格的中小企业。通过无偿资助和融资贴息方式支持。

安排融资担保资金,支持融资担保机构提高担保和再担保能力,推进中小企业融资服务平台建设。支持对象为四川省境内从事中小企业融资担保业务的担保机构、再担保机构和创新中小企业融资服务平台建设。通过业务补助、增量奖励、资本投入、代偿补偿和创新奖励方式支持。

安排中小企业服务体系建设资金,支持中小企业服务平台和服务机构建设运行,为中小企业发展提供包括科技服务、商贸服务、综合服务、创业示范等全方位、专业化服务。通过无偿资助、业务奖励、政府购买等方式给予支持。

2 陕西省财政科技投入现状分析

2.1 财政科技投入管理现状

财政科技投入管理主要是指政府部门对公共财政支出中用于科技事业发展的部分进行的

决策、计划、组织、协调和监督活动的总称，具体包括宏观层面的科技经费拨付及微观层面的经费预算、经费监管、绩效评价等内容。其目的是通过对财政科技资金的组织、协调和监督控制，引导科技资源的流向，使其更好地服务于科技活动。

目前，从陕西省情况来看，参与财政科技投入管理的部门主要包括财政厅、科技厅、发改委、教育厅、工信厅等部门。各主管部门对于自身归口管理的财政科技投入资金，通过多种方式拟定各类科技规划、方针和政策，根据省财政的统一安排，负责各类科技计划、专项资金的预算管理，并最终以具体项目的形式支出资金。从财政科技投入最终的支出方式来看，目前主要以无偿资助的方式支持项目承担单位，同时近年来，各管理部门也逐渐探索了后补助、股权投入、产业基金、评估奖励等方式，来进一步改进投入方式，提高资金效益。

从当前的情况来看，近些年随着陕西省财政收入的不断增长，财政科技投入的总量也不断增长，各主管部门在具体的管理中，不断改进和优化管理的方式、方法，以保障财政科技投入的质量，但因为体制机制等各方面的原因，目前财政科技投入的管理水平还需要进一步提高，管理部门分散、未建立有效的科技资源统筹协调机制、项目交叉、重复等问题亟待有效地解决。

2.2 全社会研发经费投入规模

"十一五"开始，陕西省的研发经费支出规模迅速上升，从 2006 年的 101.36 亿元增长到 2013 年 342.75 亿元，年均增长率达到 22.51%；2006—2013 年研发经费支出与 GDP 的比重变化幅度不大，但与 2006 年相比 2013 年的研发强度下降了 0.10 个百分点，显示了陕西省研发经费支出增长规模小于全省 GDP 的增长。2013 年陕西省研发强度为 2.14%，高于全国研发强度（2.08%），在全国排位中位列第 8 位，如图 23-5 所示。

图 23-5 2006—2013 年陕西省研发经费投入情况

陕西省研发经费的来源主要由政府资金（省财政投入）、企业资金、境外资金和其他资金构成。政府资金指从各级政府部门获得的计划用于科技活动资金来源。企业作为科技创新的主体，具备市场经济国家特征的研发经费首要来源部门应该是企业，同时国外的资金来源也是很重要的组成部分，主要为跨国公司母公司对国内子公司的投入，还有一部分来自金融机构的贷款或是风险投资等作为其他资金。

2006—2013年，陕西省政府资金的投入规模虽然快速增长，但每年的政府资金占当年全社会研发经费支出的比重在2007年达到峰值后就逐年下降，2013年这个比重为56.02%，与2006年相比下降了1个百分点，如图23-6所示。

图23-6　2006—2013年陕西省研发经费投入中政府资金的变化情况

政府资金所占比重下降的原因是因为全社会研发经费支出中企业资金的贡献度在逐年上升，从2006年的33.38%增长到2013年的38.77%，境外资金所占比重不变，政府资金和其他资金整体呈现下降趋势。

2013年，我国全社会研发经费来源构成中，政府资金只占21.1%；四川省、湖北省和安徽省的政府资金所占本省全社会研发经费的比重分别为38.2%、20.7%和23.5%，江苏省和山东省的政府资金所占本省全社会研发经费比重小于10%，分别为9.52%和8.38%，如图23-7所示。

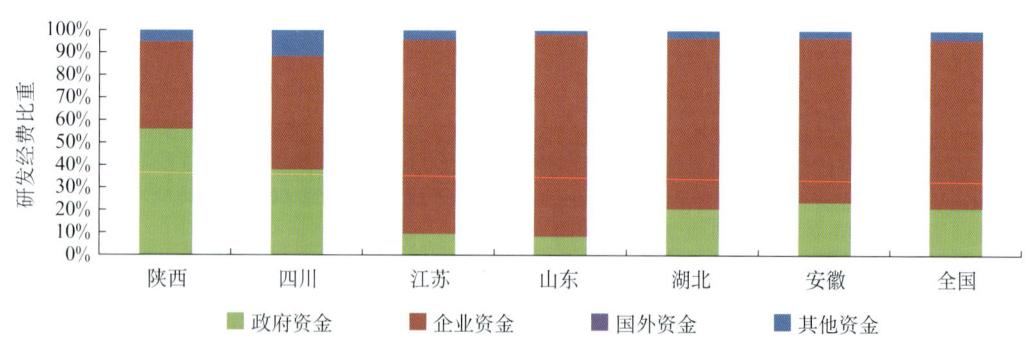

图23-7　2013年陕西省研发经费投入与全国及部分省对比

从陕西省全社会研发经费来源构成可以看出，政府资金所占比重较大，是研发经费的最大来源，这与全国及部分地区以企业资金为主，企业成为科技投入的主体相比有很大差异。

国家科技发展规划提出，要使企业成为研发经费的主要来源，建立以企业为主导力量的研发经费投入体系。近年来，陕西省研发经费中企业资金所占比重虽在逐渐上涨，但与全国平均水平还有一定距离，尚未发挥出政府资金带动企业资金投入的撬动引领作用，没有建立企业成为科技创新的主体地位。

同时，2006—2013 年，陕西省的研发投入强度虽然一直保持在全国前 10 名，但从这期间的发展趋势来看，与全国及其他省（市、区）R&D 投入强度逐年上升的发展趋势不同的是，陕西省历年的研发投入强度呈"波浪"式变化，"十二五"与"十一五"期间相比，整体呈下降趋势，并且在全国的排位也有所后移，如图 23-8 所示。

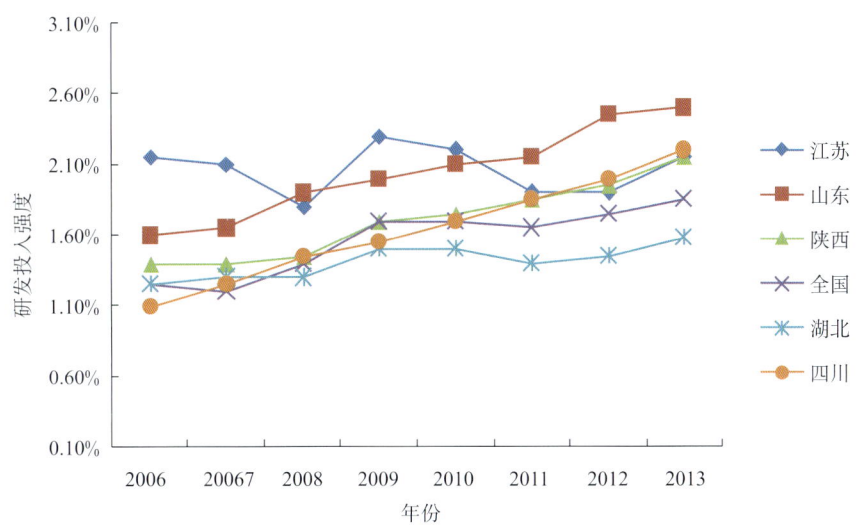

图 23-8　2006—2013 年陕西省 R&D 投入强度与全国及部分省对比

2.2.1　全省财政科技投入规模

总体上看，陕西省财政科技投入呈增长趋势，全省地方财政科技拨款从 2006 年的 10.26 亿元增长到 2013 年的 38.02 亿元，2006—2013 年全省地方财政科技拨款总额达 188.76 亿元，如表 23-8 所示。

表 23-8　2006—2013 年陕西省地方财政科技拨款

指标	年份							
	2006	2007	2008	2009	2010	2011	2012	2013
全省地方财政科技拨款（亿元）	10.26	13.30	17.14	20.84	25.25	29.01	34.94	38.02
占全省财政支出比重（%）	1.25	1.26	1.20	1.13	1.14	0.99	1.05	1.04
省级地方财政科技拨款（亿元）	6.46	7.28	7.28	9.45	11.47	13.06	15.09	14.67
占省级财政支出比重（%）	1.88	1.69	1.48	1.55	1.96	1.50	1.89	1.82

从全省地方财政科技拨款所占全省财政支出比重看，2006—2013 年呈下降趋势，尤其

近几年下降较多。2013年与2007年相比全省地方财政科技拨款占全省财政支出比重下降了0.22个百分点。同期,国家地方财政科技拨款占国家财政科技支出的比重从2006年的1.68%逐年增长到2013年的2.47%。陕西省的该项指标不仅没有上升,反而逐年下降,与国家的平均水平差距越来越大。

2.2.2 地市财政科技投入

(1) 各设市(区)财政科技支出分析

2013年全省各设市(区)地方财政支出中,西安市、榆林市、延安市居前3位;占同级财政支出比重大的前3位是杨凌区、榆林市和西安市,均高于全省平均指标;本级地方财政科技支出金额居前3位的是西安市、宝鸡市和榆林市;本级地方财政科技支出占同级财政支出的比重居前3位的是杨凌区、西安市及宝鸡市。数据显示,陕西省各市(区)地方财政科技拨款支出占当地财政支出的比重差距较大,说明各地市财政对当地科技的重视程度差距较大,其中杨凌作为农业高新技术产业示范区在财政方面对科技的支持力度在全省最大,如表23-9所示。

表23-9 2013年陕西省各市(区)财政科技支出

地区	指标			
	地方财政科技支出(亿元)	占同级财政支出比重(%)	各市本级地方财政科技支出(亿元)	占同级财政支出的比重(%)
全省	38.02	1.04	14.67	1.82
西安市	7.90	1.08	5.70	1.42
榆林市	4.96	1.17	0.88	0.81
延安市	2.03	0.69	0.29	0.37
宝鸡市	1.97	0.89	0.99	1.46
渭南市	1.71	0.62	0.13	0.32
咸阳市	1.45	0.55	0.29	0.62
汉中市	1.32	0.62	0.15	0.39
商洛市	0.72	0.49	0.10	0.62
安康市	0.59	0.32	0.10	0.36
铜川市	0.43	0.53	0.10	0.30
杨凌区	0.26	1.31	0.25	1.85

(2) 各设市(区)研发经费来源构成

2013年全省各设市(区)的研发经费来源,主要是政府资金和企业资金,其中西安市、咸阳市(包含杨凌示范区的数据)和汉中市的研发经费支出中政府资金所占比重较大,均超过了50%;宝鸡市的研发经费支出中以企业资金为主,如表23-10所示。

表 23-10　2013年陕西省各地市研发经费来源

地区	指标				
	研发经费支出总额（亿元）	政府资金（亿元）	占研发经费支出比重（%）	企业资金（亿元）	占研发经费支出比重（%）
西安市	256.77	158.83	61.86	82.86	32.27
宝鸡市	25.20	2.49	9.87	22.52	89.34
咸阳市	24.44	16.94	69.31	5.80	23.71
渭南市	17.65	5.45	30.90	11.53	65.31
汉中市	11.32	6.78	59.88	4.48	39.54
延安市	3.56	1.13	31.86	2.40	67.47
榆林市	2.14	0.29	13.49	1.80	83.91
商洛市	1.14	0.03	2.50	1.11	97.05
铜川市	0.30	0.02	7.34	0.27	87.36
安康市	0.21	0.05	24.54	0.12	54.36

从全省三大区域看，关中地区、陕南地区的研发经费中以政府资金为主，政府资金所占比重分别是56.7%、54.1%；陕北地区的研发经费中以企业为主，企业资金所占比重为73.7%，陕北地区企业已成为科技研发投入的主体。

2.3　财政科技投入配置

因数据来源问题，这部分的分析对象调整为2009—2013年的陕西省财政科技投入情况。

2.3.1　执行主体配置

政府资金通过科技计划支持科研院所、高等院校、企业等进行科技活动，如表23-11所示，陕西省财政资金大部分支持了科研院所，然后是高等院校和企业。2009—2013年，随着全省财政科技投入的增加，财政资金对各执行主体的支持力度也逐渐增加，但是各类执行主体获得的财政资金的比重有所不同。近年来，投向科研院所的资金比重在逐年下降，从2009年的78.89%下降到2013年的72.10%；对企业支持的资金所占比重逐年上升，从2009年的9.66%上升到2013年的15.70%，对高校支持的资金比重也略有上升，2013年占比为11.41%，与2009年相比上涨了1.2个百分点。总体上看，虽然对各执行主体的支持程度有所调整，对科研院所的资金支持力度仍然超过了对企业和高等院校支持的资金之和。

表 23-11　2009—2013年陕西省财政科技投入执行主体构成

单位：亿元

执行主体	年份				
	2009	2010	2011	2012	2013
科研院所	90.91	100.49	105.27	117.04	138.44
高等院校	11.77	15.68	17.49	18.62	21.91
企业	11.13	18.03	27.92	24.53	30.15

2013年陕西省和全国财政科技投入执行主体的配置情况如图23-9和图23-10所示。通过对比发现，虽然陕西省财政科技投入对企业的资金支持度逐年增加，但仍然小于全国平均水平，而且陕西省财政科技投入对高等院校的支持度也小于全国平均水平。

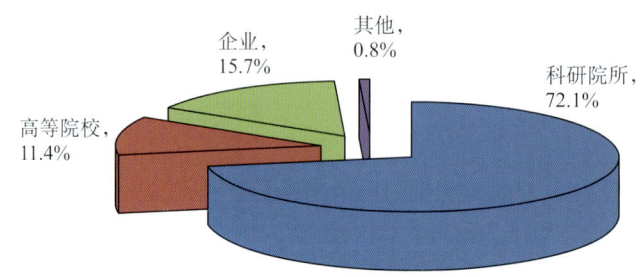

图23-9　2013年陕西省财政科技投入机构配置

图23-10　2013年全国财政科技投入机构配置

2.3.2　活动类型配置

陕西省研发经费的支出类型中，基础研究、应用研究和试验发展的经费占全部经费支出的比重一直比较平稳，其中基础研究和应用研究所占比重呈略微下降趋势，试验发展所占比重呈轻微上升趋势。2013年，陕西省科学研究经费（基础研究和应用研究合称为科学研究经费）所占比重为22.02%，试验发展经费所占比重为77.98%，如表23-12所示。同期，全国基础研究、应用研究和试验发展经费占研发经费总量的比重分别为4.7%、10.7%和84.6%。陕西省科学研究经费所占研发经费总量的比重高于全国平均水平，在全国排列第11位，如图23-11所示。

表23-12　2009—2013年陕西省研发经费活动类型配置

单位：亿元

活动类型	年份				
	2009	2010	2011	2012	2013
基础研究	9.74	10.14	12.99	14.79	16.82
应用研究	34.44	38.35	46.16	45.06	58.63
试验发展	145.33	169.01	190.21	227.36	267.30

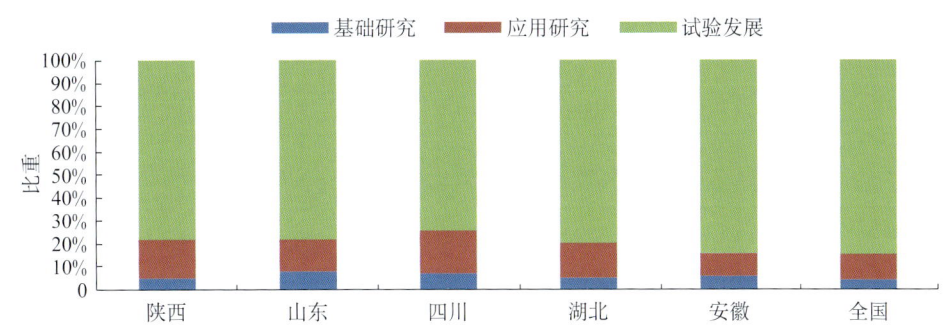

图 23-11　2013 年陕西省研发经费活动类型配置与全国及部分省对比

基础研究和应用研究是对事物原理和客观规律的研究，是提高原始性创新能力、积累智力资本的重要途径，是创新发展的根本动力和源泉。美国、日本、韩国等许多国家对基础研究和应用研究的经费投入占研发经费总投入的比重均大于 35%。陕西省拥有较多的高等院校，基础研究和应用研究力量比较雄厚，但是在科学研究经费投入方面与世界先进国家及国内先进地区相比，还有一定差距。要想快速由科技大省向科技强省转变，应该继续加大对基础研究与应用研究的科技投入。

2.4　科技计划经费

陕西省的财政科技投入大部分是以科技计划的方式通过项目给予资金支持，每个厅局都有属于自己特色的科技计划。这里仅以陕西省科技厅的科技计划为代表，分析财政科技投入对科技计划项目支持的特点。

"十一五"期间，陕西省科技厅主管的省级科技计划主要有"13115"创新工程计划、重大科技创新专项资金计划、科学技术研究发展计划三大类；"十二五"期间，保留了重大科技创新专项资金计划、科学技术研究发展计划，将"13115"创新工程计划扩充为科技统筹创新工程计划，另外增设了农业科技创新资金、中小型企业创新专项基金两大类。"十二五"期间的财政科技投入比"十一五"期间有较大增幅，如表 23-13 所示。

表 23-13　2006—2014 年陕西省科技厅科技计划经费

单位：万元

类别	年份								
	2006	2007	2008	2009	2010	2011	2012	2013	2014
"13115"创新工程计划	—	34 135	15 000	25 000	30 000				
科技统筹创新工程计划	—	—	—	—	—	37 000	49 000	50 000	50 000
重大科技创新专项资金计划	7010	10 475	9070	12 440	12 430	12 741	11 741	11 741	11 741
科学技术研究发展计划	7771	5038	6117	7254.5	9754.5	10 254.5	18 254	22 755	22 755

续表

类别	年份								
	2006	2007	2008	2009	2010	2011	2012	2013	2014
农业科技创新资金	—	—	—	—	—	500	500	—	—
中小型企业创新专项基金	—	—	—	—	—	2000	2000	2000	2000

科技统筹创新工程计划，是根据全省科技工作的整体要求和安排及全省经济社会发展的整体部署，集中力量攻克一批工农业生产和社会发展中的重大关键技术、共性技术，为陕西省工农业生产和经济社会发展提供技术支撑。不断加强应用研究，开展创新研究，促进知识创新与技术创新的结合。凝聚优秀科技人才、培育优秀人才群体、打造优秀创新团队，充分发挥人才和科学技术对加快发展方式转变的支撑起引领作用。

重大科技创新专项资金项目以发展壮大高新技术企业、创新型企业，培育拟上市科技型企业为核心组织实施，重点支持战略性新兴产业领域的重大科技成果转化与产业化项目，包括节能环保、新一代信息技术、生物、高端装备制造、新能源、新材料和新能源汽车等领域。

科学技术研究发展计划按照"突出重点、加强集成、反应快捷、强化监督、注重实效"的原则，针对陕西省工业、农业和社会发展中存在的科技问题，集中力量攻克一批生产和社会发展中的共性、关键技术，形成一批具有自主知识产权的新技术、新产品；进一步加强应用研究和战略高技术研究，开展创新研究，瞄准国际前沿，加强具有自主知识产权的科技源头创新，促进知识创新与技术创新的结合，为建设西部经济强省及构建和谐社会提供强有力的科技支撑。

从几大科技计划的财政科技投入分布看，"十二五"与"十一五"相比，科技统筹创新工程计划（"13115"创新工程计划）的经费所占全部财政科技投入的比重变化不大；重大科技创新专项资金计划的经费占全部财政科技投入的比重有所减少，从23.82%下降到13.46%；科学技术研究发展计划的经费占全部财政科技投入的比重有所增加，从18.69%提高到26.09%，如图23-12和图23-13所示。

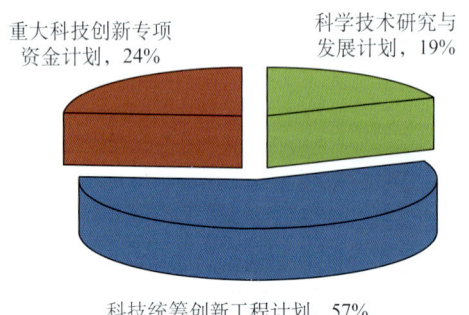 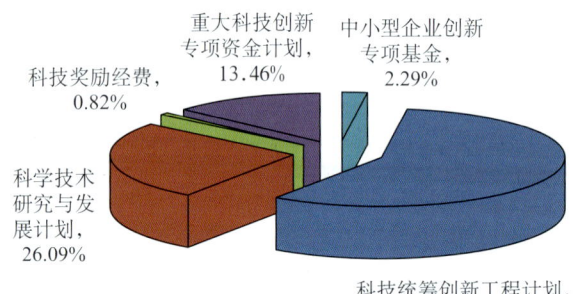

图23-12　2010年陕西省科技计划项目经费分布　　图23-13　2014年陕西省科技计划项目经费分布

"十二五"期间，财政科技投入加大了对产生具有自主知识产权的新技术和新产品研发活动的支持；在减少对企业研发成果产业化方面支持的同时，通过设立专项资金对中小企业的创新给予支持。

2.5 科技活动产出

近年来随着陕西省财政科技投入的增长，陕西省在专利、论文、技术合同交易、科技进步水平等方面也有了较快发展。

2.5.1 专利产出

2013年，陕西省专利申请57 287件，同比增长31.4%，排名居全国（不含港、澳、台地区）第10位，与2012年持平。自2008年陕西专利申请突破1万件以来，专利申请年均增长速度一直以30%以上的速度增长，短短的5年时间已突破5万件大关，接近6万件，在全国的排名也从第14位上升到第10位。2013年，发明专利申请26 487件，同比增长55.41%，居全国第8位，比2012年提升了1位，发明专利申请量占专利申请总量的比重达到46.2%，比全国平均水平（31.6%）高14个百分点。2013年，企业专利申请37 656件，占专利申请总量的65.7%，同比增长40.2%；其次是大专院校9214件，占16.1%。近年来，陕西省企业专利申请量逐年提高，2010年，企业专利申请11 940件，占专利申请总量的比重首次超过了50%，此后快速增加，2013年，达到了65.7%。

2013年，陕西省专利授权量达到20 836件，同比增长39.8%，比全国平均水平（31.8%）高8个百分点。2006—2013年，陕西省专利授权以35.59%的年均速度在增长，总量提升较快。2013年，陕西省发明专利授权4133件，同比增长了2.86%，居全国第9位，占全省专利授权量的比重为19.8%，同比减少了7个百分点，但与全国平均水平（11.7%）相比，仍高出8个百分点。截至2013年年底，陕西拥有有效发明专利14 394件，国内排名第10位。2013年，陕西省企业专利授权11 202件，占53.8%，比上年增长59.4%，企业已成为陕西省知识产权创造的主体。

2.5.2 科技论文产出

中国科学技术信息研究所公布的《2011年度中国科技论文统计与分析年度研报告》显示，2012年，三大权威国际论文检索系统（SCI、EI、CPCI-S）共收录陕西省科技人员发表的第一作者论文18 833篇，同比增加1513篇，论文数占全国收录论文总数的5.53%，发表量稳居全国第4位。其中《科学引文索引》（SCI）收录7416篇，在全国居第6位，《工程索引》（EI）收录7277篇，居第4位，《科学技术会议录索引》（CPCI-S）收录4140篇，居第3位。

2012年《中国科技论文与引文数据库》（CSTPCD）收录陕西省科技人员发表的国内科技论文27 822篇，同比增加657篇，论文总量在全国居第5位，与上年持平。

2.5.3 技术交易

2013年，陕西省共认定技术交易合同19 288项，总成交金额533.31亿元，较上年增加

198.49亿元，增长59.28%，在全国居第5位，西部居第1位。2006年以来，陕西省技术合同成交额连年攀升，年均增幅达57.77%。技术交易按合同类型可分为技术开发、技术服务、技术转让和技术咨询4类。2013年陕西省4类技术合同中技术开发和技术服务合同成交金额加和占陕西省技术合同总成交金额的94.17%，是技术交易的主要类型。

2.5.4 科技成果产出

近年来，随着财政科技投入的不断增长，陕西省高校、科研院所和企业不断加大技术创新步伐，自主创新能力明显增强。2013年，陕西省主持和参与完成的35项（主持完成16项、参与完成19项）优秀科技成果获得国家科学技术奖励。其中主持完成的4项科技成果荣获国家自然科学二等奖，继北京、上海之后位居全国第3名；主持完成的5个通用项目荣获国家技术发明二等奖，继北京、江苏之后位居全国第3名。分析2013年的获奖项目主要有以下几个特点：一是基础研究和原始创新取得重大突破；二是重大发明创造取得新成效；三是产学研合作效果明显，攻克了一批经济社会发展中的重大关键技术难题，成果转化成效显著。

2.6 科技进步水平

《2013全国科技进步统计监测报告》显示，2013年陕西省综合科技进步水平指数为56.40%，居全国前8位、西部第1位，与上年持平，仍属于综合科技进步水平指数高于50%、低于全国平均水平（60.28%）的二类地区。

与上年比较，2013年陕西省综合科技进步水平指数下降了0.66个百分点，全国综合科技进步水平指数则比上年提高了0.02个百分点。

在科技进步统计监测一级指标中，2013年科技活动产出指数比上年提高3.98个百分点，排在第6位，排名与上年持平；科技活动投入指数比上年提高0.94个百分点，排在第11位，比上年下降1位；科技促进经济社会发展指数比上年降低0.07个百分点，排在第15位，比上年上升3位；科技进步环境指数比上年降低3.52个百分点，排在第9位，比上年下降2位；高新技术产业化指数比上年降低7.65个百分点，排在第17位，比上年下降6位。从指数来看，2013年科技活动产出指数和科技活动投入指数比上年提高，其余3项指标均下降；从排位来看，2013年科技促进经济社会发展指数比上年上升，科技活动产出指数与上年持平，其余3项指标均下降。

2.7 财政科技投入监管

2.7.1 监管体系

经过多年的实践探索，陕西省以国家财政科技投入管理的有关政策要求为依据，同时结合本省实际情况，初步建立了内部监管和外部监管相结合的财政科技投入监管体系（如图23-14所示），促进了科技经费的规范化、科学化管理与使用，为公共财政科技投入实现预期目标发挥了重要作用。

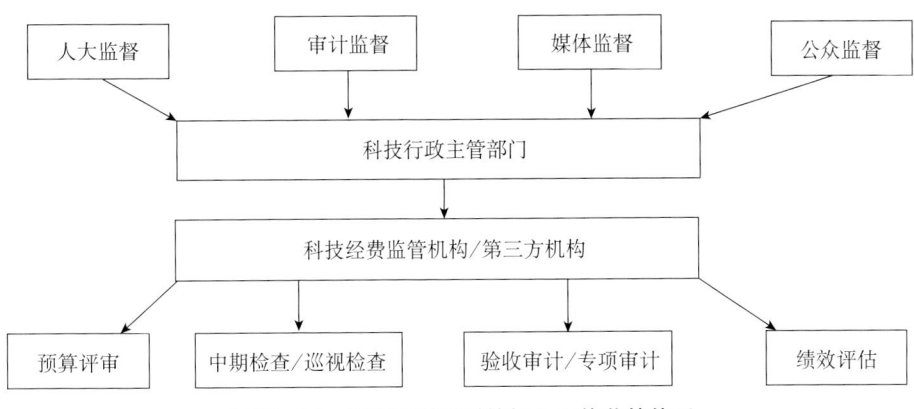

图 23-14 陕西省财政科技投入总体监管体系

2.7.2 主要做法

(1) 完善制度建设

制度建设是财政科技投入合理合规使用的基础,陕西省非常注重制度建设,省政府针对财政专项资金于 2013 年出台了《陕西省人民政府关于进一步加强财政专项资金管理和改革的意见》(陕政发〔2013〕4 号),对财政专项资金的管理使用、绩效考核等提出了明确的要求。在财政科技投入方面,省科技主管部门和财政主管部门会同各专项资金管理部门,制定了各专项资金的有关管理办法,规范了资金管理,提高了使用效益;制定了《陕西省科技计划经费监督管理办法》、《重大科研项目中期检查管理办法》等制度,加强对财政科技经费的监督管理。目前,在财政科技投入的资金管理方面,陕西省已经初步建立较为完善的制度体系。

(2) 落实主体责任

科技项目承担单位是项目实施和具体管理的责任主体,在科技经费管理中严格要求落实法人责任制,充分发挥项目承担单位及其上级主管部门在科研项目实施过程中的组织、协调、服务和监督作用,规范资金使用,严禁擅自调整外拨经费、非法套取资金、违规开支、虚报冒领等问题的发生。

(3) 强化管理服务

各主管部门采取随机抽查、专项巡查、重点检查等方式,加强对科研经费的监督检查。为避免因不了解制度规定而发生的违规行为,省科技厅于 2013 年成立了"省科技厅科技经费管理服务中心",积极开展对项目承担单位的政策宣传培训与咨询服务。积极开展科技经费绩效评价相关研究工作,不断探索合理、具有可操作性的科技经费绩效评价方法,把项目绩效评价结果作为后续支持的重要依据。

(4) 加大违规行为的处罚力度

按照国家关于科研项目和经费管理的最新要求,进一步加大对科研经费违规行为的处罚力度,对违反合同规定、违反经费使用管理办法等违规行为,通过终止项目执行、追回已拨项目资金、取消项目申报资格等方式予以处罚。同时严格执行有关的处罚措施,避免有规不依、执规不严的情况。

2.7.3 主要政策

2000 年以来，陕西省政府、科技厅、财政厅等围绕科技经费监督管理颁布了一系列的规章制度，通过这些规章制度的颁布实施，逐步建立起了科技经费监管的制度体系。

（1）陕西省人民政府颁布的相关管理办法

《陕西省企业技术创新奖励办法》（陕西省人民政府令第 58 号，2000 年）；

《陕西省创业投资引导基金管理暂行办法》（陕政办发〔2008〕139 号）；

《陕西省科学技术奖励办法》（陕西省人民政府令第 145 号，2010 年）等。

（2）陕西省科技厅、财政厅颁布的相关管理办法

《陕西省重大科技创新项目及专项资金管理暂行办法》（陕财办建〔2004〕124 号）；

《陕西省科技厅科技计划经费和专项经费监督暂行办法》、《陕西省科技厅科技计划经费和专项经费预算评估评审暂行办法》、《陕西省科技厅科技计划经费和专项经费预算评估评审实施细则》（陕科条发〔2007〕76 号）；

《陕西省"13115"科技创新工程项目中期检查办法》（陕科计发〔2008〕73 号）；

《陕西省科技计划经费监督管理办法》（陕科条发〔2013〕104 号）；

《企业技术创新专项资金管理办法》（陕财办企〔2011〕35 号）；

《省级中小企业发展专项资金管理办法》（陕财办企〔2014〕104 号）；

《陕西省省属国有工业企业（集团）研发投入量化考核管理办法（试行）》（陕科产发〔2014〕243 号）；

《陕西省科技成果转化引导基金管理办法》（陕财办建〔2013〕17 号）；

《陕西省大型科学仪器设备共享专项资金管理办法》（陕科条发〔2013〕40 号）。

2.8 存在的主要问题

（1）共性问题

陕西省与国内其他地区一样，在科技投入方面存在一些共性问题。

①财政科技经费存在多头管理、缺乏统筹协调、重复分散等问题，财政科技预算形成过程对产业界和科技界的意愿体现不足，企业和科研人员参与较少。

②科技发展规划（政策）与科技预算联系不紧密。理论上，科技发展规划应该是能够影响预算和政策制定的纲领性文件，但在实践中，它只是科技预算的依据之一，规划和预算的衔接程度不高。同时，科技政策与科技预算的衔接不紧密，多数情况下，要么政策不能引导预算制定，要么预算不能有效支撑政策执行。

③基础研究投入不足。基础研究经费占研发经费的比例呈下降趋势，显著低于国际水平，投入力度有待进一步加大。

④稳定性支持依然不足。科技经费采取以竞争性为主的分配方式，科研工作者将大量精力用于争取经费，无法专注于科研工作。从长远看，非竞争性经费比例过低，不利于基础性、前瞻性研究的开展，不利于形成稳定的科研队伍，不利于开展持续深入的科学研究。

⑤财政科技经费的投入方式以无偿拨款为主，其他方式尚处于探索阶段，不同投入方式涉及的各参与主体的利益划分、风险分担等需进一步明确。同时，研发阶段部署和支持创

新的方式,导致创新链条各环节不能有效衔接,与产业结合不紧密。

⑥科研项目会计核算尚存在以下问题:一是间接费用政策适用范围、列支范围与比例有待进一步完善;二是科研项目会计核算有待进一步科学化和精细化。

⑦科学的绩效管理理念尚未牢固树立,对科研项目、科研机构的绩效评价还处于探索阶段,项目绩效评价往往流于形式,兼顾科研工作特点不够。重立项、轻绩效的问题仍然存在,对评价结果的运用也不够充分。

(2) 突出问题

①财政科技投入管理体制亟待改革。当前,财政科技投入存在多头管理、缺乏统筹协调、重复分散等问题。陕西省目前在省一级层面上,没有切实有力的协调机构统筹协调科技经费的管理。而且,财政科技投入预算形成过程对产业界、科技界的意愿体现不足,企业和一线科研人员参与较少,从而造成财政科技投入的使用效率需进一步提高。因此,在当前深化科技体制改革的背景下,必须对财政科技投入的管理体制进行科学、有效的改革,以解决当前存在的资金效益不高、分配不公、违规支出等问题。

②财政科技投入规模较小。尽管陕西省的研发经费以财政资金为主,但财政科技投入占财政支出的比重小于全国水平,并且仍在逐年下降。陕西省财政科技投入与快速增长的财政支出相比,增长速度相对缓慢,与《陕西省"十二五"科学和技术发展规划》的目标(到2015年全社会研究与开发投入占生产总值的比重达到2.6%)相比,还存在一定的距离。因此,需要加大对财政科技投入的规模,并且完善财政科技投入管理体制,使得财政科技投入能够持续增长。

③财政科技投入资源配置不合理。在研发经费来源方面,陕西省主要还是以政府资金为主,企业资金的份额还不够,企业还未成为创新的主体;境外资金及其他资金所占比重更小,科技投入来源比较单一。需要进一步优化财政科技投入体系,引导企业等社会资本增加科技投入,形成多元化、多层次、多渠道的科技投入体系。在财政科技投入的执行主体配置方面,陕西省的财政科技资金主要投向科研院所及高等院校,投向企业的资金比重小于全国平均水平。在财政科技投入的活动类型分配方面,陕西省在基础研究和应用研究的经费投入力度与国内外先进地区相比还存在较大差距,作为拥有雄厚科教资源的科技大省,还应该加大对基础研究和应用研究的支持力度,为陕西省自主创新技术的发展增加原动力。

④财政科技投入支持方式有待完善。目前,陕西省财政科技投入主要以政府科技计划项目形式,通过竞争性资助对研发单位予以支持,对公益性科研单位和研究活动的稳定支持机制没有建立起来,往往导致科研机构、科研人员花费大量的时间、精力用于项目申报。并且在资金分配的过程中,主要以无偿资助为主,其他方式尚处于探索阶段,不同投入方式涉及的各参与主体的利益划分、风险分担等需进一步明确。同时,研发阶段部署和支持创新的方式,导致创新链条各环节不能有效衔接,与产业结合不紧密,缺乏科技金融机制的支持。随着科技体制改革的深化,应逐渐增加后补助、银行贷款、创业投资基金、风险补偿、绩效奖励等多种方式,注重供给面政策与需求面政策的结合,充分发挥财政资金的杠杆作用,充分发挥企业的创新主体作用,发挥科技与金融结合的作用,调动全社会的创新、创业积极性。

⑤财政科技投入效益难以评价。当前,对财政资金实施绩效考评,以确定财政资金的实施效果,并根据绩效考评结果确定后续支持力度已经成为各级政府行政机构的共识。然而在

财政科技投入方面,尽管近些年来,财政部门、科技行政部门等提出了相关的要求,并尝试开展了一些绩效评价工作,但整体而言,科学的绩效管理理念尚未牢固树立,对科研项目、科研机构的绩效评价还处于探索阶段,重立项、轻绩效的问题仍然存在,对评价结果的运用也不够充分。虽然从当前陕西省科技活动产出的有关指标来看,随着全社会研发经费投入的增长,各类产出的总量呈现逐年增长的趋势,但其中财政科技投入真正发挥了多大的作用,很难进行评价。因此,如何对财政科技投入的实施效果进行科学合理的评价,以实现财政资金的精准运用,在当前财税体制改革、科技体制改革的背景下,其重要性更加凸显。

⑥财政科技投入监管缺乏合力,人才队伍需进一步加强。财政科技经费监督主体众多,但总体而言,整个监督系统仍处于群龙无首的局面,没有形成一个有序、分工合理、协调互动、运转高效的有机整体。各主体存在监督范围与权限不明的情况,互相之间职能交叉重复,导致监督力度削弱,并且增加了项目承担单位的各项负担。同时,市县科技管理部门整体上体系不健全、力量薄弱,在科技计划及项目实施中存在监管不到位的问题。

从事科技经费监管工作,必须具备一定专业素质,需要一支稳定、高水平的专业人才队伍。人才队伍的数量和总体水平直接影响着科技经费监管的质量和效率水平。目前各管理部门因缺乏专业人员,主要依靠第三方中介机构等来从事具体的监管工作。第三方机构以营利为目的,监管过程中不易发现其存在的问题,导致监督失真,甚至应披露的问题未披露。因此,应进一步强化科技经费监管的专业人才队伍建设,提高监督管理水平。

3 陕西省"十三五"财政科技投入管理的战略构想

3.1 总体思路

按照党和国家实施创新驱动发展、建设创新型国家的战略部署,以全面建设小康社会为总目标,以全面深化科技体制改革为动力,以建设创新型陕西为抓手,深入贯彻《中共中央国务院关于深化体制机制改革加快实施创新驱动发展战略的若干意见》、《国务院关于改进加强中央财政科研项目和资金管理的若干意见》、《国务院印发关于深化中央财政科技计划(专项、基金等)管理改革方案的通知》精神,改革科技计划和专项管理体制,完善科研项目和经费管理,建立健全财政科技投入政策体系,加强财政科技投入管理机制创新;全面落实《陕西省中长期科学和技术发展规划纲要(2006—2020年)》、《陕西省创新型省份建设工作方案》和《陕西省"十三五"科学和技术发展规划》,坚持创新、协调、绿色、开放、共享的发展理念,以创新驱动发展为主线,以满足"十三五"期间经济社会发展需要为出发点,创新体制机制,着力发挥财政科技投入的示范引领作用,全面提升财政科技投入的效益和水平,为创新型陕西建设提供支撑。

3.2 基本原则

①遵循规律。正确把握科技与产业发展趋势,立足陕西经济社会发展和科技创新实际,遵循科学研究、技术创新和成果转化规律,以科研项目分类管理为基础,形成鼓励创新、提

高科研资金使用效力的创新机制。

②改革创新。把增强自主创新能力、促进科技与经济紧密结合作为根本目的，以改革驱动创新，强化创新成果同产业对接、创新项目同现实生产力对接、研发人员创新劳动同其利益收入对接。打破行政主导和部门分割，推进政府职能转变，高效配置科技资源，优化创新创业环境。充分发挥市场作用，释放科技创新潜能，打造创新驱动发展新引擎。加强管理创新和统筹协调，对科研项目和资金管理各环节进行系统化改革，以改革释放创新活力。

③需求导向。树立按需立项、服务产业的理念，紧扣经济社会发展重大需求，着力打通科技成果向现实生产力转化的通道，着力破除阻碍创新创业的障碍，着力解决要素驱动、投资驱动向创新驱动转变的制约，让创新真正落实到创造新的增长点上，把创新成果变成实实在在的产业活动。

④公正公开。强化科研项目和资金管理信息公开，加强科研诚信建设和信用管理，着力营造以人为本、公平竞争、充分激发科研人员创新热情的良好环境。

⑤规范高效。明确科研项目、资金管理和项目各执行方的职责，优化管理流程，建立健全决策、执行、评价相对分开、互相监督的运行机制，提高管理的科学化、规范化、精细化水平。

3.3 总体目标

通过深化科技体制改革，加快建立适应符合现代财政管理要求、适应科技创新规律、统筹协调、职责清晰、科学规范、公开透明、监管有力的财政科技投入管理机制，使财政科技投入更加聚焦陕西省经济社会发展重大需求，财政资金使用效益明显提升，财政科技投入的示范带动作用不断增强，激发全社会的创新活力，促进陕西省经济社会全面发展，最终实现创新型陕西建设的目标。

着力推进政府职能转变，发挥好财政科技投入的引导激励作用和市场配置各类创新要素的决定性作用；改进和完善财政科技投入的支持方向和方式，聚焦重大战略任务，保障重点科技工程，突出引导示范和带动功能，促进科技与经济的深度融合；优化投入管理，发挥市场配置资源的决定性作用，建立主要由市场决定技术创新项目和经费分配、评价成果的机制，同时更好地发挥政府作用，建立健全决策、执行、评价相对分开、互相监督的运行机制，提高管理的科学化、规范化。强化信息公开，加强科研诚信建设和信用管理，着力营造以人为本、公平竞争、充分激发科研人员创新热情的良好环境。

多渠道、多层次地增加科技投入。落实《陕西省中长期科学和技术发展规划纲要（2006—2020年）》及《陕西省创新型省份建设工作方案》制定的目标，省、市、县每年财政用于科技经费的增长幅度都要高于经常性财政收入的增长幅度，到2017年全社会研发投入占GDP比例达到2.6%，到2020年达到2.7%。要运用经济杠杆和政策手段，促使企业增加科技投入，大中型企业研发投入占主营业务收入比重达到1.5%；重点、骨干企业研发投入占主营业务收入比重达到2%，高技术企业研发投入占主营业务收入比重达到5%。

4 陕西省"十三五"财政科技投入管理的主要任务

4.1 完善财政科技投入管理体制机制

建立健全统筹协调机制。以全面深化科技体制改革为契机,"十三五"期间,进一步加强顶层设计,系统梳理当前政府各有关部门的公共职能,深化政府管理改革,改变财政科技投入目前多部门分条块管理格局。在省级层面设立统一的领导协调机构,统筹协调财政科技投入的管理和使用,对财政科技资金配置和科研项目立项做到统一规划,统一预算分配,有效避免科研项目多头、重复和交叉立项情况,同时通过财政科技资金的统筹整合,加大对重大科技项目的支持力度,以集中财力办大事。

构建全过程监管体系。建立专业化的监管机构和队伍,对财政科技资金配置与使用实行多层次、全方位的监督管理,确保资金高效规范使用。在资金配置环节,要严格科研项目立项与资金配置工作程序,强化项目技术评审和经费预算评审,建立健全资金安排决策机制,纪检监察等相关职能部门要加强对资金配置环节的督察,强化对科技事权的监管,从源头控制财政科技资金的浪费与低效使用;在资金使用环节,健全科研经费预算与项目管理体系,推行中期检查评估制度,督促项目单位切实履行法人责任,项目负责人合理规范使用财政科技资金,同时,积极转变政府职能,切实开展科技经费管理的相关培训服务工作,强化经费管理政策宣传,避免因不了解制度要求而发生的违规行为;在项目验收环节,健全科技经费第三方监管服务机制,加强对财政科技资金的审计检查,积极开展财政预算绩效评价工作,强化绩效评价结果的应用,逐步构建以绩效为导向的财政科技资金配置机制。

4.2 形成财政科技投入稳步增长机制

"十一五"以来,陕西省财政科技投入总量虽然在不断增加,但相对投入不足,投入强度偏低,特别是近年来财政科技投入在财政总支出中的比重在逐步降低。2012年全省财政科技支出及占财政支出的比重均低于全国平均水平,其中财政科技支出在全国排第18位,财政科技支出占财政支出的比重排第22位。不仅明显低于经济发达的北京、上海、江苏等省市,与广西、四川、湖北等中西部省区相比也存在一定的差距。

科技投入是科学研究和技术创新的保障,"十三五"期间,需要进一步建立有效的科技投入稳定增长机制。

确保财政科技投入法定增长落到实处。在将财政科技投入增长幅度与财政收入增长幅度挂钩的基础上,综合考虑财政科技投入在GDP和财政总支出中的占比情况,明确规定财政科技投入在国内生产总值(或财政总支出)中应达到的比例,并以立法的形式固定下来,确保财政科技投入法定增长落到实处,从而有效健全财政科技投入稳定增长机制。到"十三五"末,使陕西省财政科技支出水平不低于全国平均水平,科技对陕西省经济社会发展的支撑作用进一步增强。

加强财政科技投入的顶层设计。针对陕西省地区之间经济发展阶段差异性的现状,建议加强财政科技投入的顶层设计。一是进一步调整优化支出结构,加大对陕西省欠发达地区科技投入力度，有效缩小区域间科技投入不平衡问题，推动地区经济结构相对平衡发展；二是从优化陕西省科技创新资源区域布局的整体战略出发，有效调动各级财政对科技投入的积极性，充分发挥地方财政潜力，构建具有地区发展优势的财政科技投入体系。

优化财政科技投入。各地结合地方财力，统筹公共预算、国有资本经营预算等资金，进一步加大财政科技投入。

4.3 增强财政科技投入引导带动作用

创新财政资金的支持方式。当前，从陕西省全社会研发经费来源的构成来看，政府资金占主导地位，显示出陕西省财政科技投入的引导带动作用不明显，与发达地区相比还存在一定的差距。切实提高财政科技投入引导带动作用，进一步发挥市场配置创新资源的决定作用和企业创新的主体作用，引导社会资金加大科技创新活动投入，通过多种方式更好地发挥财政资金"四两拨千斤"的作用，营造全社会支持科技创新的政策环境。如财政科技投入参股创业投资基金，投资早中期、初创期创新型中小企业，以分担创新创业风险，增强创新创业投资者的信心，吸引社会资金的投入。从而建立起支持科技创新产业和创新型中小企业的市场化运行长效机制，破解创新型中小企业融资难题，激励创业创新。

市场导向明确的科技项目由企业牵头，政府引导、联合高等院校和科研院所实施。政府更多运用财政后补助、间接投入等方式，支持企业自主决策、先行投入，开展重大产业关键共性技术、装备和标准的研发攻关。试行科技计划（专项、基金）后补助模式。

完善企业创新税收优惠政策。现行的科技税收优惠政策主要作用在支持企业创新的生产投入和成果转化应用方面，税收政策主要偏重于对已经形成科技实力的高新技术企业及已经享有科研成果的技术性收入给予优惠，而对企业创新最需要支持，也是处境最为艰难的研发过程则缺乏有力的税收支持。大部分高科技企业在创业初期基本上都没有利润，享受不到企业所得税减免优惠，几年后科技创新成果的产业化实现了经济效益（有了利润）时，又大都过了税收优惠期，结果造成一些企业实际上根本没有享受到税收优惠。因此，在当前深化财税体制改革的背景下，应充分运用和创新税收激励等政策工具，加强对研发过程的税收激励，同时通过财政科技投入的奖、惩、补等措施，促进企业尤其是初创期的科技型中小微企业加大科技创新活动的投入，带动社会研发总体投入的提高。

4.4 增强科技投入对经济发展支撑引领能力

围绕当前国家统一部署的"稳增长、促改革、调结构、惠民生"，积极加快转变经济发展方式的总体要求，把支撑、引领经济社会发展作为陕西省财政科技投入的根本出发点。在满足支撑当前陕西省主导产业和特色优势产业转型升级的需求前提下，积极培育新的经济增长点，促进经济结构的调整，加快科技服务业等产业的发展，以提升经济社会发展的效益和质量。

"十三五"期间，在统筹财政科技投入管理的前提下，改革科技项目的形成机制，项目的分类和资金的配置，应经过科学合理的调研论证，符合科学技术发展的客观规律，并结合陕西省产业发展的特点，真实反应陕西省经济社会发展的需求，提高项目的针对性和精准性。

同时,"十三五"期间围绕省委、省政府重大战略部署,启动或实施一批重大的具有战略影响的科技重大专项,以科技创新带动产业发展。进一步转变政府管理职能,加强对产业发展、技术研发过程的关注,围绕产业链部署创新链,围绕创新链部署资金链,完善管理流程,提高管理效益。进一步明确创新驱动发展的战略要求,发挥财政科技投入的基础作用,通过营造政策环境、搭建服务平台、提供支持保障等措施,充分发挥社会力量作用,有效利用国家自主创新示范区、国家高新区、科技企业孵化器、高校和科研院所的有利条件,着力发挥政策集成效应,实现创新与创业相结合、线上与线下相结合、孵化与投资相结合,为创业者提供良好的工作空间、网络空间、社交空间和资源共享空间。以激发全社会创新智慧与创造活力,切实鼓励"大众创业、万众创新"以培育各类创新人才和创新团队,带动扩大就业,打造经济发展新的"发动机"。

4.5 进一步强化金融创新的功能

落实《中共中央 国务院关于深化体制机制改革加快实施创新驱动发展战略的若干意见》精神,发挥金融创新对技术创新的助推作用,培育壮大创业投资和资本市场,提高信贷支持创新的灵活性和便利性,形成各类金融工具协同支持创新发展的良好局面。

壮大创新创业投资规模。研究制定天使投资相关法规、扩大促进创业投资企业发展的税收优惠政策,以及保险资金投资创业投资基金的相关政策。

拓宽技术创新的间接融资渠道。探索试点为企业创新活动提供股权和债权相结合的融资服务方式,与创业投资、股权投资机构实现投贷联动。鼓励政策性银行对符合条件的企业创新活动加大信贷支持力度,支持面向中小企业创新需求的金融产品创新。建立知识产权质押融资市场化风险补偿机制,简化知识产权质押融资流程。加快发展科技保险,推进专利保险试点。

5 陕西省"十三五"财政科技投入管理的保障措施

5.1 改革科技投入管理体制机制

加强科研资金配置的统筹协调。在省级层面建立财政科技投入的统筹协调机构,实现部门统筹协调机制的制度化和常态化;建立委厅联席会议制度,加强部门之间科技资源配置的协调沟通,理顺不同主管部门在财政科技经费监管中的权责关系。同时,在管理模式上,突破政府部门直接管理项目的模式,利用中间组织完成资金分配,坚持市场化配置资源的改革方向,改革项目形成机制,政府不再直接管理项目,而重点做好科技规划政策、发布计划指南、实施监督管理、绩效考核等工作;充分发挥专业机构组织项目申报、评审、评估等工作。

建立公开统一的信息管理平台。搭建财政科技经费支持的科技计划(基金、专项)项目数据库,实现中央、省、市(区)科技资源配置的有效衔接;实现资源共享和信息公开。建立项目查重机制,避免科研项目及资金安排上的分散、交叉、重复。

完善市场导向科技投入机制。完善政府对基础性、战略性、前沿性科学研究和共性技术研究的支持机制。建立健全技术创新市场导向机制和多层次资本市场,促进金融创新和技创新的融合，以市场主导信用资金、民间资本和政府投资的有机融合，支持企业利用资本市场加快创新发展。

5.2 完善财政科技投入制度保障体系

切实贯彻落实《中共中央 国务院关于深化体制机制改革加快实施创新驱动发展战略的若干意见》、《国务院印发关于深化中央财政科技计划（专项、基金等）管理改革方案的通知》、《国务院关于改进加强中央财政科研项目和资金管理的若干意见》等文件精神，制定出台陕西省的相关政策制度。以政策制度规定的方式，强化财政科技投入的稳定持续增长，在符合财税体制改革总体要求的情况下，将财政科技投入纳入财政支出的重点方面之一。同时，参照国外经验建立健全财政科技投入的预算管理制度体系，建立覆盖整个预算周期的管理制度体系。在整合科技计划（专项，基金）、优化布局的基础上，创新科技投入机制，针对各类科技计划（专项，基金）制定相应的管理制度，建立较为完善的制度保障体系，以制度建设为基础，提高财政科技投入的管理水平。

5.3 理顺财政科技投入分配机制

建立财政科技预算统筹协调机制。在年度科技预算制定过程中，建立跨部门协调机制，加强年度财政科技预算与科技发展优先领域、发展重点的统筹衔接，对各类科技计划（专项，基金）年度细化预算方案提出综合平衡建议，并将有关情况向省政府报告。

加强科技规划（计划）制定与预算编制的结合。探索规划、计划、预算协同执行机制。逐步建立和规范配套的财政投入机制、预算制定方式与程序、预算执行绩效评估等制度。在预算执行过程中尽量少出台涉及经费开支的政策，保障科技预算的严肃性。进一步完善科技计划（专项，基金）经费管理办法，简化预算调整程序；坚持市场化配置资源的改革方向，突出战略导向。重点加强战略规划、政策和标准制定及监督执行，提高公共科技服务能力，建立主要由市场决定技术创新经费分配的机制，重点支持公共科技活动。

建立稳定性经费与竞争性经费相互协调、合理配置机制。根据科研活动特点和不同的使命定位，采取不同的配置模式；加大基本运行经费和基本科研业务费的投入力度，按照核定收支、定额或者定项补助、超支不补、结转和结余按规定使用的原则，合理安排科研院所和高等院校等事业单位预算，使科研机构获得更多的稳定性支持，并与评价制度等有效衔接；改进竞争性经费的支持方式，加强对优势学科、优秀团队、重点领域的持续稳定性支持；建立科研机构绩效拨款制度，并给予灵活的综合性支持，推动一流科研机构建设；建立以结果为导向的科研奖励制度，提高科研人员的激励水平，改善科技经费的投入产出效益，承认智力劳动成果的创造性溢价。

科技计划项目经费分配时，统筹权衡5个关键指标：对陕西省内主导产业的资金支持比例、培养新的支柱产业的资金比例、对高科技产业的资金支持比例、对孵化企业的资金比例、对基础研究的资金比例。对资金第一落点在企业的，要对企业转移至高等院校、研究院所的资金设定最低比例。

5.4 结合科技计划改革，实施项目分类管理

应用基础研究类科研项目要突出优势和特色。面向陕西省经济和社会发展重大需求，突出原始创新。高等院校、科研院所要利用自身资源优势，结合学科发展，积极开展应用基础研究。引导企业增加应用基础研究投入，支持与科研院所、高等院校联合开展应用基础研究。

公益性科研项目要强化需求导向和应用导向。围绕解决制约陕西省公益性行业的重大科技问题开展重点研究，关注民生，科技惠民，加强科技基础设施与科技服务平台建设。

市场导向类科研项目要突出企业主体。充分发挥市场对技术研发方向、路线选择、要素价格、要素配置的决定作用，政府通过制定政策、营造环境，引导企业成为技术创新决策、投入、组织和成果转化的主体。

科技重大专项紧密围绕省委省政府重大战略部署。结合陕西省优势产业，"十三五"期间优先在新一代信息技术、新能源、高端装备制造、新材料、生物医药、现代农业和科技服务业等领域实施科技重大专项。

5.5 优化财政科技投入结构，创新使用方式

在财政科技经费投入总量既定的情况下，优化分配结构就显得格外重要。按照公共财政原则和符合WTO规则的要求，财政科技资金主要用于支持市场机制不能有效解决的基础研究、前沿技术研究、社会公益研究、重大共性关键技术研究等公共科技活动，并引导企业和全社会科技投入。

调整现有财政科技支出结构，适当提高基础研究和科学前沿的投入占比；建立重大科学研究计划专项经费。对基础性、公益性研究，以及重大共性关键技术研究、开发、集成等公共科技活动，采取前补助的方式。对于具有明确、可考核的产品和产业化目标、成果边界清晰的项目，引入市场机制，采用后补助、贷款贴息、风险投资、以奖代补等方式。

注重直接投入与间接投入相结合，加强直接投入与税收激励、科技金融、政府采购、知识产权、人才培养等政策的衔接，对科技型企业，尤其是中小微型科技企业通过减免、补贴、奖励等措施，减轻税负鼓励企业发展。注重供给面政策与需求面政策的结合，充分发挥财政资金的杠杆作用，引导金融资金和民间资本进入创新领域。围绕技术领域建立科技基金，统筹科技资源，从创新链与产业链耦合的角度设计资助重点、支持方式、绩效问责等机制。

优化财政科技投入结构。财政科技资金主要用于技术创新、培育企业技术创新主体；围绕产业链部署创新链，财政科技资金更多的用于主导产业、新兴产业技术创新。

创新政府财政科技投入方式。省财政科技资金的主要投向企业技术创新，优先支持科技成果转化；以企业联合专项形式重点支持大型企业集成科研院所、高等院校创新资源，以地方重大科技专项形式着力支持地方解决经济社会发展的技术瓶颈。

创新财政科技投入使用方式。以企业联合专项方式，引导大中型企业构建产业技术创新体系；以地方重大科技专项方式，引导区域龙头企业、小微企业形成产业链紧密关联的区域产业集群；加大后补助、科技奖励、企业研发投入加计扣除政策实施力度，引导企业加大科技创新投入。

完善科技成果转化引导基金运行机制。逐年加大科技成果转化引导基金规模，以"母子基金"方式联合社会资金成立科技创业子基金（风险投资基金），投资高新技术产业、科技成果转化。

5.6 加强财政科技投入监督管理

改进科研项目资金管理。从项目预算编制、及时拨付项目资金、规范费用支和会计核算、改进项目结转结余资金管理办法、完善单位预算管理办法等方面加强管理。

加强科研项目资金监管。主要从规范科研项目资金使用行为、改进科研项目资金结算方式、完善科研信用管理、加大对违规行为的惩处力度等方面加强管理；从立项预算→中期执行→结题验收→推广应用，采用评审评估、巡视检查、绩效评价等方式，对科研项目和资金实行全过程监督管理。

5.7 建立科学的绩效考核机制

参照国内外财政资金绩效管理的有关经验，省政府统一组织部署，制订年度绩效计划，明确绩效测量标准，以实现长期目标，推行业绩年报，并向社会公开。

建立健全绩效考评制度。对科技计划（基金、专项）开展常态化、制度化的绩效评价，将结果作为改进管理和调整的重要依据；充分考虑科研活动规律，对具体科研项目建立面向目标与结果的绩效评价机制。

完善评价标准体系。以创新科技评价标准为突破口，构建分类评价标准体系，激发各类创新主体服务经济社会创新发展的积极性、创造性。对不同类别的项目，实行分类考核：对基础研究类项目，强化社会（同行）评价，主要采取"投入—产出"评价法，构建以科技论文、发明专利等科学研究产出为主，科技成果转化效益等科技服务产出为辅的评价体系；对应用研究类科研项目，采取联合评价、交叉评价的方法，参照项目的预定目标，以及产生的实际效果作为衡量的主要标准，强化科技成果转化效益评价，构建科技研发产出、科技服务产出、科技创业产出并重的科技评价体系；对科技推广类项目，强化科技成果转移转化的税收、就业贡献等经济社会效益评价，构建科技服务、科技推广、科技创业等经济效益指标为主体的科技评价体系；对重大科技计划项目特别是跨部门的科技项目，主要采取评估方式，依托独立的专业评估机构进行评估；对企业和高校人员共同参与的研发平台类项目的考核，要突出经济和社会效益，着重考核项目实施期间孵化企业、成果转化等指标。

建立周期性评估制度，探索采取绩效预算方式，将经费分配与绩效联系在一起，实行按绩效拨款，并通过制度规定等措施落实绩效考核结果的运用和落实。

5.8 营造创业创新的良好政策环境

制定有关政策措施，建立鼓励科技人才成长和流动的财政科技投入引导机制，加大财政科技投入吸引优秀人才、一流人才和国外人才的力度，支持科研院所、高校培养和引进人才，积极引导和鼓励人才创新、创业，探索试点高端人才的经费支持模式。在科技成果转化收益分配、技术入股、成果处置、人才奖励、财税激励等方面，制定具体的政策措施，大胆创新突破，支持科技创新人才凭业绩贡献、靠知识产权和成果转化获得收益，吸引各方人才为我所用，在陕西省营造科技人才创新、创业的优良环境。

提高普惠性财税政策支持力度。坚持结构性减税方向，逐步将国家对企业技术创新的投入方式转变为以普惠性财税政策为主。统筹研究企业所得税加计扣除政策，完善企业研发费用计核方法，调整目录管理方式，扩大研发费用加计扣除优惠政策适用范围。完善高新技术企业认定办法，重点鼓励中小企业加大研发力度。

第二十四篇

陕西省"十三五""一带一路"科技发展战略研究

组织单位：陕西省科学技术厅国际合作处
课题承担单位：西北大学
课题负责人：卢山冰
课题组成员：黄孟芳　贾璐婷　陈　丁　平　菲　胡义云　樊晓婷
　　　　　　赵艳艳　易　茗　惠颖茹　赵粉霞　等

引　言

本课题认真贯彻《中共中央关于制定国民经济和社会发展第十三个五年规划的建议》精神，紧密对接《推动共建丝绸之路经济带和21世纪海上丝绸之路愿景与行动》，积极落实陕西省参与"一带一路"、"五大中心"建设战略，结合陕西省科技发展实际和陕西建设创新型省份工作方案，经过深入研究，形成关于陕西省"十三五"在"一带一路"科技发展战略研究报告。

在明确陕西"十三五""一带一路"科技发展战略研究目的、意义、原则、方法和指导思想的基础上，着力将陕西科技与"一带一路"国家战略相结合，深入研究陕西科技资源在"一带一路"中的科技存量优势和科技增量空间及发展方向与路径选择。深入探讨陕西科技如何与"五通"、"六大国际经济走廊"、"七大融资平台"、"八大重点合作产业"开展对接的可能性和可行性，积极探索"一带一路"上陕西科技开展国际科技合作平台建设、国际科技合作领域与项目、国际科技人才政策和交流机制与实现路径等。

深入研究了以陕西科技优势促进"打造西安内陆型改革开放新高地"建设的务实渠道，围绕陕西在"一带一路"中"五大中心建设"，深入探索科技对"五大中心建设"的支持领域、发力点和推动作用，争取在"十三五"科技政策支持、科技管理体制创新、科技资源统筹示范、优势产业科技新力量聚集、新兴战略产业科技优势整合、国际科技合作创新、国际科技成果转化等方面，形成具有一定定性和定量结合的突破性、先导性、创新性战略构思，为打造陕西"一带一路"科技新高地提供战略支持。

1 陕西省"十三五""一带一路"科技发展战略编制概要

1.1 指导思想与战略目标

(1) 指导思想

全面贯彻党的十八大和十八届三中、四中、五中全会精神,以《中共中央关于制定国民经济和社会发展第十三个五年规划的建议》和《推动共建丝绸之路经济带和21世纪海上丝绸之路愿景与行动》为统领,以建设"3个陕西"为核心,紧紧围绕"4个全面"战略布局,牢牢抓住"一带一路"战略机遇,充分利用陕西科技资源禀赋,充分挖掘陕西科技创新潜能,统筹谋划,追赶超越,互联互通,创新驱动,在"走出去"和"引进来"的过程中,推动陕西逐步成为"一带一路"科技发展新高地,打造陕西与沿线国家科技发展利益共同体、命运共同体、责任共同体。

(2) 战略目标

把陕西省打造成"丝绸之路经济带"科技合作交流核心区,内陆开发开放科技新高地和高端生产要素聚集区,实现陕西建设创新型省份目标。

1.2 发展战略

基于"一带一路"重在"走出去"和"引进来"的战略思考,确定陕西与沿线国家科技发展战略,简称"高、中、低—点、线、园—335"战略。

(1) 对接"一带一路"不同国家发展,确定差异化科技合作战略

根据沿线国家科技发展情况实施差异化科技合作战略,针对不同国家科技水平和产业状态,确定"高、中、低"技术合作战略:与欧盟开展高端技术合作对接新技术革命成果,与处于工业化中后期的国家开展技术合作创新,与处于工业化初期的国家开展技术成果转移。

(2) 对接"一带一路"科技主体、经济走廊和园区,落实聚焦性科技合作战略

根据陕西已经在"一带一路"上开展的产业合作实际,结合陕西的产业优势和特点,鼓励省内科技主体,开展"点、线、园"科技合作战略:开展省内科技主体与沿线国家科技主体点对点的合作(如陕鼓与捷克EKOL公司等);开展与"国际经济走廊"沿线国家、地区科技主体合作;开展以共建"产业园"为依托的科技企业合作(如中俄"丝绸之路"创新产业园等)。

(3) 对接"一带一路"方向和线路,确定重点选择性科技合作战略

根据陕西科技资源禀赋和区位优势,围绕陕西"一带一路"五大中心建设,陕西应针对六大国际经济走廊沿线国家科技发展,开展国际科技合作,确定重点区域、重点国家、重点产业的"三个重点"技术合作战略:重点选择第二欧亚大陆桥国际经济走廊开展国际科技合作,即中国—中亚—俄罗斯—欧洲国际经济走廊;重点选择俄罗斯、乌克兰、白俄罗斯及中亚5国开展国际科技合作;重点选择航天、航空、航海、新能源、新材料、装备制造、农业高技术以及军事技术民用化等技术开展国际科技合作。

(4) 对接"一带一路"发展战略,确定陕西阶段耦合性科技合作战略

根据时间确定"三阶段"战略,长远战略(2020年之后):以陕西与欧盟新技术革命合

作为目标，将陕西科技融入国际新兴技术和新型产业，并在国际高端科技领域抢占制高点；中期战略（2018—2020 年）：以陕西与俄罗斯、乌克兰、白俄罗斯等国家在高端科技领域的合作为重心，提升陕西在"三航"及装备制造领域科技水平；近期战略（2016—2017 年）：以陕西与中亚 5 国能源、资源、农业科技合作为主题，扩大陕西国际科技合作和技术转移力度，提高陕西科技国际开放度。

（5）对接"一带一路"倡议，落实科技五通战略

在"十三五""一带一路"科技发展上，陕西要大力建设支持"一带一路"科技合作的组织机构，从组织上保证科技管理有组织、有效率、有秩序地开展。要把"五通倡议"贯彻到国际科技合作当中，形成"科技五通战略"，即"科技政策沟通"：支持科技主体单位开展"一带一路"科技政策交流，让沿线国家科技机构和企业了解陕西的科技政策，同时了解沿线国家的科技需求和科技政策；"科技基础设施联通"：支持科技主体单位建设"国际科技合作基地（中心）"平台，鼓励具备科技实力的企业自发与沿线国家开展国际科技交流和技术合作；"科技转移、转化和技术贸易畅通"：支持科技主体单位积极开展"一带一路"科技成果转移和转化工作，输出技术贸易和输出陕西技术标准，扩大陕西科技合作国际影响力；"科技基金融通"：筹措和建立"一带一路科技合作基金"，支持陕西科技单位与沿线国家开展国际科技合作，支持沿线国家科技机构和科技工作者参与"一带一路"自主研究和合作研究，提高"一带一路"国际科技合作能力和水平；"科技人员人心沟通"：鼓励陕西省内科技机构和科研人员积极开展"一带一路"科技信息、文化和活动，通过科技人员交流，增进民心相通。

1.3 编制方法

（1）文献研究

多种渠道、广泛收集相关政府公文、发展规划、研究报告、学术论文，筛选"一带一路""科技发展战略""陕西科技发展"等相关信息、资讯、数据，根据资料属性进行归类整理，针对具体内容的时间、区域差异进行比对分析，并最终形成对于文献资料的全面认识、充分理解和合理应用。

（2）专家评审

基于 Delphi 评审法的基本思路，结合头脑风暴、BEI 访谈等多种方法，与省内外专家学者就陕西"一带一路"科技发展问题进行广泛交流，客观、真实、准确记录专家建议，综合分析相关信息，作为战略制定的重要依据。

（3）SWOT 分析

在"一带一路"国家战略背景下，深入剖析陕西科技发展的科教、文化等优势于创新能力有限的劣势，全局考虑陕西科技发展面临的机遇与挑战，准确刻画陕西"一带一路"科技发展现状，在结合优势、抓住机遇的基本逻辑下，确定发展方向，制定发展战略。

1.4 指导原则

（1）遵循规划，对接战略

应充分认识、吃透中国"十三五"发展规划纲要对于科技发展的总体表述，在规划指明

的方向上，在规划确定的边界内制定陕西"一带一路"科技发展战略。应充分了解、明确"一带一路"发展战略的总体思路和重要目标，据此确定陕西"一带一路"科技发展的方向、路径、方法，实现主体匹配、衔接紧密。

（2）统筹全局，协同发展

把握陕西科技发展和"一带一路"建设两个大局，考虑陕西和"一带一路"沿线国家两个市场，平衡各类科技主体的投入产出，优化配置科技资源，在制定陕西"一带一路"科技发展战略中，做到兼顾各方、协同发展。

（3）思想前瞻，做法务实

根据科技创新和"一带一路"发展的理论前沿、最新动态，可提出超前于当前发展水平的前瞻性建议，并细致分析、详细描述落地环节，为战略实施提供可行路径和可靠保障。

（4）凸现优势，结合特色

以陕西科技资源比较优势为起步点，以陕西"一带一路"区位优势为落脚点，在陕西"一带一路"科技发展战略制定中发掘优势、突出优势、放大优势，结合"一带一路"战略特色，将优势转化为发展动能。

1.5 研究思路

在明确陕西"十三五""一带一路"科技发展战略指导思想、战略目标、编制方法、指导原则的基础上，首先，对陕西"十二五"科技发展成果进行总结，概括陕西科技发展成果、特色、国内和国际影响力，提出陕西科技资源禀赋优势和核心竞争力；分析陕西科技资源、科技发展、科技合作、科技交流、科技资源转化等方面的不足，以及主要存在的问题；分析陕西科技发展的主要原因。其次，对于"一带一路"战略科技合作内容和要求进行研究，寻找陕西科技在"一带一路"战略中可进入和发挥作用的领域。再次，对于陕西科技在"一带一路"中的战略进行分析，在对陕西科技做出基本判断后，采用SWOT方法进行优势、劣势、机会与挑战分析。又次，形成关于陕西"十三五""一带一路"科技战略内容，具体包括战略定位、平台建设战略、路径选择战略、产业合作战略、项目带动战略。最后，实施陕西"十三五""一带一路"科技发展战略的保障措施，具体包括陕西"十三五"规划创新科技管理保障、明确战略思维保障、建立合作模式保障、确定战略路线保障。

2 陕西省"十二五"科技发展成就与问题

十八大明确提出实施创新驱动发展战略，十八届三、四、五中全会对科技发展提出新要求，科技改革和发展将步入新的历史阶段。深入实施创新驱动发展战略，充分发挥科技创新的支撑引领作用，陕西省"十三五"科技发展战略必须从"十二五"科技发展中总结经验。

2.1 发展成就

"十二五"以来，陕西省科技工作在"自主创新、重点跨越、支撑发展、引领未来"的指导方针的指导下,积极推进科技与经济的结合,深入推进科技统筹创新工程,突出以企业为主体的技术创新体系建设,加速科技成果转化,努力推动产业转型升级,创新型省份建设工作全面展开,统筹科技资源改革初见成效,科技体制改革推向深入,科技创新创业日趋活跃,企业自主创新能力有效提升,各级高新区快速发展,科技发展对全省经济的支撑引领作用愈发凸显。在"十二五"规划期间,陕西科技发展取得了卓越成果。

(1) 科技政策不断完善,为科技发展提供良好的政策支持

"十二五"期间,国家先后在陕西省部署了创新型省份建设、创新改革试验区及国家自主创新示范区3个先行先试的试点。省委、省政府在促进科学技术进步、加快关中统筹科技资源改革、促进科技与金融结合、实施统筹创新工程等方面出台了相关意见和决定,制定并启动了《陕西省创新型省份建设工作方案》,为进一步加强陕西省中试环节工作,加快科技成果转化与产业化制定《陕西省加强科技成果转化中试环节工作方案》,为深化科技体制改革,深入实施创新驱动发展战略,推进陕西创新型省份建设,进一步强化企业技术创新主体地位,提升企业创新能力,增强企业核心竞争力,加快产业结构调整和转型升级,推动全省经济发展方式转变,制定《陕西省全面提升企业创新能力行动方案》。为科技发展创造了良好的政策环境,使得科技综合实力明显提升。

陕西省技术市场环境明显优化。作为衡量技术转移工作成效最直接、最重要的指标——全省技术市场合同交易额从2010年的102亿元提高到2013年的533亿元,位次从全国第9位跃升至第5位,提前三年完成"十二五"目标。此外,在"一带一路"发展机遇的带动下,在创新驱动发展战略的指导下,各种利于科技发展的政策纷纷建立并完善。

(2) 科技资源禀赋雄厚,为科技发展提供必要的资源支持

①资金投入。陕西省为强化对科技发展的资金支持,各项投入不断加大。2014年省科技厅科技经费总预算达12.3307亿元,其中科学事业费1.6898亿元,科技统筹创新工程专项经费5亿元,应用技术研究与开发经费(科技三项费)2.2755亿元,重大科技创新专项经费1.1741亿元,科技奖励经费713万元,中小企业创新经费2000万元,为科学技术发展提供了足够的资金支持。2011—2014年陕西研究与试验发展经费情况如表24-1所示。

表24-1 陕西研究与试验发展经费情况

经费情况	年份			
	2011	2012	2013	2014
研发经费投入强度(%)	1.99	1.99	2.12	2.07
研发经费内部支出(亿元)	249.3548	287.2035	342.7454	366.7730

此外,基础研究项目获国家支持及研究成果均不断取得突破。2014年,陕西省获国家基础研究项目资金支持13.5亿元,比2013年增长20%,资金支持总数位居全国第7位,创历史新高。

②人才支持。2015年,陕西省共有高等院校96所,其中普通高等院校80所,另有独立学院12所,学科门类齐全,基本覆盖了所有的学科领域。研究生招生3.22万人,其中科研单位198人,在学研究生10.19万人,其中科研单位675人。2014年国家级重点学科126个,

位居全国第 4 位；两院院士 62 人，享受国务院政府特殊津贴专家 1832 人，国家有突出贡献中青年专家 78 人，入选百千万人才工程国家级人选 106 人，全省青年科技新星 419 名，为陕西省科技发展提供了强有力的人才支持和储备大军。

为了更好地服务"一带一路"，实现创新驱动战略后的迸发，西安交通大学发起设立西部科技创新港这一崭新平台和"丝绸之路大学联盟"。其中，创新港以新能源、新材料、信息技术、航空航天、大数据、生态环保、生物医药等重要领域为主攻方向，规划了科研、教育、转孵化和综合服务配套 4 大板块，建立起 23 个研究院。每个研究院都是跨学科的，并与世界 500 强企业共建校企联合研发中心。"丝绸之路大学联盟"目前共有五大洲 30 个国家和地区的 124 所大学加入该联盟，其中国外大学 89 所，国内大学 35 所。另有 10 余所大学正在加盟确认中。西安交大发挥学科优势，以实质性的合作交流为引擎，全方位推进"一带一路"相关研究，以及丝路沿线大学间的学科建设、人才培养与文化交流，为"一带一路"发展提供了充足的智力支撑和人才支持。

③平台和基地支持。各类科技园区和公共平台发展迅速。2015 年陕西省有 3 家孵化器被科技部认定为国家级科技企业孵化器，分别是：安康市富硒产品研发中心、陕西省西咸新区信息产业园投资发展有限公司、陕西智巢产业发展投资管理有限公司。陕西省现有各级各类科技企业孵化器 79 家，孵化面积 188 万平方米，入孵企业达 3734 家，累计毕业 2372 家，全省各孵化器共拥有 98 个各类科技公共服务机构或平台，在孵企业从业人员达到 62 394 人。为创新创业服务，通过资源整合，为创业项目提供科技成果转化、技术服务、管理咨询、融资辅导、路演推广、教育沙龙、宣传策划等一系列专业的配套服务。陕西省科技信息研究所围绕高端用户、重点产业、重点企业的知识服务方面探索新模式、新机制，不断推出适应不同用户需求特点的新产品、新服务，为本省科技创新发展发挥更大的信息支撑作用。

陕西以"丝绸之路经济带"建设为契机，以西安国际化大都市为核心，充分发挥欧亚主体大通道优势，以西安为核心，互设国际科技合作基地。在推动"一带一路"的科技合作上，陕西省已经有一批研究机构被认定为国家级国际联合研究基地，如西安交通大学"新材料国际联合研究中心"，西北工业大学"移动平台环境感知及空天应用国际联合研究中心"，电子科技大学"复杂系统国际联合研究中心"、"智能感知与计算国际联合研究中心"等，这些研究基地就研发、交流、技术推广等方面发挥重要作用，实现技术创新和产业在"一带一路"国际有效合作和推广。

(3) 创新主体充分发挥创新的主观能动性，创新能力稳步提升

"十二五"以来，陕西紧紧围绕统筹科技资源改革，在加快推进产学研一体化发展、增强自主创新能力、促进科技创新等方面，取得了重大进展。陕西省"地区知识产权综合发展指数"在全国的排名 5 年间前进了 9 位，增幅居全国第 1 位。2013 年，陕西省专利综合实力在全国的排名比 2012 年又前进了 3 位，前进幅度为全国第 1 位。在国家知识产权局监测评价的 5 个分项指标中，陕西省在专利管理、专利服务两个指标的全国排名比 2012 年各前进了 6 位，前进幅度均为全国最大。陕西省无论是地方登记的科技成果、签订的技术合同，还是专利的申请量和授权量在"十二五"期间总体上呈现上升趋势，表明陕西省科技实力不断提高，综合实力不断增强。具体情况如表 24-2 所示。

表24-2　2011—2015年陕西省科技发展情况

指标		年份				
		2011	2012	2013	2014	2015
地方登记的科技成果（项）		851	3281	2826	2462	3299
签订技术合同	数量（项）	11 125	17 596	19 288	25 963	22 499
	金额（亿元）	215.37	334.82	533.31	639.98	721.76
专利	申请量（件）	32 227	43 608	57 287	57 512	74 904
	授权量（件）	11 662	14 908	20 836	22 820	33 350

"十二五"期间，陕西科技在一些重点领域也取得了突破，如机器人、航空航天等前沿科技全国领先。西北农林科技大学康振生教授主持完成的"小麦条锈病菌源基地综合治理技术体系的构建与应用"项目，对我国小麦条锈病菌源基地综合治理技术体系进行了连续18年的科技攻关，取得重大科技创新，荣获国家科技进步一等奖；西北大学马晓轩教授主持完成的"类人胶原蛋白生物材料的创制及应用技术"采用基因工程技术高密度发酵生产出人源性胶原蛋白，荣获国家技术发明奖二等奖，是我国美容领域多年来唯一一项国家发明奖。2013年，陕西省35项科技成果荣获2013年度国家科学技术奖，其中有7个项目荣获国家科学技术进步二等奖，通用项目获奖数位居全国第4位。2015年共有38项重大科技成果荣获2015年度国家科学技术奖，占全国3大奖授奖总数的12.88%。2011—2015年，陕西省共有163项重大科技成果获得国家科学技术奖。其中国家自然科学奖14项，占获奖总数的8.59%，国家技术发明奖32项，占19.63%，国家科学技术进步奖117项，占71.78%。其中由省内单位主持完成的项目75项，参与完成的项目88项，如表24-3所示。这表明陕西省科学技术发展，取得了一定的成就。

表24-3　2011—2015年陕西省科技成果获国家科学技术奖情况

单位：项

指标	年份					合计
	2011	2012	2013	2014	2015	
国家科学技术奖励	28	36	35	26	38	163
自然科学奖	1	4	4	1	4	14
技术发明奖	3	9	6	5	9	32
科技进步奖	24	23	25	20	25	117
主持	13	18	16	7	21	75
参与	15	18	19	19	17	88

(4) 科技服务体系日趋完善，为科技发展提供多元服务支持

涵盖研究开发、技术转移、创业孵化、知识产权、科技咨询等全方位的科技服务体系基本建立。为推进科技资源开放共享，依托省科技资源统筹中心建立起大型科学仪器设备共享、创业孵化、技术转移、科技金融等科技资源统筹服务体系，全省已开放共享大型科学仪器设备达7538台（套）；组建省政府科学家顾问团，为全省科技发展和政策制定提供决策咨询。此外，在科技信息服务方面，陕西省科学技术信息研究所开展了科技文献和科学数据共享服

务、科技评估服务等服务工作;为企业开展专利信息检索服务,办理专利信息免费服务卡等。

科技和金融结合有所加深。"十二五"期间设立了西北地区首家专业科技支行——长安银行西安高新科技支行;设立的国内第一支科技成果转化引导基金及西北地区第一支天使投资基金——西科天使基金、创业投资引导基金作用得到有效发挥,对科技成果就地转化和科技型中小微企业发展起到了积极推动作用。西部首家股权众筹融资平台"创业中国股权众筹平台"开通运行。中俄"丝绸之路"高科技产业园项目落户西咸新区,陕西省代表与俄罗斯直接投资基金、中俄投资基金、俄罗斯斯科尔科沃创新中心代表共同签署了《关于合作开发建设中俄丝绸之路高科技产业园的合作备忘录》。

(5) 高新园区、创新平台和统筹基地的示范带领作用日趋凸显,外部效应不断增强

截至2015年年底,已创建"全国创业先进城市"3个、省级创业型城市2个、国家级创业孵化示范基地2个、省级创业孵化示范基地9个。2015年在陕西省委、省政府深入实施创新驱动发展战略、建设创新型省份的大力推动下,陕西省高新区体系建设与创新超越发展取得新突破。西安高新区获批建设国家自主创新示范区,安康高新区成功升级国家高新区,陕西省国家高新区数量达到7个,位居全国第6位。省级高新区建设跃上新台阶,并新建了府谷、蟠龙,工业增加值同比增幅超过20%,约为全省平均水平的3倍。

高新技术企业已成为陕西省上市企业的主体和重要的后备资源。6家研究院相继成立,陕西科技控股集团、陕西稀有金属科工集团成功组建,西安交大科技创新港、西安光机所光电产业园有望成为科技创新的核心平台。三星闪存芯片项目引发的"三星效应",为加快发展陕西省半导体产业带来巨大机遇。中兴通讯将最大的智能终端生产基地落户陕西,标志着西安高新区已经逐步形成完整的智能手机产业链,打造千亿元智能终端产业,形成龙头企业引领发展态势。

陕西省基本建成以西安为中心的统筹科技资源改革示范基地,建立全国领先的综合性科技创新服务平台——陕西省科技资源统筹中心,新建渭南、咸阳、宝鸡、沣东新城等科技资源统筹分中心,与省中心联网运行,实现资源开放共享。积极开展技术交易和成果转化对接活动,完善科技成果登记和信息发布机制。

在"一带一路"发展过程中,陕西省科技厅已经与哈萨克斯坦共和国江布尔州政府达成协议,将合作建设"中哈国际农业科技示范园",哈萨克斯坦可以就农业技术合作方面为陕西科技的崛起做出贡献。

(6) 科技充分发挥其第一生产力的作用,不断提升产业生产效率

"十二五"期间,陕西科技助力"神十飞天"、"嫦娥探月"、"蛟龙下水"等一系列国家重大工程,在工业、农业、民生及基础研究等重点领域也取得了多项技术突破,为全省经济社会发展提供了可靠的技术支撑。

①工业技术领域的技术突破。陕西有色集团旗下上市公司金钼股份成功研制出3D打印用高致密性、高流动性的各类球形金属粉末,填补了该类产品的国内空白。陕汽集团成功研制出纯电动牵引车、大马力天然气重型载货汽车等产品,并实现产业化,获国家授权专利30余项。首套国产化8万Nm^3/h等级空分装置配套的离心压缩机在西安陕鼓动力股份有限公司工厂机械运转试车成功,打破了8万Nm^3/h等级空分配套离心压缩机组国外垄断的现状。天翼航空科技有限公司自主研发的"植保空中机器人"投入使用,填补了国内多旋翼飞

行器农业植保的空白。西北大学和延长石油集团共同开展的"二氧化碳地质封存关键技术",解决了低渗、致密油田二氧化碳捕集、运输、利用、封存等一系列技术难题,建成了国内首个全流程二氧化碳捕集、利用与封存示范项目,并成为中美应对气候变化合作示范项目。

②农业技术领域的技术突破。陕西省成功获得黄帝柏克隆苗。新育成的旱地小麦新品种"西农 928",创陕西省年度旱地小麦百亩和万亩的高产纪录;"陕单 609"玉米品种,创全国春玉米高产纪录;多个油菜新品种通过国家和省级审定,"秦油 10"创我国油菜单产新纪录;西北农林科技大学自主选育"瑞阳"和"瑞雪"两个苹果新品种,成为我国苹果主产区更新换代最具潜力的主栽品种;在"华优"猕猴桃新品种的基础上,陕西省又自主选育"瑞玉""璞玉""碧玉"等新品种,为陕西省猕猴桃产业的发展提供了品种储备。此外,"番茄 2011"、秦白白菜、奶山羊等品种选育技术稳居全国前列,"牛羊良种繁育关键技术研究与应用"达到国际领先水平。在"一带一路"发展战略中,吉尔吉斯斯坦首府的莫斯科区,中亚地区首个杨凌现代农业国际合作示范基地正式揭牌成立,标志着杨凌旱作现代农业科技在该国成功落地。

③在民生领域的科技突破。"十二五"期间,在广大人民群众最为关心的人口健康、生态环境、公共安全等民生领域,取得了一批惠及民生的科研成果,如西安新通药物研究有限公司研制的 1.1 类肝癌靶向新药"注射用 MB07133"获得国家食品药品监督管理总局批准进入临床研究,这标志着中国肝癌创新药物研究取得重大突破;第四军医大学西京医院成功为一名高致敏尿毒症患者实施国内首例肾移植联合辅助性肝移植,解决了该类患者无法在高致敏状态下进行肾移植手术的世界医学难题。同时,全省组织实施了公共卫生服务、中医药资源开发、生态治理与恢复等 30 多个重大科技惠民专项,推广应用、转化百余项成熟技术及科研成果,建立了一批"科技惠民示范县",初步构建了科技服务于民生的工作体系。

(7) 陕西科技合作"走出去"与"引进来"模式国际影响力扩大

陕西科技合作"走出去"。陕西煤业化工集团控股(吉尔吉斯斯坦)中大中国石油公司,中大中国石油公司炼油项目的基础上,开展更多领域的务实合作,为两国的合作增添力量,为构建"丝绸之路经济带"做出贡献;法士特汽车传动(泰国)公司借"一带一路"打造开放新格局;陕鼓动力与捷克 EKOL 公司合作(收购其 75% 股权)项目是陕西装备制造企业围绕"一带一路"谋篇布局"借船出海",推动中国制造升级发展的新实践。这些科技合作展现了陕西科技"走出去"的良好形象。

陕西科技合作"引进来"。中俄"丝绸之路"创新产业园首创了"一园两地"的科技产业合作新模式,西安高新技术产业开发区韩国三星城园区、中韩产业园开创了陕西科技合作"引进来"新模式,这些都为陕西省"十三五""一带一路"科技发展奠定了坚实基础。

2.2 存在问题

陕西科技在"十二五"期间,取得了突飞猛进的成就,但其发展依然面临以下问题,值得思虑,具体如下。

(1) 科技资源统筹利用的效果和绩效较低

陕西各种科技资源虽然丰富,近年来科技资源统筹也得到长足发展,但各种科技资源统筹利用的效果和绩效却不够明显和突出。陕西是一个科技资源大省,但却不是科技资源强省,科技资源优势并未有效转化为经济优势。陕西高校众多,但科技产学研结合不够紧密,科技与经济结合问题没有在根本上得到解决。机械、动力、冶金等传统优势学科虽然长期处于领跑地位,但目前产业处于饱和状态,不能支持陕西未来产业发展。

(2) 科技对地方经济社会支撑带动不足

研发活动与地方经济发展融合度低。科技成果就地转化效率低,科技资源对经济发展的支撑作用没有充分发挥。虽然近年来陕西省科技成果转化和产业化进一步加快,但陕西省技术转移和成果交易市场发展仍然相对滞后。军工系统、高校院所和企业之间的技术转移和成果交易不够活跃,许多应用技术和科技成果封闭在高校和军工院所,没有被本地企业有效利用,科技资源对经济发展的支撑作用没有得到充分发挥。

(3) 企业创新能力不强

2011—2015 年,由省内单位主持完成 75 项成果中,通用成果 60 项,专用成果(不公开)15 项。60 项通用成果中,由高校主持完成的成果 47 项,占 78.33%;企业(含转制院所)完成的 11 项,占 18.33%;科研院所完成的 2 项,占 3.33%。高校仍然是陕西省科学技术创新的主体,企业的创新能力亟待提升。具体情况如图 24-1 所示。

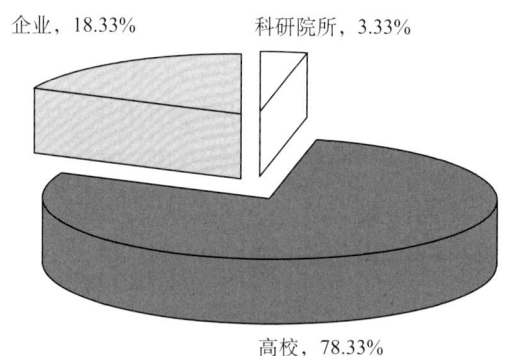

图 24-1　2011—2015 年陕西省通用成果获国家科学技术奖单位分布

在"一带一路"发展机遇中,陕西虽有企业不断"走出去",并积极争取科技技术合作,但陕西企业"走出去"动机不强,未能重视"一带一路"给其发展带来的机遇,参与国际合作的项目较少,从而影响其创新能力。

(4) 科技资源分散、分离、分隔现象依然存在

虽然近年来陕西省建立了统筹科技资源中心,扎实推进统筹科技资源示范改革,但条块分割、"两张皮"的体制性障碍还没有彻底破除。目前,中央在陕单位仍然是研发主力,但长期受国家科研成果处置与收益政策制约,科技成果转化和服务地方经济社会发展的积极性不高。军民融合路径不畅,民营企业与军工企业技术互用存在制度壁垒。开展"丝绸之路"经济带国家间的科技合作,就是要以共同面临的技术问题为目标,以企业间的务实合作为基础,依托高校和科研院所,通过项目合作方式开展双边交流,而陕西省高校、科研院所、企业及市场联动发展机制缺乏的现状将影响科技合作的深度。

(5)"丝绸之路经济带"科技合作仍然存在一系列问题

尽管陕西与丝路沿线国家间的科技合作不断增加,但现阶段的合作更多局限在能源领域和一些低附加值产业上,技术交流也以学术型为主,并未形成大规模的科技成果转化。未来"丝绸之路"经济带建设必须以经济结构转型、产业优化升级为目标,以创新驱动着力拓展非能源领域、贸易领域的高附加值。

2.3 主要原因

陕西省科技在"十二五"期间出现上述问题的原因是多方面的,但主要有以下几方面。

(1) 政府与市场的关系尚未完全理顺

从目前实际情况来看,政府的科技宏观导向和激励作用发挥不够,而在科技项目监管等微观管理上介入过多过细,影响了企业面向市场的自主决策和协同合作,导致企业对基础研究的投入偏少,原创能力偏弱。

(2) 相关科技主体之间的合作未能凸显非零和博弈的优势

陕西省高校院所与区域发展联系不密切、参与度不高、反应不灵敏,目前高校和科研院所仍处于"供给型"科研模式阶段,以国家纵向科研为主,一些学科技术创新的价值取向与区域发展有一定距离,研究成果和人才培养难以为地方经济所用。由于力量分散、缺乏经营管理能力,科研成果推广和应用效果差,导致高校、科研院所、企业和市场之间缺乏联动机制,互动效应不明显,科技资源统筹使用效率不高。此外,科研院所市场化进程不快,与地方经济的结合度较低,没有充分发挥对主导产业的支撑作用,导致高校、科研院所的优势科技资源和地方经济发展的融合程度不高。

(3) 科技管理体制阻碍了科技资源的配置效率

政府包办现象严重,科技创新的动力、科技投入、创新成果,以及成果转化主要都来自政府的作用,通过行政部门实现一切科技资源的配置。政府在科技研发活动中,应当有所为,也应当有所不为。政府的科技宏观导向和激励作用发挥不够,没有把陕西省经济社会发展和企业需求作为确定项目、配置资金的主要标准。科研项目经费管理未能统一集中有效使用。网络化、市场化、社会化的科技服务体系不够健全,服务能力不足。

(4) 金融对科技创新的资金支持力度不够

目前,无论是国家层面还是地方政府,科研成果的获取大都是通过各种科技计划。好多项目的支持强度虽然不算低,但是由于支持的形式大多是从简单的计划到项目,从计划指令到政府拨款,没有建立一种市场化的项目监督约束和资金运作机制,资金链条难以有效地从科技创意贯通到创新产品和产业化整个过程。银行金融支持不够,只贷企业、不贷或少贷院所现象普遍,知识产权质押、股权质押、信用保险等科技金融产品应用不够。科技投融资实力较弱,专业化的投资机构数量少、资金规模小,创业投资基金数量少、规模小,科技利用资本市场水平很低。

(5) 科技成果转化与转移机制不畅

陕西省技术转移转化动力不足,高校和一些科研院所等事业法人单位所取得的科技成果被视为国有资产,没有对科技成果的处置权、支配权和收益权,缺乏将科研成果转化为新技术、新产品的主动性,陕西省高校技术市场交易额仅占全省总量的5%左右。此外,科技成果转化利益没有厘清,陕西省对技术要素参与收益分配、科技成果处置收益、科技成果作价入股等方面虽有政策,但操作性不强,政策落实效果不明显。科技转化的商业模式比较单一,科技人员习惯于既搞研发,又搞转化、营销,对融资租赁、研发外包、合同能源管理、众筹创业等商业策划、市场运作团队并不了解和熟悉。

(6) 公共服务平台的供给和科技发展现实需求之间存在脱节现象

陕西省缺乏必要的资源共享式平台、创新创业平台,没有在基础研究和促进区域经济社会发展的应用研究之间搭建起必要的"过渡之门",影响科研活动与经济建设的结合度,尤其是阻碍地方经济社会发展与区域发展战略的关联度,造成科技资源分离问题。

3 "一带一路"战略中关于科技战略的主要内容

自习近平总书记提出共建"丝绸之路经济带"和"21世纪海上丝绸之路"的重大倡议后,"一带一路"战略在国际范围内得到广泛关注。在贯彻落实"一带一路"战略过程中,科技战略是重要组成部分,为加快推进陕西"丝绸之路"经济带新起点建设,发挥陕西"一带一路"中心区域作用,打造内陆改革开放新高地,推动陕西对外开放大发展,将陕西打造成"一带一路"建设中的重要节点,科技战略必须与"一带一路"战略结合、共振、外溢。

3.1 "五通"政策中的科技合作

(1) 科技贸易合作

推动新兴产业合作。促进同沿线国家在新一代信息技术、生物、新能源、新材料等新兴产业领域的深入合作。共建联合实验室(研究中心)、国际技术转移中心、海上合作中心,促进科技人员交流,合作开展重大科技攻关,共同提升科技创新能力。推动与沿线国家发展规划、技术标准体系对接,推进沿线国家间的运输便利化安排,开展沿线大通关合作。建立以企业为主体、以项目为基础、各类基金引导、企业和机构参与的多元化融资模式。

(2) 科技教育合作

加强农业领域合作。依托杨凌农业技术、人才、教育资源,与中亚国家联合建设旱作农业技术研发中心、技术推广示范基地和合作园区。设立"一带一路"国际农业发展论坛,推进旱作农业、节水灌溉、畜牧养殖等领域技术交流合作,鼓励在境外设立农业示范中心、贸易中心等,扩大农业对外贸易与投资。

加强教育领域合作。组建"新丝绸之路大学联盟",支持高校与"丝绸之路"沿线国家高校在人才培养、师生互换、合作科研等方面开展交流与合作。支持陕西师范大学与吉尔吉斯斯坦有关机构研究探讨"吉中友谊大学"共建事宜。

(3) 科技人文交流合作

搭建科技人文交流平台。依托曲江新区,组建陕西省"丝绸之路"国际文化交易中心。继续推动落实"丝绸之路万里行",办好"丝绸之路"国际电影节、"丝绸之路"国际艺术节、中国陕西传统文化周及西部电影展映周等活动。

扩大民间科技友好往来。加强与"丝绸之路"沿线国家合作,组织开展青年领袖、青少年夏令营等交流活动。推动陕西与"丝绸之路"沿线国家有关省州市建立友好关系,依托中亚东干协会及沿线各国民间社团组织,不断扩大民间友好往来。

3.2 国际经济走廊中的科技合作

(1) 畅通"一带一路"科技经济走廊

推动中蒙俄、中国—中亚—西亚、中国—中南半岛、新亚欧大陆桥、中巴、孟中印缅等国际经济合作走廊建设,推进与周边国家基础设施互联互通,共同构建连接亚洲各次区域及亚欧非之间的基础设施网络。加强能源资源和产业链合作,提高就地加工转化率。支持中欧等国际集装箱运输和邮政班列发展。

(2) 加强"一带一路"科技产能合作

鼓励高端装备、先进技术、优势产能向境外发展,建立国际化合作产业集聚区。进一步加大招商引资力度,提升利用外资与国际合作能力,提高制造业集聚发展的规模、水平。

(3) 打造"一带一路"科技产业园区

以建设具有历史文化特色的国际化大都市和内陆型改革开放新高地为目标,以国际港务区、出口加工区、空港新城和欧亚论坛为依托,以金融商贸物流中心、装备制造业中心、能源储运交易中心、文化旅游中心、科技研发中心、高端人才培养中心为抓手,加快推进欧亚论坛综合园区、自由贸易区、中俄科技产业园等重大功能板块建设,建设上合组织国际物流园和中哈物流合作基地。主动参与全球竞争合作,加速提升西安经济国际化水平和国际影响力。

(4) 建设"一带一路"科技枢纽设施

做大做强西安港,打造"一带一路"重要的国际物流枢纽。加快进境粮食、肉类等指定口岸的运营,争取建设整车、蔬果、文化艺术品等指定口岸,做大跨境电子商务贸易规模,加快口岸免税店建设,推动口岸经济发展。启动建设咸阳国际机场与国际港务区的新物流通道,建设西安公路智慧物流枢纽,实现陆港空港联动发展,打造多种运输方式无缝衔接的大枢纽体系。以"长安号"为依托,整合中亚、中欧物流资源,拓展国际物流通道网络,创新国际联运模式,丰富回程货源。

(5) 发挥"一带一路"科技平台优势

充分发挥欧亚经济论坛及综合园区、西洽会、丝博会、中国国际通航大会等平台优势,不断优化对外开放格局,提升经贸合作水平。加快推进西安领事馆区建设,吸引上合组织成员国、国际组织设立分支机构,使西安成为国际组织聚集地。加快"中亚·长安产业园"建设,鼓励西安优势企业走出去。

3.3 重点产业领域中的科技合作

"一带一路"国家战略实施以来,我国已与主要国家和地区建立并发展了科技合作关系,初步形成了较为完整的政府间科技合作框架;先后参与或主持一系列国际或区域的大科学计划和工程,为我国科学家参与世界科学前沿研究,在互利互惠的平台上及时分享世界先进科研成果提供了机会,也提高了我国对世界科技发展的贡献。通过引进关键技术和人才,为解决国家经济发展的重大技术瓶颈及民生科技问题提供了有效支撑,并使我国在一些前沿技术领域与世界领先国家处于同等发展水平,为建设创新型国家做出了积极贡献。"十二五"期间,陕西科技在航天、航海、航空等一系列国家重要领域取得丰硕的科技成果,在工业、农业、民生及基础研究等重点领域也取得了多项技术突破,为全省经济社会发展提供了可靠的技术支撑。

(1) 启动科技项目库建设

建立陕西"一带一路"重大项目动态储备库和重点支持企业清单,筛选基础设施、产业、人文、能源合作等领域重点项目。

(2) 推进重点科技项目建设

加快中俄"丝绸之路"创新园、中意航空谷、陕韩中小企业产业园等项目建设,中吉空港经济产业园等项目前期工作,推动陕西文化保税园区、"丝绸之路"国际文化城、中哈人民苹果友谊园、欧亚经济综合园区核心区、欧亚创意设计产业园等省内重点项目建设。

(3) 加强国际科技合作载体建设

支持优势企业开展国际合作,带动陕西产品走出去。推进与中亚国家在矿产资源开发、电力能源等领域项目合作。支持能源和装备制造类企业"走出去",与"丝绸之路"沿线各国开展经济技术合作,在境外设立产业园区和物流园区,建设一批示范项目。

3.4 中国优质产能和装备制造走出去中的科技合作

根据国务院总理李克强在中国装备走出去和推进国际产能合作座谈会上提出的会议精神,陕西努力推动外贸转型、有效利用外资,加快装备走出去和推进国际产能合作,推动形成优进优出开放型经济新格局。

(1) 突出科技深化改革

落实国家税收优惠政策。加快政府职能转变,推动简政放权,最大限度取消、下放行政审批事项,减少对企业的干预。深化市场准入制度改革,实施负面清单管理。继续改善招商引资、国际合作、产能转移等发展环境,简化程序,提高效率。加强对国家在制造业节能、节地、节水、环保、技术、安全等方面强制性标准实施的监督检查,统一执法。实施涉企收费清单制度,进一步减轻企业负担。

(2) 强化科技质量和信用

推进制造业信用体系建设。建立健全企业信用动态评价、守信激励和失信惩戒机制。加大对损害企业利益和阻碍企业发展行为的查处和督办力度,维护企业合法权益。加强监管,打击制售假冒伪劣行为,严厉惩处市场垄断和不正当竞争行为,为企业发展创造良好环境。依托工业园区、高校院所、龙头企业、检测机构等,围绕重点产业领域和中小企业产业集群发展,推进行业技术中心和区域公共技术服务平台建设,开展技术研发、检验检测、技术评价、技术交易、质量认证、人才培训等专业化服务。

(3) 追求科技企业协同创新

推动制造业集聚发展。贯彻"一带一路"重大战略部署,鼓励高端装备、先进技术、优势产能向境外发展,建立国际化合作产业集聚区。进一步加大招商引资力度,提升利用外资与国际合作能力,提高制造业集聚发展的规模、水平。发挥开发区、工业园区产业集聚功能,按照"布局集中、产业集聚、土地集约、突出特色"的原则,积极搭建面向制造企业、功能完善、服务能力较强的公共服务平台,加快各类生产要素向园区集聚。依托龙头骨干企业、高校、科研院所和专业园区建立一批产业创新联盟,组织实施陕西重大创新成果产业化项目,开展产业链协同创新,加快创新成果向现实生产力转化。

4 陕西省科技在"一带一路"中的战略分析

总体来看,陕西省科技综合实力在全国依然保持优势地位,同时,陕西省面临着"一带一路"战略及新技术革命的重大机遇,但对于存在的制约因素和面临的挑战必须下大气力加以解决,否则将会不断衰减我们的领先优势,实施创新驱动发展、实现追赶超越的目标就会失去支撑。

4.1 优势分析

作为西部最具科教实力的省份,陕西省不仅与中亚国家有着广泛的文化交流,还承担着为中亚国家培养留学生的角色,这为陕西省"十三五""一带一路"科技战略的实施及"丝绸之路"经济带建设提供了充足的人力和科技支撑。同时,陕西省传统产业及高新技术产业基础都十分雄厚,与"丝绸之路"经济带沿线城市丰富的能源资源、生态产业有着较强的互补性,这使得双方在产业互融发展方面大有可为。

(1) 科教资源优势

①人才资源丰富。陕西省共有1127家各类科研机构,拥有较为丰富的人才资源、先进的技术支持。目前,陕西省已经形成了门类齐全的学科体系、人才体系,如表24-4所示。

表24-4 陕西科教资源占有情况

类型	指标名称	数量
高等院校	高等院校(所)	96
	普通高等院校(所)	80
	独立学院(所)	12
	研究生招生(万人)	3.22
	在学研究生(万人)	10.19
科研机构	国家级重点(工程)实验室(所)	25
	省级工程(技术)研究中心(所)	278
	工程(技术)研究中心(所)	14
	重点实验室(所)	102
	工程技术人员(万人)	30
	科技活动人员(万人)	22.94
企业	企业技术中心(所)	246

作为陕西省乃至西部高等教育领头羊的西安交通大学积极响应"一带一路"战略和创新驱动发展战略，创建中国西部科技创新港，致力于在创新港打造新型的高端创新平台，通过与韩国LG、美国3M、中国百度等国内外知名企业合作，创建校企联合研发中心，从而引领创新发展，这将大量吸引来自全球各地的研究人员。而西北大学"丝绸之路"研究院、西北政法大学反恐怖主义研究院和民族宗教研究院作为国家"一带一路"智库合作联盟理事会成员，具备为中国及沿线国家发展提供智力支持，加强"一带一路"沿线国家智库的交流合作的能力，"一带一路"智库的发展将进一步巩固与增强陕西省在"一带一路"发展上的科教优势，为推动陕西省科技在"一带一路"中的发展奠定基础。

②科技成果显著。2014年，陕西省综合科技进步水平居全国第7位，科技活动产出指数排全国第5位，其中万人科技论文数、获国家科技成果奖系数、输出技术成交额均排全国第4位，万人研发人员数排全国第6位，国家发明专利授权量达4885件，科技成果交易额达639.98亿元，获国家科技进步奖26项。

(2) 产业技术优势

陕西省科研基础体系和能源化工、先进制造、电子信息、航空航天、生物医药、新材料等产业技术创新体系已经初步形成。

①农业。陕西省在农业技术领域的品种选育关键技术不断取得新的突破。"陕单609"玉米品种、"秦油10号"等多项品种，创全国高产纪录，目前，陕西省已培育出"瑞阳"、"瑞雪"等新品种水果，苹果、猕猴桃等产业发展拥有良好的品种储备，而陕西省的奶山羊、秦白白菜等品种选育技术及牛羊良种繁育关键技术均已达到国际领先水平。

②能源化工产业。陕西省能源化工技术大多处于全国领先水平，拥有一批具有世界先进水平的项目。其中，大柳塔煤矿在煤炭开采中引入了自动化、智能化及信息化等技术，创造了中国第一、世界领先的长壁开采新水平，靖边县能化园区延长煤油气综合转化项目对14项国内外先进专利技术开展集成创新，建成了全球第一套以煤、油、气为综合原料制烯烃的最大联合装置，达到国际领先水平。陕西未来能源化工公司煤间接液化项目试车投产，成为中国第一套利用自主技术的百万吨级煤间接液化装置。

③高新技术产业。目前，陕西省已经形成了半导体、智能终端、生物医药、软件四大千亿级产业集群。随着三星电子存储芯片的建成投产，三星电子及三星数据两个研发中心落户西安，带动100多个相关配套企业进驻西安，西安将进一步跃升为世界具有竞争力的电子信息产业基地。

④航空航天产业。陕西省是全国航空航天资源最雄厚、产业最聚集、专业最领先、门类最齐全的省份之一，其拥有全国唯一的大中型飞机设计研究院，全国唯一的飞行试验研究鉴定中心，是全国最重要的航天技术研发和生产制造基地。

⑤汽车产业。重型汽车全国领先，新能源汽车也走在全国前列，技术达到国际先进水平。陕汽、比亚迪等企业节能与新能源汽车研发呈现良好发展势头，比亚迪汽车掌握了电动汽车动力电池、电控、电机三大核心技术，在电动车技术研发方面具有国际先进水平。

⑥民生科技。陕西省拥有大批民生领域的科研成果，在创新药物研发领域走在全国前列，推出了一批创新药物，并获得了国家新药证书，而肝癌靶向新药等新药也已经进入临床研究中。同时，陕西省在公共服务、生态治理与恢复及中医药资源开发等领域开展了30多个重

大科技惠民专项,对百余项成熟技术和科研成果进行了推广和转化。

(3) 服务平台优势

①产业园区建设。西安高新技术产业开发区是国家在西部选定的向亚太经合组织开放的唯一高新技术产业开发区,杨凌农业高新技术产业示范区是全国唯一的高新农业示范区。国际港务区也成功获批了陕西省电子商务示范基地,目前,正在积极创建国家电子商务示范基地,阿里巴巴、京东、国美、卡行天下、霍氏集团、新加坡辉联集团等20多家电子商务企业入驻园区,西部电商产业高地正在加速形成。西安跨境电商平台的成功运营,进一步为陕西、西安构建"网上丝绸之路"奠定了基础。

②技术创新合作。同时,陕西省已形成以企业为主体、项目为牵引、联盟为依托,凝聚各方科研力量开展技术攻关,推动人才链、创新链、产业链和金融链有效贯通的有效态势。陕西省拥有18家产业技术创新战略联盟,涵盖了420家企业、57所高校、41家科研机构。与此同时,陕西省还实施了首席工程师计划,为400家科技型中小企业选派了首席工程师。陕西省科技对经济社会发展的支撑引领作用不断增强,陕西省科技对经济增长的贡献率从2006年的45.03%提高到2014年的55.81%。

(4) 文化资源优势

陕西省是古代蚕桑生产的发祥之地和中国丝绸的主要产地,也是"古丝绸之路"的起点。历史上有13个王朝在陕西建都,全省有国家级重点文物保护单位140处,占全国的1/10。位于陕西的汉长安城遗址、唐长安城遗址寺等文化遗存见证了"丝绸之路"开通、发展、繁荣的历史。陕西历史文化底蕴丰富,有力提升了陕西的国际影响力和知名度。

"一带一路"是在经济全球化视野下对"丝绸之路"及其沿线国家和地区拉动世界经济发展作用的重新审视和全新定位。陕西省实施"一带一路"战略的基本定位是,打造"丝绸之路"经济带新起点。这一战略定位,为陕西省作为"古丝绸之路"起点的现代复兴提供了极为难得的历史机遇和发展条件。

4.2 劣势分析

审视陕西省创新驱动发展现实,尽管科教大省的潜能正在聚集释放,科技正成为经济发展的新引擎,但还存在一些突出问题。陕西创新能力还偏弱,基础性和前沿性研究偏少,不少关键技术、核心技术受制于人,资源优势没有变为经济优势。

(1) 缺乏有效的创新资源整合

陕西省科技资源虽然丰富,但受典型的"二元"结构的影响,导致高校院所与企业的科技资源和成果分离,未形成合力,科技成果转化相对不足。

①人才资源未得到有效激活。陕西省高校和科研院所集中了全省80%以上的专业技术人员,但这些机构仍处于"供给型"科研模式阶段,即由政府出资在高校、科研院所进行科研,再由企业进行成果转化的模式还没有根本改变。但这种模式已经不能适应当今世界科技经济的发展,其结果是高校、科研院所闭门造车,研究成果和人才培养难以为地方经济所用。同时,陕西省严重缺乏国际领军人物,高校和科研院所参与国际科研合作人数少,2013年省属29所高校只有276人次、排全国第25位。人才难以自由流动,青年杰出人才的成长

机制不健全，近十年来陕西省获得国家杰出青年科学基金资助的有57人、仅占全国总量的3.1%。

②技术成果转化效率不高。只有将技术进步与生产和商业化紧密结合起来，将技术转化为生产力，才能真正为人类所利用，才能促进生产力水平的提高。目前，全省高校技术市场交易额仅占全省总量的5%左右。科技成果转化率不高，致使陕西省作为科技大省的同时还是一个经济小省。

(2) 自主创新能力不强

改革开放以来，陕西省工业化进程一直是通过学习和利用其他地区已有的先进技术，利用别人的经验绕开发展过程中可能遇到的障碍和弯路，从而降低自主研发的成本。目前，陕西省的自主创新能力还很薄弱，具有自主知识产权的核心技术还很匮乏，这已成为制约陕西省科技发展的瓶颈。

①学科优势不足。陕西省高校众多，尽管拥有国家级重点学科126个，位居中国第4位，但排名第一的学科从2009年的3个减少到2014年的1个，从第5位下降到第11位。机械、动力、冶金工程等传统优势学科虽长期处于领跑者地位，但所对应的产业大多处于产能饱和状态，这些学科优势不能有效支撑陕西省未来发展。

②企业创新能力不足。2013年陕西省规模以上工业企业共4751家，只有574家在当年开展了研发活动，占总数的12.08%；设立科研机构的企业仅382家，占总数的8.04%；企业研发投入占全社会研发支出的比重为44.1%，远低于全国76.6%的平均水平；企业研发人员占全社会研发人员总量的53%，低于全国平均水平24个百分点。占工业比重最大的能源化工产业研发投入强度只有0.14%，仅相当于全国同行业平均水平的一半；陕西省煤炭产业以原煤输出为主，经过加工转化的占总产量的1/3不到。另外，企业发明专利授权量1263件，占全省30.56%，低于全国55.3%的平均水平。

(3) 自主创新动力不足

①科技发展的投融资体系保障不力。目前，陕西省地方财政科技投入强度较低，2013年全省财政科技支出占财政支出比重为1.04%，比2006年下降了0.21个百分点，远低于全国2.3%的平均水平。与此同时，银行对于科技金融支持不够，而创业投资基金数量仅有29只、规模不足30亿元，分别占全国的2%和1%左右，致使科技投融资实力较弱。另外，科技对于资本市场利用水平较低，在沪深两市主板、创业板和中小板上市的陕西企业仅42家，仅占全国上市企业总数的1.44%，这将直接影响到科技创新的动力，阻碍陕西省科技的进步。

②科技经济效益难以显现。2014年，陕西省高新技术产业增加值占工业增加值的比重仅为8.5%，排全国第20位；知识密集型服务业占生产总值的比重不到10%，排全国第22位；新产品销售收入占主营业务销售收入的比重仅为5.6%，排全国第22位，这3项指标都低于全国平均水平。陕西省主要依靠要素和投资驱动的经济发展方式没有得到根本改变，全社会固定资产投资与生产总值的比例达105.8%，远高于同期全国的80.6%水平。传统产业改造提升动力不足，企业高科技产品缺乏市场竞争力，规模效益难以形成，导致科技的经济效益难以显现，这将直接对自主创新动力造成阻碍作用。

4.3 机遇分析

陕西省是"一带一路"中的重要省份,在开展科技合作交流中有密集的优势资源。"一带一路"为陕西省与沿线国家开展科技合作提供了更广阔的平台,带来了更多的机遇。

(1) 五通政策的机遇

2015年3月公布的《推动共建丝绸之路经济带和21世纪海上丝绸之路的愿景与行动》(以下简称《"一带一路"愿景与行动》)中提出了政策沟通、设施联通、贸易畅通、资金融通和民心相通的"五通"。

"一带一路"建设中,以科技合作为一个切入点,加快与相关国家的科技合作,促进科技成果的转化和应用。科技合作在科技政策的沟通及民间的文化交流、人才往来上得以体现。在科技政策相互沟通的基础上,科技人员的独特性和专业性及专家身份,是开展文化交流、学术往来、人才交流合作等的最好群体。陕西科学技术资源丰富,创新综合实力雄厚,以"五通"政策为契机,积极创建科技合作的交流平台,通过各类创新论坛、学术沙龙、学者访问活动等多种形式的交流活动,陕西与"丝绸之路"沿线国家有着巨大的合作空间。

(2) 六大国际经济走廊建设的机遇

在《"一带一路"愿景与行动》框架思路中提出,根据"一带一路"走向,陆上依托国际大通道,以沿线中心城市为支撑,以重点经贸产业园区为合作平台,共同打造新亚欧大陆桥、中蒙俄、中国—中亚—西亚、中国—中南半岛等国际经济合作走廊;海上以重点港口为节点,共同建设中巴、孟中印缅两个通畅安全高效的经济走廊。

六大经济走廊的规划建设,离不开科技力量的支持。以中巴经济走廊为例,它的建设涉及中巴铁路、公路、港口及一些工业园区建设。陕西拥有陕西建工集团、陕建工第八建筑公司、陕西省建筑设计研究院等多家专业的建筑、设计公司,铁路、隧道及公路建设方面具有工程投资、勘察、设计、施工、管理为一体的总承包能力,在经济走廊建设过程中,与沿线国家的合作前景十分广阔。

(3) 八大产业走出去带来的技术扩散推广的机遇

电子信息产业、生物产业、航空航天产业、新材料产业、高新技术服务业、新能源产业、海洋产业、用高新技术改善提升传统产业等八大产业是"一带一路"建设中"走出去"的重要内容。陕西集聚了三星电子、中兴研发、云计算大数据研究中心等国际国内先进电子科技资源,西安交大快速制造国家工程中心、西工大凝固技术国家重点实验室都居于领先水平。陕西正在推进大型运输机、"新舟60"、"新舟600"、"运8"等飞机系列化发展,加快"新舟700"飞机、民用无人机研制和产业化,提升重大机型配套制造份额,积极拓展整机维修、维护业务,建设世界一流的飞机研制生产基地。八大产业走出去会带来明显的技术扩散效应,陕西将受到这一效应的直接影响,促使在更大范围内的创新活动。

(4) 优质产能和装备制造走出去的机遇

随着"一带一路"战略的实施,中国的一些优质过剩产业将会转移到其他一些国家和地区。在我国,因为市场供求变化,一些过剩的产业在其他国家恰好能被合理估值、有效利用。同时,由于要素成本的上升,使一些产业、产品失去了价格竞争力,但在其他国家,较低的要素成本会使这些产业重现生机。同时，产业转移也会为产业转型升级带来无限机遇。

陕西省重点发展的先进制造业、战略性新兴产业、现代农业和现代服务业、能源化工产业、生物资源产业、有色金属与非金属材料等循环经济产业，通过向"一带一路"沿线装备制造业较落后的国家或地区进行产业转移，消化富余产能，寻找更广阔的产能和装备市场。同时，"引进来"沿线国家的先进优质产能，实现技术转移、技术适用和我国的产业结构调整，这给陕西带来了产业技术及抢占价值链高端的机遇。

(5) 提升国际化程度，科技主体走出去的机遇

陕西是西部开发的前沿，又是"一带一路"的重要交汇点，陕西西安是《"一带一路"愿景与行动》里规划的"内陆型改革开放新高地"。在"一带一路"建设中，陕西以建设创新型省份为引领，以建设科技创新为核心，不断提升国际化水平。

西安交通大学倡议成立的"丝绸之路大学联盟"将会极大地带动陕西与"一带一路"沿线国家和地区的人才交流、联合办学及联合培养人才，是陕西的各大高校"走出去"的便捷途径。推动科技企业"走出去、引进来"，特别是面向中亚国家，依托陕西电子信息产业、航空航天产业和装备制造业等先进产业，以及西安高新技术开发区和杨凌农业高新区，加快与沿线国家企业在工业、农业及电子信息产业的合作。

(6) 科技发展与新技术革命紧密结合的机遇

从国际来看，科技创新呈现出新的发展态势和特征，创新全球化广度和深度不断拓展。世界新科技革命和产业变革加速推进，创新全球化广度和深度不断拓展，以科技创新为核心的国际竞争更加激烈。目前，国际科技界和产业界基本形成一个共识，未来 5 年全球科技革命和产业变革呈现加速推进态势，将持续引发群体性技术突破和颠覆性创新，并为产业技术变革发展不断增添新动力。

从国内来看，实施创新驱动发展战略、支撑引领经济社会全面转型升级的需求更加迫切，科技体制改革进入攻坚克难期，科技全方位开放的战略空间更加广阔。深入实施创新驱动发展战略、落实全面深化改革部署、推进科技创新治理现代化的任务更加艰巨，适应国家开放新格局、推动科技全方位开放的战略空间更加广阔。经过多年持续积累，我国科技实力实现整体跃升，创新型国家建设取得重要进展，科技发展进入由量的增长向质的跃升转变的历史新阶段。

4.4 挑战分析

"一带一路"战略的实施是机遇与挑战并存，在迎接机遇带动沿线国家发展的同时，我们也要积极面对影响科技合作的诸多挑战。

(1) 大国博弈给科技合作带来的竞争压力

"一带一路"沿线国家和地区具有重要的区位优势、丰富的自然资源，有着广阔的发展前景。近年来，美国、俄罗斯、日本纷纷实施了试图主导该地区事务的战略举措，从地缘政治上看，能够对中国的发展和"一带一路"构成外在威胁和挑战的也正是这些大国。科技合作是"一带一路"战略的重要组成部分，只有处理好同这些大国的关系，才能确保陕西与"一带一路"沿线国家科技合作顺利进行。

(2) 沿线国家政局动荡给科技合作带来的挑战

"一带一路"沿线不少国家（如阿富汗、吉尔吉斯斯坦、利比亚、叙利亚、伊拉克和埃及等）的国内政局不稳定，执政党的频繁更替和政局动荡会破坏科技合作政策的连续性，对拟合作项目或在合作项目及外国科技工作者的合法权益带来很多不确定性因素的影响。"一带一路"沿线宗教极端势力、民族分裂势力和暴力恐怖势力等活动猖獗，尤需引起关注的是，在沿线地区已形成"西亚中东—南亚—中亚"弧形分布的恐怖主义地带，这对我国与沿线国家进行人才交流、联合培养的留学生人员带来严重的人身安全威胁。

(3) 沿线国家、科技政策差异带来的挑战

"一带一路"沿线至少包括4种文明，近百个国家和上百种语言，由于每个国家所处的环境、自然条件、宗教、语言、民族和政治制度不大一样，对外来信息的接受习惯也不尽相同，对中国"一带一路"倡议的战略回应并不一致。

与此同时，陕西高等院校、科技企业及科技组织等在走出去的过程中，对沿线国家的科技政策、科技标准、产业标准缺乏全面的了解，这给技术、人才交流带来了障碍。

(4) 临近省份的外部压力给科技合作带来的挑战

"一带一路"战略出台实施以来，包括四川、河南在内的各重点省份政府工作报告中均不同程度提及"一带一路"战略，多个省份都出台了"一带一路"行动计划。

2015年11月30日，河南省发改委出台了《河南省参与建设丝绸之路经济带和21世纪海上丝绸之路的实施方案》。为融入"一带一路"发展战略，河南举全省之力建设郑州航空港经济综合实验区。河南省委省政府抢抓郑州航空港区上升为国家战略的难得机遇，将郑州航空港区建设定位为中原经济区的战略突破口、带动全省经济社会发展的核心增长极、内陆地区对外开放的重要门户、河南实现国际化和参与全球化的途径，把郑州航空港区建设摆在经济工作的首要位置，作为郑州市的首位工程，全力推进郑州航空港区建设。

2015年5月7日，四川启动实施"一带一路"战略"251三年行动计划"。四川省以"一带两翼、一城六区"打造四川天府新区，将西南航空港经济开发区定位为国家科技兴贸创新基地、成都国家新能源装备高新技术产业化基地。

2015年11月7日，第三批中新合作项目落户重庆，项目将围绕"现代互联互通和现代服务经济"展开。重庆兼备了长江经济带和西南地区交通枢纽的地位，这一项目的落户，将推动互联互通，有利于"一带一路"与中西部发展相结合。周边省份都在积极融入"一带一路"战略，陕西要在"一带一路"的科技合作中做出亮点、展现高度，面临着巨大的压力。

5 陕西省"十三五""一带一路"科技战略选择

5.1 战略定位

依据"关天经济区规划"确定的"关中—天水经济区"战略定位和在"一带一路"中陕西"打造内陆型改革开放新高地"的战略定位，结合陕西科技发展的实际情况，陕西"十三五""一带一路"科技发展形成如下战略定位。

(1)"一带一路"科技发展新高地

根据陕西科技资源禀赋和区位优势,围绕陕西"一带一路"五大中心建设,陕西开展"一带一路"科技合作针对六大国际经济走廊、沿线国家和科技产业,确定"高中低、点线园、335"科技发展战略。针对沿线国家不同科技发展水平和产业状态,确定"高、中、低"技术合作战略:与欧盟开展高端技术合作,对接新技术革命成果;与处于工业化中后期的国家开展技术合作创新;与处于工业化初期的国家开展技术成果转移。鼓励省内科技主体,开展"点、线、园"科技合作战略:开展省内科技主体与沿线国家科技主体点对点的合作(如陕鼓与捷克 EKOL 公司等);开展"国际经济走廊"沿线国家、地区的科技主体合作;开展以共建"产业园"为依托的科技合作(如中俄"丝绸之路"创新产业园等)。确定"三个重点"技术合作战略:重点选择欧亚大陆桥国际经济走廊开展国际科技合作,即中国—中亚—俄罗斯—欧洲国际经济走廊;重点选择俄罗斯、乌克兰、白俄罗斯及中亚5国等开展国际合作;重点选择航天、航空、航海、新能源、新材料、装备制造、农业高技术及军事技术民用化科技机构和科技企业开展国际合作。确定长远战略(2020年后)、中期战略(2018—2020年)、近期战略(2016—2017年)"三阶段"科技发展战略。对接"一带一路"倡议,落实"科技五通"。着力打造陕西科技合作、科技交流、协同创新、科技转化战略新高地。

(2)"一带一路"科技交流核心区

打造陕西"一带一路"科技交流核心区,要把"五通倡议"贯彻到国际科技合作当中,形成"科技五通",即"科技政策沟通":支持科技主体单位开展"一带一路"科技政策交流,让沿线国家科技机构和企业了解陕西的科技政策,同时了解沿线国家的科技需求和科技政策;"科技基础设施联通":陕西要支持科技主体单位建设"国际科技合作基地(中心)"平台,鼓励具备科技实力的企业自发地与沿线国家开展国际科技交流和技术合作;"科技转移、转化和技术贸易畅通":陕西要支持科技主体单位积极开展"一带一路"科技成果转移和转化工作,输出技术贸易和输出陕西技术标准,扩大陕西科技合作国际影响力;"科技基金融通":陕西要筹措和建立"一带一路科技合作基金",支持陕西科技单位与沿线国家开展国际科技合作,支持沿线国家科技机构和科技工作者参与到"一带一路"自主研究和合作研究中来,提高"一带一路"国际科技合作能力和水平;"科技人员人心沟通":鼓励陕西省内科技机构和科研人员积极开展"一带一路"科技信息、文化和活动,通过科技人员的交流,增进民心相通。

(3)"一带一路"科技创新引领区

落实创新驱动发展战略顶层设计的各项部署,依靠科技创新提升经济社会发展竞争力,是"十三五"经济社会发展的核心。要以国家创新驱动发展战略为契机,激发创新活力,推进大众创业万众创新。以"互联网+"战略为机遇,由互联网带动其他产业协同发展。以西安全面创新改革试验区、关中创新一体化为引领,突破人才培养、技术研发、成果转化、应用示范、金融合作和园区建设等体制机制障碍(如采取负面清单管理办法,降低创新创业产品入市门槛),推动创新发展。以产业技术创新战略联盟为依托,以交大科技创新港、光电产业园的科技创新产业园区为载体,吸引国际国内先进科技资源集聚,推进"一带一路"协同合作创新。推进创新平台建设,打造科研院所创新平台、高校创新平台及军民融合创新平台,为科技创新提供平台支撑。促进创新成果与产业发展对接,畅通产学研用一体化创新链,推动创新成果就地转化。建立健全科技资源开放共享机制,加快关键技术标准研制,逐步与国际接轨,打造陕西"一带一路"科技创新引领区。

(4)"一带一路"科技要素聚集区

打造陕西"一带一路"科技要素聚集区,要加强在发展战略规划、重点产业、重大项目上与"一带一路"沿线国家产业发展有机衔接,沿循"一带一路"五大走向,对接国际经济走廊,围绕陕西五大中心建设,寻求科技合作契机,开展科技合作,为"一带一路"科技要素在陕西集聚提供合适契机。打造重点科技合作平台,开展科技合作交流中心建设,加快统筹科技资源改革示范基地建设,支持引导装备制造、航空、汽车、电子信息、旱农作业等重点园区多形式联合,与"丝绸之路"沿线国家共建产业园区,为"一带一路"科技要素在陕西集聚搭建必要载体。着力推进陕西"一带一路"科技人才集聚;要依托众多的高等院校、科研院所,优化人才培养模式,加强中青年人才队伍建设,为社会经济发展提供科技人才后备军;以大众创业万众创新政策为机遇,完善激励扶持政策,吸引创新型人才集聚;以重点科研项目、科技创新创业孵化基地为载体,完善人才引进机制,推行"带项目选人才"方式,吸引海内外高端人才、优秀团队及带项目的领军型高端人才集聚。

5.2 平台建设战略

(1) 加快"一带一路"人才培养平台建设

一是积极推动陕西与"一带一路"沿线国家地区培训教育领域合作。以"丝绸之路大学联盟"为载体,支持高校与"丝绸之路"沿线国家高校在人才培养、师生互换等方面开展交流与合作;推动西北大学中亚学院、西安外国语大学中亚学院等发展壮大;支持陕西师范大学与吉尔吉斯斯坦共建"吉中友谊大学"。二是支持利用现代信息技术构建远程教育平台,加强重点学科和特色专业交流,推进共建共用高等院校科研实验室。三是推进"一带一路"人才库建设,加快培养精通"一带一路"沿线国家地区的语言甚至方言的人才、经贸投资人才、技术与管理人才等,为打造陕西"一带一路"科技发展新高地保驾护航。

(2) 深化"一带一路"科技交流平台建设

一是依托"一带一路"智库建设,开展"一带一路"科技交流。发挥西北大学"丝绸之路"研究院、西安交通大学"丝绸之路"国际法与比较法研究所、陕西师范大学中亚研究所、西安电子科技大学"丝绸之路"经济带发展研究院、西安财经学院中国(西安)"丝绸之路"研究院、西安市"丝绸之路"经济带研究院等平台优势,积极扩大与"一带一路"沿线国家与地区的科技交流。二是推进保税园区建设,完善进出口贸易服务平台,打造曼蒂保税跨境电商体验中心,开展多领域科技交流。三是依托陕西省大型科学仪器设备共享平台、陕西省科技文献与科学数据共享平台、陕西省自然科技资源共享平台,加快完善陕西省科技资源统筹中心,建立科技资源统筹协调共享机制。四是加快建设以西安为中心的"丝绸之路"经济带大数据中心,打造"一带一路"科技信息服务平台,深化科技交流。

(3) 促进"一带一路"科学研究平台建设

一是推动陕西省内国家级国际联合研究基地(含中心)建设。陕西科技界要紧紧抓住科技部国际科研合作基地建设机遇,鼓励科研机构申报国际科技合作基地。支持西安交通大学"新材料国际联合研究中心"、"新能源与能源利用新科技国际技术合作基地",西北工业大学

"移动平台环境感知及空天应用国际联合研究中心"，西安博康电子有限公司"工业消防技术国际联合研究中心"，西安建筑科技大学"非传统水资源开发利用国际科技合作基地"，电子科技大学"复杂系统国际联合研究中心"、"智能感知与计算机国际联合研究中心"等已经获批为国际科技合作基地的科研机构与"一带一路"沿线国家与地区联合开展科学研究。二是依托"中哈国际农业科技示范园"及杨凌高新技术产业示范区与西北农林科技大学在农业技术、人才、教育资源等方面，推进陕西农业科技与哈国农业科技领域的深度合作研究。三是依托西北大学文化遗产保护中心，与"丝绸之路"沿线国家、地区及省份合作，共同开展文物保护与考古研究工作。四是组建装备科技产业合作基地，以大型装备产品、成套装备研发和产业化为目标，合作共建重点实验室、工程技术中心等研发平台。五是支持高等院校与"一带一路"沿线国家高校联合开展科学研究，提升高校服务经济社会发展能力。支持高等院校围绕"一带一路"经济社会发展需求，建立多种形式教科研基地；依托西安交通大学建设中国西部科技创新港，打造"丝绸之路"创新中心。

（4）推进"一带一路"科技转移转化平台建设

一是围绕"一带一路"产业发展关键性、基础性和共性技术问题，重点建设一批科研成果中试基地，促进科技成果转化。二是重点支持陕西省科技资源统筹中心、交大科技创新港、光机所光电产业园等平台建设，推动新能源、电子信息、先进制造、节能环保等新兴领域的科技成果就地转化。三是进一步完善以重点科研项目为载体的产学研用平台，推动科学研究与企业生产活动相结合，打造产学研用一体化系统。四是建设"一带一路"科技成果转移转化服务交易平台，打造多元化科技转移转化商业模式，完善科技成果转移转化机制。

5.3 路径选择战略

当前，供给侧改革要求通过放松规制、鼓励技术创新、允许要素自由流动、完善制度等多个角度去产能、去库存、去杠杆、降成本、补短板。陕西与"一带一路"沿线国家特别是中亚、西亚国家在资源供需、科技研发和产业链等方面存在一定互补性，具有整合合作的潜力和基础。陕西省"十三五""一带一路"科技发展应以相关科研单位为主体、人才为动力、体制机制为依托、项目为牵引，凝聚各方科技力量，切实推动"一带一路"人才链、创新链、发展链的有效贯通。

（1）发挥相关科研主体在"一带一路"科技发展中的积极作用

在推进"一带一路"科技发展中，应强化科研院所、高校、企业和园区等科研主体的积极作用。要紧抓"十三五"期间国家推进"中国制造2025"、"互联网＋"行动和国际产能合作的良好机遇，让各种科技资源向相关科研主体集聚，将强化科研单位科技发展重要地位作为新常态下科技发展的重要"引擎"之一。一是积极推动陕西科研单位借"一带一路"发展契机"走出去"，开展政府间的科技合作。陕西科技管理部门应鼓励省内有资源、有基础、有实力的科研院所、高校、企业和园区等科研单位积极融入"一带一路"建设，到"一带一路"沿线国家设立研发中心、技术转移中心、成果转化中心等机构。二是完善"一带一路"科技园区联盟和"丝绸之路大学联盟"的工作机制，开展科技产业、科技人文交流与合作。三是促进国家级科研平台和中心向陕西省转移，主动搭上国家级科研机构便车，参与"一带一路"

国际项目研究，推动陕西省科技人才交流和科技成果有效转化。

(2) 优化"一带一路"科技人才培养与交流机制

围绕"一带一路"战略，着力强化与充分利用陕西科技人才资源优势，与"一带一路"沿线国家建立人才交流平台，实现科技人才高效流通，推动更高水平的科技人才"引进来"和"走出去"。一是创新科技人才培养模式，进一步优化陕西科技人才储备库。高校、企业、政府"三螺旋"相互协调，科技创新主体上培育五大创新主体，即创新型企业、创客、科研院所及高校、创新型园区、创新型政府。注重"政府引导"与"发挥市场作用"相结合，以市场化促进科技资源的高效配置、科技人才的高效培养。通过校企联合招生、共同培养、建立联合实验室等方式，实现科技人才在高校、企业和科研机构之间有序流动，使人才培养与科技创新实践紧密结合，为科技创新优势转化为经济优势打下基础。二是加强组织援外科技人才，助力"一带一路"沿线国家科技发展。依托陕西在通讯、材料、航天航空等领域的优势，为沿线国家选派援外技术专家，培训技术和管理人才。三是吸引"一带一路"沿线国家和地区的科技人才来陕西工作。强化陕西人才政策优势，结合科技创新的重点领域和产业升级需求，吸引"一带一路"沿线科技人才来陕西工作，实现与"一带一路"沿线国家科技人才互享、科学技术互补、科技发展共赢。

(3) 完善"一带一路"科技合作体制机制

以"一带一路"战略的深入推进为契机，充分利用陕西省科技合作和协同创新的基础，加快建立与完善"一带一路"沿线国家科技合作体制机制。一是构建科技合作战略联盟。围绕陕西省及"一带一路"沿线国家和地区的支柱产业，以骨干企业为核心，联合国内外相关高校、科研院所和中介机构，构建若干个"一带一路"科技合作战略联盟，集中力量攻克产业共性关键技术。二是设立科技合作专项基金。设立"一带一路"科技合作专项基金，制订产学研用合作引导计划，重点支持以企业为主体、联合国内外高校、院所及企业开展的合作研究、联合攻关、新产品试制、科技成果转化和产业化项目。三是定期发布科研课题专项。科技管理部门要定期发布科研课题专项，吸引和鼓励陕西科技工作者关心和关注"一带一路"国家战略，积极参与到"一带一路"科学研究工作中来，在陕西科技界营造良好的"一带一路"科技交流、科技合作和科技转化氛围，形成陕西科技领域新实力、新特色和新竞争力。四是建立"一带一路"沿线国家科技合作联席会议制度。建立"一带一路"科技联席会议制度，加强"一带一路"沿线国家和地区间，国内各省市间，陕西省内科技、教育、经济等部门之间的沟通与协调，合力推动科技项目的落实。五是完善"一带一路"科技合作信息网络平台，建立虚拟研究体。加强科技信息网络平台建设，收集和发布企业技术需求及高校、科研院所最新科技成果，实现科技信息互联互通。

(4) 推进"一带一路"科技项目多边协作

一是合力攻克重大科技项目。围绕重大的科技项目，如医疗、环保、农业、气候变化等问题，可与"一带一路"沿线国家开展联合攻关和科研设施共享。二是充分了解"一带一路"沿线各国家和地区的科技优势与需求，有重点地展开科技合作。加强与重点国家在重点领域的科技合作，如与西欧国家开展先进制造、高科技、众创空间等领域的技术合作，与俄罗斯、中东欧国家开展航天航空、电力、机械制造、新材料、能源等领域的技术合作，与南亚、大洋洲、南美国家开展信息科技、生物医药、农业、食品加工等领域的技术合作，与东盟开展农业、先进制造、信息技术、海洋技术等领域的技术合作,与非洲国家开展农业、医疗卫生、纺织等领域的技术合作。三是适时探索将"智慧城市"建设引入"一带一路"科技合作之中。"智慧城市"是我国各主要城市都在开展的项目统筹、技术集成、数字技术与公共空间管理的新型管理探索和模式建设。陕西省西安市作为"智慧城市"试点城市,在建设过程中积累了技术资源和管理经验,可在适当的时间,选择"一带一路"沿线适当的城市,将"智慧城市"的某些技术或模式进行转移应用,带动"一带一路"沿线国家"智慧城市"建设。四是深化科技资源统筹,充分发挥产业园的科技集聚作用。重点建设中韩电子信息产业园、吉尔吉斯斯坦陕西能源化工产业园、塔吉克斯坦陕西工业园、几内亚陕西产业园,发挥产业园区对"一带一路"沿线国家科技力量的集聚作用。五是大力推动国家级国际联合研究基地(含中心)建设。自科技部推动国家级国际联合基地(含中心)申报以来,陕西省已有一批研究基地被批准为国家级国际联合基地(含中心),如西安交通大学新材料国际联合研究中心、西安建筑科技大学非传统水资源开发利用国际科技合作基地等,在推动"一带一路"科技合作中,要支持省内有实力的研究机构申报基地,也要充分发挥现有基地对科技发展的带动作用,发展"项目—基地—人才"相结合的国际科技合作模式,充分发挥国际科技合作对陕西和"一带一路"沿线国家经济社会发展、科技进步与创新的促进作用。

5.4 产业合作战略

陕西产业结构与"丝绸之路"沿线国家特别是中亚、西亚各国互补性强、契合度高,具有大规模"走出去"开展国际产能合作的广阔空间。贯通东西、横跨南北的开放开发与合作,为陕西在"一带一路"建设中发挥区位独特、资源丰富、科教实力强等综合优势,承接东部产业转移、谋求更高水平发展带来的空前机遇。我们应积极利用建设"一带一路"战略重点节点和打造"丝绸之路"经济带新起点的重大历史机遇,有效发挥长期积蓄的产业势能,大力实施走出去战略,加大对外投资力度,推进产业转移,在开放中培育新优势。

(1)打造中高端装备制造产业科技,推动"一带一路"产业智能化发展

坚持中高端装备制造产业科技高端化、智慧型、智能化、生态化发展,强化与"一带一路"沿线国家双向国际合作,大力推进关键共性技术研发,打造陕西万亿级先进智能制造聚集带。

①能源装备。依托陕煤化集团、陕西延长石油集团等公司,优化在沿线国家煤炭石油开采、提质、转化利用等产业链的布局,开拓销售网络,巩固提高市场份额,打造具有循环经济效应的产业集群,带动"一带一路"能量转换科技合作,推动沿线国家优势资源向我国流动、向陕西流动。

②新能源汽车。以新能源汽车为引领,促进"一带一路"陕西—欧洲公路运输科技产业合作。打造全国自主品牌汽车和新能源汽车研发生产基地,重点抓好千亿陕汽、法士特全球化发展、比亚迪汽车扩建等重大项目,构建整车制造、关键零部件、售后服务完整产业链。统筹推进交通运输装备建设,更好地适应"一带一路"建设新要求。

③基础制造装备。推进智能控制系统创新发展,重点建设陕鼓集团智能化节能空分装备研发和产业化项目,加快提升自主创新能力,全面提升系统集成和总包水平。有重点地与西欧国家开展先进制造、机械制造等领域的技术合作,提高陕西科技在"一带一路"沿线国家

的技术转移和技术扩散水平。

(2) 壮大战略性新兴产业科技，带动"一带一路"产业集群化发展

面向"一带一路"沿线国家市场需求，加快构建内陆开放型经济发展新格局。重点打造电子信息产业、生物医药产业、新材料产业、节能环保产业、信息技术产业、现代服务业、航空航天产业等战略性新兴产业集群，促进优势区域率先发展。

①电子信息产业。持续发酵"三星效应"，迅速壮大电子信息产业，带动电子级硅材料、集成电路设计、半导体封装等产业发展，适时将"互联网+"和"智慧城市"建设等成熟的信息技术和信息集成模式推动到"一带一路"沿线国家，提高沿线国家信息技术和传统业态的融合，以科技进步提高当地公共服务能力和服务水平。

②生物医药产业。与南亚、南美等地区进行生物医药等领域的技术合作，打造能带动西北地区并辐射"一带一路"沿线国家生物医药产业快速发展的生物医药产业基地。将自主创新与引进、消化、吸收技术相结合，开发基因工程、酶工程等生物医药新产品，推广应用先进的提取、纯化和制剂技术，延伸完善产业链，形成集产业研发体系、原料生产体系、加工制造体系和专业化服务体系为一体的生物医药产业集群。

③新材料产业。加快3D打印材料、快速成型、数字化设计等技术开发应用，大力培育具有规模经济优势、产业集聚优势和持续成长能力优势的新材料产业集群，与俄罗斯、中东欧等国家和地区进行技术合作创新，打造世界级新材料、高技术产业基地。

④节能环保产业。以再生资源回收利用项目和"西热东输"供热工程等重点规划项目为龙头，整合新能源及节能和环保产业资源，推动产业集群的形成。利用节能环保技术改造传统产业，推进节能环保和资源循环利用。

⑤新一代信息技术产业。重点研发传感网、物联网关键技术，后IP时代相关技术，使信息网络产业成为推动产业升级、迈向信息社会的"发动机"。以一批创新与改造新项目的信息企业为龙头，加快研发工业应用软件、集成在线控制技术、网络化数字报警仪、数字集群通信系统等一批电子信息软件、硬件产品，推动电子数字化和网络化发展，开展与"一带一路"沿线国家的技术合作和成果转移。

⑥现代服务业。围绕八大战略性新兴产业发展，重点发展研究开发、技术转移、检验检测认证、创业孵化、知识产权、科技咨询、科技金融、科学技术普及等专业科技服务和综合科技服务，提升科技服务业对"一带一路"沿线国家科技创新和产业发展的支撑能力。重点扶持六大现代服务业新兴业态，促进节能环保、电子商务、科技服务、保险服务、健康服务、养老服务等产业发展，进一步满足多样化的消费需求。

⑦航空航天产业。努力探索在航空航天技术领域陕西与"一带一路"沿线国家有效及深度合作。俄罗斯、白俄罗斯、乌克兰等国家在航空航天技术领域基础雄厚、科技领先，其中乌克兰巴顿焊接研究所对乌克兰的军转民技术提出了有力技术支持。中国与乌克兰共同开创了"中—乌国际科技合作创新模式"，依托巴顿焊接研究所搭建合作平台，开展合作研究，其研究成果解决了我国的技术难题，同时也开发出新产品。陕西是军工业大省，陕西科技企业应深入思考和认真谋划，与乌克兰军转民成果企业开展合作，一是引进乌克兰航空、航天、船舶高端技术，其在陕西有广阔的市场；二是借鉴军转民成功经验，探索高端技术在民用产品上采用及推广。

(3) 发展现代农业领域合作，拉动"一带一路"沿线国家农业技术化发展

依托杨凌农业技术、人才、教育资源，与中亚国家联合建设旱作农业技术研发中心、技术推广示范基地和合作园区。加强干旱半干旱地区现代农业技术，促进农业科技向集约化、规模化、可控化、绿色化发展，构建现代农业产业科技创新体系。

发起设立"一带一路"国际农业发展论坛，推进旱作农业、节水灌溉、畜牧养殖等领域技术交流合作，鼓励在境外设立农业示范中心、贸易中心等，扩大农业对外贸易与投资，提高陕西具有核心竞争力的重要实用科技在"一带一路"沿线国家的普及和应用能力。

(4) 以科技金融产业为引领，联动"一带一路"经济跨越式发展

按照建设统筹科技资源改革示范基地的要求，以国家首批科技和金融结合试点为契机，充分发挥在科技创新和科技成果转化中的支持，全面推动金融与科技的有效融合，把陕西新高地发展为辐射"丝绸之路"沿线国家、促进区域内科技成果转化的科技金融功能区。扩大金融合作，提升金融业开放水平。与丝路经济带的沿线金融中心建立战略合作关系。力促"丝绸之路"基金、亚投行、金砖开发银行等国际性机构来陕西设立分支机构代表处。加强多层次资本市场建设，完善金融交易体系。

5.5　项目带动战略

陕西要开创"引进来"和"走出去"新局面，抓住全球产业调整布局新机遇，探索承接产业转移新路径，加强国际科技合作。根据陕西已经在"一带一路"上开展的产业合作实际情况，结合陕西的产业优势和特点，鼓励省内科技主体，开展"点、线、园"科技合作战略。整合省内科技合作资源，支持省内企业、高等院校和科研院所等科技资源走出去，开展省内科技主体与沿线国家科技主体点对点的合作；开展"国际经济走廊"沿线国家、地区的科技主体合作；开展以共建"产业园"为依托的科技企业之间合作，搭建重点科技合作平台，打造国际科技合作载体，共建科技合作中心，协同创新科技成果，从而全面提升陕西经济的外向度。

(1) 推动"一带一路"重点项目合作机制

陕西科技要在"一带一路"战略中创造陕西模式，争做开展国际科技合作排头兵。陕西科技要以国际科技合作平台为载体，以陕西拟建立的50个国际产业合作产业园为平台，以国际科技合作项目为抓手，以国际科技交流为带动，以国际科技转移和引进为效果，以占据国际科技前沿形成重大国际科技成果追求，以提升陕西科技国际竞争力和服务国家战略能力为目的，打造陕西与"一带一路"国际科技合作利益共同体、命运共同体和责任共同体。

①基础设施类项目。优化提升陆上"丝绸之路"，全面拓展空中"丝绸之路"。借助西北智能公路枢纽平台项目、"长安号"国际班列运力提升工程等交通基础设施类项目，不断提高西安的交通承载力，把西安打造成连接"丝绸之路"经济带和海上"丝绸之路"的重要节点城市。此外，中西部商品交易中心、百利威（西安）国际电子商务产业园、国美西北电子商务中心等电子商务及物流类项目，将不断完善西安的商贸服务网络，促进贸易便利化，把西安打造成"丝绸之路"经济带物流枢纽和集散地口岸。

②欧亚综合园项目。促进欧亚经济综合园区建设，坚持"以生态建设为前提，以国际合

作为主线,以机制创新为动力,以产业合作为重点,以平台建设为突破"的发展原则,定位于促进欧亚务实合作的新平台、实现欧亚经济体互利共赢的新助力、服务国家区域发展战略的新基点、打造西安国际化大都市的新高地。

③中俄"丝绸之路"创新园项目。建设中俄"丝绸之路"创新园,促进陕西科技资源统筹的核心技术突破、科技成果转化、持续创新发展。中俄"丝绸之路"创新园是按照"一园两地、两地并重"的原则,实施的国家层面的战略合作。中方园区位于陕西西咸新区沣东新城统筹科技资源改革示范基地,作为依托陕西科研和现代工业基础,建设以高新技术研发为先导、现代产业为主体、第三产业和社会基础设施相配套的高科技产业园区,该园区结合中俄两国的科技资源优势和相关企业的产业优势起到引领和聚集作用,为项目和产业链上下游的发展打造良好的人力资源保障基础。

④"丝绸之路"经济带能源金融贸易中心项目。打造"丝绸之路"经济带能源金融贸易中心,助力陕西发挥能源优势、借助科技实力、创新金融产品,搭建能源、科技和金融"金三角"的重要平台,助推陕西经济发展。

⑤中韩产业园项目。借助中韩产业园项目,重点发展电子新材料、电子元器件、半导体照明、软件服务外包、信息通讯等产业,对打造装备制造业集群,促进产业结构升级,加快跨越式发展步伐,力争将西安打造为中韩两国经贸合作新高地。

⑥富平"中哈人民苹果友谊园"项目。"中哈人民苹果友谊园"是陕西省政府确定在富平建设的以苹果种植为主的现代农业产业示范园。"中哈人民苹果友谊园"应立足"一带一路"国家战略及农业"引进来"和"走出去"的时代背景,带动文化交流、旅游观光、科技研发、技术推广等产业集群发展,促进陕西果业科技与哈国农业技术领域的合作。

⑦中哈国际农业科技示范园项目。陕西省科技厅已经与哈萨克斯坦共河国江布州政府签署了国际农业科技示范园建议框架协议,明确合作建设"中哈国际农业科技示范园"。陕西农业科技领域要借此机会,积极开展农作物耕作技术、设施农业、果树栽培等农业新技术的示范推广。鼓励和支持陕西高校、科研机构、科技型农业企业参与到两国合作的农业科技园区建设中,按照互利共赢原则,与哈萨克斯坦有关机构和组织以技术合作和产业合作的形式共同建设。杨凌农业高新技术产业示范区和西北农林科技大学可以依托"中哈国际农业科技示范园"为江布尔州培养农业技术人员,积极落实陕西省政府与江布尔州政府的两地农业科技合作方面的相关协议,推动陕西农业科技与哈萨克斯坦农业科技领域的深度合作。

(2) 支持优势企业与"一带一路"沿线国家开展国际合作

陕西应积极参与国际合作,鼓励和支持有实力的企业走出去跨国经营,通过省内科技主体与沿线国家科技主体点对点的合作,在全球范围内布局产业链和供应链,打响陕西品牌。如在能源方面,陕煤化集团在吉尔吉斯斯坦建立了中国中大石油公司,要建立起具有循环经济效应的产业集群;陕西延长石油集团在评价中亚5国多个油气项目基础上,已获得吉尔吉斯斯坦1.13万平方千米油气区块勘探开发权,应进一步巩固拓展市场份额,带动"一带一路"能量转换科技合作。在装备制造方面,陕汽在哈萨克斯坦与经销商合建装配厂,实现了本地化生产,接下来要推动区域合作向更大范围、更宽领域、更高水平拓展;陕西法士特汽车传动集团在泰国独立投资组建的第一家海外工厂,将辐射东南亚11国商用车变速器市场;陕鼓动力出资3.18亿元收购捷克EKOL公司75%股权,将加速推动陕西—捷克能量转换科技深度合作发展。

在"一带一路"战略下陕西将通过坚持做大总量与优化结构并重,第二产业与第三产业发展并举,集群发展与合理布局协同,着力推动现有优势产业做大做强,传统产业高端化和集聚化发展,新兴产业规模化和园区化发展,形成服务一带一路,面向全球的多层次、宽领域、全方位开放新格局。

6 保障措施

6.1 战略规划保障

(1) 加强组织领导,构建科技创新工作新格局

建议陕西省政府成立"一带一路"科技发展领导小组,从组织上保证科技管理有组织、有效率、有秩序开展,以引领地区科技发展为己任,依据"一带一路愿景和行动"及国家相关政策和规划,整合全省科技资源,开展"一带一路"科技工作,实现与沿线国家科技发展的沟通与对接,了解沿线国家科技交流、科技合作、科技发展和承接科技成果转移的需求,推动陕西科技界在"一带一路"进一步走出去。加强科技发展领导小组对科技发展工作的指导作用,深化各部门之间的协调与沟通,切实保障各项科技项目的落地与实施。强化基层科技管理干部队伍业务和创新服务能力建设,高度重视发挥基层科技管理部门作用,加强完善党政领导科技进步目标责任制考核。推进学习型和创新型党组织建设,不断适应"一带一路"新背景下的科技发展趋势,提高科技工作能力和水平。

(2) 加大财政科技投入力度,促进科技发展再上新台阶

继续加大财政科技投入力度,为规划的实施和目标任务的顺利完成提供强有力的资金保障。优化财政科技支出结构,增大财政投向企业技术创新、优先支持科技成果转化的比率,加强绩效评估,发挥财政资金的引导、撬动作用,带动更多的社会资本进入科技创新领域,努力形成政府引导和市场机制相结合的创新投入机制,提高科技投入产出效率。建立财政科技经费使用绩效评价体系,提高经费使用效率。以企业为主体,全面推进科技政策、产业政策的落实,引导企业加大科技研发投入力度,促进高新技术产业的优化升级。

(3) 扩大开放合作,搭建科技创新发展新平台

充分利用当今全球化大环境和"一带一路"国家战略发展的优势地位,提高创新起点,缩短创新周期。大力支持陕西省企业引进国外先进技术,通过消化吸收再创新提高自主创新能力,获取核心关键技术,培育创新团队,努力成为全球科技发展的领跑者。加强与国外企业的科技合作,努力抓住国际产业转移的契机,引进海外优质科技资源,支持跨国公司与海外高校来陕西省建立研发中心,推动科技进步,形成陕西科技领域新实力、新特色和新竞争力。鼓励陕西省先进技术企业走出去,推进陕西省具有比较优势的技术和产品的输出,支持陕西省企业到国外建立研发机构或与国外机构联合开展研发活动,提高企业开拓海外市场的核心竞争力。以国际合作平台为载体,在"一带一路"中创造陕西模式,争做开展国际科技合作的核心,打造陕西与"一带一路"国际科技合作利益共同体、命运共同体和责任共同体。

6.2 完善的科技政策保障

(1) 完善科技支持政策，健全政策落实新机制

继续完善落实《陕西省科学技术进步条例》，加快配套法律法规的建设，使科技发展的法律法规与其他行业发展政策相衔接配套，不断完善科技创新政策体系。建立健全鼓励中小企业技术创新的信用担保制度，引导金融机构和中小企业信用担保机构支持中小企业科技创新和产业化。推进完善《陕西省人民政府关于放活科技人员政策的若干规定》，充分挖掘智力潜力，切实推进"大众创业，万众创新"，为本地经济服务。贯彻落实"一带一路愿景和行动"中倡导的"五通"之一的"政策沟通"，支持科技主体单位开展"一带一路"科技政策交流，让沿线国家科技机构和企业了解陕西的科技政策，同时了解沿线国家的科技需求和科技政策，同时根据陕西省科技发展目标制定相关的对接政策、吸引"一带一路"沿线国家创新型企业来陕西省投资的优惠政策及激励陕西省具有优势技术且处于科技合作价值链低端的企业在海外投资建厂的政策，鼓励企业将"走出去"和"引进来"有机协调，发挥科技主体积极的参与性和创新性，为陕西省科技发展推波助澜。加强科学技术的普及工作，完善科技特派员到农村和企业服务的政策措施。在着力落实好企业研发费用加计扣除、高新技术企业和技术先进型服务企业税收优惠等政策的同时，依据陕西省特点，组织实施新一轮科技政策落实专项行动，不断扩大享受税收优惠企业的覆盖面，为创新型省份和智慧城市建设营造良好的政策环境。

(2) 搭建产学研合作平台，开辟科学研究新领域

修改《陕西省促进科技成果转换条例》和《陕西省专利保护条例》，保障科技成果的转换和保护，促进产学研相结合。以企业联合专项形式重点支持大型企业集成科研院所、高等院校创新资源，以地方重大科技专项形式着力支持地方解决地方经济社会发展的技术瓶颈。引导科研院所和高等院校面向区域发展需要和发展重点，以国际化视野建立知识创新平台，加快调整学科布局、人才结构，提高科技创新能力。创新产学研用结合组织形式，引导和推动科研机构和高等院校的研究人员更加积极主动地投身经济建设主战场，开展能够支撑产业和企业发展的应用技术研究。出台产学研政策，引导科研院所、高校和企业实现完整产业链条的完善与构建，及时完成科技成果向产业化的转化，提高科技应用的及时性，抢占科技合作价值链的高端。积极推动科技保险创新发展，逐步建立高新技术企业创新产品研发、科技成果转让的保险保障机制。落实有关规定，鼓励知识、技术、管理等要素参与分配，引导和激励科技人员从事科技成果转化和产业化。鼓励支持各类创业风险投资机构的发展，引导其把投资重点转向科技成果转化和产业化。制定鼓励引导知识产权许可、技术转移等制度和政策，推动核心技术的专利化和标准化，促进知识产权的转化和应用。

(3) 创新科技管理体制，形成政策供给新思路

积极开展科技管理体制创新，以"一带一路"建设战略为契机，向有关部门申请争取科技管理创新实验区，争取在科技管理领域先行先试，开拓创新，在科技管理中关乎国际合作的科技项目申请、科技成果申报、科研经费管理、科研绩效评估等实施改革突破，积极争取促进国际科技交流的相关政策和外事政策，为科技人员和专家开展国际科技交流提供便利，提供有效的政策支持，形成科学有效的科技政策供给侧。加强科技体制改革的统筹规划和系

统推进，在促进全社会科技资源高效配置和综合集成、推进科技经济更加紧密结合、激发各类创新主体活力等方面取得突破性进展。推进科技计划和科研经费管理制度改革，切实发挥每一份科研资金的作用。发挥市场配置资源的决定性作用，促进科技资源的有效和合理配置，加快人才、项目、基地和服务的"四位一体"联动，打破行业、地域分割，推动高校、科研院所与企业之间科技要素的流动，形成千军万马进基层搞创新的生动局面。

6.3 高端的科技人力资源保障

（1）优化人才培养与引进战略，打造区域性人才聚集新高地

在推进"一带一路"科技发展战略中，始终树立并坚持"人才是第一资源"的理念，充分认识科技人力资源在经济社会发展中的基础性、战略性、决定性作用，积极把握国家在"十三五"期间推进的"互联网+"、"中国制造2025"行动和"一带一路愿景与行动"中"五通倡议"的良好机遇，引进培养服务于"一带一路"科技"走出去"、"引进来"的科技创新人才。一是出台务实管用的人才政策措施，深化市场配置要素改革，促进人才、资金、科研成果在科研院所、企事业单位、城乡间有序流动，切实保障科技人才的流入与培养。二是实施好陕西省"卓越人才教育培养计划"、"青年高层次人才引进计划"、新世纪"三五人才"计划、"青年科技新星"计划、陕西"百人计划"、"中青年科技创新领军人才"等支持政策，全面推进人才资源开发与人才队伍建设，创新人才培养引进方式，打造区域性创新型人才聚集高地，营造浓厚的人才培养与引进的大氛围，吸引各类科技人才为"一带一路"战略出谋划策。三是强化高校科技园、高新技术开发区、产业基地的孵化功能，提供创业培训与创业孵化服务，定位产业高端和技术前沿引进和培养一批国际化的高层次科技创新创业团队。四是通过设立人才培养基金向"一带一路"沿线国家培养输送高级科技管理人才和熟练技术工人，支持沿线国家科技发展进步。五是支持科研院所、高等院校设立科技推广教授岗位，不断完善职称评审制度，开辟创新型科技人才职称晋升通道，吸引优秀的科技人才服务"一带一路"战略。六是根据《陕西省创新型省份建设工作方案》，积极落实企业注册登记、财税优惠政策，鼓励科技人员、大中专毕业生在陕创办企业。

（2）加强人才发展支撑保障体系建设，营造科技创新新环境

根据陕西的科技资源禀赋和区位优势，围绕陕西"一带一路"五大中心建设，针对六大国际经济走廊、沿线国家和科技产业的切实需求，应加强科技创新人才发展的支撑保障体系建设。一是加强与科研院所、高校、企业、园区的合作，建设"一带一路"科技人才智库，聚集科技人才的智慧与力量，积极开展校企合作共建创新型人才培养示范基地。二是全力支持高校和科研机构的博士后科研工作站、院士工作站、国家和省重点实验室、企业技术研究中心、工程技术研究中心、"众创空间"孵化基地等创新创业平台的建设。根据《陕西省创新型省份建设工作方案》，到2017年，建设100个高水平企业技术创新团队，60%以上的财政科技资金用于技术创新。三是构建覆盖广泛、科学合理、注重实际的人才引进与培养开发机制，建立市场化的人才选用机制，按照切实保障科技人才权益、体现科技人才价值、有效激发人才创造活力等原则，不断完善人才服务保障体系。四是搭建产业链与创新链融汇平台，紧密融合科技创新人才基金，提高科技创新体系整体效能，保障科技创新人员在优化的平台

上积极研发创新，形成创新驱动新动力。五是扩大高校和科研院所的自主权，赋予科技人才更大的人、财、物支配权，技术路线决策权，提高科研人员成果转化收益分享比例，落实股权激励、技术要素参与收益分配等政策。六是为保障科技人才顺利在陕落户，积极帮助解决人才子女教育、配偶就业、住房保障、医疗保障等一系列实际问题，营造引得来、留得住、用得好的人才发展环境，全方位服务科技人才，支持"一带一路"人才资源开发。

(3) 鼓励科技人员开展国际交流，开辟科技合作新途径

根据"一带一路愿景与行动"中的"五通倡议"，鼓励科研人员开展国际交流，积极有效地推动科技政策相通和科技人员人心相通。积极响应国家"双创"的号召，实施好科技"双创"。一是鼓励"一带一路"沿线国家科技人才开展国际交流，努力探索在航空、航天技术、装备制造领域陕西与沿线国家开展有效及深度合作，培养三航与装备制造领域高精尖技术人才。二是推进航空航天技术领域重点学科建设，搭建科技交流合作平台，共建联合实验室（研究中心）、国际技术转移中心，合作开展重大科技攻关，促进科技人员交流，倡导科技教育互联互通，共同提升科技创新能力。三是扩大"一带一路"沿线国家学生来华留学教育规模，培养适需的境外科技人才，服务"一带一路"建设需求。四是支持陕西省科研院所、高校、企业和园区走出去，到国外设立研发中心、技术转移中心、成果转化中心等机构。五是完善"一带一路"科技园区联盟和"丝绸之路大学联盟"的工作机制，开展科技产业、科技人文交流和合作。六是进一步加强省际科技合作，利用陕西省的科技资源禀赋优势推动西北地区创新驱动发展。积极发展"项目—基地—人才"相结合的国际科技合作模式，吸引人才聚集并为相关领域培养专业人才。同时积极推进对外合作项目所急需的源源不断的外向型人力资源和创新人才快速跟进，为"一带一路"战略提供人才支持和知识贡献。

6.4 优化的科技评价保障

(1) 完善科技创新考核机制，构建科技评价新体系

按照"目标导向、分类实施、客观公正、注重实效"的要求，加强并改进科技评价工作。以创新科技评价标准为突破口，建立健全科技工作的考核标准和考核方法，根据不同的评价对象及其特点，实施分类评价体系和科研成果多元化评价体系，力求实事求是、客观公正、科学高效。积极推进"同行评议"、"第三方评价"、"国际评价"等评价方法，指导和支持社会专业机构开展科技评价，发挥科技创新政策的引领指导作用，完善科技创新评价和科技创新人员、创新团队、创新企业的奖励制度，保障"一带一路"战略科学有效实施。

(2) 深化科技评价体制改革，促进科技创新发展

为激活科技人员紧跟大战略创新创业的积极性，应深化科技评价体制改革，贯彻落实科技创新政策，创新科技评价体系。一是推进科技计划和科研经费管理制度改革，以重大科研项目、重点平台、重点人才、重点学科为契机，从德、才、效、能各个方面综合进行有效评价。二是依法落实企业研发费用加计扣除、高新技术企业和技术先进型服务企业税收优惠等政策，激励企业加大科技投入。三是加强科技信用评价，提高科技评价的科学性、客观性、公开性，构建监督机制与责任追究机制，加强中介机构、相关项目负责人、评审专家的诚信建设。四是坚持开放评价机制，根据不同类型的科技活动采用不同的评价标准与方法，基础性研究可

采用同行评议,建设以科技论文、发明专利为主,科技成果转化为辅的评价体系;应用研究适用第三方(例如,用户与企业等)评价、强化科技成果转化效益评价的评价体系;科技产业化开发可采用成果转化的后评价,强化科技成果转化的效益与贡献。五是着力提升陕西省基础研究和前沿技术研究的原始创新能力,关键共性技术的有效供给能力,支撑高质量创新人才培养的能力,以及服务国家和区域经济社会发展战略需求的能力。六是坚持长效评价机制,对科研人员、创新团队、平台基地的评价周期应以绩效结果给予科学合理的评价周期或减免、减少评价,同时加强评价结果共享,避免重复评价。

(3) 推进科技成果评价标准改革,优化科技评价新方法

推进科技成果评价标准改革,发挥好成果转化基地、中试基地、研发中心等平台的作用,完善市场导向的科技项目经费分配,要注重科技创新活动的质量和对经济社会的实际贡献,重点突出围绕科技前沿和现实需求催生重大成果产出的导向,建立产学研协同创新机制,加快创新驱动发展的导向,注重科技成果转化的应用效果和前景,采用激励约束并重的评价方法和评价标准,在科研绩效评估、科技成果评价等方面实施改革突破。加强创新绩效评价,完善科技创新成果的转化、自主创新能力、人才队伍建设及科研质量的评价与监测体系,激发科研人员及团队的创新热情。

7 结语

随着"一带一路"建设进程加快,我国将形成陆海内外联动、东西双向开放的全面开放新格局,陕西从内陆腹地跃升为向西开放的前沿,从国家大后方跃升为东西双向开放的重要承接地,区位优势凸显,为陕西在"十三五"时期科技发展提供了有力支撑。陕西科技发展基础良好,且在"十二五"后两年,陕西科技发展紧紧对接国家"一带一路"战略,已经在科技人才交流、科技平台建设、科技研究合作、科技成果转移等多方面卓有成效,为陕西"十三五"时期科技发展奠定了坚实基础。

我们相信,在"十三五"实施过程中,在陕西省委省政府的正确领导下,在陕西科技管理部门的统筹管理和指导下,以相关科研单位为主体、人才为动力、体制机制为依托、项目为牵引,将"一带一路"科技发展战略落实到具体科技规划和实际项目中,在落实中科学引导、稳步推进、有效管理、创新合作,经过5年努力,一定能够将陕西省打造成"一带一路"科技发展新高地、"一带一路"科技创新引领区、"一带一路"科技要素聚集区,实现陕西省建设创新型省份目标,为"一带一路"战略做出应有的贡献。